教育部高等学校电子信息类专业教学指导委员会规划教材
高等学校电子信息类专业系列教材

Digital Electronic Circuits and System Design

数字电路与系统设计

丁志杰　赵宏图　张延军　编著
Ding Zhijie　Zhao Hongtu　Zhang Yanjun

清華大學出版社
北京

内 容 简 介

本书是教育部高等学校电子信息类专业教学指导委员会“十三五”本科规划教材之一。本着加强基础的原则，本书着重讲述数字电路的基础知识，涵盖电子信息类专业本科生应该掌握的大部分相关专业基础知识，其中重点突出了逻辑分析与逻辑设计部分。本书还编写了一章数字系统设计的内容，以适应越来越广泛、越来越急迫的对数字系统设计知识的需求。本书从理论联系实际的角度出发，对所涉及的器件做了较全面、较详细的介绍，使学生在学习后可以直接应用它们，从而培养学生的实践技能。本书采用了业界习惯使用的传统的符号系统，以与厂商数据手册相适应。全书共 11 章，主要内容包括数制与编码、逻辑代数基础、逻辑门电路、组合逻辑电路、锁存器与触发器、常用时序电路组件、时序逻辑电路、脉冲信号的产生和整形、数模转换与模数转换、存储器及可编程器件概述、ASM 图与系统设计等。

本书可作为高等学校电子信息类、自控类、计算机类等专业的教材，也可作为相关领域的工程技术人员的学习、参考书。

图书在版编目(CIP)数据

数字电路与系统设计/丁志杰，赵宏图，张延军编著. —北京：清华大学出版社，2020.12（2025.3重印）
高等学校电子信息类专业系列教材
ISBN 978-7-302-52645-2

Ⅰ. ①数… Ⅱ. ①丁… ②赵… ③张… Ⅲ. ①数字电路－系统设计－高等学校－教材 Ⅳ. ①TN79

中国版本图书馆 CIP 数据核字(2019)第 047085 号

责任编辑：赵 凯 李 晔
封面设计：李召霞
责任校对：梁 毅
责任印制：杨 艳

出版发行：清华大学出版社
网 址：https://www.tup.com.cn，https://www.wqxuetang.com
地 址：北京清华大学学研大厦 A 座 **邮 编**：100084
社 总 机：010-83470000 **邮 购**：010-62786544
投稿与读者服务：010-62776969，c-service@tup. tsinghua. edu. cn
质量反馈：010-62772015，zhiliang@tup. tsinghua. edu. cn
课件下载：https://www.tup.com.cn，010-83470236
印 装 者：三河市铭诚印务有限公司
经 销：全国新华书店
开 本：185mm×260mm **印 张**：30.5 **字 数**：737 千字
版 次：2020 年 12 月第 1 版 **印 次**：2025 年 3 月第6次印刷
印 数：4501～5000
定 价：89.00 元

产品编号：077241-01

前言

本书基于编者多年教学经验编写而成。

虽然现代集成电路技术的发展迅速，数字集成电路的功能越来越强大，但其应用基础还是传统的数字电路的内容。本着加强基础的原则，本书在重点讲述数字电路的分析与设计方法之外，还简要介绍了电子信息类专业学生应该具备的数制与编码、逻辑门电路基础、波形的产生与整形、数模/模数转换及现代广泛应用的可编程器件方面的知识。只有打牢基础，才能在实践中学习、掌握新器件的使用方法，从而在求职、开发新产品等领域的竞争中立于不败之地。

绝大多数半导体生产厂商发布的数据手册、可编程器件的开发工具、数字系统的软件仿真工具等都采用了传统的符号系统。本着教学与实际相结合的原则，本书采用了传统的符号系统，以方便读者与半导体生产厂商的数据手册对接。

为方便双语教学，书中给出了部分所涉及专业术语的英文名称。对于摘自英文资料的部分插图，未进行翻译和规范化处理。

本书给出了丰富的例题，每一章后的习题都比较丰富，以便于读者自学。

本书第 1 章、第 5 章、第 6 章、第 9 章、第 10 章和第 11 章由丁志杰编写，第 2 章、第 4 章、第 7 章由赵宏图编写，第 3 章、第 8 章由张延军编写。丁志杰负责全书的组织、策划、统稿和定稿工作。

由于编者水平有限，加上时间仓促，书中难免会有欠妥之处，敬请读者批评指正。

编　者

2020 年 10 月于北京

教学建议

第 1 章：数制与数制转换；反码、补码；符号数表示；补码表示的应用；BCD 码；格雷码；ASCII 符；奇偶校验码。

第 2 章：本章内容是逻辑代数基础。主要包括：事物的二值性、逻辑变量和逻辑函数、逻辑代数的基本运算规律、逻辑函数的两种标准形式、逻辑函数的代数化简法、逻辑函数的卡诺图化简法、非完全描述逻辑函数、逻辑函数的描述方法以及逻辑函数的 Q-M 表格化简法。其中，“2.9 逻辑函数的 Q-M 表格化简法”可作为选读、选讲的内容。

第 3 章：门电路的主要参数；TTL 门电路的结构、工作原理及特性；CMOS 门电路的结构、工作原理及特性；TTL 电路与 CMOS 电路的级联方法。

第 4 章：本章主要讨论组合逻辑电路的有关问题。主要包括：组合逻辑电路的结构与功能特点；常用数字集成组合电路模块：编码器、译码器、加法器、数值比较器、多路选择器和多路分配器；一般组合逻辑电路的分析步骤与分析实例；一般组合逻辑电路的设计步骤与设计实例；组合逻辑电路中的竞争与冒险现象。

第 5 章：锁存器的构成、原理、特性与应用方法；触发器的构成、原理、特性与应用方法。

第 6 章：计数器、分频器、定时器、计时器的概念；同步清零、异步清零、同步预置的概念；集成计数器的使用方法；计数器的应用；移存器的构成、概念；集成移存器的使用方法；移存器的应用。

第 7 章：本章主要讨论时序逻辑电路的有关问题。主要包括：同步时序电路的特点与结构及其抽象模型——状态机；一般同步时序电路的描述方法、分析步骤与分析实例；一般同步时序逻辑电路的设计步骤与设计实例；实用时序逻辑电路的分析步骤与设计实例。其中，对于非电子信息类的专业，可以省略不讲“7.3 同步时序逻辑电路——状态机的设计”和“7.4.4 阻塞反馈式异步计数/分频器”。

第 8 章：连续矩形脉冲产生电路的工作原理；单稳态触发器的原理及应用；施密特触发器的工作原理及应用；555 定时器的结构、工作原理及其应用。

第 9 章：数模转换的概念；数模转换器的构成、原理与参数；数模转换器的应用；模数转换的概念；模数转换器的构成、原理与参数；模数转换器的应用。

第 10 章：ROM 的结构与原理；用 ROM 实现逻辑函数；可编程逻辑器件简介。

第 11 章：RTL；ASM；系统设计举例。对本章内容可选择讲解。

目录

第1章 数制与编码

众所周知，在计算机系统中使用的是二进制数，而人类在日常生活中使用的则是十进制数。当人们将数据输入计算机时(如键盘等)，需要将十进制数转换为二进制数；而当计算机将数据输出(如显示、打印等)时则需要将二进制数转换为十进制数，也就是需要进行数制转换(Base Conversion)。本章介绍二进制数和十进制数之间的转换。为记忆、阅读、交流方便，人们还经常使用八进制和十六进制，因此本章也介绍了它们与二进制及十进制之间的关系。

除了数字外，数字系统中还要存储、处理一些字符，如字母、运算符、各种符号、符号数、汉字等，这就需要用二进制码去表示这些信息(即编码)，以适应数字系统中的二进制。本章也介绍一些基本的编码及编码方法。

1.1 数制

数制(Number System)也称计数制，是用一组固定的符号和统一的规则来表示数值的方法。任意进制数通常都是由若干位数字组成，每位数字所表示的意义是不相同的，也就是它们的权不同。例如，十进制数 345.67 表示的意义为：

$$(345.67)_{10}=3\times10^2+4\times10^1+5\times10^0+6\times10^{-1}+7\times10^{-2}$$

也就是说，在 345.67 中 3 的权为 10^2，4 的权为 10^1，依此类推。

一般情况下，R 进制的数 N 可表示为如下形式：

$$(N)_R=K_{n-1}K_{n-2}\cdots K_0.K_{-1}K_{-2}\cdots K_{-m} \tag{1.1}$$

式中，R 为基数，K_i 为在 0,1,…$R-1$ 范围中取值的数字。这个数的按权展开式为

$$(N)_R=K_{n-1}R^{n-1}+K_{n-2}R^{n-2}+\cdots+K_0R^0+K_{-1}R^{-1}+K_{-2}R^{-2}+\cdots+K_{-m}R^{-m}=\sum_{i=-m}^{n}K_iR^i \tag{1.2}$$

由式(1.2)可见，第 i 位上的数字 K_i 所表示的数的大小为 $K_i\times R^i$，这个 R^i 就是 K_i 的权。整个数的大小是所有数字的加权之和。

对于十进制(Decimal)有 $N_D=\sum d_i\cdot10^i$，d_i 的取值范围为 0,1,…,9；

对于二进制(Binary)有 $N_B=\sum b_i \cdot 2^i$，b_i 的取值范围为 0,1；

对于八进制(Octal,为区别O和0,用Q表示八进制)有 $N_Q=\sum q_i \cdot 8^i$，q_i 的取值范围为 0,1,…,7；

对于十六进制(Hexadecimal)有 $N_H=\sum h_i \cdot 16^i$，h_i 的取值范围为 0,1,…,9,A,B,C,D,E,F。其中 A,B,C,D,E,F 分别对应于十进制的 10,11,12,13,14,15。

1.2 数制转换

1.2.1 二进制、八进制、十六进制到十进制的转换

根据数制的定义,二进制、八进制、十六进制数到十进制数的转换用加权相加公式 $\sum K_i R^i$ 直接相加即可。

【例 1.1】 $(101.001)_2=1\cdot 2^2+0\cdot 2^1+1\cdot 2^0+0\cdot 2^{-1}+0\cdot 2^{-2}+1\cdot 2^{-3}=(5.125)_{10}$

【例 1.2】 $(32.56)_8=3\cdot 8^1+2\cdot 8^0+5\cdot 8^{-1}+6\cdot 8^{-2}=(26.71875)_{10}$

【例 1.3】 $(\mathrm{ED.A})_{16}=14\cdot 16^1+13\cdot 16^0+10\cdot 16^{-1}=(237.625)_{10}$

1.2.2 二进制、八进制、十六进制之间的转换

表 1.1 列出了对应十进制数 0～15 的二进制、八进制、十六进制数。

表 1.1 十进制、二进制、八进制、十六进制数对照表

十 进 制	二 进 制	八 进 制	十六进制
0	0000	00	0
1	0001	01	1
2	0010	02	2
3	0011	03	3
4	0100	04	4
5	0101	05	5
6	0110	06	6
7	0111	07	7
8	1000	10	8
9	1001	11	9
10	1010	12	A
11	1011	13	B
12	1100	14	C
13	1101	15	D
14	1110	16	E
15	1111	17	F

观察表 1.1 中二进制数和八进制数之间的关系可知每三位二进制数对应一位八进制数,由此可得二进制数到八进制数和八进制数到二进制数之间的转换方法。

【例 1.4】 $(10010111.1101)_2=(\underline{010}\ \underline{010}\ \underline{111}.\underline{110}\ \underline{100})_2=(227.64)_8$

【例 1.5】 $(227.64)_8=(\underline{010}\ \underline{010}\ \underline{111}.\underline{110}\ \underline{100})_2=(10010111.1101)_2$

例 1.4 说明了二进制到八进制的转换方法：小数点左边从右向左每三位一组，最左边一组不够三位时左边补 0；小数点右边从左向右每三位一组，最右边一组不够三位时右边补 0；然后按顺序分别写出每三位二进制数所对应的八进制数即可。例 1.5 说明了八进制到二进制的转换方法：将八进制数转换成二进制数时只要将每位八进制数按顺序分别写成它们所对应的 3 位二进制数即可。注意，整数部分除最高位外每三位二进制数中最左边的 0 不能省略；小数部分除最低位外每个二进制数中最右边的 0 也不能省略。

观察表 1.1 中二进制数和十六进制数之间的关系可以看出每四位二进制数对应一位十六进制数。由此可得二进制到十六进制和十六进制到二进制转换方法。

【例 1.6】 $(110110111.011)_2=(\underline{0001}\ \underline{1011}\ \underline{0111}.\underline{0110})_2=(1B7.6)_{16}$

【例 1.7】 $(1C7.6)_{16}=(\underline{0001}\ \underline{1100}\ \underline{0111}.\underline{0110})_2=(111000111.011)_2$

例 1.6 说明了二进制到十六进制的转换方法：小数点左边从右向左每四位一组，最左边一组不够四位时左边补 0；小数点右边从左向右每四位一组，最右边一组不够四位时右边补 0；然后按顺序分别写出每四位二进制数所对应的十六进制数即可。例 1.7 说明了十六进制到二进制的转换方法：将十六进制数转换成二进制数时只要将每位十六进制数按顺序分别写成它们所对应的 4 位二进制数即可。注意，中间位的所有的 0 均不能省略。

八进制数到十六进制数之间的转换可以通过转换为二进制数作为中间过程而方便地完成。例 1.8 和例 1.9 说明了这个转换过程。

【例 1.8】 $(1C7.6)_{16}=(\underline{0001}\ \underline{1100}\ \underline{0111}.\underline{0110})_2=(\underline{111}\ \underline{000}\ \underline{111}.\underline{011})_2=(707.3)_8$

【例 1.9】 $(707.3)_8=(\underline{111}\ \underline{000}\ \underline{111}.\underline{011})_2=(\underline{0001}\ \underline{1100}\ \underline{0111}.\underline{0110})_2=(1C7.6)_{16}$

* **一般情况：**

设数 A 为 R_1 进制数，数 B 为 R_2 进制数。如果 $R_1=R_2^n$（其中 n 是正整数），那么：

(1) 将 R_1 进制数 A 转换为 R_2 进制数时，只需将 A 的每一位数用 n 位 R_2 进制数代替即得转换结果，小数点位置不变。八进制数、十六进制数转换为二进制数就是这种情况。

(2) 将 R_2 进制数 B 转换为 R_1 进制数时，只需将 B 从小数点向左、向右每 n 位一组，写出每组对应的 R_1 进制数就得到转换结果，小数点位置不变。二进制转换为八进制数、十六进制数就是这种情况。

1.2.3 十进制到二进制、八进制、十六进制的转换

将十进制数转换到二进制、八进制、十六进制数时要将整数部分和小数部分分别进行转换，整数部分用连除法，而小数部分用连乘法。

1. 十进制数到二进制数的转换

整数部分转换用连除法，即用 2 去除所要转换的数，所得余数即为 b_0；再用 2 去除上一步所得商，所得余数为 b_1，依此类推，一直除到商为 0 时为止。

【例 1.10】 $(59)_{10}=(?)_2$

解：0←1←3←7←14←29←59	连除以 2，商写在箭头左侧，直到商为 0；
1　1　1　0　1　1	余数写在商下边，连起来就是所求二进制数，b_0 在最右边。
b_5　b_4　b_3　b_2　b_1　b_0	

所以，$(59)_{10}=(111011)_2$。

小数部分转换用连乘法，将小数部分乘以2，所得积的整数部分即为 b_{-1}；积的小数部分再乘以2，所得积的整数部分为 b_{-2}，依此类推，一直乘到小数部分为0或所要求的精度为止。

【例 1.11】 $(0.8125)_{10}=(?)_2$

解：$0.8125 \to 0.625 \to 0.25 \to 0.5 \to 0$ 连乘以2，积的小数部分写在箭头右侧；

$1 \quad 1 \quad 0 \quad 1$ 积的整数部分写在小数部分下侧，连起来

$b_{-1} \quad b_{-2} \quad b_{-3} \quad b_{-4}$ 就是所求二进制数，b_{-1} 在最左边。

所以，$(0.8125)_{10}=(0.1101)_2$。

例1.11中的小数部分最后可以乘到0，此时的转换是精确转换，即十进制数与转换后得到的二进制数相等。

【例 1.12】 $(0.62)_{10}=(?)_2$，要求小数点后精确到5位。

解：$0.62 \to 0.24 \to 0.48 \to 0.96 \to 0.92 \to 0.84$ 连乘以2，积的小数部分写在箭头右侧；

$1 \quad 0 \quad 0 \quad 1 \quad 1$ 积的整数部分写在小数部分下侧，连起来

$b_{-1} \quad b_{-2} \quad b_{-3} \quad b_{-4} \quad b_{-5}$ 就是所求二进制数，b_{-1} 在最左边。

所以，$(0.62)_{10} \approx (0.10011)_2$。

例1.12中的小数部分永远乘不到0，此时不能做精确转换，只能取近似值。转换误差为 $|(0.62)_{10}-(0.10011)_2|=0.62-(2^{-1}+2^{-4}+2^{-5})=0.62-0.59375=0.02625$。如果要求精度更高，可增加转换后小数的位数。

【例 1.13】 $(59.62)_{10}=(?)_2$，要求转换结果精确到小数点后5位。

解：将整数、小数部分分别转换，见例1.10和例1.12，有

$$(59.62)_{10} \approx (111011.10011)_2$$

2. 十进制数到八进制数和十六进制数的转换

方法一：与十进制数转换到二进制数类似，将十进制数转换到八进制数（十六进制数）时，整数部分连除以8(16)，余数为 $q_i(h_i)$，其中 $i=0,1,2,\cdots$，为正整数；小数部分连乘以8(16)，整数部分为 $q_{-i}(h_{-i})$，其中 $i=1,2,\cdots$，为正整数。

【例 1.14】 $(59)_{10}=(?)_8$

解：$0 \leftarrow 7 \leftarrow 59$ 连除以8，商写在箭头左侧，除到商为0时为止；余数

$7 \quad 3$ 写在商下边，连起来就是所求八进制数，q_0 在最右边。

$q_1 \quad q_0$

所以，$(59)_{10}=(73)_8$。

【例 1.15】 $(59)_{10}=(?)_{16}$

解：$0 \leftarrow 3 \leftarrow 59$ 连除以16，商写在箭头左侧，除到商为0时为止；

$3 \quad 11$ 余数写在商下边，余数所对应的十六进制数，

$3 \quad \mathrm{B}$ 连起来就是所求十六进制数，h_0 在最右边。

$h_1 \quad h_0$

所以，$(59)_{10}=(3\mathrm{B})_{16}$。

【例 1.16】 $(0.8125)_{10}=(?)_8$

解：$0.8125 \to 0.5 \to 0$ 连乘以8，积的小数部分写在箭头右侧；积的整数部分写

$6 \quad 4$ 在小数部分下侧，连起来就是所求八进制数，q_{-1} 在最

$q_{-1} \quad q_{-2}$ 左边。

所以，$(0.8125)_{10}=(0.64)_8$。

例 1.16 中的小数部分最后可以乘到 0，此时的转换是精确转换，即十进制数与转换后得到的八进制数相等。

【例 1.17】 $(0.62)_{10}=(?)_8$，要求小数点后精确到 5 位。

解：$0.62\rightarrow0.96\rightarrow0.68\rightarrow0.44\rightarrow0.52\rightarrow0.16$ 连乘以 8，积的小数部分写在箭头右侧；积的整数部分写在小数部分下侧，连起来就是所求八进制数，q_{-1} 在最左边。

4	7	5	3	4
q_{-1}	q_{-2}	q_{-3}	q_{-4}	q_{-5}

所以，$(0.62)_{10}\approx(0.47534)_8$。

例 1.17 中的小数部分永远乘不到 0，此时只能取近似值。

用方法一将十进制小数转换为十六进制的例子读者可自己练习。

方法二：先将十进制数转换为二进制数，再将二进制数转换为八进制数或十六进制数。

比较方法一与方法二可见，直接转换为八(十六)进制时运算次数较少，但运算较复杂；而将转换为二进制作为中间过程时运算次数较多，但运算很简单。所以两种方法各有优缺点，读者可自行决定使用哪种方法。

1.3 二进制符号数的表示方法

所谓符号数(Signed Number)就是带正号和负号的数。在数字系统中所有信息都是由二进制数表示的。数的正、负也由二进制数表示。本节介绍符号数的表示方法。

1.3.1 原码表示法

所谓原码表示法，就是用一位二进制数表示符号：0 表示正数，1 表示负数；数的大小则以该数的绝对值表示。符号位通常放在最高位。如某数字系统中用 8 位存储器存放数据，其中最高位为符号位，其余 7 位为数的绝对值。例如：

$(+37)_{10}=(+0100101)_2=(\mathbf{0}0100101)_{原,8}$

$(-37)_{10}=(-0100101)_2=(\mathbf{1}0100101)_{原,8}$

$(+0)_{10}=(+0000000)_2=(\mathbf{0}0000000)_{原,8}$

$(-0)_{10}=(-0000000)_2=(\mathbf{1}0000000)_{原,8}$

$(+127)_{10}=(+1111111)_2=(\mathbf{0}1111111)_{原,8}$

$(-127)_{10}=(-1111111)_2=(\mathbf{1}1111111)_{原,8}$

以上例子说明：n 位数字系统采用原码表示法时，所能表示的十进制数的范围为 $-(2^{n-1}-1)\sim+(2^{n-1}-1)$，其中 0 有两种表示形式：+0 和 −0。

1.3.2 反码表示法

1. 反码

N 的反码(1's complement)定义为 2^n-1-N。由定义知，N 的反码除与 N 本身有关外，还与整数部分位数 n 有关。

二进制数的每一位不是 0 就是 1。定义 0 的反码为 1，1 的反码为 0。一个二进制数的反码就是将该二进制数补齐 n 位后逐位求反而得到的二进制码。

【例 1.18】 设 $n=8$，则 $N=11010$ 的反码按定义求得：

$$(11010)_{反.8}=100000000-1-11010=11100101$$

按补齐 n 位，求反得：

$N=$	11010
补齐 n 位	00011010
求反	11100101

两种方法所得结果相同，当然用第二种方法要简单得多。

2. 符号数的反码表示法

所谓符号数的反码表示法，就是用一位二进制数表示符号：0 表示正数，1 表示负数；正数的大小用原码表示，而负数的大小则以该数绝对值的反码表示。符号位通常放在最高位。如某数字系统中用 8 位存储器存放数据，其中最高位为符号位，其余 7 位存放数的大小。例如：

$$(+37)_{10}=(+0100101)_2=(00100101)_{反.8}$$
$$(-37)_{10}=(-0100101)_2=(11011010)_{反.8}$$
$$(+0)_{10}=(+0000000)_2=(00000000)_{反.8}$$
$$(-0)_{10}=(-0000000)_2=(11111111)_{反.8}$$
$$(+127)_{10}=(+1111111)_2=(01111111)_{反.8}$$
$$(-127)_{10}=(-1111111)_2=(10000000)_{反.8}$$

以上例子说明：n 位符号数的反码表示法所能表示的十进制数的范围为 $-(2^{n-1}-1)\sim+(2^{n-1}-1)$，其中 0 有两种表示法。

1.3.3 补码表示法

1. 补码

设数 N 为有 n 位整数、m 位小数的二进制数，则 N 的补码(2's complement)定义为

$$(N)_{补.n}=2^n-N \tag{1.3}$$

由定义可知：N 的补码除与 N 的大小有关外，还与整数部分位数 n 有关，而与小数部分位数 m 无关。

【例 1.19】 $(11001)_{补.8}=2^8-11001=11100111$

【例 1.20】 $(11001.0101)_{补.8}=2^8-11001.0101=11100110.1011$

2. 补码的求法

利用补码的定义式(1.3)当然可以求一个数的补码，但较为烦琐。补码有简单的求法，下面就是两种简单的求法。

方法一：将原码补足 n 位后求反加 1 即得其补码。

【例 1.21】 求二进制数 $N=10001$ 的补码，设整数位数 $n=8$ 位。

解：

补齐 8 位：	$N=00010001$
求反：	11101110
加 1：	11101111

所求 $n=8$ 时 $N=10001$ 的补码 $(N)_{补.8}=11101111$。

方法二：将原码补足 n 位后，从右往左第一个 1 及其右边的 0 不变，其余各位求反即得 N 的补码。

【例 1.22】 求二进制数 $N=10010$ 的补码，设整数位数 $n=8$ 位。

解：因为补码与位数有关，故先将数 N 补齐为 8 位：

$$N=00010010=\underline{000100}\ \underline{10}$$

$$(N)_{补.8}=\underline{111011}\ \underline{10}$$

其他各位求反 ↑ ↑ 最右边一个 1 及其右边的 0 不变

如果所给二进制数为小数，则应将其整数部分补齐为 n 位，其他类似。

3. 符号数的补码表示法

所谓符号数的补码表示法，就是用 1 位二进制数表示符号：0 表示正数，1 表示负数。正数的大小用原码表示，而负数的大小则以其绝对值的补码表示。符号位放在最高位。如某数字系统中用 8 位存储器存放数据，其中最高位为符号位，其余各位存放数的大小。例如：

$$(+37)_{10}=(+0100101)_2=(00100101)_{补.8}$$
$$(-37)_{10}=(-0100101)_2=(11011011)_{补.8}$$
$$(+0)_{10}=(+0000000)_2=(00000000)_{补.8}$$
$$(-0)_{10}=(-0000000)_2=(00000000)_{补.8}$$
$$(+127)_{10}=(+1111111)_2=(01111111)_{补.8}$$
$$(-127)_{10}=(-1111111)_2=(10000001)_{补.8}$$
$$(-128)_{10}=(-10000000)_2=(10000000)_{补.8}$$

以上例子说明：+0 和 −0 的补码一样，为全 0；n 位符号数的补码表示法所能表示的十进制数的范围为 $-2^{n-1}\sim+(2^{n-1}-1)$。

求负数的补码表示时可以不特别考虑符号位，而将符号位作为一位数来处理。

【例 1.23】 设 $n=8$，试求 −100101 的补码表示。

解：将 100101 补齐为 8 位：00100101

其补码为：11011011

其中，最高位为符号位，等于 1，表明这是负数。所以，$n=8$ 时，−100101 的补码表示为 11011011。

注意：(1) 求一个数的补码，与符号数的概念无关；

(2) 求符号数的补码表示时，要考虑正数、负数的不同表示方法；

(3) 求补码、求符号数的补码表示均与整数位数 n 有关。

4. 利用补码求符号数的加减运算

如果将加数和被加数均以其补码表示，则只用加法运算器就可完成加减运算。显然这样做可以节省硬件，降低生产成本。运算时符号位与其他位一样参与运算。若符号位产生进位，则在结果中忽略该进位，不予考虑。

【例 1.24】 设 $n=8$，有两个正数 $A=10011$，$B=1101$。试用补码表示法求 $A+B$，$A-B$，$B-A$，$-A-B$。

解：$(A)_{补.8}=00010011$，$(B)_{补.8}=00001101$，$(-A)_{补.8}=11101101$，$(-B)_{补.8}=11110011$

$A+B=100000$	$A-B=110$	$-A+B=11111010$	$-A-B=11100000$
00010011	00010011	11101101	11101101
+ 00001101	+ 11110011	+ 00001101	+ 11110011
00100000	1 00000110	11111010	1 11100000

例 1.24 说明，在运算时符号位如同其他位一样参与运算；运算结果若符号位有进位，则该进位在结果中不予考虑；运算结果以补码形式表示。读者可验证结果的正确性。

为什么用补码相加可以做加减运算呢？下面给予证明。

设有两个 n 位正数 N_1、N_2，则 $-N_1$、$-N_2$ 的补码表示分别为 2^n-N_1 和 2^n-N_2。在 n 位加法器中进行加减运算时共有如下 4 种情况：

(1) N_1+N_2 就是两个正数相加，结果为正数；

(2) $N_1-N_2=N_1+(2^n-N_2)=2^n-(N_2-N_1)$，结果取决于 N_2-N_1 的符号：如果 $N_2>N_1$，则结果为负数，$2^n-(N_2-N_1)$ 就是 $-(N_2-N_1)$ 的补码表示；如果 $N_2<N_1$，则结果为 $2^n+(N_1-N_2)$，由于 $N_1-N_2>0$，而 2^n 为第 $n-1$ 位的进位，位于第 n 位（n 位运算器的最高位为第 $n-1$ 位）上，在 n 位运算器之外，舍去不管。所以结果为 N_1-N_2，是正数；

(3) N_2-N_1，结果与 N_1-N_2 类似；

(4) $-N_1-N_2=(2^n-N_1)+(2^n-N_2)=2^n+[2^n-(N_1+N_2)]$，其中第 1 个 2^n 为第 $n-1$ 位的进位，位于第 n 位上，在 n 位运算器之外，舍去不管；而 $[2^n-(N_1+N_2)]$ 就是负数 $-(N_1+N_2)$ 的补码表示。

由此证明了用补码进行加减运算的正确性。

对于 $n=8$ 的情况，当然运算结果不能超出 8 位补码所能表示的数值范围，否则会产生所谓的溢出(overflow)，导致运算结果发生错误。

【例 1.25】 设 $n=8$，有两个正数 $A=110011$，$B=1101101$。试用补码表示法求 $A+B$，$A-B$，$B-A$，$-A-B$。

解：$(A)_{补.8}=00110011$，$(B)_{补.8}=01101101$，$(-A)_{补.8}=11001101$，$(-B)_{补.8}=10010011$

$A+B=10100000$	$A-B=11000110$	$-A+B=00111010$	$-A-B=01100000$
00110011	00110011	11001101	11001101
+ 01101101	+ 10010011	+ 01101101	+ 10010011
10100000	11000110	1 00111010	1 01100000

例 1.25 中，$A+B$ 的结果为负数，而 $-A-B$ 的结果为正数，两者显然错了；而 $-A+B$ 和 $A-B$ 结果正确。

两个符号相异的数相加，结果的绝对值小于任意一个加数的绝对值，所以此时运算结果不会超出 n 位符号数的表示范围，即不会发生溢出。所以例 1.25 中 $A-B$ 和 $-A+B$ 运算结果肯定正确。

两个正数相加，由于两个数的符号位均为 0，所以符号位肯定不会产生进位；如果此时两个数的绝对值之和不大于$(2^{n-1}-1)$，则第 $n-2$ 位(即最高数字位)就不会产生进位，运算结果就正确；如果此时两个数的绝对值之和大于$(2^{n-1}-1)$，则第 $n-2$ 位就会产生进位，这个进位使第 $n-1$ 位(即符号位)为1，结果成了负数，显然错了，例1.25中的 $A+B$ 就是这种情况。

两个负数相加，由于两个数的符号位均为1，所以此时符号位(第 $n-1$ 位)肯定有进位；如果此时第 $n-2$ 位有进位，则运算结果为负数，结果正确；如果此时第 $n-2$ 位无进位，则运算结果为正数，结果显然错了，例1.25中的 $-A-B$ 就是这种情况。

综上所述，利用符号数的补码表示进行加减运算时，如果两个加数的绝对值之和大于 n 位符号数的补码表示范围，则 $A+B$ 和 $-A-B$ 的运算结果就会发生错误。这类错误称为溢出，溢出只发生在两个加数的符号位相同时。在设计加法器时必须考虑溢出问题，并在溢出时给出报警信号，以提示运算结果出错。

根据以上分析并观察例1.24和例1.25可知：当第 $n-1$ 位(符号位)和第 $n-2$ 位(最高数字位)不同时有进位(两个负数相加时)或不同时无进位(两个正数相加时)时有溢出发生。设计加法器时可根据这个原理设计溢出指示电路。

1.3.4 符号数小结

本节介绍了符号数的三种表示法，对于加减运算最重要的是补码表示法。表1.2列举了 $n=8$ 时对应十进制数 -128～$+127$ 的二进制数的三种编码结果。

表1.2 符号数的三种表示法

十进制	二进制	原码表示	反码表示	补码表示
−128	−10000000	—	—	10000000
−127	−01111111	11111111	10000000	10000001
−126	−01111110	11111110	10000001	10000010
⋮	⋮	⋮	⋮	⋮
−1	−00000001	10000001	11111110	11111111
−0	−00000000	10000000	11111111	00000000
+0	+00000000	00000000	00000000	00000000
+1	+00000001	00000001	00000001	00000001
⋮	⋮	⋮	⋮	⋮
+125	+01111101	01111101	01111101	01111101
+126	+01111110	01111110	01111110	01111110
+127	+01111111	01111111	01111111	01111111

1.4 二-十进制编码(BCD码)

数字系统中使用的是二进制数，而在许多场合特别是在输入(如键盘等)输出(如显示、打印等)时需要处理十进制数。那么十进制数在机器里面是怎样表示的呢？这就是本节所要讨论的问题。

若要表示0～9中10个十进制数字，需要10种组合。3位二进制码只有8种组合，不够用；而4位二进制码有16种组合，可用。当然，位数大于4的任意多位二进制数均可用，但那样会造成资源浪费。故一般情况下均用 4 位二进制数对 1 位十进制数进行编码。用以表示十进制数字的二进制编码称为 BCD(Binary Coded Decimal)码。从 4 位二进制码的 16 种组合中取 10 种去表示 10 个十进制数字，共有 $C_{16}^{10}=16!/(10!\cdot(16-10)!)$种取法。而每种取法又有10！种分配方法，故共有 16!/6! 种可能的 BCD 编码方法可供选择。表 1.3 列出了几种常用的 BCD 码。

表 1.3 常用 BCD 编码

十进制数	8421 BCD	5421 BCD	2421 BCD	余 3 码	余 3 循环码	备注
0	0000	0000	0000	0011	0010	有效编码
1	0001	0001	0001	0100	0110	
2	0010	0010	0010	0101	0111	
3	0011	0011	0011	0110	0101	
4	0100	0100	0100	0111	0100	
5	0101	1000	1011	1000	1100	
6	0110	1001	1100	1001	1101	
7	0111	1010	1101	1010	1111	
8	1000	1011	1110	1011	1110	
9	1001	1100	1111	1100	1010	
—	1010	0101	0101	0000	0000	无效编码
—	1011	0110	0110	0001	0001	
—	1100	0111	0111	0010	0011	
—	1101	1101	1000	1101	1011	
—	1110	1110	1001	1110	1001	
—	1111	1111	1010	1111	1000	

表 1.3 中 8421BCD、5421BCD 和 2421BCD 三种编码为有权码，即它们从高到低都有固定的权值(8421BCD 码从高到低各位的权值分别为 8、4、2、1，5421BCD 和 2421BCD 的各位的权类似定义)，而所有四位码加权相加的结果就是它所表示的十进制数字。而余 3 码和余 3 循环码则是**无权码**，因为它的各位没有固定的权值。观察表 1.3 可知，若各位的权分别为 8、4、2、1，则对应于同一个十进制数字，余 3 码比 8421BCD 码多 3，余 3 码由此得名。

表 1.3 中的前 10 组编码分别对应十进制数字 0～9，称为有效编码；而后 6 行没有对应任何十进制数字，没有任何意义，是无效的，故称为无效编码。

8421 码各位的权与 4 位二进制数相同，故又称为自然码。5421 码、2421 码、余 3 码和余 3 循环码各有特点。如 5421 码中的 0、1、2、3、4 的最高位变成 1 就分别得到 5、6、7、8、9；而 2421 码和余 3 码则具有自反特性，即以 4、5 间直线为轴反对称：直线以上(下)的码求反即得直线以下(上)处于它所对称位置的码；余 3 循环码中相邻的编码只有一位不同(0 和 9 的编码也只有一位不同)，且最高位自反，其他位以 4、5 间直线为轴对称。这些编码在许多场合有重要应用。

用 BCD 码表示十进制数时，每一位十进制数均需 4 位二进制码表示。

【例 1.26】 $(216)_{10}=(0010\ 0001\ 0110)_{8421}=(0010\ 0001\ 1001)_{5421}=(0101\ 0100\ 1001)_{余3}$

两个 BCD 码相加，结果必须还是 BCD 码，并且还必须是合法的 BCD 码。

【例 1.27】 $(0010\ 0001\ 0100)_{8421}+(0011\ 1000\ 0011)_{8421}=(0101\ 1001\ 0111)_{8421}$

如果用二进制加法器进行 BCD 相加，则会出现如下结果。

【例 1.28】 $(0010\ 0001\ 0110)_{8421}+(0011\ 1001\ 0011)_{8421}=(0101\ \underline{1010}\ 1001)_{8421}$

例 1.28 中和的第 2 位 BCD 码为 1010，是非法的 8421BCD 码，需要对其进行调整：本位加 6(0110)，结果为 0000，并向高位进 1。所以最后结果应为$(\underline{0110}\ \underline{0000}\ 1001)_{8421}$。这样调整的依据是：十进制加法满 10 进 1，而十六进制加法满 16 进 1。

【例 1.29】 $(0010\ 0001\ 1000)_{8421}+(0011\ 0101\ 1001)_{8421}=(0101\ 0111\ \underline{0001})_{8421}$

例 1.29 中和的第 3 位 BCD 码为 0001，有 1 进位。此结果显然是错的：本位和应该是 0111。此时也需要对其进行调整：本位加 6(0110)，结果为 0111。最后结果应为$(0101\ 0111\ \underline{0111})_{8421}$。这样调整的依据仍然是：十进制加法满 10 进 1，而十六进制加法满 16 进 1。

由此可见，用二进制加法器进行 BCD 加法运算时，如果本位和大于 9，或本位有进位时需要将结果进行调整：本位和加 6。

1.5 格雷码

在组合电路中，为避免译码噪声（毛刺）的产生，常使用格雷码(Gray)。格雷码的特点是：相邻两个编码中只有 1 位不同，其他各位均相同。表 1.4 列出了对应 4 位二进制码的 4 位格雷码。由表 1.4 可见，第 1 个格雷码和最后 1 个格雷码也只有 1 位不同。余 3 循环码就是取 4 位格雷码的中间 10 组编码。

表 1.4 4 位格雷码

序号	二进制码	格雷码
0	0000	0000
1	0001	0001
2	0010	0011
3	0011	0010
4	0100	0110
5	0101	0111
6	0110	0101
7	0111	0100
8	1000	1100
9	1001	1101
10	1010	1111
11	1011	1110
12	1100	1010
13	1101	1011
14	1110	1001
15	1111	1000

由表 1.4 还可以看出，格雷码的最高位以 7、8 间的中线为轴自反；而低位则以此线为轴对称。据此可由 n 位格雷码方便地写出 $n+1$ 位格雷码。1 位格雷码只有 2 个：0、1；由此可

写出 2 位，由 2 位可写出 3 位，由 3 位可写出 4 位，…，由 $n-1$ 位可写出 n 位格雷码，例如：

1 位格雷码	2 位格雷码	3 位格雷码	4 位格雷码
0	00	000	…
1	01	001	
	11	011	
	10	010	
		110	
		111	
		101	
		100	

二进制码与格雷码的相互转换可由表 1.4 得到，也可以用解析式通过运算得到。

定义：逻辑变量 A、B 的取值范围为 0、1，则它们的异或运算定义为：

$$F=A\oplus B=\begin{cases}1 & \text{当 } A\neq B \text{ 时}\\ 0 & \text{当 } A=B \text{ 时}\end{cases}$$

有了异或运算，就可以由已知二进制码求出它所对应的格雷码；反之，也可以由已知格雷码求出它所对应的二进制码。设给定二进制码为 $B_{n-1}\cdots B_2B_1B_0$，则它所对应的格雷码 $G_{n-1}\cdots G_2G_1G_0$ 可由下式求出：

$$G_{n-1}=B_{n-1},\quad G_i=B_{i+1}\oplus B_i\quad \text{式中 } i=n-2,\ n-3,\cdots,2,1,0 \tag{1.4}$$

若给定格雷码 $G_{n-1}\cdots G_2G_1G_0$，则它所对应的二进制码 $B_{n-1}\cdots B_2B_1B_0$ 可按下式求得：

$$B_{n-1}=G_{n-1},\quad B_i=B_{i+1}\oplus G_i\quad \text{式中 } i=n-2,\ n-3,\cdots,2,1,0 \tag{1.5}$$

【例 1.30】 试写出对应二进制码 1011 的格雷码。

解：由式(1.4)得

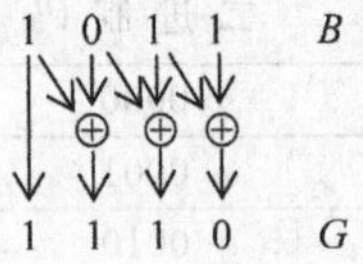

所求格雷码为 1110。

【例 1.31】 试写出对应格雷码 1011 的二进制码。

解：由式(1.5)得

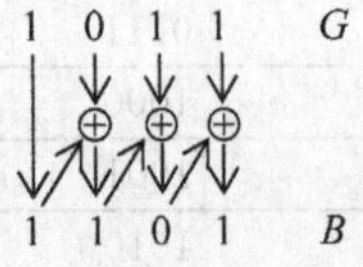

注意：先求高位再求低位。所求二进制码为 1101。

读者可以对照表 1.4 验证。

1.6 ASCII 符

在数字系统或计算机系统中除了需要表示十进制数外，还经常要表示人机交流用的其他一些信息，如大小写字母、＋、－、×、÷、＝、&、% 等字符，DEL、ESC、CR 等控制符。目前广泛使用的是ASCII(American Standard Codes for Information Interchange)字符集,又称为ASCII码,如表1.5所示。

表1.5 ASCII编码表

			列号($b_6b_5b_4$)							
		B	000	001	010	011	100	101	110	111
	B	H	0	1	2	3	4	5	6	7
行号($b_3b_2b_1b_0$)	0000	0	NUL	DLE	SP	0	@	P	‘	p
	0001	1	SOH	DC1	!	1	A	Q	a	q
	0010	2	STX	DC2	“	2	B	R	b	r
	0011	3	ETX	DC3	#	3	C	S	c	s
	0100	4	EOT	DC4	$	4	D	T	d	t
	0101	5	ENQ	NAK	%	5	E	U	e	u
	0110	6	ACK	SYN	&	6	F	V	f	v
	0111	7	BEL	ETB	’	7	G	W	g	w
	1000	8	BS	CAN	(	8	H	X	h	x
	1001	9	HT	EM	)	9	I	Y	i	y
	1010	A	LF	SUB	*	:	J	Z	j	z
	1011	B	VT	ESC	+	;	K	[	k	{
	1100	C	FF	FS	,	<	L	\	l	|
	1101	D	CR	GS	-	=	M	]	m	}
	1110	E	SO	RS	.	>	N	^	n	~
	1111	F	SI	US	/	?	O	—	o	DEL

由表1.5可知,ASCII字符集共有128个编码,其中控制符33个,字符95个。00H~1FH、7FH为控制符编码,其余(20H~7EH)为字符编码。每个ASCII码均由7位二进制数($b_6 \sim b_0$)组成,又可将它们看成为2位十六进制码。如20H是空格SP的ASCII编码;30H~39H分别是数字0~9的ASCII编码;41H~5AH分别是大写字母A~Z的ASCII编码等。

1.7 奇偶检错码和奇偶纠错码

由于各种原因,数字信号(数据)在传输过程中常常会发生错误,即所谓的误码。在不同的应用场合对错误的处理方法也不一样,有的场合只要检测出有无错码即可,这时就需要检错码;而在另外的场合则不仅需要检测出错码,而且还要将错码纠正过来,这时就需要纠错码(error correction code)。检错和纠错都是一门大学问,涉及很复杂的算法。本节只简单介绍奇偶检错码(parity check code)和奇偶纠错码(parity error correcting code)。

1.7.1 奇偶检错码

最简单的检错码是奇偶校验码。

为检验传输过程是否出错,除要发送的信息码之外再多发送1位校验位,信息码与校验位共同组成的码就是**奇偶校验码**。校验位的确定方法为：如果采用奇校验(odd parity)，则信息码与校验位所构成的奇偶校验码中，1的个数为奇数；如果采用偶校验(even parity)，则信息码与校验位所构成的奇偶校验码中，1的个数为偶数。根据收发协议，接收端接收到发送端发送来的信息后，先判断1的个数的奇偶性，若1的个数为奇(偶)数，则认为接收正确，否则认为接收错误。校验位一般放在最高位。判断1的个数的奇偶性，可由逻辑运算“异或”完成。

【例 1.32】 设要发送的8位信息码为01000001，则采用奇、偶校验时所发送的校验位分别为1、0，所发送的奇偶校验码分别为**1**01000001、**0**01000001。

可见，使系统具有检错功能所花费的代价是降低信息码的传输效率。设传送一位码元需要一个单位的时间 T，则传送 n 位信息码需要时间 nT；传送奇偶校验码需要时间 $(n+1)T$，比前者多用了 T。在传输奇偶检验码时，信息码的传输效率是 $\eta = nT/(n+1)T = n/n+1$。当 $n=8$ 时，$\eta=8/9\approx 88.89$。

一个数据在传输过程中，若所传输的码发生了偶数位错误，则其奇偶性不会改变，接收端不能将其检测出来。因此，奇偶校验码只能用来检测奇数个错误。这种检错方法一般用于误码率较低的场合。

1.7.2 奇偶纠错码

一种比较简单的纠错码是所谓的二维奇偶纠错码，它利用行、列的奇偶性进行纠错。图1.1是二维奇偶纠错码的示意图，它的行列均使用奇(偶)校验。数据传输以数据块为单位进行。接收完一个数据块后，对该数据块行列的奇偶性进行检查，有错时将错误纠正过来。例如，若第 X 行、第 Y 列相交的码元发生错误，则接收端可检测到第 X 行、第 Y 列出错，将第 X 行、第 Y 列相交的码元求反即可纠正错误。

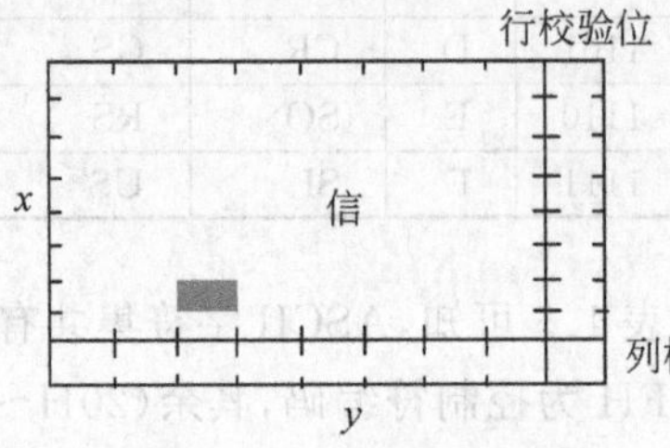

图 1.1 二维奇偶纠错码

本节介绍了简单的检错和纠错编码。实际系统中的出错情况、编码方式往往复杂得多。编码是通信与电子系统的一个重要组成部分，许多人在从事这方面的研究工作。这已不属于本课程的范畴。有兴趣的读者可阅读这方面的书籍。

本章小结

- 为解决人机交流问题，引入了二进制、十进制数及它们之间的相互转换；
- 为记忆、交流方便，引入了八进制、十六进制；
- 介绍了反码、补码的定义和求法；
- 为解决在机器里表示正数、负数的问题，引入了符号数的计算机表示方法；
- 利用补码，可用加法器实现加、减运算；
- 举例并证明了利用补码进行二进制数的加、减运算的正确性；
- 利用补码进行加、减运算可能出现溢出错误，给出了判断发生溢出的方法；

- 为用机器表示十进制数，介绍了十进制数的二进制编码，即BCD码；
- 为解决控制系统中译码噪声的问题，引入了“相邻码组逻辑相邻”的格雷码；
- 介绍了美国标准信息交换码：ASCII字符集；
- 最后介绍了在数据传输中极为重要的检错、纠错的概念，给出了奇偶校验码的定义及其适合的应用场合。

本章习题

1-1 例1.12中转换前后两个数的绝对值哪个大？为什么？

1-2 将下列二进制数分别转换为八进制数、十六进制数和十进制数。

11001101.101，10010011.1111

1-3 将下列十进制数转换为二进制、八进制和十六进制数（保留4位小数）。

121.56，73.85

1-4 将下列十六进制数转换为二进制、八进制和十进制数。

89.0F，E5.CD

1-5 试求例1.17的转换误差，比较例1.12的转换误差，哪个大？为什么？

1-6 用16位二进数表示符号数，试分别写出原码、反码和补码可表示的数值范围。

1-7 设$n=8$，试求下列数对应的二进制数的反码。

24，43，65，79

1-8 设$n=8$，试求下列二进制数的反码表示。

101101，−101101，10100，−10100

1-9 设$n=8$，试求下列数对应的二进制数的补码。

23，123，79，97

1-10 设$n=8$，试求下列二进制数的补码表示。

101101，−101101，10100，−10100，101.001，−101.001

1-11 为什么将N求反加1即为N的补码？

1-12 试证明利用补码进行加减运算的正确性。

1-13 设$A=65$，$B=56$，$n=8$。试用补码表示法求下列运算，并验证其结果是否正确。

$A+B$，$A-B$，$-A+B$，$-A-B$

1-14 设$A=65$，$B=75$，$n=8$。试用补码表示求下列运算，并验证其结果是否正确。如果结果有错，为什么？

$A+B$，$A-B$，$-A+B$，$-A-B$

1-15 如何判断补码运算有无溢出？

1-16 试分别写出下列十进制数的8421、5421、2421和余三码。

325，108，61.325

1-17 试完成下列BCD码运算。

$(0011\ 1001\ 0001)_{8421BCD}+(0101\ 1000\ 0010)_{8421BCD}=?$

1-18 试写出对应下列二进制数的格雷码。

1010，1101

1-19 试写出对应下列格雷码的二进制数。

1010,1101

1-20 试用二进制和十六进制写出“Hello everyone”的 ASCII 编码。

1-21 设要用奇偶校验码传送 ASCII 字符串“BIT”,试分别写出其奇校验码和偶校验码。并求出在这种情况下传输效率降低了多少?

1-22 用二维奇偶纠错码去纠错,有无可能纠正所有的错误?若不能,什么情况下不能?试列出不能纠错的情况并说明原因。

第2章 逻辑代数基础

本章的内容主要涉及逻辑代数基础知识的各个方面。其中包括逻辑变量和逻辑函数的概念；逻辑代数的基本运算规律和基本公式；逻辑函数表达式的各种形式。另外还重点介绍逻辑函数表达式的两种化简方法——代数化简法和卡诺图化简法。最后介绍非完全描述的逻辑函数的概念并总结归纳可用于描述一个逻辑函数的各种方法以及这些方法之间如何进行相互转换。作为本章的附加阅读部分，介绍了逻辑函数的Q-M表格化简法。加入这一部分的目的是为了供有兴趣的读者阅读，开阔其眼界。

2.1 概述

2.1.1 事物的二值性

世界上的许多事物具有完全不同的两种状态，这就是平时所说的事物的矛盾性。可以举出很多这类完全对立的、处于矛盾状态的例子。例如，速度的“快”与“慢”、面积的“大”与“小”、人类行为的“是”与“非”、某件事情的“真”与“假”等。结合到电子学领域里，这样的例子也很多。例如，信号的“有”与“无”、开关的“断”与“通”、灯泡的“灭”与“亮”、电位的“高”与“低”、电容器的“放电”与“充电”、晶体三极管的“截止”与“导通”等。这些例子都说明事物具有二值性。如果撇开这些矛盾对立面实例的具体内容，而只用数字符号1和0来表示这些完全对立的两个方面并以此为基础来研究事物发展变化的因果关系，于是就产生了一门新的数学分支——逻辑代数。逻辑代数是按一定的逻辑规律进行演算的代数，它和普通代数的含义是完全不同的。

2.1.2 布尔代数

逻辑代数是19世纪的英国数学家乔治·布尔(George Boole)在1847年首先创立的。这是一种仅使用数值1和0的代数。注意，这里的1和0并不代表数量的大小，而是表示完全对立的两个矛盾的方面。布尔在逻辑方面的主要贡献就是用一套符号来进行逻辑演算，即逻辑的数学化。正是由于布尔构造出了二值代数系统，所以很多教科书上又把逻辑代数称作布尔代数(Boolean algebra)。布尔代数在创建的初期仅仅是应用于研究概率的问题，由于时代和生产力水平的限制，当时人们并没有认识这一代数理论的巨大应用前景。直到20世纪30年代末，美国贝尔实验室的科学家克劳德·香农(Claude Shannon)于1938年编写了具有革命性的硕士论文《继电器和开关电路的一种符号分析》(*A Symbolic Analysis of Relay and Switching Circuits*)，此时人们才真正认识到布尔代数的实用价值。香农的这篇论文首次阐述了如何将布尔代数应用于开关电路(即之后人们所说的数字电路)以及数字计算机的设计上。正是由于香农把布尔代数应用到开关电路的分析和设计上，所以还有一些教科书上把"布尔代数"叫做"开关代数"(switching algebra)。

2.2 逻辑变量和逻辑函数

2.2.1 基本的逻辑运算和逻辑变量

所谓逻辑就是指事物的因果之间所遵循的规律，最基本的逻辑关系可以归纳为"与"(**AND**)逻辑、"或"(**OR**)逻辑和"非"(**NOT**)逻辑。如图2.1所示的三个电路分别说明了这三种基本的逻辑关系。图中A、B代表两个开关，F代表灯泡，R是限流电阻。在此先做出一些假设：把开关A、B的"闭合"状态作为两个条件，而把灯泡的"点亮"状态作为一个事件。

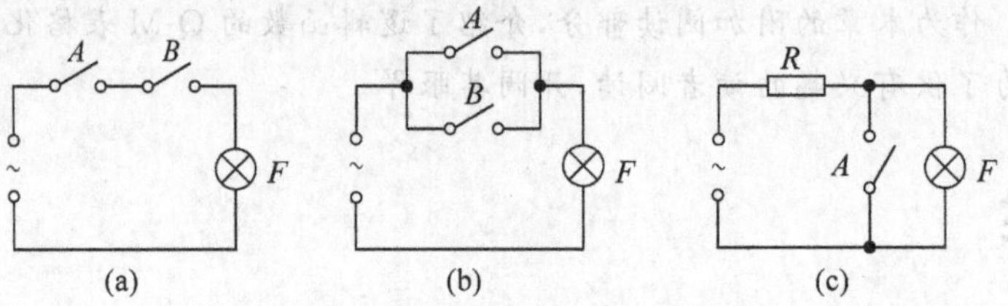

图2.1 "与""或""非"逻辑示意图

1. "与"逻辑

从图2.1(a)中可以看出，开关A、B是串联相接的，所以只有当两个开关A、B全都闭合时，灯泡F才能点亮。也就是说只有当A、B两个开关的"闭合"条件全都满足时，灯泡F"点亮"这个事件才能发生。**把决定某个事件的所有条件全都具备时，这个事件才会发生的因果关系定义为"与"逻辑。**

2. "或"逻辑

图2.1(b)中的开关A、B是并联相接的，所以只要两个开关A、B中有任意一个开关闭合、或者两者全都闭合时，灯泡F就能点亮。也就是说只要当A、B两个开关的"闭合"条件中有任意一个条件满足、或者两者全都满足时，灯泡F"点亮"这个事件就能够发生。**把决定某个事件的所有条件中只要有任意一个条件具备、或者某几个条件同时具备、再或者全都具备时，这个事件就会发生的因果关系定义为"或"逻辑。**

3. "非"逻辑

在图2.1(c)中只有一个开关A，而且它是与灯泡F相并联的。所以当开关A闭合时灯泡F是熄灭的，而在开关A断开时，灯泡F才能点亮。也就是说，当开关A"闭合"的条件满足时,灯泡 F“点亮”这个事件反倒不发生,只有当开关 A“闭合”这个条件不满足时,灯泡 F“点亮”这个事件才会发生。**把事件的发生与否和决定这个事件的条件是否具备的状态刚好相反的因果关系定义为“非”逻辑。**

香农在他的论文中把布尔代数用于分析和描述由继电器所构成的网络的行为和状态,因为继电器在当时是最通用的一种数字逻辑元件。已知继电器触点的状态有两个——“断开”和“闭合”。香农把一个继电器触点的状态定义为一个变量 X,并用两个数字符号 0 和 1 来表示触点的这两个状态。具体来讲,就是用数字 0 表示“断开”状态;而用数字 1 表示“闭合”状态。这样,变量 X 就仅有两个可能的取值 0 和 1。人们把这种仅有 0 和 1 两个取值的变量 X 叫做逻辑变量(以后简称为变量),而把数字符号 0 和 1 称为逻辑 0 和逻辑 1(以后也简称为 0 和 1)。

仿照香农的做法,可以把 2.1.1 小节里所列举的那些完全对立矛盾的状态实例都用一个逻辑变量来描述,如表 2.1 所示。

表 2.1 完全对立矛盾的状态与逻辑变量的取值相对应

现实生活中完全对立的矛盾状态的实例	逻辑变量 X 取值所代表的具体含义	
	0	1
速度的“快”与“慢”	“慢”(小于 100km/h)	“快”(大于 200km/h)
面积的“大”与“小”	“小”(小于 $10m^2$)	“大”(大于 $20m^2$)
人类行为的“非”与“是”	“非”	“是”
某件事情的“真”与“假”	“假”	“真”
信号的“有”与“无”	“无”	“有”
开关的“断”与“通”	“断”	“通”
灯泡的“灭”与“亮”	“灭”	“亮”
电位的“高”与“低”	“低”	“高”
电容器的“放电”与“充电”	“放电”	“充电”
晶体管的“截止”与“导通”	“导通”	“截止”

注意:表 2.1 中对立矛盾的状态与逻辑变量取值的对应关系完全是人为定义的。人们完全可以把上表中 0 和 1 的位置对调一下而不失所述问题的合理性和一般性。例如,既可以用逻辑 0 代表灯泡的“灭”而用逻辑 1 代表灯泡的“亮”;也可以用逻辑 1 代表灯泡的“灭”而用逻辑 0 代表灯泡的“亮”。关于这个问题后面还会讲到。

从表 2.1 中可以看出,一个逻辑变量可以表示任意一个具有矛盾对立面的事物。因此,可以用逻辑变量来描述图 2.1 中 3 个电路的行为。首先设定 3 个逻辑变量 A、B 和 F,它们分别代表两个开关和灯泡,然后再做出两点规定:

- 开关的“闭合”作为逻辑 1,而开关的“断开”作为逻辑 0。
- 灯泡的“点亮”作为逻辑 1,而灯泡的“熄灭”作为逻辑 0。

于是根据上述“与”逻辑、“或”逻辑和“非”逻辑的定义,如图 2.1(a)～图 2.1(c)所示 3 个电路中开关的状态和灯泡的状态之间的关系可以分别用表 2.2～表 2.4 来表示,这种表叫做**真值表**。观察一下真值表的结构,发现它的左栏列出的是表示条件的逻辑变量以及这些变量取值的所有可能组合,表的右栏填入的是表示事件的逻辑变量以及它对应于各条件变量取值的逻辑运算结果。

表 2.2 “与”逻辑

A	B	F
0	0	0
0	1	0
1	0	0
1	1	1

表 2.3 “或”逻辑

A	B	F
0	0	0
0	1	1
1	0	1
1	1	1

表 2.4 “非”逻辑

A	F
0	1
1	0

最基本的逻辑是“与”“或”“非”，与之相对应的也有 3 种基本的逻辑运算。

1. “与”运算(逻辑乘法)

如果把表 2.2 所代表的“与”逻辑中各逻辑变量之间的关系用一个式子来表示，可以写成如下的形式

$$F=A\cdot B$$

其中，$A\cdot B$ 叫做**逻辑表达式**，它表示逻辑变量 A 和 B 做“与”运算(也叫逻辑乘法运算)，其结果就是逻辑变量 F 的取值。运算符号“·”叫做“与”运算符，还有其他形式的“与”运算符，如“∧”“∩”和“&”。所以

$$F=A\cdot B=A\wedge B=A\cap B=A\&B$$

以后书中采用符号“·”作为“与”运算符，或者有时干脆省去“·”而把 $F=A\cdot B$ 写成 $F=AB$。

“与”运算的含义是：只有当 A 和 B 全为 1 时，F 才为 1；A、B 中只要有一个为 0 或者两者都为 0 时，F 就为 0。所以“与”运算的规则就是

$$0\cdot 0=0,\quad 0\cdot 1=0,\quad 1\cdot 0=0,\quad 1\cdot 1=1$$

这个规则与普通乘法的规律相同，但是含义却不同。

2. “或”运算(逻辑加法)

把表 2.3 所代表的“或”逻辑中各逻辑变量之间的关系用一个式子来表示，可写成如下的形式

$$F=A+B$$

它表示逻辑变量 A 和 B 做“或”运算(也叫逻辑加法运算)，其结果就是逻辑变量 F 的取值。运算符号“+”叫做“或”运算符，还有其他形式的“或”运算符，如“∨”“∪”和“|”。所以

$$F=A+B=A\vee B=A\cup B=A\mid B$$

以后书中采用符号“+”作为“或”运算符。

“或”运算的含义是：A 和 B 当中只要有一个为 1 或者全为 1 时，F 就为 1；只有当 A、B 全为 0 时，F 才为 0。所以“或”运算的规则就是

$$0+0=0,\quad 0+1=1,\quad 1+0=1,\quad 1+1=1$$

注意：这个规则的前 3 条与普通加法的规律相同，但是最后一条却不同。在这里，$1+1\neq 2$，且 $1+1\neq(10)_2$。这充分说明**逻辑运算不是数值运算，逻辑运算是因果关系的逻辑判断**。

3. “非”运算(求反运算或逻辑非)

表 2.4 所代表的“非”逻辑中两个逻辑变量之间的关系可写成如下的形式

$$F=\overline{A}$$

它表示逻辑变量 F 和 A 的取值相反，即 A 为 0 时，F 为 1；而 A 为 1 时，F 为 0。其运算规则就是

$$\overline{0}=1,\quad \overline{1}=0$$

"非"运算是普通代数里所没有的。$\overline{A}$ 读作"A 非"或者"A 反"，有时也把"非"运算叫做求"补"(complement)运算，而把 $\overline{A}$ 读作"A 补"。

必须强调的是，在逻辑代数中，只有"与"运算、"或"运算和"非"运算这 3 种基本逻辑运算，不能有其他的运算。逻辑变量的取值也只有 1 和 0 两种，而不能有其他的取值。这些是和普通代数不同的。但是应当指出的是，与普通代数相类似，**在逻辑代数中也有逻辑运算的前、后优先次序**，具体的规定是：

- **单变量上的"非"运算优先级最高**，例如 $\overline{A}$、$\overline{B}$ 等。
- **"与"运算(逻辑"乘")要优先于"或"运算(逻辑"加")**。
- **括号"()"内的运算要优先于括号外的运算**。例如，$(A+\overline{B})\cdot C$ 的运算顺序是先做变量 B 的"非"运算 $\overline{B}$，再将 $\overline{B}$ 与变量 A 相"或"，最后再将所得结果与变量 C 相"与"。
- **多变量上的"非"运算相当于加括号**。例如，$\overline{A+B}\cdot C$ 就相当于 $\overline{(A+B)}\cdot C$。

"与""或""非"这 3 种基本逻辑运算可分别由"与"门、"或"门和"非"门 3 种基本的逻辑门电路来实现。这 3 种基本门电路的逻辑符号如图 2.2 所示。

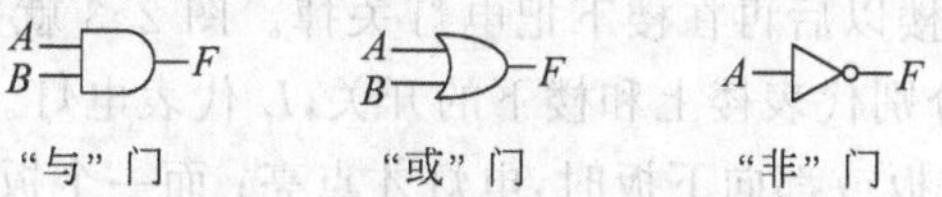

图 2.2　基本门电路的逻辑符号

2.2.2　逻辑函数

如果把"与""或""非"这 3 种基本逻辑运算组合成一个较为复杂的逻辑表达式，例如 $A\cdot\overline{B}+\overline{C\cdot D}$，再把该逻辑表达式的运算结果(只能是 0 或 1)赋予另一个逻辑变量，例如 F，于是就有了下面的式子

$$F=A\cdot\overline{B}+\overline{C\cdot D}$$

这个式子就叫做**逻辑函数**。很明显，4 个逻辑变量 A、B、C、D 各自的取值只能是 0 和 1，所以 4 个变量的组合取值总共有 16 组(0000 至 1111)。如果把这 16 组取值分别代入上式运算的话，F 就得到了 16 个取值(只能是 0 或 1)。因此，对于 A、B、C、D 4 个变量的 16 组取值而言，F 都有一个确定的取值与之对应；换句话说，每一个 F 的取值都对应了一组或几组 A、B、C、D 的组合取值。和普通函数的概念一样，人们把 A、B、C、D 叫做**逻辑自变量**；而把 F 叫做**逻辑因变量**，也就是逻辑自变量 A、B、C、D 的逻辑函数。人们在自变量、因变量和函数的前面都冠之以"逻辑"二字，目的就是要强调它们和普通函数中的自变量、因变量(函数)是不同的。在这里，无论是逻辑自变量的定义域还是逻辑因变量(即逻辑函数)的值域都只能是 0 或 1 而不能是其他的取值。**逻辑函数**有时也被称作**开关函数**。

以后经常会拿逻辑函数和逻辑表达式与普通函数和算术表达式作类比，这主要是为了让读者能够对逻辑函数和逻辑表达式的一些概念更容易理解。但是读者必须注意，逻辑函

数和逻辑表达式不同于普通函数和算术表达式，两者之间有本质的区别，而前者又有其自身的特殊规律。

上述逻辑函数是一个4变量的逻辑函数，可以抽象地记为

$$F=f(A,B,C,D)$$

当然还有单变量的逻辑函数，两变量的逻辑函数，……，n 变量的逻辑函数。一个一般的、多变量的逻辑函数可以记为

$$F=f(A,B,C,\cdots)$$

在2.2.1小节里提到的3种基本逻辑运算，即

$$F=A\cdot B,\quad F=A+B,\quad F=\overline{A}$$

就是3个最基本的逻辑函数。前两个是两变量逻辑函数，而后一个是单变量逻辑函数。

什么是两个逻辑函数的相等呢？**若两个逻辑函数 F 和 G 的输入变量相同，而且对于任意的一组变量取值都有相同的函数值，则这两个函数相等，记作 $F=G$。换句话说，就是任何形式的两个逻辑函数，只要它们的真值表相同，则它们就相等。**

任何一个逻辑操作的过程，都可用一个具有若干个逻辑变量的逻辑函数来描述，并用一个与此函数相对应的开关网络来实现。先看一个例子。

为了给楼道内的楼梯照明，人们常在楼上和楼下各装一个"单刀双掷"开关。刚进入楼道的人可以在楼下将电灯打开，待上了楼以后再在楼上将电灯关掉。同样，在楼上的人也可以先把电灯打开，待下了楼以后再在楼下把电灯关掉。图2.3就是能够实现这一要求的原理电路。图中 $K_{上}$、$K_{下}$ 分别代表楼上和楼下的开关，L 代表电灯。从图中可以看出，只有当 $K_{上}$、$K_{下}$ 两个开关都向上扳或都向下扳时，电灯才点亮；而一个扳上、一个扳下时，电灯就熄灭。

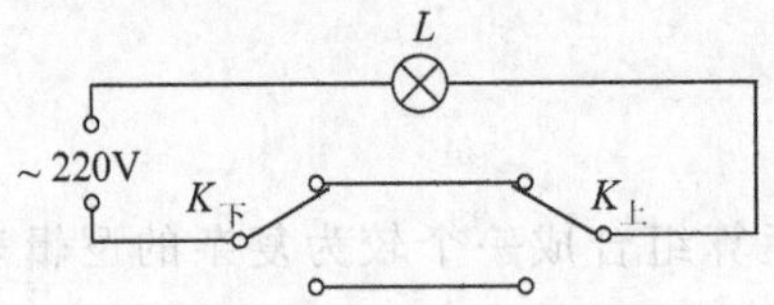

图2.3 楼梯照明电路原理图

表2.5 楼梯照明电路真值表

A	B	F
0	0	1
0	1	0
1	0	0
1	1	1

用逻辑变量 F 代表电灯 L，并规定 $F=1$ 表示灯亮，而 $F=0$ 则表示灯灭；再用逻辑变量 A、B 分别表示两个开关 $K_{上}$、$K_{下}$ 的位置，并规定1表示向上扳，而0表示向下扳。根据图2.3和刚才所做的规定就可得到表示逻辑变量 F 和 A、B 之间关系的真值表，如表2.5所示。

根据真值表，就得到如下的函数表达式

$$F=A\cdot B+\overline{A}\cdot\overline{B}$$

其中，把 A、B 叫做**输入逻辑变量**；把 F 叫做**输出逻辑变量**。当 A、B 取定一组值以后，F 的值也就随之完全确定。这种关系就是上述的逻辑函数关系，即 F 是 A、B 的函数。所以 A、B 就是**逻辑自变量**，而 F 就是**逻辑因变量或逻辑函数**。

由此可见，任何一个逻辑操作的过程，都可用一个具有若干个逻辑变量的逻辑函数来描述，也可以用一张真值表来描述。**逻辑函数和真值表各自都能完全地描述一个逻辑操作的过程**。所以，逻辑函数和真值表之间也有一一对应的关系，即**一个逻辑函数对应了一张真值**

表；而一张真值表也对应了一个(或若干个)逻辑函数。

观察一下表 2.5 的结构可以注意到，通常情况下是把输入逻辑变量(逻辑自变量)列在真值表的左边；而把输出逻辑变量(逻辑因变量或逻辑函数)列在真值表的右边。

上述逻辑函数 $F=A\cdot B+\overline{A}\cdot\overline{B}$ 叫做"同或"逻辑函数。

2.2.3 逻辑函数与逻辑电路的关系

逻辑函数和逻辑电路是相互对应的。换句话说，就是逻辑函数可以由逻辑电路来实现；而逻辑电路也可以由逻辑函数来描述。

如果给定一个逻辑函数，那么就可以根据这个逻辑函数的表达式来求出实现该逻辑函数的逻辑电路。例如，2.2.2 节所提到的"同或"逻辑函数 $F=A\cdot B+\overline{A}\cdot\overline{B}$，就可以用图 2.4 所示的逻辑电路来实现它。

反之，如果给出一个逻辑电路，那么就可以根据这个逻辑电路写出用于描述该逻辑电路输入信号(变量)和输出信号(变量)之间关系的逻辑函数。例如，给出如图 2.5 所示的逻辑电路，可以写出描述该电路输出信号 F 与输入信号 A、B 之间关系的逻辑函数表达式

$$F=A\cdot\overline{B}+\overline{A}\cdot B$$

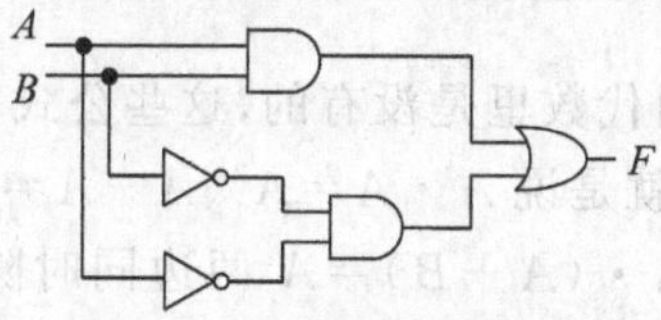

图 2.4 "同或"逻辑电路

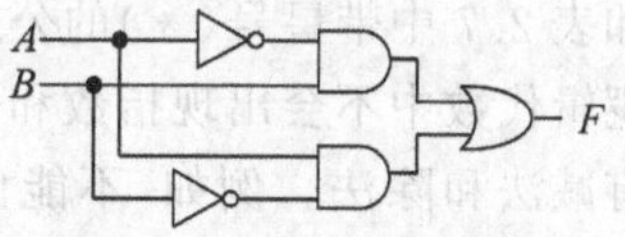

图 2.5 "异或"逻辑电路

这个逻辑函数叫做"异或"逻辑函数。

2.3 逻辑代数的基本运算规律

2.3.1 逻辑代数的基本定律

1. 逻辑代数公理

逻辑代数公理(或者叫基本原理)是整个逻辑代数系统的基石，以这些公理为出发点，可以证明所有逻辑代数系统中的各种定律和定理。事实上，在 2.2.1 节中已经接触到了这些公理，它们实际上是逻辑常数 1 和 0 的基本运算规则。这些运算规则可直接由"与""或"和"非"的运算定义得出。为了明确起见，把这些公理再归纳于表 2.6 中。

表 2.6 逻辑运算公理

"与"	(A1) $0\cdot 0=0$ (A2) $0\cdot 1=1\cdot 0=0$ (A3) $1\cdot 1=1$	"或"	(A1′) $1+1=1$ * (A2′) $0+1=1+0=1$ (A3′) $0+0=0$
"非"	(A4) $\overline{0}=1$		(A4′) $\overline{1}=0$ *

2. 逻辑代数的基本定律

根据逻辑代数的公理,可以推导出逻辑代数运算的一些基本定律。在这些基本定律中,有些与普通代数的定律相类似,例如交换律和结合律,但是有些定律却是逻辑代数本身所特有的。掌握这些基本定律将为我们分析和设计逻辑电路提供方便。表 2.7 给出了这些基本定律。

表 2.7 逻辑代数基本定律

名 称	公 式		类 别	
0-1 律	(B1) $A\cdot 0=0$	(B1′) $A+1=1$ *	常量和变量间的等式	
自等律	(B2) $A\cdot 1=A$	(B2′) $A+0=A$		
互补律	(B3) $A\cdot\overline{A}=0$ *	(B3′) $A+\overline{A}=1$		
交换律	(B4) $A\cdot B=B\cdot A$	(B4′) $A+B=B+A$	类似普通代数	变量间的等式
结合律	(B5) $(A\cdot B)\cdot C=A\cdot(B\cdot C)$	(B5′) $(A+B)+C=A+(B+C)$		
分配律	(B6) $A\cdot(B+C)=A\cdot B+A\cdot C$	(B6′) $A+B\cdot C=(A+B)(A+C)$ *		
重叠律	(B7) $A\cdot A=A$ *	(B7′) $A+A=A$ *	逻辑代数所特有	
反演律(德·摩根定理)	(B8) $\overline{A\cdot B}=\overline{A}+\overline{B}$ *	(B8′) $\overline{A+B}=\overline{A}\cdot\overline{B}$ *		
还原律	(B9) $\overline{\overline{A}}=A$ *			

表 2.6 和表 2.7 中带星号(*)的公式在普通代数里是没有的,这些公式是逻辑代数所特有的。在逻辑代数中不会出现指数和系数,也就是说 $A\cdot A\neq A^2$、$A+A\neq 2A$。另外,逻辑代数也没有减法和除法。例如,不能由等式 $A\cdot(A+B)=A$ 两边同时除以 A 而推出 $A+B=1$;也不能由等式 $A+\overline{A}\cdot B=A+B$ 两边同时减去 A 而得出 $\overline{A}\cdot B=B$。

表 2.7 所列出的逻辑代数基本定律,有些是很明显的,一看就知道是正确的,但是有些基本定律却不能一眼就看出它的正确性。**证明这些基本定律的最有效的方法就是使用真值表,即分别作出等式两边逻辑表达式的真值表,然后检验其结果是否相同。**例如要证明表 2.7 中的反演律,可以分别作出两个等式的等号两边逻辑表达式的真值表,如表 2.8 和表 2.9 所示。

表 2.8 证明反演律真值表(1)

A B	$\overline{A\cdot B}$	$\overline{A}+\overline{B}$
0 0	1	1
0 1	1	1
1 0	1	1
1 1	0	0

表 2.9 证明反演律真值表(2)

A B	$\overline{A+B}$	$\overline{A}\cdot\overline{B}$
0 0	1	1
0 1	0	0
1 0	0	0
1 1	0	0

从表 2.8 和表 2.9 可知

$$\overline{A\cdot B}=\overline{A}+\overline{B},\quad \overline{A+B}=\overline{A}\cdot\overline{B}$$

这就是著名的**德·摩根(De Morgan)**定理,简称摩根定理。在逻辑代数的运算中经常会用到摩根定理,所以它是一个非常重要的定理。

也可以用代数的方法来证明表 2.7 所列出的逻辑代数基本定律。例如,可以用摩根定理、还原律和分配律的(B6)公式去证明分配律的(B6′)公式。证明过程如下

$$A+B\cdot C=\overline{\overline{A+B\cdot C}} \qquad \text{(还原律)}$$

$$=\overline{\overline{A}\cdot\overline{B\cdot C}}=\overline{\overline{A}\cdot(\overline{B}+\overline{C})} \qquad \text{(摩根定理)}$$

$$=\overline{\overline{A}\cdot\overline{B}+\overline{A}\cdot\overline{C}} \qquad \text{(分配律(B6))}$$

$$=\overline{\overline{A}\cdot\overline{B}}\cdot\overline{\overline{A}\cdot\overline{C}}=(\overline{\overline{A}}+\overline{\overline{B}})(\overline{\overline{A}}+\overline{\overline{C}}) \qquad \text{(摩根定理)}$$

$$=(A+B)(A+C) \qquad \text{(还原律)}$$

证明某个逻辑等式的正确性，既可以用真值表来证明，也可以用逻辑代数的方法来证明。在使用逻辑代数的方法证明时需要注意：证明过程中所用到的所有定律、定理本身都必须事先已被证明是正确的，而证明这些定律、定理的最直接有效的方法就是使用真值表。

2.3.2 3个重要规则

在逻辑代数的运算中有3个重要的规则。掌握这3个重要规则对于推导逻辑表达式和证明逻辑等式是非常必要的。

1. 代入规则

任何一个逻辑等式，如果将等式两边所出现的同一个逻辑变量都代之以同一个逻辑函数，则该逻辑等式仍然成立，这就是**代入规则**。代入规则也叫**代入定理**。逻辑代数的代入规则和普通代数的代入规则的形式是一样的，就其成立的原理也是一样的，所以它的正确性不难理解。运用代入规则可以扩大表2.7中基本定律的适用范围。

例如，根据摩根定理已知 $\overline{A\cdot B}=\overline{A}+\overline{B}$，$\overline{A+B}=\overline{A}\cdot\overline{B}$。现在令 $B=C\cdot D$ 代入 $\overline{A\cdot B}=\overline{A}+\overline{B}$。再令 $B=C+D$ 代入 $\overline{A+B}=\overline{A}\cdot\overline{B}$，于是分别得到

$$\overline{A\cdot(C\cdot D)}=\overline{A}+\overline{C\cdot D}\Rightarrow\overline{A\cdot C\cdot D}=\overline{A}+\overline{C}+\overline{D} \quad \text{(结合律，摩根定理)}$$

$$\overline{A+(C+D)}=\overline{A}\cdot\overline{C+D}\Rightarrow\overline{A+C+D}=\overline{A}\cdot\overline{C}\cdot\overline{D} \quad \text{(结合律，摩根定理)}$$

由此，证明了三个变量的摩根定理。如果不断地运用代入规则于2个变量、3个变量、…、$n-1$ 个变量的摩根定理，就可以证明 n 个变量的摩根定理，即

$$\overline{A_1+A_2+A_3+\cdots+A_{n-1}+A_n}=\overline{A}_1\cdot\overline{A}_2\cdot\overline{A}_3\cdot\cdots\cdot\overline{A}_{n-1}\cdot\overline{A}_n$$

$$\overline{A_1\cdot A_2\cdot A_3\cdot\cdots\cdot A_{n-1}\cdot A_n}=\overline{A}_1+\overline{A}_2+\overline{A}_3+\cdots+\overline{A}_{n-1}+\overline{A}_n$$

再例如，若令 $A=BC+DE$，则根据互补律 $A+\overline{A}=1$ 即可推出

$$BC+DE+\overline{BC+DE}=1$$

2. 反演规则

若两个逻辑函数 F 和 G 的输入变量相同，而且 F 和 G 对于任意的一组输入变量取值都有**相反**的函数值，则称这两个函数互反（或叫互补），记作 $F=\overline{G}$ 或 $G=\overline{F}$。这里，G（或 $\overline{F}$）叫做 F 的反函数（或补函数）；而 F（或 $\overline{G}$）也叫 G 的反函数（或补函数），F 和 G 互为反函数。注意：这里所说的"反函数"概念与普通代数里的反函数概念是不一样的。

反演规则为人们提供了一个可以由逻辑函数 F 的表达式直接求出其反（补）函数 $\overline{F}$ 的方法。反演规则的内容如下。

对于任意的逻辑函数 F，如果对其表达式做下述3种变换：

(1) 把原表达式中所有的"·"运算符换成"+"运算符，同时把所有的"+"运算符换成"·"运算符。

(2) 把原表达式中所有的逻辑常量0换成逻辑常量1，而把所有的逻辑常量1换成逻辑常量0。

(3) 把原表达式中所有的原变量换成反变量,再把所有的反变量换成原变量。

由此所得到的新逻辑表达式就是逻辑函数 F 的反(补)函数 $\overline{F}$ 的逻辑表达式。

例如,若 $F=A\cdot\overline{B}+C\cdot\overline{D}$,则 $\overline{F}=(\overline{A}+B)\cdot(\overline{C}+D)$。再如,若 $F=A\cdot(\overline{B}+C\cdot 1)$,则 $\overline{F}=\overline{A}+B\cdot(\overline{C}+0)=\overline{A}+B\cdot\overline{C}$。

上述两式的正确性,可以通过对 F 的表达式求反后再反复运用摩根定理而加以证明,即

若 $F=A\cdot\overline{B}+C\cdot\overline{D}$,则 $\overline{F}=\overline{A\cdot\overline{B}+C\cdot\overline{D}}=\overline{A\cdot\overline{B}}\cdot\overline{C\cdot\overline{D}}=(\overline{A}+B)\cdot(\overline{C}+D)$。

若 $F=A\cdot(\overline{B}+C\cdot 1)$,则 $\overline{F}=\overline{A\cdot(\overline{B}+C\cdot 1)}=\overline{A}+\overline{(\overline{B}+C\cdot 1)}=\overline{A}+B\cdot\overline{C\cdot 1}=\overline{A}+B\cdot(\overline{C}+0)=\overline{A}+B\cdot\overline{C}$。

反演规则实际上是反演律(摩根定理)在求逻辑函数 F 的反(补)函数 $\overline{F}$ 时的一种推广。在运用反演规则时必须注意以下两点:

- 绝对不能打乱原表达式的运算顺序;
- 不属于单变量上的非号应保持不变(因为这个非号有括号的作用)。

例如,若 $F=\overline{A}\cdot\overline{B}+C+0$,则 $\overline{F}=(A+B)\cdot\overline{C}\cdot 1$。而 $\overline{F}\neq A+B\cdot\overline{C}\cdot 1$。再例如,若 $F=A+\overline{B+\overline{C}+\overline{D+E}}$,则 $\overline{F}=\overline{A}\cdot\overline{B\cdot C\cdot\overline{\overline{D}\cdot E}}$。

3. 对偶规则

在说明对偶规则之前,先建立对偶式的概念。

对于任意的逻辑函数 F,如果对其表达式做下述 3 种变换:

(1) 把原表达式中所有的"·"运算符换成"+"运算符,同时把所有的"+"运算符换成"·"运算符;

(2) 把原表达式中所有的逻辑常量 0 换成逻辑常量 1,而把所有的逻辑常量 1 换成逻辑常量 0;

(3) 原表达式中所有的原变量和反变量均保持不变。

则由此所得到的新逻辑表达式就是原逻辑表达式的**对偶式**。相应地,由新逻辑表达式所构成的逻辑函数就是原逻辑函数的**对偶函数**,记作 F'。

例如,若 $F=A\cdot\overline{B}+C\cdot\overline{D}$,则 $F'=(A+\overline{B})\cdot(C+\overline{D})$;若 $F=A\cdot(\overline{B}+C\cdot 1)$,则 $F'=A+\overline{B}\cdot(C+0)=A+\overline{B}\cdot C$;若 $F=\overline{\overline{A}\cdot\overline{B\cdot\overline{C}}}$,则 $F'=\overline{\overline{A}+\overline{B+\overline{C}}}$;若 $F=A$,则;$F'=A$。

由对偶式的定义可以看出,以上各例中的 F' 是 F 的对偶函数,同时 F 也是 F' 的对偶函数,即 F 和 F' 互为对偶函数。

与求一个函数的反函数(反演规则)的做法相类似,**在求一个函数表达式的对偶式时也不能打乱原表达式的运算顺序**。另外还要注意,在求对偶式的 3 步中,前两步与求反函数的步骤相同,但第三步是不一样的,即要保持原表达式中的所有变量(原变量和反变量)不变。因此,**在一般情况下 $\overline{F}\neq F'$**。

有了对偶式的概念之后,再来阐述对偶规则。

如果两个函数相等,则它们的对偶函数(对偶式)也相等。即若 $F=G$,则 $F'=G'$。

在表 2.7 所列出的基本定律中,右边带"′"的标号所对应的公式两边的表达式,都是左边不带标号所对应的公式两边表达式的对偶式。这就验证了对偶规则。

运用对偶规则,可以使需要记忆和证明的公式数量减少一半,同时还可以为简化和变换

逻辑函数带来方便。

2.3.3 逻辑代数的基本定理

除了上面叙述的逻辑代数公理和逻辑代数基本定律以外，在逻辑代数中还有一些基本定理。掌握并很好地运用这些基本定理，对于化简逻辑表达式是非常有帮助的。表 2.10 列出了这些基本定理。

表 2.10 逻辑代数基本定理

名 称	公 式	
合并定理	(C1) $AB+A\bar{B}=A$	(C1′) $(A+B)(A+\bar{B})=A$
吸收定理	(C2) $A+AB=A$	(C2′) $A(A+B)=A$
	(C3) $A+\bar{A}B=A+B$	(C3′) $A(\bar{A}+B)=AB$
添加项定理	(C4) $AB+\bar{A}C+BC=AB+\bar{A}C$	(C4′) $(A+B)(\bar{A}+C)(B+C)$ $=(A+B)(\bar{A}+C)$
	(C5) $AB+\bar{A}C+BCD=AB+\bar{A}C$	(C5′) $(A+B)(\bar{A}+C)(B+C+D)$ $=(A+B)(\bar{A}+C)$
	(C6) $\overline{AB+\bar{A}C}=A\bar{B}+\bar{A}\bar{C}$	(C6′) $\overline{(A+B)(\bar{A}+C)}$ $=(A+\bar{B})(\bar{A}+\bar{C})$

要证明表 2.10 所列出的这些定理，最根本的方法还是利用真值表。当然也可以利用代数的方法证明这些定理。下面利用代数的方法来证明这些基本定理。在证明的过程中，用到了逻辑代数的公理、逻辑代数的基本定律和已经获得证明的逻辑代数其他定理，而且也用到了上述 3 个重要规则。

(1) 证明“合并定理”公式(C1)。

证明：$AB+A\bar{B}=A(B+\bar{B})$ (分配律)

$=A\cdot 1$ (互补律)

$=A$ (自等律)

(2) 证明“吸收定理”的公式(C2)。

证明：$A+AB=A(1+B)$ (自等律、分配律)

$=A\cdot 1$ (0-1 律)

$=A$ (自等律)

(3) 证明“吸收定理”的公式(C3)。

证明：$A+\bar{A}B=A+AB+\bar{A}B$ (吸收定理公式 C2)

$=A+(A+\bar{A})B$ (分配律)

$=A+1\cdot B$ (互补律)

$=A+B$ (自等律)

(4) 证明“添加项定理”的公式(C4)。

证明：$AB+\bar{A}C+BC=AB+\bar{A}C+(A+\bar{A})BC$ (互补律、自等律)

$=AB+\bar{A}C+ABC+\bar{A}BC$ (分配律)

$=(AB+ABC)+(\bar{A}C+\bar{A}BC)$ (交换律、结合律)

$=AB(1+C)+\bar{A}C(1+B)$　　　　(自等律、分配律)

$=AB+\bar{A}C$　　　　(0-1律、自等律)

(5) 证明“添加项定理”的公式(C5)。

“添加项定理”公式(C5)的证明过程与公式(C4)的证明过程类似，请读者自行证明。

(6) 证明表2.10的公式(C6)。

证明：$\overline{AB+\bar{A}C}=\overline{AB}\cdot\overline{\bar{A}C}$　　　　(摩根定理)

$=(\bar{A}+\bar{B})(\bar{\bar{A}}+\bar{C})$　　　　(摩根定理)

$=(\bar{A}+\bar{B})(A+\bar{C})$　　　　(还原律)

$=\bar{A}A+A\bar{B}+\bar{A}\bar{C}+\bar{B}\bar{C}$　　　　(分配律)

$=0+A\bar{B}+\bar{A}\bar{C}+\bar{B}\bar{C}$　　　　(互补律)

$=A\bar{B}+\bar{A}\bar{C}+\bar{B}\bar{C}$　　　　(自等律)

$=A\bar{B}+\bar{A}\bar{C}$　　　　(添加项定理)

将“对偶规则”分别运用于表2.10中的公式(C1)～公式(C6)就可以分别证明表2.10中的公式(C1′)～公式(C6′)。

逻辑代数中还有其他一些基本定理，同样可以运用逻辑代数的公理和基本定律去证明，这里就不一一列举了。

2.3.4 复合逻辑运算和复合逻辑门

所谓复合逻辑运算就是将3种基本逻辑运算——“与”“或”“非”按某种形式进行简单的组合，从而构成一种新的逻辑运算。而用于实现这些复合逻辑运算的逻辑门电路，就叫做复合逻辑门，简称复合门。

1. “与非”“或非”“与或非”运算

“与非”运算就是“与”运算和“非”运算的组合。用逻辑函数表示为 $F=\overline{A\cdot B}$。

“或非”运算就是“或”运算和“非”运算的组合。用逻辑函数表示为 $F=\overline{A+B}$。

“与或非”运算就是“与”运算、“或”运算和“非”运算的组合。用逻辑函数表示为 $F=\overline{A\cdot B+C\cdot D}$。

用于实现“与非”“或非”和“与或非”这3种复合逻辑运算的复合逻辑门电路就分别称为“与非”门、“或非”门和“与或非”门。这3种复合门的逻辑符号如图2.6所示。

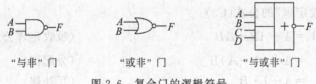

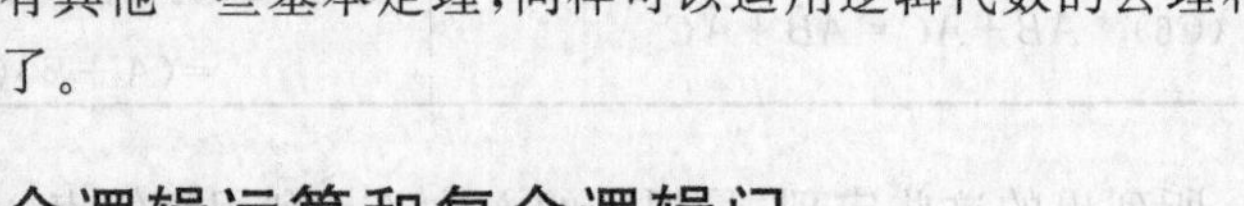

“与非”门　　“或非”门　　“与或非”门

图2.6　复合门的逻辑符号

2. “异或”(“异”)、“同或”(“同”)运算

“异或”逻辑运算(有时简称“异”运算)和“同或”逻辑运算(有时简称“同”运算)是两个非常重要的复合逻辑运算，且都具有一些很重要的逻辑运算特性。

1) “异或”运算

两个变量“异或”运算的定义如下

$$F=A\oplus B=A\overline{B}+\overline{A}B$$

其中,"$\oplus$"是"异或"运算符号。根据这个两变量逻辑函数的定义式,可以列出两变量"异或"运算的真值表,如表 2.11 所示。由真值表看出,"异或"运算的含义是**当两个变量 A、B 的取值相异时($A=1,B=0$ 或 $A=0,B=1$),F 的取值为 1;而当两个变量 A、B 的取值相同时($A=1,B=1$ 或 $A=0,B=0$),F 的取值为 0**。根据这个定义,可以直接得出逻辑常数 1 和 0 的"异或"基本运算规则如下

表 2.11 两变量"异或"真值表

A	B	F
0	0	0
0	1	1
1	0	1
1	1	0

$$0\oplus 0=0,\quad 0\oplus 1=1,\quad 1\oplus 0=1,\quad 1\oplus 1=0$$

对于"异或"逻辑运算来讲,不仅有两个变量的"异或"运算,还有 3 个变量的"异或"运算,4 个变量的"异或"运算,……,n 个变量的"异或"运算。对于 3 个变量的"异或"运算,其定义如下

$$\begin{aligned}F&=A\oplus B\oplus C=(A\overline{B}+\overline{A}B)\oplus C=(A\overline{B}+\overline{A}B)\cdot\overline{C}+\overline{(A\overline{B}+\overline{A}B)}\cdot C\\&=A\overline{B}\,\overline{C}+\overline{A}B\overline{C}+(\overline{A}+B)(A+\overline{B})C=A\overline{B}\,\overline{C}+\overline{A}B\overline{C}+ABC+\overline{A}\,\overline{B}C\end{aligned}$$

依此类推,对于 4 个变量,5 个变量,……,n 个变量的"异或"运算,读者不难推导出它们的逻辑函数表达式。

"异或"运算具有如下的基本运算规律

$$A\oplus 0=A,\quad A\oplus 1=\overline{A},\quad A\oplus A=0,\quad A\oplus\overline{A}=1$$

另外,"异或"运算符合交换律,即 $A\oplus B=B\oplus A$;"异或"运算也符合结合律,即 $A\oplus(B\oplus C)=(A\oplus B)\oplus C$;"异或"运算还具有分配律,即 $A\cdot(B\oplus C)=A\cdot B\oplus A\cdot C$。

利用真值表,并根据"异或"的定义,不难证明"异或"的这些基本运算规律。表 2.13 的左栏列出了上述"异或"运算的基本运算规律。

"异或"运算具有两个重要的特性。

特性 1:多变量"异或"运算的结果取决于这些变量中取值为 1 的变量个数,而与取值为 0 的变量个数无关。若取值为 1 的变量个数是奇数,则"异或"的结果为 1;若取值为 1 的变量个数是偶数,则"异或"的结果为 0。

关于这个特性的合理性,可以按如下方式设想:在参与"异或"运算的多个变量(大于或等于 2)中,根据"异或"运算的交换律和结合律,可以把取值为 1 的变量和取值为 0 的变量分成两组。取值为 0 的变量相互"异或"的结果总是 0;而取值为 1 的变量相互"异或"的结果,则取决于这些变量个数的奇偶性。如果变量为偶数个,则偶数个取值为 1 的变量相"异或"的结果必然为 0,从而使总的"异或"运算结果为 0;如果变量为奇数个,则奇数个取值为 1 的变量相"异或"的结果必然为 1,从而使总的"异或"运算结果为 1。于是,特性 1 的合理性得以证实。

通过特性 1 可知,**多个变量相"异或"的本质就在于确定取值为 1 的变量个数是奇数个还是偶数个。**

特性 1 实际上也适用于多个逻辑常量(1 或 0)相"异或"的情形,即**多个逻辑常量相"异或",其结果取决于逻辑 1 的个数,而与逻辑 0 的个数无关。若逻辑 1 的个数为奇数,则"异或"的结果为 1;若逻辑 1 的个数为偶数,则"异或"的结果为 0。**

由特性 1 可得到如下推论:

若 $F=A_1\oplus A_2\oplus\cdots\oplus A_i\oplus\cdots\oplus A_n$,$1\leqslant i\leqslant n$,则 $\overline{F}=A_1\oplus A_2\oplus\cdots\oplus\overline{A_i}\oplus\cdots\oplus A_n$;或 $\overline{A_1\oplus A_2\oplus\cdots\oplus A_i\oplus\cdots\oplus A_n}=A_1\oplus A_2\oplus\cdots\oplus\overline{A_i}\oplus\cdots\oplus A_n$,即 **$n$ 个变量相"异或"的补函数**

就等于这 n 个相“异或”的变量中任意一个变量取反。

读者可利用特性 1 自行证明这一推论。

特性 2：“异或”运算具有因果互换的关系，即等式两边的逻辑变量可以互相交换位置而仍然保持等式的成立。

例如，若 $A\oplus B=C$ 成立，则 $A\oplus C=B$ 成立，或 $B\oplus C=A$ 成立。

根据上述逻辑常数 1 和 0 的“异或”基本运算规则，不难证明这一特性的正确性。当 $C=1$ 时，则 A、B 的取值不是 1、0 就是 0、1。在这两种情况下，无论 C 是与 A 交换位置还是与 B 交换位置，等式都成立；另一方面，当 $C=0$ 时，则 A、B 的取值不是 0、0 就是 1、1。在这两种情况下，无论 C 与 A 交换位置还是 C 与 B 交换位置，等式也都成立。

“异或”运算的这种因果互换关系还可以推广到多个逻辑量（包括逻辑变量和逻辑常量）相“异或”的情形。

例如，若 $A\oplus B\oplus C\oplus D=0$ 成立，则 $0\oplus B\oplus C\oplus D=A$ 成立，或 $A\oplus 0\oplus C\oplus D=B$ 成立，或 $A\oplus B\oplus 0\oplus D=C$ 成立，或 $A\oplus B\oplus C\oplus 0=D$ 成立。

利用上述“异或”运算的特性 1，可以说明多个逻辑量“异或”运算的因果互换关系，具体说明过程如下。

假设等号右边的逻辑量（包括逻辑变量和逻辑常量）的值为 1，则表明等号左边的各逻辑量（包括逻辑变量和逻辑常量）中含有奇数个逻辑 1。将等号右边的逻辑量与等号左边的某个逻辑量互换位置，如果此时等号左边被置换逻辑量的值为 1，则等式的成立是显然的；如果等号左边被置换逻辑量的值为 0，则在逻辑量互换位置之后，等号左边的各逻辑量中含有逻辑 1 的个数变为偶数个。“异或”的结果将使等号右边的逻辑量为 0，而这正是被换到等号右边的逻辑量的值，因此等式仍然成立。

同理可以说明等号右边逻辑量的值为 0 时的情形，请读者自行说明。

“异或”运算可以由“异或”逻辑门来实现。“异或”门的逻辑符号如图 2.7(a)所示。“异或”门只有两个输入端，若要实现多个变量的“异或”，则可根据“异或”运算的结合律，利用多个“异或”门的级联来实现，如图 2.7(b)所示。当然，这样做只能实现偶数个变量相“异或”的情形。若要实现奇数个变量相“异或”的话，应该如何做，请读者自行考虑。

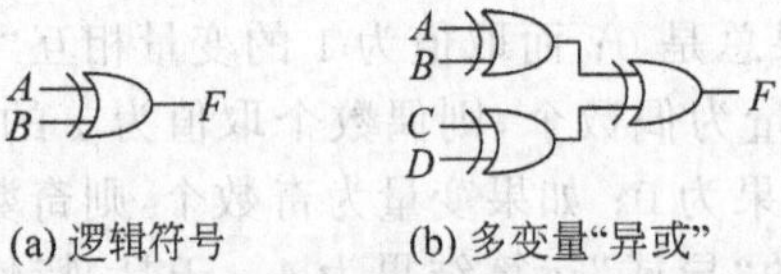

图 2.7 “异或”逻辑门

表 2.12 两变量“同或”真值表

A	B	F
0	0	1
0	1	0
1	0	0
1	1	1

2)“同或”运算（“异或”非运算）

两个变量“同或”运算的定义如下

$$F=A\odot B=AB+\overline{A}\,\overline{B}$$

其中，“⊙”是“同或”运算符号。根据这两个变量逻辑函数的定义式，可以列出两个变量“同或”运算的真值表，如表 2.12 所示。由真值表看出，“同或”运算的含义是**当两个变量 A、B 的取值相同时（$A=1,B=1$ 或 $A=0,B=0$），F 的取值为 1；而当两个变量 A、B 的取值相异**

时($A=1,B=0$ 或 $A=0,B=1$),F 的取值为 0。根据这个定义,可以直接得出逻辑常数 1 和 0 的"同或"基本运算规则如下

$$0\odot 0=1,\quad 0\odot 1=0,\quad 1\odot 0=0,\quad 1\odot 1=1$$

与"异或"运算类似,对于"同或"逻辑运算来讲,不仅有两个变量的"同或"运算,还有多个变量的"同或"运算。例如,3 个变量的"同或"运算,其定义如下

$$F=A\odot B\odot C=(AB+\overline{A}\,\overline{B})\odot C=(AB+\overline{A}\,\overline{B})\cdot C+\overline{(AB+\overline{A}\,\overline{B})}\cdot\overline{C}$$
$$=ABC+\overline{A}\,\overline{B}C+(\overline{A}+\overline{B})(A+B)\overline{C}=ABC+\overline{A}\,\overline{B}C+A\overline{B}\,\overline{C}+\overline{A}B\overline{C}$$

依此类推,对于 4 个变量,5 个变量,……,n 个变量的"同或"运算,读者不难推导出它们的逻辑函数表达式。

"同或"运算具有如下的基本运算规律

$$A\odot 0=\overline{A},\quad A\odot 1=A,\quad A\odot A=1,\quad A\odot\overline{A}=0$$

另外,"同或"运算符合交换律,即 $A\odot B=B\odot A$;"同或"运算也符合结合律,即 $A\odot(B\odot C)=(A\odot B)\odot C$;"同或"运算还具有分配律,即 $A+(B\odot C)=(A+B)\odot(A+C)$。

利用真值表,并根据"同或"的定义,不难证明"同或"的这些基本运算规律。表 2.13 的右栏列出了上述"同或"运算的基本运算规律。

表 2.13 "异或"和"同或"运算公式

名 称	公 式		类 别
基本运算规律	(D1) $A\oplus 0=A$	(D1′) $A\odot 1=A$	常量和变量间的等式
	(D2) $A\oplus 1=\overline{A}$	(D2′) $A\odot 0=\overline{A}$	
	(D3) $A\oplus A=0$	(D3′) $A\odot A=1$	
	(D4) $A\oplus\overline{A}=1$	(D4′) $A\odot\overline{A}=0$	
交换律	(D5) $A\oplus B=B\oplus A$	(D5′) $A\odot B=B\odot A$	变量间的等式
结合律	(D6) $A\oplus(B\oplus C)=(A\oplus B)\oplus C$	(D6′) $A\odot(B\odot C)=(A\odot B)\odot C$	
分配律	(D7) $A\cdot(B\oplus C)=AB\oplus AC$	(D7′) $A+(B\odot C)=(A+B)\odot(A+C)$	

"同或"运算也具有两个重要的特性。

特性 1:多变量"同或"运算的结果取决于这些变量中取值为 0 的变量个数,而与取值为 1 的变量个数无关。若取值为 0 的变量个数是偶数,则"同或"的结果为 1;若取值为 0 的变量个数是奇数,则"同或"的结果为 0。

关于这个特性的合理性,可以仿照"异或"运算相关特性(特性 1)的思考方法,给出证明。具体证明过程,这里不再重复,作为练习,请读者自己证明。

通过这一特性可知,多个变量相"同或"的本质就在于确定取值为 0 的变量个数是偶数个还是奇数个。

这个特性实际上也适用于多个逻辑常量(1 或 0)相"同或"的情形,即**多个逻辑常量相"同或",其结果取决于逻辑 0 的个数,而与逻辑 1 的个数无关。若逻辑 0 的个数为偶数,则"同或"的结果为 1;若逻辑 0 的个数为奇数,则"同或"的结果为 0。**

由"同或"运算的特性 1 也可得到如下推论

若 $F=A_1\odot A_2\odot\cdots A_i\odot\cdots\odot A_n$,$(1\leqslant i\leqslant n)$,则 $\overline{F}=A_1\odot A_2\odot\cdots\odot\overline{A}_i\odot\cdots\odot A_n$,或 $\overline{A_1\odot A_2\odot\cdots\odot A_i\odot\cdots\odot A_n}=A_1\odot A_2\odot\cdots\odot\overline{A}_i\odot\cdots\odot A_n$。**即 n 个变量相"同或"的补函数**

就等于这 n 个相“同或”的变量中任意一个变量取反。

读者可以利用“同或”运算的特性 1 自行证明这一推论。

特性 2：“同或”运算具有因果互换的关系，即等式两边的逻辑变量可以互相交换位置而仍然保持等式的成立。

例如，若 $A \odot B = C$ 成立，则 $A \odot C = B$ 成立，或 $B \odot C = A$ 成立。

根据逻辑常数 1 和 0 的“同或”基本运算规则，不难证明这一特性的正确性。具体证明过程，可仿照上述证明“异或”运算因果互换关系时的方法，这里不再重复。

“同或”运算的这种因果互换关系也可以推广到多个逻辑量(包括逻辑变量和逻辑常量)相“同或”的情形。

例如，若 $A \odot B \odot C \odot D = 1$ 成立，则 $1 \odot B \odot C \odot D = A$ 成立，或 $A \odot 1 \odot C \odot D = B$ 成立，或 $A \odot B \odot 1 \odot D = C$ 成立，或 $A \odot B \odot C \odot 1 = D$ 成立。

利用上述“同或”运算的特性 1，也可以说明多个逻辑量“同或”运算的因果互换关系。具体说明过程，与上述说明多个逻辑量“异或”运算的因果互换关系时的方法类似，读者可仿照自行说明，此处不再重复。

从上述“异或”和“同或”的定义以及它们各自所具有的特性当中可以看出，这两种复合逻辑运算似乎有某些相像的地方，换句话说，它们之间可能存在着某种内在的联系。确实，“异或”和“同或”之间存在着一种内在的关系，这就是下面的定理。

设有 n 个逻辑变量 $A_1, A_2, \cdots, A_n$，若 F 是将这 n 个逻辑变量相“异或”而构成的逻辑函数；G 是将这 n 个逻辑变量相“同或”而构成的逻辑函数，即

$$F = A_1 \oplus A_2 \oplus, \cdots, \oplus A_n, \quad G = A_1 \odot A_2 \odot, \cdots, \odot A_n$$

当 n 为偶数时，$F = \overline{G}$ 或 $G = \overline{F}$，此时逻辑函数 F 和逻辑函数 G 互为反函数(或互为补函数)；当 n 为奇数时 $F = G$，此时逻辑函数 F 和逻辑函数 G 相同。

关于这个定理，也给出其叙述性证明如下：

① 当 n 为偶数时，如果逻辑函数 F 的取值为 1；则说明 A_1 至 A_n 中有奇数个逻辑变量的取值为 1，此时 A_1 至 A_n 中取 0 的逻辑变量个数也必然为奇数个(因为 n 为偶数)。所以，逻辑函数 G 的取值一定为 0。反之，如果逻辑函数 F 的取值为 0，则说明 A_1 至 A_n 中有偶数个逻辑变量的取值为 1，此时 A_1 至 A_n 中取 0 的逻辑变量个数也必然为偶数个。因此，逻辑函数 G 的取值一定为 1。综上所述，**当参与“异或”和“同或”运算的逻辑变量个数为偶数时，逻辑函数 F 和逻辑函数 G 互为反函数。**

② 当 n 为奇数时，如果逻辑函数 F 的取值为 1；则说明 A_1 至 A_n 中有奇数个逻辑变量的取值为 1，此时 A_1 至 A_n 中取 0 的逻辑变量个数必然为偶数个(因为 n 为奇数)。所以，逻辑函数 G 的取值一定为 1。反之，如果逻辑函数 F 的取值为 0；则说明 A_1 至 A_n 中有偶数个逻辑变量的取值为 1，此时 A_1 至 A_n 中取 0 的逻辑变量个数必然为奇数个。因此，逻辑函数 G 的取值一定为 0。综上所述，**当参与“异或”和“同或”运算的逻辑变量个数为奇数时，逻辑函数 F 和逻辑函数 G 相同。**

根据上述有关“异或”和“同或”的关系定理，可以得知两变量的“同或”函数是两变量的“异或”函数的反函数。另外，在两个变量的“同或”运算中，只要有一个变量取反，则“同或”运算就变为“异或”运算，反之亦然，即

$$A \odot B = \overline{A \oplus B} = \overline{A} \oplus B = A \oplus \overline{B} \quad 或 \quad A \oplus B = \overline{A \odot B} = \overline{A} \odot B = A \odot \overline{B}$$

这也就是为什么把两变量的“同或”运算称为“异或”非运算的原因。两变量的“同或”运算可以由“同或”逻辑门来实现，其逻辑符号如图 2.8 所示。

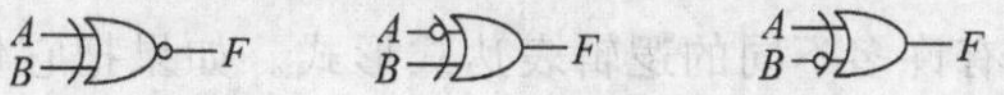

图 2.8 “同或”逻辑门

在 2.3.2 节的“对偶规则”里曾经提到，在一般情况下 $\overline{F} \neq F'$。但是，**由两个变量构成的“同或” 函数和“异或”函数不仅互为反函数，而且还互为对偶函数**。不但，$\overline{A \oplus B} = A \odot B$ 或 $\overline{A \odot B} = A \oplus B$，而且 $(A \oplus B)' = A \odot B$ 或 $(A \odot B)' = A \oplus B$。所以，由两个变量构成的“同或”和“异或”函数是一对特殊的逻辑函数。

根据对偶规则，可以从表 2.13 的左栏所列公式推导出右栏所列公式，反之亦然。不过，此时在求对偶式时，除了要运用 2.3.2 节中所述的求对偶式的 3 个变换以外，还要加上第四个变换，即把所有的“$\oplus$”运算符换成“$\odot$”运算符，同时把所有的“$\odot$”运算符换成“$\oplus$”运算符。

与求对偶式类似，在运用反演规则求 F 的补函数 $\overline{F}$ 时，如果 F 的表达式中含有“异或”“同或”运算，则 2.3.2 小节所述之反演规则中，除原先的 3 个变换以外，也需加上第四个变换，即把所有的“$\oplus$”运算符换成“$\odot$”运算符，同时把所有的“$\odot$”运算符换成“$\oplus$”运算符。

3. 逻辑运算符号的完备性

逻辑函数是由一系列的基本逻辑运算和复合逻辑运算所组成。其中，“与”“或”和“非”是 3 种基本的逻辑运算，可以组成任何逻辑函数。所以说“·”“+”和“ ”是一组逻辑功能完备的逻辑运算符。然而，“与非”运算、“或非”运算以及“与或非”运算中的任何一种运算都能单独地实现“与”“或”和“非”这 3 种基本逻辑运算，都可单独地组成任何一个逻辑函数。**因此，“与非”运算、“或非”运算以及“与或非”运算各自都是功能完备的复合逻辑运算。**

例如，“与”“或”“非”这 3 种基本逻辑运算均可用“或非” 运算来单独地完成，并可用相应的“或非”门来实现，即

与：$F = A \cdot B = \overline{\overline{A \cdot B}} = \overline{\overline{A} + \overline{B}} = \overline{\overline{A+0} + \overline{B+0}} = \overline{\overline{A+A} + \overline{B+B}}$

或：$F = A + B = \overline{\overline{A + B}} = \overline{\overline{A + B} + 0} = \overline{\overline{A + B} + \overline{A + B}}$

非：$F = \overline{A} = \overline{A + A} = \overline{A + 0}$

将上述的逻辑表达式用相应的逻辑符号来表示，就可以得到用“或非”门实现“与”“或”“非”这 3 种基本逻辑运算的门电路逻辑图，如图 2.9 所示。逻辑图也是描述逻辑函数的一种方法。

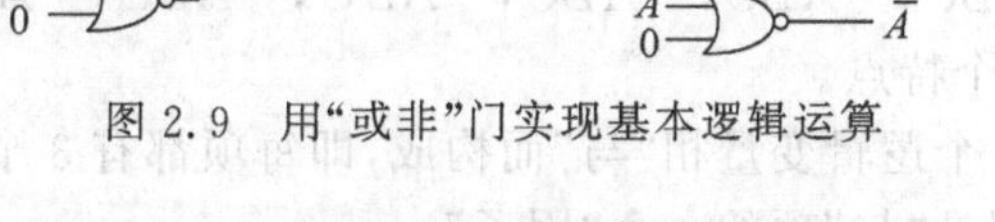

图 2.9 用“或非”门实现基本逻辑运算

同理，分别用“与非”运算或者“与或非”运算都能单独地完成“与”“或”“非”这 3 种基本逻辑运算，并可用相应的“与非”门或者“与或非”门来实现。这些作为练习，请读者自行验证。

2.4 逻辑函数的两种标准形式

一个逻辑函数可以有许多不同的逻辑表达式形式。如果把它们加以分类，则可以归纳出 5 种主要的形式。分别为“与或”表达式（先“与”后“或”的表达式），“或与”表达式（先“或”后“与”的表达式），“与非-与非”表达式，“或非-或非”表达式和“与或非”表达式。

$$
\begin{aligned}
F &= AB + \bar{A}C && \text{“与或”表达式} \\
&= AB + \bar{A}C + BC + A\bar{A} \\
&= \bar{A}(A + C) + B(A + C) \\
&= (A + C)(\bar{A} + B) && \text{“或与”表达式} \\
&= \overline{\overline{AB + \bar{A}C}} \\
&= \overline{\overline{AB} \cdot \overline{\bar{A}C}} && \text{“与非-与非”表达式} \\
&= \overline{\overline{(A + C)(\bar{A} + B)}} \\
&= \overline{\overline{A + C} + \overline{\bar{A} + B}} && \text{“或非-或非”表达式} \\
&= \overline{\bar{A}\bar{C} + A\bar{B}} && \text{“与或非”表达式}
\end{aligned}
$$

在这 5 种表达式中，“与或”式和“或与”式是较为常用的表达式类型。实际上，对于同一种类型的表达式来说，逻辑函数的表达式形式也不是唯一的。我们可以看上例中 F 的“与或”表达式

$$
\begin{aligned}
F &= AB + \bar{A}C \\
&= AB + \bar{A}C + BC \\
&= ABC + AB\bar{C} + \bar{A}BC + \bar{A}\bar{B}C \\
&= \cdots
\end{aligned}
$$

那么，在一个逻辑函数的众多表达式中，是否能有某种相对具有唯一性的表达式形式呢？这就是本节所要讨论的逻辑函数的两种标准表达式形式。它们实际上是特殊的“与或”式和“或与”式。

在讨论逻辑函数的两种标准表达式之前，先要建立最小项和最大项的概念。

2.4.1 最小项和最大项

1. 最小项（标准积或规范积）

设 A、B、C 是 3 个逻辑变量，由这 3 个逻辑变量可以构成许多乘积项（“与”项），例如，$AB\bar{C}$，$\bar{A}B$，$A\bar{B}C\bar{A}$，$B\bar{C}$ 等。在这些乘积项中有一类特殊的乘积项，它们是

$$\bar{A}\bar{B}\bar{C},\quad \bar{A}\bar{B}C,\quad \bar{A}B\bar{C},\quad \bar{A}BC,\quad A\bar{B}\bar{C},\quad A\bar{B}C,\quad AB\bar{C},\quad ABC$$

这 8 个乘积项有如下 3 个特点。

- 每 1 项都是由 3 个逻辑变量相“与”而构成，即每项都有 3 个“因子”。
- 每个逻辑变量都是“与”项的一个“因子”。
- 在每个乘积项中，每个逻辑变量或以原变量（A、B、C）的形式出现，或以反变量（$\bar{A}$、$\bar{B}$、$\bar{C}$）的形式出现。

这 8 个乘积项就称为 3 个逻辑变量 A、B、C 的"最小项"。像上面所提到的其他乘积项，如：$\overline{A}B$，$A\overline{B}C\overline{A}$，$B\overline{C}$ 等，都不是 3 个变量 A、B、C 的最小项，因为它们不符合上述 3 个特点。

把 3 个变量最小项的情况推广到 n 个变量的情形，于是就有关于 n 个变量最小项的定义如下。

n 个变量的最小项是 n 个变量相"与"(乘积)，其中每一个变量都以原变量的形式或反变量的形式出现、且仅出现一次。

按照这个定义，对于 n 个变量来说，最小项的个数总共有 2^n 个。当 $n=3$(3 个变量)时，最小项有 $2^3=8$ 个。

表 2.14 列出了 3 个变量的全部最小项的真值表。

表 2.14 3 变量最小项的真值表

No.	变量取值 $A\ B\ C$	m_0 $\overline{A}\,\overline{B}\,\overline{C}$	m_1 $\overline{A}\,\overline{B}C$	m_2 $\overline{A}B\overline{C}$	m_3 $\overline{A}BC$	m_4 $A\overline{B}\,\overline{C}$	m_5 $A\overline{B}C$	m_6 $AB\overline{C}$	m_7 ABC
0	0 0 0	1	0	0	0	0	0	0	0
1	0 0 1	0	1	0	0	0	0	0	0
2	0 1 0	0	0	1	0	0	0	0	0
3	0 1 1	0	0	0	1	0	0	0	0
4	1 0 0	0	0	0	0	1	0	0	0
5	1 0 1	0	0	0	0	0	1	0	0
6	1 1 0	0	0	0	0	0	0	1	0
7	1 1 1	0	0	0	0	0	0	0	1

观察表 2.14，可以看出最小项具有如下一些性质。

性质 1：对于任意的一个最小项，只有一组变量的取值使得它的值为 1，而在变量取其他各组值时，这个最小项的值都是 0。最小项不同，使得它的值为 1 的那一组变量的取值也不同。使得某一个最小项的值为 1 的那组变量取值，就是该最小项中的原变量取 1、反变量取 0 而组成的二进制数。

例如，最小项 $A\overline{B}C$，只有在变量 A、B、C 的取值为 101 时，它的值才为 1($A\overline{B}C=1\cdot\overline{0}\cdot 1=1$)，而在其他各组变量取值时，其值都是 0。反之，对于变量取值 101 来讲，也只有将其代入最小项 $A\overline{B}C$ 时，最小项的值才为 1，而若将其代入其他的最小项时，最小项的值都为 0。

为方便起见，通常用符号 m_i^n 来表示最小项。n 代表最小项中变量的个数，常省略；**i 代表最小项的编号，它是使最小项的值为 1 的变量取值的等效十进制数**。例如，使最小项 $A\overline{B}C$ 为 1 的变量取值是二进制数 101，而该二进制数的等效十进制数是 5，所以用 m_5^3(或 m_5)来代表最小项 $A\overline{B}C$。表 2.14 中，标出了所有 3 变量最小项的符号 m_i^3($i=0\sim7$)。

性质 2：任意两个不同的最小项的乘积(相"与")恒为 0。

这是因为任意一组变量取值，不可能同时使两个不同的最小项的值都为 1，其中至少有一个最小项的值为 0，所以其乘积为 0，即

$$m_2^3\cdot m_7^3=\overline{A}B\overline{C}\cdot ABC=\overline{A}AB\overline{C}C=0$$

性质 3：全体最小项之和(相"或")恒为 1。

因为对于变量的任意一组取值，总能使某一个最小项的值为 1，因此全体最小项的和恒为 1，即

$$\begin{aligned}&\overline{A}\,\overline{B}\,\overline{C}+\overline{A}\,\overline{B}C+\overline{A}B\overline{C}+\overline{A}BC+A\overline{B}\,\overline{C}+A\overline{B}C+AB\overline{C}+ABC\\&=\overline{A}\,\overline{B}+\overline{A}B+A\overline{B}+AB=\overline{A}+A=1\end{aligned}$$

上述三变量最小项所具有的3个性质，也可以推广到 n 变量最小项的情形，换句话说，n 变量最小项也具有同样的3个性质。

性质1：每一个最小项仅和一组变量取值相对应，只有在该组取值下这个最小项的值才为1，而在其他的取值下它都为0。

性质2：n 个变量的任意两个不同最小项的乘积（相"与"）恒为0，即

$$m_i^n \cdot m_j^n = 0 \quad (i \neq j)$$

性质3：n 个变量的全体最小项之和（相"或"）恒为1，即

$$\sum_{i=0}^{2^n-1} m_i^n = 1$$

2. 最大项（标准和或规范和）

最大项的定义和性质都是与最小项相对应的，为了清楚起见，我们还是从具体的3个变量最大项的情形开始考查。

设 A、B、C 是3个逻辑变量，由这3个逻辑变量可以构成许多个和项（"或"项），例如，$A+B+\bar{C}$，$\bar{A}+B$，$A+\bar{B}+C+\bar{A}$……。在这些和项中有一类特殊的和项，即

$$\bar{A}+\bar{B}+\bar{C},\quad \bar{A}+\bar{B}+C,\quad \bar{A}+B+\bar{C},\quad \bar{A}+B+C$$

$$A+\bar{B}+\bar{C},\quad A+\bar{B}+C,\quad A+B+\bar{C},\quad A+B+C$$

上述8个和项有如下3个特点：

① 每一项都是由3个逻辑变量相"或"而构成，即每项都有3个"加数"。

② 每个逻辑变量都是一个和项的"加数"。

③ 在每一个和项中，每个逻辑变量或以原变量（A、B、C）的形式出现，或以反变量（$\bar{A}$、$\bar{B}$、$\bar{C}$）的形式出现。

这8个和项就称为3个逻辑变量 A、B、C 的"最大项"。正如上面所提到的其他和项，如 $\bar{A}+B$，$A+\bar{B}+C+\bar{A}$ 等都不是3变量 A、B、C 的最大项，因为它们不符合上述3个特点。

把三个变量最大项的情况推广到 n 个变量的情形，于是就有关于 n 个变量最大项的定义。n 个变量的最大项是 n 个变量相"或"（和），其中每一个变量都以原变量的形式或反变量的形式出现、且仅出现一次。

按照这个定义，对于 n 个变量来说，最大项的个数总共也有 2^n 个。当 $n=3$（3个变量）时，最大项有 $2^3=8$ 个。

表2.15列出了3个变量全部最大项的真值表。

表2.15 3变量最大项的真值表

No.	变量取值 A	B	C	M_7 $\bar{A}+\bar{B}+\bar{C}$	M_6 $\bar{A}+\bar{B}+C$	M_5 $\bar{A}+B+\bar{C}$	M_4 $\bar{A}+B+C$	M_3 $A+\bar{B}+\bar{C}$	M_2 $A+\bar{B}+C$	M_1 $A+B+\bar{C}$	M_0 $A+B+C$
0	0	0	0	1	1	1	1	1	1	1	0
1	0	0	1	1	1	1	1	1	1	0	1
2	0	1	0	1	1	1	1	1	0	1	1
3	0	1	1	1	1	1	1	0	1	1	1
4	1	0	0	1	1	1	0	1	1	1	1
5	1	0	1	1	1	0	1	1	1	1	1
6	1	1	0	1	0	1	1	1	1	1	1
7	1	1	1	0	1	1	1	1	1	1	1

观察表 2.15,可以看出最大项具有如下一些性质。

性质 1:对于任意的一个最大项,只有一组变量的取值使得它的值为 0,而在变量取其他各组值时,这个最大项的值都是 1。最大项不同,使得它的值为 0 的那一组变量的取值也不同。使得某一个最大项的值为 0 的那组变量取值,就是该最大项中的原变量取 0、反变量取 1 而组成的二进制数。

例如,最大项 $A+\overline{B}+C$,只有在变量 A、B、C 的取值为 010 时,它的值才为 0($A+\overline{B}+C=0+\overline{1}+0=0$),而在其他各组变量取值时,它的值都是 1。反之,对于变量取值 010 来讲,也只有将其代入最大项 $A+\overline{B}+C$ 时,最大项的值才为 0,而若将其代入其他的最大项时,最大项的值都为 1。

为了方便起见,通常用符号 M_j^n 来表示最大项,其中 n 代表最大项中变量的个数,常省略,j 代表最大项的编号,它是使最大项的值为 0 的变量取值的等效十进制数。例如,使最大项 $A+\overline{B}+C$ 为 0 的变量取值是二进制数 010,而该二进制数的等效十进制数是 2,所以用 M_2^3(或 M_2)来代表最大项 $A+\overline{B}+C$。表 2.15 中,列出了所有三变量最大项的符号 M_j^3($j=0\sim7$)。

性质 2:任意两个不同的最大项的和(相“或”)恒为 1。

这是因为任意一组变量取值,不可能同时使两个不同的最大项的值都为 0,其中至少有一个最大项的值为 1,所以它们的和为 1,即

$$M_4^3+M_0^3=(\overline{A}+B+C)+(A+B+C)=\overline{A}+A+B+C=1$$

性质 3:全体最大项之积(相“与”)恒为 0。

因为对于变量的任意一组取值,它总能使某一个最大项的值为 0,因此全体最大项的积恒为 0,即

$$\begin{aligned}&(\overline{A}+\overline{B}+\overline{C})\cdot(\overline{A}+\overline{B}+C)\cdot(\overline{A}+B+\overline{C})\cdot(\overline{A}+B+C)\cdot\\&\qquad(A+\overline{B}+\overline{C})\cdot(A+\overline{B}+C)\cdot(A+B+\overline{C})\cdot(A+B+C)\\&=(\overline{A}+\overline{B})(\overline{A}+B)(A+\overline{B})(A+B)=\overline{A}\cdot A=0\end{aligned}$$

上述三变量最大项所具有的 3 个性质,也可以推广到 n 变量最大项的情形,换句话说,n 变量最大项也具有同样的 3 个性质。

性质 1:每一个最大项仅和一组变量取值相对应,只有在该组取值下这个最大项的值才为 0,而在其他取值下都为 1。

性质 2:n 个变量的任意两个不同最大项的和(相“或”)恒为 1,即

$$M_i^n+M_j^n=1\quad(i\neq j)$$

性质 3:n 个变量的全体最大项之积(相“与”)恒为 0,即

$$\prod_{j=0}^{2^n-1}M_j^n=0$$

3. 最小项与最大项的关系

表 2.16 列出了三变量的各组取值以及相应的最小项和最大项。从表中可以看出,变量相同且编号相同的最小项和最大项之间,存在着互补的关系,即

$$\overline{m_i^n}=M_i^n \quad 或 \quad \overline{M_i^n}=m_i^n$$

例如,若 $m_0=\overline{A}\,\overline{B}\,\overline{C}$;则 $\overline{m_0}=\overline{\overline{A}\,\overline{B}\,\overline{C}}=A+B+C=M_0$,其余依此类推。

表 2.16 三变量的取值以及相应的最小项和最大项

No.	变量取值 A B C	十进制数 i	最小项 m_i	最大项 M_i
0	0 0 0	0	$\overline{A}\overline{B}\overline{C}$ m_0	$A+B+C$ M_0
1	0 0 1	1	$\overline{A}\overline{B}C$ m_1	$A+B+\overline{C}$ M_1
2	0 1 0	2	$\overline{A}B\overline{C}$ m_2	$A+\overline{B}+C$ M_2
3	0 1 1	3	$\overline{A}BC$ m_3	$A+\overline{B}+\overline{C}$ M_3
4	1 0 0	4	$A\overline{B}\overline{C}$ m_4	$\overline{A}+B+C$ M_4
5	1 0 1	5	$A\overline{B}C$ m_5	$\overline{A}+B+\overline{C}$ M_5
6	1 1 0	6	$AB\overline{C}$ m_6	$\overline{A}+\overline{B}+C$ M_6
7	1 1 1	7	ABC m_7	$\overline{A}+\overline{B}+\overline{C}$ M_7

2.4.2 标准表达式和真值表

1. 两种标准表达式

有了最小项和最大项的概念以后，再来讨论前面所说的逻辑函数的两种标准表达式形式，它们是**最小项之和式**和**最大项之积式**。

1) 最小项之和式

最小项之和式是由若干个最小项相“加”(相“或”)而构成，它也叫**标准“与或”式**。例如，$F(A,B,C)=\overline{A}BC+A\overline{B}C+AB\overline{C}$ 是一个三变量的最小项之和式，它可以被简写为

$$F(A,B,C)=m_3+m_5+m_6=\sum m(3,5,6)=\sum(3,5,6)$$

利用逻辑代数的基本公式(基本定律和基本定理)，可以把任何一个 n 变量的逻辑函数化成唯一的最小项之和表达式。

【例 2.1】 将 $F(A,B,C)=AB+\overline{A}C$ 展开成最小项之和式。

解：

$$\begin{aligned}F(A,B,C)&=AB+\overline{A}C\\&=AB(C+\overline{C})+\overline{A}C(B+\overline{B})\\&=ABC+AB\overline{C}+\overline{A}BC+\overline{A}\overline{B}C\\&=m_7+m_6+m_3+m_1\\&=\sum m(1,3,6,7)\end{aligned}$$

【例 2.2】 将 $F(A,B,C)=\overline{(AB+\overline{A}\overline{B}+\overline{C})\overline{AB}}$ 展开成最小项之和式。

解：

$$\begin{aligned}F(A,B,C)&=\overline{(AB+\overline{A}\overline{B}+\overline{C})\overline{AB}}\\&=\overline{AB+\overline{A}\overline{B}+\overline{C}}+AB\\&=(\overline{A}+\overline{B})(A+B)C+AB\\&=(A\overline{B}+\overline{A}B)C+AB\\&=A\overline{B}C+\overline{A}BC+AB(C+\overline{C})\\&=A\overline{B}C+\overline{A}BC+ABC+AB\overline{C}\end{aligned}$$

$$=m_5+m_3+m_7+m_6$$

$$=\sum m(3,5,6,7)$$

从以上两例可以看出，要将任何一个任意表达式形式的逻辑函数化为最小项之和式，首先需要将其变换为一个一般的“与或”式(利用摩根定理、分配律等)；其次，在这个一般的“与或”式的基础之上，对于缺少变量的乘积项(“与”项)，要再“乘”上所缺变量的“(原变量＋反变量)”形式的“因子”，这样，最后总能得到一个最小项之和式，即：标准的“与或”式。

由此可见，**任何一个逻辑函数表达式都可以被展开成唯一的最小项之和式；换句话说，用最小项之和这种形式可以表达任何一个逻辑函数。**

2）最大项之积式

最大项之积式是由若干个最大项相“乘”(相“与”)而构成，它也叫标准“或与”式。例如：

$$G(A,B,C)=(A+B+C)(A+\bar{B}+\bar{C})(\bar{A}+B+\bar{C})(\bar{A}+\bar{B}+C)$$

是一个三变量的最大项之积式，它可以被简写为

$$G(A,B,C)=M_0\cdot M_3\cdot M_5\cdot M_6=\prod M(0,3,5,6)=\prod(0,3,5,6)$$

与最小项之和式相类似，利用逻辑代数的基本公式(基本定律和基本定理)，同样可以把任何一个 n 变量的逻辑函数化成唯一的最大项之积表达式。

【例 2.3】 将 $F(A,B,C)=(A+B)(\bar{A}+C)$ 展开成最大项之积式。

解：
$$\begin{aligned}F(A,B,C)&=(A+B)(\bar{A}+C)\\&=(A+B+C\bar{C})(\bar{A}+C+B\bar{B})\\&=(A+B+C)(A+B+\bar{C})(\bar{A}+C+B)(\bar{A}+C+\bar{B})\\&=(A+B+C)(A+B+\bar{C})(\bar{A}+B+C)(\bar{A}+\bar{B}+C)\\&=M_0\cdot M_1\cdot M_4\cdot M_6\\&=\prod M(0,1,4,6)\end{aligned}$$

【例 2.4】 将 $F(A,B,C)=\overline{(AB+\bar{A}\bar{B}+\bar{C})\overline{AB}}$ 展开成最大项之积式。

解：
$$\begin{aligned}F(A,B,C)&=\overline{(AB+\bar{A}\bar{B}+\bar{C})\overline{AB}}\\&=\overline{\bar{A}\bar{B}\cdot\overline{AB}+\bar{C}\cdot\overline{AB}}\\&=\overline{\bar{A}\bar{B}\cdot(\bar{A}+\bar{B})+\bar{C}(\bar{A}+\bar{B})}\\&=\overline{\bar{A}\bar{B}+\bar{A}\bar{C}+\bar{B}\bar{C}}\\&=(A+B)(A+C)(B+C)\\&=(A+B+C\bar{C})(A+C+B\bar{B})(A\bar{A}+B+C)\\&=(A+B+C)(A+B+\bar{C})(A+C+B)(A+C+\bar{B})\\&\quad\ (A+B+C)(\bar{A}+B+C)\\&=(A+B+C)(A+B+\bar{C})(A+\bar{B}+C)(\bar{A}+B+C)\\&=M_0\cdot M_1\cdot M_2\cdot M_4\\&=\prod M(0,1,2,4)\end{aligned}$$

以上两例说明，要把任何一个具有任意表达式形式的逻辑函数化为最大项之积式，首先

需要将其变换为一个一般的"或与"式(利用摩根定理、分配律等);其次,在这个一般的"或与"式的基础之上,对于缺少变量的和项("或"项),要再"加"上所缺变量的"原变量·反变量"形式的"加数",这样,最后总能得到一个最大项之积式,即:标准的"或与"式。

由此可见,**任何一个逻辑函数表达式都可以被展开成唯一的最大项之积式;换句话说,用最大项之积这种形式可以表达任何一个逻辑函数。**

最小项之和式与最大项之积式是逻辑函数的两种标准表达式。

2. 真值表与标准表达式

由于 n 个变量的最小项和最大项与其变量的取值是一一对应的,因此可以非常方便地根据最小项之和式或者最大项之积式列出真值表,反之亦然。换句话说,**最小项之和式或者最大项之积式与真值表之间具有一一对应关系**,知道了一个就可以求出另一个。例如,由函数 $F(A,B,C)=\overline{A}\,\overline{B}\,\overline{C}+\overline{A}BC+A\overline{B}C+AB\overline{C}=\sum m(0,3,5,6)$ 知道,只有当 ABC 的取值为 000、011、101 和 110 时,函数 F 的值才为 1;而当 ABC 取其他值时,F 的值为 0。据此就可以列出函数 F 的真值表,如表 2.17 所示。同样,由函数 $G(A,B,C)=(A+B+C)(A+\overline{B}+\overline{C})(\overline{A}+B+\overline{C})(\overline{A}+\overline{B}+C)=\prod M(0,3,5,6)$ 知道,只有当 ABC 的取值为 000、011、101 和 110 时,函数 G 的值才为 0;而当 ABC 的取值为其他值时,G 的值为 1。据此也可以列出函数 G 的真值表,如表 2.18 所示。

表 2.17　函数 F 的真值表

No.	A	B	C	F
0	0	0	0	1
1	0	0	1	0
2	0	1	0	0
3	0	1	1	1
4	1	0	0	0
5	1	0	1	1
6	1	1	0	1
7	1	1	1	0

(判偶逻辑)

表 2.18　函数 G 的真值表

No.	A	B	C	G
0	0	0	0	0
1	0	0	1	1
2	0	1	0	1
3	0	1	1	0
4	1	0	0	1
5	1	0	1	0
6	1	1	0	0
7	1	1	1	1

(判奇逻辑)

由以上两个真值表看出,函数 F 和函数 G 的功能是判断 3 个输入变量 ABC 中取 1 变量个数的奇偶性。当取 1 的变量个数为偶数时,F 为 1、G 为 0;而当取 1 的变量个数为奇数时，F 为 0、G 为 1。所以，函数 F 叫做**判偶逻辑**；而函数 G 叫做**判奇逻辑**。事实上，函数 G 就是三变量的“异或”函数，也是三变量的“同或”函数。

对照函数 F 的最小项之和式和它的真值表，可以看出，**函数 F 的最小项之和式，实际上就是由真值表中 $F=1$ 的各行相应变量取值所对应的最小项相“或”而构成**。同样，对照函数 G 的最大项之积式和它的真值表，也可以看出，**函数 G 的最大项之积式，实际上就是由真值表中 $G=0$ 的各行相应变量取值所对应的最大项相“与”而构成**。因此，如果给定某个逻辑函数 F 的真值表，就可以根据此真值表直接写出该函数的最小项之和式或最大项之积式。但是在最小项和最大项的写法上要注意它们的区别。**在写各最小项时，应分别将各 $F=1$ 的那一行所对应的变量取值中 1 代以原变量，而 0 代以反变量，再把这些变量（原变量和反变量）相“乘”（相“与”），从而构成一个最小项；同样，在写各最大项时，应分别将各 $F=0$ 的那一行所对应的变量取值中 0 代以原变量，而 1 代以反变量，再把这些变量（原变量和反变量）相“加”（相“或”），从而构成一个最大项**。实际上，如果注意到真值表上的行号与最小项、最大项的编号的一致性，则真值表与两种标准表达式之间的转换将更为简单。

【**例 2.5**】 已知函数 F 的真值表如表 2.19 所示。试写出 F 的最小项之和式和最大项之积式。

解：由表 2.19 知，$F=1$ 的各行行号及其所对应的变量取值为 3(011)、5(101)、6(110)、7(111)。所以函数 F 的最小项之和式为

$$
\begin{aligned}
F(A,B,C) &= \sum m(3,5,6,7) \\
&= \bar{A}BC + A\bar{B}C + AB\bar{C} + ABC
\end{aligned}
$$

表 2.19 函数 F 的真值表

No.	A	B	C	F
0	0	0	0	0
1	0	0	1	0
2	0	1	0	0
3	0	1	1	1
4	1	0	0	0
5	1	0	1	1
6	1	1	0	1
7	1	1	1	1

而 $F=0$ 的各行行号及其所对应的变量取值为 0(000)、1(001)、2(010)、4(100)。所以函数 F 的最大项之积式为

$$
\begin{aligned}
F(A,B,C) &= \prod M(0,1,2,4) \\
&= (A+B+C)\cdot(A+B+\bar{C})\cdot(A+\bar{B}+C)\cdot(\bar{A}+B+C)
\end{aligned}
$$

3. 两种标准表达式之间的关系

通过之前的讨论，我们知道：任何一个逻辑函数表达式都可以被展开成唯一的最小项之和式，也可以被展开成唯一的最大项之积式。反过来说，最小项之和式或最大项之积式都可以单独地表达任何一个逻辑函数。既然最小项之和式与最大项之积式都是对同一个事

物——逻辑函数的描述，它们之间也必然存在着某种联系，这就是这一小节所要讨论的内容——两种标准表达式之间的关系。

分析例 2.5 的结果可以看出，函数 F 的最小项之和式所含的最小项的编号与最大项之积式所含的最大项的编号，在 0～7 的范围内是互相补充的。考查例 2.2 和例 2.4 的结果，也能得出同样的结论，即：**某个函数的最大项之积式中的最大项的编号正好是该函数的最小项之和式中的最小项编号中未包含的号码**，反之亦然。这就是逻辑函数 F 的两种标准表达式之间的关系。可以证明，这一关系规律对任何一个逻辑函数都适用。证明如下：

设：任意给定一个 n 变量的逻辑函数 F，则它可以被表示成某个最小项之和的标准形式，即

$$F=\sum_i m_i^n \quad i\in(0\sim 2^n-1)$$

根据最小项的性质，又知道全体最小项之和为 1，即

$$\sum_{k=0}^{2^n-1} m_k^n=1$$

所以，逻辑函数 F 的最小项之和 $\sum\limits_i m_i^n$ 中所不包含的那些最小项的"和"就构成了逻辑函数 F 的反函数 $\bar{F}$ 的最小项之和式，即

$$\bar{F}=\sum_{j\neq i} m_j^n \quad j\in(0\sim 2^n-1)\text{ 且 } j\neq i$$

因此得到

$$F=\overline{\sum_{j\neq i} m_j^n} \quad j\in(0\sim 2^n-1)\text{ 且 } j\neq i$$

根据摩根定理和最小项与最大项之间的互补关系，就得到了下列的式子

$$\begin{aligned}F&=\overline{\sum_{j\neq i} m_j^n}\\&=\prod_{j\neq i}\overline{m_j^n}\\&=\prod_{j\neq i} M_j^n \quad j\in(0\sim 2^n-1)\text{ 且 } j\neq i\end{aligned}$$

上式表明，如果给定了逻辑函数 F 的最小项之和式 $F=\sum\limits_i m_i^n$，则它的最大项之积式就是 $F=\prod\limits_{j\neq i} M_j^n$。其中，$j$ 是 $0\sim 2^n-1$ 范围内除了最小项编号 i 以外的最大项编号。两个标准表达式所含(最小/最大)项编号的总数为 2^n，它们在 $0\sim 2^n-1$ 范围内互补。

知道了逻辑函数 F 的两种标准表达式之间的关系规律之后，就可以很容易地由一种标准表达式推出另一种标准表达式。

【例 2.6】 已知函数 $F(A,B,C,D)=\sum m(0,2,3,5,7,9,12)$，试写出 F 的最大项之积式。

解：根据两种标准表达式所含项的编号在 $0\sim 2^4-1$ 的范围内互补的规律知：

$$F(A,B,C,D)=\prod M(1,4,6,8,10,11,13,14,15)。$$

2.5 逻辑函数的代数化简法

2.5.1 化简逻辑函数的意义及化简方法

正如 2.2.3 节所述，逻辑函数和逻辑电路是相互对应的。给出一个逻辑函数表达式，就可以画出相应的逻辑电路。但是，同一个逻辑函数的表达式形式多种多样，在 2.4 节中归纳出了 5 类逻辑函数表达式，重新列写如下：

- “与或”表达式；
- “或与”表达式；
- “与非-与非”表达式；
- “或非-或非”表达式；
- “与或非”表达式。

例如：

$$
\begin{aligned}
F &= AB + \overline{A}C && \text{“与或”表达式} \\
&= AB + \overline{A}C + BC + A\overline{A} \\
&= \overline{A}(A + C) + B(A + C) \\
&= (A + C)(\overline{A} + B) && \text{“或与”表达式} \\
&= \overline{\overline{AB + \overline{A}C}} \\
&= \overline{\overline{AB} \cdot \overline{\overline{A}C}} && \text{“与非-与非”表达式} \\
&= \overline{\overline{(A + C)(\overline{A} + B)}} \\
&= \overline{\overline{A + C} + \overline{\overline{A} + B}} && \text{“或非-或非”表达式} \\
&= \overline{\overline{A}\,\overline{C} + A\overline{B}} && \text{“与或非”表达式}
\end{aligned}
$$

若用逻辑电路来实现上述函数的 5 种逻辑表达式，则前两种可用“与”门和“或”门来实现；第三种用“与非”门；第四种用“或非”门；第五种用“与或非”门，如图 2.10 所示。从图 2.10 可以看出，不同类型的逻辑函数表达式形式，其所对应的逻辑电路形式也不相同。

实际上，即使同一种类型的逻辑函数表达式，其表达式的形式也不是唯一的。如上例中 F 的“与或”表达式就可以有多种形式：

$$
\begin{aligned}
F &= AB + \overline{A}C \\
&= AB + \overline{A}C + BC \\
&= ABC + AB\overline{C} + \overline{A}BC + \overline{A}\,\overline{B}C \\
&= \cdots
\end{aligned}
$$

逻辑函数 F 的这几个“与或”表达式所对应的逻辑电路如图 2.11 所示。

从图 2.10 和图 2.11 可以看出，同一个逻辑函数的不同表达式所对应的逻辑电路形式也各不相同，表达式的繁简程度直接决定了电路的繁简程度。在图 2.11 中，显然图(a)比

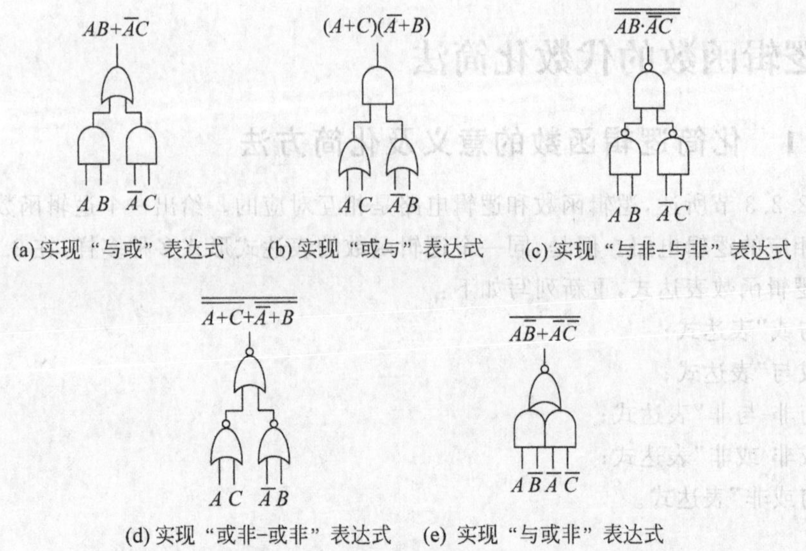

图 2.10　用不同的门电路实现 $F=AB+\overline{A}C$ 的逻辑电路

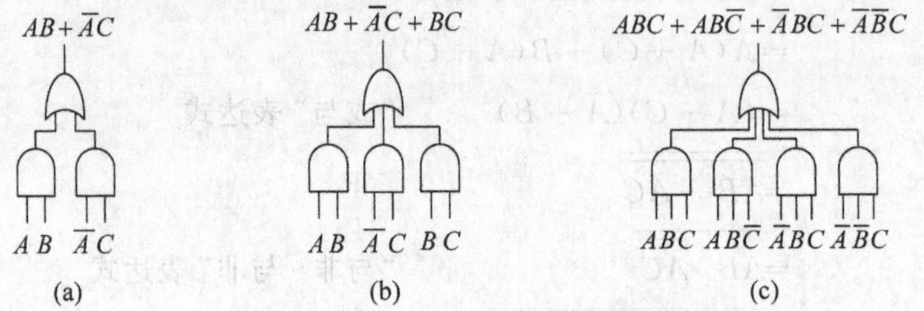

图 2.11　实现 $F=AB+\overline{A}C$ 的 3 种“与或”逻辑电路

图(b)和图(c)更简单。因此，逻辑函数的表达式越简单，实现该表达式的逻辑电路就越简单。显然，希望在实现同样的逻辑功能的前提下，逻辑电路越简单越好。这是因为，电路简单就意味着实现该电路所用的元器件少；而所用元器件少就意味着成本的降低、故障概率的减小以及电路可靠性的提高。所以，研究如何将某种形式的逻辑函数表达式化成最简单形式的问题就变得十分有意义。但是，对于不同类型的表达式来说，其最简单的“标准”实际上是不一样的。下面所讲的化简方法，主要是针对如何将一个“与或”表达式化为最简“与或”表达式。之所以这样做，是因为：

① 任何一个逻辑函数表达式都能展开成一个“与或”表达式；

② 从一个最简“与或”表达式可以很容易地得到“与非-与非”“与或非”等形式的表达式；

③ 只要掌握了“与或”表达式的化简方法，利用对偶式，就不难化简“或与”表达式。

那么，什么叫做“最简”的“与或”表达式呢？换句话说，最简“与或”表达式的“标准”又是什么呢？最简“与或”表达式应该满足如下两个条件：**首先，表达式中乘积项（“与”项）的个数应该是最少的；其次，在满足上述条件的前提下，要求每一个乘积项中所含的变量个数最少**。不难理解最简“与或”表达式的这两条“标准”。因为，乘积项的个数最少，意味着电路中所用到的“与”门个数最少、所用“或”门的输入端子个数最少（“或”门的规模最小）；而每个乘积项中所含的变量个数最少，意味着每个“与”门所含输入端子个数最少（“与”门的规模最小）。所以按照这个“标准”实现的电路就是最简单的。

在以后的化简过程中，我们假定原变量（如 $A,B,C,\cdots$）和反变量（如 $\bar{A},\bar{B},\bar{C},\cdots$）都已经存在。例如：

$$
\begin{aligned}
F &= A\bar{C} + B\bar{C} + \bar{A}B + \bar{A}C \\
&= A\bar{C} + \bar{A}B\bar{C} + \bar{A}C \\
&= A\bar{C} + B\bar{C} + \bar{A}C
\end{aligned}
$$

上述函数 F 的 3 个表达式中，第三式最简单，因为第一式比它多了一个乘积项；而第二式虽然也是由 3 个乘积项所组成，但其第二项却是由 3 个因子组成。

化简逻辑函数的常用方法如下。

(1) 代数化简法：利用逻辑代数的基本定律和基本定理对逻辑函数的表达式进行代数变换，以求得最简形式。该方法适用于任何应用场合，但它的规律性不强，需要熟练地运用逻辑代数的运算技巧，比较难掌握。

(2) 卡诺图化简法：这是一种利用图形化简逻辑函数的方法。该方法简单、直观、容易掌握，但只适用于化简含变量个数较少的逻辑函数（一般不超过 5 个）的场合。

(3) 系统化简法：也叫 Q-M 法，或称列表法。与前两种方法相比较，该方法的最大优点是它的算法步骤非常规范，规律性很强，基本上不依赖于人的观察力，适合于化简含变量数较多的逻辑函数。对于多输出函数的情形和非完全描述逻辑函数的情形，尤其能显示出它的优点。但是该方法的推演步骤烦琐，不适合于人工推算，而非常适合于用计算机来求解。2.9 节对 Q-M 法进行了介绍，作为附加阅读部分，这一节供有兴趣的读者阅读，可不作为课堂上的正式讲解内容。

2.5.2 代数化简法

如上所述，代数化简法的实质就是反复运用逻辑代数的基本定律和基本定理去消除原逻辑表达式中多余的项和多余的因子，以求得最简的逻辑表达式形式。

1. “与或”表达式的化简

“与或”表达式是逻辑函数中常见的形式。化简“与或”表达式的最终目标就是要得到最简“与或”式。按照最简“与或”式的标准——“与项”最少、每个“与项”所含的变量个数最少，常用以下几种方法对“与或”表达式进行化简。

1) 并项

利用“合并定理”$AB+A\bar{B}=A$ 和“互补律”$A+\bar{A}=1$，将两项合并为一项，同时消去一个“因子”（变量）。

例如：

$$
\begin{aligned}
F_1 &= A\overline{\bar{B}C}D + A\bar{B}CD \\
&= AD(\overline{\bar{B}C} + \bar{B}C) \\
&= AD
\end{aligned}
$$

$$F_2 = ABC + A\bar{B}C + A\bar{B}\bar{C} + AB\bar{C}$$
$$= A(BC + \bar{B}\bar{C}) + A(\bar{B}C + B\bar{C})$$
$$= A(\overline{B \oplus C}) + A(B \oplus C)$$
$$= A\,[(\overline{B \oplus C}) + (B \oplus C)]$$
$$= A$$

$$F_3 = A\bar{C} + ABD + \bar{A}\bar{C} + \bar{A}BD$$
$$= A(\bar{C} + BD) + \bar{A}(\bar{C} + BD)$$
$$= (A + \bar{A})(\bar{C} + BD)$$
$$= \bar{C} + BD$$

$$F_4 = A\bar{B}\bar{C} + \bar{A}\bar{C} + B\bar{C}$$
$$= A\bar{B}\bar{C} + (\bar{A} + B)\bar{C}$$
$$= A\bar{B}\bar{C} + \overline{A\bar{B}}\bar{C}$$
$$= (A\bar{B} + \overline{A\bar{B}})\bar{C}$$
$$= \bar{C}$$

2）消项

利用“吸收定理”$A + AB = A$ 和“添加项定理”$AB + \bar{A}C + BC = AB + \bar{A}C$，消去多余的项。

例如：

$$F_1 = \bar{B} + A\bar{B}D$$
$$= \bar{B}$$

$$F_2 = \bar{A}B + \bar{A}BCD(E + F)$$
$$= \bar{A}B$$

$$F_3 = B + \overline{\bar{B}\,\overline{CD}}(A + \bar{E}D) + CD$$
$$= (B + CD) + (B + CD)(A + \bar{E}D)$$
$$= B + CD$$

$$F_4 = \bar{A}C\bar{D} + (\bar{C} + D)E + \bar{A}DE$$
$$= \bar{A}C\bar{D} + \overline{C\bar{D}}E + \bar{A}DE$$
$$= \bar{A}C\bar{D} + \overline{C\bar{D}}E$$
$$= \bar{A}C\bar{D} + \bar{C}E + DE$$

$$F_5 = ABC + A\bar{B}\bar{C} + \bar{B}C\bar{D} + B\bar{C}\bar{D} + AB\bar{C}\,\bar{D} + AB\bar{D}E$$
$$= A(BC + \bar{B}\bar{C}) + (\bar{B}C + B\bar{C})\bar{D} + AB\bar{D}(\bar{C} + E)$$
$$= A(\overline{B \oplus C}) + (B \oplus C)\bar{D} + A\bar{D}\,[B(\bar{C} + E)]$$
$$= (\overline{B \oplus C})A + (B \oplus C)\bar{D}$$

3）消元

利用“吸收定理”$A+\overline{A}B=A+B$，消去多余的“因子”。

例如：

$$
\begin{aligned}
F_1 &= \overline{B}+ABCD+\overline{D}\\
&= \overline{B}+ACD+\overline{D}\\
&= \overline{B}+AC+\overline{D}
\end{aligned}
$$

$$
\begin{aligned}
F_2 &= AB+\overline{A}C+\overline{B}C\\
&= AB+(\overline{A}+\overline{B})C\\
&= AB+\overline{AB}C\\
&= AB+C
\end{aligned}
$$

$$
\begin{aligned}
F_3 &= B+\overline{B}\,\overline{CD}(A+\overline{ED})+CD\\
&= (B+CD)+(\overline{B+CD})(A+\overline{ED})\\
&= B+CD+A+\overline{ED}
\end{aligned}
$$

$$
\begin{aligned}
F_4 &= C\overline{D}+\overline{C}E+DE+\overline{A}B\overline{E}\\
&= C\overline{D}+(\overline{C}+D)E+\overline{A}B\overline{E}\\
&= C\overline{D}+\overline{C\overline{D}}E+\overline{A}B\overline{E}\\
&= C\overline{D}+E+\overline{A}B\overline{E}\\
&= C\overline{D}+E+\overline{A}B
\end{aligned}
$$

4）配项

(1) 利用“互补律”$A+\overline{A}=1$，把它代入逻辑函数式中作配项用，然后再消去更多的项。

例如：

$$
\begin{aligned}
F_1 &= A\overline{B}+B\overline{C}+\overline{B}C+\overline{A}B\\
&= A\overline{B}+B\overline{C}+(A+\overline{A})\overline{B}C+\overline{A}B(C+\overline{C})\\
&= A\overline{B}+B\overline{C}+A\overline{B}C+\overline{A}\,\overline{B}C+\overline{A}BC+\overline{A}B\overline{C}\\
&= (A\overline{B}+A\overline{B}C)+(B\overline{C}+\overline{A}B\overline{C})+(\overline{A}\,\overline{B}C+\overline{A}BC)\\
&= A\overline{B}+B\overline{C}+\overline{A}C
\end{aligned}
$$

(2) 利用“重叠律”$A+A=A$，在逻辑函数式中重复写一项，有时可以得到更简单的结果。

例如：

$$
\begin{aligned}
F_2 &= \overline{A}\,\overline{B}C+A\overline{B}C+ABC\\
&= \overline{A}\,\overline{B}C+A\overline{B}C+ABC+A\overline{B}C\\
&= (\overline{A}\,\overline{B}C+A\overline{B}C)+(ABC+A\overline{B}C)\\
&= (\overline{A}+A)\overline{B}C+(B+\overline{B})AC\\
&= \overline{B}C+AC
\end{aligned}
$$

(3) 利用“添加项定理”$AB+\bar{A}C+BC=AB+\bar{A}C$ 和“重叠律”$A+A=A$，在逻辑函数式中先添项、再消项，有时也能得到更简单的结果。例如上述的逻辑函数 F_1 就可以用这种方法化简，过程如下：

$$
\begin{aligned}
F_1 &= A\bar{B}+B\bar{C}+\bar{B}C+\bar{A}B \\
&= A\bar{B}+B\bar{C}+A\bar{C}+\bar{B}C+\bar{A}B && \text{（用添加项定理，添 }A\bar{C}\text{）} \\
&= (A\bar{B}+A\bar{C}+\bar{B}C)+(B\bar{C}+\bar{A}B+A\bar{C}) && \text{（用重叠律，再添 }A\bar{C}\text{）} \\
&= A\bar{C}+\bar{B}C+\bar{A}B+A\bar{C} && \text{（用添加项定理，消去 }A\bar{B}, B\bar{C}\text{）} \\
&= \bar{A}B+\bar{B}C+A\bar{C} && \text{（用重叠律，消去 }A\bar{C}\text{）}
\end{aligned}
$$

此处 F_1 的化简形式与上述(1)中 F_1 的化简形式不一样，但它们都是 F_1 的最简“与或”式，这可以用真值表加以证明。这也说明**“与或”表达式的最简形式，在某些情况下是不唯一的**。

对于较复杂的逻辑函数，要灵活地运用多种化简方法，才能得到满意的结果。这需要在实践中不断地积累逻辑函数的化简技巧和经验。

【例 2.7】 求 $F=AD+A\bar{D}+AB+\bar{A}C+BD+ACEF+\bar{B}EF$ 的最简“与或”式。

解：

$$
\begin{aligned}
F &= AD+A\bar{D}+AB+\bar{A}C+BD+ACEF+\bar{B}EF \\
&= A(D+\bar{D})+AB+\bar{A}C+BD+ACEF+\bar{B}EF \\
&= A+AB+\bar{A}C+BD+ACEF+\bar{B}EF && \text{（互补律，并项）} \\
&= A+\bar{A}C+BD+\bar{B}EF && \text{（吸收定理，消项）} \\
&= A+C+BD+\bar{B}EF && \text{（吸收定理，消元）}
\end{aligned}
$$

【例 2.8】 将下列逻辑函数化简为最简“与或”式。

$$F=AB+A\bar{C}+\bar{B}C+\bar{C}B+\bar{B}D+\bar{D}B+ADE(F+G)$$

解：

$$
\begin{aligned}
F &= AB+A\bar{C}+\bar{B}C+B\bar{C}+\bar{B}D+B\bar{D}+ADE(F+G) \\
&= A(B+\bar{C})+\bar{B}C+B\bar{C}+\bar{B}D+B\bar{D}+ADE(F+G) \\
&= A\overline{\bar{B}C}+\bar{B}C+B\bar{C}+\bar{B}D+B\bar{D}+ADE(F+G) && \text{（摩根定理）} \\
&= A+\bar{B}C+B\bar{C}+\bar{B}D+B\bar{D}+ADE(F+G) && \text{（吸收定理，消元）} \\
&= A+\bar{B}C+B\bar{C}+\bar{B}D+B\bar{D} && \text{（吸收定理，消项）} \\
&= A+\bar{B}C(D+\bar{D})+B\bar{C}+\bar{B}D+(C+\bar{C})B\bar{D} && \text{（互补律，配项）} \\
&= A+(\bar{B}CD+\bar{B}D)+(\bar{B}C\bar{D}+BC\bar{D})+(B\bar{C}+B\bar{C}\bar{D}) \\
&= A+\bar{B}D+C\bar{D}+B\bar{C}
\end{aligned}
$$

2. “或与”表达式的化简

“或与”表达式也是逻辑函数中较常见的形式。化简“或与”表达式的最终目标就是要得到最简“或与”式。**最简“或与”式的标准是“或项”（“和”项）最少、每个“或项”所含的变量个数最少**。可以利用逻辑函数的基本定律和基本定理（表 2.7 和表 2.10 中的公式，特别是带“′”的公式）对“或与”式进行化简。但是，利用对偶式进行化简会更方便。现示意如下：

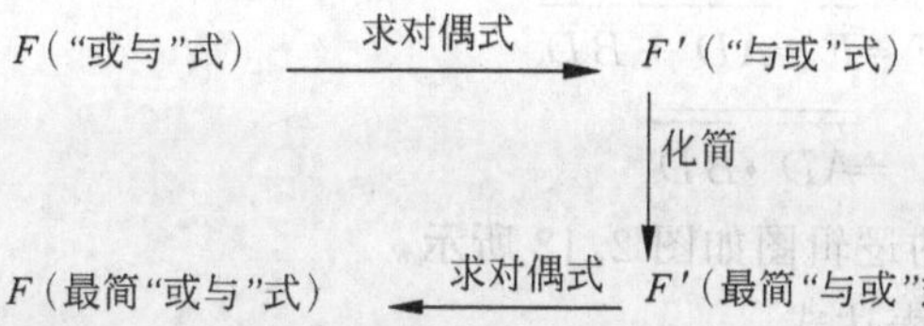

【例 2.9】 求逻辑函数 $F=(A+C)(\bar{B}+C)(B+\bar{D})(C+\bar{D})(A+B)(A+\bar{C})(\bar{A}+B+C+\bar{D})(A+\bar{B}+D+E)$ 的最简“或与”式。

解：(1) 求 F'。

$$F'=AC+\bar{B}C+B\bar{D}+C\bar{D}+AB+A\bar{C}+\bar{A}BC\bar{D}+A\bar{B}DE$$

(2) 简化 F'。

$$\begin{aligned}F'&=AC+\bar{B}C+B\bar{D}+C\bar{D}+AB+A\bar{C}+\bar{A}BC\bar{D}+A\bar{B}DE\\&=(AC+A\bar{C}+AB+A\bar{B}DE)+\bar{B}C+B\bar{D}+(C\bar{D}+\bar{A}BC\bar{D})\\&=A(C+\bar{C}+B+\bar{B}DE)+\bar{B}C+B\bar{D}+C\bar{D}(1+\bar{A}B)\\&=A(1+B+\bar{B}DE)+\bar{B}C+B\bar{D}+C\bar{D}\\&=A+\bar{B}C+B\bar{D}\end{aligned}$$

(3) 求 $(F')'$，即 F。

$$\begin{aligned}F&=(F')'\\&=A(\bar{B}+C)(B+\bar{D})\end{aligned}$$

3. 其他类型逻辑表达式的化简

前面主要讨论了如何求最简“与或”式和最简“或与”式的问题。实现这两种形式的逻辑表达式需要用到“与”门和“或”门。然而，在实际应用中经常会用到“与非”门、“或非”门和“与或非”门，还会受到现有门电路类型的限制，所以，有必要探讨一下其他类型逻辑表达式的最简形式。

1) 最简“与非-与非”表达式

“与非-与非”表达式的最简标准是：表达式的“非”号最少（不计算单个变量上的“非”号，即假定原变量和反变量都已存在）；其次，每个“非”号下的变量个数最少（单个变量除外）。“非”号的个数少，就意味着实现它所需的“与非”门个数少；而每个“非”号下的变量个数少，就意味着“与非”门的输入端子个数少，“与非”门的规模小，电路简单。

可以用“求反加非”和反演律将已化简的最简“与或”式变换为最简“与非-与非”表达式。

【例 2.10】 用最少的“与非”门实现 $F=\bar{A}\bar{B}+\bar{A}BD+A\bar{B}\bar{D}$。

解：先求函数 F 的最简“与或”式：

$$\begin{aligned}F&=\bar{A}\bar{B}+\bar{A}BD+A\bar{B}\bar{D}\\&=\bar{A}(\bar{B}+BD)+A\bar{B}\bar{D}+\bar{B}\bar{D}\\&=\bar{A}(\bar{B}+D)+\bar{B}\bar{D}\\&=\bar{A}\bar{B}+\bar{A}D+\bar{B}\bar{D}\\&=\bar{A}D+\bar{B}\bar{D}\end{aligned}$$

再把 F 的最简“与或”式“求反加非”变换为最简“与非-与非”式：

$$F=\overline{\overline{F}}=\overline{\overline{\overline{A}D+\overline{B}\,\overline{D}}}$$

$$=\overline{\overline{\overline{A}D}\cdot\overline{\overline{B}\,\overline{D}}}$$

用“与非”门实现函数 F 的逻辑图如图 2.12 所示。

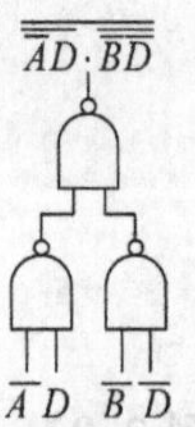

图 2.12 例 2.10 的逻辑图

2）最简“或非-或非”表达式

和“与非-与非”表达式相同，“或非-或非”表达式的最简标准是：表达式的“非”号最少（不计算单个变量上的“非”号，即假定原变量和反变量都已存在）；每个“非”号下的变量个数最少（单个变量除外）。

同样可以用“求反加非”和反演律将已化简的最简“或与”式变换为最简“或非-或非”表达式。

【例 2.11】 用最少的“或非”门实现 $F=\overline{A}\,\overline{B}+\overline{A}BD+A\overline{B}\,\overline{D}$。

解：先利用反演规则求函数 F 的反函数 $\overline{F}$：

$$\overline{F}=(A+B)(A+\overline{B}+\overline{D})(\overline{A}+B+D)$$

再求函数 $\overline{F}$ 的最简“与或”式：

$$\begin{aligned}\overline{F}&=(A+B)(A+\overline{B}+\overline{D})(\overline{A}+B+D)\\&=(A+B\overline{D})(\overline{A}+B+D)\\&=\overline{A}B\overline{D}+AB+B\overline{D}+AD\\&=B\overline{D}+AB+AD\\&=AD+B\overline{D}\end{aligned}$$

然后求函数 F 的最简“或与”式：

$$\begin{aligned}F&=\overline{\overline{F}}=\overline{AD+B\overline{D}}\\&=(\overline{A}+\overline{D})(\overline{B}+D)\end{aligned}$$

最后求函数 F 的最简“或非-或非”式：

$$\begin{aligned}F&=\overline{\overline{(\overline{A}+\overline{D})(\overline{B}+D)}}\\&=\overline{\overline{\overline{A}+\overline{D}}+\overline{\overline{B}+D}}\end{aligned}$$

用“或非”门实现函数 F 的逻辑图如图 2.13 所示。

上述步骤中的前 3 步还可以换成另外一种方法来做，即：先求函数 F 的对偶式 F'；再求函数 F' 的最简“与或”式；然后求函数 F' 的对偶式 $(F')'$ 即得到函数 F 的最简“或与”式；最后一步相同。

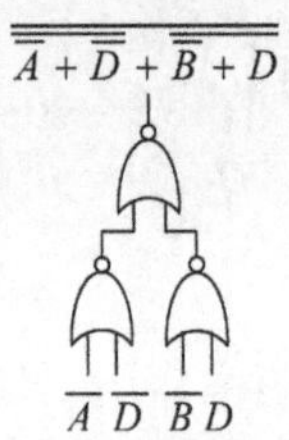

图 2.13 例 2.11 的逻辑图

3）最简“与或非”表达式

“与或非”表达式的最简标准和“与或”表达式的最简标准完全一样。即，“与”项的个数最少；每个“与”项所含变量的个数最少。

对 $\overline{F}$ 的最简“与或”式“求反”，即可得到 F 的最简“与或非”式。

【例 2.12】 求 $F=\overline{A}\,\overline{B}+\overline{A}BD+A\overline{B}\,\overline{D}$ 的最简“与或非”式。

解：由上例知，函数 F 的反函数 $\overline{F}$ 的最简“与或”式为

$$\overline{F}=AD+B\overline{D}$$

所以函数 F 的最简"与或非"式为

$$F=\overline{\overline{F}}=\overline{AD+BD}$$

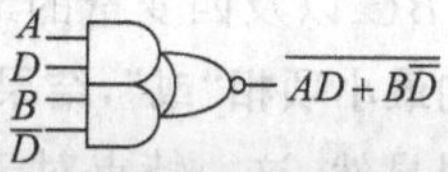

图 2.14 例 2.12 的逻辑图

用"与或非"门实现函数 F 的逻辑图如图 2.14 所示。

通过以上实例可以看出,可以很方便地由 F 或 $\overline{F}$ 的最简"与或"式和最简"或与"式求出其他类型逻辑表达式的最简形式。现将常用的变换方法归纳如下:

F 的最简"与或"式 $\xrightarrow{\text{求反加非}}$ F 的最简"与非-与非"式

$\overline{F}$ 的最简"与或"式 $\xrightarrow{\text{反演}}$ F 的最简"或与"式

F 的最简"或与"式 $\xrightarrow{\text{求反加非}}$ F 的最简"或非-或非"式

$\overline{F}$ 的最简"或与"式 $\xrightarrow{\text{反演}}$ F 的最简"与或"式

$\overline{F}$ 的最简"与或"式 $\xrightarrow{\text{加一非}}$ F 的最简"与或非"式

在门电路类型受到限制的情况下,需要将函数简化、变换为相应的最简形式。若不限制门电路的类型,则以最简为原则。如果选择电路类型的余地较大,则有时采用混合表达式的形式更易得到最简的结构。因此,函数的简化与变换方法是灵活多样的。

从以上讨论可以看出,运用代数法化简逻辑函数时,对函数所含变量的个数没有限制。但是,代数化简所运用的方法灵活,规律性不明显,它强烈地依赖于演算者的观察能力。这种方法要求设计者熟练地掌握逻辑代数的基本定律和基本定理,并需积累较丰富的逻辑运算经验,而这是需要经过较多的运算练习以后才能够达到的。尽管如此,还是可以从上面的例题中总结归纳出一些规律性的东西。首先要学会使用分配律 $A(B+C)=AB+AC$ 及 $A+BC=(A+B)(A+C)$,特别是后者的形式对于我们来讲比较陌生,所以就更要注意它;其次要善于运用反演律,即摩根定理,很多"求反加非"的运算都要用到它;再者要注意使用合并定理 $AB+A\overline{B}=A$,$(A+B)(A+\overline{B})=A$,吸收定理 $A+AB=A$,$A+\overline{A}B=A+B$ 以及 $A(A+B)=A$,$A(\overline{A}+B)=AB$;最后就要注意观察,以便运用添加项定理 $AB+\overline{A}C+BC=AB+\overline{A}C$ 以及 $(A+B)(\overline{A}+C)(B+C)=(A+B)(\overline{A}+C)$。

与代数化简法相比较,卡诺图化简法是一种更简单、实用和直观的方法。但是,当逻辑函数所含的变量个数较多时,卡诺图化简法将变得相当复杂。因此,只有在逻辑变量的个数较少时(一般不多于 5 个),才考虑使用卡诺图化简逻辑函数。

2.6 逻辑函数的卡诺图化简法

2.6.1 卡诺图(K 图)

首先介绍一个概念——"逻辑相邻"的最小项。**任意两个变量个数相同的最小项,如果组成它们的各个变量(原变量或反变量)中,只有一个变量互补(互反)而其余变量均相同(同为原变量或反变量)时,就称这两个最小项是逻辑相邻的最小项,简称"逻辑相邻项"或"相邻项"**。例如,两变量的最小项 AB 和 $A\overline{B}$ 是逻辑相邻的最小项;三变量的最小项 $A\overline{B}\,\overline{C}$ 和

$\overline{A}\,\overline{B}\,\overline{C}$ 以及四变量的最小项 $AB\overline{C}D$ 和 $AB\overline{C}\,\overline{D}$ 也都分别是逻辑相邻的最小项。**两个逻辑相邻的最小项相“或”,结果将产生一个“与”项并同时消掉一个变量**。例如,$A\overline{B}\,\overline{C}+\overline{A}\,\overline{B}\,\overline{C}=\overline{B}\,\overline{C}$。很显然,这一特点对于化简逻辑函数是有帮助的。

1. 卡诺图的构成和特点

n 变量的逻辑函数有 2^n 个最小项。如果用一个小方块来代表一个最小项,再把所有这些代表各个最小项的小方块按下述规则排列起来,即:**把逻辑相邻的最小项所对应的小方块按几何位置相邻排列在一起**,于是就得到了一个 n 变量最小项的方块图表示。这种最小项的方块图表示方法是由美国人卡诺(Karnaugh)首先提出的,所以称为卡诺图(Karnaugh map),简称 **K** 图。

图 2.15 是三变量的卡诺图。图中,把变量 A、B、C 分为两组。一组为 A 按 0、1 取值分为两行;另一组为 BC 按 00、01、11、10(格雷码)取值(为什么?)分为 4 列。**于是每一个小格就代表一个最小项,这个最小项的编号就是该小格所在行、列所对应的变量编码取值组合后所对应的二进制数**。例如图(c)的第 5 号小格,它的编号之所以是 5,是因为该小格所在的行对应变量 A 的取值为 1;而其所在列对应变量 BC 的取值是 01。如果最小项变量的排列顺序是 ABC,则变量取值排列顺序就是 101,这个二进制数所对应的十进制数值就是 5。所以,5 号小格就代表最小项 $A\overline{B}C$ 或 m_5,如图 2.15(a)、(b)中相应位置的小格所示。图(a)是按最小项形式表示的卡诺图;图(b)以 m_i 表示;图(c)只标出了最小项(或小格)的编号;而图(d)则是实际使用的三变量卡诺图,也称**卡诺图框**。

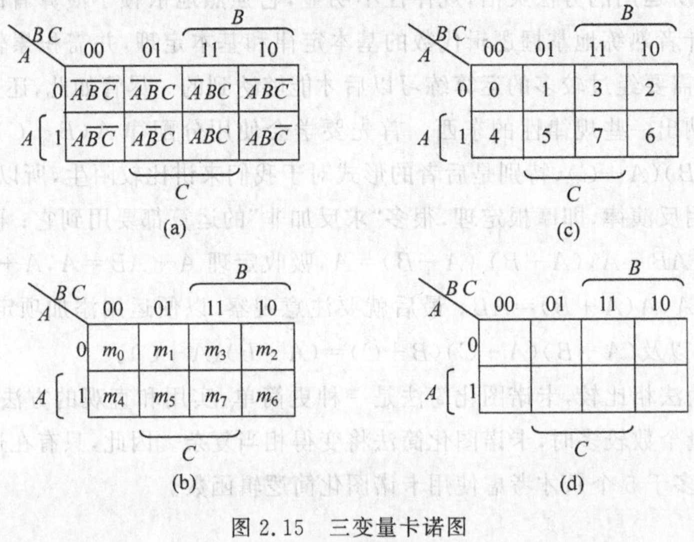

图 2.15 三变量卡诺图

图 2.16 的(a)、(b)和(c)分别是二、四和五变量的卡诺图。从图 2.16 可以看出卡诺图具有如下特点:

- n 变量的卡诺图有 2^n 个小方格,每个小方格代表一个最小项。
- 变量按行、列分成两组,**每组变量的取值(编码)不是按自然二进制数码顺序排列而是按格雷码(循环码)的顺序排列**。这样做,是为了保证卡诺图中几何位置相邻的小方格所代表的最小项在逻辑上也是相邻的(只有一个变量互补,其余皆相同)。例如:图 2.16(b)中,m_5 和 m_7 小格在几何位置上是相邻的,而它们所代表的最小项

$m_5(\bar{A}B\bar{C}D)$和$m_7(\bar{A}BCD)$在逻辑上也是相邻的。

- 位于卡诺图上任何一行或一列的两端上的小方格所代表的最小项在逻辑上是相邻的,即它们相互之间仅有一个变量互补。例如图 2.16(b)中的$m_0(\bar{A}\,\bar{B}\,\bar{C}\bar{D})$和$m_2(\bar{A}\,\bar{B}C\bar{D})$;以及$m_1(\bar{A}\,\bar{B}\bar{C}D)$和$m_9(A\bar{B}\,\bar{C}D)$。因此,在几何空间上应该把卡诺图看成是上下、左右“循环连接”的图形,如同一个封闭的球面。
- 对于变量个数大于 4 个的情形,仅用二维几何空间的位置相邻性已经不能完全地表示最小项的逻辑相邻性。例如,在图 2.16(c)中,除了把卡诺图看成是上下、左右闭合的图形以外,还要把$A=1$的卡诺图看成是重叠在$A=0$的卡诺图上,即m_0与m_{16}、m_1与m_{17}、m_3与m_{19}、m_2与m_{18}、…、m_{10}与m_{26}也都是逻辑相邻的。

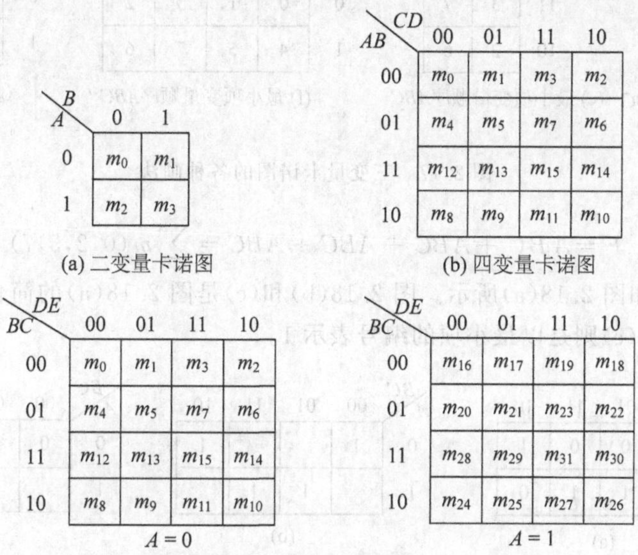

(a) 二变量卡诺图　(b) 四变量卡诺图

(c) 五变量卡诺图

图 2.16　二、四、五变量卡诺图

图 2.15 和图 2.16 是卡诺图较常见的形式。实际上,对最小项的变量有多种划分行、列的方法,与之相对应的卡诺图的画法也有多种,如图 2.17 所示的是三变量卡诺图的各种画法。这些卡诺图的表现形式虽然不同,但是其本质是一样的。另外还要特别注意,**最小项中变量的摆放顺序不同,则同样的卡诺图中小方格所代表最小项的编号也不相同**,如图 2.17(f)和(g)所示。

2. 逻辑函数的卡诺图表示

对于给定的逻辑函数,如何用卡诺图来表示它呢?首先,要根据逻辑函数的变量个数画出相应的卡诺图框。然后,再根据给定函数的表达式形式(逻辑表达式的各种形式或真值表)来填写卡诺图框(往卡诺图上的小方格里填写 1 或 0)。下面分几种情况来讨论。

1) 逻辑函数为最小项之和式

如果给定的逻辑函数是最小项之和的形式,则在卡诺图上,将表达式中所有最小项所对应的小方格里都填写 1,而其余的小方格里都填写 0。换句话说,**任何一个逻辑函数都等于其卡诺图上填 1 的那些小方格所对应的最小项之和**。例如:已知

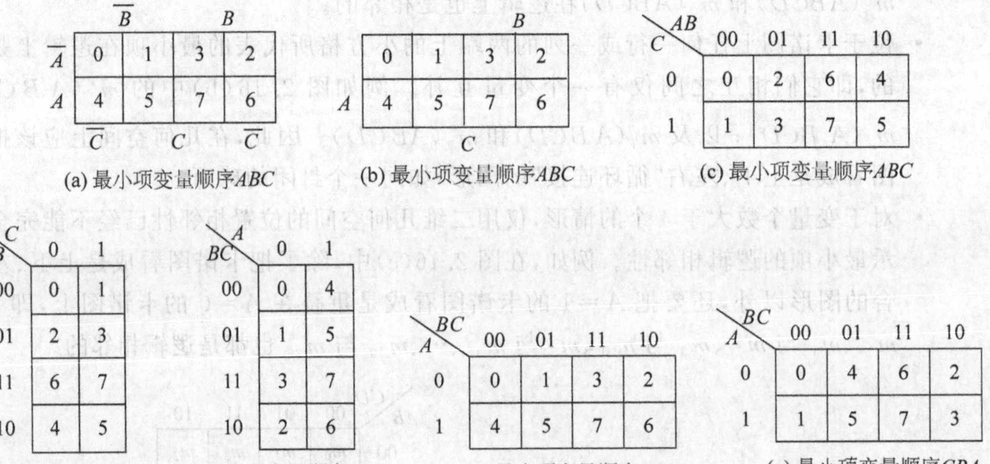
(a) 最小项变量顺序ABC　(b) 最小项变量顺序ABC　(c) 最小项变量顺序ABC

(d) 最小项变量顺序ABC　(e) 最小项变量顺序ABC　(f) 最小项变量顺序ABC　(g) 最小项变量顺序CBA

图 2.17　三变量卡诺图的各种画法

$$F=\overline{A}\,\overline{B}\,\overline{C}+\overline{A}B\overline{C}+A\overline{B}C+ABC=\sum m(0,2,5,7)$$

该函数的卡诺图如图 2.18(a)所示。图 2.18(b)和(c)是图 2.18(a)的简化表示，图(b)是以空格表示 0；而图(c)则是以最小项的编号表示 1。

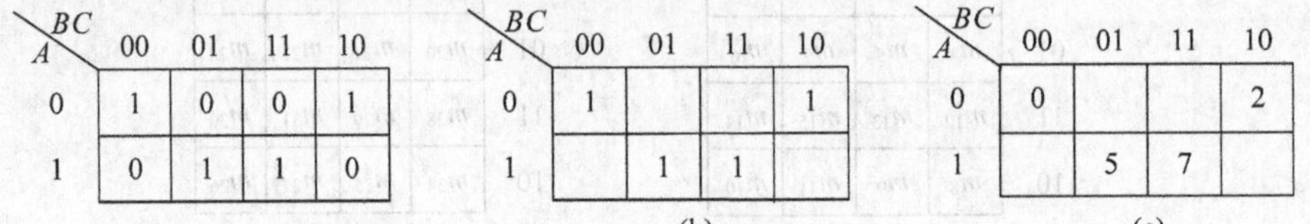
(a)　(b)　(c)

图 2.18　填写函数 F 的卡诺图的几种形式

2) 逻辑函数为最大项之积式

如前所述，一个逻辑函数的最大项之积式与它的最小项之和式的关系是最大项与最小项的编号互补。因此，可以将函数的最大项之积式先化成最小项之和式，然后再按最小项之和的形式来填写卡诺图。

但是，也可以直接按函数的最大项之积式来填写卡诺图。**由函数的最大项之积式填写卡诺图时，应将卡诺图上编号与表达式中最大项编号相同的小方格里都填写 0，而其余的小方格里都填写 1**(为什么?)。换句话说，**任何一个逻辑函数都等于编号与其卡诺图上填 0 的那些小方格的编号相同的最大项之积**。例如，已知函数为

$$G=(A+B+\overline{C})(A+\overline{B}+\overline{C})(\overline{A}+B+C)(\overline{A}+\overline{B}+C)=\prod M(1,3,4,6)$$

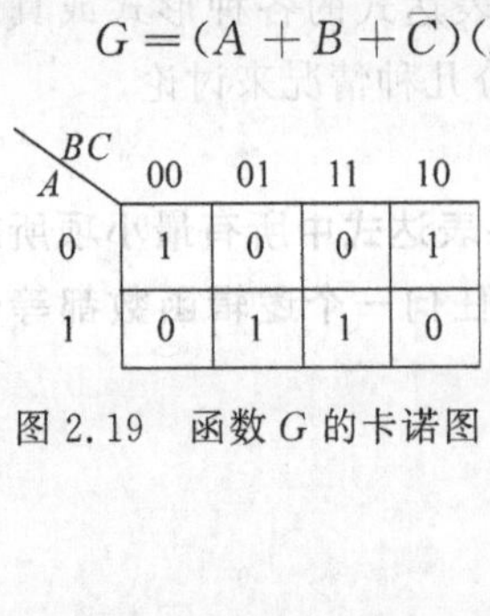
图 2.19　函数 G 的卡诺图

则函数 G 的卡诺图如图 2.19 所示。观察一下函数 G 的表达式和上面函数 F 的表达式，可以发现它们实际上是同一个逻辑函数。所以，图 2.19 中的卡诺图与图 2.18(a)所示的卡诺图完全一样。

图 2.20 的(a)、(b)分别表示了三变量最小项 $ABC(m_7)$ 和

最大项 $\overline{A}+\overline{B}+\overline{C}(M_7)$ 的卡诺图。由图看出，相对于填 1 来讲，m_7 只占了编号为 7 的一个小格；而 M_7 却占据了除 7 号小格以外的所有小方格。这就是最小项和最大项名称的由来。该图也证明了最小项和最大项的互补关系，即 m_i^n 和 M_i^n 互为反函数。

3）逻辑函数为真值表的形式

一个逻辑函数的真值表与它的最小项之和式以及最大项之积式是一一对应的，因此，当逻辑函数以真值表的形式给出时，可以按上述由最小项之和式或最大项之积式填写卡诺图。

当然也可以直接根据真值表来填写卡诺图，具体做法是：**若卡诺图上的某个小方格所代表的最小项，在真值表里所对应的函数 F 取值为 1，则该小方格里填 1；否则就填 0**。例如，表 2.20 是某逻辑函数 F 的真值表，而与该函数相对应的卡诺图则如图 2.21 所示。对照二者的表现形式，可以发现，卡诺图实际上是真值表的一种特殊形式。因此，有时也称卡诺图为**真值图**。

表 2.20 函数 F 的真值表

No.	$A\ B\ C$	F
0	0 0 0	1
1	0 0 1	0
2	0 1 0	1
3	0 1 1	0
4	1 0 0	0
5	1 0 1	1
6	1 1 0	1
7	1 1 1	1

$A \backslash BC$	00	01	11	10
0	0	0	0	0
1	0	0	1	0

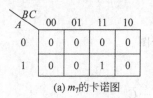

(a) m_7 的卡诺图

$A \backslash BC$	00	01	11	10
0	1	1	1	1
1	1	1	0	1

(b) M_7 的卡诺图

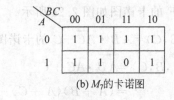

图 2.20 m_7 和 M_7 的卡诺图

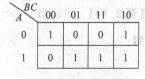

$A \backslash BC$	00	01	11	10
0	1	0	0	1
1	0	1	1	1

图 2.21 函数 F 的卡诺图

4）逻辑函数为一般"与或"式

当给定的逻辑函数是一般"与或"式时，可以按照前面所讲的方法先将一般"与或"式化成标准的"与或"式，即最小项之和；然后再按最小项之和式来填写卡诺图。

其实，也可以直接由一般"与或"式来填写卡诺图。具体的做法是：**将"与或"式中所有"与项"在卡诺图中所覆盖的区域内的所有小方格都填 1（已经填过 1 的小格除外），其余都填 0**。例如，$F=\overline{A}C+BC$，参见图 2.22。"与项"$\overline{A}C$ 覆盖的区域是 $A=0$ 的一行和 $C=1$ 的两列（$BC=01$ 和 $BC=11$）相交处，在该区域所包含的小格（m_1、m_3）里应填 1；而"与项"BC 所覆盖的区域是 $BC=11$ 的一列，因此在该区域所包含的小格（m_3、m_7）里应填 1，但是 m_3 小格已经填了 1，故只需在 m_7 小格里填 1 即可。其余小格均填 0。函数 F 的卡诺图如图 2.22 所示。

5）逻辑函数为一般“或与”式

若给定的逻辑函数是一般“或与”式，则可以先将一般“或与”式化成标准的“或与”式，即最大项之积；然后再按最大项之积式来填写卡诺图。

当然，也可以直接由一般“或与”式来填写卡诺图。其做法是：**将“或与”式中所有“或项”在卡诺图中所覆盖的区域内的所有小方格都填 0（已经填过 0 的小格除外），其余都填 1。** 图 2.23 是函数 $F=(\bar{A}+C)(\bar{B}+C)$ 的卡诺图。其中，“或项”$\bar{A}+C$ 覆盖的区域是 $A=1$ 的一行和 $C=0$ 的两列（$BC=00$ 和 $BC=10$）相交处，即卡诺图的 4 号、6 号小格（m_4、m_6）里应填 0；而“或项”$\bar{B}+C$ 所覆盖的区域是 $BC=10$ 的一列，因此卡诺图的 2 号、6 号小格（m_2、m_6）里应填 0，但是 m_6 小格已经填了 0，故只需在 m_2 小格里填 0 即可。其余小格均填 1。

A \ BC	00	01	11	10
0	0	1	1	0
1	0	0	1	0

图 2.22 $F=\bar{A}C+BC$ 的卡诺图

A \ BC	00	01	11	10
0	1	1	1	0
1	0	1	1	0

图 2.23 $F=(\bar{A}+C)(\bar{B}+C)$ 的卡诺图

6）逻辑函数为其他形式的逻辑表达式

如果函数是以其他的逻辑表达式的形式给出的话，则可先将这些表达式变换为“与或”式或者“或与”式（根据实际情况而定），然后再填写卡诺图。

【例 2.13】 用卡诺图表示函数 $F(A,B,C)=\bar{A}B\cdot\overline{AC}+\bar{B}$。

解：

$$F(A,B,C)=\bar{A}B\cdot\overline{AC}+\bar{B}$$
$$=\bar{A}B(\bar{A}+\bar{C})+\bar{B}$$
$$=\bar{A}B+\bar{A}B\bar{C}+\bar{B}$$

根据这个“与或”式可画出函数 F 的卡诺图如图 2.24 所示。

【例 2.14】 求函数 $F(A,B,C)=\overline{\bar{A}\,\bar{B}}\cdot\overline{AC}+\bar{C}$ 的卡诺图。

解：

$$F(A,B,C)=\overline{\bar{A}\,\bar{B}}\cdot\overline{AC}+\bar{C}$$
$$=(A+B)(\bar{A}+\bar{C})+\bar{C}$$
$$=(A+B+\bar{C})(\bar{A}+\bar{C})$$

根据这个“或与”式可画出函数 F 的卡诺图如图 2.25 所示。

A \ BC	00	01	11	10
0	1	1	1	1
1	1	1	0	0

图 2.24 $F=\bar{A}B\cdot\overline{AC}+\bar{B}$ 的卡诺图

A \ BC	00	01	11	10
0	1	0	1	1
1	1	0	0	1

图 2.25 $F=\overline{\bar{A}\,\bar{B}}\cdot\overline{AC}+\bar{C}$ 的卡诺图

3. 卡诺图的性质与运算

卡诺图具有如下性质：

（1）**若 F 的卡诺图中所有的小格都填 1，则 $F=1$。** 从图 2.26 可以看出，代表最小项的

小格都填上了 1，所以函数的最小项之和式为

$$F=\sum m(0,1,2,3,4,5,6,7)$$

$$=\sum_{i=0}^{7} m_i^3 = 1 \quad \text{（最小项的性质）}$$

(2) **若 F 的卡诺图中所有的小格都填 0，则 $F=0$。**这是因为，根据图 2.27，函数的最大项之积式为

$$F=\prod M(0,1,2,3,4,5,6,7)$$

$$=\prod_{i=0}^{7} M_i^3 = 0 \quad \text{（最大项的性质）}$$

A \ BC	00	01	11	10
0	1	1	1	1
1	1	1	1	1

图 2.26 函数 $F=1$ 的卡诺图

A \ BC	00	01	11	10
0	0	0	0	0
1	0	0	0	0

图 2.27 函数 $F=0$ 的卡诺图

(3) **卡诺图反演（非运算）。若将 F 的卡诺图中所有小格内的 0 都换成 1，1 都换成 0，则得到 $\overline{F}$ 的卡诺图**如图 2.28 所示。

A \ BC	00	01	11	10
0	0	0	0	1
1	0	1	0	0

(a) 函数F的卡诺图

求反 →

A \ BC	00	01	11	10
0	1	1	1	0
1	1	0	1	1

(b) 补函数$\overline{F}$的卡诺图

图 2.28 函数 F 的卡诺图的反演

对于具有相同变量的卡诺图，也可以进行逻辑运算。

1) 卡诺图的相“乘”（“与”）运算

若函数 F 由两个函数 F_1 和 F_2 相“与”而构成，则 F 的卡诺图等于 F_1 的卡诺图和 F_2 的卡诺图的“与”。即，若 $F=F_1\cdot F_2$，则 $K(F)=K(F_1)\cdot K(F_2)$，其中“$K(F)$”表示 F 的卡诺图。**所谓两张卡诺图相“与”，是指这两张卡诺图中所有相应位置的小格内容（0 或 1）分别相“与”**，如图 2.29 所示。

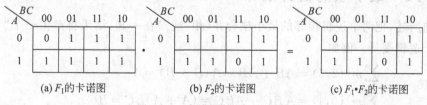

A \ BC	00	01	11	10
0	0	1	1	1
1	1	1	1	1

(a) F_1的卡诺图

·

A \ BC	00	01	11	10
0	1	1	1	1
1	1	1	0	1

(b) F_2的卡诺图

=

A \ BC	00	01	11	10
0	0	1	1	1
1	1	1	0	1

(c) $F_1\cdot F_2$的卡诺图

图 2.29 卡诺图的相“与”运算

2) 卡诺图的相“加”（“或”）运算

两个函数相“或”卡诺图等于这两个函数各自的卡诺图相“或”。即，若 $F=F_1+F_2$，则

$K(F)=K(F_1)+K(F_2)$。

两个卡诺图相"或",是指这两个卡诺图中所有相应位置的小格内容(0 或 1)分别相"或",如图 2.30 所示。

A \ BC	00	01	11	10
0	1	0	0	0
1	1	0	0	1

(a) F_1的卡诺图

+

A \ BC	00	01	11	10
0	0	0	0	1
1	1	0	1	0

(b) F_2的卡诺图

=

A \ BC	00	01	11	10
0	1	0	0	1
1	1	0	1	1

(c) F_1+F_2的卡诺图

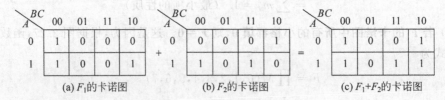

图 2.30 卡诺图的相"或"运算

3) 卡诺图的相"异或"运算

两个函数相"异或",其卡诺图等于这两个函数各自的卡诺图相"异或"。即,若 $F=F_1\oplus F_2$,则 $K(F)=K(F_1)\oplus K(F_2)$。

两个卡诺图相"异或",是指这两个卡诺图中所有相应位置的小格内容(0 或 1)分别相"异或",如图 2.31 所示。

A \ BC	00	01	11	10
0	1	0	0	0
1	1	0	0	1

(a) F_1的卡诺图

⊕

A \ BC	00	01	11	10
0	0	0	0	1
1	1	0	1	0

(b) F_2的卡诺图

=

A \ BC	00	01	11	10
0	1	0	0	1
1	0	0	1	1

(c) $F_1\oplus F_2$的卡诺图

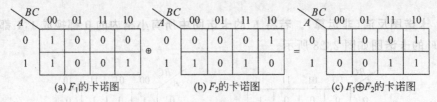

图 2.31 卡诺图的相"异或"运算

【例 2.15】 求函数 $F(A,B,C)=(\overline{A}+B+C)\overline{AB+BC+AC}+[(\overline{A}+B)(\overline{A}+C)(B+C)\oplus\overline{A}\,\overline{C}]$的卡诺图。

解:此函数的运算复杂,若用代数的方法展开,将非常麻烦。所以可借助于卡诺图的运算来求解。为此,先分解函数。

设:$F_1=\overline{A}+B+C$;$F_2=AB+BC+AC$;$F_3=(\overline{A}+B)(\overline{A}+C)(B+C)$;$F_4=\overline{A}\,\overline{C}$

则 $F=F_1\cdot\overline{F_2}+[F_3\oplus F_4]$

卡诺图的运算过程如图 2.32 所示,F 的卡诺图如图 2.32(h)所示。

2.6.2 最小项的合并规律

如前所述,把两个逻辑相邻的最小项合并(相"或")在一起,结果将产生一个"与项",并消去一个逻辑变量。例如:

$$\sum m^2(2,3)=A\overline{B}+AB=A(\overline{B}+B)=A$$

$$\sum m^3(0,4)=\overline{A}\,\overline{B}\,\overline{C}+A\overline{B}\,\overline{C}=(\overline{A}+A)\overline{B}\,\overline{C}=\overline{B}\,\overline{C}$$

$$\sum m^4(12,13)=AB\overline{C}\,\overline{D}+AB\overline{C}D=AB\overline{C}(\overline{D}+D)=AB\overline{C}$$

利用这一特点可以化简逻辑函数。**而卡诺图恰恰是把"逻辑"上相邻的最小项用"几何位置相邻"的小格直观地表示出来**。这使得我们可以很容易地在卡诺图上找到逻辑相

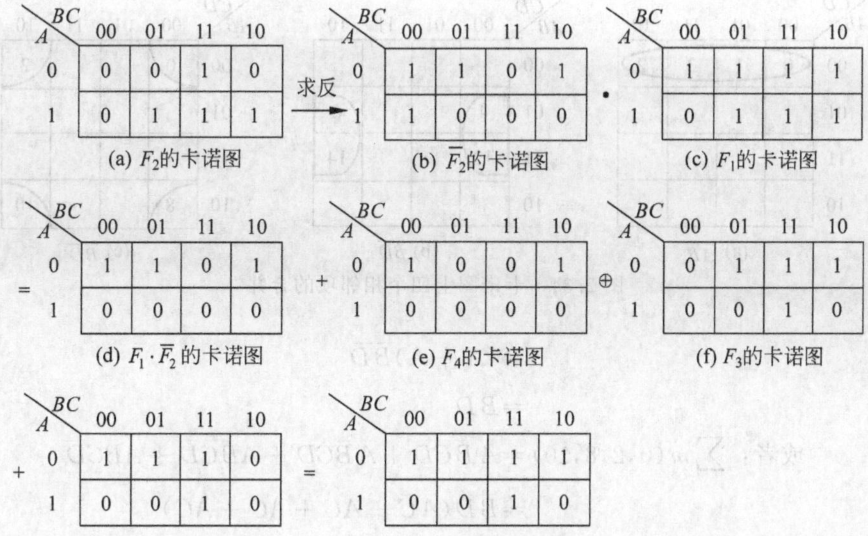

(a) F_2的卡诺图 (b) $\overline{F_2}$的卡诺图 (c) F_1的卡诺图
(d) $F_1\cdot\overline{F_2}$的卡诺图 (e) F_4的卡诺图 (f) F_3的卡诺图
(g) $F_3\oplus F_4$的卡诺图 (h) F的卡诺图

图 2.32 卡诺图的运算

邻的最小项。卡诺图将“几何相邻”与“逻辑相邻”巧妙地结合起来，这正是卡诺图的价值所在。于是，可以在卡诺图上将两个相邻的小格“圈”在一起，这就相当于把这两个小格所代表的“逻辑相邻”最小项合并(相“或”)在一起，从而产生一个“与项”并消去一个互补的变量。图 2.33 是三变量、四变量的卡诺图中两个相邻项圈组合并的例子，图中的圈称为**卡诺圈**。

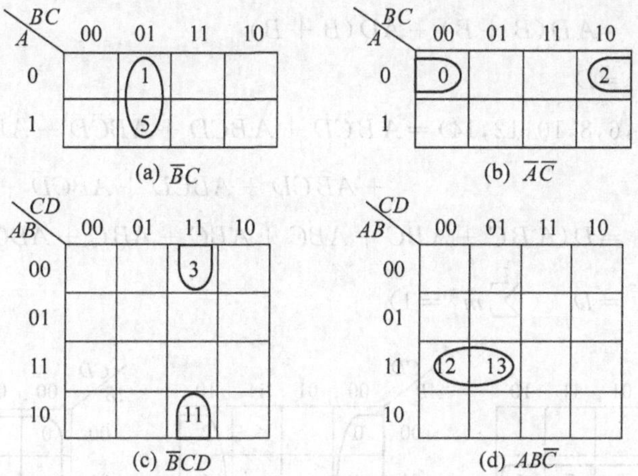

(a) $\overline{B}C$ (b) $\overline{AC}$
(c) $\overline{B}CD$ (d) $AB\overline{C}$

图 2.33 卡诺图上两个相邻项的合并

同样，卡诺图上 4 个相邻的最小项可以合并为一个“与项”，同时消去两个变量，如图 2.34 所示，现以图 2.34(c)为例，证明如下：

$$\sum m(0,2,8,10)=\overline{A}\,\overline{B}\,\overline{C}\,\overline{D}+\overline{A}\,\overline{B}C\overline{D}+A\overline{B}\,\overline{C}\,\overline{D}+A\overline{B}C\overline{D}$$

$$=\overline{A}\,\overline{B}\,\overline{D}(\overline{C}+C)+A\overline{B}\,\overline{D}(\overline{C}+C)$$

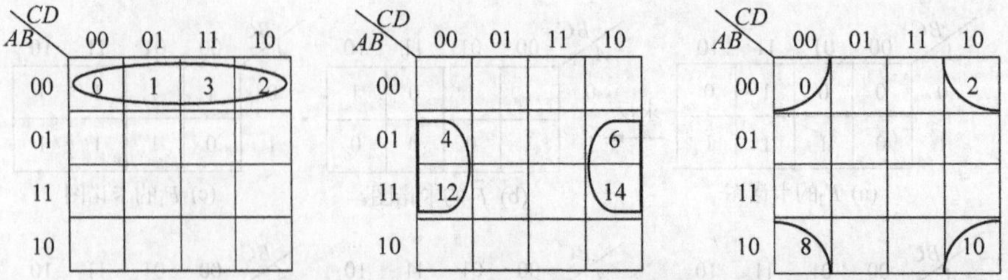

(a) $\overline{A}\,\overline{B}$ (b) $B\overline{D}$ (c) $\overline{B}\,\overline{D}$

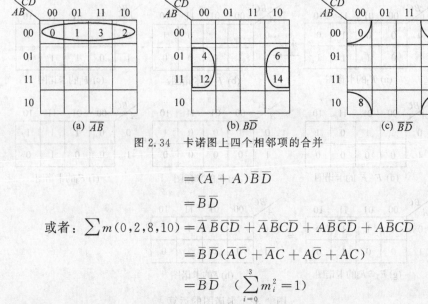

图 2.34 卡诺图上四个相邻项的合并

$$=(\overline{A}+A)\overline{B}\,\overline{D}$$

$$=\overline{B}\,\overline{D}$$

或者：$\sum m(0,2,8,10)=\overline{A}\,\overline{B}\,\overline{C}\,\overline{D}+\overline{A}\,\overline{B}C\overline{D}+A\overline{B}\,\overline{C}\,\overline{D}+A\overline{B}C\overline{D}$

$$=\overline{B}\,\overline{D}(\overline{A}\,\overline{C}+\overline{A}C+A\overline{C}+AC)$$

$$=\overline{B}\,\overline{D}\quad(\sum_{i=0}^{3}m_i^2=1)$$

以此类推，卡诺图上 8 个相邻的最小项可以合并为 1 个“与项”，消去 3 个变量；……图 2.35 是在四变量卡诺图中，8 个和 16 个相邻的最小项圈组合并的例子。现以图 2.35(b)为例，证明如下：

$$\sum m(0,2,4,6,8,10,12,14)=\overline{A}\,\overline{B}\,\overline{C}\,\overline{D}+\overline{A}\,\overline{B}C\overline{D}+\overline{A}B\overline{C}\,\overline{D}+\overline{A}BC\overline{D}$$

$$+AB\overline{C}\,\overline{D}+A\overline{B}C\overline{D}+AB\overline{C}\,\overline{D}+ABC\overline{D}$$

$$=\overline{A}\,\overline{B}\,\overline{D}(\overline{C}+C)+\overline{A}B\overline{D}(\overline{C}+C)+A\overline{B}\,\overline{D}(\overline{C}+C)+AB\overline{D}(\overline{C}+C)$$

$$=\overline{A}\,\overline{D}(\overline{B}+B)+A\overline{D}(\overline{B}+B)$$

$$=\overline{D}$$

或者 $\sum m(0,2,4,6,8,10,12,14)=\overline{A}\,\overline{B}\,\overline{C}\,\overline{D}+\overline{A}\,\overline{B}C\overline{D}+\overline{A}B\overline{C}\,\overline{D}+\overline{A}BC\overline{D}$

$$+A\overline{B}\,\overline{C}\,\overline{D}+A\overline{B}C\overline{D}+AB\overline{C}\,\overline{D}+ABC\overline{D}$$

$$=\overline{D}(\overline{A}\,\overline{B}\,\overline{C}+\overline{A}\,\overline{B}C+\overline{A}B\overline{C}+\overline{A}BC+A\overline{B}\,\overline{C}+A\overline{B}C+AB\overline{C}+ABC)$$

$$=\overline{D}\quad(\sum_{i=0}^{7}m_i^3=1)$$

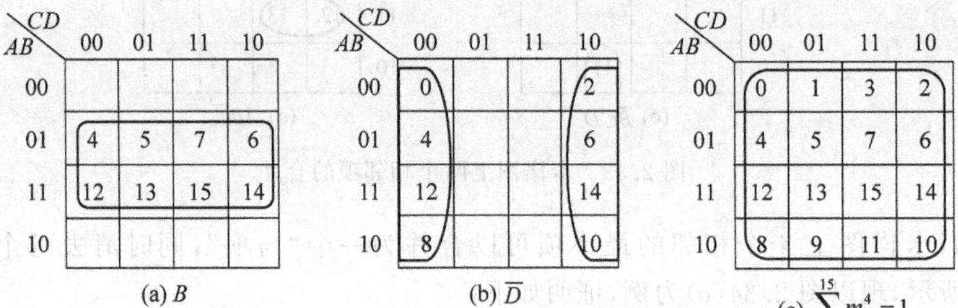

(a) B (b) $\overline{D}$ (c) $\sum_{i=0}^{15}m_i^4=1$

图 2.35 卡诺图上 8、16 个相邻项的合并

由以上所述可知，在卡诺图上合并相邻最小项的根据是：

$$A+\overline{A}=1 \qquad \text{(互补律)}$$

$$\sum_{i=0}^{2^n-1} m_i^n=1 \qquad \text{(最小项性质)}$$

最小项的合并规则为：

- 对于 n 变量的逻辑函数，在其卡诺图中，只能按 2^i 个（$i=0,1,2,\cdots,n$）相邻的最小项（小格）圈组合并，合并后消去 i 个变量保留 $n-i$ 个变量，这 $n-i$ 个变量是这些相邻最小项的公共因子，它们构成一个“与项”。
- 这 2^i 个最小项必须是逻辑相邻。表现在卡诺图上，就是代表最小项的小格在几何位置上的相邻。如前所述，不但要认为“紧挨着”的小格是“相邻”，而且位于行、列两端以及四角和两边，即完全呈轴对称的小格，也应视为“相邻”。

对于五变量以上的卡诺图，由于在两维空间上已经不能完全表示出最小项小格的几何位置相邻，所以相邻项的辨认变得困难起来，而且随着变量个数的增加，这种困难也随之加大。于是，“在卡诺图上容易识别相邻项”的优点没有了，卡诺图失去了存在的必要性。这也就是为什么卡诺图只用于变量个数少于五变量函数情形的原因。图 2.36 是五变量卡诺图合并相邻项的例子。该卡诺图由 $A=0$ 和 $A=1$ 两个四变量卡诺图所组成，在这两张图的内部，相邻项的关系同四变量卡诺图一样。但是，要将这两张图想象成是上下“摞”起来的，所以在上下两张图的相应位置上的小格也是“相邻”的。因此，图中同一个字母（字母下标代表最小项的编号）所代表的最小项均能合并成为一个“与项”。

BC \ DE	00	01	11	10
00	b_0		d_3	
01		c_5		
11		c_{13}		a_{14}
10	b_8		d_{11}	

$A=0$

BC \ DE	00	01	11	10
00			d_{19}	
01		c_{21}		
11		c_{29}		a_{30}
10			d_{27}	

$A=1$

图 2.36　五变量卡诺图上相邻项的合并

$$\sum a=BCD\overline{E},\ \sum b=\overline{A}\,\overline{C}\,\overline{D}\,\overline{E}$$

$$\sum c=C\overline{D}E,\ \sum d=\overline{C}DE$$

2.6.3　用卡诺图化简逻辑函数

1. 求逻辑函数的最简“与或”式

在卡诺图上，把填 1 的小格（每个小格代表一个最小项）适当地进行圈组合并，可同时起到降低变量个数和“与项”（一个最小项就是一个特殊的“与项”）个数的作用，从而达到化简逻辑函数的目的。在卡诺图上圈 1（简称圈 1 合并），可得到逻辑函数的最简“与或”式。利用卡诺图化简逻辑函数的一般步骤如下：

(1) 根据逻辑函数的变量个数画出相应的卡诺图框。

(2) 按给定的逻辑函数形式填写卡诺图框。

(3) 对卡诺图上相邻的填 1 小格(最小项)进行圈组合并(不相邻的填 1 小格不能圈在一起),合并的原则是:

- 卡诺图上的每一个填 1 小格都要被卡诺圈所覆盖,也就是说,每一个 1 都至少被圈组合并一次。
- 在满足上一条件的情况下,卡诺图上卡诺圈的个数要尽量少。
- 为了做到上述两点,要求每个卡诺圈所包含的填 1 小格的个数要尽量多,但必须是 $2^i(i=0,1,2,\cdots,n)$个。
- 每个卡诺圈都至少包含一个其他所有卡诺圈所不包含的填 1 小格(最小项)。换句话说,每个卡诺圈都必须至少有一个独属于它自己的填 1 小格。

这四点要求就是所谓的最小覆盖原则。

(4) 按“圈”写“与或”式。每个卡诺圈对应一个“与”项,再把各“与”项相“或”,从而构成“与或”式。写“与”项时,应消去“圈”内取值发生变化的变量,保留取值相同的变量。取值为 1 的变量写成原变量;取值为 0 的变量写成反变量。

【例 2.16】 用卡诺图化简如下逻辑函数

$$F(A,B,C,D)=\sum m(0,1,2,3,4,8,10,11,14,15)$$

解:根据函数的最小项之和式,画出 F 的卡诺图,并对相邻最小项进行圈组合并,如图 2.37 所示。图中每一个卡诺圈所对应的“与”项如下:

$$L_1=\overline{A}\,\overline{B}$$

$$L_2=AC$$

$$L_3=\overline{B}\,\overline{D}$$

$$L_4=\overline{A}\,\overline{C}\,\overline{D}$$

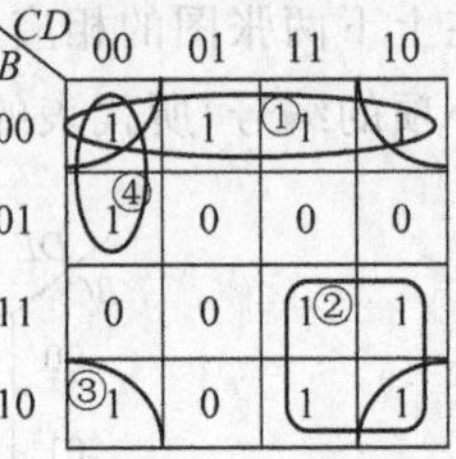

图 2.37 例 2.16 利用卡诺图化简函数 $F(A,B,C,D)$

将各“与”项相“或”,得到 F 的最简“与或”式如下:

$$F(A,B,C,D)=\overline{A}\,\overline{B}+AC+\overline{B}\,\overline{D}+\overline{A}\,\overline{C}\,\overline{D}$$

上述 4 个步骤中,对第三步——画卡诺圈(圈组合并最小项),还需要给出以下几点说明。

(1) 画卡诺圈时,要求“圈”的个数尽可能少。这是因为,按照最简“与或”式的标准之一——“与”项要尽可能少。而一个“圈”就对应一个“与”项,所以在满足所有填 1 小格都至少被圈一次的前提下,卡诺圈要尽量少。例如:图 2.38(a)的圈法是不合适的,因为它的逻辑表达式为 $F=\overline{A}\,\overline{B}\,\overline{C}+\overline{A}BD+\overline{A}CD+BC$,有 4 个“与”项;而图 2.38(b)的圈法就是合适的,因为它的逻辑表达式 $\overline{F}=\overline{A}\,\overline{B}\,\overline{D}+\overline{A}\,\overline{C}D+BC$,只有 3 个“与”项,相对于前者而言,它是最简形式。

(2) 在画卡诺圈时,要求被圈的小格尽可能地多些,即,包围圈要尽可能大,这样就可以消去更多的变量,从而使所形成的“与项”含的变量数最少。这符合最简“与或”式的另一个标准——每个“与”项所含的变量数最少。逻辑表达式中的一个“与”项对应一个“与”门,含有 n 个变量的“与项”需要具有 n 个输入端子的“与”门来实现。一个“与项”含变量数越少,就意味着实现该“与项”的“与”门的输入端子越少,“与”门的规模就越小。所以图 2.39(a)

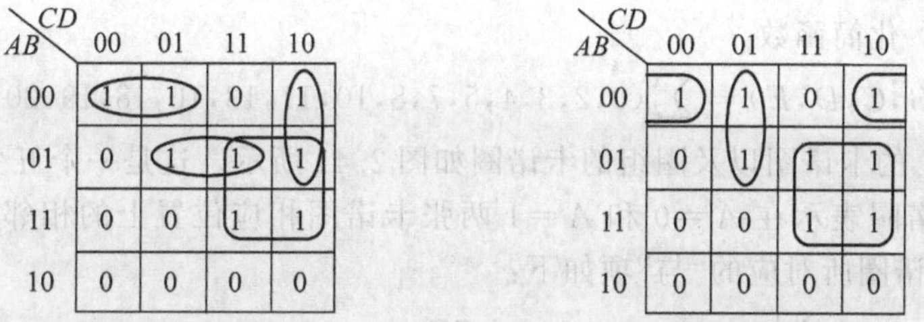

(a) 圈法不恰当　　　　　　　　(b) 圈法正确

$F=\overline{A}\,\overline{B}\,\overline{C}+\overline{A}BD+\overline{A}C\overline{D}+BC$　　　　$F=\overline{A}\,\overline{B}\,\overline{D}+\overline{A}C\overline{D}+BC$

图 2.38　卡诺圈的画法①

的圈法就是不恰当的，因为它的逻辑表达式为 $F=\overline{A}+ABC$，不是最简的形式；而图 2.39(b)的圈法就是正确的，它的逻辑表达式为 $F=\overline{A}+BC$，是最简"与或"式。

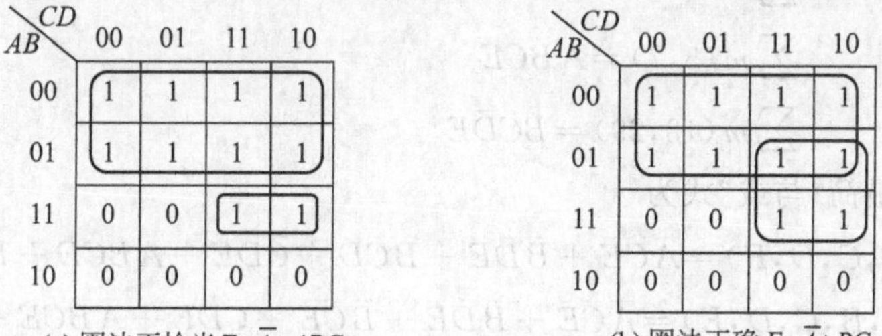

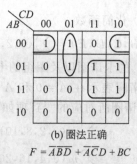

(a) 圈法不恰当 $F=\overline{A}+ABC$　　　　(b) 圈法正确 $F=\overline{A}+BC$

图 2.39　卡诺圈的画法②

(3) 虽然要求卡诺圈中所包含的小格要尽可能多，但是要注意，卡诺圈中所围小格的个数必须符合 2^i 的形式。而且只有相邻的小格(相邻项)才能被圈组合并在一起。在辨认相邻项时要记住：**任何一个 n 变量的最小项都有 n 个相邻项**(为什么?)。所以要特别注意位于两端、四角、两边那些"遥遥相应"的相邻项。

(4) 圈组合并的顺序一般是"先多后少"。即，先圈数量较多的相邻项，再圈数量较少的相邻项。对于四变量的卡诺图来讲，先圈 16 个填 1 的小格，再圈 8 个填 1 的小格，依次再圈 4 个填 1 小格和 2 个填 1 小格，最后，把剩下的、孤立的填 1 小格单独圈起来，直至所有填 1 的小方格都被圈过为止。然后别忘了，还要考查所有的卡诺圈是否都包含有至少一个独属于它自己的、未被其他卡诺圈所包含的填 1 小格。如果某个卡诺圈所包围的所有填 1 小格都被其他卡诺圈所包含，则这个卡诺圈是多余的。

【例 2.17】 用卡诺图法化简四变量逻辑函数

$$F(A,B,C,D)=\sum m(0,3,4,5,6,7,9,12,14,15)$$

解：画出函数的卡诺图并按最小覆盖原则圈上卡诺圈，如图 2.40 所示。将每个卡诺圈所对应的"与"项相"加"后，就得到函数 F 的最简"与或"式。需要注意的是，填有 1 的第九号小格没有相邻的最小项，所以它是一个孤立的最小项，只能把它单独圈起来，因此它所对应的"与"项就是一个特殊的"与"项——最小项。

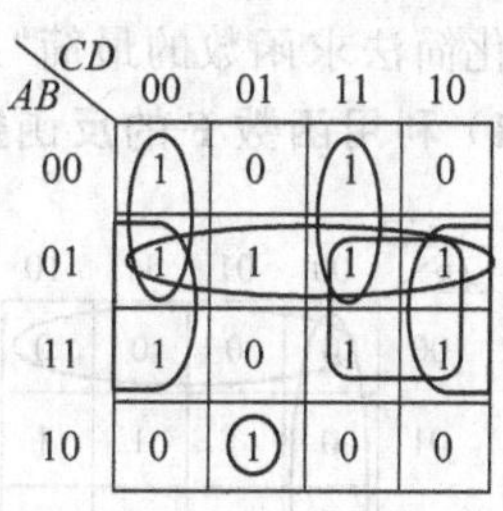

图 2.40　例 2.17 函数的卡诺图

$$F(A,B,C,D)=\overline{A}B+BC+B\overline{D}+\overline{A}\,\overline{C}\,\overline{D}+\overline{A}CD+A\overline{B}\,\overline{C}D$$

【例 2.18】 化简函数

$$F(A,B,C,D,E)=\sum(0,2,3,4,5,7,8,10,11,13,16,18,19,20,27,29)$$

解：函数 F 的卡诺图以及圈组的卡诺圈如图 2.41 所示。这是一个五变量卡诺图，图中颜色较浅的卡诺圈表示在 $A=0$ 和 $A=1$ 两张卡诺图相应位置上的相邻项。根据此卡诺图，可写出各卡诺圈所对应的"与"项如下：

$$\sum m(0,2,8,10)=\overline{A}\,\overline{C}\,\overline{E}$$

$$\sum m(0,4,16,20)=\overline{B}\,\overline{D}\,\overline{E}$$

$$\sum m(2,3,18,19)=\overline{B}\,\overline{C}D$$

或 $\sum m(0,2,16,18)=\overline{B}\,\overline{C}\,\overline{E}$（图中未画卡诺圈）

$$\sum m(3,11,19,27)=\overline{C}DE$$

$$\sum m(5,7)=\overline{A}BCE$$

$$\sum m(13,29)=BC\overline{D}E$$

所以，函数 F 的最简"与或"式为

$$F(A,B,C,D,E)=\overline{A}\,\overline{C}\,\overline{E}+\overline{B}\,\overline{D}\,\overline{E}+\overline{B}\,\overline{C}D+\overline{C}DE+\overline{A}BCE+BC\overline{D}E$$

$$\text{或}\ F(A,B,C,D,E)=\overline{A}\,\overline{C}\,\overline{E}+\overline{B}\,\overline{D}\,\overline{E}+\overline{B}\,\overline{C}\,\overline{E}+\overline{C}DE+\overline{A}BCE+BC\overline{D}E$$

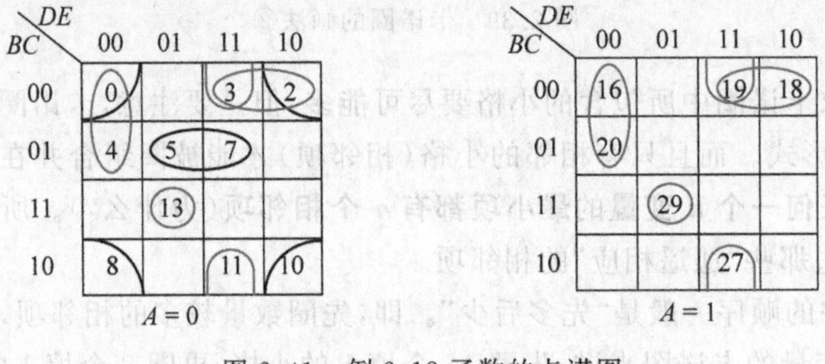

图 2.41 例 2.18 函数的卡诺图

本例说明，只有满足最小覆盖原则才能得到最简"与或"式，但有时最简"与或"式不是唯一的(参见 2.5.2 小节"4)配项")。

2. 求逻辑函数的最简"或与"式

用代数化简法求函数的最简"或与"式时，是借助于对偶式求得最简"或与"式的。用卡诺图化简法求函数的最简"或与"式时有两种方法，现分别介绍如下。

1）利用函数 F 的反函数求最简"或与"式

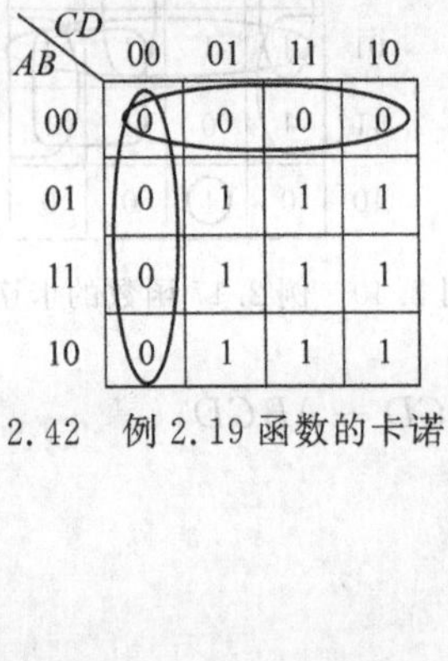

图 2.42 例 2.19 函数的卡诺图

在函数 F 的卡诺图上圈 0 写"与"项，即，把 0 当成 1 来圈组合并。然后，再把各"与"项相"或"从而得到 F 的最简"与或"式。对 F 进行反演运算，就得到了函数 F 的最简"或与"式。

【例 2.19】 求 $F(A,B,C,D)=\sum m(5,6,7,9,10,11,13,14,15)$ 的最简"或与"式。

解：先由给定函数 F 画出其卡诺图，如图 2.42 所示。

再圈组合并 0，写出“与”项，得到 $\overline{F}$ 的最简“与或”式：

$$\overline{F}=\overline{A}\,\overline{B}+\overline{C}\,\overline{D}$$

最后对 $\overline{F}$ 进行反演运算得到 F 的最简“或与”式：

$$F=(A+B)(C+D)$$

圈 0 写“与”项的做法，实际上是把函数 F 的卡诺图当成了 $\overline{F}$ 的卡诺图，所得到的最简“与或”式，实际上是 $\overline{F}$ 的最简“与或”式。对 $\overline{F}$ 求补，就得到函数 F 的最简“或与”式。这种圈 0 的方法简称**圈 0 合并**，它与圈 1 方法的合并原则和步骤类似。

2）**直接圈 0 写“或”项得到函数 F 的最简“或与”式**

在函数 F 的卡诺图上圈 0 写“或”项，再把各“或”项相“与”，从而直接得到 F 的最简“或与”式。在写“或”项时要注意，取值为 0 的变量，对应原变量；取值为 1 的变量，对应反变量。

【例 2.20】 求 $F(A,B,C,D)=(A+\overline{B}+C+D)(\overline{A}+B)(\overline{A}+\overline{C})\overline{C}$ 的最简“或与”式。

解：先画出函数 F 的卡诺图如图 2.43 所示。

再圈组合并 0，写出“或”项，得到 F 的最简“或与”式。

$$F=(A+\overline{B}+D)(\overline{A}+B)\overline{C}$$

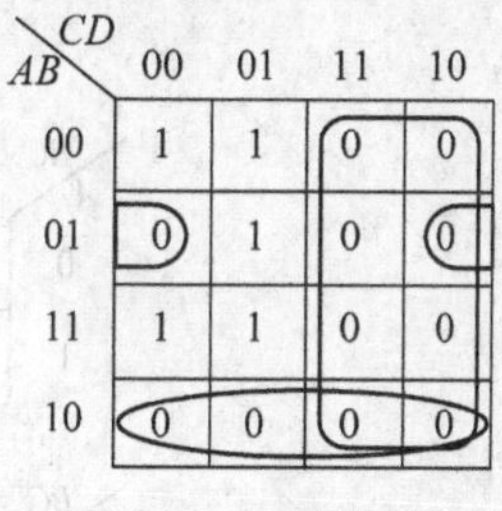

图 2.43 例 2.20 函数的卡诺图

2.6.4 多输出逻辑函数的卡诺图化简法

实际的组合逻辑电路往往不是仅有一个输出端而是有多个输出端。与此相对应的是有一组多输出逻辑函数。对于多输出逻辑函数的化简，虽然是以单个输出函数的化简为基础，但它却有其特殊性。这就是，在化简多输出逻辑函数时要通盘考虑，利用各函数间的公共项，以达到整体化简的目的。

【例 2.21】 化简如下两个逻辑函数：

$$F_1=\overline{A}BC+AB\overline{C}+ABC$$

$$F_2=\overline{A}\,\overline{B}\,\overline{C}+\overline{A}B\overline{C}+\overline{A}BC$$

解：(1) 利用卡诺图分别化简 F_1 和 F_2 后得到

$$F_1=AB+BC$$

$$F_2=\overline{A}\,\overline{C}+\overline{A}B$$

卡诺图如图 2.44(a)所示，相应的逻辑图如图 2.44(b)所示。

(2) 通盘考虑 F_1 和 F_2，利用它们的公共项 $\overline{A}BC$ 整体化简 F_1 和 F_2 得到

$$F_1'=AB+\overline{A}BC$$

$$F_2'=\overline{A}\,\overline{C}+\overline{A}BC$$

卡诺图如图 2.44(c)所示，相应的逻辑图如图 2.44(d)所示。

从图 2.44 可以看出，如果分别单独化简逻辑函数 F_1 和 F_2，则从 F_1 和 F_2 各自的角度看，它们确实是最简的。但是从整体上看，它们共需要 6 个门电路。而利用公共项 $\overline{A}BC$ 整体化简 F_1 和 F_2 所得到的 F_1' 和 F_2'，虽然就 F_1' 和 F_2' 各自来讲都不是最简的，但是从两个函数的整体上看，它们只需要 5 个门电路，是最简的。当然，在这 5 个门电路中有一个门的输入端是 3 个(而不是 2 个)。但这丝毫不影响整体化简多输出函数的意义。因为少一个“与”

项就意味着少一个"与"门，这对于利用可编程逻辑器件(PLD)来实现逻辑电路，而可编程器件的硬件资源又相对较少("与"阵列规模较小)的情况下是有实际意义的。

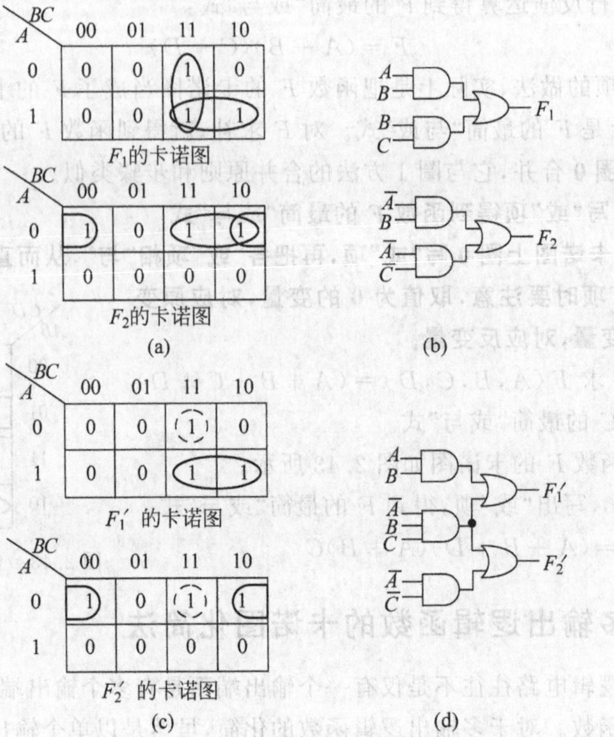

图 2.44 例 2.21 多输出函数的化简与实现

2.7 非完全描述逻辑函数

2.7.1 非完全描述逻辑函数概述

以上所讨论的逻辑函数，对输入变量的每一组取值都有确定的函数值 F(1 或 0)与之对应，所以称这类逻辑函数为"**完全描述逻辑函数**"。然而在设计数字电路的实践中，经常会碰到这样一种情况：即，逻辑函数不是被完全定义的。换句话说，这种逻辑函数包含了某些最小项而舍弃了另外一些最小项。反映在真值表上，就是对于某些组变量的取值，函数有确定的取值(1 或 0)与之对应；而对于另外其他组变量的取值，函数没有确定的取值与之对应，也就是说，函数取 1、取 0 均可以。**这种函数值没有被完全定义的逻辑函数，就叫做"非完全描述逻辑函数"**；而那些使函数值为任意值(限于 1 和 0 的范围)的变量取值所对应的最小项，就叫做"**任意项**"。因为这种最小项的出现，对逻辑函数的取值无关紧要(取 1、取 0 都可以)，所以又称这种最小项为"无关项"。常用小写希腊字母"ϕ"来表示无关的最小项，有时也用"d_i"而不是"m_i"来代表"**无关最小项**"；而与无关项相对应的函数值则用"×"或"d"表示。例如：有一个三变量的逻辑函数表达式如下：

$$F(A,B,C)=\sum m(0,2,7)+\sum\phi(3,4)$$

该式表明,函数 F 在最小项 $\bar{A}\,\bar{B}\,\bar{C}$、$\bar{A}B\bar{C}$ 和 ABC 出现时的取值为 1；而在最小项 $\bar{A}\bar{B}C$、$A\bar{B}C$ 和 $AB\bar{C}$ 出现时的取值为 0。在最小项 $\bar{A}BC$ 和 $A\bar{B}\bar{C}$ 出现时,函数 F 取任意值(1 或 0)。该函数的真值表如表 2.21 所示。从表中看出,当自变量为 011 和 100 时,函数值无明确定义,所以这个函数就是"非完全描述逻辑函数"。

表 2.21 函数 F 的真值表

No.	A	B	C	F
0	0	0	0	1
1	0	0	1	0
2	0	1	0	1
3	0	1	1	×
4	1	0	0	×
5	1	0	1	0
6	1	1	0	0
7	1	1	1	1

"非完全描述逻辑函数"也可以用最大项之积的形式表示。这时的无关项也要用相应的最大项形式来表示,常用大写的希腊字母 Φ 表示无关的最大项,或者用"D_i"而不是"M_i"来代表"**无关最大项**"。但是要注意,**无关最小项的编号与无关最大项的编号是一致的**。所以上面的"非完全描述逻辑函数"也可以写成如下的形式：

$$F(A,B,C)=\prod M(1,5,6)\cdot\prod\Phi(3,4)$$

除了上述"非完全描述逻辑函数"逻辑表达式的写法以外,还有其他几种写法,现以表 2.21 的函数为例将它们罗列如下：

最小项之和的形式：

$$F(A,B,C)=\sum m(0,2,7)+d(3,4)$$

或

$$\begin{cases}F(A,B,C)=\sum m(0,2,7)\\ \bar{A}BC+A\bar{B}\bar{C}=0\end{cases}$$

最大项之积的形式：

$$F(A,B,C)=\prod M(1,5,6)\cdot D(3,4)$$

或

$$\begin{cases}F(A,B,C)=\prod M(1,5,6)\\ (A+\bar{B}+\bar{C})(\bar{A}+B+C)=1\end{cases}$$

其中,逻辑表达式 $\bar{A}BC+A\bar{B}\bar{C}=0$ 和 $(A+\bar{B}+\bar{C})(\bar{A}+B+C)=1$ 叫做"**约束条件**",它们表示在输入变量取值中不能出现 011 和 100,否则这两个约束条件"等"式就不能成立。因此,"无关项"有时也叫做"**约束项**"。

"无关项"的起因来自于两个方面。首先,**对于某个具体的开关(逻辑)网络,输入变量的某些取值组合在网络正常运转的情况下,也许永远也不会出现**。这些"不会出现"的输入变量取值组合(无关项),在许多实际的应用中完全是自然而然地产生的。例如：我们要设计一个“一位十进制数质数①探测器”。这个探测器的输入是4位二进制数($b_3b_2b_1b_0$)表示的十进制数——8421BCD码。当探测器的输入是质数时(用BCD码表示),输出是1;而当输入是非质数时,输出是0。假设输出用F表示。

根据对探测器的这样一种描述以及数学上对质数的定义,可以列出“质数探测器”的真值表如表2.22所示。这个探测器在正常工作时,其输入端只可能出现最小项$m_0\sim m_9$(对应十进制数0~9),而最小项$m_{10}\sim m_{15}$根本就不会出现。所以这后6个最小项就是无关项$d_{10}\sim d_{15}$。根据真值表,可写出“质数探测器”的逻辑函数表达式如下:

$$F=\sum m(2,3,5,7)+d(10,11,12,13,14,15)$$

或

$$F=\prod M(0,1,4,6,8,9)\cdot D(10,11,12,13,14,15)$$

表2.22 “质数探测器”逻辑函数F的真值表

No.	b_3 b_2 b_1 b_0	F	No.	b_3 b_2 b_1 b_0	F
0	0 0 0 0	0	8	1 0 0 0	0
1	0 0 0 1	0	9	1 0 0 1	0
2	0 0 1 0	1	10	1 0 1 0	×
3	0 0 1 1	1	11	1 0 1 1	×
4	0 1 0 0	0	12	1 1 0 0	×
5	0 1 0 1	1	13	1 1 0 1	×
6	0 1 1 0	0	14	1 1 1 0	×
7	0 1 1 1	1	15	1 1 1 1	×

出现“无关项”的另一种场合是,**对给定的逻辑电路,其输入变量的所有取值组合(或最小项)均可能出现,但是系统只对某些输入变量组合所对应的输出有0或1的要求;而对其他的输入变量组合所对应的输出无要求,也就是说,此时逻辑电路输出0或1对系统的正常工作都不会产生影响。**

2.7.2 利用无关项化简非完全描述逻辑函数

如上所述,“无关项”的出现是因为这些“无关最小项”在系统正常工作时要么根本就不会出现,要么即使出现了,它所产生的输出对系统的正常工作也无影响。既然如此,就可以根据实际需要来决定这些“无关项”所对应的输出(函数值)是1还是0,以尽可能地扩大逻辑相邻项的个数从而达到进一步化简逻辑函数的目的。当采用代数化简法化简“与或”表达式时,可视需要加进或者舍弃某些“无关最小项”,**加进“无关项”的原则就是要使“逻辑相邻”的最小项个数(符合2^i个)最大化以使得原逻辑表达式得到进一步的简化。**

【例2.22】 化简“一位十进制数质数探测器”的逻辑函数

$$F=\sum m(2,3,5,7)+d(10,11,12,13,14,15)$$

① 数学上定义大于1,且只能被1和自身整除的自然数叫做质数。

解：(1) 先不考虑“无关最小项”$d_{10} \sim d_{15}$，只化简 $F=\sum m(2,3,5,7)$。

$$
\begin{aligned}
F &= \sum m(2,3,5,7) \\
&= \bar{b}_3\bar{b}_2 b_1\bar{b}_0 + \bar{b}_3\bar{b}_2 b_1 b_0 + \bar{b}_3 b_2\bar{b}_1 b_0 + \bar{b}_3 b_2 b_1 b_0 \\
&= \bar{b}_3\bar{b}_2 b_1(\bar{b}_0 + b_0) + \bar{b}_3 b_2 b_0(\bar{b}_1 + b_1) \\
&= \bar{b}_3\bar{b}_2 b_1 + \bar{b}_3 b_2 b_0
\end{aligned}
$$

这是在不考虑无关项的情况下所得到的 F 的最简“与或”式。

(2) 再考虑将“无关最小项”d_{10}、d_{11}、d_{13} 和 d_{15} 加入到上式中。

$$
\begin{aligned}
F &= \sum m(2,3,5,7) + d(10,11,13,15) \\
&= \bar{b}_3\bar{b}_2 b_1 + \bar{b}_3 b_2 b_0 + b_3\bar{b}_2 b_1\bar{b}_0 + b_3\bar{b}_2 b_1 b_0 + b_3 b_2\bar{b}_1 b_0 + b_3 b_2 b_1 b_0 \\
&= \bar{b}_2 b_1(\bar{b}_3 + b_3\bar{b}_0 + b_3 b_0) + b_2 b_0(\bar{b}_3 + b_3\bar{b}_1 + b_3 b_1) \\
&= \bar{b}_2 b_1 + b_2 b_0
\end{aligned}
$$

比较这两次化简的结果，显然后者更简单。从此例可以看出，**适当地利用无关项可以使“已化简的”逻辑表达式得到更进一步的简化。需要注意的是：所有加进“与或”表达式的“无关最小项”，在客观上就相当于确认它们所对应的逻辑函数值为 1；而那些舍弃的“无关最小项”，在客观上就相当于确认它们所对应的逻辑函数值为 0**。但是，究竟加入哪些“无关最小项”才能使原逻辑表达式得到更进一步的简化？在使用代数化简法时，要回答这个问题不是一件容易的事情，因为我们很难凭借观察来看出哪些最小项是逻辑相邻的，尤其在最小项的个数较多时，更是如此。所以，我们很自然地想到了卡诺图。在逻辑变量个数不是很多时，用卡诺图可以很直观地看出逻辑相邻项，因此使用卡诺图化简“非完全描述逻辑函数”更方便。

【例 2.23】 用卡诺图化简“一位十进制数质数探测器”的逻辑函数

$$F=\sum m(2,3,5,7) + d(10,11,12,13,14,15)$$

解：根据给定的逻辑表达式画出函数的卡诺图，再利用“无关项”进行圈 1 合并，如图 2.45 所示。最后得到函数的最简“与或”式为

$$F = b_2 b_0 + \bar{b}_2 b_1$$

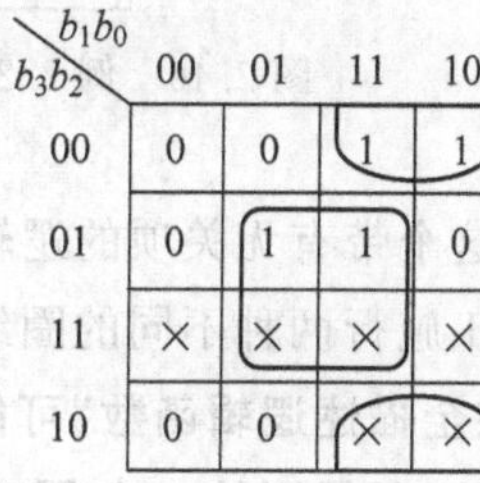

图 2.45 例 2.23 函数的卡诺图

关于用卡诺图化简非完全描述逻辑函数的问题，需要说明以下几点：

- 与代数化简法类似，**在圈 1 合并时，所有被“圈入”卡诺圈的“无关最小项”，在客观上等于已被加入到函数的标准“与或”表达式中，这就相当于确认这些“无关最小项”所对应的函数值是 1；而那些没有被“圈入”卡诺圈的“无关最小项”，在客观上等于已被舍弃，这也相当于确认这些“无关最小项”所对应的函数值是 0**。到底“圈入”哪些无关项或者舍弃哪些无关项，完全是以能否尽可能地化简逻辑函数为准则。
- 利用无关项圈组合并时，应使卡诺圈尽可能大，即，卡诺圈所包围的小格要尽可能多，但是要符合 2^i 个小格的原则和相邻原则。

- 永远不要使某个卡诺圈所围的小格都是"无关最小项"。因为这样做非但不能达到化简逻辑函数的目的,反而平白无故地多增加了一个"与项"。

【例 2.24】 求"一位十进制数质数探测器"逻辑函数 F 的补函数 $\overline{F}$ 的最简"与或"式。

解：画出函数的卡诺图,再利用"无关项"进行圈 0 合并,如图 2.46 所示。圈 0 写"与"项,得到补函数 $\overline{F}$ 之最简"与或"式为

$$\overline{F}=b_2\overline{b}_0+\overline{b}_2\overline{b}_1$$

需要注意的是：虽然本例中的逻辑函数 $\overline{F}$ 与上例中的逻辑函数 F 确实是互为补函数,但是在一般情况下,利用约束项化简非完全描述逻辑函数时,所得到的 F 与 $\overline{F}$ 的最简"与或"式不一定是互补函数。(为什么?)

【例 2.25】 求逻辑函数 $F=\prod M(3,6,7,10,12)\cdot\prod\Phi(2,4,11,13)$ 的最简"与或"式。

解：画出函数的卡诺图,再利用"无关项"进行圈 1 合并,如图 2.47 所示。函数 F 的最简"与或"式为

$$F=\overline{B}\overline{C}+\overline{C}D+ABC$$

或

$$F=\overline{B}\overline{C}+\overline{A}\overline{C}+ABC$$

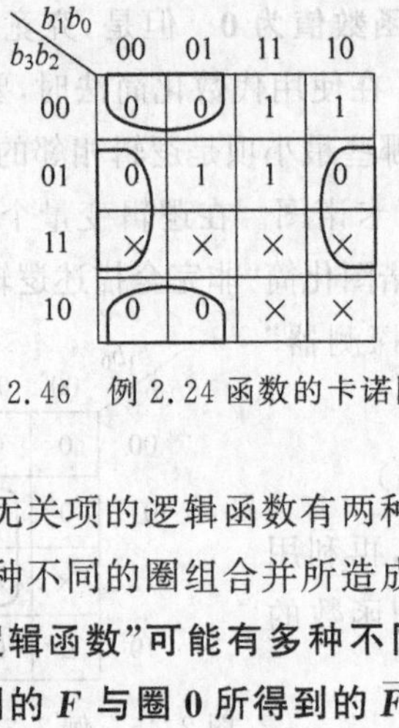

图 2.46　例 2.24 函数的卡诺图

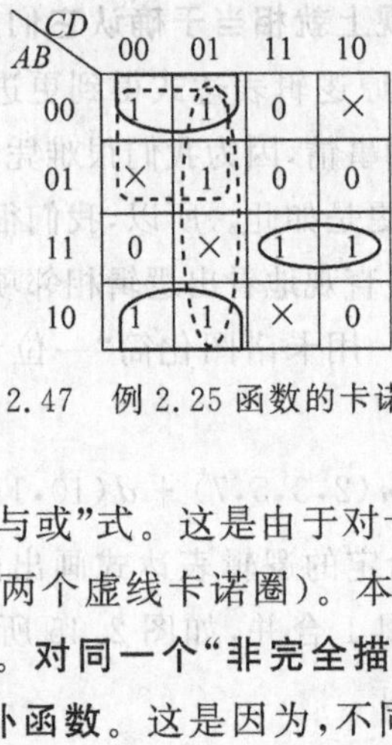

图 2.47　例 2.25 函数的卡诺图

这个带有无关项的逻辑函数有两种可能的最简"与或"式。这是由于对卡诺图中 5 号格里的 1 施行两种不同的圈组合并所造成的(卡诺图中两个虚线卡诺圈)。本例与上例说明,**"非完全描述逻辑函数"可能有多种不同的最简形式。对同一个"非完全描述逻辑函数"而言,圈 1 所得到的 F 与圈 0 所得到的 $\overline{F}$ 不一定是互补函数**。这是因为,不同的人对无关项的取舍可能不同。

2.8 逻辑函数的描述

2.8.1 逻辑函数的描述方法

前面已经提到过多种描述逻辑函数的方法,现将各种描述逻辑函数的方法总结一下,首先看下面的例题。

【例 2.26】 有 3 个人 A、B、C 对一项提案 F 进行表决。如果有两个或两个以上的人同意,则提案通过；否则,提案不通过。试用逻辑函数表示提案通过的条件。

解：以逻辑变量 A、B、C 代表3个人。如果某人同意提案，则相应的变量取1；否则取0。再用逻辑变量 F 代表提案是否通过，1代表通过；0表示不通过。

根据题目要求和上述对逻辑变量的规定，确定 A、B、C 为输入自变量，F 为输出变量（函数）。可用以下几种方式描述逻辑函数 F，即，F 与 A、B、C 之间的逻辑关系。

真值表 反映 F 与 A、B、C 之间逻辑关系的真值表，如表2.23所示。

表2.23 函数 F 的真值表

No.	A	B	C	F
0	0	0	0	0
1	0	0	1	0
2	0	1	0	0
3	0	1	1	1
4	1	0	0	0
5	1	0	1	1
6	1	1	0	1
7	1	1	1	1

卡诺图 根据真值表，可填写出卡诺图，如图2.48(a)所示。

逻辑表达式 根据真值表或卡诺图，可写出逻辑函数 F 的多种形式表达式如下：

$$F=\sum m(3,5,6,7) \quad \text{(最小项之和式)}$$
$$=\prod M(0,1,2,4) \quad \text{(最大项之积式)}$$
$$=AB+AC+BC \quad \text{(最简“与或”式)}$$
$$=(A+B)(A+C)(B+C) \quad \text{(最简“或与”式)}$$
$$=\overline{\overline{AB}\cdot\overline{AC}\cdot\overline{BC}} \quad \text{(最简“与非-与非”式)}$$
$$\vdots$$

逻辑图 根据逻辑函数 F 的多种表达式，可画出实现这些表达式的多种逻辑图。现给出用“与非”门实现的逻辑图，如图2.48(b)所示。

时序(波形)图 时序图是一种表示信号电平随时间变化的波形图，所以有时也称为波形图，它实际上就是平常在示波器上所看到的图形。时序图的横坐标方向代表时间，纵坐标方向代表信号电平。在画时序图时，通常省略横、纵坐标不画。

把输入、输出逻辑变量看成是一种信号，用信号的“高”“低”电平分别代表变量的取值1和0。这样，输出与输入变量之间的函数关系就可以用代表它们的输出与输入信号之间的

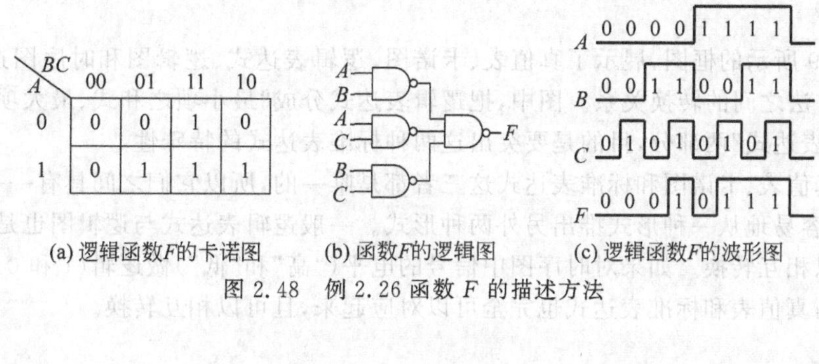

(a) 逻辑函数F的卡诺图 (b) 函数F的逻辑图 (c) 逻辑函数F的波形图

图2.48 例2.26函数 F 的描述方法

同步波形图，即时序图表示。图 2.48(c)画出了 F 与 A、B、C 之间的同步波形图。

根据上例的分析，可将描述逻辑函数的方法归纳如下：

1）真值表

真值表是描述输出变量（函数）与输入变量之间的逻辑关系的表格。 n 个变量所组成的逻辑函数，其真值表有 2^n 行。输入变量取值按二进制数顺序排列，并以其等值的十进制数作为各行的行号。

真值表直观、明了、唯一，是描述逻辑函数的最基本、最有效的方法。它是将实际问题（用文字描述的逻辑问题）转化为逻辑表达式的桥梁。

2）卡诺图

卡诺图是函数最小项方块图。 它也是描述逻辑函数的一种方法。n 变量逻辑函数的卡诺图有 2^n 个小方块（小格）。图中变量的取值按格雷码顺序排列。所以图中几何位置相邻的小格所代表的最小项在逻辑上也是相邻的。

卡诺图直观、形象，它使得辨认逻辑相邻项的工作变得容易，所以它是化简逻辑函数的有力工具。但随着变量个数的增多，卡诺图也越变越复杂，相邻项也就难以辨认，卡诺图失去了它的优势。所以，卡诺图只适用于五变量以下的逻辑函数化简。当逻辑变量较多时，可采用引入变量卡诺图（VEM）或 Q-M 法化简逻辑函数。

3）逻辑表达式

逻辑表达式是由一系列的基本逻辑运算和复合逻辑运算所组成的布尔代数式。 同一个逻辑函数可以有多种逻辑表达式，但其最小项之和式和最大项之积式却是唯一的。

逻辑表达式简洁、概括、书写方便。它便于用公式进行运算和变换；它也是构造逻辑图的根据。

4）逻辑图

逻辑图是由逻辑门和逻辑部件的符号所组成的电路图。 它是工程设计和制造的最直接的依据。

5）时序图

时序图反映了输出与输入信号间随时间变化规律的相互关系。它是信号的波形图，可借助示波器观测到。它是分析和调试逻辑电路的重要依据。

2.8.2 逻辑函数描述方法之间的转换

2.8.1 小节总结归纳了描述逻辑函数的各种方法。它们虽然在形式上各不相同，但其本质都是一样的。这些方法从不同的角度对逻辑函数进行了描述，它们各有所长，并且彼此之间存在着内在的联系。应该熟悉这种内在的联系，掌握各种逻辑函数描述之间相互转换的方法。

图 2.49 所示的框图，展示了真值表、卡诺图、逻辑表达式、逻辑图和时序图这 5 种逻辑函数描述方法之间的转换关系。图中，把逻辑表达式分成"最小项之和式、最大项之积式"与"一般逻辑表达式"两部分，目的是要突出这两种标准表达式的特殊性。

因为真值表、卡诺图和标准表达式这三者都是唯一的，所以它们之间具有一一对应的关系，可以很容易地从一种形式推出另外两种形式。一般逻辑表达式与逻辑图也是对应的，它们之间可以相互转换。如果对时序图中信号的电平（"高"和"低"）做逻辑（1 和 0）上的规定，则时序图与真值表和标准表达式也完全可以对应起来，且可以相互转换。

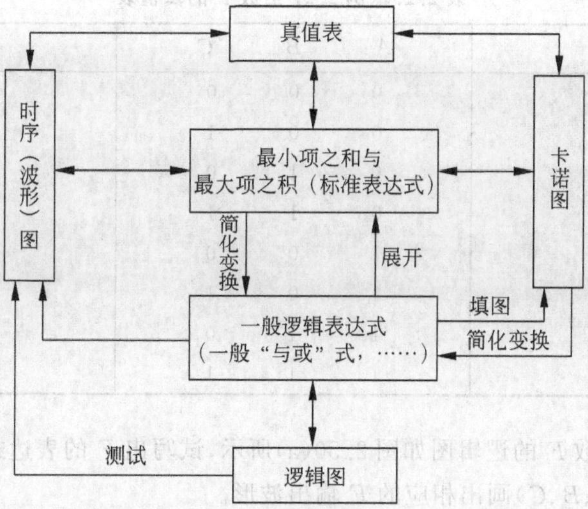

图 2.49　逻辑函数描述方法之间的转换

下面举几个逻辑函数描述方法转换的实例。

【例 2.27】　试求例 2.15 中函数 F 的真值表。

解：将例 2.15 中函数 F 的逻辑表达式重写如下：

$$F(A,B,C)=(\overline{A}+B+C)\overline{AB+BC+AC}+[(\overline{A}+B)(\overline{A}+C)(B+C)\oplus\overline{A}\,\overline{C}]$$

(1) 由表达式列真值表。因为函数 F 的表达式较复杂，难以直接列写其真值表，所以先将函数 F 分解为几个部分函数，列写出各部分函数的真值表，再导出总的真值表。在例 2.15 中已将 F 分解为 4 个部分函数：

$$F_1=\overline{A}+B+C;\qquad F_2=AB+BC+AC$$

$$F_3=(\overline{A}+B)(\overline{A}+C)(B+C);\quad F_4=\overline{A}\,\overline{C}$$

所以　$F=F_1\cdot\overline{F}_2+[F_3\oplus F_4]$。

列写函数 F 的真值表的过程如表 2.24 所示。

(2) 先由逻辑表达式求函数 F 的卡诺图，再由卡诺图列真值表。在例 2.15 中已求出函数 F 的卡诺图，如图 2.32(h)所示。根据此卡诺图可列出 F 的真值表，如表 2.25 所示。

表 2.24　例 2.27 形成函数 F 的真值表

No.	A B C	F_1	F_2	F_3	F_4	$F_1\cdot\overline{F}_2$	$F_3\oplus F_4$	F
0	0 0 0	1	0	0	1	1	1	1
1	0 0 1	1	0	1	0	1	1	1
2	0 1 0	1	0	1	1	1	0	1
3	0 1 1	1	1	1	0	0	1	1
4	1 0 0	0	0	0	0	0	0	0
5	1 0 1	1	1	0	0	0	0	0
6	1 1 0	1	1	0	0	0	0	0
7	1 1 1	1	1	1	0	0	1	1

表 2.25　例 2.27 函数 F 的真值表

No.	A	B	C	F
0	0	0	0	1
1	0	0	1	1
2	0	1	0	1
3	0	1	1	1
4	1	0	0	0
5	1	0	1	0
6	1	1	0	0
7	1	1	1	1

【例 2.28】 函数 F 的逻辑图如图 2.50(a)所示，试写出 F 的表达式，并按图 2.50(b)所给定的输入波形(A、B、C)画出相应的 F 输出波形。

解：(1) 由逻辑图写出 F 的表达式如下：

$$F=\overline{A}+BC$$

(2) 根据表达式画出 F 的波形，如图 2.50(b)所示。由表达式知，只有当 $A=0$ 或 $B=C=1$ 时，$F=1$；其余情况下 $F=0$。即，只有当 A 为低电平或 B 与 C 同时为高电平时，F 才为高电平，其余情况下 F 为低电平。

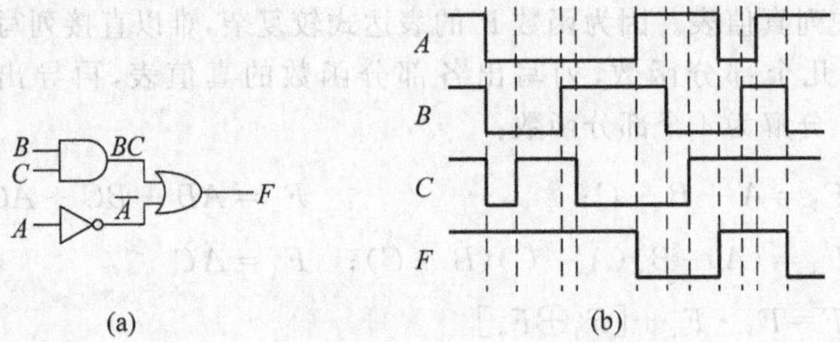

图 2.50　例 2.28 的逻辑图和波形图

【例 2.29】 某电路的输入 A、B、C 和输出 F 的波形图如图 2.51 所示。试用真值表、卡诺图、最小项之和式和最简"或与"式及其所对应的逻辑图表示出该电路的逻辑功能。

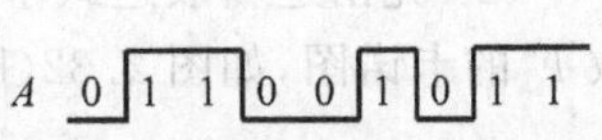

图 2.51　例 2.29 的时序图

解：(1) 假设时序图中信号的高电平代表逻辑 1；低电平代表逻辑 0。于是，输入变量 A、B、C 被二进制数所编码。可以看出，A、B、C 有两组取值 011 和 110 未出现，所以最小项 $\overline{A}BC$ 和 $AB\overline{C}$ 应视为无关项。因此，该时序图所对应的真值表如表 2.26 所示。

(2) 根据真值表可画出相应的卡诺图，如图 2.52 所示。

(3) 根据真值表可写出描述该电路的最小项之和式：

$$F=\sum m(0,2,4,5)+d(3,6)$$

表 2.26 例 2.29 函数 F 的真值表

No.	A	B	C	F
0	0	0	0	1
1	0	0	1	0
2	0	1	0	1
3	0	1	1	×
4	1	0	0	1
5	1	0	1	1
6	1	1	0	×
7	1	1	1	0

(4) 如图 2.52 所示，在卡诺图上圈 0 写"或"项，得到 F 的最简"或与"式：

$$F=(A+\overline{C})(\overline{A}+\overline{B})$$

(5) 根据最简"或与"式，可画出其相应的逻辑图，如图 2.53 所示。

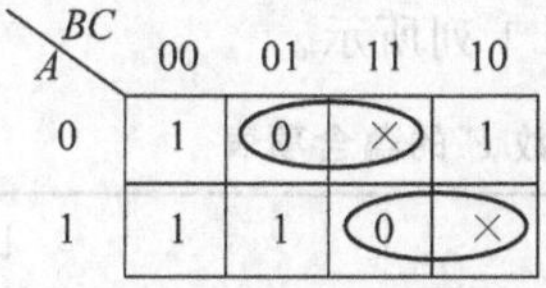

图 2.52 例 2.29 的卡诺图

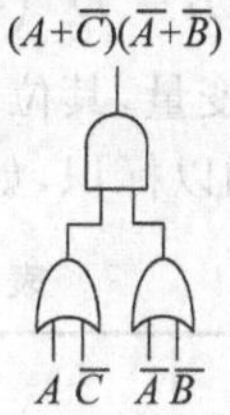

图 2.53 例 2.29 的逻辑图

*2.9 逻辑函数的 Q-M 表格化简法

Q-M 化简法是对"奎茵-迈克鲁斯基(Quine-McCluskey)表格化简法"的一种简称，该方法是一种表格式的化简布尔函数的方法。总的来说，Q-M 化简法较之卡诺图化简法而言有两大优点：首先，它是一种直接的、系统地生成最简逻辑函数表达式的方法。它不依赖于设计者对"逻辑相邻项"以及最小覆盖原则的识别能力，这一点与卡诺图化简法是完全不同的；其次，相对于卡诺图化简法只能处理不超过 5 个变量的布尔函数的限制而言，Q-M 化简法对布尔函数的变量个数不做限制，是一种能处理具有大量逻辑变量的布尔函数化简问题的可行方案。一般情况下，Q-M 化简法是对被化简逻辑函数所包括的所有最小项，执行一种所谓的"顺序线性搜索"(ordered linear search)，以期找出全部"逻辑相邻项"的组合。

Q-M 化简法首先是从列有被化简逻辑函数所含全部 n 变量最小项的表格开始，然后逐步导出全部 $n-1$ 个变量的"蕴含项"(implicant)；再从这些 $n-1$ 个变量的蕴含项中导出全部 $n-2$ 个变量的蕴含项；……直到找出全部"主蕴含项"(prime implicant)为止。从这些主蕴含项中找出逻辑函数的"最小覆盖"，这个最小覆盖就是所求的逻辑函数的最简表达式。Q-M 化简法还可以扩展到化简非完全描述逻辑函数和多输出逻辑函数的情形。

2.9.1 蕴含项，主蕴含项，本质蕴含项

在上面的叙述中出现了“蕴含项”“主蕴含项”这两个名词，本节将通过实例来解释这些名词。

【例 2.30】 化简逻辑函数

$$F(A,B,C,D)=\sum m(0,5,7,9,10,11,14,15)$$

解：函数 F 的卡诺图及圈组合并的卡诺圈如图 2.54 所示。由图知，逻辑函数的最简“与或”式为

$$F(A,B,C,D)=AC+\overline{A}BD+A\overline{B}D+\overline{A}\,\overline{B}\,\overline{C}\,\overline{D}$$

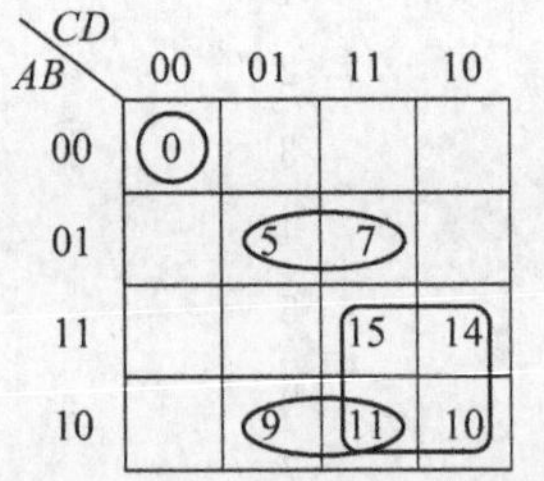

图 2.54 例 2.30 函数的卡诺图

现在把逻辑函数 F 所含的全部最小项列于表 2.27 的 List 1 列。根据图 2.54 所示 F 的卡诺图，分别考查函数的每一个最小项是否有相邻项（上、下、左、右）。如果有，则将它们分别合并（已经合并过的“最小项对”则不再合并），这就形成了若干 3 变量的蕴含项，将它们列于表 2.27 的 List 2 列。例如，对于最小项 m_7，它有相邻项 m_5 和 m_{15}，于是就形成了两个蕴含项“$\overline{A}B-D$”$(=\sum(5,7))$ 和“$-BCD$”$(=\sum(7,15))$。两个逻辑相邻最小项合并时所消去的变量，其位置在蕴含项中以符号“$-$”代替。凡是被合并过的最小项的右侧，都以符号“√”加以标识，如表 2.27 的 List 1 列所示。

表 2.27 例 2.30 函数 F 的蕴含项表

List 1 4 变量最小项	List 2 3 变量蕴含项	List 3 2 变量蕴含项
** $m_0=\overline{A}\,\overline{B}\,\overline{C}\,\overline{D}$ PI_5	** $\sum(5,7)=\overline{A}B-D$ PI_2	
$m_5=\overline{A}B\overline{C}D$ √	$\sum(7,15)=-BCD$ PI_3	
$m_7=\overline{A}BCD$ √	$\sum(15,11)=A-CD$ √	
$m_9=A\overline{B}\,\overline{C}D$ √	$\sum(15,14)=ABC-$ √	** $\sum(10,11,14,15)=A-C-$ PI_1
$m_{10}=A\overline{B}C\overline{D}$ √	$\sum(14,10)=A-C\overline{D}$ √	
$m_{11}=A\overline{B}CD$ √	$\sum(10,11)=A\overline{B}C-$ √	
$m_{14}=ABC\overline{D}$ √		
$m_{15}=ABCD$ √	** $\sum(11,9)=A\overline{B}-D$ PI_4	

现在，再考查表 2.27 的 List 2 列中的每一个“3 变量的蕴含项”是否在 List 2 列的范围内有“逻辑相邻项”。关于蕴含项的逻辑相邻概念是：**除了一个对应位置的变量互补以外，其他所有相应位置上的变量，包括符号“$-$”，都一样**。考查的结果是：蕴含项“$A-CD$”$(=\sum(15,11))$ 和“$A-C\overline{D}$”$(=\sum(14,10))$ 相邻，合并后生成 2 变量的蕴含项“$A-C-$”，而蕴含项“$ABC-$”$(=\sum(15,14))$ 和“$A\overline{B}C-$”$(=\sum(10,11))$ 相邻，合并后也生成 2 变量的蕴含项“$A-C-$”。实际上，这两对蕴含项的合并就等价于将 m_{10}、m_{11}、m_{14} 和 m_{15} 四个逻辑相邻项合并，从而生成一个 2 变量蕴含项，即：$\sum(10,11,14,15)=A-C-$。把这个 2 变量蕴含项列于表 2.27 的 List 3 列中。同样，在 List 2 列中，凡是被合并过的蕴含项的右侧，都以符号“√”加以标识。在 List 3 列的范围里，只有一个蕴含项“$A-C-$”，所以无须

再考查其逻辑相邻项。

从以上所述得知，所谓的蕴含项，实际上就是将 2 个、4 个、…2^i 个逻辑相邻最小项合并以后所产生的逻辑乘积项（“与项”）。例如：$n-1(n=4)$个变量的蕴含项“$\overline{A}B-D$”$(=\sum(5,7))$是最小项 m_5 和 m_7 合并的结果。所以说这个蕴含项蕴含了（或者说覆盖了、包含了）最小项 m_5 和 m_7。同理，蕴含项“$A-C-$”$(=\sum(10,11,14,15))$蕴含了最小项 m_{10}、m_{11}、m_{14} 和 m_{15}。从广义上来讲，一个最小项也可以被认为是一个蕴含项。这是一个特殊的蕴含项，它只蕴含了一个最小项——它自己。

观察表 2.27 的 List 1、List 2 和 List 3 各列，发现有一些蕴含项没有逻辑相邻项。例如：“$\overline{A}\,\overline{B}\overline{C}\overline{D}$”“$\overline{A}B-D$”“$-BCD$”和“$A-C-$”等。把这些没有相邻项的蕴含项叫做**主蕴含项**（prime implicant），有时也叫**基本蕴含项**。如表 2.27 所示，在所有主蕴含项的右侧，用字母组合 PI 来标识。

现在，再观察表 2.27 中的所有主蕴含项。发现有些主蕴含项所包含的最小项里有独属于它自己的最小项。换句话说，这些最小项不曾被其他主蕴含项所包含。例如：主蕴含项“$\overline{A}B-D$”有独属于它自己的最小项 m_5，主蕴含项“$A\,BCD$”有独属于它自己的最小项 m_0，主蕴含项“$A-C-$”有独属于它自己的最小项 m_{10} 和 m_{14}。我们把这些含有独属于它自己的最小项的主蕴含项叫做**本质主蕴含项**（essential prime implicant），简称**本质蕴含项**。在表 2.27 中，所有的本质主蕴含项的前面，均用双星号“**”标识。所以 PI_1、PI_2、PI_4 和 PI_5 都是本质主蕴含项。把这些本质主蕴含项逻辑和在一起，得到

$$F=PI_1+PI_2+PI_4+PI_5=\text{“}A-C-\text{”}+\text{“}\overline{A}B-D\text{”}+\text{“}A\overline{B}-D\text{”}+\text{“}\overline{A}\,\overline{B}\overline{C}\overline{D}\text{”}$$
$$=AC+\overline{A}BD+A\overline{B}D+\overline{A}\,\overline{B}\overline{C}\overline{D}$$

这就是最后所要求的逻辑函数最简“与或”表达式。此结果与卡诺图法化简的结果是一样的。

2.9.2 Q-M 化简法推演过程

本节将通过一个实例，来说明 Q-M 化简法的具体推演过程。

【例 2.31】 用 Q-M 化简法化简如下逻辑函数：

$$F(A,B,C,D)=\sum m(2,4,6,8,9,10,12,13,15)$$

解：此函数的卡诺图如图 2.55 所示。由图得到函数的最简“与或”式为

$$F(A,B,C,D)=A\overline{C}+\overline{A}B\overline{D}+ABD+\overline{B}C\overline{D}$$

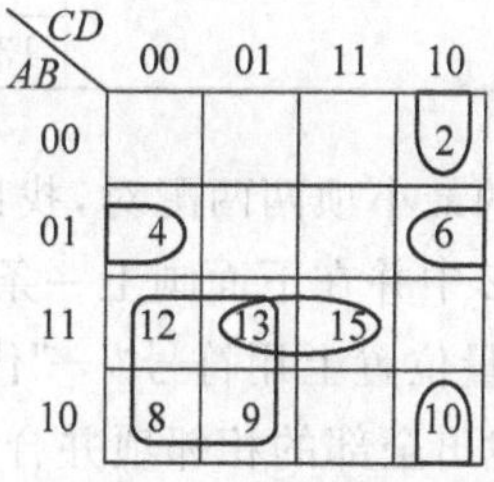

图 2.55 例 2.31 函数的卡诺图

Q-M 化简法的步骤如下：

(1) 将函数 F 所含的全部最小项按其二进制数标号所含 1 的个数（最小项含原变量的个数）分组，如表 2.28 所示。表中的原变量用 1 表示，反变量用 0 表示。这样做的目的，是为了能够找出所有包含两个最小项的逻辑相邻项，即含有 $n-1$（此时 $n=4$）个变量的蕴含项。因为 1 组的最小项只可能与 2 组的最小项构成相邻项，而绝不可能与 3 组的最小项构成相邻项。同理，2 组的最小项也只可能与 1 组或者 3 组的最小项构成相邻项，而绝不可能与 4 组的最小项构成相邻项，以此类推。按照这个想法，就列出了逻辑函数 F 所含全部最小项的分组合并列表，也叫

蕴含项表①，如表 2.29 所示。

表 2.28 例 2.31 函数 F 的最小项分组表

最小项 m_i	$ABCD$	
2	0010	1 组(含有一个 1)
4	0100	
8	1000	
6	0110	2 组(含有两个 1)
9	1001	
10	1010	
12	1100	
13	1101	3 组(含有三个 1)
15	1111	4 组(含有四个 1)

(2) 构造逻辑函数 F 的"蕴含项表"。表 2.29 的 List 1 就是表 2.28。它是将函数 F 的全部最小项，按其二进制数标号所含 1 的个数分组而得到。在 List 1 中，把 1 组的最小项与

表 2.29 例 2.31 函数 F 的蕴含项表

List 1			List 2			List 3		
最小项	$ABCD$		最小项	$ABCD$		最小项	$ABCD$	
2	0010	√	2, 6	0−10	PI_2	8, 9, 12, 13	1−0−	PI_1
4	0100	√	2, 10	−010	PI_3			
8	1000	√	4, 6	01−0	PI_4			
6	0110	√	4, 12	−100	PI_5			
9	1001	√	8, 9	100−	√			
10	1010	√	8, 10	10−0	PI_6			
12	1100	√	8, 12	1−00	√			
13	1101	√	9, 13	1−01	√			
15	1111	√	12, 13	110−	√			
			13, 15	11−1	PI_7			

2 组的最小项两两配对，找出全部的逻辑相邻项并合并，所构成的三变量蕴含项全都列于 List 2 中并在下面画上一条横线，以表示这是 List 2 的第 1 组蕴含项。在蕴含项中，被消去的变量位置上用符号"−"代替。接着，再把 List 1 中 2 组的最小项与 3 组的最小项两两配对，找出全部的相邻项并合并，这些新构成的三变量蕴含项全部列于 List 2 中第一条横线下面，以表示这是 List 2 的第 2 组蕴含项。这个过程将持续到 List 1 的第 3 组最小项与第 4 组最小项配对合并完成，从而构成 List 2 的第 3 组蕴含项时为止。

仿照在 List 1 中的做法，在 List 2 中把第 1 组蕴含项与第 2 组蕴含项两两配对，若是逻辑相邻项则合并，如此生成 List 3 的第 1 组蕴含项；再把 List 2 中第 2 组蕴含项与第 3 组蕴含项配对合并生成 List 3 的第 2 组蕴含项(如果有)。整个过程照此方式一直进行下去，直到某个 List 只有一组蕴含项时为止。本题 List 3 中只有一组蕴含项。在表 2.29 中，所有

① 有的书上称这个表为化简表(minimizing table)。

被合并过(有相邻项)的蕴含项和最小项(也是一种蕴含项)的右侧,都用符号"√"标识;所有未被合并过(没有相邻项)的蕴含项和最小项就是所谓的**主蕴含项**,其右侧用"PI"标识。PI 的下标按从后往前、从上到下的顺序排列。

(3) 构造逻辑函数 F 的"主蕴含项表"(prime implicant chart)或者叫"PI 表",如表 2.30 所示。此表中的每一行代表一个主蕴含项;每一列代表函数 F 的最小项。表中的"双横线"把包含不同数量最小项的主蕴含项分隔开。符号"×"表示该符号所在行的主蕴含项覆盖了该符号所在列的最小项。例如,主蕴含项 PI_2 所在的行上有两个"×",这两个"×"所对应的列是代表 2 号和 6 号最小项,即:m_2 和 m_6。这就表示主蕴含项 PI_2 覆盖了最小项 m_2 和 m_6,换句话说,主蕴含项 PI_2 是由逻辑相邻最小项 m_2 和 m_6 合并而成的。

表 2.30 例 2.31 函数 F 的主蕴含项表

主蕴含项	m_2	m_4	m_6	√ m_8	√ m_9	m_{10}	√ m_{12}	√ m_{13}	√ m_{15}
** PI_1				×	⊗		×	×	
PI_2	×		×						
PI_3	×					×			
PI_4		×	×						
PI_5		×					×		
PI_6				×		×			
** PI_7								×	⊗

(4) 寻找最少数量的主蕴含项(PI)去覆盖逻辑函数的全部最小项。为此,先在函数 F 的主蕴含项表中搜索本质主蕴含项。注意到表 2.30 中的 PI_1 所包含的 9 号最小项(表中画圆圈)以及 PI_7 所包含的 15 号最小项(表中画圆圈)都未曾被其他主蕴含项所包含,所以 PI_1 和 PI_7 是本质主蕴含项(表中二者的前面均以双星号"**"标识)。

去掉表 2.30 中本质主蕴含项所在的行以及这些本质主蕴含项所覆盖的最小项所在的列(表中以符号"√"标识),就得到了缩减的主蕴含项表(reduced prime implicant chart),如表 2.31 所示。此时,要在表 2.31 中找出最少数量的主蕴含项,以覆盖最小项 m_2、m_4、m_6 和 m_{10}。显然选择 PI_5 和 PI_6 是不合适的,因为这两个主蕴含项都只包含一个最小项,把它们加起来也只覆盖了 m_4 和 m_{10}。而选择 PI_3 和 PI_4 是合适的,因为它们之和覆盖了全部最小项 m_2、m_4、m_6 和 m_{10}。注意,表中 PI_3 和 PI_4 的前面以"*"符号标识,而它们所覆盖的最小项以"√"符号标识。把 PI_3 和 PI_4 与之前找到的本质主蕴含项 PI_1 和 PI_7"加"在一起得到

$$
\begin{aligned}
F(A,B,C,D) &= PI_1 + PI_3 + PI_4 + PI_7 \\
&= \mathbf{1-0-} + \mathbf{-010} + \mathbf{01-0} + \mathbf{11-1} \\
&= A\overline{C} + \overline{B}C\overline{D} + \overline{A}B\overline{D} + ABD
\end{aligned}
$$

这就是逻辑函数 $F(A,B,C,D)$ 的最简"与或"式,与之前用卡诺图化简的结果一致。

表 2.31 例 2.31F 的缩减主蕴含项表

主蕴含项	√ m_2	√ m_4	√ m_6	√ m_{10}
PI_2	×		×	
$^*PI_3$	×			×
$^*PI_4$		×	×	
PI_5		×		
PI_6				×

2.9.3 覆盖过程

选择最少数量的主蕴含项(PI)去实现逻辑函数的问题叫做覆盖问题(covering problem)。正如在例 2.31 的第(4)步所看到的那样,覆盖过程的第一步,就是要先找出本质主蕴含项。然后在主蕴含项表中去掉本质蕴含项所在的行以及这些本质蕴含项所包含的最小项所在的列,从而得到一个缩减的主蕴含项表。在缩减的主蕴含项表中,再选择数量最少、同时又能包含(覆盖)"缩减主蕴含项表"中全部最小项的主蕴含项。将这些主蕴含项加上之前找到的本质蕴含项,就得到了逻辑函数的最简"与或"式。

如何在缩减的主蕴含项表中找到合适的主蕴含项呢?下面的两个规则给出了答案。

规则 1:在缩减的主蕴含项表中,如果某一个主蕴含项 PI_i 所包含的全部最小项都为另一个主蕴含项 PI_j 所包含,这种情况叫做 PI_j 行覆盖(cover)PI_i 行,则可将 PI_i 所在的行从缩减的主蕴含项表中删去。如果有几个主蕴含项都包含相同的最小项,则可保留这些主蕴含项中的任意一个主蕴含项所在行,而将其余的主蕴含项所在行全部从缩减的主蕴含项表中删去。

规则 2:在缩减的主蕴含项表的列方面,如果包含某一个最小项 m_i 的全体主蕴含项同时都包含另一个最小项 m_j,这种情况叫做 m_j 列覆盖(cover)m_i 列,则可将最小项 m_j 所在的列从缩减的主蕴含项表中删去。如果有几个最小项都被相同的主蕴含项所包含,则可保留其中的任意一个最小项所在列,而将其余最小项所在列,均从缩减的主蕴含项表中删去。

例如,逻辑函数 $F(A,B,C,D)=\sum m(0,1,5,6,7,8,9,10,11,13,14,15)$ 的主蕴含项表如表 2.32 所示。

表 2.32 函数 F 的主蕴含项表

主蕴含项	√ m_0	√ m_1	√ m_5	√ m_6	√ m_7	√ m_8	√ m_9	m_{10}	m_{11}	m_{13}	√ m_{14}	√ m_{15}
** PI_1	⊗	×				×	×					
PI_2		×	×				×			×		
PI_3			×		×					×		×
PI_4						×	×	×	×			
PI_5							×		×	×		×
PI_6								×	×		×	×
** PI_7				⊗	×						×	×

注意到主蕴含项 PI_1 和 PI_7 是本质蕴含项。因此，删去 PI_1 和 PI_7 所在的行以及 PI_1 和 PI_7 包含的全部最小项所在的列（由符号"√"标识）。由此得到缩减的主蕴含项表，如表 2.33 所示。表中 PI_2 和 PI_3 包含相同的最小项，同样的情况也发生在 PI_4 和 PI_6 上。于是根据规则 1，删去 PI_3 所在的行以及 PI_6 所在的行，这就得到了表 2.34。在表 2.34 中，注意到最小项 m_{11} 所在的列覆盖最小项 m_{10} 所在的列；同时，最小项 m_{13} 所在的列覆盖最小项 m_5 所在的列，于是根据规则 2，删去表 2.34 中 m_{11} 和 m_{13} 所在的列，得到表 2.35。很明显，表 2.35 告诉我们 PI_2 和 PI_4 是最合适的选择（前面以符号"*"标识）。最后得到函数 F 的最简"与或"式为

$$F(A,B,C,D)=PI_1+PI_7+PI_2+PI_4=\overline{B}\overline{C}+BC+\overline{C}D+A\overline{B}$$

表 2.33　F 的缩减主蕴含项表

主蕴含项	m_5	m_{10}	m_{11}	m_{13}
PI_2	×			×
PI_3	×			×
PI_4		×	×	
PI_5			×	×
PI_6		×	×	

表 2.34　F 的缩减主蕴含项表

主蕴含项	m_5	m_{10}	m_{11}	m_{13}
PI_2	×			×
PI_4		×	×	
PI_5			×	×

表 2.35　F 的再缩减主蕴含项表

主蕴含项	√	√
	m_5	m_{10}
* PI_2	×	
* PI_4		×

仔细观察表 2.33，注意到主蕴含项的最佳选择不只是上述的 PI_2 和 PI_4 这一种组合。事实上，PI_2 与 PI_6、PI_3 与 PI_4 以及 PI_3 与 PI_6 都是主蕴含项的最佳选择。这意味着函数 F 的最简"与或"式绝不只是上面那一种"与或"表达式。"$PI_1+PI_7+PI_2+PI_6$""$PI_1+PI_7+PI_3+PI_4$"和"$PI_1+PI_7+PI_3+PI_6$"都可构成函数的最简"与或"式。这也从另一个侧面说明，一个逻辑函数的最简"与或"式，有时是不唯一的。函数 F 的其余 3 种最简"与或"式的具体形式，这里就不写出了，留给读者作练习。

上述的"规则 1"和"规则 2"并不能解决"覆盖问题"的全部内容。请看下面的逻辑函数：

$$F(A,B,C)=\sum m(1,2,3,4,5,6)$$

此函数的主蕴含项表如表 2.36 所示。这个表里没有本质主蕴含项，也无法运用规则 1 和规则 2 对这个表进行缩减。这种既没有本质主蕴含项，也不能运用规则 1 和规则 2 进行缩减的主蕴含项表叫做"循环 **PI** 表"(**cyclic PI chart**)。对于这样的循环 PI 表，要采用一种特殊的方法来找出最佳的主蕴含项组合。具体做法如下：

表 2.36　函数 F 的主蕴含项表

主蕴含项	√		√			
	m_1	m_2	m_3	m_4	m_5	m_6
* PI_1	×		×			
PI_2		×	×			
PI_3		×				×
PI_4				×		×
PI_5				×	×	
PI_6	×				×	

(1) 任选一个 PI,例如表 2.36 中的 PI_1(以"*"符号标识),把它作为"本质蕴含项"来处理,即:将其所在的行以及它所包含的最小项 m_1 和 m_3 所在的列(以符号"√"标识)从表中删去,得到缩减的主蕴含项表,如表 2.37 所示。

此时的表 2.37 是**"非循环 PI 表"(noncyclic PI chart)**。如果此时得到的表 2.37 仍然是循环 PI 表,则重复步骤(1),直至得到非循环 PI 表时为止。

(2) 注意到表 2.37 中的 PI_2 行被 PI_3 行覆盖、PI_6 行被 PI_5 行覆盖。根据规则 1,把 PI_2 行和 PI_6 行从此表中删去,得到表 2.38。

(3) 观察到表 2.38 中的 m_4 列覆盖 m_5 列、m_6 列覆盖 m_2 列。根据规则 2,删去此表中的 m_4 列和 m_6 列,得到表 2.39。由此表得知,应选择主蕴含项 PI_3 和 PI_5。最终得到函数 F 的最简"与或"式为

$$F(A,B,C)=PI_1+PI_3+PI_5=\overline{A}C+B\overline{C}+A\overline{B}$$

表 2.37 F 的缩减主蕴含项表

主蕴含项	m_2	m_4	m_5	m_6
PI_2	×			
PI_3	×			×
PI_4		×		×
PI_5		×	×	
PI_6			×	

表 2.38 F 的缩减主蕴含项表

主蕴含项	m_2	m_4	m_5	m_6
PI_3	×			×
PI_4		×		×
PI_5		×	×	

表 2.39 F 的再缩减主蕴含项表

主蕴含项	√	√
	m_2	m_5
* PI_3	×	
* PI_5		×

从上述的推演过程可以断定,逻辑函数 $F(A,B,C)$ 的最简"与或"式的形式不唯一。读者可以仿照上面的 3 个步骤,试着推出其他形式的最简"与或"式。

根据以上的讨论,可以把解决覆盖问题的一般步骤总结归纳如下:

(1) 如果"PI 表"是一个"循环 PI 表",则跳到步骤(5)。否则,执行步骤(2)。

(2) 从 PI 表中找出所有的、含有独属于自己的最小项的主蕴含项 PI_i。这个过程如果是发生在一开始的"主蕴含项表"上,则找出的 PI_i 是"本质蕴含项";如果是发生在后续的"缩减的主蕴含项表"上,则找出的 PI_i 是"非本质蕴含项"。

(3) 将步骤(2)中所找出的那些主蕴含项 PI_i 所在的行,以及它们所包含的最小项所在的列,从 PI 表中删去,从而得到"缩减的 PI 表"。如果这个"缩减的 PI 表"是"空 PI 表"(void PI chart)①,则停止整个搜索过程。

(4) 如果在步骤(3)完成之后,得到了一个"循环 PI 表",则跳到步骤(5)。否则,运用规则 1 和规则 2,进一步缩小在步骤(3)中所得到的"缩减的 PI 表",然后返回步骤(1)。

(5) 运用处理"循环 PI 表"的方法来处理所得到的 PI 表。重复执行步骤(5),直至得到一个"空 PI 表"或者是一个"非循环 PI 表"为止。如果是发生了后者,则返回步骤(2)。

上述 5 步,是运用 Q-M 化简法解决覆盖问题的基本步骤。不难看出,它也是日后编制 Q-M 化简法计算机应用程序中,解决覆盖问题的基本流程框架。

① 所谓"空 PI 表",是指没有行,也没有列的"PI 表"。

2.9.4 非完全描述逻辑函数的 Q-M 化简法

Q-M 化简法也可以运用于化简非完全描述逻辑函数。用 Q-M 化简法化简非完全描述逻辑函数的步骤，除了一点之外，与化简普通的完全描述逻辑函数完全相同。关于这一点的不同，通过下面的实例来加以说明。

【例 2.32】 用 Q-M 化简法化简如下非完全描述逻辑函数：

$$F(A,B,C,D,E)=\sum m(2,3,7,10,12,15,27)+d(5,18,19,21,23)$$

解：按照例 2.31 所述步骤化简函数 $F(A, B, C, D, E)$。注意，先将函数中的"无关项"与最小项"同等对待"，即：将它们一同列入函数 F 的蕴含项表中，如表 2.40 所示。

从函数 F 的蕴含项表(表 2.40)中，得到了函数 F 的全部主蕴含项。这些主蕴含项中，不仅包含最小项而且包括"无关项"。下一步，就要列出函数 F 的主蕴含项表。注意，就是这一步与前述例题不同。因为在这些主蕴含项中有可能包含"无关项"，而这些"无关项"是不需要被覆盖的。所以，**在列写非完全描述逻辑函数的主蕴含项表时，只列出主蕴含项所包含的最小项，而不列出主蕴含项所包含的"无关项"。即："无关项"一律不出现在主蕴含项表中。**

表 2.40 例 2.32 非完全描述逻辑函数 F 的蕴含项表

List 1 最小项	ABCDE		List 2 最小项	ABCDE		List 3 最小项	ABCDE	
2	00010	√	2, 3	0001-	√	2, 3, 18, 19	-001-	PI_1
3	00011	√	2, 10	0-010	PI_4	3, 7, 19, 23	-0-11	PI_2
5	00101	√	2, 18	-0010	√	5, 7, 21, 23	-01-1	PI_3
10	01010	√	3, 7	00-11	√			
12	01100	PI_7	3, 19	-0011	√			
18	10010	√	5, 7	001-1	√			
7	00111	√	5, 21	-0101	√			
19	10011	√	18, 19	1001-	√			
21	10101	√	7, 15	0-111	PI_5			
15	01111	√	7, 23	-0111	√			
23	10111	√	19, 23	10-11	√			
27	11011	√	19, 27	1-011	PI_6			
			21, 23	101-1	√			

按照这个原则，列出函数 F 的主蕴含项表如表 2.41 所示。注意到 PI_4、PI_5、PI_6 和 PI_7 是本质蕴含项(以双星"**"标识)。于是，将这些本质蕴含项所在的行以及它们所包含的最小项(以符号"√"标识)所在的列从表中删去，发现只有最小项 m_3 没有被覆盖，而包含 m_3 的蕴含项有 PI_1 和 PI_2。所以，逻辑函数 F 有两个"最小覆盖"：

$$F(A, B, C, D, E)=PI_1+PI_4+PI_5+PI_6+PI_7$$

或

$$F(A, B, C, D, E)=PI_2+PI_4+PI_5+PI_6+PI_7$$

与此相对应的逻辑函数最简"与或"表达式分别为

$$F(A,B,C,D,E)=\bar{B}\bar{C}D+\bar{A}\bar{C}D\bar{E}+\bar{A}CDE+A\bar{C}DE+\bar{A}BC\bar{D}\bar{E}$$

或

$$F(A,B,C,D,E)=\bar{B}DE+\bar{A}\bar{C}D\bar{E}+\bar{A}CDE+A\bar{C}DE+\bar{A}BC\bar{D}\bar{E}$$

表 2.41 例 2.32 非完全描述逻辑函数 F 的主蕴含项表

主蕴含项	√ m_2	m_3	√ m_7	√ m_{10}	√ m_{12}	√ m_{15}	√ m_{27}
PI_1	×	×					
PI_2		×	×				
PI_3			×				
** PI_4	×			⊗			
** PI_5			×			⊗	
** PI_6							⊗
** PI_7					⊗		

从上面 Q-M 化简法的执行步骤可以看出，人工推演 Q-M 化简法是相当烦琐的，但是用计算机去执行 Q-M 化简法倒是相当合适。所以在实际工作中，除特殊情况外，一般不采用手工进行 Q-M 法化简逻辑函数，而是将 Q-M 化简法编成程序，让计算机去运行 Q-M 法化简逻辑函数。

Q-M 化简法也可以运用于多输出函数的化简。由于篇幅所限，这里不再讨论，有兴趣的读者可参考相关文献。

本章小结

这一章的主题是"逻辑代数基础"。首先明确事物的二值性，并由此引出用于描述和分析事物二值性的数学工具——布尔代数。布尔代数也叫逻辑代数或开关代数。

与普通代数具有加、减、乘、除 4 种基本运算相类似，逻辑代数也具有"与""或""非"3 种基本逻辑运算。由 1 种或 2 种以上逻辑运算混合所构成的表达式叫做逻辑表达式。逻辑表达式中所含有的变量叫做逻辑变量。逻辑变量的取值，只有 0 和 1。这个 0 和 1 所表示的意义不是数值的大小，而是某事物对立的两个状态。把逻辑表达式的值(0 和 1)赋给另一个逻辑变量，则这个逻辑变量就是逻辑表达式中各逻辑变量的逻辑函数。可以用逻辑电路来实现"与""或""非"这 3 种基本逻辑运算，所以逻辑函数与逻辑电路有一对一的对应关系，知道了一个就可以推出另一个，反之亦然。

像普通代数一样，逻辑代数也有它的基本运算规律、运算定律、运算定理和运算规则。要熟练地进行逻辑运算，必须掌握这些规律、定律、定理和规则。

由两种或两种以上的基本逻辑运算相复合而构成的逻辑运算叫做复合逻辑运算。"与非""或非"和"与或非"这 3 种复合逻辑运算是功能完备的逻辑运算。所谓功能完备的逻辑运算是指该逻辑运算可以单独地实现"与""或""非"这 3 种基本逻辑运算。换句话说，功能完备的逻辑运算可以单独地实现任何一种逻辑函数。"异或"和"同或"也是两种常用的复合逻辑运算。"异或"和"同或"逻辑运算的意义就在于确定参与运算的逻辑量中逻辑 1 或逻辑

0 的个数的奇偶性。

同一个逻辑函数的表达式有多种形式。分别是“与或”式、“或与”式、“与非-与非”式、“或非-或非”式和“与或非”式。另外还有特殊形式的“与或”式——标准“与或”式，即：最小项之和式，和特殊形式的“或与”式——标准“或与”式，即：最大项之积式。同一逻辑函数的各种形式的表达式之间可以相互转换。

任何一种逻辑表达式的形式都有其最简形式。最简的标准是：表达式所含的项数尽可能少，每项所含的变量个数尽可能少。通常都是先由“与或”式或者“或与”式入手，化简得到最简“与或”式或者最简“或与”式。其他形式的最简式都是由最简“与或”式、最简“或与”式经转换而得到。

化简“与或”式和“或与”式的方法有多种。本书主要介绍了代数化简法和卡诺图化简法，同时还介绍了 Q-M 表格化简法。代数化简法适合于任何逻辑变量个数的逻辑函数表达式的化简，但它需要设计者能够熟练地掌握和运用逻辑代数的基本运算规律、运算定律、运算定理和运算规则。卡诺图化简法的原理是把“逻辑相邻”的最小项（或最大项）转化为几何位置的相邻，这大大方便了设计者识别逻辑相邻项从而能有效地化简逻辑函数的表达式。但是卡诺图不适合于变量个数较多的逻辑函数表达式的化简，当逻辑函数所含变量的个数不超过 5 个时，用卡诺图化简逻辑函数表达式较为方便。Q-M 化简法对被化简逻辑函数所含变量的个数没有限制。其运算过程烦琐但却相当规范，所以非常适合于用计算机来运算。

当一个逻辑函数的某些“变量取值组合”所对应的函数值不确定时，这个逻辑函数就叫做非完全描述逻辑函数。非完全描述逻辑函数来自于实际问题。函数值不确定的“变量取值组合”所对应的最小项（或最大项）叫做“约束项”。利用“约束项”可以进一步化简逻辑函数表达式。化简的方法可以用代数化简法，也可以用卡诺图化简法和 Q-M 化简法。

描述一个逻辑函数可以有多种方法，但归纳起来一共有 5 种，分别是真值表、逻辑表达式、卡诺图、逻辑图和波形图。既然这 5 种方法是对同一个事物——逻辑函数的描述，所以它们之间必然存在着内在的联系，只要知道了其中一种描述形式就可以推出另外 4 种描述形式。

本章习题

2-1 列举现实生活中的一些相互对立的、处于矛盾状态的事物。试着给这些对立的事物赋予逻辑 0 和逻辑 1。

2-2 为什么称布尔代数为“开关代数”？

2-3 基本逻辑运算有哪些？写出它们的真值表。

2-4 什么是逻辑函数？它与普通代数中的函数在概念上有什么异同？

2-5 如何判定两个逻辑函数相等？

2-6 逻辑函数与逻辑电路的关系是什么？

2-7 什么是逻辑代数公理？逻辑代数公理与逻辑代数基本定律或定理的关系是什么？

2-8 用真值表证明表 2.7 中的“0-1 律”“自等律”“互补律”“重叠律”和“还原律”。

2-9 分别用真值表和逻辑代数基本定律或定理证明下列公式。

(1) $A+BC=(A+B)(A+C)$

(2) $A+\overline{A}B=A+B$

(3) $A+AB=A$

(4) $\overline{AB+\bar{A}C}=A\bar{B}+\bar{A}\bar{C}$

(5) $AB+\bar{A}C+BCD=AB+\bar{A}C$

(6) $(A+B)(\bar{A}+C)(B+C)=(A+B)(\bar{A}+C)$

(7) $\overline{(A+B)(\bar{A}+C)}=(A+\bar{B})(\bar{A}+\bar{C})$

(8) $(A+B)(A+\bar{B})=A$

(9) $A(A+B)=A$

2-10　用逻辑代数演算证明下列等式。

(1) $AB+BCD+\bar{A}C+\bar{B}C=AB+C$

(2) $A\bar{B}+\bar{A}CD+B+\bar{C}+\bar{D}=1$

(3) $ABC\bar{D}+ABD+BC\bar{D}+ABC+B\bar{C}+BD=B$

2-11　直接写出下列函数的对偶函数和反函数。

(1) $F=\overline{\bar{A}+\overline{B+\bar{C}}}$

(2) $F=\overline{\overline{\overline{AB}+C}+BD+\bar{A}D}\cdot\overline{\bar{B}+\bar{C}}$

(3) $F=AB+(\bar{A}+C)(C+\bar{D}E)$

(4) $F=\bar{A}B+A\bar{B}$（结果均整理成“与或”式）

(5) $F=\bar{A}B+\bar{A}C+BC$（结果均整理成“与或”式）

2-12　证明下列等式。

(1) $A\oplus 0=A$

(2) $A\oplus 1=\bar{A}$

(3) $\overline{A\oplus B}=A\odot B$

(4) $A\oplus B\oplus C=A\odot B\odot C$

(5) $A\oplus\bar{B}=\overline{A\oplus B}=A\oplus B\oplus 1$

(6) $A\oplus(B\oplus C)=(A\oplus B)\oplus C$

(7) $A\odot(B\odot C)=(A\odot B)\odot C$

(8) $A(B\oplus C)=AB\oplus AC$

(9) $A+(B\odot C)=(A+B)\odot(A+C)$

2-13　试证明下列结论：

若 $F=A_1\oplus A_2\oplus\cdots\oplus A_i\oplus\cdots\oplus A_n$，$(1\leqslant i\leqslant n)$

则 $\bar{F}=A_1\oplus A_2\oplus\cdots\oplus\bar{A}_i\oplus\cdots\oplus A_n$。

2-14　试说明：若下列等式

$$A_{n-1}\oplus A_{n-2}\oplus A_{n-3}\oplus\cdots\oplus A_1\oplus A_0=B$$

成立，则 B 与等号左边的任意一个逻辑变量 A_i $(i=0\sim n-1)$ 互换位置以后，等式仍然成立。

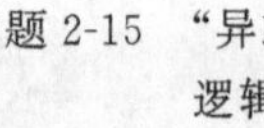

图题 2-15　“异或”逻辑门

2-15　若要实现 3 个变量的“异或”逻辑运算，最少需要多少个图题 2-15 所示的“异或”逻辑门。

2-16　试叙述性地证明：多变量“同或”运算的结果取决于这些变

量中取值为 0 的变量个数，而与取值为 1 的变量个数无关。若取值为 0 的变量个数是偶数，则“同或”的结果为 1；若取值为 0 的变量个数是奇数，则“同或”的结果为 0。

2-17　试证明下列结论：

若 $F=A_1\odot A_2\odot\cdots\odot A_i\odot\cdots\odot A_n$，$(1\leqslant i\leqslant n)$

则 $\overline{F}=A_1\odot A_2\odot\cdots\odot\overline{A}_i\odot\cdots\odot A_n$。

2-18　试说明：若下列等式

$$A_{n-1}\odot A_{n-2}\odot A_{n-3}\odot\cdots\odot A_1\odot A_0=B$$

成立，则 B 与等号左边的任意一个逻辑变量 A_i $(i=0\sim n-1)$ 互换位置以后，等式仍然成立。

2-19　根据两变量“异或”“同或”的定义式证明：

$$\overline{A\oplus B}=A\odot B,\quad (A\oplus B)'=A\odot B$$

2-20　分别用“与非”门、“或非”门和“与或非”门单独地实现函数 $F=AB$，$F=A+B$ 和 $F=\overline{A}$。要求写出函数的逻辑表达式并画出对应的逻辑图。

2-21　分别用真值表和逻辑推演的方法判断函数 F_1 和 F_2 的关系。

(1) $F_1=A\overline{B}+B\overline{C}+C\overline{A}$，　$F_2=\overline{A}B+\overline{B}C+\overline{C}A$

(2) $F_1=ABC+\overline{A}\,\overline{B}\,\overline{C}$，　$F_2=\overline{A\overline{B}+B\overline{C}+C\overline{A}}$

(3) $F_1=\overline{C}D+\overline{A}\,\overline{B}+BC$，　$F_2=A\overline{B}C+A\overline{B}\overline{D}+B\overline{C}\overline{D}$

2-22　由 4 个逻辑变量 A、B、C、D 构成最小项和最大项。

(1) 若最小项与最大项内各变量的排列次序是 $ABCD$，请写出编号为 1、4、7、9 和 14 的最小项和最大项。比较编号相同的最小项和最大项，有何结论。

(2) 若最小项与最大项内各变量的排列次序是 $DCBA$，则在(1)中所得到的最小项和最大项此时的编号各是多少？比较(1)、(2)中原、反变量相同但排列次序不同的各最小项、最大项，得出何结论？

2-23　函数 $F_1\sim F_3$ 的真值表如表题 2-23 所示。试写出：

表题 2-23　$F_1\sim F_3$ 的真值表

No.	A	B	C	F_1	F_2	F_3
0	0	0	0	1	0	×
1	0	0	1	0	1	0
2	0	1	0	1	1	0
3	0	1	1	0	0	1
4	1	0	0	1	1	1
5	1	0	1	0	0	1
6	1	1	0	0	0	1
7	1	1	1	0	1	×

(1) F_1、F_2、F_3 的“最小项之和”式与“最大项之积”式；

(2) F_1、F_2、F_3 的 5 种最简式，即：最简“与或”式、最简“或与”式、最简“与非-与非”式、最简“或非-或非”式和最简“与或非”式。

2-24　通过逻辑运算，先列出下列各逻辑函数的真值表；然后再通过逻辑代数的推演，导出下列各开关函数的最小项之和式与最大项之积式。再把这两种标准表达式与相应的真值表相对照。

(1) $F(A,B)=A+\bar{B}$　　(3) $F=A\bar{B}C+B\bar{C}$

(2) $F(A,B,C)=AB+\bar{A}C$　　(4) $F(A,B,C)=A(B+\bar{C})(\bar{B}+C)$

2-25　列出下列各逻辑函数的真值表；然后写出各函数的标准“与或”式和标准“或与”式。

(1) $F(A,B,C,D)=AB\bar{C}D+ABC\bar{D}$

(2) $F(A,B,C,D)=AB+\bar{A}\bar{B}+C\bar{D}$

(3) $F(A,B,C,D)=A(\bar{B}+C\bar{D})+\bar{A}B\bar{C}D$

2-26　求下列函数的最小项之和式、最大项之积式和真值表：

(1) $F=AB+\bar{A}BC$

(2) $F=(A+\bar{B}+C)(B+\bar{C})+(\bar{A}+B+C)$

(3) $F=A\bar{B}+\bar{A}C+B\bar{C}$

(4) $F=A(B\oplus C)+\bar{A}(B\odot C)$

(5) $F=A\bar{B}+A\bar{C}$

2-27　设：$F(X_1, X_2, \cdots, X_i, \cdots, X_n)$ $(1\leqslant i \leqslant n)$，是一个 n 变量的逻辑函数。试证明下列两式：

$$\begin{aligned}&F(X_1, X_2, \cdots, X_i, \cdots, X_n)\\&=X_i \cdot F(X_1, X_2, \cdots, 1, \cdots, X_n)+\bar{X}_i \cdot F(X_1, X_2, \cdots, 0, \cdots, X_n)\end{aligned} \tag{1}$$

和

$$\begin{aligned}&F(X_1, X_2, \cdots, X_i, \cdots, X_n)\\&=[X_i+F(X_1, X_2, \cdots, 0, \cdots, X_n)][\bar{X}_i+F(X_1, X_2, \cdots, 1, \cdots, X_n)]\end{aligned} \tag{2}$$

成立。以上两式称为香农展开定理。

（提示：利用 n 变量逻辑函数的最小项之和式与最大项之积式来证明）

2-28　利用香农展开定理将下列各逻辑函数转换成如下形式：

$$\begin{aligned}F(A,B,C,Q)&=\bar{Q}F_{\alpha}(A,B,C)+QF_{\beta}(A,B,C)\\&=[\bar{Q}+F_{\gamma}(A,B,C)]+[Q+F_{\delta}(A,B,C)]\end{aligned}$$

求出 F_{α}、F_{β}、F_{γ} 和 F_{δ}

(1) $F(A,B,C,Q)=(Q+\bar{A})(\bar{B}+C)+\bar{Q}\bar{C}$

(2) $F(A,B,C,Q)=A\bar{B}\bar{C}+Q\bar{A}+\bar{Q}C$

(3) $F(A,B,C,Q)=(A+\bar{B}+Q)(\bar{A}+\bar{Q}+C)$

(4) $F(A,B,C,Q)=AB\bar{C}+\bar{A}C$

2-29　利用香农展开定理将下列逻辑函数展成标准“与或”式：

$$F(A,B,C)=A\bar{C}+B\bar{C}+ABC$$

（提示：在 $F(A, B, C)$ 的表达式上分别对变量 A、B、C 运用题 2-27 中香农展开定理(1)式。每完成一次展开，先将表达式整理成“与或”式后，再对其进行下一次展开。）

2-30　利用香农展开定理将下列逻辑函数展成标准“或与”式：

$$F(W,X,Q)=(Q+\bar{W})(X+\bar{Q})(W+X+Q)(\bar{W}+\bar{X})$$

（提示：在 $F(W,X,Q)$ 的表达式上分别对变量 W、X、Q 运用题 2-27 中香农展开定理(2)式。每完成一次展开，先将表达式整理成“或与”式后，再对其进行下一次展开。）

2-31　已知 $F(A,B,C,D)=\sum m(1,4,7,9,10,12,14)$。求：

(1) $F(A,B,C,D)$ 的最大项之积式

(2) $\overline{F(A,B,C,D)}$ 的最小项之和式

(3) $\overline{F(A,B,C,D)}$ 的最大项之积式

2-32　已知 $F(A,B,C,D)=\prod M(1,4,7,9,10,12,14)$。求：

(1) $F(A,B,C,D)$ 的最小项之和式

(2) $\overline{F(A,B,C,D)}$ 的最大项之积式

(3) $\overline{F(A,B,C,D)}$ 的最小项之和式

2-33　用代数法化简下列各式为最简“与或”式：

(1) $F=ABC\bar{D}+\bar{A}\,\bar{B}+A\bar{C}\bar{D}+B\bar{C}\bar{D}$

(2) $F=\bar{A}BC+A+\bar{B}+\bar{C}$

(3) $F=\overline{AC+\bar{A}BC+\bar{B}C}+AB\bar{C}$

(4) $F=A(A+\bar{B}+C)(\bar{A}+C+D)(D+\bar{C}\bar{D})$

(5) $F=ACD+\bar{A}C\bar{D}+ABC+AB\bar{D}+ABD+BCD$

(6) $F=\overline{\overline{AB}\;\overline{\bar{B}\bar{D}}\;\overline{\bar{C}D}}+BC+\bar{A}\;\overline{\overline{\bar{B}\bar{D}}+\bar{A}}+\overline{\bar{C}D}$

(7) $\begin{cases}F=\bar{C}D(A\oplus B)+\bar{A}B\bar{C}+\bar{A}\,\bar{C}D\\AB+CD=0\end{cases}$

2-34　用代数法化简下列各式为最简“或与”式：

(1) $F=(A+B)(A+B+C)(\bar{A}+C)(B+C+D)$

(2) $F=A(A+B)(\bar{A}+C)(B+D)(\bar{A}+C+E+G)(\bar{B}+E)(D+\bar{E}+G)$

(3) $F=\bar{A}\bar{B}+(A\bar{B}+\bar{A}B+AB)C$

(4) $F=\bar{A}D+\bar{C}D+A\bar{B}D+B\bar{C}D+B\bar{C}\bar{D}+\bar{A}BC\bar{D}$

2-35　用代数法化简下列各表达式为最简式。最简式的形式分别为：(a)最简“与或”式；(b)最简“或与”式；(c)最简“与非-与非”式；(d)最简“或非-或非”式；(e)最简“与或非”式。

(1) $F(W,X,Y,Z)=X+XYZ+\bar{X}YZ+WX+\bar{W}X+\bar{X}Y$

(2) $F(A,B,C,D,E)=(AB+C+D)(\bar{C}+D)(\bar{C}+D+E)$

(3) $F(X,Y,Z)=Y\bar{Z}(\bar{Z}+\bar{Z}X)+(\bar{X}+\bar{Z})(\bar{X}Y+\bar{X}Z)$

2-36　用代数法化简下列各表达式为最简式。最简式的形式分别为：(a)最简“与或”式；(b)最简“或与”式；(c)最简“与非-与非”式；(d)最简“或非-或非”式；(e)最简“与或非”式。

(1) $F(A,B,C,D)=\overline{(A+\bar{C}+D)(\bar{B}+C)(A+\bar{B}+D)(\bar{B}+C)(\bar{B}+C+\bar{D})}$

(2) $F(A,B,C,D)=\overline{AB+\bar{A}\,\bar{D}+B\bar{D}+\bar{A}B+C\bar{D}A+\bar{A}D+CD+\bar{A}\,\bar{B}\bar{D}}$

(3) $F(A,B,C)=\overline{A\bar{B}C+AB+\overline{ABC}+A\bar{C}+AB\bar{C}}$

(4) $F(A,B,C)=\overline{(B+\overline{A})(AB+C)+AB\overline{C}+\overline{A}\ BC+(A+B)(\overline{A}+C)}$

(5) $F(A,B,C)=\overline{\overline{(\overline{A}+\overline{B})}(A+\overline{A}B)(\overline{A}+\overline{B}+\overline{A}\ \overline{B}C)+\overline{(A+B)(\overline{A}+C)}}$

2-37　利用卡诺图把下列开关函数展开成(a)标准“与或”式；(b)标准“或与”式。

(1) $F(A,B,C)=(\overline{A}+B)(A+B+\overline{C})(\overline{A}+C)$

(2) $F(A,B,C,D)=A\overline{B}+\overline{A}CD+B\overline{C}\overline{D}$

(3) $F(A,B,C,D)=(A+\overline{B})(C+\overline{D})(\overline{A}+C)$

(4) $F(A,B,C,D,E)=\overline{A}E+BCD$

(5) $F(A,B,C,D,E)=B\overline{D}E+A\overline{B}D+\overline{A}C\overline{D}E+A\overline{C}E$

2-38　利用卡诺图确定下列各函数中哪些是相等的。

(1) $F_1(A,B,C,D)=AC+BD+A\overline{B}\overline{D}$

(2) $F_2(A,B,C,D)=A\overline{B}\overline{D}+AB+\overline{A}B\overline{C}$

(3) $F_3(A,B,C,D)=BD+A\overline{B}\overline{D}+ACD+ABC$

(4) $F_4(A,B,C,D)=AC+A\overline{B}\,\overline{C}\overline{D}+\overline{A}BD+B\overline{C}D$

(5) $F_5(A,B,C,D)=(B+\overline{D})(A+B)(A+\overline{C})$

2-39　利用卡诺图化简下列各函数式为最简“与或”式。

(1) $F(A,B,C)=\sum m(1,5,6,7)$

(2) $F(A,B,C)=\sum m(0,1,2,3,4,5)$

(3) $F(A,B,C,D)=\sum m(0,2,5,7,8,10,13,15)$

(4) $F(A,B,C,D)=\sum m(1,3,4,5,6,7,9,11,12,13,14,15)$

2-40　利用卡诺图化简下列各函数式为最简“或与”式。

(1) $F(A,B,C)=\prod M(0,1,4,5,6)$

(2) $F(A,B,C)=\prod M(1,2,3,6)$

(3) $F(A,B,C,D)=\prod M(2,3,4,5,7,12,13)$

(4) $F(A,B,C,D)=\prod M(1,2,5,7,11,13,15)$

2-41　利用卡诺图化简下列带有约束项的函数式为最简“与或”式。

(1) $F(A,B,C,D)=\sum m(1,2,7,12,15)+\sum \phi(5,9,10,11,13)$

(2) $F(A,B,C,D)=\sum m(0,2,5,15)+\sum \phi(8,9,12,13)$

(3) $F(A,B,C,D)=\sum m(4,7,9,15)+\sum \phi(1,2,3,6)$

(4) $F(A,B,C,D)=\sum m(0,2,3,4,5)+\sum \phi(8,9,10,11)$

2-42　利用卡诺图化简下列带有约束项的函数式为最简“或与”式。

(1) $F(A,B,C,D)=\prod M(4,7,9,11,12)\cdot\prod \Phi(0,1,2,3)$

(2) $F(A,B,C,D)=\prod M(0,3,7,12)\cdot\prod \Phi(2,10,11,14)$

(3) $F(A,B,C,D)=\prod M(3,4,10,13,15)\cdot\prod \Phi(6,7,14)$

(4) $F(A,B,C,D)=\prod M(0,7,11,13)\cdot\prod\Phi(1,2,3)$

2-43 用卡诺图化简法求题 2-33 中各函数式为最简“与或”式。

2-44 用卡诺图化简法求下列各函数式的最简“与或”式。

(1) $F(A,B,C)=\sum(0,1,2,4,6)$

(2) $F(A,B,C,D)=\prod(3,4,6,7,11,13,15)$

(3) $F(A,B,C,D,E)=\sum(0,2,4,13,16,18,19,20,23,29)$

(4) $F(A,B,C,D)=\sum m(0,1,4,7,9,10,13)+d(2,6,8)$

(5) $F(A,B,C,D)=\sum m(4,5,6,13,14,15)+d(8,9,10,11)$

2-45 用卡诺图化简法求题 2-34 中各函数式的最简“或与”式。

2-46 用卡诺图化简法求下列各函数式的最简“或与”式。

(1) $F(A,B,C,D)=\sum(1,4,5,6,9,12,14)$

(2) $F(A,B,C,D)=\sum m(1,5,8,9,13,14)+d(7,10,11,15)$

(3) $F(A,B,C,D)=\prod M(1,4,6,9,12,13)\cdot D(0,5,10,15)$

2-47 利用卡诺图整体化简下列两组多输出函数式为最简“或与”式。

(1) $F_\alpha(A,B,C,D)=\sum m(4,5,6,15)+d(8,11)$

$F_\beta(A,B,C,D)=\sum m(0,2,3,4,5)+d(8,11)$

(2) $F_\alpha(A,B,C,D)=\sum m(3,4,6,11,12)+d(14,15)$

$F_\beta(A,B,C,D)=\sum m(4,5,6,11,14)+d(8,12)$

2-48 已知 $F_1=\overline{A}B\overline{D}+\overline{C}$，$F_2=(B+C)(A+\overline{B}+D)(\overline{C}+D)$，试求：

(1) $F_a=F_1\cdot F_2$ 的最简“与或”式和最简“与非-与非”式。

(2) $F_b=F_1+F_2$ 的最简“或与”式和最简“或非-或非”式。

(3) $F_c=F_1\oplus F_2$ 的最简“与或非”式。

2-49 设有 3 个输入变量 A、B、C，试根据下列逻辑问题的描述，列出真值表，写出各逻辑函数的最小项之和式和最大项之积式。

(1) 当 A、B、C 全相同时，输出 F_a 为 1，其余情况下均为 0。

(2) 当 $A+B=C$ 时，输出 F_b 为 1，其余情况下均为 0。

(3) 当 $A\oplus B=B\oplus C$ 时，输出 F_c 为 1，其余情况下均为 0。

2-50 求图题 2-50 所示电路的逻辑表达式和真值表，并改用“与非”门实现。

2-51 分别求图题 2-51(a)、(b)所示电路的逻辑表达式和卡诺图。

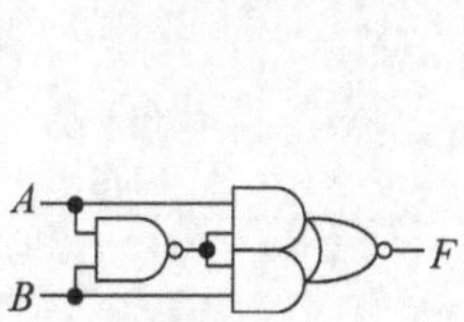

图题 2-50

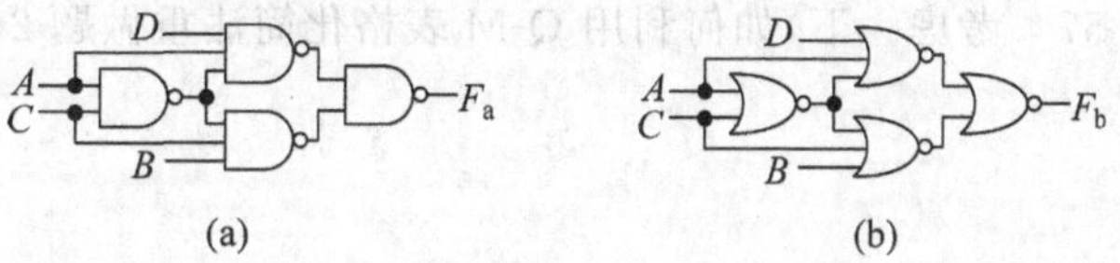

图题 2-51

2-52 图题 2-52(a)、(b)所示电路的逻辑功能应分别为

$$F_a=(AB+D)C,\quad F_b=A\overline{C}+B\overline{C}$$

试修改图中的错误和不合理之处,使之实现所要求的功能。不允许更改逻辑符号。

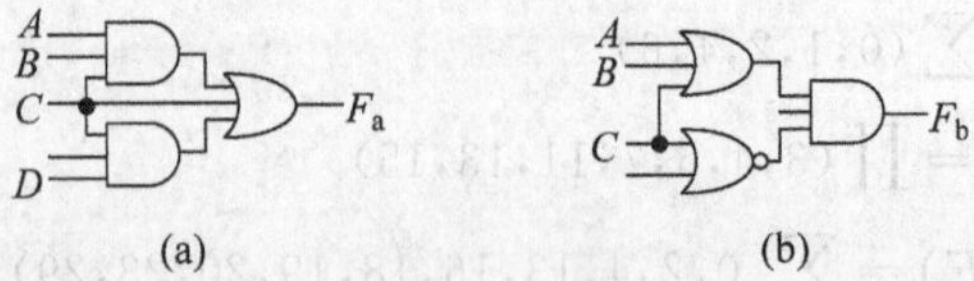

图题 2-52

2-53 给出定时波形图如图题 2-53 所示。试找出开关函数 $F(A, B, C)$ 的最简"与或"式、最简"或与"式、最简"与非-与非"式和最简"或非-或非"式。

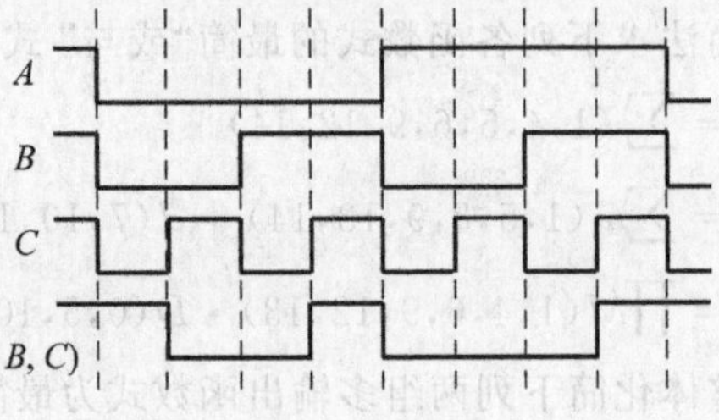

图题 2-53

2-54 某电路的输入(ABC)和输出(F)的波形图如图题 2-54 所示,要求:

(1) 列出 F 的真值表;

(2) 写出最小项之和式和最简"与或"式;

(3) 写出最大项之积式和最简"或与"式。

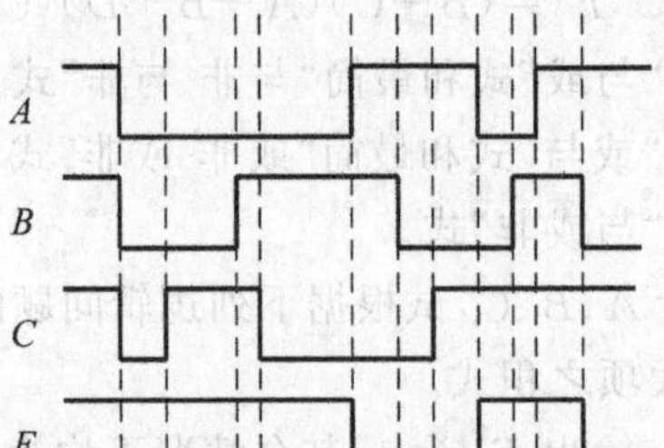

图题 2-54

2-55 利用 Q-M 表格化简法,化简题 2-35 各表达式为最简"与或"式。

2-56 利用 Q-M 表格化简法重做题 2-41。

2-57 考虑一下,如何利用 Q-M 表格化简法重做题 2-42。

第3章 逻辑门电路

数字电路中通常用“门”表示实现基本逻辑功能的电路，例如能够实现与逻辑运算的电路称为与门，能够实现或逻辑运算的电路称为或门以及能够实现非逻辑运算的电路称为非门。因此，**逻辑门电**路就是指能够实现基本逻辑功能的电子电路，也可简称为**门电路**。常用的门电路除了与门、或门和非门外，还包括与非门、或非门、与或非门、异或门及同或门等。

数字电路也称为开关电路，一切具有开关功能的器件都可以用于实现数字电路。继电器、电子管等都曾被用于实现数字逻辑电路，其缺点是电路体积巨大、稳定性差、功耗大等，因此难以实现大规模电路。随着双极型晶体管(也称半导体三极管)的发明，第一款基于双极型晶体管分立元件设计的数字逻辑门于1956年问世。1958年，Jack Kilby发明了集成电路，开创了数字集成电路的新时代。基于双极型晶体管的数字集成门电路得到了快速发展，先后出现了多个数字集成门电路系列，其中最成功的当属TTL逻辑系列。由于具有较高的集成密度，TTL系列自1962年问世后迅速占领了数字逻辑门的市场，直到20世纪80年代，该系列仍然占据数字半导体市场的最大份额。但TTL逻辑电路的缺点是功耗较大，尤其是较大的静态功耗限制了单个电路可集成的逻辑门的数量。因此，当基于MOS管的集成电路出现以后，TTL逻辑电路的霸主地位就逐渐被取代了。MOS晶体管全称为“金属氧化物半导体场效应晶体管”(Metal Oxide Semiconductor Field Effect Transistor, MOSFET)，基于MOS晶体管设计的电路具有集成度高、抗干扰能力强 、功耗低等优点，是目前数字集成电路的主要实现方式。

门电路是构成数字系统的最基本的单元电路，因此门电路的个数反映了数字系统的规模。随着集成电路技术的发展，基于分立器件门电路实现的数字系统已经很少，绝大部分电路功能都被集成到一片或多片集成电路芯片中。通常用一个单一芯片上集成的逻辑门数量来代表集成电路的规模，含有1～10个门电路的集成电路为小规模集成电路(Small Scale Integrated circuits, SSI)；含有10～100个门电路的集成电路为中规模集成电路(Medium Scale Integrated circuits, MSI)；含有100～10000个门电路的集成电路为大规模集成电路(Large Scale Integrated circuits, LSI)；含有10000个以上门电路的集成电路为超大规模集成电路(Very Large Scale Integrated circuits, VLSI)。当前数字集成电路的规模已远超

10000 门,可以达到数亿门,但仍然称之为超大规模集成电路。

3.1 门电路的主要参数

无论是设计门电路还是使用门电路设计数字系统,都需要一些参数对门电路的性能进行评价,本节将介绍门电路的一些基本参数,这些参数可以作为门电路的性能评价指标。

3.1.1 静态参数

数字电路是实现逻辑功能的电路,因此,电路中需要用相应的物理量来表示逻辑 **0** 和逻辑 **1**。通常用电路中电平的高低来代表逻辑值。如果用高电平代表逻辑 **1** 而低电平代表逻辑 **0**,则称为**正逻辑**;反之,如果用高电平代表逻辑 **0** 而低电平代表逻辑 **1**,则称为**负逻辑**。本书中如无特殊说明,均采用正逻辑。确定了逻辑 **0** 和逻辑 **1** 在电路中的表示方法之后,数字电路的功能实际上就是由输出电平与输入电平之间的关系确定。

1. 输入高电平 V_{IH} 和输入低电平 V_{IL}

输入高电平 V_{IH} 是对应输入逻辑 **1** 时的电平值,输入低电平 V_{IL} 是对应输入逻辑 **0** 时的电平值。在数字电路中 V_{IH} 和 V_{IL} 通常不是一个固定的值,而是一个电平范围。例如标准 TTL 电路规定 $V_{IH} \geqslant 2.0\text{V}$,$V_{IL} \leqslant 0.8\text{V}$。也就是说,在标准 TTL 电路中,只要输入信号的电平值不低于 2.0V,该信号就代表逻辑 **1**,同理,只要输入信号的电平值不高于 0.8V,该信号就代表逻辑 **0**。

2. 输出高电平 V_{OH} 和输出低电平 V_{OL}

输出高电平 V_{OH} 是电路输出逻辑 **1** 时的电平值,输出低电平 V_{OL} 是电路输出逻辑 **0** 时的电平值。由于器件的离散性,V_{OH} 和 V_{OL} 也不是固定的电平值,而是一个电平范围。例如在标准 TTL 电路中规定 $V_{OH} \geqslant 2.4\text{V}$,$V_{OL} \leqslant 0.4\text{V}$。即电路输出逻辑 **1** 时需确保输出信号的电平值不低于 2.4V,而输出逻辑 0 时需确保输出信号的电平值不高于 0.4V。

3. 噪声容限

将门电路级联构成复杂电路时,前一级门电路的输出信号将成为后一级门电路的输入信号,图 3.1(a)所示为两个反相器级联的例子。反相器 G_1 的输出信号为 V_{O1},反相器 G_2 的输入信号为 V_{I2},由于电路中不可避免地会存在噪声干扰,因此 V_{I2} 与 V_{O1} 之间允许有一定的偏差,门电路级联时所能允许的最大噪声干扰用噪声容限(Noise Margin,NM)来度量。如图 3.1(b)所示,若 V_{O1} 输出为高电平,则其最小值为 $V_{OH(min)}$,为保证反相器 G_2 可以正常工作,需满足 $V_{I2} \geqslant V_{IH(min)}$,因此该信号上可允许的最大噪声为

$$V_{NH} = V_{OH(min)} - V_{IH(min)} \tag{3.1}$$

V_{NH} 称为高电平噪声容限。同理,当 V_{O1} 为低电平时,其最大值为 $V_{OL(max)}$,而 V_{I2} 需满足 $V_{I2} \leqslant V_{IL(max)}$,因此该信号上可允许的最大噪声为

$$V_{NL} = V_{IL(max)} - V_{OL(max)} \tag{3.2}$$

V_{NL} 称为低电平噪声容限。

4. 电压传输特性

电压传输特性曲线(Voltage Transfer Curve,VTC)是描述门电路输出电压随输入电压

变化的曲线。图 3.2 所示为某反相器的电压传输特性曲线，图中可以看出整个曲线包括两个稳定状态区和一个过渡区。从两个稳定状态区可以很容易得出电路的输出高电平 V_{OH} 和输出低电平 V_{OL}。当输入电压位于 $V_{IL(max)}$ 和 $V_{IH(min)}$ 之间时，电路处于过渡区，此时无法确定输出电压为高电平还是低电平。因此，设计门电路时应当尽量减小过渡区的范围。过渡区的中点对应的输入电压定义为门电路的**阈值电压**(V_{TH})。

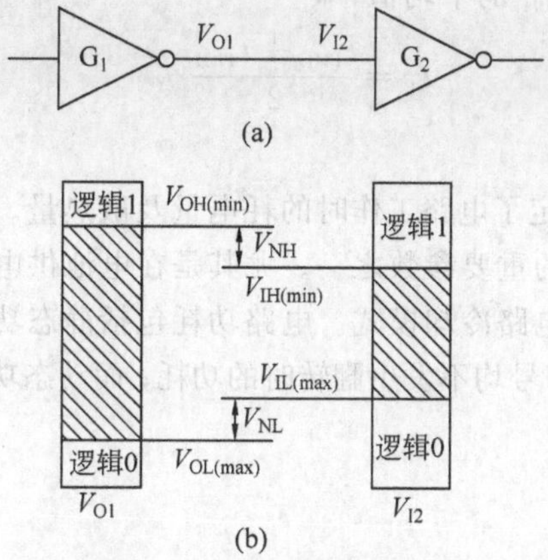

图 3.1 两个反相器级联

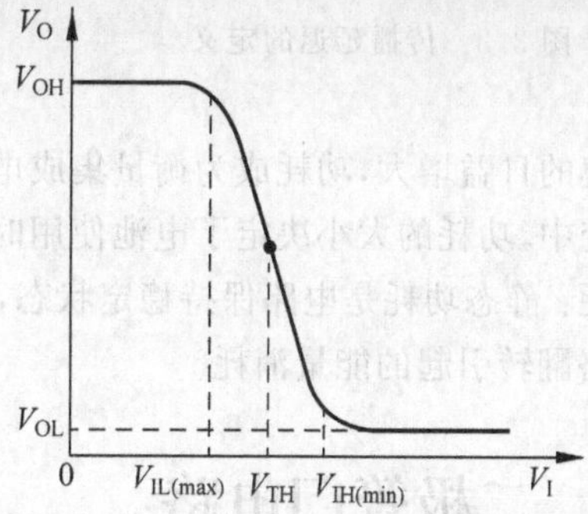

图 3.2 反相器的电压传输特性曲线

5. 静态输入特性和输出特性

静态输出特性指电路的输入和输出均稳定不变时输出端的特性，反映了该电路的驱动能力，主要包括输出电流和输出电阻。其中，输出电流是指输出端在保证输出电平正确的情况下可以承载的最大电流，输出电流越大，则该门电路的驱动能力越强；输出电阻是从电路输出端看进去时电路的等效电阻值，其数值等于输出电压除以输出电流，输出电阻越小，则该门电路的驱动能力越强。

静态输入特性指电路的输入和输出均稳定不变时输入端的特性，反映了该电路作为负载时的特性，主要包括输入电流和静态输入电阻。其中，静态输入电流是指流入输入端的电流，该电流越大，表明该电路作为负载时需要其驱动端提供的电流越大；输入电阻指的是从电路输入端看进去时电路的等效电阻值，其数值等于输入电压除以输入电流，显然，当输入电压一定时，输入电阻越小，表明其输入电流越大，则该门电路作为负载时需要其驱动端具有更强的驱动能力。

6. 扇出系数

门电路的驱动能力还可以用**扇出系数**来表示，其定义为一个门电路可以驱动同类门电路的个数。电路的扇出系数越大，说明该电路的带负载能力越强。

3.1.2 动态参数

1. 传播延迟

一个门电路的传播延迟 t_P 反映了该门电路对输入信号变化的响应速度，是指某一个信号的变化通过该门电路所需要的时间。**传播延迟**的定义是从输入信号变化达到信号幅度的50%开始到相应的输出信号变化达到信号幅度的50%为止所需的时间，如图 3.3 所示。由

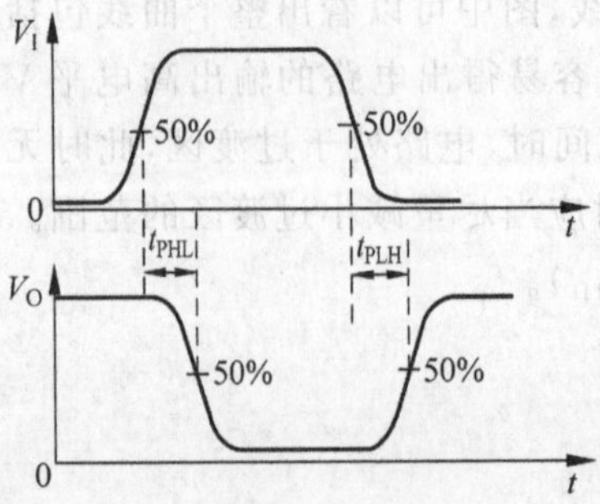

图 3.3 传播延迟的定义

于门电路对于输入信号的上升沿和下降沿的响应时间是不同的，因此，需要分别定义两种情况下的传播延迟。定义 t_{PHL} 为输出信号由高电平变为低电平时的传播延迟，t_{PLH} 为输出信号由低电平变为高电平时的传播延迟。通常用平均传播延迟 t_P 来描述电路的响应速度，t_P 为 t_{PHL} 和 t_{PLH} 的平均值，即

$$t_P=\frac{t_{PHL}+t_{PLH}}{2} \tag{3.3}$$

2. 功耗

功耗决定了电路工作时的耗电量及散热量。随着电路规模的日益增大，功耗成为衡量集成电路性能的重要参数之一。尤其是在电池供电的小型化系统中，功耗的大小决定了电池使用时间以及电路冷却模式。电路功耗包括静态功耗和动态功耗：静态功耗是电路保持稳定状态，即所有信号均不发生翻转时的功耗；而动态功耗是由于电路翻转引起的能量消耗。

3.2 二极管门电路

3.2.1 二极管的开关作用

如图 3.4(a)所示，二极管有 A 和 K 两个电极，当在两个电极之间加电压 V 时，二极管内将有电流 I 通过。图 3.4(b)所示为二极管的伏安特性曲线。当二极管两端加反向电压时，流过二极管的电流非常小，可以忽略不计；当二极管两端加正向电压时，随着电压的升高，流过二极管的电流逐渐增大，当正向电压达到二极管的导通阈值电压 V_T 后，流过二极管的电流快速增大，即二极管的电阻快速降低，使二极管两端电压被钳位在 V_T 附近(理想情况下)。因此，二极管可以看做一个由电压控制的开关，在数字电路的分析和设计过程中，当电压大于 V_T 时认为二极管导通，且导通后二极管两端电压降近似为 V_T，电压小于 V_T 时二极管截止。不同类型的二极管 V_T 值也不同，硅二极管的 V_T 约为 0.5～0.7V，锗二极管的 V_T 约为 0.1～0.3V。

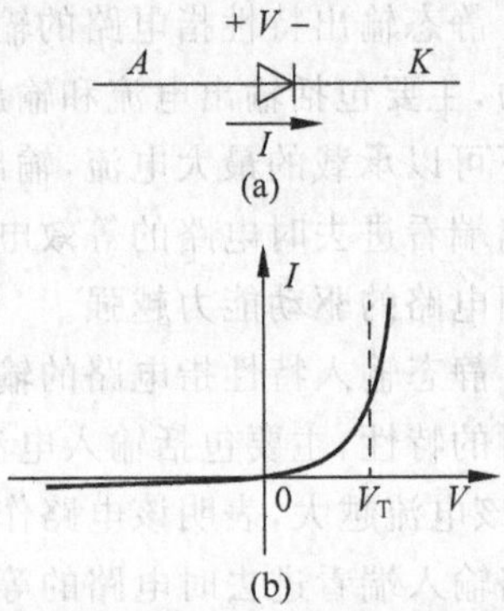

图 3.4 二极管的伏安特性曲线

3.2.2 二极管与门

图 3.5 为由二极管和电阻构成的二输入与门。输入变量为 A 和 B，输出变量为 Y。设 $V_{CC}=5V$，输入高电平 $V_{IH}=3V$，输入低电平 $V_{IL}=0$，输出高电平 $V_{OH}\geqslant 2.4V$，输出低电平 $V_{OL}\leqslant 0.4V$，二极管的导通电压 $V_T=0.3V$。电路的功能分析如下：

当 A、B 两输入端均为高电平时，由于 V_{CC} 与输入端 A、B 的电压差均为 2V，因此二极管 D_1 和 D_2 都导通，$V_Y=3+0.3=3.3V$，输出为高电平；

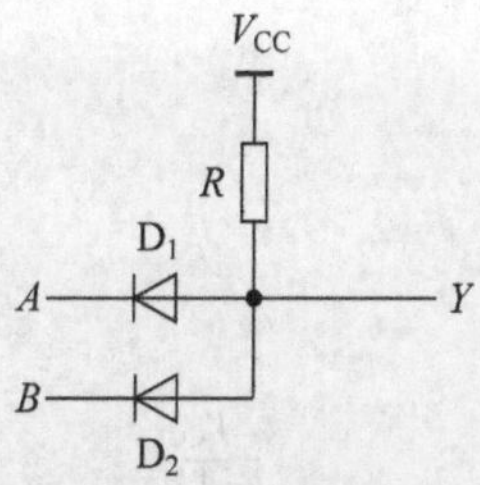

图 3.5 二极管与门

当 A 或 B 有一个输入端为低电平时，例如 A 输入低电平而 B 输入高电平，则二极管 D_1 导通，将输出端电平钳位在 0.3V，此时二极管 D_2 截止，输出为低电平；

当输入端 A 和 B 都为低电平时，二极管 D_1 和 D_2 都导通，输出端电平被钳位在 0.3V，输出为低电平。

根据以上分析可得该电路输出真值表如表 3.1 所示。由真值表很容易得出该电路的功能为与门。但由于二极管导通压降的存在，该电路的输出高电平为 3.3V，而输出低电平为 0.3V，与输入高电平和输入低电平相差一个二极管导通电压。如果将两级二极管与门级联，则第二级与门将无法产生正确的输出低电平。因此，二极管电路通常仅作为集成电路内部的逻辑单元，无法作为独立器件使用。

表 3.1 二极管与门的真值表

A	B	Y
H	H	H
H	L	L
L	H	L
L	L	L

注：H 表示高电平；L 表示低电平

3.2.3 二极管或门

图 3.6 为由二极管和电阻构成的二输入或门。输入变量为 A 和 B，输出变量为 Y。假设电路参数及输入电平和输出电平的设定均与 3.2.2 小节相同，则该电路的功能分析如下：

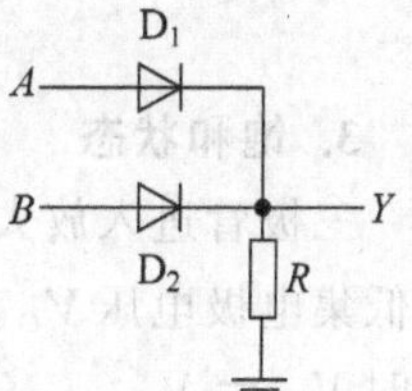

图 3.6 二极管或门

当 A、B 两输入端均为低电平时，二极管 D_1 和 D_2 都截止，$V_Y=0V$，输出为低电平；

当 A 或 B 有一个输入端为高电平时，例如 A 输入高电平而 B 输入低电平，则二极管 D_1 导通，输出端电平为 2.7V，此时二极管 D_2 截止，输出为高电平；

当输入端 A 和 B 都为高电平时，二极管 D_1 和 D_2 都导通，输出端电平为 2.7V，输出为高电平。

该电路的真值表如表 3.2 所示，可知该电路为二极管或门，与二极管与门类似，二极管或门也存在输出电平的偏移问题。

表 3.2 二极管或门的真值表

A	B	Y
L	L	L
H	L	H
L	H	H
H	H	H

注：H 表示高电平；L 表示低电平

3.3 TTL门电路

3.3.1 三极管的开关特性

三极管有 NPN 和 PNP 两种类型，本节以 NPN 三极管的共发射极电路来分析三极管的开关特性，如图 3.7 所示。

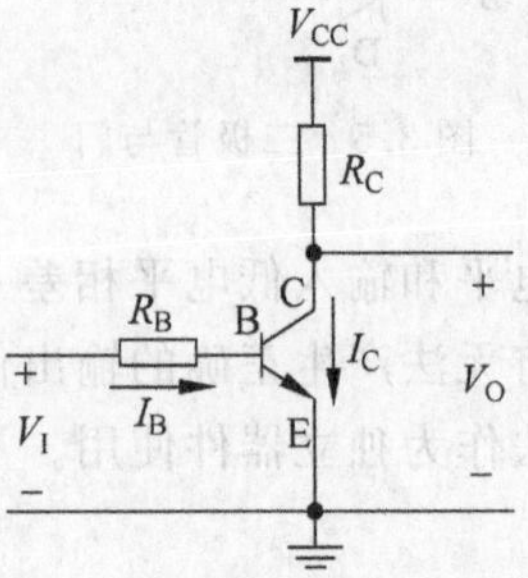

图 3.7 三极管开关电路

1. 截止状态

当输入电压 $V_I<0$ 时，三极管的发射结反偏，I_B 只有很小的反向电流，集电极电流 I_C 也很小，此时三极管处于截止状态，集电极和发射极之间阻抗很大。由于发射结导通阈值电压 V_T 的存在，可以认为只要 V_I 小于 V_T，三极管就处于截止状态。

三级管处于截止状态时，集电极和发射极之间的阻抗非常大，集电极电流非常小，可以认为 $I_C\approx0$，因此电阻 R_C 上压降可近似为 0，集电极与发射极之间电压 V_{CE} 近似为 V_{CC}。

2. 放大状态

当 V_I 逐渐升高时，三极管的发射结电压随之升高。当 V_I 大于 V_T 时，发射结导通，基极与发射极之间有电流 I_B 流过，同时集电极也有电流 I_C 流过，三极管进入放大状态，此时集电结仍处于反偏状态，I_C 与 I_B 成线性关系，如式(3.4)所示：

$$I_C=\beta I_B \tag{3.4}$$

式中 β 为三极管的放大倍数，此时 V_{CE} 可由式(3.5)表示

$$V_{CE}=V_{CC}-I_CR_C \tag{3.5}$$

3. 饱和状态

三极管进入放大状态后，进一步增加 I_B 将使 I_C 增大，从而增大电阻 R_C 上的电压降，降低集电极电压 V_O。当 V_O 降低到足够低时，集电结也正向导通，三极管进入饱和状态。此时 $V_{CE}=V_{CE(sat)}$，其中 $V_{CE(sat)}$ 为三极管饱和导通时集电极与发射极之间的电压降，该值很小，可以认为 $V_{CE(sat)}\approx0$，集电极与发射极导通。

由以上分析可知，三极管可以看作一个由基极电流 I_B 控制的开关：当 $V_I<V_T$ 时，$I_B\approx0$，三极管工作在截止状态，此时 $V_{CE}\approx V_{CC}$，相当于集电极和发射极之间处于断开状态；当 $V_I\gg V_T$ 时，三极管饱和导通，相当于集电极和发射极之间处于导通状态。数字电路中就是利用三极管的截止区和饱和区实现三极管的开关作用的。

3.3.2 TTL 反相器的电路结构和工作原理

图 3.8 所示为 TTL 反相器电路，输入端为 A，输出端为 Y。由图可见，电路可以分为输入级、反相级和输出级三部分。电路的输入级和输出级均由三极管构成，因此这种类型的电路称为三极管-三极管逻辑电路(Transistor-Transistor Logic)，简称 TTL 电路。

假设 $V_{CC}=5V$，输入高电平 $V_{IH}=3.4V$，输入低电平 $V_{IL}=0.2V$，输出高电平 $V_{OH}\geqslant 2.4V$，输出低电平 $V_{OL}\leqslant0.4V$，三极管的导通电压 V_T 为 0.7V。电路的功能分析如下：

当 A 端输入电压 $V_I=V_{IL}$ 时，T_1 的发射结导通，T_1 的基极电压被钳位在 0.2+0.7=

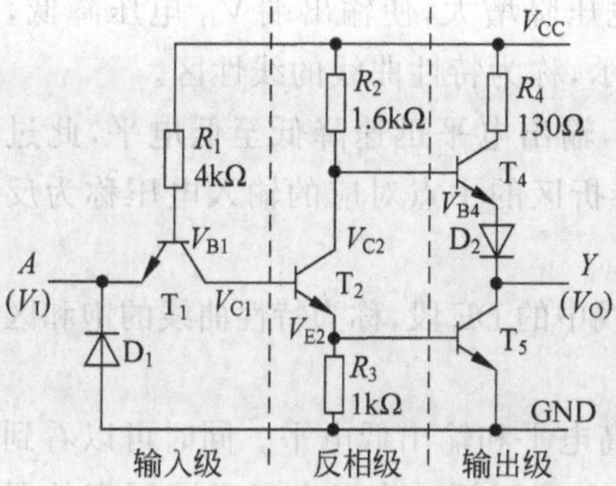

图 3.8　TTL 反相器电路

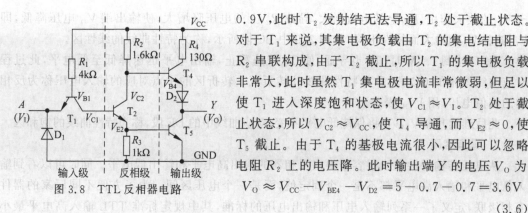

0.9V，此时 T_2 发射结无法导通，T_2 处于截止状态。对于 T_1 来说，其集电极负载由 T_2 的集电结电阻与 R_2 串联构成，由于 T_2 截止，所以 T_1 的集电极负载非常大，此时虽然 T_1 集电极电流非常微弱，但足以使 T_1 进入深度饱和状态，使 $V_{C1} \approx V_I$。T_2 处于截止状态，所以 $V_{C2} \approx V_{CC}$，使 T_4 导通，而 $V_{E2} \approx 0$，使 T_5 截止。由于 T_4 的基极电流很小，因此可以忽略电阻 R_2 上的电压降。此时输出端 Y 的电压 V_O 为

$$V_O \approx V_{CC} - V_{BE4} - V_{D2} = 5 - 0.7 - 0.7 = 3.6\text{V} \tag{3.6}$$

式中，V_{BE4} 是 T_4 发射结的导通压降；V_{D2} 是二极管 D_2 的导通压降，式(3.6)表明当 TTL 反相器的输入为低电平时，输出为高电平。

如果逐渐升高 V_I，开始时 T_1 将继续保持饱和状态，因此 V_{C1} 会随着 V_I 的升高而升高。当 V_{C1} 升高至 0.7V(此时 V_I 也约等于 0.7V)时，T_2 的发射结将导通，但 T_5 的发射结仍处于截止状态。V_I 继续升高至 1.4V 时，T_5 的发射结导通，此后若继续升高 V_I，V_{B1} 将被 T_1 的集电结、T_2 和 T_5 的发射结钳位在 2.1V。因此，当输入端 $V_I = V_{IH}$ 时，$V_{B1} = 2.1\text{V}$，使 T_2 和 T_5 均饱和导通，使 T_4 截止，此时输出端的电压 V_O 为

$$V_O = V_{CE(sat)} \approx 0\text{V} \tag{3.7}$$

即输入为高电平时，输出为低电平。

输入端的二极管 D_1 为输入保护二极管，它可以将过低的输入电压钳位在 −0.7V，防止过大的电流烧坏输入三极管。若没有此保护二极管 D_1，输入端电压过低时，流入三极管 T_1 的基极电流将增大，严重时会烧坏三极管 T_1。

TTL 反相器的输出级由三极管 T_4 和 T_5 及二极管 D_2 组成。由以上分析可知，反相器输出为逻辑 **1** 时，T_4 导通而 T_5 截止；反之反相器输出为逻辑 **0** 时，T_5 导通而 T_4 截止，这种结构称为推拉式或推挽式或图腾柱式(totem pole)输出结构。二极管 D_2 的作用是防止 T_4 和 T_5 同时导通。当 T_5 导通时，T_2 一定也处于饱和导通状态，可以认为 T_2 的集电极和发射极之间的电压为 0。不难分析，此时 $V_{B4} - V_O \approx 0.7\text{V}$，无法使 T_4 的发射结与 D_2 同时导通，因此当 T_5 导通时，T_4 一定处于截止状态。

3.3.3　TTL 反相器的静态特性

1. 电压传输特性曲线

根据 3.3.2 小节的分析很容易得出 TTL 反相器的电压传输特性曲线，如图 3.9 所示。

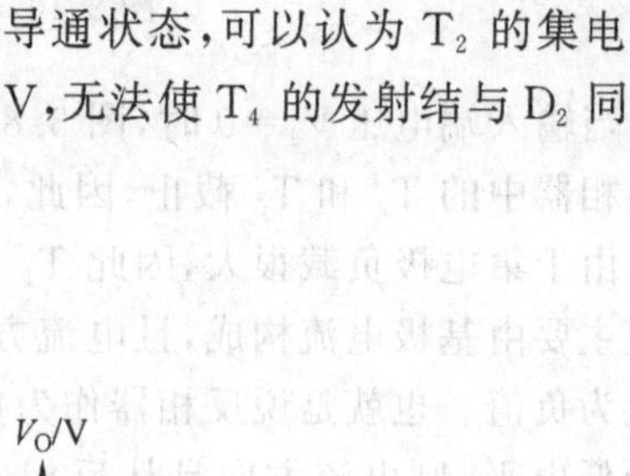

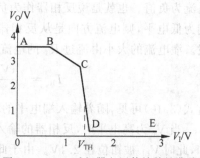

图 3.9　TTL 反相器电压传输特性曲线

输入电压很低时，T_2 和 T_5 均截止，T_4 导通，反相器输出高电平，此时处于曲线的 AB 段，称为特性曲线的截止区。

当 $0.7\text{V} < V_I < 1.4\text{V}$ 时，T_2 处于放大导通状态，但 T_5 仍然截止。此时反相器依然输出高电平，但由

于 T_2 的放大作用，R_2 上的电流增大，导致 R_2 上的电压降增大，使输出端 V_O 电压降低，即 V_O 随着 V_I 的增大而线性下降，如图 3.9 中 BC 段所示，称为特性曲线的线性区。

当 V_I 达到 1.4V 时，T_5 也导通，使 T_4 快速截止，输出电平迅速降低至低电平，此过程对应曲线图中的 CD 段，称为特性曲线的转折区。转折区的中点对应的输入电压称为反相器的阈值电压，用 V_{TH} 表示。

此后继续升高 V_I，V_O 将保持低电平不变，对应曲线中的 DE 段，称为特性曲线的饱和区。

2. 噪声容限

从电压传输特性曲线很容易得出反相器的输出高电平和输出低电平。同时可以看到输入低电平和输入高电平都不是一个固定值，而是一个电压区间。为了方便不同厂家的器件互相级联，定义了一系列输入电压和输出电压的标准，其中规定标准 TTL 输入高电平最小值 $V_{IH(min)}=2V$，输出高电平最小值 $V_{OH(min)}=2.4V$，典型值为 3.4V。输入低电平最大值 $V_{IL(max)}=0.8V$，输出低电平最大值 $V_{OL(max)}=0.4V$，典型值为 0.2V。因此标准 TTL 电路的噪声容限为

$$V_{NH}=V_{OH(min)}-V_{IH(min)}=2.4-2.0=0.4V \tag{3.8}$$

$$V_{NL}=V_{IL(max)}-V_{OL(max)}=0.8-0.4=0.4V \tag{3.9}$$

3. 输入端电压电流特性

在 TTL 反相器的输入端加一个可调电压源，如图 3.10(a)所示，就可以测得反相器的输入端电压电流特性曲线，如图 3.10(b)所示。

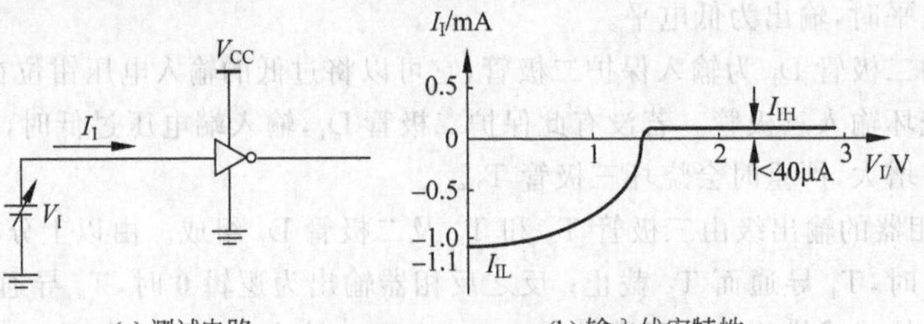

图 3.10 TTL 反相器输入电压电流特性

当输入端电压 $V_I=0$ 时，图 3.8 所示的反相器的输入端等效电路如图 3.11(a)所示，由于反相器中的 T_2 和 T_5 截止，因此，T_2 的集电结电阻 R_{CB2} 与 R_2 串联构成 T_1 的集电极负载。由于集电极负载很大，因此 T_1 的集电极电流非常微小，可以忽略。此时 T_1 的发射极电流主要由基极电流构成，且电流方向是从 T_1 的发射极流出，与设定的 I_I 方向相反，因此电流为负值。也就是说反相器作为负载接到另外一个门电路的输出端时，若反相器的输入端为低电平，则电流方向是从反相器流向前一级电路的输出端，此时称反相器是**灌电流负载**。灌电流的大小由流过 R_1 的电流决定，表示为

$$I_{IL}=-\frac{(V_{CC}-V_{BE1}-V_{IL})}{R_1}\approx-1.1mA \tag{3.10}$$

由式(3.10)可见，随着输入端电平的增加，输入电流的绝对值将减小。

当 V_I 为高电平时，反相器的输入端等效电路如图 3.11(b)所示，由 3.3.2 小节分析可知，此时 V_{B1} 被钳位在 2.1V。由于此时 T_1 的集电结正向导通，而发射极电压 V_I 高于基极电压 V_{B1}，所以三极管 T_1 处于反向工作状态，即三极管的发射极充当集电极，集电极充当发

射极。此时输入端电流是流向反相器内部，与设定的 I_I 方向一致。由于三极管处于反向工作状态时放大系数β很小，所以输入端为高电平时输入电流 I_{IH} 非常小，通常只有几十微安。若将该反相器作为负载，反相器输入端为高电平时，电流由前一级电路流向反相器，此时称该反相器为**拉电流负载**。

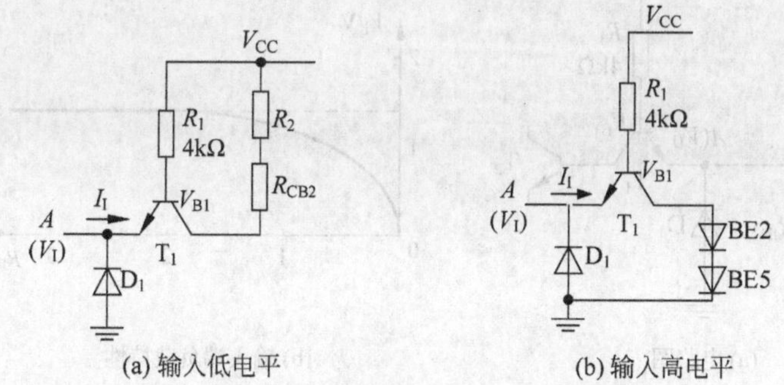

图 3.11 TTL 反相器输入端等效电路

4. 输出特性

反相器输出高电平时，T_4 导通，T_5 截止，由 T_4 的发射极向负载电路提供拉电流，其等效电路如图 3.12(a)所示。反相器输出高电平时的输出电流用 I_{OH} 表示，当 I_{OH} 很小时，R_4 上的电压降可以忽略，此时 T_4 处于不饱和导通状态，输出电压 $V_{OH} \approx V_{B4} - V_{BE4} - V_{D2}$，其中，$V_{BE4}$ 是 T_4 发射结导通压降，V_{D2} 是二极管 D_2 导通压降。由于 T_4 的基极电流很小，所以 I_{OH} 的变化对 V_{B4} 的影响很小，V_{OH} 的变化也很小。当 I_{OH} 增大时，R_4 上的电压降 V_{R4} 增大，V_{C4} 降低，使 T_4 进入饱和状态。若忽略 T_4 集电极和发射极之间的饱和导通电压，则输出电压 $V_{OH} = V_{CC} - I_{OH}R_4 - V_{D2}$，随着 I_{OH} 的增加，V_{OH} 将线性下降。确保输出端满足高电平要求所允许的最大输出电流用 $I_{OH(max)}$ 表示。$I_{OH(max)}$ 反映了门电路带拉电流负载的能力，$I_{OH(max)}$ 越大则门电路带拉电流负载的能力越强。标准 TTL 电路的 $I_{OH(max)}$ 通常在 0.4mA 以下。

反相器输出低电平时，T_5 饱和导通而 T_4 截止，负载电路灌入的电流全部流入 T_5，其等效电路如图 3.12(b)所示。反相器输出低电平时的输出电流用 I_{OL} 表示，此时输出电压由 T_5 的集电极与发射极之间的电压降决定。虽然 T_5 的饱和电阻非常小，但是 I_{OL} 增大时也会使输出端电压升高。确保输出端满足低电平要求所允许的最大输出电流用 $I_{OL(max)}$ 表示。$I_{OL(max)}$ 反映了门电路带灌电流负载的能力，$I_{OL(max)}$ 越大则门电路带灌电流负载的能力越强。由于 T_5 的饱和导通电阻很小，I_{OL} 对 V_O 的影响比较小，因此 $I_{OL(max)}$ 远大于 $I_{OH(max)}$，一般为十几毫安，也就是说 TTL 电路带灌电流负载的能力远大于带拉电流负载的能力。

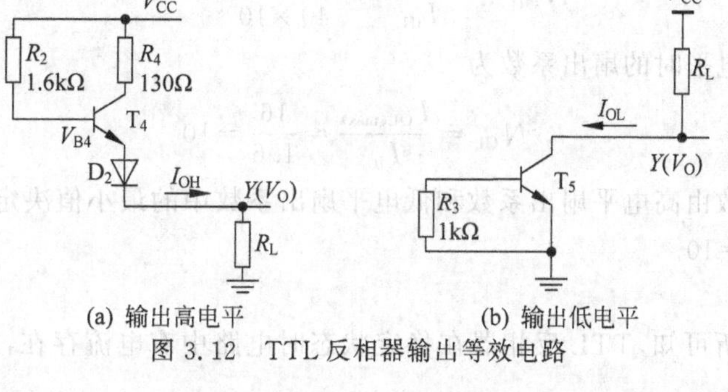

图 3.12 TTL 反相器输出等效电路

5. 输入端负载特性

在使用门电路时经常需要将输入端与地之间或者输入端与输入低电平信号之间接一个电阻 R_{IN}，如图 3.13(a)所示。

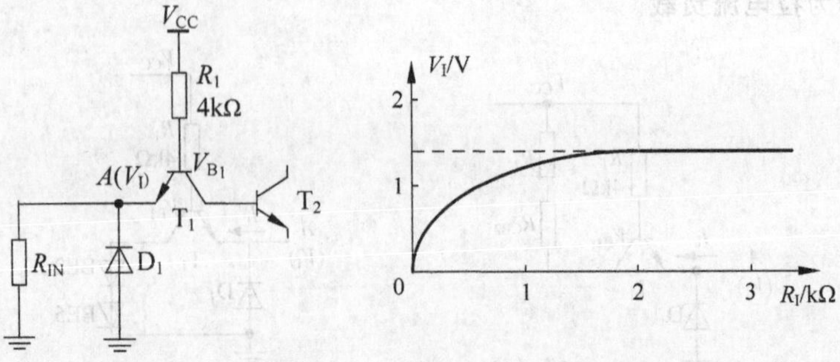

(a) 电路图　　(b) 输入端负载特性

图 3.13　TTL 反相器输入端经电阻接地

T_1 管的发射极电流流过电阻 R_{IN} 将产生电压降，因此反相器的输入电压 V_I 将由电阻 R_{IN} 和 R_1 的分压决定，即

$$V_I=\frac{R_{IN}}{R_{IN}+R_1}(V_{CC}-V_{BE1}) \tag{3.11}$$

由式(3.11)可见，随着电阻 R_{IN} 的增大，反相器输入端电压 V_I 将增大，当 V_I 增大到 1.4V 时，V_{B1} 达到 2.1V，使 T_2 和 T_5 均导通，V_{B1} 被钳位在 2.1V，电阻 R_{IN} 继续增大时 V_I 不会再继续增大。由于 T_2 和 T_5 均导通，此时反相器的输出为低电平，相当于输入为高电平。由以上分析可知，当输入端与地或低电平信号之间的电阻 R_{IN} 较小时，T_5 截止，相当于输入为低电平；而当输入端与地或低电平信号之间的电阻足够大时，将使 T_5 导通，相当于输入为高电平。一般定义维持输出端为低电平(即 T_5 饱和导通)时输入端与地之间的最小电阻为**开门电阻 R_{ON}**，维持输出为高电平(即 T_5 截止)时输入端与地之间的最大电阻为**关门电阻 R_{OFF}**，也就是说，当 $R_{IN}\leqslant R_{OFF}$ 时，反相器输入为低电平，而当 $R_{IN}\geqslant R_{ON}$ 时，反相器输入为高电平。当 R_{IN} 位于 R_{OFF} 与 R_{ON} 之间时，反相器处于过渡状态，使用时须避免。

6. 扇出系数

根据反相器的输入电流和输出电流很容易计算其扇出系数。假设反相器的输出电流 $I_{OH(max)}=0.4\text{mA}$，$I_{OL(max)}=16\text{mA}$，输入电流 $I_{IH}=40\mu\text{A}$，$I_{IL}=1.6\text{mA}$。则反相器输出为高电平时的扇出系数为

$$N_{OH}=\frac{I_{OH(max)}}{I_{IH}}=\frac{0.4}{40\times10^{-3}}=10 \tag{3.12}$$

反相器输出为低电平时的扇出系数为

$$N_{OL}=\frac{I_{OL(max)}}{I_{IL}}=\frac{16}{1.6}=10 \tag{3.13}$$

反相器的扇出系数由高电平扇出系数和低电平扇出系数中的最小值决定，即扇出系数 $N=\min(N_{OH},N_{OL})=10$。

7. 静态功耗

由前面的分析可知，TTL 反相器在稳定状态时电路中有电流存在，该电流的大小决定

了反相器静态功耗的大小。当反相器输出为高电平时，T_2 和 T_5 都处于截止状态，反相器的电流只取决于 T_1 的基极电流 I_{B1}。如图 3.14(a)所示，假设输入电平为 0.2V，根据电路的参数可以计算输出高电平时电源电流 I_{CCH} 为

$$I_{CCH}=\frac{V_{CC}-V_I-V_{BE1}}{R_1}=\frac{5-0.2-0.7}{4\times10^3}\text{A}\approx1\text{mA} \tag{3.14}$$

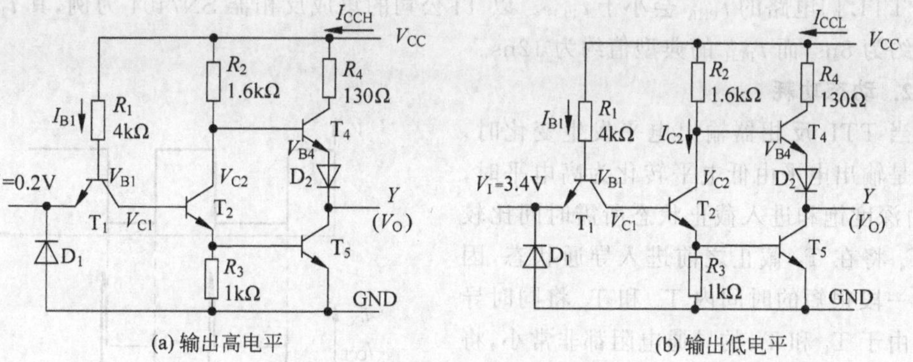

图 3.14　TTL 反相器静态电流计算

当反相器输出为低电平时，T_2 和 T_5 均饱和导通。此时的电源电流 I_{CCL} 为 I_{B1} 和 I_{C2} 的和，如图 3.14(b)所示。输入为高电平时，V_{B1} 被钳位在 2.1V，假设 T_2 集电极与发射极之间的饱和压降 $V_{CE(sat)}$ 为 0.1V，易知 $V_{C2}=0.8$V。因此输出低电平时电源电流 I_{CCL} 为

$$I_{CCL}=\frac{V_{CC}-V_{B1}}{R_1}+\frac{V_{CC}-V_{C2}}{R_2}=\frac{5-2.1}{4\times10^3}+\frac{5-0.8}{1.6\times10^3}\text{A}\approx3.4\text{mA} \tag{3.15}$$

由以上分析可知，TTL 反相器输出为高电平和低电平时其静态电流是不同的，图 3.15 所示为静态电流与输出电平之间的关系。

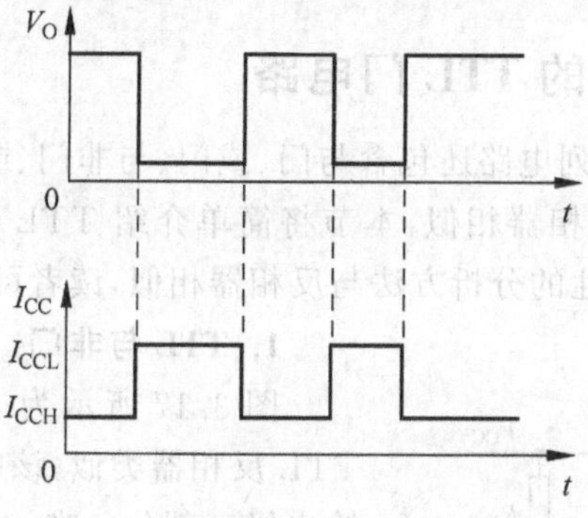

图 3.15　TTL 反相器静态电流示意图

3.3.4　TTL 反相器的动态特性

1. 传播延迟

当反相器的输入信号发生翻转时，输出端也会随之发生翻转。由于二极管和三极管从导通变为截止以及从截止变为导通都需要一定的时间，因此从输入信号翻转到输出信号翻转之间会有一定的传播延迟。同时由于电路中存在大量的寄生电容，电路状态的翻转过程

会对这些电容进行充电或者放电，这也是造成 TTL 反相器传播延迟的原因之一。

如图 3.8 所示的反相器，当输出低电平时 T_5 处于深度饱和状态，此时 T_5 的基区积累了大量载流子。当输出由低电平变为高电平时，T_5 将由深度饱和状态转变为截止状态，基区积累的载流子需要较长的时间泄放。而电路输出高电平时，T_4 虽然导通但并未进入饱和状态，当输出由高电平变为低电平时，T_4 可以较快地从导通状态进入截止状态。因此，通常来说 TTL 门电路的 t_{PHL} 会小于 t_{PLH}。以 TI 公司的集成反相器 SN7404 为例，其 t_{PHL} 的典型值约为 8ns，而 t_{PLH} 的典型值约为 12ns。

2. 动态功耗

当 TTL 反相器输出电平发生变化时，尤其是输出电平由低电平转化为高电平时，T_5 由深度饱和进入截止状态所需时间比较长，T_4 将在 T_5 截止之前进入导通状态，因此在一段很短的时间内 T_4 和 T_5 将同时导通。由于 T_4 和 T_5 的导通电阻都非常小，将会在电源和地之间形成一个尖峰电流。当输出由高电平转为低电平时，由于输出高电平时 T_4 没有进入饱和状态，T_4 可以快速进入截止状态，因此输出由高电平转为低电平时电源尖峰电流较小。考虑电源尖峰电流后，TTL 反相器电源电流与输出信号的关系如图 3.16 所示。

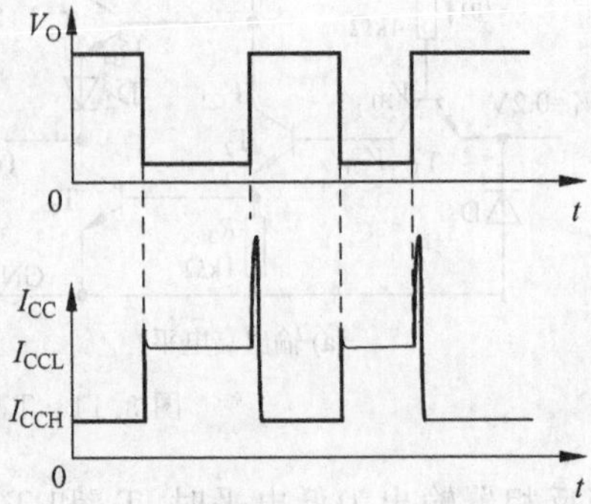

图 3.16　考虑尖峰电流后 TTL 反相器电流曲线

电源尖峰电流会增加反相器的动态功耗。信号变化的频率越高，由尖峰电流引入的功耗越大。电源尖峰电流还会在电路中引入噪声，影响电路的正常工作，因此电路设计过程中需要采取有效措施将该噪声限定在一定范围之内。

3.3.5　其他逻辑的 TTL 门电路

除反相器之外，TTL 系列电路还包含与门、或门、与非门、或非门等常见门电路，这些门电路的结构及工作原理与反相器相似，本节将简单介绍 TTL 与非门和或非门的电路结构及工作原理，电路的其他特性的分析方法与反相器相似，读者可自行分析。

1. TTL 与非门

图 3.17 所示为二输入 TTL 与非门电路，与 TTL 反相器类似，该电路也包括输入级、反相级和输出级三部分。唯一不同的是该电路的输入级采用多发射极三极管 T_1，分析时可以认为 T_1 是将两个三极管的基极和集电极分别接到一起而构成，两个发射极分别作为输入信号 A 和 B 的输入端。

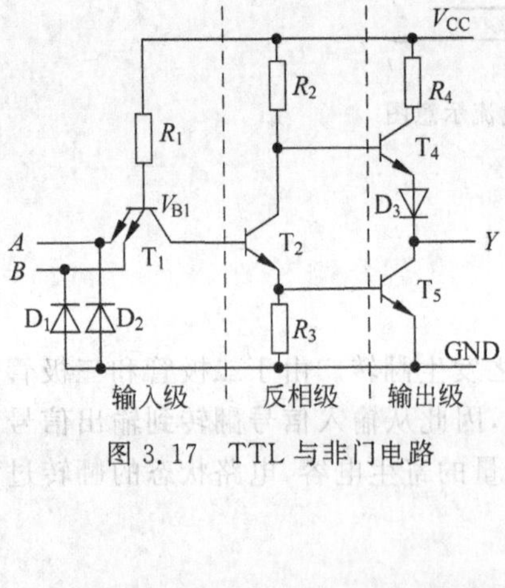

图 3.17　TTL 与非门电路

当两个输入端至少有一个为低电平(设低电平输入为 0.2V)时，T_1 导通，此时 V_{B1} 电压为 0.9V，T_2 和 T_5 截止，T_4 导通，电路输出为高电平。当两输入端均为高电平时，V_{B1} 被钳位在 2.1V，T_2 和 T_5 均饱和导通，T_4 截止，电路输出为低电平。因此该电路输出 Y 与输入 A、B 之间的关系为 $Y=\overline{A\cdot B}$。

分析电路的输入电流时，需要考虑电路的工作状态。当输入端 A 和 B 只有一个输入低电平时，例如 A 端输入低电平而 B 端输入高电平，此时 A 端的输入电流由通过电阻 R_1 的基极电流决定。而当 A 端和 B 端均为低电平时，通过 R_1 的基极电流则为 A、B 两端的输入电流之和。当 A 端和 B 端均为高电平时，可以认为 A 和 B 分别为两个反向工作的三极管的等效集电极，应该分别计算两个输入端的输入电流。

2. TTL 或非门

TTL 或非门电路如图 3.18 所示。该电路可以看作两个反相器共用一个推拉式输出级。当输入端 A 或 B 中至少有一个为高电平时，T_{2A} 和 T_{2B} 至少有一个饱和导通，使 T_4 截止而 T_5 饱和导通，电路输出低电平。只有当输入端 A 和 B 均为低电平时，T_{2A}、T_{2B} 和 T_5 都截止，T_4 导通，电路输出高电平。因此该电路输出 Y 与两个输入端 A 和 B 之间的逻辑关系为 $Y=\overline{A+B}$。

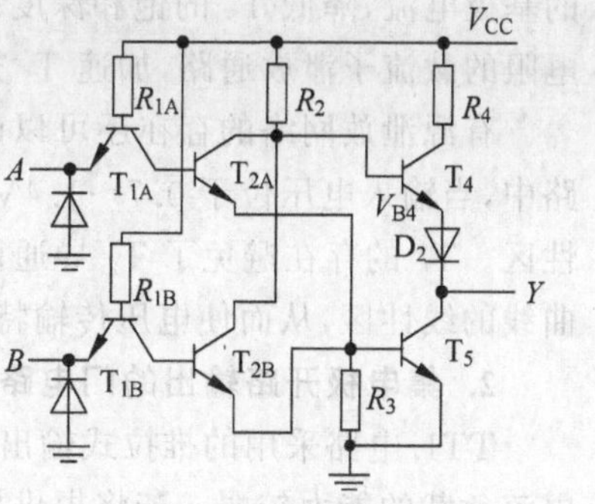

图 3.18 TTL 或非门电路

由于或非门电路的两个输入端是独立的，因此计算输入电流时，无论输入信号为高电平还是低电平，每个输入端的输入电流都应该单独计算。

3.3.6 其他类型的 TTL 门电路

1. 肖特基 TTL 门电路

由 3.3.4 小节分析可知，TTL 门电路输出低电平时，T_2 和 T_5 都处于深度饱和状态，当电路输出状态翻转时，T_2 和 T_5 需要从深度饱和状态变换到截止状态。由于深度饱和时基区积累的大量载流子需要较长的泄放时间，因此 TTL 电路的传播延迟比较长。肖特基 TTL 门电路是一种改进型的 TTL 电路，其主要设计思想是通过阻止三极管进入深度饱和的方式减小电路的传播延迟。图 3.19(a)所示为肖特基 TTL 与非门电路。

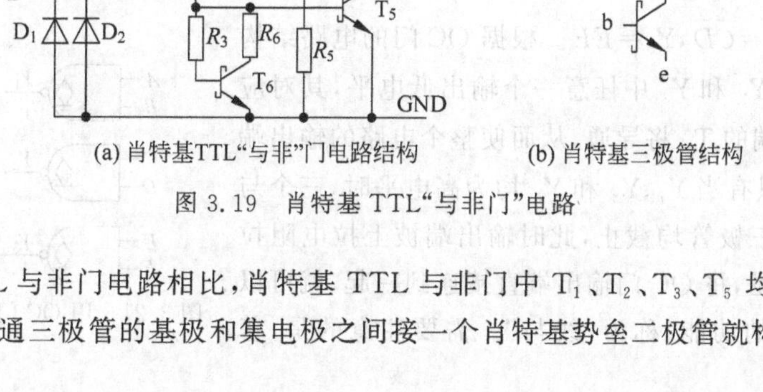

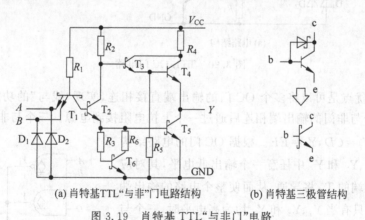

(a) 肖特基TTL"与非"门电路结构　　(b) 肖特基三极管结构

图 3.19 肖特基 TTL"与非门"电路

与普通 TTL 与非门电路相比，肖特基 TTL 与非门中 T_1、T_2、T_3、T_5 均采用肖特基三极管。在一个普通三极管的基极和集电极之间接一个肖特基势垒二极管就构成了肖特基三极管，如图 3.19(b)所示，肖特基势垒二极管的特点是导通电压比较小，只有 0.4～0.5V，因此在肖特基三极管的集电结导通之前，肖特基势垒二极管首先导通，形成基区载流子的泄放通道，使三极管无法进入深度饱和状态，从而减小电路的传播延迟。由于普通 TTL 电路正常工作时，T_4 不会进入深度饱和状态，因此 T_4 无须采用肖特基三极管。

另外，该电路采用 T_6 和电阻 R_3、R_6 组成的有源泄放网络代替原来的电阻 R_3，该泄放网络将加速 T_5 基极的载流子泄放。当输出端为低电平时，T_5 和 T_6 均导通，T_6 将分流 T_5 的基极电流，降低 T_5 的饱和深度；当输出端由低电平转换为高电平时，T_6 将为 T_5 提供低电阻的载流子泄放通路，加速 T_5 进入截止区。

有源泄放网络的存在还可以改善 TTL 门电路的电压传输特性曲线。在普通 TTL 电路中，当输入电压位于 0.7～1.4V 时，由于 T_2 导通而 T_5 截止，电压传输特性曲线中存在线性区。T_6 的存在避免了 T_2 导通而 T_5 截止的情况发生，因此可以有效消除电压传输特性曲线的线性区，从而使电压传输特性曲线的过渡区更加陡峭。

2. 集电极开路输出的门电路(OC 门)

TTL 电路采用的推拉式输出结构可以提供较强的驱动灌电流负载的能力，但其驱动拉电流负载的能力较弱。若将提供拉电流的 T_4 去掉，只保留 T_5，让 T_5 的集电极处于开路输出状态，就构成了集电极开路输出的门电路(Open-Collector gate，OC 门)，如图 3.20(a)所示。显然，OC 门只有输出低电平的能力而没有输出高电平的能力，使用时需要将 OC 门的输出端通过上拉电阻接至电源，从而通过上拉电阻提供高电平。OC 门的逻辑符号如图 3.20(b)所示。

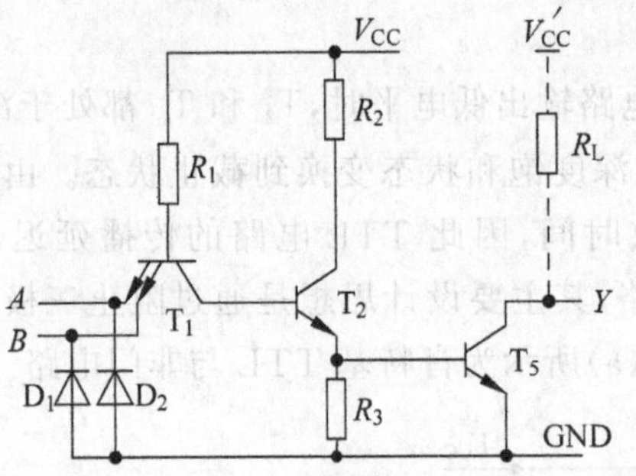

(a) 电路结构

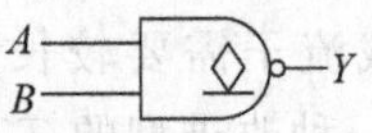

(b) 逻辑符号

图 3.20 TTL OC 门电路

OC 门的优点是可以将多个 OC 门的输出端直接相连，实现“线与”的功能。如图 3.21 所示为将三个与非门的输出端相连后通过一个上拉电阻接到电源。三个与非门的输出分别是 $Y_1=\overline{AB}$，$Y_2=\overline{CD}$，$Y_3=\overline{EF}$。根据 OC 门的电路结构可知，只要 Y_1、Y_2 和 Y_3 中任意一个输出低电平，其对应的 OC 门输出端的 T_5 将导通，从而使整个电路的输出端 Y 为低电平；只有当 Y_1、Y_2 和 Y_3 均为高电平时，三个与非门输出端的三极管均截止，此时输出端被上拉电阻拉到高电平。可见，将 OC 门输出端直接连到一起，就可以实现逻辑“与”的功能，称为“线与”。需要注意的是，普

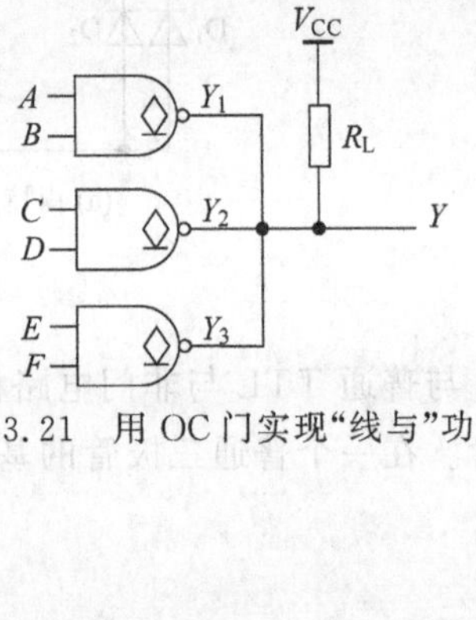

图 3.21 用 OC 门实现“线与”功能

通 TTL 门电路不可以将输出端直接连在一起，如果需要实现两个信号的“与”功能，需要通过一个与门实现。

上拉电源可以与门电路的工作电源相同，也可以不同。但为了电路能够正常工作，对上拉电阻的阻值有一定的要求。

图 3.22 所示为由 OC 门构成的电路实例。图中三个 OC 门的输出 Y_1、Y_2 和 Y_3“线与”之后产生信号 Y，驱动三个负载门电路 G_1、G_2 和 G_3。其中 G_1 仅有一个输入端连接到 Y，而 G_2 和 G_3 的两个输入端全部连接到 Y。

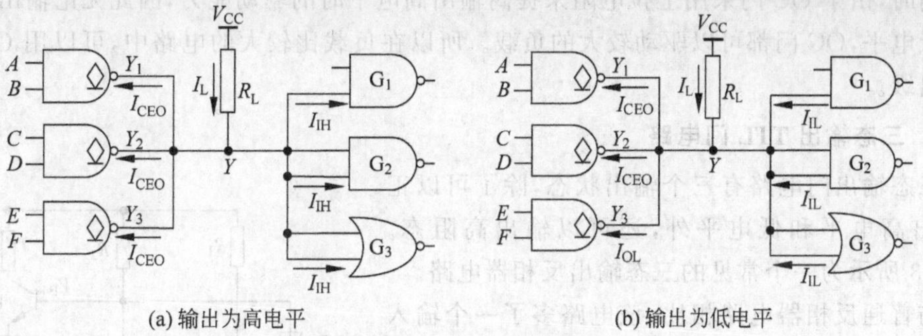

图 3.22　OC 门上拉电阻的计算

当输出信号 Y 为高电平时，三个 OC 门的输出三极管全部截止，但仍然会有少量的泄漏电流流过输出三极管，该电流用 I_{CEO} 表示。对负载电路来说，所有输入端均为高电平，因此对于每个输入端都有高电平输入电流 I_{IH} 流入，由 3.3.5 小节的分析可知，当输入端为高电平时，各输入端口的输入电流应分别计算。电流方向如图 3.22(a)所示，假设与非门和或非门的高电平输入电流 I_{IH} 相同。可得流过上拉电阻 R_L 的电流为

$$I_L = 3I_{CEO} + 5I_{IH} \tag{3.16}$$

因此电阻 R_L 上的电压降为

$$V_L = I_L R_L = (3I_{CEO} + 5I_{IH})R_L \tag{3.17}$$

为了保证 Y 端输出电压为高电平，须满足

$$V_Y = V_{CC} - V_L \geqslant V_{OH(min)} \tag{3.18}$$

将式(3.17)代入式(3.18)，可得

$$R_L \leqslant \frac{V_{CC} - V_{OH(min)}}{3I_{CEO} + 5I_{IH}} \tag{3.19}$$

当输出信号 Y 为低电平时，3 个 OC 门中有一个或多个输出三极管导通。当只有一个 OC 门的输出三极管导通时，所有灌电流都将流入这个 OC 门，此时 OC 门的负载最重。假设只有 Y_3 输出低电平，即 Y_3 对应的输出三极管导通，此时电流方向如图 3.22(b)所示。由 3.3.5 节的分析可知，当输入端为低电平时，与非门 G_1 只有一个输入端接到 Y，最坏情况(另一个输入端为高)是输入电流全部流向该输入端，因此 G_1 的输入端的最大电流为 I_{IL}。与非门 G_2 的两个输入端都接到 Y，同为低电平，因此两个输入端电流之和为 I_{IL}。或非门的两个输入虽然也都是低电平，但其输入端需要分别计算输入电流，也就是说每个输入端的最大电流都是 I_{IL}。所以，三个负载门电路的输入电流总和为 $4I_{IL}$。为了使输出信号满足低电平要求，OC 门灌入的最大电流不能大于 $I_{OL(max)}$。忽略 I_{CEO}，可得如下关系式

$$V_{CC} - I_L R_L = V_{CC} - (I_{OL(max)} - 4I_{IL}) R_L \leqslant V_{OL(max)} \tag{3.20}$$

即

$$R_L \geqslant \frac{V_{CC} - V_{OL(max)}}{I_{OL(max)} - 4I_{IL}} \tag{3.21}$$

OC 门的另一个主要用途是进行电平转换。由于 OC 门的上拉电阻所接的电源可以与 OC 门自身的电源电压不同，因此可以通过改变上拉电源电压的方式来改变输出电平的值，利用这一特点可以将不同类型的电路进行级联。

同时，由于 OC 门采用上拉电阻来提高输出高电平时的驱动能力，因此无论输出高电平还是低电平，OC 门都可以驱动较大的负载。所以在负载比较大的电路中，可以用 OC 门作为输出级。

3. 三态输出 TTL 门电路

三态输出门电路有三个输出状态，除了可以正常输出高电平和低电平外，还可以输出高阻态。图 3.23 所示为一个常见的三态输出反相器电路。

与普通反相器电路相比，该电路多了一个输入使能信号 EN。当 EN 为高电平时，二极管 D_2 截止，电路的工作状态与普通反相器相同；当 EN 为低电平(0.2V)时，T_5 截止，D_2 导通，将 V_{B4} 钳位在 0.9V，因此 T_4 也截止。此时从 Y 端看进去电路的输出电阻非常大，因此称为高阻态。由于使能信号 EN 为高电平时电路可以作为反相器正常工作，因此该电路称为使能信号高有效的三态输出反相器。图 3.24 所示为三态输出与非门和反相器的常用符号。

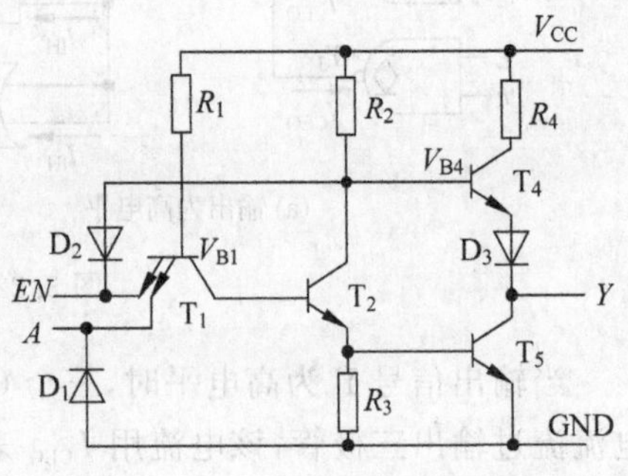

图 3.23 三态输出反相器电路

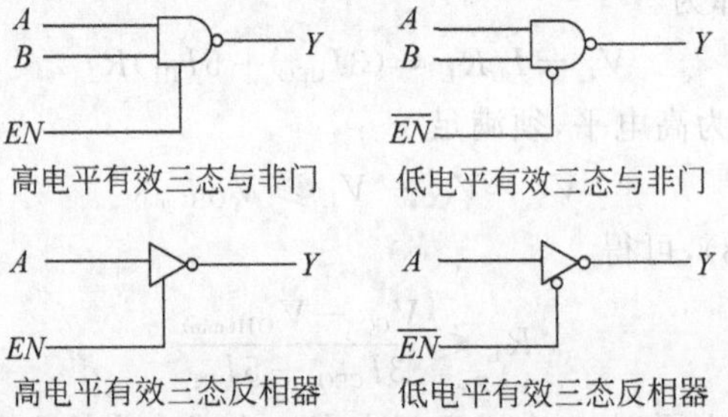

图 3.24 三态门电路常用符号

三态输出的电路的典型用途是进行信号线的复用。设计电路时为了减少连接线的数量，经常需要用同一根信号线分时传递若干个门电路的输出信号。此时可采用图 3.25 所示的连接方式，将三态输出门电路的输出信号全部连接到同一根信号线。电路工作时，需正确设置三态门电路的控制信号，使任意时刻最多只有一个三态门输出逻辑信号，其余门电路的输出均处于高阻状态，就可以实现同一根信号线对不同信号的分时传输，这种结构称为总线。

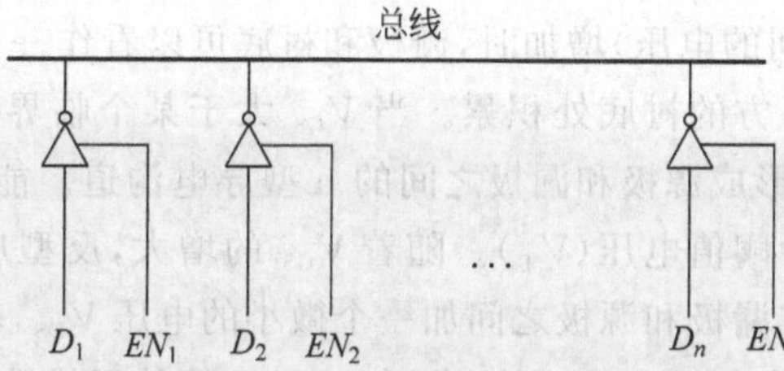

图 3.25 三态门构成总线的结构示意图

3.3.7 TTL 集成门电路系列

TI 公司最初生产的 TTL 电路称为 54 系列和 74 系列，两个系列中编号相同的器件其功能也相同，这两个系列的区别在于器件正常工作所允许的温度范围和电压变化范围不同。随着对器件性能需求的不断提高，后来又陆续产生了 74H、74L、74S、74LS、74AS、74ALS、74F 等改进系列。每个系列都通过一定的方法对电路结构进行了改进，从而可以获得某一方面或多个方面性能的提升。例如 74S 系列是肖特基系列，该系列将普通三极管替换成肖特基势垒三极管，避免三极管进入深度饱和状态，从而降低了门电路的传播延迟时间。74LS 系列在 74S 系列的基础上做了进一步改进，降低了电路的功耗，称为低功耗肖特基系列。在相当长一段时间内，74LS 系列都是 TTL 电路的主流系列。选用 TTL 器件时，需要根据需求以及各系列的参数确定合适的器件。

3.4 CMOS 门电路

3.4.1 MOS 管的开关特性

MOS 晶体管（简称 MOS 管）是一个四端器件，包括栅极（G）、源极（S）、漏极（D）和衬底（B），可分为 NMOS 管和 PMOS 管两种类型，图 3.26 所示为 NMOS 管的结构示意图。从图 3.26 可以看出，在 p 型衬底上构造两个掺杂浓度较高的 n 型区域，就形成了源极和漏极。栅极位于源极和漏极之间，且和衬底之间有绝缘的二氧化硅隔离。衬底是 MOS 管的第四个端口，不影响 MOS 管的主要功能，本书不予讨论。

NMOS 管和 PMOS 管的结构类似，分析方法也类似，本节以 NMOS 管为例分析晶体管的工作状态。将 NMOS 管的源极和漏极以及衬底均接地，在栅极加电压 V_G，如图 3.27 所示。当 $V_G=0$ 时，源极和漏极之间由背靠背的 pn 结相连，且两个 pn 结的偏置电压都是 0V。因此 pn 结不导通，源极和漏极之间具有很高的电阻，可以认为源极和漏极之间断开，此时 MOS 管处于截止区。

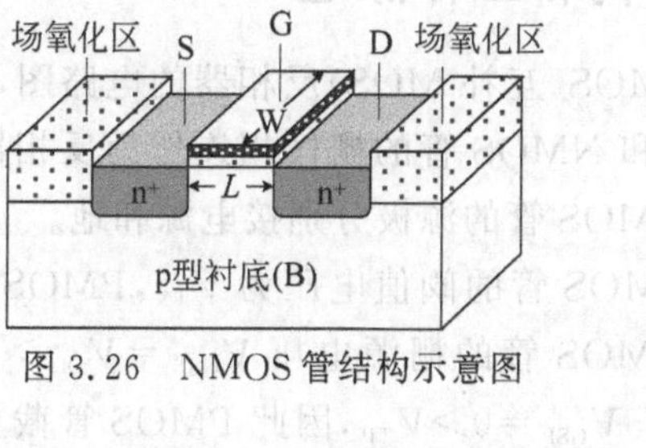

图 3.26 NMOS 管结构示意图

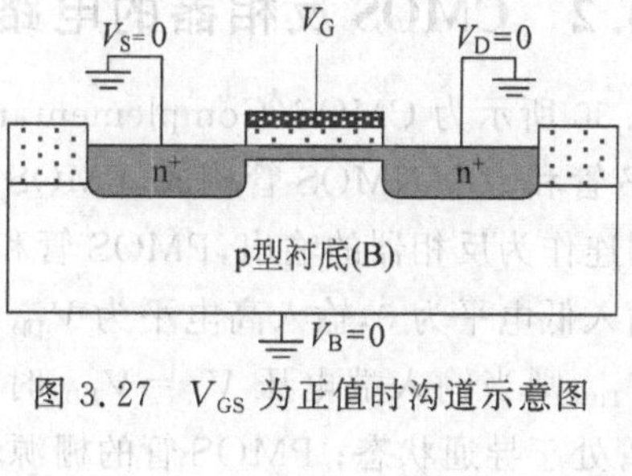

图 3.27 V_{GS} 为正值时沟道示意图

当 V_{GS}（栅极和源极间的电压）增加时，栅极和衬底可以看作一个电容的两个极板，正的栅极电压使电子在栅极下方的衬底处积累。当 V_{GS} 大于某个临界电压 V_T 后，栅极下方将形成一个 n 型的反型区，形成源极和漏极之间的 n 型导电沟道。能够在衬底中形成强反型沟道的最小栅源电压称为阈值电压（V_T）。随着 V_{GS} 的增大，反型层的截面积增大，沟道的电阻就会减小。此时若在漏极和源极之间加一个微小的电压 V_{DS}，就会有电流 I_D 从漏极经沟道流向源极，且电流大小与 V_{DS} 成正比，此时 NMOS 管处于**线性工作区或可变电阻区**。

随着 V_{DS} 的增大，V_G 与 V_D 之间的差减小，导致沟道在 D 端变窄，当 $V_{GD} \leqslant V_T$ 时（$V_{GD}=V_G-V_D$），沟道在漏极一端将被夹断，进一步增大 V_{DS} 时 I_D 将几乎不发生变化，NMOS 管进入**饱和工作区**。

由以上分析可知，NMOS 管可以看作一个由栅源电压 V_{GS} 控制的开关，如图 3.28 所示。当 $V_{GS}<V_T$ 时开关断开，当 $V_{GS}>V_T$ 时开关闭合，导通电阻 R_{on} 随 V_{GS} 的增大而减小。改变 MOS 管的沟道尺寸也可以改变导通电阻，MOS 管的沟道尺寸通常由宽长比（W/L）表示，增大 MOS 管的宽长比可以减小导通电阻。

PMOS 管的工作原理及分析方法与 NMOS 管相似，只是电压极性与 NMOS 管相反。因此，其阈值电压 $V_{TP}<0$，当栅极与源极之间的电压 $V_{GSP}<V_{TP}$ 时 PMOS 管导通，否则 PMOS 管截止。

MOS 管的符号有很多种，图 3.29 列出了几种常见的符号。图 3.29(a)所示为四端符号，符号中由衬底上的箭头方向区分 NMOS 管和 PMOS 管。图 3.29(b)和(c)分别列出了两种常见的简化符号，符号中省略了衬底，由源极电流方向（图 b）和晶体管导通时的栅极电平的极性（图 c）来区分 NMOS 管和 PMOS 管。

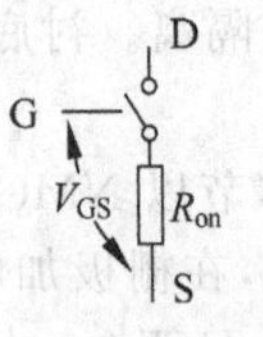

图 3.28 MOS 管开关模型

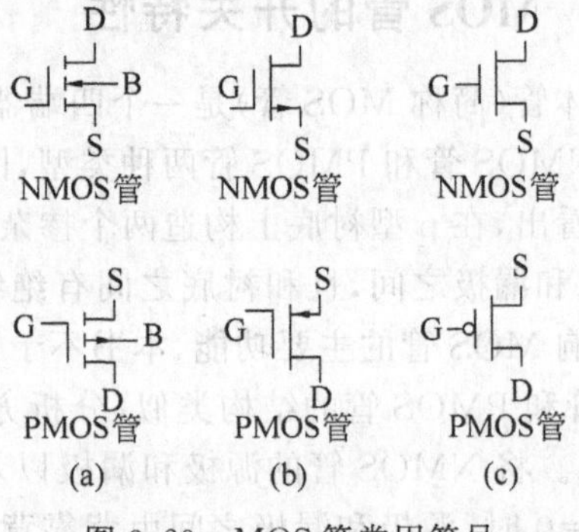

图 3.29 MOS 管常用符号

3.4.2 CMOS 反相器的电路结构和工作原理

图 3.30 所示为 CMOS（Complementary MOS，互补 MOS）反相器的电路图，电路由一个 PMOS 管和一个 NMOS 管构成，PMOS 管和 NMOS 管的栅极相连作为反相器的输入，而漏极相连作为反相器的输出，PMOS 管和 NMOS 管的源极分别接电源和地。

设输入低电平为 0，输入高电平为 V_{DD}，NMOS 管的阈值电压为 V_{TN}，PMOS 管的阈值电压为 V_{TP}，则当输入端电压 $V_A=V_{DD}$ 时，NMOS 管的栅源电压 $V_{GSN}=V_{DD}>V_{TN}$，因此 NMOS 管处于导通状态；PMOS 管的栅源电压 $V_{GSP}=0>V_{TP}$，因此 PMOS 管截止，此时电路的等效开关模型如图 3.31(a)所示，输出端 Y 通过 NMOS 管的导通电阻与地相连，由于电源和地之间没有电流通路，导通电阻上没有电压降，因此输出电压 $V_Y=0$。

当输入端电压 $V_A=0$ 时，NMOS 管的栅源电压 $V_{GSN}=0<V_{TN}$，因此 NMOS 管处于截止状态；PMOS 管的栅源电压 $V_{GSP}=-V_{DD}<V_{TP}$，因此 PMOS 管导通，此时电路的等效开关模型如图 3.31(b)所示，输出端 Y 通过 PMOS 管的导通电阻与电源相连，输出电压 $V_Y=V_{DD}$。

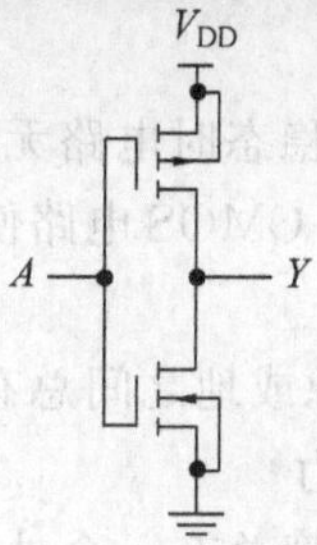

图 3.30 CMOS 反相器电路

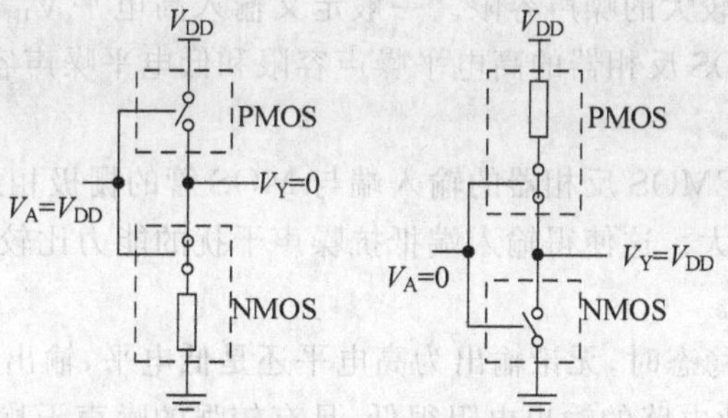

(a) 输入高电平　　(b) 输入低电平

图 3.31 CMOS 反相器开关模型

由以上分析可知，无论输入电压为高电平还是低电平，PMOS 管和 NMOS 管一定有一个截止而另一个导通，导通的晶体管处于可变电阻区。可见，CMOS 反相器输出电路也是推拉结构，高电平和低电平分别由 PMOS 管和 NMOS 管输出。

3.4.3 CMOS 反相器的静态特性

1. 电压传输特性曲线

图 3.32 所示为 CMOS 反相器的电压传输特性曲线。假设 $V_{DD}>V_{TN}+|V_{TP}|$，则曲线可以分为三段。

AB 段：$V_A<V_{TN}$，NMOS 管截止，PMOS 管导通，输出电压为 V_{DD}。

BC 段：$V_{TN}<V_A<V_{DD}-|V_{TP}|$，此时 NMOS 管和 PMOS 管均处于导通状态，因此输出电压由两个晶体管导通电阻的分压决定。由 MOS 管的特性可知，其导通电阻与晶体管的栅源电压相关，$|V_{GS}|$ 越大，其导通电阻越小。当 $V_A<\frac{1}{2}V_{DD}$ 时，

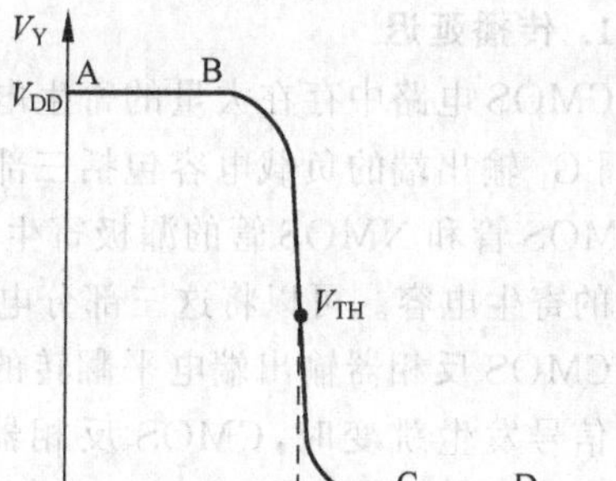

图 3.32 CMOS 反相器电压传输特性曲线

PMOS 管的导通电阻小于 NMOS 管的导通电阻，因此输出电压 V_Y 接近于 V_{DD}。而当 $V_A>\frac{1}{2}V_{DD}$ 时，NMOS 管的导通电阻小于 PMOS 管的导通电阻，输出电压接近于地。当 $V_A=\frac{1}{2}V_{DD}$ 时，PMOS 晶体管和 NMOS 晶体管的电阻相同，此时输出电压为 $\frac{1}{2}V_{DD}$。可见，CMOS 反相器的阈值电压 $V_{TH}=\frac{1}{2}V_{DD}$。

CD段：$V_A > V_{DD} - |V_{TP}|$，PMOS管截止，NMOS管导通，输出电压为0V。

2. CMOS反相器的其他静态特性

(1) CMOS反相器的输出高电平约为V_{DD}，输出低电平约为0，也就是说CMOS反相器的电压输出摆幅等于电源电压。

(2) 从电压传输特性曲线可以看出，CMOS反相器的稳态区比较宽，而转折区比较窄，因此具有较大的噪声容限。一般定义输入高电平$V_{IH} > 0.7V_{DD}$，输入低电平$V_{IL} < 0.3V_{DD}$，因此CMOS反相器的高电平噪声容限和低电平噪声容限均为$0.3V_{DD}$，电源电压越高，噪声容限越大。

(3) CMOS反相器的输入端与MOS管的栅极相连，因此稳态时电路无输入电流，输入电阻无穷大。这使得输入端抵抗噪声干扰的能力比较差，所以CMOS电路使用时输入端不可以悬空。

(4) 稳态时，无论输出为高电平还是低电平，输出端和电源或地之间总有一个低电阻的通路，因此电路的输出电阻很低，具有较强的噪声干扰抵抗能力。

(5) CMOS反相器处于稳定状态时，PMOS管和NMOS管总有一个处于截止状态，且截止状态的电阻非常高，因此电源和地之间的静态电流极小，相应地，CMOS反相器的静态功耗也非常小。

(6) 由于CMOS反相器的输入电阻很大，而输出电阻很小，CMOS门电路作为负载时稳态输入电流近似为0，因此从电流负载能力角度考虑，CMOS反相器可以驱动无穷多个CMOS门电路，即CMOS反相器的扇出系数无穷大。但实际上负载门电路的增加会对电路的动态特性造成影响，将在3.4.4小节对其进行分析。

3.4.4 CMOS反相器的动态特性

1. 传播延迟

CMOS电路中存在大量的寄生电容，如图3.33(a)所示，当反相器G_2作为G_1的负载时，门G_1输出端的负载电容包括三部分，第一部分是门G_1自身的输出端等效电容，主要包括PMOS管和NMOS管的漏极寄生电容；第二部分是门G_2的栅极寄生电容；第三部分是连线的寄生电容。可以将这三部分电容统一用等效负载电容C_L表示，如图3.33(b)所示。

CMOS反相器输出端电平翻转的过程主要是对负载电容C_L充放电的过程。因此，当输入信号发生跳变时，CMOS反相器的传播延迟就是将电容两端电压充电（或放电）到$\frac{1}{2}V_{DD}$的所需的时间。充电和放电过程的等效电路分别如图3.34(a)和(b)所示。求解电路可得反相器的传播延迟为

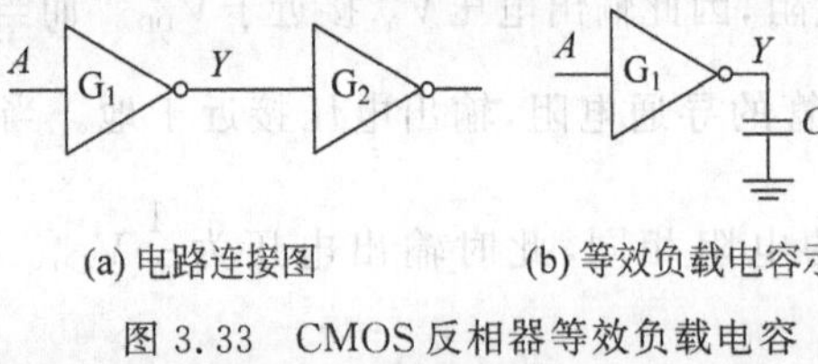

(a) 电路连接图　　(b) 等效负载电容示意图

图3.33 CMOS反相器等效负载电容

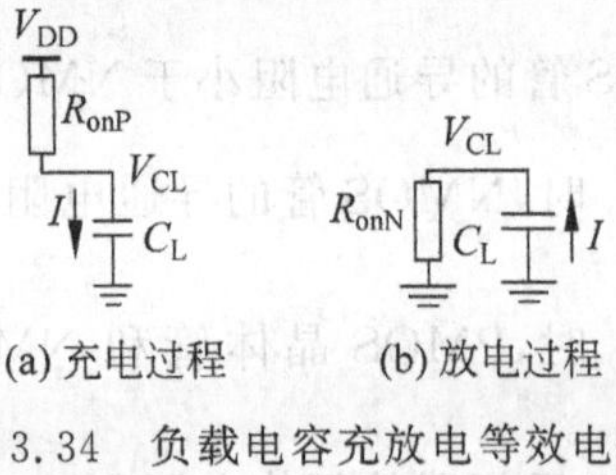

(a) 充电过程　　(b) 放电过程

图3.34 负载电容充放电等效电路

$$t_{PLH}=R_{onP}C_L\ln\frac{V_{CL}(\infty)-V_{CL}(0)}{V_{CL}(\infty)-\frac{1}{2}V_{DD}}=R_{onP}C_L\ln\frac{V_{DD}-0}{V_{DD}-\frac{1}{2}V_{DD}}=\ln 2R_{onP}C_L \tag{3.22}$$

$$t_{PHL}=R_{onN}C_L\ln\frac{V_{CL}(\infty)-V_{CL}(0)}{V_{CL}(\infty)-\frac{1}{2}V_{DD}}=R_{onN}C_L\ln\frac{0-V_{DD}}{0-\frac{1}{2}V_{DD}}=\ln 2R_{onN}C_L \tag{3.23}$$

可见CMOS反相器的传播延迟取决于晶体管的导通电阻和负载电容的大小。同理，输出信号的上升时间和下降时间也取决于晶体管导通电阻和负载电容的大小。因此，CMOS电路中为了降低传播延迟和信号的翻转时间，需要降低晶体管的导通电阻和负载电路的电容。

晶体管的导通电阻取决于晶体管的栅源电压和尺寸（沟道的宽长比）。在CMOS电路中，输入信号的高电平和低电平分别是电源电压和地，因此静态情况下栅源电压的绝对值通常等于V_{DD}。也就是说，CMOS电路中增大V_{DD}可以降低晶体管的导通电阻，从而降低传播延迟时间。增大晶体管的尺寸可以降低导通电阻，但也同时增加了栅极电容，在降低本级门电路传播延迟的同时也会增大前一级电路的负载电容，因此晶体管的尺寸需要进行综合考虑优化。另外，增大负载门电路的个数也会使负载电容增加，因此，为了确保门电路的传播延迟和信号翻转时间不会过大，CMOS门电路的扇出系数也有一定的限制。

由式(3.22)和式(3.23)可知，输出信号上升和下降时的传播延迟分别取决于PMOS管导通电阻和NMOS管的导通电阻。NMOS管中的导电载流子是电子而PMOS管中的导电载流子是空穴，由于电子的迁移率是空穴迁移率的2～3倍，因此相同尺寸下NMOS管中的电流大小是PMOS管的2～3倍，即PMOS管的导通电阻是NMOS管的2～3倍。为了平衡CMOS反相器的传播延迟，并使输出信号的上升时间和下降时间基本相同，需要使PMOS管的尺寸为NMOS管尺寸的2～3倍，从而保证NMOS管和PMOS管的导通电阻基本相同。3.4.3小节中分析阈值电压$V_{TH}=\frac{1}{2}V_{DD}$也是基于NMOS管和PMOS管的导通电阻相同的情况，如果改变晶体管的尺寸，则导通电阻随之改变，阈值电压也会相应地发生变化。

2. 动态功耗

CMOS反相器的动态功耗主要包括两部分：一是输出信号翻转过程中对负载电容的充放电所产生的功耗P_C；二是电路翻转过程中由于NMOS管和PMOS管同时导通而产生的功耗P_T。

设反相器输入信号是周期为T的矩形波，则每个周期反相器的输出将经历一次上升和下降的变化。输出信号上升的过程对C_L充电，其输出电平由0上升至V_{DD}；输出信号下降的过程对C_L放电，其输出电平由V_{DD}下降至0。因此，输入信号变化的一个周期内对电容C_L充放电产生的平均功耗为

$$P_C=\frac{1}{T}\left[\int_0^{\frac{T}{2}} i_N V_Y \mathrm{d}t+\int_{\frac{T}{2}}^{T} i_P(V_{DD}-V_Y)\mathrm{d}t\right] \tag{3.24}$$

式中，i_N为放电时流过NMOS管的电流

$$i_N=-C_L\frac{\mathrm{d}V_Y}{\mathrm{d}t} \tag{3.25}$$

i_P 为充电时流过 PMOS 管的电流

$$i_P = C_L \frac{dV_Y}{dt} \tag{3.26}$$

将式(3.25)和式(3.26)代入式(3.24)可求得

$$P_C = \frac{C_L V_{DD}^2}{T} = C_L f V_{DD}^2 \tag{3.27}$$

式中，$f=\frac{1}{T}$，为输入信号变化频率。可见，给负载电容充放电而产生的功耗与信号翻转的频率和电源电压的平方成正比。

P_T 是翻转过程中由于 NMOS 管和 PMOS 管同时导通，电流流过 NMOS 管和 PMOS 管而产生的功耗，不难分析，V_{DD} 增大时，每次翻转产生的功耗也会随之增大，同时，P_T 也与信号的频率 f 成正比。

由以上分析知，动态功耗 P_C 和 P_T 都与电源电压和信号频率有关。增加电源电压可以有效减小门电路的传播延迟，但却会增大电路的功耗。因此电源电压的选择要根据电路的需求综合考虑。当前数字集成电路设计中低功耗是很重要的设计指标，因此目前普遍采用低电源电压的方式以达到低功耗的要求。

3.4.5 其他逻辑的 CMOS 门电路

1. CMOS 门电路的结构

CMOS 门电路由上拉网络和下拉网络构成，如图 3.35 所示。CMOS 门电路的结构有以下特点：

(1) 上拉网络由 PMOS 管组成，下拉网络由 NMOS 管组成。

(2) 所有输入信号同时分配到上拉网络和下拉网络，输入信号均接到 MOS 管的栅极。

(3) 上拉网络导通时，输出端通过低电阻网络接至电源，输出高电平；下拉网络导通时，输出端通过低电阻网络接地，输出低电平。在任何输入组合下，上拉网络和下拉网络有且只有一个导通。

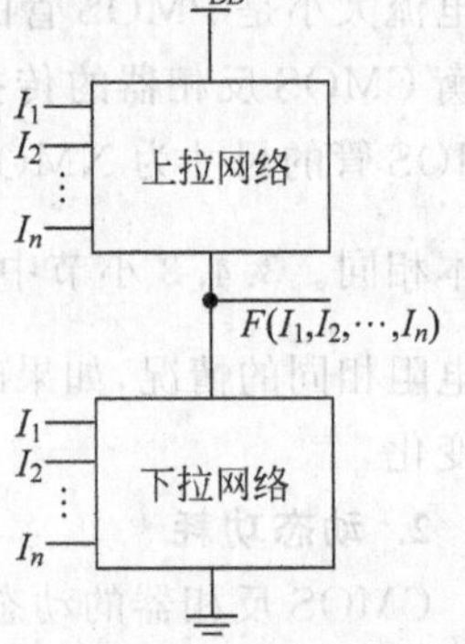

图 3.35 CMOS 门结构图

(4) 下拉网络中 NMOS 管串联代表对应的输入信号进行"与"运算，NMOS 管并联代表对应的输入信号进行"或"运算。上拉网络是下拉网络的对偶网络，即下拉网络中串联的晶体管对应于上拉网络中并联的晶体管，反之亦然。

(5) 该结构实现的 CMOS 门电路只能输出反相信号，也就是说只能实现与非、或非、与或非等功能，无法直接实现与门、或门等。

(6) 实现一个 N 输入的门电路需要 $2N$ 个 MOS 管，包括 N 个 NMOS 管和 N 个 PMOS 管。

2. CMOS 与非门

二输入 CMOS 与非门的电路结构如图 3.36 所示。其上拉网络由两个 PMOS 管并联构成，下拉网络由两个 NMOS 管串联构成，输入信号 A 和 B 同时接入上拉网络和下拉网络。由于下拉网络中两个 NMOS 晶体管是串联结构，因此下拉网络中 A 和 B 进行逻辑“与”运算，而整个电路输出反相信号，所以该电路的功能为 $Y=\overline{AB}$。

下面具体分析该电路的工作原理。当 A 和 B 均为低电平时，下拉网络中的两个晶体管均截止，而上拉网络中的两个晶体管均导通，因此输出信号 Y 为高电平。当 A 和 B 中有一个信号为高电平而另一个为低电平时，下拉网络中的两个晶体管必然有一个导通而另一个截止，导致整个下拉网络截止，而上拉网络中有一个晶体管导通，将输出端连接至 V_{DD}，从而输出高电平。当 A 和 B 均为高电平时，下拉网络中的两个晶体管均导通，而上拉网络中的两个晶体管均截止，输出端通过下拉网络接地，输出低电平。

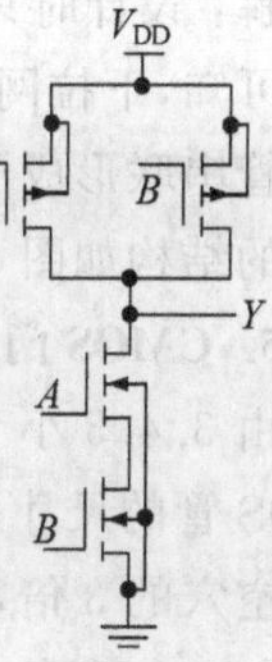

图 3.36　二输入 CMOS 与非门

3. CMOS 或非门

二输入 CMOS 或非门的电路结构如图 3.37 所示。其上拉网络由两个 PMOS 管串联构成，下拉网络由两个 NMOS 管并联构成，输入信号 A 和 B 同时接入上拉网络和下拉网络。由于下拉网络中两个 NMOS 管是并联结构，因此下拉网络中 A 和 B 进行逻辑“或”运算，而整个电路输出反相信号，所以该电路的功能为 $Y=\overline{A+B}$。

对于该电路工作原理的具体分析与二输入与非门类似，在此不再赘述，读者可自行分析。

4. 其他功能的 CMOS 门电路

根据 CMOS 门电路的构造规则，很容易分析或构造其他功能的 CMOS 门电路。

【例 3.1】 试分析图 3.38 所示门电路的功能。

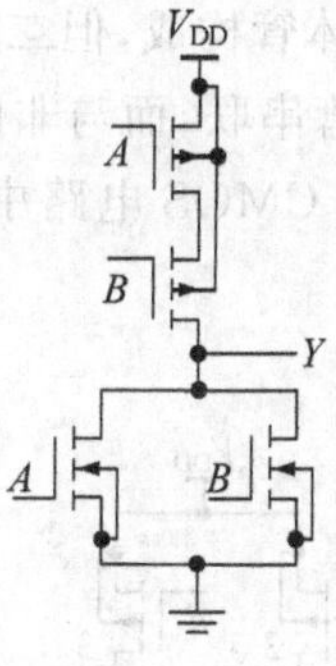

图 3.37　二输入 CMOS 或非门

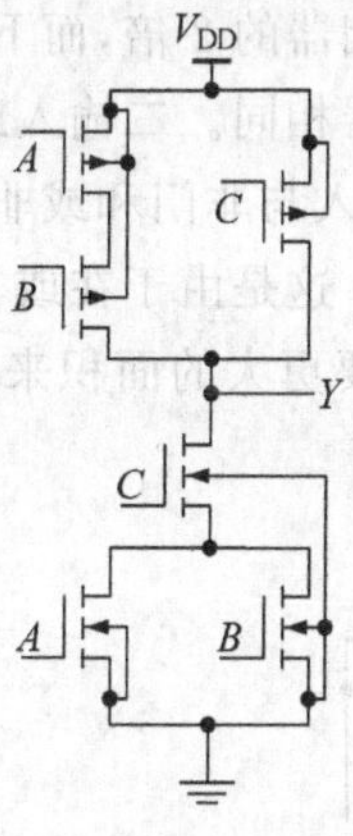

图 3.38　例 3.1 电路图

解： 由图可知，该电路有三个输入端 A、B 和 C，分别接上拉网络和下拉网络。下拉网络中 A 和 B 对应的晶体管是并联结构，然后再与 C 对应的晶体管形成串联结构。上拉网络中则正好相反，A 和 B 对应的晶体管串联后再与 C 对应的晶体管并联。因此，根据晶体管的连接结构可知该电路的逻辑功能为

$$Y=\overline{(A+B)\cdot C}$$

【例 3.2】 设计一个与或非门电路，实现功能 $Y=\overline{AB+CD}$。

解：设计时只需要先设计下拉网络，然后根据对偶原则生成上拉网络即可。根据逻辑功能可知，下拉网络中包括两个子网，A 和 B 对应的晶体管串联形成子网 1，C 和 D 对应的晶体管串联形成子网 2，然后将子网 1 和子网 2 并联就构成了下拉网络。因此该与或非门电路的结构如图 3.39 所示。

5. CMOS 门电路中晶体管的尺寸

由 3.4.5 小节分析可知，为了使反相器具有对称的信号转换时间和传播延迟，需要增大 PMOS 管的尺寸，使 PMOS 管的导通电阻与 NMOS 管的导通电阻相等。假设电子的迁移率是空穴的 3 倍，且 NMOS 管的尺寸为单位 1，则反相器中 PMOS 管的尺寸应该为 3，如图 3.40(a)所示。

对于其他功能的门电路，也需要尽量平衡输出信号的传播延迟和转换时间，因此，设计门电路时也需要充分考虑输出高电平和低电平时的输出电阻。最简单的方法是以反相器作为参考，让门电路的高电平输出电阻和低电平输出电阻均与反相器相同。然而，对于 CMOS 门电路来说，不同的输入组合对应不同的输出电阻，因此，门电路设计的原则是在最悲观情况下的输出电阻与参考反相器相同。

二输入与非门的下拉网络由两个串联 NMOS 管组成，只有当两个 NMOS 管都导通时下拉网络才导通，因此下拉网络的电阻是两个 NMOS 管导通电阻之和。为了保证下拉网络的导通电阻与反相器相同，需要将每个 NMOS 管的导通电阻降低至原来的 1/2，也就是需要将两个 NMOS 管的尺寸都变成原来的 2 倍。上拉网络由两个 PMOS 管并联构成，最悲观情况是只有一个晶体管导通，为了保证与反相器的上拉导通电阻相同，两个 PMOS 管的尺寸均应和反相器相同。二输入与非门电路的晶体管尺寸如图 3.40(b)所示。

同理，对于二输入或非门，由于上拉网络由两个 PMOS 管串联而成，因此每个 PMOS 管的尺寸应该是反相器的 2 倍，而下拉网络由两个 NMOS 管并联构成，因此下拉网络的晶体管尺寸应和反相器相同。二输入或非门电路的晶体管尺寸如图 3.40(c)所示。

可见，虽然二输入与非门和或非门都是由 4 个晶体管构成，但二输入或非门的面积比与非门的面积大很多。这是由于在或非门中是 PMOS 管串联，而与非门中是 NMOS 管串联。PMOS 管的串联需要更大的面积来实现低电阻，因此 CMOS 电路中应尽量避免 PMOS 管的串联。

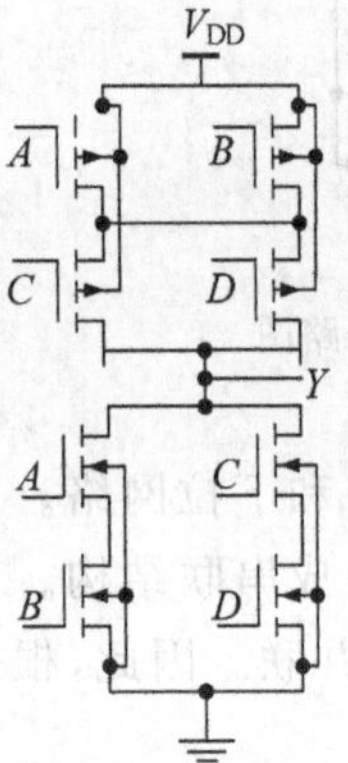

图 3.39　与或非门电路

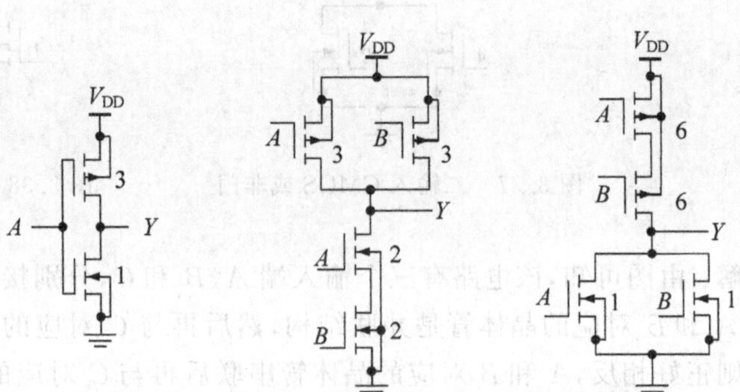

(a) 反相器　(b) 二输入与非门　(c) 二输入或非门

图 3.40　CMOS 门电路中晶体管的尺寸

3.4.6 其他类型的 CMOS 门电路

1. 漏极开路输出门电路(OD 门)

与 TTL 电路的 OC 门相似,CMOS 电路中有漏极开路输出(Open-Drain Output, OD)的门电路,简称 OD 门。漏极开路输出的与非门电路结构及符号如图 3.41 所示,电路的输出级是一个漏极开路的 NMOS 管。

与 OC 门类似,漏极开路输出门电路的主要功能也是实现**线与**或者**电平转换**。

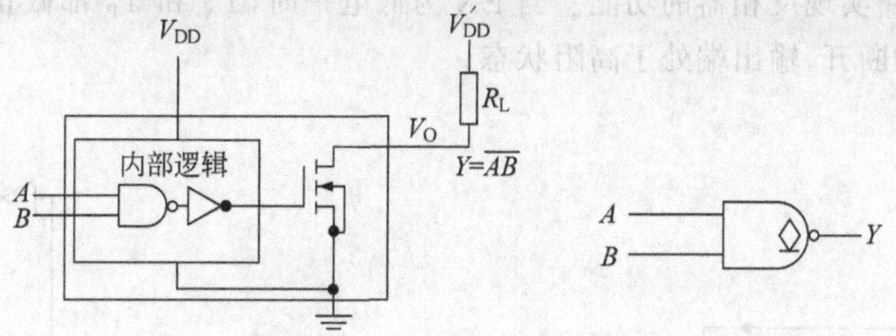

(a) OD门电路符号　　(b) OD门逻辑符号

图 3.41 漏极开路输出的与非门

同样,OD 门电路应用时负载电阻的选择也很重要。电阻的计算方法与 OC 门类似,此处不再赘述。

2. CMOS 传输门

普通 CMOS 门电路的输入信号只能由晶体管的栅极接入,因此需要的晶体管数量比较多,传输门(Transmission Gate,TG)电路的设计思路是信号既可以从栅极输入,也可以从源极或漏极输入,从而可以减少门电路中的晶体管数量。传输门电路的结构如图 3.42(a)所示,为了更加清晰地展示电路的结构,此处采用简单的逻辑符号,默认衬底已经接到了正确的电位。图 3.42(b)为传输门电路的逻辑符号。

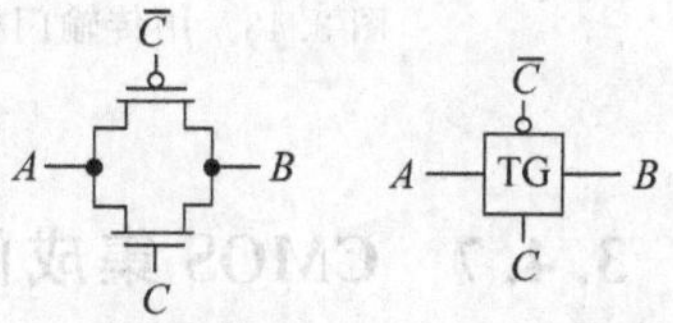

(a) 电路结构　　(b) 逻辑符号

图 3.42 传输门电路

传输门电路中的 NMOS 管和 PMOS 管分别由 C 和 $\overline{C}$ 控制,当 $C=0$ 时,$\overline{C}=1$,所以 NMOS 管和 PMOS 管均截止,将 A 和 B 断开;当 $C=1$ 时,$\overline{C}=0$,NMOS 管和 PMOS 管均导通,使 $B=A$。因此,可以将传输门电路看作是一个由信号 C 控制的开关,当 $C=1$ 时,开关导通,当 $C=0$ 时,开关断开。

CMOS 传输门利用了 NMOS 管和 PMOS 管的互补特性,使该电路无论传输高电平还是低电平都具有良好的特性。假如只有 NMOS 管,设 A 端接 V_{DD},当 C 为高电平时,A 端的高电平将传输到 B 端,使 B 端也变成高电平。由 NMOS 管的导通特性可知,B 端电压只能升高至 $V_{DD}-V_{TN}$,此后 NMOS 管将截止,无法使 B 端电压继续升高。同理,当 A 端电压为 0 时,只通过 P 管也只能将 B 端电压降至 $|V_{Tp}|$ 而无法降低至 0。

利用 CMOS 传输门可以很方便地实现复杂的逻辑电路,如异或门、数据选择器以及触发器等。一个典型的例子是利用 CMOS 传输门实现异或逻辑,如图 3-43 所示。其工作原理分析如下：

当 $A=1$ 时，传输门 TG_1 断开，TG_2 导通，因此 $Y=\overline{B}$；

当 $A=0$ 时，传输门 TG_1 导通，TG_2 断开，因此 $Y=B$。

由此可得：$Y=A\overline{B}+\overline{A}B=A\oplus B$。

3. 三态输出的 CMOS 门电路

CMOS 电路中也有具有三态输出的门电路，图 3.44 所示为 CMOS 三态反相器的结构，与普通反相器相比，该电路增加了一个使能信号 EN，当 EN 为高电平时，晶体管 T_N 和 T_P 都导通，此时电路实现反相器的功能。当 EN 为低电平时，T_N 和 T_P 都截止，电路的上拉网络和下拉网络均断开，输出端处于高阻状态。

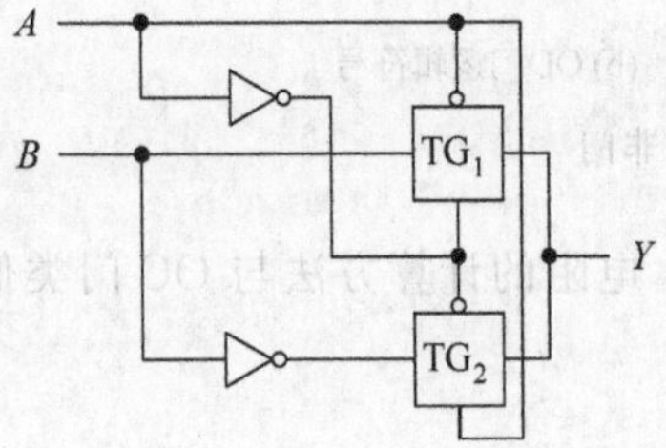

图 3.43 用传输门构成的异或门

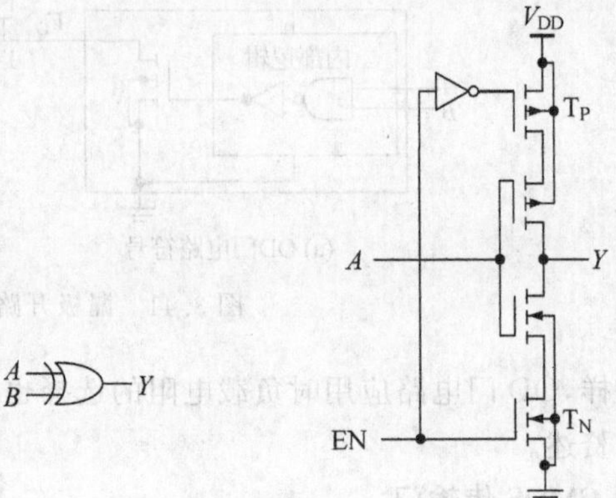

图 3.44 CMOS 三态反相器

3.4.7 CMOS 集成门电路系列

CMOS 集成门电路自 20 世纪 60 年代问世以来经历了多个系列的改进，最初的 CMOS 产品称为 4000 系列，后来陆续出现了高速 CMOS 系列（74HC/HCT）、先进 CMOS 系列（74AC/ACT）、低压 CMOS 系列（74LVC/ALVC）等，用户需要根据各系列的参数确定所需的器件。

3.5 TTL 与 CMOS 电路的级联

由以上分析可知，TTL 电路和 CMOS 电路的输入和输出信号具有不同的特点，在实际电路中，经常会遇到同时使用 TTL 电路和 CMOS 电路的情况，即 TTL 电路和 CMOS 电路级联的情况。无论是由 TTL 电路驱动 CMOS 电路，还是由 CMOS 电路驱动 TTL 电路，作为驱动级的电路必须能为负载电路提供合乎标准的高电平和低电平信号以及带负载电流的能力。

3.5.1 TTL 电路驱动 CMOS 电路

由于 CMOS 电路的输入电流很小，因此 TTL 电路驱动 CMOS 电路时很容易满足驱动电流的要求。但标准 TTL 电路的输出高电平 $V_{OH}\geqslant 2.4V$，输出低电平 $V_{OL}\leqslant 0.4V$，而 CMOS 电路的输入电平与电源电压相关，若 V_{DD} 为 5V，则输入高电平 $V_{IH}\geqslant 3.5V$，输入低

电平 $V_{IL}\leqslant 1.5V$。可见，TTL 输出的高电平无法满足 CMOS 电路的输入要求。可以通过以下方式提高 TTL 电路的输出高电平：

(1) 在 TTL 电路的输出端外接一个上拉电阻，使 TTL 电平的输出高电平接近于 V_{DD}；

(2) 选用电平转换器将 TTL 电平转化为 CMOS 电平；

(3) 采用 TTL 的 OC 门实现电平转换。

3.5.2 CMOS 电路驱动 TTL 电路

由于 CMOS 电路的输出高电平约为 V_{DD}，输出低电平约为 0，因此很容易满足 TTL 电路的输入电平需求。由 CMOS 电路驱动 TTL 电路时只需要考虑 CMOS 电路的输出电流是否满足 TTL 电路输入电流的需求。通常选用输出电流较大的 CMOS 器件就可以直接驱动 TTL 电路。另外也可以选择 CMOS 缓冲器来增加 CMOS 电路的电流驱动能力。

本章小结

门电路是数字电路的基本逻辑单元，本章重点介绍了 TTL 和 CMOS 两种门电路的结构和工作原理。同时介绍了一些评价门电路性能的重要参数，包括输入电平、输出电平、噪声容限、输入特性、输出特性、传播延迟以及功耗等。目前 CMOS 电路已经成为数字电路设计的主流，如果需要同时使用 CMOS 门电路和 TTL 门电路，需要特别注意电路之间相互级联的问题。

本章习题

3-1 由 TI 公司的数据手册知，反相器 SN5404 的参数为：$V_{IH(min)}=2V$，$V_{IL(max)}=0.8V$，$V_{OH(min)}=2.4V$，$V_{OL(max)}=0.4V$。试求该反相器的高电平噪声容限 V_{NH} 和低电平噪声容限 V_{NL}。

3-2 由 TI 公司的数据手册知，反相器 SN5404 的参数为：$|I_{OH}|\leqslant 0.4mA$，$|I_{OL}|\leqslant 16mA$，$|I_{IH}|\leqslant 40\mu A$，$|I_{IL}|\leqslant 1.6mA$。求该反相器可以驱动同类门电路的个数。

3-3 有两个相同型号的 TTL 与非门，对它们进行测试的结果如下：

(1) 甲的 $V_{IH(min)}$ 为 1.4V，乙的 $V_{IH(min)}$ 为 1.5V；

(2) 甲的 $V_{IL(max)}$ 为 1.0V，乙的 $V_{IL(max)}$ 为 0.9V。

试问在输入相同的高电平时，甲和乙哪个电路的抗干扰能力强？在输入相同的低电平时，甲和乙哪个电路的抗干扰能力强？

3-4 在本章学习的门电路类型中，哪些类型的电路可以将输出端接在一起实现“线与”功能？

3-5 试分别指出 TTL 反相器的下列接法会造成什么后果，并说明原因。

(1) 输出端直接接地；

(2) 输出端接+5V 电源；

(3) 两个反相器的输出端短接。

3-6 试分析图题 3-6 所示各电路输出的逻辑值，设图中的逻辑门均为 TTL 门电路。

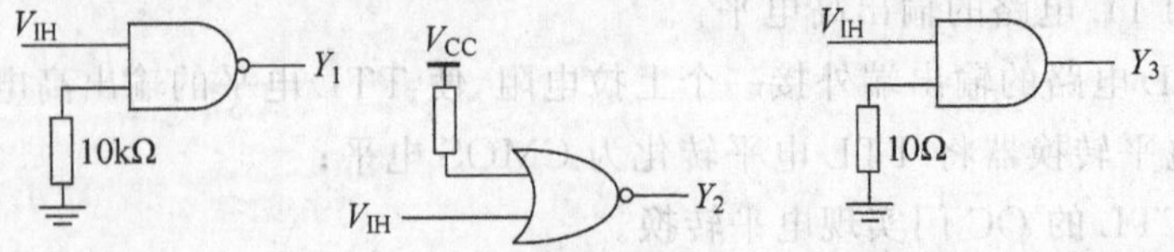

图题 3-6

3-7 若将图题 3-6 中的所有逻辑门均替换为 CMOS 电路，试分析各电路输出的逻辑值。

3-8 TTL 和 CMOS 门电路的输入端是否可以悬空？如果可以，说明悬空时的电路输入状态；如果不可以，请分析原因。

3-9 试说明 OD 门的输出结构，列举 OD 门的特点和用途。

3-10 图题 3-10 所示电路中，G_1、G_2 和 G_3 是三个相同的 OC 门，负载电路 G_4、G_5 和 G_6 均为 TTL 门电路。根据手册，OC 门输出高电平时的最大漏电流 $I_{CEO}=100\mu A$，输出低电平时的最大电流 $I_{OL(max)}=8mA$，输出低电平的最大值 $V_{OL(max)}=0.4V$，输出高电平的最小值 $V_{OH(min)}=2.4V$。负载门电路输入高电平时每个管脚的最大输入电流 $|I_{OH(max)}|=20\mu A$，输入低电平时每个管脚的最大输入电流 $|I_{OL(max)}|=1mA$。电源电压 $V_{CC}=5V$。为保证 Y 端可以得到正确的电平值，试计算电阻 R_L 的取值范围。

3-11 分析图题 3-11 所示 CMOS 电路的逻辑功能，写出逻辑表达式。

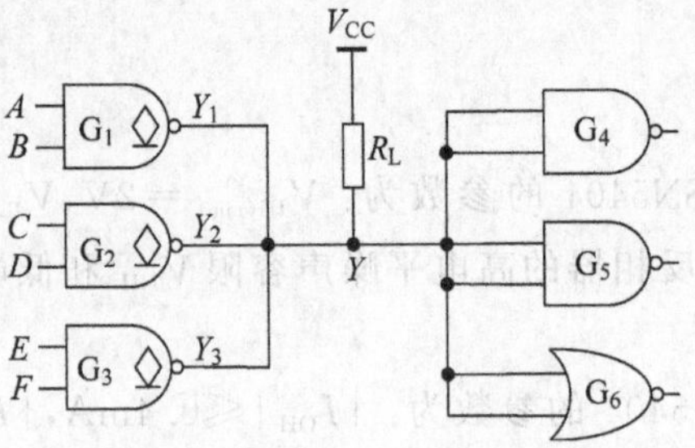

图题 3-10

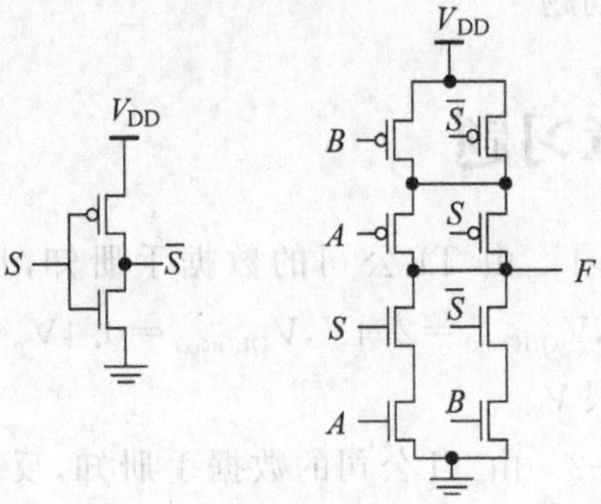

图题 3-11

3-12 设计一个 CMOS 门电路实现如下功能：$Y=\overline{A+B\cdot C}$。

3-13 试写出图题 3-13 所示电路的输出 Y 的表达式，图中的门电路均为 TTL 门电路。

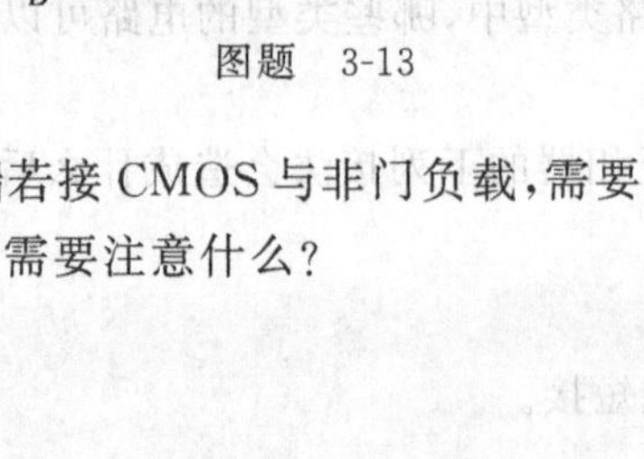

图题 3-13

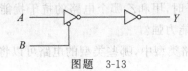

3-14 TTL 与非门输出端若接 CMOS 与非门负载，需要注意什么？反之，CMOS 与非门若接 TTL 与非门负载时，又需要注意什么？

第4章 组合逻辑电路

在数字系统中，各种数字逻辑电路按其不同的工作方式可分为两大类：一类叫作**组合逻辑电路**，简称**组合电路**；另一类叫作**时序逻辑电路**，简称**时序电路**。组合电路由前面章节所述及的门电路构成；而时序电路中则包含有组合电路部分，组合电路是构成时序电路的基础。本章首先说明组合逻辑电路在一般意义下的结构特点和完成特定逻辑功能时的工作特点，继而介绍由门电路所构成的、具有常用逻辑功能的中规模组合电路模块，说明这些电路模块的工作原理及用途，在此基础上讨论一般组合逻辑电路的分析和设计方法。最后简单介绍在组合逻辑电路中出现**竞争**现象的成因以及消除由此而引起的**冒险**现象的方法。

4.1 概述

所谓组合逻辑电路，是指具有下述特点的一类数字电路，即：**在某一时刻电路的输出信号完全取决于该时刻电路的输入信号状态，而与此时刻之前电路的输入信号状态无关**。换句话说，组合逻辑电路是一种无记忆的数字电路，输入信号的变化会立刻反映到输出信号中，即：输出随着输入变。

4.1.1 组合逻辑电路的结构特点

图 4.1 所示为组合逻辑电路的一般性框图。图中，X_1、X_2、…、X_{n-1} 和 X_n 是 n 个输入变量，Y_1、Y_2、…、Y_{m-1} 和 Y_m 是 m 个输出函数。其中每一个输出函数都是 n 变量的逻辑函数，即：

$$Y_i = f_i(X_1, X_2, \cdots, X_{n-1}, X_n) \qquad (4.1)$$

式中，$i=1, 2, \cdots, m-1, m$。

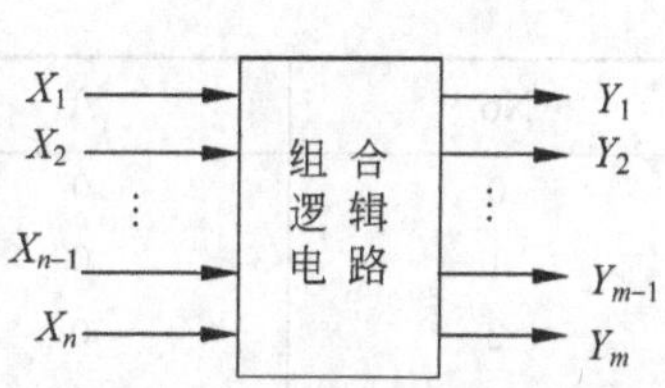

图 4.1 组合逻辑电路框图

对于 n 变量的逻辑函数而言，逻辑函数的个数到底有多少？也就是说，m 的最大值到底应该是多少？根据第 2 章的叙述，任何一个 n 变量的逻辑函数都可以由一个具有若干个 n 变量最小项之和的式子来表示。反过来说，用 n 变量的最小项之和这种表达式可以表示任何一个 n 变量的逻辑函数。n 变量最小项的总个数有 2^n

个。于是就有：

- 由 1 个 n 变量最小项所构成的最小项之和式的个数有 $C_{2^n}^1$；
- 由 2 个 n 变量最小项所构成的最小项之和式的个数有 $C_{2^n}^2$；

⋮

- 由 2^n 个 n 变量最小项所构成的最小项之和式的个数有 $C_{2^n}^{2^n}$（即：1 个逻辑函数，它是全体最小项之和，其函数值为 1）；
- 最后别忘了由 0 个 n 变量最小项所构成的最小项之和式的个数有 $C_{2^n}^0$（也是 1 个逻辑函数，它一个最小项都没有，其函数值为 0）。

把上述这些最小项之和式的个数全部加起来就有下式：

$$C_{2^n}^0+C_{2^n}^1+C_{2^n}^2+\cdots+C_{2^n}^{2^n}=2^{2^n} \tag{4.2}$$

成立。这就是说，n 变量逻辑函数的总个数应该有 2^{2^n} 个。例如 $n=2$ 时，两变量最小项的个数是 $2^2=4$，所以两变量逻辑函数的总个数就是 $2^{2^2}=2^4=16$ 个。

综上所述，组合电路没有记忆性，电路中没有记忆单元，也不存在任何反馈支路结构，整个电路由逻辑门电路单元构成。一个具有 n 个输入逻辑变量的组合电路，最多可以完成 2^{2^n} 个逻辑函数的输出。这就是组合逻辑电路的结构特点。

4.1.2 组合逻辑电路的功能特点

如前所述，组合逻辑电路的每一个输出信号都是输入逻辑变量的函数。它们都能完成一定的逻辑功能。图 4.2 所示组合电路的逻辑功能，就是判断 3 个输入信号 A、B、C 的状态是否一致，称为“判一致”电路。

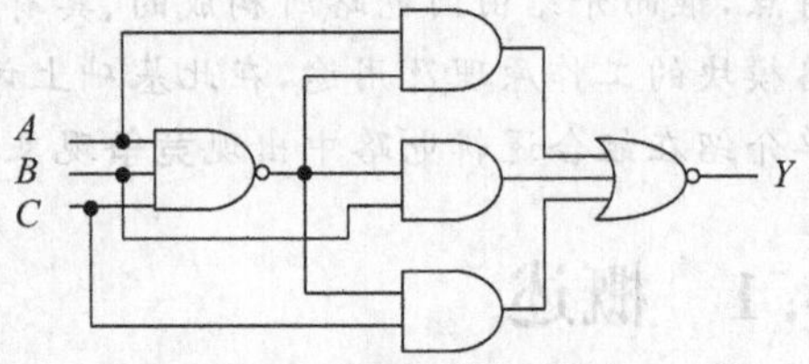

图 4.2 “判一致”电路

由图 4.2 可以写出输出信号 Y 关于输入信号 A、B、C 的逻辑表达式：

$$Y=\overline{A\cdot\overline{ABC}+B\cdot\overline{ABC}+C\cdot\overline{ABC}}=\overline{A}\,\overline{B}\,\overline{C}+ABC \tag{4.3}$$

根据式(4.3)，可列出“判一致”电路的真值表，如表 4.1 所示。从真值表可以看出，只有当输入信号 A、B、C 全为 0 或全为 1(A、B、C 状态一致)时，输出 Y 的值为 1，在其他的情况下，输出 Y 的值均为 0。

表 4.1 “判一致”电路的真值表

No.	A	B	C	Y
0	0	0	0	1
1	0	0	1	0
2	0	1	0	0
3	0	1	1	0
4	1	0	0	0
5	1	0	1	0
6	1	1	0	0
7	1	1	1	1

式(4.3)表明，在任意时刻，输出信号 Y 的取值仅仅取决于该时刻输入信号 A、B、C 的取值，而与电路原来的状态无关。输入变，输出立刻跟着变，这就是组合电路完成逻辑功能的特点。

4.2　常用数字集成组合逻辑电路

常用数字集成组合逻辑电路的种类很多，它们都是具有某种特定的、相对独立完整逻辑功能的组合电路，这些电路被预先制成集成电路芯片，是一种由小规模集成电路(Small Scale Integration，SSI)构成的中规模集成电路(Medium Scale Integration，MSI)，称为标准功能中规模集成电路(standard MSI)芯片或模块。在设计各种数字逻辑电路和数字系统时，为了简化设计过程，可以直接使用这些 MSI。本节只重点讨论几种最常用的标准功能组合逻辑电路模块。

4.2.1　编码器

广义上讲，编码是将一些事件、信号，甚至某种码制信号等特定的信息，转换为一种便于通信、传输和存储的二进制编码信号。在数字系统中，这些特定信息常常分别用 1 位或 1 比特(1bit)二进制数来代表，而用数位(比特)二进制代码表示这些特定信息的过程叫做编码。能够实现编码功能的电路叫做**编码器**(Encoder)。编码器的种类很多，但其工作原理和设计方法基本相同。

1. 二进制编码器

图 4.3 所示逻辑符号，就是一个最简单的二进制编码器，它有 4 个输入信号、2 个输出信号，故称为 4-2 **线编码器**。4 个输入代表了 4 个被编码的事件，如数字、字符、运算符等特定信息；2 个输出构成了 2 位二进制码，作为输入信号的编码输出。表 4.2 是 4-2 线编码器的功能表。当 $X_0=1$ 而其他输入信号为 0 时，输出编码为 $B_1B_0=00$，当 $X_1=1$ 而其他输入信号为 0 时，输出编码为 $B_1B_0=01$，……，如表 4.2 所示。这里用输入信号的高、低电平来代表被编码输入信息，

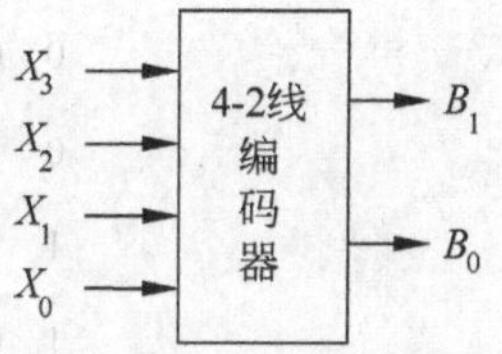

图 4.3　4-2 线编码器

而且规定 $X_i=1(0\leqslant i\leqslant 3)$ 表示 X_i 所代表的输入信息出现且欲对此信息进行编码；$X_i=0$ 则表示此信息未出现，不需对其编码。这样的规定就叫做输入信号**高电平有效**。如果将上述输入信号 X_i 取 0、1 值所表示的含义作相反的规定，则输入信号就是**低电平有效**。把表 4.2 中输出信号取 1 的各行所对应的取值为 1 的输入变量相“或”，就可写出 B_1、B_0 的逻辑表达式如下：

$$\begin{cases} B_1=X_2+X_3=\overline{\overline{X}_2\cdot\overline{X}_3} \\ B_0=X_1+X_3=\overline{\overline{X}_1\cdot\overline{X}_3} \end{cases} \tag{4.4}$$

表 4.2　4-2 线编码器功能表

输入				输出	
X_3	X_2	X_1	X_0	B_1	B_0
0	0	0	1	0	0
0	0	1	0	0	1
0	1	0	0	1	0
1	0	0	0	1	1

根据式(4.4),可画出4-2线编码器的逻辑图如图4.4所示。从图中没有看到输入信号 X_0,这意味着 X_0 是一个隐含输入信号,即:平时 X_0 是无效的,只有当其他输入信号都无效时,才隐含着输入 X_0 有效。

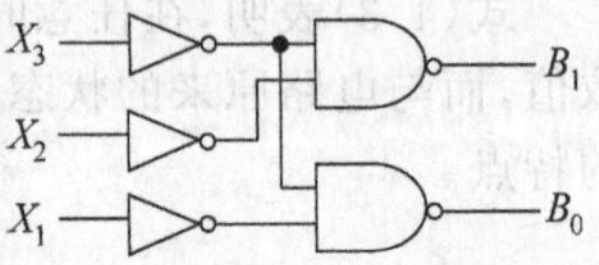

图4.4　4-2线编码器逻辑图

4-2线编码器在任意时刻都只能对一个输入信息进行编码,而不能对两个以上的输入信息同时进行编码。这就要求4个输入信号在任何时刻都只能有一个输入信号有效,而不能有两个或两个以上的输入信号有效。这种特性叫做输入信号的互斥性(mutually exclusive)。

需要指出的是,表4.2所示的编码器功能表并不是一个完整的真值表。因为4-2线编码器的2个输出信号 B_1、B_0 都是4变量的逻辑函数,而表4.2并未列出4个输入信号 X_0、X_1、X_2 和 X_3 的所有编码(取值组合)。这些未被列出的输入信号取值组合在编码器正常工作时根本就不会出现,于是它们所对应的输出信号 B_1、B_0 的取值应该是一个任意值"×",而它们自己也就成为了"任意项"。根据第2章的论述,B_1、B_0 是两个4变量的非完全描述逻辑函数。而式(4.4)则恰恰是一个在推导 B_1、B_0 表达式时,无形中利用了这些任意项的结果。以上所述可以由图4.5所示的 B_1、B_0 卡诺图得到证明。注意,卡诺图与真值表是一一对应的,可以把卡诺图看成是另一种形式的"真值表"。按照图4.5所示卡诺圈进行"圈组合并"所得到的 B_1、B_0 表达式就是式(4.4)。

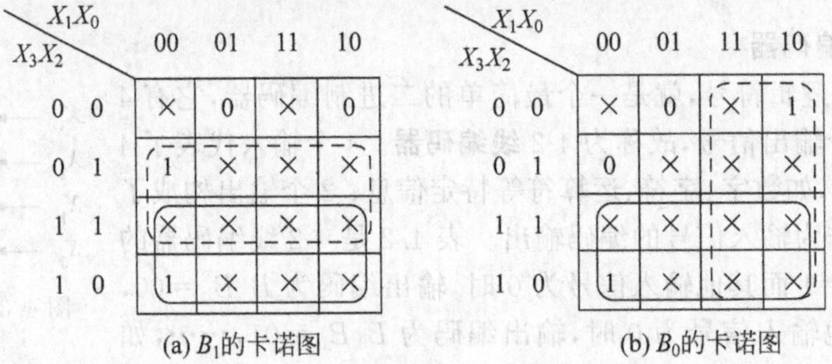

图4.5　4-2线编码器输出信号 B_1 和 B_0 的卡诺图

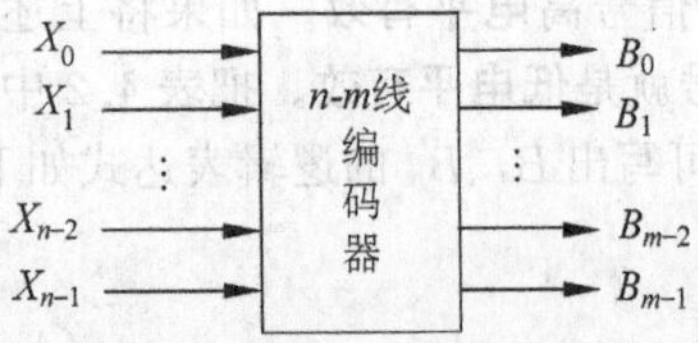

图4.6　n-m 线编码器

把4-2线编码器推广到更一般的情形,于是就得到了图4.6所示的 ***n*-*m* 线编码器**。图中,$X_0, X_1, \cdots, X_{n-2}$ 和 X_{n-1} 是 n 个输入信号,代表被编码的特定信息。$B_0, B_1, \cdots, B_{m-2}$ 和 B_{m-1} 是 m 个输出信号,代表 m 位二进制数码。每一个二进制数码都作为一个特定输入 $X_i\,(0 \leqslant i \leqslant n-1)$ 的编码,m 位二进制数有 2^m 个二进制数码,故最多可以为 2^m 个信息进行编码。所以 n 和 m 的关系如下式表示:

$$n \leqslant 2^m \tag{4.5}$$

2. 8421BCD码编码器

8421BCD码编码器的逻辑符号如图4.7所示。该编码器有10个输入信号:"0、1、2、3、4、5、6、7、8、9"。注意,它们不是数字,而是取值为0或1的逻辑变量且分别代表十进制数的10个字符:"0、1、2、3、4、5、6、7、8、9"。编码器有4个输出信号,它们构成某种**二-十进制编码**(4比特),此处为8421BCD码。所以此编码器也称为**10-4线编码器**。表4.3是该编码器的功能表，其含义是：10 个输入变量 0、1、2、3、4、5、6、7、8、9 均为高电平有效。当某一个输入变量有效(取值为 1)时，其所对应的输出就是这个输入变量所代表十进制数的 8421BCD 码。例如，输入变量 5 有效时，输出 $DCBA=0101$；输入变量 9 有效时，输出 $DCBA=1001$；……将表 4.3 中各输出变量取值为 1 的各行所对应的输入变量相"或"，就可得到 4 个输出函数 D、C、B、A 的逻辑表达式。

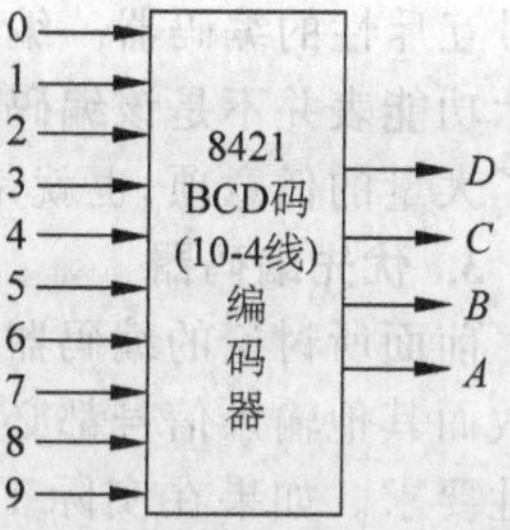

图 4.7 8421BCD 码编码器

$$\begin{cases} D=8+9=\overline{\overline{8}\cdot\overline{9}} \\ C=4+5+6+7=\overline{\overline{4}\cdot\overline{5}\cdot\overline{6}\cdot\overline{7}} \\ B=2+3+6+7=\overline{\overline{2}\cdot\overline{3}\cdot\overline{6}\cdot\overline{7}} \\ A=1+3+5+7+9=\overline{\overline{1}\cdot\overline{3}\cdot\overline{5}\cdot\overline{7}\cdot\overline{9}} \end{cases} \tag{4.6}$$

表 4.3 8421BCD 码编码器功能表

输入	输出			
十进制字符变量	D	C	B	A
0	0	0	0	0
1	0	0	0	1
2	0	0	1	0
3	0	0	1	1
4	0	1	0	0
5	0	1	0	1
6	0	1	1	0
7	0	1	1	1
8	1	0	0	0
9	1	0	0	1

按照式(4.6)，可画出 10-4 线编码器的逻辑电路图如图 4.8 所示。考查此电路图，令输入变量"9"有效(取值为 1)而其他输入变量均无效(取值为 0)，则输出 $DCBA=1001$；其余类推。注意到图中没有输入信号 0，这说明 0 输入信号是一个隐含输入，当其他所有输入信号均无效时，输入信号 0 有效，否则 0 无效。

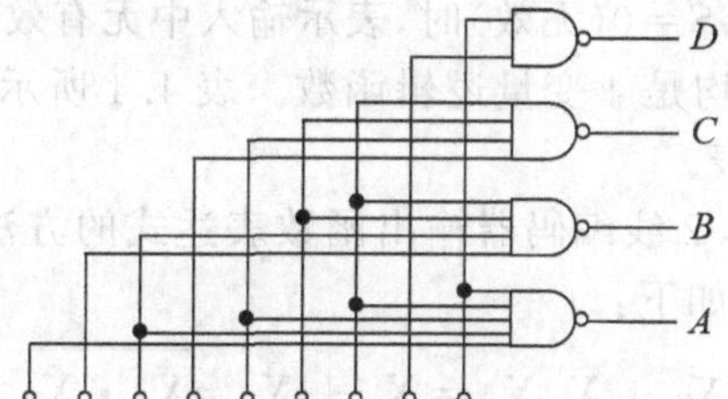

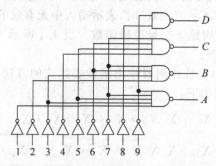

图 4.8 8421BCD 码编码器逻辑电路图

需要特别指出的是：与前述二进制编码器一样，图 4.8 所示编码器也是一个具有输入信号互斥性的编码器。编码器的 4 个输出信号 D、C、B、A 都是 10 变量的逻辑函数，表 4.3 所示功能表并不是该编码器的完整真值表，在推导式(4.6)的过程中，同样是在不经意间利用了大量的任意项，也就是说，式(4.6)是利用大量任意项化简输出函数的结果。

3. 优先编码器

前面所讨论的编码器均要求输入信号具有互斥性，即在任意时刻只能有一个输入信号有效而其他输入信号都必须无效。但在实际应用中，有时却不能满足对输入信号的这一互斥性要求。如果在实际工作中真的出现多个输入信号同时有效的情形又该如何处理呢？用规定输入信号优先级的办法可以解决这一问题。具体做法是：预先为所有输入信号按从高到低(或从低到高)规定好优先级顺序。当有多个输入信号同时有效时，编码器只对这些有效输入信号中优先级最高的输入信号进行编码，而对其他优先级较低的有效输入信号则不予理睬。按照这一想法设计的编码器就叫做**优先级输入编码器**，简称**优先编码器**(priority encoder)。

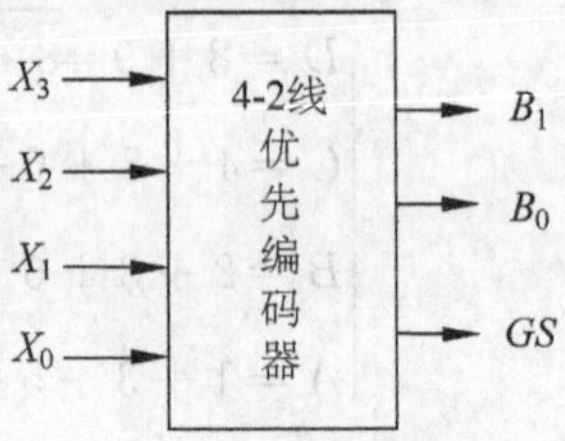

图 4.9　4-2 线优先编码器

4-2 线优先编码器的逻辑符号如图 4.9 所示。与之前所讨论的 4-2 线编码器相比，除了多出一个输出信号 GS 以外似乎没有什么别的差异。因此，应该重点考查 4-2 线优先编码器的功能表，如表 4.4 所示。从功能表中可读出以下信息：

表 4.4　优先 4-2 线编码器功能表

输入				输出		
X_0	X_1	X_2	X_3	B_1	B_0	GS
0	0	0	0	0	0	0
×	×	×	1	1	1	1
×	×	1	0	1	0	1
×	1	0	0	0	1	1
1	0	0	0	0	0	1

- 输入信号高有效。因为输入 X_3 有效而其他输入为任意(有效、无效均可)时，对 X_3 编码；输入 X_3 无效而 X_2 有效且其他输入为任意时，对 X_2 编码；……所以 X_3 的优先级最高，然后优先级依次降低，X_0 的优先级最低。
- 2 位编码输出 B_1B_0 对 4 个输入信号 X_3、X_2、X_1、X_0 的编码分别是 11、10、01 和 00。
- 输出 GS 是一个指示性信号，高有效。当 $GS=1$(有效)时，表示 4 个输入中存在有效的输入信号；当 $GS=0$(无效)时，表示输入中无有效的输入信号。
- 输出 B_1、B_0 和 GS 均是 4 变量逻辑函数。表 4.4 所示 4-2 线优先编码器的功能表是一个完整的真值表。

根据表 4.4，仿照列写 4-2 线编码器输出函数表达式的方法，可写出 4-2 线优先编码器 3 个输出信号的逻辑表达式如下：

$$\begin{cases} B_1 = X_3 + \bar{X}_3 X_2 = X_3 + X_2 = \overline{\bar{X}_3 \cdot \bar{X}_2} \\ B_0 = X_3 + \bar{X}_3 \bar{X}_2 X_1 = X_3 + \bar{X}_2 X_1 = \overline{\bar{X}_3 \cdot \overline{\bar{X}_2 X_1}} \\ GS = X_3 + X_2 + X_1 + X_0 = \overline{\bar{X}_3 \bar{X}_2 \bar{X}_1 \bar{X}_0} \end{cases} \tag{4.7}$$

按照式(4.7)，可画出 4-2 线优先编码器的逻辑图(如图 4.10)。此时的编码器允许有多个输入信号同时有效。

从式(4.7)和图4.10可以看出,单从编码输出B_1、B_0来讲,没有输入信号X_0。这说明X_0还是一个隐含输入信号。当其他3个输入都无效时就隐含着输入X_0有效,此时输出$B_1B_0=00$。但是如果此时输入X_0也无效,即:全部输入都无效,则此时的输出B_1B_0仍然为00。为了区分这两种情况,就用到了指示性输出信号GS。当$B_1B_0=00$时,若$GS=1$,则表示此时的00是对有效输入信号X_0的编码;若$GS=0$,则表示此时的00并非编码输出,而是B_1、B_0的输出无效。

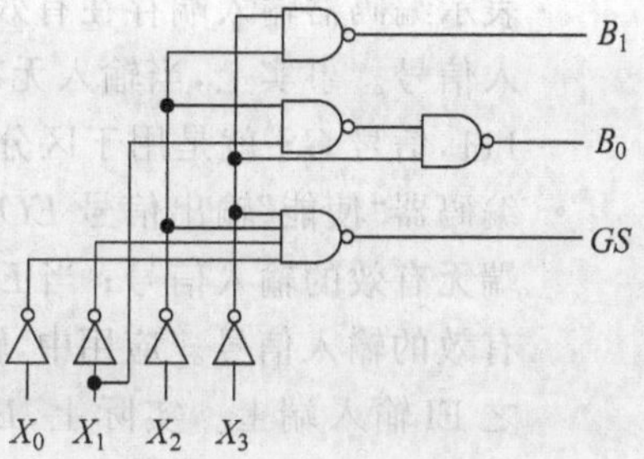

图4.10 优先级编码器逻辑电路图

4. 标准中规模集成电路编码器

TTL 74系列和CMOS 4000系列的集成电路中有很多编码器模块电路。在此介绍两个TTL系列的编码器:74LS148和74LS147①。

表4.5所示为74LS148的逻辑功能表。表中的"H"代表逻辑高电平,逻辑1;"L"代表逻辑低电平,逻辑0。这是一个输入具有优先级的8-3线编码器,有9个输入端、5个输出端。5个输出信号均为9变量逻辑函数,表4.5所示功能表是完整的真值表,从该表中可读出如下信息:

表4.5 74LS148功能表

输入									输出				
EI	0	1	2	3	4	5	6	7	A_2	A_1	A_0	GS	EO
H	X	X	X	X	X	X	X	X	H	H	H	H	H
L	H	H	H	H	H	H	H	H	H	H	H	H	L
L	X	X	X	X	X	X	X	L	L	L	L	L	H
L	X	X	X	X	X	X	L	H	L	L	H	L	H
L	X	X	X	X	X	L	H	H	L	H	L	L	H
L	X	X	X	X	L	H	H	H	L	H	H	L	H
L	X	X	X	L	H	H	H	H	H	L	L	L	H
L	X	X	L	H	H	H	H	H	H	L	H	L	H
L	X	L	H	H	H	H	H	H	H	H	L	L	H
L	L	H	H	H	H	H	H	H	H	H	H	L	H

- 被编码输入信号"0、1、2、3、4、5、6、7",共8个,低有效。输入7优先级最高,输入0优先级最低。
- 编码器"使能"输入信号EI,低有效。当$EI=1$(无效)时,禁止编码器工作,不对输入信号进行编码,输出全为高电平;当$EI=0$(有效)时,允许编码器工作,对有效输入信号中优先级最高的输入信息进行编码。
- 编码输出$A_2A_1A_0$构成3位二进制数,可为8个输入信号进行编码且编码是以"反码"的形式输出。例如,对输入7编码,输出为111的反码000,对输入5编码,输出为101的反码010,……

① 本小节中的所有图、表,除图4.13以外,均引自于ON Semiconductor半导体器件公司的数据手册。保留了图表中的英文原文,以便于读者能够尽快熟悉国外半导体器件公司数据手册。

- 优先级标志输出信号 GS，低有效。在编码器工作(被使能)时，若 $GS=0$(有效)，则表示编码器输入端存在有效的输入信号；若 $GS=1$(无效)，则表示不存在有效的输入信号。事实上，当输入无有效的输入信号或者只有输入 0 有效时，编码输出都是 111，信号 GS 就是用于区分这两种情况。
- 编码器"使能"输出信号 EO，低有效。当 $EO=0$(有效)时，表示编码器工作且输入端无有效的输入信号；当 $EO=1$(无效)时，表示编码器不工作或工作但输入端存在有效的输入信号。应用中，输出信号 EO 是接于另一片优先级低于本芯片的 74LS148 之 EI 输入端上。实际上，EI 和 EO 信号是用于多片 74LS148 扩展级联时的连接信号。

图 4.11 所示为 74LS148 芯片的引脚分布图和 8-3 线优先编码器的逻辑符号图。**逻辑符号上输入、输出引线带有"小圆圈"表示这些输入、输出信号都是低电平有效；如果没有"小圆圈"则表示高电平有效。**由于数字信号的取值非 0 即 1，所以用信号的"有效""无效"来表示该信号的"有"与"无"。**高电平有效是指：高电平表示有信号；低电平表示无信号。而低电平有效的含义则与之相反。这一点对于输入、输出信号都一样。**另外，A_2、A_1、A_0 的输出引线上带有"小圆圈"表示这 3 位二进制编码是以"反码"的形式输出；如果不带有"小圆圈"则表示以"原码"的形式输出。根据表 4.5 所示功能表中输出与输入的关系，可写出该编码器各输出函数的逻辑表达式并整理成适当的形式如下：

$$
\begin{aligned}
A_2 &= EI + 7\cdot(\overline{7}+6)(\overline{7}+\overline{6}+5)(\overline{7}+\overline{6}+\overline{5}+4)\\
&= \overline{\overline{EI}\cdot\overline{7}+\overline{EI}\cdot\overline{6}+\overline{EI}\cdot\overline{5}+\overline{EI}\cdot\overline{4}}\\
A_1 &= EI + 7\cdot(\overline{7}+6)(\overline{7}+\overline{6}+\overline{5}+\overline{4}+3)(\overline{7}+\overline{6}+\overline{5}+\overline{4}+\overline{3}+2)\\
&= \overline{\overline{EI}\cdot\overline{7}+\overline{EI}\cdot\overline{6}+\overline{EI}\cdot 5\cdot 4\cdot\overline{3}+\overline{EI}\cdot 5\cdot 4\cdot\overline{2}}\\
A_0 &= EI + 7\cdot(\overline{7}+\overline{6}+5)(\overline{7}+\overline{6}+\overline{5}+\overline{4}+3)(\overline{7}+\overline{6}+\overline{5}+\overline{4}+\overline{3}+\overline{2}+1)\\
&= \overline{\overline{EI}\cdot\overline{7}+\overline{EI}\cdot 6\cdot\overline{5}+\overline{EI}\cdot 6\cdot 4\cdot\overline{3}+\overline{EI}\cdot 6\cdot 4\cdot 2\cdot\overline{1}} \qquad (4.8)\\
EO &= EI+\overline{7}+\overline{6}+\overline{5}+\overline{4}+\overline{3}+\overline{2}+\overline{1}+\overline{0}\\
&= \overline{\overline{EI}\cdot 7\cdot 6\cdot 5\cdot 4\cdot 3\cdot 2\cdot 1\cdot 0}\\
GS &= EI+\overline{EI}\cdot 7\cdot 6\cdot 5\cdot 4\cdot 3\cdot 2\cdot 1\cdot 0\\
&= \overline{\overline{\overline{EI}\cdot\overline{\overline{EI}\cdot 7\cdot 6\cdot 5\cdot 4\cdot 3\cdot 2\cdot 1\cdot 0}}}\\
&= \overline{\overline{\overline{EI}}\cdot EO}
\end{aligned}
$$

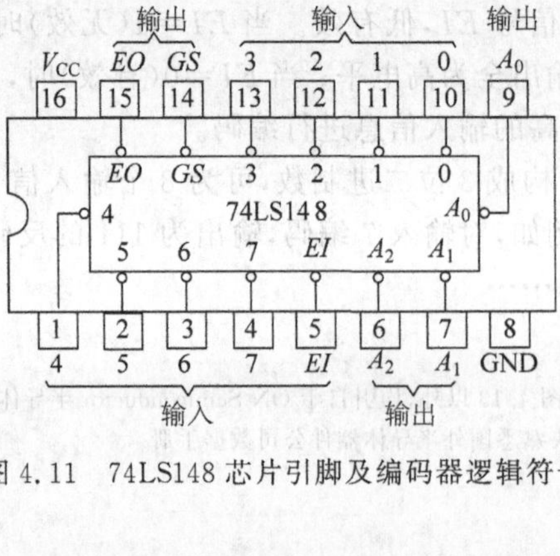

图 4.11 74LS148 芯片引脚及编码器逻辑符号

按照式(4.8)，可画出 74LS148 8-3 线优先编码器的逻辑图如图 4.12 所示。图中括号里的数字是芯片引脚号。

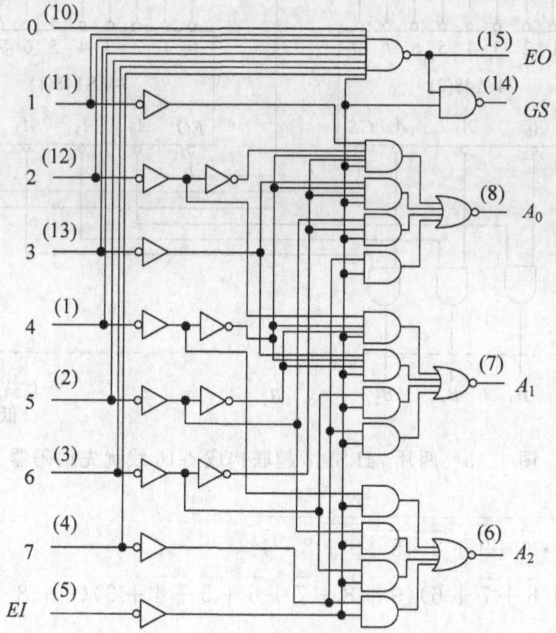

图 4.12 74LS148 8-3 线优先编码器逻辑图

一片 74LS148 最多可对 8 个输入信息进行编码。如需对更多的输入信息进行编码，可将多片 74LS148 级联起来。图 4.13 示出了由两片 74LS148 相级联而构成的 16-4 线优先级编码器逻辑图。图中虚线框内相当于一个放大版的"74LS148"。芯片(1)的 *EI* 输入端和芯片(2)的 *EO* 输出端分别作为整个编码器的"使能输入"和"使能输出"。芯片(1)的 *EO* 输出端接到芯片(2)的 *EI* 输入端，意味着当芯片(1)存在有效输入且被使能时，禁止芯片(2)工作；只有当芯片(1)工作且无有效输入时，芯片(2)才能工作，即：芯片(1)的输入信号优先级要高于芯片(2)。因此 16 个输入信号中 I_{15} 的优先级最高，I_0 的优先级最低。两个芯片的 A_2、A_1、A_0 和 *GS* 各自对应分别相"与"，于是就构成了整个编码器的输出编码低 3 位 $B_2B_1B_0$ 和"优先级标志"输出。而芯片(1)的 *GS* 同时还作为编码输出的最高位 B_3。这样，整个 4 位编码 $B_3B_2B_1B_0$ 还是以二进制数码的反码形式输出。

如果想要 4 位编码 $B_3B_2B_1B_0$ 以二进制数码的原码形式输出，应该如何处理，请读者思考。

74LS147 是一个二-十进制优先编码器，其功能表如表 4.6 所示。图 4.14 是其芯片引脚分布图和 10-4 线优先编码器的逻辑符号图。可以看出，这个编码器有 10 个输入信号，低电平有效，输入信号 9 的优先级最高，输入信号 0 的优先级最低。0 为隐含输入端，当其他输入信号均无效时，0 输入信号有效。*D*、*C*、*B*、*A* 构成了编码器的 4 位编码输出端，而且以 8421BCD 码的反码形式输出。例如，5 的编码输出是 0101 的反码 1010。表 4.6 所示功能表是完整的真值表，根据表中输入、输出的关系，可分别写出 4 位编码 *D*、*C*、*B*、*A* 的逻辑表达式(均为 9 变量逻辑函数)，并按需求变换为合适的形式如下：

$$D = 9 \cdot (\overline{9} + 8) = \overline{\overline{9} + \overline{8}}$$

$$C = (\overline{9} + \overline{8} + 7)(\overline{9} + \overline{8} + \overline{7} + 6)(\overline{9} + \overline{8} + \overline{7} + \overline{6} + 5)(\overline{9} + \overline{8} + \overline{7} + \overline{6} + \overline{5} + 4)$$

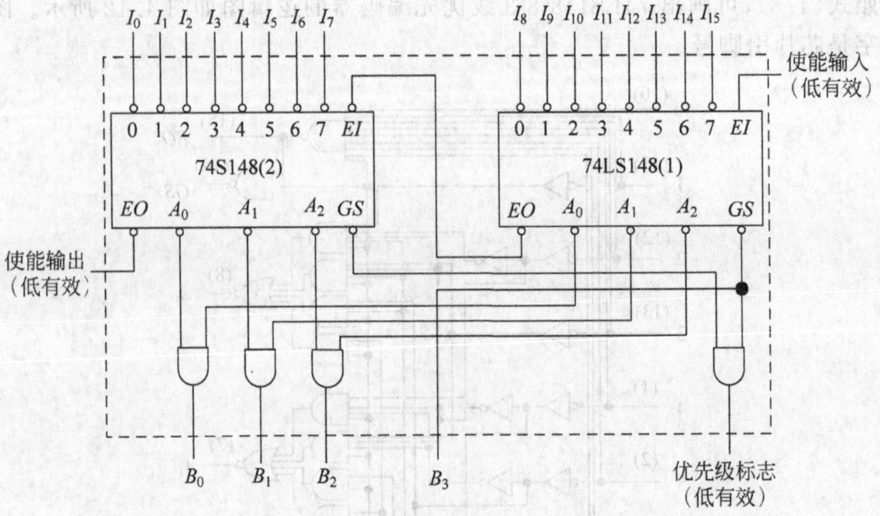

图 4.13　两片 74LS148 越联构成 4-16 线优先编码器

$$=\overline{\overline{\overline{9}+\overline{8}}\cdot\overline{7}+\overline{\overline{9}+\overline{8}}\cdot\overline{6}+\overline{\overline{9}+\overline{8}}\cdot\overline{5}+\overline{\overline{9}+\overline{8}}\cdot\overline{4}} \tag{4.9}$$

$$B=(\overline{9}+\overline{8}+7)(\overline{9}+\overline{8}+\overline{7}+6)(\overline{9}+\overline{8}+\overline{7}+\overline{6}+\overline{5}+\overline{4}+3)(\overline{9}+\overline{8}+\overline{7}+\overline{6}+\overline{5}+\overline{4}+\overline{3}+2)$$

$$=\overline{\overline{\overline{9}+\overline{8}}\cdot\overline{7}+\overline{\overline{9}+\overline{8}}\cdot\overline{6}+\overline{\overline{9}+\overline{8}}\cdot 5\cdot 4\cdot\overline{3}+\overline{\overline{9}+\overline{8}}\cdot 5\cdot 4\cdot\overline{2}}$$

$$A=9\cdot(\overline{9}+\overline{8}+7)(\overline{9}+\overline{8}+\overline{7}+\overline{6}+5)(\overline{9}+\overline{8}+\overline{7}+\overline{6}+\overline{5}+\overline{4}+3)(\overline{9}+\overline{8}+\overline{7}+\overline{6}+\overline{5}+\overline{4}+\overline{3}+\overline{2}+1)$$

$$=\overline{\overline{9}+\overline{\overline{9}+\overline{8}}\cdot\overline{7}+\overline{\overline{9}+\overline{8}}\cdot 6\cdot\overline{5}+\overline{\overline{9}+\overline{8}}\cdot 6\cdot 4\cdot\overline{3}+\overline{\overline{9}+\overline{8}}\cdot 6\cdot 4\cdot 2\cdot\overline{1}}$$

表 4.6　74LS147 功能表

输入									输出			
1	2	3	4	5	6	7	8	9	*D*	*C*	*B*	*A*
H	H	H	H	H	H	H	H	H	H	H	H	H
X	X	X	X	X	X	X	X	L	L	H	H	L
X	X	X	X	X	X	X	L	H	L	H	H	H
X	X	X	X	X	X	L	H	H	H	L	L	L
X	X	X	X	X	L	H	H	H	H	L	L	H
X	X	X	X	L	H	H	H	H	H	L	H	L
X	X	X	L	H	H	H	H	H	H	L	H	H
X	X	L	H	H	H	H	H	H	H	H	L	L
X	L	H	H	H	H	H	H	H	H	H	L	H
L	H	H	H	H	H	H	H	H	H	H	H	L

按照式(4.9),可画出 74LS147 10-4 线优先编码器的逻辑图如图 4.15 所示。

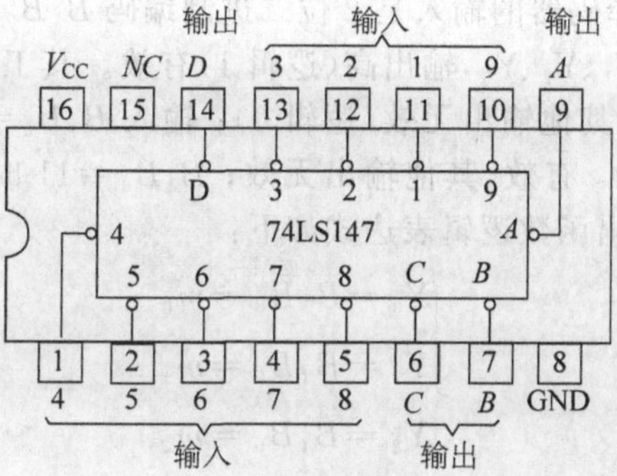

图 4.14　74LS147 芯片引脚及编码器逻辑符号

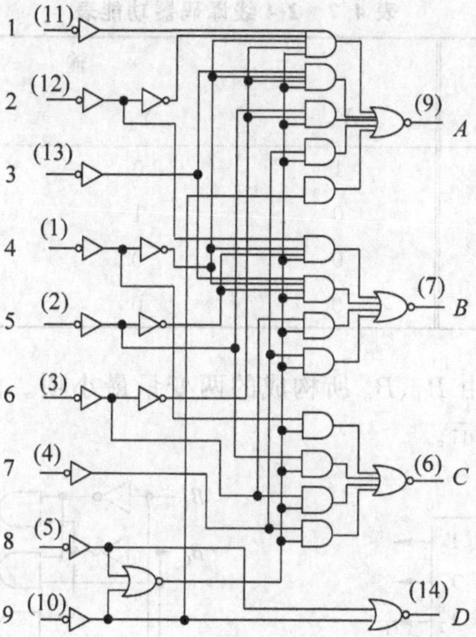

图 4.15　74LS147 10-4 线优先编码器逻辑图

4.2.2　译码器

与 4.2.1 小节所述的编码过程相反，译码过程是将二进制编码“翻译”成它原来所代表的特定含义。完成译码工作的电路就叫做**译码器**(decoder)。把图 4.6 所示 n-m 线编码器的输入、输出对调，就得到图 4.16 所示的 m-n 线译码器。图中，$B_0, B_1, \cdots, B_{m-2}$ 和 B_{m-1} 是 m 个输入信号，代表 m 位二进制数编码。$X_0, X_1, \cdots, X_{n-2}$ 和 X_{n-1} 是 n 个输出信号，代表译码输出的特定信息。图中 m 与 n 的关系仍然由式(4.5)确定。本节将介绍几种译码器及相应的标准中规模集成电路，包括二进制译码器、二-十进制译码器和显示译码器。

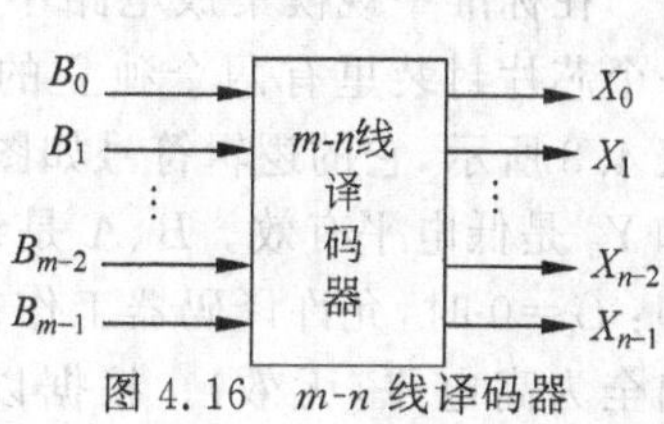

图 4.16　m-n 线译码器

1. 二进制译码器

首先讨论最简单的二进制译码器，2-4 线译码器，其功能表和逻辑符号分别示于表 4.7

和图 4.17。可以看出，该译码器的输入是 2 位二进制编码 B_1B_0，输出是 4 个 2 位二进制编码所代表的特定信息 Y_0、Y_1、Y_2、Y_3，输出高(逻辑 1)有效。其工作过程是：输入 $B_1B_0=00$ 时，输出 Y_0 有效(逻辑 1)，其他输出无效(逻辑 0)；输入 $B_1B_0=01$ 时，输出 Y_1 有效，其他输出无效；$B_1B_0=10$ 时，Y_2 有效，其他输出无效；$B_1B_0=11$ 时，Y_3 有效，其他输出无效。根据表 4.7 可写出 4 个输出函数逻辑表达式如下：

$$\begin{cases} Y_0=\overline{B}_1\overline{B}_0=m_0 \\ Y_1=\overline{B}_1B_0=m_1 \\ Y_2=B_1\overline{B}_0=m_2 \\ Y_3=B_1B_0=m_3 \end{cases} \tag{4.10}$$

表 4.7　2-4 线译码器功能表

输入		输出			
B_1	B_0	Y_0	Y_1	Y_2	Y_3
0	0	1	0	0	0
0	1	0	1	0	0
1	0	0	0	1	0
1	1	0	0	0	1

式中，m_0、m_1、m_2 和 m_3 是由 B_1、B_0 所构成的两变量最小项。由式(4.10)可画出 2-4 线译码器的逻辑图如图 4.18 所示。

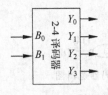

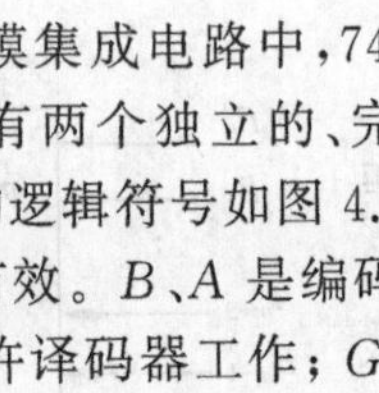

图 4.17　2-4 线译码器

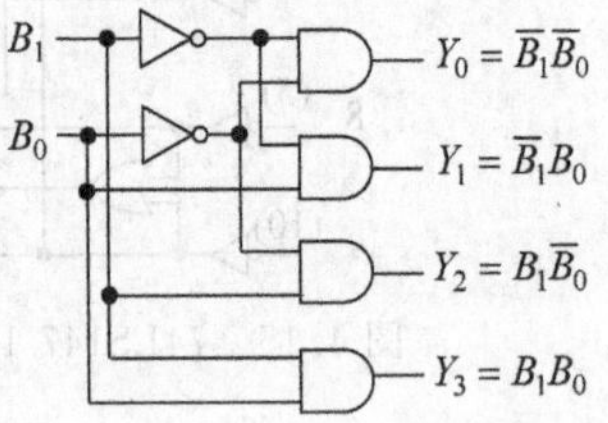

图 4.18　2-4 线译码器逻辑图

在标准中规模集成电路中，74LS139 就是一个“双 2-4 线译码器”。所谓“双”，就是指一个芯片封装里有两个独立的、完全一样的 2-4 线译码器。其中一个译码器的功能表如表 4.8 所示，它的逻辑符号如图 4.19 所示。由功能表和逻辑符号知：译码输出 Y_0、Y_1、Y_2 和 Y_3 是低电平有效。B、A 是编码输入，B 是最高位。信号 G 是“使能”输入，低电平有效。即：$G=0$ 时，允许译码器工作；$G=1$ 时，禁止译码器工作，无论编码输入 B、A 为何值，输出全为高电平(无效)。根据以上分析(或直接按照表 4.8)写出 Y_0、Y_1、Y_2、Y_3 的逻辑表达式：

$$\begin{cases} Y_0=G+B+A=G+M_0=\overline{\overline{G}\cdot m_0}=\overline{\overline{G}\cdot\overline{B}\,\overline{A}} \\ Y_1=G+B+\overline{A}=G+M_1=\overline{\overline{G}\cdot m_1}=\overline{\overline{G}\cdot\overline{B}A} \\ Y_2=G+\overline{B}+A=G+M_2=\overline{\overline{G}\cdot m_2}=\overline{\overline{G}\cdot B\overline{A}} \\ Y_3=G+\overline{B}+\overline{A}=G+M_3=\overline{\overline{G}\cdot m_3}=\overline{\overline{G}\cdot BA} \end{cases} \tag{4.11}$$

表 4.8 74LS139 功能表

输入			输出			
G	B	A	Y_0	Y_1	Y_2	Y_3
1	×	×	1	1	1	1
0	0	0	0	1	1	1
0	0	1	1	0	1	1
0	1	0	1	1	0	1
0	1	1	1	1	1	0

式中,M_0、M_1、M_2 和 M_3 以及 m_0、m_1、m_2 和 m_3 分别是由 B、A 所构成的两变量最大项和最小项。按照式(4.11)可画出 74LS139 译码器的逻辑图如图 4.20 所示。

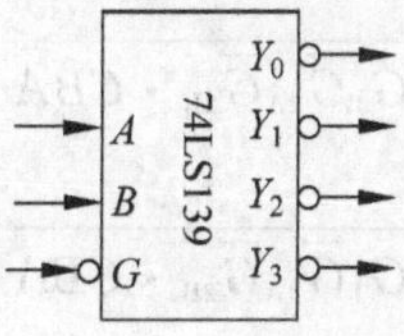

图 4.19 74LS139 逻辑符号

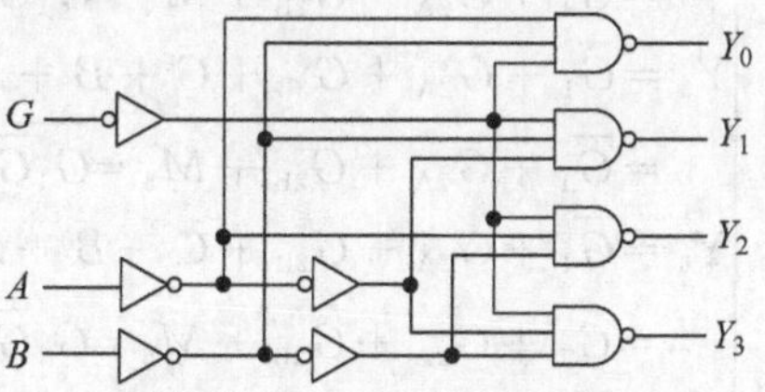

图 4.20 74LS139 逻辑图

在 74 系列标准中规模集成电路中还有一种“3-8 线译码器”74LS138。表 4.9 所示为 74LS138 的功能表,其逻辑符号如图 4.21 所示。与 74LS139 类似,74LS138 的译码输出也都是低电平有效且有 3 个使能输入端,G_1 高电平有效,G_{2A}、G_{2B} 都是低电平有效。芯片必须在 G_1、G_{2A}、G_{2B} 同时有效时才被允许工作,若有一个使能端无效,则禁止芯片工作,译码输出全为高电平,表示输出无效。3 位编码输入是 C、B、A,C 是最高位,A 是最低位。

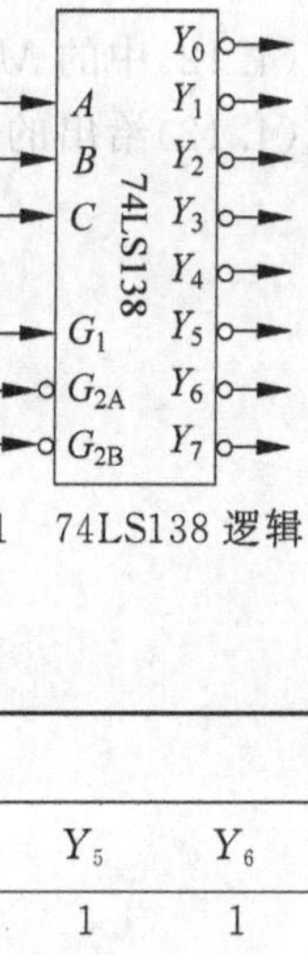

图 4.21 74LS138 逻辑符号

表 4.9 74LS138 功能表

输入					输出							
G_1	$G_{2A}+G_{2B}$	C	B	A	Y_0	Y_1	Y_2	Y_3	Y_4	Y_5	Y_6	Y_7
0	×	×	×	×	1	1	1	1	1	1	1	1
×	1	×	×	×	1	1	1	1	1	1	1	1
1	0	0	0	0	0	1	1	1	1	1	1	1
1	0	0	0	1	1	0	1	1	1	1	1	1
1	0	0	1	0	1	1	0	1	1	1	1	1
1	0	0	1	1	1	1	1	0	1	1	1	1
1	0	1	0	0	1	1	1	1	0	1	1	1
1	0	1	0	1	1	1	1	1	1	0	1	1
1	0	1	1	0	1	1	1	1	1	1	0	1
1	0	1	1	1	1	1	1	1	1	1	1	0

根据表 4.9,可列出 8 个译码输出信号的逻辑表达式并整理成适当的形式:

$$
\left\{\begin{aligned}
Y_0 &= \overline{G}_1 + G_{2A} + G_{2B} + C + B + A \\
&= \overline{G}_1 + G_{2A} + G_{2B} + M_0 = \overline{G_1\overline{G}_{2A}\overline{G}_{2B} \cdot m_0} = \overline{G_1\overline{G}_{2A}\overline{G}_{2B} \cdot \overline{C}\,\overline{B}\,\overline{A}} \\
Y_1 &= \overline{G}_1 + G_{2A} + G_{2B} + C + B + \overline{A} \\
&= \overline{G}_1 + G_{2A} + G_{2B} + M_1 = \overline{G_1\overline{G}_{2A}\overline{G}_{2B} \cdot m_1} = \overline{G_1\overline{G}_{2A}\overline{G}_{2B} \cdot \overline{C}\,\overline{B}A} \\
Y_2 &= \overline{G}_1 + G_{2A} + G_{2B} + C + \overline{B} + A \\
&= \overline{G}_1 + G_{2A} + G_{2B} + M_2 = \overline{G_1\overline{G}_{2A}\overline{G}_{2B} \cdot m_2} = \overline{G_1\overline{G}_{2A}\overline{G}_{2B} \cdot \overline{C}B\overline{A}} \\
Y_3 &= \overline{G}_1 + G_{2A} + G_{2B} + C + \overline{B} + \overline{A} \\
&= \overline{G}_1 + G_{2A} + G_{2B} + M_3 = \overline{G_1\overline{G}_{2A}\overline{G}_{2B} \cdot m_3} = \overline{G_1\overline{G}_{2A}\overline{G}_{2B} \cdot \overline{C}BA} \\
Y_4 &= \overline{G}_1 + G_{2A} + G_{2B} + \overline{C} + B + A \\
&= \overline{G}_1 + G_{2A} + G_{2B} + M_4 = \overline{G_1\overline{G}_{2A}\overline{G}_{2B} \cdot m_4} = \overline{G_1\overline{G}_{2A}\overline{G}_{2B} \cdot C\overline{B}\,\overline{A}} \\
Y_5 &= \overline{G}_1 + G_{2A} + G_{2B} + \overline{C} + B + \overline{A} \\
&= \overline{G}_1 + G_{2A} + G_{2B} + M_5 = \overline{G_1\overline{G}_{2A}\overline{G}_{2B} \cdot m_5} = \overline{G_1\overline{G}_{2A}\overline{G}_{2B} \cdot C\overline{B}A} \\
Y_6 &= \overline{G}_1 + G_{2A} + G_{2B} + \overline{C} + \overline{B} + A \\
&= \overline{G}_1 + G_{2A} + G_{2B} + M_6 = \overline{G_1\overline{G}_{2A}\overline{G}_{2B} \cdot m_6} = \overline{G_1\overline{G}_{2A}\overline{G}_{2B} \cdot CB\overline{A}} \\
Y_7 &= \overline{G}_1 + G_{2A} + G_{2B} + \overline{C} + \overline{B} + \overline{A} \\
&= \overline{G}_1 + G_{2A} + G_{2B} + M_7 = \overline{G_1\overline{G}_{2A}\overline{G}_{2B} \cdot m_7} = \overline{G_1\overline{G}_{2A}\overline{G}_{2B} \cdot CBA}
\end{aligned}\right. \tag{4.12}
$$

式(4.12)中的 M_i 和 $m_i(i=0\sim7)$分别是由 C、B、A 三变量所构成的最大项和最小项。按照式(4.12)给出的表达式最后整理形式所画出的 74LS138 逻辑图如图 4.22 所示。

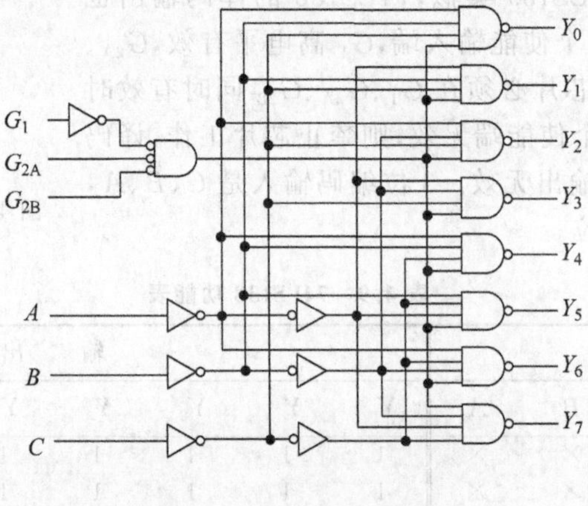

图 4.22　74LS138 逻辑图

利用 74LS138 的使能输入端，可将多片 74LS138 级联，从而构成更大规模的译码器。图 4.23 给出了一个由两片 74LS138 级联所构成的“4-16 线译码器”。从图中看出，芯片(1)的 8 个译码输出 $Y_0\sim Y_7$ 构成了整个译码器 16 个译码输出的低 8 位 $F_0\sim F_7$；而芯片(2)的 8 个译码输出 $Y_0\sim Y_7$ 则构成了 16 个译码输出的高 8 位 $F_8\sim F_{15}$。全部 16 个译码输出 $F_0\sim F_{15}$ 均为低电平有效。两个芯片的 G_{2B} 连在一起作为整个译码器的使能输入端 E，低电平有效。芯片(1)的 G_1 和芯片(2)的 G_{2A} 分别作“令使能信号有效”的处理。两个芯片的编码输入 C、B、A 分别对应连接构成了整个译码器 4 位编码输入的低 3 位 D_2、D_1、D_0，而芯片(1)的 G_{2A}(低有效)和芯片(2)的 G_1(高有效)连在一起构成4位编码输入的最高位 D_3。于是,当 $D_3=0$ 时芯片(1)工作、芯片(2)不工作。而 D_2、D_1、D_0 变化时,相当于编码输入在0000~0111之间,F_0~F_7 中的某一位会输出低电平(有效);当 $D_3=1$ 时芯片(2)工作,芯片(1)不工作。D_2、D_1、D_0 变化时,相当于编码输入在1000~1111之间,F_8~F_{15} 中的某一位会输出低电平(有效)。这样就构成了4位编码输入、16位译码输出的4-16线二进制译码器。

其实,在74系列标准中规模集成电路里有现成的"4-16线译码器",其型号为74LS154。表4.10列出了74LS154的功能表,它的逻辑符号如图4.24所示。74LS154有2个使能输入端 G_1、G_2,均为低电平有效。其16个译码输出0~15也都是低电平有效。4位编码输入 D、C、B、A 中,D 是最高位,A 是最低位。

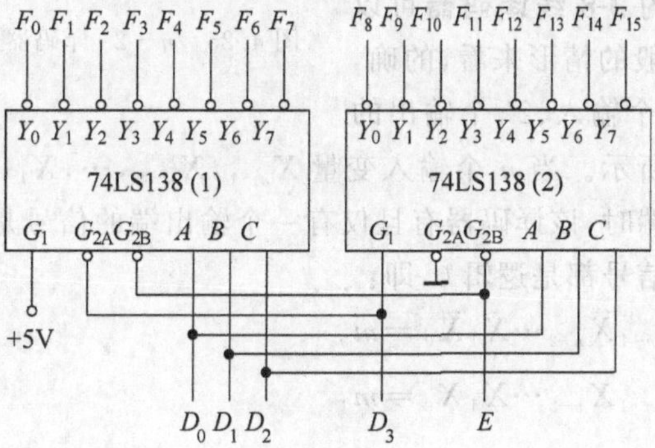

图4.23 用74LS138组成的4-16线译码器

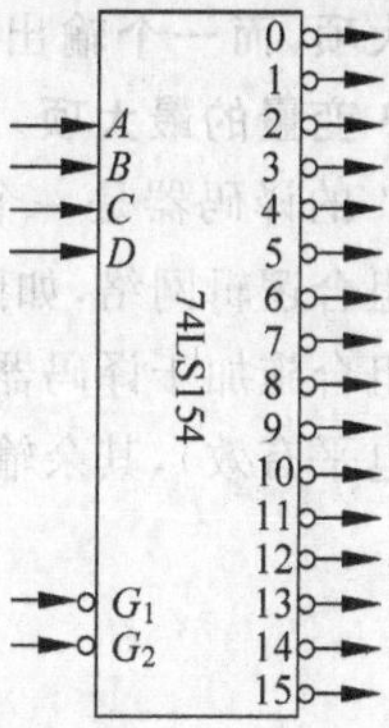

图4.24 74LS154逻辑符号

有关74LS154的工作过程、级联方法、译码输出信号逻辑表达式的推导过程等,均与74LS139、74LS138类似,这里不再赘述。

表4.10 74LS154功能表

输入						输出															
G_1	G_2	D	C	B	A	0	1	2	3	4	5	6	7	8	9	10	11	12	13	14	15
1	×	×	×	×	×	1	1	1	1	1	1	1	1	1	1	1	1	1	1	1	1
×	1	×	×	×	×	1	1	1	1	1	1	1	1	1	1	1	1	1	1	1	1
0	0	0	0	0	0	0	1	1	1	1	1	1	1	1	1	1	1	1	1	1	1
0	0	0	0	0	1	1	0	1	1	1	1	1	1	1	1	1	1	1	1	1	1
0	0	0	0	1	0	1	1	0	1	1	1	1	1	1	1	1	1	1	1	1	1
0	0	0	0	1	1	1	1	1	0	1	1	1	1	1	1	1	1	1	1	1	1
0	0	0	1	0	0	1	1	1	1	0	1	1	1	1	1	1	1	1	1	1	1
0	0	0	1	0	1	1	1	1	1	1	0	1	1	1	1	1	1	1	1	1	1
0	0	0	1	1	0	1	1	1	1	1	1	0	1	1	1	1	1	1	1	1	1
0	0	0	1	1	1	1	1	1	1	1	1	1	0	1	1	1	1	1	1	1	1
0	0	1	0	0	0	1	1	1	1	1	1	1	1	0	1	1	1	1	1	1	1
0	0	1	0	0	1	1	1	1	1	1	1	1	1	1	0	1	1	1	1	1	1
0	0	1	0	1	0	1	1	1	1	1	1	1	1	1	1	0	1	1	1	1	1
0	0	1	0	1	1	1	1	1	1	1	1	1	1	1	1	1	0	1	1	1	1
0	0	1	1	0	0	1	1	1	1	1	1	1	1	1	1	1	1	0	1	1	1
0	0	1	1	0	1	1	1	1	1	1	1	1	1	1	1	1	1	1	0	1	1
0	0	1	1	1	0	1	1	1	1	1	1	1	1	1	1	1	1	1	1	0	1
0	0	1	1	1	1	1	1	1	1	1	1	1	1	1	1	1	1	1	1	1	0

2. 用二进制译码器实现逻辑函数

译码器在数字电路设计工程师的逻辑模块工具库里，算是一个重要的保留项目。译码器在计算机电路里常用于存储器的地址译码电路；它还能用于码制变换电路（例如，二进制到十进制的变换）、数据传送电路等。但是在本小节里，主要讨论如何用它去实现逻辑函数的问题。

观察式(4.10)，发现 2-4 线译码器的每一个译码输出都是一个两变量的最小项，即：**一个输出高有效的 2-4 线译码器可以产生全部两变量的最小项**。再观察式(4.11)和式(4.12)，发现在全部使能信号都有效的情况下，**一个输出低有效的 2-4 线译码器可以产生全部两变量的最大项，而一个输出低有效的 3-8 线译码器可以产生全部 3 变量的最大项**。从更一般的情形来看，的确，一个 $n-2^n$ 的译码器是一个具有 n 个输入、2^n 个输出的"多输出"组合逻辑网络，如图 4.25 所示。当 n 个输入变量 $X_{n-1},X_{n-2},\cdots,X_1,X_0$ 的每一种可能的组合施加于译码器的输入端时，该译码器有且仅有一个输出端的信号是逻辑 1（译码输出高电平有效），其余输出端的信号都是逻辑 0，即：

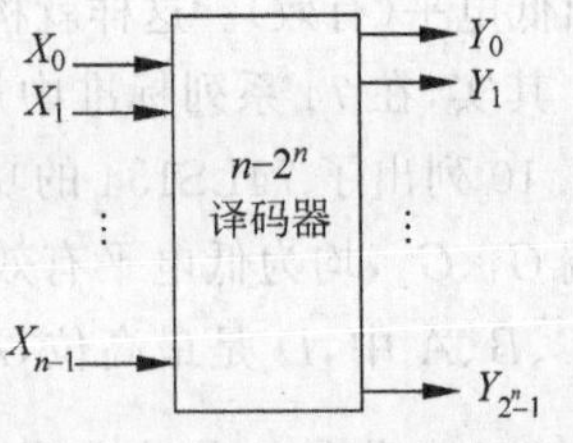

图 4.25 $n-2^n$ 译码器逻辑模块

$$Y_0=\overline{X}_{n-1}\overline{X}_{n-2}\cdots\overline{X}_1\overline{X}_0=m_0$$

$$Y_1=\overline{X}_{n-1}\overline{X}_{n-2}\cdots\overline{X}_1X_0=m_1$$

$$\vdots$$

$$Y_{2^n-1}=X_{n-1}X_{n-2}\cdots X_1X_0=m_{2^n-1}$$

因此，可以把输出高电平有效的 $n-2^n$ 线译码器看作是一个输入 n 变量的"最小项发生器"，其每一个输出端都唯一地对应一个最小项，整个译码器提供了全部 2^n 个最小项。类似地，由于对最小项取反就得到最大项，所以输出低电平有效的 $n-2^n$ 线译码器是一个输入 n 变量的"最大项发生器"，译码器提供了全部 2^n 个最大项。另一方面，任何一个 n 变量的逻辑函数，都可以写成若干个 n 变量最小项之和或最大项之积。所以，**用一个 $n-2^n$ 线译码器再辅以适当的逻辑门电路，就可以实现任何一个 n 变量的逻辑函数**。

【例 4.1】 用译码器配合适当的逻辑门实现如下的逻辑函数：

$$F(X,Y,Z)=\sum m(0,1,4,6,7)$$

$$=\prod M(2,3,5)$$

解：因为 F 是一个 3 变量的逻辑函数，所以应该使用 3-8(2^3)译码器。而译码器有高电平输出有效和低电平输出有效两种，所以可以用几种方式来实现这个逻辑函数。

(1) 用一个输出为高电平有效的 3-8 译码器实现。此时的译码器相当于一个"最小项发生器"，所以用一个"或"门与之相配合，就可实现逻辑函数 F 的最小项之和式，即

$$F(X,Y,Z)=\sum m(0,1,4,6,7)=m_0+m_1+m_4+m_6+m_7 \tag{4.13}$$

相应于表达式(4.13)的逻辑图，如图 4.26(a)所示。

(2) 用一个输出为低电平有效的 3-8 译码器实现。此时的译码器相当于一个"最大项发生器"，所以用一个"与"门与之相配合，就可实现逻辑函数 F 的最大项之积式，即

$$F(X,Y,Z)=\prod M(2,3,5)=M_2\cdot M_3\cdot M_5 \tag{4.14}$$

相应于表达式(4.14)的逻辑图,如图 4.26(b)所示。

(3) 将逻辑函数 F 的最大项之积式稍做变形如下:

$$
\begin{aligned}
F(X,Y,Z) &= \prod M(2,3,5) = \overline{\overline{M_2 \cdot M_3 \cdot M_5}} \\
&= \overline{\overline{M_2} + \overline{M_3} + \overline{M_5}} = \overline{m_2 + m_3 + m_5}
\end{aligned} \tag{4.15}
$$

式(4.15)表明,用一个"或非"门与一个输出为高电平有效的 3-8 译码器相配合,就可实现逻辑函数 F 的最大项之积式。相应于表达式(4.15)的逻辑图,如图 4.26(c)所示。

(4) 将逻辑函数 F 的最小项之和式稍做变形如下:

$$
\begin{aligned}
F(X,Y,Z) &= \sum m(0,1,4,6,7) = \overline{\overline{m_0 + m_1 + m_4 + m_6 + m_7}} \\
&= \overline{\overline{m_0} \cdot \overline{m_1} \cdot \overline{m_4} \cdot \overline{m_6} \cdot \overline{m_7}} = \overline{M_0 \cdot M_1 \cdot M_4 \cdot M_6 \cdot M_7}
\end{aligned} \tag{4.16}
$$

式(4.16)表明,用一个"与非"门与一个输出为低电平有效的 3-8 译码器相配合,就可实现逻辑函数 F 的最小项之和式。相应于表达式(4.16)的逻辑图,如图 4.26(d)所示。

注意:在图 4.26 中,C 是译码器输入端的最高有效位。

例 4.1 说明,对于给定的逻辑函数,若利用译码器去实现它,则有几种方法可供采用。这些方法都是用一个译码器和一个适当的附加逻辑门相配合,去实现逻辑函数的最小项之和或最大项之积。比较图 4.26 中各电路,发现图(b)、(c)所用门电路的输入端数最少、规模最小、电路最简单。显然,从选择最具成本效率电路的角度看,应该选用图 4.26(b)、(c)所示电路去实现逻辑函数。因此,**当用译码器实现逻辑函数时,应该选用最小项之和与最大项之积中项数较少的表达式**。在上例中,最大项之积项数较少,故选用式(4.14)、式(4.15)最易实现逻辑函数,成本也最低。

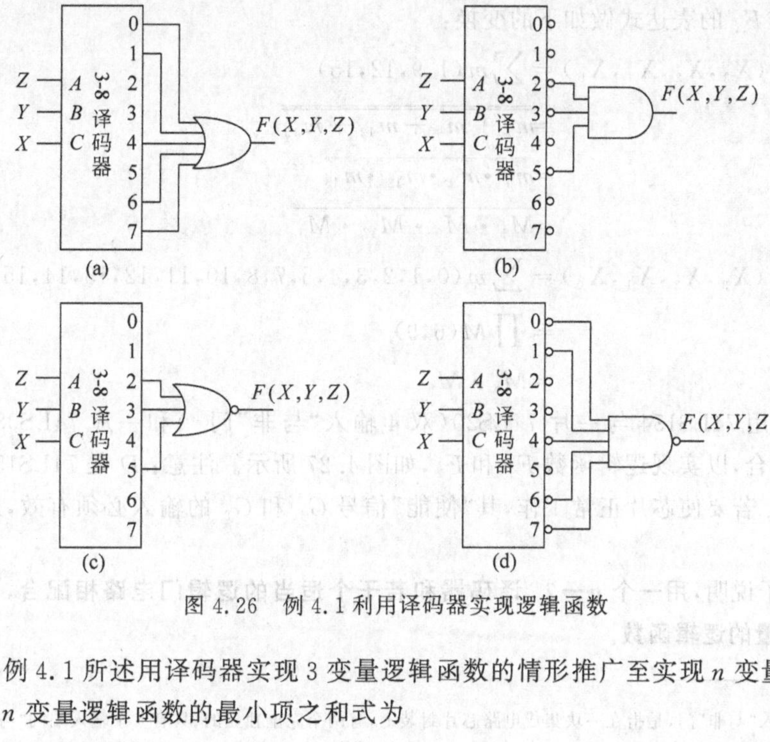

图 4.26 例 4.1 利用译码器实现逻辑函数

可以将例 4.1 所述用译码器实现 3 变量逻辑函数的情形推广至实现 n 变量逻辑函数的一般情形。n 变量逻辑函数的最小项之和式为

$$F(X_{n-1},X_{n-2},\cdots,X_1,X_0)=\sum_{0\leqslant i<2^n} m_i$$
$$=\overline{\overline{\sum_{0\leqslant i<2^n} m_i}}$$
$$=\overline{\prod_{0\leqslant i<2^n} \overline{m}_i}$$
$$=\overline{\prod_{0\leqslant i<2^n} M_i} \tag{4.17}$$

式(4.17)表明：**用高电平输出有效的 $n-2^n$ 译码器和一个“或”门(逻辑加)相配合，就可实现任意一个 n 变量的逻辑函数；用低电平输出有效的 $n-2^n$ 译码器和一个“与非”门相配合，也可实现任意一个 n 变量的逻辑函数**。与之相对应，n 变量逻辑函数的表达式是最大项之积的情形，留给读者去推导。其所得出的相应结论为：**低电平输出有效的 $n-2^n$ 译码器和一个“与”门(逻辑乘)相配合，以及高电平输出有效的 $n-2^n$ 译码器和一个“或非”门相配合，都可实现任意一个 n 变量的逻辑函数**。

【例 4.2】 利用一片 74LS154 和适当的逻辑门电路实现如下的逻辑函数：

$$F_1(X_3,X_2,X_1,X_0)=\sum m(1,9,12,15)$$
$$F_2(X_3,X_2,X_1,X_0)=\sum m(0,1,2,3,4,5,7,8,10,11,12,13,14,15)$$

74LS154 的功能表如表 4.10 所示。

解：F_1 和 F_2 均为 4 变量的逻辑函数，而 74LS154 是一个 4-16(2^4)译码器，所以可用该 MSI 来实现这两个逻辑函数。由表 4.10 知，译码器 74LS154 的输出是低电平有效。所以将函数 F_1 和 F_2 的表达式做如下的变换：

$$F_1(X_3,X_2,X_1,X_0)=\sum m(1,9,12,15)$$
$$=\overline{\overline{m_1+m_9+m_{12}+m_{15}}}$$
$$=\overline{\overline{m}_1\cdot\overline{m}_9\cdot\overline{m}_{12}\cdot\overline{m}_{15}}$$
$$=\overline{M_1\cdot M_9\cdot M_{12}\cdot M_{15}}$$

$$F_2(X_3,X_2,X_1,X_0)=\sum m(0,1,2,3,4,5,7,8,10,11,12,13,14,15)$$
$$=\prod M(6,9)$$
$$=M_6\cdot M_9$$

于是，就可以用 74LS154 与一片 74LS20(双 4 输入“与非”门①)和一片 74LS08(四 2 输入“与”门)相配合，以实现逻辑函数 F_1 和 F_2，如图 4.27 所示。注意：D 是 74LS154 输入端的最高有效位。若要使芯片正常工作，其“使能”信号 G_1 和 G_2 的输入必须有效，所以 G_1、G_2 均接“地”。

这个例子说明，**用一个 $n-2^n$ 译码器和若干个适当的逻辑门电路相配合，可以同时实现多个 n 变量的逻辑函数**。

① 双 4 输入“与非”门，是指在一块集成电路芯片封装上，有两个完全独立的、具有 4 个输入端的“与非”门。后面提到的四 2 输入“与”门，意思类似。

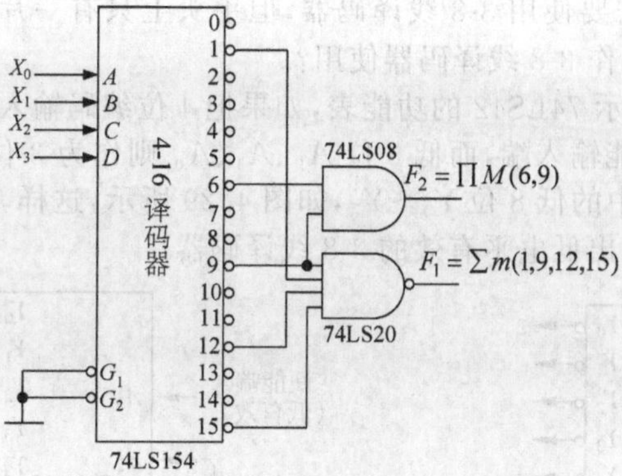

图 4.27 例 4.2 利用译码器实现逻辑函数

3. 二-十进制译码器

与 4.2.1 小节中介绍的 8421BCD 编码器相对应，**二-十进制译码器**(BCD to decimal decoder)的输入为某种 BCD 码(8421、5421 等)，输出是 BCD 码所代表的 10 个信息，因此也称此译码器为 4-10 线译码器。对于前面谈到的 4-16 线二进制译码器，如果只使用其 16 个输出端的前 10 个，则此 4-16 线译码器就是被当作 8421BCD 码输入的二-十进制译码器使用。

在 74 系列标准中规模集成电路中，74LS42 就是 8421BCD 码输入的二-十进制译码器。图 4.28 所示为 74LS42 的逻辑符号，表 4.11 给出其功能表。从逻辑符号和功能表可得到 74LS42 的如下信息：

- 4 位编码输入信号 A_3、A_2、A_1、A_0 只接受 8421BCD 码输入，超过 8421 码范围的 1010～1111 编码被视为无效输入或叫做“伪码”输入。
- 10 个输出信号均为低电平有效。
- 当输入信号是伪码时，输出信号全为高电平，表示输出无效。

表 4.11 74LS42 的功能表

序号	输入				输出									
	A_3	A_2	A_1	A_0	Y_0	Y_1	Y_2	Y_3	Y_4	Y_5	Y_6	Y_7	Y_8	Y_9
0	0	0	0	0	0	1	1	1	1	1	1	1	1	1
1	0	0	0	1	1	0	1	1	1	1	1	1	1	1
2	0	0	1	0	1	1	0	1	1	1	1	1	1	1
3	0	0	1	1	1	1	1	0	1	1	1	1	1	1
4	0	1	0	0	1	1	1	1	0	1	1	1	1	1
5	0	1	0	1	1	1	1	1	1	0	1	1	1	1
6	0	1	1	0	1	1	1	1	1	1	0	1	1	1
7	0	1	1	1	1	1	1	1	1	1	1	0	1	1
8	1	0	0	0	1	1	1	1	1	1	1	1	0	1
9	1	0	0	1	1	1	1	1	1	1	1	1	1	0
伪码	1	0	1	0	1	1	1	1	1	1	1	1	1	1
	…				1	1	1	1	1	1	1	1	1	1
	1	1	1	1	1	1	1	1	1	1	1	1	1	1

【例 4.3】 实验中需要使用 3-8 线译码器,但手头上只有一片 4-10 线译码器 74LS42。问:是否能将 74LS42 当作 3-8 线译码器使用?

解:考查表 4.11 所示 74LS42 的功能表,如果把 4 位编码输入的最高位 A_3 作为 3-8 线译码器的低电平有效使能输入端,而低 3 位 A_2、A_1、A_0 则作为 3 位编码输入,同时,只使用 74LS42 的 10 个输出端中的低 8 位 $Y_0 \sim Y_7$,如图 4.29 所示,这样,74LS42 就成为一个具有低电平有效使能端,且输出低电平有效的 3-8 线译码器。

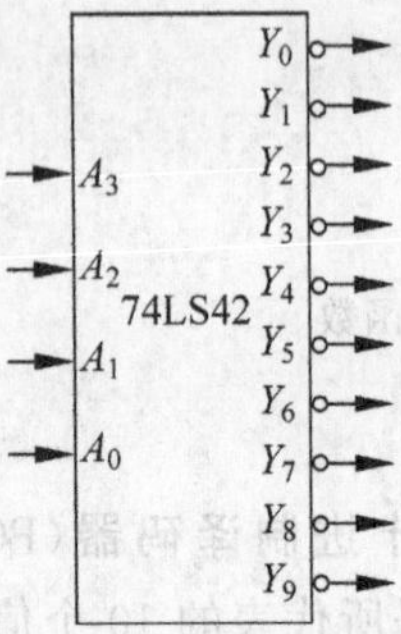

图 4.28 74LS42 逻辑符号

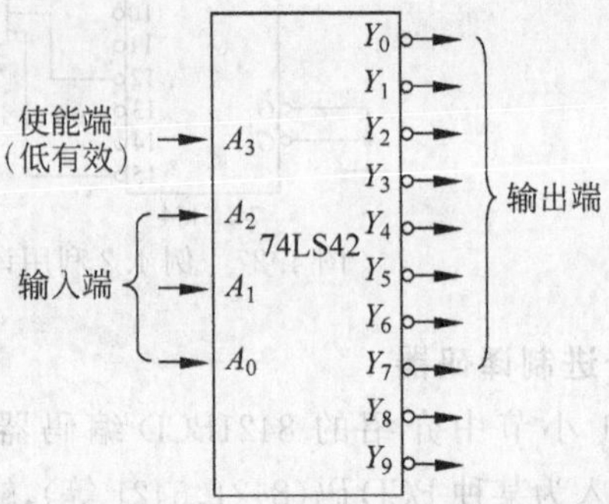

图 4.29 例 4.3 74LS42 构成的 3-8 线译码器

4. 显示译码器

在数字系统中,有各种数字显示器(Numeric Display)用于显示十进制以及十六进制数的字符。其中最常用的就是所谓七段数码显示器,简称七段显示器(Seven-Segment Display)。七段显示器的种类有很多,如七段 LCD(Liquid Crystal Display)液晶显示器、七段 LED(Light Emitting Diode)发光二极管显示器、七段荧光数码管、七段辉光数码管等。LCD 显示器的优点是功耗低、寿命长;缺点是驱动电路相对复杂,显示器本身不发光,需要依靠背光或反射外部光线来显示。荧光数码管和辉光数码管的优点是亮度高;缺点是驱动电压高、功耗大。LED 显示器的优点是驱动电流小、功耗低、寿命长;缺点是亮度较低。不过,随着半导体技术的发展,出现了高亮度的发光二极管,其亮度可以达到照明的程度。因此,由发光二极管构成的七段显示器已经逐渐代替了荧光数码管和辉光数码管。

七段 LED 显示器也称七段 LED 数码管,若其带有小数点显示,则成为八段数码管。

图 4.30 所示就是八段数码管及其所显示的数码字形。八段数码管由 8 个 LED 构成,每个 LED 负责点亮数码字形的一段。LED 的连接方式有两种:共阴极与共阳极,如图 4.31(a)、(b)所示。可根据不同的驱动方式(高电平驱动或低电平驱动)选用共阴极或共阳极数码管。点亮 LED 的驱动电流从 1mA 到十几毫安不等,LED 的正向导通压降在 2V 左右。若用+5V 或 TTL 电平驱动 LED,则必须加限流电阻,其阻值在几百欧到几千欧之间。

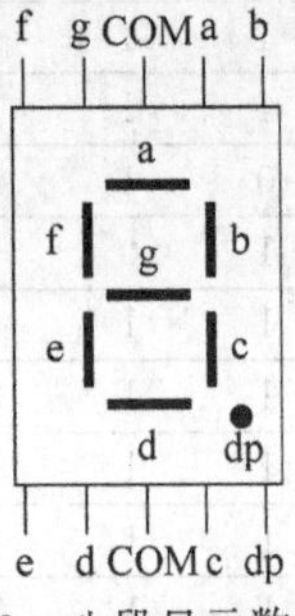

图 4.30 八段显示数码字形

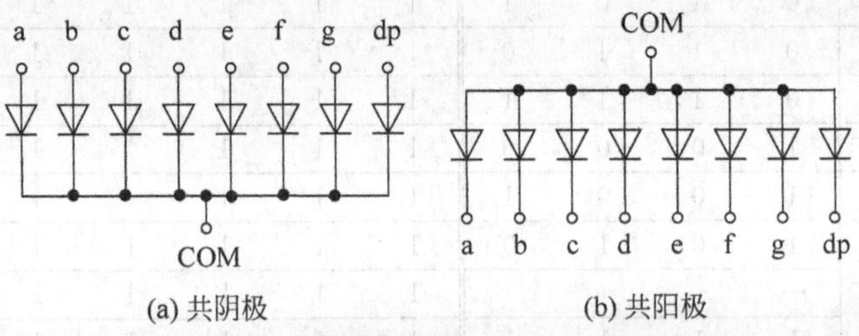

图 4.31 八段数码管内部 LED 的两种连接方式

标准中规模集成电路 74LS248 就是专门用于驱动七段 LED 数码管的显示译码器(Display Decoder)。图 4.32[①] 示出了 74LS248 的引脚分布图和译码器逻辑符号,其功能表如表 4.12 所示。译码器的输入端是 D、C、B、A,用以输入 8421BCD 码;输出端是 7 个"段"驱动信号 a、b、c、d、e、f、g,全部为高电平驱动方式(高有效),即:逻辑 1 代表点亮相应 LED 显示段。7 个译码输出端的内部电路结构如图 4.33 所示[②]。可以看出,当输出三极管截止时,电源 V_{CC}(+5V)通过 2kΩ 的上拉电阻输出高电平。这个高电平可以驱动一个 LED 负载,2kΩ 上拉电阻还同时起到限流电阻的作用。因此,74LS248 可以直接驱动共阴极的七段 LED 数码管而无须再串接限流电阻。七比特的译码输出构成了七段字形码。功能表的最右一列,给出了对应 BCD 码的十进制数字字符的显示字形。需要指出的是,表 4.12 中未列出 6 个非 8421 BCD 码以及它们所对应的七段字形码。实际上,当输入 4 位二进制数码为 1010~1111 时,译码器有确定的七段字形码输出,只不过这些字形码所对应的显示字形都是没有意义的字形。除了以上所述外,还可以从表 4.12 所示的功能表读出有关 74LS248 其他的功能信息。

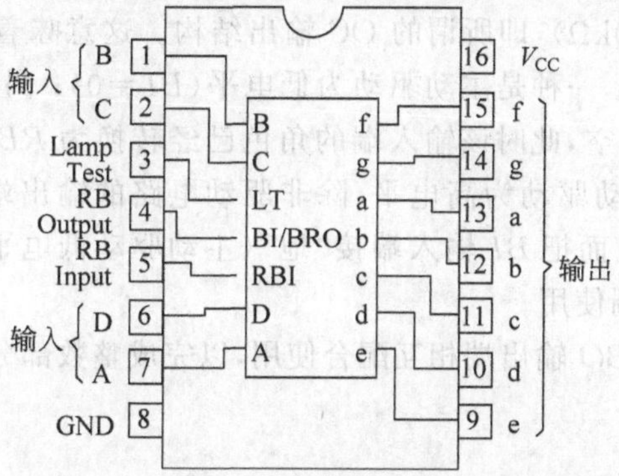

图 4.32　74LS248 芯片引脚及译码器逻辑符号

表 4.12　74LS248 功能表

十进制数	输入 LT	输入 RBI	输入 D C B A	输入/输出 BI / RBO	输出 a b c d e f g	显示字形
灭灯	×	×	××××	0/	0 0 0 0 0 0 0	全灭
灭零	1	0	0 0 0 0	/0	0 0 0 0 0 0 0	灭 0
灯测	0	×	××××	/1	1 1 1 1 1 1 1	8
0	1	1	0 0 0 0	/1	1 1 1 1 1 1 0	0
1	1	×	0 0 0 1	/1	0 1 1 0 0 0 0	1
2	1	×	0 0 1 0	/1	1 1 0 1 1 0 1	2
3	1	×	0 0 1 1	/1	1 1 1 1 0 0 1	3
4	1	×	0 1 0 0	/1	0 1 1 0 0 1 1	4
5	1	×	0 1 0 1	/1	1 0 1 1 0 1 1	5
6	1	×	0 1 1 0	/1	1 0 1 1 1 1 1	6
7	1	×	0 1 1 1	/1	1 1 1 0 0 0 0	7
8	1	×	1 0 0 0	/1	1 1 1 1 1 1 1	8
9	1	×	1 0 0 1	/1	1 1 1 1 0 1 1	9

① 引自于 RENESAS 半导体器件公司的数据手册。

② 引自于 Texas Instruments 公司的数据手册。

- 灯测试输入信号(Lamp Test Input,LT)：低电平有效。当LT＝0(有效)时，无论其他输入信号为何值，7个段输出信号全为高电平(有效)。其目的是为了测试数码管的7个发光段是否完好。
- 级联灭零输入信号(Ripple Blanking Input,RBI)：低电平有效。当$RBI=0$(有效)且输入为8421码0000时，七个段输出信号全为低电平(无效)，数码管熄灭，不显示0字形。其目的是为了消隐整数部分的“前导零”和小数部分的“后尾零”。
- 灭灯输入信号(Blanking Input,BI)和级联灭零输出信号(Ripple Blanking Output,RBO)：这两个信号共用一个芯片引脚，均为低电平有效。当输入$BI=0$(有效)时，无论其他输入信号为何值，七个段输出信号全为低电平(无效)。这样数码管的七个段都不亮，起到了灭灯的作用。*RBO*为指示性输出信号，当$RBO=0$(有效)时，表示本数码位的*RBI*有效且编码输入为8421码的0000，即：本数码位处于“灭零”工作状态。
- 引脚*BI*/*RBO*的内部电路如图4.34所示[①]。可以看出，*RBO*输出电路是集电极开路加上拉电阻(20kΩ)，即所谓的OC输出结构。这意味着，外部电路驱动*BI*输入端的方式有两种：一种是主动驱动为低电平($BI=0$)；另一种是“高阻”驱动方式，即：*BI*输入端悬空，此时该输入端的角色已经转换为*RBO*输出端。*BI*输入端不能被外部电路主动驱动为高电平，除非驱动电路的输出端是OC输出结构。实际上，除了需要灭灯而把*BI*输入端接“地”(主动驱动低电平)以外，*BI*/*RBO*引脚都作为*RBO*输出端使用。
- *RBI*输入端和*RBO*输出端相互配合使用，以完成整数部分“前导零”和小数部分“后尾零”的消隐任务。

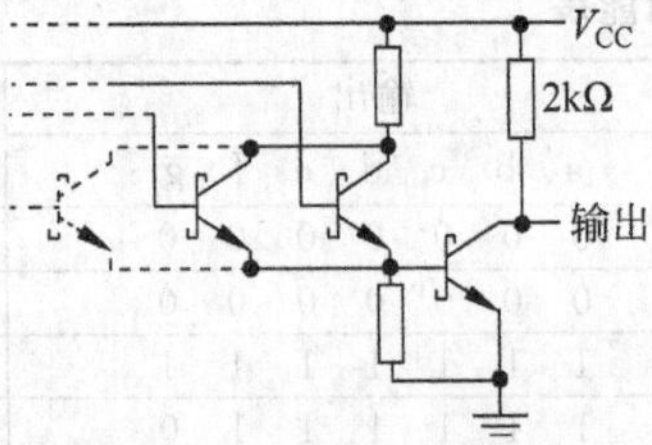

图4.33　74LS248七段译码输出端的内部电路结构

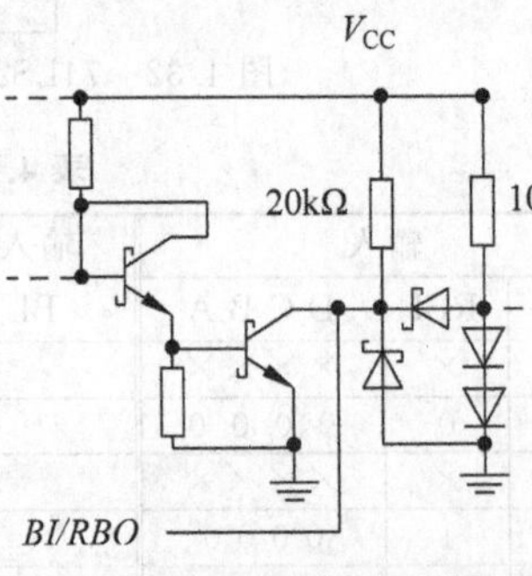

图4.34　74LS248芯片引脚BI/RBO的内部电路结构

【例4.4】 利用74LS248和数码管构建一个多位十进制数码显示器。其中，整数部分四位，小数部分三位，显示数字“508.09”。要求消隐整数部分“前导零”和小数部分“后尾零”，画出连线图，并说明工作原理。

解：连线图如图4.35所示。整数部分最高位(千位)的74LS248的*RBI*输入端接“地”($RBI=0$)，这意味着，当“千位”上的8421BCD码输入为0000时，这个0字形不会在数码管上显示。与此同时，“千位”上的$RBO=0$，于是“百位”上的*RBI*也为0，这将使得“百位”上

---

① 引自于Texas Instruments公司的数据手册。

的数码管也不会显示 0 字形，此进程一直延续到“十位”。不过，小数点前面“个位”上的 0 是要显示的，所以“个位”上 74LS248 的 *RBI* 输入端接逻辑 1(*RBI*=1)。小数部分的情形与此类似，只不过是小数部分的最低位(千分之一位)的 *RBI* 接“地”，表示“千分之一”位不显示 0，然后其 *RBO* 向左传递。而小数点后面“十分之一位”上的 0 需要显示，故“十分之一位”上的 *RBI*=1。

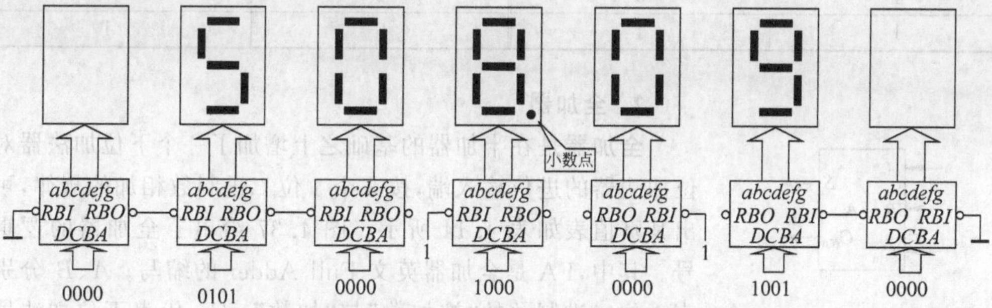

图 4.35 例 4.4 74LS248 灭 0 控制示意图

4.2.3 加法器

在数字系统中，加法器是最常用的组合逻辑部件之一。特别是在数字计算机系统中，数据的运算都是以二进制数形式进行的，所有运算(包括加、减、乘、除)最终都可以转化为加法运算。因此，加法器是计算机的 CPU 完成算术运算的基本部件。加法器的规模由其位数决定，本节首先讨论一位加法器，在此基础上再推广到多位加法器的情形。

1. 半加器

假设 X、Y 是两个 1 位二进制数，且 X 为“被加数”、Y 为“加数”。X、Y 的“和”为 $\sum$，加法产生的“进位”为 C。于是完成 X、Y 相加操作的部件就是**半加器**，按照两个 1 位二进制数做加法的规律，可列出其真值表如表 4.13 所示。由真值表写出 $\sum$ 和 C 的表达式如下：

$$\begin{cases}\sum = \overline{X}Y + X\overline{Y} = X \oplus Y \\ C = XY\end{cases} \tag{4.18}$$

按照式(4.18)，可画出半加器的逻辑电路图如图 4.36(a)所示。

半加器的特点是没有进位输入端(下一位加法器对本位加法器的进位)，其逻辑符号示于图 4.36(b)，图中 HA 字样是半加器英文 Half Adder 的缩写。

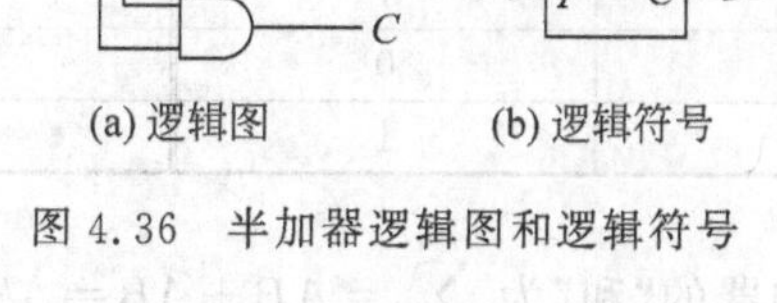

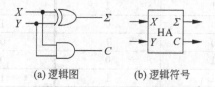

图 4.36 半加器逻辑图和逻辑符号

表 4.13 半加器真值表

输入		输出	
X	Y	$\sum$	C
0	0	0	0
0	1	1	0
1	0	1	0
1	1	0	1

2. 全加器

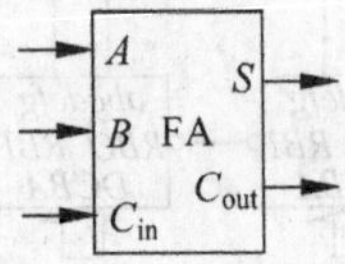

图 4.37 全加器逻辑符号

全加器是在半加器的基础之上增加了一个下位加法器对本位加法器的进位输入端，按 3 个 1 位二进制数相加的规律，可写出其真值表如表 4.14 所示。图 4.37 给出了全加器的逻辑符号。其中，FA 是全加器英文 Full Adder 的缩写；A、B 分别代表 1 位二进制数的“被加数”与“加数”；C_{in} 代表下位加法器对本位加法器的“进位”输入；S 是“和”输出；C_{out} 是本位加法器对上位加法器的“进位”输出。由真值表写出 S 和 C_{out} 的函数表达式如下：

$$
\begin{aligned}
S &= \sum m(1,2,4,7) \\
&= \overline{A}\,\overline{B}C_{in} + \overline{A}B\overline{C_{in}} + A\overline{B}\,\overline{C_{in}} + ABC_{in} \\
&= (\overline{A}B + A\overline{B})\overline{C_{in}} + (\overline{A}\,\overline{B} + AB)C_{in} \\
&= A \oplus B \oplus C_{in}
\end{aligned} \tag{4.19}
$$

$$
\begin{aligned}
C_{out} &= \sum m(3,5,6,7) \\
&= \overline{A}BC_{in} + A\overline{B}C_{in} + AB\overline{C_{in}} + ABC_{in} \\
&= AB + (\overline{A}B + A\overline{B})C_{in} \\
&= AB + AC_{in} + BC_{in}
\end{aligned} \tag{4.20}
$$

表 4.14 全加器真值表

输入			输出	
A	B	C_{in}	S	C_{out}
0	0	0	0	0
0	0	1	1	0
0	1	0	1	0
0	1	1	0	1
1	0	0	1	0
1	0	1	0	1
1	1	0	0	1
1	1	1	1	1

根据式(4.18)，令：半加器的“和”为 $\sum = \overline{A}B + A\overline{B} = A \oplus B$；半加器的“进位”为 $C = AB$，分别代入式(4.19)和式(4.20)：

$$
\begin{aligned}
S &= (\overline{A}B + A\overline{B})\overline{C_{in}} + (AB + \overline{A}\overline{B})C_{in} \\
&= \sum \overline{C_{in}} + \overline{\sum} C_{in} \\
&= \sum \oplus C_{in}
\end{aligned}
\tag{4.21}
$$

$$
\begin{aligned}
C_{out} &= AB + (\overline{A}B + A\overline{B})C_{in} \\
&= AB + \sum C_{in}
\end{aligned}
\tag{4.22}
$$

式(4.21)和式(4.22)表明：一个全加器是由两个半加器和一个"或"门组合而成，如图4.38所示。

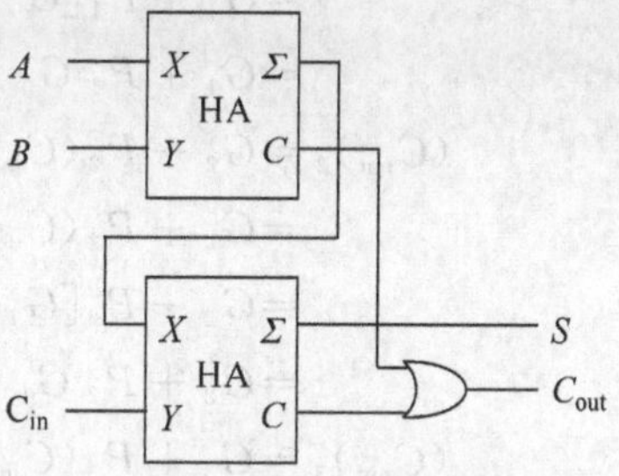

图4.38　由半加器构成全加器

3. 多位加法器

一个全加器只能完成两个1位二进制数的加法运算，如果想实现两个多位二进制数的加法运算，则可将多个全加器级联起来构成多位加法器。图4.39示出了一个由4个全加器组成的4位加法器。全加器采用进位串接的方式相互连接，即：某一位全加器的进位输出端 C_{out} 连接到上一位全加器的进位输入端 C_{in}。该加法器可完成两个4位二进制数 $A_3A_2A_1A_0$ 和 $B_3B_2B_1B_0$ 的加法运算。4位"和"的输出为 $S_3S_2S_1S_0$，最高位的进位输出是 $(C_{out})_3$，最低位的进位输入 $(C_{in})_0$ 接"地"(逻辑0)，表示没有下一位对本位的进位信号。当然，最低位的全加器也可以用半加器来代替。

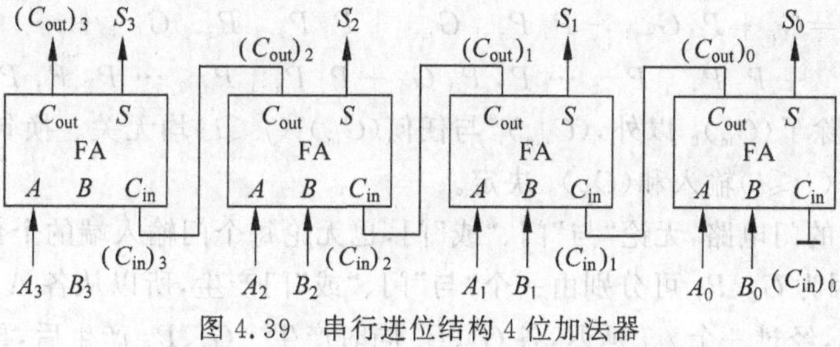

图4.39　串行进位结构4位加法器

根据图4.39，再结合式(4.19)和式(4.20)可以看出：某位全加器的输出信号，包括"和" S_i 与"进位" $(C_{out})_i$，必须等其下一位全加器的进位输出信号 $(C_{out})_{i-1}$ 产生之后才能被运算产生，即：进位信号是逐级传递产生的。这意味着，从"加数""被加数"施加到加法器输入端开始，越是处于高位的全加器，其"和"与"进位"产生的延迟时间越长。加法器的位数越多，加法运算的时间就越长。显然，这种串行进位结构的加法器无法实现高速的加法运算。为了解决这个问题，于是就提出了一种超前进位加法器(Carry Look-ahead Adder，CLA)。

4. 超前进位加法器

为了提高加法运算的速度，必须由"加数""被加数"输入信号直接产生各位的进位信号 $(C_{out})_i$。换句话说，就是让各"进位"信号产生的延迟时间与其所在加法器中的位置无关。假设某位全加器的进位输出为 $(C_{out})_i$，由式(4.20)得到

$$
\begin{aligned}
(C_{out})_i &= A_iB_i + A_i(C_{in})_i + B_i(C_{in})_i \\
&= A_iB_i + (A_i + B_i)(C_{in})_i \\
&= A_iB_i + (A_i + B_i)(C_{out})_{i-1}
\end{aligned}
\tag{4.23}
$$

令：$G_i = A_i B_i$，$P_i = A_i + B_i$，代入(4.23)式，有

$$(C_{\text{out}})_i = G_i + P_i (C_{\text{in}})_i = G_i + P_i (C_{\text{out}})_{i-1}$$

于是，当 $i=0,1,2,3,\cdots$，时得到下列各式：

$$(C_{\text{out}})_0 = G_0 + P_0 (C_{\text{in}})_0 \tag{4.24}$$

$$\begin{aligned}(C_{\text{out}})_1 &= G_1 + P_1 (C_{\text{in}})_1 \\ &= G_1 + P_1 (C_{\text{out}})_0 \\ &= G_1 + P_1 [G_0 + P_0 (C_{\text{in}})_0] \\ &= G_1 + P_1 G_0 + P_1 P_0 (C_{\text{in}})_0 \end{aligned} \tag{4.25}$$

$$\begin{aligned}(C_{\text{out}})_2 &= G_2 + P_2 (C_{\text{in}})_2 \\ &= G_2 + P_2 (C_{\text{out}})_1 \\ &= G_2 + P_2 [G_1 + P_1 G_0 + P_1 P_0 (C_{\text{in}})_0] \\ &= G_2 + P_2 G_1 + P_2 P_1 G_0 + P_2 P_1 P_0 (C_{\text{in}})_0 \end{aligned} \tag{4.26}$$

$$\begin{aligned}(C_{\text{out}})_3 &= G_3 + P_3 (C_{\text{in}})_3 \\ &= G_3 + P_3 (C_{\text{out}})_2 \\ &= G_3 + P_3 [G_2 + P_2 G_1 + P_2 P_1 G_0 + P_2 P_1 P_0 (C_{\text{in}})_0] \\ &= G_3 + P_3 G_2 + P_3 P_2 G_1 + P_3 P_2 P_1 G_0 + P_3 P_2 P_1 P_0 (C_{\text{in}})_0 \end{aligned} \tag{4.27}$$

$\vdots$

观察式(4.24)～式(4.27)的规律，可得到$(C_{\text{out}})_i$的一般表达式如下：

$$\begin{aligned}(C_{\text{out}})_i = {} & G_i + P_i G_{i-1} + P_i P_{i-1} G_{i-2} + P_i P_{i-1} P_{i-2} G_{i-3} + \cdots \\ & + P_i P_{i-1} P_{i-2} \cdots P_2 P_1 G_0 + P_i P_{i-1} P_{i-2} \cdots P_2 P_1 P_0 (C_{\text{in}})_0 \end{aligned} \tag{4.28}$$

式(4.28)表明：除了$(C_{\text{in}})_0$以外，$(C_{\text{out}})_i$与任何$(C_{\text{in}})_j\,(j \leqslant i)$均无关。换句话说，$(C_{\text{out}})_i$仅由各位的$A_j$、$B_j\,(j \leqslant i)$输入和$(C_{\text{in}})_0$决定。

现假设所有的门电路，无论“与”门、“或”门，也无论每个门输入端的个数有多少，其延迟时间均为t_{pd}。因为G_i、P_i可分别由一个“与”门、“或”门产生，所以从各A_i、B_i施加于加法器输入端时刻起，经过一个t_{pd}延迟，各G_i、P_i同时产生。G_i、P_i产生后，再经过一个t_{pd}延迟，就可同时产生式(4.28)中各“与”项($P_i G_{i-1}$，$P_i P_{i-1} G_{i-2}$，…)。把式(4.28)中所有“与”项加(“或”)起来，还需再经过一个t_{pd}延迟。这样，经过3个t_{pd}(三级门)的延迟，就可产生$(C_{\text{out}})_i$。然而这些均与$(C_{\text{out}})_i$在加法器中的位置无关。这就是超前进位的工作原理。

在标准中规模集成电路中，74LS283就是采用超前进位结构的4位加法器，其逻辑符号如图4.40所示。图中各信号的意义如下：

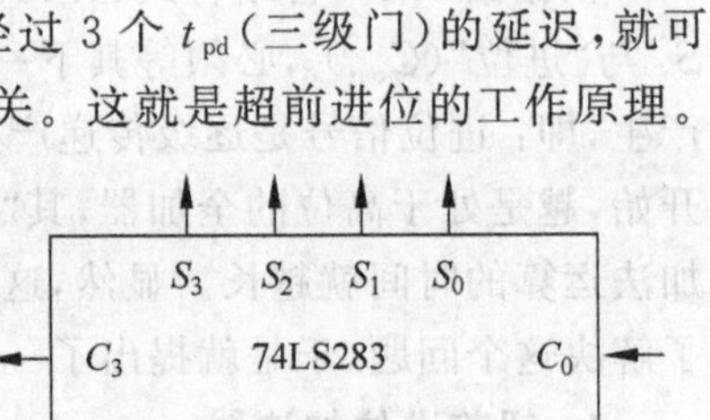

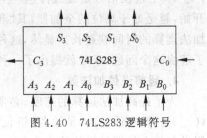

图4.40 74LS283逻辑符号

- $A_3A_2A_1A_0$和$B_3B_2B_1B_0$：参与加法运算的两个4位二进制数。A_3、B_3是MSB(最高有效位)。
- $S_3S_2S_1S_0$：4位“和”的输出，S_3是MSB。
- C_0：最低位的“进位”输入端。
- C_3：最高位的“进位”输出端。

74LS283具有超前进位结构，其芯片内部的逻辑图如图4.41所示。为了与逻辑图相对照，特将式(4.24)～式(4.27)作适当的变换。在变换过程中，用到了关系式$\bar{G}_i\bar{P}_i = \bar{P}_i$。

$$\begin{aligned}(C_{out})_0 &= G_0 + P_0(C_{in})_0 \\ &= \overline{\bar{G}_0[\bar{P}_0 + \overline{(C_{in})_0}]} \\ &= \overline{\bar{P}_0 + \bar{G}_0\overline{(C_{in})_0}} \\ &= (C_{in})_1\end{aligned} \tag{4.29}$$

$$\begin{aligned}(C_{out})_1 &= G_1 + P_1G_0 + P_1P_0(C_{in})_0 \\ &= \overline{\bar{G}_1[\bar{P}_1 + \bar{G}_0][\bar{P}_1 + \bar{P}_0 + \overline{(C_{in})_0}]} \\ &= \overline{\bar{P}_1 + \bar{G}_1\bar{P}_0 + \bar{G}_1\bar{G}_0\overline{(C_{in})_0}} \\ &= (C_{in})_2\end{aligned} \tag{4.30}$$

$$\begin{aligned}(C_{out})_2 &= G_2 + P_2G_1 + P_2P_1G_0 + P_2P_1P_0(C_{in})_0 \\ &= \overline{\bar{G}_2[\bar{P}_2 + \bar{G}_1][\bar{P}_2 + \bar{P}_1 + \bar{G}_0][\bar{P}_2 + \bar{P}_1 + \bar{P}_0 + \overline{(C_{in})_0}]} \\ &= \overline{[\bar{P}_2 + \bar{G}_2\bar{G}_1][\bar{P}_2 + \bar{P}_1 + \bar{P}_0 + \bar{G}_0\overline{(C_{in})_0}]} \\ &= \overline{\bar{P}_2 + \bar{G}_2\bar{P}_1 + \bar{G}_2\bar{G}_1\bar{P}_0 + \bar{G}_2\bar{G}_1\bar{G}_0\overline{(C_{in})_0}} \\ &= (C_{in})_3\end{aligned} \tag{4.31}$$

$$\begin{aligned}(C_{out})_3 &= G_3 + P_3G_2 + P_3P_2G_1 + P_3P_2P_1G_0 + P_3P_2P_1P_0(C_{in})_0 \\ &= \overline{\bar{G}_3[\bar{P}_3 + \bar{G}_2][\bar{P}_3 + \bar{P}_2 + \bar{G}_1][\bar{P}_3 + \bar{P}_2 + \bar{P}_1 + \bar{G}_0][\bar{P}_3 + \bar{P}_2 + \bar{P}_1 + \bar{P}_0 + \overline{(C_{in})_0}]} \\ &= \overline{[\bar{P}_3 + \bar{G}_3\bar{P}_2 + \bar{G}_3\bar{G}_2\bar{G}_1][\bar{P}_3 + \bar{P}_2 + \bar{P}_1 + \bar{P}_0 + \bar{G}_0\overline{(C_{in})_0}]} \\ &= \overline{\bar{P}_3 + \bar{G}_3\bar{P}_2 + \bar{G}_3\bar{G}_2\bar{P}_1 + \bar{G}_3\bar{G}_2\bar{G}_1\bar{P}_0 + \bar{G}_3\bar{G}_2\bar{G}_1\bar{G}_0\overline{(C_{in})_0}}\end{aligned} \tag{4.32}$$

根据式(4.19)，4位“和”的输出 $S_i(i=0\sim3)$为

$$\begin{aligned}S_i &= A_i \oplus B_i \oplus (C_{in})_i \\ &= (\bar{A}_iB_i + A_i\bar{B}_i) \oplus (C_{in})_i \\ &= [(\bar{A}_iB_i + A_i)(\bar{A}_iB_i + \bar{B}_i)] \oplus (C_{in})_i \\ &= [(\bar{A}_i + A_i)(B_i + A_i)(\bar{A}_i + \bar{B}_i)(B_i + \bar{B}_i)] \oplus (C_{in})_i \\ &= [\overline{A_iB_i}(A_i + B_i)] \oplus (C_{in})_i\end{aligned} \tag{4.33}$$

按照式(4.29)～式(4.33)，可画出图4.41所示的74LS283逻辑图。可以看出，除了$(C_{in})_0$以外，所有的$(C_{in})_i$，也就是$(C_{out})_{i-1}$，都是经过3级门电路之后产生；除了S_0以外，所有的S_i都是经过4级门电路之后产生。但是要特别指出的是，超前进位结构是以增加电路复杂程度为代价去换取快速产生“进位”位的好处。从式(4.28)可以看出，随着加法器位数的增加，进位产生电路的复杂程度将急剧上升。

【例4.5】 利用74LS283设计一个码制转换器。其输入为余3BCD码，输出为8421BCD码。要求说明工作原理。

解：根据前面有关码制转换章节的叙述，余3码与8421码的关系是：每一个余3码减去3，即：$(0011)_2$就得到对应的8421码，如表4.15所示。用加法器完成减法运算，只需用被减数加上减数的补码即可。

由于74LS283是4位加法器，其模值为$2^4=16$，所以$(0011)_2$关于16的补码为$(10000)_2-(0011)_2=(1101)_2$，即：

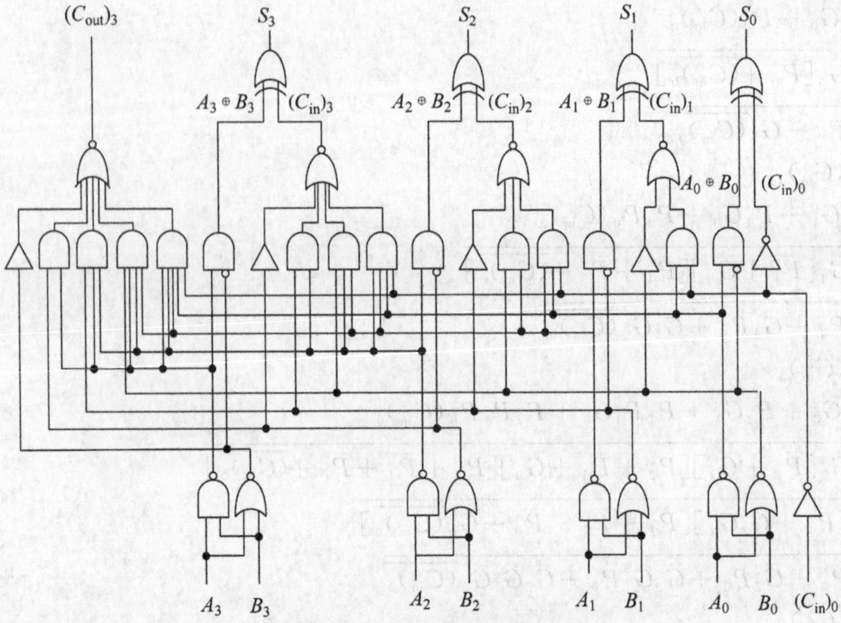

图 4.41 74LS283 逻辑图

$$
\begin{aligned}
Y_3Y_2Y_1Y_0 &= DCBA - 0011 \\
&= DCBA + 1101 \qquad (4.34)
\end{aligned}
$$

按式(4.34),用 74LS283 实现的码制转换电路如图 4.42 所示。

表 4.15 余 3 码与 8421 码的关系

输入(余 3 码)	输出(8421 码)
D C B A	Y_3 Y_2 Y_1 Y_0
0 0 1 1	0 0 0 0
0 1 0 0	0 0 0 1
0 1 0 1	0 0 1 0
0 1 1 0	0 0 1 1
0 1 1 1	0 1 0 0
1 0 0 0	0 1 0 1
1 0 0 1	0 1 1 0
1 0 1 0	0 1 1 1
1 0 1 1	1 0 0 0
1 1 0 0	1 0 0 1

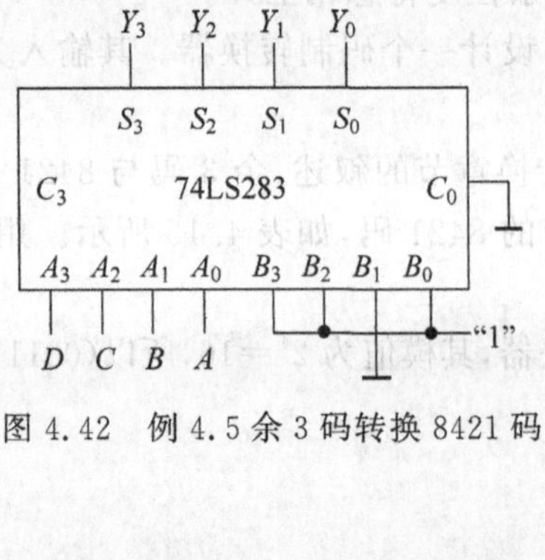

图 4.42 例 4.5 余 3 码转换 8421 码

【例 4.6】　试用 74LS283 设计一个可控加法器/减法器。设：被加数/被减数为 $X=X_3X_2X_1X_0$，加数/减数为 $Y=Y_3Y_2Y_1Y_0$，和/差为 $F=F_3F_2F_1F_0$。

解：图 4.43 给出了由 74LS283 实现的可控加法器/减法器。从图中看出，被加数/被减数 $X_3X_2X_1X_0$ 接于加法器输入端 $A_3A_2A_1A_0$，而加数/减数 $Y_3Y_2Y_1Y_0$ 则是分别通过四个"异或"门接在加法器的另一个输入端 $B_3B_2B_1B_0$ 上。控制变量 M 同时接于四个"异或"门的另一个输入端以及进位输入端 C_0 上。"异或"门相当于一个"可控反相器"，即：$Y\oplus 0=Y$，$Y\oplus 1=\overline{Y}$。所以当 $M=0$ 时，$B_3B_2B_1B_0=Y_3Y_2Y_1Y_0$，$C_0=0$，执行的是 $X_3X_2X_1X_0+Y_3Y_2Y_1Y_0$ 的操作，即加法操作；而当 $M=1$ 时，$B_3B_2B_1B_0=\overline{Y}_3\overline{Y}_2\overline{Y}_1\overline{Y}_0$，$C_0=1$，执行的是 $X_3X_2X_1X_0+\overline{Y}_3\overline{Y}_2\overline{Y}_1\overline{Y}_0+1$ 的操作，而 $\overline{Y}_3\overline{Y}_2\overline{Y}_1\overline{Y}_0+1$ 恰恰是 $Y_3Y_2Y_1Y_0$ 的补码，所以相当于执行 $X_3X_2X_1X_0-Y_3Y_2Y_1Y_0$ 的减法操作。于是，通过控制变量 M 取 0 或取 1，就可以使整个电路成为加法器或减法器。

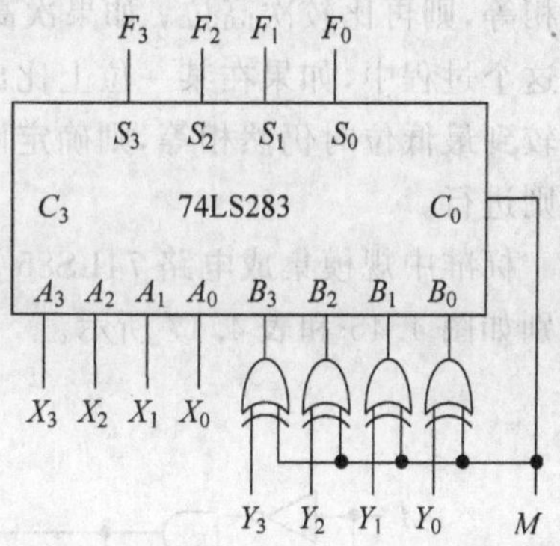

图 4.43　例 4.6 可控加法器/减法器

4.2.4　数值比较器

数值比较器(comparator)在数字系统中的作用，就是比较两个二进制数的大小。本节首先讨论最简单的 1 位二进制数比较器，然后介绍标准中规模集成电路中的 4 位二进制数比较器——74LS85。

1. 1 位数值比较器

设 A、B 为两个 1 位二进制数。A 与 B 相比较的结果，无外乎 3 种可能性。按照二进制数比大小的做法，可列出 1 位数值比较器的真值表，如表 4.16 所示。可以看出，1 位数值比较器有 3 个输出函数，其表达式如下：

$$Y_{A>B}=A\overline{B}$$

$$Y_{A<B}=\overline{A}B$$

$$Y_{A=B}=\overline{A}\overline{B}+AB=A\odot B=\overline{A\oplus B}=\overline{A\overline{B}+\overline{A}B} \tag{4.35}$$

根据式(4.35)，可画出 1 位数值比较器的逻辑图，如图 4.44 所示。

表 4.16　1 位数值比较器真值表

输入		输出		
A	B	$Y_{A>B}$	$Y_{A<B}$	$Y_{A=B}$
0	0	0	0	1
0	1	0	1	0
1	0	1	0	0
1	1	0	0	1

2. 多位数值比较器

根据比较数值大小的一般规则，两个数值比大小总是先从最高位开始比较。如果最高位相等，则再比较次高位；如果次高位也相等，则再比较下一位，直至比较到最低位时为止。在这个过程中，如果在某一位上比出了大小，则按该位比较的结果确定两个数的大小；如果比较到最低位时仍然相等，则确定两个数相等。多位数值比较器的工作过程就是按照这个规则进行。

标准中规模集成电路 74LS85 就是一个 4 位二进制数值比较器，其逻辑符号和功能表分别如图 4.45 和表 4.17 所示。

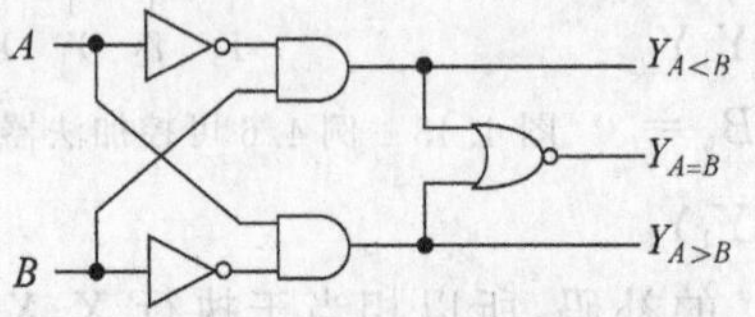

图 4.44　一位数值比较器逻辑图

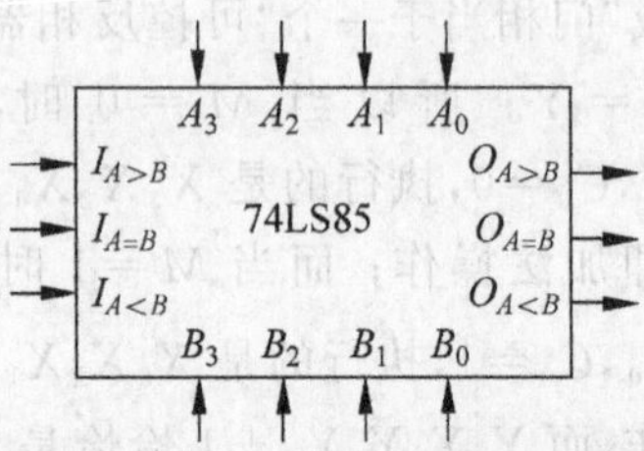

图 4.45　74LS85 逻辑符号

表 4.17　74LS85 功能表

比较输入				级联输入			输出		
A_3 B_3	A_2 B_2	A_1 B_1	A_0 B_0	$I_{A>B}$	$I_{A<B}$	$I_{A=B}$	$O_{A>B}$	$O_{A<B}$	$O_{A=B}$
1 0	×	×	×	×	×	×	1	0	0
0 1	×	×	×	×	×	×	0	1	0
	1 0	×	×	×	×	×	1	0	0
	0 1	×	×	×	×	×	0	1	0
		1 0	×	×	×	×	1	0	0
		0 1	×	×	×	×	0	1	0
			1 0	×	×	×	1	0	0
$A_3=B_3$			0 1	×	×	×	0	1	0
	$A_2=B_2$			1	0	0	1	0	0
		$A_1=B_1$		0	1	0	0	1	0
			$A_0=B_0$	×	×	1	0	0	1
				1	1	0	0	0	0
				0	0	0	1	1	0

该集成电路各输入、输出信号含义如下：

- $\boldsymbol{A}=A_3A_2A_1A_0$ 和 $\boldsymbol{B}=B_3B_2B_1B_0$：参与比较的两个 4 位二进制数。$A_3$、$B_3$ 为 MSB，A_0、B_0 为 LSB。
- $O_{A>B}$、$O_{A<B}$、$O_{A=B}$，3 种比较结果输出信号，高有效。即：$O_{A>B}=1$ 表示 $\boldsymbol{A}>\boldsymbol{B}$；$O_{A<B}=1$ 表示 $\boldsymbol{A}<\boldsymbol{B}$；$O_{A=B}=1$ 表示 $\boldsymbol{A}=\boldsymbol{B}$。当然，3 个输出信号中不能有两个以上信号同时有效。
- $I_{A>B}$、$I_{A<B}$、$I_{A=B}$，级联输入信号，高有效。即：3 种低位比较结果输入信号。当 $I_{A>B}=1$、$I_{A<B}=1$ 和 $I_{A=B}=1$ 时，分别表示低位数据比较的结果是 $\boldsymbol{A}>\boldsymbol{B}$、$\boldsymbol{A}<\boldsymbol{B}$ 和 $\boldsymbol{A}=\boldsymbol{B}$。这 3 个信号用于 74LS85 的扩展应用。

观察表 4.17，注意到 74LS85 就是按照上述比较两数大小的一般规则进行工作的。即：首先比较 A_3、B_3，如果在某一个 A_i、$B_i(i=3\sim0)$ 比出了结果，则按该结果确定 $\boldsymbol{A}$、$\boldsymbol{B}$ 的大小而不论其他输入端为何值。当全部 $A_i=B_i(i=3\sim0)$ 时，比较输出的结果就由级联输入端 $I_{A>B}$、$I_{A<B}$ 和 $I_{A=B}$ 的状态决定。当 $I_{A>B}$ 有效而 $I_{A<B}$、$I_{A=B}$ 无效时，比较结果为 $\boldsymbol{A}>\boldsymbol{B}$ $(O_{A>B}=1)$；当 $I_{A<B}$ 有效而 $I_{A>B}$、$I_{A=B}$ 无效时，比较结果为 $\boldsymbol{A}<\boldsymbol{B}(O_{A<B}=1)$。另外，74LS85 功能表的倒数第三行表明：$I_{A=B}$ 的优先级要高于 $I_{A>B}$ 和 $I_{A<B}$。因为当 $I_{A=B}=1$（有效）时，无论 $I_{A>B}$、$I_{A<B}$ 的输入为何值，比较的结果都是 $\boldsymbol{A}=\boldsymbol{B}(O_{A>B}O_{A<B}O_{A=B}=001)$。关于功能表中最后两行的含义，参见后面的例 4.9。

【例 4.7】 试用一片 74LS85 设计一个 5 位数值比较器。

解：假设参与比较的两个 5 位二进制数为 $\boldsymbol{X}=X_4X_3X_2X_1X_0$ 和 $\boldsymbol{Y}=Y_4Y_3Y_2Y_1Y_0$。若用一片 74LS85 来完成两个 5 位二进制数的比较，则需要利用级联输入端（扩充使用）来完成最低有效位 X_0 和 Y_0 的比较，如图 4.46 所示。当 $\boldsymbol{X}$、$\boldsymbol{Y}$ 的高 4 位不相等时，比较结果只取决于 $\boldsymbol{X}$、$\boldsymbol{Y}$ 的高 4 位而与级联输入（X_0、Y_0）的状态无关，此时 74LS85 按比较两个 4 位二进制数工作。然而当 $\boldsymbol{X}$、$\boldsymbol{Y}$ 的高 4 位相等时，则比较结果就由 X_0、Y_0（级联输入）的状态决定。此处关键问题是 X_0、Y_0 与级联输入（$I_{A>B}$、$I_{A<B}$、$I_{A=B}$）如何连接。图中级联输入 $I_{A>B}=X_0$，$I_{A<B}=Y_0$，$I_{A=B}=X_0\odot Y_0$。显然，该处理方法使得在 $X_0>Y_0$、$X_0<Y_0$ 和 $X_0=Y_0$ 时的级联输入，分别符合表 4.17 中的倒数第五、第四和第三行的功能规定。这样，一片 74LS85 就成为 5 位数值比较器。

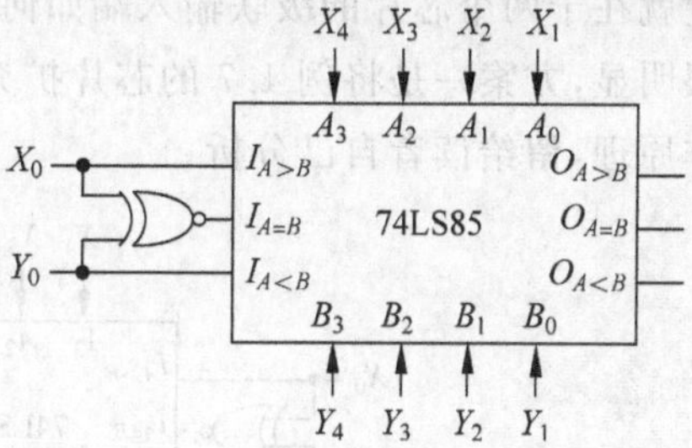

图 4.46 例 4.7 5 位二进制数值比较器

【例 4.8】 用 74LS85 设计一个 7 位数值比较器。

解：设 $\boldsymbol{X}$、$\boldsymbol{Y}$ 为两个 7 位二进制数。若要完成 $\boldsymbol{X}$、$\boldsymbol{Y}$ 的比较，则需两片 74LS85 级联（扩展），如图 4.47 所示。由图看出：

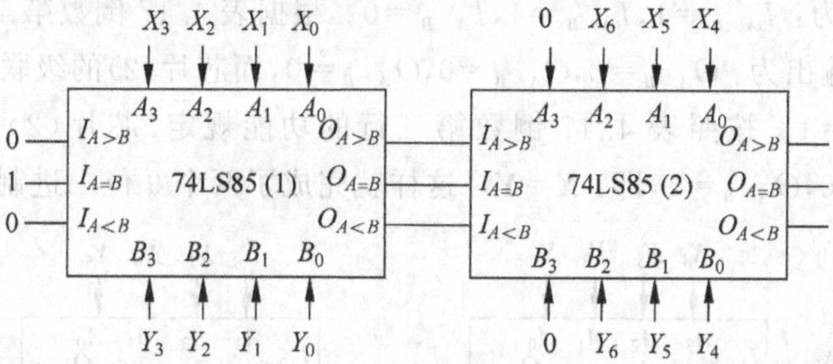

图 4.47 例 4.8 两片 74LS85 级联构成 7 位二进制数值比较器

- 芯片(1)完成 $\boldsymbol{X}$、$\boldsymbol{Y}$ 的低 4 位（$X_3X_2X_1X_0$，$Y_3Y_2Y_1Y_0$）比较；芯片(2)完成 $\boldsymbol{X}$、$\boldsymbol{Y}$ 高 3 位（$X_6X_5X_4$，$Y_6Y_5Y_4$）的比较。芯片(1)的比较结果直接输出到芯片(2)的级联输入端（对应端连接）；整个比较结果由芯片(2)输出。
- 芯片(1)的级联输入端采用了 $I_{A>B}=0$，$I_{A<B}=0$，$I_{A=B}=1$ 的连接方法。这使得芯片(1)在 $\boldsymbol{X}$、$\boldsymbol{Y}$ 的低 4 位相等时，符合表 4.17 中倒数第三行的功能规定。

- 当 X、Y 高 3 位相等时，整个比较结果由 X、Y 的低 4 位比较结果决定；否则，比较结果由 X、Y 高 3 位决定。
- 芯片(2)本可以完成 4 位二进制数的比较，此处只用到 3 位。多余的输入端(A_3、B_3)既可以接 0(如本例)也可以接 1。
- 本例中多余的输入端为 A_3、B_3。事实上，多余输入端的位置可以是任意的，如 A_2、B_2 或 A_0、B_0 等。但是必须保证在 X、Y 高 3 位中，各位的高、低位顺序不变。

【例 4.9】 用两片 74LS85 设计一个 9 位数值比较器。

解：设 X、Y 为两个 9 位二进制数。用两片 74LS85 构成 9 位数值比较器，此问题的关键就在于两个芯片的级联输入端如何连接。可实现的方案有两个。图 4.48 给出了方案一。很明显，方案一是将例 4.7 的芯片扩充方案与例 4.8 的芯片扩展方案相结合。该方案的工作原理，留给读者自己分析。

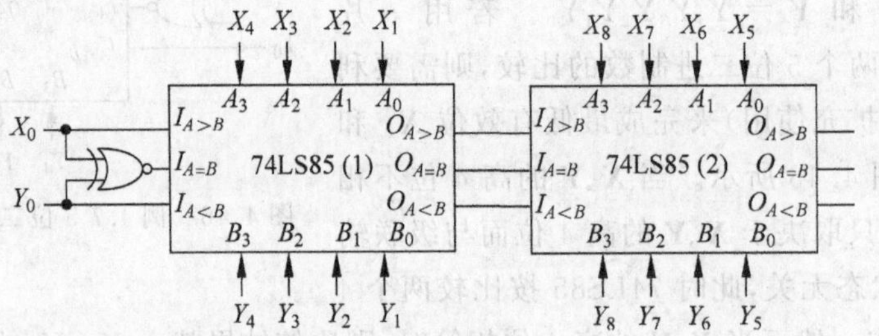

图 4.48 例 4.9 用两片 74LS85 实现 9 位数值比较器方案一

方案二如图 4.49 所示。该方案在 $X \neq Y$ 时的工作原理分析较为简单，读者可自行分析，在此主要讨论 $X = Y$ 时电路如何工作。按图中所示，当 $X = Y$ 时，若 $X_0 = 0$、$Y_0 = 0$，则芯片(1)的级联输入端为：$I_{A>B} = 0, I_{A<B} = 0, I_{A=B} = 0$。根据表 4.17 最后一行的功能规定，此时芯片(1)的比较输出为：$O_{A>B} = 1, O_{A<B} = 1, O_{A=B} = 0$，而芯片(2)的级联输入端为：$I_{A>B} = 1, I_{A<B} = 1, I_{A=B} = 1(O_{A>B} \odot O_{A<B})$。按照表 4.17 倒数第三行的功能规定，芯片(2)的比较输出为：$O_{A>B} = 0, O_{A<B} = 0, O_{A=B} = 1$，表示 $X = Y$；反之，若 $X_0 = 1$、$Y_0 = 1$，则芯片(1)的级联输入端为：$I_{A>B} = 1, I_{A<B} = 1, I_{A=B} = 0$。根据表 4.17 倒数第二行的功能规定，此时芯片(1)的比较输出为：$O_{A>B} = 0, O_{A<B} = 0, O_{A=B} = 0$，而芯片(2)的级联输入端为：$I_{A>B} = 0, I_{A<B} = 0, I_{A=B} = 1$。按照表 4.17 倒数第三行的功能规定，芯片(2)的比较输出仍是：$O_{A>B} = 0, O_{A<B} = 0, O_{A=B} = 1$，即：$X = Y$。这样就完成了两个 9 位二进制数的比较。

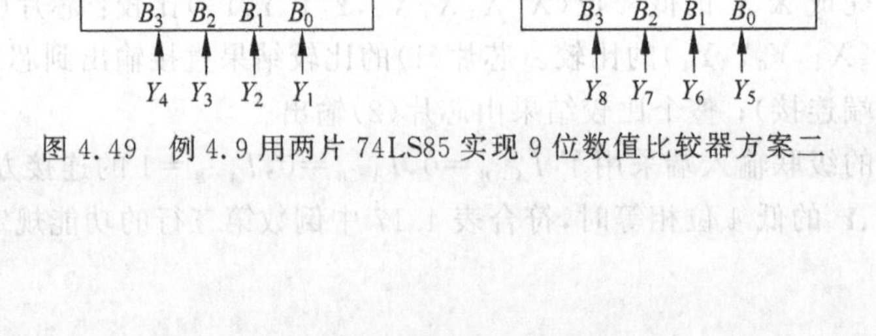

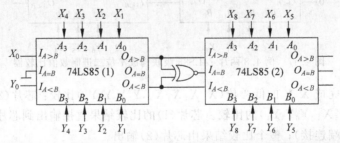

图 4.49 例 4.9 用两片 74LS85 实现 9 位数值比较器方案二

4.2.5　多路选择器和多路分配器

多路选择器或多路开关(Multiplexer,简称 MUX),亦称**数据选择器**(data selector),和**多路分配器或多路输出选择器**(Demuliplexer,简称 DEMUX)也是数字电路设计工程师常用的两个组合逻辑模块。多路选择器与多路分配器相配合,可以构成数字系统中的单通道多路数据分时传送电路。该电路经常用于计算机内部的母线结构系统中。

1. 多路选择器

多路选择器的一般性框图如图 4.50 所示。图中显示了一个 2^n-1 线的多路选择器,它是一个具有 2^n 个数据输入端、1 个数据输出端、n 位数据选择控制输入端的组合逻辑电路。其逻辑功能就是:由 **n 位选择输入信号控制,从 2^n 路输入数字信号中,选择一路信号进行输出**。输出信号 Y 的逻辑表达式如下:

$$Y=\sum_{i=0}^{2^n-1} D_i \cdot m_i \tag{4.36}$$

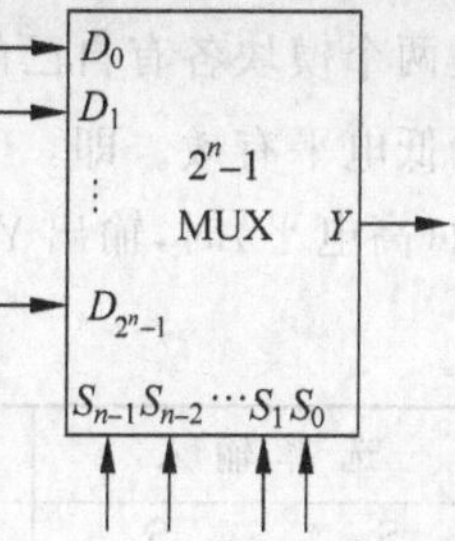

图 4.50　2^n-1 多路选择器逻辑符号

式中,m_i 是由选择变量 $S_{n-1}S_{n-2}\cdots S_1S_0$ 所构成的最小项;D_i 是 2^n 个数据输入端(取值为 1 或 0)。式(4.36)表明:由 2^n 个最小项 m_i 去"选通"2^n 个数据输入端 D_i。当某个最小项 $m_i=1$ 时,相应的输入数据 D_i 就被选通到数据输出端 Y 上。

当 $n=2$ 时,2^n-1 线多路选择器就演变成了 4-1 线多路选择器。图 4.51(a)、(b)分别给出了 4-1 线多路选择器的电路示意图和逻辑符号。可以看出,单刀四掷开关受控于数据选择输入信号 S_1、S_0,控制的方式是:$S_1S_0=00$ 时,$Y=D_0$;$S_1S_0=01$ 时,$Y=D_1$;$S_1S_0=10$ 时,$Y=D_2$;$S_1S_0=11$ 时,$Y=D_3$,如表 4.18 所示。根据表 4.18,可写出 4-1 MUX 输出信号 Y 的逻辑表达式如下:

$$\begin{aligned} Y &= D_0 \cdot \overline{S}_1\overline{S}_0 + D_1 \cdot \overline{S}_1 S_0 + D_2 \cdot S_1\overline{S}_0 + D_3 \cdot S_1 S_0 \\ &= \sum_{i=0}^{3} D_i \cdot m_i \end{aligned} \tag{4.37}$$

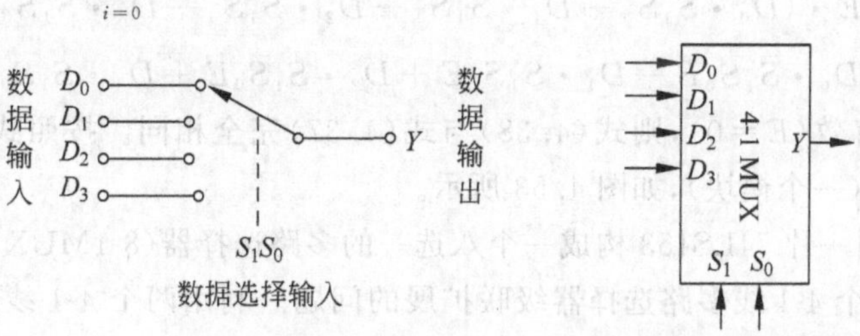

(a) 4-1多路选择器示意图　　(b) 4-1多路选择器逻辑符号

图 4.51　4-1 多路选择器

表 4.18　4-1MUX 功能表

选择输入		输出
S_1	S_0	Y
0	0	D_0
0	1	D_1
1	0	D_2
1	1	D_3

式中，m_i 是由选择控制变量 S_1、S_0 所构成的两变量最小项。可以看出，式(4.37)与式(4.36)在形式上完全一样。

在标准中规模集成电路中，74LS153 就是一个“双 4-1 线多路选择器”集成电路芯片。在该芯片上集成了两个 4-1 线多路选择器，分别称为“a 模块”和“b 模块”。表 4.19 给出了某一模块的功能表，图 4.52 示出了 74LS153 的逻辑符号。由此可以看出，两个 4-1 线多路选择器模块共用一组选择控制信号 S_1、S_0，但是两个模块各有自己的“使能”输入端 E_a 和 E_b，且均为低电平有效。即：当使能端有效(低电平)时，4-1 线多路选择器正常工作，而当使能端无效(高电平)时，输出 Y 恒为 0。

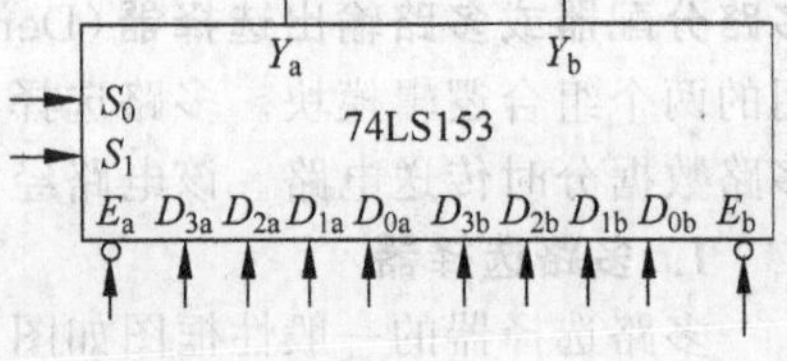

图 4.52 74LS153 逻辑符号

表 4.19 74LS153 功能表

选择输入		输入(a 或 b)					输出(a 或 b)
S_1	S_0	E	D_0	D_1	D_2	D_3	Y
×	×	1	×	×	×	×	0
0	0	0	0	×	×	×	0
0	0	0	1	×	×	×	1
0	1	0	×	0	×	×	0
0	1	0	×	1	×	×	1
1	0	0	×	×	0	×	0
1	0	0	×	×	1	×	1
1	1	0	×	×	×	0	0
1	1	0	×	×	×	1	1

根据表 4.19，写出 74LS153 的输出 Y 的逻辑函数式如下(包括 a、b 模块)：

$$Y=\bar{E}\cdot(D_0\cdot\bar{S}_1\bar{S}_0+D_1\cdot\bar{S}_1S_0+D_2\cdot S_1\bar{S}_0+D_3\cdot S_1S_0)$$

$$Y=D_0\cdot\bar{S}_1\bar{S}_0\bar{E}+D_1\cdot\bar{S}_1S_0\bar{E}+D_2\cdot S_1\bar{S}_0\bar{E}+D_3\cdot S_1S_0\bar{E} \tag{4.38}$$

如果令使能端 E 有效($E=0$)，则式(4.38)与式(4.37)完全相同。按照式(4.38)，可画出 74LS153 的逻辑图(一个模块)，如图 4.53 所示。

【例 4.10】 用一片 74LS153 构成一个八选一的多路选择器(8-1MUX)。

解：这是将两个 4-1 线多路选择器级联扩展的问题。利用两个 4-1 线多路选择器模块的使能端，可以让两个模块交替工作，以实现 8-1 线多路选择器，电路图如图 4.54 所示。图中令 E_a 经过反相器连接到 E_b，且 E_a 作为 3 比特选择控制输入信号的最高位 B_2，而 74LS153 的 S_1、S_0 则充当低 2 位选择控制信号 B_1、B_0。这样，当 $B_2=0$ 时，模块 a 工作而模块 b 不工作，于是 $Y_b=0$，输出 Y 完全由 Y_a 决定。此时如果 S_1、S_0 的输入发生变化，则 3 位控制码 $B_2B_1B_0$ 的变化范围是 000～011，这将从 D_0～D_3 4 个输入中选择一路输出到 Y_a，继而送到输出端 Y；而当 $B_2=1$ 时，模块 b 工作、模块 a 不工作，于是 $Y_a=0$，输出 Y 完全由 Y_b 决定。此时 $B_2B_1B_0$ 的变化范围是 100～111，输入 D_4～D_7 中会有一路输出到 Y_b，即 Y 输出端上。这样，就实现了一个八选一的多路选择器。

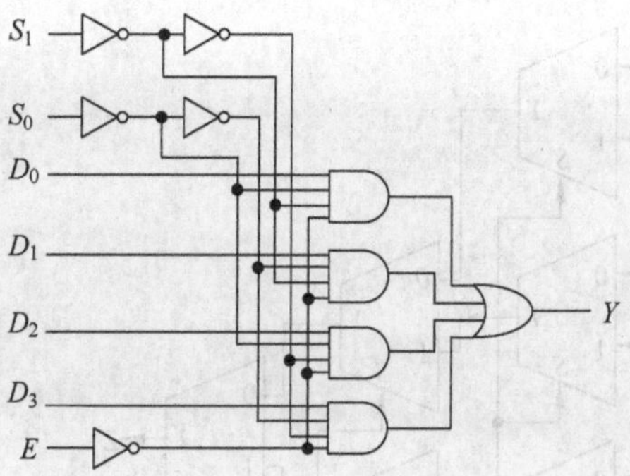

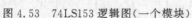

图 4.53 74LS153 逻辑图(一个模块)

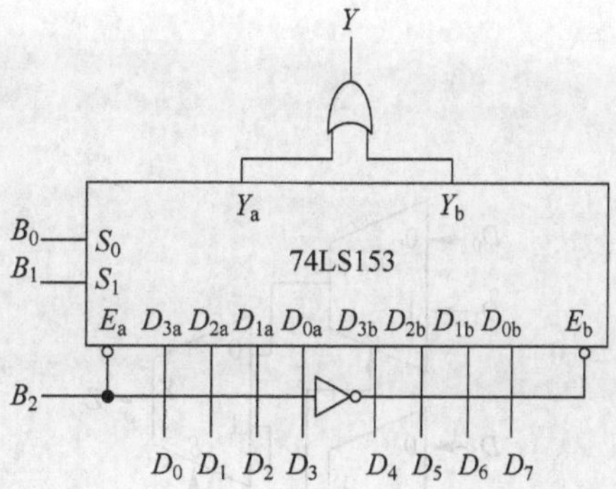

图 4.54 例 4.10 用 74LS153 实现 8-1MUX

【例 4.11】 2-1 线多路选择器的逻辑符号如图 4.55 所示。请利用此符号，用多个 2-1MUX 构建 4-1 线多路选择器和 8-1 线多路选择器，并从中总结出规律。

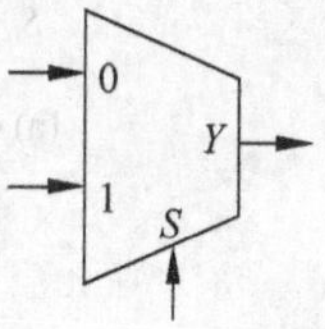

图 4.55 2-1MUX 逻辑符号

解：以 2-1MUX 为基本单元，利用所谓的“树形结构”就可以构成 4-1 线多路选择器和 8-1 线多路选择器，分别如图 4.56(a)、(b)所示。

图 4.56(a)中，S_1、S_0 是选择控制信号，S_1 是高位，S_0 是低位。当 S_1S_0 为 00、01、10、11 时，按顺序将 D_0、D_1、D_2、D_3 4 个输入信号传送到输出端 Z，所以这是一个 4-1 线多路选择器。

图 4.56(b)中，S_2、S_1、S_0 是选择控制信号，S_2 为最高位，S_0 为最低位。当 $S_2S_1S_0$ 从 000 变化至 111 时，Z 输出端按顺序出现 $D_0 \sim D_7$ 这 8 路输入信号。因此这是一个 8-1 线多路选择器。从图 4.56(a)、(b)看出：

- 由 $3(2^2-1)$ 个 2-1MUX，用 2 级电路结构，就可以构成一个 $4(2^2)$-1MUX。
- 由 $7(2^3-1)$ 个 2-1MUX，用 3 级电路结构，就可以构成一个 $8(2^3)$-1MUX。

于是可以得出结论：由 (2^n-1) 个 2-1MUX，用 n 级电路结构，就可以构成一个 2^n-1 线的多路选择器。

2. 用多路选择器实现逻辑函数

在前面讨论用译码器实现逻辑函数的问题时曾提到，$n-2^n$ 译码器是一个 n 变量最小项或最大项发生器。事实上，2^n-1 线多路选择器也是一个最小项发生器。所以用 2^n-1 线多路选择器也可以实现一个 n 变量的逻辑函数。在讨论利用 2^n-1MUX 实现逻辑函数之前，先简单讨论香农展开定理。

在第 2 章的习题 2-27 中提到了香农展开定理的证明。香农展开定理有两个等式，在此只讨论其中的一个等式，即：设 n 变量逻辑函数为 $F(X_{n-1}, X_{n-2}, \cdots, X_i, \cdots, X_j, \cdots, X_1, X_0)$，$(0 \leqslant i,j \leqslant n-1)$，$(i \neq j)$，则：

$$\begin{aligned} &F(X_{n-1}, X_{n-2}, \cdots, X_i, \cdots, X_j, \cdots, X_1, X_0) \\ &= X_i \cdot F(X_{n-1}, X_{n-2}, \cdots, 1, \cdots, X_j, \cdots, X_1, X_0) \\ &\quad + \overline{X}_i \cdot F(X_{n-1}, X_{n-2}, \cdots, 0, \cdots, X_j, \cdots, X_1, X_0) \end{aligned} \tag{4.39}$$

现在对式(4.39)进行简单的叙述性证明。

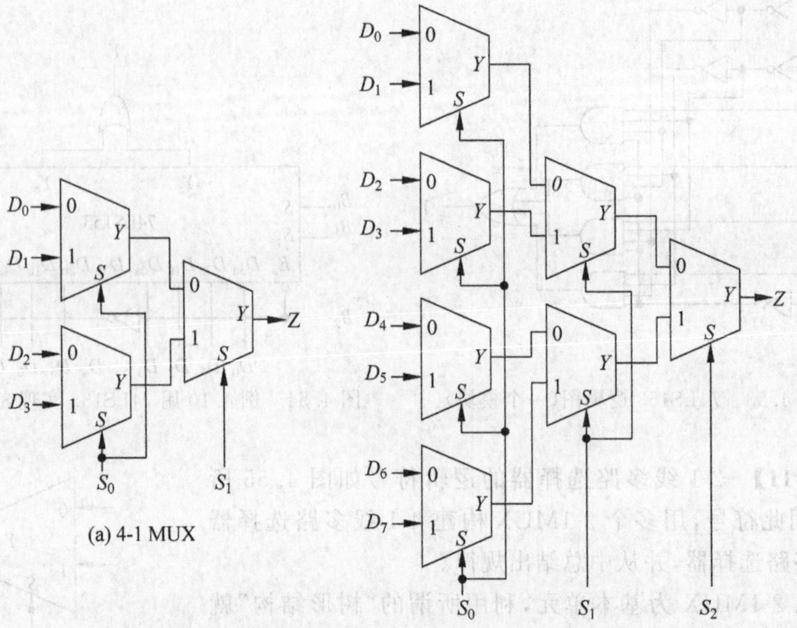

(a) 4-1 MUX (b) 8-1 MUX

图 4.56 例 4.11 用 2-1MUX 构建 4-1MUX 和 8-1MUX

因为 X_i 是逻辑变量,所以 X_i 的取值只可能是 0 和 1。将 $X_i=0$ 代入到式(4.39)的等号两边,可以看到等式仍然成立。同样,将 $X_i=1$ 代入到式(4.39)的等号两边,等式也成立。于是,式(4.39)成立,定理得以证明。

式(4.39)中的 $F(X_{n-1}, X_{n-2}, \cdots, 1, \cdots, X_j \cdots, X_1, X_0)$ 和 $F(X_{n-1}, X_{n-2}, \cdots, 0, \cdots, X_j, \cdots, X_1, X_0)$ 是 $n-1$ 变量的逻辑函数,比原来的逻辑函数少了一个自变量,称为原函数的**余函数**。如果按 X_j 再对 $n-1$ 变量的余函数进行香农定理展开,则式(4.39)成为

$$
\begin{aligned}
& F(X_{n-1}, X_{n-2}, \cdots, X_i, \cdots, X_j, \cdots, X_1, X_0) \\
= & X_i \cdot F(X_{n-1}, X_{n-2}, \cdots, 1, \cdots, X_j, \cdots, X_1, X_0) + \overline{X}_i \cdot F(X_{n-1}, X_{n-2}, \cdots, \\
& 0, \cdots, X_j, \cdots, X_1, X_0) \\
= & X_i \cdot [X_j \cdot F(X_{n-1}, X_{n-2}, \cdots, 1, \cdots, 1, \cdots, X_1, X_0) + \overline{X}_j \cdot F(X_{n-1}, X_{n-2}, \cdots, \\
& 1, \cdots, 0, \cdots, X_1, X_0)] \\
& + \overline{X}_i \cdot [X_j \cdot F(X_{n-1}, X_{n-2}, \cdots, 0, \cdots, 1, \cdots, X_1, X_0) + \overline{X}_j \cdot F(X_{n-1}, X_{n-2}, \cdots, \\
& 0, \cdots, 0, \cdots, X_1, X_0)] \\
= & X_i X_j \cdot F(X_{n-1}, X_{n-2}, \cdots, 1, \cdots, 1, \cdots, X_1, X_0) + X_i \overline{X}_j \cdot F(X_{n-1}, X_{n-2}, \cdots, \\
& 1, \cdots, 0, \cdots, X_1, X_0) \\
& + \overline{X}_i X_j \cdot F(X_{n-1}, X_{n-2}, \cdots, 0, \cdots, 1, \cdots, X_1, X_0) + \overline{X}_i \overline{X}_j \cdot F(X_{n-1}, X_{n-2}, \cdots, \\
& 0, \cdots, 0, \cdots, X_1, X_0) \qquad (4.40)
\end{aligned}
$$

式(4.40)可以看成是香农展开定理的扩展。在式(4.40)中有 4 个余函数,它们成为以 X_i、X_j 构成的两变量最小项的"系数",且均为 $n-2$ 个变量的逻辑函数。可以看出,如果再继续对式 4.40)中的余函数进行香农定理展开,则每展开一次,余函数的数量就翻一倍,而

其自变量的个数就减少一个。经过 $n-2$ 次展开后，所有的余函数都将蜕变成逻辑常量 0 或 1，而原来 n 变量逻辑函数的表达式也终将变成最小项之和式。

现在考虑利用 2-1MUX 实现逻辑函数的问题，假设有一个 3 变量逻辑函数 $F(X_2, X_1, X_0)$，按 X_2 对其进行香农定理展开：

$$F(X_2, X_1, X_0)=X_2 \cdot F(1, X_1, X_0)+\overline{X}_2 \cdot F(0, X_1, X_0) \tag{4.41}$$

式(4.41)表明，如果以 X_2 作为选择控制变量，以余函数 $F(1, X_1, X_0)$ 和 $F(0, X_1, X_0)$ 作为 2-1MUX 的两个数据输入，则用一个 2-1 线多路选择器就可以实现逻辑函数 $F(X_2, X_1, X_0)$，如图 4.57(a)所示。图中显示：当 $X_2=0$ 时，$Y=F(0, X_1, X_0)$；当 $X_2=1$ 时，$Y=F(1, X_1, X_0)$。而这恰恰是将 $X_2=0$ 和 $X_2=1$ 分别代入式(4.41)后 $F(X_2, X_1, X_0)$ 所得到的结果。于是，图 4.57(a)所示电路实现了逻辑函数 $F(X_2, X_1, X_0)$。

余函数 $F(1, X_1, X_0)$ 和 $F(0, X_1, X_0)$ 是两变量逻辑函数，现在按 X_1 对它们进行香农定理展开：

$$\begin{cases}F(1, X_1, X_0)=X_1 \cdot F(1, 1, X_0)+\overline{X}_1 \cdot F(1, 0, X_0)\\ F(0, X_1, X_0)=X_1 \cdot F(0, 1, X_0)+\overline{X}_1 \cdot F(0, 0, X_0)\end{cases} \tag{4.42}$$

仿照式(4.41)的做法，根据式(4.42)，可用两个 2-1MUX 分别实现余函数 $F(1, X_1, X_0)$ 与 $F(0, X_1, X_0)$，如图 4.57(b)所示。由图中看出，新的余函数个数增加为 4 个，且都是 X_0 的单变量逻辑函数。对照图 4.56(a)，发现图 4.57(b)实际上就是用一个 4-1MUX 实现逻辑函数 $F(X_2, X_1, X_0)$。将式(4.42)代入式(4.41)：

$$\begin{aligned}F(X_2, X_1, X_0)=&X_2 X_1 \cdot F(1, 1, X_0)+X_2\overline{X}_1 \cdot F(1, 0, X_0)\\ &+\overline{X}_2 X_1 \cdot F(0, 1, X_0)+\overline{X}_2\overline{X}_1 \cdot F(0, 0, X_0)\end{aligned} \tag{4.43}$$

如果把 $X_2 X_1$ 看成选择控制变量 $S_1 S_0$，而把 $F(1, 1, X_0)$、$F(1, 0, X_0)$、$F(0, 1, X_0)$ 和 $F(0, 0, X_0)$ 分别看成数据输入 D_3、D_2、D_1 和 D_0，则式(4.43)就是式(4.37)，即 4-1MUX 的输出表达式，该式与图 4.57(b)的工作过程完全吻合。

对式(4.42)中的 4 个余函数按 X_0 进行香农定理展开：

$$\begin{cases}F(1, 1, X_0)=X_0 \cdot F(1, 1, 1)+\overline{X}_0 \cdot F(1, 1, 0)\\ F(1, 0, X_0)=X_0 \cdot F(1, 0, 1)+\overline{X}_0 \cdot F(1, 0, 0)\\ F(0, 1, X_0)=X_0 \cdot F(0, 1, 1)+\overline{X}_0 \cdot F(0, 1, 0)\\ F(0, 0, X_0)=X_0 \cdot F(0, 0, 1)+\overline{X}_0 \cdot F(0, 0, 0)\end{cases} \tag{4.44}$$

用四个 2-1MUX 分别实现 $F(1, 1, X_0)$、$F(1, 0, X_0)$、$F(0, 1, X_0)$ 和 $F(0, 0, X_0)$，如图 4.57(c)所示。在式(4.44)中，新的余函数增至 8 个，且都是逻辑常量。对照图 4.56(b)可以看出，图 4.57(c)就是用一个 8-1MUX 实现逻辑函数 $F(X_2, X_1, X_0)$，其中函数自变量 X_2，X_1，X_0 作为 MUX 的选择控制变量，8 个逻辑常量化的“余函数”作为 MUX 的数据输入。

把上述用多路选择器去实现三变量逻辑函数 $F(X_2, X_1, X_0)$ 的分析结果推广到一般情形，可以得出如下结论：

- 用一个 2^n-1 线多路选择器可以实现一个 n 变量的逻辑函数。
- 如果逻辑函数的某个(或某几个、或全体)自变量的反变量预先存在，则用一个 2^n-1 线多路选择器，在不附加任何门电路的情况下，可以实现一个 $n+1$ 变量的逻辑函数，因为此时的余函数是单变量逻辑函数(单个逻辑变量的原变量或反变量)。

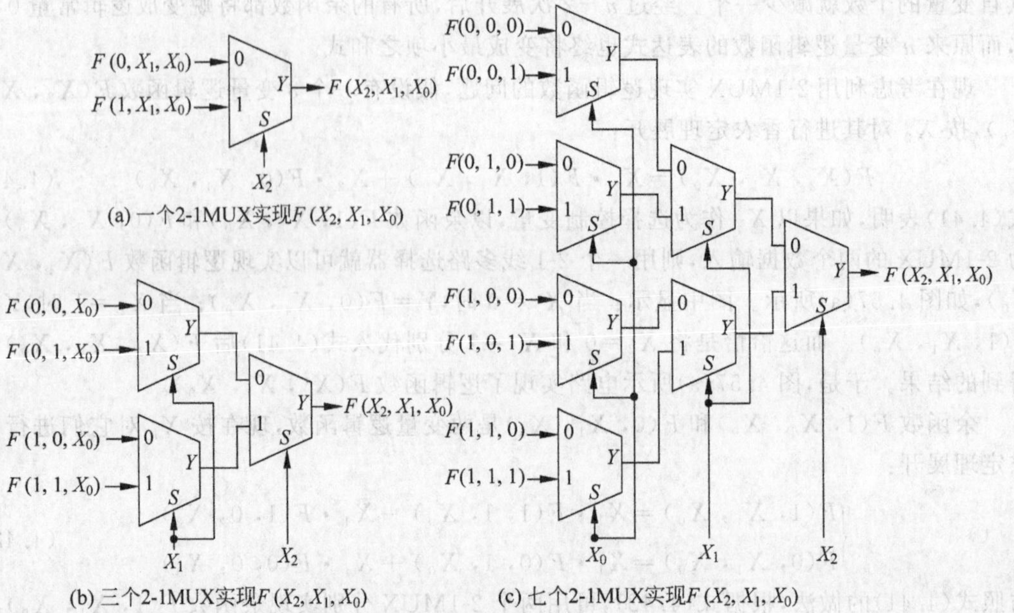

图 4.57 用 2-1MUX 实现 $F(X_2,X_1,X_0)$

另外,也可以从另一个角度来理解用多路选择器实现逻辑函数的问题。假设一个具有 n 个逻辑变量的函数 F,其最小项之和式为

$$F=\sum_{i=0}^{2^n-1} a_i \cdot m_i \tag{4.45}$$

式中,m_i 是由函数自变量 $X_{n-1}X_{n-2}\cdots X_1X_0$ 所构成的最小项;a_i 是最小项的系数(取值为 0 或 1)。若函数 F 的表达式中包含某个最小项 m_i,则相应的 $a_i=1$,否则 $a_i=0$。

比较 MUX 输出 Y 的表达式(4.36)和 n 变量逻辑函数 F 的表达式(4.45),可以看出:若令 $S_i=X_i$,$D_i=a_i$,则式(4.36)与式(4.45)等效。换句话说,**用 MUX 的选择变量 $S_{n-1}S_{n-2}\cdots S_1S_0$(选择码)去产生函数的最小项,而用 MUX 的数据输入 D_i 去"使能"所要实现的逻辑函数最小项之和式中含有的最小项**。这就是用 MUX 实现逻辑函数的基本原理,如图 4.58 所示。正是由于多路选择器能够实现逻辑函数这种特性,使得它在现代大规模可编程逻辑器件 FPGA 中获得了大量的应用。

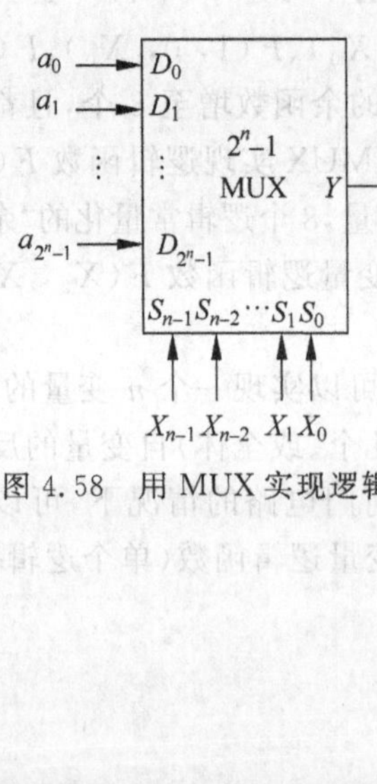

图 4.58 用 MUX 实现逻辑函数

【例 4.12】　用一片 74LS151 实现逻辑函数 $F(X,Y,Z)=\sum m(0,2,3,5)$。74LS151 的功能表如表 4.20 所示。

表 4.20　例 4.12 74LS151 的功能表

输　入　端		输　出　端
E	$C\ B\ A$ $(X\ Y\ Z)$	Y (F)
1	×××	0
0	0 0 0	$D_0(=1)$
0	0 0 1	$D_1(=0)$
0	0 1 0	$D_2(=1)$
0	0 1 1	$D_3(=1)$
0	1 0 0	$D_4(=0)$
0	1 0 1	$D_5(=1)$
0	1 1 0	$D_6(=0)$
0	1 1 1	$D_7(=0)$

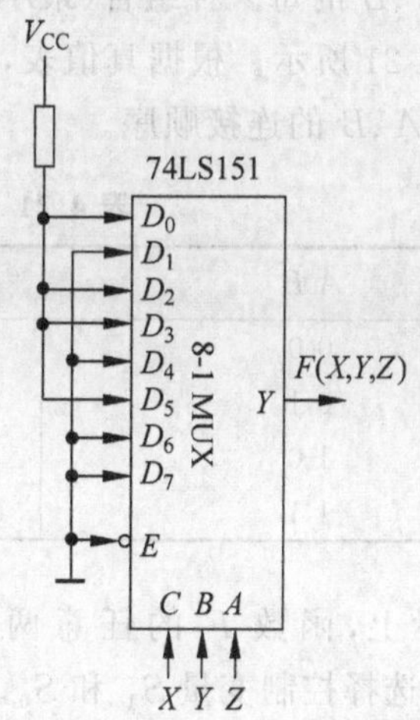

图 4.59　例 4.12 用 MUX 实现逻辑函数

解：74LS151 是一个 $8(2^3)-1$ 的数据选择器 MUX。根据函数 F 的最小项之和式，将函数的真值表填入 MUX 的功能表，如表 4.20 所示。D_0、D_2、D_3 和 D_5 均通过上拉电阻接到正电源上，这相当于 $D_0=D_2=D_3=D_5=1$，所以 F 最小项之和式中出现的所有最小项都被"门控使能"。另外，把其余的数据输入线都接"地"，即：D_1、D_4、D_6 和 D_7 的输入逻辑为 0，如图 4.59 所示。于是，输出 Y 只有当选择控制变量的组合是 F 表达式中的最小项时才为 1；而在其他情况下均为 0。这样就实现了逻辑函数 F。注意：C 是 74LS151 控制变量的最高有效位。X、Y、Z 按顺序接到 C、B、A 上。输入变量的连接顺序是非常重要的。"使能"端 E 必须输入有效，故将它接"地"(逻辑 0)。

例 4.12 表明，当函数的变量个数与 MUX 的选择控制变量个数相同时，**先将函数的输入变量 $X_{n-1}X_{n-2}\cdots X_1X_0$ 依次接到 MUX 的选择控制变量 $S_{n-1}S_{n-2}\cdots S_1S_0$ 输入端上(注意连接的顺序)，然后按函数的真值表，或者最小项之和式，或者卡诺图，去规定 MUX 的相应数据输入端 D_i 接 1 或是接 0。**

【例 4.13】　用 74LS153 的一个 4-1 MUX 模块实现以下逻辑函数，4-1 MUX 模块的功能表如表 4.19 所示。

$$F(A,B,C)=AB+\bar{B}C$$

解：如前所述，用 4-1 MUX 可实现 3 变量逻辑函数。先将 $F(A,B,C)$ 按变量 A 进行香农定理展开：

$$\begin{aligned}F(A,B,C)&=AB+\bar{B}C\\&=A(B+\bar{B}C)+\bar{A}(\bar{B}C)\end{aligned}$$

将上式括号中的表达式按变量 B 进行香农定理展开：

$$\begin{aligned}F(A,B,C)&=A[B\cdot(1)+\bar{B}\cdot(C)]+\bar{A}[B\cdot(0)+\bar{B}\cdot(C)]\\&=AB\cdot(1)+A\bar{B}\cdot(C)+\bar{A}B\cdot(0)+\bar{A}\bar{B}\cdot(C)\end{aligned}$$

用 A、B 作为 MUX 的选择控制变量(A 为高位)，把它们连接到 MUX 的选择输入端 S_1、S_0

上，相应的余函数 $f_i(C)(i=0\sim3)$ 为

$$f_3(C)=1;\quad f_2(C)=f_0(C)=C;\quad f_1(C)=0$$

按变量 A、B 的每一种组合（最小项）来确定函数 $F(A,B,C)$ 的"取值"，即余函数，其真值表如表 4.21 所示。根据真值表，用 4-1 MUX 实现函数 $F(A,B,C)$ 的逻辑图如图 4.60 所示，注意 A、B 的连接顺序。

表 4.21　例 4.13 函数 $F(A,B,C)$ 的真值表(1)

$A\ B$	$F(A,B,C)$	MUX 的数据输入端
0 0	C	$D_0=f_0(C)=C$
0 1	0	$D_1=f_1(C)=0$
1 0	C	$D_2=f_2(C)=C$
1 1	1	$D_3=f_3(C)=1$

实际上，函数 F 的任意两个自变量均可作为 4-1 MUX 的选择控制变量 S_1 和 S_0。例如，若令变量 A、C 为 MUX 的选择控制变量，则对函数 $F(A,B,C)$ 先按 A、再按 C 进行香农定理展开：

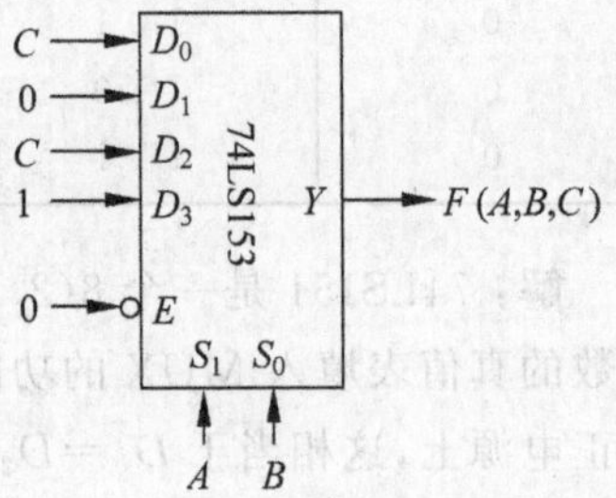

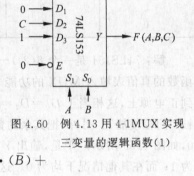

图 4.60　例 4.13 用 4-1MUX 实现三变量的逻辑函数(1)

$$\begin{aligned}F(A,B,C)&=AB+\overline{B}C\\&=A(B+\overline{B}C)+\overline{A}(\overline{B}C)\\&=A[C\cdot(1)+\overline{C}\cdot(B)]+\overline{A}[(C\cdot(\overline{B})+\\&\quad\ \overline{C}\cdot(0)]\\&=AC\cdot(1)+A\overline{C}\cdot(B)+\overline{A}C\cdot(\overline{B})+\\&\quad\ \overline{A}\,\overline{C}\cdot(0)\end{aligned}$$

相应的余函数 $f_i(B)(i=0\sim3)$ 为

$$f_3(B)=1;\quad f_2(B)=B;\quad f_1(B)=\overline{B};\quad f_0(B)=0$$

与其相对应的真值表如表 4.22 所示，实现此函数真值表的 4-1 MUX 的连线逻辑图如图 4.61 所示。

表 4.22　例 4.13 函数 $F(A,B,C)$ 的真值表(2)

$A\ C$	$F(A,B,C)$	MUX 的数据输入端
0 0	0	$D_0=0$
0 1	$\overline{B}$	$D_1=\overline{B}$
1 0	B	$D_2=B$
1 1	1	$D_3=1$

本例题说明，当用 2^n-1 线多路选择器去实现一个 $n+1$ 变量的逻辑函数时，若函数表达式中有某个自变量的反变量，则应当尽量避免使该反变量出现在余函数中。因为单变量的余函数中有反变量，就意味着会额外增加"非"门以获得此反变量，如表 4.22 和图 4.61 所示。可以通过改变选取函数自变量作为 MUX 选择控制变量的方法来试着满足上述要求，如表 4.21 及图 4.60 所示。此时不用附加任何门电路，用 2^n-1 线多路选择器就能实现 $n+1$ 变量的逻辑函数。当然，如果做不到，就只有通过加"非"门的方法来获得函数自变量的反变量。

3. 多路分配器

多路分配器(亦称数据分配器)的逻辑功能与多路选择器正好相反,它是把一路输入信号,按照 n 比特二进制控制码的数值,分时传送到 2^n 路输出端上去,即:$1-2^n$ 线多路分配器如图 4.62 所示。$n=2$ 时的 1-4 线多路分配器的电路示意图和逻辑符号分别如图 4.63(a)和(b)所示。与 4-1 线多路选择器类似,“单刀四掷开关”受控于选择信号 S_1、S_0,控制的方式是:$S_1S_0=00$ 时,$Y_0=D$,其余输出为高电平;$S_1S_0=01$ 时,$Y_1=D$,其余输出为高电平;$S_1S_0=10$ 时,$Y_2=D$,其余输出为高电平;$S_1S_0=11$ 时,$Y_3=D$,其余输出为高电平,正如表 4.23 的功能表所示。根据表 4.23,可写出 1-4 DEMUX 各路输出信号 Y_i($i=0\sim3$)的逻辑表达式如下:

$$\begin{cases} Y_0=D+S_1+S_0=D+M_0=\overline{\overline{D}\cdot m_0}=\overline{\overline{D}\cdot\overline{S_1}\,\overline{S_0}} \\ Y_1=D+S_1+\overline{S_0}=D+M_1=\overline{\overline{D}\cdot m_1}=\overline{\overline{D}\cdot\overline{S_1}S_0} \\ Y_2=D+\overline{S_1}+S_0=D+M_2=\overline{\overline{D}\cdot m_2}=\overline{\overline{D}\cdot S_1\overline{S_0}} \\ Y_3=D+\overline{S_1}+\overline{S_0}=D+M_3=\overline{\overline{D}\cdot m_3}=\overline{\overline{D}\cdot S_1S_0} \end{cases} \tag{4.46}$$

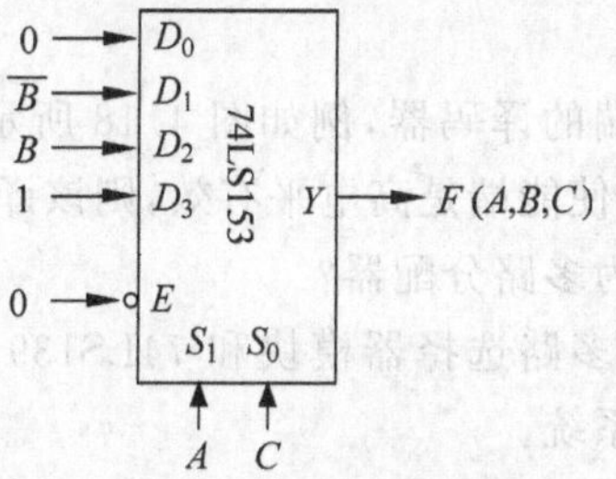

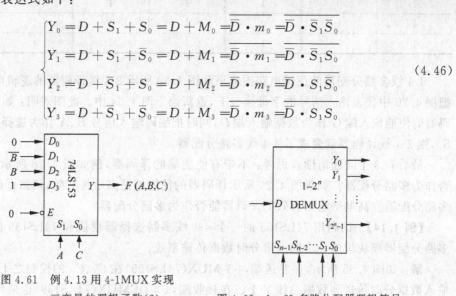

图 4.61 例 4.13 用 4-1MUX 实现三变量的逻辑函数(2)

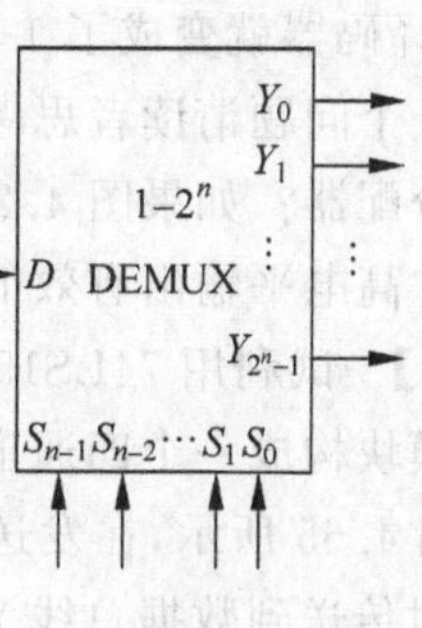

图 4.62 $1-2^n$ 多路分配器逻辑符号

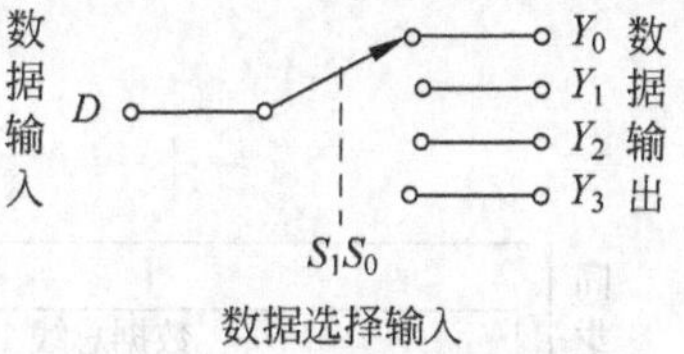

(a) 1-4线多路分配器示意图

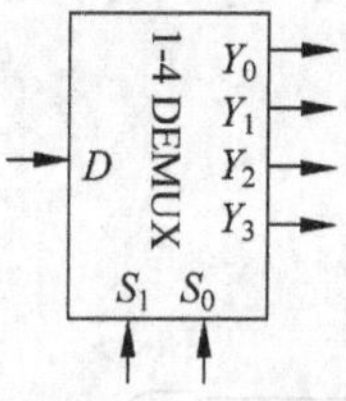

(b) 1-4线多路分配器逻辑符号

图 4.63 1-4 线多路分配器

式中,M_i 和 m_i($i=0\sim3$)分别是由 S_1、S_0 所构成的两变量最大项和最小项。观察式(4.46)发现,除了输入变量所用的字母不同以外,式(4.46)与式(4.11)完全相同。事实上,如果把字母 D、S_1、S_0 分别对应 G、B、A,则表 4.23 与表 4.8 也完全相同。这说明:带有低有效使能端、输出低电平有效的 2-4 线译码器与 1-4 线多路分配器在硬件上是同一个电路,只不过从不同的使用角度上,给它起了不同的名字而已。正因为如此,74LS139 的数据手册上标出该集成电路模块的名称是“译码器/多路分配器”(decoder/demultiplexer)。

表 4.23 1-4 线多路分配器功能表

选择输入		数据	输出			
S_1	S_0	D	Y_0	Y_1	Y_2	Y_3
0	0	0	0	1	1	1
0	0	1	1	1	1	1
0	1	0	1	0	1	1
0	1	1	1	1	1	1
1	0	0	1	1	0	1
1	0	1	1	1	1	1
1	1	0	1	1	1	0
1	1	1	1	1	1	1

1-4 线多路分配器的逻辑电路图应该和图 4.20 所示 2-4 线译码器的逻辑图一样。现在把图 4.20 中代表输入信号的字母换一下，重新绘于图 4.64 中。此图表明：如果把 2-4 线译码器的使能输入端 G 作为数据输入端 D，同时把编码输入信号 B、A 作为选择控制信号 S_1、S_0，则 2-4 线译码器就变成了 1-4 线多路分配器。

最后有 3 个问题请读者思考：不带有使能端的译码器，例如图 4.18 所示的译码器，能否作为多路分配器？如果图 4.20 所示译码器的使能端是高电平有效，则该译码器能否作为多路分配器？高电平输出有效的译码器能否作为多路分配器？

【例 4.14】 试利用 74LS153 的一个 4-1 线多路选择器模块和 74LS139 的一个 1-4 线多路分配器模块构成一个四通道分时数据传输系统。

解：如图 4.65 所示，在发送端，4-1 MUX(74LS153)在 C_1、C_0 的控制之下，负责将 4 路输入数据分时传送到数据总线 Y 上。在接收端，1-4 DEMUX(74LS139)也是在 C_1、C_0 的控制之下，负责将总线 G 上的数据(来自 Y)分时分配到 4 路数据输出端。BA 的变化与 S_1S_0 的变化是同步的，均受控于 C_1C_0。所以，当 $C_1C_0=00$ 时，$Y_0=D_0$；当 $C_1C_0=01$ 时，$Y_1=D_1$；当 $C_1C_0=10$ 时，$Y_2=D_2$；当 $C_1C_0=11$ 时，$Y_3=D_3$。于是就实现了四通道数据的分时传送。

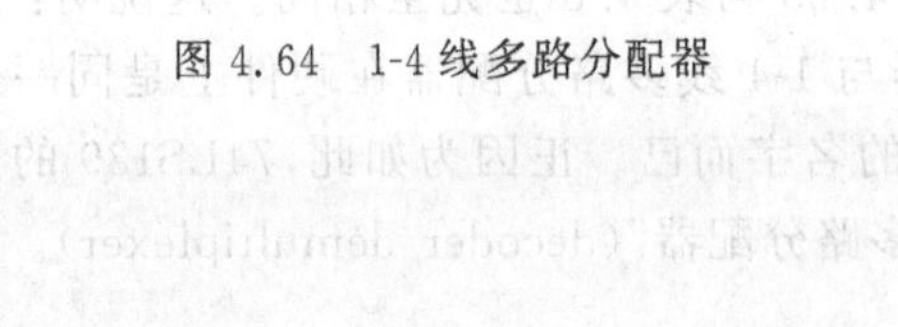

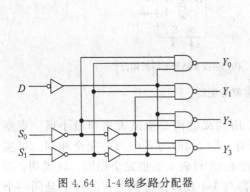

图 4.64 1-4 线多路分配器

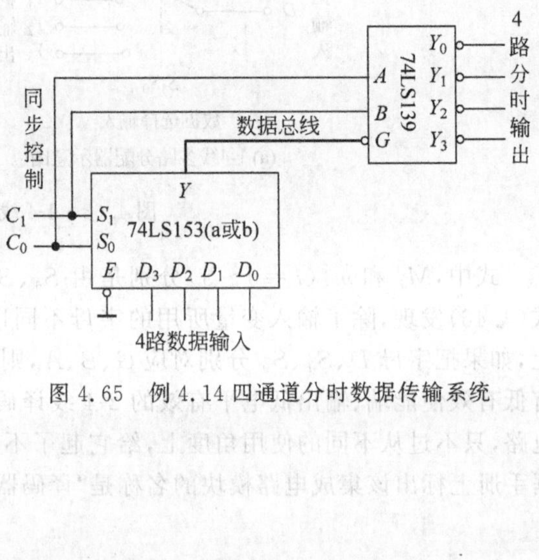

图 4.65 例 4.14 四通道分时数据传输系统

4.3 组合电路逻辑分析

4.3.1 组合电路逻辑分析步骤

组合逻辑电路的分析是以给定的数字逻辑硬件电路为起点，通过导出描述该电路的布尔表达式(逻辑表达式)、真值表、时序图或其他描述电路工作行为特性的形式来说明组合数字电路的逻辑功能。简言之，**分析组合逻辑电路的目的，就是要获取对电路的某种描述形式(真值表、逻辑函数表达式等)**。运用分析组合电路的手段，可以确定电路的工作特性并验证这种工作特性是否与设计指标相吻合。对组合电路的分析还有助于将现有的电路转换为另一种不同的形式，以便于减少原电路所用门电路的数量或者改用不同的逻辑部件去实现同一逻辑功能的电路。总之，一旦通过分析掌握了组合电路逻辑功能的某种描述形式，就为以下的工作铺平了道路。

- 可确定电路对各种输入变量组合的响应；
- 可以巧妙地构造某种布尔代数表达式以提出实现同一逻辑功能的不同电路结构；
- 可将某个电路模块的描述用于包含该电路的更大系统的分析工作；
- 可定位出现故障的电路部位，便于电路的维修及维护。

组合电路的分析方法比较简单。现将一般的分析步骤归纳如下：

- **确定输入变量(自变量)和输出变量(函数)**。对于给定的逻辑网络，首先要确定哪些是输入信号(输入变量)，哪些是输出信号(输出函数)，然后确定各输出函数到底是几变量的逻辑函数。
- **确定输出函数关于输入变量的逻辑表达式**。如果给定的逻辑电路比较简单，则可直接写出输出函数的表达式。但当电路的结构较为复杂时，直接写出函数表达式可能比较困难。这时就要分级写出逻辑表达式，即，在电路内部的适当位置上设置中间变量(标上字母)，然后写出各中间变量相对于输入变量的逻辑表达式，再写出输出函数相对于中间变量的表达式。最后，运用代入规则将这些表达式综合成为输出函数相对于输入变量的逻辑表达式。
- **化简变换**。如果需要，可利用代数法或卡诺图法化简逻辑函数表达式，或将表达式变换为所需要的形式。
- **由函数逻辑表达式列出真值表**。按照第2章所表述的方法，根据表达式列写出真值表。真值表是反映输入、输出变量之间逻辑关系的有效方法和重要工具。
- **按要求画出给定输入激励波形下的输出波形，说明电路的逻辑功能**。这一步不是必须的。

上述5步只是一个大概的分析步骤，不是一成不变的。事实上，**真值表是分析(也是设计)组合逻辑电路的最基本、最本质和最有效的工具**。因此上述步骤(第1步除外)的顺序可以根据实际情况而互换。即，**哪一种组合电路的描述形式有可能会被最方便、最快捷地得到，就先导出哪一种描述形式，然后再根据要求导出其他的电路描述形式**。

4.3.2 组合电路逻辑分析实例

4.3.1 节列举了分析组合逻辑电路的 5 大步骤。本节将通过实例阐明分析组合逻辑电路的具体实施过程。

【例 4.15】 分析图 4.66(a)所示的电路。激励信号的波形如图 4.66(b)所示，试画出相应的输出波形。

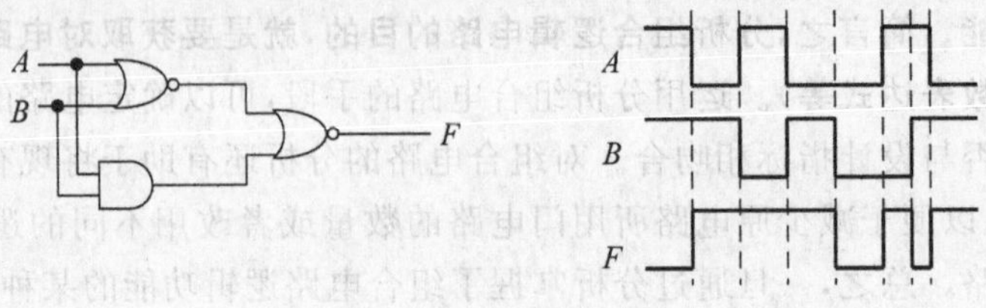

(a)　　(b)

图 4.66　例 4.15 的逻辑图和波形图

解：(1) 写逻辑表达式。电路的输入变量是 A、B；输出函数是 F。因为此例题的逻辑图比较简单，所以可直接写出函数的逻辑表达式：

$$F=\overline{\overline{A+B}+AB}$$

(2) 变换。对逻辑表达式进行如下的变换：

$$F=\overline{\overline{A+B}+AB}$$

$$F=\overline{\overline{A}\,\overline{B}+AB}=A\oplus B$$

(3) 列真值表。根据逻辑表达式列出真值表，如表 4.24 所示。

(4) 画波形图。输出信号的波形图如图 4.66(b)所示。

(5) 说明电路的逻辑功能。由逻辑表达式可以看出，该电路是一个"异或"电路。

表 4.24　例 4.15 函数 F 的真值表

No.	A	B	F
0	0	0	0
1	0	1	1
2	1	0	1
3	1	1	0

【例 4.16】 分析图 4.67 所示的电路。

解：(1) 写逻辑表达式。电路有 4 个输入变量 X_1、X_2、X_3 和 X_4；同时有 4 个输出函数 F_1、F_2、F_3 和 F_4。为便于写出函数的逻辑表达式，设两个中间变量 G_1 和 G_2，如图 4.67 所示。先写出以 G_1 和 G_2 为函数的表达式如下：

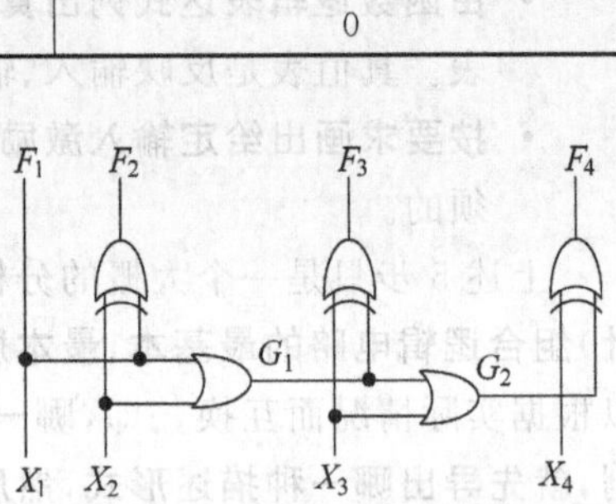

图 4.67　例 4.16 的逻辑图

$$G_1=X_1+X_2$$

$$G_2=G_1+X_3=X_1+X_2+X_3$$

再运用代入准则写出各逻辑函数如下：

$$F_1 = X_1;\qquad F_2 = X_1 \oplus X_2$$

$$F_3 = G_1 \oplus X_3;\qquad F_4 = G_2 \oplus X_4$$

(2) 列真值表。根据表达式列出真值表，如表 4.25 所示。

(3) 说明电路的逻辑功能。从真值表看出，4 个输出函数构成 4 个输入变量的二进制补码(模为 2^4)，所以，这是一个求输入二进制数补码的电路。

表 4.25 例 4.16 的真值表

No.	X_4	X_3	X_2	X_1	G_1	G_2	F_4	F_3	F_2	F_1
0	0	0	0	0	0	0	0	0	0	0
1	0	0	0	1	1	1	1	1	1	1
2	0	0	1	0	1	1	1	1	1	0
3	0	0	1	1	1	1	1	1	0	1
4	0	1	0	0	0	1	1	1	0	0
5	0	1	0	1	1	1	1	0	1	1
6	0	1	1	0	1	1	1	0	1	0
7	0	1	1	1	1	1	1	0	0	1
8	1	0	0	0	0	0	1	0	0	0
9	1	0	0	1	1	1	0	1	1	1
10	1	0	1	0	1	1	0	1	1	0
11	1	0	1	1	1	1	0	1	0	1
12	1	1	0	0	0	1	0	1	0	0
13	1	1	0	1	1	1	0	0	1	1
14	1	1	1	0	1	1	0	0	1	0
15	1	1	1	1	1	1	0	0	0	1

【例 4.17】 给定电路如图 4.68 所示。试导出电路输出函数的最小项之和式。B_1、S_1 分别是译码器编码输入端和多路选择器 MUX 选择端的最高有效位。

解：电路有 4 个输入变量 A、B、C、D 和一个输出变量 F，所以 F 是一个 4 变量的逻辑函数。

译码器各输出端的表达式为

$$m_0 = \bar{A}\bar{B};\quad m_1 = \bar{A}B;$$

$$m_2 = A\bar{B};\quad m_3 = AB \tag{4.47}$$

多路选择器 MUX 输出端的表达式为

$$Y = D_0 \cdot \bar{C}\bar{D} + D_1 \cdot \bar{C}D + D_2 \cdot C\bar{D} + D_3 \cdot CD \tag{4.48}$$

而 $D_0 = m_0$，$D_1 = m_1$，$D_2 = m_2$，$D_3 = m_3$，$F = Y$。所以，把式(4.47)代入式(4.48)得到输出函数的最小项之和式：

$$F = \bar{A}\bar{B} \cdot \bar{C}\bar{D} + \bar{A}B \cdot \bar{C}D + A\bar{B} \cdot C\bar{D} + AB \cdot CD$$

$$= \sum m(0,5,10,15)$$

【例 4.18】 试确定图 4.69 所示电路输出函数的最小项之和式。其中，FA 是全加器；S_1 是多路选择器 MUX 选择端的最高有效位。

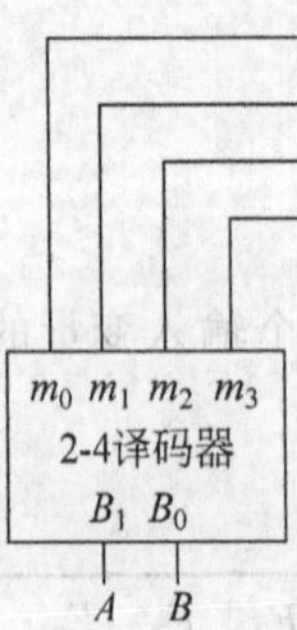

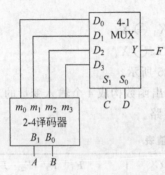

图 4.68 例 4.17 的逻辑图

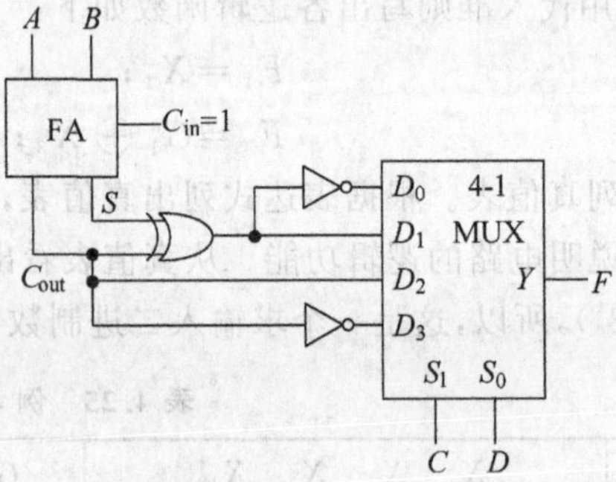

图 4.69 例 4.18 的逻辑图

解：电路的输入变量为 A、B、C 和 D；输出变量为 F。所以函数 F 是一个 4 变量的逻辑函数。

因为全加器 FA 的进位输入 $C_{in}=1$，所以 FA 的"和"输出 S 以及"进位输出"C_{out} 的表达式为

$$\begin{aligned}S&=A\oplus B\oplus 1\\&=\overline{A\oplus B};\\C_{out}&=AB+BC_{in}+AC_{in}\\&=AB+B+A=A+B\end{aligned}$$

因此，

$$\begin{aligned}D_1&=S\oplus C_{out}\\&=\overline{A\oplus B}\oplus(A+B)\\&=\overline{A\oplus B}\cdot\overline{A+B}+(A\oplus B)(A+B)\\&=(AB+\overline{A}\,\overline{B})\overline{A}\,\overline{B}+(A\overline{B}+\overline{A}B)(A+B)\\&=\overline{A}\,\overline{B}+A\overline{B}+\overline{A}B\\&=\overline{B}+\overline{A}\\&=\overline{AB}\end{aligned}\tag{4.49}$$

$$\begin{aligned}D_0&=\overline{S\oplus C_{out}}\\&=AB\end{aligned}\tag{4.50}$$

$$D_2=C_{out}=A+B\tag{4.51}$$

$$D_3=\overline{C_{out}}=\overline{A+B}=\overline{A}\,\overline{B}\tag{4.52}$$

又因为 $F=D_0\cdot\overline{C}\,\overline{D}+D_1\cdot\overline{C}D+D_2\cdot C\overline{D}+D_3\cdot CD$，所以把式(4.49)、式(4.50)、式(4.51)和式(4.52)代入本式后，就得到输出函数 F 的最小项之和式为

$$\begin{aligned}F&=AB\cdot\overline{C}\,\overline{D}+\overline{AB}\cdot\overline{C}D+(A+B)\cdot C\overline{D}+\overline{A}\,\overline{B}\cdot CD\\&=AB\overline{C}\,\overline{D}+\overline{A}\,\overline{C}D+\overline{B}\,\overline{C}D+AC\overline{D}+BC\overline{D}+\overline{A}\,\overline{B}CD\\&=AB\overline{C}\,\overline{D}+\overline{A}\,\overline{C}D(B+\overline{B})+(A+\overline{A})\overline{B}\,\overline{C}D+AC\overline{D}(B+\overline{B})+(A+\overline{A})BC\overline{D}+\overline{A}\,\overline{B}CD\\&=AB\overline{C}\,\overline{D}+\overline{A}B\overline{C}D+\overline{A}\,\overline{B}\,\overline{C}D+A\overline{B}\,\overline{C}D+ABC\overline{D}+A\overline{B}C\overline{D}+\overline{A}BC\overline{D}+\overline{A}\,\overline{B}CD\\&=\sum m(1,3,5,6,9,10,12,14)\end{aligned}$$

从以上过程可以看出，运用逻辑代数推导输出函数表达式的方法显得有些复杂。其实，正如在前边已经讲过的那样，真值表是描述逻辑函数的最基本、最本质和最有效的方法。因此可以直接先列出图 4.69 所示电路输出函数的真值表，然后根据真值表写出函数 F 的最小项之和式。在填写真值表的过程中，应该时刻想到全加器 FA 和多路选择器 MUX 的功能表（输入与输出的关系表）。表 4.26 为图 4.69 所示逻辑图的输出函数真值表。

表 4.26　例 4.18 函数 F 的真值表

No.	A	B	C	D	F
0	0	0	0	0	0
1	0	0	0	1	1
2	0	0	1	0	0
3	0	0	1	1	1
4	0	1	0	0	0
5	0	1	0	1	1
6	0	1	1	0	1
7	0	1	1	1	0
8	1	0	0	0	0
9	1	0	0	1	1
10	1	0	1	0	1
11	1	0	1	1	0
12	1	1	0	0	1
13	1	1	0	1	0
14	1	1	1	0	1
15	1	1	1	1	0

填写真值表的过程大致如下：首先将真值表分为 4 个部分，分别对应行号 0～3；4～7；8～11；12～15。在每一个部分里，CD 取值都是 00～11，对应 MUX 选择 D_0～D_3；而 AB 的取值相对保持不变。例如在行号为 0～3 这一部分里，$AB=00$。因为 C_{in} 为 1，所以全加器所做的加法是：$0+0+1=1$，于是 FA 的"和"输出 $S=1$，进位输出 $C_{out}=0$，"异或"门的输出为 1。所以 $D_0=0, D_1=1, D_2=0, D_3=1$，这些 D_i（$i=0$～3）的取值就是函数 F 的取值，将它们按顺序填入真值表，如表 4.26 中的浅色数字部分所示。按此方法可将真值表的其余 3 个部分的函数值全部填上。根据表 4.26，可写出函数 F 的最小项之和式如下：

$$F=\sum m(1,3,5,6,9,10,12,14)$$

显然，在本例题中，真值表法比代数法要更加快捷一些。

【例 4.19】 图 4.70 所示电路是由 5 个半加器 HA_0～HA_4 所组成的。图中标有问号"?"的输出端上会出现什么样的逻辑函数，用最小项之和式表示。

解：由逻辑电路图确定输入变量为 A、B、C、D；输出函数为 S_4、C_4、S_2、C_3，它们均是 4 变量的逻辑函数。

可以用逐级代入的代数方法求出 S_4、C_4、S_2 和 C_3。即：

$$S_0=A\oplus B$$

$$C_0=A\cdot B$$

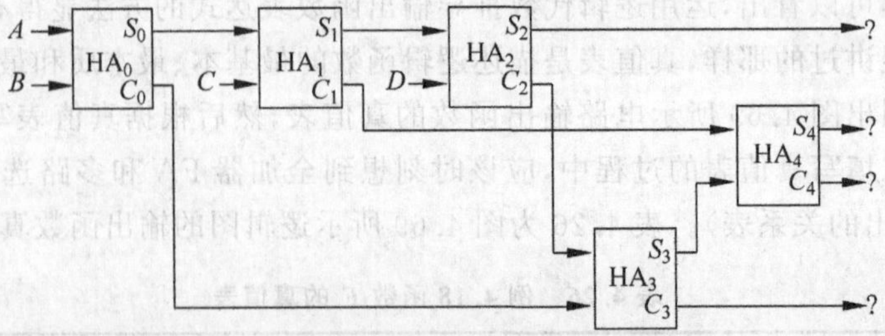

图 4.70 例 4.19 的逻辑图

$$S_1=C\oplus S_0=C\oplus(A\oplus B)=A\oplus B\oplus C$$

$$C_1=C\cdot S_0=C(A\oplus B)=\overline{A}BC+A\overline{B}C$$
$$=\sum m(6,7,10,11)$$

$$S_2=D\oplus S_1=D\oplus(A\oplus B\oplus C)=A\oplus B\oplus C\oplus D$$
$$=\sum m(1,2,4,7,8,11,13,14) \qquad (*)$$

$$C_2=D\cdot S_1=D(A\oplus B\oplus C)=\overline{A}\overline{B}CD+\overline{A}B\overline{C}D+A\overline{B}\overline{C}D+ABCD$$
$$=\sum m(3,5,9,15)$$

$$S_3=C_0\oplus C_2=AB\oplus[\sum m(3,5,9,15)]$$
$$=AB\cdot\overline{\sum m(3,5,9,15)}+\overline{AB}\cdot[\sum m(3,5,9,15)]$$
$$=\sum m(12,13,14)+\sum m(3,5,9)=\sum m(3,5,9,12,13,14)$$

$$C_3=C_0\cdot C_2=AB[\sum m(3,5,9,15)]=m_{15}=ABCD \qquad (*)$$

$$S_4=S_3\oplus C_1=[\sum m(3,5,9,12,13,14)]\oplus[\sum m(6,7,10,11)]$$
$$=[\sum m(3,5,9,12,13,14)]\cdot\sum m(6,7,10,11)$$
$$+\overline{\sum m(3,5,9,12,13,14)}\cdot\sum m(6,7,10,11)$$
$$=\sum m(3,5,9,12,13,14)+\sum m(6,7,10,11)$$
$$=\sum m(3,5,6,7,9,10,11,12,13,14) \qquad (*)$$

$$C_4=S_3\cdot C_1=[\sum m(3,5,9,12,13,14)]\cdot[\sum m(6,7,10,11)]=0 \qquad (*)$$

以上各式中,C_1 的表达式是 4 变量 A、B、C、D 的最小项之和式。S_2 是 4 个变量相“异或”,根据多变量“异或”的特性(取 1 变量个数的奇偶性)可直接推出 S_2 的最小项之和式。对于 C_2,先写出 3 变量 A、B、C 相“异或”的最小项之和式,然后再和 D 相“与”,即可得到 4 变量 A、B、C、D 的最小项之和式。在推导 S_3 和 C_3 的最小项之和式时,要注意如下两点:①AB 与某最小项之和式相“与”时,只保留原最小项之和式中编号大于等于 12 的最小项,而 $\overline{AB}$ 与某最小项之和式相“与”时,则保留该最小项之和式中编号小于 12 的最小项;②某 4 变量函数的最小项之和式所包含的最小项与其反函数的最小项之和式所包含的最小项,在 16 的范围内编号互补。在推导 S_4、C_4 的最小项之和式时,要注意到如下事实:两个最小项之和式相“与”时，其结果只保留这两个最小项之和式中编号相同的最小项，这是由最小项的性质所决定的。上面标有“（∗）”的函数表达式就是所求的逻辑函数。

其实，可以根据逻辑图（图 4.70）直接列出各半加器输出端函数的真值表，如表 4.27 所示。

填写真值表的过程是：根据逻辑图并按照半加器 HA 的加法原则，首先将变量 A、B 的所有取值相加，得到 S_0、C_0 的数值，如表 4.27 中的浅色数字所示。然后再将 C 和相应的 S_0 的所有取值相加，得到 S_1、C_1 的数值；以此类推，就得到所有 S_i、C_i（$i=0\sim4$）的数值。根据真值表，可写出 S_4、C_4、S_2、C_3（表中灰色底的字母）的最小项之和式为

$$S_4=\sum m(3,5,6,7,9,10,11,12,13,14)$$

$$C_4=0$$

$$S_2=\sum m(1,2,4,7,8,11,13,14)$$

$$C_3=m_{15}$$

表 4.27　例 4.19 各函数的真值表

No.	A	B	C	D	S_0	C_0	S_1	C_1	S_2	C_2	S_3	C_3	S_4	C_4
0	0	0	0	0	0	0	0	0	0	0	0	0	0	0
1	0	0	0	1	0	0	0	0	1	0	0	0	0	0
2	0	0	1	0	0	0	1	0	1	0	0	0	0	0
3	0	0	1	1	0	0	1	0	0	1	1	0	1	0
4	0	1	0	0	1	0	1	0	1	0	0	0	0	0
5	0	1	0	1	1	0	1	0	0	1	1	0	1	0
6	0	1	1	0	1	0	0	1	0	0	0	0	1	0
7	0	1	1	1	1	0	0	1	1	0	0	0	1	0
8	1	0	0	0	1	0	1	0	1	0	0	0	0	0
9	1	0	0	1	1	0	1	0	0	1	1	0	1	0
10	1	0	1	0	1	0	0	1	0	0	0	0	1	0
11	1	0	1	1	1	0	0	1	1	0	0	0	1	0
12	1	1	0	0	0	1	0	0	0	0	1	0	1	0
13	1	1	0	1	0	1	0	0	1	0	1	0	1	0
14	1	1	1	0	0	1	1	0	1	0	1	0	1	0
15	1	1	1	1	0	1	1	0	0	1	0	1	0	0

以上两例均说明，在分析组合逻辑电路时，使用真值表往往会更方便。但是，**真值表法的运用只能建立在熟练地掌握常用组合逻辑模块（多路选择器、加法器、译码器等）功能表的基础之上。**

4.4 组合电路逻辑设计

组合电路的逻辑设计（简称“设计”）是组合电路逻辑分析的逆过程。组合电路的设计有时也叫作“组合逻辑网络的综合”。

在讨论组合电路逻辑设计的问题之前，有必要先讨论逻辑函数的硬件实现问题。该问题的核心内容就是：**如何用数字逻辑部件（硬件）去实现给定逻辑函数的布尔表达式。**

用以实现逻辑函数布尔表达式的硬件电路形式很多,大致归纳起来有以下几类:

- 小规模数字集成电路,简称 SSI。
- 中规模数字集成电路,简称 MSI。
- 只读存储器 ROM。
- 小规模可编程逻辑器件,如 PLA、PAL、GAL 等。
- 大规模可编程逻辑器件,目前主要有 CPLD(复杂可编程逻辑器件)和 FPGA(现场可编程门阵列)。

本节先讨论前两类数字电路的实现问题,即:如何用 SSI 和 MSI 实现给定的逻辑函数。在第 10 章讨论用 ROM 和 PLA、PAL、GAL 等实现逻辑函数的问题。至于如何用 CPLD 和 FPGA 实现数字电路和数字系统的问题,则留待后续课程去讨论。

4.4.1 用小规模集成电路(SSI)实现逻辑函数

用 SSI 实现组合逻辑电路,就是用 SSI 去实现描述该逻辑电路的逻辑函数。这是传统的数字电路实现方法。所谓"小规模集成电路",其实都是一些基本的门电路逻辑单元(如"与"门、"或"门、"与非"门、"或非"门、"异或"门等)。实现电路设计的最简标准是:**所用门数最少;每个门的输入端数最少**。这就是所谓的**最小化设计**。要做到这一点,必须首先将逻辑函数表达式化为所需要的最简形式。虽然现代数字逻辑电路的设计已很少单纯地使用 SSI 去实现电路的组建,但是这种传统的数字电路实现方法仍然是构建数字电路的基础。

1. 用 SSI 实现逻辑函数

其实在第 2 章的 2.5 节中,已经接触到了大量的用 SSI 实现组合数字电路的问题。这就是:**一种逻辑表达式的形式对应了一种数字电路的形式。逻辑表达式的形式越简单,则所对应的数字电路的形式就越简单**。正如 2.5 节中所阐述的那样,对于同一个逻辑函数,其布尔表达式的形式是多种多样的,但最终都可以归纳成为以下 5 类形式:

- **"与或"表达式**。其中包括标准"与或"式——最小项之和式。最小项之和式是"与或"表达式的一种特例。
- **"或与"表达式**。其中包括标准"或与"式——最大项之积式。最大项之积式是"或与"表达式的一种特例。
- **"与非-与非"**表达式。
- **"或非-或非"**表达式。
- **"与或非"**表达式。

实现这 5 类逻辑表达式所用到的 SSI 是"与"门、"或"门、"与非"门、"或非"门和"与或非"门。另外还有一个特例,那就是"异或"门。尽管"异或"运算可归结为"与或"运算,但是在市场上有专门的"异或"门集成电路芯片可供使用,所以将"异或"门单独归为一类。

关于如何用这些 SSI 去实现这 5 类逻辑表达式,并使之符合最简标准要求的问题,请参考 2.5 节,这里不再赘述。

2. 使用 SSI 时的两个问题

1) 无输入反变量

在以前的讨论中,都假定门电路的输入端既有原变量也有反变量。但是在实际问题中,由于器件引出端的数量有限,很多器件只提供原变量输出而不提供反变量输出;或者反过来，只提供反变量输出而不提供原变量输出。遇到这种情况时，就需要所设计的电路本身产生反变量或原变量。当然，可以用加“非”门的方法来解决这个问题。但是当需要的反变量较多时，这种方法就显得不太经济了。因此在实践中，应该尽可能地使一个逻辑门提供多个反变量。

例如，图 4.71(a)所示的逻辑图是一个 2-4 线译码器，它有 2 个输入变量 A 和 B 以及 4 个输出函数 Y_3, Y_2, Y_1 和 Y_0，它们的逻辑表达式为：$Y_3=\overline{AB}$；$Y_2=\overline{A\bar{B}}$；$Y_1=\overline{\bar{A}B}$；$Y_0=\overline{\bar{A}\bar{B}}$。这些表达式说明输入端不仅需要原变量 A、B，还需要它们的反变量 $\bar{A}$、$\bar{B}$。图 4.71(a)是用两个“非”门来获得 $\bar{A}$ 和 $\bar{B}$ 的。另一方面，注意到：

$$\overline{A\bar{B}}=\overline{A(\bar{A}+\bar{B})}=\overline{A\cdot\overline{AB}}$$

$$\overline{\bar{A}B}=\overline{(\bar{A}+\bar{B})B}=\overline{\overline{AB}\cdot B}$$

$$\overline{\bar{A}\bar{B}}=\overline{\overline{A+B}}=\overline{\overline{A+\bar{A}B}}=\overline{\overline{A(\bar{B}+B)+\bar{A}B}}=\overline{\overline{A\bar{B}+AB+\bar{A}B}}=\overline{\overline{A\bar{B}}\cdot\overline{AB}\cdot\overline{\bar{A}B}}$$

所以可以用 $\overline{AB}$ 替代 $\bar{A}$ 和 $\bar{B}$。按这个思路就构成了另外一种 2-4 线译码器的逻辑图，如图 4.71(b)所示。显然，图(b)比图(a)节省了两个“非”门。

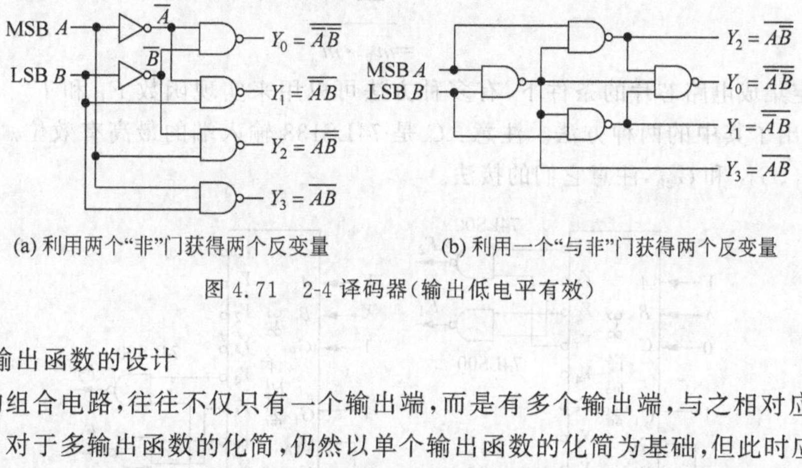

(a) 利用两个“非”门获得两个反变量　　(b) 利用一个“与非”门获得两个反变量

图 4.71　2-4 译码器(输出低电平有效)

2) 多输出函数的设计

实际的组合电路，往往不仅只有一个输出端，而是有多个输出端，与之相对应的是一组输出函数。对于多输出函数的化简，仍然以单个输出函数的化简为基础，但此时应合理地利用几个输出函数之间的公共项，以期达到整体化简的目的。有关此问题的具体细节，可参看 2.6.4 小节，此处不再赘述。

4.4.2　用中规模集成电路(MSI)实现逻辑函数

在 4.2 节中，已经详细介绍了各种常用组合逻辑中规模集成电路(MSI)的功能、特点和应用。其中特别提到了能实现逻辑函数的两种 **MSI——“译码器”和“多路选择器”(MUX)**。当然，这两种器件并非是专门为实现逻辑函数而设计的，其实它们还有其他的重要用途。但之所以用它们来实现逻辑函数，是因为这两种 MSI 有一个共同的特点——它们都具有最小项发生器。然而**任何一个 n 变量的逻辑函数，都可以用唯一的、具有 n 变量最小项的最小项之和式来表示，最小项的个数为 2^n 个**。如果某个器件能够产生全部这 2^n 个最小项，那么该器件就有可能实现任意一个 n 变量的逻辑函数。

用 MSI 实现组合电路逻辑函数的优点是电路体积小、连线少、可靠性高。电路实现的最佳标准是：**所用的 MSI 组件模块最少，连线最少**。在 4.2.2 小节和 4.2.5 小节中，已经分别介绍了用译码器和多路选择器去实现逻辑函数的基本原理和基本使用方法。本节将再举几个应用实例，以阐明在使用这两种 MSI 实现逻辑函数时所遇到的特殊问题及解决方法。

【例 4.20】 用一片 74LS138 和一片 74LS00 实现 X，Y 两变量的"异或"和"同或"运算。74LS138 的功能表如表 4.9 所示。

解：74LS138 是一个 3-8(2^3)译码器，输出为低电平有效。74LS00 是四-2 输入"与非"门。X，Y"异或""同或"运算的表达式如下：

$$\begin{aligned}F_1(X,Y) &= X \oplus Y \\ &= X\overline{Y} + \overline{X}Y \\ &= \sum m(1,2) \\ &= \overline{\overline{m}_1 \cdot \overline{m}_2}\end{aligned}$$

$$\begin{aligned}F_2(X,Y) &= X \odot Y \\ &= \overline{X}\,\overline{Y} + XY \\ &= \sum m(0,3) \\ &= \overline{\overline{m}_0 \cdot \overline{m}_3}\end{aligned}$$

在给定集成电路芯片的条件下，有多种方法可以用来实现函数 F_1 和 F_2。图 4.72 的(a)、(b)示出了其中的两种方法。注意：C 是 74LS138 输入端的最高有效位。芯片的"使能"端为 G_1、G_{2A} 和 G_{2B}，注意它们的接法。

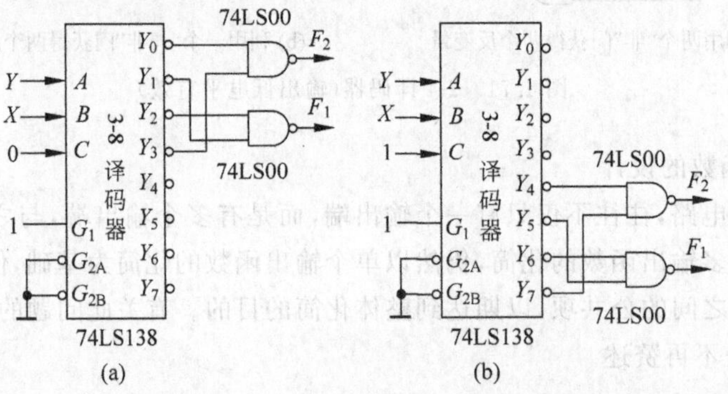

图 4.72 例 4.20 利用译码器实现逻辑函数

在图 4.72 中，选择译码器的 A、B 输入端作为函数自变量 X 和 Y 的输入。能否选择 B、C 或者 A、C 输入端作为变量 X 和 Y 的输入？如果能，又应如何连线？请读者自行考虑。

本例说明，**一个 $n-2^n$ 译码器可以同时实现多个逻辑函数**（辅以适当的逻辑门），**但每个逻辑函数的变量个数要小于等于 n**。当变量的个数小于 n 时，实现的方式有多种。

【例 4.21】 用 74LS151 实现两变量 X_1 和 X_0 的"异或"函数 F 和"同或"函数 G。74LS151 的功能表如前面例 4.12 的表 4.20 所示。

解：X_1 和 X_0 的"异或""同或"函数 F 和 G 的表达式如下：

$$F(X_1, X_0) = X_1 \oplus X_0 = X_1\overline{X}_0 + \overline{X}_1 X_0$$
$$= 0 \cdot \overline{X}_1\overline{X}_0 + 1 \cdot \overline{X}_1 X_0 + 1 \cdot X_1\overline{X}_0 + 0 \cdot X_1 X_0$$
$$G(X_1, X_0) = X_1 \odot X_0 = \overline{X}_1\overline{X}_0 + X_1 X_0$$
$$= 1 \cdot \overline{X}_1\overline{X}_0 + 0 \cdot \overline{X}_1 X_0 + 0 \cdot X_1\overline{X}_0 + 1 \cdot X_1 X_0$$

74LS151 是一个 8-1 的 MUX，而函数 F 和 G 都是两变量的逻辑函数。因此，可在选择控制变量输入端 C、B、A 中，任取两个作为输入变量 X_1 和 X_0 的输入端，而对另一个不用的选择控制变量端，可根据需要接逻辑 1 或逻辑 0。现在规定：对函数 F，令 B、A 为 X_1 和 X_0 的输入端，C 接逻辑 0。此时，只用到 MUX 的数据输入端 $D_0 \sim D_3$，而 $D_4 \sim D_7$ 则舍弃不用，可接任意值"×"。对函数 G，令 C、B 为 X_1 和 X_0 的输入端，A 接逻辑 1。这样就只用到了 MUX 的数据输入端 D_1、D_3、D_5 和 D_7，而 D_0、D_2、D_4 和 D_6 则舍弃不用，可接任意值"×"。实现两个函数的逻辑图如图 4.73 的(a)、(b)所示，"使能"端 E 接 0，以允许芯片工作。

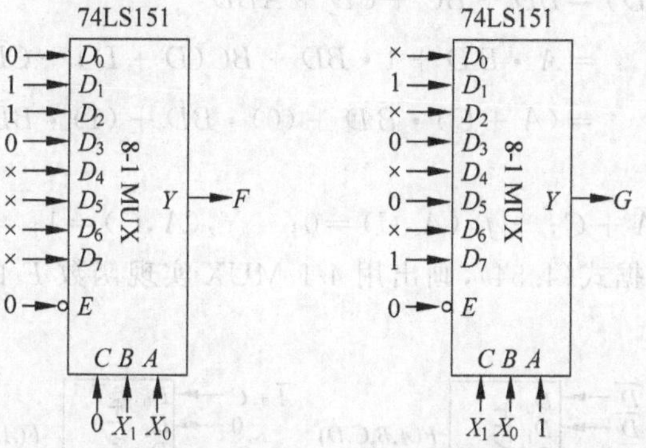

(a) 实现"异或"逻辑函数　　(b) 实现"同或"逻辑函数

图 4.73　例 4.21 用 MUX 实现逻辑函数

本例说明，当函数自变量个数少于 MUX 选择控制变量个数时，采用不同的选择控制变量输入端作为函数自变量的输入，以及将多余的 MUX 选择控制输入端接 1 或接 0，都会影响使用哪些 MUX 数据输入端作为最小项的"选通"输入。那些舍弃不用的数据输入端，可按无关项来处理，即：它们接 1、接 0 都可以。另外，与"译码器"不同的是：**一个"多路选择器"MUX 只能实现一个逻辑函数，它不能同时实现多个逻辑函数。**

【例 4.22】 4-1 MUX 的功能表如表 4.18 所示，试用此 4-1 MUX 实现逻辑函数

$$F(A,B,C,D) = B\overline{D} + BC + C\overline{D} + \overline{A}\overline{B}\overline{D}$$

解：F 是一个 4 变量的逻辑函数，若用只有两个选择输入端 S_1、S_0 的 4-1 MUX 实现此函数，则必须先确定使用哪两个函数自变量作为 MUX 的选择控制变量，然后对 F 的"与或"式中的"与"项进行变量分离。分离的方法既可以采用前面介绍的香农展开定理，也可以采用下面介绍的"变量拼凑法"。

方法一：以 A、B 作为 MUX 的选择控制变量，则余函数为 $f_i(C, D)$ $(i=0\sim3)$。为此，将函数 F 的表达式做如下变换：

$$F(A,B,C,D) = B\overline{D} + BC + C\overline{D} + \overline{A}\overline{B}\overline{D}$$

$$=(B\overline{D}+BC)(A+\overline{A})+C\overline{D}(\overline{A}\overline{B}+\overline{A}B+A\overline{B}+AB)+\overline{D}\cdot\overline{A}\overline{B}$$
$$=(\overline{D}+C\overline{D})\cdot\overline{A}\overline{B}+(\overline{D}+C+C\overline{D})\cdot\overline{A}B$$
$$+C\overline{D}\cdot A\overline{B}+(\overline{D}+C+C\overline{D})\cdot AB$$
$$=(\overline{D})\cdot\overline{A}\overline{B}+(C+\overline{D})\cdot\overline{A}B+(C\overline{D})\cdot A\overline{B}+(C+\overline{D})\cdot AB \tag{4.53}$$

相应的余函数为

$$f_0(C,D)=\overline{D};\quad f_1(C,D)=C+\overline{D};\quad f_2(C,D)=C\overline{D};\quad f_3(C,D)=C+\overline{D}$$

根据式(4.53)，令 $S_1S_0=AB$，画出用 4-1 MUX 实现函数 F 的连线图，如图 4.74(a)所示(图中省略了产生余函数的门电路)。

方法二：观察函数 F 的“与或”表达式，发现在各“与”项中，自变量 B、D 的组合(包括原变量和反变量)出现的次数最多，因此以 B、D 作为 MUX 的选择控制变量，则余函数为 $f_i(A,C)(i=0\sim3)$。

于是，将函数 F 的表达式变换如下：

$$F(A,B,C,D)=B\overline{D}+BC+C\overline{D}+\overline{A}\overline{B}\overline{D}$$
$$=\overline{A}\cdot\overline{B}\overline{D}+1\cdot B\overline{D}+BC(D+\overline{D})+C\overline{D}(B+\overline{B})$$
$$=(\overline{A}+C)\cdot\overline{B}\overline{D}+(0)\cdot\overline{B}D+(1)\cdot B\overline{D}+(C)\cdot BD \tag{4.54}$$

其相应的余函数为

$$f_0(A,C)=\overline{A}+C;\quad f_1(A,C)=0;\quad f_2(A,C)=1;\quad f_3(A,C)=C$$

令 $S_1S_0=BD$，根据式(4.54)，画出用 4-1 MUX 实现函数 F 的连线图，如图 4.74(b)所示。

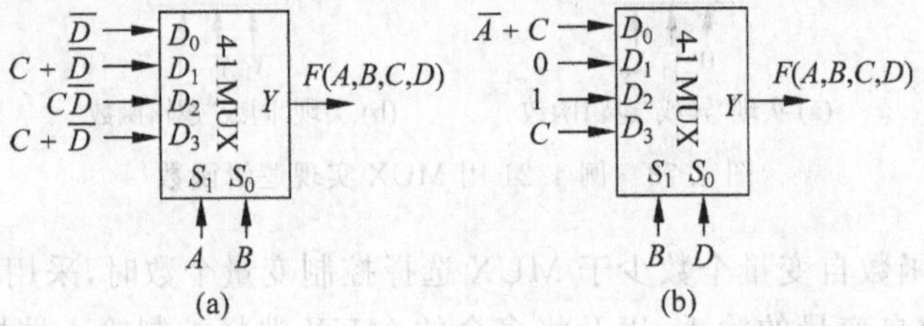

图 4.74 例 4.22 用 4-1MUX 实现 4 变量的逻辑函数

本例说明，当函数自变量的个数多于 MUX 的选择控制变量个数时，应该采用变量分离的方法来实现逻辑函数。**所谓变量分离法，就是从函数的 n 个自变量中选取 k(MUX 选择控制端个数)个变量作为 MUX 的选择控制变量，而剩下的 $(n-k)$ 个自变量叫做“引入变量”，将这些引入变量构成所谓的“余函数” f_i，然后再将 f_i 接到 MUX 相应的数据输入端 D_i 上。**

比较例 4.22 中的式(4.53)和式(4.54)的余函数，显然式(4.54)的余函数比式(4.53)更简单。这说明尽管可以任意挑选函数的两个自变量作为 4-1MUX 的选择控制变量，但是，究竟应该用函数的哪些自变量作为 MUX 的选择控制变量是有讲究的，因为它直接影响余函数的繁简程度，也影响实现余函数时所用到的逻辑门电路的数量——影响电路的成本。那么，到底应该怎样挑选逻辑函数的自变量去充当 MUX 的选择变量，才能使余函数的形式相对简单呢？如果像上述解题的过程那样，仅凭观察来做到这一点，显然是比较困难的。于是乎很自然地又想到了卡诺图。因为卡诺图的形象直观性，使得我们能很容易地做到，在确保余函数的形式相对简单的前提下，选定充当 MUX 选择控制变量的逻辑函数自变量。

【例 4.23】 续例 4.22。用卡诺图法确定充当 MUX 选择变量的函数自变量，以使得所产生的余函数相对最为简单。

解：(1) 因为 $F(A,B,C,D)=B\overline{D}+BC+C\overline{D}+\overline{A}\overline{B}\overline{D}$，所以首先画出其卡诺图，如图 4.75(a)所示。

(2) 若以 A、B 作为 MUX 的选择控制变量，则应将 F 的卡诺图按变量 A、B 划分成 4 个子卡诺图，如图 4.75(b)所示(注意图中虚线)。在每个子卡诺图中对 1 进行圈组合并。在写余函数的"与"项时，不考虑变量 A、B(因为它们是 MUX 的选择变量)而只考虑变量 C、D，于是得到相应的余函数如下：

$$f_0(C,D)=\overline{D};\quad f_1(C,D)=C+\overline{D};\quad f_2(C,D)=C\overline{D};\quad f_3(C,D)=C+\overline{D}$$

(3) 以 C、D 作为 MUX 的选择变量，于是将 F 的卡诺图按变量 C、D 划分成 4 个子卡诺图，如图 4.75(c)所示。在每个子卡诺图中对 1 进行圈组合并，得到相应的余函数如下：

$$f_0(A,B)=\overline{A}+B;\quad f_1(A,B)=0;\quad f_2(A,B)=1;\quad f_3(A,B)=B$$

(4) 如例 4.22 的"方法二"，以 B、D 作为 MUX 的选择变量，按变量 B、D 把 F 的卡诺图划分成 4 个子卡诺图，如图 4.75(d)所示。在每个子卡诺图中对 1 进行圈组合并，得到相应的余函数如下：

$$f_0(A,C)=\overline{A}+C;\quad f_1(A,C)=0;\quad f_2(A,C)=1;\quad f_3(A,C)=C$$

比较图 4.75(b)、(c)、(d)可以看出，**卡诺圈总数越少，且每个卡诺圈所围的小格越多，则所产生的余函数越简单**。就这两点而言，图(c)、(d)比图(b)所产生的余函数要简单；而图(c)与(d)各自所产生的余函数繁简程度相同。所以，应该用自变量 C、D 或 B、D 充当 MUX 的选择控制变量 S_1 和 S_0，并将相应的余函数 $f_0\sim f_3$ 接到 $D_0\sim D_3$ 上，连线图从略。

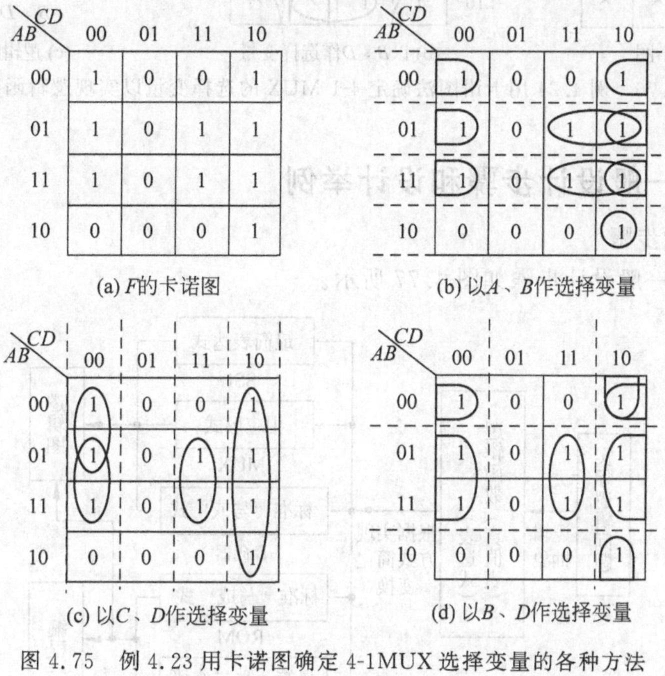

(a) F的卡诺图　(b) 以A、B作选择变量

(c) 以C、D作选择变量　(d) 以B、D作选择变量

图 4.75　例 4.23 用卡诺图确定 4-1MUX 选择变量的各种方法

【例 4.24】 用 4-1 MUX 实现以下 4 变量逻辑函数：

$$F(A,B,C,D)=\sum m(0,2,3,5,6,7,8,9)+d(10,11,12,13,14,15)$$

试用卡诺图法确定充当 MUX 选择变量的函数自变量，以使得所产生的余函数相对最为简单。

解：(1) 画出函数 F 的卡诺图，如图 4.76(a)所示。

(2) 观察函数 F 的卡诺图，如果利用约束项，则以自变量 B、D 作为 MUX 的选择变量时，卡诺圈的总数较少且有两个卡诺圈可圈组 4 个小格，故所产生的余函数相对最为简单。

(3) 按变量 B、D 划分函数 F 的卡诺图，得到 4 个子卡诺图，在子卡诺图中对 1 进行圈组合并(注意利用约束项)，如图 4.76(b)所示。

(4) 根据子卡诺图中的卡诺圈，写出相应的余函数如下：

$$f_0(A,C)=1;\quad f_1(A,C)=A+C;\quad f_2(A,C)=C;\quad f_3(A,C)=1$$

(5) 令 $S_1S_0=BD$，按余函数画出连线图，如图 4.76(c)所示。

综上所述，用 MUX 实现逻辑函数既方便又灵活。一般地说，一个 MUX 只能实现一个逻辑函数(这一点与译码器不同)；在逻辑函数自变量的反变量都存在的前提下，具有 k 个选择输入端的 2^k-1 MUX，不需附加任何门电路就能实现变量个数 $n\leqslant k+1$ 的逻辑函数；如果 $n>k+1$，则可采用附加门电路产生余函数的方法来实现逻辑函数。

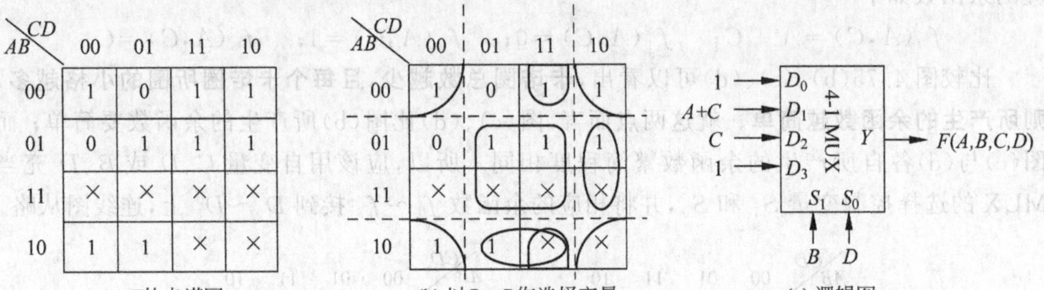

(a) F的卡诺图　(b) 以B、D作选择变量　(c) 逻辑图

图 4.76 例 4.24 用卡诺图法确定 4-1 MUX 的选择变量以实现逻辑函数 F

4.4.3 一般设计步骤和设计举例

1. 一般设计步骤

组合电路的一般设计步骤如图 4.77 所示。

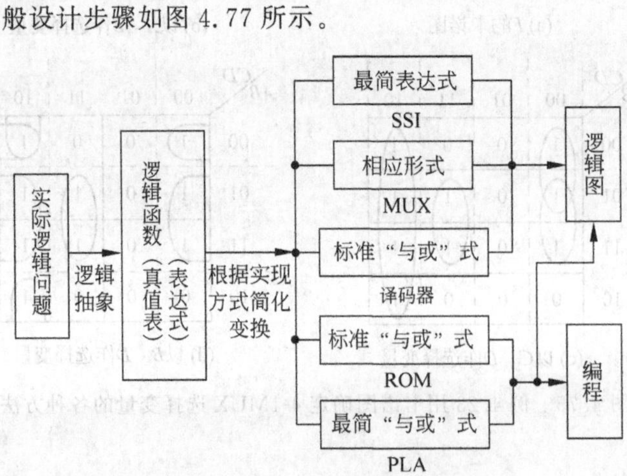

图 4.77 组合电路设计过程

图中有关用 SSI 实现最简表达式和用 MSI(包括译码器和 MUX)实现逻辑函数的问题,已在 4.4.1 小节和 4.4.2 小节中讨论过了。关于用 ROM 和 PLA 实现逻辑函数的问题,将在第 10 章讨论。本节主要讨论如何把实际问题抽象成为一个逻辑模型,从而建立逻辑函数真值表的过程。

组合电路的设计过程,是以对实际问题的文字性描述为起点,通过对这种文字描述的逻辑抽象,建立起真实反映实际问题的逻辑模型。按照模型确定的输入、输出逻辑关系填写真值表。一旦填写出了正确反映实际问题逻辑关系的真值表,则组合逻辑网络的综合问题就算基本完成。后面的工作就是,**由真值表化简逻辑函数(用代数法或卡诺图法),按要求导出所需形式的逻辑函数布尔表达式,根据表达式绘出逻辑图。总之,设计组合逻辑电路的目的,就是要获取正确反映实际问题逻辑关系的逻辑电路图。**

按照图 4.77 的思路,设计组合电路的一般步骤如下:

- **逻辑抽象**:分析由文字描述的设计要求,从实际的问题中抽象出正确反映事件因果关系的逻辑模型。建立模型的过程应该包括:确定电路的输入变量、输出变量(函数),这些变量应该都只有两种状态。然后,为每个变量的两种状态规定逻辑 1 和逻辑 0。
- **列真值表**:根据逻辑模型,并按照实际问题的要求确定输入、输出变量间的逻辑关系,依据这种关系,用逻辑 1 和逻辑 0 填写真值表。
- **简化变换**:利用代数法或者卡诺图法化简真值表所描述的逻辑函数,化简时要充分利用"约束条件"。然后,根据所要求的实现逻辑函数的形式(如 SSI、译码器、MUX 等),把函数的逻辑表达式变换成所需要的"最简"形式。
- **画逻辑图**:根据最后得到的逻辑函数表达式,画出相应的逻辑电路图。

2. 组合电路设计举例

上述各步骤中,第一步"逻辑抽象",是整个组合电路设计过程中最关键也是最困难的一步。其他后续步骤均是有规律可循的。现在就以一些实例来说明组合电路的设计过程。

【例 4.25】 设计 1 位二进制数全减器。分别用 3-8 译码器、双 4-1 MUX 以及 SSI 的"与非"门实现之。

解:(1) 确定输入、输出变量。全减器的输入变量为:"被减数"A,"减数"B,"借位输入"(下一位对本位的借位)C_{in}。

全减器的输出函数为:"差"D,"借位输出"(本位对上一位的借位)C_{out}。1 位二进制数全减器的逻辑符号如图 4.78 所示。

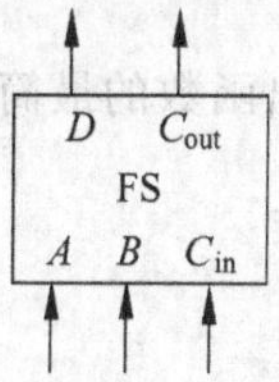

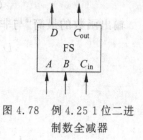

图 4.78 例 4.25 1 位二进制数全减器

(2) 列真值表。根据 1 位二进制数的减法原则,列出反映输入、输出变量逻辑关系的真值表,如表 4.28 所示。

表 4.28 例 4.25 1 位全减器真值表

No.	A	B	C_{in}	D	C_{out}
0	0	0	0	0	0
1	0	0	1	1	1
2	0	1	0	1	1
3	0	1	1	0	1
4	1	0	0	1	0
5	1	0	1	0	0
6	1	1	0	0	0
7	1	1	1	1	1

(3) 化简。根据真值表,写出输出函数 D 和 C_{out} 的最小项之和式:

$$
\begin{aligned}
D &= \sum m(1,2,4,7) \\
&= m_1 + m_2 + m_4 + m_7 \\
&= \overline{\overline{m_1} \cdot \overline{m_2} \cdot \overline{m_4} \cdot \overline{m_7}}
\end{aligned}
\tag{4.55}
$$

$$
\begin{aligned}
C_{out} &= \sum m(1,2,3,7) \\
&= m_1 + m_2 + m_3 + m_7 \\
&= \overline{\overline{m_1} \cdot \overline{m_2} \cdot \overline{m_3} \cdot \overline{m_7}}
\end{aligned}
\tag{4.56}
$$

输出函数 D 和 C_{out} 的卡诺图分别如图 4.79(a)和(b)所示。

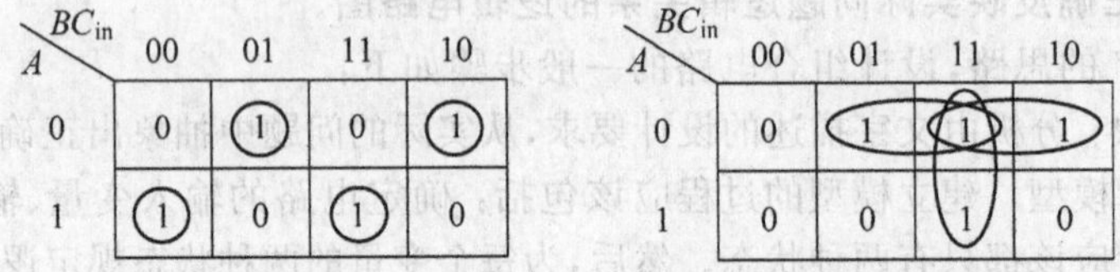

(a) D的卡诺图　　(b) C_{out}的卡诺图

图 4.79　例 4.25 1 位全减器的卡诺图

根据卡诺图,令 B、C_{in} 为 MUX 选择变量,即 $S_1S_0 = BC_{in}$,则 D 的余函数为

$$f_0(A) = A; \quad f_1(A) = \overline{A}; \quad f_2(A) = \overline{A}; \quad f_3(A) = A \tag{4.57}$$

同时 C_{out} 的余函数为

$$f_0(A) = 0; \quad f_1(A) = \overline{A}; \quad f_2(A) = \overline{A}; \quad f_3(A) = 1 \tag{4.58}$$

利用卡诺图化简输出函数 D 和 C_{out}。输出函数的最简"与或"式为

$$D = \overline{A}\overline{B}C_{in} + \overline{A}B\overline{C}_{in} + A\overline{B}\overline{C}_{in} + ABC_{in}$$

$$C_{out} = \overline{A}C_{in} + \overline{A}B + BC_{in}$$

输出函数的最简"与非-与非"式为

$$
\begin{aligned}
D &= \overline{A}\overline{B}C_{in} + \overline{A}B\overline{C}_{in} + A\overline{B}\overline{C}_{in} + ABC_{in} \\
&= \overline{\overline{\overline{A}\overline{B}C_{in} + \overline{A}B\overline{C}_{in} + A\overline{B}\overline{C}_{in} + ABC_{in}}} \\
&= \overline{\overline{\overline{A}\overline{B}C_{in}} \cdot \overline{\overline{A}B\overline{C}_{in}} \cdot \overline{A\overline{B}\overline{C}_{in}} \cdot \overline{ABC_{in}}}
\end{aligned}
\tag{4.59}
$$

$$
\begin{aligned}
C_{out} &= \overline{A}C_{in} + \overline{A}B + BC_{in} = \overline{\overline{\overline{A}C_{in} + \overline{A}B + BC_{in}}} \\
&= \overline{\overline{\overline{A}C_{in}} \cdot \overline{\overline{A}B} \cdot \overline{BC_{in}}}
\end{aligned}
\tag{4.60}
$$

(4) 画逻辑图。根据式(4.55)、式(4.56),画出用 3-8 译码器实现的全减器逻辑图,如图 4.80 所示(C 是最高有效位)。

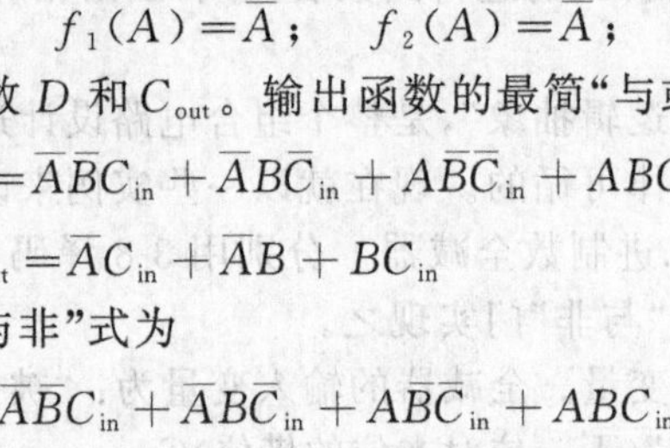

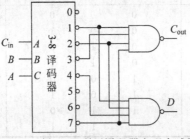

图 4.80　例 4.25 利用译码器实现全减器

由式(4.57)、式(4.58)，绘出用双 4-1MUX 实现的全减器逻辑图，如图 4.81 所示。

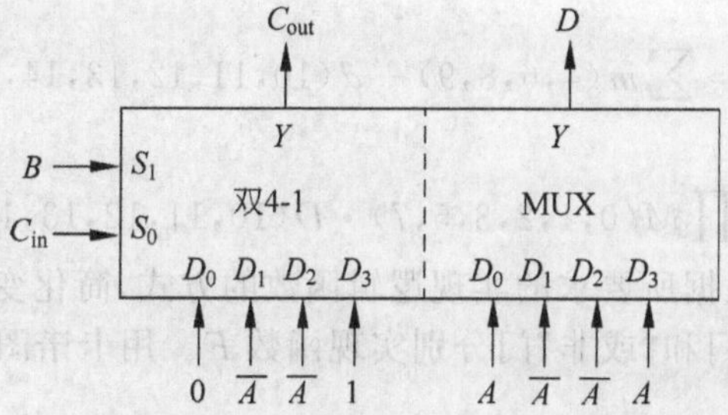

图 4.81　例 4.25 利用双 4-1MUX 实现全减器

图 4.82 是根据式(4.59)和式(4.60)画出的、用 SSI"与非"门实现的全减器逻辑图。

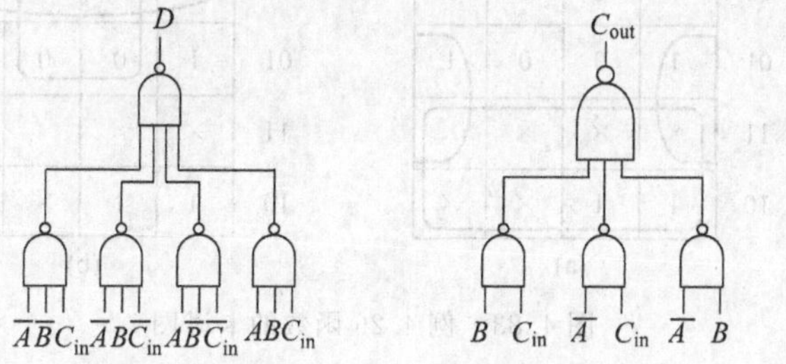

(a) "与非" 门实现D　　(b) "与非" 门实现C_{out}

图 4.82　例 4.25 利用"与非"门实现全减器

【例 4.26】　设计一个"1 位十进制数合数[①]探测器"。该探测器的输入是 1 位 8421BCD 码，当输入 BCD 码所代表的十进制数是合数时，输出为 1，否则输出为 0。要求：

① 分别仅用"与非"门和"或非"门实现；

② 选择合适的译码器实现；

③ 选择合适的 MUX 实现。

解：(1) 确定输入、输出变量。探测器的输入变量为 $D_3D_2D_1D_0$，代表一位 8421BCD 码，且 D_3 为最高有效位。探测器的输出函数为 F。当 $F=1$ 时，表示输入为合数，当 $F=0$ 时，表示输入为非合数。

(2) 列真值表。按照上述对输入、输出变量的定义，并根据合数的数学定义，列出反映输入、输出变量之间关系的真值表，如表 4.29 所示。

表 4.29　例 4.26"合数探测器"逻辑函数 F 的真值表

No.	D_3	D_2	D_1	D_0	F	No.	D_3	D_2	D_1	D_0	F
0	0	0	0	0	0	8	1	0	0	0	1
1	0	0	0	1	0	9	1	0	0	1	1
2	0	0	1	0	0	10	1	0	1	0	×
3	0	0	1	1	0	11	1	0	1	1	×
4	0	1	0	0	1	12	1	1	0	0	×
5	0	1	0	1	0	13	1	1	0	1	×
6	0	1	1	0	1	14	1	1	1	0	×
7	0	1	1	1	0	15	1	1	1	1	×

① 数学上定义大于 1，且除了 1 和自身以外还能被其他自然数整除的自然数叫做合数。

(3) 写表达式。根据真值表，可写出 F 的逻辑表达式。这是一个非完全描述逻辑函数，其表达式如下：

$$F=\sum m(4,6,8,9)+d(10,11,12,13,14,15) \tag{4.61}$$

或

$$F=\prod M(0,1,2,3,5,7)\cdot D(10,11,12,13,14,15) \tag{4.62}$$

(4) 化简表达式。根据所要求的实现逻辑函数的方式，简化变换函数表达式。

① 用 SSI 的"与非"门和"或非"门分别实现函数 F。用卡诺图法化简 F 的逻辑表达式。卡诺图如图 4.83 所示。

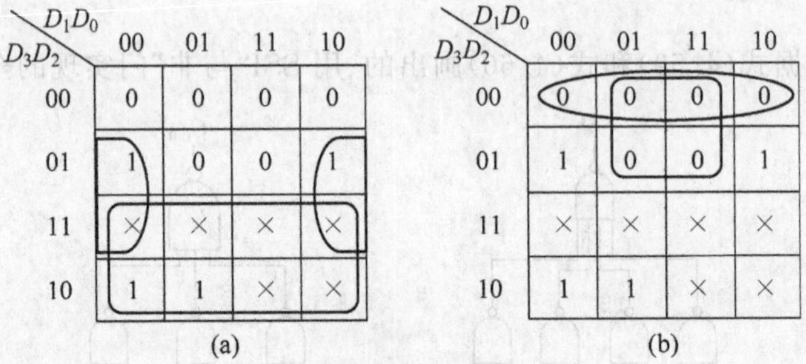

图 4.83 例 4.26 函数的卡诺图

利用图 4.83(a)，将 F 化简为最简"与或"式：

$$F=D_3+D_2\bar{D}_0$$

对函数 F 的"与或"式求"反"加"非"，得到 F 的最简"与非-与非"式：

$$\begin{aligned}F&=D_3+D_2\bar{D}_0\\&=\overline{\overline{D_3+D_2\bar{D}_0}}\\&=\overline{\bar{D}_3\cdot\overline{D_2\bar{D}_0}}\end{aligned} \tag{4.63}$$

利用图 4.83(b)，求得 F 的最简"或与"式：

$$F=(D_3+D_2)(D_3+\bar{D}_0)$$

对 F 的"或与"式求"反"加"非"，得到 F 的最简"或非-或非"式：

$$\begin{aligned}F&=(D_3+D_2)(D_3+\bar{D}_0)\\&=\overline{\overline{(D_3+D_2)(D_3+\bar{D}_0)}}\\&=\overline{\overline{D_3+D_2}+\overline{D_3+\bar{D}_0}}\end{aligned} \tag{4.64}$$

② 选择合适的译码器实现函数 F。因为 F 是 4 变量的逻辑函数，所以选用 4-16 译码器 74LS154 实现。观察式(4.61)、式(4.62)，如果令所有的约束项为 1，则有 6 个取 0 的最大项，此时需要一个具有 6 个输入端的附加门电路；而如果令所有的约束项为 0，则有 4 个取 1 的最小项，此时需要一个具有 4 个输入端的附加门电路。很明显，应该选择后者。于是，将式(4.61)变换如下：

$$\begin{aligned}F&=\sum m(4,6,8,9)+d(10,11,12,13,14,15)\\&=m_4+m_6+m_8+m_9\\&=\overline{\bar{m}_4\cdot\bar{m}_6\cdot\bar{m}_8\cdot\bar{m}_9}\end{aligned} \tag{4.65}$$

③ 选择合适的 MUX 实现函数 F。根据图 4.84 所示的 F 的卡诺图，若令 $S_1S_0=D_2D_0$，则卡诺圈的总个数最少，且有两个卡诺圈各包围 4 个 1 和 4 个 0。于是，函数 F 的表达式为

$$F=D_3\cdot\overline{D}_2\overline{D}_0+D_3\cdot\overline{D}_2D_0+1\cdot D_2\overline{D}_0+0\cdot D_2D_0 \tag{4.66}$$

(5) 画出逻辑图。根据式(4.63)、式(4.64)，分别画出仅用“与非”门和“或非”门实现函数 F 的逻辑图，如图 4.85(a)、(b)所示。

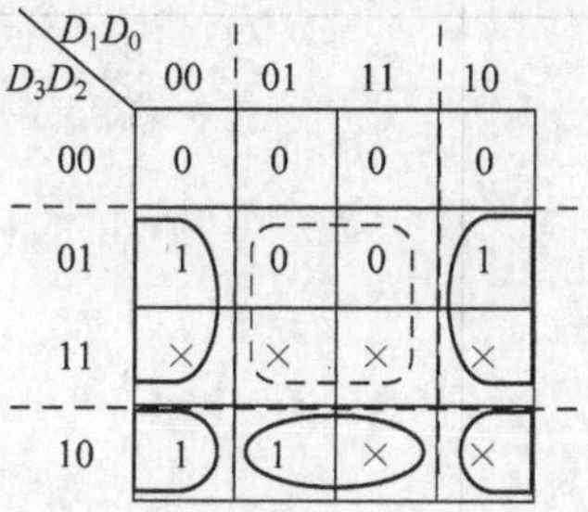

图 4.84 例 4.26 $S_1S_0=D_2D_0$ 时 F 的卡诺图

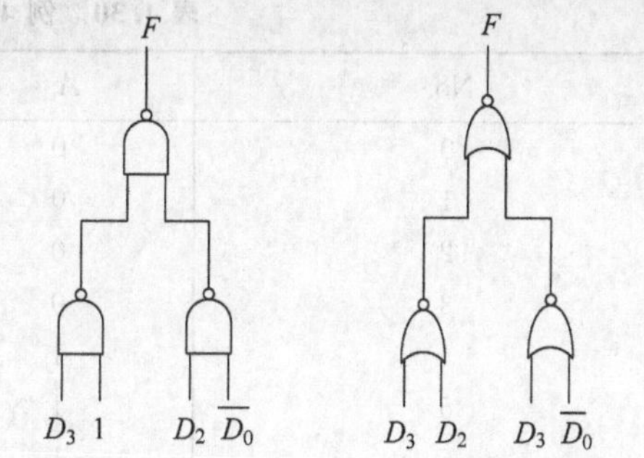

(a) “与非”门实现F　(b) “或非”门实现F

图 4.85 例 4.26 利用 SSI 实现函数 F

74LS154 是低电平输出的译码器，它配合双 4 输入“与非”门 74LS20 可实现式(4.65)，如图 4.86 所示。注意：“D”是最高有效位，“使能”端 G_1、G_2 均接“地”，以使芯片工作。

根据式(4.66)，用 4-1 MUX 即可实现函数 F，如图 4.87 所示。

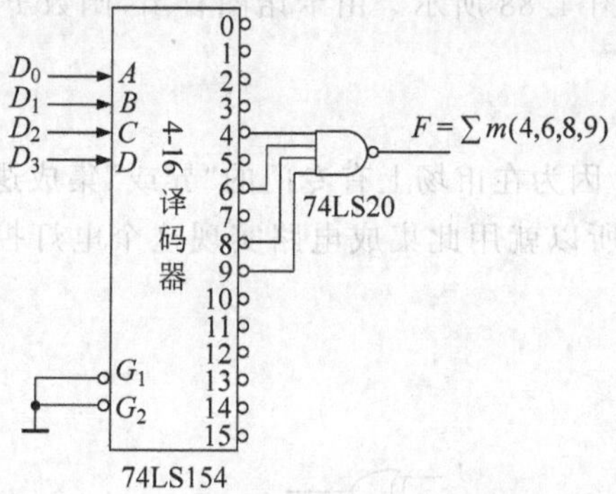

图 4.86 例 4.26 利用 4-16 译码器实现逻辑函数 F

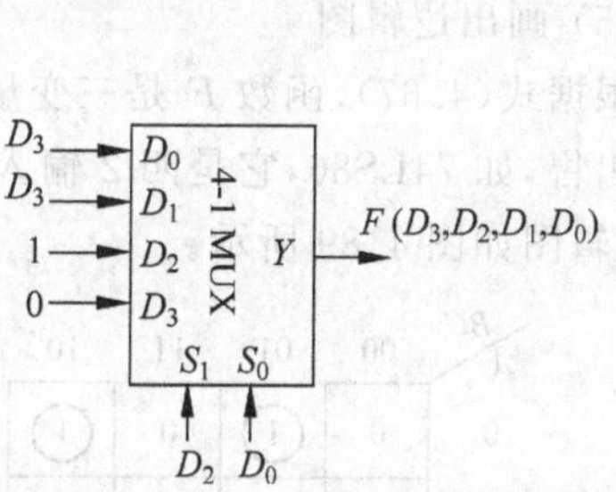

图 4.87 例 4.26 用 4-1MUX 实现逻辑函数 F

【例 4.27】 3 个学生同住一个宿舍，共用一盏灯。设计一个控制电路，它能保证每个学生在各自的床上都能独立地开灯、关灯。要求用 SSI 实现此控制电路。

解：(1) 确定输入、输出变量。控制电路的输入变量为 A、B、C，它们分别代表 3 张床上的开关。规定：变量取 1 表示开关“闭合”；变量取 0 表示开关“断开”。

控制电路的输出函数为 F，它代表电灯的状态。当 $F=1$ 时，表示电灯“点亮”；当 $F=0$ 时，表示电灯“熄灭”。

(2) 列真值表。首先对题意进行分析。A、B、C 中任何一个开关的动作(无论是“闭合”还是“断开”)时，电灯的状态(“点亮”或“熄灭”)都必须改变。然而每一个开关的动作，都必

然会改变“闭合”开关总数的奇偶性，也就是改变输入变量 A、B、C 中取值为 1 的变量个数的奇偶性。例如：原先有奇数个开关“闭合”时，电灯“点亮”。当某一个开关动作后（不是“断开”就是“闭合”），“闭合”开关的总数变成偶数个，此时电灯应该“熄灭”。按照上述对输入、输出变量的定义，以及它们之间关系的分析，就可以列出反映输入、输出变量之间关系的真值表。设：取 1 的输入变量个数为奇数时，$F=1$；而取 1 的输入变量个数为偶数时，$F=0$。真值表如表 4.30 所示。回想在第 2 章里对“异或”运算性质的描述，不难想到，逻辑函数 F 实际上就是 3 个变量的“异或”函数。

表 4.30　例 4.27 灯控制电路真值表

No.	A	B	C	F
0	0	0	0	0
1	0	0	1	1
2	0	1	0	1
3	0	1	1	0
4	1	0	0	1
5	1	0	1	0
6	1	1	0	0
7	1	1	1	1

(3) 写表达式。根据真值表，就可写出函数 F 的标准“与或”式如下：

$$F(A,B,C)=\sum m(1,2,4,7)$$

$$=A\oplus B\oplus C \tag{4.67}$$

(4) 化简表达式。逻辑函数 F 的卡诺图如图 4.88 所示。由卡诺图看出，函数 F 不能再被进一步地化简。

(5) 画出逻辑图

根据式(4.67)，函数 F 是三变量的“异或”。因为在市场上有专门的“异或”集成逻辑门电路出售，如 74LS86，它是四 2 输入“异或”门，所以就用此集成电路实现这个电灯控制电路，逻辑图如图 4.89 所示。

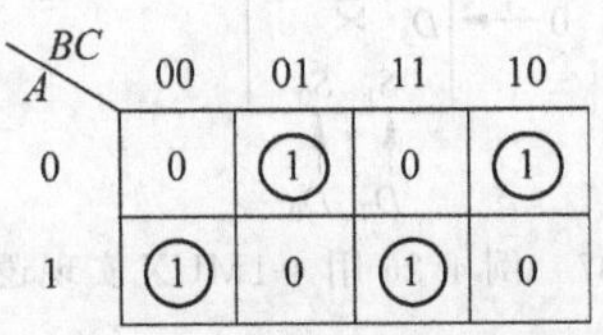

图 4.88　例 4.27 三变量“异或”函数的卡诺图

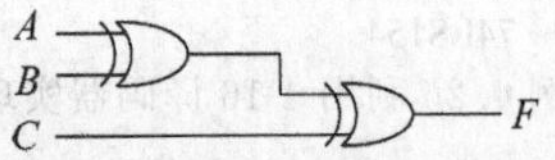

图 4.89　例 4.27 实现三变量“异或”的逻辑图

【例 4.28】 七段数码显示器所显示的数码字形如图 4.90 所示。试设计一个七段译码器，此译码器的输入是 4 位二进制数，输出是输入二进制数所对应的 1 位十六进制数的七段显示字形码。请选用合适的逻辑部件实现此七段译码器电路。

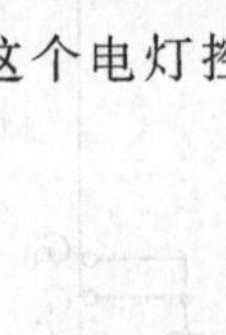

图 4.90　七段显示数码字形

解：(1) 确定输入、输出变量。输入变量：4 位二进制数，$B_3B_2B_1B_0$。输出函数：每一个显示段都是一个输出函数，它们分别是：F_a（代表“a”显示段，后面同）、F_b、F_c、F_d、F_e、F_f 和 F_g 共 7 个函数。

$F_a=1$，表示“a”段“点亮”； $F_a=0$，表示“a”段“熄灭”，其余逻辑函数的规定与此相同。

(2) 列真值表。规定了输入变量和输出函数之后，就可以按照二进制数以及它所对应的十六进制数的七段显示字形码之间的关系列出真值表，如表 4.31 所示。表中列出了 4 位二进制数(输入变量)、七段码(输出函数)、七段显示字形以及它所对应的字符。

表 4.31 例 4.28 1 位十六进制数七段译码器真值表

No.	输入变量				输出函数							字形	字符
	B_3	B_2	B_1	B_0	F_a	F_b	F_c	F_d	F_c	F_f	F_g		
0	0	0	0	0	1	1	1	1	1	1	0		0
1	0	0	0	1	0	1	1	0	0	0	0		1
2	0	0	1	0	1	1	0	1	1	0	1		2
3	0	0	1	1	1	1	1	1	0	0	1		3
4	0	1	0	0	0	1	1	0	0	1	1		4
5	0	1	0	1	1	0	1	1	0	1	1		5
6	0	1	1	0	1	0	1	1	1	1	1		6
7	0	1	1	1	1	1	1	0	0	0	0		7
8	1	0	0	0	1	1	1	1	1	1	1		8
9	1	0	0	1	1	1	1	1	0	1	1		9
10	1	0	1	0	1	1	1	0	1	1	1		A
11	1	0	1	1	0	0	1	1	1	1	1		b
12	1	1	0	0	1	0	0	1	1	1	0		C
13	1	1	0	1	0	1	1	1	1	0	1		d
14	1	1	1	0	1	0	0	1	1	1	1		E
15	1	1	1	1	1	0	0	0	1	1	1		F

(3) 写表达式。根据真值表写出各显示段函数 $F_a \sim F_g$ 的最大项之积式或最小项之和式如下(以项数较少的“标准”表达式为准)：

$$F_a(B_3,B_2,B_1,B_0)$$
$$=\prod M(1,4,11,13)$$
$$=\overline{m}_1\cdot\overline{m}_4\cdot\overline{m}_{11}\cdot\overline{m}_{13} \tag{4.68}$$

$$F_b(B_3,B_2,B_1,B_0)=\prod M(5,6,11,12,14,15)=\overline{m}_5\cdot\overline{m}_6\cdot\overline{m}_{11}\cdot\overline{m}_{12}\cdot\overline{m}_{14}\cdot\overline{m}_{15} \tag{4.69}$$

$$F_c(B_3,B_2,B_1,B_0)=\prod M(2,12,14,15)=\overline{m}_2\cdot\overline{m}_{12}\cdot\overline{m}_{14}\cdot\overline{m}_{15} \tag{4.70}$$

$$F_d(B_3,B_2,B_1,B_0)=\prod M(1,4,7,10,15)=\overline{m}_1\cdot\overline{m}_4\cdot\overline{m}_7\cdot\overline{m}_{10}\cdot\overline{m}_{15} \tag{4.71}$$

$$F_e(B_3,B_2,B_1,B_0)=\prod M(1,3,4,5,7,9)=\overline{m}_1\cdot\overline{m}_3\cdot\overline{m}_4\cdot\overline{m}_5\cdot\overline{m}_7\cdot\overline{m}_9 \tag{4.72}$$

$$F_f(B_3,B_2,B_1,B_0)=\prod M(1,2,3,7,13)=\overline{m}_1\cdot\overline{m}_2\cdot\overline{m}_3\cdot\overline{m}_7\cdot\overline{m}_{13} \tag{4.73}$$

$$F_g(B_3,B_2,B_1,B_0)=\prod M(0,1,7,12)=\overline{m}_0\cdot\overline{m}_1\cdot\overline{m}_7\cdot\overline{m}_{12} \tag{4.74}$$

(4) 化简表达式。如果选用 4-16 译码器配合若干 SSI 来实现函数 $F_a \sim F_g$，则函数表达式应为最大项之积式或者最小项之和式，究竟使用哪种表达式，一般应以“项”数较少的标准表达式为首选。而式(4.68)～式(4.74)符合这个要求。

(5) 画出逻辑图。根据 7 个显示段的函数表达式(4.68)～式(4.74),画出用 4-16 译码器配合若干"与"门实现函数 $F_a \sim F_g$ 的逻辑电路图,如图 4.91 所示,注意:"D"是最高有效位。

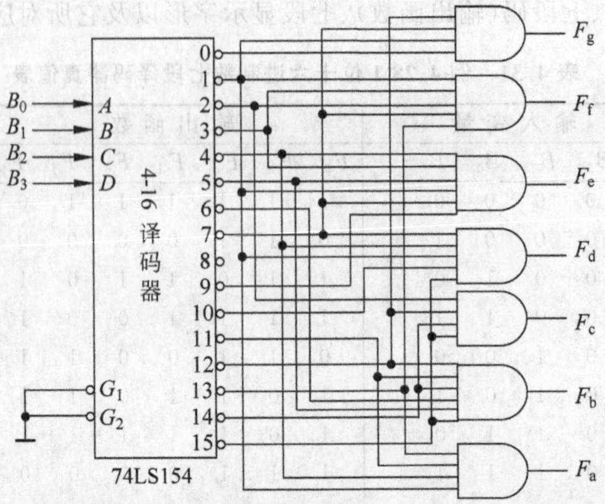

图 4.91　例 4.28 用 4-16 译码器与 SSI 实现 1 位十六进制数七段译码器

如果七段译码器的输出不是 1 位十六进制数的字形码而是 1 位十进制数的字形码(类似于 74LS248),则图 4.91 所示七段译码器的电路将大为简化。

【例 4.29】 试设计一个七段译码器,此译码器的输入是 1 位 8421BCD 码,输出是与输入对应的 1 位十进制数的七段显示字形码。请选用合适的逻辑部件实现此七段译码器电路。

解:仿照例 4.28,此时译码器的真值表如表 4.32 所示。从表中可以看出,由于 4 位二进制数 1010～1111 不会在输入端出现,所以它们所对应的输出函数值都是"任意"值。因此,可将 1010～1111 视为"无关项"。如果还选用 4-16 译码器配合若干 SSI 来实现函数 $F_a \sim F_g$,则仍需要将函数的表达式写成最大项之积式或者最小项之和式,在可能的情况下,要选择"项"数("或"项或"与"项)较少的表达式。按照这个原则,根据表 4.32,可写出函数 $F_a \sim F_g$ 的逻辑表达式如下:

表 4.32　例 4.29 1 位十进制数七段译码器真值表

No.	输入变量				输出函数							字形	字符
	B_3	B_2	B_1	B_0	F_a	F_b	F_c	F_d	F_c	F_f	F_g		
0	0	0	0	0	1	1	1	1	1	1	0		0
1	0	0	0	1	0	1	1	0	0	0	0		1
2	0	0	1	0	1	1	0	1	1	0	1		2
3	0	0	1	1	1	1	1	1	0	0	1		3
4	0	1	0	0	0	1	1	0	0	1	1		4
5	0	1	0	1	1	0	1	1	0	1	1		5
6	0	1	1	0	1	0	1	1	1	1	1		6
7	0	1	1	1	1	1	1	0	0	0	0		7
8	1	0	0	0	1	1	1	1	1	1	1		8
9	1	0	0	1	1	1	1	1	0	1	1		9

续表

No.	输入变量				输出函数							字形	字符
	B_3	B_2	B_1	B_0	F_a	F_b	F_c	F_d	F_e	F_f	F_g		
10	1	0	1	0	×	×	×	×	×	×	×	×	×
11	1	0	1	1	×	×	×	×	×	×	×	×	×
12	1	1	0	0	×	×	×	×	×	×	×	×	×
13	1	1	0	1	×	×	×	×	×	×	×	×	×
14	1	1	1	0	×	×	×	×	×	×	×	×	×
15	1	1	1	1	×	×	×	×	×	×	×	×	×

$$F_a(B_3,B_2,B_1,B_0)$$
$$=\prod M(1,4)\cdot d(10,11,12,13,14,15)=\overline{m}_1\cdot\overline{m}_4 \tag{4.75}$$
$$F_b(B_3,B_2,B_1,B_0)$$
$$=\prod M(5,6)\cdot d(10,11,12,13,14,15)=\overline{m}_5\cdot\overline{m}_6 \tag{4.76}$$
$$F_c(B_3,B_2,B_1,B_0)=M_2\cdot d(10,11,12,13,14,15)=\overline{m}_2 \tag{4.77}$$
$$F_d(B_3,B_2,B_1,B_0)=\prod M(1,4,7)\cdot d(10,11,12,13,14,15)=\overline{m}_1\cdot\overline{m}_4\cdot\overline{m}_7 \tag{4.78}$$
$$F_e(B_3,B_2,B_1,B_0)=\sum m(0,2,6,8)+d(10,11,12,13,14,15)=\overline{\overline{m}_0\cdot\overline{m}_2\cdot\overline{m}_6\cdot\overline{m}_8} \tag{4.79}$$
$$F_f(B_3,B_2,B_1,B_0)=\prod M(1,2,3,7)\cdot d(10,11,12,13,14,15)=\overline{m}_1\cdot\overline{m}_2\cdot\overline{m}_3\cdot\overline{m}_7 \tag{4.80}$$
$$F_g(B_3,B_2,B_1,B_0)=\prod M(0,1,7)\cdot d(10,11,12,13,14,15)=\overline{m}_0\cdot\overline{m}_1\cdot\overline{m}_7 \tag{4.81}$$

根据函数 $F_a \sim F_g$ 的逻辑表达式(4.75)～式(4.81)画出的1位十进制数七段译码器的逻辑图，如图4.92所示。注意：除了函数 F_e 是由"与非"门构成的以外，其余函数都是由"与"门构成的。

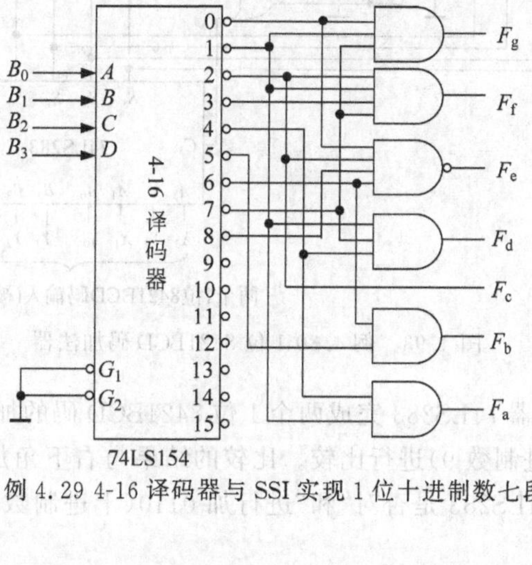

图4.92　例4.29 4-16译码器与SSI实现1位十进制数七段译码器

在设计组合逻辑电路的实践中，除了前述的利用 SSI 的门电路以及 MSI 的译码器、多路选择器实现逻辑函数的方法以外，还可以利用 4.2 节中所介绍的具有常用逻辑功能的现成中规模组合电路模块来构建更大规模的组合逻辑电路。

【例 4.30】 试设计一个 1 位 8421BCD 码加法器，尽量使用现成的中规模组合电路模块实现。

解：先分析一下这个题目。8421BCD 码是一种二-十进制编码，即：用 4 位二进制数来表示的 1 位十进制数，其范围在 0000～1001 之间。如果用 4 位二进制加法器，如 74LS283，来完成两个 8421BCD 码的加法运算，则由于加法器是按照 4 位二进制数，也就是 1 位十六进制数的方式进行加运算，所以其“和”完全有可能超出 0000～1001 的范围，也就是说“和”已经不是 8421BCD 码了。为了解决这一问题，需要对“和”进行所谓的十进制调整。仔细分析两个 8421BCD 码相加的结果，无外乎三种情形：

- “和”处于 0000～1001 之间，此时无须进行任何调整。
- “和”处于 1010～1111 之间，即十进制数 10～15 之间，此时需要人为地对“和”加上一个 0110，即十进制数 6，以强制这个 1 位十六进制数产生进位，从而使整个“和”在 0001 0000～0001 0101 之间，即：2 位 8421BCD 码。
- “和”处于 1 0000～1 0010 之间，即十进制数 16～18 之间，此时仍需人为地对低 4 位二进制数“和”加上一个 0110，以使得这个“和”成为正确的 2 位 8421BCD 码。

根据上述分析，可得到是否进行十进制调整，即是否进行加 0110 操作的条件是：

“和”大于 1001 或者“和”有进位

所以，用两个 4 位二进制数加法器 74LS283 和一个 4 位二进制数比较器 74LS85，就可以构成一个 1 位 8421BCD 码加法器，如图 4.93 所示。

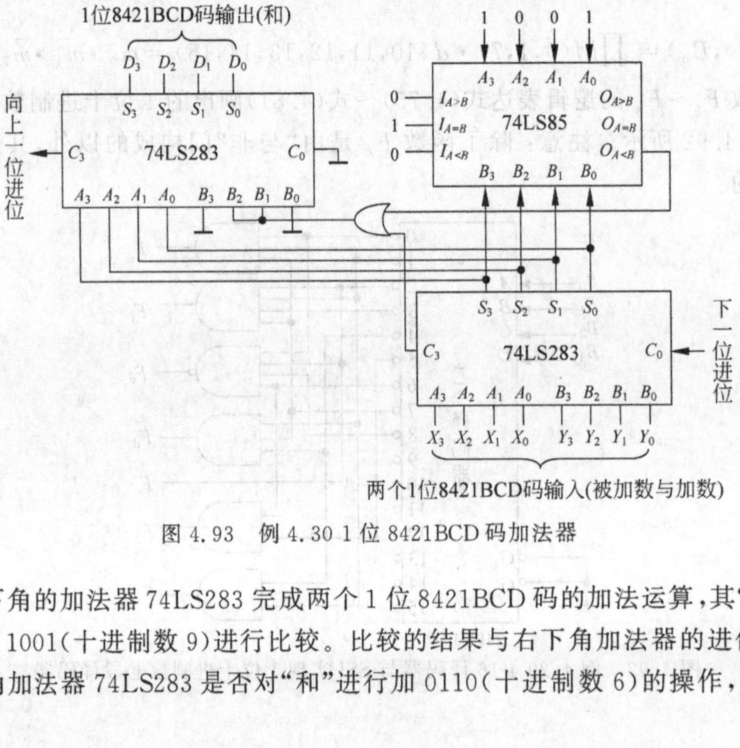

图 4.93 例 4.30 1 位 8421BCD 码加法器

图中右下角的加法器 74LS283 完成两个 1 位 8421BCD 码的加法运算，其“和”通过比较器 74LS85 与 1001(十进制数 9)进行比较。比较的结果与右下角加法器的进位输出共同控制图中左上角加法器 74LS283 是否对“和”进行加 0110(十进制数 6)的操作，即：是否进行十进制调整。左上角加法器的输出就是 8421BCD 码的“和”输出，其进位输出就是对上一位 8421BCD 码的进位。很多微处理器的指令系统中都有十进制调整指令，该指令所完成的操作正是图 4.93 所示电路完成的逻辑功能。

当然，4 位二进制数比较器 74LS85 在此所起的作用完全可以由 3 个“2 输入与非门”来完成。信号 $O_{A<B}$ 的卡诺图如图 4.94 所示，由此卡诺图可写出 $O_{A<B}$ 的表达式如下：

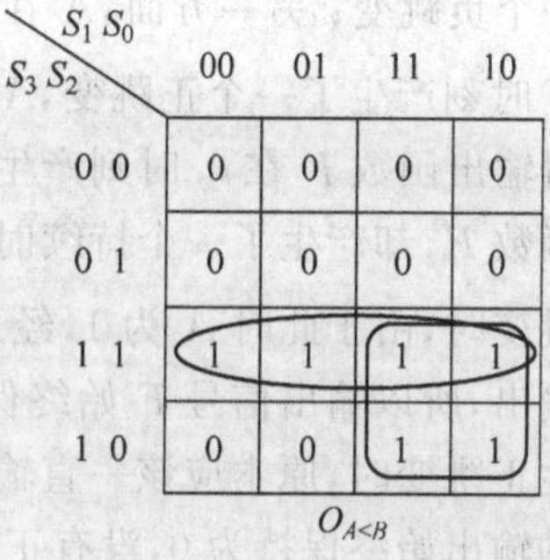

图 4.94 例 4.30 卡诺图

$$O_{A<B}=S_3S_2+S_3S_1=\overline{\overline{S_3S_2}\cdot\overline{S_3S_1}} \tag{4.82}$$

式(4.82)表明，由三个“2 输入与非门”可实现信号 $O_{A<B}$。逻辑图在此省略。

至此已经讨论了组合电路设计的主要问题。以上所讨论的组合逻辑设计步骤都是原理性的，要将原理图变成真正的电路装置，还需要进行工程设计、组装调试，在此过程中，还要根据实际情况对原理设计图进行必要的修正。另外，设计的方法和步骤是非常灵活的，图 4.77 所示的设计步骤仅仅是一个参考的设计过程。随着大规模数字集成电路和可编程逻辑器件(CPLD 和 FPGA)的日益普及，所谓最佳设计的概念也在不断地变化和更新。现在学习和研究的组合数字电路的设计方法，正是为日后使用大规模可编程逻辑器件 CPLD 和 FPGA 设计数字电路系统打下良好的基础。

4.5 组合逻辑电路中的竞争与冒险现象

在第 2 章以及前述各节中，无论是运用逻辑函数表达式还是真值表去计算组合电路输出信号(函数)的数值时，都有两个假定：一个是假定表达式中各变量(输入信号)的取值稳定，即，变量的数值都为逻辑常量 0 或 1；另一个就是假定传输信号的门电路没有延迟时间，即，输出“立即”随着输入变，没有任何延迟。然而实际的情况是，输入信号会发生跳变，门电路也会有延时。于是就提出了这样一个问题：在门电路存在延时的情况下，输入信号发生跳变的瞬间，电路的实际输出信号会产生什么现象？这就是本节要讨论的内容。

4.5.1 竞争与冒险现象的起因和分类

首先考查以下两个逻辑函数：

$$F=A+\overline{A} \tag{4.83}$$

$$G=A\cdot\overline{A} \tag{4.84}$$

按照第 2 章所述的逻辑函数的互补率知：无论变量 A 如何变化(取 0 或取 1)，函数 F 的逻辑值恒为 1，而函数 G 的逻辑值恒为 0。理想状况下输入 A 和函数 F 与 G 的波形图分别如图 4.95(c)、(d)所示。现在考查实现这两个函数的逻辑电路，分别如图 4.95(a)、(b)所示。根据第 3 章的描述，任何一个门电路都会有延迟时间，假定图中所有门电路的延迟时间都是 t_{pd}，则 A 及 $\overline{A}$ 和 F 与 G 的实际波形图分别如图 4.95(e)、(f)所示。观察图 4.95(a)、(e)，当输入信号 A 在 t_0 时刻发生负跳变时，由于此时 $\overline{A}$ 尚处于低电平，所以“或”门的两个输入端同为低电平，经过“或”门的一个 t_{pd} 的延迟，使输出函数 F 在 t_1 时刻变为低电平，即，产生了一个负跳变；另一方面，A 在 t_0 时刻发生的负跳变经过"非"门的一个 t_{pd} 的延迟，使得 $\overline{A}$ 在 t_1 时刻产生了一个正跳变，$\overline{A}$ 成为高电平。这个高电平再经过"或"门一个 t_{pd} 的延迟，就使得输出函数 F 在 t_2 时刻产生正跳变，即，再次成为高电平。于是，原本应该一直输出为 1 的函数 F，却产生了一个持续时间为一个 t_{pd}（门延迟）的负脉冲。然而在输入信号 A 发生正跳变时，由于此时 $\overline{A}$ 为 1，经过一个 t_{pd} 后 $\overline{A}$ 才变为 0，而与此同时输入 $A=1$ 已经传递到 F 输出，所以输出信号 F 始终保持为 1，没有负脉冲出现。同样，对于图 4.95(b)、(f)，当 A 发生正跳变时，原本应该一直输出为 0 的 G 却产生了一个正脉冲；而当 A 发生负跳变时，G 的输出始终保持为 0，没有正脉冲出现。具体的分析过程与图 4.95(a)、(e)的情形相同，请读者自己进行分析。

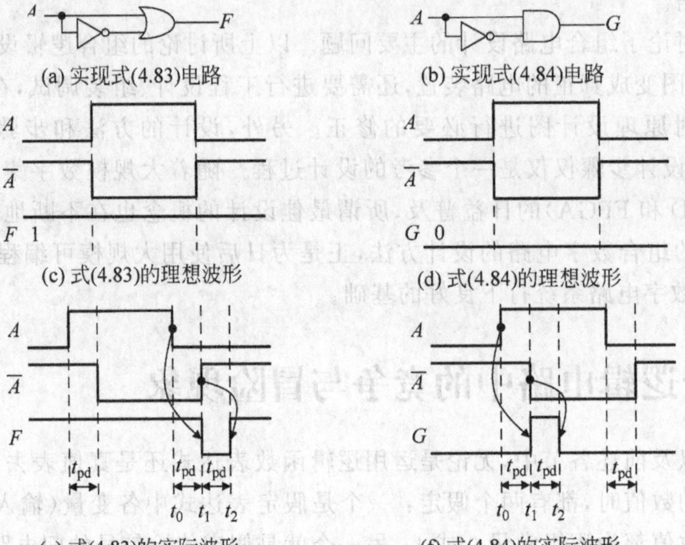

图 4.95　竞争与冒险现象产生的原因

从图 4.95 可以看出，当输入信号发生跳变时，原本应该一直保持"静止"的输出信号却产生了一个短暂的脉冲。产生这一现象的原因，就是因为门电路的延迟，使得输入信号 A 的变化通过不同的路径到达"或门"（对于图 4.95(a)）以及"与门"（对于图 4.95(b)）的两个输入端的时间不同，从而造成输出信号 F 产生了负脉冲，输出信号 G 产生了正脉冲。**这种由于信号在电路中通过不同的路径而到达同一个交会点时的时间产生差异的现象叫作"竞争"。由于竞争而使得输出信号产生短暂错误的现象叫作"冒险"。**

因为函数 F 在输入信号 A 发生变化时原本应该一直输出一个静态的逻辑常量 1，但却因为竞争的存在而产生了负脉冲，所以称这种冒险现象为**静态 1 型冒险**(static 1 hazards)。类似地，函数 G 所产生的冒险现象叫做**静态 0 型冒险**(static 0 hazards)。

【例 4.31】 试判断图 4.96(a)、(b)所示电路中，哪个信号发生变化时会产生竞争，若有竞争存在，则输出信号会产生什么类型的冒险。假定，所有门电路的延迟时间都是 t_{pd}。

解：以下分析均假定一个信号变化而另外两个信号保持不变。观察图 4.96(a)、(b)所示电路，发现当信号 B 发生跳变时，这一变化会经不同的路径传递到"或"门的两个输入端（图(a)）以及"与"门的两个输入端（图(b)）。而这两条路径所经过的门电路个数是不同的，一条是两个门的延迟，另一条是一个门的延迟，这意味着信号传播所用的时间不同。所以信号 B 的变化会产生竞争现象，即信号 B 具有竞争条件。而信号 A、C 各自单独变化时，不会产生竞争现象，即它们不具有竞争条件。

图 4.96(a)、(b)所示电路的输出函数表达式分别如下：

$$F = A\bar{B} + BC \tag{4.85}$$

$$G = (A+\bar{B})(B+C) \tag{4.86}$$

在式(4.85)中，如果令 $A=C=1$，则式(4.85)成为 $F=\bar{B}+B$，与式(4.83)的形式相同；而在式(4.86)中，如果令 $A=C=0$，则式(4.86)变为 $G=\bar{B}\cdot B$，与式(4.84)的形式相同。此时图 4.96(a)、(b)所示电路中各点的实际波形分别如图 4.96(c)、(d)所示。

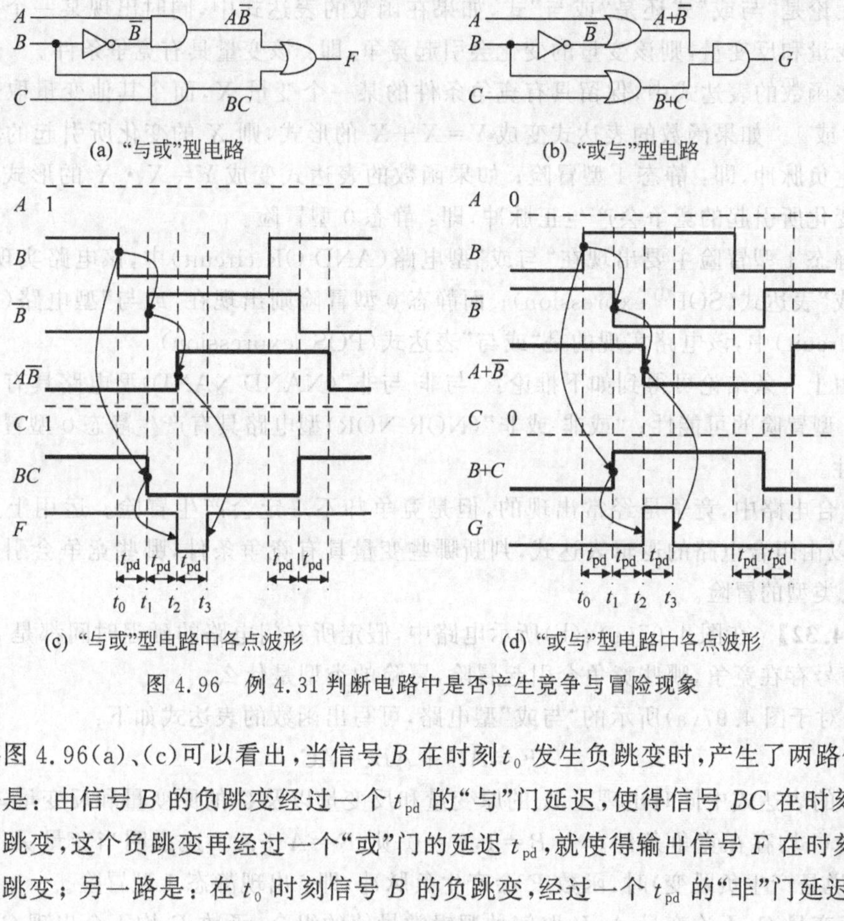

图 4.96　例 4.31 判断电路中是否产生竞争与冒险现象

观察图 4.96(a)、(c)可以看出，当信号 B 在时刻 t_0 发生负跳变时，产生了两路信号的传播。一路是：由信号 B 的负跳变经过一个 t_{pd} 的"与"门延迟，使得信号 BC 在时刻 t_1 产生了一个负跳变，这个负跳变再经过一个"或"门的延迟 t_{pd}，就使得输出信号 F 在时刻 t_2 也产生一个负跳变；另一路是：在 t_0 时刻信号 B 的负跳变，经过一个 t_{pd} 的"非"门延迟，使得信号 $\bar{B}$ 在时刻 t_1 产生了一个正跳变，这个正跳变再经过一个"与"门的延迟 t_{pd}，就使得信号 $A\bar{B}$ 在时刻 t_2 也产生一个正跳变，而后者再经过一个"或"门的 t_{pd} 延迟后，就使输出 F 在时刻 t_3 产生了一个正跳变。于是，在输出信号 F 上出现了一个持续时间为一个门延迟 t_{pd} 的负脉冲，即：出现了静态 1 型冒险。然而当信号 B 发生正跳变时，输出 F 始终保持静态逻辑 1，没有负脉冲出现。这些都与式(4.83)的情形完全相同。

图 4.96(b)、(d)的情形与图 4.96(a)、(c)相类似。所不同的是：当信号 B 发生正跳变时，输出信号 G 产生了正脉冲，出现了静态 0 型冒险。而当信号 B 发生负跳变时，输出 G

始终保持静态逻辑 0,没有出现正脉冲。这些都与式(4.84)的情形完全相同。

图 4.96(c)中的两个粗线条波形,代表参加"或"运算而产生函数 F 的两路信号。同样,图 4.96(d)中的两个粗线条波形,代表参加"与"运算而产生函数 G 的两路信号。

4.5.2 竞争与冒险现象的识别

可以用多种方法判断电路中是否存在竞争,进而识别出由竞争所引起的冒险现象以及冒险的类型。

1. 代数判别法

通过对例 4.31 的解题分析过程,可以得到以下结论:

- 无论是"与或"式还是"或与"式,如果在函数的表达式中,同时出现某一个变量的原变量和反变量,则该变量的变化会引起竞争,即:该变量具有竞争条件。
- 在函数的表达式中,保留具有竞争条件的某一个变量 X,而令其他变量取逻辑常量 0 或 1。如果函数的表达式变成 $Y=X+\overline{X}$ 的形式,则 X 的变化所引起的竞争会产生负脉冲,即:静态 1 型冒险;如果函数的表达式变成 $Y=X\cdot\overline{X}$ 的形式,则 X 的变化所引起的竞争会产生正脉冲,即:静态 0 型冒险。
- 静态 1 型冒险主要出现在"与或"型电路(AND-OR circuit)中,该电路实现的是"与或"表达式(SOP① expression);而静态 0 型冒险则出现在"或与"型电路(OR-AND circuit)中,该电路实现的是"或与"表达式(POS②expression)。
- 由上一条结论可得到如下推论:"与非-与非"(NAND-NAND)型电路具有产生静态 1 型冒险的可能性;"或非-或非"(NOR-NOR)型电路具有产生静态 0 型冒险的可能性。

在组合电路中,竞争是经常出现的,但是竞争却不一定会产生冒险。运用上述四点结论,就可以由组合电路的逻辑表达式,判断哪些变量具有竞争条件,哪些竞争会引起冒险以及是什么类型的冒险。

【例 4.32】 在图 4.97(a)、(b)所示电路中,假定所有门电路的延迟时间都是 t_{pd}。试判断哪些信号存在竞争,哪些竞争会引起冒险,冒险的类型是什么。

解:对于图 4.97(a)所示的"与或"型电路,可写出函数的表达式如下:

$$F=\overline{A}C+\overline{A}B+A\overline{C} \tag{4.87}$$

式(4.87)的表达式中同时出现了 A 的原变量和反变量以及 C 的原变量和反变量,所以变量 A 和变量 C 均存在竞争条件。令 $B=1,C=0$,则 $F=\overline{A}+A$。这说明当变量 A 发生变化(确切地说是产生负跳变)时,函数 F 会产生负脉冲,即:出现静态 1 型冒险。

对于变量 C,无论变量 A、B 取何种逻辑常量值的组合,函数 F 均不会出现 $\overline{C}+C$ 的形式,所以变量 C 虽具有竞争条件,但不会产生冒险。

图 4.97(b)所示"或与"型电路的函数表达式如下:

$$G=(\overline{A}+C)(\overline{A}+B)(A+\overline{C}) \tag{4.88}$$

在式(4.88)的表达式中,也同时出现了 A 的原变量和反变量以及 C 的原变量和反变量,所

① SOP 是 Sum Of Products 的缩写。

② POS 是 Product Of Sums 的缩写。

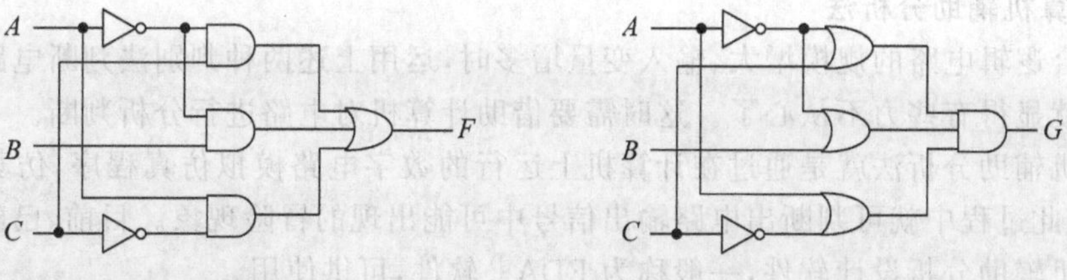

(a) “与或” 型电路　　(b) “或与” 型电路

图 4.97 例 4.32 具有竞争和冒险现象的电路

以变量 A 和变量 C 也都存在竞争的条件。令 $B=0,C=1$,则 $G=\overline{A}\cdot A$。这说明当信号 A 产生正跳变时,输出 G 会出现正脉冲,即:产生静态 0 型冒险。

同样,对于变量 C,无论变量 A、B 取何逻辑常量值,函数 G 均不会出现 $\overline{C}\cdot C$ 的形式,所以 C 变量虽存在竞争条件,但也不会产生冒险现象。

2. 卡诺图判别法

利用卡诺图也可以识别具有竞争条件的变量,进而判断该竞争是否会产生冒险以及冒险的类型。卡诺图判别法的具体表述为:**在逻辑函数表达式所对应的卡诺图中,如果有两个卡诺圈相切,且相切处未被其他卡诺圈所包围,则输出函数存在静态 1 型冒险(对于“与或”式)或静态 0 型冒险(对于“或与”式)。相切处取值发生变化的变量,就是引起冒险的、具有竞争条件的变量。**

【例 4.33】 试利用卡诺图判断图 4.97(a)、(b)所示电路中,哪些信号的变化会引起竞争冒险以及冒险的类型。假定所有门电路的延迟时间都是 t_{pd}。

解:图 4.97(a)、(b)所示电路的逻辑函数表达式分别为式(4.87)和式(4.88),与它们相对应的卡诺图分别如图 4.98 的(a)、(b)所示。

观察图 4.98(a),注意到卡诺圈 $\overline{A}B$ 与卡诺圈 AC 相切,且相切处未被其他卡诺圈所包围,因此式(4.87)所代表的图 4.97(a)电路存在竞争与冒险现象。又因为卡诺圈相切处取值发生变化的变量是 A,且卡诺圈所围的逻辑常量是 1,所以 A 变量的变化会引起竞争,该竞争将产生静态 1 型冒险。

对于图 4.98(b),观察到卡诺圈 $\overline{A}+B$ 和卡诺圈 $A+\overline{C}$ 相切,且相切处未被其他卡诺圈所包围,所以式(4.88)所代表的图 4.97(b)电路存在竞争与冒险现象。注意到卡诺圈所围的逻辑常量是 0,卡诺圈相切处变量 A 的取值发生了变化。据此判定,变量 A 具备竞争条件,由此竞争所产生的冒险是静态 0 型冒险。

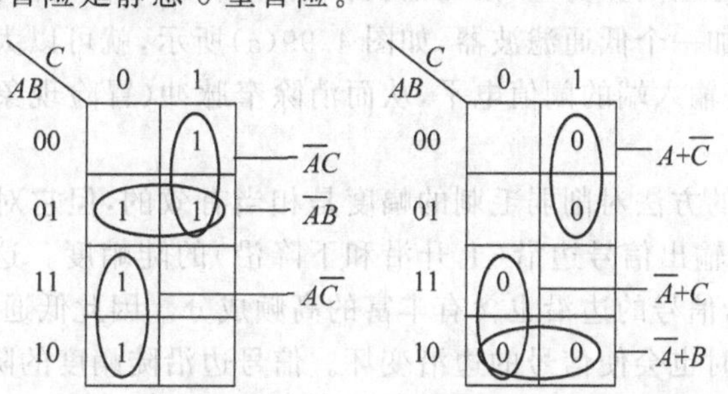

(a) 式(4.87)卡诺图　　(b) 式(4.88)卡诺图

图 4.98 例 4.33 用于判断竞争与冒险的卡诺图

3. 计算机辅助分析法

当组合逻辑电路的规模增大、输入变量增多时，运用上述两种判别法判断电路中的竞争冒险现象就显得有些力不从心了。这时需要借助计算机对电路进行分析判断。

计算机辅助分析法就是通过在计算机上运行的数字电路模拟仿真程序，仿真电路的逻辑功能，在此过程中就可判断出电路输出信号中可能出现的冒险现象。目前，已经有各类成熟的计算机辅助分析设计软件，一般称为 EDA[①] 软件，可供使用。

一般来讲，由半导体器件厂商所推出的、针对本公司所生产半导体器件的 EDA 仿真软件，在仿真由该公司的器件所构成的数字电路时，准确度非常高。这是因为，半导体厂商对自己生产的器件参数了如指掌，它推出的 EDA 软件所用到的半导体器件数学模型与实际器件物理特性相当吻合，所以仿真出来的结果与实际情况很贴切。但是对于那些通用型的 EDA 软件，因其所采用的器件模型参数并非来自于某一个具体的半导体器件生产厂家，或者反过来说，它采用的器件模型参数不能很好地适合于所有厂家生产的器件，所以用这种 EDA 软件对电路所作的仿真结果与设计者的实际电路测试结果会有一些差异，而差异的大小取决于 EDA 软件所用的器件数学模型及其参数与设计者实际所用器件物理特性的符合程度。

总之，不管使用何种 EDA 软件，首先应该确保该软件所采用的器件模型及参数与实际电路所用器件的物理特性相吻合。这就要求使用者最好能从所用器件的生产厂商获得器件的模型参数，并将其加入到自己所用的 EDA 软件中。只有这样，才能保证仿真出来的结果真实地反映电路的实际情况。

4. 实验判别法

实验判别法，就是利用存储型示波器或者逻辑分析仪，观测数字电路在各种输入信号的激励下，其输出信号中是否存在违背正常逻辑功能的窄脉冲（冒险现象）的一种方法。事实上，这种方法是最实际、最有效，能最终反映电路实际情况的判别方法。

4.5.3 消除冒险现象的方法

冒险现象通常以窄脉冲的形式出现，由于脉冲的宽度很窄，所以习惯上称为“毛刺”。毛刺对后续逻辑电路的影响，在有些场合里无关大碍，但在某些场合下却是致命的，尤其是那些对“边沿”敏感的逻辑电路，例如后面要讲到的时序逻辑电路。因此，探讨消除冒险现象的方法就显得十分必要。在此介绍几种消除冒险现象的方法。

1. 插入低通滤波器

如前所述，冒险现象通常以窄脉冲的形式出现，由于在时域上脉冲的宽度很窄，所以在频域上其所含频率成分以高频为主，换句话说，窄脉冲含有丰富的高频分量。因此，如果在数字电路的输出端上加一个低通滤波器，如图 4.99(a)所示，就可以大大地削弱窄脉冲的幅度，使其低于后续电路输入端的阈值电平，从而消除窄脉冲（冒险现象）对后续电路的影响，如图 4.99(b)所示。

这种加低通滤波的方法对削弱毛刺的幅度是相当有效的，但它对电路的影响也有不利的一面，即：降低数字输出信号边沿（上升沿和下降沿）的陡峭度。这一点从图 4.99(b)中看得很清楚。要知道，信号的边沿也含有丰富的高频成分。因此低通滤波是一把双刃剑，它在削弱毛刺幅度的同时也会使信号的边沿变坏。信号边沿陡峭度的降低带来两个直接的不

---

① EDA 是 Electronic Design Automatic（电子设计自动化）的缩写。

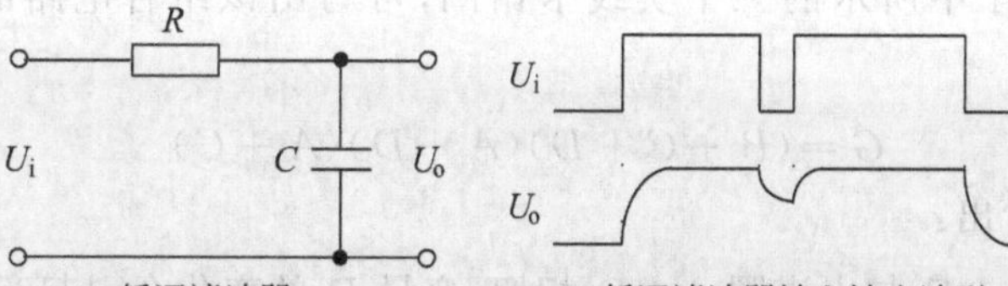

(a) 低通滤波器　　(b) 低通滤波器输入输出波形

图 4.99　插入低通滤波器消除冒险

良后果：一是有可能无法触发后续电路的状态翻转；二是降低整个数字电路的工作速度。因此在实践中，如何确定低通滤波器的 RC 时间常数，就成为解决问题的关键。RC 既不能太大也不能太小，一般是通过实验来确定 R、C 的数值。

2. 增加冗余项

如前所述，如果两个卡诺圈相切，则卡诺图所代表的组合电路中存在冒险现象。如果在两个卡诺圈相切处再加上一个卡诺圈，即：**使卡诺圈相切处被另一个卡诺圈所包围，则卡诺图所对应电路中的冒险现象就可以被消除。**

【例 4.34】 试消除式(4.85)所对应电路中的冒险现象。

解：在此将式(4.85)重新列写如下：

$$F = A\overline{B} + BC \tag{4.89}$$

图 4.100 所示为式(4.89)对应的卡诺图。可以看出，两个实线卡诺圈 $A\overline{B}$ 与 BC 相切，且相切处变量 B 的取值发生变化。于是判定变量 B 的变化将引起竞争，该竞争会产生静态 1 型冒险。

现在，在上述两个卡诺圈的相切处再加上一个卡诺圈，如图 4.100 中虚线卡诺圈所示。虚线卡诺圈所代表的“与项”是 AC。该“与项”就是**冗余项**。于是，式(4.89)成为

$$F = A\overline{B} + BC + AC \tag{4.90}$$

根据代数判别法，当 $A=C=1$ 时，式(4.89)变成 $F=\overline{B}+B$，变量 B 的变化会产生静态 1 型冒险；而式(4.90)成为 $F=1$，变量 B 变化时不会产生冒险。这说明在式(4.89)中增加了冗余项 AC 后，消除了电路中的冒险。

仔细观察式(4.89)与式(4.90)的关系，发现它们就是在第 2 章中所讲到的添加项定理。这说明，用冗余项消除冒险的方法，本质上就是以增加电路的复杂程度为代价，来换取冒险现象的消除。

【例 4.35】 某组合电路所对应的卡诺图如图 4.101 中三个实线卡诺圈所示。试消除该电路中的冒险现象。

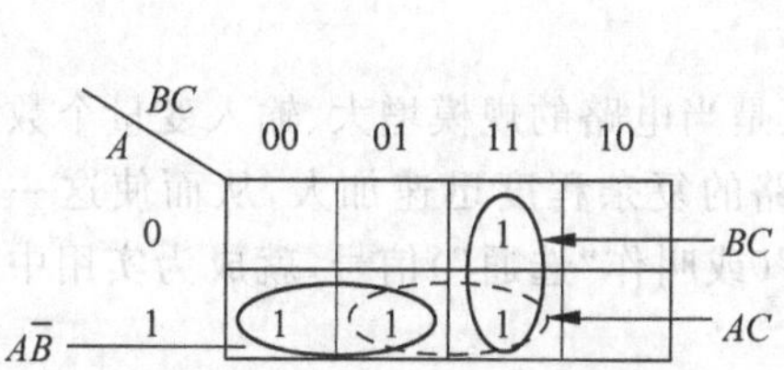

图 4.100　例 4.34 卡诺图

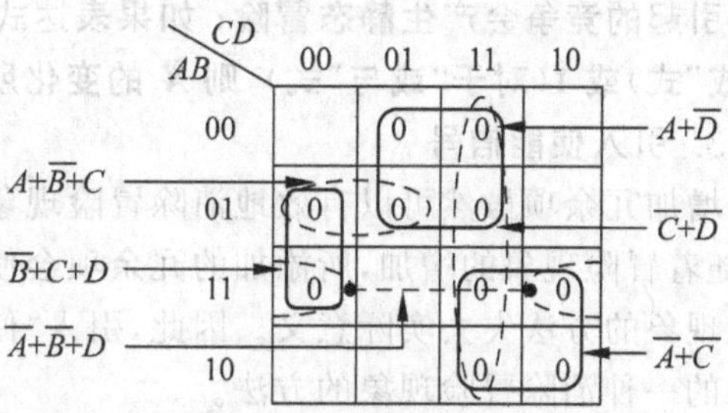

图 4.101　例 4.35 卡诺图

解：根据图 4.101 中所示的三个实线卡诺圈，可写出该组合电路的逻辑函数表达式如下：

$$G=(\bar{B}+C+D)(A+\bar{D})(\bar{A}+\bar{C}) \tag{4.91}$$

观察图 4.101，可以看出：

- 卡诺圈 $\bar{B}+C+D$ 与卡诺圈 $A+\bar{D}$ 相切，变量 D 的变化会引起竞争与冒险。
- 卡诺圈 $\bar{B}+C+D$ 与卡诺圈 $\bar{A}+\bar{C}$ 相切，相切处位于卡诺图的左、右两条垂直边线上，变量 C 的变化会引起竞争与冒险。
- 卡诺圈 $A+\bar{D}$ 与卡诺圈 $\bar{A}+\bar{C}$ 相切。注意，此处有两个相切点。一个位于卡诺图的中间水平线上；另一个位于卡诺图的上、下两条水平边线上。变量 A 的变化将引起竞争与冒险。
- 所有冒险都是静态 0 型冒险。

为了消除这些冒险，用三个卡诺圈将上述所有相切点包围，如图 4.101 中的虚线卡诺圈所示。注意，虚线卡诺圈 $\bar{C}+\bar{D}$ 包围了两个相切点。每个虚线卡诺圈都代表着一个冗余项（“或项”）。它们是 $A+\bar{B}+C$、$\bar{A}+\bar{B}+D$ 和 $\bar{C}+\bar{D}$。把这些冗余项加入到式(4.91)中，函数 G 成为

$$G=(\bar{B}+C+D)(A+\bar{D})(\bar{A}+\bar{C})(A+\bar{B}+C)(\bar{A}+\bar{B}+D)(\bar{C}+\bar{D}) \tag{4.92}$$

在式(4.92)中，前三个“或项”构成式(4.91)，后三个“或项”就是冗余项。用代数判别法可确定，上述在式(4.91)中的三个冒险现象，在式(4.92)中均被消除。例如：当 $C=D=1$ 时，式(4.91)成为 $G=A\cdot\bar{A}$，变量 A 的变化会产生静态 0 型冒险；而式(4.92)变成 $G=0$，A 变化时不会产生冒险。这说明在式(4.91)中增加了冗余项 $\bar{C}+\bar{D}$ 后，消除了电路中由于 A 的变化而产生的冒险。同样，读者可自行验证另外两个冒险现象的消除。观察式(4.91)和式(4.92)，注意到：

- 冗余项 $A+\bar{B}+C$ 就是“或项”$\bar{B}+C+D$ 和 $A+\bar{D}$ 关于变量 D 的添加项。
- 冗余项 $\bar{A}+\bar{B}+D$ 就是“或项”$\bar{B}+C+D$ 与 $\bar{A}+\bar{C}$ 关于变量 C 的添加项。
- 冗余项 $\bar{C}+\bar{D}$ 就是“或项”$A+\bar{D}$ 和 $\bar{A}+\bar{C}$ 关于变量 A 的添加项。
- 增加冗余项的本质就是增加添加项。

例 4.34 和例 4.35 均表明，增加添加项以后，就可以消除具有竞争条件的变量，在发生变化时所产生的冒险。因此，上述有关竞争与冒险的代数判别法中的第二条，可用另一种方式表述如下：**对于具有竞争条件的变量 X，如果表达式中没有关于 X 的添加项，则 X 的变化所引起的竞争会产生静态冒险；如果表达式中有关于 X 的添加项，或者添加项是 0(对于“与或”式)或 1(对于“或与”式)，则 X 的变化所引起的竞争不会产生静态冒险。**

3. 引入使能信号

增加冗余项虽然可以有效地消除冒险现象，但是当电路的规模增大、输入变量个数增多时，随着冒险现象的增加，所添加的冗余项会使电路的复杂程度迅速加大，从而使这一消除冒险现象的方法失去实际意义。因此，引入“使能”(或叫作“选通”)信号，就成为实用中广泛使用的一种消除冒险现象的方法。

把图 4.96(a)、(b)所示电路稍加改造，分别得到图 4.102(a)、(b)所示的电路。后者于前者的基础之上，在“或门”的输入端(对于图(a))，或“与门”的输入端(对于图(b))增加了一

个使能输入信号 E。

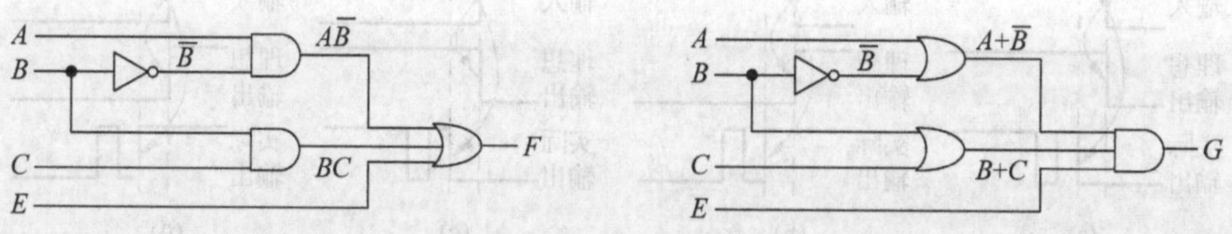

(a) 具有使能信号的“与或”型电路　　(b) 具有使能信号的“或与”型电路

图 4.102　引入使能信号消除冒险现象

观察图 4.102(a)可以看出：当使能输入信号 $E=1$ 时，“或门”被封锁。此时无论输入信号 A、B、C 如何变化，也无论它们取何种取值组合，输出信号 F 将始终保持静态逻辑 1。于是称此时的使能信号 E 处于**无效状态**；然而当使能信号 $E=0$ 时，“或门”被释放，输出信号 F 将根据当时输入信号 A、B、C 的取值，并按照真值表的规定，输出相应的逻辑函数值。此时称使能信号 E 处于**有效状态**。因此，对于图 4.102(a)，使能信号 E 是**低电平有效**。实际应用中，在输入信号发生变化之前，先令使能信号无效，$E=1$，此时输出 $F=1$。待输入信号跳变之后且趋于稳定之时，再令使能信号有效，$E=0$，此时输出 F 为相应的逻辑函数值。这样就有效地避免了输入信号跳变时，在输出端上产生的冒险现象。

图 4.102(b)的情形与图 4.102(a)类似，所不同的是：图 4.102(b)的使能信号 E 是**高电平有效**。当使能信号无效，$E=0$ 时，输出 $F=0$；当使能信号有效，$E=1$ 时，输出 F 为相应的逻辑函数值。

为组合逻辑电路引入使能信号，是目前广泛采用的一种消除冒险现象的方法。这也是为什么在 4.2 节所介绍的常用标准组合电路模块中，大部分都带有使能信号(有的还不止一个)的原因。在实践中，使能信号的有效、无效必须与输入信号的变化相配合，只有这样才能取得好的效果。

4.5.4　动态冒险现象

在组合电路中，除了有上述“静态冒险”现象以外，还有另一类所谓的“动态冒险”现象。动态冒险是相对于静态冒险而言的。如前所述，静态冒险是指：当某个输入变量发生跳变时，输出原本应该一直保持静止状态(逻辑 0 或逻辑 1)，但却由于竞争的原因，使实际的输出产生了窄脉冲(正脉冲或负脉冲)；而动态冒险是指：当某个输入变量发生一次跳变(0-1 跳变或 1-0 跳变)时，输出原本应该按照逻辑函数真值表的规定，也产生一次跳变(0-1 跳变或 1-0 跳变)。但是由于竞争的存在，使实际的输出在稳定于新的逻辑值之前，产生了多次跳变。即：输出呈现出 0-1-0-1(原本输出应为 0-1 跳变)或 1-0-1-0(原本输出应为 1-0 跳变)的跳变现象。图 4.103 所示为当输入发生跳变时，输出产生动态冒险现象的 4 种情况。因此，**所谓的静态冒险与动态冒险，都是针对电路输出信号的行为而言的，即：当输入信号发生跳变时，若输出信号在理想状况下应该保持静止(静态)，但却出现了窄脉冲，则称为静态冒险；若输出信号在理想状况下应该产生一次跳变(动态)，但却出现了多次跳变，则称为动态冒险。**

在组合电路中，静态冒险仅需有两条具有不同延迟时间的信号传播路径相交汇，就可能产生，而动态冒险则必须有 3 条以上具有不同延迟时间的信号传播路径相交汇，才可能产生。因此，动态冒险只可能发生在具有三级以上门电路结构的组合电路中，而在

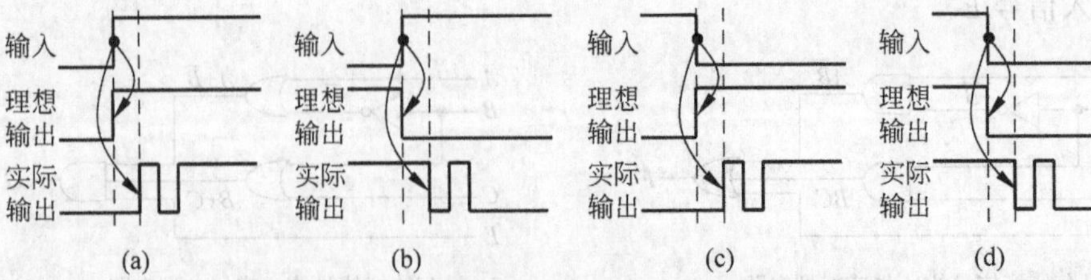

图 4.103 输入发生跳变时输出产生的动态冒险现象

两级门电路[①]结构的组合电路中，有可能产生静态冒险，却不会产生动态冒险。如果要避免动态冒险现象的发生，则可使用两级组合电路。如果要求用三级以上的组合逻辑电路，则需要更为精细的技术手段去分析这类电路。从另一个角度看，动态冒险可以被看作是组合电路中存在静态冒险的结果。因此，如果组合电路网络中没有静态冒险，那么该网络中也不会存在动态冒险。有关动态冒险现象的进一步讨论，以及如何探测和消除动态冒险的细节，读者可参考有关文献。

需要强调的是：上述有关竞争与冒险现象讨论中所得到的结论，凡是适用于“与或”式的情形，均适用于对应的“与非-与非”式；同样，凡是适用于“或与”式的情形，也都适用于对应的“或非-或非”式。

本章小结

本章讨论的主题是数字电路的一个大类——组合逻辑电路。首先说明什么是组合逻辑电路，进而阐述了组合逻辑电路的特点——输出到输入无反馈，电路无记忆且输出信号即时响应输入信号。

实用中经常使用的组合逻辑电路是编码器、译码器、加法器、数值比较器以及数据选择器和数据分配器。半导体制造厂商已经将这些常用的组合逻辑电路制成集成电路模块供设计者选用。因此掌握这些常用组合逻辑电路的工作原理以及相应的集成电路模块的外部特性——功能表就显得十分必要了。

用二进制代码来表示某一事物的过程叫做编码，完成这一过程的数字电路就叫编码器。一般而言编码器的输入端个数要多于输出端的个数。译码器的工作过程正好与编码器相反，它是将代表某一事物的二进制代码“翻译”成该事物。于是，译码器的输入端个数一般要少于输出端的个数。从广义的角度看，无论是编码器还是译码器，它们都是将某种码制转换为另一种码制。因此从这个意义上讲，编码器和译码器属于同一类电路，可以将它们统称为“译码器”。

1 位加法器有半加器和全加器之分。半加器只有两个输入端——“被加数”和“加数”；而全加器却有三个输入端——“被加数”“加数”和“下一位对本位的进位”。半加器和全加器都有两个输出端——“和”与“本位对上一位的进位”。多位加法器是以 1 位加法器为基础而形成的。

① “非”门一般不作为一级门电路，除非其输出信号在“与或”式中作为单独的“与”项参与“或”运算，或在“或与”式中作为单独的“或”项参与“与”运算。

数值比较器的功能是比较两个二进制数的大小。与加法器类似，多位数值比较器也是以 1 位数值比较器为基础而形成的。

数据选择器和数据分配器是一对功能正好相反的组合逻辑电路。数据选择器是完成从多路输入数字信号中选择一路信号进行输出的功能。究竟选择哪一路输入信号作为输出信号，则由二进制代码信号控制。所以数据选择器就是一个受二进制代码信号控制的"多入一出"单刀多掷的数字信号转换开关。而数据分配器则是完成将一路输入数字信号按二进制代码信号的控制有选择地分配到多个输出端上的功能。因此它相当于一个受二进制代码信号控制的"一入多出"单刀多掷的数字信号转换开关。

第 2 章里所介绍的布尔代数是分析和设计组合逻辑电路的有力的数学工具，这一点要归功于香农所做出的杰出贡献。分析组合电路与设计组合电路是两个互逆的过程，分析是设计的基础。

分析组合逻辑电路的大致过程是：由给定的逻辑电路图确定输入变量和输出函数，然后根据逻辑电路图列写输出函数相对于输入变量的逻辑表达式和真值表。如果电路较为复杂，则可设置适当的中间变量作为过渡。至于先写表达式还是先列真值表则要视具体情况而定。根据真值表可推断出组合电路的逻辑功能并可根据给定的输入信号波形画出输出信号波形。

设计（综合）组合逻辑电路的大概过程是：根据给定实际问题的文字描述确定输入逻辑变量和输出逻辑函数，并用逻辑 0 和逻辑 1 分别赋予这些变量和函数以实际的意义。然后按照给定问题的文字描述和所确定的输入变量和输出函数列写真值表。以上步骤称为逻辑模型的建立，它在设计组合逻辑电路的过程中是最关键也是较为困难的一步。然而，后续的步骤就显得相当规范而且简单。根据列写出的真值表可写出输出函数的逻辑表达式（最小项之和式或最大项之积式）并按要求化简成所需要的最简形式。最后按照最简逻辑表达式画出逻辑电路图。可用小规模集成电路（SSI）来实现逻辑电路图所示的组合电路。

译码器和多路选择器中都含有一个"最小项发生器"，而任何一个逻辑函数的表达式都可以写成最小项之和的形式。根据这两点，就可以利用译码器和多路选择器实现逻辑函数。译码器和多路选择器均属于中规模集成电路（MSI）的范畴。

一个译码器配以适当的门电路可实现多个逻辑函数。但是逻辑函数中的自变量个数不能多于译码器输入二进制代码的位数。

一个数据选择器只能实现一个逻辑函数。逻辑函数中自变量的个数可以小于、等于或大于数据选择器二进制代码控制信号的位数。但是在最后一种情况下，需要用适当的门电路配合数据选择器来实现逻辑函数。

本章最后还讨论了组合逻辑电路中的竞争与冒险现象。分析了竞争形成的机制与产生冒险的原因，以及冒险现象的分类。同时给出了识别和消除冒险现象的几种方法。

本章习题

4-1 组合逻辑电路有什么特点？

4-2 组合逻辑电路的输出逻辑量（函数）与输入逻辑量（自变量）的关系如何？

4-3 通常用哪几种方法来描述组合逻辑电路？

4-4 常用的集成组合逻辑电路部件有哪些？

4-5 设计一个编码器，输入是表示1位十进制数的状态信号，输出为余3循环码，用“与非”门实现。

4-6 试用8-3线优先编码器74LS148组成32-5线优先编码器。

4-7 试用3-8线译码器74LS138组成一个1-8线数据分配器。

4-8 试用4个8421BCD/十进制译码器和一个2-4线译码器实现5-32线译码器（译码器输出为低电平有效）。

4-9 设计一个5-32线译码器，所用的集成电路模块只能是3-8线译码器。设这些3-8线译码器都具有一个低电平有效的使能输入端 E_1 和一个高电平有效的使能输入端 E_2。

4-10 试将8-1MUX扩展成16-1MUX。

4-11 试用4位比较器74LS85实现11位数码比较。

4-12 试用2-4线译码器（输出低有效）和2输入“与非”门实现1位数码比较器。

4-13 试用4位加法器74LS283和门电路构成8位二进制数的求补电路。

4-14 用4位加法器74LS283实现下述电路：

(1) 8421BCD码至余3BCD码的转换器；

(2) 余3BCD码至8421BCD码的转换器；

(3) 4位全减器；

(4) 8421BCD码至5421BCD码的转换器（只允许配2输入“与非”门）；

(5) 5421BCD码至8421BCD码的转换器。

4-15 试分析图题4-15所示各电路的逻辑功能。列出真值表，写出函数表达式。

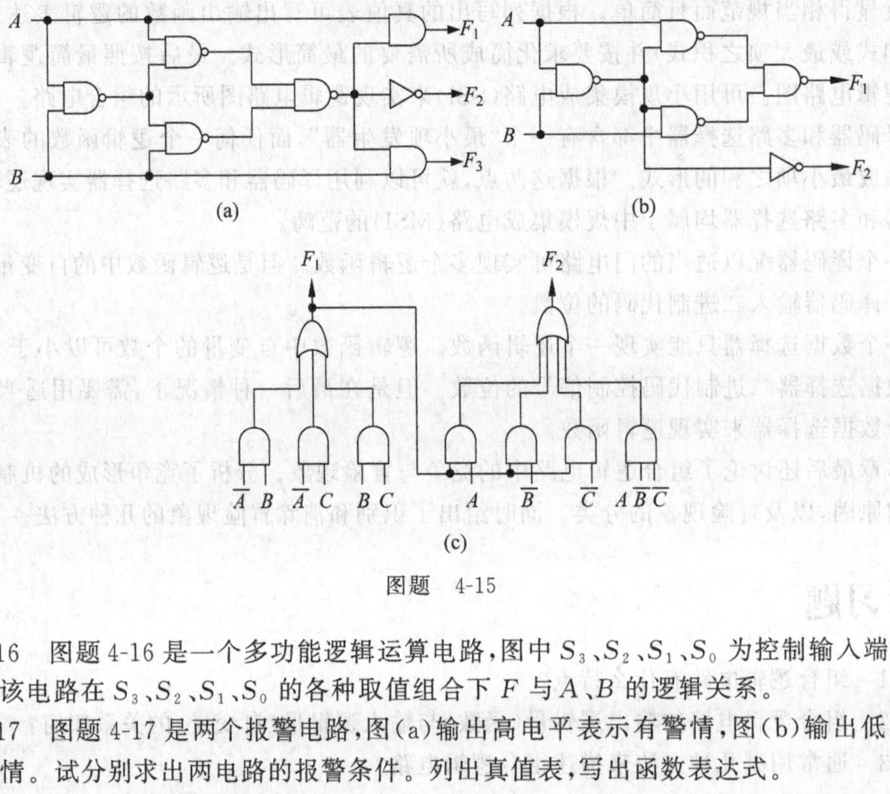

图题 4-15

4-16 图题4-16是一个多功能逻辑运算电路，图中 S_3、S_2、S_1、S_0 为控制输入端。试列表说明该电路在 S_3、S_2、S_1、S_0 的各种取值组合下 F 与 A、B 的逻辑关系。

4-17 图题4-17是两个报警电路，图(a)输出高电平表示有警情，图(b)输出低电平表示有警情。试分别求出两电路的报警条件。列出真值表，写出函数表达式。

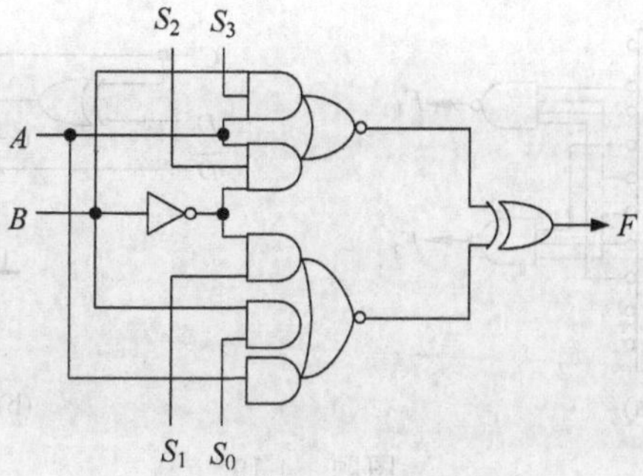

图题　4-16

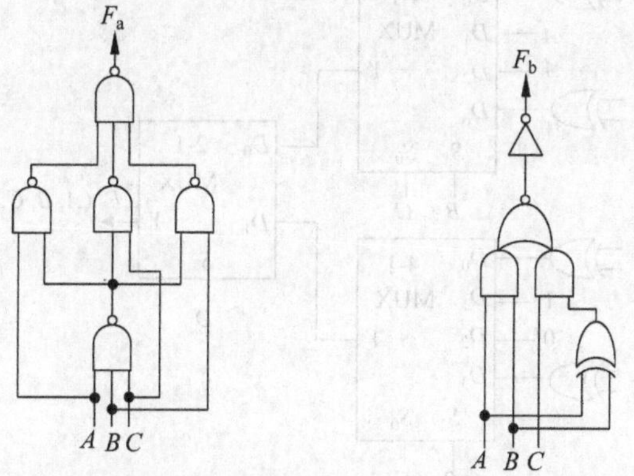

(a)　(b)

图题　4-17

4-18　图题 4-18 是由多输出函数 F_1、F_2、F_3 经整体化简后所得的逻辑图。它共有 10 个门，32 个输入端。

(1) 按图写出 F_1、F_2、F_3 的"与或"表达式；

(2) 用卡诺图化简法分别求出 F_1、F_2、F_3 的最简"与或"式，并画出相应的逻辑图；

(3) 比较分别化简和整体化简两种结果，说明多输出函数的化简原则。

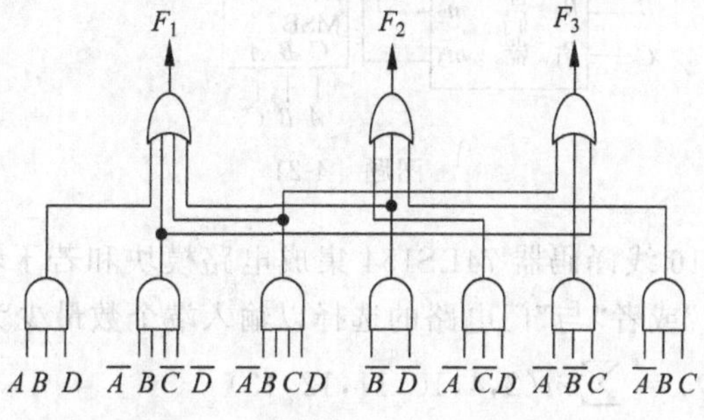

图题　4-18

4-19　试分析图题 4-19 所示电路的逻辑功能。列出真值表，写出函数表达式。

4-20　写出图题 4-20 所示逻辑电路输出函数的最小项之和式与最大项之积式。

4-21　写出图题 4-21 所示逻辑电路输出函数的最小项之和式与最大项之积式。

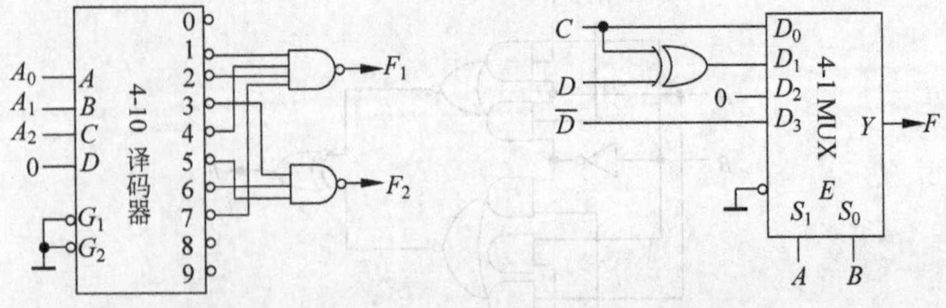

(a) (b)

图题 4-19

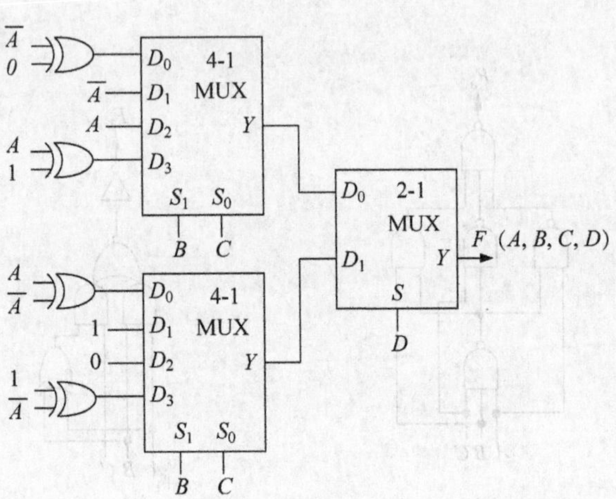

图题 4-20

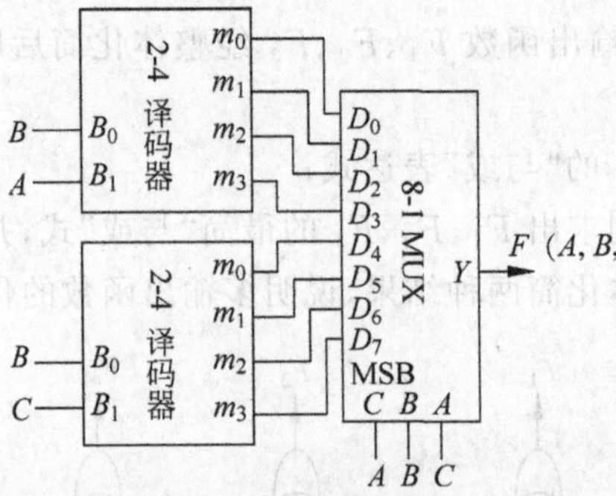

图题 4-21

4-22 只用 1 个 4-16 线译码器 74LS154 集成电路模块和若干输出门电路分别实现下列两组逻辑函数（“与非”或者“与”门电路的选择以输入端个数最少为原则）。

(1) $F_1(A,B,C,D)=\sum m(2,4,10,11,12,13)$

$F_2(A,B,C,D)=\prod M(0,1,2,3,6,7,8,9,12,14,15)$

$F_3(A,B,C,D)=\overline{B}C+\overline{A}\overline{B}D$

(2) $F_1(A,B,C,D)=\sum m(0,1,7,13)$

$F_2(A,B,C,D)=\prod M(0,1,2,5,6,7,8,9,11,12,15)$

$F_3(A,B,C,D)=AB\bar{C}+ACD$

(3) 将 3 个函数变为它们的补函数，重做(1)部分。

(4) 将 3 个函数变为它们的补函数，重做(2)部分。

4-23 重做例 4.20。要求：

(1) 选择 B、C 输入端作为变量 X 和 Y 的输入，画出连线图；

(2) 选择 A、C 输入端作为变量 X 和 Y 的输入，画出连线图。

4-24 用 MUX 和若干门电路(如果需要的话)实现下列各逻辑函数。

(1) $F(A,B,C)=(\bar{A}+B)(A+B+\bar{C})(\bar{A}+C)$

(2) $F(A,B,C,D)=B\bar{C}+\bar{B}CD+\bar{A}CD+\bar{A}BD$

(3) $F(A,B,C)=\sum m(0,2,4,5,7)$

(4) $F(A,B,C,D)=\sum m(2,3,4,5,8,9,10,11,14,15)$

(5) $F(A,B,C)=\prod M(0,1,4,5,6)$

(6) $F(A,B,C,D)=\prod M(1,2,5,7,11,13,15)$

要求：(1) 用 16-1 线数据选择器 74150 实现；

(2) 用 8-1 线数据选择器 74LS151 实现；

(3) 用 4-1 线数据选择器 74 LS153 实现。

4-25 试求图题 4-25 所示电路中灯 L 与开关 A、B、C、D、E 间的逻辑关系表达式。

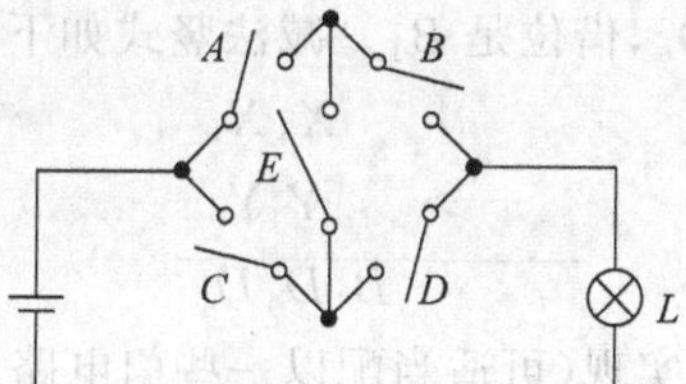

图题 4-25

要求：

(1) 写出 $L(A,B,C,D,E)$的函数表达式；

(2) 按变量 A 对函数 L 进行香农定理展开，用一个 2-1MUX 实现；

(3) 以(2)的结果为基础，再对余函数中的变量 B 进行香农定理展开，仅用 2-1MUX 实现；

(4) 以(3)的结果为基础，再对余函数中的变量 D 进行香农定理展开，仅用 2-1MUX 实现。

4-26 试设计一个组合电路。输入为 4 位二进制码 $DCBA$，当 $DCBA$ 所对应的十进制数为 0 或 2 的整数次幂时，电路输出 $F=1$，其余情况下 $F=0$。用两级“与非”门实现。

4-27 设计一个 3 人表决电路，以简单多数的原则来确定决议是否通过。

4-28 设计一个组合电路。该电路接收两个 3 位二进制数 $A=A_2A_1A_0$，$B=B_2B_1B_0$，只有当 $A>B$ 时，电路输出 $F=1$。

4-29 设计一个 8 位二进制码的奇偶校验电路。当 8 位二进制码中包含偶数个 1 时，输出为 1，否则输出为 0。用“异或”门实现。

4-30 某组合电路有 3 个输入端 A、B、C 和一个输出端 F。当 3 个输入端中只有一个输入为 1 时，输出 $F=1$，否则输出 $F=0$。用“与非”门实现该电路。

4-31 希望设计一个组合逻辑电路，它有 4 个输入端 A、B、C 和 D 与 1 个输出端 F。当电路输入端中的多数为高电平时，电路的输出端才为高电平，否则输出为低电平。用“或非”门实现此逻辑电路。

4-32 一个逻辑电路有 4 个输入端 A、B、C 和 D。它的输出端仅在有奇数个输入端为高电平时才为高电平。用 8-1 线数据选择器 74LS151 实现（可适当配以一些门电路）。

4-33 某电路有 4 个输入端 A、B、C 和 D，它们表示一个 4 位二进制数，其中：A 为最高有效位，D 为最低有效位。只有在输入二进制数小于 $(0111)_2=(7)_{10}$ 时，电路的输出才为高电平。用 4-1 线数据选择器 74LS153 实现之（可适当配以一些门电路）。

4-34 设计一个组合电路。此电路的输入是 8421BCD 码 $DCBA$，当 $DCBA$ 的等效十进制数能被 3 整除时，该电路的输出 $F=1$，否则 $F=0$。用“与或非”门实现。

4-35 某组合逻辑电路输入端接收的是两种 1 位 BCD 码信号。这两种 BCD 码信号分别是 5421BCD 码和余 3 循环 BCD 码。该电路的输出只有在输入 BCD 码信号所代表的十进制数是奇数时才是高电平。用一片双 4-1 线数据选择器 74LS153 实现（可适当配以一些门电路）。

4-36 用双 2-4 线译码器 74LS139 和若干“与非”门或者“与”门实现 1 位全加器。

4-37 设计一个减法器，它可以完成两个 2 位二进制数的减法运算。设：被减数为 X_1X_0，减数为 Y_1Y_0，差为 D_1D_0，借位是 B_1。减法竖式如下：

$$\begin{array}{r} X_1X_0 \\ -\quad Y_1Y_0 \\ \hline B_1D_1D_0 \end{array}$$

用 3-8 线译码器 74LS138 实现（可适当配以一些门电路）。

4-38 仿照题 4-37，设计一个乘法器。它可实现两个 2 位二进制数的乘法运算。

要求：

(1) 用全加器和“与”门实现；

(2) 用“与非”门实现；

(3) 用译码器集成电路 74LS154 和若干门电路实现；

(4) 用 MUX 集成电路 74LS153 和若干门电路实现。

4-39 设计一个指示灯控制电路，用来指示 3 台设备的工作情况：3 台设备都正常工作时绿灯亮；其中一台有故障时黄灯亮；两台设备同时发生故障时红灯亮；3 台设备全有故障时，红灯和黄灯一起亮。

要求：

(1) 只用“或非”门实现；

(2) 用“异或”门和“或非”门实现；

(3) 用全加器和“或非”门实现。

4-40 图题 4-40 是某个组合逻辑电路的 3 个输入端 A、B、C 和 1 个输出端 F 的波形图。试用最少的"与非"门实现此组合逻辑电路。

4-41 已知某组合电路的输入输出波形如图题 4-41 所示，其中 A、B、C 为输入波形，F 为输出波形。试用最少的"或非"门实现。

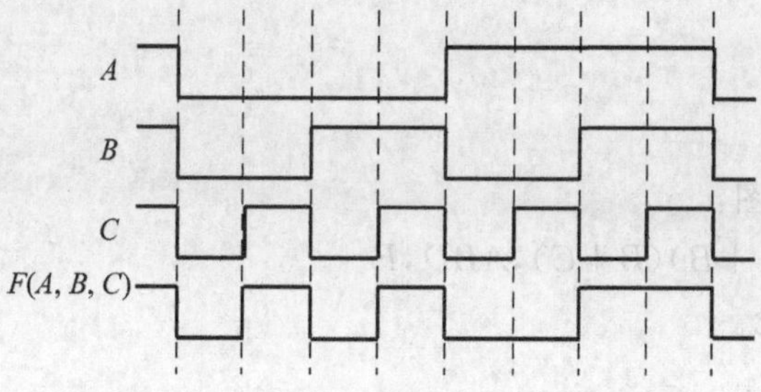

图题 4-40

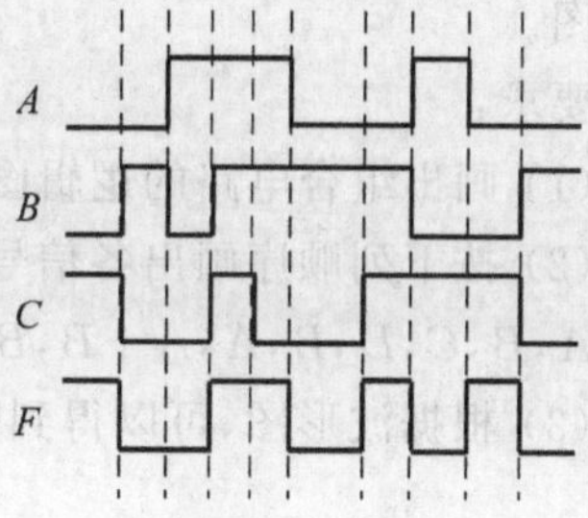

图题 4-41

4-42 设计一个具有多输出函数的组合网络。该网络有两个输入信号 X_1 和 X_0，两个控制信号 C_1 和 C_0，以及两个输出函数 F_1 和 F_0。控制信号对输出函数的影响如表题 4-42 所示。

表题 4-42

No.	C_1	C_0	F_1	F_0
0	0	0	0	0
1	0	1	X_1	0
2	1	0	0	X_0
3	1	1	X_1	X_0

例如：当 $C_1=1$ 且 $C_0=0$ 时，$F_1(X_1,X_0,C_1,C_0)=0$ 而 $F_0(X_1,X_0,C_1,C_0)=X_0$。请选择合适的 SSI 或者 MSI 实现此组合逻辑网络。

4-43 试分析图题 4-43 所示电路的竞争冒险现象。画出在 $A=B=0$ 的情况下，C 由 0 变为 1，再由 1 变为 0 时的各级波形。设门电路的传输延迟时间均为 t_{pd}。说明在什么情况下会产生毛刺，应如何消除。

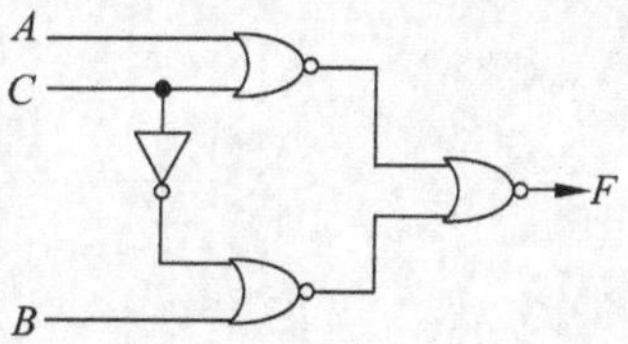

图题 4-43

4-44 用代数判别法判断下列各函数所对应的组合电路中，哪些变量具有竞争条件，哪些竞争会引起冒险以及冒险的类型。若要消除这些冒险现象，需采取哪些措施，写出改进后的各函数表达式。

(1) $G(A,B,C)=(A+B)(\bar{A}+C)(A+\bar{C})$

(2) $G(A,B,C,D)=(A+C)(\bar{A}+\bar{D})(\bar{A}+\bar{B}+\bar{C})$

(3) $G(A,B,C,D)=(A+C)(\bar{A}+D)(\bar{B}+C)(B+\bar{C}+\bar{D})$

(4) $F(A,B,C)=AB+\bar{A}C+\bar{B}\bar{C}$

(5) $F(A,B,C,D)=B\bar{C}\bar{D}+\bar{A}D+AC$

4-45 用卡诺图判别法重做题 4-44。

4-46 试分析以下逻辑函数：

$$F(A,B,C,D)=(A+B)(\bar{B}+C)+\bar{A}\bar{B}D$$

所对应组合电路中的竞争冒险现象。设所有门电路的传输延迟时间均为 t_{pd}，除了完成 $\overline{A}BD$ 运算的"与"门和最后一级的"或"门以外，这两个门的延迟时间都为 $0.5t_{pd}$。假设输入信号 B 从 0 变到 1，再由 1 变到 0。与此同时，$A=C=0$，$D=1$。请画出此一时段各信号的波形图。

要求：

(1) 画出组合电路的逻辑图；

(2) 按下列顺序画出各信号的波形图：

$A,B,C,D,\overline{B},\overline{A},A+B,\overline{B}+C,(A+B)(\overline{B}+C),\overline{A}\overline{B}D,F$

(3) 根据波形图，可以得到哪些结论。

第5章 锁存器与触发器

第 4 章中所介绍的组合电路有一大特点，即：电路的输出只与当时的输入有关，而与电路的输入历史无关，也就是说，组合电路没有记忆功能。而在数字系统中，记忆功能是必不可少的。本章介绍数字系统中的基本记忆元件——锁存器和触发器。

5.1 基本 R-S 锁存器

5.1.1 电路结构

图 5.1(a)所示为由两个与非门组成的基本 R-S 锁存器(R-S latch)电路，图 5.1(b)是图 5.1(a)的逻辑符号。该电路有两个输入 $\overline{S}$[①] 和 $\overline{R}$，两个输出 Q 和 $\overline{Q}$。与组合电路不同的是两个门的输出交叉反馈到输入端。

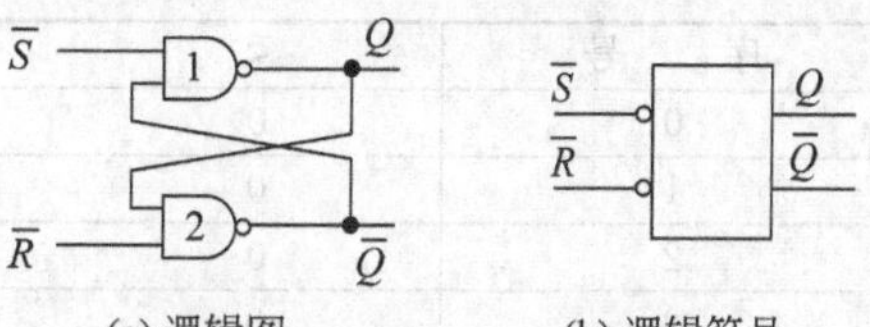

(a) 逻辑图　　(b) 逻辑符号

图 5.1 基本 R-S 锁存器

由图 5.1(a)可见，门 1 的输出 Q 除与其输入 $\overline{S}$ 有关外，还与门 2 的输出 $\overline{Q}$ 有关；同理，门 2 的输出 $\overline{Q}$ 除与其输入 $\overline{R}$ 有关外，还与门 1 的输出 Q 有关。锁存器和后面要讲的触发器电路中规定 Q 与 $\overline{Q}$ **必须互补**，也就是说，二者既不能同时为 0，也不能同时为 1，以免引起逻辑混乱。Q 端的逻辑值称为**锁存器的状态**：如果 $Q=1$，称锁存器的状态为 1；如果 $Q=0$，则称锁存器的状态为 0。

5.1.2 功能分析

图 5.1(a)所示电路的输入共有以下四种情况：

---

① 此处 $\overline{S}$ 为输入变量，不是 S 的反。后文中的 $\overline{\overline{S}}$ 是输入变量 $\overline{S}$ 的反，不能写成 S。使用变量名 $\overline{S}$ 是为强调"低有效"，有的书上用 S_L，也有的书上直接用 S。本章和第 6 章中的低有效变量均使用 $\overline{S}$ 的形式。

(1) $\bar{S}=\bar{R}=0, Q=\bar{Q}=1$。由于 Q 与 $\bar{Q}$ 必须互补，所以这种情况不允许出现。使用时应该保证满足 $S+R=1$ 这一约束条件。

(2) $\bar{S}=0, \bar{R}=1, Q=1$；而由 $\bar{R}=1, Q=1$ 可得 $\bar{Q}=0$。此时锁存器的状态为 $Q=1$。

(3) $\bar{S}=1, \bar{R}=0, \bar{Q}=1$；而 $\bar{S}=1, \bar{Q}=1$ 将导致 $Q=0$。此时锁存器的状态为 $Q=0$。

(4) $\bar{S}=1, \bar{R}=1$，若此时 $Q=0$，则 $\bar{Q}=\overline{\bar{R}Q}=1$；而 $Q=\overline{\bar{S}\bar{Q}}=0$，锁存器状态保持为 0；若此时 $Q=1$，则 $\bar{Q}=\overline{\bar{R}Q}=0$；而 $Q=\overline{\bar{S}\bar{Q}}=1$，锁存器状态保持为 1。可见当 $\bar{S}=1, \bar{R}=1$ 时，锁存器状态保持不变。

结论：

当 $\bar{S}=\bar{R}=0$ 时，$Q=\bar{Q}=1$，不允许这种情况出现；

当 $\bar{S}=0, \bar{R}=1$ 时，$Q=1$；

当 $\bar{S}=1, \bar{R}=0$ 时，$Q=0$；

当 $\bar{S}=1, \bar{R}=1$ 时，Q 保持不变。

5.1.3 功能描述

由于锁存器的输出除与输入有关外，还与当前状态有关，所以它的描述方法与组合电路不同，下面介绍它的各种描述方法。

1. 状态转换表

根据 5.1.2 小节的分析，可以得到表 5.1 所示的状态转换表，该表表明输入值和现在的状态 Q^n（现态，present state）共同确定下一时刻的状态 Q^{n+1}（次态，next state），即次态是输入和现态的函数，即 $Q^{n+1}=F(\bar{S}, \bar{R}, Q^n)$。

表 5.1 基本 R-S 锁存器的状态转换表

序 号	$\bar{S}$	$\bar{R}$	Q^n	Q^{n+1}
0	0	0	0	不允许
1	0	0	1	不允许
2	0	1	0	1
3	0	1	1	1
4	1	0	0	0
5	1	0	1	0
6	1	1	0	0
7	1	1	1	1

与描述组合逻辑的真值表不同的是：锁存器的现态 Q^n 出现在状态转换表的左侧，而次态 Q^{n+1} 出现在表的右侧。

注意：Q^n、Q^{n+1} 是同一个 Q 在不同时刻的状态，是同一个变量。

2. 状态转换方程

根据表 5.1，可画出图 5.2 所示的 Q^{n+1} 的卡诺图，状态表中不允许出现的项在卡诺图中作为无关项处理。由图 5.2 可得到基本 R-S 锁存器的**状态转换方程**（简称**状态方程**，又称**特征方程**）

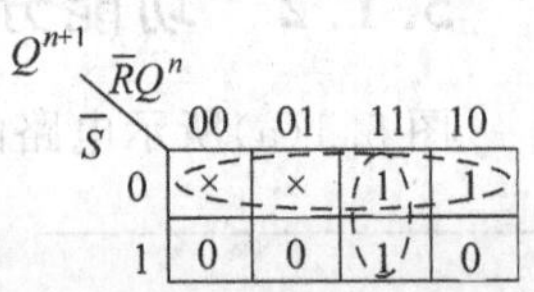

图 5.2 Q^{n+1} 的卡诺图

如式(5.1)所示。该式表明：当 $\overline{S}=0$，或者当 $\overline{R}\cdot Q^n=1$ 时，有 $Q^{n+1}=1$。

$$\begin{cases} Q^{n+1}=\overline{\overline{S}}+\overline{R}\cdot Q^n \\ \overline{S}+\overline{R}=1 \quad (\text{约束条件}) \end{cases} \tag{5.1}$$

3. 时序图

图 5.3 所示为给定 $\overline{S}$、$\overline{R}$ 时 Q 和 $\overline{Q}$ 的波形，假定 Q 的初始状态为 0。以下分析锁存器的输出波形。

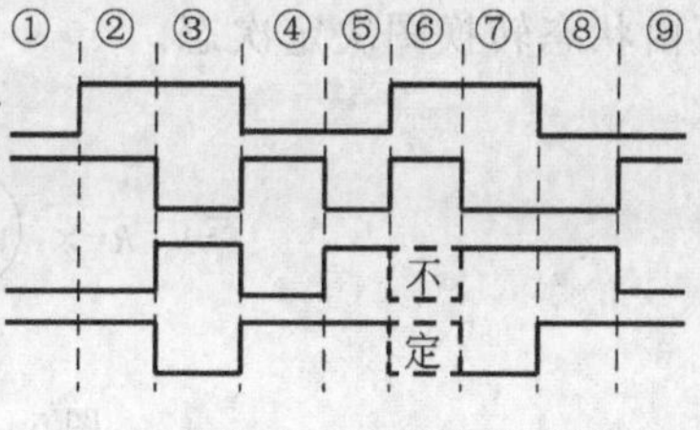

图 5.3 基本 R-S 锁存器的时序图

分析时将 $\overline{S}$、$\overline{R}$ 的输入分为九段，每段的 $\overline{S}$、$\overline{R}$ 都不变，如图 5.3 所示。参考表 5.1 或式(5.1)可得如图 5.3 所示的结果。第①段：$\overline{S}=1,\overline{R}=0$，参考表 5.1 可知，此时 $Q=0,\overline{Q}=1$；第②段：$\overline{S}=1,\overline{R}=1$，此时锁存器状态保持不变，输出仍为第①段时的 $Q=0$，$\overline{Q}=1$，基本 R-S 锁存器的"记忆功能"只体现在这种情况时；第③段：$\overline{S}=0,\overline{R}=1$，由式(5.2)可知，此时锁存器的状态为 1；第④段：$\overline{S}=1,\overline{R}=0$，锁存器输出状态为 0；第⑤段：此时 $\overline{S}=0,\overline{R}=0$，不满足式(5.1)的约束条件。由图 5.1(a)可知，此时 $Q=\overline{Q}=1$，不符合 Q 与 $\overline{Q}$ 必须互补的要求；第⑥段：此时 $\overline{S}$ 与 $\overline{R}$ **同时**由第⑤段的 0 变为 1，我们知道此种组合为保持锁存器状态不变。但它究竟保持 $Q=1$ 还是保持 $\overline{Q}=1$？这取决于图 5.1(a)中门 1 和门 2 的延迟时间 t_{pd1} 和 t_{pd2}。若 $t_{\mathrm{pd1}}>t_{\mathrm{pd2}}$，则门 2 的延时短，$\overline{Q}=\overline{Q\cdot\overline{R}}$，先行由 1 变为 0，而 $\overline{Q}=0$ 则使 $Q=1$；同理，若 $t_{\mathrm{pd1}}<t_{\mathrm{pd2}}$ 则会使 $\overline{Q}=1,Q=0$。由于每个门的延迟时间都不一样，所以当 $\overline{S}$ 与 $\overline{R}$ **同时**由 0 变为 1 时，锁存器的次态无法预测，可能是 0，也可能是 1。因此在图 5.3 中第⑥段的输出 $\overline{Q}$ 和 Q 都标以"**不定**"。第⑦、⑧、⑨段读者可自行分析，结果如图 5.3 所示。

4. 状态转换驱动表和驱动方程

状态转换表是给定输入和现态，求次态；而状态转换驱动表则是已知由现态 Q^n 转换到次态 Q^{n+1}，求驱动函数(输入函数、激励函数)$\overline{S}$、$\overline{R}$。由表 5.1 可得基本 R-S 锁存器的状态转换驱动表，如表 5.2 所示。此表表明，若锁存器输出由 0 到 0 保持不变，则只要输入 $\overline{S}=1$，而 $\overline{R}$ 任意即可；其他类似。

表 5.2 基本 R-S 锁存器的状态转换驱动表

序 号	Q^n	Q^{n+1}	$\overline{S}$	$\overline{R}$
0	0	0	1	×
1	0	1	0	1
2	1	0	1	0
3	1	1	×	1

由状态转换驱动表，利用卡诺图可得到驱动方程，结果为式(5.2)，读者可利用卡诺图自行推导。

$$\begin{cases} \overline{S}=\overline{Q^{n+1}} \\ \overline{R}=Q^{n+1} \end{cases} \tag{5.2}$$

5. 状态转换图

图 5.4 所示为基本 R-S 锁存器的**状态转换图**。图中用圆圈表示锁存器的状态，如图中的**状态 0** 和**状态 1**；用箭头的起点表示现态，用箭头的终点表示次态，箭头上所标的输入为由现态转换到次态的条件，×表示任意输入值。由图 5.4 可见，它完整地描述了 R-S 锁存器的功能：由状态转换图可知由任一状态到任一状态的输入条件；或者给定初始状态和输入可由状态转换图决定次态。

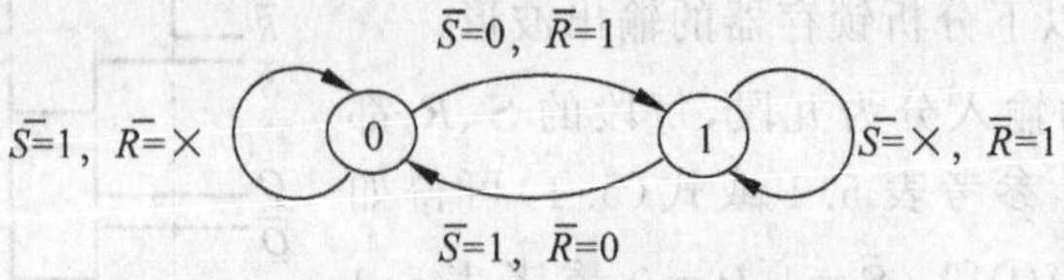

图 5.4 基本 R-S 锁存器的状态转换图

6. 逻辑符号

图 5.1(b)所示为基本 R-S 锁存器的逻辑符号，用它表示图 5.1(a)所示的电路可使电路的功能更加简单明了。该逻辑符号清楚地表明了锁存器的输入和输出。注意，图中输入端 $\overline{S}$、$\overline{R}$[①] 处有一个小圆圈，它表明 $\overline{S}$ 为 0 时锁存器置 1，$\overline{R}$ 为 0 时锁存器置 0，即所谓"**低有效**"，表明该信号为低电平时起作用。由于锁存器的两个输出肯定互补，所以习惯上逻辑符号中的 $\overline{Q}$ 端不加圆圈，只标以 $\overline{Q}$。也有的书上在 $\overline{Q}$ 端加圆圈。

5.1.4 集成基本 R-S 锁存器

集成电路 74LS279 为集成基本 R-S 锁存器，它有 16 只引脚。手册中给出的功能表和引脚图分别如表 5.3 和图 5.5 所示。表 5.3 与表 5.1 类似，它是表 5.1 的简化形式。表 5.3 中的 Q^n 表示状态不变，或保持前一个状态。集成电路生产厂家提供的状态表中，高、低电平有的用 H、L 表示，有的用 1、0 表示；有的称为状态表，有的称为功能表。

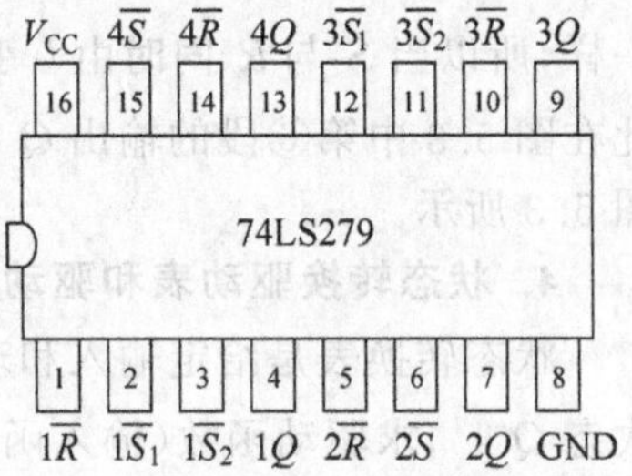

图 5.5 74LS279 引脚图

由图 5.5 可知，一片 74LS279 中包含了 4 个基本 R-S 锁存器，分别以 1、2、3、4 表示；每个锁存器只引出了 Q 端，而 $\overline{Q}$ 端则未引出。锁存器 2 和 4 与图 5.1 所示电路完全一样，而锁存器 1 和 3 分别有两个 $\overline{S}$ 端，此时 $\overline{S}=\overline{S}_1\overline{S}_2$，是相"与"的关系。其他与图 5.1 所示电路完全相同。

表 5.3 74LS279 的功能表

$\overline{S}$	$\overline{R}$	Q
H	H	Q^n
H	L	L
L	H	H
L	L	H*

*：此时 $Q=\overline{Q}=$H

① S 为 Set 的缩写，表明该信号有效时将锁存器置 1，又称为置位；R 为 Reset 的缩写，表明该信号有效时将锁存器置 0，又称清零、复位。后面讲到的触发器等也是如此。

*5.1.5 防抖动开关

日常使用的机械开关的关键部件是两个金属片，通过控制这两个金属片的接触和分离来控制电流的通与断。由于金属具有弹性，两金属片接触和分离时不是一次完成，而是要抖动若干次才能完成，如图 5.6 所示。由于开关每次通、断时抖动的次数都是随机的，所以这种开关不能直接用于数字系统，否则会使系统的状态不可预测。例如使用机械开关就不能对数字钟进行准确的校时：按一下开关，输入的脉冲数不定。

基本 R-S 锁存器即可解决机械开关的抖动问题。图 5.7 所示电路由基本 R-S 锁存器、机械开关 K 和限流电阻 R 组成，其中 K 为单刀双掷开关。使用此电路，机械开关通、断时 Q 和 $\bar{Q}$ 端状态就不会再出现抖动，读者可自己分析。

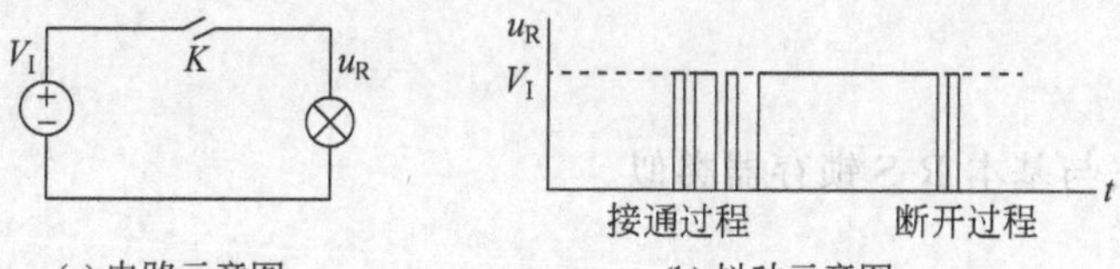

(a) 电路示意图　(b) 抖动示意图

图 5.6　开关抖动示意图

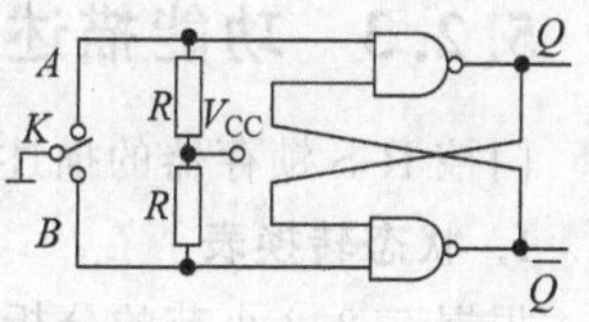

图 5.7　防抖开关原理图

5.1.6 基本 R-S 锁存器存在的问题

基本 R-S 锁存器可实现存储信息的功能，但它不够完善。在使用过程中有两个缺点：一个是 $\bar{S}$、$\bar{R}$ 不能同时为 0(同时有效)；另一个是不管什么时候，只要输入信号变化，输出状态就可能跟着变。这就使得在使用时很不方便。下面将要介绍的其他类型的锁存器和触发器电路可以改善或消除一个或全部缺点。

5.2 门控 R-S 锁存器

5.2.1 电路结构

图 5.8(a)所示为门控 R-S 锁存器(gated R-S latch)的电路结构。由图可知，虚线右侧是一个基本 R-S 锁存器，所以该电路又可画为图 5.8(b)所示的形式。图 5.8(c)为其逻辑符号。

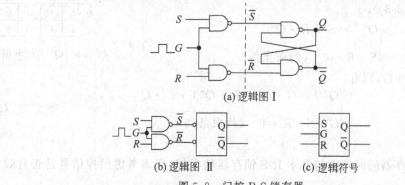

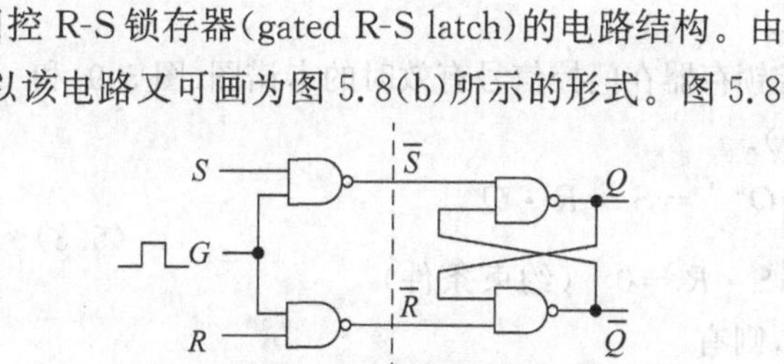

(b) 逻辑图 Ⅱ　(c) 逻辑符号

图 5.8　门控 R-S 锁存器

5.2.2 功能分析

由图 5.8(a)或(b)可知：①当门控信号 G 为 0 时，$\bar{S}=\bar{R}=1$，此时基本 R-S 锁存器处于保持状态，输出不变。②当 $G=1$ 时，$\bar{S}$、$\bar{R}$ 分别由输入信号 S、R 确定：若 $S=0,R=0$，则 $\bar{S}=1,\bar{R}=1$，此时 Q 不变；若 $S=1,R=0$，则 $\bar{S}=0,\bar{R}=1$，此时将 Q 置为 1；若 $S=0,R=1$，则 $\bar{S}=1,\bar{R}=0$，此时将 Q 置为 0；若 $S=1,R=1$，则 $\bar{S}=0,\bar{R}=0$，此时 $Q=\bar{Q}=1$，而根据锁存器的性质，这是不允许的，也就是说，在 $G=1$ 期间，S、R 不能同时为 1。

综上所述，当 $G=0$ 时，输出保持不变；当 $G=1$ 时，输出的变化取决于 R、S 的值。输入 G 是一个控制信号，它的作用类似一个门的开与关，$G=1$ 时相当于把门打开，允许输入信号进入；$G=0$ 时把门关闭，不允许输入信号进入。所以这种锁存器称为门控 R-S 锁存器。

5.2.3 功能描述

门控 R-S 锁存器的描述方法与基本 R-S 锁存器类似。

1. 状态转换表

根据 5.2.2 小节的分析可得如表 5.4 所示的门控 R-S 锁存器的状态转换表。与表 5.1 相比，它多了一列门控信号 G，其他类似。

表 5.4 门控 R-S 锁存器的状态转换表

序号	G	S	R	Q^n	Q^{n+1}
	0	×	×	Q^n	Q^n
0	1	0	0	0	0
1	1	0	0	1	1
2	1	0	1	0	0
3	1	0	1	1	0
4	1	1	0	0	1
5	1	1	0	1	1
6	1	1	1	0	不允许
7	1	1	1	1	不允许

2. 状态转换方程

由表 5.4 可得门控锁存器在门控信号有效时的卡诺图(图 5.9)和状态转换方程(式(5.3))。

S \ RQ^n	00	01	11	10
0	0	1	0	0
1	1	1	×	×

图 5.9 Q^{n+1} 的卡诺图

$$\begin{cases} Q^{n+1}=S+\bar{R}\cdot Q^n \\ S\cdot R=0 \quad (\text{约束条件}) \end{cases} \tag{5.3}$$

若考虑到门控信号 G，则有

$$\begin{cases} Q^{n+1}=G\cdot(S+\bar{R}\cdot Q^n)+\bar{G}\cdot Q^n \\ G\cdot S\cdot R=0 \quad (\text{约束条件}) \end{cases} \tag{5.4}$$

3. 时序图

门控 R-S 锁存器的时序图与基本 R-S 锁存器的类似，只需考虑门控信号是否有效。读者可自己练习。

4. 状态转换驱动表和驱动方程

由于门控信号 $G=0$ 时输出不变，所以只需考虑 $G=1$，即门控信号有效时的情况。在状态转换驱动表中没有列出 G，此时隐含 $G=1$。表 5.5 为门控 R-S 锁存器的状态转换驱动表。

表 5.5 门控 R-S 锁存器的状态转换驱动表

序 号	Q^n	Q^{n+1}	S	R
0	0	0	0	×
1	0	1	1	0
2	1	0	0	1
3	1	1	×	0

由状态转换驱动表，利用卡诺图即可得到驱动方程：

$$\begin{cases} S=Q^{n+1} \\ R=\overline{Q^{n+1}} \end{cases} \tag{5.5}$$

5. 状态转换图

由表 5.5 可得门控 R-S 锁存器的状态转换图，如图 5.10 所示。

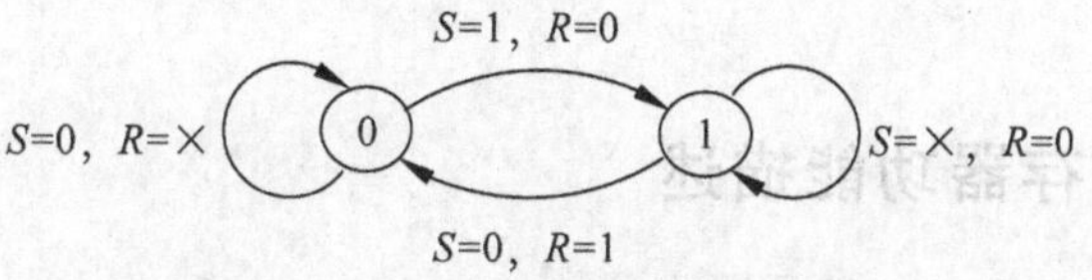

图 5.10 门控 R-S 锁存器的状态转换图

6. 逻辑符号

门控 R-S 锁存器的逻辑符号如图 5.8(c)所示。注意此时输入端无小圆圈，表明是高有效：$G=1$ 时，输入信号可通过；$G=0$ 时，输入信号不可以通过，输出状态保持不变。

5.2.4 门控 R-S 锁存器的特点

与基本 R-S 锁存器相比，门控 R-S 锁存器的输入信号 R、S 只在 $G=1$ 时才起作用；而在 $G=0$ 时无论输入信号 R、S 怎样变化，输出状态都不会改变。

5.3 D 锁存器

5.3.1 电路结构

图 5.11 所示为 D 锁存器(D latch)的逻辑图和逻辑符号。由图 5.11(a)可知，它是由门控 R-S 锁存器演变而来的：只要令门控 R-S 锁存器中的 $S=D$，$R=\overline{D}$ 即得到 D 型锁存器。由于已经详细地描述了门控 R-S 锁存器的功能，所以可以很容易地用各种描述方法来描述 D 锁存器的功能。

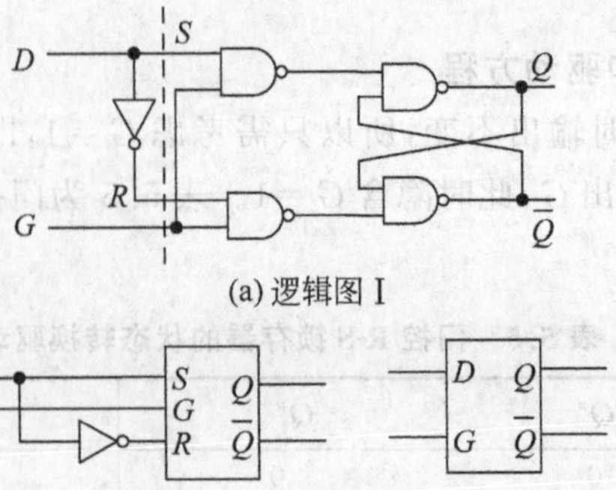

(a) 逻辑图Ⅰ

(b) 逻辑图Ⅱ　　(c) 逻辑符号

图 5.11　D 型锁存器

5.3.2　功能分析

由 D 锁存器的结构可知，它是门控 R-S 锁存器的一种特例：此时 $S=\overline{R}=D$，R 与 S 总是互补，不存在 $R\cdot S=0$ 的约束。读者可自行分析。

经推导知 $Q^{n+1}=G\cdot D+\overline{G}\cdot Q^n$，说明 D 锁存器在 $G=1$ 时，$Q^{n+1}=D$，称此时输入对输出是**透明**的，也就是说可以从输出端看到输入信号；而当 $G=0$ 时，$Q^{n+1}=Q^n$，状态保持不变。

5.3.3　D 锁存器功能描述

1. 状态转换表

由图 5.11(a)可得 D 锁存器的状态转换表如表 5.6 所示。

表 5.6　D 锁存器的状态转换表

序　号	G	D	Q^n	Q^{n+1}
	0	×	Q^n	Q^n
0	1	0	0	0
1	1	0	1	0
2	1	1	0	1
3	1	1	1	1

2. 状态转换方程

由表 5.6 可得门控 D 锁存器当 $G=1$ 时的卡诺图(见图 5.12)和状态转换方程(见式(5.6))。状态转换方程也可通过观察状态转换表直接得到。

Q^{n+1} \ DQ^n	00	01	11	10
	0	0	1	1

图 5.12　Q^{n+1} 的卡诺图

门控信号有效时有

$$Q^{n+1}=D \tag{5.6}$$

若考虑到门控信号 G，则有

$$Q^{n+1}=\overline{G}\cdot Q^n+G\cdot D \tag{5.7}$$

3. 时序图

门控 D 锁存器的时序图可根据方程式(5.7)画出，读者可自己分析(见后面的习题 5.3)。

4. 状态转换驱动表和驱动方程

由于门控信号 $G=0$ 时输出不变，所以只需考虑 $G=1$ 的情况。在状态转换驱动表中不列出 G 即隐含是 $G=1$。表 5.7 为门控 D 锁存器的状态转换驱动表。

表 5.7　门控 D 锁存器的状态转换驱动表

序　号	Q^n	Q^{n+1}	D
0	0	0	0
1	0	1	1
2	1	0	0
3	1	1	1

由状态转换驱动表，利用卡诺图或利用观察法可得到驱动方程：

$$D=Q^{n+1} \tag{5.8}$$

5. 状态转换图

由表 5.6 或表 5.7 或式(5.8)可得门控 D 锁存器的状态转换图，如图 5.13 所示。

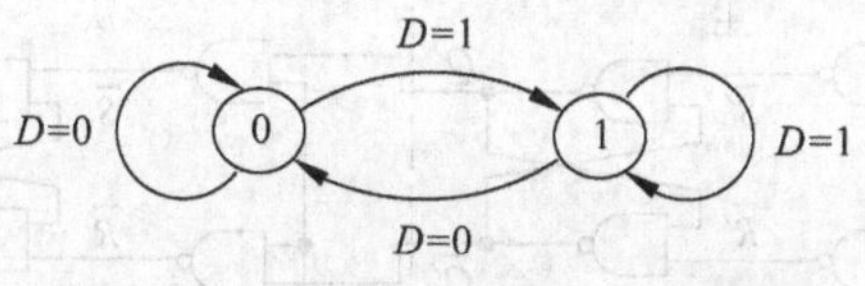

图 5.13　门控 D 锁存器的状态转换图

6. 逻辑符号

门控 D 锁存器的逻辑符号如图 5.11(c)所示。注意此时门控信号输入端 G 处无小圆圈，表示"高有效"，$G=1$ 时，输入信号可通过。也就是说，当 $G=1$ 时 $Q^{n+1}=D$。

5.3.4　集成 D 锁存器

74 系列数字集成电路 74LS75 内部有 4 个 D 型锁存器，其功能表与引脚图分别如表 5.8 和图 5.14 所示。锁存器 1、2 共用门控信号 $G_{1,2}$，锁存器 3、4 共用门控信号 $G_{3,4}$。

表 5.8　74LS75 的功能表

D	G	Q	$\bar{Q}$
L	H	L	H
H	H	H	L
×	L	Q_0	$\bar{Q}_0$

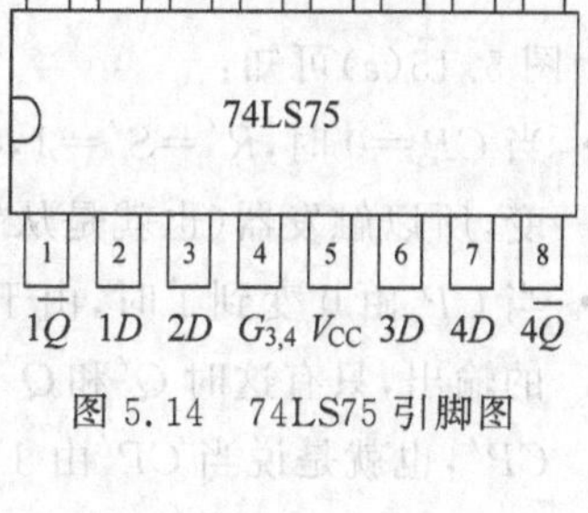

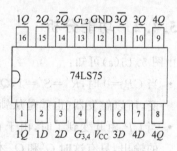

图 5.14　74LS75 引脚图

5.4 主从式 R-S 触发器

D 型锁存器虽然不存在对输入信号的限制，但它的输出在 $G=1$ 时随着输入的变化而变化，这对于使用者来说仍然是一个限制。从本节起介绍的触发器的输出只在某一特定时刻发生变化，而在其他任何时间都不变化，从而克服了锁存器的上述缺点。本节介绍主从式 R-S 触发器(master-slave R-S flip-flop)。

5.4.1 电路结构

主从式 R-S 触发器的电路结构如图 5.15(a)所示，图 5.15(b)为其另一种画法。由图可见，它是由两个门控 R-S 锁存器组成的。这两个门控锁存器分别称为主锁存器和从锁存器，主锁存器的输出决定从锁存器的输出，“主从”二字由此而来。主锁存器的门控信号 CP(此时该信号的功能发生了改变，已改称为**时钟脉冲信号**(Clock Pulse, CP)，**或称时钟**(Clock, CLK, CK))经反相后作为从锁存器的门控信号，正是这两个门控信号的互补，带来了整个电路性能的改变。

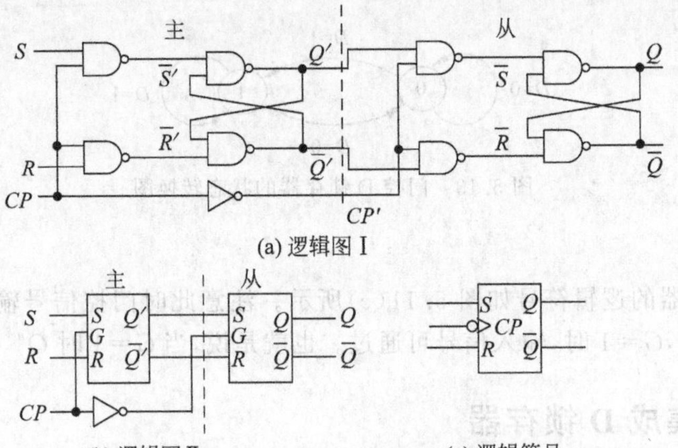

(a) 逻辑图 Ⅰ

(b) 逻辑图 Ⅱ　　(c) 逻辑符号

图 5.15　主从式 R-S 触发器

5.4.2 功能分析

由图 5.15(a)可知：

- 当 $CP=0$ 时，$\overline{R}'=\overline{S}'=1$，$Q'$ 和 $\overline{Q}'$ 保持不变。此时虽然 $CP'=1$，但由于 Q' 和 $\overline{Q}'$ 不变，所以触发器(也就是从锁存器)的输出状态 Q、$\overline{Q}$ 也保持不变。
- 当 CP 由 0 变到 1 时，由于 CP 的变化要经过最少两个门的延迟才能到达主锁存器的输出，只有这时 Q' 和 $\overline{Q}'$ 才能发生变化，而 CP 只要经过一个门的延迟即可到达 CP'，也就是说当 CP' 由 1 变到 0，把从锁存器锁定后，主锁存器的变化才传到 Q' 和

$\bar{Q}'$，所以此时 Q、$\bar{Q}$ 也保持不变。

- 当 $CP=1$ 时，$CP'=0$，从锁存器被锁定，此时主锁存器的输出 Q'变化不能影响从锁存器的输出，所以此时不论 R、S 如何改变，触发器的输出状态 Q、$\bar{Q}$ 都不会发生改变。由于 $CP=1$，主锁存器打开，Q'和 $\bar{Q}'$的值由输入信号 R、S 和主锁存器的状态 Q'和 $\bar{Q}'$共同决定，所以此时主锁存器接收信息，为触发器状态的变化做好准备。
- 当 CP 由 1 变到 0 时，一方面 $CP=0$，使主锁存器的状态锁定，不再发生变化；另一方面使 $CP'=1$，打开从锁存器，将主锁存器此时的输出 Q'和 $\bar{Q}'$分别送至从锁存器的输出(也就是触发器的输出)Q 和 $\bar{Q}$，使触发器的输出状态发生变化。

综上所述，图 5.15 所示主从式 R-S 触发器的输出状态如果发生变化(称为触发器状态的**翻转**)，则该变化只发生在输入时钟脉冲信号的下降沿。可以看作在输入时钟脉冲的下降沿，将主锁存器的输出 Q'传到从锁存器的输出，也就是触发器的输出 Q；变化的结果取决于时钟脉冲下降沿到达前一瞬间 R、S 和 Q'的值；在除时钟脉冲下降沿以外的任何时间内，R、S 可任意改变而不会使触发器的输出状态发生变化。

图 5.4.1(c)所示为主从式 R-S 触发器的逻辑符号。其中 CP 处的小三角表明该器件的状态只在**时钟脉冲边沿才能翻转**，称为**边沿触发**；而三角外的圆圈则表示是**下降沿**(又称为负边沿)**翻转**。

5.4.3　功能描述

主从式 R-S 触发器的功能描述方法与门控锁存器相同，只是输出状态**翻转**(即变化)时刻不同，前者是边沿控制翻转，后者是电平控制翻转。

5.5　TTL 主从式 JK 触发器

主从式 R-S 触发器虽然克服了门控 R-S 锁存器的一个缺点：除时钟脉冲下降沿前一瞬间以外的时间内输入可以任意改变而不会影响触发器的输出。但另一个缺点仍然存在：在时钟脉冲下降沿前一瞬间 R 与 S 不能同时为 1，否则下降沿过后会使触发器的状态不可预测，即**状态不定**。

将主从式 R-S 触发器略加改进，可得到实用的主从式 JK 触发器(master-slave JK flip-flop)。

5.5.1　电路结构

主从式 J-K 触发器的电路结构如图 5.16(a)和(b)所示。由图可见，它由主从式 R-S 触发器加两条反馈线 a、b 组成。由于加上反馈线 a、b 后触发器的功能发生了变化，故将 S 端改称为 J，将 R 端改称为 K。

5.5.2　功能分析

由图 5.16 可知，主从式 JK 触发器的翻转时刻与主从式 R-S 触发器相同，因此分析主

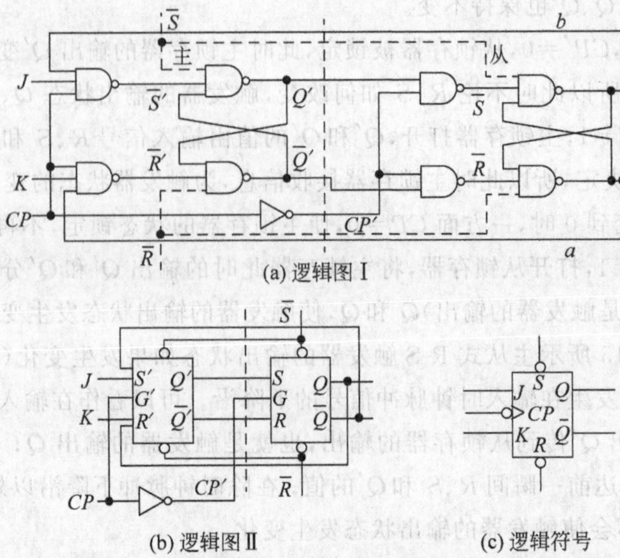

(a) 逻辑图 I

(b) 逻辑图 II　　　　(c) 逻辑符号

图 5.16　主从式 J-K 触发器

从式 JK 触发器只要分析时钟脉冲下降沿到来前，也就是 $CP=1$ 时主锁存器接收信息的工作情况即可：下降沿到达后，将 Q' 传到 Q。以下分四种情况分析主从式 JK 触发器的功能：

(1) 当 $J=0,K=0$ 时，由图 5.5.1(a)可知，$\bar{R}'=\bar{S}'=1$，Q' 和 $\bar{Q}'$ 保持不变，从而时钟脉冲下降沿到来时 Q 也不变。结论：当 $J=0,K=0$ 时，触发器状态保持不变。

(2) 当 $J=0,K=1$ 时，$\bar{S}'=1$；而 $\bar{R}'$ 的取值取决于 Q(反馈线 a)。当 $Q=0$ 时，$\bar{R}'=1$，此时由于 $\bar{R}'=\bar{S}'=1$，Q' 不变；当 $Q=1$ 时，$\bar{R}'=0$，由 $\bar{R}'=0,\bar{S}'=1$ 知主锁存器置 0，当时钟脉冲下降沿到来时将 $Q'=0$ 传至 $Q=0$。结论：当 $J=0,K=1$ 时，不管触发器的现态是什么，次态都是 0。

(3) 当 $J=1,K=0$ 时，$\bar{R}'=1$；而 $\bar{S}'$ 的取值取决于 $\bar{Q}$(反馈线 b)。当 $Q=0$ 时，$\bar{Q}=1$，$\bar{S}'=0$，此时由 $\bar{R}'=1,\bar{S}'=0$ 知此时 Q' 变为 1。当时钟脉冲下降沿到来时将 $Q'=1$ 传至 $Q=1$。当 $Q=1$ 时，$\bar{Q}=0,\bar{S}'=1$。由 $\bar{R}'=\bar{S}'=1$ 知此时 $Q'=1$ 不变。结论：当 $J=0,K=1$ 时，不管触发器的现态是什么，次态都是 1。

(4) 当 $J=1,K=1$ 时，$\bar{R}'$、$\bar{S}'$ 的取值取决于现态 Q 或 $\bar{Q}$(反馈线 a、b)。当 $Q=0$ 时，$\bar{Q}=1$，此时 $\bar{S}'=0,\bar{R}'=1,\bar{S}'=0$ 使 Q' 变为 1，即将主锁存器置为 1。当时钟脉冲下降沿到来时将 $Q'=1$ 传至 $Q=1$，触发器状态由 0 变为 1；当 $Q=1$ 时，$\bar{Q}=0$，此时 $\bar{S}'=1,\bar{R}'=0$，将主锁存器置为 0，时钟脉冲下降沿到达时将此 0 状态传至从锁存器，从而将触发器状态由 1 变为 0。结论：当 $J=1,K=1$ 时，不管触发器的现态是什么，时钟脉冲下降沿到达时都使触发器的状态发生翻转，即由现态 1 变为次态 0，或由现态 0 变为次态 1。

5.5.3　功能描述

1. 状态转换表

根据 5.5.2 小节所作分析可得如表 5.9 所示的状态转换表。

表 5.9 JK 触发器的功能表

J	K	Q^n	Q^{n+1}	功　能
0	0	0	0	保持
0	0	1	1	
0	1	0	0	置 0
0	1	1	0	
1	0	0	1	置 1
1	0	1	1	
1	1	0	1	翻转
1	1	1	0	

2. 状态转换方程

由表 5.9，利用卡诺图(图 5.17)可得到 JK 触发器的状态方程为

$$Q^{n+1} = J\overline{Q^n} + \overline{K}Q^n$$

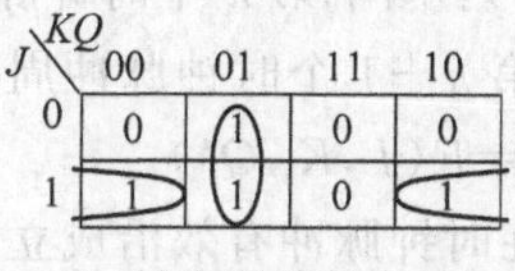

图 5.17　JK 触发器的状态转换卡诺图

3. 状态转换图

由状态转换表或状态转换方程可得状态转换图如图 5.18 所示。

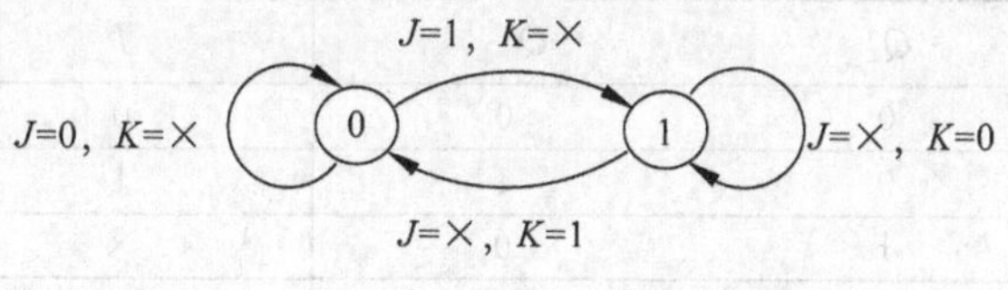

图 5.18　主从式 JK 触发器的状态转换图

4. 时序图

设触发器的初态为 0，输入时钟信号、J、K 如图 5.19 所示。图中 Q'为主锁存器的输出。

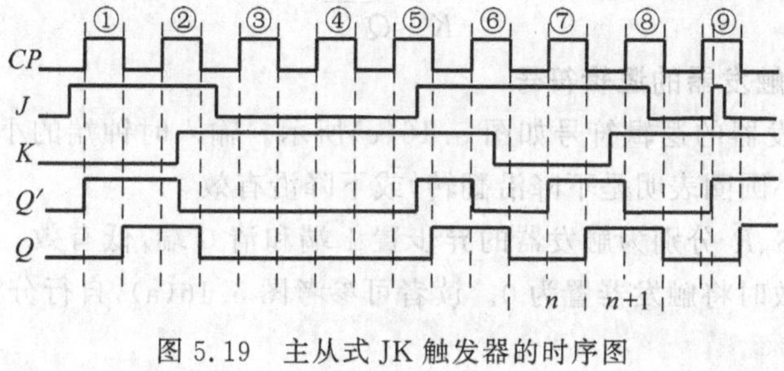

图 5.19　主从式 JK 触发器的时序图

由 5.5.2 小节的分析知，主从式 JK 触发器是在 $CP=1$ 期间将数据准备好，放在 Q'，当时钟脉冲下降沿到达时将 Q'的值传送至 Q；而在 $CP=1$ 期间，Q'的值取决于输入 J、K 和现态 Q^n。在第①个 $CP=1$ 期间，$Q^n=0$，$J=1$，$K=0$，此时 Q'将被置为 1，下降沿到时将其

传至 Q，如图所示；在第②个 $CP=1$ 期间，$Q^n=1$，前半部分 $J=1,K=0$，此时 Q'不变；后半部分 $J=1,K=1$，此时 Q'翻转，变成 $Q'=0$；当时钟脉冲下降沿到时将此 0 传到 Q，使 $Q^{n+1}=0$。第③、④、⑤个时钟脉冲情况读者可自行分析。第⑥个时钟脉冲 $CP=1$ 时，$Q=1$，前半部分 $J=1,K=1$，使 $Q'=0$；而在后半部分 $J=1,K=0$，按状态表应有使 $Q'=1$，但由于 $\overline{Q}$ 的作用（见图 5.16），此时 Q'不能再回到状态 1，而只能保持为 0。当时钟脉冲下降沿到时将 $Q'=0$ 传到 Q 端。这就是所谓的主从式 JK 触发器的**一次翻转问题**，即在 $CP=1$ 期间，若 Q'发生翻转，那么只能发生一次。第⑦、⑧、⑨个时钟脉冲读者可自行分析。

主从式触发器的一次翻转问题是由于将输出状态反馈到输入端，从而使主锁存器的输出不能任意变化而引起的。可以这样判断触发器的次态：在 $CP=1$ 期间，根据 J、K 和 Q^n 判断 Q'是否变化，如果发生了一次变化，则不管以后 J、K 的值如何变化都不会使 Q'再次发生变化。触发器的次态就是这个第一次变化后的值。

由于一次翻转会影响触发器的输出，在使用时应确保在 $CP=1$ 期间 J、K 的值稳定，并避免噪声的影响。

Q^n 与 Q^{n+1} 的来历（见图 5.19）：图中第 n 个时钟脉冲周期的状态（现在的状态，现态，记为 Q^n）与输入（J、K）共同决定第 $n+1$ 个时钟脉冲周期的状态（下一个状态，次态，记为 Q^{n+1}），用状态方程描述就是 $Q^{n+1}=F(J,K,Q^n)$。

由图 5.19 可见，状态方程只在时钟脉冲有效沿成立。

5. 状态转换驱动表和驱动方程

根据状态转换表（表 5.9）可得如表 5.10 所示的主从式 JK 触发器的状态转换驱动表。

表 5.10 主从式 JK 触发器的状态转换驱动表

序　号	Q^n	Q^{n+1}	J	K
0	0	0	0	×
1	0	1	1	×
2	1	0	×	1
3	1	1	×	0

由表 5.10 可得 JK 触发器的驱动方程为

$$J=Q^{n+1}$$
$$K=\overline{Q^{n+1}} \tag{5.9}$$

6. 主从式 JK 触发器的逻辑符号

主从式 JK 触发器的逻辑符号如图 5.16(c)所示。输入时钟端的小三角表示该器件为边沿触发，外边的小圆圈表明是下降沿翻转，或下降沿有效。

图 5.16 中的 $\overline{S}$、$\overline{R}$ 分别为触发器的异步置 1 端和清 0 端，低有效。$\overline{S}$ 有效时将触发器置为 1，而当 $\overline{R}$ 有效时将触发器置为 0。读者可参考图 5.16(a)，自行分析其工作原理。

5.6 TTL 维持阻塞式 D 触发器

主从式 JK 触发器有一次翻转问题，使用时有时比较麻烦。维持阻塞式 D 触发器是另一种结构的触发器，无一次翻转问题，本节介绍这种电路。

5.6.1 电路结构

如图 5.20 所示，维持阻塞式 D 触发器由 6 个与非门组成，其中 G_1、G_2 组成基本 R-S 锁存器；CP 由 G_3、G_4 输入；$\overline{R_d}$、$\overline{S_d}$ 分别为异步清 0、置 1 输入，低有效。

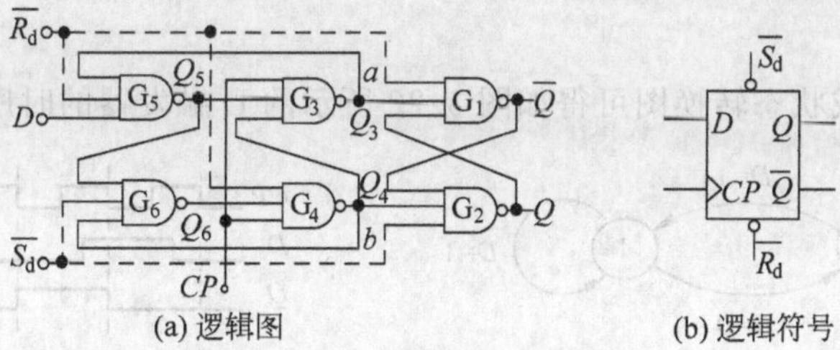

图 5.20 维持阻塞式 D 触发器

5.6.2 功能分析

以下分析时假设 $\overline{R_d}$、$\overline{S_d}$ 无效，即二者均为逻辑 1。

当 $CP=0$ 时，G_3、G_4 门关闭，$Q_3=Q_4=1$，G_1、G_2 组成的基本 RS 锁存器输出也就是触发器状态 Q 保持不变。此时 $Q_3=1$ 使 G_5 打开，$Q_5=\overline{D}$；$Q_4=1$ 使 G_6 打开，$Q_6=D$。此时将输入信号 $\overline{D}$、D 分别传至 Q_5、Q_6，为下一步操作作好准备。

CP 由 0 变为 1，即 CP 上升沿到来后，G_3、G_4 打开，将 $Q_5=\overline{D}$、$Q_6=D$ 分别传至 G_3、G_4 的输出，使 $Q_3=D$、$Q_4=\overline{D}$，从而使 $Q=D$、$\overline{Q}=\overline{D}$，从而使触发器状态发生变化，变化结果为 $Q^{n+1}=D$。

$CP=1$ 时虽然 G_3、G_4 打开，但由于反馈线 a、b 的作用，使信号 D 传不到 Q_3、Q_4：$D=0$ 时，翻转后 $Q_3=0$，G_5 被关闭，无论 D 怎样变化都不会使 Q_5、Q_6 发生变化，从而触发器状态也不会发生变化；$D=1$ 时，翻转后 $Q_4=0$，G_6、G_3 被封锁，此时 D 的任何变化也不能使触发器的状态发生变化。

CP 由 1 变为 0，即 CP 下降沿到来后，G_3、G_4 被迅速关闭，触发器状态 Q 不会发生变化。

综上所述，维持阻塞式 D 触发器在 CP 的上升沿到达前接收输入信号，做好准备工作，而在上升沿到达时状态发生变化。在其他任何时刻其状态都不会发生变化。

5.6.3 功能描述

1. 状态转换表

由上述分析可得维持阻塞式 D 触发器的状态转换表如表 5.11 所示。

表 5.11 D 触发器的状态转换表

D	Q^n	Q^{n+1}
0	0	0
0	1	0
1	0	1
1	1	1

2. 状态方程

由状态转换表可得维持阻塞式 D 触发器的状态方程为

$$Q^{n+1}=D \tag{5.10}$$

3. 状态转换图

维持阻塞式 D 触发器的状态转换图如图 5.21 所示。

4. 时序图

由状态转换表或状态转换图可得如图 5.22 所示的 D 触发器的时序图。

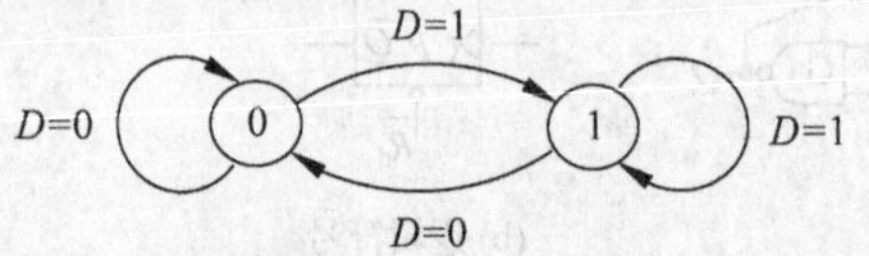

图 5.21 维持阻塞式 D 触发器的状态转换图

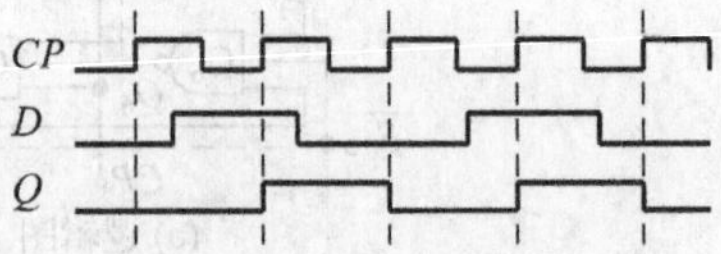

图 5.22 D 触发器的时序图

5. 状态转换驱动表和驱动方程

根据 D 触发器的状态转换表或状态转换图可得 D 触发器的状态转换驱动表如表 5.12 所示。

表 5.12 D 触发器的状态转换驱动表

Q^n	Q^{n+1}	D
0	0	0
0	1	1
1	0	0
1	1	1

由表 5.12 可得 D 触发器的驱动方程为

$$D=Q^{n+1} \tag{5.11}$$

6. 逻辑符号

D 触发器的逻辑符号如图 5.20(b)所示，其时钟脉冲有效沿是上升沿(正沿)。

5.6.4 集成维持阻塞式 D 触发器

图 5.23 所示为集成维持阻塞式 D 触发器 74LS74 的逻辑符号及引脚。74LS74 有 14 个引脚，内含两个与图 5.20 完全一样的 D 触发器。

其他 74×× 系列的触发器有 74LS73、74LS74、74LS112、74LS173、74LS273 等。

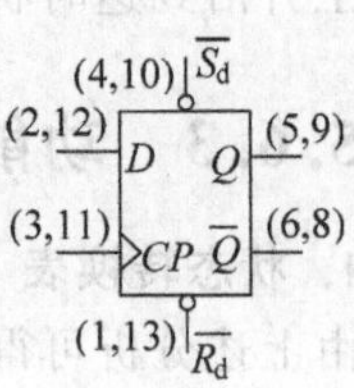

图 5.23 74LS74 的逻辑符号及引脚

5.7 CMOS 锁存器与触发器

4000 系列 CMOS 数字集成电路中也包括许多锁存器和触发器，虽然它们的内部结构与 TTL 不同，但其外特性、使用方法均类似。本节介绍 COMS 锁存器和触发器及其工作原理。

5.7.1 CMOS 锁存器

CD4043、CD4044 是三态 R-S 锁存器，其内部分别有 4 个锁存器，每个锁存器分别有两个输入端 R、S，一个输出端 Q。4 个锁存器共用一个使能端 E_i，高有效。其内部结构分别如图 5.24(a)和(b)所示。

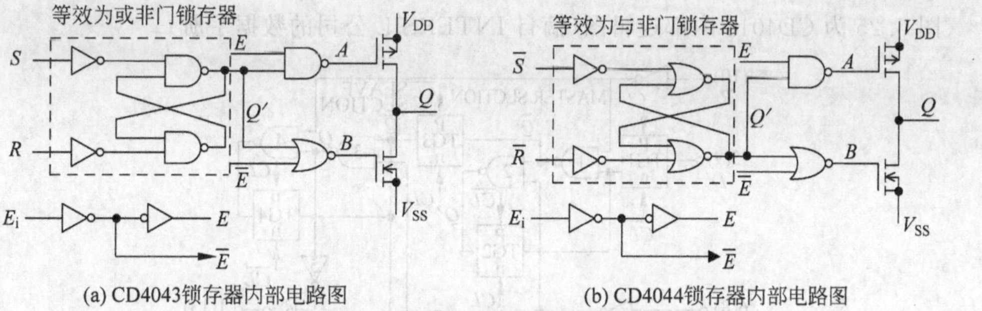

图 5.24 CMOS 锁存器内部电路图

图 5.24(a)中，虚框内电路等效为由两个或非门构成的基本 R-S 锁存器，输入 R、S 均为高有效，其输出为 Q'。当 E_i 有效时，$A=B=\overline{Q}'$。若 $Q'=0$，则 $A=B=1$，PMOS 管截止，NMOS 管导通，输出 $Q=0$；若 $Q'=1$，则 $A=B=0$，PMOS 管导通，NMOS 管截止，$Q=1$。当 E_i 无效时，$A=1$，$B=0$，PMOS 管和 NMOS 管同时截止，**输出端 Q 为高阻态**。表 5.13 为数据手册给出的 CD4043 的功能表。

图 5.24(b)中，虚框内电路等效为由两个与非门构成的基本 RS 锁存器，输入 $\overline{R}$、$\overline{S}$ 均为低有效，其输出为 Q'。当 E_i 有效时，$A=B=\overline{Q}'$。若 $Q'=0$，则 $A=B=1$，PMOS 管截止，NMOS 管导通，输出 $Q=0$；若 $Q'=1$，则 $A=B=0$，PMOS 管导通，NMOS 管截止，$Q=1$。当 E_i 无效时，$A=1$，$B=0$，PMOS 管和 NMOS 管同时截止，**输出端 Q 为高阻态**。表 5.14 为数据手册给出的 CD4044 的功能表。

表 5.13 CD4043 的功能表

E_i	S	R	Q^{n+1}
0	×	×	高阻
1	0	0	Q^n，既不变
1	0	1	0
1	1	0	1
1	1	1	1*

*：当 R、S 均有效时，输出取决于 S

表 5.14 CD4044 的功能表

E_i	$\overline{S}$	$\overline{R}$	Q^{n+1}
0	×	×	高阻
1	1	1	Q^n，既不变
1	1	0	0
1	0	1	1
1	0	0	0**

**：当 $\overline{R}$、$\overline{S}$ 均有效时，输出取决于 $\overline{R}$

5.7.2 CMOS 触发器

4000 系列中有许多触发器，如 CD4013 主从式双 D 触发器、CD4027 双 JK 触发器等。这里只介绍双 D 触发器 CD4013。

1. CD4013 主从式 D 触发器

图 5.25 为 CD4013 内部逻辑图(摘自 INTERSIL 公司的数据手册)。

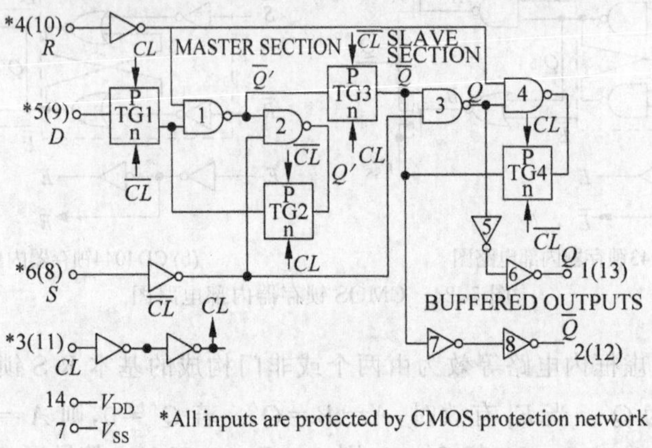

图 5.25 CD4013 逻辑图*

图 5.25 中，输入时钟信号 CL 经反相器后，分别产生$\overline{CL}$ 和 CL，用于内部的传输门控制；传输门 TG1、TG4 在 $CL=1$ 时截止，$CL=0$ 时导通；而传输门 TG2、TG3 在 $CL=0$ 时截止，$CL=1$ 时导通；传输门 TG1、TG2 和与非门 1、2 构成主锁存器，传输门 TG3、TG4 和与非门 3、4 构成从锁存器；异步清 0 端 R，异步置 1 端 S 均为高有效；反相器 5、6、7、8 构成输出缓冲器。

以下分析当 S、R 均无效时 CD4013 的工作过程：

当 $CL=0$ 时，主锁存器的 TG1 导通，TG2 截止。TG1 导通，使输入数据 D 经 TG1、与非门 1 反相后传至 $\overline{Q}'$：$\overline{Q}'=\overline{D}$，$Q'=D$；TG2 截止，主锁存器的反馈通路被截断。从锁存器的 TG3 截止，主、从锁存器之间不通；TG4 导通，与非门 3、4 构成基本 RS 锁存器的保持形态，Q、$\overline{Q}$ 经两级反相缓冲器输出。此时输出不会发生变化。参见图 5.26(a)，$CL=0$ 时的等效电路。

当 CL 由 0 变 1 时，TG1 由导通变截止，输入数据 D 不能通过；TG2 由截止变导通，与非门 1、2 构成基本 RS 锁存器的保持形态，其输出 $\overline{Q}'$为 CL 由 0 变 1 前一瞬间输入 D 的反；TG3 由截止变导通，将 $\overline{Q}'$传至从锁存器 $\overline{Q}$；TG4 由导通变截止，反馈中断；此时的输出 $\overline{Q}$、Q 经两级反相缓冲器输出。

当 $CL=1$ 时，由于 TG1 截止，输入数据不能传入触发器，所以触发器的输出不会发生变化。参见图 5.26(b)，$CL=1$ 时的等效电路。

当 CL 由 1 变 0 时，当 D 传至 $\overline{Q}'$时，TG3 已经截止，所以输出也不会发生变化。

综上所述，CD4013 触发器的输出状态只有在 CL 的上升沿发生变化，而在其他任何时候都不会发生变化，是上升沿翻转的触发器。它的逻辑符号与其他 D 触发器相同，用法也相同。

* 摘自英文资料的插图，未进行翻译处理。

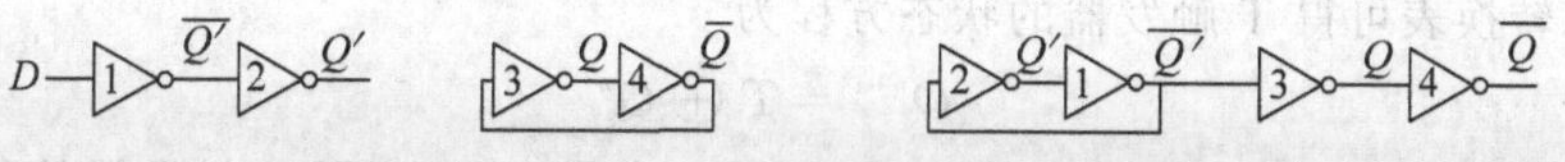

图 5.26 $S=0$、$R=0$ 时 CD4013 的等效电路

CD4013 的 S 有效时，将触发器的 Q'、Q 置 1，$\overline{Q'}$、$\overline{Q}$ 置 0；R 有效时，将触发器的 Q'、Q 置 0，$\overline{Q'}$、$\overline{Q}$ 置 1 情况类似；如果 S、R 均有效，则将触发器的 Q'、$\overline{Q'}$、Q、$\overline{Q}$ 都置为 1，此为非正常工作状态，一般情况下应避免。

CD4013 的状态转换表如表 5.15 所示。

表 5.15 CD4013 的状态表

CL	D	R	S	Q	$\overline{Q}$
↑	0	0	0	0	1
↑	1	0	0	1	0
↓	×	0	0	Q	$\overline{Q}$
×	×	1	0	0	1
×	×	0	1	1	0
×	×	1	1	1	1

由本节内容可知，CMOS 触发器的结构与 TTL 触发器的结构有很大的不同，但它们的功能、描述方法(如状态转换表、状态图、状态方程等)和使用方法是一样的。

其他 CD4×××系列的触发器有 CD4013、CD4027、CD4042、CD4095、CD4096 等，有兴趣的读者可查阅数据手册，分析它们的功能。

5.8 T 触发器和 T′触发器

除了 RS、JK、D 触发器外，还有两种触发器在数字系统中经常用到，即 T 触发器和 T′触发器。

5.8.1 T 触发器

T 触发器的逻辑符号如图 5.27 所示，其功能表如表 5.16 所示。由表 5.16 可知，当 $T=0$ 时，触发器的状态保持不变；而当 $T=1$ 时，每来一个时钟脉冲，触发器的状态发生翻转一次。

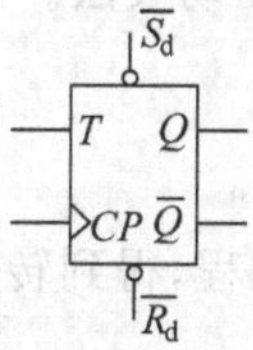

图 5.27 T 触发器的逻辑符号

表 5.16 T 触发器的状态转换表

T	Q^n	Q^{n+1}
0	0	0
0	1	1
1	0	1
1	1	0

由状态转换表可得 T 触发器的状态方程为

$$Q^{n+1}=T\oplus Q^n$$

T 触发器的状态转换驱动表如表 5.17 所示。由表 5.17 可得 T 触发器的驱动方程：

$$T=Q^{n+1}\oplus Q^n$$

表 5.17 T 触发器的状态转换驱动表

Q^n	Q^{n+1}	T
0	0	0
0	1	1
1	0	1
1	1	0

读者可自行画出 T 触发器的状态图。

5.8.2 T′触发器

T′ 触发器的逻辑符号如图 5.28 所示，其功能表如表 5.18 所示。T′ 触发器没有输入端，每来一个时钟脉冲输出状态翻转一次。由于 T′ 触发器没有驱动端，它的次态只与现态有关。

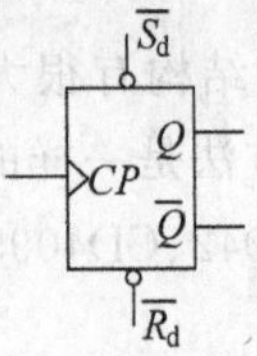

图 5.28 T′触发器的逻辑符号

表 5.18 T′触发器的状态转换表

Q^n	Q^{n+1}
0	1
1	0

由表 5.18 可得 T′ 触发器的状态方程为

$$Q^{n+1}=\overline{Q^n}$$

读者可自行画出其状态图。

虽然在 74 系列和 4000 系列中没有 T、T′触发器，但由于它们所具有的特性在设计、分析时序电路时经常被用到，读者应该掌握相关概念。

5.9 触发器的功能转换

在实际应用中，往往需要将触发器的功能进行转换，也就是用一种触发器去实现另一种触发器的功能。触发器功能转换有两种方法：状态方程法和驱动表法。

5.9.1 状态方程法

所谓状态方程法，就是比较转换前后两种触发器的状态方程，得到转换前触发器的驱动方程，画出逻辑图，完成转换。

【例 5.1】 试将 D 触发器转换为 JK 触发器。

解：(1) D 触发器的状态方程为 $Q^{n+1}=D$

JK 触发器的状态方程为 $Q^{n+1}=J\overline{Q}+\overline{K}Q$（为书写方便，可将 Q^n 中的 n 省略）。

比较两触发器的状态方程知：若要将 D 触发器转换为 JK 触发器，只要令 D 触发器的驱动 $D= J\overline{Q}+\overline{K}Q$ 即可。

(2) 画出转换逻辑图（见图 5.29），转换后虚线内就是一个 JK 触发器。

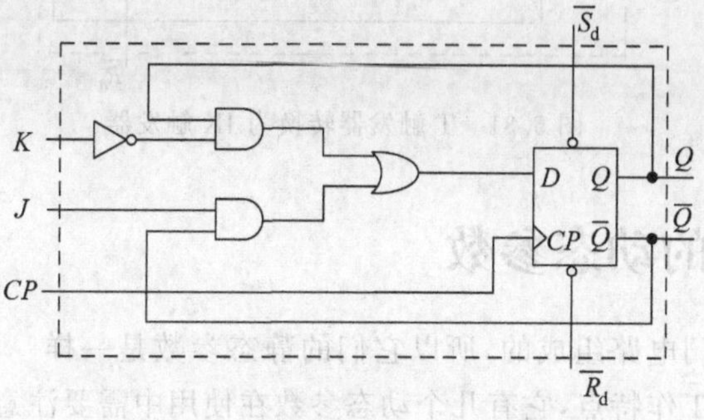

图 5.29 D 触发器转换为 JK 触发器

5.9.2 驱动表法

所谓驱动表法，就是先列出转换后触发器的状态转换表，再根据其现态和次态列出转换前触发器的驱动表，利用卡诺图得到驱动函数的最简表达式，最后画出逻辑图即完成转换。

【例 5.2】 试将 T 触发器转换为 JK 触发器。

解：(1) 列出转换后触发器，即 JK 触发器的状态转换表如表 5.19 中 J、K、Q^n、Q^{n+1} 所示；

表 5.19 T→JK 触发器转换的驱动表

J	K	Q^n	Q^{n+1}	T
0	0	0	0	0
0	0	1	1	0
0	1	0	0	0
0	1	1	0	1
1	0	0	1	1
1	0	1	1	0
1	1	0	1	1
1	1	1	0	1

(2) 根据现态和次态列出转换前触发器，即 T 触发器的驱动表，见表 5.19 中的 T 列；

(3) 利用卡诺图（图 5.30）得到 T 的最简表达式：

$$T=J\overline{Q}+KQ$$

(4) 画出逻辑图，如图 5.31 所示。

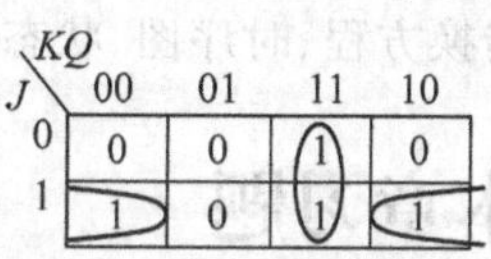

图 5.30 T 的卡诺图

利用上述两种方法可将任意一种触发器转换为任意另一种触发器，当然不可以由 T′触发器转换为其他类型的触发器。

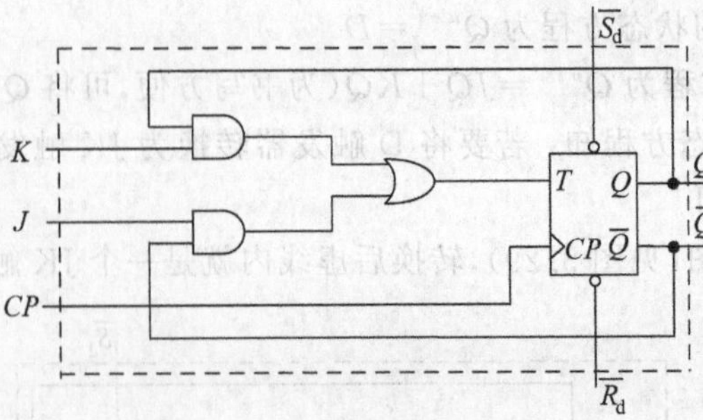

图 5.31 T 触发器转换为 JK 触发器

5.10 触发器的动态参数

由于触发器是由门电路组成的，所以它们的静态参数是一样的。但由于触发器的工作特点，它有几个动态参数在使用中需要注意。

(1) 传输延迟时间 t_{PLH}(t_{PHL})：从有效时钟脉冲沿到达、异步置位端/异步清零端信号有效至触发器输出端翻转完毕所需要的时间。74 系列为 10ns 量级，4000 系列为 100ns 量级。

(2) 数据建立时间 t_{SET}：指时钟脉冲沿到达之前，必须将输入数据准备好所需的最小时间。

(3) 保持时间 t_{HOLD}：时钟脉冲沿到达后，输入数据必须保持不变的最小时间。

(4) 最高时钟工作频率 f_{CLKMAX}：允许触发器时钟信号的最高频率，74LS74 的 $f_{CLKMAX}=33$MHz。

(5) 最小时钟脉冲宽度 t_W：为使触发器可靠翻转，触发器时钟脉冲所必须具有的最小宽度。

本章小结

本章介绍了数字系统中的存储单元：锁存器和触发器。

从基本 RS 锁存器、门控 RS 锁存器、门控 D 锁存器引入了主从式 RS 触发器、主从式 JK 触发器，详细分析了其工作原理。也介绍并分析了维持阻塞式 D 触发器、CMOS 主从式 D 触发器及其工作原理。介绍了 T 触发器和 T′触发器的功能。介绍了异步复位(清 0)端，异步置位(置 1)端的作用及用法。

指出了门控锁存器与触发器的区别：触发器的状态变化只发生在时钟脉冲的有效沿，而锁存器的状态在门控信号有效时随输入的变化而变化。

触发器的时钟脉冲有效沿是指时钟脉冲的上升沿或下降沿，视触发器的具体结构而定。可通过查阅器件的数据手册获知。

介绍了各种锁存器、触发器的各种描述方法：逻辑符号、状态转换表、状态转换图、状态转换方程、时序图、状态转换驱动表、驱动方程。介绍了触发器的功能转换方法。

本章习题

5-1 图题 5-1 所示为由或非门组成的基本 R-S 锁存器。试分析该电路，即写出它的状态转换表、状态转换方程、状态图、驱动转换表和驱动方程，并画出它的逻辑符号，说明 S、R

是高有效还是低有效。

5-2 试写出主从式 R-S 触发器的状态转换表、状态转换方程、状态图、驱动转换表和驱动方程，注意约束条件。

5-3 试画出如图题 5-3 所示 D 型锁存器的时序图。

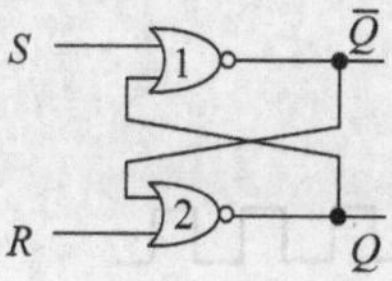

图题 5-1 或非门组成的基本 R-S 锁存器

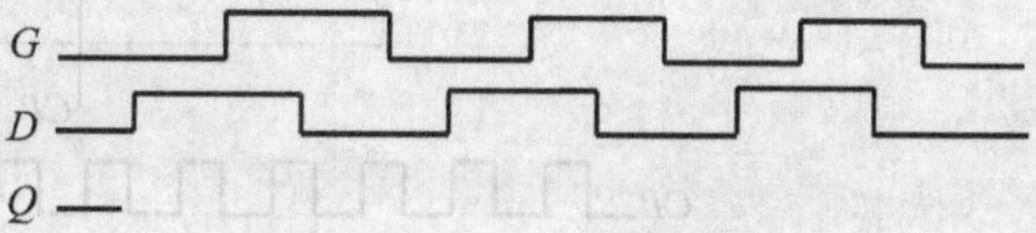

图题 5-3 D 型锁存器的时序图

5-4 试用各种描述方法描述 D 锁存器：状态转换表、状态转换方程、时序图、状态转换驱动表、驱动方程和状态转换图。

5-5 锁存器与触发器有何异同？

5-6 试描述主从式 RS 触发器，即画出其功能转换表，写出状态方程，画出状态表，画出逻辑符号。

5-7 试描述 JK、D、T 和 T′触发器的功能，即画出它们的逻辑符号、状态转换表、状态转换图、时序图、状态转换驱动表，写出它们的状态方程。

5-8 试分析图 5.24(a) 所示电路中虚线内电路 Q' 与输入之间的关系。

5-9 试分析图 5.24(b)所示电路的功能，并画出其功能表。

5-10 试用状态方程法完成下列触发器功能转换：

JK→D，D→T，T→D，JK→T，JK→T′，D→T′

5-11 试用驱动表法完成下列触发器功能转换：

JK→D，D→T，T→D，JK→T，JK→T′，D→T′。

5-12 试用一个 T 触发器和一个 2-1 多路选择器构成一个 JK 触发器。

5-13 试用一个 D 触发器、一个 2-1 多路选择器和一个反相器构成一个 JK 触发器。

5-14 设图题 5-14 中各触发器的初始状态均为 0，试画出在 CP 信号作用下各触发器 Q 端的输出波形。

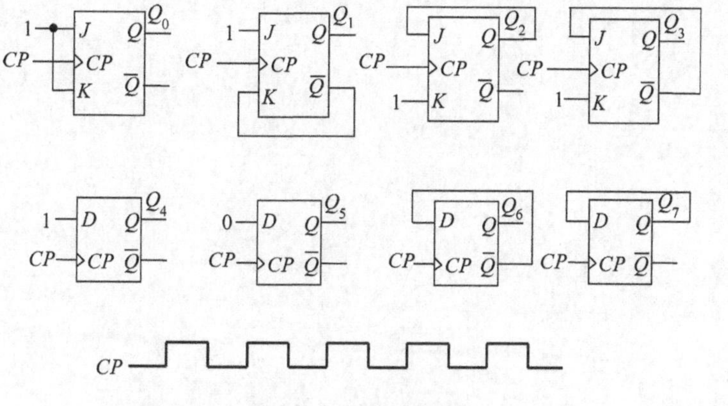

图题 5-14 触发器波形

5-15　画出图题 5-15 所示电路在给定输入波形作用下的输出端 Y 的波形。设触发器的初始状态均为 0。

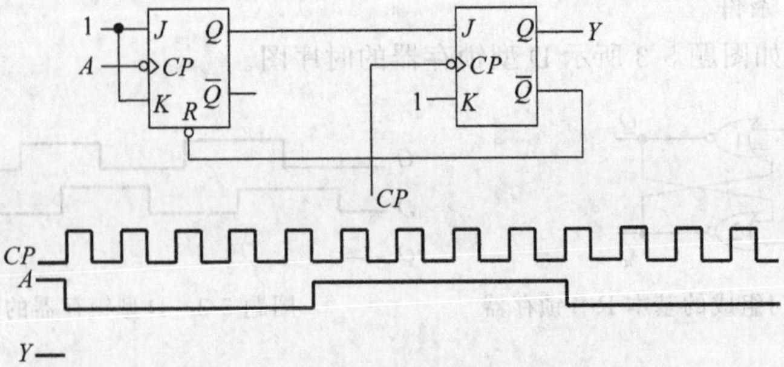

图题 5-15　触发器电路输出波形

第6章 常用时序电路组件

与常用组合电路模块类似，也有常用的时序电路模块，包括寄存器、移位寄存器和计数器等。这些模块在数字系统中具有极为重要的地位。本章介绍这些时序电路模块。

6.1 寄存器

寄存器(Register)就是暂时存储数据的器件，它可以存储二进制信息，由锁存器组成，也可以由触发器组成。寄存器广泛用于计算机、测控等数字系统中。

6.1.1 锁存器组成的寄存器

图 6.1 所示电路为由 4 位 D 锁存器组成的寄存器，它可以存储 4 位二进制信息。当门控信号 $G=1$ 时将数据 $D_0\sim D_3$ 分别送至 $Q_0\sim Q_3$；而当 $G=0$ 时，保持 $Q_0\sim Q_3$ 不变，从而达到保存数据的目的。异步复位端 $\bar{R}$ 用于对寄存器清 0。74 系列的锁存器型寄存器有 74LS75 等。

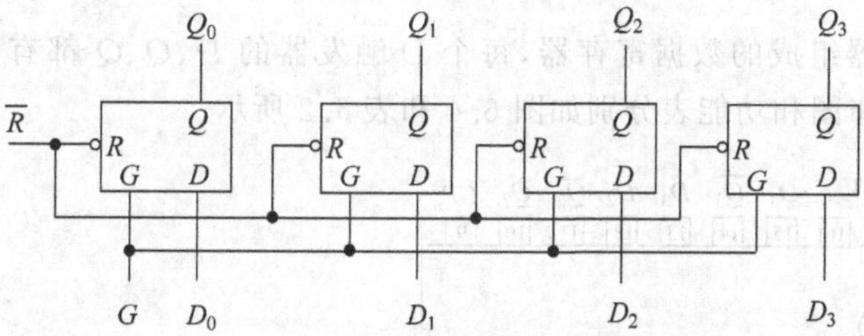

(a) 逻辑图

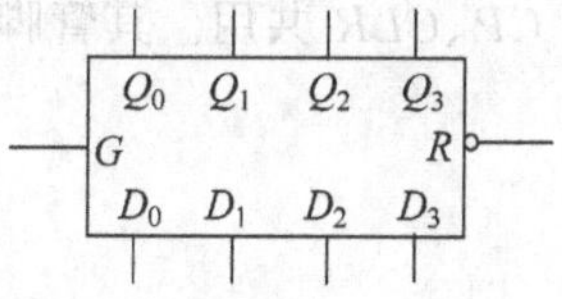

(b) 逻辑符号

图 6.1 锁存器组成的寄存器

74LS75 是 4 位 D 锁存器，其管脚分布图和功能表分别如图 6.2 和表 6.1 所示。可见，锁存器 1、2 共用门控信号 G_{1_2}，锁存器 3、4 共用门控信号 G_{3_4}。74LS75 没引出清 0 端。

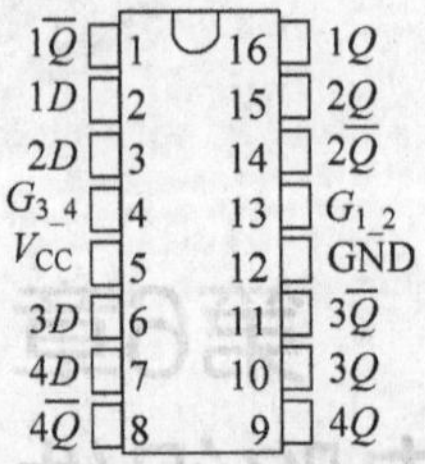

图 6.2　74LS75 的管脚分布图

表 6.1　74LS75 的功能表

D	G	Q	$\overline{Q}$
L	H	0	1
H	H	1	0
×	L	Q_0	$\overline{Q_0}$

6.1.2　触发器组成的寄存器

图 6.3 所示电路为由 4 位 D 触发器组成的寄存器，它可以存储 4 位二进制信息。它在输入时钟脉冲的上升沿将数据 $D_0 \sim D_3$ 分别送至 $Q_0 \sim Q_3$；而在其他时间，保持数据 $Q_0 \sim Q_3$ 不变，从而达到保存数据的目的。异步复位端 $\overline{R}$ 用于对寄存器总清 0。74 系列的触发器型寄存器有 74LS175 等。

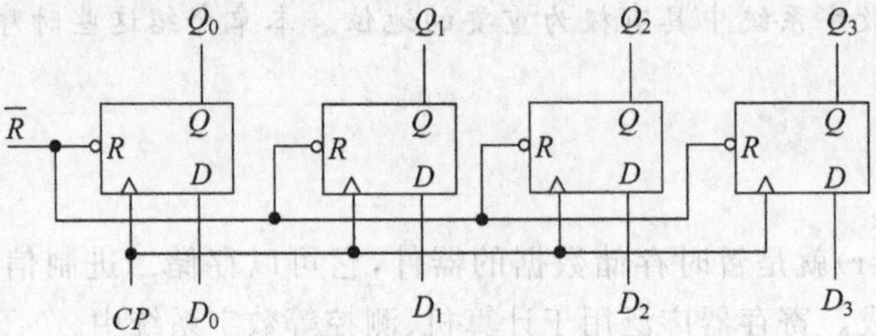

(a) 逻辑图

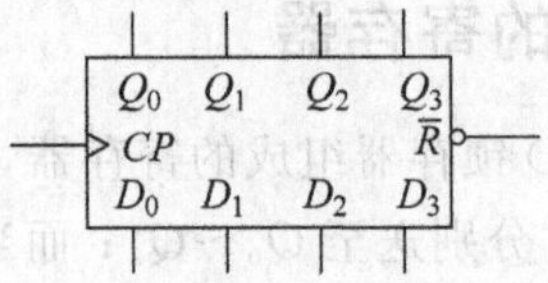

(b) 逻辑符号

图 6.3　触发器组成的寄存器

74LS175 是由 4 个 D 触发器组成的数据寄存器，每个 D 触发器的 D、Q、$\overline{Q}$ 都有引出脚。CP、$\overline{CLR}$ 共用。其管脚分布图和功能表分别如图 6.4 和表 6.2 所示。

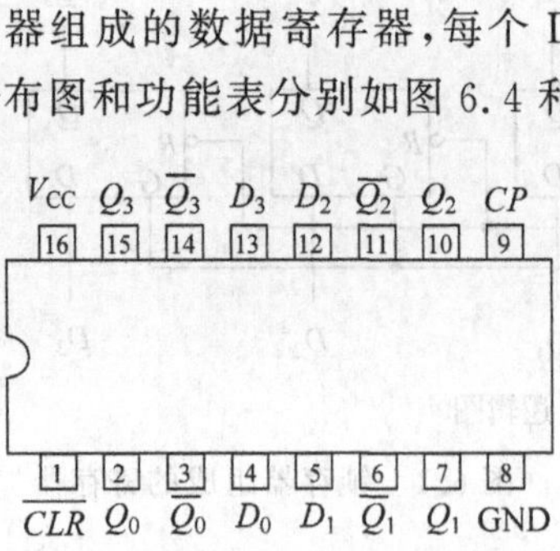

图 6.4　74LS175 的引脚图

表 6.2 74LS175 的功能表

CP	$\overline{CLR}$	D	Q	$\overline{Q}$
X	L	X	L	H
↑	H	L	L	H
↑	H	H	H	L
L	H	X	Q_0	$\overline{Q_0}$

6.2 异步计数器

6.2.1 异步二进制加法计数器

图 6.5(a)所示电路为由三个下降沿翻转的 T′触发器组成的异步时序电路，其中前一级触发器的输出 Q 作为后一级触发器的输入时钟脉冲信号 CP。由于触发器不是共用一个输入时钟脉冲信号，所以它们的翻转动作不是同时发生，这种不是所有触发器共用同一个输入时钟脉冲信号的电路称为**异步时序电路**。图 6.5(b)是其逻辑符号。该电路没有输入驱动信号，只有时钟脉冲输入信号。触发器的输出 $Q_2Q_1Q_0$ 作为电路的输出。由 T′ 触发器的状态方程 $Q^{n+1}=\overline{Q^n}$ 知：触发器状态在每个时钟脉冲的下降沿翻转，很容易画出图 6.6 所示电路的时序图，图中假设触发器的初始状态均为 0。

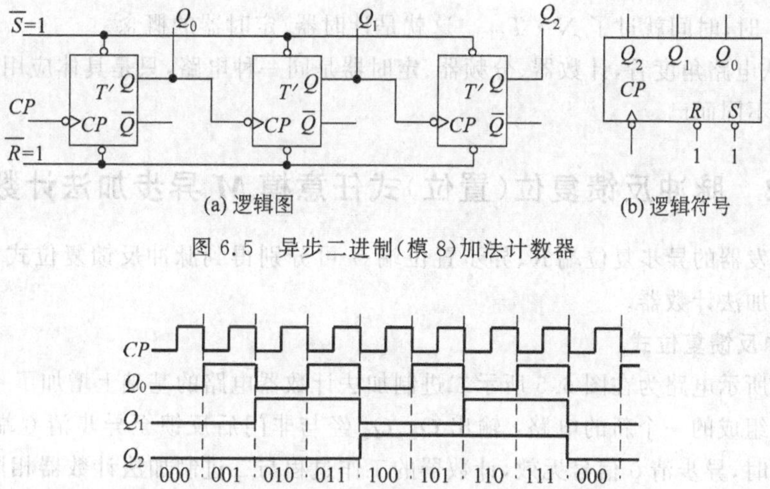

(a) 逻辑图 (b) 逻辑符号

图 6.5 异步二进制(模 8)加法计数器

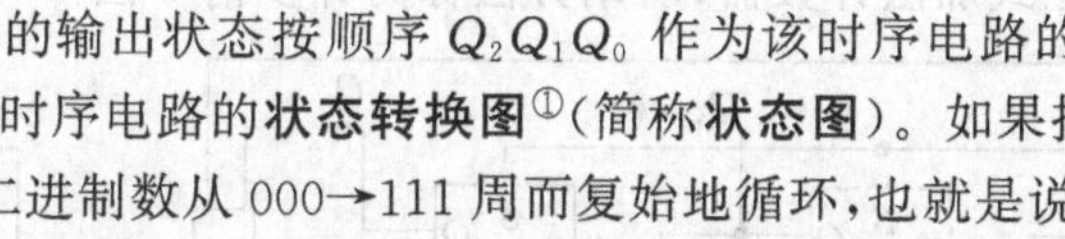

图 6.6 异步二进制(模 8)加法计数器的时序图

如果将 3 个触发器的输出状态按顺序 $Q_2Q_1Q_0$ 作为该时序电路的状态，则可以由图 6.6 得到如图 6.7 所示的该时序电路的**状态转换图**[①](简称**状态图**)。如果把 $Q_2Q_1Q_0$ 的状态看作一个二进制数，则这个二进制数从 000→111 周而复始地循环，也就是说，图 6.5 所示电路每输入一个时钟脉冲，该二进制数加 1。因此可将该电路的状态看作是输入时钟脉冲的个数，通常称这类电路为计数器。由于该计数器的计数值是递增的，所以称为加法计数器(UP counter)。

计数器电路的状态图包含一个**主循环**，称为**有效循环**。有效循环所包含的状态称为**有**

① 画状态图时必须注明触发器状态的顺序，如图 6.7 中的状态圈 $Q_2Q_1Q_0$ 所示。

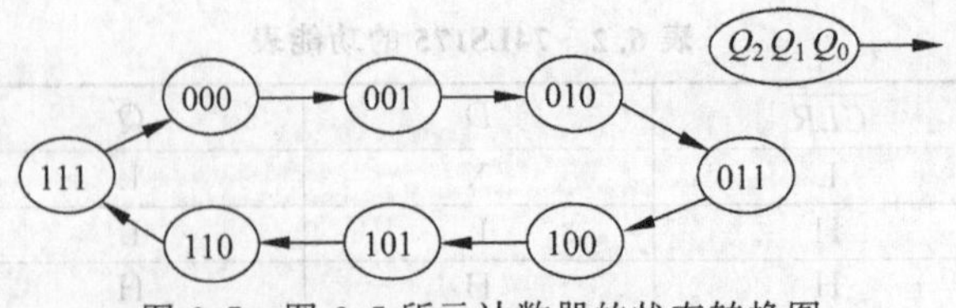

图 6.7 图 6.5 所示计数器的状态转换图

效状态。除有效循环外所有的循环都是**无效循环**。不是有效状态的所有状态都是**无效状态**。计数器的有效循环所包含状态的个数称为**计数器的模**。图 6.5 所示电路的主循环包含 $2^3=8$ 个状态(见图 6.7,所有状态均为有效状态),所以该计数器为**模 8 计数器**,或称为 3 位二进制计数器。当然任意模计数器(模不等于 2^n 的计数器)除有效状态和有效循环外,还有无效状态和无效循环。

由图 6.6 可知,$T_{Q2}=2^1\cdot T_{Q1}=2^2\cdot T_{Q0}=2^3\cdot T_{CP}$,所以 $f_{Q2}=f_{CP}/2^3$,$f_{Q1}=f_{CP}/2^2$,$f_{Q0}=f_{CP}/2^1$,即 Q_2、Q_1、Q_0 的频率分别是 CP 频率的 1/8、1/4、1/2,所以从输入、输出频率关系的角度又称该电路为**分频器**。当计数器作为分频器使用时,往往只需要一个输出信号,如果该输出信号频率与输入时钟频率关系为 $1:N$,则该分频器的分频比为 N。设计分频器时只要在计数器的输出状态中找出频率符合要求的某位输出状态,或某些输出状态的组合即可。

设计数器的输入时钟脉冲周期为 T_{CP},则计数器状态每加 1,时间就过了 T_{CP};当计数器状态为 N 时,时间就过了 $N\cdot T_{CP}$。这就是计时器/定时器的概念。

可见,从电路角度看,计数器、分频器、定时器是同一种电路,只是具体应用场合不同时,考虑的角度不同而已。

6.2.2 脉冲反馈复位(置位)式任意模 *M* 异步加法计数器

利用触发器的异步复位端 $\bar{R}$、异步置位端 $\bar{S}$ 可分别得到脉冲反馈复位式、脉冲反馈置位式任意模加法计数器。

1. 脉冲反馈复位式

图 6.8 所示电路为在图 6.5 所示二进制加法计数器电路的基础上增加了一个反馈异步复位电路而组成的一个新的电路:输出 Q_2、Q_0 经与非门后反馈至异步清 0 端 $\bar{R}$。当与非门输出为 1 时,异步清 0 信号无效,计数器的工作过程与二进制加法计数器相同;当与非门输出为 0 时,异步清 0 信号有效,将计数器中的所有触发器清 0。这样构成的模 M 加法计数器称为脉冲反馈复位式加法计数器,所用方法称为异步清 0 法。

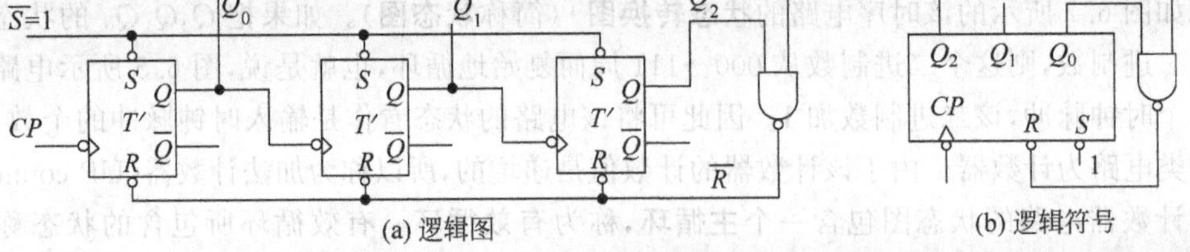

图 6.8 异步模 5 计数器

设计数器输出状态顺序为 $Q_2Q_1Q_0$，其初始状态为 000，则在输入时钟信号作用下计数器状态依次为 000，001，010，011，100。当下一个时钟脉冲有效沿到达时，计数器状态翻转为 101，使与非门的输出变为 $\bar{R}=0$，该信号作用于所有触发器的清 0 端，使所有触发器清 0，计数器回到初始状态 000。图 6.9 是图 6.8 所示电路的时序图。由图 6.9 可见，该计数器的状态在 000～100 之间循环，而状态 101 只持续很短的时间（从状态 101 出现开始，经与非门延时、触发器延时，为十纳秒级），在时钟脉冲周期 T_5 中它只占很小一部分，T_5 的其他时间均为状态 000。所以认为 T_5 的状态为 000，而称状态 101 为过渡状态。此后的状态又依次为 001，010，…。所以该计数器是模 5 计数器，其状态图如图 6.10 所示，图中过渡状态用虚线表示。状态 110 和 111 是无效状态，它们也被画在状态图上，以构成完整的状态图。显然，状态 111 也是一个过渡状态，读者可自行分析。

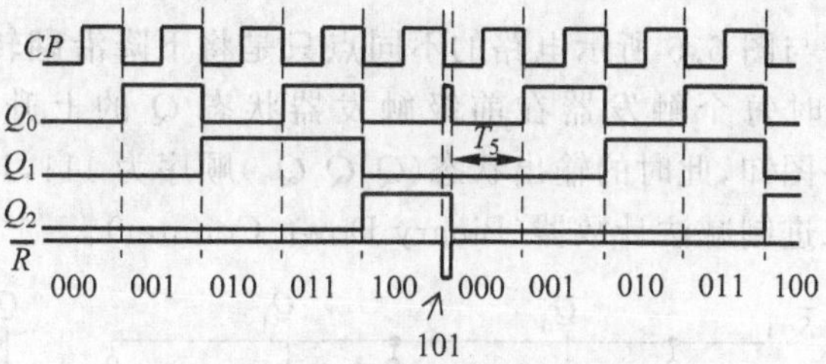

图 6.9 异步模 5 加法计数器的时序图

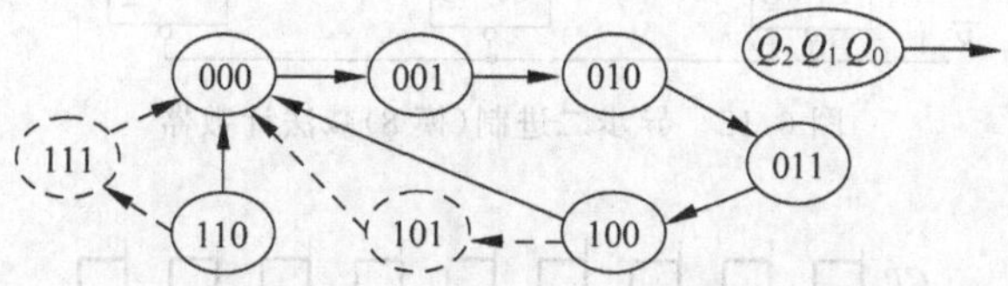

图 6.10 图 6.8 所示计数器的状态转换图

Q_0 在 T_5 期间出现的很窄的脉冲称为"毛刺"。利用脉冲反馈复位法实现模 M 加法计数器，肯定会出现毛刺。毛刺只能出现在过渡状态。不同模的计数器，出现毛刺的位置不同。如果毛刺对后续电路工作有影响，则不能使用脉冲反馈法实现计数器。出现毛刺的 Q 端的判断：当计数器状态由 $M-1$ 到 M 时，状态由 0 变为 1 的 Q 端上会出现毛刺。毛刺为一宽度很窄的正脉冲。

如果要设计脉冲反馈复位式模 M 加法计数器，可分以下三步进行：①确定触发器位数 n：$2^{n-1}<M\leqslant 2^n$；②将 n 位触发器接成 n 位异步二进制加法计数器；③用状态 M 去异步清 0。有效状态为 0、1、2…、$M-1$，状态 M 为过渡状态。

2. 脉冲反馈置位法

图 6.11 为利用异步二进制加法计数器的异步置位端构成的脉冲反馈置位式模 5 加法计数器。

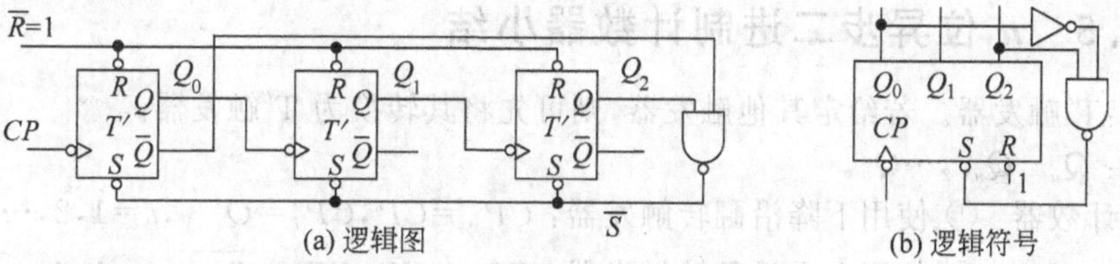

(a) 逻辑图 (b) 逻辑符号

图 6.11 异步置位式模 5 加法计数器

设计数器初始状态为 $Q_2Q_1Q_0=000$。当计数器计数到 100 时置位信号 $\overline{S}$ 有效，将计数器状态置为 111，此后置位信号又无效，计数器继续计数……所以该计数器的有效状态为 000、001、010、011、111，而 100 为过渡状态，所以计数器的模为 5。

用脉冲置位法实现任意模 M 加法计数，只要用状态 $M-1$ 去置位即可。有效状态为 0、1、2、…、$M-2$、2^n-1（即全 1 状态），状态 $M-1$ 为过渡状态。

用脉冲反馈置位法实现任意模 M 加法计数，可能会出现毛刺。如果出现毛刺，则出现毛刺的位置是由状态 $M-2$ 到状态 $M-1$ 时，由 1 变 0 的触发器的输出端，毛刺为一宽度很窄的负脉冲。

6.2.3 异步二进制减法计数器

图 6.12 所示电路与图 6.5 所示电路的不同点只是将下降沿翻转的触发器换成了上升沿翻转的触发器。此时每个触发器在前级触发器状态 Q 的上升沿翻转。其时序图如图 6.13 所示。由时序图知，此时的输出状态（$Q_2Q_1Q_0$）顺序为 111，110，…，000，111，…，是递减的，因此称其为二进制减法计数器（Binary Down Counter）。

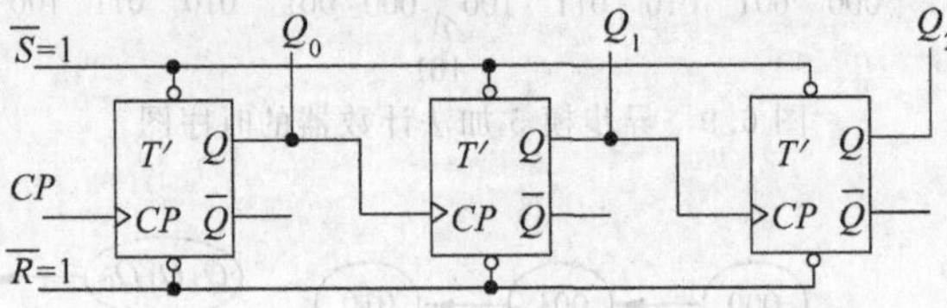

图 6.12 异步二进制（模 8）减法计数器

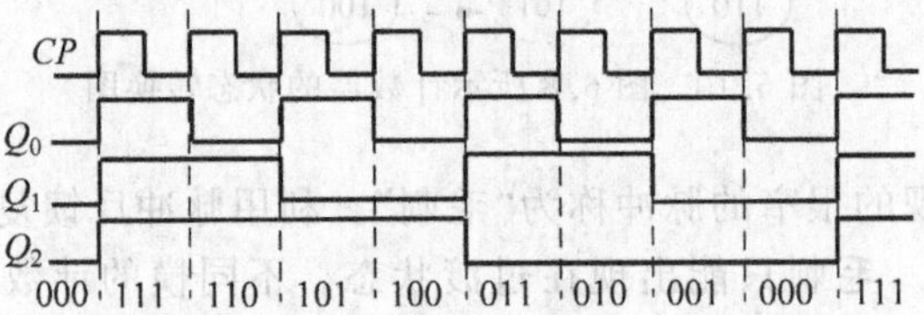

图 6.13 异步二进制（模 8）减法计数器的时序图

当然，用脉冲反馈复位/置位法，也可将异步二进制减法计数器设计成任意模的计数器，这样的计数器可能/一定会出现毛刺。读者可自行举例分析、设计。

6.2.4 可逆异步二进制计数器

所谓可逆计数器就是既可以加法计数，又可以减法计数的计数器，它可由 T′ 触发器和 2-1 多路选择器构成，见题 6-3。

6.2.5 *n* 位异步二进制计数器小结

组成：T′触发器。若给定其他触发器，则可先将其转换为 T′触发器。

输出：$Q_{n-1}Q_{n-2}\cdots Q_0$。

加法计数器：① 使用下降沿翻转触发器：$CP_0=CP$，$CP_i=Q_{i-1}$，$i=1,2,\cdots,n-1$；

② 使用上升沿翻转触发器：$CP_0=CP$，$CP_i=\overline{Q_{i-1}}$，$i=1,2,\cdots,n-1$。

减法计数器：① 使用下降沿翻转触发器：$CP_0=CP, CP_i=\overline{Q_{i-1}}, i=1,2,\cdots,n-1$；

② 使用上升沿翻转触发器：$CP_0=CP, CP_i=Q_{i-1}, i=1,2,\cdots,n-1$。

由上述四种二进制计数器，利用脉冲反馈复位(置位)法均可组成任意模 M 计数器：

① 脉冲反馈复位式模 M 加法计数器用状态 M 清 0，有效状态为 0、1、2、…、$M-1$，状态 M 为过渡状态，肯定会产生毛刺；

② 脉冲反馈置位式模 M 加法计数器用状态 $M-1$ 置位，有效状态为 0、1、2、…、$M-2$、2^n-1(全 1 状态)，状态 $M-1$ 为过渡状态，可能会产生毛刺；

③ 脉冲反馈复位式模 M 减法计数器用状态 M 的补码，即 2^n-M 清 0，有效状态为 2^n-1(全 1 状态)、2^n-2、…、$2^n-(M-1)$、0，状态 2^n-M 为过渡状态，可能会产生毛刺；

④ 脉冲反馈置位式模 M 减法计数器用状态 $M+1$ 的补码，即 $2^n-(M+1)$ 置位，有效状态为 2^n-1(全 1 状态)、2^n-2、…、2^n-M，状态 $2^n-(M+1)$ 为过渡状态，肯定会产生毛刺。

读者可自行总结是否会出现毛刺及出现毛刺的位置。

异步计数器的优点是电路结构简单，缺点是速度慢。如果一个触发器由时钟输入 CP 端到 Q 端的延时为 t_{pd}，则从时钟脉冲沿到达到所有触发器完成翻转，n 级异步计数器最长需要时间 $n\cdot t_{pd}$ 才能完成所有触发器的翻转。

6.3 同步二进制计数器

同步二进制加法计数器(synchronous binary counter)的逻辑图如图 6.14(a)所示，**它由 T 触发器组成**。其中第一级 T 触发器接成 T′ 触发器，第 i 级触发器的驱动方程为 $T_i=Q_0Q_1\cdots Q_{i-1}(i=1,2,\cdots,n-1)$。所有触发器共用输入时钟脉冲信号 CP，同步动作，所以称为同步计数器。由于是同步电路，从时钟脉冲有效沿到达到所有触发器完成翻转，n 级同步计数器最长延时就是单级触发器的延时 t_{pd}，当级数越多时，它速度优势就越明显。

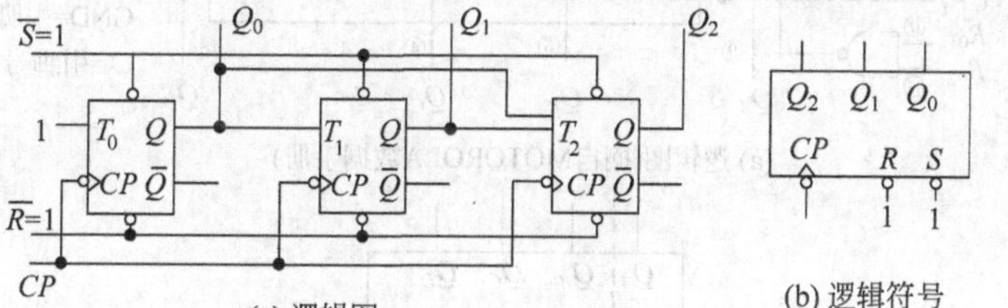

(a) 逻辑图　　(b) 逻辑符号

图 6.14　同步二进制(模 8)计数器

根据 T 触发器的状态方程 $Q^{n+1}=T\oplus Q$，不难得出同步二进制加法计数器中的 Q_i 只有当 Q_0、Q_1、…、Q_{i-1} 均为 1 时它的状态才会改变。因此同步二进制加法计数器的时序图与异步二进制加法计数器的时序图相同，如图 6.6 所示。当然同步计数器由于所有触发器均共用同一输入时钟信号，所以它的工作速度要比异步计数器快。

同步减法计数器也由 T 触发器组成，其 $T_0=1, T_i=\overline{Q_0}\,\overline{Q_1}\cdots\overline{Q_{i-1}}, i=1,2,\cdots,n-1$。读者可自行分析。

当然，与异步二进制计数器类似，用脉冲反馈复位(置位)法也可以用同步二进制计数器实现任意模的计数器，方法与 6.2.2 小节中异步二进制计数器相同。

同步可逆计数器：既可以加法计数又可以减法计数的同步计数器。它可由 T 触发器和 2-1 多路选择器组成：2-1 多路选择器的 2 个数据输入端分别接 $Q_0Q_1\cdots Q_{i-1}$ 和 $\overline{Q_0}\,\overline{Q_1}\cdots\overline{Q_{i-1}}$，输出接 T_i，数据选择输入端控制加/减计数。见习题 6-13。

6.4 集成计数器

计数器在数字系统中的应用非常广泛。为使用方便，74 系列 TTL 和 4000 系列中均有各式各样的集成计数器可用，如二进制计数器和非二进制计数器，同步计数器和异步计数器，加法计数器、减法计数器和可逆(加/减)计数器等。在生产厂家提供的数据手册中都会给出逻辑图、功能表、逻辑符号和各种电参数等。有了这些信息后用户就可以使用这些器件了。以下介绍几种 74 系列集成计数器及其使用方法。

6.4.1 异步 2-5-10 计数器 74LS290

1. 74LS290 的结构和工作原理

74LS290 是异步计数器，其内部分可为模 2 和模 5 两个计数器，异步清 0 和置 9 端共用。将两个计数器级联，则可构成不同编码的十进制计数器。厂家给出的逻辑图、逻辑符号和功能表分别如图 6.15(a)，(b)和表 6.3[①] 所示。

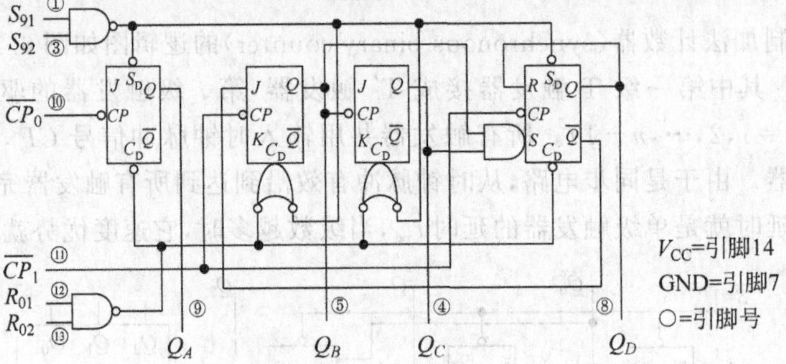

(a) 逻辑图(摘自MOTOROLA数据手册)

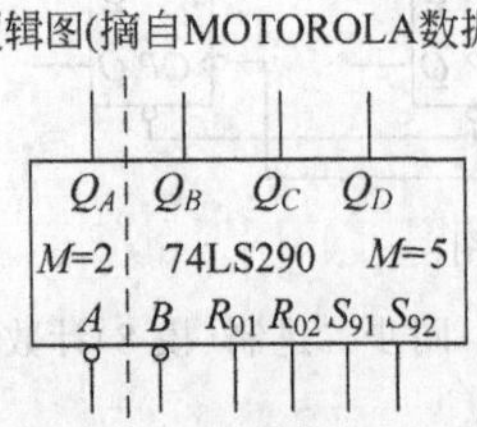

(b) 逻辑符号

图 6.15 74LS290 计数器

表 6.3 74LS290 的功能表

复位、置位输入				输出状态			
R_{01}	R_{02}	S_{91}	S_{92}	Q_D	Q_C	Q_B	Q_A
H	H	L	X	L	L	L	L

① 74LS290 内部由触发器而不是锁存器构成，但习惯上在时钟脉冲端不画表示时钟的三角符号。

续表

复位、置位输入				输出状态			
R_{01}	R_{02}	S_{91}	S_{92}	Q_D	Q_C	Q_B	Q_A
H	H	X	L	L	L	L	L
X	X	H	H	H	L	L	H
X	L	X	L	COUNT			
L	X	L	X	COUNT			
L	X	X	L	COUNT			
X	L	L	X	COUNT			

先不考虑清 0 端与置 9 端，把它们接为无效，则图 6.15(a)由两部分组成：触发器 A 为 T′触发器，构成模 2 计数器，时钟脉冲信号(下降沿有效)由 A 端输入，其计数状态为 0、1；触发器 B、C、D 共同组成异步模 5 计数器，时钟信号(下降沿有效)由 B 端输入，触发器 D 为高位，其计数顺序为 $Q_DQ_CQ_B$＝000、001、010、011、100、000。显然可以将 74LS290 作为两个独立的计数器分别使用。如果将这两个计数器级联使用，则可分别构成两种编码的 BCD 计数器：①时钟信号由 A 输入，Q_A 接 B，构成模 5×2＝10 计数器，输出编码($Q_DQ_CQ_BQ_A$)为 8421 码，此时 Q_D 为最高位(MSB)；②时钟信号由 B 输入，Q_D 接 A，构成模 2×5＝10 计数器，输出编码($Q_AQ_DQ_CQ_B$)为 5421 码，此时 Q_A 为 MSB。两种 BCD 码接法见图 6.16，输出编码见表 6.4。

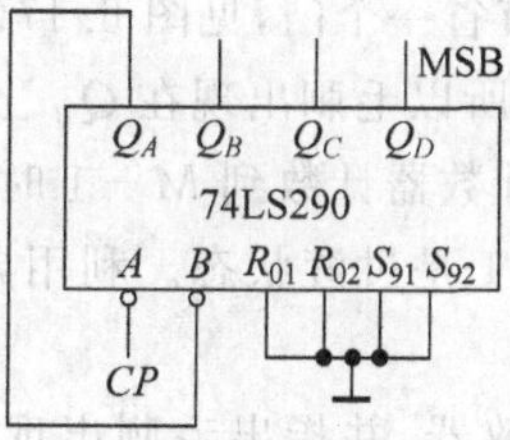

(a) 8421BCD码输出

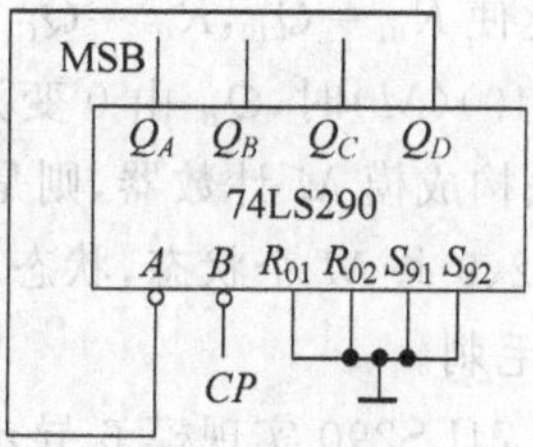

(b) 5421BCD码输出

图 6.16　74LS290 的两种 BCD 码输出接法

表 6.4　74LS290 输出的两种 BCD 码

(a) 8421 码

CP	Q_D	Q_C	Q_B	Q_A
0	0	0	0	0
1	0	0	0	1
2	0	0	1	0
3	0	0	1	1
4	0	1	0	0
5	0	1	0	1
6	0	1	1	0
7	0	1	1	1
8	1	0	0	0
9	1	0	0	1

(b) 5421 码

CP	Q_A	Q_D	Q_C	Q_B
0	0	0	0	0
1	0	0	0	1
2	0	0	1	0
3	0	0	1	1
4	0	1	0	0
5	1	0	0	0
6	1	0	0	1
7	1	0	1	0
8	1	0	1	1
9	1	1	0	0

R_{01}、R_{02} 为异步清 0 端，高有效；S_{91}、S_{92} 为异步置 9 端，高有效。由图 6.15 可见，当 $R_{01} \cdot R_{02}$ 有效而 $S_{91} \cdot S_{92}$ 无效时，对所有 4 个触发器清 0，也就是对计数器清 0；当 $S_{91} \cdot S_{92}$ 有效时对 Q_A、Q_D 置 1，对 Q_B、Q_C 清 0，也就是将计数器置为 $Q_DQ_CQ_BQ_A=1001$(8421 码时)或 $Q_AQ_DQ_CQ_B=1100$(5421 码时)，即置 9。表 6.3 表明，R_{01}、R_{02} 同时为 1 时清 0；S_{91}、S_{92} 同时为 1 时置 9；置 9 信号优先于清 0 信号，即二者同时有效时将计数器置 9。图 6.15 中触发器的 C_D 和 S_D 分别为复位端和置位端。

2. 用 74LS290 实现任意模计数器

利用清 0 端和置 9 端可将 74LS290 设计成任意模小于 10 的计数器。当模数小于等于 5 时，只用 $Q_DQ_CQ_B$ 即可；当模数大于 5 时，可先将 74LS290 接成十进制计数器，再用清 0 法或置 9 法实现任意模计数器。

利用异步清 0 法、置 9 法实现任意模 M 的原理与 6.2.2 小节相同，但必须注意此处复位端、置 9 端是高有效。另外，74LS290 有两个异步清 0 输入端、两个置 9 输入端。当清 0/置 9 信号有两个输入时可不用门电路，直接连线即可，这给使用带来了方便。

利用异步清 0 法实现任意模 M，肯定会产生毛刺。

【例 6.1】 试用 74LS290 实现模 6 异步计数器，并指出毛刺出现的位置。用异步清 0 法，8421BCD 接法。

解：因为要求用异步清 0 法，所以首先将置 9 输入端接为无效；然后将 74LS290 接成 8421 码计数器；当计数器计数到状态 $M=6(Q_DQ_CQ_BQ_A=0110)$时清 0，也就是使 $R_{01}=R_{02}=Q_C \cdot Q_B$。在此使 $R_{01}=Q_B$，$R_{02}=Q_C$，可节省一个门，见图 6.17(a)；由状态 5(0101)($M-1$)到状态 6(0110)(M)时，Q_B 由 0 变为 1，所以毛刺出现在 Q_B 上，是正脉冲。

利用异步置 9 法构成模 M 计数器，则是当计数器计数到 $M-1$ 时将计数器置 9。此时有效循环为 0～$M-2$、9 共 M 个状态，状态 $M-1$ 是过渡状态。利用异步置 9 法实现模 M 计数器，可能会产生毛刺。

【例 6.2】 试用 74LS290 实现模 6 异步计数器，并指出毛刺出现的位置。用异步置 9 法，5421 接法。

解：因为要求用异步置 9 法，所以首先将清 0 输入端接为无效；然后将 74LS290 接成 5421 码计数器；当计数器计数到 $M-1=6-1=5(Q_AQ_DQ_CQ_B=1000)$时置 9：此时可有两种接法：$S_{91} \cdot S_{92}=Q_A\overline{Q_D}$，或 $S_{91}=Q_A$，$S_{92}=\overline{Q_D}$，图 6.17(b)采用了后一种接法，这样可以节省一个与门；由状态 4(0100)($M-2$)到状态 5(1000)($M-1$)再到状态 9(1100)时，Q_D 由 1 变为 0，又由 0 变为 1，所以毛刺出现在 Q_D 上，是负脉冲。

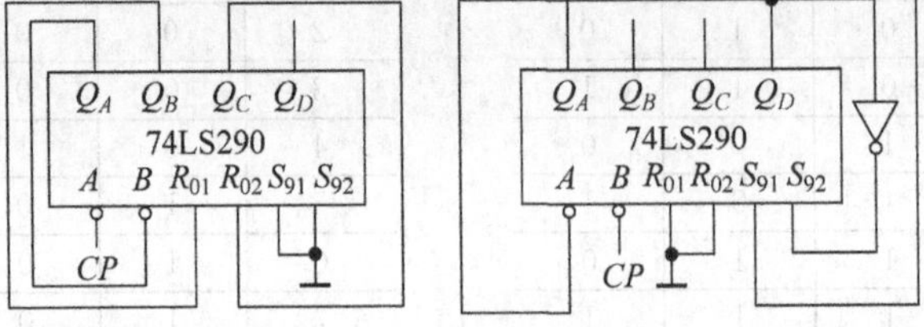

(a) 8421清0法　　(b) 5421置9法

图 6.17　用 74LS290 实现模 6 计数器的两种方法

3. 74LS290 的级联

当计数器的模数大于 10 时，则必须用多片 74LS290 来实现，这就需要对 74LS290 进行级联。级联分为两种情况：

(1) 先反馈后级联，适用于对输出编码无要求且 $M=M_1\times M_2$ 的情况，方法是先分别做出模为 M_1、M_2 的两个计数器，再将计数器 M_1 的最高有效位作为计数器 M_2 的时钟信号即可；

(2) 先级联后反馈，适用于要求输出为 BCD 码或 M 不能分解为 $M_1\times M_2$ 的情况，方法是先将 n 片 74LS290 按要求的输出编码级联成模数为 10^n 的计数器，再确定反馈方程。

【例 6.3】 试用 74LS290 实现 $M=56$ 计数器。

解：题目中对输出编码没有要求，且 $M=56=7\times 8$，故可以采用先反馈后级联的方法。

第一步：确定片数，因为 $10<M<100$，故需要两片；

第二步：将两个 74LS290 分别接成 8421 输出；

第三步：将两个 74LS290 用异步清 0 法分别接成模 7 和模 8 计数器；

第四步：将模 7 计数器的最高有效输出位(Q_C)接至模 8 计数器的时钟信号输入端作为时钟信号输入，设计结束。

设计结果如图 6.18 所示。

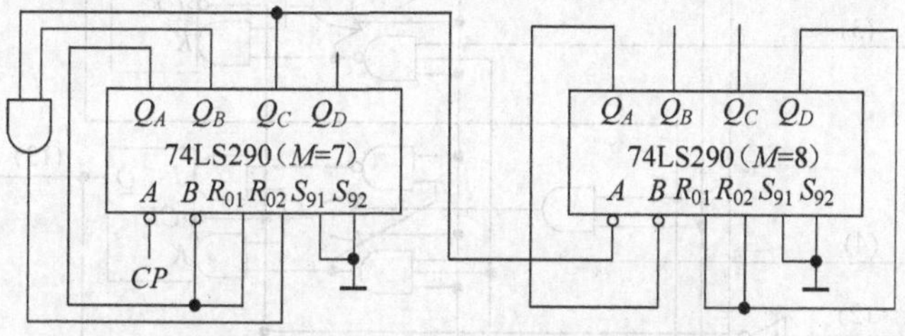

图 6.18 用 74LS290 实现模 56 计数器

【例 6.4】 试用 74LS290 实现 $M=56$ 计数器，要求输出 5421 码。

解：由于要求输出 5421 码，必须采用先级联后反馈法。

第一步：确定片数，因为 $10<M<100$，故需要两片；

第二步：将两个 74LS290 分别接成 5421 码输出，并将它们级联成模数为 $10^2=100$ 的计数器；

第三步：当十位输出 5 ($Q_AQ_DQ_CQ_B=1000$)、个位输出 6($Q_AQ_DQ_CQ_B=1001$)时将两片 74LS290 同时异步清 0。

设计结果如图 6.19 所示。

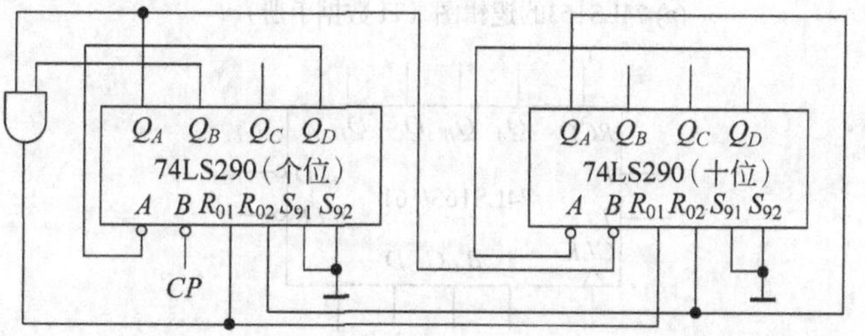

图 6.19 用 74LS290 实现 5421 码模 56 计数器

6.4.2 同步二进制计数器 74LS161/74LS163

1. 74LS161/163 的结构和工作原理

74LS161 和 74LS163 都是 4 位二进制(模 16)计数器,它们的不同之处只是清 0 时刻不同,前者是异步清 0,而后者则是同步清 0。

图 6.20 是 74LS163 的逻辑图和逻辑符号,表 6.5 是它的功能表。由图 6.20(a)可见,74LS163 有 5 个输出端:Q_D、Q_C、Q_B、Q_A 为 4 个触发器的输出,其中 Q_D 为最高位;RCO 为进位输出,$RCO=TQ_DQ_CQ_BQ_A$,只有当 Q_D、Q_C、Q_B、Q_A 全为 1,且 T 也为 1 时 RCO 才等于 1,其他情况下 RCO 均为 0。

74LS163 有 9 个输入端:

(1) **输入时钟脉冲信号 *CLK*。** 触发器是下降沿翻转,而 CLK 输入后经过了一个反相器后送给下降沿触发的 JK 触发器的时钟脉冲输入端,所以该计数器在输入时钟脉冲 CLK 的上升沿翻转。4 个触发器共用 CLK,所以是同步计数器。

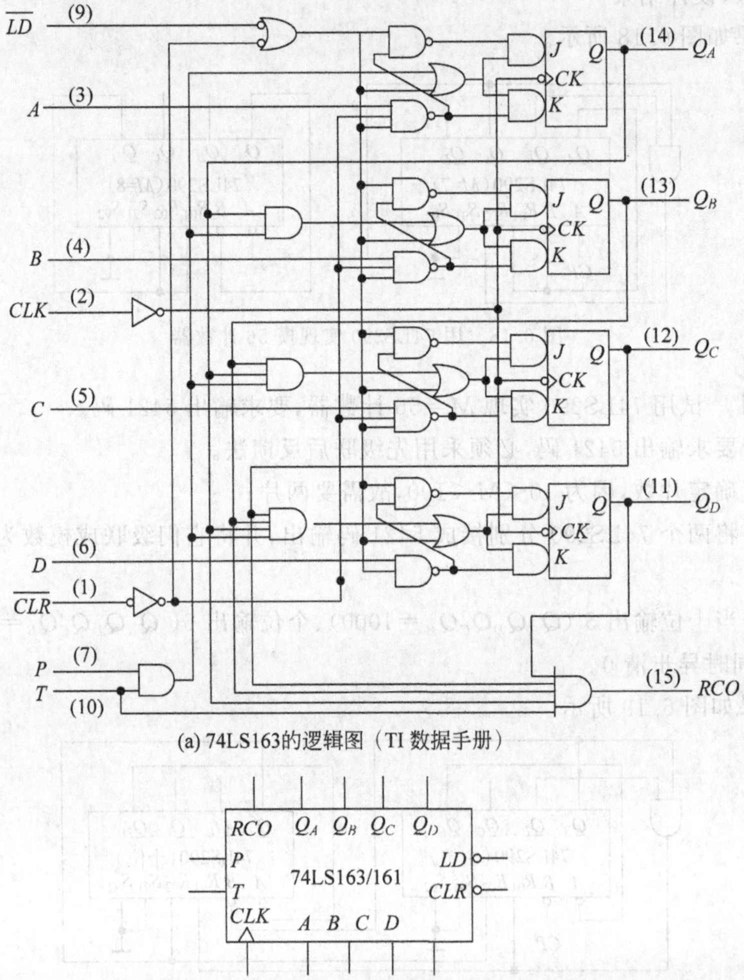

(a) 74LS163的逻辑图（TI 数据手册）

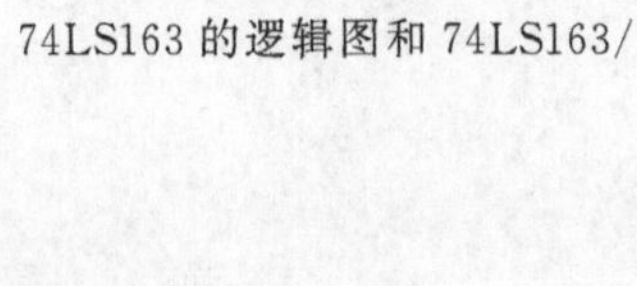

(b) 74LS163/161的逻辑符号

图 6.20 74LS163 的逻辑图和 74LS163/161 的逻辑符号

表 6.5 74LS163 的功能表

CLK	$\overline{CLR}$	$\overline{LD}$	P	T	功能
↑	0	×	×	×	同步清 0
↑	1	0	×	×	同步预置
↑	1	1	1	1	同步计数
×	1	1	0	1	保持
×	1	1	×	0	保持且 $RCO=0$

(2) **清 0 端 $\overline{CLR}$**。由图 6.20(a)可见，当清 0 信号($\overline{CLR}$)有效时，74LS163 是使 JK 触发器的 $J=0,K=1$(读者可根据电路自行分析)，而不是直接对触发器进行异步清 0，所以只有当下一个时钟脉冲有效沿到达时才对触发器清 0。这就是同步清 0 的含义。而 74LS161 的清 0 信号则是直接加在触发器的异步清 0 端，对 4 个触发器直接清 0，与时钟信号无关，所以是异步清 0。74LS163 与 74LS161 的区别只是清 0 不同，其他功能均相同。74LS163/161 时序图如图 6.21 所示。

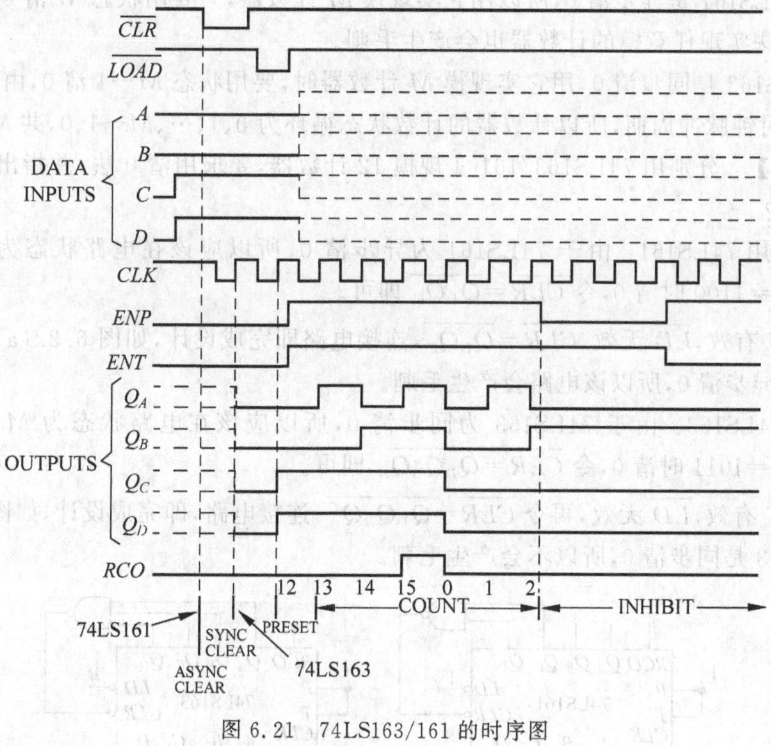

图 6.21 74LS163/161 的时序图

(3) **预置控制信号输入端 $\overline{LD}$ 和预置数据输入端 A、B、C、D**。分析图 6.20(a)可知，当预置信号 $\overline{LD}$ 有效且 $\overline{CLR}$ 无效时，触发器 A 的 $J_A=A,K_A=\overline{A}$，从而当时钟脉冲信号有效沿到达时使 $Q_A=A$，即将数据 A 送入触发器 A；对于触发器 B,C,D 也是如此。以上分析说明：当预置信号有效时，在下一个时钟脉冲有效沿将输入数据 A、B、C、D 分别置入 Q_A、Q_B、Q_C、Q_D，这就是所谓的**同步预置**。由表 6.6 可知，同步预置的优先级低于同步清 0。

(4) **计数使能输入端 P 和 T**。当清 0 信号和/或预置信号有效时，T 只影响 RCO，除此之外 P、T 对整个电路无影响。当清 0 信号和预置信号均无效时，四个 JK 触发器均被接成了 T 触发器，而此时 $T_A=PT$，$T_B=PTQ_A$，$T_C=PTQ_AQ_B$，$T_D=PTQ_AQ_BQ_C$，四个触发器被接成了一个可控四位二进制同步计数器，或模 16 计数器：当 $PT=0$ 时，所有 T 触发器的 T 端等于 0，计数器处于保持状态；当 $PT=1$ 时，计数器按同步计数器的规律计数。P、T 的区别是：T 影响 RCO，而 P 对 RCO 无影响。

综上所述，74LS163 是可同步预置、可同步清 0、可控制计数/保持的四位同步二进制计数器，Q_D 是最高位，其功能表如表 6.6 所示。图 6.21 是 74LS163/161 的时序图，图中清楚地说明了同步、异步清 0 的区别：清 0 信号 $\overline{CLR}$ 有效时是等到下一个时钟脉冲有效沿清 0 还是立即清 0。图 6.21 还说明了预置信号有效时如何同步预置，及预置后的工作情况：预置后计数器从预置数开始计数；计数器计满（$Q_DQ_CQ_BQ_A=1111$）后，若无预置信号，则计数器回 0，再开始计数；若有预置信号，则又将 $DCBA$ 分别置入 $Q_DQ_CQ_BQ_A$。

2. 利用 74LS161/163 实现任意模计数器

利用 74LS163/161 的清 0 端或预置端可实现任意模的计数器。

1）清 0 法

由于 74LS161 是异步清 0，所以用它实现模 M 计数器，只要用状态 M 清 0 即可。当然用异步清 0 法实现任意模的计数器也会产生毛刺。

而 74LS163 是同步清 0，用它实现模 M 计数器时，要用状态 $M-1$ 清 0，由于状态 $M-1$ 占有一个时钟脉冲周期，所以计数器的计数状态循环为 0、1、…、$M-1$、0，共 M 个状态。

【例 6.5】 分别用 74LS163/161 实现模 12 计数器，要求用清 0 法，并指出用哪种芯片会产生毛刺？

解：① 用 74LS161：由于 74LS161 为异步清 0，所以应该在电路状态为 $M=12$，即 $Q_DQ_CQ_BQ_A=1100$ 时清 0，令 $\overline{CLR}=\overline{Q_DQ_C}$ 即可。

令 P、T 有效，$\overline{LD}$ 无效，$\overline{CLR}=\overline{Q_DQ_C}$，连接电路即完成设计，如图 6.22(a)所示。因为 74LS161 是异步清 0，所以该电路会产生毛刺。

② 用 74LS163：由于 74LS163 为同步清 0，所以应该在电路状态为 $M-1=11$，即 $Q_DQ_CQ_BQ_A=1011$ 时清 0，令 $\overline{CLR}=\overline{Q_DQ_BQ_A}$ 即可。

令 P、T 有效，$\overline{LD}$ 无效，再令 $\overline{CLR}=\overline{Q_DQ_BQ_A}$，连接电路，即完成设计，如图 6.22(b)所示。74LS163 是同步清 0，所以不会产生毛刺。

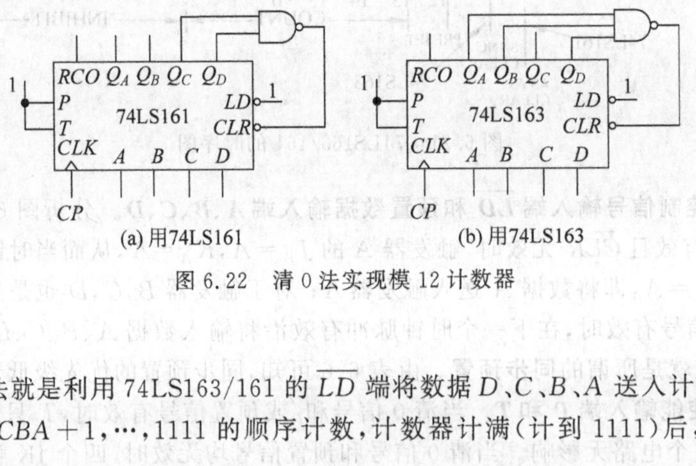

(a) 用74LS161　　(b) 用74LS163

图 6.22　清 0 法实现模 12 计数器

2）置补法

所谓置补法就是利用 74LS163/161 的 $\overline{LD}$ 端将数据 D、C、B、A 送入计数器，使计数器按照 $DCBA$，$DCBA+1$，…，1111 的顺序计数，计数器计满（计到 1111）后，再利用进位端

RCO 使预置信号有效，将数据 D、C、B、A 再次置入。如果要实现模为 M 的计数器，则只要将 M 的补码(2^4-M)置入即可。这是 74LS161/163 最常用的方式之一。

【例 6.6】 试用 74LS161/163 实现模 11 计数器，用置补法。

解：因为进位输出 RCO 是高有效，而 $\overline{LD}$ 是低有效，所以 RCO 要经过一个反相器接到 $\overline{LD}$。要实现模 11 计数器，只要将 11 的补码 $2^4-11=5$，即二进制数 0101 分别接至 $DCBA$ (注意高低位)即可。连接电路时先使 P、T 有效，$\overline{CLR}$ 无效，再使 $\overline{LD}=\overline{RCO}$，并令 $DCBA=0101$，即完成设计，如图 6.23 所示。由于 74LS161/163 都是同步预置，所以用置补法实现任意模 M 的计数器时，使用二者的设计结果完全一样。

用上述置补法可以实现任意模的计数器，当计数器的模需要变动时只要改变预置数 $DCBA$ 即可。如果将 $DCBA$ 接至计算机的输出口，就可以实现程控计数器(分频器、定时器)——需要改变计数器的模(分频器的分频比)时，只要从计算机输出相应的数据即可，十分方便。显然，清 0 法做不到这一点。

除置补法外，用预置法实现模 M 计数器可有多种做法，同样是模 11 计数器，也可以用下列方法实现：预置数为 0，计数器状态为 10 时预置；预置数为 1，计数器状态为 11 时预置……当然这时预置信号要用逻辑函数来实现，如图 6.24 所示。显然这种做法不如图 6.23 所示的那样灵活、方便。

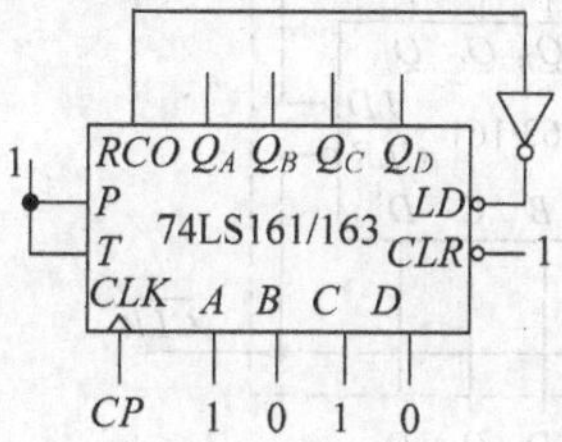

图 6.23 预置法实现模 11 计数器

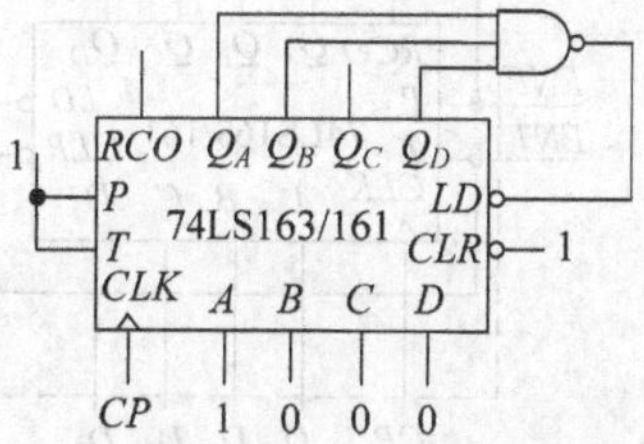

图 6.24 预置法实现模 11 计数器的另一种方法

3. 74LS161/163 的级联

当要设计的计数器的模超过 16 时，就需要将多片级联。与 74LS290 类似，74LS161/163 的级联也分为先级联后反馈和先反馈后级联两种方法，还可以有同步级联和异步级联之分。

1) 同步级联法

将 n 片 74LS161/163 **同步级联**成 $4n$ 位二进制计数器：同步级联时所有芯片共用输入时钟信号；前一级的 RCO 接后一级的 T 端，这样只有当前一级输出为全 1 时才允许后一级加 1；所有芯片的 P 端、$\overline{CLR}$ 和 $\overline{LD}$ 分别接在一起即完成同步级联。图 6.25 为 2 片 74LS161/163 组成的 8 位同步二进制计数器，从虚线框外看它就是与单片 74LS161/163 完全类似的 8 位同步二进制计数器，当然用法也完全类似。

2) 异步级联法

将 n 片 74LS161/163 **异步级联**成 $4n$ 位二进制计数器：将前一级的 Q_D 或 RCO 经反相后接至后一级的时钟信号输入端 CP 上，这样能确保前一级计数器计数一周期后给后一级计数器提供一个时钟脉冲，加反相器的原因是 74LS161/163 是上升沿翻转；所有芯片的 P、T、$\overline{CLR}$ 和 $\overline{LD}$ 分别接在一起，所有 RCO_i 相与作为 RCO 输出，即完成异步级联。图 6.26 为 2 片

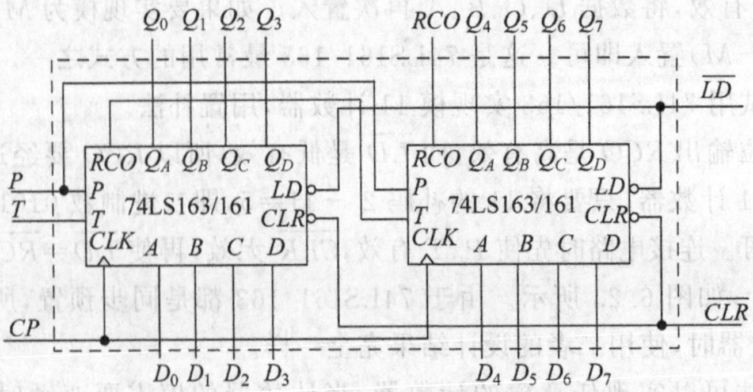

图 6.25　74LS161/163 的同步级联

74LS161/163 组成的 8 位异步二进制计数器，从虚线框外看它就是与单片 74LS161/163 完全类似的 8 位同步二进制计数器，只是片间是异步相联，它与单片 74LS161/163 的用法类似。

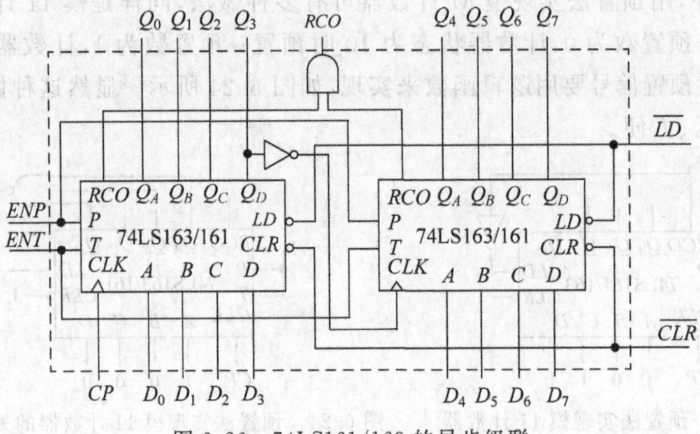

图 6.26　74LS161/163 的异步级联

级联成 $4n$ 位二进制计数器后，再根据设计要求用清 0 法或预置法设计任意模计数器。注意：若用置补法实现，预置数应为 M 在位数为 $4n$ 时的补码：即 $2^{4n}-M$。

如果所设计计数器的模 M 可以分解，则首先将它分解为小于 16 的数相乘，再根据要求用清 0 法或预置法实现各个计数器，最后将它们级联起来即完成设计。同样，级联有同步和异步两种方法。

【例 6.7】 试用 74LS163 设计模 132 同步计数器，要求先反馈后级联。

解：$M=132=11\times12=M_1\times M_2$。

清 0 法：先分别实现模 M_1(1)、模 M_2(2)两个计数器。因为 74LS163 是同步清 0，所以两个计数器分别在计数状态为 10 和 11 时清 0，即输出状态($Q_DQ_CQ_BQ_A$)为 1010 和 1011 时清 0。下一个问题是级联：根据题目要求，级联后应仍然是同步计数器，所以应将两片 74LS163 的时钟信号输入端接在一起作为时钟信号输入端；级联后不应该使前后两个计数器同时动作，而应使高位计数器在低位计数器计满一周期后加 1，这可通过控制高位片的 P、T 端完成。设计结果如图 6.27 所示。

可能读者会问，为什么要将门 1 的输出接到门 2 的输入呢？高位片的每个计数状态都应该持续低位片的一个计数周期，如果不将门 1 的输出接到门 2 的输入，那么高位片的最后一个状态(此例中为状态 $Q_DQ_CQ_BQ_A=1011$)就只能持续一个时钟周期,这样的结果显然是不对的。

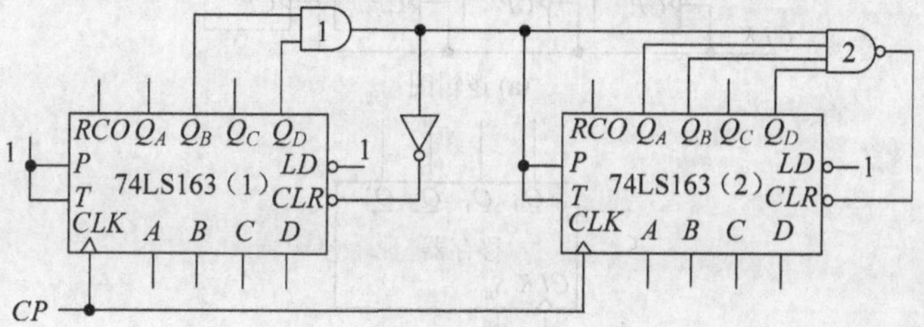

图 6.27 清 0 法实现模 132 计数器

预置法:先用预置法将两个 74LS163 分别接成模 11(1)和模 12(2)计数器,再将它们同步级联起来即可。设计结果如图 6.28 所示。

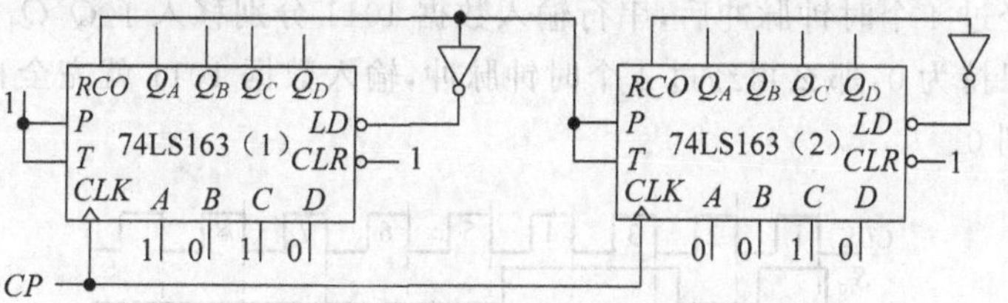

图 6.28 预置法实现模 132 计数器

6.4.3 其他集成计数器

74 系列和 4000 系列均有许多集成计数器,如 74LS161、74LS190、74LS191、74LS192、74LS193、CD4020、CD4022、CD4024、CD4026、CD4029、CD40103、CD4518 等,有兴趣的读者可参考数据手册,了解、学习一下。

6.5 移位寄存器

6.5.1 移位寄存器简介

移位寄存器(shift register, shifter)由 D 触发器首尾相连构成,简称移存器,如图 6.29(a)所示。图 6.29(a)中所有触发器的时钟信号都接在一起,构成同步时序电路;$D_0=S_{in}$,为串行数据输入端,$D_i=Q_{i-1}$,$i=1,2,3$。图 6.29(b)是它的逻辑符号,其中异步清 0 端 $\bar{R}$ 为图(a)中所有触发器的异步清 0 端相连引出的引脚(图 6.29(a)中未画出)。

由 D 触发器的特性可知,$Q_i^{n+1}=D_i=Q_{i-1}$,$i=1,2,3$,$Q_0^{n+1}=D_0=S_{in}$,也就是 $(Q_0Q_1Q_2Q_3)^{n+1}=S_{in}Q_0Q_1Q_2$。由此可知,每来一个时钟脉冲有效沿,移存器中所存储的数据将向右移 1 位,这就是移存器的由来。例如,移存器的初态为 $Q_0Q_1Q_2Q_3=1010$,$S_{in}=1$,则时钟脉冲有效沿到达后移存器的状态变为 1101,也就是将左 3 位分别移至右 3 位,而最左位为 S_{in}。由于每输入一个时钟脉冲,移存器中所存储的数据向右移 1 位,所以称图 6.29 所示电路为右移移位寄存器。

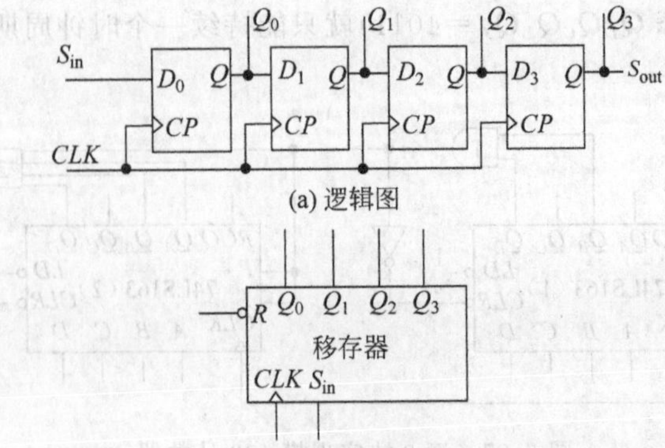

(a) 逻辑图

(b) 逻辑符号

图 6.29 移存器的逻辑图和逻辑符号

设 S_{in}＝1011 且移存器初始状态为 0 时，图 6.30 是图 6.29 所示移存器的时序图。由图 6.30 可见，经过 4 个时钟脉冲后，串行输入数据 1011 分别移入了 $Q_0Q_1Q_2Q_3$；如果此后输入数据一直保持为 0，那么再经过 4 个时钟脉冲，输入数据 1011 就完全移出了移存器，移存器的状态回到 0。

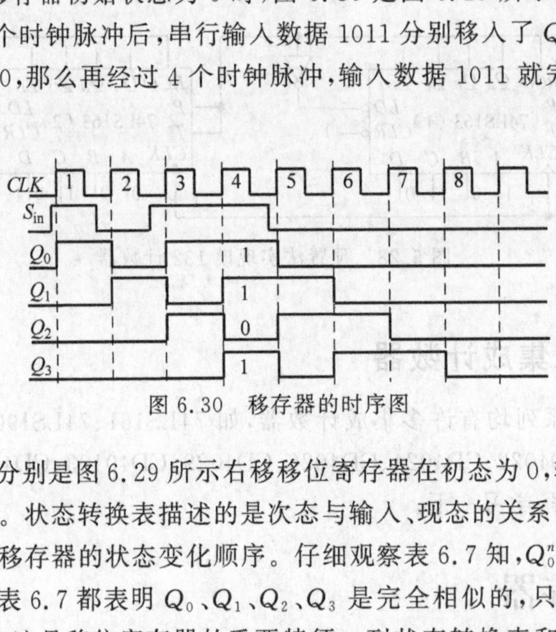

图 6.30 移存器的时序图

表 6.6 和表 6.7 分别是图 6.29 所示右移移位寄存器在初态为 0，输入为 1011 时的状态转换表和状态顺序表。状态转换表描述的是次态与输入、现态的关系，而状态顺序表则描述了在特定输入序列时移存器的状态变化顺序。仔细观察表 6.7 知，$Q_0^{n+1}=S_{in}$，$Q_n^{n+1}=Q_{i-1}^n$，$i=1,2,3$。表 6.6 和表 6.7 都表明 Q_0、Q_1、Q_2、Q_3 是完全相似的，只是在时间上依次滞后了一个时钟脉冲周期，这是移位寄存器的重要特征。列状态转换表和状态顺序表时只要将现态的左 3 位分别移至右 3 位，而使最左位等于 S_{in} 即可。在状态顺序表中，下一行是上一行的次态，它也完全描述了移存器的特性，它比状态转换表更直观、更简洁。

表 6.6 移存器的状态转换表

CP 序号	S_{in}	现态 n $Q_0Q_1Q_2Q_3$	次态 $n+1$ $Q_0Q_1Q_2Q_3$
1	1	0000	1000
2	0	1000	0100
3	1	0100	1010
4	1	1010	1101
5	0	1101	0110
6	0	0110	0011
7	0	0011	0001
8	0	0001	0000

表 6.7　移存器的状态顺序表

CP 序号	S_{in}	状态 $Q_0Q_1Q_2Q_3$
0	1	0 0 0 0
1	0	1 0 0 0
2	1	0 1 0 0
3	1	1 0 1 0
4	0	1 1 0 1
5	0	0 1 1 0
6	0	0 0 1 1
7	0	0 0 0 1
8	0	0 0 0 0

【例 6.8】　图 6.31 为由右移寄存器组成的时序电路。试作出它的状态转换表,并画出它的完整的状态转换图。

解: ① 状态转换表: 根据 $(Q_0Q_1Q_2Q_3)^{n+1}=S_{in}Q_0Q_1Q_2$,认识到现态的左 3 位是次态的右 3 位及 $Q_0^{n+1}=S_{in}=Q_3$,很容易作出状态转换表,如表 6.8 所示。

② 根据状态转换表,得到状态转换图如图 6.32 所示。

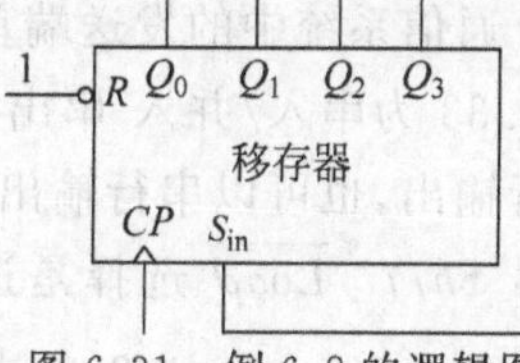

图 6.31　例 6.8 的逻辑图

表 6.8　移存器的状态转换表

现态 n $Q_0Q_1Q_2Q_3$	次态 $n+1$ $Q_0Q_1Q_2Q_3$	现态 n $Q_0Q_1Q_2Q_3$	次态 $n+1$ $Q_0Q_1Q_2Q_3$
0 0 0 0	0 0 0 0	1 0 0 0	0 1 0 0
0 0 0 1	1 0 0 0	1 0 0 1	1 1 0 0
0 0 1 0	0 0 0 1	1 0 1 0	0 1 0 1
0 0 1 1	1 0 0 1	1 0 1 1	1 1 0 1
0 1 0 0	0 0 1 0	1 1 0 0	0 1 1 0
0 1 0 1	1 0 1 0	1 1 0 1	1 1 1 0
0 1 1 0	0 0 1 1	1 1 1 0	0 1 1 1
0 1 1 1	1 0 1 1	1 1 1 1	1 1 1 1

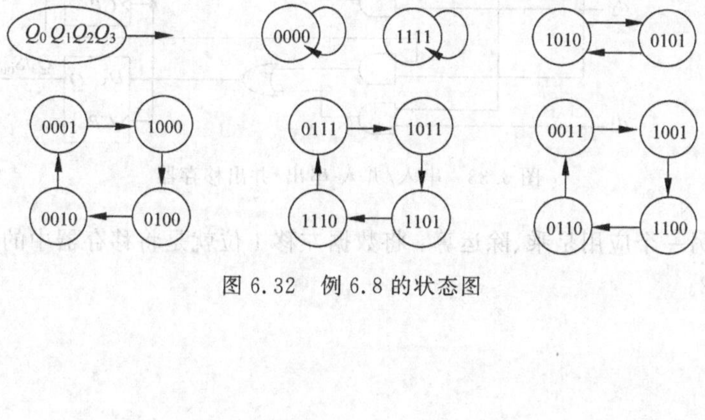

图 6.32　例 6.8 的状态图

6.5.2 移位寄存器的应用

移存器的应用很广，如通信系统中数据的串-并转换，对数据进行乘、除运算等都要用到移存器。

图 6.29 所示移存器既可作为串入-串出移存器，又可作为串入-并出移存器使用。

作为串入-串出移存器使用时，数据由串行数据输入端 S_{in} 输入，经 4 个时钟脉冲后由串行数据输出端 S_{out} 输出，也就是说，输出数据比输入数据延迟了 4 个时钟脉冲周期。串入—串出移存器常用于数据的延迟。

现代的数据通信系统大多为串行数据通信，在接收端需要将接收到的串行数据转换为并行数据，移存器就可以完成这个任务。图 6.29 所示电路用做串-并转换时，将接收到的串行数据由 S_{in} 输入，经过 4 个时钟脉冲后所有数据均存储在 4 个触发器中，这时就完成了串并转换，将数据由 $Q_0 \sim Q_3$ 读出即可。

通信系统中的发送端首先需要将并行数据转换为串行数据，这也可以由移存器完成。图 6.33 为串入/并入-串出/并出移存器，该电路既可以并行输入，也可以串行输入；既可以并行输出，也可以串行输出，应用十分灵活。图 6.33 中 3 个门构成 2-1 多路选择器，由控制信号 $Shift/\overline{Load}$ 选择是进行移位操作还是并行输入操作：当 $Shift/\overline{Load}=1$ 时，$D_0=S_{in}$，$D_i=Q_{i-1}$，$i=1,2,3$，电路进行移位操作；当 $Shift/\overline{Load}=0$ 时，$D_i=d_i$，电路在下一个时钟脉冲有效沿将并行数据 d_i 同步置入第 i 个触发器，使 $Q_i=d_i$，完成数据的并行置入操作。用图 6.33 进行并一串转换的过程是：先将数据并行置入移存器，再使移存器进行移位操作，从 S_{out} 就得到串行数据输出。当然用图 6.33 所示电路可实现串入-串出、串入-并出、并入-串出和并入-并出所有功能。

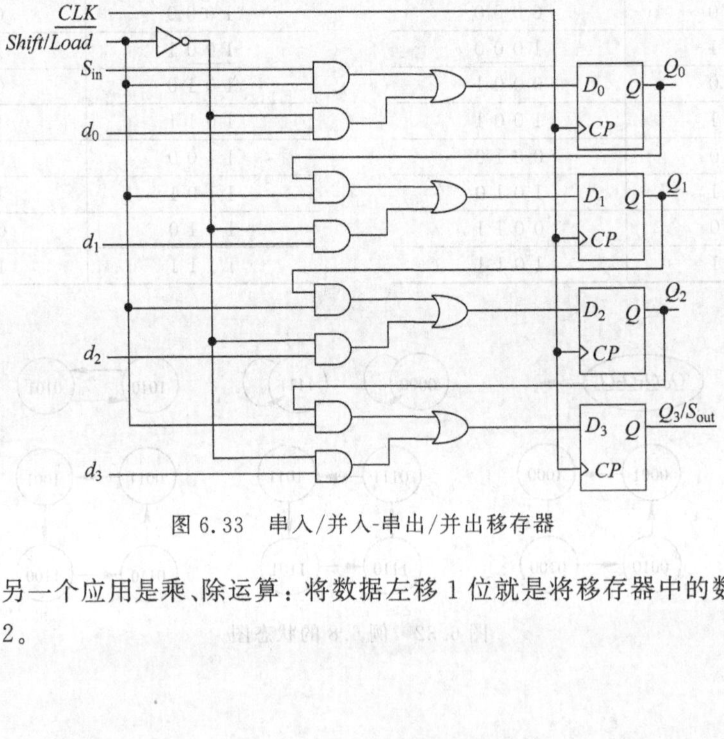

图 6.33 串入/并入-串出/并出移存器

移存器的另一个应用是乘、除运算：将数据左移 1 位就是将移存器中的数乘以 2；右移 1 位就是除以 2。

6.5.3　多功能移位寄存器 74LS194

1. 74LS194 的结构和工作原理

74LS194 为中规模 TTL 集成电路，它是 4 位多功能移存器。图 6.34 是其逻辑图，图 6.35 为其逻辑符号，表 6.9 为其功能表。

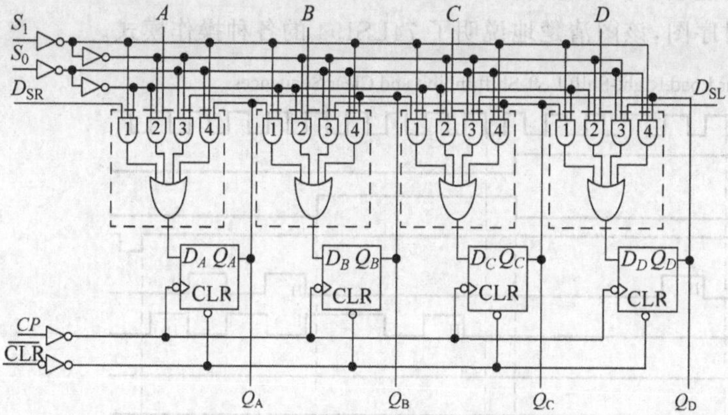

图 6.34　74LS194 的逻辑图

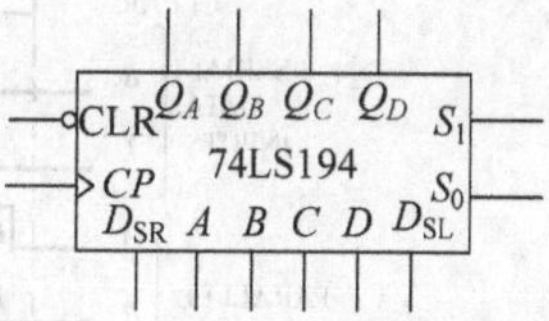

图 6.35　74LS194 的逻辑符号

表 6.9　74LS194 的功能表(FAIRCHILDSEMI)

输入										输出			
						并行							
$\overline{CLR}$	S_1	S_0	CP	D_{SL}	D_{SR}	A	B	C	D	Q_A	Q_B	Q_C	Q_D
L	X	X	X	X	X	X	X	X	X	L	L	L	L
H	X	X	L	X	X	X	X	X	X	Q_{A0}	Q_{B0}	Q_{C0}	Q_{D0}
H	H	H	↑	X	X	a	b	c	d	a	b	c	d
H	L	H	↑	X	H	X	X	X	X	H	Q_{An}	Q_{Bn}	Q_{Cn}
H	L	H	↑	X	L	X	X	X	X	L	Q_{An}	Q_{Bn}	Q_{Cn}
H	H	L	↑	H	X	X	X	X	X	Q_{Bn}	Q_{Cn}	Q_{Dn}	H
H	H	L	↑	H	X	X	X	X	X	Q_{Bn}	Q_{Cn}	Q_{Dn}	L
H	L	L	X	X	X	X	X	X	X	Q_{AO}	Q_{BO}	Q_{CO}	Q_{DO}

由图 6.34 和表 6.10 可知，74LS194 由 4 个 D 触发器组成，其状态的翻转发生在输入时钟信号 CP 的上升沿；$\overline{\text{CLR}}$ 为异步清 0 输入端，低有效，只要它有效，移存器输出状态立即清 0；虚线框内 5 个门电路组成 4-1 多路选择器，其数据选择端为 S_1S_0。当$\overline{\text{CLR}}$无效时，S_1S_0 通过 4-1 多路选择器控制触发器的驱动，从而控制 74LS194 是进行保持、右移、左移，还是同步并行置数操作：$S_1S_0=00$ 时，门 4 打开，触发器的 $D_i=Q_i$，$i=A,B,C,D$，此时 74LS194 工作在保持模式；$S_1S_0=01$ 时，门 1 打开，触发器的 $D_B=Q_A$，$D_C=Q_B$，$D_D=Q_C$，而 $D_A=D_{SR}$，此时 74LS194 执行右移操作，右移输入由串行右移输入端 D_{SR} 输入；$S_1S_0=10$ 时，门 3 打开，触发器的 $D_A=Q_B$，$D_B=Q_C$，$D_C=Q_D$，而 $D_D=D_{SL}$，此时 74LS194 执行左移操作，左移输入由串行左移输入端 D_{SL} 输入；$S_1S_0=11$ 时，门 2 打开，触

发器的 $D_A=A$，$D_B=B$，$D_C=C$，$D_D=D$，74LS194 执行同步并行置数操作，即在时钟信号的有效沿将并行数据输入端的数据 A、B、C、D 分别置入到 Q_A、Q_B、Q_C、Q_D。

以上分析表明，74LS194 可执行左移、右移操作，可串行输入数据，也可以并行输入数据，还可以保持输出状态不变，具体执行哪种操作，由 S_0S_1 控制。当然还可以对输出进行异步清 0。

表 6.10 是 74LS194 的功能表，与以上分析完全吻合。

图 6.36 为 74LS194 的时序图，该图清楚地说明了 74LS194 的各种操作模式。

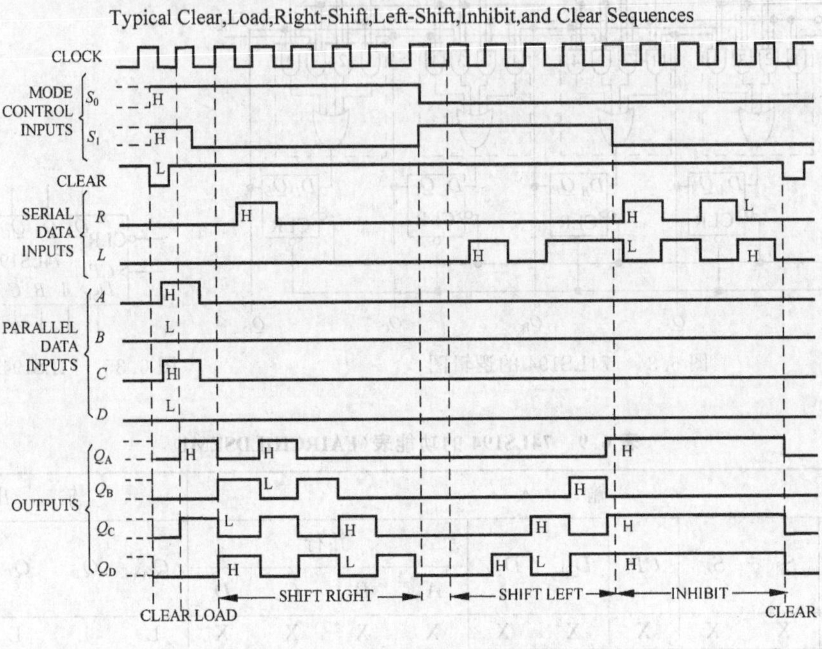

图 6.36 74LS194 的时序图(FAIRCHILDSEMI)

2. 74LS194 的级联

当需要用到位数大于 4 的移存器时，就要将多片 74LS194 级联。如 8 位移存器需要 2 片 74LS194，级联方法是将 2 片 74LS194 的 S_1、S_0、CP、$\overline{CLR}$ 分别接到一起，左边片的 D_{SL} 接右边片的 Q_A，右边片的 D_{SR} 接左边片的 Q_D，即完成级联，如图 6.37 所示。扩展后从虚线框外看就是一个 8 位多功能移存器，读者可自行分析扩展原理。多片级联方法类似。

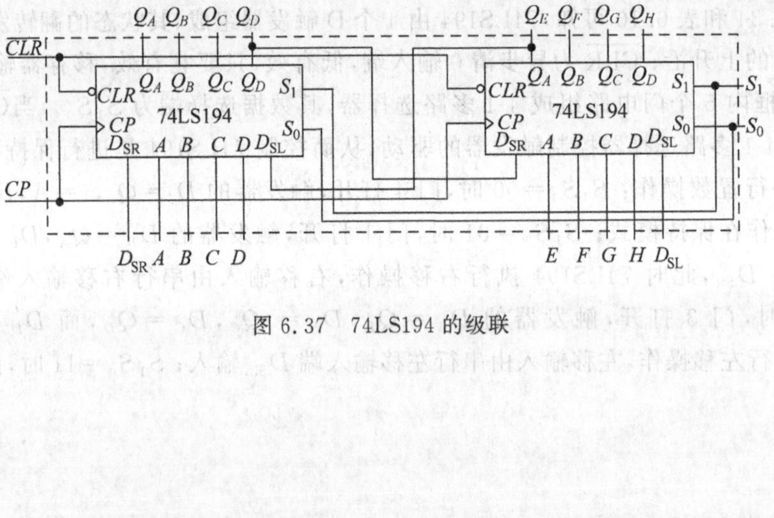

图 6.37 74LS194 的级联

6.5.4 其他集成移存器

74 系列和 4000 系列均有许多集成移位寄存器，如 74LS164、74LS165、74LS166，CD40194、CD40195、CD4517 等，有兴趣的读者可参考数据手册，进行了解、学习。

本章小结

寄存器、计数器、移位寄存器是数字电路、数字系统的重要组成部分，在很多场合都离不开它们。

寄存器就是寄存数据的器件，可由锁存器组成，也可由触发器构成。

计数器可以看成是数输入时钟脉冲个数的器件，它的种类较多，本章介绍了异步、同步二进制加法/减法计数器的组成、特点；可逆二进制计数器的概念及实现方法；利用脉冲反馈法(异步复位/置位法)可将二进制计数器做成任意模的计数器；用脉冲反馈法实现的计数器可能/一定会产生毛刺，给出了确定出现毛刺位置的方法。

介绍了集成异步模 2-5-10 加法计数器 74LS290、同步 4 位二进制加法计数器 74LS161/163 的电路结构、逻辑符号及它们的使用方法及级联方法。通过 74LS161/163 介绍了同步清 0 与异步清 0 的概念及二者的区别；还介绍了同步预置的概念及其用法。介绍了计数器级联的两种方式：先反馈后级联和先级联后反馈。还给出了计数器的分析与设计方法。

介绍了移位寄存器的概念、组成、特点及应用，给出了移位寄存器的分析与设计方法。详细介绍了集成多功能移位寄存器 74LS194 的功能、用法、级联方法。

本章习题

6-1 图题 6-1 所示为 3 位二进制减法计数器逻辑图，试画出其输出波形和状态转换图，并说明为什么称它为减法计数器。

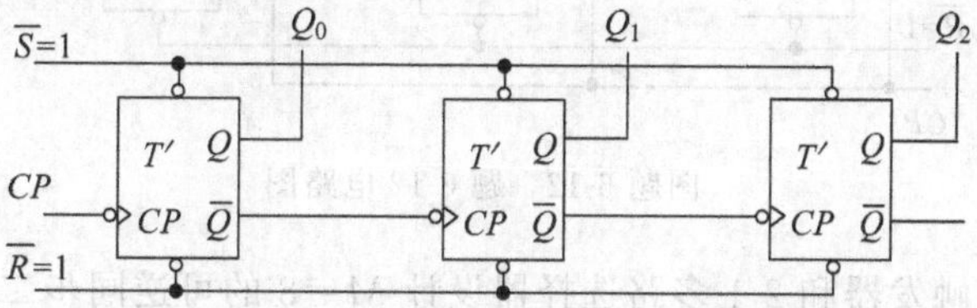

图题 6-1 异步二进制(模 8)减法计数器

6-2 如果将图 6.5(a)中后级触发器的时钟信号改接至前级触发器的 $\overline{Q}$，那么该计数器是加法计数还是减法计数？

6-3 图题 6-3 所示电路由 T′触发器和 2-1 多路选择器组成，试分析它是什么电路？输入信号 $\overline{UP}$/DOWN 的作用是什么？

6-4 试分析图 6.11(a)所示电路，并画出它的时序图和完整状态图。该电路输出有无毛刺？如果有毛刺，它(们)出现在哪个(些)Q 端上？

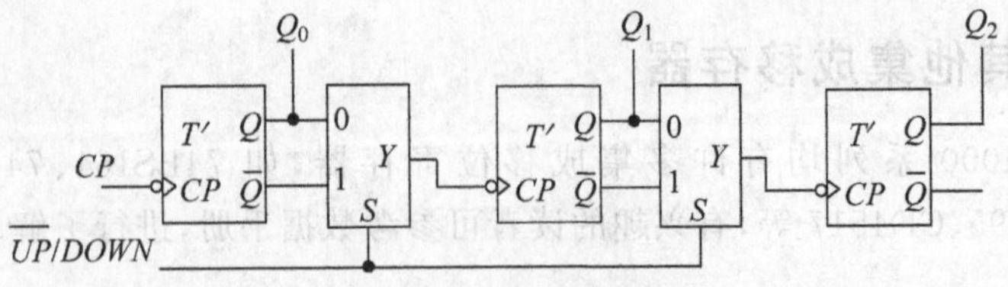

图题 6-3　题 6-3 电路图

6-5　试利用脉冲反馈复位法实现异步模 10 加法计数器，并画出其完整状态图，指明哪里会出现毛刺。

6-6　试利用脉冲反馈置位法实现异步模 10 加法计数器，并画出其完整状态图，指明哪里会出现毛刺。是否可用 $\overline{Q_3Q_0}$ 置位？为什么？

6-7　试利用脉冲反馈置位法实现异步模 14 加法计数器，并画出其完整状态图，指明会不会产生毛刺？如果不会，为什么？如果会，毛刺会出现在哪里。

6-8　用脉冲反馈复位法实现任意模 M 加法计数器，应该用哪个状态去复位？如何判断毛刺会出现在哪里？

6-9　用脉冲反馈置位法实现任意模 M 加法计数器，应该用哪个状态去置位？如何判断会不会产生毛刺？如果会产生毛刺，它会出现在哪里？

6-10　用脉冲反馈复位法实现任意模 M 减法计数器，应用哪个状态去复位？如何判断会不会产生毛刺？如果会产生毛刺，它会出现在哪里？

6-11　用脉冲反馈置位法实现任意模 M 减法计数器，应用哪个状态去置位？如何判断毛刺会出现在哪里？

6-12　试分析图题 6-12 所示电路，画出时序图，并说明它的功能。

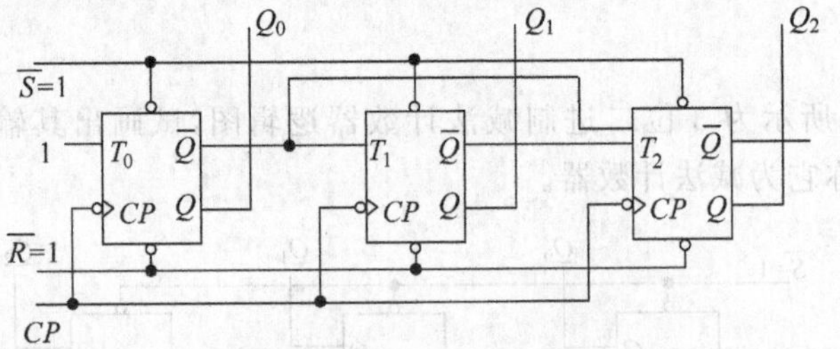

图题 6-12　题 6-12 电路图

6-13　试用 JK 触发器和 2-1 多路选择器设计 $M=8$ 的可逆同步二进制计数器，用输入信号 $U/\overline{D}$ 控制计数方向：$U/\overline{D}=1$ 时，做加法计数；$U/\overline{D}=0$ 时做减法计数。

6-14　同步、异步计数器各有什么优缺点？

6-15　利用置 9 法用 74LS290 实现模 M 计数器，会不会产生毛刺？如果能，产生在哪个 Q 端上？

6-16　试用 74LS290 实现模 7 计数器。要求用异步清 0 法，8421 与 5421 两种接法，并画出输出波形图和状态图。

6-17　试用 74LS290 实现模 7 计数器。要求用置 9 法，8421 与 5421 两种接法，并画出输出波形图和状态图。

6-18 在例 6.2 置 9 法中，如果只用 Q_A 去置 9 是否可以？为什么？

6-19 图题 6-19 所示计数器的 $M=$？

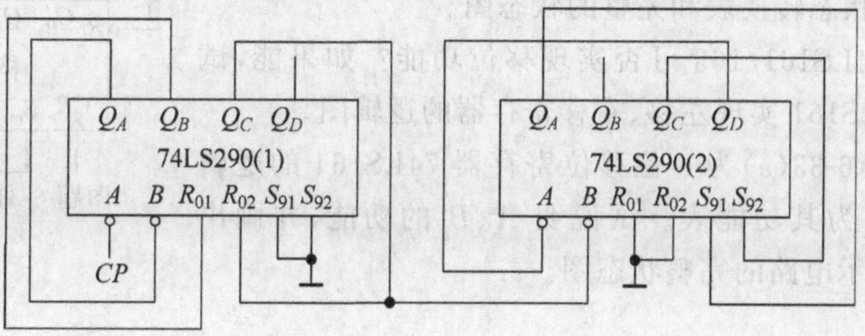

图题 6-19 计数器电路

6-20 试用 74LS290 设计模 72 计数器。

(1) 输出 8421 码；

(2) 输出 5421 码；

(3) 先反馈，后级联。

6-21 试分别用 74LS161 和 74LS163 实现模 14 计数器，用清 0 法，并画出输出 Q_D、Q_C、Q_B、Q_A 和 $\overline{CLR}$ 对应 CP 的同步波形。

6-22 用 74LS161 可否实现同步清 0？如果能，如何实现？

6-23 试用 74LS161/163 实现模 9 计数器，用预置法，并画出输出 Q_D、Q_C、Q_B、Q_A、RCO 和 $\overline{LD}$ 对应 CP 的同步波形。

6-24 用图 6.23 实现程序控制分频器（即分频比可程序控制）时，分频信号应从哪里引出？

6-25 试分别画出图题 6-25 所示电路的完整状态图，计数器的模各是多少？

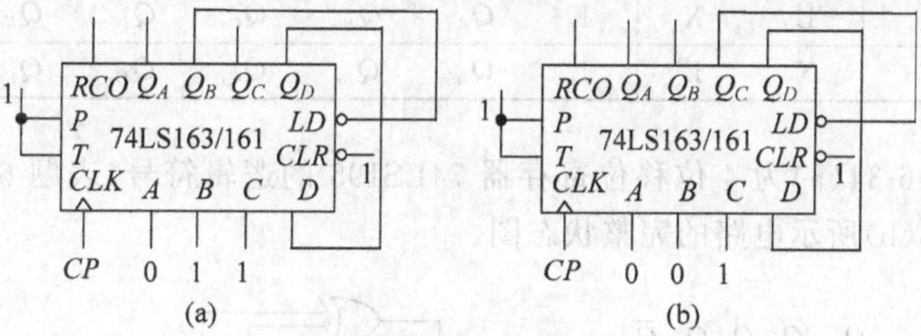

图题 6-25 题 6-25 图

6-26 如果将图 6.27 中的 74LS163 换成 74LS161，是否可以？为什么？

6-27 试用 74LS161 实现模 210 同步计数器，要求：(1)先级联后反馈，用预置法；(2)先级联后反馈，用清 0 法；(3)先反馈后级联，用预置法；(4)先反馈后级联，用清 0 法。

6-28 试用 74LS163 实现模 210 同步计数器，要求输出为 BCD 编码。

6-29 74LS160/162 是 1 位同步 BCD 计数器，其逻辑符号、逻辑功能分别与 74LS161/163 类似，只是其计数循环是 0→1→…→9→0；计数状态是 $Q_DQ_CQ_BQ_A$，其中 Q_D 是 MSB。试用 74LS162 实现模 57 加法计数器（可查阅 74LS160/162 数据手册）。

6-30 在图 6.29 中，设输入数据为 $S_{in}=1011$，所有触发器的初始状态均为 0。试画出

CLK、S_{in}、Q_0、Q_1、Q_2、Q_3、S_{out} 的同步波形。要求画出 8 个时钟脉冲周期。

6-31 图题 6-31 所示为由右移寄存器和异或门组成的电路，试画出它的状态转换表和完整的状态图。

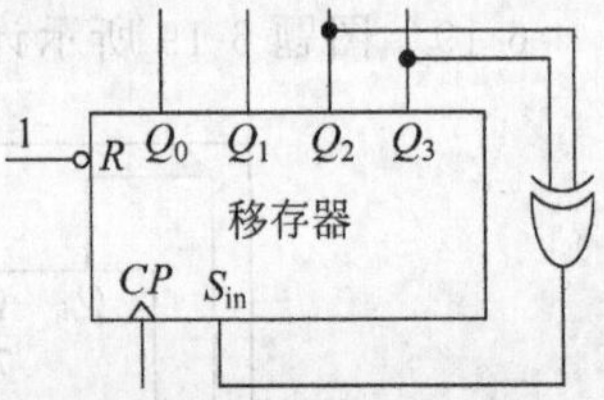

图题 6-31 题 6-31 图

6-32 用 74LS161/163 可否实现移位功能？如果能，试分别画出用 74LS161 实现左移、右移寄存器的逻辑图。

6-33 图题 6-33(a)为 8 位移位寄存器 74LS164 的逻辑符号，表题 6-33 为其功能表。试说明 A、B 的功能，并画出图题 6-33(b)所示电路的完整状态图。

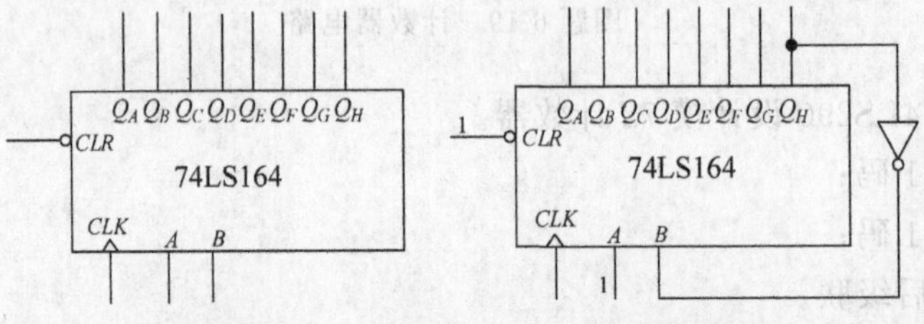

(a) 逻辑符号 (b) 组成的电路

图题 6-33 74LS164

表题 6-33 74LS164 的功能表

输入				输出							
$\overline{CLR}$	CLK	A	B	Q_A	Q_B	Q_C	Q_D	Q_E	Q_F	Q_G	Q_H
L	X	X	X	L	L	L	L	L	L	L	L
H	L	X	X	Q_{A0}	Q_{B0}	Q_{C0}	Q_{D0}	Q_{E0}	Q_{F0}	Q_{G0}	Q_{H0}
H	↑	H	H	H	Q_{An}	Q_{Bn}	Q_{Cn}	Q_{Dn}	Q_{En}	Q_{Fn}	Q_{Gn}
H	↑	L	X	L	Q_{An}	Q_{Bn}	Q_{Cn}	Q_{Dn}	Q_{En}	Q_{Fn}	Q_{Gn}
H	↑	X	L	L	Q_{An}	Q_{Bn}	Q_{Cn}	Q_{Dn}	Q_{En}	Q_{Fn}	Q_{Gn}

6-34 图题 6-34(a)为 4 位移位寄存器 74LS195 的逻辑符号，表题 6-34 为其功能表。试画出图题 6-34(b)所示电路的完整状态图。

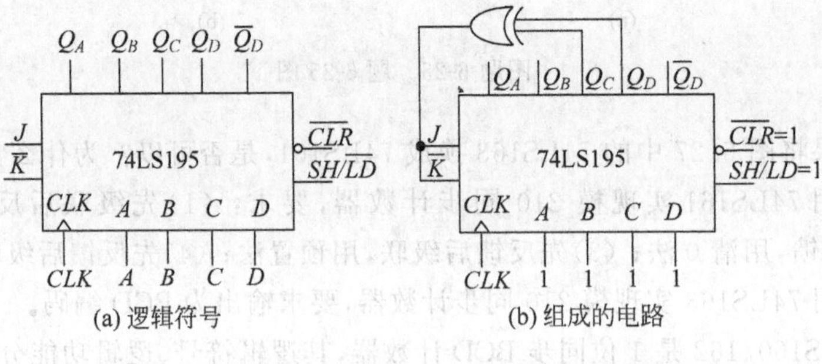

(a) 逻辑符号 (b) 组成的电路

图题 6-34 74LS195

表题 6-34 74LS195 的功能表

输入					输出				
$\overline{CLR}$	$SH/\overline{LD}$	CLK	串行 J $\overline{K}$	并行 $A\,B\,C\,D$	Q_A	Q_B	Q_C	Q_D	$\overline{Q_D}$
L	X	X	X X	X X X X	L	L	L	L	H
H	L	↑	X X	$a\ b\ c\ d$	a	b	c	d	$\overline{d}$
H	H	L	X X	X X X X	Q_{A0}	Q_{B0}	Q_{C0}	Q_{D0}	$\overline{Q_{D0}}$
H	H	↑	L H	X X X X	Q_{An}	Q_{An}	Q_{Bn}	Q_{Cn}	$\overline{Q_{Cn}}$
H	H	↑	L L	X X X X	L	Q_{An}	Q_{Bn}	Q_{Cn}	$\overline{Q_{Cn}}$
H	H	↑	H H	X X X X	H	Q_{An}	Q_{Bn}	Q_{Cn}	$\overline{Q_{Cn}}$
H	H	↑	H L	X X X X	Q_{An}	Q_{An}	Q_{Bn}	Q_{Cn}	$\overline{Q_{Cn}}$

6-35 图题 6-35 所示电路为 8 位串行-并行数据转换器，其中 $FINISH$ 为转换完毕信号，高有效，其作用是指示转换是否完毕；每次转换由 $START$ 给出一个负脉冲后开始。试分析其工作过程。图中 8 位多功能移存器由 2 片 74LS194 级联而成。

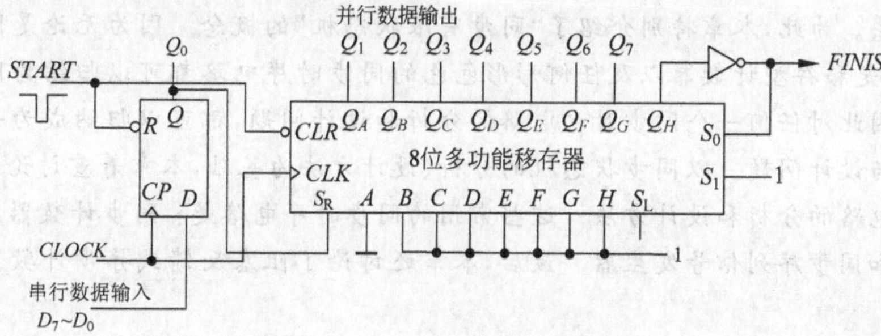

图题 6-35 8 位串行-并行数据转换器

6-36 图题 6-36 所示电路为 8 位并行-串行数据转换器，它能自动产生并行数据输入信号 WR。每次转换由 $START$ 给出一个负脉冲后开始。试分析其工作过程。图中 8 位多功能移存器由 2 片 74LS194 级联而成。

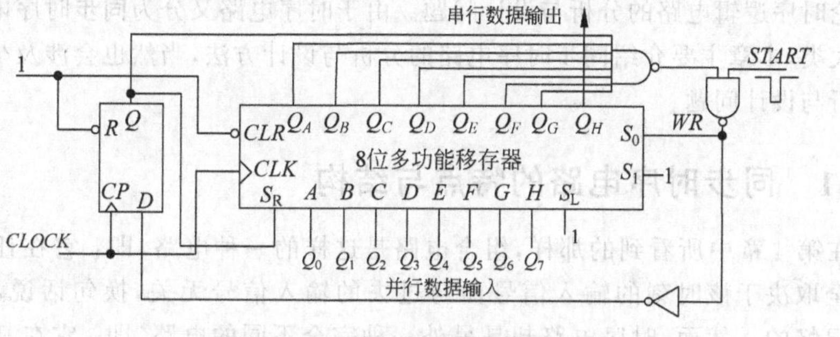

图题 6-36 8 位并行-串行数据转换器

6-37 试用习题 6-35 和习题 6-36 的电路构成一个 8 位数据收发系统，并仿真验证。

第7章 时序逻辑电路

本章的主要内容是时序逻辑电路的分析与设计问题，重点介绍同步时序逻辑电路的分析和设计方法。为此，本章特别介绍了"同步有限状态机"的概念。因为无论是同步式计数器/分频器还是移存型计数器以及任何形形色色的同步时序电路都可以归结为同步有限状态机模型。因此对任何一个同步时序电路的分析和设计问题，都可以归纳成为一个同步状态机的分析与设计问题。以同步状态机的分析、设计方法为基础，本章着重讨论了几种常用的同步时序电路的分析和设计方法。这些常用的同步时序电路是：同步计数器/分频器，移存型计数器和同步序列信号发生器。最后，本章还讨论了阻塞反馈式异步计数器的分析和设计方法。

7.1 概述

数字逻辑电路分为两大类，一类叫做**组合**逻辑电路，简称组合电路；另一类叫做**时序**逻辑电路，简称时序电路。在第 4 章里已经详细地讨论了组合逻辑电路的分析与设计问题。本章将讨论时序逻辑电路的分析与设计问题。由于时序电路又分为**同步**时序电路和**异步**时序电路两大类，本章主要介绍同步时序电路的分析与设计方法，当然也会涉及少量异步时序电路的分析与设计问题。

7.1.1 同步时序电路的特点与结构

正如在第 4 章中所看到的那样，组合电路是这样的一种电路，即：它在任何时刻的输出信号完全取决于该时刻的输入信号而与过去的输入信号无关，换句话说，**组合逻辑电路是没有记忆的**。然而，时序电路却是另外一种完全不同的电路，即：它在某一时刻的输出信号，不仅取决于当时的输入信号，而且还与电路过去的输入信号有关，而过去的输入信号对电路的影响，则完全反映在当时电路的**状态**上，这就是说，**时序逻辑电路是一种有记忆的电路**。

什么是"时序电路的状态"？赫伯特·海勒曼(Herbert Hellerman)在他的《数字计算机

原理》一书中给出了回答："**时序电路的状态就是一组状态变量的集合，这些变量在任意时刻的数值，包含了用于估计电路未来行为所需要的电路过去行为的全部信息。**"因此，输入信号过去对时序电路的激励以及它对电路行为所产生的影响等信息全都存储在电路的状态变量中，这些信息与现在的输入信号一起，共同决定时序电路未来的行为。所以，**时序逻辑电路在某一时刻的输出信号，不仅取决于当时的输入信号，而且还取决于当时的电路状态，即：与过去的输入信号有关。**

一般时序逻辑电路的组成框图如图 7.1 所示。从图中可以看出，**时序逻辑电路是由组合逻辑电路和状态存储器两部分构成**。存储器一般是由各种类型的触发器或延时电路组成。本章主要讨论用"边沿触发"(上升沿触发或下降沿触发)的触发器作为存储器的时序电路。图中：

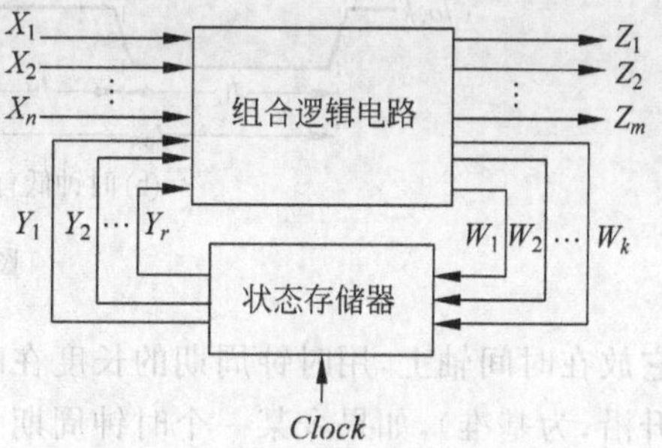

图 7.1 一般时序电路的组成框图

$X_1, X_2, \cdots, X_n$——时序电路的外加输入信号。

$Z_1, Z_2, \cdots, Z_m$——时序电路的输出信号。

$Y_1, Y_2, \cdots, Y_r$——状态存储器的状态输出信号。如果用触发器作存储器，则习惯上用 Q_1、…、Q_r 表示状态输出信号。

$W_1, W_2, \cdots, W_k$——状态存储器的驱动(激励)输入信号。用触发器作存储器时，根据所选用触发器的不同类型，驱动或激励信号可以是 JK、D、T 等。

Clock——状态存储器(触发器)的时钟控制信号。

通常令：

$$\boldsymbol{X} = \{X_1, \cdots, X_n\}$$

$$\boldsymbol{Z} = \{Z_1, \cdots, Z_m\}$$

$$\boldsymbol{Y} = \{Y_1, \cdots, Y_r\}$$

$$\boldsymbol{W} = \{W_1, \cdots, W_k\}$$

如上所述，时序逻辑电路划分为两大类——同步时序电路和异步时序电路。这种划分是依据时序电路状态变化的特点而确定的。**如果构成状态存储器的全部触发器都是由时钟信号 CP 统一控制，也就是说，所有触发器的时钟输入端均来自于同一个时钟信号源，则称这种时序电路为同步时序电路。** *Clock* 称为同步时钟信号，简称时钟。于是，同步时序电路的状态变化(或称"状态翻转")均发生在同步时钟信号的"有效边沿"跳变时刻，换句话说，**同步时序电路中各触发器状态的改变是在同一个时钟作用下同时完成的。** 所谓"有效边沿"，根据具体选用触发器的不同类型，既可以是上升沿，也可以是下降沿。通常，当采用上升沿作为时钟有效边沿时，就称为"时钟高有效"；反之，在采用下降沿作为时钟有效边沿时，就称为"时钟低有效"，如图 7.2 所示。

与同步时序电路相反，**异步时序电路中的各触发器没有统一的时钟信号，因此，电路中各触发器状态的翻转不是同时发生的。** 本章以后所讨论的时序电路，除非特别声明，均指同步时序电路。

以上所述表明，同步时序电路的操作是按照时钟的节拍一步一步运行的。每一步的时间长度就是时钟信号的一个周期(也叫一个节拍)。这就好比将时钟信号当作一把尺子，把

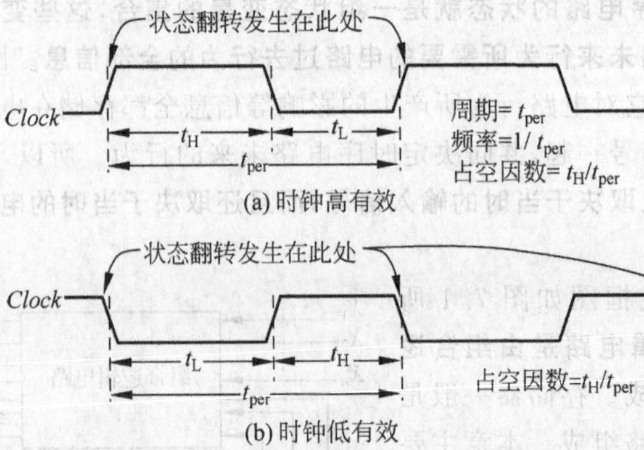

(a) 时钟高有效

(b) 时钟低有效

图 7.2 时钟信号

它放在时间轴上，用时钟周期的长度在时间轴上进行均匀的刻度(以时钟的有效边沿，如上升沿，为基准)，如果令某一个时钟周期为 t^n(n 代表时间序列的序号)，则下一个时钟周期就是 t^{n+1}，如图 7.3 所示。同步时序电路状态信号的变化、输出信号的变化，甚至连输入信号的变化均纳入时钟"刻度"的范畴里，即：这些信号的"变化"都发生在时钟的有效边沿上①。按照这样的理解，同步时序电路中的所有信号(包括输入信号、输出信号和状态信号)的取值与变化都应该以相继接续的时钟周期为参考基准，即：按照时钟的周期来划分信号的取值。这样，在 t^n 期间的信号取值就叫做"当前时钟周期的信号取值"，而在 t^{n+1} 期间的信号取值就叫做"下一个时钟周期的信号取值"。注意：t^n 和 t^{n+1} 是一个相对的时间概念。某一个时钟周期相对于前一个时钟周期来讲是"下一个时钟周期"t^{n+1}；而相对于后一个时钟周期来讲就是"当前时钟周期"t^n。

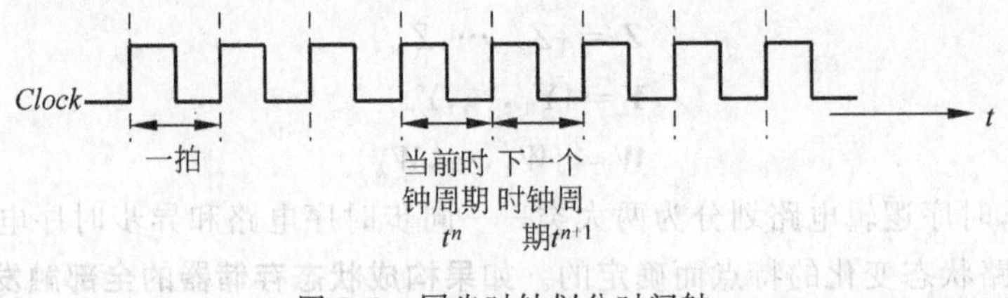

图 7.3 同步时钟划分时间轴

按照"当前时钟周期"和"下一个时钟周期"的概念，可列出图 7.1 中各信号之间的一般关系式如下：

同步时序电路的输出方程 $\boldsymbol{Z}(t^n)=F[\boldsymbol{X}(t^n),\boldsymbol{Y}(t^n)]$ (7.1)

状态存储器的驱动(激励)方程 $\boldsymbol{W}(t^n)=G[\boldsymbol{X}(t^n),\boldsymbol{Y}(t^n)]$ (7.2)

状态存储器的状态方程 $\boldsymbol{Y}(t^{n+1})=S[\boldsymbol{W}(t^n)]=H[\boldsymbol{X}(t^n),\boldsymbol{Y}(t^n)]$ (7.3)

这三个逻辑方程构成了一个逻辑方程组，用这个逻辑方程组，就可以完全地描述一个时序逻辑电路，它是描述时序逻辑电路的方法之一。该逻辑方程组中的前两个方程——输出方程和驱动方程，是描述组合逻辑电路的逻辑函数表达式；而最后一个方程——状态方程，

① 严格地讲，应该是发生在时钟有效边沿之后的瞬间。在时钟有效边沿之前的瞬间，这些信号均应保持稳定，即要满足所谓触发器的建立时间 t_s(Setup Time)。

实际上就是构成状态存储器的触发器的特性方程，它是与系统时钟相关联的。

在逻辑方程组的表达式中：

t^n、t^{n+1}——相邻的两个时钟周期，即："当前时钟周期"和"下一个时钟周期"。

$Y(t^n)$——在"当前时钟周期"内存储器的状态输出信号，即：现在时刻的状态输出信号，简称**现态**信号(或现态)，一般用Y^n表示(省略"t^n"不写，以下情形相同)。

$Y(t^{n+1})$——在"下一个时钟周期"到来时存储器的状态输出信号，即：未来时刻的状态输出信号，简称**次态**信号(或次态)，一般用Y^{n+1}表示(省略"t^{n+1}"不写)。

如果用触发器作存储器，则现态信号用Q^n表示；次态信号用Q^{n+1}表示。

$X(t^n)$——"当前时钟周期"内时序电路的输入信号，一般用X^n表示。

$W(t^n)$——"当前时钟周期"内状态存储器的驱动(激励)输入信号，一般用W^n表示。

$Z(t^n)$——"当前时钟周期"内时序电路的输出信号，一般用Z^n表示。

于是，上述关系式(7.1)～式(7.3)又可以写成如下形式：

输出方程 $$Z^n = F[X^n, Y^n] \tag{7.4}$$

驱动(激励)方程 $$W^n = G[X^n, Y^n] \tag{7.5}$$

状态方程 $$Y^{n+1} = S[W^n] = H[X^n, Y^n] \tag{7.6}$$

从图7.1可以看出，状态信号Y是存储器的输出，它在每一个时钟的有效边沿时刻到来时才发生变化。所以，把状态信号区分为现态Y^n和次态Y^{n+1}。注意：**现态Y^n的持续时间是一个时钟周期。次态Y^{n+1}是在下一个时钟的有效边沿到来之后的状态信号，在这个状态信号尚未出现之前，它是次态Y^{n+1}，而当它出现之后，它就变成了现态信号Y^n。因此，次态Y^{n+1}是尚未出现的下一个状态信号。现态Y^n和次态Y^{n+1}是相对的。**

然而，根据图7.1，信号X和Y又都是组合逻辑电路的输入信号，而信号Z和W又全都是相应的组合逻辑电路的输出信号，后两者是前两者的组合逻辑函数。换句话说，某一时刻输出信号Z和W的取值永远取决于当时的输入信号X和Y而与时钟信号无关。因此，上述关系式(7.1)、(7.4)所代表的输出方程以及关系式(7.2)、(7.5)所代表的驱动方程都是组合逻辑函数表达式。所以在关系式(7.1)、(7.4)和(7.2)、(7.5)中，只有"当前时钟周期"内的各种信号，即：现在时刻的输入信号X^n、现在时刻的输出信号Z^n、现在时刻的驱动信号W^n和现在时刻的状态信号Y^n。于是在某些情况下，为了方便起见，在书写时序电路的输出方程、驱动方程和状态方程时，将代表"现在时刻"的"n"也省略不写，而把输入信号、输出信号、驱动信号和现态信号分别只写成X、Z、W和Y。这样，关系式(7.4)～(7.6)又可以简化成如下形式：

输出方程 $$Z = F[X, Y] \tag{7.7}$$

驱动(激励)方程 $$W = G[X, Y] \tag{7.8}$$

状态方程 $$Y^{n+1} = S[W] = H[X, Y] \tag{7.9}$$

注意，此时默认X、Z、W和Y为"现在时刻"的信号。

这里又提出另外一个问题：输出信号Z^n(或Z)以及驱动信号W^n(或W)的持续时间是多少？是否也是一个时钟周期？换句话说，Z^n和W^n在什么情况下才会发生变化？下一节将会回答这个问题，读者可先自行思考。

7.1.2 同步时序电路的别名——同步状态机

同步时序逻辑电路在时钟的统一控制下，从一个状态转换到另一个状态。正因为如此，很多文献称这种逻辑电路为**钟控同步状态机**(Clocked Synchronous State Machines)，简称**状态机**。"状态机"一词是这类同步时序电路的一个通用的名称，第 6 章讲到的所有同步时序电路，如：同步计数器等，都可以归结为一个简单的状态机。"钟控"一词是指时序电路存储器中的触发器都是由时钟信号控制的，而"同步"一词，如前所述，则意味着所有的触发器都使用同一个时钟信号，这些触发器状态的翻转都与时钟信号的有效边沿同步。注意：**以后凡提到"同步"一词，均是指与时钟信号同步，即：与时钟信号的有效边沿同步。**

那么，一个状态机究竟有多少个状态呢？换句话说，状态机的状态个数与什么因素有关呢？若要回答这个问题，则首先需要考查状态机中的触发器个数。状态机的状态个数完全取决于状态存储器中所含触发器的个数。由于每个触发器的输出为 Q——状态变量，所以状态机的状态个数也取决于状态变量的个数。**如果一个状态机的状态存储器是由 n 个触发器所构成，则该状态机就含有 n 个状态变量，于是状态机的状态个数最多为 2^n 个。**因为触发器的个数 n 是一个有限值，因此 2^n 也是一个有限值，所以有时也将同步时序电路称为**有限状态机**(Finite State Machines，FSM)。

状态机(同步时序逻辑电路)的结构，根据其输出信号的特点，又可分成两种类型——**米里(Mealy)**型状态机和**摩尔(Moore)**型状态机。

1. 米里型状态机

米里型状态机的结构图如图 7.4 所示。图中的"次态逻辑"和"输出逻辑"都是组合型逻辑电路，而状态存储器则是由触发器构成。图 7.4 中各信号之间的关系可用下面的式子表示：

输出方程 $\boldsymbol{Z}^n = F[\boldsymbol{X}^n, \boldsymbol{Q}^n]$ (7.10)

驱动方程 $\boldsymbol{W}^n = G[\boldsymbol{X}^n, \boldsymbol{Q}^n]$ (7.11)

状态方程 $\boldsymbol{Q}^{n+1} = S[\boldsymbol{W}^n] = H[\boldsymbol{X}^n, \boldsymbol{Q}^n]$ (7.12)

不难看出，关系式(7.10)、(7.11)和(7.12)实际上分别就是 7.1.1 小节的关系式(7.4)、(7.5)和(7.6)。

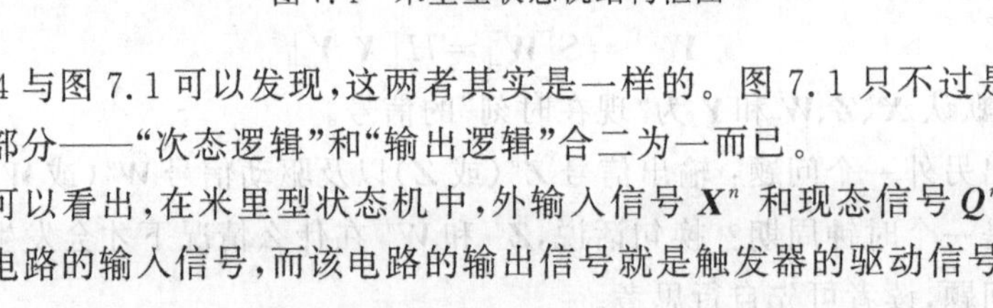

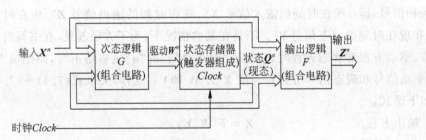

图 7.4 米里型状态机结构框图

比较图 7.4 与图 7.1 可以发现，这两者其实是一样的。图 7.1 只不过是将图 7.4 中的两个组合电路部分——"次态逻辑"和"输出逻辑"合二为一而已。

由图 7.4 可以看出，在米里型状态机中，外输入信号 $\boldsymbol{X}^n$ 和现态信号 $\boldsymbol{Q}^n$ 共同构成了次态逻辑(组合)电路的输入信号，而该电路的输出信号就是触发器的驱动信号 $\boldsymbol{W}^n$，即：$\boldsymbol{W}^n$ 是

X^n 和 Q^n 的组合逻辑函数，如式(7.11)所示。W^n 决定了在下一个时钟周期的有效边沿到来时，触发器将要翻转到的状态(输出)。换句话说，W^n 决定了触发器(状态机)的次态 Q^{n+1}。一旦时钟的下一个有效边沿到来，触发器的现态 Q^n 将按照 W^n 的规定翻转到次态 Q^{n+1}。此后，这个"次态 Q^{n+1}"就成为新的现态 Q^n，这个过程将不断地按照时钟的节拍一步一步地进行下去。这一点在 7.1.1 小节就已经提到了。由此可以看出，在时钟的有效边沿到来之前的瞬间，要求驱动信号 W^n 处于稳定状态。但是，由于驱动信号 W^n 是 X^n 和 Q^n 的组合逻辑函数，而 Q^n 在一个时钟周期内是稳定的，所以 W^n 是否能持续稳定一个时钟周期，完全取决于外输入信号 X^n。若外输入信号 X^n 能够稳定一个时钟周期，则驱动信号 W^n 就可以稳定一个时钟周期；若外输入信号 X^n 在一个时钟周期内发生若干次变化，则驱动信号 W^n 也将随之发生同样次数的变化。因此，为了保证在下一个时钟周期的有效边沿到来之际能够产生正确的次态信号 Q^{n+1}，就要求驱动信号 W^n 在下一个时钟周期的有效边沿到来之前的瞬间要保持稳定，也就是说，**外输入信号 X^n 在下一个时钟周期的有效边沿到来之前的瞬间要保持稳定**。

另一方面，从图 7.4 还可以看出，现态信号 Q^n 和外输入信号 X^n 共同构成了输出逻辑(组合)电路的输入信号，而该电路的输出信号就是整个状态机的输出信号 Z^n，即：Z^n 是 Q^n 和 X^n 的组合逻辑函数，正如关系式(7.10)所表示的那样。与驱动信号 W^n 的情形相类似，因为状态信号 Q^n 在一个时钟周期之内保持不变，所以 Z^n 在一个时钟周期内是否变化则完全取决于外输入信号 X^n，换句话说，Z^n 在一个时钟周期之内会随着外输入信号 X^n 的变化而变化。

至此，我们回答了 7.1.1 小节结束时所提出的问题，同时也总结了米里型状态机的特点，即：**米里型状态机电路的输出信号 Z^n，同时取决于电路的外输入信号 X^n 和现态信号 $Q^n(Y^n)$，它是 X^n 和 Q^n 的逻辑函数。**

米里型状态机的输出 Z^n 不仅会在时钟的有效边沿到来之际随着状态信号 Q^n 的变化而变化，而且也会在时钟的有效边沿到来之前，即：在一个时钟周期之内随着外输入信号 X^n 的变化而变化。这一点，可通过下面的实例看出来。例 7.1 是一个用**状态转换图**和**状态转换表**描述的米里型状态机。除了上述的逻辑方程组以外，"状态转换图"和"状态转换表"是描述同步时序电路——状态机的另外两种方法，7.1.3 小节将要对它们详细讨论，在此先只做简单的说明。

【例 7.1】 某个米里型状态机的状态转换图和状态转换表如图 7.5(a)、(b)所示。已知外输入序列 $X=011010$，试确定该状态机对此输入序列的输出响应序列 Z，并画出相应的定时波形图。

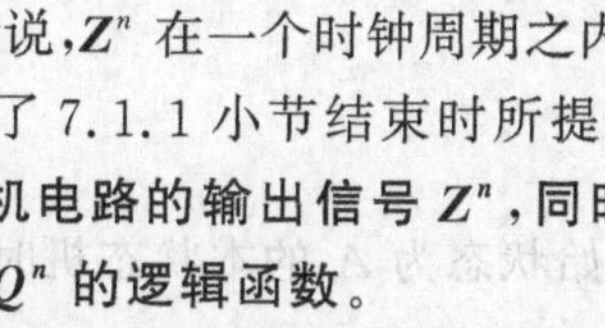

(a) 状态转换图

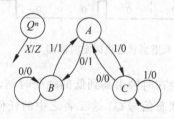

现态 Q^n	输入 X 0	输入 X 1
A	B/1	C/0
B	B/0	A/1
C	A/0	C/0

次态 Q^{n+1} / 输出 Z

(b) 状态转换表

图 7.5 例 7.1 某米里型状态机的两种描述方法

解：在图 7.5(a)的状态转换图中，一个“圆圈”就代表一个状态，圆圈中的字母表示该状态的名称。一条“箭头线段”就代表状态机的一个状态翻转动作，箭头的方向表示状态翻转的方向，即：从一个状态翻转到另一个确定的状态。箭头线段旁边的“数字”，表示状态转换的条件，其中“/”符号上边的数字代表“输入”X 的值；“/”符号下边的数字代表“输出”Z 的值，如图 7.5(a)左上角的“图例”所示。

在图 7.5(b)的状态转换表中，左边一列表示现态 Q^n；上边一行表示输入 X。表中所填内容是次态 Q^{n+1} 和输出 Z，而且其格式是按照 Q^{n+1} 在“/”之上、Z 在“/”之下排列的。

假设电路的初始状态处于 A 状态，在起始时刻 0 时的输入 $X=0$。根据图 7.5 的状态转换图或状态转换表可以确定：在 0 时刻，状态机处于 A 状态，此时对应输入 $X=0$ 的输出是 $Z=1$，而且状态机的下一个状态(次态)将会是 B。于是，在下一个时钟周期的有效边沿到来时，即：在时刻 1，状态机的状态翻转到 B，状态 B 成为现态。与此同时，输入 X 变成 1，其所对应的输出 $Z=1$，而且状态机的次态又将为 A。对于输入序列的后续数值，重复上述确定输出 Z 和次态 Q^{n+1} 的过程，于是得到电路(状态机)对输入序列 X 的响应行为如下：

时刻	0	1	2	3	4	5	
现态	A	B	A	C	A	C	A
输入	0	1	1	0	1	0	
输出	1	1	0	0	0	0	
次态	B	A	C	A	C	A	

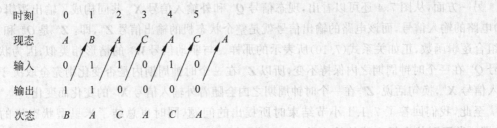

因此，当输入序列 $X=011010$ 施加到启始状态为 A 的本状态机时，状态机产生的输出序列为

$$Z=110000$$

最终，电路将停留在状态 A 上。该状态机电路对于给定输入序列的实际定时波形图如图 7.6 所示。

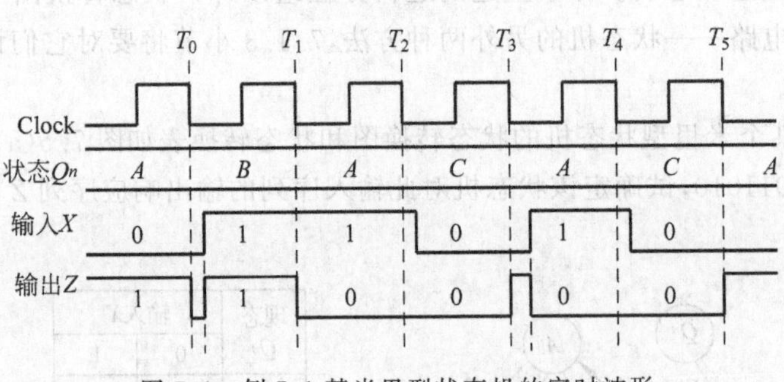

图 7.6 例 7.1 某米里型状态机的定时波形

在此波形图中，假定状态的翻转是发生在时钟由高到低的跳变时刻，即：时钟的下降沿上。需要注意的是：当输入信号 X 或者状态信号 Q^n 这二者之中的任何一个发生变化时，输出信号 Z 都会随之发生变化。这是因为 Z 是 X 和 Q^n 的组合逻辑函数。在图 7.6 所示的时序图中，输出信号 Z 的波形出现了两处我们所不希望的波形变化。在 T_0 时刻，当电路的状态翻转到 B 时，输出 Z 下降到 0 电平，在此之后，只有当输入 X 变为 1 电平时，输出 Z

才又返回到1电平，然而原本希望输出 Z 在 T_0 到 T_1 之间一直输出1电平。类似的情况还发生在 T_3 时刻。

从例7.1中可以看出：因为外输入信号 X 与状态机的系统时钟 $Clock$ 实际上是不同步的，相对于时钟 $Clock$ 来讲，输入信号 X 的变化是随机的，而状态机的输出信号 Z 又恰恰是输入信号 X 的组合逻辑函数。所以，尽管输出信号 Z 同时也是状态 Q^n（与 $Clock$ 同步）的组合逻辑函数，但是输出信号 Z 与时钟 $Clock$ 实际上也是不同步的，它仍然会随着输入信号 X 的变化而变化，这一点是米里型状态机的缺点。因此，**当采集一个米里型状态机电路的输出信号时，必须十分小心。只有在输入信号变化过后，电路已经稳定时，才能采集电路的输出信号**。然而，米里型状态机的这个缺点同时又是它的一个优点。正是由于输出信号 Z 同时是输入信号 X 和状态变量 Q^n 的逻辑函数，所以就使得我们有可能绕过系统时钟 $Clock$，而通过外输入信号 X 对状态机的输出信号 Z 实施控制。

2. 摩尔型状态机

因为外输入信号 $\boldsymbol{X}^n$ 与状态机的系统时钟信号 $Clock$ 在一般情况下是不同步的，而米里型状态机的输出信号 $\boldsymbol{Z}^n$ 又是 $\boldsymbol{X}^n$ 的组合逻辑函数，所以 $\boldsymbol{Z}^n$ 在一般情况下也与时钟信号 $Clock$ 不同步。为了克服米里型状态机的输出信号 $\boldsymbol{Z}^n$ 易受**非同步的**外输入信号 $\boldsymbol{X}^n$ 变化的影响而变得不稳定的缺点，提出了第二种类型的状态机——摩尔型状态机。摩尔型状态机的结构图如图7.7所示。图中的"次态逻辑"和"输出逻辑"同样都是组合型逻辑电路，而状态存储器也是由触发器所构成。观察一下图7.7，发现它与图7.4的不同之处就在于："输出逻辑"组合电路的输入信号只有现态信号 $\boldsymbol{Q}^n$ 而无"非同步"的外输入信号 $\boldsymbol{X}^n$，换句话说，**摩尔型状态机的输出信号 $\boldsymbol{Z}^n$，仅取决于电路的现态信号 $\boldsymbol{Q}^n$（$\boldsymbol{Y}^n$），它只是 $\boldsymbol{Q}^n$ 的逻辑函数。外输入信号 $\boldsymbol{X}^n$ 只能通过状态信号 $\boldsymbol{Q}^n$ 间接地影响输出信号 $\boldsymbol{Z}^n$**。这就是摩尔型状态机的特点。图7.7中各信号之间的关系可用下面的式子表示：

输出方程 $\boldsymbol{Z}^n = F[\boldsymbol{Q}^n]$ (7.13)

驱动方程 $\boldsymbol{W}^n = G[\boldsymbol{X}^n, \boldsymbol{Q}^n]$ (7.14)

状态方程 $\boldsymbol{Q}^{n+1} = S[\boldsymbol{W}^n] = H[\boldsymbol{X}^n, \boldsymbol{Q}^n]$ (7.15)

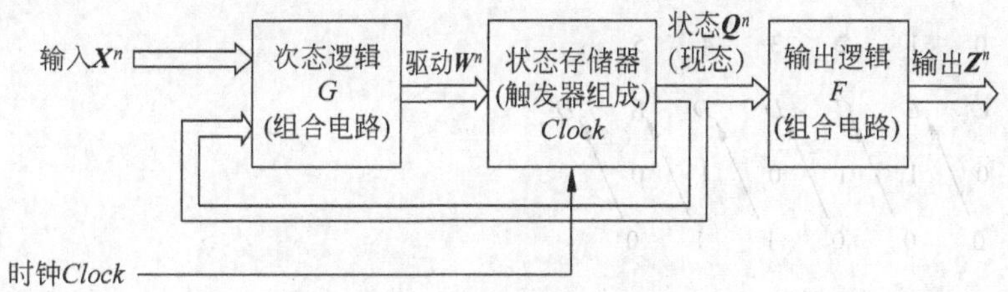

图7.7 摩尔型状态机结构框图

不难看出，**对于摩尔型状态机来讲，除了它的输出方程与米里型状态机不同以外，它的驱动方程和状态方程都与米里型状态机完全相同**。

由于摩尔型状态机的输出信号 $\boldsymbol{Z}^n$ 仅仅是现态信号 $\boldsymbol{Q}^n$ 的逻辑函数，而现态信号 $\boldsymbol{Q}^n$ 的持续时间是一个时钟周期，且它与时钟信号 $Clock$ 是同步的，所以摩尔型状态机的输出信号 $\boldsymbol{Z}^n$ 的持续时间也是一个时钟周期，它不再会受到"非同步"的外输入信号 $\boldsymbol{X}^n$ 的影响，并且它与时钟也是同步的。这一点可以从下面的实例中看出。例7.2是一个用状态转换图和状态转换表描述的摩尔型状态机。

【例 7.2】 某个摩尔型状态机的状态转换图和状态转换表如图 7.8(a)、(b)所示。已知输入序列 $X=011010$，假定状态机的启始状态为 C，试确定该状态机对此输入序列的输出响应序列，画出相应的定时波形图。

解：

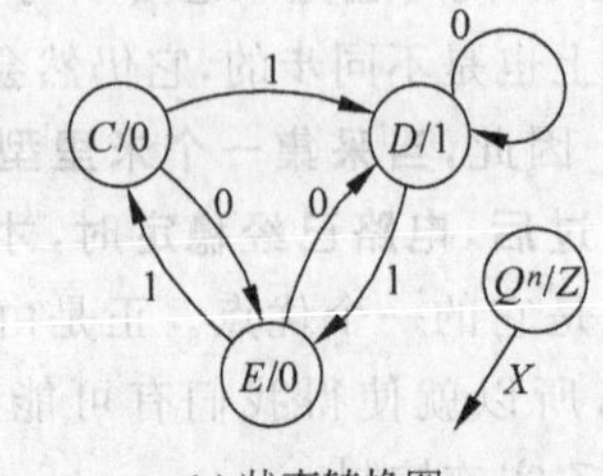

(a) 状态转换图

现态 Q^n	输入X 0	1	输出Z
C	E	D	0
D	D	E	1
E	D	C	0

次态Q^{n+1}/输出Z

(b) 状态转换表

图 7.8 例 7.2 某摩尔型状态机的两种描述方法

我们发现，图 7.8(a)所示的状态转换图与图 7.5(a)中的状态转换图的不同之处就在于：前者将输出 Z 放到了表示"状态"的"圆圈"之内。这是因为摩尔型状态机的输出 Z 只与现态 Q^n 有关。

另外，图 7.8(b)所示的状态转换表与图 7.5(b)中的状态转换表在格式上也有所不同。在图 7.8(b)的状态转换表中，将输出 Z 从次态表格中移出并单独地列成一列。这样做的原因是，摩尔型状态机的输出 Z 与输入 X 无关，它只与现态 Q^n 有关，是现态 Q^n 的逻辑函数。

根据题意，状态机的启始状态为 C。所以在启始时刻 0 时，现态是 C。根据图 7.8 的状态转换图和状态转换表，知道此时的输出 $Z=0$(它只与现态有关而与输入无关)。又因为此时的输入 $X=0$，所以状态机的次态将会是 E。于是，在下一个时钟周期的有效边沿到来时，即：在时刻 1，状态机的状态翻转到 E，状态 E 成为现态，这时的输出，根据图 7.8，应该是 $Z=0$。与此同时，输入 X 变成 1，所以状态机的次态又将会是 C。对于输入序列的后续数值，重复上述确定输出 Z 和次态 Q^{n+1} 的过程，于是得到此摩尔型状态机对输入序列 X 的响应行为如下：

时刻	0	1	2	3	4	5	
现态	C	E	C	D	D	E	D
输入	0	1	1	0	1	0	
输出	0	0	0	1	1	0	
次态	E	C	D	D	E	D	

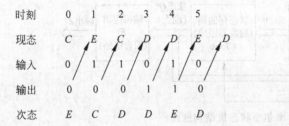

因此，当输入序列 $X=011010$ 施加到启始状态为 C 的本状态机时，状态机产生的输出序列为

$$Z=000110$$

图 7.9 所示为该摩尔型状态机对于给定的输入序列而产生的实际电路定时波形图。与例 7.1 一样，本例中所有的状态翻转均发生在时钟由高到低的跳变(下降沿)上。

注意到图 7.9 中，输出信号 Z 的波形。我们看到：在一个摩尔型状态机电路中，输出信号 Z 的所有变化(跳变)均发生在时钟的有效边沿上，即：它与时钟是同步的。这是因为输

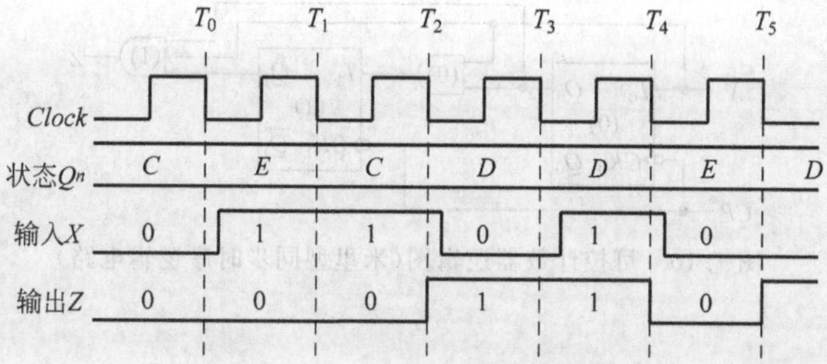

图 7.9 例 7.2 某摩尔型状态机的定时波形

出 Z 仅仅是状态(现态)的函数,从而只有当状态改变时输出才可能改变。因此,在“非同步”的外输入 X 发生任何变化时,输出 Z 都能够保持稳定。这一点与例 7.1 所描述的米里型状态机是不同的。所以在典型的情况下,一个摩尔型状态机所展现出的输出特性(输出波形)要优于具有同样功能的米里型状态机。换句话说,在摩尔型状态机中,外输入信号 X 的变化不会“立即”反映到输出信号 Z 的波形中,不会再出现米里型状态机输出信号中的那种不希望看到的“毛刺”现象。

当然,任何事物都是一分为二的,所有的事物都具有两重性,摩尔型状态机和米里型状态机也不例外。就输出波形的“洁净”性而言,摩尔型状态机确实要优于米里型状态机。但是,米里型状态机也有它的优点。正如前面已经提到过的,由于米里型状态机的输出信号同时是输入信号和状态信号的函数,因此,这就给设计人员在设计状态机的输出时以更多的灵活性。另外,在一般情况下,为完成同样的逻辑操作,一个米里型状态机比一个具有同等(等效)逻辑功能的摩尔型状态机所需要的状态个数要少①。这就意味着,在逻辑功能相同的前提下,米里型状态机比摩尔型状态机所需要的触发器个数少,电路更简单,成本更低廉。

在实际应用中,究竟是使用米里型状态机还是摩尔型状态机要视具体情况而定,不能一概而论。实际上,如何将状态机准确地划分成米里型和摩尔型其实并不重要,重要的是应该如何确定状态机的输出结构,以使得它满足设计项目的需要,这些需要包括电路的定时特性和灵活性。

7.1.3 同步时序电路的描述方法

为了分析或者设计一个同步时序逻辑电路——钟控同步状态机,有必要对描述同步时序逻辑电路的方法进行总结归纳。类似于组合逻辑电路,时序逻辑电路也有多种描述方法。在 7.1.2 小节,已经接触到一些描述时序逻辑电路的方法。本小结将通过实例来系统地阐述时序逻辑电路的描述方法。

1. 米里型同步时序逻辑电路的描述方法

图 7.10 所示为一个可控计数器的逻辑图。可以看出,这是一个米里型的同步时序逻辑电路。该电路的组成结构以及与之相关的信号分析如下:

① 参见例 7.7、例 7.10,并与习题 7-35 比较。

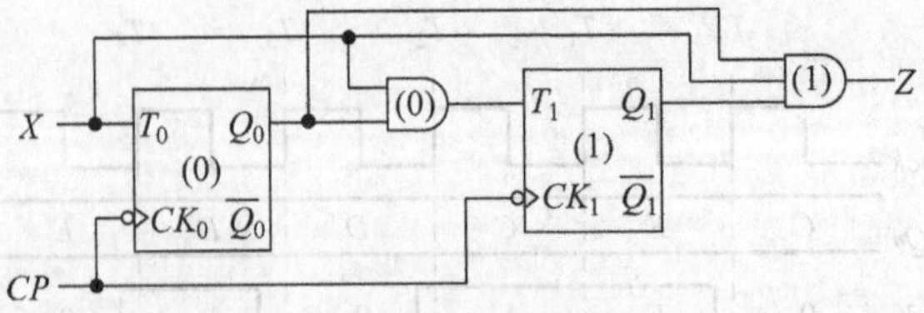

图 7.10 可控计数器逻辑图(米里型同步时序逻辑电路)

结构：

状态存储器：由 1 号和 0 号两个 T 型触发器构成；

次态逻辑(组合)电路：由 0 号“与”门和输入线组成；

输出逻辑(组合)电路：由 1 号“与”门构成。

信号：

输入信号：X；

输出信号：Z；

状态信号：Q_1, Q_0；

时钟脉冲输入信号：CP。

需要特别指出的是：在同步时序逻辑电路中，因为各触发器共用同一个时钟脉冲信号 CP，所以各触发器的翻转，是在同一个时钟的作用下同时完成的。因此，**在同步电路中不把时钟 CP 作为外输入信号看待**。于是，就有如下的 5 种描述时序逻辑电路的方法。

1) 逻辑方程式

如同组合逻辑电路可以由一组逻辑函数表达式来描述一样，时序逻辑电路也可以由逻辑方程式来描述。不过，正如 7.1.1 小节所阐述的那样，描述时序逻辑电路的逻辑方程式不是一组而是三组，即：输出方程组、驱动(激励)方程组和状态方程组，如 7.1.1 小节的函数表达式(7.1)、(7.2)、(7.3)所示的那样。其中，前两者都属于组合逻辑函数表达式；而后者，其实就是构成状态存储器的触发器的特性方程。具体到图 7.10 所示的时序电路，其逻辑方程式如下：

输出方程组：

$$Z = XQ_1Q_0$$

驱动(激励)方程组：

$$T_1 = XQ_0$$

$$T_0 = X$$

状态方程组：

$$Q_1^{n+1} = T_1 \oplus Q_1 = XQ_0 \oplus Q_1$$

$$Q_0^{n+1} = T_0 \oplus Q_0 = X \oplus Q_0$$

可以看出，在输出方程组中只有一个输出方程，这是因为图 7.10 所示的时序电路只有一个输出信号。但是，该时序电路的状态存储器是由两个 T 触发器构成的，所以驱动方程组和状态方程组中各有两个方程。

逻辑方程式简明、概括、便于运算和书写，是描述时序逻辑电路功能的函数表达式，它是描述时序逻辑电路的方法之一。

需要注意的是：**时序逻辑电路的现态和次态，实际上就是组成状态存储器的各触发器的现态和次态的组合**。具体到图 7.10 所示的时序电路，其现态用 Q_1Q_0 或 $Q_1^nQ_0^n$ 的组合表示，次态用 $Q_1^{n+1}Q_0^{n+1}$ 的组合表示。

2）状态表

在 7.1.2 小节的例 7.1 和例 7.2 中，已经接触到了状态转换表。状态转换表直观、明了，是反映时序逻辑电路中各逻辑变量之间逻辑关系的表格，这些逻辑变量包括输入变量 $\boldsymbol{X}$、输出变量 $\boldsymbol{Z}$、现态变量 $\boldsymbol{Y}(\boldsymbol{Q})$、次态变量 $\boldsymbol{Y}^{n+1}(\boldsymbol{Q}^{n+1})$ 和各种触发器的输入驱动变量 $\boldsymbol{W}(J$、K、D、T 等)。状态表在描述时序电路时所处的地位类似于真值表在描述组合电路时所处的地位，因此，状态表也是描述时序电路的方法之一。状态表的种类很多、格式各异、名称也各不相同，但归纳起来大致分为如下 3 种：

(1) 状态转换表

在分析时序逻辑电路时，常常要用到状态转换表，它是分析时序电路的重要工具。此时，已知量是当前的输入变量 $\boldsymbol{X}$ 和现态变量 $\boldsymbol{Y}(\boldsymbol{Q})$；而未知量(待求量)是当前的输出变量 $\boldsymbol{Z}$ 和次态变量 $\boldsymbol{Y}^{n+1}(\boldsymbol{Q}^{n+1})$。因此，仿照真值表的列写方法：**在列写状态转换表时，将已知量(输入 $\boldsymbol{X}$ 和现态 $\boldsymbol{Q}$)列于表格左边，而将未知量(输出 $\boldsymbol{Z}$ 和次态 $\boldsymbol{Q}^{n+1}$)列于表格右边。将已知量的所有可能的取值组合全部列出(此处有 8 种组合)，再将这些取值组合一一代入输出方程和状态方程，算出各输出信号和次态信号的取值并将它们列于表格的右边。**图 7.10 所示时序电路的状态转换表如表 7.1 所示。

表 7.1 状态转换表 1

No.	外输入 X	现态(n)		输出 Z	次态($n+1$)	
		Q_1	Q_0		Q_1	Q_0
0	0	0	0	0	0	0
1	0	0	1	0	0	1
2	0	1	0	0	1	0
3	0	1	1	0	1	1
4	1	0	0	0	0	1
5	1	0	1	0	1	0
6	1	1	0	0	1	1
7	1	1	1	1	0	0

在表 7.1 中，用标注(n)和($n+1$)分别表示状态变量 Q 在现时刻(现态)和下一个时刻(次态)的值。而未加标注的外输入变量 X 和输出变量 Z，均表示现时刻(现态)的值。这与在 7.1.1 小节所讨论的情形，即：方程式(7.7)、(7.8)、(7.9)的规定是一样的。

还可以把表 7.1 的格式再简化一下，如表 7.2 所示。在这里，直接写出外输入变量 X、输出变量 Z、现态 Q 和次态 Q^{n+1}，而且不再用(n)和($n+1$)来标注状态变量 Q 的现态和次态。

表 7.2 状态转换表 2

No.	X	Q_1	Q_0	Z	Q_1^{n+1}	Q_0^{n+1}
0	0	0	0	0	0	0
1	0	0	1	0	0	1

续表

No.	X	Q_1	Q_0	Z	Q_1^{n+1}	Q_0^{n+1}
2	0	1	0	0	1	0
3	0	1	1	0	1	1
4	1	0	0	0	0	1
5	1	0	1	0	1	0
6	1	1	0	0	1	1
7	1	1	1	1	0	0

另外，状态转换表还有另一种形式，如表 7.3 所示。例 7.1 中的状态转换表(图 7.5(b))，实际上就是这种形式。该状态转换表的行、列分别列出了输入变量 X 和现态变量 Q(它们作为已知量)的组合，而且编码按格雷码的顺序排列。表格的内容是次态 Q^{n+1} 和输出 Z(它们作为未知量)，其格式为 $Q_1^{n+1}Q_0^{n+1}/Z$。从表面上看，这种形式的状态转换表很像卡诺图。其实，它就是按照卡诺图的形式画出来的状态转换表。在以后的分析叙述中将会看到，将此状态转换表"一分为三"，就可以很容易地得到次态 Q_1^{n+1}、Q_0^{n+1} 和输出 Z 的卡诺图。这就是将状态转换表画成如此形式的目的。

表 7.3 状态转换表 3

Q_1Q_0 \ X	0	1
00	00/0	01/0
01	01/0	10/0
11	11/0	00/1
10	10/0	11/0

$Q_1^{n+1}Q_0^{n+1}/Z$

(2) 状态转换真值表

状态转换真值表比状态转换表多了一栏，它将各触发器的输入驱动信号 W 作为中间结果列在表格的中间(位于已知量和未知列的中间)。其实，驱动信号 W 也是未知量，它是输入变量 X 和现态变量 Q 的逻辑函数。把已知量(输入变量和现态变量)的各种取值组合分别代入驱动方程就可算出驱动信号的各个数值，然后将它们列入表中。**状态转换真值表也是用于分析时序逻辑电路的工具**。图 7.10 所示时序电路的状态转换真值如表 7.4 所示。

表 7.4 状态转换真值表

No.	外输入 X	现态(n)		驱动		输出 Z	次态(n+1)	
		Q_1	Q_0	T_1	T_0		Q_1	Q_0
0	0	0	0	0	0	0	0	0
1	0	0	1	0	0	0	0	1
2	0	1	0	0	0	0	1	0
3	0	1	1	0	0	0	1	1
4	1	0	0	0	1	0	0	1
5	1	0	1	1	1	0	1	0
6	1	1	0	0	1	0	1	1
7	1	1	1	1	1	1	0	0

在实际应用中，往往不特别地区分状态转换表和状态转换真值表，而是将二者统称为状态转换表或简称状态表。在实际列写状态表时，总是根据需要来确定在表中列上或是不列上驱动信号 W 这一栏。

(3) 状态转换驱动表

与状态转换表和状态转换真值表的作用不同，**状态转换驱动表是用于设计时序逻辑电**

路的工具。因此,它的格式也与前两者有所不同。在状态转换驱动表中,已知量是当前的输入变量 $\boldsymbol{X}$、现态变量 $\boldsymbol{Y}(\boldsymbol{Q})$ 以及次态变量 $\boldsymbol{Y}^{n+1}(\boldsymbol{Q}^{n+1})$;而未知量则是当前的输出变量 $\boldsymbol{Z}$ 和各触发器的输入驱动信号 $\boldsymbol{W}$。因此,**在列写状态转换驱动表时,将已知量(输入 X、现态 Q 和次态 Q^{n+1})列于表格左边,而将未知量(输出 Z 和驱动信号 W)列于表格右边**。表 7.5 所示为图 7.10 所示时序电路的状态转换驱动表的栏目①。以后,我们将体会到状态转换驱动表在设计时序逻辑电路方面的作用。

表 7.5 状态转换驱动表

No.	外输入 X	现态(n)		次态($n+1$)		输出 Z	驱动	
		Q_1	Q_0	Q_1	Q_0		T_1	T_0

3) 状态转换图

状态转换图(简称状态图)是另一种描述时序逻辑电路的方法。它直观、形象,使得我们一下子就能看出时序逻辑电路所具有的所有状态以及各状态之间相互转换的趋势和转换条件。据此,我们就可以断定该时序电路的逻辑功能以及它所具有的各种特性。正如前面所提到的,**时序逻辑电路的状态,实际上就是组成时序电路状态存储器的各触发器的状态组合(各触发器输出端 Q 的组合)**。

在米里型状态机的状态转换图中,**用"圆圈"表示电路的一个"状态"。在圆圈中标上字母代表该状态的名称**。另外,**在圆圈中也经常标以各触发器输出端 Q 的二进制编码组合来代表状态的名称**。这个二进制编码组合就叫做该状态的"状态编码"。在各个表示状态的圆圈之间用带箭头的直线或弧线表示状态的转换方向。在带箭头的直线或弧线的旁边标注上状态转换的输入条件和时序电路的输出,其格式一般为"输入/输出",即:"$\boldsymbol{X}/\boldsymbol{Z}$"。**这些格式均反映在状态图旁边的"图例"中**。像图 7.10 所示的米里型同步时序电路,其状态转换图如图 7.11 所示。图 7.11(a)是以 $\boldsymbol{Q}$ 的二进制编码(状态编码)表示状态;图 7.11(b)是以带下标的字母表示状态,而下标数值就是 $\boldsymbol{Q}$ 的二进制编码的等效十进制数。

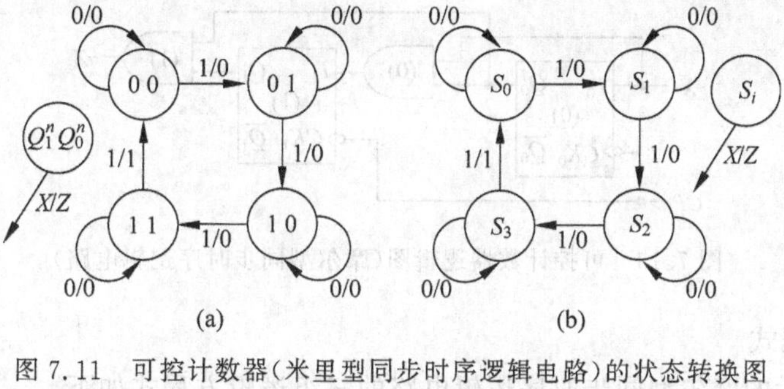

图 7.11 可控计数器(米里型同步时序逻辑电路)的状态转换图

4) 逻辑图

所谓逻辑图就是逻辑电路(原理)图,它当然是描述时序逻辑电路的一种方法。图 7.10

① 因为图 7.10 所示的可控计数器是已设计好的时序电路,而状态转换驱动表又是设计时序电路的工具,所以表 7.5 所示状态转换驱动表的栏目内容未列出。

就是可控计数器(米里型同步时序逻辑电路)的逻辑图。

5) 时序(波形)图

时序图也叫工作波形图。它是全面反映时序逻辑电路的输出信号和状态信号随时间变化规律的图形。另外,时序图还反映出上述这些信号相互之间以及它们与时钟信号、外输入信号之间的相位关系。时序图是在实验中可通过仪器观察到的波形。图 7.10 中的可控计数器的时序图如图 7.12 所示。由图 7.10 知,两个 T 触发器的时钟信号均是下降沿有效,所以图 7.12 中各状态信号的翻转均发生在时钟的下降沿上。

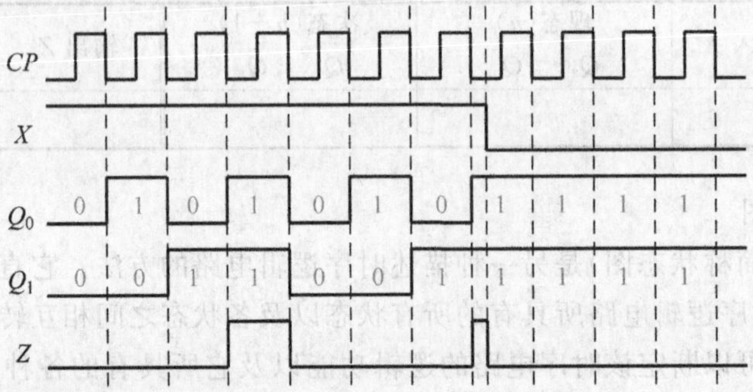

图 7.12　可控计数器(米里型)的时序图

2. 摩尔型同步时序逻辑电路的描述方法

将图 7.10 所示的可控计数器稍加修改,就得到了另一种可控计数器,图 7.13 所示为它的逻辑图。可以看出,这是一个摩尔型同步时序逻辑电路。该电路的组成结构以及与之相关的信号与图 7.10 所示的电路没什么两样,所不同的地方就在于代表输出逻辑的 1 号"与"门的输入端只连接了两个状态信号 Q_1 和 Q_0(没有连接输入信号 X),而这正是摩尔型同步时序逻辑电路的特点。因此,应该对有关摩尔型同步时序逻辑电路的 5 种描述方法进行某些相应的修改。然而,这些修改都是围绕着时序电路的输出信号来进行的,因为**摩尔型同步时序逻辑电路的输出信号仅仅是现态信号的逻辑函数**。

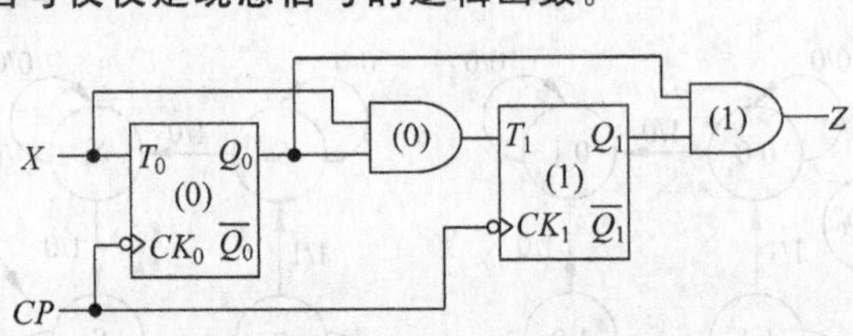

图 7.13　可控计数器逻辑图(摩尔型同步时序逻辑电路)

1) 逻辑方程式

图 7.13 所示的摩尔型同步时序逻辑电路的三组逻辑方程式如下:

输出方程组:

$$Z = Q_1 Q_0$$

驱动(激励)方程组:

$$T_1 = XQ_0$$
$$T_0 = X$$

状态方程组：

$$Q_1^{n+1}=T_1\oplus Q_1=XQ_0\oplus Q_1$$

$$Q_0^{n+1}=T_0\oplus Q_0=X\oplus Q_0$$

可以看出，除了输出方程组以外，摩尔型同步时序逻辑电路与米里型同步时序逻辑电路的驱动方程组和状态方程组都是一样的。对于摩尔型同步时序逻辑电路而言，输出信号 Z 仅仅是现态信号 Q_1、Q_0 的组合逻辑函数。

2）状态表

由于摩尔型同步时序逻辑电路的输出信号仅仅是现态信号的逻辑函数，所以在列写描述摩尔型同步时序逻辑电路的状态表时，应该把输出信号 Z 单独列成一个表格。

(1) 状态转换表

图 7.13 所示摩尔型同步时序逻辑电路的状态转换表如表 7.6 的(a)、(b)所示。其中，表(a)为状态转换表，它是将已知量（输入 X 和现态 Q）列于表格左边，而将未知量（次态 Q^{n+1}）列于表格右边。表(b)为输出函数表，它是将已知量（现态 Q）列于表格左边，而将未知量（输出 Z）列于表格右边。计算这两个表格中的未知量时，要分别用到状态方程和输出方程。

表 7.6 (a)状态转换表

No.	外输入	现态(n)		次态(n+1)	
	X	Q_1	Q_0	Q_1	Q_0
0	0	0	0	0	0
1	0	0	1	0	1
2	0	1	0	1	0
3	0	1	1	1	1
4	1	0	0	0	1
5	1	0	1	1	0
6	1	1	0	1	1
7	1	1	1	0	0

表 7.6 (b)输出函数表

No.	现态(n)		输出 Z
	Q_1	Q_0	
0	0	0	0
1	0	1	0
2	1	0	0
3	1	1	1

表 7.6 同样可以用更为简洁的形式列出。如表 7.7 的(a)、(b)所示。

表 7.7 (a)状态转换表

No.	X	Q_1	Q_0	Q_1^{n+1}	Q_0^{n+1}
0	0	0	0	0	0
1	0	0	1	0	1
2	0	1	0	1	0
3	0	1	1	1	1
4	1	0	0	0	1
5	1	0	1	1	0
6	1	1	0	1	1
7	1	1	1	0	0

表 7.7 (b)输出函数表

No.	Q_1	Q_0	Z
0	0	0	0
1	0	1	0
2	1	0	0
3	1	1	1

另外，状态转换表的卡诺图形式如表 7.8 的(a)、(b)所示。在此，也是将输出信号 Z 单独地列成一个输出函数表。

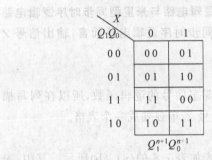

表 7.8 (a) 状态转换表

Q_1Q_0 \ X	0	1
00	00	01
01	01	10
11	11	00
10	10	11

$Q_1^{n+1}Q_0^{n+1}$

表 7.8 (b) 输出函数表

Q_1 \ Q_0	0	1
0	0	0
1	0	1

Z

(2) 状态转换真值表

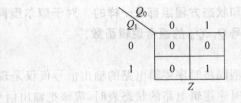

摩尔型同步时序逻辑电路的状态转换真值表与状态转换表一样，也是将输出信号单独地列出，即单独地构成一个输出函数表。图 7.13 所示摩尔型同步时序逻辑电路的状态转换真值表如表 7.9 的(a)、(b)所示。

表 7.9 (a)状态转换真值表

No.	外输入	现态(n)		驱动		次态($n+1$)	
	X	Q_1	Q_0	T_1	T_0	Q_1	Q_0
0	0	0	0	0	0	0	0
1	0	0	1	0	0	0	1
2	0	1	0	0	0	1	0
3	0	1	1	0	0	1	1
4	1	0	0	0	1	0	1
5	1	0	1	1	1	1	0
6	1	1	0	0	1	1	1
7	1	1	1	1	1	0	0

表 7.9 (b)输出函数真值表

No.	现态(n)		输出 Z
	Q_1	Q_0	
0	0	0	0
1	0	1	0
2	1	0	0
3	1	1	1

(3) 状态转换驱动表

对于摩尔型同步时序逻辑电路来讲，在列写状态转换驱动表时，将已知量(输入 X、现态 Q 和次态 Q^{n+1})列于表格左边，而将未知量(驱动信号 W)列于表格右边；同时将输出信号单独列成一个表格，该表格的左边是现态 Q(已知量)，右边是输出 Z(未知量)。表 7.10(a)、(b)所示为图 7.13 所示摩尔型同步时序逻辑电路的状态转换驱动表的栏目。

表 7.10 (a)状态转换驱动表

No.	外输入 X	现态(n)		次态($n+1$)		驱动	
		Q_1	Q_0	Q_1	Q_0	T_1	T_0

表 7.10 (b)输出函数表

No.	现态(n)		输出 Z
	Q_1	Q_0	

3) 状态转换图

摩尔型同步时序逻辑电路的状态转换图(状态图)与米里型的状态转换图有所不同。由于在摩尔型同步时序逻辑电路中，输出 Z 仅仅是现态 Q 的逻辑函数，所以在摩尔型同步时序逻辑电路的状态图里，用以表示电路“状态”的“圆圈”中不仅要标上代表状态名称的字母或该状态的“状态编码”，而且还要标上输出信号 Z，其格式一般为“状态(现态)/输出”，即：“S_i/Z”或“Q/Z”。另外，在表示各状态转换方向的带箭头直线或弧线的旁边只标注状态转换的输入条件(外输入 X)。相应于图 7.13 所示的摩尔型同步时序逻辑电路，其状态转换图如图 7.14 所示。图 7.14(a)是以 Q 的二进制编码表示状态；图 7.14(b)是以带下标的字母表示状态，而下标就是 Q 的二进制编码的等效十进制数。

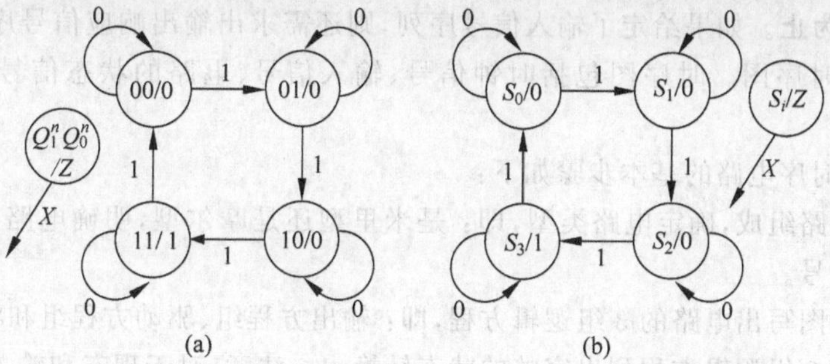

图 7.14　可控计数器(摩尔型同步时序逻辑电路)的状态转换图

4) 逻辑图

摩尔型同步时序逻辑电路(可控计数器)的逻辑图如图 7.13 所示。

5) 时序(波形)图

图 7.13 所示的摩尔型可控计数器的时序图如图 7.15 所示。在此要特别注意图 7.15 波形图中的输出信号 Z 与图 7.12 波形图的输出信号 Z 之间的差异。

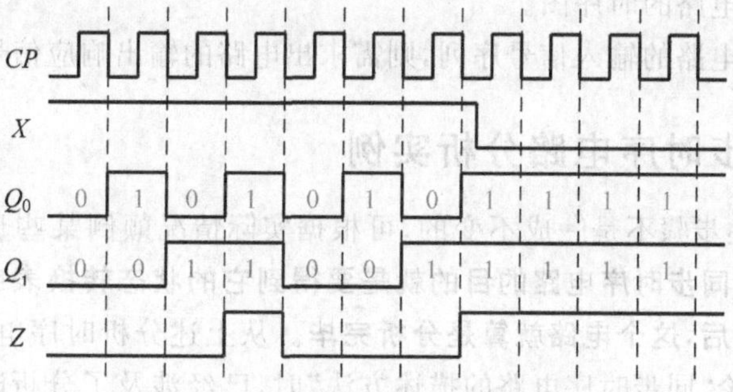

图 7.15　可控计数器(摩尔型)的时序图

7.2 同步时序逻辑电路——状态机的分析

就本章所要达到的总目标而言，我们要学习掌握同步时序逻辑电路——状态机的设计方法，即要解决电路的综合问题。在解决综合问题之前，首先让我们考查一下综合问题的反过程——分析问题。也就是说，如果先给定了一个同步时序逻辑电路的电路图，要求你给出该电路运行过程的描述(文字、逻辑方程或图形的形式)；根据这个描述，对给定的施加到电路输入端的信号波形去确定电路的输出信号波形；进而给出该电路逻辑功能的文字说明。

上述过程就是一个分析时序逻辑电路的过程。**分析是综合的逆过程，它是解决综合问题的基础**。

7.2.1 同步时序电路的分析步骤

分析时序电路的过程就是确定给定时序逻辑电路对给定输入信号序列的输出响应序列的过程。分析时序电路的目的，就是要判断给定电路的逻辑功能，弄清电路的输出、输入之间的逻辑关系。**分析的过程一般从逻辑图开始，到画出完整的状态图，并以简略文字说明电路的逻辑功能为止**。如果给定了输入信号序列，则还需求出输出响应信号序列。必要时还要画出电路的时序图。时序图包括时钟信号、输入信号、电路的状态信号和输出信号的波形。

分析同步时序电路的基本步骤如下：

- 分析电路组成，确定电路类型，即：是米里型还是摩尔型，明确电路的输入、输出和状态信号。
- 由逻辑图写出电路的3组逻辑方程，即：输出方程组、驱动方程组和状态方程组。
- 根据这3组逻辑方程列出完整的状态转换表。注意，对于现态和输入的每一种组合均需列出相应的次态和输出（必要时还可包括驱动信号）。如此，状态表才是完整的。
- 根据状态转换表画出完整的状态转换图。所谓完整的状态转换图，是指状态图中包含了电路所具有的所有状态（包括有效状态和无效状态）。状态转换图是状态转换表所含信息的图形表示形式。
- 根据状态图并结合常用电路的特点判断电路的逻辑功能。
- 按要求画出电路的时序图。
- 如果给定了电路的输入信号序列，则需求出电路的输出响应信号序列。

7.2.2 同步时序电路分析实例

7.2.1小节所述步骤不是一成不变的，可根据实际情况颠倒某些步骤的次序并有所取舍。**总的来讲，分析同步时序电路的目的就是要得到它的状态转换表或者状态转换图。因此，在达到此目的之后，这个电路就算是分析完毕**。从上述分析时序电路的步骤可以看出，在7.1.3小节中讨论"同步时序电路的描述方法"时，已经涉及了分析时序电路的问题。下面，将通过一些例题来说明分析时序电路的各个步骤。

【例7.3】 分析图7.16(a)所示电路的逻辑功能。设：两个输入信号序列 X_2、X_1 为

$$X_2: 1\,0\,1\,0\,1\,0\,0\,1\,1\,0\,1\,0$$
$$X_1: 1\,1\,1\,0\,0\,0\,1\,1\,0\,0\,0\,1$$

且触发器的初始状态为0，求电路的输出响应序列，画出相应的定时波形图。

解：(1) 电路组成。电路的输入信号是 X_2 和 X_1；输出信号是 Z。电路的组合电路部分是1位全加器；存储器部分只由一个D触发器构成。因为输出 Z 同时是输入 X_2、X_1 和现态 Q^n 的组合逻辑函数，所以确定该电路是米里型的同步时序电路。

(2) 电路的3组逻辑方程。根据全加器的逻辑功能以及D触发器的特性方程，写出时

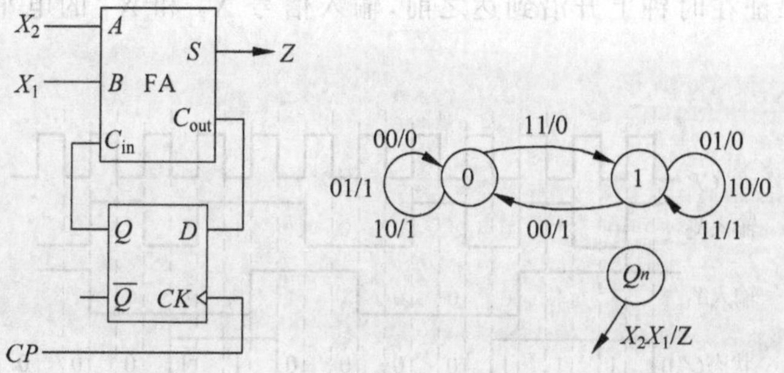

(a) 逻辑图 (b) 状态转换图

图 7.16 例 7.3 串行加法器

序电路的输出方程、驱动方程和状态方程分别为：

输出方程：$Z=S=A\oplus B\oplus C_{in}$

$=X_2\oplus X_1\oplus Q^n$

驱动方程：$D=C_{out}=AB+AC_{in}+BC_{in}$

$=X_2X_1+X_2Q^n+X_1Q^n$

状态方程：$Q^{n+1}=D=X_2X_1+X_2Q^n+X_1Q^n$

$=X_2X_1+(X_2+X_1)Q^n$

(3) 状态转换表。根据上面导出的 3 组逻辑方程，对输入和现态的每一种组合均算出其相应的次态和输出，从而列出完整的状态转换表，如表 7.11 所示。

表 7.11 例 7.3 状态转换表

No.	X_2	X_1	Q^n	Z	Q^{n+1}
0	0	0	0	0	0
1	0	0	1	1	0
2	0	1	0	1	0
3	0	1	1	0	1
4	1	0	0	1	0
5	1	0	1	0	1
6	1	1	0	0	1
7	1	1	1	1	1

(4) 状态转换图。根据完整的状态转换表就可以画出完整的状态转换图，如图 7.16(b)所示。由于该电路只有一个触发器，所以它有两个状态。

(5) 输出响应信号序列和时序图。时序图包括时钟 *Clock*、输入 X_2 与 X_1、状态 Q^n 和输出 Z 各信号波形，如图 7.17 所示。因此，时序图中的输出信号波形就反映了输出响应信号序列。

需要注意的是，我们假定输入信号 X_2 和 X_1 是与时钟的边沿相同步。换句话说，输入信号 X_2 和 X_1 的电平变化均发生在时钟的上升沿或者均发生于时钟的下降沿。由于图 7.16(a)所示时序电路的状态翻转发生在时钟的上升沿(因为图中用到了上升沿触发的 D 触发器)，所以在图 7.17 中让 X_2、X_1 的电平变化均发生在时钟的下降沿。这样做的目的，是为了保证在时钟上升沿到达之前，输入信号 X_2 和 X_1 的电平值均已处于稳定状态①。

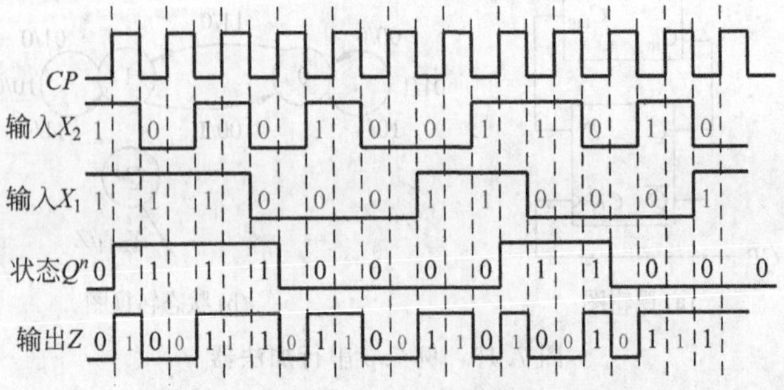

图 7.17 例 7.3 串行加法器的时序图

(6) 逻辑功能。该电路很难从状态图上看出它的逻辑功能，但是从图 7.17 所示的时序图可以看出，这个同步时序电路是一个串行加法器。其中：X_2 序列和 X_1 序列分别为被加数和加数(二进制数)，它们以串行的方式，按照时钟的节拍逐位输入到时序电路中(最低有效位在先)；输出序列信号 Z 是加法运算的结果——和。它也是按着时钟的节拍，以串行的方式逐位输出的(最低有效位在先)。

整个串行加法器的运行过程是：从最低有效位开始，两个多位二进制数 X_2 与 X_1 的对应位顺次相加，某位相加的和由 $S(Z)$ 端串行输出，该位的进位位由 C_{out} 输出至 D 触发器保存，在下一个时钟周期，该进位位再与较高位的被加数与加数一起送到全加器的输入端，从而实现较高位的相加。此过程一直进行到被加数和加数的最高有效位为止。

从图 7.17 的输出信号 Z 的波形中可以看出，真正有效的输出信号发生在时钟的下降沿和上升沿之间(如 Z 波形中较大号的数字所示)；而在时钟的上升沿和下降沿之间，输出 Z 的电平值是不可靠的(如 Z 波形中较小号的数字所示)。这是因为，在时钟的正跳变之后状态翻转，此时的现态信号是上一位相加后的进位值，然而就在此时(在时钟的下降沿到来之前)，X_2 与 X_1 的值仍然是上一位的数值。所以在此期间的 Z 电平值，实际上是被加数与加数某对应位相加所产生的进位位再一次和该位的被加数与加数相加的和。之所以出现这种情形，是由米里型时序电路的特点所决定的，即：它的输出信号同时是现态和输入的组合逻辑函数。因此在时钟的上升沿和下降沿之间反映在输出 Z 上的电平值不是真正的“和”输出。

【例 7.4】 分析图 7.18(a)所示电路的逻辑功能，设：X 为非同步的外输入信号，但它在电路的每次状态翻转之前，即时钟的下降沿之前是稳定的。按图 7.18(b)所给定的输入信号 X 与时钟 CP 的波形图，画出电路的时序图，假定触发器的初始状态均为 0。

解：(1) 电路组成。此电路的组合电路部分由门电路构成，它只有一个外输入信号 X。电路的存储器部分是由 3 个下降沿触发的 T 触发器构成，它们共用同一个时钟，所以这是

① 在同步时序电路中，一般要求外输入信号的电平变化与时钟信号同步，如果不同步，也要设法让其同步，这叫做输入信号的同步化。除此之外，还要求外输入信号的电平值在时钟的有效边沿(使电路状态翻转)到达之前已处于稳定状态，如此才能保证电路状态的可靠翻转。有关外输入信号的同步问题以及输入信号电平在电路状态翻转之前保持稳定的问题，本章不展开来进行讨论。

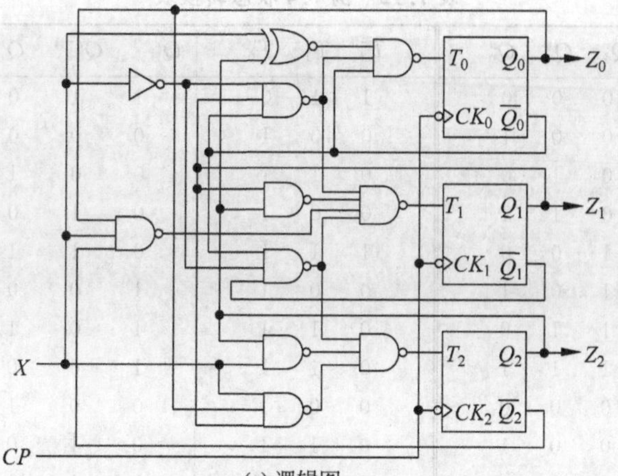

(a) 逻辑图

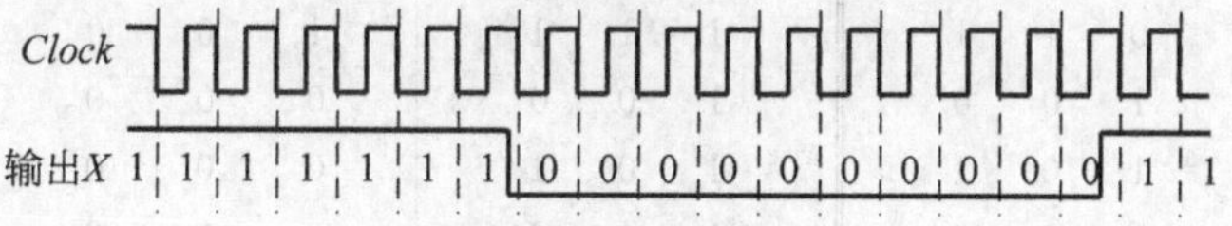

(a) 时钟和输入波形图

图 7.18 例 7.4 可控加/减计数器

一个同步时序电路。该电路有 3 个输出信号 Z_2、Z_1 和 Z_0,它们都直接来自于状态信号 Q_2^n、Q_1^n 和 Q_0^n,因此,确定该电路为摩尔型的同步时序电路。

(2) 电路的 3 组逻辑方程。根据图 7.18(a)中的门电路网络和 T 触发器的特性方程,写出此时序电路的输出方程、驱动方程和状态方程分别为:

输出方程: $Z_2=Q_2^n$; $Z_1=Q_1^n$; $Z_0=Q_0^n$

驱动方程:

$$T_2=\overline{\overline{XQ_2^n}\cdot\overline{\overline{\bar{X}\bar{Q}_1^n\bar{Q}_0^n}}\cdot\overline{XQ_1^nQ_0^n}}$$

$$=XQ_2^n+\bar{X}\bar{Q}_1^n\bar{Q}_0^n+XQ_1^nQ_0^n$$

$$T_1=\overline{\overline{\bar{X}\,\bar{Q}_1^n\bar{Q}_0^n}\cdot\overline{X\bar{Q}_2^nQ_0^n}\cdot\overline{\bar{X}Q_1^n\bar{Q}_0^n}\cdot\overline{\overline{\overline{Q_2^nQ_1^n}}}}$$

$$=\bar{X}\bar{Q}_1^n\bar{Q}_0^n+X\bar{Q}_2^nQ_0^n+\bar{X}Q_1^n\bar{Q}_0^n+Q_2^nQ_1^n$$

$$=\bar{X}\bar{Q}_0^n+X\bar{Q}_2^nQ_0^n+Q_2^nQ_1^n$$

$$T_0=\overline{\overline{Q_0^n}\cdot\overline{X\oplus Q_2^n}\cdot\overline{\overline{\bar{X}Q_1^n\bar{Q}_0^n}}}$$

$$=Q_0^n+(X\oplus Q_2^n)+\bar{X}Q_1^n\bar{Q}_0^n$$

$$=Q_0^n+(X\oplus Q_2^n)+\bar{X}Q_1^n$$

状态方程:

$$Q_2^{n+1}=T_2\oplus Q_2^n$$

$$Q_1^{n+1}=T_1\oplus Q_1^n$$

$$Q_0^{n+1}=T_0\oplus Q_0^n$$

(3) 状态转换表。根据上面导出的 3 组逻辑方程,对输入和现态的每一种组合均算出其对应的驱动、次态和输出(本题即为现态信号),从而列出完整的状态转换表(也可以叫做状态转换真值表),如表 7.12 所示。

表 7.12　例 7.4 状态转换表

No.	X	Q_2^n	Q_1^n	Q_0^n	T_2	T_1	T_0	Q_2^{n+1}	Q_1^{n+1}	Q_0^{n+1}	Z_2	Z_1	Z_0
0	0	0	0	0	1	1	0	1	1	0	0	0	0
1	0	0	0	1	0	0	1	0	0	0	0	0	1
2	0	0	1	0	0	1	1	0	0	1	0	1	0
3	0	0	1	1	0	0	1	0	1	0	0	1	1
4	0	1	0	0	1	1	1	0	1	1	1	0	0
5	0	1	0	1	0	0	1	1	0	0	1	0	1
6	0	1	1	0	0	1	1	1	0	1	1	1	0
7	0	1	1	1	0	1	1	1	0	0	1	1	1
8	1	0	0	0	0	0	1	0	0	1	0	0	0
9	1	0	0	1	0	1	1	0	1	0	0	0	1
10	1	0	1	0	0	0	1	0	1	1	0	1	0
11	1	0	1	1	1	1	1	1	0	0	0	1	1
12	1	1	0	0	1	0	0	0	0	0	1	0	0
13	1	1	0	1	1	0	1	0	0	0	1	0	1
14	1	1	1	0	1	1	0	0	0	0	1	1	0
15	1	1	1	1	1	1	1	0	0	0	1	1	1

(4) 状态转换图。根据状态转换表 7.12，画出完整的状态转换图如图 7.19 所示。由于该电路有 3 个 T 触发器，所以它应该有 8 个状态。

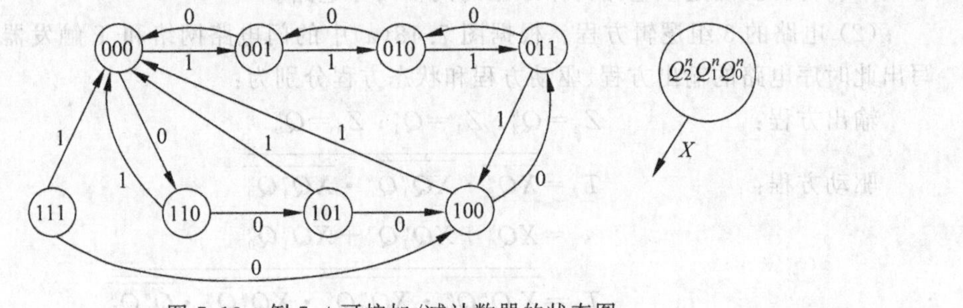

图 7.19　例 7.4 可控加/减计数器的状态图

(5) 逻辑功能。从状态图可以看出，这个时序电路有一个主循环状态圈，它们是：000，001，010，011，100，101，110。电路正常工作时，应该在这个主循环内进行状态的转换。当 X 为 1 时，电路的输出信号 $Z_2Z_1Z_0$（状态信号 $Q_2^nQ_1^nQ_0^n$）为 000，001，010，011，100，000，…，这是一个五进制的加法计数器；而当 X 为 0 时，电路的输出信号 $Z_2Z_1Z_0$ 为 000，110，101，100，011，010，001，000，…，这是一个七进制的减法计数器。所以，该时序电路是一个受控于外输入信号 X 的**加/减计数器**。将主循环内的状态叫做**有效状态**，状态 111 不属于主循环状态，它是**无效状态**。如果电路因某种原因进入无效状态 111，则不论 X 为何值，在经过一个时钟周期后，电路都将进入主循环内。**称这种能在若干个时钟周期后自动地进入到有效循环状态内的电路为可自启动的同步时序电路**。

(6) 时序图。时序图如图 7.20 所示。由于本电路使用了具有下降沿触发的 T 触发器，所以在时序图中，状态的翻转是发生在时钟的下降沿。

注意：输入信号 X 不与时钟同步，但在时钟下降沿之前的瞬间必须处于稳定的电平状态。

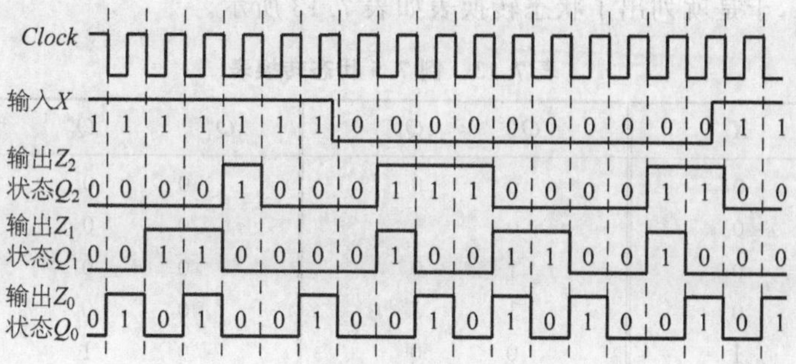

图 7.20　例 7.4 可控加/减计数器时序图

【例 7.5】 试分析图 7.21(a)所示电路的逻辑功能，设：X 是不与时钟下降沿同步的外输入信号。图 7.21(b)是给定的外输入信号 X 与时钟 CP 的波形图，试画出电路的时序图。假定状态 $Q_1^nQ_0^n$ 的初始值为 10。

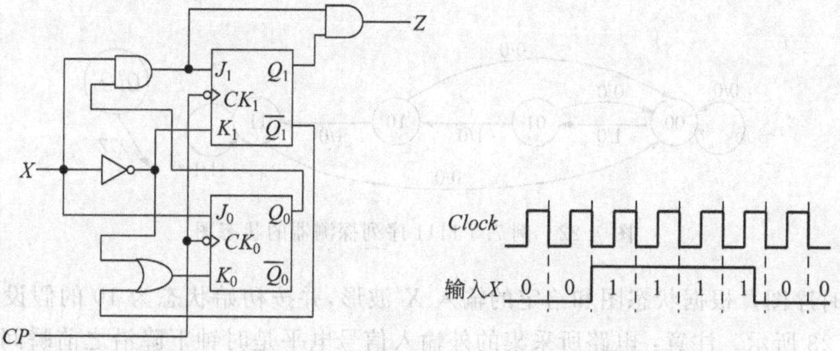

(a) 逻辑图　　　　(b) 时钟和输入波形图

图 7.21　例 7.5 1111 序列探测器

解：(1) 电路组成。此电路的存储器部分是由两个下降沿触发的 JK 触发器所构成，两个触发器共用同一个时钟，所以这是一个同步时序电路。电路的组合电路部分由门电路构成。该时序电路只有一个外输入信号 X 和一个输出信号 Z。输出 Z 同时受控于现态 $Q_1^nQ_0^n$ 和输入 X，所以这是一个米里型的同步时序电路。

(2) 电路的 3 组逻辑方程。根据图 7.21(a)中的门电路网络和 JK 触发器的特性方程，可写出此时序电路的输出方程、驱动方程和状态方程如下：

输出方程：
$$Z=XQ_1^nQ_0^n$$

驱动方程：
$$J_1=XQ_0^n,\quad K_1=\overline{X}$$
$$J_0=X,\quad K_0=\overline{X}+\overline{Q}_1^n=\overline{XQ_1^n}$$

状态方程：
$$Q_1^{n+1}=J_1\overline{Q}_1^n+\overline{K}_1Q_1^n$$
$$=XQ_0^n\overline{Q}_1^n+XQ_1^n=X(Q_0^n+Q_1^n)$$
$$Q_0^{n+1}=J_0\overline{Q}_0^n+\overline{K}_0Q_0^n$$
$$=X\overline{Q}_0^n+XQ_1^nQ_0^n=X(\overline{Q}_0^n+Q_1^n)$$

(3) 状态转换表。利用状态方程和输出方程，对输入和现态的每一种组合均算出其对应的次态和输出，于是就列出了状态转换表如表 7.13 所示。

表 7.13 例 7.5 状态转换表

No.	X	Q_1^n	Q_0^n	Q_1^{n+1}	Q_0^{n+1}	Z
0	0	0	0	0	0	0
1	0	0	1	0	0	0
2	0	1	0	0	0	0
3	0	1	1	0	0	0
4	1	0	0	0	1	0
5	1	0	1	1	0	0
6	1	1	0	1	1	0
7	1	1	1	1	1	1

(4) 状态转换图。根据表 7.13 所示的状态转换表，可画出完整的状态转换图如图 7.22 所示。

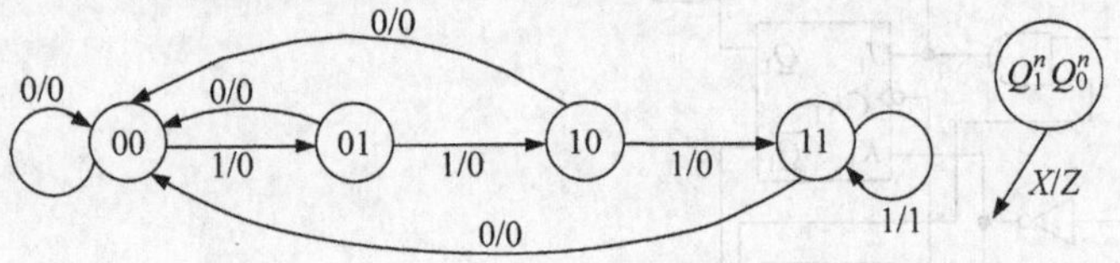

图 7.22 例 7.5 1111 序列探测器的状态图

(5) 时序图。根据状态图和给定的输入 X 波形，并按初始状态为 10 的假设，画出时序图如图 7.23 所示。注意：电路所采集的外输入信号电平是时钟下降沿之前瞬间的 X 信号电平值。换句话说，电路的状态是按照时钟下降沿之前的 X 信号电平值翻转。

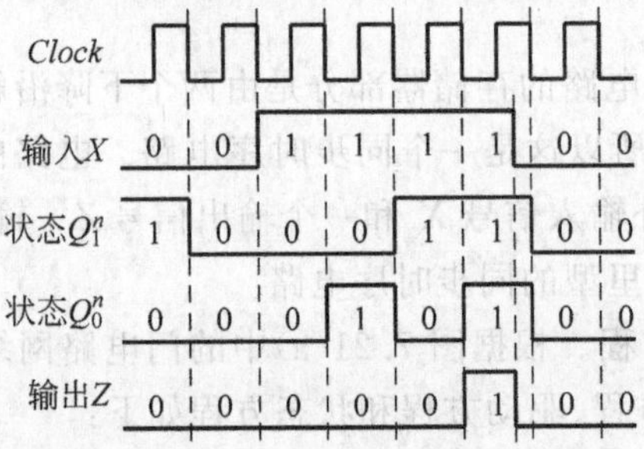

图 7.23 例 7.5 1111 序列探测器的时序图

(6) 逻辑功能。从状态图和时序图中可以看出，输入信号 X 必须连续输入 4 个或 4 个以上时钟周期的 1 电平以后，输出信号 Z 才能输出 1 电平，否则，输出 Z 将一直保持在 0 电平。而且一旦输入 X 跳变到 0 电平，输出 Z 将立即跟着跳变为 0 电平，这也是米里型时序电路的特点——“输出随着输入变”。所以这是一个 **1111 序列探测器（有时也称为序列检测器）**，即：当输入信号 X 在连续 4 个时钟周期出现 1 时，输出信号 Z 为 1。

注意：这里所说的 X 在连续 4 个时钟周期出现 1 指的是 X 只需在连续的 4 个时钟周期内出现 1 即可，而不要求 X 出现 1 的持续时间一定是 4 个完整的时钟周期。

另外，当 X 连续在 5 个(或更多个)时钟周期内出现 1 时，1111 序列探测器的输出仍然为 1，即：探测器不仅将 11111 中的前 4 个 1 看作是一个有效的 1111 序列，而且也将后 4 个 1 当作是一个有效的 1111 序列，两个有效序列之间可互相重叠。因此，这是一种“被测序列可重叠”的序列探测器。

【例 7.6】 分析图 7.24 所示的时序电路，画出它的状态图。

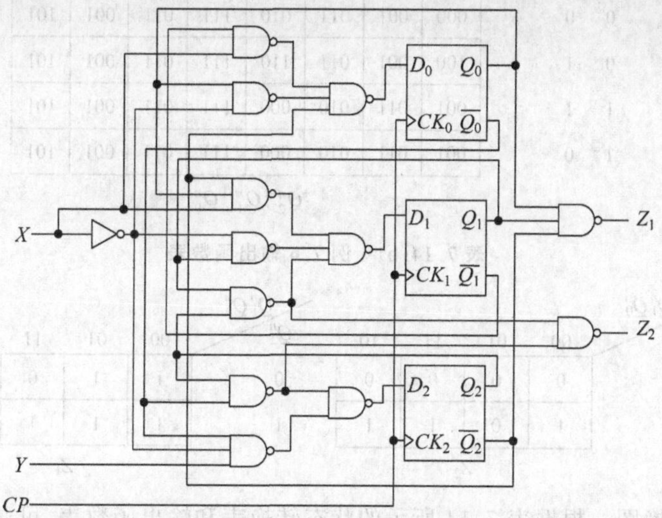

图 7.24 例 7.6 时序电路的逻辑图

解：(1) 电路组成。此电路的组合电路部分由“与非”门电路构成，它有两个外输入端 X 和 Y。电路的存储器部分是由 3 个上升沿触发的 D 触发器所构成，它们共用一个时钟，因此是一个同步时序电路。该时序电路有两个输出信号 Z_1 和 Z_2。它们均直接受控于现态信号 $Q_2^nQ_1^nQ_0^n$ 或其补信号 $\bar{Q}_2^n\bar{Q}_1^n\bar{Q}_0^n$，所以这是一个摩尔型的同步时序电路。

(2) 电路的 3 组逻辑方程。根据图 7.24 中的“与非”门电路网络和 D 触发器的特性方程，可分别写出此时序电路的输出方程、驱动方程和状态方程。

输出方程：

$$Z_1=\overline{\bar{Q}_2^nQ_1^nQ_0^n}=Q_2^n+\bar{Q}_1^n+\bar{Q}_0^n$$

$$Z_2=\overline{\overline{Q_2^nQ_1^n}\ \overline{Q_2^n\bar{Q}_0^n}}=Q_2^nQ_1^n+Q_2^n\bar{Q}_0^n=Q_2^n(Q_1^n+\bar{Q}_0^n)$$

驱动方程：

$$D_0=\overline{\bar{Q}_2^n\ \overline{\bar{X}Q_0^n}\ \overline{X\bar{Q}_1^n}}=Q_2^n+\bar{X}Q_0^n+X\bar{Q}_1^n$$

$$D_1=\overline{\overline{X\bar{Q}_2^nQ_0^n}\ \overline{\bar{X}Q_1^n}\ \overline{Q_2^nQ_1^n}}=X\bar{Q}_2^nQ_0^n+\bar{X}Q_1^n+Q_2^nQ_1^n$$

$$D_2=\overline{\overline{Q_2^n\bar{Q}_0^n}\ \overline{\bar{X}Y\bar{Q}_0^n}}=Q_2^n\bar{Q}_0^n+\bar{X}Y\bar{Q}_0^n$$

状态方程：

$$Q_0^{n+1}=D_0=Q_2^n+\bar{X}Q_0^n+X\bar{Q}_1^n;$$

$$Q_1^{n+1}=D_1=X\bar{Q}_2^nQ_0^n+\bar{X}Q_1^n+Q_2^nQ_1^n$$

$$Q_2^{n+1}=D_2=Q_2^n\bar{Q}_0^n+\bar{X}Y\bar{Q}_0^n$$

(3) 状态转换表。利用状态方程和输出方程,可算出输入和现态的每一种组合所对应的次态和输出。由于本例中有 2 个输入、3 个现态共 5 个变量(变量个数较多),所以采用表 7.8(a)形式的状态转换表和表 7.8(b)形式的输出函数表。于是就列出了如表 7.14(a)所示的状态转换表和表 7.14(b)所示的输出函数表。

表 7.14(a) 例 7.6 状态转换表

XY \ $Q_2^nQ_1^nQ_0^n$	000	001	011	010	110	111	101	100
0 0	000	001	011	010	111	011	001	101
0 1	100	001	011	110	111	011	001	101
1 1	001	011	010	000	111	011	001	101
1 0	001	011	010	000	111	011	001	101

$Q_2^{n+1}Q_1^{n+1}Q_0^{n+1}$

表 7.14(b) 例 7.6 输出函数表

Q_2^n \ $Q_1^nQ_0^n$	00	01	11	10
0	0	0	0	0
1	1	0	1	1

Z_2

Q_2^n \ $Q_1^nQ_0^n$	00	01	11	10
0	1	1	0	1
1	1	1	1	1

Z_1

(4) 状态转换图。根据表 7.14 所示的状态转换表和输出函数表,可画出完整的状态转换图如图 7.25 所示。注意:由于这是一个摩尔型时序电路,所以输出标在状态圈之内。

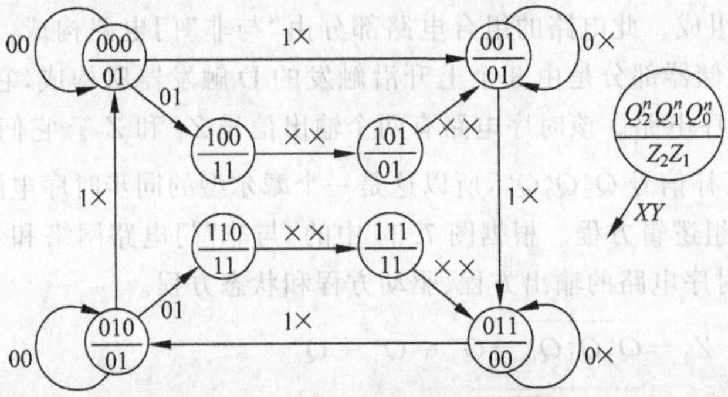

图 7.25 例 7.6 时序电路的状态图

从状态转换图可以看出,状态的转换取向是基于输入组合 XY 的值与当时电路所处的状态来决定的;而电路的输出则完全由电路当时所处的状态来确定。如果状态机处于 000,001,011 和 010 这 4 个状态之一且 $X=1$ 时,则不管 Y 为何值,状态机将沿着 000,001,011,010,000…的次序转换;如果状态机处于状态 001 和 011 且输入 X 为 0 时,则不管 Y 为何值,状态机总是停留于原状态;而当状态机处于状态 000 和 010 且输入 X 为 0 时,则 Y 为 0 时状态机仍处于原状态,Y 为 1 时状态机将分别进入 100 和 110;一旦状态机进入 100,则以后它将无条件地(不管输入组合 XY 为何值)进入状态 101 并进而无条件地进入状态 001;同样,如果状态机一旦进入状态 110,则以后它也将无条件地进入状态 111 并进而无条件地进入状态 011。

通过上述分析，便可完全掌握该状态机的运行规律。

7.3　同步时序逻辑电路——状态机的设计

7.2 节讨论了同步时序逻辑电路——状态机的分析问题。本节将讨论分析问题的逆过程，即：同步时序逻辑电路——状态机的设计问题。状态机的设计实际上是一个综合逻辑电路的过程，正如 7.2 节的开头所讲到的，它是以分析状态机的方法为基础的。

设计时序电路的过程一般是从说明电路逻辑功能的文字描述开始，经过一系列的综合手段，到最终得到描述该时序电路的逻辑方程组，即：输出方程组、状态方程组和驱动（激励）方程组并由此画出同步时序电路的逻辑图为止。一般来讲，当得到描述时序电路的逻辑方程组（主要是输出方程组和驱动方程组）时，设计工作就算基本完成。因为由逻辑方程组到画出逻辑图的过程是一项非常简单、规范且没有任何悬念的工作。

设计同步时序电路的基本步骤如下：

- 根据实际问题的文字描述进行逻辑抽象，建立原始的状态转换图和状态转换/输出表。
- 对已建立起来的原始状态图（表）进行化简，去掉多余的状态以得到最简的状态图（表）。注意：这一步是可选的，不是必须的。
- 选择一组状态变量的编码，并用这组编码命名原始状态图（表）中的各个状态，这一过程被称为“状态分配”或“状态编码”。在这个过程中，也同时确定了所需触发器的个数，它与状态的个数有关。
- 选择所用触发器的类型（例如：JK、D 等）。注意：尽管在设计电路之初你对此可能已经有了某种想法，但是这一步是你最终改变主意的最后机会。
- 根据所选择的触发器类型，利用“驱动表法”或“次态卡诺图法”（亦称“次态卡诺图法”）导出欲设计时序电路的逻辑方程组——驱动方程组、状态方程组、输出方程组。
- 检验时序电路的自启动性。若电路不能自启动，则需返回上一步修改设计。根据最后确定的设计，画出完整的状态转换图。
- 按照最终得到的逻辑方程组，画出所设计时序电路的逻辑图。

以上各步骤都归结到图 7.26 中。注意：这些步骤只是设计同步时序电路的一般步骤，它们不是一成不变的。在设计时序电路的实践中，有些步骤是可以省略的。

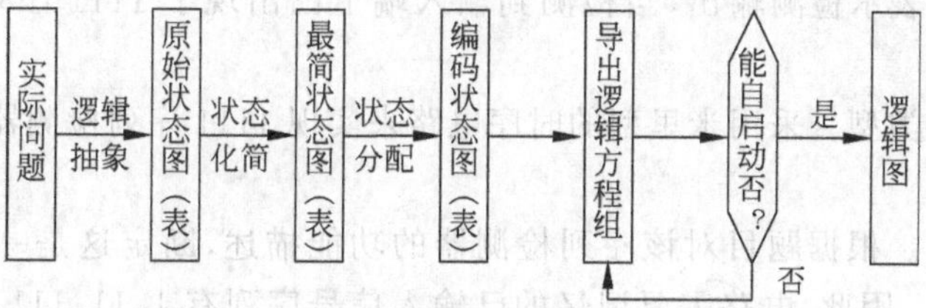

图 7.26　同步时序逻辑电路设计的一般步骤

下面将用实例来分别说明上述 7 个步骤。

7.3.1 原始状态图(表)的建立——逻辑抽象

在上述7个设计步骤中第1步，即本步骤，是整个设计过程中最关键也是最困难的一步。它是一个将文字描述的实际问题抽象成逻辑问题的过程——逻辑抽象。它直接关系到整个设计是否能正确地反映并实现文字描述问题所表达的设计要求。为了建立正确的原始状态图(表)，应该按以下各步要求来做：

- 分析问题的文字描述，弄清输入条件和输出要求，明确电路的输入、输出变量。
- 根据实际情况确定所设计时序电路的适当类型，即：是米里型还是摩尔型。一般情况下，就实现某一个实际问题的时序电路类型而言，选用米里型或者摩尔型电路均可以。如果不想让电路的输出信号敏感于输入信号的变化并且要求输出与时钟同步，那就采用摩尔型的时序电路；如果想利用输入信号去影响电路的输出信号，那就采用米里型的时序电路。另外，**在完成同样的逻辑功能的前提下，米里型的时序电路通常比摩尔型的时序电路所用的状态个数要少**。这意味着，米里型电路比摩尔型电路所用的触发器个数要少，电路结构更简单。
- 设置电路的状态。首先应考虑实际问题中有多少种信息需要记忆，然后按照需要记忆的信息来设置状态。
- 根据题意，以每一个状态作为现态，分析在全部输入组合条件下电路所应具有的输出和应转向的次态(米里型)；或者确定电路在每个状态下所应具有的输出以及在全部输入组合条件下电路应转向的次态(摩尔型)，据此画出原始状态图或者列出原始状态表。

【例7.7】 欲设计一个1111序列检测器。该检测器的功能是：当在电路的输入端连续输入4个或4个以上的1时，电路的输出为1，其余情况下电路的输出均为0。

注意：电路输入端的数据个数是以时钟的周期来划分的。试建立1111序列检测器的原始状态图并列出原始状态表。

解：(1) 分析。序列检测器(识别器或探测器)是一种同步时序电路。当它检测到输入端上出现“特定”的输入序列值时，其输出端上会出现指定性的响应。以时钟周期为基准，在连续的时钟周期进程中，一个序列中的数值相继到达电路的输入端，假定在这个输入序列中的每一个数值都是在时钟的有效跳变沿(上升沿或下降沿)之前到达电路的输入端并保持稳定。因此设：

输入变量：X 为输入串行序列；

输出变量：Z 表示检测输出，当检测到输入端上已出现了1111序列时，$Z=1$；否则，$Z=0$。

(2) 确定电路类型。采用米里型的时序电路来实现1111序列检测器，因为这样可使电路较为简单①。

(3) 状态设置。根据题目对该序列检测器的功能描述，断定这是一种“被测序列可重叠”的序列检测器。因此，电路需要记忆的已输入信号序列有1,11,111,1111 4种，再加上初始状态，所以先假设电路有5个状态，分别是：

---

① 当然也可以采用摩尔型的时序电路实现1111序列检测器，见习题7-35。

S_0——初始状态，电路还未收到一个有效的1；

S_1——收到第1个有效的1以后电路所处的状态；

S_2——连续收到2个有效的1以后电路所处的状态；

S_3——连续收到3个有效的1以后电路所处的状态；

S_4——连续收到4个有效的1以后电路所处的状态。

(4) 画状态图、列状态表。从状态 S_0 开始，根据题目的描述，逐一分析在每一个状态下，当输入变量 $X=1$ 和 $X=0$ 两种情况时电路所应具有的输出和所要转向的次态。于是就得到了如图7.27所示的原始状态图。

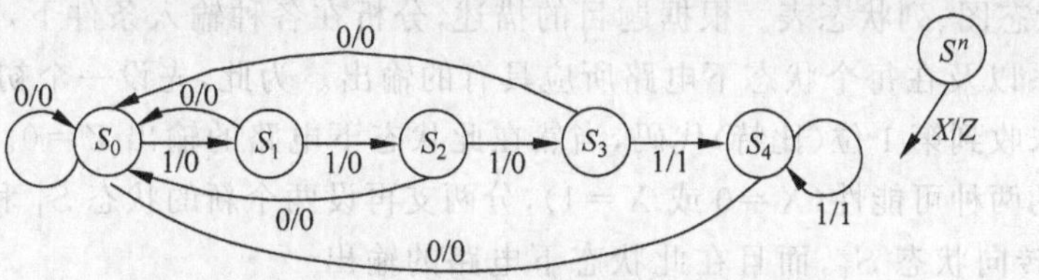

图7.27 例7.7 1111序列检测器的原始状态图

不难理解该原始状态图的正确性。例如：当电路处于状态 S_3 时，表明此时电路已经连续接收到了3个有效的1，如果此时输入 X 为0，则破坏了连续接收4个1的条件，前面连续收到的3个1作废，电路输出 Z 为0并返回到状态 S_0 重新开始检测新的1111序列；如果此时输入 X 为1，则正好满足连续接收4个1的条件，电路输出 Z 为1并转向状态 S_4。再如：电路已处于状态 S_4，这表明电路已经连续接收到了4个有效的1，如果下一个输入 X 为0，则电路需检测新的1111序列，于是电路输出 Z 为0并返回到状态 S_0；如果下一个输入 X 为1，则表明电路已连续接收到5个有效的1。因为已经规定输入的有效序列是可重叠的，所以可将这5个1中的后4个"1"看作是另一个新的1111序列。因此电路的输出 Z 为1，所转向的下一个状态仍为 S_4。其余状态的情况可依此类推。

根据图7.27所示的原始状态图，可以列出类似于卡诺图形式的原始状态表，如表7.15所示。

表7.15 例7.7原始状态表

S^n \ X	0	1
S_0	$S_0/0$	$S_1/0$
S_1	$S_0/0$	$S_2/0$
S_2	$S_0/0$	$S_3/0$
S_3	$S_0/0$	$S_4/1$
S_4	$S_0/0$	$S_4/1$

S^{n+1}/Z

【例7.8】 要设计一个串行3位码"质数"检测器。该检测器的功能是：在3位二进制数的范围内寻找质数。3位码以高位在先、低位在后的次序串行地加到电路的输入端。电路每接收一组代码(3位二进制码)，即在收到第3位代码时判断一下，如果这组代码的数值是质数(010,011,101和111)，则电路的输出为1，否则电路的输出为0。此后，电路继续接收第二组代码。相邻两组代码之间不重叠，也没有任何比特的空隙。请建立该检测器的原始状态图和原始状态表。

解：(1) 分析。根据题目对检测器的描述，知道电路有一个串行输入端和一个检测输出端。因此设：

输入变量：X 为串行输入码；

输出变量：Z 代表检测输出，若输入是质数，则 $Z=1$；否则，$Z=0$。

(2) 确定电路类型。本题目所适宜采用的时序电路类型，既可以是米里型的，也可以是摩尔型的。在此，采用摩尔型的时序电路来实现 3 位码"质数"检测器。

(3) 状态设置。本例题难以像例 7.7 那样事先确定电路的状态，因此只能采取先假设一个初始状态，然后再采用边分析边补充必要状态的方法来构建原始状态图。

(4) 画状态图、列状态表。根据题目的描述，分析在各种输入条件下，电路状态之间的相互转换关系以及在每个状态下电路所应具有的输出。为此，先设一个初始状态 S_0，表示此时电路还未收到第 1 位(比特)代码，当然在此状态下电路的输出 $Z=0$。然后，根据输入第 1 位代码的两种可能性($X=0$ 或 $X=1$)，分两支再设两个新的状态 S_1 和 S_2，即：如果输入 $X=0$，则转向状态 S_1，而且在此状态下电路的输出 Z 为 0；如果输入 $X=1$，则转向状态 S_2 且在此状态下电路的输出 Z 亦为 0。之后，根据输入 X 的第 2 位代码是 0 还是 1，再分别从 S_1 和 S_2 出发，又各自派生出两个新的状态 S_3 和 S_4 以及 S_5 和 S_6，在这 4 个状态下，电路的输出 Z 均应为 0。待接收到第 3 位输入代码时，若判定已收到 3 位码的数值不是质数，则转向状态 S_8，在此状态下的电路输出为 0；反之，若判定所收 3 位码的数值是质数，则转向状态 S_7，且在此状态下输出 Z 为 1。无论是在状态 S_8 或 S_7，电路都将开始接收下一组代码(3 比特)的第 1 位，若此位代码为 0，则电路转向 S_1，否则，电路转向 S_2。

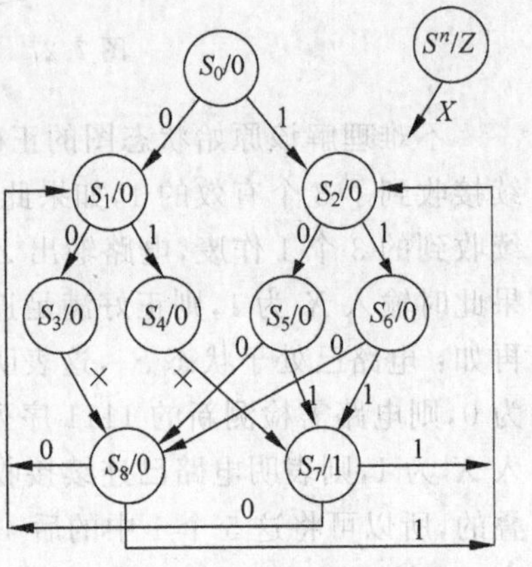

图 7.28　例 7.8 3 位码"质数"检测器的原始状态图

图 7.28 是按以上所述画出的原始状态图，其相应的原始状态表如表 7.16 所示。

表 7.16　例 7.8 原始状态表

现态 S^n	X = 0	X = 1	输出 Z
S_0	S_1	S_2	0
S_1	S_3	S_4	0
S_2	S_5	S_6	0
S_3	S_8	S_8	0
S_4	S_7	S_7	0
S_5	S_8	S_7	0
S_6	S_8	S_7	0
S_7	S_1	S_2	1
S_8	S_1	S_2	0

次态 S^{n+1}

由于本例采用摩尔型时序电路，所以它的原始状态表形式与以前所示不太一样。在此，专门把输出 Z 提出来单独排成一列。这样做的目的，是表示输出 Z 只与现态 S^n 有关而与输入 X 无关。

【例 7.9】 设计一个自动售货机的控制器。该售货机的投币口允许每次投入一枚 5 分或 10 分(1 角)的硬币。现规定：售货机内各种货物的价格统一为 20 分(2 角)钱一个。向投币口投币的次数不受限制，但是如果已经投入的币值达到或者超过 20 分时，自动售货机将“吐出”货物和应该找回的硬币(如果有的话)。建立该控制器的原始状态表和相应的原始状态图。

解：(1) 分析。按照题目对自动售货机控制器的描述，分析一下每次投币的情况，不外乎 3 种情形：未投币、投入 5 分硬币和投入 10 分硬币。再分析一下“找零”的情况，只有 1 种情形：那就是找回 5 分钱。另外，还需要有反映售货机是否“吐出”货物的输出变量。于是，做如下安排：

输入变量：设 $X_0=1$ 代表投入 5 分硬币，$X_1=1$ 代表投入 10 分硬币。用 X_1X_0 的编码组合来表示上述 3 种投币的情形：

$X_1X_0=00$　　未投入硬币；

$X_1X_0=01$　　投入 5 分硬币；

$X_1X_0=10$　　投入 10 分硬币；

$X_1X_0=11$　　因每次只投入一枚硬币，故不作定义(对应无关项)。

输出变量：设 $Z_1=1$ 代表找回 5 分钱，$Z_0=1$ 代表“吐出”货物。Z_1Z_0 编码组合所代表的 4 种情形如下：

$Z_1Z_0=00$　　不“吐出”货物也不找回 5 分硬币；

$Z_1Z_0=01$　　“吐出”货物但不找回 5 分硬币；

$Z_1Z_0=11$　　“吐出”货物、找回 5 分硬币；

$Z_1Z_0=10$　　不会出现此种情况。

(2) 确定电路类型。可以采用米里型或摩尔型的时序电路来实现自动售货机控制器。在本例题中，采用米里型时序电路来实现该控制器。

(3) 状态设置。可以设想，每次投入一枚硬币后，电路应转向一个新的状态。按题意，设置如下状态：

S_0——初始状态，自动售货机尚未收到硬币时电路所处的状态；

S_1——已收到 5 分钱币值的硬币后，电路所处的状态；

S_2——已收到 10 分钱币值的硬币后，电路所处的状态；

S_3——已收到 15 分钱币值的硬币后，电路所处的状态。

(4) 列状态表、画状态图。本题先列出状态表较为方便。根据题意和上面所做的规定，可列出如表 7.17 所示的、类似卡诺图样式的原始状态表。根据此表可画出如图 7.29 所示的原始状态图。可以验证原始状态表的正确性。例如在表 7.16 的第 2 行($S^n=S_1$)、第 4 列($X_1X_0=10$)的交汇处填写的是“$S_3/00$”。它表示：现态是 S_1，售货机已经收到了 5 分钱。如果此时再投入 10 分钱($X_1X_0=10$)，则控制器的次态应为 S_3(已收到 15 分钱)。与此同时，输出信号 $Z_1Z_0=00$，表示售货机不“吐出”货物(收到的钱不够 20 分)，也不“找零”。再比如：第 4 行($S^n=S_3$)、第 4 列($X_1X_0=10$)的交汇处是“$S_0/11$”。它表示现态为 S_3(已收到

15 分钱)，若再投入 10 分钱($X_1X_0=10$)，则售货机收到 25 分钱。这时，输出信号 $Z_1Z_0=11$，表示售货机“吐出”货物并找回 5 分钱。此次购物完毕，控制器应转向次态 S_0(初始状态)。

表 7.17 例 7.9 售货机控制器原始状态表

S^n \ X_1X_0	00	01	11	10
S_0	$S_0/00$	$S_1/00$	×/××	$S_2/00$
S_1	$S_1/00$	$S_2/00$	×/××	$S_3/00$
S_2	$S_2/00$	$S_3/00$	×/××	$S_0/01$
S_3	$S_3/00$	$S_0/01$	×/××	$S_0/11$
		S^{n+1}/Z_1Z_0		

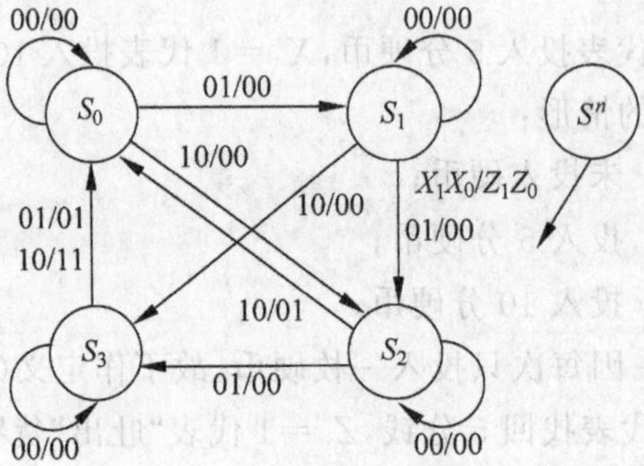

图 7.29 例 7.9 自动售货机控制器的原始状态图

由以上 3 个例题可以看到，建立原始状态图(表)的方法比较灵活，没有一个明确规定的套路可循，也不存在一个统一的“标准答案”。不同的设计者所采用的时序电路类型以及相应建立的原始状态图(表)完全可以不一样，孰优孰劣完全取决于设计者的经验。但是就每一个设计者依据题目的文字描述所建立的逻辑模型(原始状态图/表)来讲，都应该正确地反映文字描述问题的要求，换句话说，它们所完成的逻辑功能应该是相同的。因此，要想从实际问题的文字描述中正确地抽象出一个逻辑模型——原始状态图(表)，需要设计者不断地探索练习，在实践中总结、积累经验。

7.3.2 状态化简

建立原始状态图(表)的着眼点是保证逻辑功能的正确性。在这个过程中，并未考虑所设状态的必要性，因而有可能出现多余的状态。所以，在建立起原始状态图(表)之后，一般应考虑对它进行状态化简。**状态化简的目的就是要消去多余的状态，以获得最简的状态图(表)；其意义就在于有可能减少触发器的数目并简化相应的组合电路。**

状态化简的前提是：保证时序电路的逻辑功能不改变，即：保证整个电路的外输出信号与外输入信号的逻辑关系不变。

状态化简就是要寻找所谓的“等价状态”，并将这些等价状态合并为一个状态，以达到减少状态个数的目的。如何判断两个状态是否等价？这里给出一般需要遵循的 5 条规则：

(1) 若电路的两个状态在某个外输入信号组合条件下的输出不同(米里型)；或者电路

在两个状态下的输出不同(摩尔型),则这两个状态**肯定不等价**。所以,**本规则是两个状态不等价的充分条件**。

(2) **两个状态等价的必要条件是:电路的两个状态在每一个外输入信号组合条件下的输出都相等(米里型);或者电路在两个状态下的所有输出都相同(摩尔型)**。在满足这个必要条件的前提下,这两个状态等价与否就完全取决于它们所要转向的次状态(也叫隐含状态)的情形而定。

(3) **两个状态等价的充分必要条件是**:无论是米里型还是摩尔型时序电路,如果电路的两个状态满足上述规则(2)——两个状态等价的必要条件,同时电路的这两个状态(我们称之为"原状态对")在每一个输入组合条件下,它们所要转向的"次状态对"(也称为"隐含状态对")都等价,则这两个状态等价。否则,"原状态对"不等价。

(4) 如何判断"次状态对"或者"隐含状态对"是否等价,下面给出了3种具体情况:

① **"次状态对"(隐含状态对)相等**。也就是说,"次状态对"实际上是同一个状态,如图7.30所示。

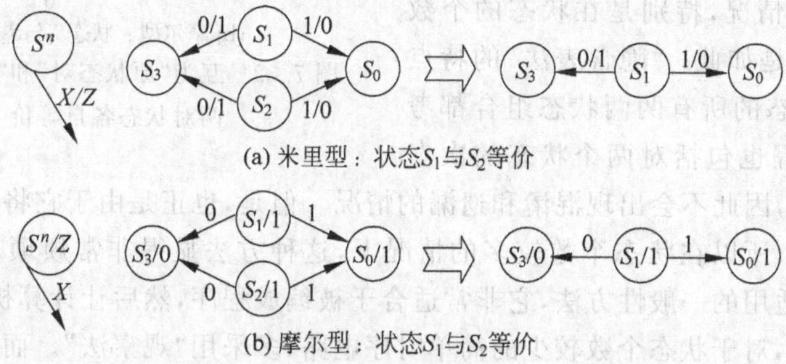

(a) 米里型:状态S_1与S_2等价

(b) 摩尔型:状态S_1与S_2等价

图7.30 "次状态对"相等时两个状态等价

② **"原状态对"的"次状态对"就是"原状态对"自己**。换句话说,"原状态对"以其自身为"次状态对",如图7.31所示。

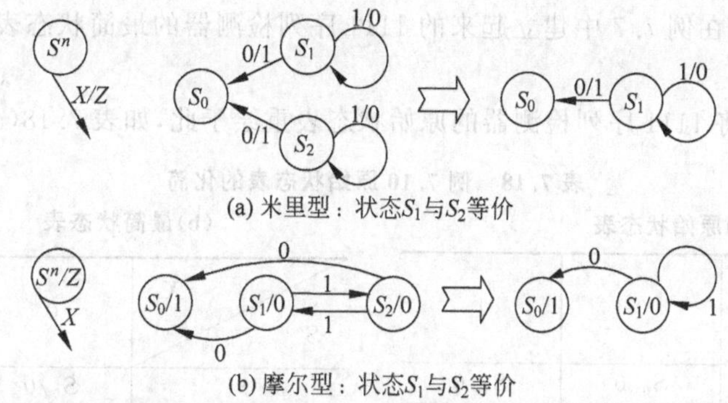

(a) 米里型:状态S_1与S_2等价

(b) 摩尔型:状态S_1与S_2等价

图7.31 "原状态对"的"次状态对"就是其自身时"原状态对"等价

注意:*图7.31(b)也可以理解成"原状态对"互以对方为次状态。*

③ **两个"状态对"S_1、S_2和S_3、S_4互为"原状态对"和"次状态对"**。如果S_1、S_2的等价与否仅仅取决于S_3、S_4是否等价,而S_3、S_4的等价与否也仅仅取决于S_1、S_2是否等价,则状态S_1与S_2等价,同时状态S_3与S_4也等价,如图7.32所示。上面讲的情形②实际上是

本情形的一种特例。

规则(4)与规则(3)在本质上是一样的，它也是两个状态等价的充分必要条件，只不过它是规则(3)的一种具体表现而已。

(5) 等价的状态具有传递性。即：**若 S_1 与 S_2 等价，S_2 与 S_3 等价，则 S_1 与 S_3 也等价。**

在原始状态表上进行等价状态的识别与合并操作较为方便，简化后得到的**最简状态表也叫最小化状态表**。常用的实施上述判定等价状态 5 项原则的方法有"观察法"和"隐含表法"(implication table)等。

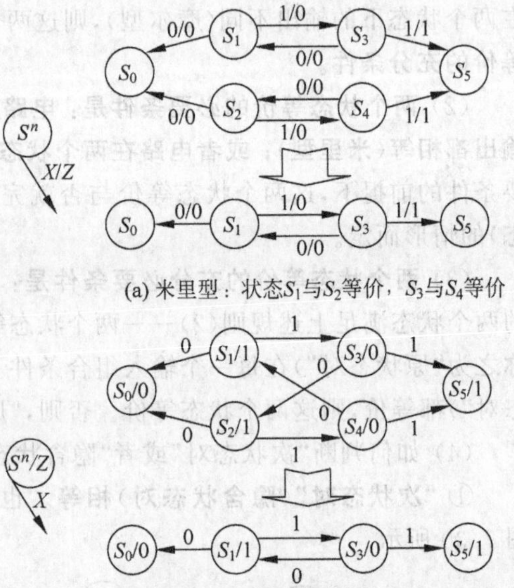

(a) 米里型：状态S_1与S_2等价，S_3与S_4等价

(b) 摩尔型：状态S_1与S_2等价，S_3与S_4等价

图 7.32 互为"原状态对"和"次状态对"的两对状态各自等价

"观察法"的优点是简单易行，缺点是在考查某两个状态的次态是否等价时，容易出现混淆和遗漏的情况，特别是在状态的个数较多的情况下更是如此；"隐含表法"的特点是：它将全部状态的所有两两状态组合都考查一遍，这一过程也包括对两个状态的次态是否等价的考查，因此不会出现混淆和遗漏的情况。但是，也正是由于它将所有状态的两两组合都加以考查，所以在状态个数较多的情况下，这种方法显得非常烦琐。但是，"隐含表法"是一种普遍适用的一般性方法，它非常适合于被编成程序，然后让计算机来操作。

一般情况下，对于状态个数较少的简单时序电路，多采用"观察法"。而对于状态个数较多的复杂时序电路，则采用"隐含表法"，尽管它比较费时间。有时，也可以将两种方法结合起来，即：先用"观察法"将那些一眼就能辨别出的等效状态合并起来以减少状态的总个数，然后再用"隐含表法"将那些不容易看出来的等效状态一一"挖"出来且将之合并。现通过实例来说明这两种方法的使用。

【例 7.10】 求在例 7.7 中建立起来的 1111 序列检测器的最简状态表以及相应的最简状态图。

解：(1) 首先将 1111 序列检测器的原始状态表重绘于此，如表 7.18(a)所示。

表 7.18 例 7.10 原始状态表的化简

(a)原始状态表

S^n \ X	0	1
S_0	$S_0/0$	$S_1/0$
S_1	$S_0/0$	$S_2/0$
S_2	$S_0/0$	$S_3/0$
S_3	$S_0/0$	$S_4/1$
S_4	$S_0/0$	$S_4/1$
	S^{n+1}/Z	

(b)最简状态表

S^n \ X	0	1
S_0	$S_0/0$	$S_1/0$
S_1	$S_0/0$	$S_2/0$
S_2	$S_0/0$	$S_3/0$
S_3	$S_0/0$	$S_3/1$
	S^{n+1}/Z	

(2) 观察原始状态表，合并等价状态。注意到表 7.18(a)中的 S_3、S_4 两个状态。当输入 $X=0$ 时，两个状态的输出 Z 均为 0，而且它们所要转向的次态都是 S_0；而当输入 $X=1$ 时，两个状态的输出 Z 同为 1，而且它们所要转向的次态都为 S_4。可见，S_3 和 S_4 在相同的输入条件下输出相同且所要转向的次态也相同，符合上述状态等价的第(4)条规则中的第①种情形，故两个状态等价，可将它们合并为一个状态 $S_3$①。所以，将表 7.18(a)中状态 S_4 所在的那一行(第 5 行)删去，同时将表中所有出现 S_4 的地方都换成 S_3，如表 7.18(b)所示。

表 7.18(b)是否就是最简状态表了呢？可以按下述方法来考查它。首先观察 $X=1$ 这一列($X=0$ 那一列不需要考查，为什么？)，发现状态 S_3 的输出($Z=1$)与其他 3 个状态 S_0～S_2 的输出($Z=0$)不一样，根据第(1)条规则，状态 S_3 与其他 3 个状态(S_0～S_2)都不等价。再看剩下的 3 个状态 S_0、S_1、S_2，在输入 $X=1$ 的情况下，它们的输出都为 0，但是它们的次态(隐含状态)却分别为 S_1、S_2 和 S_3。已知 S_3 与 S_2 不等价，所以它们的原状态 S_2 与 S_1 就不等价，进而推出 S_1 与 S_0 也不等价。同理，因为 S_3 与 S_1 不等价，所以它们的原状态 S_2 与 S_0 也不等价。因此断定，表 7.18(b)中不存在多余的等价状态，它是最简状态表。

根据表 7.18(b)所示的最简状态表，可以画出 1111 序列检测器的最简状态图，如图 7.33 所示，该图实际上与图 7.22 相同。

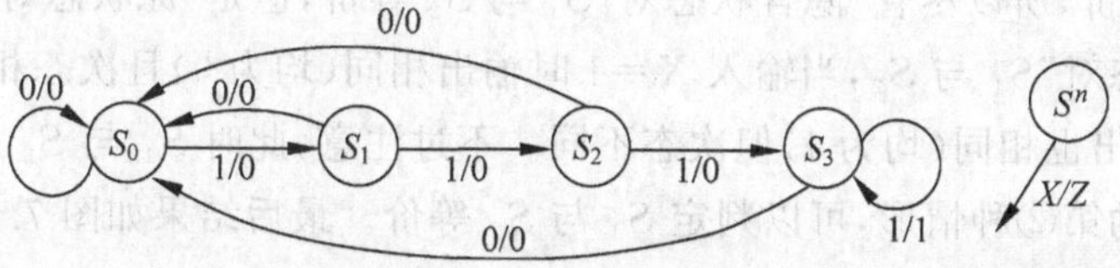

图 7.33 例 7.10 1111 序列检测器的最简状态图

【例 7.11】 已知某米里型时序电路的原始状态表如表 7.19(a)所示。试用隐含表法求出该时序电路的最简状态表。

表 7.19 例 7.11 原始状态表的化简

(a)原始状态表

S^n \ X	0	1
S_0	$S_2/1$	$S_1/0$
S_1	$S_2/1$	$S_4/0$
S_2	$S_1/1$	$S_4/0$
S_3	$S_3/0$	$S_1/1$
S_4	$S_4/0$	$S_0/1$

S^{n+1}/Z

(b)最简状态表

S^n \ X	0	1
S_0	$S_1/1$	$S_1/0$
S_1	$S_1/1$	$S_4/0$
S_3	$S_3/0$	$S_1/1$
S_4	$S_4/0$	$S_0/1$

S^{n+1}/Z

解：用隐含表法求时序电路最简状态表的步骤如下：

(1) 首先构造出一个如图 7.34(a)所示的表格。表格左边的垂直方向标上除第 1 个状

① 当然，也可以将 S_3、S_4 合并为 S_4，其余做法均与上述相同。

态 S_0 以外的所有状态 $S_1\sim S_4$；表格下边的水平方向标上除最后一个状态 S_4 以外的所有状态 $S_0\sim S_3$。这样，表格中水平方向与垂直方向交汇处的小格就分别表示了纵向和横向上的一对状态。可以看出，这个表格覆盖了全部状态 $S_0\sim S_4$ 中所有状态的两两组合，此表就是隐含表。

(2) 用观察法根据原始状态表逐个考查隐含表中每一个小格所代表的"状态对"，判断它们是否等价。如果某个"状态对"符合第(3)、(4)条规则（等价状态的充分必要条件），则在代表该"状态对"的小格中填上符号"√"以表示该"状态对"等价；如果某个"状态对"符合第(1)条规则（状态不等价的充分条件），则在代表此"状态对"的小格中填上符号"×"以表示此"状态对"不等价；如果某个"状态对"符合第(2)条规则（等价状态的必要条件），则在代表此"状态对"的小格中填上该"状态对"的"次状态对"——"隐含状态对"，此时表示这个"状态对"的等价与否决定于它们的"隐含状态对"等价与否，如图 7.34(b)所示。

(3) 继续考查填有"隐含状态对"的小格。根据已经判定出的"等价状态对"和"不等价状态对"来判定这些"隐含状态对"是否等价，从而推断出"原状态对"是否等价。如果"原状态对"不等价，则在相应的小格上填"/"，如图 7.34(c)所示。例如："状态对"S_0 和 S_2 在输入 $X=0$ 或 $X=1$ 时的输出相同，但次态不同且分别为 S_1S_2 和 S_1S_4。因为已经判定出状态 S_1 和 S_4 不等价，所以尽管"隐含状态对"S_1 与 S_2 等价，但是"原状态对"S_0 和 S_2 仍然不等价。再如"状态对"S_1 与 S_2，当输入 $X=1$ 时输出相同（均为 0）且次态相同（均为 S_4）；而输入 $X=0$ 时输出也相同（均为 1）但次态不同。不过注意，此时 S_1 与 S_2 均以对方为次态，根据规则(4)中的第②种情形，可以判定 S_1 与 S_2 等价。最后结果如图 7.34(c)所示。

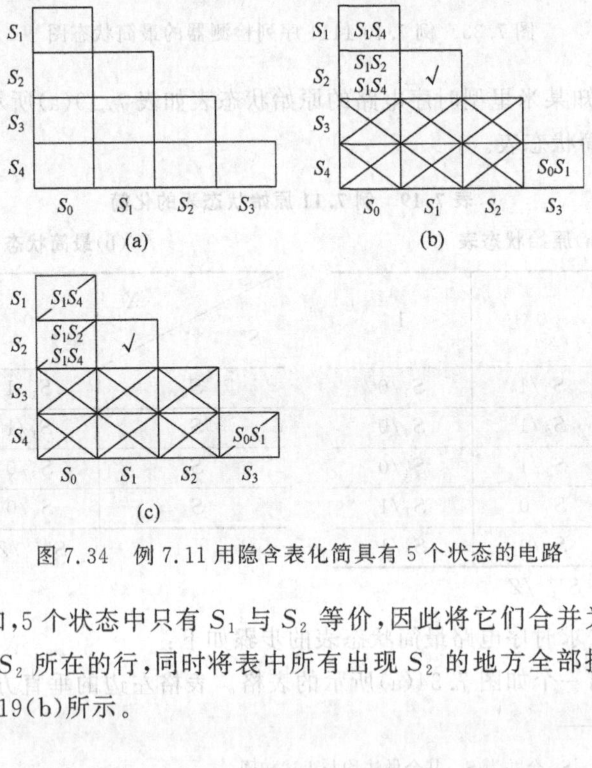

图 7.34　例 7.11 用隐含表化简具有 5 个状态的电路

由图 7.34(c)知，5 个状态中只有 S_1 与 S_2 等价，因此将它们合并为 S_1。所以，在原始状态表中去掉状态 S_2 所在的行，同时将表中所有出现 S_2 的地方全部换成 S_1，如此得到的最简状态表如表 7.19(b)所示。

【例 7.12】 某米里型时序电路的原始状态表如表 7.20(a)所示。利用隐含表法求出该时序电路的最简状态表。

表 7.20 例 7.12 原始状态表的化简

(a)原始状态表

S^n \ X	0	1
S_0	$S_4/0$	$S_3/0$
S_1	$S_0/1$	$S_5/0$
S_2	$S_2/0$	$S_0/1$
S_3	$S_1/0$	$S_0/0$
S_4	$S_3/1$	$S_2/0$
S_5	$S_2/0$	$S_3/1$
S_6	$S_7/1$	$S_6/1$
S_7	$S_2/1$	$S_1/1$
	S^{n+1}/Z	

(b)最简状态表

S^n \ X	0	1
S_0	$S_1/0$	$S_0/0$
S_1	$S_0/1$	$S_2/0$
S_2	$S_2/0$	$S_0/1$
S_6	$S_7/1$	$S_6/1$
S_7	$S_2/1$	$S_1/1$
	S^{n+1}/Z	

解：本例题的状态个数有 8 个。按照例 7.11 的步骤，考查每一个"状态对"，逐步填写隐含表中的小格，最后得到的隐含表如图 7.35 所示。

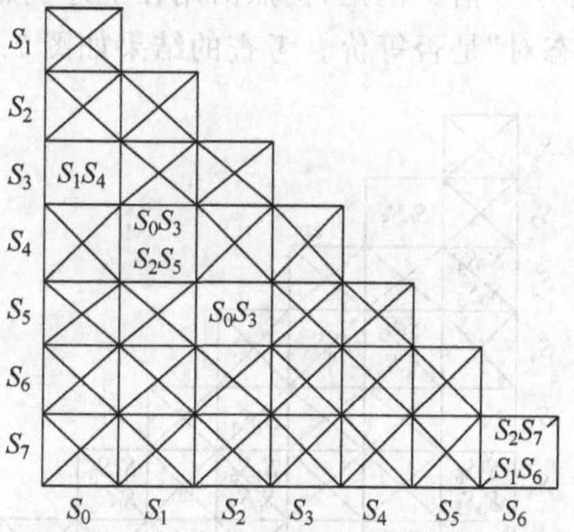

图 7.35 例 7.12 用隐含表化简具有 8 个状态的电路

在隐含表中，注意到："状态对"S_0 与 S_3 等价与否完全取决于"状态对"S_1 和 S_4 是否等价；而"状态对"S_1 和 S_4 等价与否不仅反过来取决于 S_0 与 S_3 是否等价并且还取决于"状态对"S_2 和 S_5 是否等价，所以问题的关键就在于状态 S_2 和 S_5 是否等价。但是，S_2 和 S_5 的等价与否又再一次地反过来取决于 S_0 与 S_3 是否等价，这样，问题就回到了它的原点。于是，根据前面所述的规则(4)中的第③种情形，可以断定：S_0 与 S_3 等价；S_1 与 S_4 等价；S_2 与 S_5 等价。

另外，"状态对"S_6 与 S_7 的等价与否完全取决于它的"隐含状态对"S_2 与 S_7 以及 S_1 与 S_6 是否等价。很明显，这两个"隐含状态对"都不等价，故"原状态对"S_6 与 S_7 不等价。

把 S_0 与 S_3 合并为 S_0；S_1 与 S_4 合并为 S_1；S_2 与 S_5 合并为 S_2。去掉原始状态表中状态 S_3、S_4 和 S_5 所在的行，并将表中所有出现 S_3、S_4 和 S_5 的地方都分别换成 S_0、S_1 和 S_2，如此得到的最简状态表如表 7.20(b)所示。

【例 7.13】 表 7.21(a)是某米里型时序电路的原始状态表。试用隐含表法求出该时序电路的最简状态表。

表 7.21 例 7.13 原始状态表的化简

(a) 原始状态表

S^n \ X	00	01	11	10
S_0	$S_3/0$	$S_3/0$	$S_5/0$	$S_0/0$
S_1	$S_2/1$	$S_3/0$	$S_4/1$	$S_5/0$
S_2	$S_2/1$	$S_3/0$	$S_4/1$	$S_0/0$
S_3	$S_3/0$	$S_1/0$	$S_0/0$	$S_5/0$
S_4	$S_2/1$	$S_5/0$	$S_4/1$	$S_0/0$
S_5	$S_3/0$	$S_3/0$	$S_0/0$	$S_5/0$
S_6	$S_6/0$	$S_6/0$	$S_0/0$	$S_0/0$
S_7	$S_1/1$	$S_3/0$	$S_4/1$	$S_0/0$
	S^{n+1}/Z			

(b) 最简状态表

S^n \ X	00	01	11	10
S_0	$S_3/0$	$S_3/0$	$S_0/0$	$S_0/0$
S_1	$S_1/1$	$S_3/0$	$S_4/1$	$S_0/0$
S_3	$S_3/0$	$S_1/0$	$S_0/0$	$S_0/0$
S_4	$S_1/1$	$S_0/0$	$S_4/1$	$S_0/0$
S_6	$S_6/0$	$S_6/0$	$S_0/0$	$S_0/0$
	S^{n+1}/Z			

解：与上面的例题相比，本例题要复杂一些。这不仅表现在电路状态个数较多，而且也反映在输入变量的组合数翻了一倍。但是，仍然沿用在上述例题中所采用的方法，即：利用隐含表逐个考查每一个"状态对"是否等价。考查的结果如图 7.36 所示。

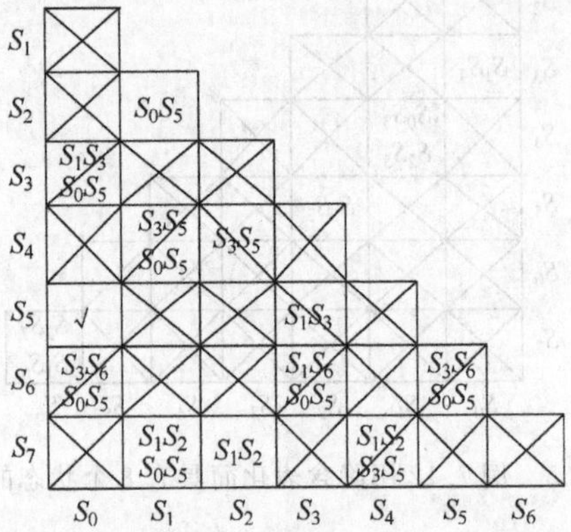

图 7.36 例 7.13 用隐含表化简具有 8 个状态的电路

由图 7.36 知，以下"状态对"或"状态组"等价：

$$S_0 \text{ 和 } S_5；S_1、S_2 \text{ 和 } S_7$$

于是将 S_0 和 S_5 合并为 S_0；S_1、S_2 和 S_7 合并为 S_1。由此得到最简状态表如表 7.21(b)所示。

【例 7.14】 化简在例 7.8 中建立起来的串行 3 位码"质数"检测器的原始状态表，求最简状态表以及相应的最简状态图。

解：(1) 将 3 位码"质数"检测器的原始状态表重绘于此，如表 7.22(a)所示。采用观察法与隐含表法相结合的办法来化简该原始状态表。

(2) 观察原始状态表，注意到 S_5、S_6 两个状态的输出 Z 相同(均为 0)，且对应 X 是 0

或1时，它们转向的次态分别相等。这完全符合状态等价第(4)条规则中的第①种情形，故状态 S_5 和 S_6 等价，将它们合并为 S_5。同样的情形也出现在状态 S_0 和 S_8 上，因此状态 S_0 和 S_8 也等价，将其合并为 S_0。于是就得到了经初步化简后的状态表，如表 7.22(b)所示。注意：表中所有出现 S_6 的地方均用 S_5 代替，出现 S_8 的地方都换成 S_0。

表 7.22 例 7.14 3位码"质数"检测器的原始状态表化简

(a)原始状态表

现态 S^n	X=0	X=1	输出 Z
S_0	S_1	S_2	0
S_1	S_3	S_4	0
S_2	S_5	S_6	0
S_3	S_8	S_8	0
S_4	S_7	S_7	0
S_5	S_8	S_7	0
S_6	S_8	S_7	0
S_7	S_1	S_2	1
S_8	S_1	S_2	0

次态 S^{n+1}

(b)最简状态表

现态 S^n	X=0	X=1	输出 Z
S_0	S_1	S_2	0
S_1	S_3	S_4	0
S_2	S_5	S_5	0
S_3	S_0	S_0	0
S_4	S_7	S_7	0
S_5	S_0	S_7	0
S_7	S_1	S_2	1

次态 S^{n+1}

此时的表 7.22(b)是否就是最简状态表了呢？可用隐含表对该表中的每个"状态对"逐个进行考查，其结果如图 7.37(a)所示。

在判断"隐含状态对"是否等价时要充分利用已判定为等价或不等价的"状态对"。例如状态 S_7 与其他各状态都不等价，所以，只要"隐含状态对"里含有 S_7，则"原状态对"就不等价；由此推出状态 S_5、S_4 与所有其他状态都不等价，因此，凡是其"次状态对"中含有 S_5、S_4 的"原状态对"都不等价；所以又推出状态 S_2 与其他各状态都不等价；……由图 7.37(a)看出，这 7 个状态互不等价，表 7.22(b)就是最简状态表。

根据表 7.22(b)可画出 3 位码"质数"检测器的最简状态图，如图 7.37(b)所示。

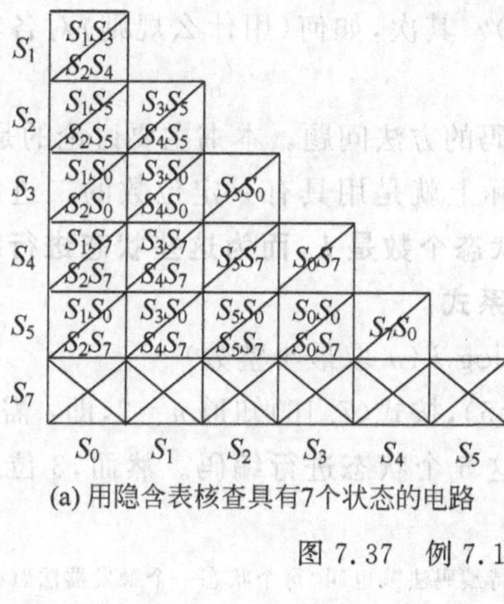

(a) 用隐含表核查具有7个状态的电路

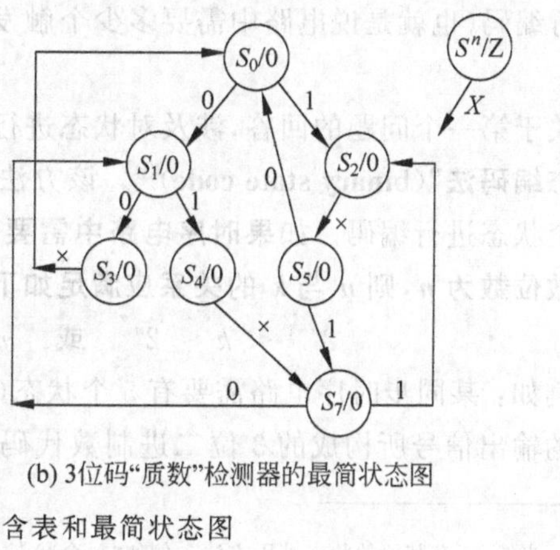

(b) 3位码"质数"检测器的最简状态图

图 7.37 例 7.14 隐含表和最简状态图

【例 7.15】 试确定在例 7.9 中建立起来的自动售货机控制器的原始状态表是否为最简状态表。

解：将自动售货机控制器的原始状态表重绘于此，如表 7.23 所示。注意到当输入变量 $X_1X_0=10$ 时，只有状态 S_0 和 S_1 的输出相同(均为 00)，其余各状态的输出都各不相同。根据两个状态不等价的充分条件(规则(1))断定，除了 S_0 和 S_1 以外，其他状态都互不等价。而 S_0 和 S_1 等价与否取决于 S_2 和 S_3 是否等价。然而 S_2 和 S_3 不等价，所以 S_0 和 S_1 也不等价。自动售货机控制器的原始状态表(表 7.17)就是最简状态表；相应的原始状态图(见图 7.29)就是最简状态图。

表 7.23 例 7.15 售货机控制器原始(最简)状态表

S^n \ X_1X_0	00	01	11	10
S_0	$S_0/00$	$S_1/00$	×/××	$S_2/00$
S_1	$S_1/00$	$S_2/00$	×/××	$S_3/00$
S_2	$S_2/00$	$S_3/00$	×/××	$S_0/01$
S_3	$S_3/00$	$S_0/01$	×/××	$S_0/11$
	S^{n+1}/Z_1Z_0			

7.3.3 状态分配

同步时序电路的状态都存储于一组触发器中，也就是说，这些状态信号的存储最终要由触发器来实现——用各触发器输出信号的组合来代表电路的状态。因为一个触发器的输出信号(Q)就是一位二进制数，所以 n 个触发器的输出信号组合可以表示 n 位二进制数。因此 **n 既代表触发器的个数，也表示二进制数的位数**。由于 n 位二进制数含有 2^n 个代码，所以 n 个触发器可以为时序电路最多提供 2^n 个状态。

将最简状态表中以文字命名的各个状态用二值代码表示的过程叫做"状态分配"，也叫做"状态编码"。这个过程实际上牵涉到两个问题：首先，用几位二值代码为电路的各个状态进行编码(也就是说电路中需要多少个触发器)？其次，如何(用什么规则)对各状态进行编码？

关于第一个问题的回答，涉及对状态进行编码的方法问题。本书主要讨论的是"**二进制数状态编码法**"(**binary state code**)①。该方法实际上就是用具有一定位数的二进制数代码对各个状态进行编码。**如果时序电路中需要的状态个数是 k，而为这些状态进行编码的二进制数位数为 n，则 n 与 k 的关系应满足如下关系式：**

$$2^{n-1} < k \leqslant 2^n \quad 或 \quad n \geqslant \log_2 k (n\text{ 取最小整数}) \tag{7.16}$$

例如：某同步时序电路需要有 5 个状态($k=5$)，按式(7.16)知道 $n=3$，即：需要 3 个触发器的输出信号所构成的 3 位二进制数代码为这 5 个状态进行编码。然而，3 位二进制数

① 当然，还有其他的状态编码方法。例如"每个状态一比特编码法"，也叫"每个状态一个触发器法"(one-hot state code)。

共有 8(2^3)个代码，因此可从中任选 5 个代码(不重复)分配给这 5 个状态。分配的方案有很多，一共有 $A_8^5=6720$ 种。一般情况下，n 位二进制码元分配给 k 个状态，可供选择的方案有：

$$A_{2^n}^k=\frac{2^n!}{(2^n-k)!} \tag{7.17}$$

这是一个由 2^n 个元素中取出 k 个元素的排列问题。

有这么多种编码方案可供选择，到底选择哪一个方案好呢？于是就引出了第二个问题——如何进行状态编码。

从理论上(或逻辑关系上)讲，只要各状态的编码不重复，采用任何一种编码方案都是可行的。所以，最简单的一种状态编码(分配)方案就是：按二进制数的计数顺序，取前 k 个二进制数码元为 k 个状态 $S_0\sim S_{k-1}$ 编码。例如：具有 5 个状态 $S_0\sim S_4$ 的时序电路，要用 3 位二进制数(3 个触发器)为其进行状态编码，可选用 000、001、010、011 和 100 分别为 S_0、S_1、S_2、S_3 和 S_4 进行编码。但是，最简单的编码方案却不一定总是导致最简单的激励方程、输出方程，即：最简单的逻辑电路。事实上，状态分配方案经常是关乎最终逻辑电路成本的主要影响因素，而且它还与其他一些因素，诸如存储单元(触发器)类型的选择(D 型与 JK 型触发器)以及实现激励和输出方程的逻辑表达式的形式(例如，“与或”式，“或与”式，或者某种特殊的形式)，相互影响。不同的编码方案所导致的最终电路实现的繁简程度是不一样的①。所以，一定存在某种编码方案，由它所导出的最终电路实现是最简单的。因此，选择最佳的状态编码(状态分配)方案也是时序电路设计中的一个重要问题。

如何寻找状态编码的最佳方案？按式(7.17)所确定的编码方案总数去一个一个地试验比较？显然这是不现实的，因为对于一个具有 5 个状态的状态机($k=5$，从而 $n=3$)，可能的状态编码方案的总数就要大于 100；而对于有 10 个状态的状态机($k=10$，$n=4$)，可能的状态编码方案的总数就要大于 1000 万②！最好有一种方法能很快地找到状态编码的最佳方案。但是很遗憾，至今尚没有一套行之有效的通用方法去寻找这样一个“最佳”的状态编码(分配)方案。只能采用所谓“相邻分配”规则进行状态的分配(编码)。一般情况下，按该规则进行状态编码可以得到较好的效果(但它不是绝对的)。相邻分配规则如下：

(1) 当两个以上的状态在同一个给定的输入条件下具有相同的次态时，这些原状态应尽可能地安排为“逻辑相邻”的代码。

(2) 同一个状态在“逻辑相邻”的输入组合驱动下有两个以上的次态时，这些次态也应尽量安排为“逻辑相邻”的代码。

(3) 输出相同的状态，最好也安排为逻辑相邻的代码。

以上 3 条常常不能同时满足，**所以实践中常以第(1)条为主，第(2)条为辅，然后再尽量兼顾第(3)条。**

【例 7.16】 为例 7.10 中 1111 序列检测器的最简状态表中的状态进行编码，同时确定所用触发器的个数。

解：(1) 首先将例 7.10 中的最简状态表重绘于此，如表 7.24(a)所示。

---

① 所谓电路实现的繁简程度是指：实现该电路所用到的门电路个数的多少以及每个门电路输入端个数的多少。

② 这里的 100 和 1000 万是指“有效”的编码方案总数，见后面式(7.18)。

表 7.24 例 7.16 最简状态表的状态编码

(a) 最简状态表

S^n \ X	0	1
S_0	$S_0/0$	$S_1/0$
S_1	$S_0/0$	$S_2/0$
S_2	$S_0/0$	$S_3/0$
S_3	$S_0/0$	$S_3/1$
	S^{n+1}/Z	

(b) 最简状态编码表

$Q_1^n Q_0^n$ \ X	0	1
0 0	0 0/0	0 1/0
0 1	0 0/0	1 1/0
1 1	0 0/0	1 0/0
1 0	0 0/0	1 0/1
	$Q_1^{n+1} Q_0^{n+1}/Z$	

(2) 因为总的状态个数 k 为 4，所以根据式(7.16)确定使用触发器的个数 n 为 2。设两个触发器的输出组合为 Q_1Q_0。

(3) 观察表 7.24(a)，先运用 3 个相邻分配规则找出可能的"相邻状态对"；再按照"规则(1)为主，规则(2)为辅，兼顾规则(3)"的原则，从这些可能的相邻状态对中综合出状态排列的次序；按照这个状态排列次序为每一个状态分配格雷码。整个过程如表 7.25 所示。

表 7.25 例 7.16 状态分配过程表

相邻分配规则	可能的相邻状态对	综合结果	状态分配	
			Q_1Q_0	S^n
规则 1	"$\boldsymbol{S_2S_3}$"	"$S_0S_1S_2S_3$"	0 0	S_0
规则 2	"$\boldsymbol{S_0S_3}$""$\boldsymbol{S_0S_1}$""S_0S_2" "$\boldsymbol{S_0S_3}$"		0 1	S_1
			1 1	S_2
规则 3	"$\boldsymbol{S_0S_1S_2}$"		10	S_3

该表的填写过程大致如下：以"相邻分配"规则(1)为准，从"现态"$S_0 \sim S_3$ 的角度看，当 $X=0$ 时，$S_0 \sim S_3$ 的次态均为 S_0，故 $S_0 \sim S_3$ 这 4 个状态应互相相邻；当 $X=1$ 时，现态 S_2 和 S_3 有相同的次态 S_3，S_2 和 S_3 应该相邻，记为 S_2S_3，列于表 7.25"规则 1"右边方框中。以"相邻分配"规则(2)为准，从"输入"X 的角度看，现态 S_0 在输入 $X=0$ 和 $X=1$ 时(输入编码相邻)，其次态分别为 S_0 和 S_1，故 S_0 和 S_1 应该相邻。同理，S_0 还应该分别与 S_2 和 S_3 相邻，记为 S_0S_1、S_0S_2 和 S_0S_3，将它们都列于表 7.25"规则 2"右边方框中。注意，此时有两个 S_0S_3，将它们都列出来并上下排列。这样做的目的是要突出表明，S_0S_3 相邻的可能性要大于 S_0S_1 和 S_0S_2。从"输出"Z 的角度看，S_0、S_1 和 S_2 有相同的输出，按"相邻分配"规则(3)，它们应该相邻，记为 $S_0S_1S_2$，列于表 7.25"规则 3"右边方框中。注意引号中 S_0、S_1 和 S_2 的排列顺序可以是任意的。

将上述结果加以综合，遵循"规则(1)为主，规则(2)为辅，兼顾规则(3)"的原则，确定各状态的相邻顺序为 $S_0S_1S_2S_3$，列于表 7.25 第 3 列(注意：此时 S_0 和 S_3 是相邻的)。表中粗体字显示被采纳的相邻状态对，故除状态对 S_0S_2 以外，其他状态对都覆盖到了。

按照上述状态排列的次序给每一个状态分配格雷码，分配时尽量让格雷码的码值与状态的序号相吻合，这样做的目的是为了便于记忆。于是，状态编码方案为：S_0—00；S_1—01；S_2—11；S_3—10，列于表 7.25 的最后一列。

1111 序列检测器的"最简状态编码表"如表 7.24(b)所示。

用上述状态编码代替图 7.33 中各状态名的字母，就得到了编码形式的状态图，如图 7.38 所示。除了状态编码方案不同之外，图 7.38 与图 7.22 完全相同。

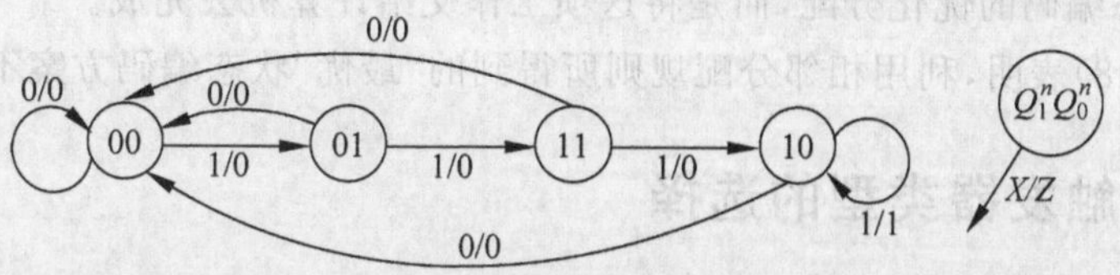

图 7.38 例 7.16 1111 序列检测器编码形式的最简状态图

关于状态分配的问题，需要补充说明以下几点：

(1) “相邻分配”规则的前两条实际上是使同步时序电路的状态(次态)方程组达到或者接近最简(优)化；而该规则的最后一条却是使状态机的输出方程组达到或者接近最简(优)化。

(2) 由于 D 型触发器的输入等于其次态($Q^{n+1}=D$)，所以当同步时序电路的存储器部分是由 D 触发器构成时，电路的状态(次态)方程组达到或者接近最简化就相当于电路的驱动方程组达到或者接近最简化。换句话说，**“相邻分配”规则的前两条适用于使用 D 触发器的同步时序电路的状态分配**。

(3) 如果使用其他类型的触发器(例如 JK 触发器)来构成状态机的存储器部分，但却按照“相邻分配”规则的前两条进行状态分配，这样的状态编码分配方案是否还能使状态机的驱动方程组达到或者接近最简化？答案是：在一般情况下，一个对于 D 触发器来讲是“好的”状态分配方案对其他类型的触发器来讲也仍然是“好的”状态分配方案。但是，也有文献提出了另外一种相反的实例：一个状态分配方案对于某一种类型的触发器来讲是“最优”或者“接近最优”的，而对另一种类型的触发器来讲却完全不是“最优”的①。

(4) 式(7.16)只适用于“二进制数状态编码法”。该编码方法的宗旨是：**用最少的触发器个数来完成对所有状态的编码**。当状态个数 $k<2^n$ 时，就会有 2^n-k 个编码被舍弃不用。这些被舍弃的编码所代表的状态叫做“无效状态”。这些无效状态虽然不被采用，但这并不等于它们不存在。如何处理好这些无效状态关系到时序电路能否“自启动”，后面还要详细地讨论这个问题。

(5) 式(7.17)虽然给出了在 2^n 个代码中取出 k 个代码为 k 个状态进行编码的方案总数，但是在这些方案中有很多方案是等效的。所谓“等效”，是指由这些方案所导出电路的繁简程度是一样的。所以真正能使电路繁简程度各不相同的状态分配方案数应为

$$N_k=\frac{A_{2^n}^k}{2^n n!}=\frac{(2^n-1)!}{(2^n-k)!\ n!} \text{②} \tag{7.18}$$

例如：当 $k=5$(从而 $n=3$)时，$N_k=140$(而不是 6720)，但这也是一个相当大的数了。我们没有时间、也完全没有必要去一个一个地比较这些状态编码方案所导致的电路实现孰优孰劣。只需按照上述的状态分配原则大致地对状态进行优化编码分配。事实上，随着当

---

① 请比较例 7.5 和例 7.17 中的驱动方程和状态方程的繁简程度。

② 篇幅所限，此处不打算对此公式进行讨论，有兴趣的读者可阅读参考文献 *DIGITAL LOGIC CIRCUIT ANALYSIS & DESIGN* 的第 605 页。

前大规模集成电路技术和计算机技术的飞速发展，电路的集成度越来越高，人们开发了很多优化状态编码分配的算法。因此，在现代的数字电路和数字系统的设计过程中，往往并不特意地去进行状态编码的优化分配，而是将这项工作交给计算机去完成。

(6) 式(7.18)表明，利用相邻分配规则所得到的“最优”状态编码方案不唯一。

7.3.4 触发器类型的选择

完成了建立实际问题的逻辑模型、状态的化简和状态的分配后，接下来选择触发器的类型。目前可供选择的触发器类型有 D、JK、T 和 RS。

关于 D 触发器，它在实践中是应用得最普遍的一种触发器。这是因为：首先在分立封装的小规模集成电路中就有 D 触发器的现成产品，而且在当前的可编程逻辑器件中，触发器的类型几乎毫无例外地都是 D 型触发器。其次，在所有的触发器中，D 触发器的特性方程 $Q^{n+1}=D$，是最简单的。这意味着：当得到了次态 Q^{n+1} 的逻辑方程时，同时也就得到了 D 触发器的输入驱动方程，这给设计带来了很大方便。在后面将体会到这一点。但是因为 D 型触发器只有一个输入端 D，对它的控制就不像 JK 触发器那样灵活，由此而产生的结果是：在实现同一个状态机的前提下，D 触发器的驱动方程与 JK 触发器相比，一般要复杂一些，实现起来也需用更多的“门电路”。

JK 触发器在使用分立封装的 SSI 设计状态机的时代也曾经是应用非常普遍的一种触发器。这是因为 JK 触发器在同样封装尺寸的条件下可提供两个输入端 J 和 K，因此相对 D 触发器而言，这两个输入端(J、K)的组合为我们提供了更多的控制触发器的可能性。这就导致了 JK 触发器的驱动方程可能要比 D 触发器的驱动方程更简单，所用的 SSI“门电路”更少。但是在设计时序电路的过程中，在得到了次态 Q^{n+1} 的逻辑方程之后却并不能马上获得 J 和 K 的逻辑方程(驱动方程)，要得到它还需要费一番“周折”，且不像 D 触发器那样“直截了当”。

对于 T 触发器，由于它在现实生活中并没有可供使用的实际商品，都是由 D 或 JK 型触发器经过转换而得到的，所以研究用 T 触发器构成状态机只具有理论上的意义。尽管没有实际的 T 触发器芯片存在，但这丝毫不会降低我们研究用 T 触发器构成状态机的兴趣。当然在得到了次态 Q^{n+1} 的逻辑方程之后要想获得 T 触发器的驱动方程，也是需要费一番“功夫”的。

RS 触发器在现实生活中很少有实际商品存在，所以研究用它来构成状态机也只具有理论上的意义。另外 RS 触发器的输入端 R 和 S 具有某种“约束条件”，因此在设计驱动方程时要设法避开这些约束条件。由于 RS 触发器的逻辑功能基本上可以由 JK 触发器来代替，所以不再讨论如何用 RS 触发器构成状态机。

7.3.5 逻辑方程组的获取

导出逻辑方程组、检验自启动性、画出逻辑图，这 3 步在整个状态机的设计过程中是非常重要的，但又是相当规范的。导出逻辑方程组的方法有两种：一种是“**驱动表法**”；另一种叫做“**次态卡诺图法**”。

在 7.1.3 小节中曾经提到过“状态转换驱动表”，而且特别强调它是设计时序逻辑电路的工具。这里所介绍的“驱动表法”实际上就是利用“状态转换驱动表”作为工具来导出时序电路的逻辑方程组。

“次态卡诺图法”是另一种非常有效的导出时序电路逻辑方程组的工具。**它的核心思想就是根据“状态转换表”或“状态转换图”直接画出次态 Q^{n+1} 的卡诺图从而得到 Q^{n+1} 的逻辑方程，即：同步时序电路的状态方程**。有时我们更喜欢使用“次态卡诺图法”，这不仅因为由它可以直接导出次态 Q^{n+1} 的逻辑方程从而导出各种触发器的驱动方程，而且因为利用次态卡诺图还可以很快地判断出所设计的状态机是否能够自启动。这一点，较之“驱动表法”来讲要显得更为简便。

下面将通过具体实例来说明如何运用这两种工具来导出同步时序电路(同步状态机)的逻辑方程组。

【例 7.17】 利用例 7.16 中已经确定的 1111 序列检测器的最简状态编码表和编码形式的最简状态转换图设计此检测器。现分别用 D、JK 和 T 触发器作为状态机的存储器，要求状态机能自启动。试导出该序列检测器的逻辑方程组——状态方程组、驱动方程组和输出方程组并依据逻辑方程组画出逻辑图。

解：

1. 驱动表法

(1) 首先将例 7.16 中编码形式的状态图重绘于此，如图 7.39 所示。根据此状态转换图可画出该序列检测器的状态转换驱动表，如表 7.26 所示。状态转换驱动表的构成过程如下：

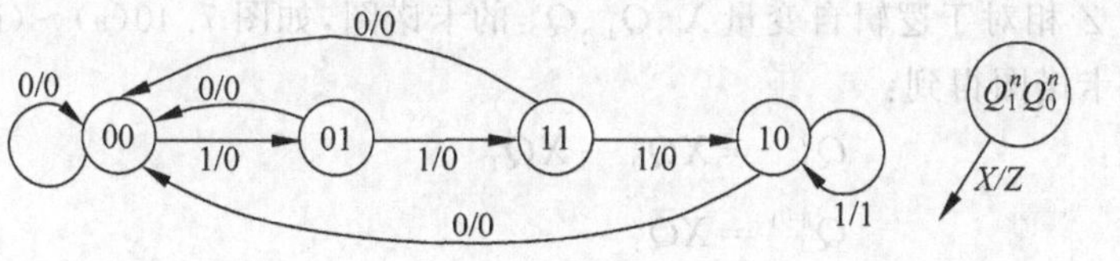

图 7.39 例 7.17 1111 序列检测器的编码形式最简状态图

① 首先将外输入 X 和现态 $Q_1^nQ_0^n$ 作为已知量列于驱动表的左边(如表 7.26 中的第 2、3 列)，然后列出变量组合 $XQ_1^nQ_0^n$ 的所有取值 000～111。

② 按照状态转换图所示，列出次态 $Q_1^{n+1}Q_0^{n+1}$(如表 7.26 中的第 4 列)和输出 Z(如表 7.26 中最后一列)。例如：在表的第 0 行中，外输入 $X=0$，现态 $Q_1^nQ_0^n=00$，根据状态图知道次态 $Q_1^{n+1}Q_0^{n+1}=00$，且输出 $Z=0$；其余各行均依此处理。

③ 列出 D 触发器的驱动信号 D_1、D_0。因为对于 D 触发器来讲，次态等于驱动输入，即：$Q^{n+1}=D$。所以驱动信号 D_1D_0 就等于次态信号 $Q_1^{n+1}Q_0^{n+1}$(如表 7.26 中的第 5 列)。

④ 列出 JK 触发器的驱动信号 J_1K_1 和 J_0K_0(见表 7.26 中的第 6 列)。因为 JK 触发器的特性方程是 $Q^{n+1}=J\overline{Q^n}+\overline{K}Q^n$，所以当 $Q^n=0$ 时，$J=Q^{n+1}$，而此时的 K 可取任意值，即 $K=\times$；而当 $Q^n=1$ 时 J 为任意值，即 $J=\times$；而此时的 $K=\overline{Q^{n+1}}$。综合以上两种情况就可总结出由现态 Q^n、次态 Q^{n+1} 的取值推导出所需的 J、K 驱动信号取值的算法如下：

$$Q^n=0\text{ 时}，\quad J=Q^{n+1}，\quad K=\times；$$

$$Q^n=1\text{ 时}，\quad J=\times，\quad K=\overline{Q^{n+1}}(\text{或 }\overline{K}=Q^{n+1})$$

将这个算法称为“**JK 取值规则**”。根据这个规则就可以在驱动表中填上各 J_1K_1、J_0K_0 的值。例如：在表的第 5 行中 $Q_1^n=0$,$Q_1^{n+1}=1$,则 $J_1=1$,$K_1=\times$；而另一方面 $Q_0^n=1$、$Q_0^{n+1}=1$,于是 $J_0=\times$,$K_0=0$,其余各行以此类推。

(5) 列出 T 触发器的驱动信号 T_1、T_0(见表 7.26 中的第 7 列)。由于 T 触发器的特性方程是 $Q^{n+1}=T\oplus Q^n$,根据“异或”运算的特性(见第 2 章)有：$T=Q^{n+1}\oplus Q^n$。**因此只需将现态 Q^n 与次态 Q^{n+1} 的值相“异或”就可得到驱动信号 T 的数值**。例如：表的第 1 行 $Q_1^n=0$,$Q_1^{n+1}=0$,于是 $T_1=0$；而 $Q_0^n=1$,$Q_0^{n+1}=0$,则 $T_0=1$；其余各行均按此方法推导,也称该方法为“**T 取值规则**”。

表 7.26 例 7.17 1111 序列检测器的状态转换驱动表

No.	外输入 X	现态 $Q_1^nQ_0^n$	次态 $Q_1^{n+1}Q_0^{n+1}$	驱动 $D_1\ D_0$	驱动 $J_1K_1\ J_0K_0$	驱动 $T_1\ T_0$	输出 Z
0	0	0 0	0 0	0 0	0× 0×	0 0	0
1	0	0 1	0 0	0 0	0× ×1	0 1	0
2	0	1 0	0 0	0 0	×1 0×	1 0	0
3	0	1 1	0 0	0 0	×1 ×1	1 1	0
4	1	0 0	0 1	0 1	0× 1×	0 1	0
5	1	0 1	1 1	1 1	1× ×0	1 0	0
6	1	1 0	1 0	1 0	×0 0×	0 0	1
7	1	1 1	1 0	1 0	×0 ×1	0 1	0

(2) 根据驱动表的内容,分别画出次态 $Q_1^{n+1}Q_0^{n+1}$、驱动信号 D_1D_0、J_1K_1、J_0K_0、T_1T_0 以及输出信号 Z 相对于逻辑自变量 X、Q_1^n、Q_0^n 的卡诺图,如图 7.40(a)~(i)所示①。

根据这些卡诺图得到：

状态方程：

$$Q_1^{n+1}=XQ_0^n+XQ_1^n$$

$$Q_0^{n+1}=X\overline{Q}_1^n$$

驱动方程：

$$D_1=Q_1^{n+1}=XQ_0^n+XQ_1^n$$

$$D_0=Q_0^{n+1}=X\overline{Q}_1^n$$

$$J_1=XQ_0^n,\quad K_1=\overline{X}$$

$$J_0=X\overline{Q}_1^n,\quad K_0=\overline{X}+Q_1^n=\overline{X\overline{Q}_1^n}$$

$$T_1=\overline{X}Q_1^n+X\overline{Q}_1^nQ_0^n$$

$$T_0=\overline{X}Q_0^n+Q_1^nQ_0^n+X\overline{Q}_1^n\overline{Q}_0^n$$

输出方程：

$$Z=XQ_1^n\overline{Q}_0^n$$

本例题所设计的序列检测器实际上就是在例 7.5 中分析的序列检测器,二者的不同之处就在于状态的编码方案不同,本例题的状态编码是经过“优化”的。比较一下两个例题的逻辑方程组发现：在状态方程方面,二者的 Q_1^{n+1} 表达式的繁简程度相同,而本例题的 Q_0^{n+1} 表达式更简单。这意味着：如果采用 D 触发器作为状态机的存储器,则本例题的编码方案

① 因为 D 触发器驱动输入 D 与次态 Q^{n+1} 相同,得到了 Q^{n+1} 的逻辑表达式就等于得到了 D 的逻辑表达式,所以未画出 D_1、D_0 的卡诺图。

所导致的电路会更简单。如果采用JK触发器，则本例题的驱动方程较之例7.5要略显复杂（主要是J_0、K_0的逻辑表达式略为复杂）。这就说明：上述“相邻分配”规则主要适用于采用D触发器作存储器时的状态分配。

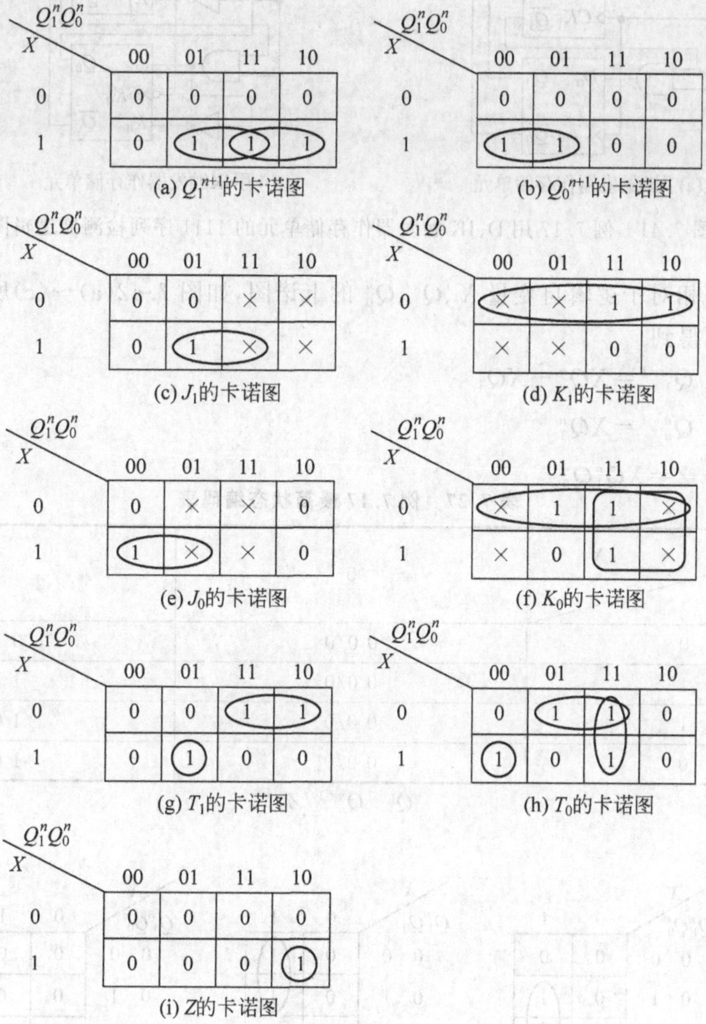

图7.40　例7.17各次态、驱动及输出信号的卡诺图

（3）由于本例题中的状态机（序列检测器）采用两个触发器作为存储器，而它又恰好有4个有效的状态，所以该状态机没有无效状态，不存在自启动的问题。

（4）有了上面推导出的驱动方程和输出方程的逻辑表达式，就可以分别画出以D触发器、JK触发器和T触发器为存储器的1111序列检测器的逻辑图，如图7.41(a)和(b)[①]所示。

2. 次态卡诺图法

（1）首先将例7.16中“最简状态编码表”重绘于此，如表7.27所示。实际上该表就是次态和输出的卡诺图——“次态卡诺图”了。所以将此表一分为三就分别得到了次态Q_1^{n+1}、

① 此处省略了用T触发器作存储器的1111序列检测器的逻辑图。

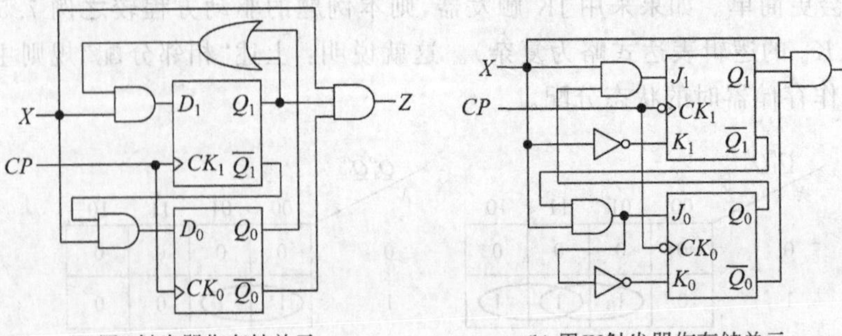

(a) 用D触发器作存储单元　　(b) 用JK触发器作存储单元

图 7.41　例 7.17 用 D、JK 触发器作存储单元的 1111 序列检测器逻辑图

Q_0^{n+1} 和输出 Z 相对于逻辑自变量 X、Q_1^n、Q_0^n 的卡诺图，如图 7.42(a)～(c)所示。化简这些卡诺图，于是就得到

状态方程：$Q_1^{n+1}=XQ_0^n+XQ_1^n$

$Q_0^{n+1}=X\overline{Q}_1^n$

输出方程：$Z=XQ_1^n\overline{Q}_0^n$

表 7.27　例 7.17 最简状态编码表

$Q_1^nQ_0^n$ \ X	0	1
0 0	0 0/0	0 1/0
0 1	0 0/0	1 1/0
1 1	0 0/0	1 0/0
1 0	0 0/0	1 0/1
	$Q_1^{n+1}Q_0^{n+1}/Z$	

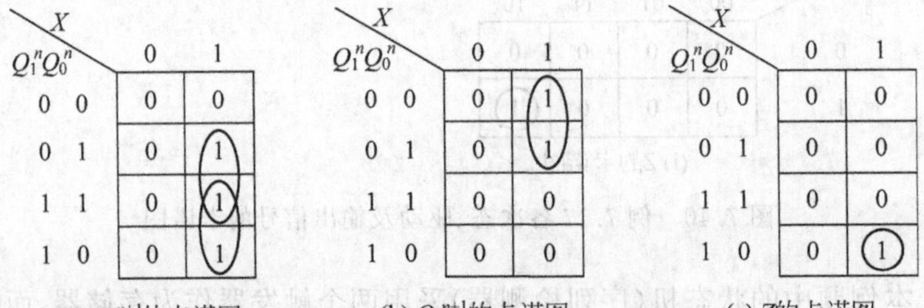

(a) Q_1^{n+1}的卡诺图　　(b) Q_0^{n+1}的卡诺图　　(c) Z的卡诺图

图 7.42　例 7.17 次态和输出信号的卡诺图

(2) 按照"JK 取值规则"，分别从 Q_1^{n+1} 和 Q_0^{n+1} 的卡诺图推导出 J_1、K_1 和 J_0、K_0 的卡诺图。具体过程是：在 Q_1^{n+1} 的卡诺图上保留 $Q_1^n=0$ 所对应"小格"的内容而把 $Q_1^n=1$ 所对应"小格"的内容全部改为无关项"×"，于是就得到了 J_1 的卡诺图；另外在 Q_1^{n+1} 的卡诺图上把 $Q_1^n=0$ 所对应"小格"的内容全部改为无关项"×"，而把 $Q_1^n=1$ 所对应"小格"的内容全部取反，于是就得到了 K_1 的卡诺图。同样的过程可得到 J_0、K_0 的卡诺图，如图 7.43(a)～(d)所示。

再根据"T 取值规则"分别从 Q_1^{n+1} 和 Q_0^{n+1} 的卡诺图推导出 T_1 和 T_0 的卡诺图。例如

在 Q_1^{n+1} 的卡诺图上保留 $Q_1^n=0$ 所对应“小格”的内容而把 $Q_1^n=1$ 所对应“小格”的内容取反，则得到 T_1 的卡诺图；同理可得到 T_0 的卡诺图，如图 7.43(e)、(f)所示。

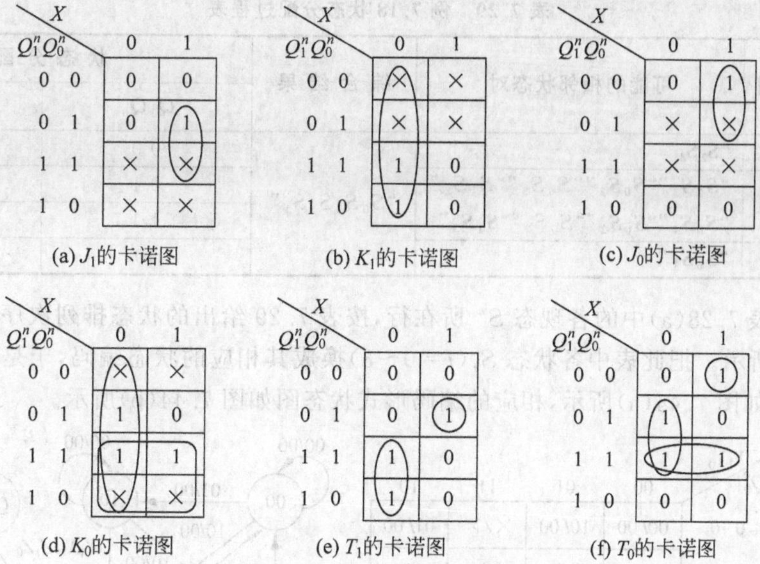

图 7.43　例 7.17 各驱动信号的卡诺图

化简上面这些卡诺图，得到：

驱动方程：

$$D_1=Q_1^{n+1}=XQ_0^n+XQ_1^n$$

$$D_0=Q_0^{n+1}=X\bar{Q}_1^n$$

$$J_1=XQ_0^n,\quad K_1=\bar{X}$$

$$J_0=X\bar{Q}_1^n,\quad K_0=\bar{X}+Q_1^n=\overline{X\bar{Q}_1^n}$$

$$T_1=\bar{X}Q_1^n+X\bar{Q}_1^nQ_0^n$$

$$T_0=\bar{X}Q_0^n+Q_1^nQ_0^n+X\bar{Q}_1^n\bar{Q}_0^n$$

以下各步骤与“驱动表法”相同，从略。

【例 7.18】 根据例 7.15 中所确定的自动售货机控制器的逻辑模型——最简状态表，利用“次态卡诺图法”导出该控制器的状态方程组、驱动方程组和输出方程组并画出逻辑图。假设电路分别使用 JK 和 T 触发器作为存储器，要求电路能够自启动。

解：(1) 将自动售货机控制器的最简状态表重绘于此，如表 7.28(a)所示。

表 7.28　例 7.18 自动售货机控制器最简状态表

(a) 最简状态表

S^n \ X_1X_0	00	01	11	10
S_0	$S_0/00$	$S_1/00$	×/××	$S_2/00$
S_1	$S_1/00$	$S_2/00$	×/××	$S_3/00$
S_2	$S_2/00$	$S_3/00$	×/××	$S_0/01$
S_3	$S_3/00$	$S_0/01$	×/××	$S_0/11$

S^{n+1}/Z_0Z_0

(b) 重新排列最简状态表

S^n \ X_1X_0	00	01	11	10
S_0	$S_0/00$	$S_1/00$	×/××	$S_2/00$
S_2	$S_2/00$	$S_3/00$	×/××	$S_0/01$
S_3	$S_3/00$	$S_0/01$	×/××	$S_0/11$
S_1	$S_1/00$	$S_2/00$	×/××	$S_3/00$

S^{n+1}/Z_1Z_0

(2) 观察表 7.28(a)，利用"相邻分配"规则，仿照例 7.16 的做法对各状态进行状态分配。分配的过程和结果如表 7.29 所示。

表 7.29 例 7.18 状态分配过程表

相邻分配规则	可能的相邻状态对	综合结果	状态分配 Q_1Q_0	状态分配 S^n
规则 1	"S_2S_3"	"$S_0S_2S_3S_1$"	0 0	S_0
规则 2	"S_2S_3""S_0S_2""S_0S_3""S_1S_2"		0 1	S_2
	"S_0S_1""S_0S_2""S_0S_3""S_1S_3"		1 1	S_3
规则 3	"S_0S_1"		10	S_1

(3) 将表 7.28(a)中的各现态 S^n 所在行，按表 7.29 给出的状态排列次序重新排列，如表 7.28(b)所示。把此表中各状态 $S_i\,(i=0\sim3)$ 换成其相应的状态编码，于是就得到了"次态卡诺图"，如图 7.44(a)所示，相应的编码形式状态图如图 7.44(b)所示。

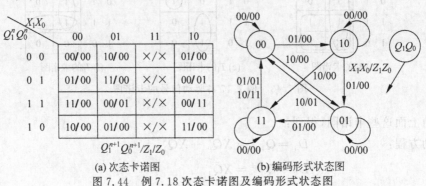

$Q_1^nQ_0^n$ \ X_1X_0	00	01	11	10
0 0	00/00	10/00	×/×	01/00
0 1	01/00	11/00	×/×	00/01
1 1	11/00	00/01	×/×	00/11
1 0	10/00	01/00	×/×	11/00

$Q_1^{n+1}Q_0^{n+1}/Z_1/Z_0$

(a) 次态卡诺图

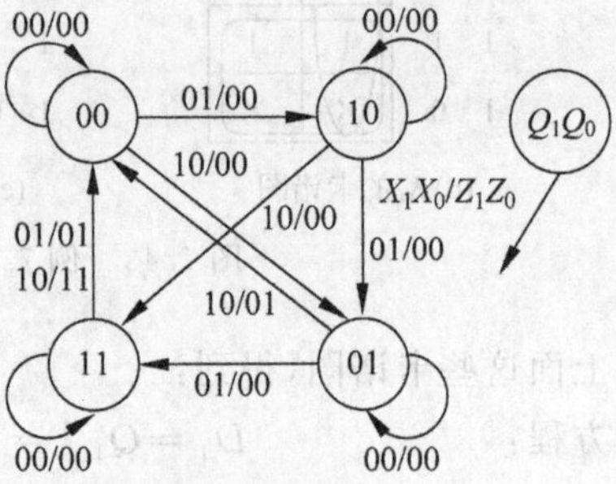

(b) 编码形式状态图

图 7.44 例 7.18 次态卡诺图及编码形式状态图

(4) 把次态卡诺图一分为四，从而分别得到次态 Q_1^{n+1}、Q_0^{n+1} 和输出 Z_1、Z_0 共 4 张卡诺图，如图 7.45(a)、(b)、(c)和(d)所示。和例 7.17 一样，本例题也不存在自启动问题。

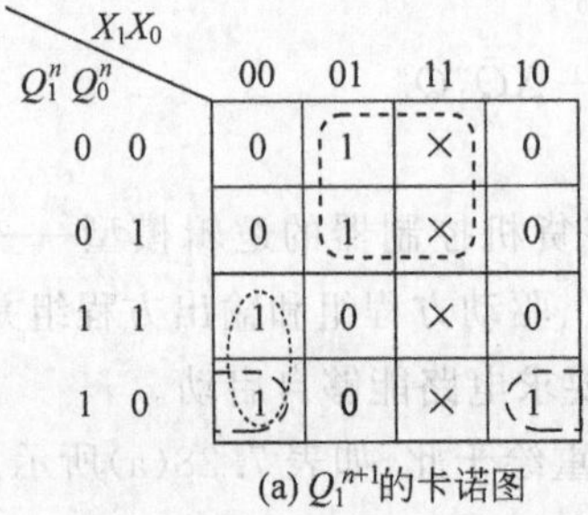

$Q_1^nQ_0^n$ \ X_1X_0	00	01	11	10
0 0	0	1	×	0
0 1	0	1	×	0
1 1	1	0	×	0
1 0	1	0	×	1

(a) Q_1^{n+1}的卡诺图

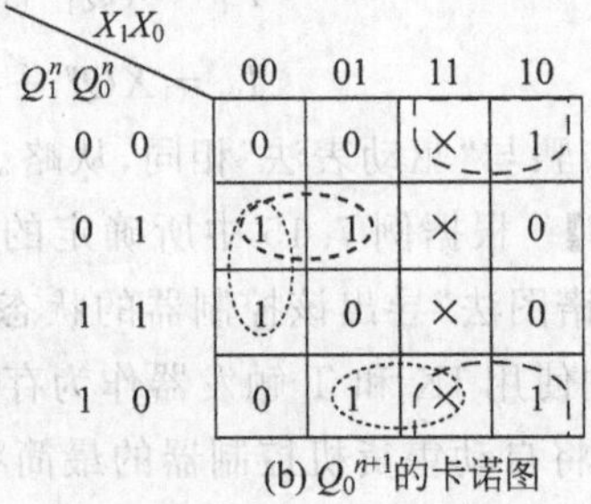

$Q_1^nQ_0^n$ \ X_1X_0	00	01	11	10
0 0	0	0	×	1
0 1	1	1	×	0
1 1	1	0	×	0
1 0	0	1	×	1

(b) Q_0^{n+1}的卡诺图

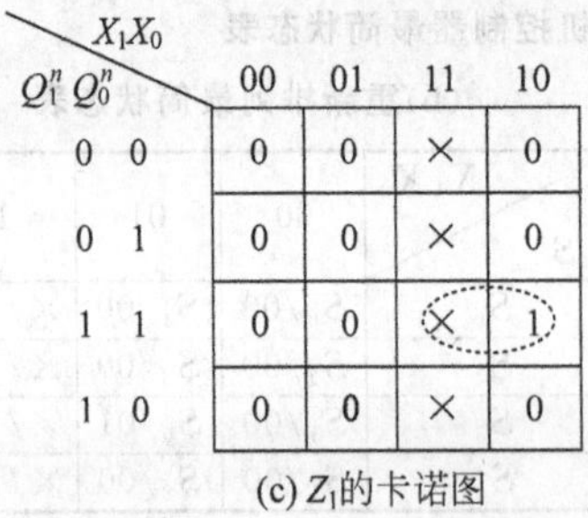

$Q_1^nQ_0^n$ \ X_1X_0	00	01	11	10
0 0	0	0	×	0
0 1	0	0	×	0
1 1	0	0	×	1
1 0	0	0	×	0

(c) Z_1的卡诺图

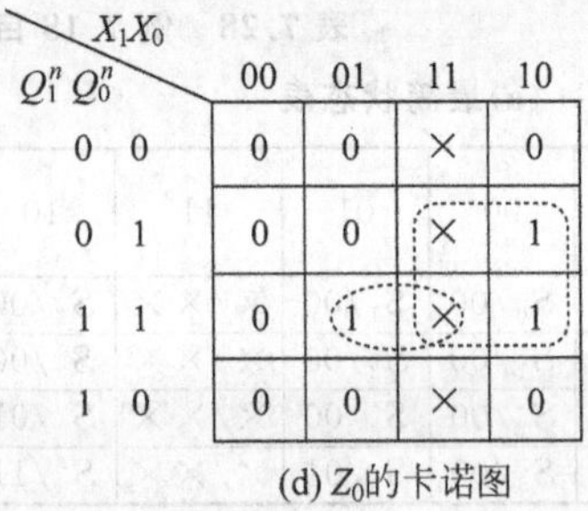

$Q_1^nQ_0^n$ \ X_1X_0	00	01	11	10
0 0	0	0	×	0
0 1	0	0	×	1
1 1	0	1	×	1
1 0	0	0	×	0

(d) Z_0的卡诺图

图 7.45 例 7.18 各次态及输出之卡诺图

(5) 根据图 7.45 化简逻辑函数，得到状态机的状态方程、输出方程如下：

状态方程：
$$Q_1^{n+1}=\bar{Q}_1^n X_0+Q_1^n \bar{X}_1 \bar{X}_0+Q_1^n \bar{Q}_0^n \bar{X}_0$$
$$Q_0^{n+1}=\bar{Q}_0^n X_1+Q_0^n \bar{X}_1 \bar{X}_0+\bar{Q}_1^n Q_0^n \bar{X}_1+Q_1^n \bar{Q}_0^n X_0$$

输出方程：
$$Z_1=Q_1^n Q_0^n X_1$$
$$Z_0=Q_1^n Q_0^n X_0+Q_0^n X_1$$

为了推出 JK 触发器的驱动方程，特将状态方程作如下变换：

$$\begin{aligned}Q_1^{n+1}&=\bar{Q}_1^n X_0+Q_1^n \bar{X}_1 \bar{X}_0+Q_1^n \bar{Q}_0^n \bar{X}_0\\&=X_0\cdot\bar{Q}_1^n+(\bar{X}_1\bar{X}_0+\bar{Q}_0^n\bar{X}_0)\cdot Q_1^n\\&=X_0\cdot\bar{Q}_1^n+\overline{X_0+Q_0^n X_1}\cdot Q_1^n\end{aligned}$$

$$\begin{aligned}Q_0^{n+1}&=\bar{Q}_0^n X_1+Q_0^n \bar{X}_1 \bar{X}_0+\bar{Q}_1^n Q_0^n \bar{X}_1+Q_1^n \bar{Q}_0^n X_0\\&=(X_1+Q_1^n X_0)\cdot\bar{Q}_0^n+(\bar{X}_1\bar{X}_0+\bar{Q}_1^n\bar{X}_1)\cdot Q_0^n\\&=(X_1+Q_1^n X_0)\cdot\bar{Q}_0^n+\overline{X_1+Q_1^n X_0}\cdot Q_0^n\end{aligned}$$

把以上 Q_1^{n+1} 和 Q_0^{n+1} 的逻辑表达式与 JK 触发器的特性方程 $Q^{n+1}=J\bar{Q}^n+\bar{K}Q^n$ 相比较，于是有：

驱动方程：
$$J_1=X_0,\qquad K_1=X_0+Q_0^n X_1$$
$$J_0=X_1+Q_1^n X_0,\qquad K_0=X_1+Q_1^n X_0$$

(6) 利用"T 取值规则"分别从 Q_1^{n+1} 和 Q_0^{n+1} 的卡诺图推导出 T_1 和 T_0 的卡诺图，如图 7.46(a)、(b)所示。

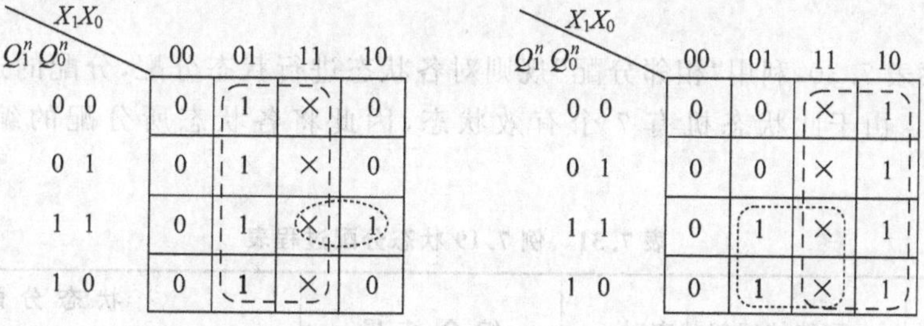

(a) T_1的卡诺图　　(b) T_0的卡诺图

图 7.46　例 7.18 T 触发器驱动信号的卡诺图

根据图 7.46 化简逻辑函数，得到状态机 T 触发器的驱动方程如下：

$$T_1=X_0+Q_1^n Q_0^n X_1,\quad T_0=X_1+Q_1^n X_0$$

(7) 根据上述驱动方程和输出方程，就可以分别画出由 JK 触发器和 T 触发器构成的状态机（自动售货机控制器）的逻辑图，如图 7.47(a)、(b)所示。

【例 7.19】 在例 7.14 中已经为串行 3 位码"质数"检测器建立了最简状态表和最简状态图。现以 D 和 JK 触发器作为存储器来实现该检测器。要求此状态机能够自启动，试导出状态机的逻辑方程组并据此画出逻辑图。

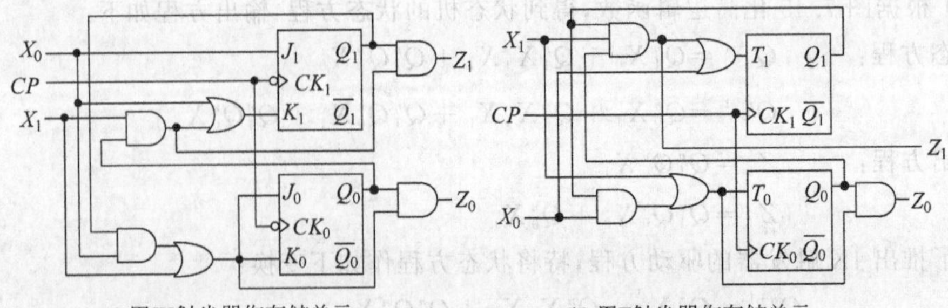

(a) 用JK触发器作存储单元　　(b) 用T触发器作存储单元

图 7.47　例 7.18 用 JK、T 触发器作存储单元的自动售货机控制器逻辑图

解：(1) 把例 7.14 中的最简状态表重绘于此，如表 7.30 所示。

表 7.30　例 7.19 3 位码"质数"检测器最简状态表

现态 S^n	X = 0	X = 1	输出 Z
S_0	S_1	S_2	0
S_1	S_3	S_4	0
S_2	S_5	S_5	0
S_3	S_0	S_0	0
S_4	S_7	S_7	0
S_5	S_0	S_7	0
S_7	S_1	S_2	1
	次态 S^{n+1}		

(2) 观察表 7.30，利用"相邻分配"规则对各状态进行状态分配，分配的过程和结果如表 7.31 所示。由于此状态机有 7 个有效状态，因此将各状态所分配的编码分两列于表 7.31 中。

表 7.31　例 7.19 状态分配过程表

相邻分配规则	可能的相邻状态对	综合结果	状态分配 $Q_2Q_1Q_0$	S^n	$Q_2Q_1Q_0$	S^n
规则 1	"S_0S_7""S_3S_5""S_4S_5"	"$S_7S_0S_1S_2S_3S_5S_4$"	000	S_0	110	S_5
规则 2	"S_0S_7" "S_1S_2" "S_3S_4"		001	S_1	111	S_4
	"S_1S_2"		011	S_2	101	
规则 3	"$S_0\sim S_5$"		010	S_3	100	S_7

(3) 结合表 7.30 和表 7.31 给出的状态分配结果，就可以画出编码形式的状态转换图，如图 7.48(a)所示。由此状态图，就可画出次态卡诺图和输出 Z 的卡诺图，如图 7.48(b)、(c)所示。注意：本例题实现的是摩尔型状态机，所以输出信号 Z 仅仅是现态 Q_2^n、Q_1^n 和 Q_0^n 的函数，即：它是一个 3 变量逻辑函数；而次态 Q_2^{n+1}、Q_1^{n+1} 和 Q_0^{n+1} 却是输入 X 和现态 Q_2^n、Q_1^n、Q_0^n 的函数，即：它们是 4 变量的逻辑函数。另外，编码 101 是一个未被使用的状态编码。该编码所代表状态的次态和输出均应为"任意项"，用"×"表示。

(4) 把图 7.48(b)所示的次态卡诺图一分为三,分别得到次态 Q_2^{n+1}、Q_1^{n+1} 和 Q_0^{n+1} 共 3 张卡诺图,对它们进行"圈组合并",如图 7.49(a)、(b)、(c)所示。对输出 Z 的卡诺图的"圈组合并",如图 7.49(d)所示。

根据图 7.49,列出状态机的逻辑方程如下:

状态方程:

$$Q_2^{n+1}=Q_0^nX+Q_1^nQ_0^n+Q_2^nQ_1^nX$$

$$Q_1^{n+1}=\bar{Q}_1^nX+\bar{Q}_2^nQ_0^n$$

$$Q_0^{n+1}=\bar{Q}_1^n\bar{Q}_0^n+\bar{Q}_1^nX$$

输出方程:

$$Z=Q_2^n\bar{Q}_1^n$$

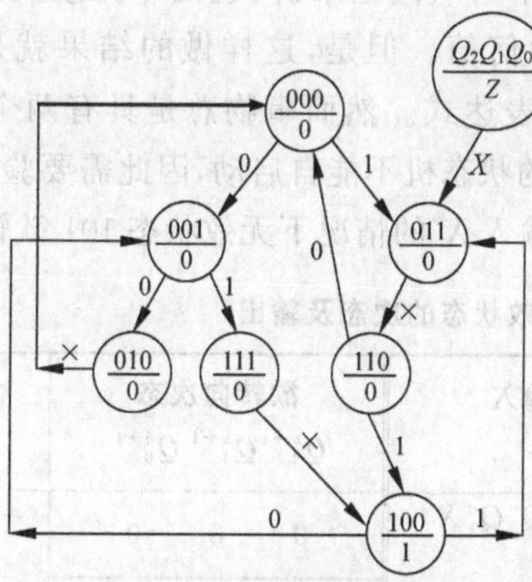

(a) 3位码"质数"检测器编码形式状态图

$Q_2^nQ_1^n$ \ Q_0^nX	00	01	11	10
0 0	001	011	111	010
0 1	000	000	110	110
1 1	000	100	100	100
1 0	001	011	×××	×××

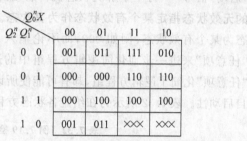

(b)次态 $Q_2^{n+1}Q_1^{n+1}Q_0^{n+1}$ 的卡诺图

Q_2^n \ $Q_1^nQ_0^n$	00	01	11	10
0	0	0	0	0
1	1	×	0	0

(c) 输出Z的卡诺图

图 7.48 例 7.19 编码形式状态转换图、次态卡诺图及输出 Z 的卡诺图

$Q_2^nQ_1^n$ \ Q_0^nX	00	01	11	10
0 0	0	0	1	0
0 1	0	0	1	1
1 1	0	1	1	1
1 0	0	0	×	×

(a) Q_2^{n+1}的卡诺图

$Q_2^nQ_1^n$ \ Q_0^nX	00	01	11	10
0 0	0	1	1	1
0 1	0	0	1	1
1 1	0	0	0	0
1 0	0	1	×	×

(b) Q_1^{n+1}的卡诺图

$Q_2^nQ_1^n$ \ Q_0^nX	00	01	11	10
0 0	1	1	1	0
0 1	0	0	0	0
1 1	0	0	0	0
1 0	1	1	×	×

(c) Q_0^{n+1}的卡诺图

Q_2^n \ $Q_1^nQ_0^n$	00	01	11	10
0	0	0	0	0
1	1	×	0	0

(d) Z的卡诺图

图 7.49 例 7.19 各次态的卡诺图及输出 Z 的卡诺图"圈组合并"

(5) 本例题所设计的检测器共有 7 个有效状态，使用了 3 个触发器。然而这 3 个触发器却可以提供 8 个状态编码，所以还有 1 个状态编码(101)未被使用。这个未用状态叫做"无效状态"。正是因为存在无效状态，所以在完成状态机的设计(得到逻辑方程)之后要验证所设计的状态机是否能自启动。换句话说，**就是要检验状态机在因某种原因而进入到无效状态之后，是否能在几个时钟周期之后自动进入有效状态的循环**。检验状态机的自启动性是非常重要的一步，如果状态机不能自启动(如出现本例的状态机一旦进入状态 101 后，无论输入 X 为何值，其次态永远为 101 的情况)，则需返回上一步重新设计。具体来讲就是修改卡诺图中卡诺圈的"圈组合并"方式。当然也可以不修改设计，而是给状态机加上一个"启动"信号。[①] 另一个解决状态机自启动的方法是：**在状态转换表或状态转换图中，为所有的无效状态指定某个有效状态作为其次态**。具体到本例题来讲，就是令无效状态 101 的次态为某个有效状态，例如 000，而不论输入 X 为何值。但是，这样做的结果就是无法利用"任意项"来进一步地化简逻辑方程组中的逻辑表达式。然而事物总是具有两个方面，利用"任意项"化简了逻辑方程组，却有可能使所设计的状态机不能自启动，因此需要验证状态机的自启动性。表 7.32 所示为在给定各状态方程和输入 X 的情况下无效状态 101 欲转向的次态。

表 7.32 例 7.19 检查无效状态的次态及输出

无效状态 $Q_2^n Q_1^n Q_0^n$	输入 X	无效状态编码及输入代入次态方程	欲转向次态 $Q_2^{n+1} Q_1^{n+1} Q_0^{n+1}$	输出 $Z=Q_2^n\bar{Q}_1^n$
1 0 1	0	$Q_2^{n+1}=Q_0^nX+Q_1^nQ_0^n+Q_2^nQ_1^nX$ $Q_1^{n+1}=\bar{Q}_1^nX+\bar{Q}_2^nQ_0^n$ $Q_0^{n+1}=\bar{Q}_1^n\bar{Q}_0^n+\bar{Q}_1^nX$	0 0 0	1
	1		1 1 1	

表 7.32 表明，当输入 $X=0$ 时，无效状态 101 将转向次态 000；而当 $X=1$ 时，它将转向次态 111。这两个状态都是有效状态，所以上面所设计的状态机是可以自启动的。据此可画出该状态机完整的状态转换图，如图 7.50 所示。

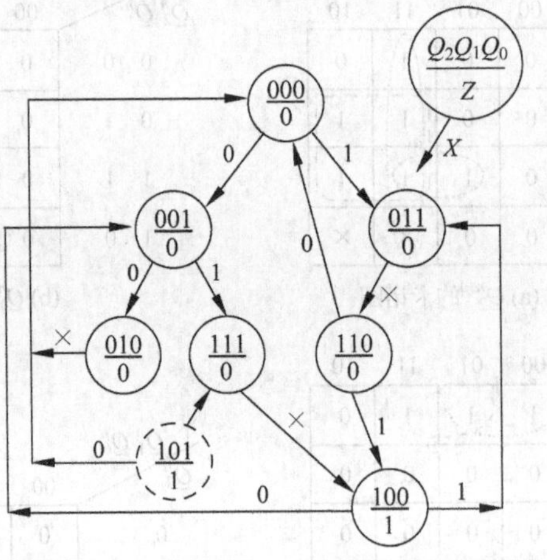

图 7.50 例 7.19 3 位码"质数"检测器的完整状态图

---

① 通常情况下就是给所有的触发器加上"复位"或"置位"信号。

从表 7.32 的构建过程可以体会到，如果无效状态的数量较多，则验证自启动性的过程将非常麻烦且容易出错。能否有一个简单、快速又不易出错的验证自启动性的方法呢？答案是肯定的。通过观察次态 Q_2^{n+1}、Q_1^{n+1} 和 Q_0^{n+1} 卡诺图的“圈组合并”情况，就可以迅速地确定无效状态所要转向的次态，从而判定状态机的自启动性。之所以可以这样做，是基于如下原理：**在卡诺图上圈 1 写“与或”式时，如果某个“任意项”被圈入卡诺圈中，则这个“任意项”的实际取值就等于被确定为逻辑 1；同时，没有被圈入卡诺圈中的“任意项”，其实际取值就等于是逻辑 0**。称该原理为**“任意项取值规则”**。例如：在 Q_2^{n+1} 的卡诺图中，无效状态 101 在 $X=1$ 时所对应的“任意项”(填“×”的小格)被圈入卡诺圈中，故此时的 Q_2^{n+1} 取值就为 1；而在 $X=0$ 时，无效状态 101 所对应的“任意项”(填“×”的小格)未被圈入卡诺圈中，所以 Q_2^{n+1} 的取值就为 0。同样的情况也发生在 Q_1^{n+1}、Q_0^{n+1} 的卡诺图中。因此可以得出如下结论：$X=1$ 时 101 的次态($Q_2^{n+1}Q_1^{n+1}Q_0^{n+1}$)为 111；$X=0$ 时 101 的次态为 000。这与表 7.32 所示结果是一样的。今后，可以在次态卡诺图上，利用“任意项取值规则”来快速地确定无效状态在给定输入条件下所要转向的次态，从而迅速判定状态机的自启动性。

(6) 状态机的存储单元为 D 触发器时，驱动方程如下：

$$D_2 = Q_2^{n+1} = Q_0^n X + Q_1^n Q_0^n + Q_2^n Q_1^n X$$

$$D_1 = Q_1^{n+1} = \bar{Q}_1^n X + \bar{Q}_2^n Q_0^n$$

$$D_0 = Q_0^{n+1} = \bar{Q}_1^n \bar{Q}_0^n + \bar{Q}_1^n X$$

状态机的存储单元为 JK 触发器时，将次态方程做如下变换：

$$\begin{aligned}
Q_2^{n+1} &= Q_0^n X + Q_1^n Q_0^n + Q_2^n Q_1^n X \\
&= (Q_0^n X + Q_1^n Q_0^n)(\bar{Q}_2^n + Q_2^n) + Q_1^n X \cdot Q_2^n \\
&= (Q_0^n X + Q_1^n Q_0^n) \cdot \bar{Q}_2^n + (Q_0^n X + Q_1^n Q_0^n + Q_1^n X) \cdot Q_2^n \\
&= (Q_0^n X + Q_1^n Q_0^n) \cdot \bar{Q}_2^n + \overline{\bar{Q}_0^n \bar{X} + \bar{Q}_1^n \bar{Q}_0^n + \bar{Q}_1^n \bar{X}} \cdot Q_2^n \\
Q_1^{n+1} &= \bar{Q}_1^n X + \bar{Q}_2^n Q_0^n \\
&= X \cdot \bar{Q}_1^n + \bar{Q}_2^n Q_0^n (\bar{Q}_1^n + Q_1^n) \\
&= (X + \bar{Q}_2^n Q_0^n) \cdot \bar{Q}_1^n + \overline{Q_2^n + \bar{Q}_0^n} \cdot Q_1^n \\
Q_0^{n+1} &= \bar{Q}_1^n \bar{Q}_0^n + \bar{Q}_1^n X \\
&= \bar{Q}_1^n \cdot \bar{Q}_0^n + \bar{Q}_1^n X (\bar{Q}_0^n + Q_0^n) \\
&= \bar{Q}_1^n \cdot \bar{Q}_0^n + \overline{Q_1^n + \bar{X}} \cdot Q_0^n
\end{aligned}$$

将上述 Q_2^{n+1}、Q_1^{n+1} 和 Q_0^{n+1} 的表达式与 JK 触发器的特性方程 $Q^{n+1} = J\bar{Q}^n + \bar{K}Q^n$ 相比较，于是得到状态机的驱动方程为

$$J_2 = Q_0^n X + Q_1^n Q_0^n, \qquad K_2 = \bar{Q}_0^n \bar{X} + \bar{Q}_1^n \bar{Q}_0^n + \bar{Q}_1^n \bar{X}$$

$$J_1 = X + \bar{Q}_2^n Q_0^n, \qquad K_1 = Q_2^n + \bar{Q}_0^n$$

$$J_0 = \bar{Q}_1^n, \qquad K_0 = Q_1^n + \bar{X}$$

(7) 在确认了状态机的自启动性并得到驱动方程和输出方程之后，就可以画出由 D 触发器构成的状态机(3 位码“质数”检测器)的逻辑图，如图 7.51 所示①。

---

① 此处省略了用 JK 触发器作存储器的 3 位码“质数”检测器的逻辑图。

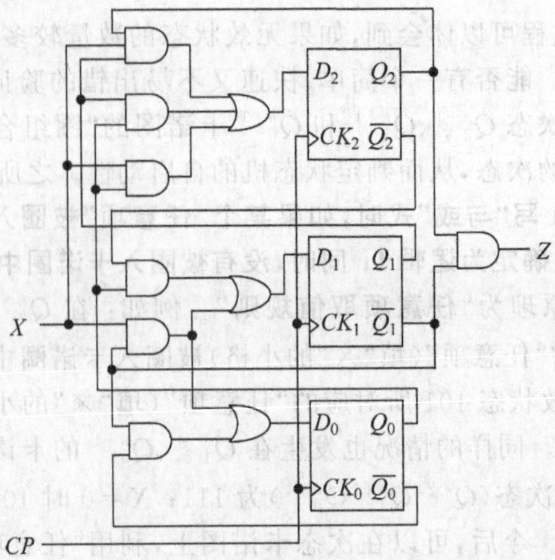

图 7.51　例 7.19 用 D 触发器作存储单元的 3 位码“质数”检测器逻辑图

由上述例题可以看出，用代数法从状态机的状态方程（Q^{n+1} 的表达式）导出其 JK 触发器的驱动方程的过程是比较麻烦的，特别是在状态方程的表达式较为复杂的情况下更是如此。能否避开这一烦琐的推导过程而从状态机的次态卡诺图中直接导出 JK 触发器的驱动方程，同时又能根据次态卡诺图中卡诺圈的圈组情况来迅速地判断状态机的自启动性呢？下面就给出这个问题的答案。

在例 7.17 里曾经提到“JK 取值规则”，其算法如下：

$$Q^n=0\text{ 时},\quad J=Q^{n+1},\quad K=\times;$$

$$Q^n=1\text{ 时},\quad J=\times,\quad K=\overline{Q^{n+1}}\,(\text{或 }\overline{K}=Q^{n+1})$$

这说明：当现态 $Q^n=0$ 时，次态 Q^{n+1} 的卡诺图就是驱动信号 J 的卡诺图而不论 K 取何值；而当现态 $Q^n=1$ 时，次态 Q^{n+1} 的卡诺图就是驱动信号 K 的卡诺图而不论 J 取何值。

【例 7.20】 继续例 7.19 的问题。现以另一种方法导出由 JK 触发器作为存储器的 3 位码“质数”检测器的驱动方程。要求状态机能够自启动，画出逻辑图。

解：(1) 根据上述有关“JK 取值规则”算法的结论，可以将次态 Q^{n+1} 的卡诺图以现态 $Q^n=0$ 和 $Q^n=1$ 为分界线分成两个子卡诺图。其中，一个子卡诺图就是 J 的卡诺图（对应 $Q^n=0$）；而另一个子卡诺图就是 $\overline{K}$ 的卡诺图（对应 $Q^n=1$）。如图 7.52 所示，**图中“白底”部分对应 $Q^n=0$，是 J 的卡诺图；而“灰底”部分对应 $Q^n=1$，是 $\overline{K}$ 的卡诺图**。例如：在 Q_2^{n+1} 的卡诺图中，“白底”对应 $Q_2^n=0$，是 J_2 的卡诺图；而“灰底”对应 $Q_2^n=1$，是 $\overline{K}_2$ 的卡诺图。Q_1^{n+1}、Q_0^{n+1} 卡诺图的划分情况与此类似。

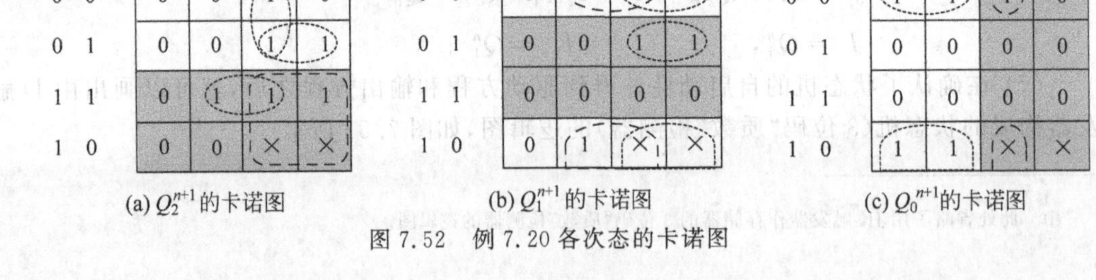

图 7.52　例 7.20 各次态的卡诺图

(2) 对图 7.52 所示各卡诺图进行圈组合并。注意,卡诺圈不能跨越“白底”和“灰底”的分界线,即:一个卡诺圈不能同时处于“灰白”两个区域。

(3) 观察图 7.52 的圈组合并情况,利用“任意项取值规则”判断状态机的自启动性。可以看出,无效状态 101 在输入 $X=1$ 时,其次态为 111;而当输入 $X=0$ 时,其次态为 110。这两个状态都是有效状态,所以状态机是可以自启动的。图 7.53 为状态机完整的状态转换图。观察此状态图,发现该图中无效状态 101 在输入 $X=0$ 时的次态转向与例 7.19 中给出的状态图不一样。为什么?请读者自己考虑。

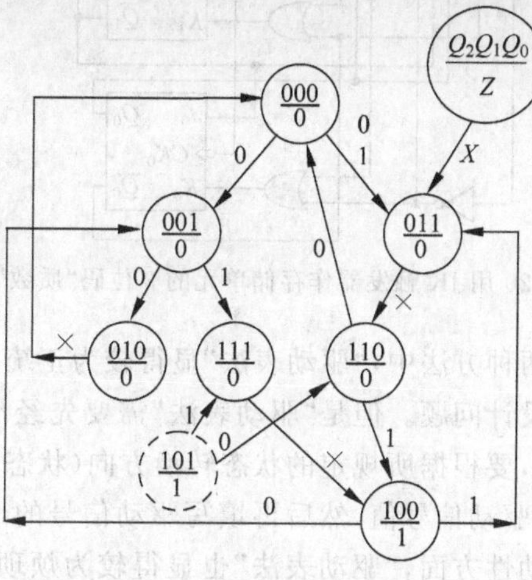

图 7.53 例 7.20 3 位码“质数”检测器的完整状态图

(4) 由图 7.52 写出状态机的驱动方程。注意,在写 J_2 的表达式时,Q_2^n 不用写出(此时 $Q_2^n=0$,即 $\overline{Q}_2^n=1$);而在写 K_2 的表达式时,Q_2^n 不用写出(此时 $Q_2^n=1$)。同理,在写 J_1、J_0 的表达式时,$\overline{Q}_1^n$、$\overline{Q}_0^n$ 不用写出;而在写 $\overline{K}_1$、$\overline{K}_0$ 的表达式时,Q_1^n、Q_0^n 不用写出。状态机的驱动方程如下:

$$J_2=Q_0^nX+Q_1^nQ_0^n,\quad \overline{K}_2=Q_0^n+Q_1^nX$$

$$K_2=\overline{Q}_1^n\overline{Q}_0^n+\overline{Q}_0^n\overline{X}$$

$$J_1=X+Q_0^n,\quad \overline{K}_1=\overline{Q}_2^nQ_0^n$$

$$K_1=Q_2^n+\overline{Q}_0^n$$

$$J_0=\overline{Q}_1^n,\quad \overline{K}_0=Q_1^nX$$

$$K_0=Q_1^n+\overline{X}$$

观察这些驱动方程,发现 K_2、J_1 的逻辑表达式与例 7.19 中推出的不一样,这是为什么?请读者思考。

(5) 根据导出的驱动方程和输出方程(此方程与例 7.19 中推出的一样),就可以画出由 JK 触发器构成的状态机(3 位码“质数”检测器)的逻辑图,如图 7.54 所示。

以上,通过实例讲述了如何导出逻辑方程组、检验自启动性和画出逻辑图,应该说这 3 步是相互联系着的。有了逻辑方程组,就可以检验状态机的自启动性,一旦获得了状态机的驱动方程组和输出方程组,就可以画出它的逻辑图。相对于状态机设计步骤的前几步来讲,这 3 步是相当规范和有规律可循的。

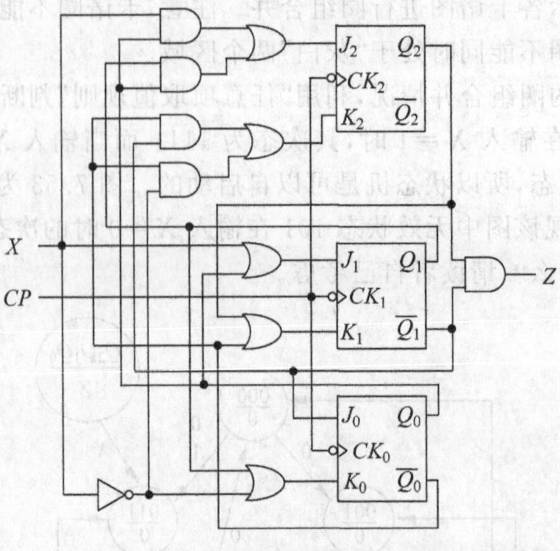

图 7.54 例 7.20 用 JK 触发器作存储单元的 3 位码"质数"检测器逻辑图

在导出逻辑方程组的两种方法中,"驱动表法"显得较为正统,适用于使用所有类型的触发器作为状态机存储器的设计问题。但是"驱动表法"需要先经历一个列写"状态转换驱动表"的过程。在这个过程中,要根据所规定的状态转换方向(状态表或状态图)和所用触发器的激励表或特性方程,列出驱动信号值,然后再填写驱动信号的卡诺图,化简并导出驱动方程。在检验状态机的自启动性方面,"驱动表法"也显得较为烦琐。它需要先将无效状态的编码值代入驱动方程组中以计算出各触发器的输入信号值,然后根据触发器的特性方程或特性表导出相应的次态,再根据该次态是否为有效状态判断状态机的自启动性。因此,除了使用 D 触发器的情形以外,"驱动表法"的推演过程烦琐且容易出错,它需要推演者具有稳定的心理素质。

相比较而言,"次态卡诺图法"却显得更为直截了当。它可以根据状态转换表和状态转换图直接填写次态的卡诺图——次态卡诺图。在次态卡诺图上"圈组合并"就可以得到电路的状态方程组。如果使用的是 D 触发器,则状态方程就是驱动方程;如果使用的是 JK 触发器,则同样可以通过按 $Q^n=0$ 和 $Q^n=1$ 分割次态卡诺图的方法,直接从次态卡诺图上导出驱动方程。另外,无论是使用 D 触发器或 JK 触发器,都可以利用所谓"任意项取值原理",直接在次态卡诺图上根据卡诺圈的"圈组合并"情况而迅速地判断出状态机的自启动性。但是如果使用的是 T 触发器,则情况就要稍微复杂一些。首先需要将次态卡诺图与 Q^n 相"异或"[①]以便得到驱动信号 T 的卡诺图,然后在 T 的卡诺图上"圈组合并",从而得到驱动信号 T 的最简逻辑表达式;其次是在判断自启动性方面也不如前两种触发器那样直截了当。

总之,通过上述一系列的例题详细地讲解了设计同步时序电路(状态机)的 7 个步骤。在这 7 个步骤中,以第 1 步,即建立实际问题的逻辑模型为最困难、最关键的一步,它直接关系到整个设计工作的成败,是非常重要的一步;接下来的 3 步,即:第 2 步——状态化简、第 3 步——状态分配、第 4 步——选择触发器类型,都是比较灵活或可省略的步骤;最后 3 步,即:第 5 步——导出逻辑方程组、第 6 步——检验自启动性、第 7 步——画出逻辑图,都是

① "异或"的过程是:次态卡诺图上对应 $Q^n=0$ 的小格"内容"不变;而对应 $Q^n=1$ 的小格"内容"取反(补)。

很规范、很有规律性的步骤。读者要想掌握设计同步时序电路——状态机的方法，就必须在实践中多练习，逐步学会运用上述 7 个步骤。

7.4 实用时序逻辑电路的分析与设计

7.3 节所讲到的同步状态机，实际上是对同步时序电路的一种抽象和概括，即：**任何一种同步时序电路都可以归结为一个同步状态机**。本节将重点讨论 3 种实用同步时序电路的分析和设计方法。这 3 种实用的同步时序电路是同步计数器/分频器、移存型计数器和同步序列信号发生器。此外，本节还将讨论另外一种类型的时序电路：阻塞反馈式异步计数器。尽管它是一种异步型时序逻辑电路，但是其分析和设计方法类似于同步计数器的分析与设计方法，而且此种电路在实践中获得了较为广泛的应用。

7.4.1 同步计数器和同步分频器

计数和分频是两个完全不同的概念。**计数器是用时序电路的状态来表示累计输入时钟(*CP*)脉冲的个数**，它与计数时所采用的数制、码制有关，计数器通常对时序电路的状态转换顺序有一定的要求，电路的输出形式为并行输出；而**分频器的功能仅仅是降低输入时钟信号的频率**，它对时序电路的状态转换顺序没有特殊要求，电路的输出形式为串行输出。

但是，计数器和分频器二者的电路结构形式和工作过程是相类似的，它们都是在输入时钟信号脉冲的作用下完成若干个状态的循环运行。因此，从广义上讲，分频器也是一种计数器；而计数器也可以完成分频的功能。**所以，以后除非特别需要，将不再特意地区分计数器和分频器，当谈到计数器时，其含义也包括了分频器，反之亦然。**

在讨论计数/分频器的分析与设计之前，先要介绍一个概念，即：计数/分频器的模数，用 M 表示。**所谓计数器的模就是它的最大计数容量，即：它所能累计 *CP* 脉冲的最大数目。由于计数器在计数值达到其最大容量(模 M)时会产生一个进位信号，所以有时也称模为 M 的计数器为 M 进制计数器；而分频器的模，就是它对时钟信号频率的最大分频比，即：它所能降低 *CP* 信号频率的最大倍数**。模数 M 的大小与构成计数/分频器的触发器个数有关。若计数/分频器是由 k 个触发器所构成，则它的**最大模数 M 为 2^k**。

计数器按其模数的特点分为 $M=2^k$ 和 $M\neq 2^k$ 两大类。鉴于第 6 章已介绍过模为 2^k 的二进制同步与异步计数器的分析与设计方法且其具有相当的规律性，所以本小节的重点是探讨 $M\neq 2^k$，即：非 2^k 进制同步计数器的分析与设计方法。此外，在 7.4.4 小节还将讨论非 2^k 进制异步计数器——阻塞反馈式异步计数器的分析与设计方法。

1. 同步计数器的结构特点

同步计数器是一种最常用的同步时序电路。在一般情况下，**同步计数器是一种无外输入信号 X^n 的特殊形式的摩尔型状态机**(参见图 7.7)，换句话说，**它是摩尔型状态机的一个特例**。同步计数器的框图如图 7.55 所示。

既然同步计数器是一种特殊的摩尔型状态机，所以它也有“自启动”的问题。我们知道，由 k 个触发器所构成的计数器，其模的最大值为 2^k，也就是说，它的状态个数最多为 2^k 个。但是本节所讨论的计数器的模均不等于 2^k，即：模 $M<2^k$，也就是说计数器的状态个数均

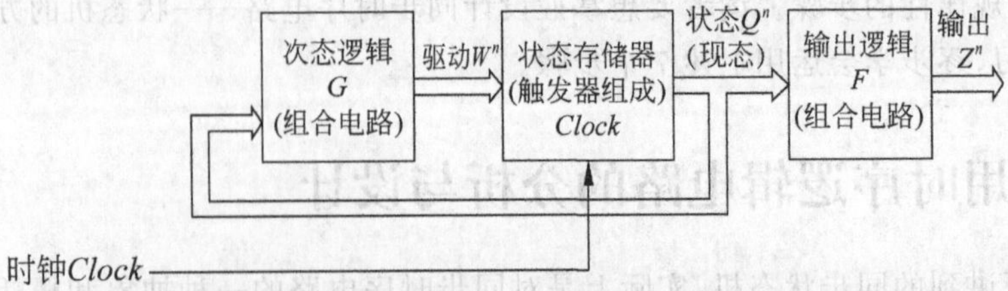

图 7.55 特殊的摩尔状态机——同步计数器/分频结构框图

小于 2^k 个。如果要求一个由 k 个触发器所构成的计数器的模 $M<2^k$，则该计数器只利用了 2^k 个状态中的 M 个状态，还有 2^k-M 个状态没有使用。所用到的这 M 个状态叫做计数器的"有效状态"，而那些没有用到的 2^k-M 个状态就叫做"无效状态"。计数器在正常工作时，只会在有效的 M 个状态的范围内循环转换，而那些无效的 2^k-M 个状态在计数器正常操作时根本就不会出现。然而需要注意的是：这 2^k-M 个无效状态虽然在计数器正常操作时不会出现，但这并不等于它们不存在。事实上，计数器在正常运转时，很有可能因为某种原因而使得它进入到无效的状态①。**如果计数器在进入任意一个无效状态后能够通过若干个时钟周期之后自动地进入到有效状态，则称其为能够自启动；如果计数器进入某个无效状态后，无休止地在无效状态中循环转换而不能进入到有效状态②，则称其为不能自启动**。当然，需要的是一个能够自启动的计数器。

2. 同步计数器的分析

对于这种特殊形式的摩尔型状态机——同步计数器来讲，其分析与设计方法与 7.2 节和 7.3 节中所介绍的方法基本相同，但它也有其自身的特殊性，这种特殊性更多地反映在设计方法上，而 7.2 节和 7.3 节中所介绍的分析与设计方法应该是具有某种通用性。

分析同步计数器的一般过程如下：

- 由给定的计数器逻辑图写出该逻辑电路的驱动方程组和输出方程组。
- 将所得到的驱动方程组代入触发器的特性方程从而得到电路的状态方程组。利用状态方程组列出计数器电路的"状态转换表"或者直接利用驱动方程组、输出方程组和触发器的特性方程列出电路的"状态转换真值表"。
- 由状态转换表或状态转换真值表画出完整的状态转换图。所谓完整的状态转换图是指既包括有效状态也包括无效状态的状态转换图。
- 通过状态转换表和状态转换图明确计数器的逻辑功能和工作特点——状态转换的顺序。
- 需要时，还可根据要求画出状态信号和输出信号与时钟信号的同步波形图——时序图。

由此可见，分析同步计数器的方法与分析一般的同步状态机基本相同。下面通过两个实例来说明同步计数器的分析过程。

【例 7.21】 试分析图 7.56 所示的同步时序电路，要求画出相应的定时波形图。

解：(1) 写出电路的逻辑方程。根据图 7.56，可以很容易地写出该同步时序电路的输出方程和驱动方程如下：

输出方程：$C=Q_3^nQ_0^n$

① 这种情况在开机上电时或者是受到某种干扰时很容易出现。

② 这种状态被称为死机状态或挂起状态。

驱动方程：$J_0=1$， $K_0=1$

$$J_1=\overline{Q}_3^n Q_0^n,\quad K_1=Q_0^n$$
$$J_2=Q_1^n Q_0^n,\quad K_2=Q_1^n Q_0^n$$
$$J_3=Q_2^n Q_1^n Q_0^n,\quad K_3=Q_0^n$$

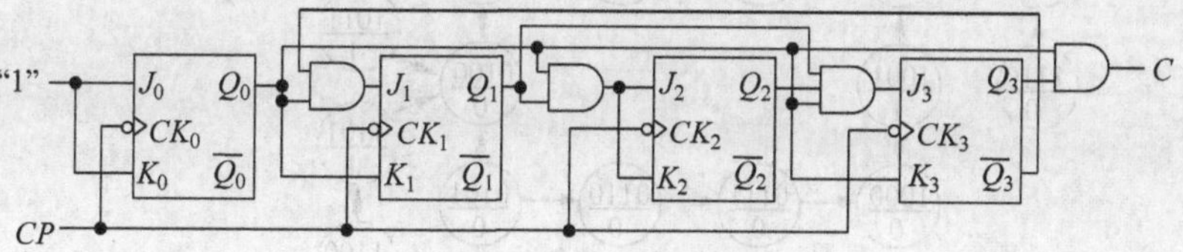

图 7.56 例 7.21 的逻辑图

（2）列写状态转换表。将各触发器的驱动方程代入 JK 触发器的特性方程 $Q^{n+1}=J\overline{Q}^n+\overline{K}Q^n$，于是得到时序电路的状态方程如下：

状态方程：$Q_0^{n+1}=\overline{Q}_0^n$

$$Q_1^{n+1}=\overline{Q}_3^n Q_0^n \overline{Q}_1^n+\overline{Q}_0^n Q_1^n$$
$$=\overline{Q}_3^n \overline{Q}_1^n Q_0^n+Q_1^n \overline{Q}_0^n$$
$$Q_2^{n+1}=Q_1^n Q_0^n \overline{Q}_2^n+\overline{Q_1^n Q_0^n} Q_2^n$$
$$=\overline{Q}_2^n Q_1^n Q_0^n+Q_2^n \overline{Q}_1^n+Q_2^n \overline{Q}_0^n$$
$$Q_3^{n+1}=Q_2^n Q_1^n Q_0^n \overline{Q}_3^n+\overline{Q}_0^n Q_3^n$$
$$=\overline{Q}_3^n Q_2^n Q_1^n Q_0^n+Q_3^n \overline{Q}_0^n$$

将各现态值代入上面导出的状态方程和输出方程，计算出每一种现态值的组合所对应的次态和输出，从而列出完整的状态转换表，如表 7.33 所示。

表 7.33 例 7.21 状态转换表

No.	Q_3^n	Q_2^n	Q_1^n	Q_0^n	C	Q_3^{n+1}	Q_2^{n+1}	Q_1^{n+1}	Q_0^{n+1}
0	0	0	0	0	0	0	0	0	1
1	0	0	0	1	0	0	0	1	0
2	0	0	1	0	0	0	0	1	1
3	0	0	1	1	0	0	1	0	0
4	0	1	0	0	0	0	1	0	1
5	0	1	0	1	0	0	1	1	0
6	0	1	1	0	0	0	1	1	1
7	0	1	1	1	0	1	0	0	0
8	1	0	0	0	0	1	0	0	1
9	1	0	0	1	1	0	0	0	0
10	1	0	1	0	0	1	0	1	1
11	1	0	1	1	1	0	1	0	0
12	1	1	0	0	0	1	1	0	1
13	1	1	0	1	1	0	1	0	0
14	1	1	1	0	0	1	1	1	1
15	1	1	1	1	1	0	0	0	0

(3) 画出状态转换图。根据表 7.33 所示的状态转换表就可以画出完整的状态转换图，如图 7.57 所示。

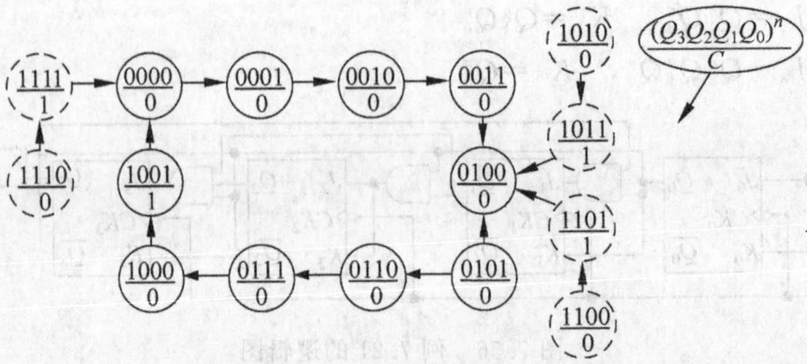

图 7.57 例 7.21 的完整状态图

(4) 明确计数器的逻辑功能。由图 7.57 所示的状态图可以看出，该同步时序电路有一个闭合的主循环，它含有 10 个状态。状态的转换顺序按其编码为 0000～1001，即：十进制数的 0～9。因此，确定此时序电路为"8421BCD 码"十进制加法计数器，主循环所包括的 10 个状态为**有效状态**。但是除此之外，该计数器还有 6 个**无效状态**，即 1010～1111。然而，状态转换表和状态转换图均反映出这 6 个无效状态的"最终归宿"都将是有效状态，换句话说，一旦电路因某种原因而进入某个无效状态，则经过一到两个时钟周期之后，它最终还将进入主循环中。这说明该计数器是可以自启动的。

另外，输出信号 C 只在主循环的 1001 状态时为 1，而在主循环的其他状态时均为 0，所以它是十进制加法计数器的"进位"信号。

(5) 画出时序图。根据状态转换表或状态转换图就可以画出现态信号 Q_3^n、Q_2^n、Q_1^n、Q_0^n 和输出信号 C 相对于时钟信号 CP 的定时波形图——时序图，如图 7.58 所示。

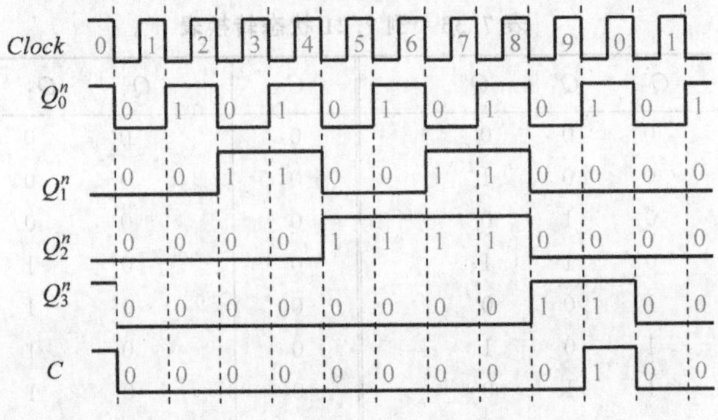

图 7.58 例 7.21 的时序图

这里需要注意两点：①图 7.56 中的触发器是下降沿翻转，即状态的翻转发生在时钟的下降沿；②一般情况下，**只画出主循环状态的时序图**。

【例 7.22】 试分析图 7.59 所示的同步时序电路。请画出现态信号和输出信号相对于时钟信号的同步波形图。

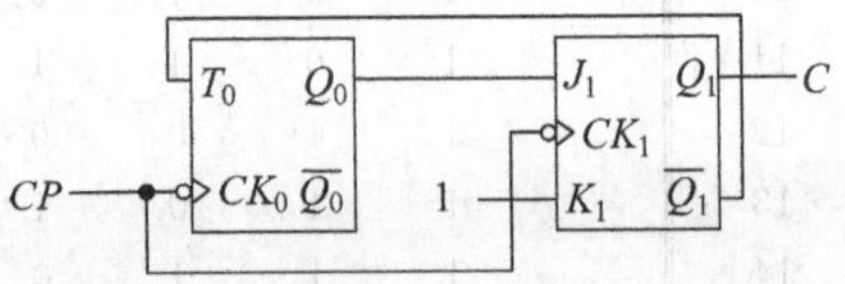

图 7.59 例 7.22 的逻辑图

解：(1) 写出电路的逻辑方程。按照图 7.59

写出电路的输出方程和驱动方程如下：

输出方程：$C=Q_1^n$

驱动方程：$T_0=\overline{Q}_1^n$

$J_1=Q_0^n$，　$K_1=1$

(2) 列写状态转换真值表。按照真值表的构造方法将已知量——现态信号列于表格的左边，而将未知量——驱动信号、输出信号和次态信号列于表格的右边，如表 7.34 所示。

表 7.34　例 7.22 状态转换真值表

No.	Q_1^n	Q_0^n	J_1	K_1	T_0	C	Q_1^{n+1}	Q_0^{n+1}
0	0	0	0	1	1	0	0	1
1	0	1	1	1	1	0	1	0
2	1	0	0	1	0	1	0	0
3	1	1	1	1	0	1	0	1

利用输出方程和驱动方程计算出各现态值所对应的输出信号和驱动信号并填入表中。根据现态信号和相应的驱动信号，并利用触发器的特性方程或特性表就可确定次态信号。例如表 7.34 的第 1 行中，$J_1=K_1=1,Q_1^n=0$，故 $Q_1^{n+1}=\overline{Q}_1^n=1$；而 $T_0=1,Q_0^n=1$，所以 $Q_0^{n+1}=T_0\oplus Q_0^n=0$。

(3) 画出状态转换图。依据状态转换真值表(表 7.34)就可以画出完整的状态转换图，如图 7.60 所示。

(4) 明确计数器的逻辑功能。从上面的状态图可以看出，该同步时序电路的主循环含有 3 个状态，即：00、01 和 10。按照状态的转换顺序来看，它应该是一个三进制加法计数器，输出信号 C 是进位信号。另外该计数器还有一个无效状态 11，但从状态图看出它的次态是 01(有效状态)，所以此计数器能够自启动。

(5) 画出时序图。按照状态转换图的主循环画出现态信号 Q_1^n、Q_0^n 和输出信号 C 相对于时钟信号 CP 的同步波形图，如图 7.61 所示。

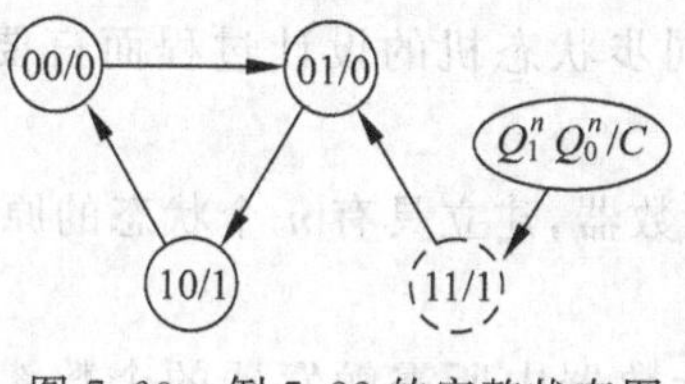

图 7.60　例 7.22 的完整状态图

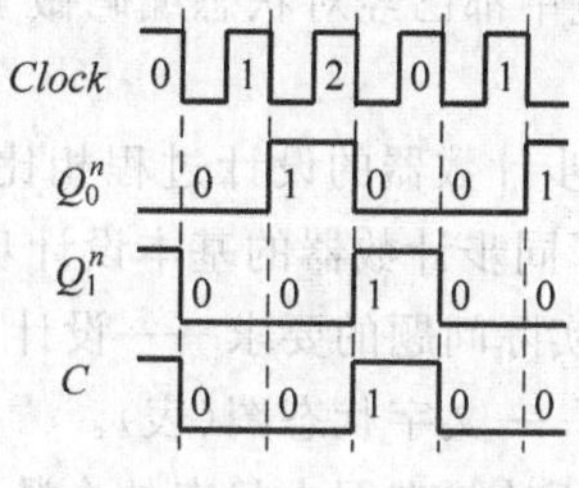

图 7.61　例 7.22 的时序图

以上通过两个实例介绍了同步计数器的两种分析方法：一个是利用状态方程和状态转换表；另一个是利用状态转换真值表。其实这两种方法的本质是一样的，设计者可根据自身的习惯选择其中的一种分析方法。任意模的同步计数器均可按图 7.62 所示的步骤进行分析。

另外还需注意两点：

- 画状态转换图时一定要画完整。**由 k 个触发器构成的计数器总共有 2^k 个状态，画状态图时一定要把这 2^k 个状态画全，不能有遗漏。**换句话说，状态图中应该包括全

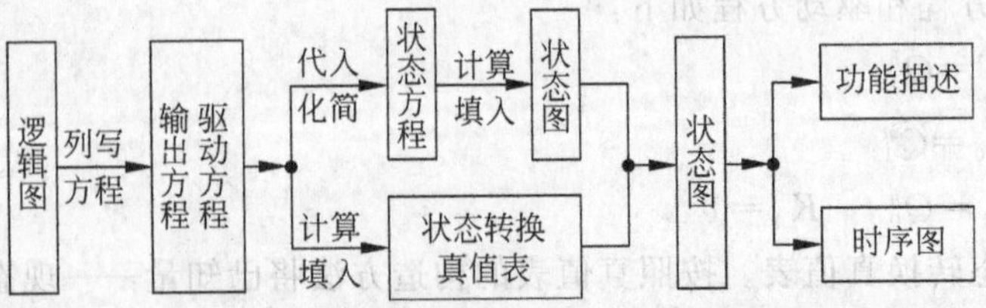

图 7.62　分析同步计数器的一般步骤

部的有效状态和全部的无效状态。只有这样，才能从状态图上判断出计数器的功能以及它的自启动性。

- 在未给定初始状态的情况下画时序图时一般只画出主循环状态(有效状态)的波形。这意味着：**计数器的波形图一定是循环重复(周期性)的**。而在给定初始状态的情况下也要至少画出一个周期主循环状态的波形。另外在画波形时还要注意计数器中触发器的有效触发边沿(上升沿或下降沿)。

3. 同步计数器的设计

前面讨论了同步计数器的分析方法，现在讨论它的逆过程——同步计数器的设计方法。同步计数器既然是一种特殊形式的摩尔型状态机，那么它的设计方法应该基本上遵从于7.3节中所介绍的设计方法。但是由于同步计数器的"特殊性"，其设计方法较之7.3节所介绍的"设计7步骤"又有某些不同之处。

第一个不同之处就是所谓的"建立计数器的原始状态图(表)"问题。从计数器的文字描述中进行逻辑抽象，即建立原始状态图的过程是一项非常关键但却比较容易的工作，做这项工作几乎没有什么悬念。

第二个不同之处就是无须对原始状态图(表)进行状态化简。因为一个 n 进制的计数器一定会有 n 个状态，这里不存在多余的等价状态。

第三个不同之处就是不必为了简化驱动或是输出组合逻辑而煞费苦心地去选取一组"最优"的状态编码。因为对计数器的状态编码转换顺序是有一定要求的，在一般的同步计数器设计规范中都已经对状态编码做了事先的规定，所以设计者无须再进行状态分配这项工作。

总之，同步计数器的设计过程相比一般的同步状态机的设计过程而言要简单了许多。以下归纳出了同步计数器的基本设计步骤：

- 根据实际问题的要求——设计 n 进制计数器，建立具有 n 个状态的原始状态转换图(表)——文字状态图(表)。
- 根据原始状态图中状态的个数 n 确定计数器中所需触发器的个数 $k=[\log_2 n]^* + 1$。然后，按照计数编码转换顺序的要求对原始状态图中的各状态进行编码。
- 按要求选择触发器的类型。如果设计规范中对此没有做出规定，则可根据实际情况选择一种触发器。
- 根据所选择的触发器类型，利用"驱动表法"或"次态卡诺图法"导出同步计数器电路的逻辑方程组——驱动方程组、状态方程组、输出方程组。

* 此处[]表示取整运算。后同。

- 检验计数器的自启动性，若电路不能自启动则需返回上一步修改设计。之后，画出完整的状态转换图。
- 按照最终得到的驱动方程组和输出方程组，画出计数器的逻辑电路图。

下面通过两个实例来说明同步计数器的设计过程。

【例 7.23】 设计一个“8421BCD 码”的十进制减法同步计数器。要求分别用 D 和 T 触发器实现。

解：(1) 建立原始状态图。“8421BCD 码”计数器是一个十进制计数器，所以它应该有 10 个有效状态。其原始状态图如图 7.63 所示。另外，减法计数器应该有一个“借位”信号，这就是输出信号 C。它应该在减法计数器的最后一个状态 S_0 时输出有效(1)；而在其他状态时输出无效(0)。

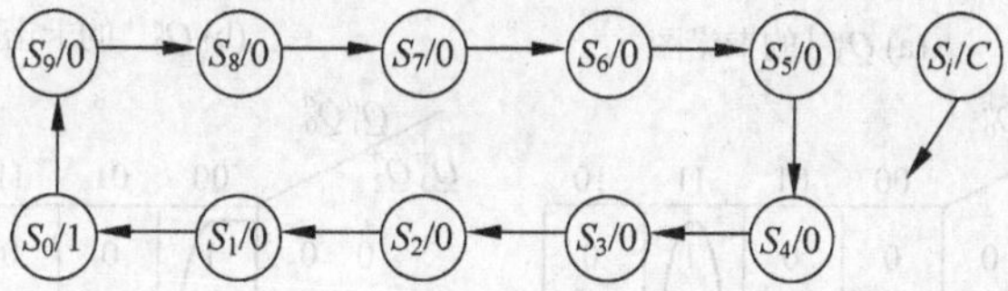

图 7.63 例 7.23 8421BCD 码减法计数器的原始状态图

(2) 确定触发器个数与状态编码。因为计数器有 10 个有效状态，所以需要触发器的个数 $k=[\log_2 10]+1=4$。又因为该计数器是减法计数器，所以状态编码的转换顺序应该是按二进制数的递减方向。图 7.64 为计数器的原始编码状态图。

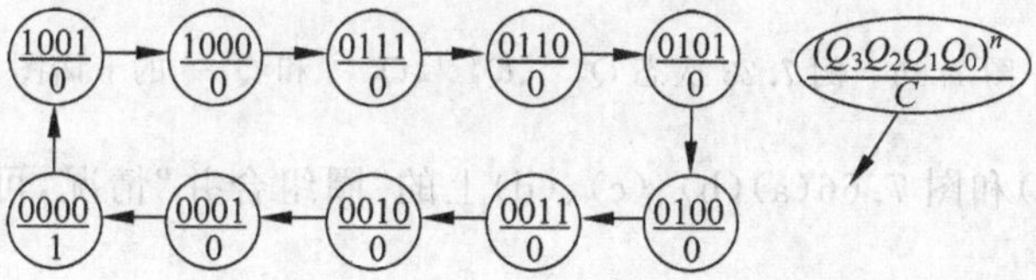

图 7.64 例 7.23 8421BCD 码减法计数器的原始编码状态图

(3) 导出逻辑方程组、检验自启动性。采用“次态卡诺图法”导出电路的逻辑方程组。为此，先根据图 7.64 所示的原始编码状态图画出次态卡诺图以及输出函数 C 的卡诺图，如图 7.65(a)、(b)所示。

$Q_3^nQ_2^n$ \ $Q_1^nQ_0^n$	00	01	11	10
0 0	1001	0000	0010	0001
0 1	0011	0100	0110	0101
1 1	×	×	×	×
1 0	0111	1000	×	×

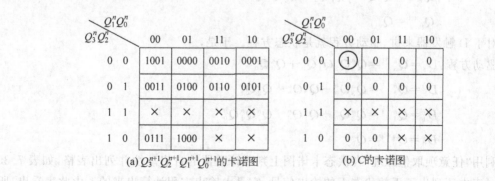

(a) $Q_3^{n+1}Q_2^{n+1}Q_1^{n+1}Q_0^{n+1}$的卡诺图

$Q_3^nQ_2^n$ \ $Q_1^nQ_0^n$	00	01	11	10
0 0	1	0	0	0
0 1	0	0	0	0
1 1	×	×	×	×
1 0	0	0	×	×

(b) C的卡诺图

图 7.65 例 7.23 次态 $Q_3^{n+1}Q_2^{n+1}Q_1^{n+1}Q_0^{n+1}$ 及输出 C 的卡诺图

把图 7.65(a)所示的次态卡诺图一分为四就分别得到了 Q_3^{n+1}、Q_2^{n+1}、Q_1^{n+1} 和 Q_0^{n+1} 的卡诺图，如图 7.66(a)、(b)、(c)和(d)所示。另外，同时在次态和输出的卡诺图上进行“圈组合并”。

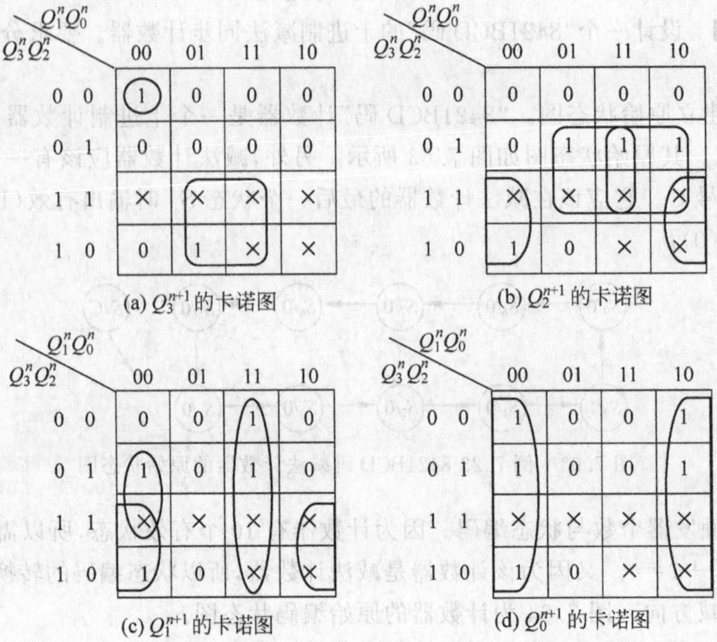

图 7.66 例 7.23 次态 Q_3^{n+1}、Q_2^{n+1}、Q_1^{n+1} 和 Q_0^{n+1} 的卡诺图

根据图 7.65(b)和图 7.66(a)(b)、(c)、(d)上的“圈组合并”情况，可写出同步计数器的逻辑方程组如下。

输出方程：$C=\overline{Q}_3^n\overline{Q}_2^n\overline{Q}_1^n\overline{Q}_0^n$

状态方程：$Q_3^{n+1}=\overline{Q}_3^n\overline{Q}_2^n\overline{Q}_1^n\overline{Q}_0^n+Q_3^nQ_0^n$

$Q_2^{n+1}=Q_3^n\overline{Q}_0^n+Q_2^nQ_0^n+Q_2^nQ_1^n$

$Q_1^{n+1}=Q_3^n\overline{Q}_0^n+Q_1^nQ_0^n+Q_2^n\overline{Q}_1^n\overline{Q}_0^n$

$Q_0^{n+1}=\overline{Q}_0^n$

对于 D 触发器来讲，驱动方程就是状态方程。于是，

驱动方程：$D_3=Q_3^{n+1}=\overline{Q}_3^n\overline{Q}_2^n\overline{Q}_1^n\overline{Q}_0^n+Q_3^nQ_0^n$

$D_2=Q_2^{n+1}=Q_3^n\overline{Q}_0^n+Q_2^nQ_0^n+Q_2^nQ_1^n$

$D_1=Q_1^{n+1}=Q_3^n\overline{Q}_0^n+Q_1^nQ_0^n+Q_2^n\overline{Q}_1^n\overline{Q}_0^n$

$D_0=Q_0^{n+1}=\overline{Q}_0^n$

利用“任意项取值原理”在次态卡诺图上判断计数器的自启动性并列出表格，如表 7.35 所示。表中还列出了无效状态下的输出信号，它是由输出方程计算出来的。由此表看出，所有的无效状态最终都将进入有效状态 0111。这说明此计数器可以自启动。

表 7.35 例 7.23 检验自启动性(用 D 触发器)

No.	现态				次态				输出
	Q_3^n	Q_2^n	Q_1^n	Q_0^n	Q_3^{n+1}	Q_2^{n+1}	Q_1^{n+1}	Q_0^{n+1}	C
10	1	0	1	0	0	1	1	1	0
11	1	0	1	1	1	0	1	0	0
12	1	1	0	0	0	1	1	1	0
13	1	1	0	1	1	1	0	0	0
14	1	1	1	0	0	1	1	1	0
15	1	1	1	1	1	1	1	0	0

由图 7.64 和表 7.35 可画出采用 D 触发器时,计数器的完整状态转换图,如图 7.67 所示。

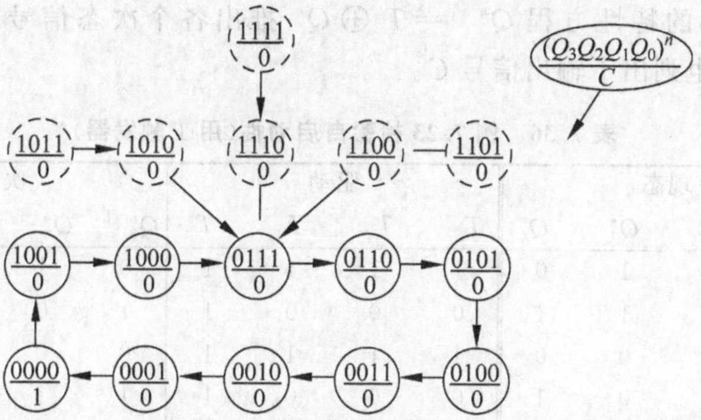

图 7.67 例 7.23 8421BCD 码减法计数器(采用 D 触发器)的完整状态图

对于 T 触发器来讲,情况就不像 D 触发器那么简单。可以仿照例 7.17 或例 7.18 的做法,运用"T 取值规则"直接从次态卡诺图上得到各驱动信号 T_i ($i=0\sim3$) 的卡诺图。图 7.68 的(a)、(b)、(c)和(d)分别画出了 T_3、T_2、T_1 和 T_0 的卡诺图,其中"灰底"对应 $Q^n=1$ 的小格;而"白底"对应 $Q^n=0$ 的小格。

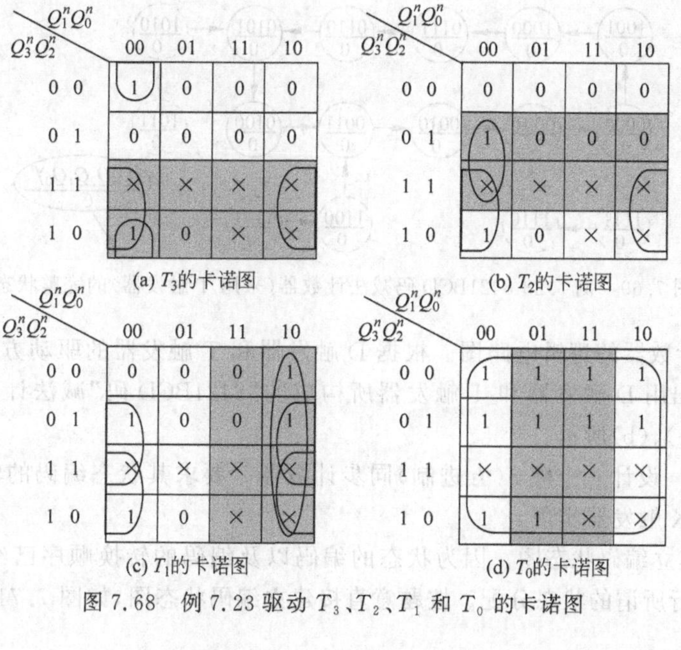

图 7.68 例 7.23 驱动 T_3、T_2、T_1 和 T_0 的卡诺图

在 $T_3 \sim T_0$ 的卡诺图上圈组合并，得到 T 触发器的驱动方程如下：

$$T_3 = \bar{Q}_2^n \bar{Q}_1^n \bar{Q}_0^n + Q_3^n \bar{Q}_0^n$$

$$T_2 = Q_2^n \bar{Q}_1^n \bar{Q}_0^n + Q_3^n \bar{Q}_0^n$$

$$T_1 = Q_3^n \bar{Q}_0^n + Q_2^n \bar{Q}_0^n + Q_1^n \bar{Q}_0^n$$

$$T_0 = 1$$

注意：此时的输出方程仍为

$$C = \bar{Q}_3^n \bar{Q}_2^n \bar{Q}_1^n \bar{Q}_0^n$$

接下来检验在采用上述驱动方程的前提下计数器能否自启动。为此，先利用"任意项取值原理"在各 T_i $(i=0\sim3)$ 的卡诺图上确定各驱动信号 T_i 在 6 个无效状态下的逻辑值；然后再利用 T 触发器的特性方程 $Q^{n+1} = T \oplus Q^n$ 推出各个次态信号 Q_i^{n+1} $(i=0\sim3)$，如表 7.36 所示，表中也列出了输出信号 C。

表 7.36 例 7.23 检验自启动性(用 T 触发器)

No.	现态				驱动				次态				输出
	Q_3^n	Q_2^n	Q_1^n	Q_0^n	T_3	T_2	T_1	T_0	Q_3^{n+1}	Q_2^{n+1}	Q_1^{n+1}	Q_0^{n+1}	C
0	1	0	1	0	1	1	1	1	0	1	0	1	0
1	1	0	1	1	0	0	0	1	1	0	1	0	0
2	1	1	0	0	1	1	1	1	0	0	1	1	0
3	1	1	0	1	0	0	0	1	1	1	0	0	0
4	1	1	1	0	1	1	1	1	0	0	0	1	0
5	1	1	1	1	0	0	0	1	1	1	1	0	0

根据表 7.36 和图 7.64 就可画出采用 T 触发器时，计数器的完整状态转换图，如图 7.69 所示。从完整的状态图也可以看出，用 T 触发器构成的这个计数器是可以自启动的。注意：在图 7.68 中 T_3 的卡诺图上多画了一个卡诺圈($Q_3\bar{Q}_0$)，为什么？

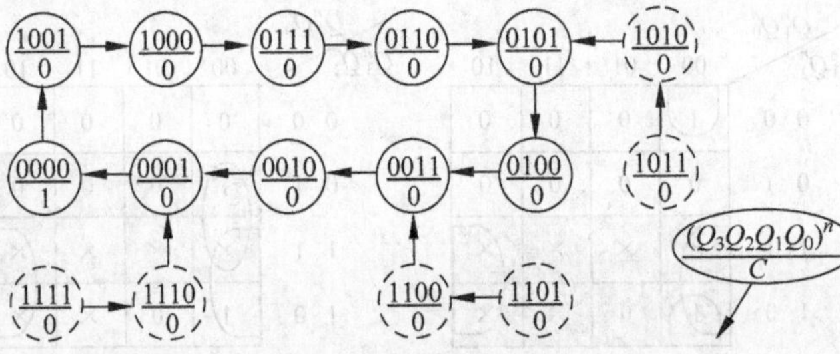

图 7.69 例 7.23 8421BCD 码减法计数器(采用 T 触发器)的完整状态图

(4) 画出计数器的逻辑电路图。根据 D 触发器和 T 触发器的驱动方程以及输出方程就可以分别画出用 D 触发器和 T 触发器所构成的"8421BCD 码"减法计数器的逻辑电路图，如图 7.70(a)、(b)所示。

【例 7.24】 设计一个模 5(五进制)同步计数器。要求其状态编码的转换顺序为 0，1，4，5，7，0。用 JK 触发器实现。

解：(1) 建立编码状态图。因为状态的编码以及编码的转换顺序已经规定好了，所以没有必要再进行所谓的状态分配。按题意直接建立编码状态图，如图 7.71 所示。注意：此

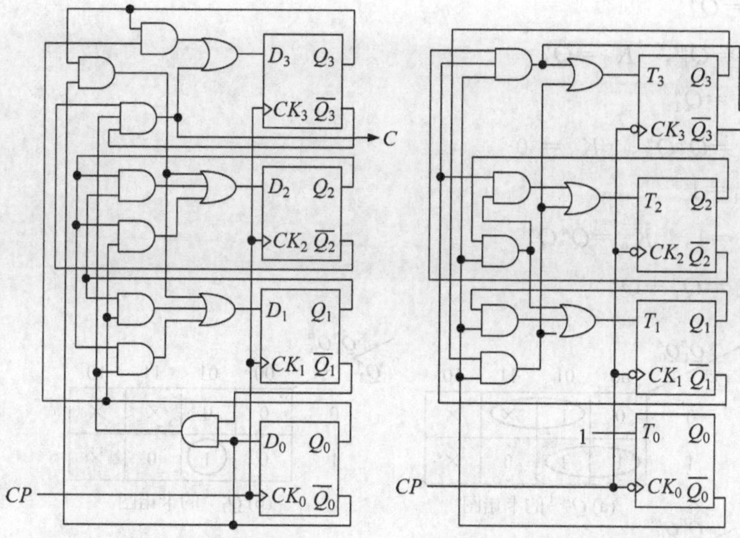

(a) 采用D触发器的逻辑电路图　　(b) 采用T触发器的逻辑电路图

图 7.70　例 7.23 8421BCD 码减法计数器的逻辑电路图

时输出信号 C 仍然是五进制计数器的“进位”信号，而且假设状态 111 是最后一个计数状态，故 C 在此状态下有效而在其他状态下无效。

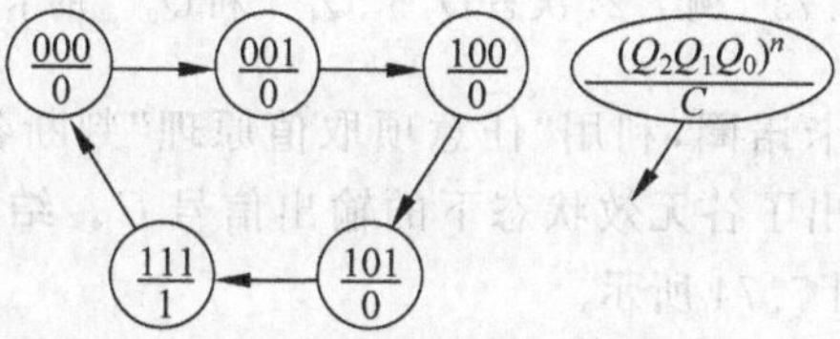

图 7.71　例 7.24 五进制计数器的原始编码状态图

(2) 确定触发器的个数。因为已经确定了 3 位状态编码，所以需要 3 个触发器，即 $k=3$。

(3) 导出逻辑方程组、检验自启动性。还是采用“次态卡诺图法”导出电路的逻辑方程组。根据编码状态图画出的次态卡诺图以及输出函数 C 的卡诺图，如图 7.72(a)、(b)所示。

Q_2^n \ $Q_1^nQ_0^n$	00	01	11	10
0	001	100	×	×
1	101	111	000	×

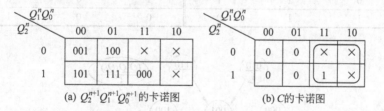

(a) $Q_2^{n+1}Q_1^{n+1}Q_0^{n+1}$ 的卡诺图

Q_2^n \ $Q_1^nQ_0^n$	00	01	11	10
0	0	0	×	×
1	0	0	1	×

(b) C的卡诺图

图 7.72　例 7.24 次态 Q_2^{n+1}、Q_1^{n+1}、Q_0^{n+1} 及输出 C 的卡诺图

把次态卡诺图一分为三，于是就得到了 Q_2^{n+1}、Q_1^{n+1} 和 Q_0^{n+1} 的卡诺图，如图 7.73(a)、(b)和(c)所示。注意：为了直接得到 J、K 的“与或”表达式，还是将次态卡诺图按 $Q^n=0$（“白底”）和 $Q^n=1$（“灰底”）分成两部分，同时在次态和输出的卡诺图上进行“圈组合并”。于是得到计数器电路的逻辑方程组如下：

输出方程：$C=Q_1^n$

驱动方程：$J_2=Q_0^n$，　$\overline{K}_2=\overline{Q}_1^n$

$K_2=Q_1^n$

$J_1=Q_2^nQ_0^n$，　$\overline{K}_1=0$

$K_1=1$

$J_0=1$，　$\overline{K}_0=Q_2^n\overline{Q}_1^n$

$K_0=\overline{Q}_2^n+Q_1^n$

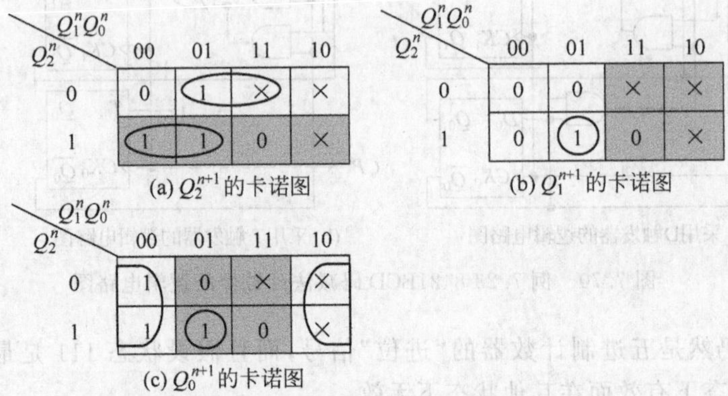

图 7.73　例 7.24 次态 Q_2^{n+1}、Q_1^{n+1} 和 Q_0^{n+1} 的卡诺图

根据次态卡诺图上的卡诺圈，利用“任意项取值原理”判断各无效状态的次态情况，如表 7.37 所示，表中同时列出了各无效状态下的输出信号 C。结合表 7.37 和图 7.71，可画出完整的状态转换图，如图 7.74 所示。

表 7.37　例 7.24 检验自启动性

No.	现态 Q_2^n	Q_1^n	Q_0^n	次态 Q_2^{n+1}	Q_1^{n+1}	Q_0^{n+1}	输出 C
0	0	1	0	0	0	1	1
1	0	1	1	1	0	0	1
2	1	1	0	0	0	1	1

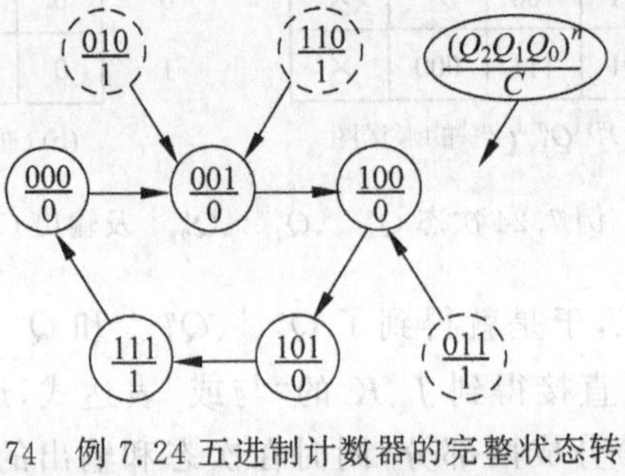

图 7.74　例 7.24 五进制计数器的完整状态转换图

上述完整的状态转换图清楚地表明，所设计的计数器是可以自启动的。

(4) 画出计数器的逻辑电路图。有了计数器的输出方程和驱动方程，就可以画出该计数器的逻辑电路图，如图 7.75 所示。

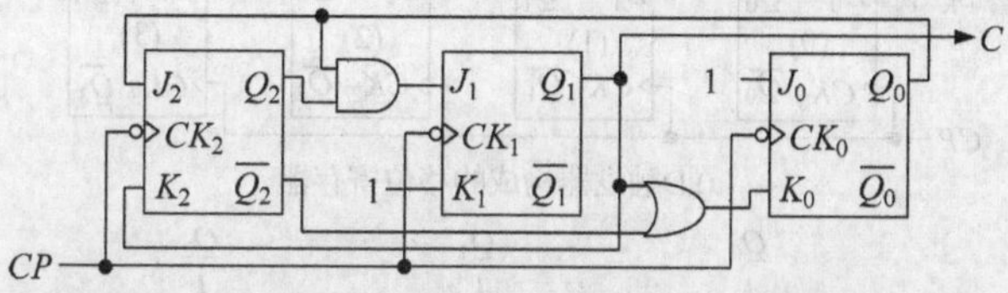

图 7.75　例 7.24 模 5 同步计数器逻辑电路图

以上介绍了同步计数器的分析和设计方法。在此还需要补充说明一点：**在实际应用中，经常是把同步计数器的状态信号直接作为输出信号而使用**。另外，"进位"信号也常常是由某个状态信号直接引出(例如图 7.75)。因此，就上述这一点而言，图 7.55 所示的描述同步计数器的框图中的"输出逻辑 F"(组合电路)应该被"广义"地理解为若干条"信号引线"。或者干脆把"输出逻辑 F"去掉而将同步计数器的框图画成图 7.76 所示的形式。这是同步计数器、这个特殊的摩尔型状态机的一个特殊之处。

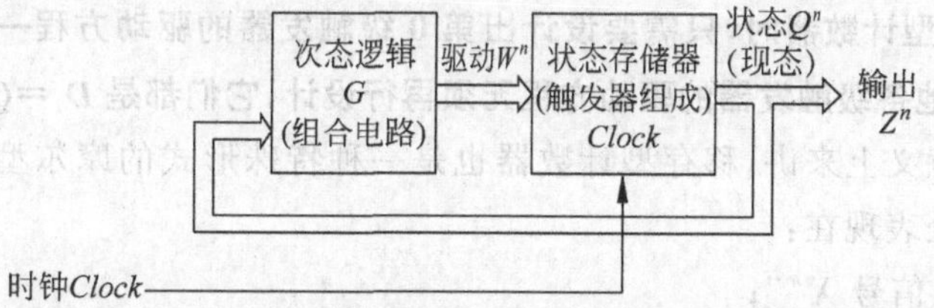

图 7.76　特殊的摩尔型状态机——同步计数器/分频结构框图

7.4.2　移存型计数器

1. 移存型计数器的结构特点

移存型计数器，有时也称为**移位计数器**，是由**移位寄存器**加反馈网络(组合电路)而构成，其框图如图 7.77 所示。

然而**移位寄存器一般是由 D 触发器所构成**，如图 7.78(a) 所示。如果要使用 JK 触发器构成移位寄存器的话，则如图 7.78(b)所示。由图 7.78 看出移位寄存器的特点是：**除了第 0 级触发器(第 0 号触发器)以外，所有触发器的输入端均接到前一级触发器的输出端上**。正因为如此，**移位寄存器的各触发器输出端上的波形都是一样的，但后级输出与前级输出相比在时间上要滞后一个时钟周期，即它们的相位是不同的**。

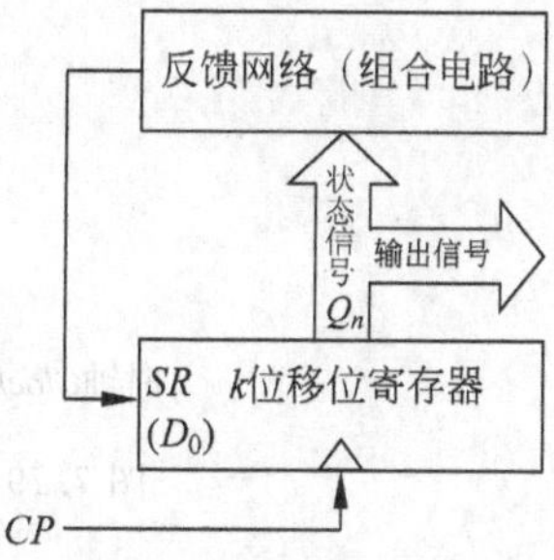

图 7.77　移存型计数器的一般框图

图 7.77 表明，构成移存型计数器的主体是 k 位移位寄存器。所以移存型计数器的状态变化顺序应该符合移位的规律，即：

$$Q_i^{n+1}=D_i=Q_{i-1}^n \quad (i=1\sim k-1) \tag{7.19}$$

$$Q_0^{n+1}=D_0=S_R=F(Q_0^n, Q_1^n, \cdots, Q_{k-1}^n) \tag{7.20}$$

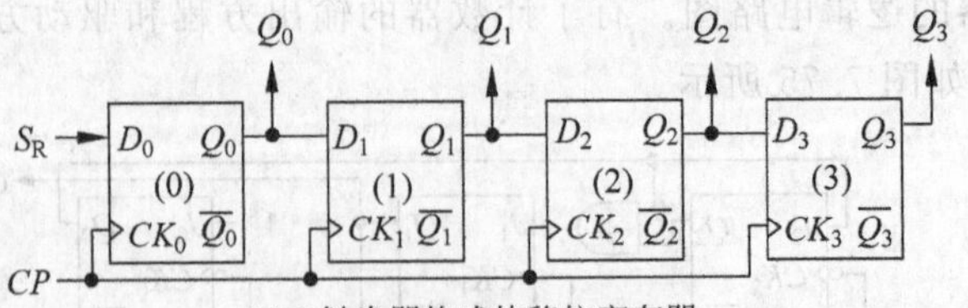

(a) D触发器构成的移位寄存器

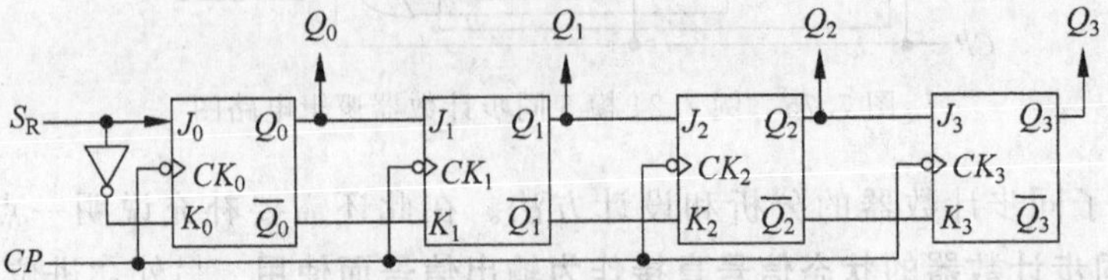

(b) JK触发器构成的移位寄存器

图 7.78　4 位移位(右移)寄存器

以上两式表明：**移存型计数器是一种特殊的计数器。其特殊性就在于除了第 0 级触发器以外，以后各级触发器的驱动方程形式都是一样的，即：$D_i=Q_{i-1}^n(i=1\sim k-1)$。** 这就告诉我们：**设计移存型计数器时，只需要设计出第 0 级触发器的驱动方程——D_0 或 S_R 的逻辑表达式就够了，其他各级触发器的驱动方程无须再行设计，它们都是 $D_i=Q_{i-1}^n(i=1\sim k-1)$。**

从更广泛的意义上来讲，移存型计数器也是一种特殊形式的摩尔型状态机，如图 7.79 所示。其特殊之处表现在：

① 无“外输入信号 X^n”；

② 无“输出逻辑 F”；

③ 从第 1 级触发器开始往后的各级触发器的驱动方程(也包括状态方程)都已经规定好了；

④ 只需设计第 0 级触发器的驱动方程(D_0 的逻辑表达式)；

⑤ 状态机的各现态信号(也是它的输出信号)的波形相同但相位不同。

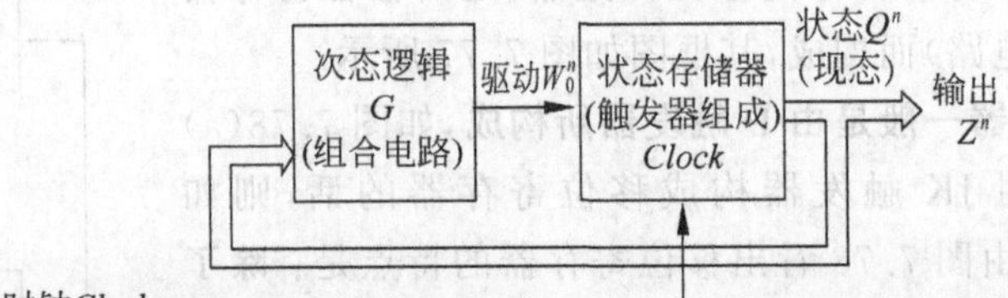

图 7.79　特殊的摩尔型状态机——移存型计数器结构框图

第 0 级触发器的驱动方程，即上面的式(7.20)，有时也称为“反馈逻辑方程”，它是现态的逻辑函数。根据以上所述，移存型计数器的设计是非常简单的，只需设计出反馈逻辑方程 $D_0=F(Q_0^n,Q_1^n,\cdots,Q_{k-1}^n)$ 即可。下面介绍两个常用的移存型计数器。

2. 常用的移存型计数器

1) 环形计数器

***k* 位环形计数器由 *k* 位移位寄存器组成，其反馈逻辑方程式为 $D_0=Q_{k-1}$。**

图 7.80(a)所示为一个 4 位环形计数器。它由 4 个 D 触发器首尾相连而构成，其反馈

逻辑方程为 $D_0=Q_3$，状态方程为 $Q_0^{n+1}=D_0=Q_3$，$Q_i^{n+1}=D_i=Q_{i-1}^n(i=1\sim3)$。该环形计数器的完整状态图[①]和时序波形图分别如图 7.80(b)、(c)和(d)所示。

由图 7.80 看出，启动信号（低电平有效）首先将计数器置为 $Q_3Q_2Q_1Q_0=1000$ 的初始状态，以后随着 CP 时钟脉冲的输入，环形计数器将按照状态图中的Ⅰ进行循环，**这个循环的特点是在电路中循环移位 1**。此时认为环Ⅰ是有效循环，而环Ⅱ～Ⅵ都是无效循环。图 7.80(c)为环Ⅰ的波形图。

如果设法将环形计数器的初始状态设置为 $Q_3Q_2Q_1Q_0=0111$，则环Ⅱ将成为电路的有效循环，而其他的循环都是无效循环。**环Ⅱ的特点是在电路中循环移位 0**。图 7.80(d)为环Ⅱ的波形图。

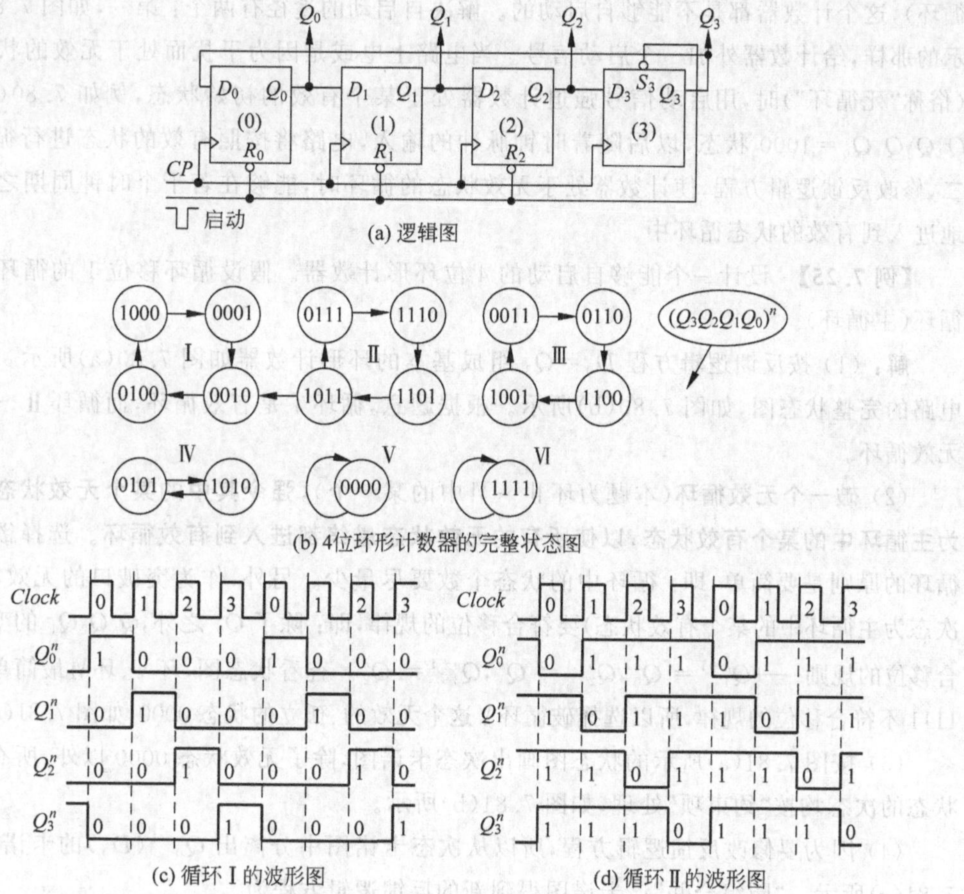

图 7.80 4 位环形计数器

从状态图可以看出，无论以哪一个循环作为有效循环，4 位环形计数器的最大模值为 4，即：它是一个模 4 计数器。

环形计数器的反馈逻辑方程 $D_0=Q_{k-1}$ 在所有移存型计数器中是最简单的。该计数器

---

① 画状态图时习惯以 $Q_3^nQ_2^nQ_1^nQ_0^n$ 的格式表示移存型计数器的状态。状态图中状态符号的高低位顺序正好与逻辑图中触发器编号的高低位顺序相反。所以数码在逻辑图中的右移就相当于在状态图中的左移，以下均与此相同。

状态循环Ⅰ和Ⅱ的特点是：**每个时钟周期只有一个触发器的输出为1(或为0)，而其他触发器的输出均为0(或1)**。此特点正好符合"顺序脉冲发生器"的输出信号要求，故可将环形计数器作为顺序脉冲发生器来使用。顺序脉冲发生器的定义将在7.4.3节给出，另外，环形计数器循环移位1或0的特点，使得它作为顺序脉冲发生器时其状态信号可直接作为电路的输出信号而无须附加任何译码电路。

但是环形计数器也有一个很大的缺点，这就是它的状态利用率很低。**k个触发器所构成的环形计数器的模为$M=k$，即：有效状态只有k个，而无效状态却有2^k-k个**。这种情况将随着k的增大而变得越发严重，也就是说k越大状态利用率越低。

另外，图7.80(b)所示的完整状态图清楚地表明，无论以哪一个循环作为主循环(有效循环)，这个计数器都是不能够自启动的。解决自启动的途径有两个：第一，如图7.80(a)所示的那样，给计数器外加一个启动信号。当电路上电或是因为干扰而处于无效的状态循环(俗称"死循环")时，用启动信号强迫计数器处于某个有效的初始状态，例如7.80(a)中的$Q_3Q_2Q_1Q_0=1000$状态，以后随着时钟脉冲的输入，电路将按照有效的状态进行循环；第二，修改反馈逻辑方程，使计数器处于无效状态的循环时，能够在若干个时钟周期之后自动地进入到有效的状态循环中。

【例7.25】 设计一个能够自启动的4位环形计数器。假设循环移位1的循环为有效循环(主循环)。

解：(1) 按反馈逻辑方程$D_0=Q_3$组成基本的环形计数器如图7.80(a)所示。画出该电路的完整状态图，如图7.80(b)所示。根据题意，循环Ⅰ是有效循环，而循环Ⅱ～Ⅵ都是无效循环。

(2) **破一个无效循环**(本题为环Ⅱ～Ⅵ中的某一个)，**强令其中的某个无效状态的次态为主循环中的某个有效状态，以使所有的无效状态最终都进入到有效循环**。选择欲破无效循环的原则是要简单，即：循环中的状态个数要尽量少。另外，作为突破口的无效状态(其次态为主循环中的某个有效状态)要符合移位的规律，即：除了Q_0之外，$Q_3Q_2Q_1$的变化要符合移位的规则——$Q_1^{n+1}=Q_0^n$，$Q_2^{n+1}=Q_1^n$，$Q_3^{n+1}=Q_2^n$。查看状态图，环Ⅴ、环Ⅵ最简单。但是1111不符合移位的规律，所以选择破循环Ⅴ这个无效的、孤立的状态0000，如图7.81(a)所示。

(3) 按图7.81(a)所示的状态图画出次态卡诺图，除了无效状态0000以外，所有的无效状态的次态均按"约束项"处理，如图7.81(b)所示。

(4) 因为要修改反馈逻辑方程，所以从次态卡诺图中分离出$Q_0^{n+1}(D_0)$的卡诺图，如图7.81(c)所示。"圈组合并"该卡诺图得到新的反馈逻辑方程为

$$Q_0^{n+1}=D_0=\overline{Q_2^n}\,\overline{Q_1^n}\,\overline{Q_0^n}$$

(5) 根据新的反馈逻辑方程检查环形计数器的自启动性。当然，也可以在Q_0^{n+1}的卡诺图上运用"任意项取值原理"来判断环形计数器的自启动性。画出电路的完整状态图，如图7.81(d)所示。该状态图清楚地表明：经修改过的反馈逻辑方程可以使环形计数器自启动。

如果破了一个无效循环以后电路仍不能自启动，则需再选择一个相对简单的无效循环来破，直至电路可以自启动为止。

(6) 按照新的反馈逻辑方程画出可以自启动的环形计数器逻辑电路图，如图 7.81(e)所示。

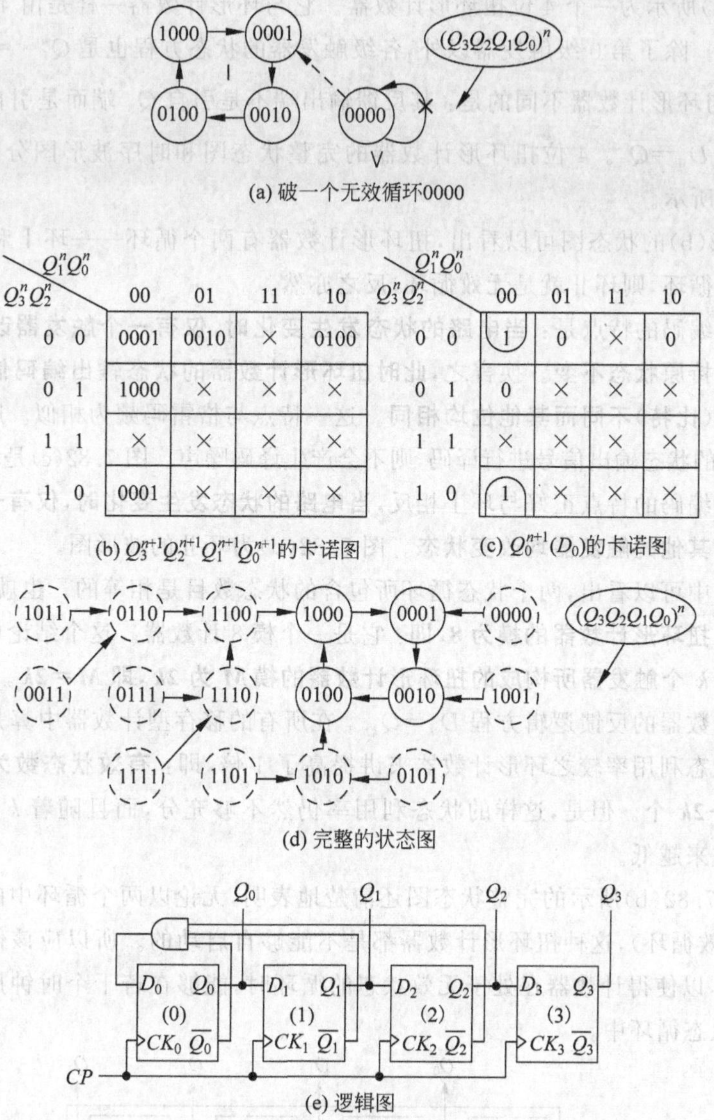

图 7.81　例 7.25 能自动启动的 4 位环形计数器的设计

如果选择图 7.80(b)中的循环Ⅱ(循环移位 0)作为主循环，则应选择环Ⅵ而不是环Ⅴ作为欲破的无效循环。因为此时 0000 不符合移位的规律。修改后的反馈逻辑方程为 $Q_0^{n+1}=D_0=\overline{Q_2^nQ_1^nQ_0^n}$。推导的过程留给读者作为练习。

如前所述，环形计数器的模 M 等于触发器的个数 k，即：$M=k$。因此，**利用环形计数器可实现任意模的计数和分频**。另外，环形计数器的结构也很简单，所以用环形计数器实现任意模的计数与分频是相当方便的。但是，环形计数器的状态利用率很低，当模的数值较大时，使用环形计数器实现计数和分频就显得不太经济了。

2）扭环形计数器

k 位扭环形计数器（约翰逊计数器）由 k 位移位寄存器组成，其反馈逻辑方程式为 $D_0=\overline{Q}_{k-1}$。

图 7.82(a)所示为一个 4 位扭环形计数器。它与环形计数器一样是由 4 个 D 触发器首尾相连而构成。除了第 0 级触发器以外，各级触发器的状态方程也是 $Q_i^{n+1}=D_i=Q_{i-1}^n(i=1\sim3)$。但是与环形计数器不同的是：其反馈输出端不是引自 Q_3 端而是引自 $\overline{Q}_3$ 端，即：反馈逻辑方程为 $D_0=\overline{Q}_3$。4 位扭环形计数器的完整状态图和时序波形图分别如图 7.82 的(b)、(c)和(d)所示。

从图 7.82(b)的状态图可以看出，扭环形计数器有两个循环——环Ⅰ和环Ⅱ。如果以环Ⅰ作为有效循环，则环Ⅱ就是无效循环，反之亦然。

环Ⅰ状态编码的特点是：**当电路的状态发生变化时，仅有一个触发器改变状态而其他的触发器均维持原状态不变**。换言之，**此时扭环形计数器的状态输出编码信号的相邻码字之间只有 1 位（比特）不同而其他位均相同**。这一特点与格雷码颇为相似。所以此时如果对扭环形计数器的状态输出信号进行译码，则不会产生译码噪声。图 7.82(c)是环Ⅰ的波形图。

环Ⅱ状态编码的特点正好与环Ⅰ相反，**当电路的状态发生变化时，仅有一个触发器维持原状态不变而其他的触发器均改变状态**。图 7.82(d)为环Ⅱ的波形图。

从状态图中可以看出，两个状态循环所包含的状态数目是相等的。也就是说，**由 4 个触发器所构成的扭环形计数器的模为 8**，即：它是一个模 8 计数器。这个结论可以推广到更一般的情形：**由 k 个触发器所构成的扭环形计数器的模 M 为 $2k$，即 $M=2k$**。

扭环形计数器的反馈逻辑方程 $D_0=\overline{Q}_{k-1}$ 在所有的移存型计数器中算是很简单的。这种计数器的状态利用率较之环形计数器来讲提高了 1 倍，即：**有效状态数为 $2k$ 个，而无效状态数有 2^k-2k 个**。但是，这样的状态利用率仍然不够充分，而且随着 k 的增大，状态利用率仍然会越来越低。

另外，图 7.82(b)所示的完整状态图还清楚地表明，无论以两个循环中的哪一个循环作为主循环（有效循环），这种扭环形计数器都是不能够自启动的。所以应该修改反馈逻辑方程 $D_0=\overline{Q}_{k-1}$，以使得计数器在处于无效状态的循环时，能够在若干个时钟周期之后自动地进入有效的状态循环中。

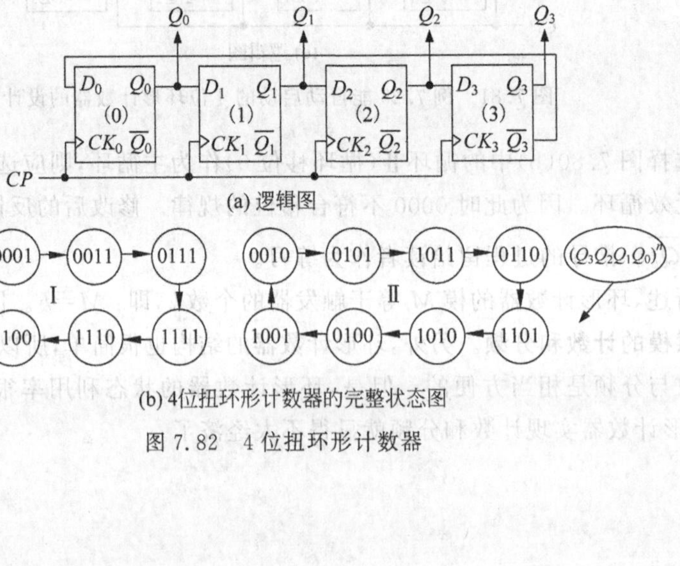

(b) 4位扭环形计数器的完整状态图

图 7.82　4 位扭环形计数器

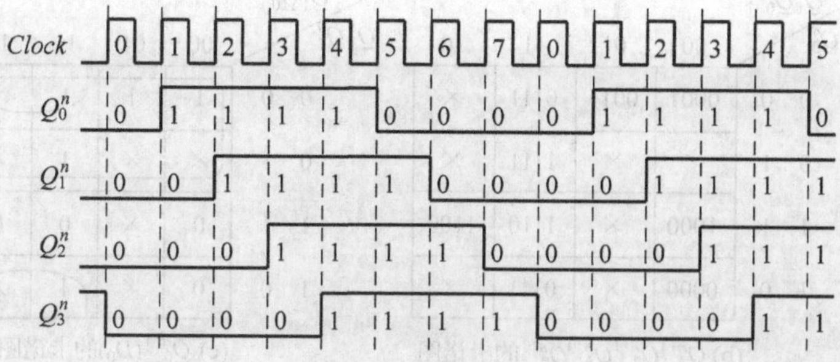

(c) 循环Ⅰ的波形图

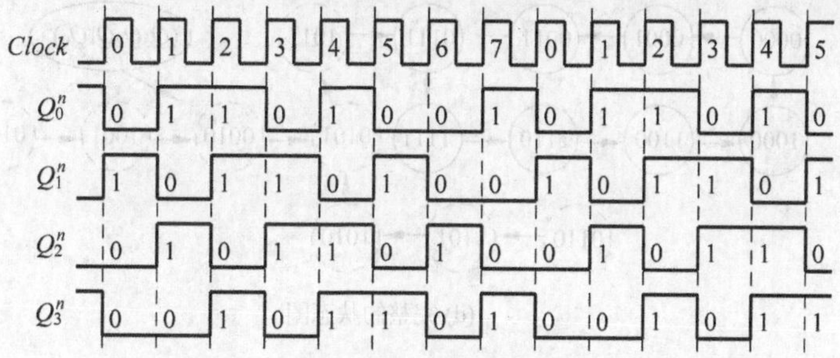

(d) 循环Ⅱ的波形图

图 7.82 （续）

【例 7.26】 修改图 7.82 所示的 4 位扭环形计数器的反馈逻辑方程，以使其能够自启动。以循环Ⅰ作为有效循环（主循环）。

解：(1) 破无效循环Ⅱ，使其中的无效状态最终都进入有效循环。但是，在选择作为突破口的无效状态（强令其次态为主循环中的某个有效状态）时，要注意符合移位的规律。观察一下循环Ⅱ，我们发现只有 1011、0110、1001 和 0100 这 4 个状态符合移位的规律。所以可从这 4 个状态中任选一个状态，例如 1011 作为突破口试试，如图 7.83(a)所示。

(2) 根据图 7.83(a)所示的状态图画出次态卡诺图。除了作为突破口的无效状态 1011 以外，其他所有的无效状态的次态均按“约束项”处理，如图 7.83(b)所示。

(3) 从次态卡诺图中分离出 Q_0^{n+1} (D_0) 的卡诺图，如图 7.83(c)所示。“圈组合并”该卡诺图得到新的反馈逻辑方程为

$$Q_0^{n+1}=D_0=\overline{Q}_3^n+\overline{Q}_2^nQ_1^n$$

(4) 由新的反馈逻辑方程或在 Q_0^{n+1} 的卡诺图上运用“任意项取值原理”来检查扭环形计数器的自启动性并画出电路的完整状态图，如图 7.83(d)所示。从该状态图中看出：经修改后的反馈逻辑方程可以使扭环形计数器自启动。

(5) 按照新反馈逻辑方程画出可自启动的扭环形计数器逻辑图，如图 7.83(e)所示。

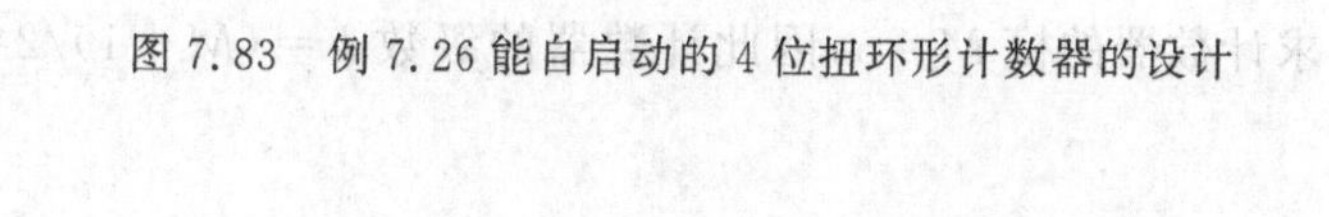

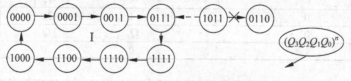

(a) 以无效状态1011作为突破口

图 7.83 例 7.26 能自启动的 4 位扭环形计数器的设计

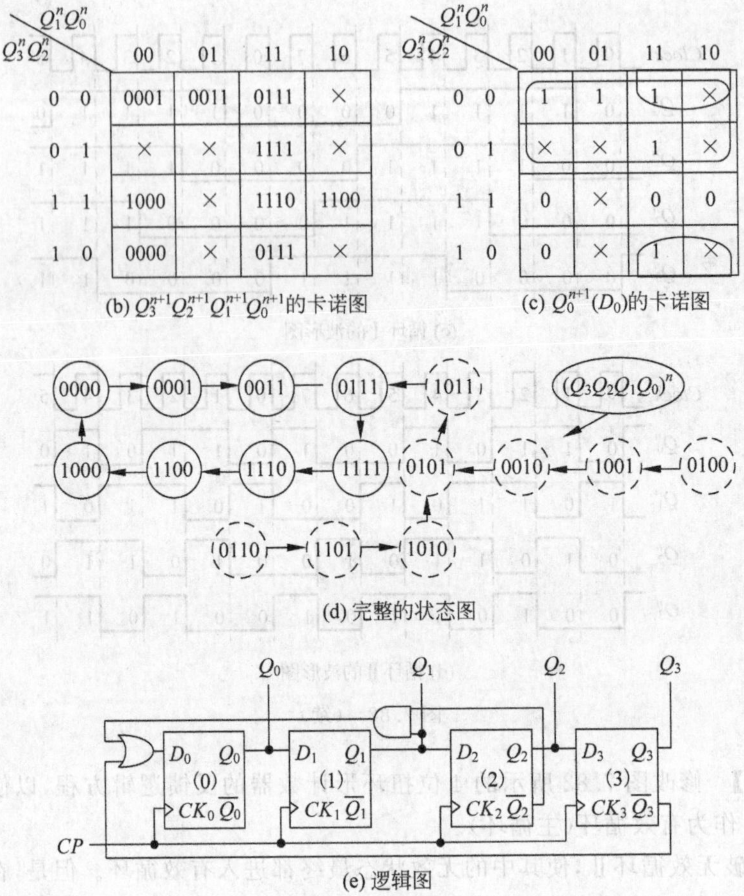

图 7.83 （续）

一个 k 位扭环形计数器的模 $M=2k$ 是一个偶数，即：它能实现偶数次分频，其输出波形是一个对称的方波，例如图 7.82(c)循环Ⅰ的波形图。但是，通过修改反馈逻辑，一个 k 位扭环形计数器同样可以实现奇数 $M=2k-1$ 次分频，其输出波形接近对称方波。

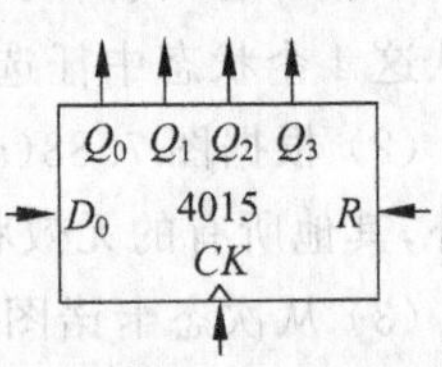

图 7.84 例 7.27 CD4015 逻辑符号

【例 7.27】 利用中规模集成电路 CD4015 实现 5 分频电路。CD4015 是一个“双 4 位串入-并出右移寄存器”。其逻辑符号和功能表分别如图 7.84 和表 7.38 所示。

表 7.38 例 7.27 CD4015 功能表

CK	R	D_0	Q_0	Q_n	功 能
↑	0	0	0	Q_{n-1}	右移
↑	0	1	1	Q_{n-1}	右移
↓	0	×	Q_0	Q_n	不变
×	1	×	0	0	异步清零

解：(1) CD4015 是一个右移寄存器，所以可先由它构成一个扭环形计数器。因为要实现 5 分频，所以要求计数器的模 $M=5$，因此计数器的级数 $k=(M+1)/2=(5+1)/2=3$。

我们利用 Q_2、Q_1 和 Q_0 这 3 级作为扭环形计数器的输出。

(2) 修改状态图。3 位扭环形计数器的状态图(选择类似于图 7.82 中的环 Ⅰ)如图 7.85(a)所示。它包括 6 个状态,必须跳过(舍弃)一个状态,才能实现 $M=5$。但是在选择被跳过的状态时应该注意保持移位的特点,即:$(Q_2Q_1)^{n+1}=(Q_1Q_0)^n$。因此,可供修改的次态变量只有 Q_0^{n+1}。于是就有两种修改状态图的方案,分别如图 7.85(b)和(c)所示。

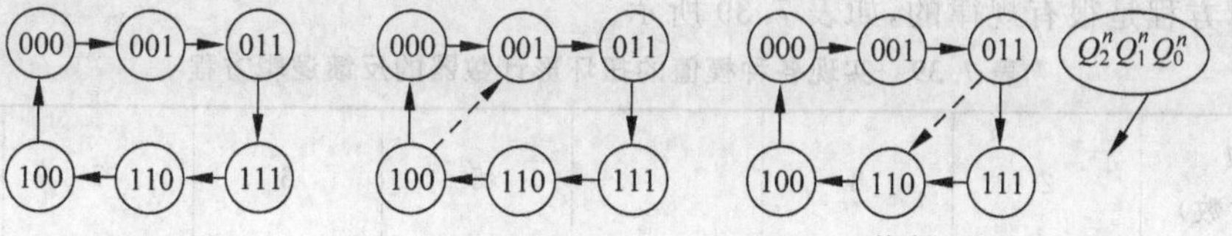

(a) 原状态图　(b) 状态图修改1　(c) 状态图修改2

图 7.85　例 7.27 3 位扭环形计数器的状态图

(3) 根据修改后的状态图设计电路。设计的方法采用"次态卡诺图法"。两种方案的设计过程分别如图 7.86 中的(a)(对应图 7.85(b)的方案)和(b)(对应图 7.85(c)的方案)所示,由它们所得到的反馈逻辑方程分别为

方案(1)　　$S_R=\bar{Q}_2^n+\bar{Q}_1^n=\overline{Q_2^nQ_1^n}$

方案(2)　　$S_R=\bar{Q}_2^n\bar{Q}_1^n=\overline{Q_2^n+Q_1^n}$

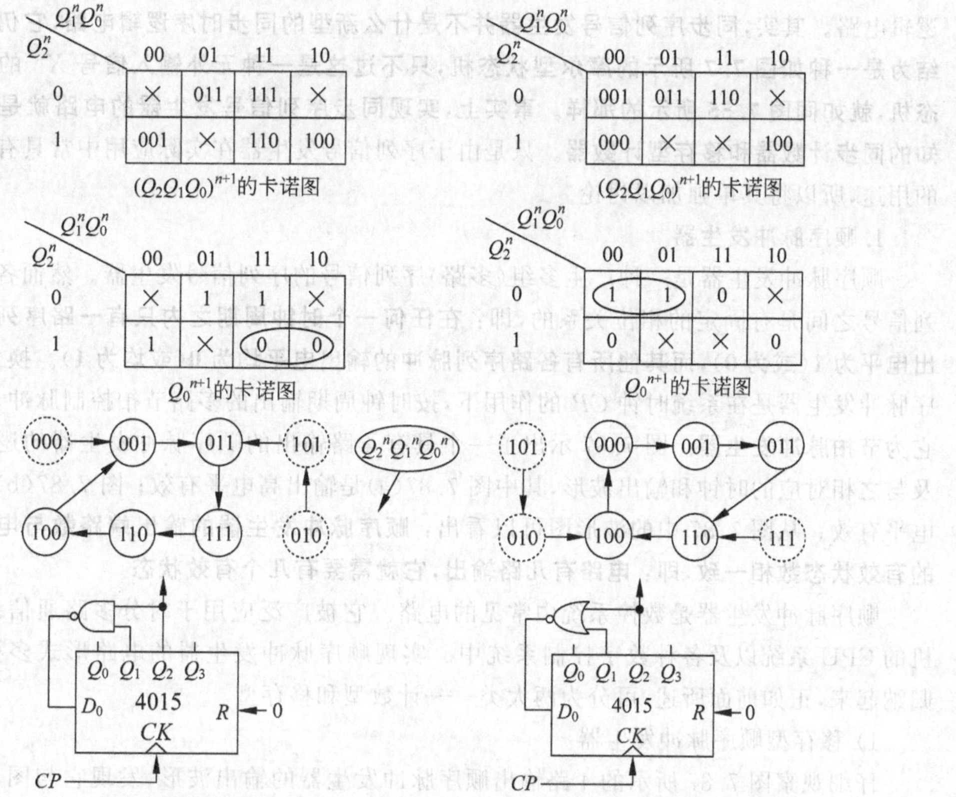

(a) 方案1推导过程　(b) 方案2推导过程

图 7.86　例 7.27 修改 3 位扭环形计数器的反馈逻辑实现 5 分频

例 7.27 表明，用扭环形计数器实现奇数分频的设计关键是修改状态图。这种靠修改状态图以跳过若干个状态从而达到缩小计数器模值的方法是经常被采用的[①]。用同样的方法还可求得由扭环形计数器实现其他奇数次分频器的反馈逻辑方程。

综上所述，**由扭环形计数器也可以实现任意模的计数/分频器，其输出波形要么是对称的方波（偶数次分频），要么是近似的方波（奇数次分频）**。实现各种模值的扭环形计数器的反馈逻辑方程是很有规律的，如表 7.39 所示。

表 7.39　实现各种模值的扭环形计数器的反馈逻辑方程

模 M（分频次数）	2	3	4	5	6	7	8
反馈逻辑方程 $S_R(D_0)$	$\bar{Q}_0^n$	$\overline{Q_0^nQ_1^n}$ 或 $\overline{Q_0^n+Q_1^n}$	$\bar{Q}_1^n$	$\overline{Q_1^nQ_2^n}$ 或 $\overline{Q_1^n+Q_2^n}$	$\bar{Q}_2^n$	$\overline{Q_2^nQ_3^n}$ 或 $\overline{Q_2^n+Q_3^n}$	$\bar{Q}_3^n$

7.4.3　同步序列信号发生器

序列信号是一组由 0 或 1 电平构成的脉冲序列，而这个脉冲序列的幅度变化通常都是与某个时钟的边沿（上升沿或下降沿）相同步的。序列信号在数字通信、雷达、遥控遥测领域中应用非常广泛。同步序列信号发生器则是一种能够产生一组或多组序列信号的同步时序逻辑电路。**其实，同步序列信号发生器并不是什么新型的同步时序逻辑电路，它仍然可以归结为是一种如图 7.7 所示的摩尔型状态机，只不过这是一种无外输入信号 X^n 的摩尔型状态机，就如同图 7.55 所示的那样。事实上，实现同步序列信号发生器的电路就是我们所熟知的同步计数器和移存型计数器。**只是由于序列信号发生器在实际应用中常具有某种特殊的用途，所以将其单独加以讨论。

1. 顺序脉冲发生器

顺序脉冲发生器是一种产生多组（多路）序列信号的序列信号发生器。然而各路（组）序列信号之间是有固定的相位关系的，即：**在任何一个时钟周期之内只有一路序列脉冲的输出电平为 1（或为 0），而其他所有各路序列脉冲的输出电平均为 0（或均为 1）**。换句话说，顺序脉冲发生器是在系统时钟 CP 的作用下，按时钟周期输出的多路节拍控制脉冲，所以也称它为**节拍脉冲发生器**。图 7.87 示出了一个具有 4 路输出的顺序脉冲发生器的逻辑符号以及与之相对应的时钟和输出波形，其中图 7.87(a)是输出高电平有效；图 7.87(b)是输出低电平有效。从图 7.87 中的波形图可以看出：**顺序脉冲发生器的输出端路数与电路所具有的有效状态数相一致，即：电路有几路输出，它就需要有几个有效状态。**

顺序脉冲发生器是数控系统中常见的电路。它被广泛应用于时分多路通信系统、计算机的 CPU 系统以及各种数字控制系统中。实现顺序脉冲发生器的电路形式多种多样，但归纳起来，正如前面所述，可分为两大类——计数型和移存型。

1）移存型顺序脉冲发生器

仔细观察图 7.87 所示的 4 路输出顺序脉冲发生器的输出波形，发现它与图 7.80 所示

---

① 例如第 6 章介绍的“脉冲反馈型计数器”。

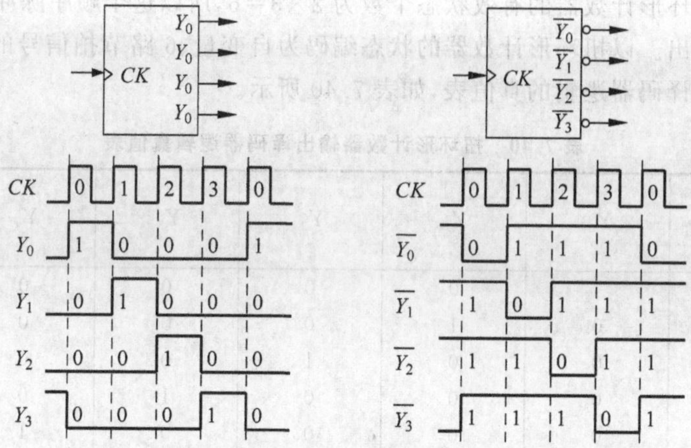

(a) 输出高电平有效的波形图　　(b) 输出低电平有效的波形图

图 7.87　4 路输出顺序脉冲发生器的逻辑符号和波形图

的 4 位环形计数器的环Ⅰ、环Ⅱ输出波形一模一样。这说明**环形计数器本身就是一种实现顺序脉冲发生器的电路，其输出信号可直接作为节拍信号，不需要附加任何译码电路**。我们看到，这种顺序脉冲发生器所输出的节拍信号的路数与环形计数器所用的触发器个数是一样的，即：**有几路节拍信号的输出，就需要用几个触发器**。这与环形计数器状态利用率低以及顺序脉冲发生器的输出端路数和电路的状态数一致的结论相吻合。所以随着节拍数的增多，此电路将用掉大量的触发器，因此它只适用于节拍数较少的应用场合。

扭环形计数器的状态利用率比环形计数器提高了 1 倍，但是它的输出不能直接用作节拍信号，其输出需要附加译码器才能得到所需的节拍信号。然而由于扭环形计数器在计数状态改变时仅有一个触发器翻转（用类似于图 7.82 的环Ⅰ作为有效循环），所以它的输出译码逻辑会相对较为简单，而且译码器的输出无毛刺。

图 7.88 所示为一个由 3 位扭环形计数器和译码器所构成的顺序脉冲发生器，其中图 7.88(a)是逻辑图；图 7.88(b)是对应的波形图。

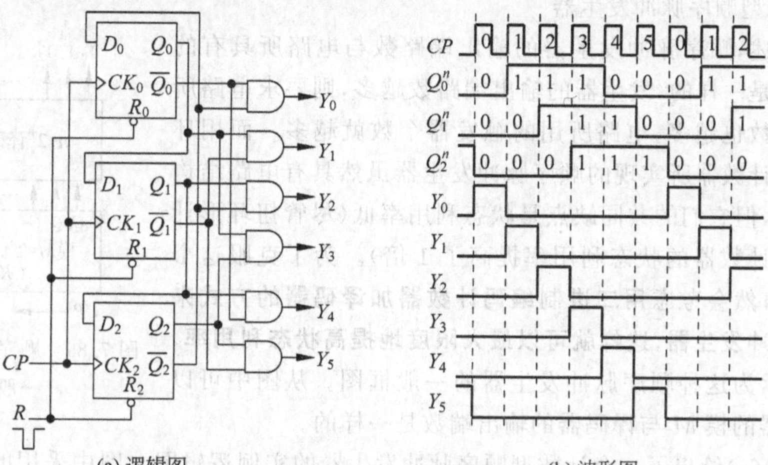

(a) 逻辑图　　(b) 波形图

图 7.88　扭环形顺序脉冲发生器

由于 3 位扭环形计数器的有效状态个数为 2×3=6，所以这个顺序脉冲发生器可以有 6 路节拍信号的输出。以扭环形计数器的状态编码为自变量、6 路节拍信号的输出为函数，可以列出描述输出译码器逻辑的真值表，如表 7.40 所示。

表 7.40 扭环形计数器输出译码器逻辑真值表

现态 Q_2^n	Q_1^n	Q_0^n	Y_0	Y_1	Y_2	Y_3	Y_4	Y_5
0	0	0	1	0	0	0	0	0
0	0	1	0	1	0	0	0	0
0	1	1	0	0	1	0	0	0
1	1	1	0	0	0	1	0	0
1	1	0	0	0	0	0	1	0
1	0	0	0	0	0	0	0	1
0	1	0	×	×	×	×	×	×
1	0	1	×	×	×	×	×	×

根据真值表可列出译码器 6 路输出函数的逻辑表达式(注意利用约束项)如下：

$$Y_0=\sum m(0,2)=\overline{Q}_2^n\overline{Q}_0^n;$$

$$Y_1=\sum m(1,5)=\overline{Q}_1^n Q_0^n;$$

$$Y_2=\sum m(3,2)=\overline{Q}_2^n Q_1^n;$$

$$Y_3=\sum m(7,5)=Q_2^n Q_0^n;$$

$$Y_4=\sum m(6,2)=Q_1^n\overline{Q}_0^n;$$

$$Y_5=\sum m(4,5)=Q_2^n\overline{Q}_1^n。$$

用扭环形计数器加译码器而构成的顺序脉冲发生器应用较广泛，而且有现成的集成电路产品，如 CD4022 八进制计数/分配器、CD4017 十进制计数/分配器等。

2) 计数型顺序脉冲发生器

如前所述，顺序脉冲发生器的输出端路数与电路所具有的有效状态数是一样的，发生器的输出端路数越多，则要求电路所具有的状态数也越多，电路所用的触发器个数就越多。而用环形或扭环形计数器所实现的顺序脉冲发生器虽然具有电路结构简单的优点，但它们的共同缺点是状态利用率低(尽管扭环形计数器比环形计数器的状态利用率提高了 1 倍)。为了克服这个缺点，人们自然会考虑**用二进制编码计数器加译码器的方式来实现顺序脉冲发生器，这样就可以最大限度地提高状态利用率**，图 7.89 所示为这种顺序脉冲发生器的一般框图。从图中可以看出，计数器的模 M 与译码器的输出端数是一样的。

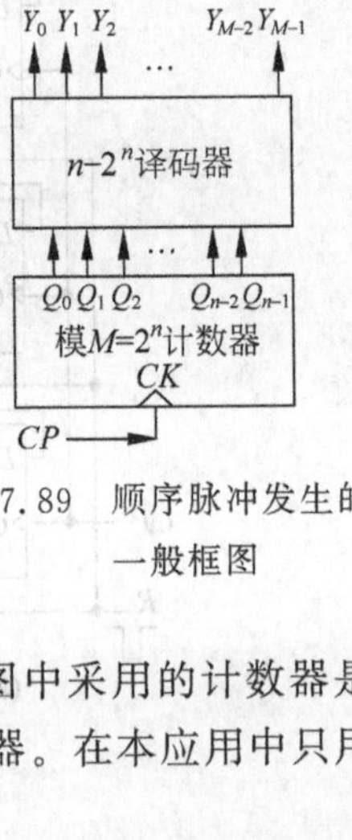

图 7.89 顺序脉冲发生的一般框图

图 7.90(a)给出了一个计数型顺序脉冲发生器的实例逻辑图。图中采用的计数器是中规模集成电路(MSI)74161，这是一个 4 位模 16(2^4)同步二进制计数器。在本应用中只用到

了该计数器的低 3 位计数输出 $Q_CQ_BQ_A$，也就是说，将此计数器当作一个 3 位模 8(2^3)同步二进制计数器来使用。图中的译码器也是一个中规模集成电路 74138，它是一个 3-8 译码器，输出低电平有效。模 8 计数器的状态编码输出端连接到译码器的译码输入端，于是计数器的每一个状态编码都对应着译码器的一路输出(低电平有效)，这样就构成了一个 8 路输出的顺序脉冲发生器。其时钟与输出的波形图如图 7.90(b)的"波形图 1"所示。

注意："波形图 1"是对应于图 7.90(a)逻辑图中的开关 K 位于逻辑 0 时的波形图，即：此时译码器的使能端 E_{2B} 接逻辑 0 电平。需要强调的一点是："波形图 1"是一个理想化的波形图，实际上，在译码输出端 $Y_0 \sim Y_7$ 上是有译码噪声(毛刺)存在的。出现译码噪声的原因是：当自然二进制计数器的计数状态改变时，有时会出现两个或两个以上的触发器同时翻转的情形，由于各触发器翻转速度的不一致性，就不可避免地会在计数器的输出端($Q_CQ_BQ_A$)上出现"过渡性"状态编码，这些"过渡性"的编码也会被译码器所"译码"，其结果就是在译码输出端上(顺序脉冲发生器的输出)出现瞬间的毛刺——译码噪声。

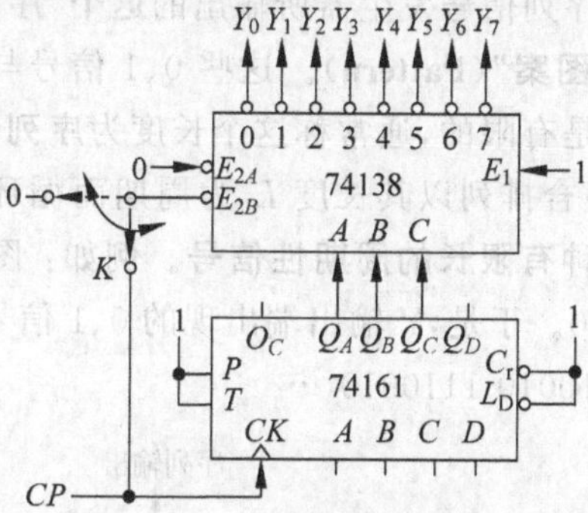

(a) 逻辑图

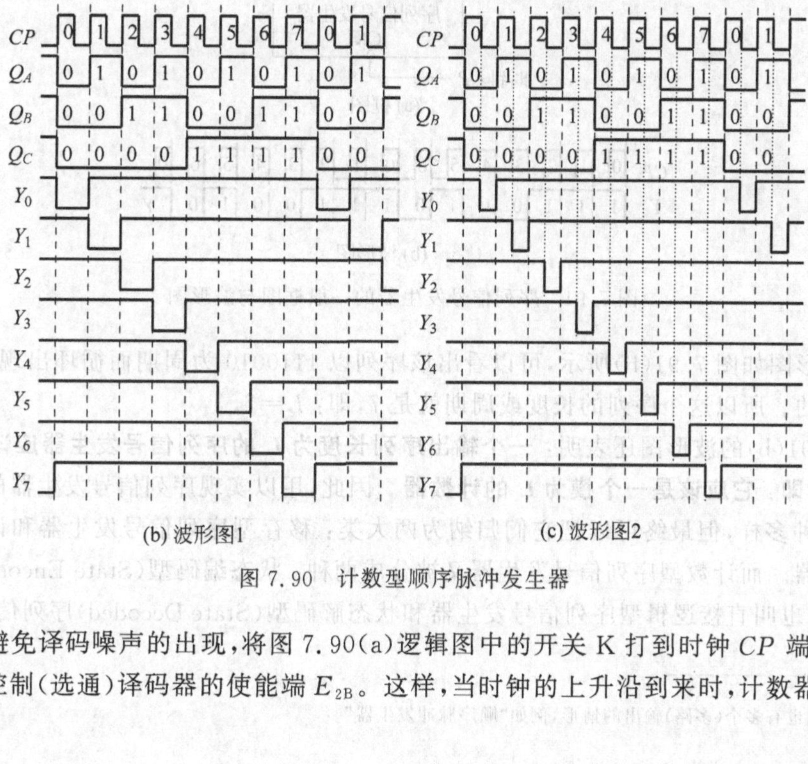

(b) 波形图1　　(c) 波形图2

图 7.90　计数型顺序脉冲发生器

为了避免译码噪声的出现，将图 7.90(a)逻辑图中的开关 K 打到时钟 CP 端，即：由时钟 CP 来控制(选通)译码器的使能端 E_{2B}。这样，当时钟的上升沿到来时，计数器的计数状态将发生变化(各触发器翻转);而与此同时,在时钟的上升沿以及随后到来的时钟高电平期间,使能端 E_{2B} 的输入无效,译码器的输出被禁止(输出高电平)。这样就避开了因各触发器的翻转而出现的"过渡性"状态编码对译码器输出信号的影响。而当时钟的下降沿到来时,各触发器早已翻转完毕,此时计数器的输出是一个稳定的状态编码信号;而在时钟的下降沿以及随后到来的时钟低电平期间,使能端 E_{2B} 的输入有效,允许译码器对稳定的状态编码信号进行译码。于是译码器的输出端上就会出现无毛刺的、真实的状态译码信号,如图 7.90(c)的"波形图 2"所示。由此图可以看出:顺序脉冲发生器各路输出信号 $Y_0 \sim Y_7$ 的低电平脉冲(它是低有效的输出信号)宽度较之"波形图 1"的低电平脉冲宽度缩短了一半,是半个时钟周期。但这丝毫不会影响顺序脉冲发生器的正常功能。

2. 一般序列信号发生器

一般的序列信号发生器的框图如图 7.91(a)所示。它的输入信号只有一个,那就是时钟信号 CP;输出信号一般也只有一个(一路)[①],即:序列输出。其实,**这就是一个无外输入信号的摩尔型状态机**。同步序列信号发生器所输出的**这个"序列"实际上就是 0、1 信号的某种固定的组合排列,也叫做"图案"(Pattern)**。这些 0、1 信号与时钟 CP 是同步的;而且它们组合排列的长度(比特数)是有限的,通常称这个长度为**序列长度**,用字母 L 表示;随着时钟的进行,这个 0、1 的固定组合排列以其长度 L 为周期而循环重复地出现,故也称 L 为**序列周期**。所以**序列信号是一种有限长的周期性信号**。例如:图 7.91(a)中的序列信号发生器输出一个 0、1 序列 1110010。于是,Y 输出端出现的 0、1 信号将会是如下的排列:

… 1110010 1110010 1110010 1110010 …

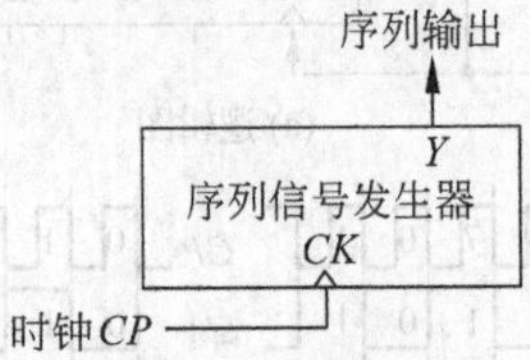

(a) 框图

(b) 波形图

图 7.91　序列信号发生器的一般框图与波形图

其波形图如图 7.91(b)所示,可以看出该序列以 1110010 为周期而循环出现,且它与时钟是同步的。所以这个序列的长度或周期就是 7,即:$L=7$。

图 7.91(b)的波形图还表明:**一个输出序列长度为 L 的序列信号发生器应该具有 L 个有效状态,即:它应该是一个模为 L 的计数器**。因此,用以实现序列信号发生器的电路方案就会有多种多样,但最终可以把它们归纳为两大类:移存型序列信号发生器和计数型序列信号发生器。而计数型序列信号发生器又被分成两种:状态编码型(State Encoded)序列信号发生器,也叫直接逻辑型序列信号发生器和状态解码型(State Decoded)序列信号发生器,

① 有时也有多个(多路)输出的情形,例如"顺序脉冲发生器"。

也叫间接逻辑型序列信号发生器。

1）移存型序列信号发生器

(1) 结构与特点

移存型序列信号发生器实际上就是 7.4.2 小节中所讲的移存型计数器，其框图就如同图 7.77 所示，因此它的结构组成同样是移存器加反馈网络。其反馈逻辑方程就是第 0 级触发器的驱动方程，它是各现态变量的逻辑函数，即：$D_0 = f(Q_0, Q_1, Q_2, \cdots, Q_{k-1})$。而其他各级触发器的驱动方程均为如下形式：

$$D_i = Q_{i-1} \quad (i = 1 \sim k-1)$$

图 7.92(a)所示为一个 3 位序列信号发生器的逻辑图，其反馈逻辑方程和各触发器的状态/驱动方程如下：

反馈逻辑方程：

$$D_0 = Q_2^n \oplus (\overline{Q_1^n Q_0^n})$$

状态/驱动方程：

$$Q_0^{n+1} = D_0 = Q_2^n \oplus (\overline{Q_1^n \overline{Q_0^n}})$$

$$Q_1^{n+1} = D_1 = Q_0^n$$

$$Q_2^{n+1} = D_2 = Q_1^n$$

根据状态方程可列出该序列信号发生器的状态顺序表，如表 7.41 所示。**所谓状态顺序表，就是以时钟周期为节拍顺序，将电路状态自上而下地排列起来的表格，一般简称为态序表。**在态序表中现态与次态的排列关系是：**某一行上的状态相对于其下一行的状态来讲是现态；而相对于其上一行的状态来讲就是次态。**

表 7.41 3 位移存型序列信号发生器态序表

CP 顺序	Q_2^n	Q_1^n	Q_0^n	等效十进制数
0	0	0	0	0
1	0	0	1	1
2	0	1	1	3
3	1	1	1	7
4	1	1	0	6
5	1	0	1	5
6	0	1	0	2
7	1	0	0	4
8	0	0	0	0

根据态序表，可画出序列信号发生器的状态图和波形图，如图 7.92(b)、(c)所示。

由状态图可看出：该电路是一个模 8 移存型计数器，而从波形图和态序表来看，此电路在时钟 CP 的作用下，3 个触发器的输出端 Q_2^n、Q_1^n 和 Q_0^n 所输出的序列相同，都是 00011101，它们的差异仅仅是起始相位不同。序列长度 $L=8$。

由此例可得出以下两点结论：

- 移存型序列信号发生器实质上就是移存型计数器，其序列周期 L 等于计数器的模数 M；

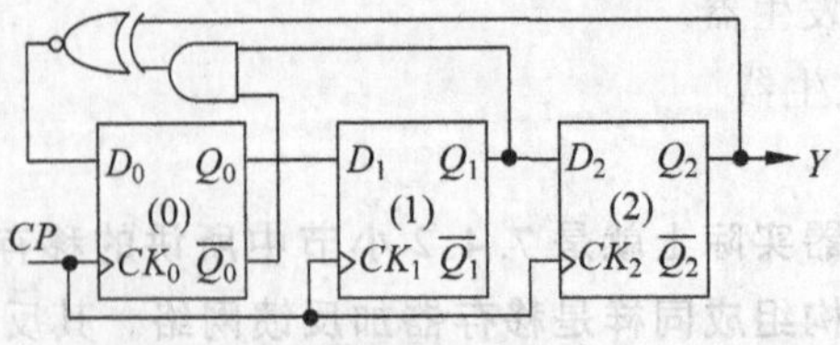

(a) 逻辑图

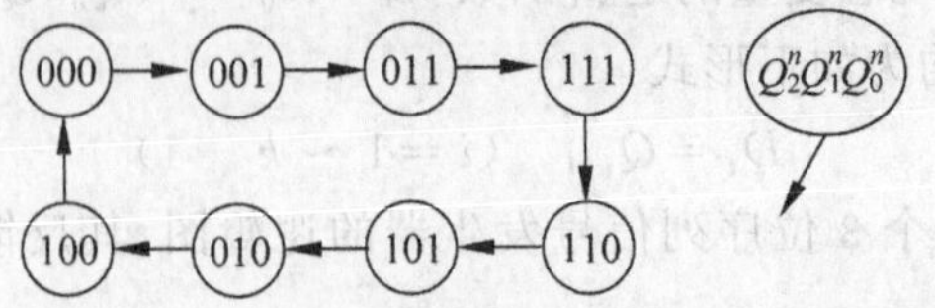

(b) 状态图

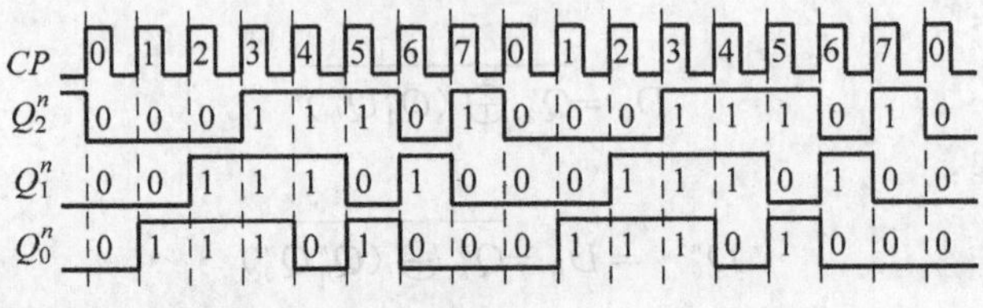

(c) 波形图

图 7.92　3 位移存型序列信号发生器

- 由移存器各位触发器所输出的序列信号相同，仅起始相位不同，通常只取某一个触发器的输出端 $Q_i^n(i=0\sim k-1)$作为序列信号的输出。

(2) 移存型序列信号发生器的设计

根据给定的序列要求设计移存型序列信号发生器的实质就是要设计一个模为给定序列周期(长度)的移存型计数器。但是该移存型计数器的状态转换顺序不但要满足给定输出序列的要求，而且还要符合移位的规律。所以，**设计移存型序列信号发生器的关键就是确定移存型计数器的位数(所用触发器的个数)和它的状态转换顺序**。设计的大致步骤如下：

- 根据给定序列的长度或周期 L 确定移存型计数器的模数 $M=L$。
- 由计数器的模 M **初步**确定所用触发器的个数 k，即：$k=[\log_2 M]+1=[\log_2 L]+1$。注意：此时的 k 值仅仅是一个初步确定的数值。实际的 k 值要根据所产生序列信号的具体“内容”而定。
- 按照输出序列的要求同时又遵从移位的规律来确定状态的编码及其转换顺序，列出态序表。在此过程中，最后确定实际的 k 值。
- 根据态序表画出次态卡诺图并进而画出第 0 级触发器的次态卡诺图。
- 导出第 0 级触发器的驱动方程——反馈逻辑方程。验证所设计的移存型计数器的自启动性。若不能自启动，则需重新在第 0 级触发器的次态卡诺图上进行“圈组合并”，以期导出新的、能使电路自启动的反馈逻辑方程。

【例 7.28】 设计一个产生序列信号 101100 的移存型序列信号发生器。

解：① 根据给定序列要求确定序列周期 L。因为给定序列为 101100，所以确定 $L=6$。

② 初步确定触发器个数 k。因为 $k=[\log_2 L]+1$，所以 $k=[\log_2 6]+1$，故取 $k=3$。

③ 确定实际的 k 值，列出态序表。首先遵循移位的规律对给定序列按 $k(3)$位为一组取出码元作为状态编码，依次取出 $L(6)$组——L 个状态编码，其过程如图 7.93 左边所示。

分析所得到的 L 个状态编码，若编码有重复，则令 k 加 1，再按新的 k 值重新从给定序列中取出码元作为状态编码，……，这个过程一直进行到 L 个状态编码彼此独立(互不重复)为止。此时的 k 值即为移存型计数器所需触发器的真正个数。本例所得到的 L(6)个状态编码 101、011、110、100、001 和 010 彼此互不重复，故确定 $k=3$，然后根据所得到的 L 个状态编码列出相应的态序表，如图 7.93 右边所示。

状态编码序号	序列信号码元												状态顺序表		
	1	0	1	1	0	0	1	0	1	1	0	0	$Q_2^n Q_1^n Q_0^n$	等效十进制数	CP 顺序
0	**1**	**0**	**1**										**1 0 1**	5	0
1		0	1	1									0 1 1	3	1
2			1	1	0								1 1 0	6	2
3				1	0	0							1 0 0	4	3
4					0	0	1						0 0 1	1	4
5						0	1	0					0 1 0	2	5
6							**1**	**0**	**1**				**1 0 1**	5	6

L 组状态编码（序号 1～5）

k位码元

图 7.93　例 7.28 移存计数器状态编码提取过程及对应的状态顺序表

④ 根据态序表画出次态卡诺图。按照态序表所列的状态转换顺序画出次态卡诺图，如图 7.94(a)所示。

如前所述，确定移存型计数器的驱动方程时，只需确定第 0 级触发器的驱动方程就够了。因此，由次态卡诺图画出第 0 级触发器次态 Q_0^{n+1} 的卡诺图，如图 7.94(b)所示。圈组合并 Q_0^{n+1} 的卡诺图，得到第 0 级触发器的驱动方程——反馈逻辑方程为

$$D_0 = Q_0^{n+1} = Q_2^n \overline{Q}_1^n + \overline{Q}_2^n \overline{Q}_0^n$$

实际上，**熟练以后可以直接根据态序表画出图 7.94(b)所示的 Q_0^{n+1} 的卡诺图而无须先画出图 7.94(a)所示的次态卡诺图**。但是由态序表直接画出 Q_0^{n+1} 的卡诺图时要十分小心，即：**态序表中每一行的状态编码所对应的卡诺图小格中的内容是其下一行状态编码的 Q_0^n 值。**

⑤ 验证自启动性。本移存型计数器有两个无效状态 000 和 111，按照移位的规律并在 Q_0^{n+1} 的卡诺图上运用“任意项取值原理”可以迅速地判断这两个无效状态的次态分别为 001 和 110。当然，利用反馈逻辑方程也可以确定这两个无效状态的次态。于是可画出该移存型计数器完整的状态图，如图 7.94(c)所示。

根据反馈逻辑方程，就可以画出这个移存型计数器——所设计的移存型序列信号发生器的逻辑图，如图 7.94(d)所示。

【例 7.29】 设计一个移存型序列信号发生器，要求它能产生“10100”的输出序列信号。

解：① 根据给定的序列确定序列周期 L。因为给定序列为 10100，所以确定 $L=5$。

② 初步确定触发器个数 k。因为 $k=[\log_2 L]+1$，所以 $k=[\log_2 5]+1$，故取 $k=3$。

③ 确定实际的 k 值，列出态序表。先按 3 位为一组取出给定序列的码元作为状态编码，共取 5 个状态编码，如图 7.95 左边所示。

可以看出，所得到的 5 个状态编码不完全独立。当取到第 5 个状态码时出现 010 重复，因此需增加状态码元的位数，即：令 k 加 1。按 $k+1=4$ 位重新从给定序列中取出码元作

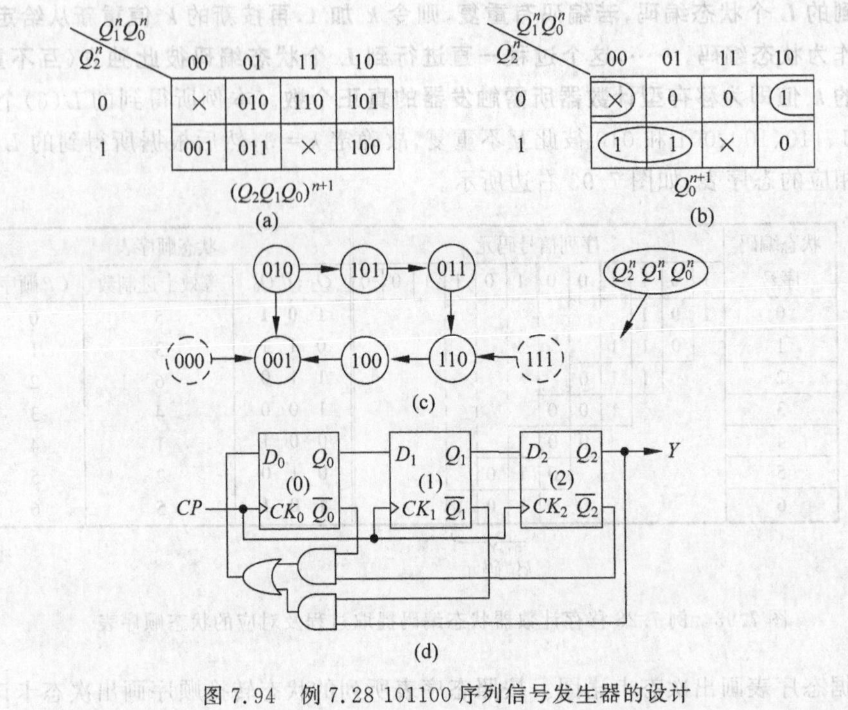

图 7.94　例 7.28 101100 序列信号发生器的设计

状态编码序号	序列信号码元										状态顺序表		
	1	0	1	0	0	1	0	1	0	0	$Q_2^n\ Q_1^n\ Q_0^n$	等效十进制数	CP 顺序
0	1	0	1								1 0 1	5	0
1		**0**	**1**	**0**							**0 1 0**	**2**	1
2			1	0	0						1 0 0	4	2
3				0	0	1					0 0 1	1	3
4					**0**	**1**	**0**				**0 1 0**	**2**	4

4组状态编码（序号 0～3）；3位码元

图 7.95　例 7.29 按 3 位码元提取状态编码过程及所对应的态序表

为状态编码，如图 7.96 左边所示。

状态编码序号	序列信号码元										状态顺序表		
	1	0	1	0	0	1	0	1	0	0	$Q_3^n\ Q_2^n\ Q_1^n\ Q_0^n$	等效十进制数	CP 顺序
0	**1**	**0**	**1**	**0**							**1 0 1 0**	**10**	0
1		0	1	0	0						0 1 0 0	4	1
2			1	0	0	1					1 0 0 1	9	2
3				0	0	1	0				0 0 1 0	2	3
4					0	1	0	1			0 1 0 1	5	4
5						**1**	**0**	**1**	**0**		**1 0 1 0**	**10**	5

5组状态编码（序号 0～4）；4位码元

图 7.96　例 7.29 按 4 位码元提取状态编码过程及所对应的状态顺序表

新的 5 个状态编码为 1010、0100、1001、0010 和 0101，彼此完全独立，故确定 $k=4$。其态序表如图 7.96 右边所示。

④ 根据态序表画出次态卡诺图。由态序表画出次态卡诺图并进而画出 Q_0^{n+1} 的卡诺图，分别如图 7.97(a)、(b)所示。"圈组合并"Q_0^{n+1} 的卡诺图，得到反馈逻辑方程为

$$D_0 = Q_0^{n+1} = \overline{Q}_3^n \overline{Q}_0^n = \overline{Q_3^n + Q_0^n}$$

⑤ 验证自启动性。本例中无效状态较多，共有 11 个。遵循移位的规律并在 Q_0^{n+1} 的卡诺图上运用"任意项取值原理"可以迅速地判断出这些无效状态的次态，进而画出该移存型计数器的完整状态图，如图 7.97(c)所示。

采用通用的移位寄存器集成电路 74194 作为本信号发生器的移位寄存器，根据反馈逻辑方程，再附加一个"或非"门，于是可画出所设计的移存型序列信号发生器的逻辑图，如图 7.97(d)所示。

$Q_3^nQ_2^n$ \ $Q_1^nQ_0^n$	00	01	11	10
0 0	×	×	×	0101
0 1	1001	1010	×	×
1 1	×	×	×	×
1 0	×	0010	×	0100

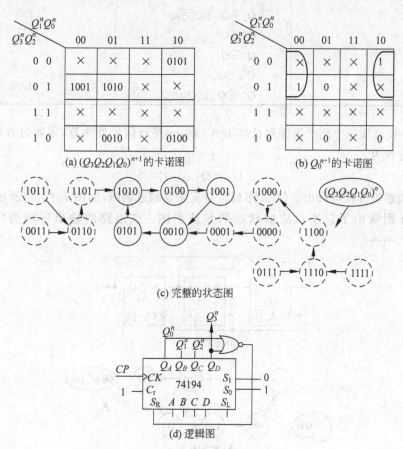

(a) $(Q_3Q_2Q_1Q_0)^{n+1}$的卡诺图

$Q_3^nQ_2^n$ \ $Q_1^nQ_0^n$	00	01	11	10
0 0	×	×	×	1
0 1	1	0	×	×
1 1	×	×	×	×
1 0	×	0	×	0

(b) Q_0^{n+1}的卡诺图

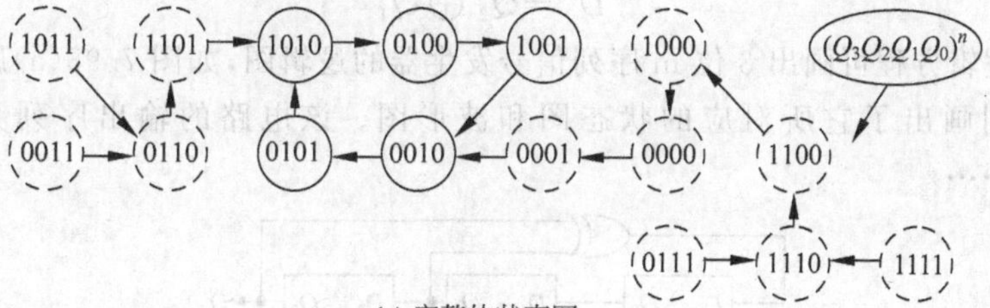

(c) 完整的状态图

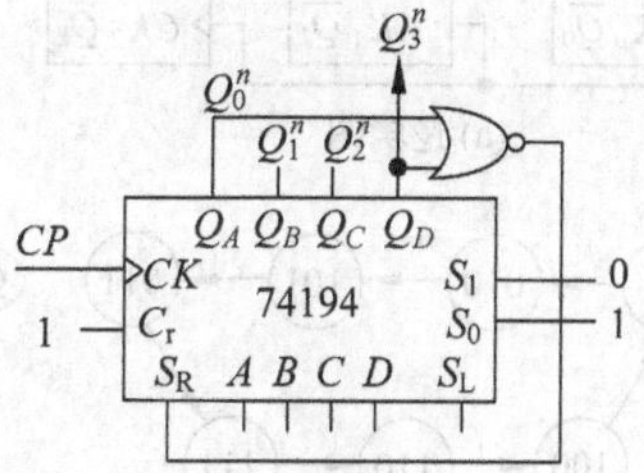

(d) 逻辑图

图 7.97 例 7.29 10100 序列信号发生器的设计

(3) 一种特殊的移存型序列信号发生器——m 序列信号发生器

m 序列信号发生器是一种特殊形式的移存型序列信号发生器。它也是由移位寄存器加反馈组合网络所构成。它的特殊性就在于：**其基本反馈网络完全是由"异或"逻辑构成**。这样构成的移存型计数器所产生的序列叫做 m 序列，m 序列也称**最长线性序列**。

一个 k 位(级)m 序列信号发生器是由 k 位移位寄存器加"异或"逻辑反馈网络所构成的，它所产生的序列周期为 $L = 2^k - 1$。m 序列信号发生器反馈网络的构成已经定型，

表 7.42 列出了部分 k 位(级)m 序列信号发生器的反馈逻辑方程及其所对应的序列周期。注意:对于同一个序列周期,可以有多种反馈形式,表中只列出了一种。

m 序列信号发生器的设计很简单,其反馈方程的逻辑表达式可通过查表 7.42 得到。

表 7.42 k 位 m 序列信号发生器反馈逻辑方程及所对应的序列周期

位数 k	反馈逻辑方程 D_0	序列周期 L
3	$Q_2^n \oplus Q_1^n$	7
4	$Q_3^n \oplus Q_2^n$	15
5	$Q_4^n \oplus Q_2^n$	31
6	$Q_5^n \oplus Q_4^n$	63
7	$Q_6^n \oplus Q_5^n$	127
8	$Q_7^n \oplus Q_3^n \oplus Q_2^n \oplus Q_1^n$	255
9	$Q_8^n \oplus Q_4^n$	511
10	$Q_9^n \oplus Q_6^n$	1023
11	$Q_{10}^n \oplus Q_8^n$	2047
12	$Q_{11}^n \oplus Q_{10}^n \oplus Q_7^n \oplus Q_5^n$	4095

例如:要设计一个能产生序列长度 $L=7$ 的 m 序列信号发生器,则通过查表知 $k=3$,反馈逻辑方程为

$$D_0 = Q_2^n \oplus Q_1^n$$

根据此反馈逻辑方程可画出 3 位 m 序列信号发生器的逻辑图,如图 7.98(a)所示。图 7.98(b)、(c)分别画出了它所对应的状态图和波形图。该电路的输出序列为"1110010","1110010",……

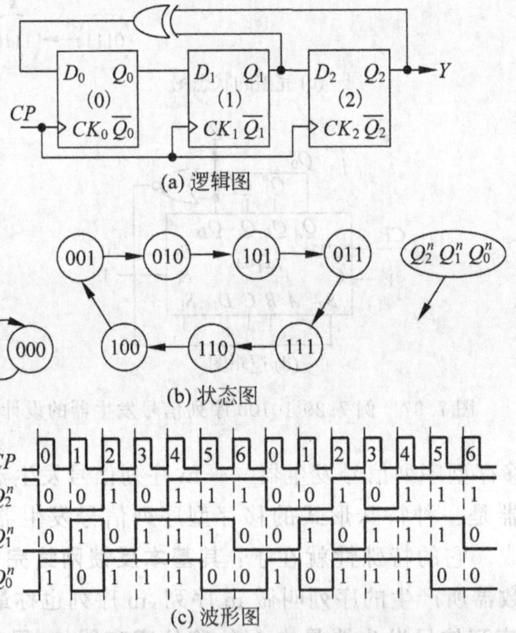

图 7.98 3 位 m 序列信号发生器

从图 7.98(b)所示的状态图可以看出：该电路实际上是一个不能自启动的移存型计数器，全 0 状态“000”是一个孤立的无效状态。为了让这个 3 位 m 序列信号发生器能够自启动，需要在反馈逻辑方程中加上“全 0 校正项”——$\overline{Q}_2^n\overline{Q}_1^n\overline{Q}_0^n$，即：

$$\begin{aligned} D_0 &= (Q_2^n \oplus Q_1^n) + \overline{Q}_2^n\overline{Q}_1^n\overline{Q}_0^n \\ &= (Q_2^n \oplus Q_1^n) + \overline{Q}_2^n\overline{Q}_0^n \end{aligned}$$

这样，电路就能够实现自启动了。

图 7.99(a)所示为一个能自启动的 3 位 m 序列信号发生器的逻辑图；图 7.99(b)所示为其所对应的完整状态图。

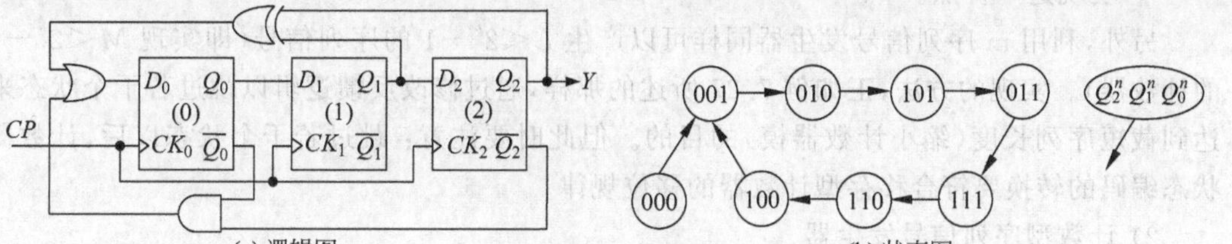

(a) 逻辑图　　(b) 状态图

图 7.99　能自动启动的 3 位 m 序列号发生器

我们知道，一个 k 位的 m 序列信号发生器所产生的序列周期为 $L=2^k-1$，即：它有 2^k-1 个有效状态；而一个 k 位的移存型计数器应该有 2^k 个状态。这就是说**一个 k 位的 m 序列信号发生器注定要有一个无效的状态**。根据表 7.42 所示的反馈逻辑方程和“移位”的规律可以断定：**这个无效的状态就是“全 0 状态”——“000…0”**。因此，**要想设计一个能够自启动的 k 位 m 序列信号发生器，就必须在表 7.42 所示的反馈逻辑方程中加(“或”)上一个“全 0 校正项” ——$\overline{Q}_{k-1}^n\overline{Q}_{k-2}^n\cdots\overline{Q}_1^n\overline{Q}_0^n$**。图 7.99 所示的可自启动的 3 位 m 序列信号发生器正好说明了这一点。

再如，要设计一个能产生序列长度 $L=31$ 的 m 序列信号发生器。通过查表 7.42 确定 $k=5$，再得到相应于 $L=31(k=5)$的“异或”型反馈逻辑并加上“全 0 校正项”，于是得到所需的反馈逻辑方程为

$$\begin{aligned} D_0 &= (Q_4^n \oplus Q_2^n) + \overline{Q}_4^n\overline{Q}_3^n\overline{Q}_2^n\overline{Q}_1^n\overline{Q}_0^n \\ &= (Q_4^n \oplus Q_2^n) + \overline{Q}_4^n\overline{Q}_3^n\overline{Q}_1^n\overline{Q}_0^n \\ &= (Q_4^n \oplus Q_2^n) + \overline{Q}_3^n\overline{Q}_2^n\overline{Q}_1^n\overline{Q}_0^n \end{aligned}$$

若要写出某 m 序列信号发生器的输出序列，则需利用它的反馈逻辑方程。例如：要写出一个 $L=15$ 的 m 序列。此时 $k=4$，$D_0=(Q_3^n \oplus Q_2^n)+\overline{Q}_2^n\overline{Q}_1^n\overline{Q}_0^n$。于是 m 序列的具体写法如下：先按 $Q_3^nQ_2^nQ_1^nQ_0^n$ 的顺序写下任意一个非“全 0”的状态信号，例如 1100 作为序列开始的头 4 位信号；然后将 $Q_3^n(1)$和 $Q_2^n(1)$相“异或”的结果 0 写到 1100 的右侧，即：序列变成了 1100**0**；之后，右移 1 位以 1000 为 $Q_3^nQ_2^nQ_1^nQ_0^n$，再将 $Q_3^n(1)$和 $Q_2^n(0)$相“异或”，其结果 1 写到 1000 的右侧，此时序列信号变成了 11000**1**，……，这个过程一直继续到序列中再次出现 1100 时为止。其示意图如下：

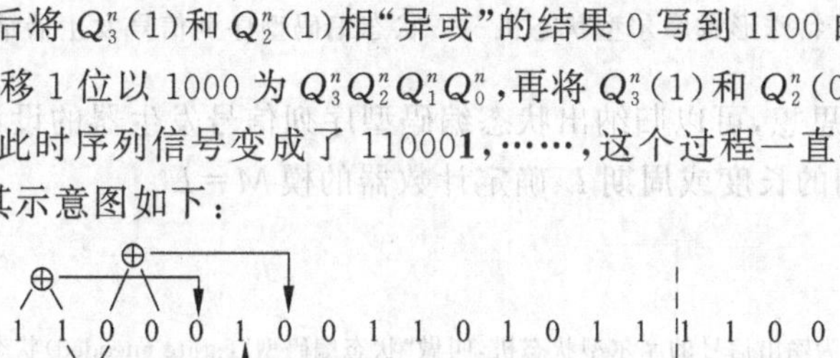

如此，前15(L)位的信号就是所求的m序列。

m序列信号有以下3个主要特点：

- m序列为最长线性序列，它的序列长度为$L=2^k-1$。
- 序列中出现0、1的概率几乎相等(1比0多1个)，而且0、1的分布无规律。这一特性接近于白噪声的随机特性，故称m序列为**伪随机序列**。正是由于m序列所具有的伪随机特性，从而使它在通信、雷达和系统可靠性测试方面获得了广泛的应用。
- 序列中连续出现1的个数为k、连续出现0的个数为$k-1$。这很自然，例如：当$k=4$时，如果以1111这个$Q_3^nQ_2^nQ_1^nQ_0^n$的非"全0"状态信号为开端来写出m序列，就会发现这一特点。

另外，利用m序列信号发生器同样可以产生$L<2^k-1$的序列信号(即实现$M<2^k-1$的计数器)。实现的方法，正如例7.27所述的那样，通过修改反馈逻辑以跳过若干个状态来达到截短序列长度(缩小计数器模)的目的。但此时要注意：跳过若干个状态以后，计数器状态编码的转换要符合移存型计数器的移位规律。

2) 计数型序列信号发生器

如前所述，计数型序列信号发生器分为两大类：状态编码(直接逻辑)型和状态解码(间接逻辑)型。**此类序列信号发生器的本质就是7.4.1小节中所介绍的同步计数器**，它们都是摩尔型的状态机。

(1) 状态编码型序列信号发生器的设计

状态编码型(state encoded)[①]序列信号发生器的特点是：**计数器状态编码中的某一位(某一个触发器的Q端)输出所要求的序列信号**。所以，如果要产生一个长度(周期)为L的序列信号，则序列信号发生器必须有L个有效状态，只不过状态编码中的某一位信号的输出要符合给定序列的顺序要求。

因此，状态编码型序列信号发生器的基本设计思想是：**设计一个模为L的计数器且计数器状态编码中的某一位输出与给定序列相吻合**。所以这种序列信号发生器实际上就是一种无外输入信号$\boldsymbol{X}^n$、无"输出组合逻辑F"的特殊形式摩尔型状态机，其结构框图如图7.100所示。图中Q_i^n是某一位状态变量，它所输出的比特序列与所要求的给定序列相吻合。所以令序列信号发生器的输出为$Z_i^n=Q_i^n$。

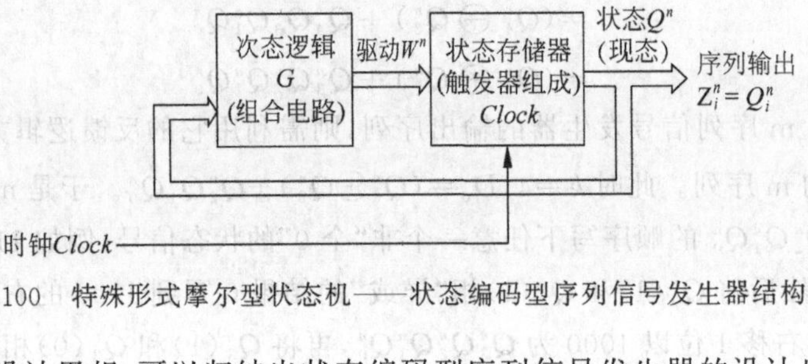

图7.100　特殊形式摩尔型状态机——状态编码型序列信号发生器结构框图

按照上述的设计思想，可以归纳出状态编码型序列信号发生器的设计步骤如下：

- 根据给定序列的长度或周期L确定计数器的模$M=L$。

① 以状态信号直接作为输出信号的摩尔型状态机，叫做"状态编码型"(state encoded)状态机。

- 由计数器的模 M 确定所用触发器的个数 k，即：$k=[\log_2 M]+1=[\log_2 L]+1$。
- 任意规定某一个触发器的输出 Q_i^n（$i=0\sim k-1$）作为序列的输出端，然后按给定序列列出**部分**态序表（态序表的一列）。
- 分配其余 $k-1$ 个状态变量的状态编码，以最终完成态序表。原则上，这些状态编码可以任意地安排，但前提是：**最终形成的 L 个状态编码必须相互独立、彼此互不重复**。当然，如果状态编码分配得好，可有助于简化状态机的组合逻辑。
- 根据态序表画出次态卡诺图进而导出各级触发器的驱动方程。
- 验证所设计的计数器的自启动性。若不能自启动，则需修改次态卡诺图上的“圈组合并”，重新导出能使电路自启动的驱动方程组。

【例 7.30】 设计一个状态编码型序列信号发生器，要求它所产生的序列信号为“1110010”。

解：(1) 根据给定的序列确定序列周期 L。因为给定序列为 1110010，所以确定 $L=7$。

(2) 确定触发器个数 k。因为 $k=[\log_2 L]+1$，所以 $k=[\log_2 7]+1$，故取 $k=3$。

(3) 任意规定某个 Q_i^n 为序列输出端。可以任意地选取某个触发器的输出端 Q_i^n（$i=0\sim2$）作为序列的输出端，例如选定 Q_2^n 为序列的输出端。于是根据给定序列就可列出部分态序表如表 7.43(加黑色字符)所示。

表 7.43　例 7.30 的态序表

CP 顺序	Q_2^n　Q_1^n　Q_0^n	等效十进制数
0	**1**　0　0	4
1	**1**　0　1	5
2	**1**　1　1	7
3	**0**　1　1	3
4	**0**　1　0	2
5	**1**　1　0	6
6	**0**　0　0	0
7	**1**　0　0	4

(4) 分配其余状态变量的状态编码．由于已经确定 Q_2^n 为序列的输出端。因此余下的状态变量 $Q_1^n Q_0^n$ 的编码原则上可以任意地安排，只要最终形成的 7 个状态编码不重复就行。这样一来，符合给定序列输出的态序表就有可能有多种，而表 7.43 仅仅是其中的一种态序表。**在安排 $Q_1^n Q_0^n$ 的状态编码时应尽量使总状态编码 $Q_2^n Q_1^n Q_0^n$ 的相邻码字之间只有一位码元不同，而其余码元均相同**，如表 7.43(浅灰色字符)所示。

(5) 根据态序表画出次态卡诺图。由态序表画出次态卡诺图并进而画出 Q_2^{n+1}、Q_1^{n+1} 和 Q_0^{n+1} 的卡诺图，分别如图 7.101(a)、(b)、(c)和(d)所示。

如果用 JK 触发器来实现电路，则“圈组合并”各次态的卡诺图，得到电路的逻辑方程组为：

状态方程组：

$$Q_2^{n+1}=\bar{Q}_0^n\bar{Q}_2^n+\bar{Q}_1^n Q_2^n$$

$$Q_1^{n+1}=Q_0^n\bar{Q}_1^n+(\bar{Q}_2^n+Q_0^n)Q_1^n$$

$$Q_0^{n+1}=Q_2^n\bar{Q}_1^n\bar{Q}_0^n+Q_2^n Q_0^n$$

驱动方程组：

$$J_2=\bar{Q}_0^n,\quad J_1=Q_0^n,\quad J_0=Q_2^n\bar{Q}_1^n$$

$$K_2=Q_1^n,\quad K_1=\overline{\bar{Q}_2^n+Q_0^n}=Q_2^n\bar{Q}_0^n,\quad K_0=\bar{Q}_2^n$$

(6) 验证自启动性。在 Q_2^{n+1}、Q_1^{n+1} 和 Q_0^{n+1} 的卡诺图上运用“任意项取值原理”可以迅速地判断无效状态 001 的次态为 010。于是该计数器的完整状态图如图 7.101(e)所示。

(7) 画出逻辑图。根据驱动方程组可画出此状态编码型序列信号发生器的逻辑图如图 7.101(f)所示。

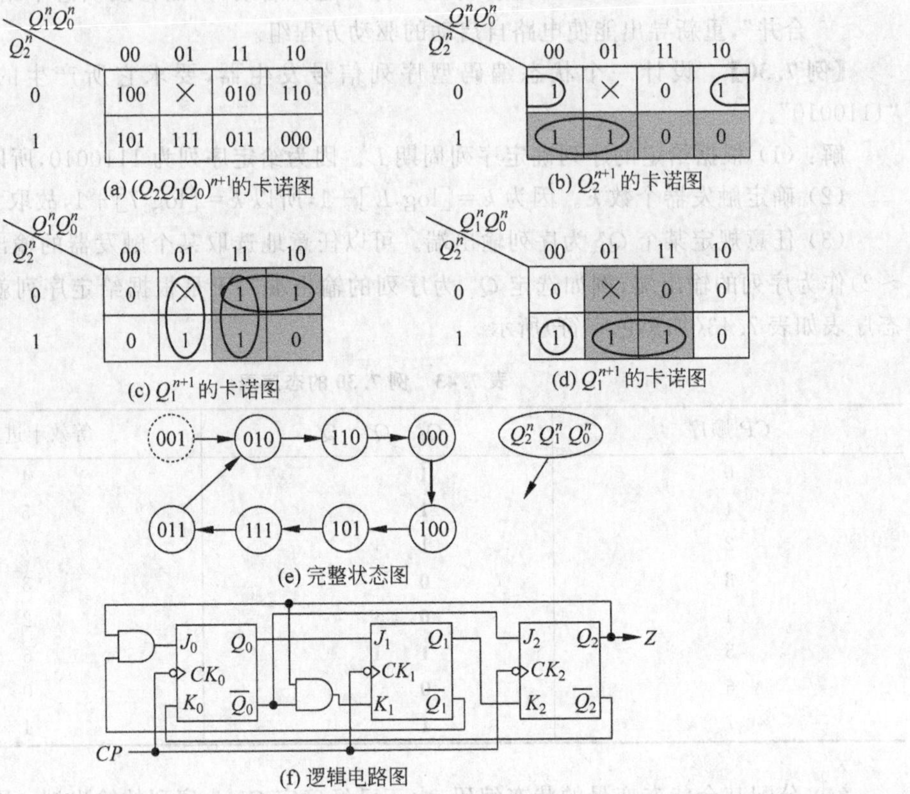

图 7.101 例 7.30 状态编码型“1110010”序列信号发生器

(2) 状态解码型序列信号发生器的设计

状态解码型(state decoded)[①]序列信号发生器的基本设计思想是：**先设计一个模为给定序列周期 L 的计数器，该计数器的状态编码和状态转换顺序不受任何限制，可以任意地设置。然后再设计一个译码器(组合电路)对计数器的各状态编码输出进行译码，令译码器的输出与给定序列相符合**。这种设计思想与计数型顺序脉冲发生器(图 7.89)的设计思想在本质上是完全一致的。

状态解码型序列信号发生器实际上就是典型的无外输入信号的摩尔型状态机，其结构框图如图 7.102 所示。

① 状态信号经过某组合电路变换(解码)后作为输出信号的摩尔型状态机，叫做“状态解码型”(state decoded)状态机。

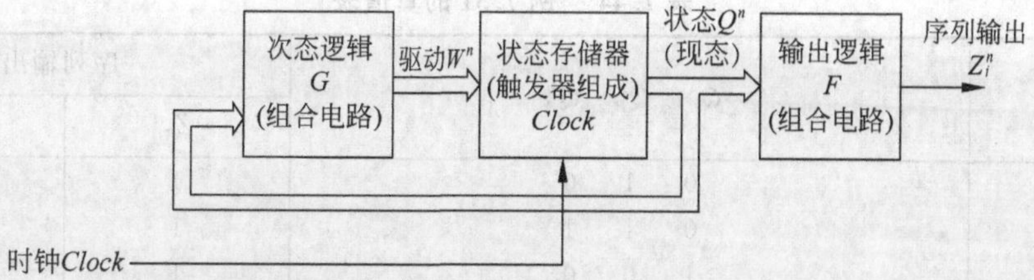

图 7.102　无外输入信号的摩尔型状态机——状态解码型序列信号发生器结构框图

图中的“输出逻辑 F”就是所要设计的译码器，而输出信号 Z_i^n 就是所要求的输出序列信号。

综上所述，可归纳出设计状态解码型序列信号发生器的一般步骤如下：

- 根据给定序列的长度或周期 L 设计一个模为 L 的计数器；
- 设计一个译码器，即设计一个组合逻辑电路。让计数器的状态信号作为译码器的输入变量，而译码器的输出函数则与给定的序列信号相符合。

【例 7.31】　设计一个状态解码型序列信号发生器，要求它所产生的输出序列信号为 1110010。

解：(1) 根据给定的序列确定序列周期 L。因为给定序列为 1110010，所以确定 $L=7$。

(2) 设计一个模为 L 的计数器。因为 $L=7$，所以要设计一个任意的模为 7 的计数器。仍然采用中规模的集成电路计数器 74161 来实现模 7 计数器，如图 7.103 所示。74161 是一个 4 位模 16(2^4)同步二进制计数器。图中将最高计数输出位 Q_D 接到了“装载使能”端 L_D 上，于是当 $Q_D=0$ 时计数器执行“装载”操作，将 1010 载入 $Q_DQ_CQ_BQ_A$。这样，74161 就成了一个模 7 计数器，其有效状态编码($Q_DQ_CQ_BQ_A$)的循环顺序为 1010、1011、1100、1101、1110、1111、0000、1010……只采用此计数器的低 3 位 $Q_CQ_BQ_A$ 作为计数输出端，所以此模 7 计数器的有效状态编码($Q_CQ_BQ_A$)循环顺序为 010、011、100、101、110、111、000、010……

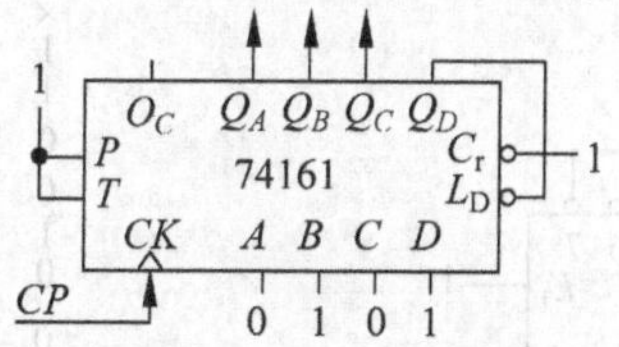

图 7.103　例 7.31 74161 构成模 7 计数器

(3) 设计一个译码器。以计数器的状态编码输出($Q_CQ_BQ_A$)为输入变量，而以所要求的序列输出(Z)为逻辑函数来设计一个译码器。为此，列出该译码器的真值表如表 7.44 所示。**列真值表时，$Q_CQ_BQ_A$ 的各组取值应该按照计数器的计数状态编码顺序排列，以便依次安排给定序列的输出。**输出函数(输出序列)Z 与输入变量 $Q_CQ_BQ_A$ 的对应关系有多种排列方法，表 7.44 只列出了其中的两种。不同的排列方法将直接影响译码器电路的繁简程度。另外，计数器的未用状态 001 应作为约束项来处理。根据真值表，写出序列输出函数 Z_2 的逻辑表达式如下：

$$Z_2(Q_C,Q_B,Q_A)=\sum m(0,2,3,6)+d(1)$$

$$=\overline{Q_C}+Q_B\overline{Q_A}=\overline{Q_C\cdot\overline{Q_B\overline{Q_A}}}$$

表 7.44　例 7.31 的真值表

No.		Q_C^n	Q_B^n	Q_A^n	序列输出 Z_1	序列输出 Z_2
0		0	1	0	1	1
1		0	1	1	1	1
2		1	0	0	1	0
3		1	0	1	0	0
4		1	1	0	0	1
5		1	1	1	1	0
6		0	0	0	0	1
7		0	0	1	×	×

(4) 画出逻辑图。根据译码器的逻辑表达式可画出译码器的逻辑图，将此图与计数器的逻辑图(图 7.103)合在一起就构成了状态解码型序列信号发生器，如图 7.104 所示。实现译码器的电路形式有多种，可用小规模的门电路、中规模的译码器以及中规模的多路选择器(MUX)实现之。利用各种形式译码器的状态解码型序列信号发生器分别如图 7.104(a)、(b)和(c)所示。

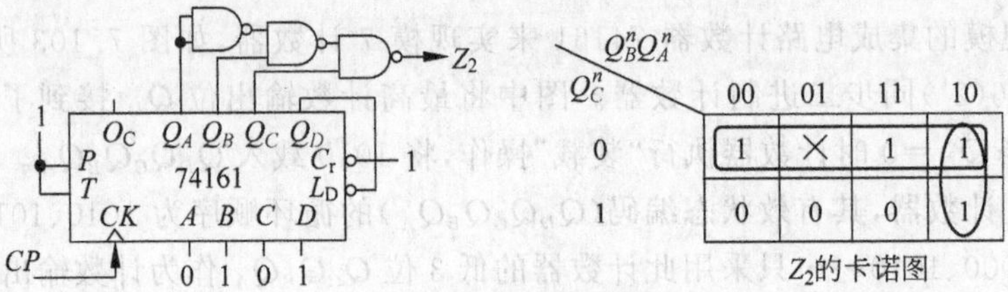

(a) 由"与非"门构成译码器

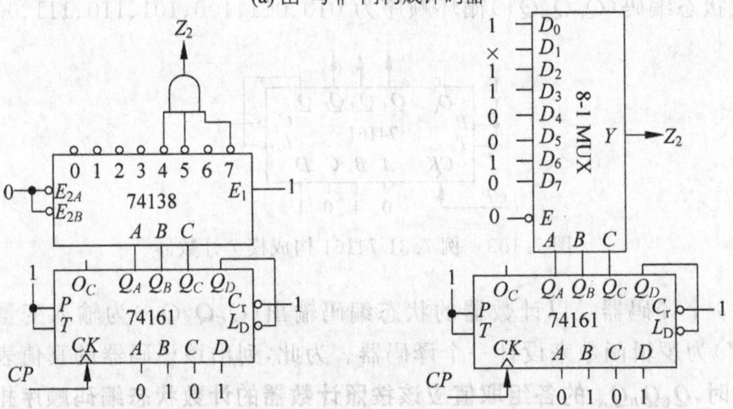

(b) 由二进制译码器构成译码电路　(c) 由多路选择器构成译码电路

图 7.104　例 7.31 状态解码型序列信号发生器

从例 7.31 可以看出，状态解码型序列信号发生器的设计分为两个部分——计数器的设计和译码器的设计。然而计数器和译码器的设计方案有很多，所以状态解码型序列信号发生器的实现方案就有很多，因此它的设计方法灵活多样。

状态解码型序列信号发生器特别适合于产生多组序列信号。 如果以各组序列信号周期的最小公倍数为模设计一个计数器；再设计一个能产生多路输出函数的组合电路(通常由二进制数译码器加若干逻辑门电路而构成)，然后将二者结合，则可设计出能产生多路所需序列的信号发生器。前面介绍的计数型顺序脉冲发生器(图 7.89)就是这一设想的具体体现。但是移存型序列信号发生器则只能产生单一序列信号。

观察图 7.101 和图 7.104 所产生的序列 1110010，发现它实际上就是 $L=7$ 的 m 序列。这说明：**对于某个具体的有限长序列来讲，能够产生它的电路形式有很多。**

事实上，从广义的角度上看，任何一个计数器，无论它是移存型的或是计数型的；也无论它是状态编码型的或是状态解码型的，都可以将其视为序列信号发生器。因为这些计数器的每一个输出端上(无论是触发器的输出端还是译码器的输出端)都在各自输出着一个它们自己的有限长序列信号。

7.4.4 阻塞反馈式异步计数/分频器

前面各节所讨论的各种时序逻辑电路均为同步时序电路。本节所要讨论的时序电路则是另一类时序电路，异步时序逻辑电路的一种——阻塞反馈式异步计数/分频器。如前所述，不再区分计数器和分频器，如果没有特别的声明，将统称这种电路为**异步计数器**。同样，在这里所讨论的异步计数器的模也是不等于 2^k，即：$M\neq 2^k$。

异步时序逻辑电路与同步时序逻辑电路的根本区别就在于：**异步时序电路中各触发器的时钟信号是不一致的，即：它们的时钟源是不同的；而同步时序电路中各触发器的时钟信号是统一的，即：它们共用一个时钟源。**所以，对于时序逻辑电路中的一类电路——计数器来讲，异步计数器与同步计数器的根本差别也在于：**异步计数器各级触发器的时钟信号(触发源)不统一，而同步计数器各级触发器的时钟信号是统一的。**

正是由于同步计数器的各级触发器共用同一个时钟信号，所以在分析与设计同步计数器时并不把时钟信号 CP 作为一个外输入信号来看待，而是将其视为一个默认的时间基准信号。因此在分析和设计同步计数器的过程中，时钟信号 CP 通常是不考虑的、是不会出现的。

但是，异步计数器的情形则不同。由于异步计数器各级触发器的时钟来源是不统一的，所以**在分析和设计异步计数器时要将各级触发器的时钟信号单独加以考虑**。因此，描述异步计数器的逻辑方程应该有 4 组(而不是同步计数器的 3 组)，分别是时钟方程组、驱动方程组、状态方程组和输出方程组。这里需要特别指出的是：**异步计数器的状态方程是与其相应的时钟方程相联系的，即：只有在时钟方程所表示的时钟信号有效(产生有效触发沿)时，其所对应的状态方程才有效。**

1. 阻塞反馈式异步计数器的分析

阻塞反馈式异步计数器的分析步骤与同步计数器类似，但是由于异步计数器的各级触发器的时钟信号不统一这个特殊性，所以在分析时要特别注意各级触发器时钟信号的来源。下面，将通过例题来说明分析阻塞反馈式异步计数器的方法和具体步骤。

【例 7.32】 分析图 7.105 所示的异步计数器电路。请画出时钟信号 CP、各触发器的状态信号以及输出信号 C 的时序图。

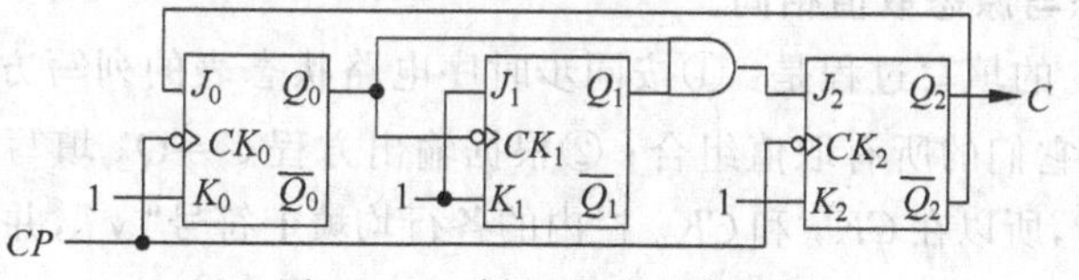

图 7.105 例 7.32 的逻辑图

解：(1) 写出电路的逻辑方程。该计数器由 3 级 JK 触发器和一个“与”门所构成，按照图 7.105 所示的逻辑图写出电路的时钟方程、输出方程和驱动方程如下：

时钟方程：　$CK_0 = CP$；$CK_1 = Q_0^n$；$CK_2 = CP$

输出方程：　$C = Q_2^n$

驱动方程：　$J_0 = \overline{Q_2^n}, K_0 = 1$；$J_1 = 1, K_1 = 1$；$J_2 = Q_1^n Q_0^n, K_2 = 1$

将驱动方程代入 JK 触发器的特性方程 $Q^{n+1} = J\overline{Q^n} + \overline{K}Q^n$，求得电路的状态方程如下：

状态方程：$Q_0^{n+1} = \overline{Q}_2^n \overline{Q}_0^n$，　$CK_0 = CP\downarrow$（CP 下降沿有效）

$Q_1^{n+1} = \overline{Q}_1^n$，　$CK_1 = Q_0^n\downarrow$（Q_0^n 由 1 变到 0 时有效，即下降沿有效）

$Q_2^{n+1} = \overline{Q}_2^n Q_1^n Q_0^n$，　$CK_2 = CP\downarrow$（CP 下降沿有效）

写状态方程时，必须同时标明有效条件，即：注明使状态方程有效的时钟信号及其触发边沿。

(2) 列写状态转换表。状态转换表的左边列写已知量——现态信号 Q_i^n（$i=0\sim2$），右边列写未知量——次态信号 Q_i^{n+1}（$i=0\sim2$）和输出信号 C。在列写次态信号时，要同时标注上与之相对应的时钟信号 CK。在标注时钟信号时，用带箭头的符号（↑或↓）来表示时钟的有效沿（上升沿或下降沿）。如表 7.45 所示。

表 7.45　例 7.32 状态转换表

No.	Q_2^n	Q_1^n	Q_0^n	C	CK_2 $CP\downarrow$	Q_2^{n+1}	CK_1 $Q_0^n\downarrow$	Q_1^{n+1}	CK_0 $CP\downarrow$	Q_0^{n+1}
0	0	0	0	0	↓	0		0	↓	1
1	0	0	1	0	↓	0	↓	1	↓	0
2	0	1	0	0	↓	0		1	↓	1
3	0	1	1	0	↓	1	↓	0	↓	0
4	1	0	0	1	↓	0		0	↓	0
5	1	0	1	1	↓	0	↓	1	↓	0
6	1	1	0	1	↓	0		1	↓	0
7	1	1	1	1	↓	0	↓	0	↓	0

填写状态转换表的方法与同步计数器的情形相似，先将现态变量的所有取值组合写入表中，再根据输出方程计算出相应的输出变量值并填入表中。然后，根据状态方程（次态方程）先把那些以计数脉冲（外时钟信号）CP 为时钟（触发源）的各级触发器的次态值填入表中，再根据已确定的原态和次态的状态信号取值，从低位到高位逐一确定那些触发源为非计数脉冲（外时钟信号）CP 的各级触发器时钟有效沿所产生的位置（状态表中的某一行）。对于这些触发器的次态信号取值的原则是：**如果存在有效的触发时钟沿，则次态信号按相应的状态方程计算取值；反之，如果不存在有效的触发时钟沿，则次态信号将仍然维持原态信号的取值，即：次态与原态取值相同。**

具体到表 7.45 的填写过程是：①按同步时序电路状态表的列写方法，以现态 $Q_2^n Q_1^n Q_0^n$ 为输入变量并写出它们的所有取值组合；②根据输出方程 $C = Q_2^n$ 填写输出 C 的取值；③因为 $CK_2 = CK_0 = CP$，所以在 CK_2 和 CK_0 栏内的各行均填上符号“↓”，并且按照状态方程确定次态信号 Q_2^{n+1} 和 Q_0^{n+1}；④根据时钟方程 $CK_1 = Q_0^n$ 且下降沿有效，所以 CK_1 只有在 Q_0^n 由 1

变到 0 时才有效。因此在表 7.45 中 $Q_0^n=1$ 而 $Q_0^{n+1}=0$ 的各行(No. 1、3、5、7)CK_1 栏内填写符号"↓"；⑤按是否存在有效的时钟沿来确定次态 Q_1^{n+1}，即：**CK_1 栏内有符号"↓"的各行按状态方程填写 Q_1^{n+1}；而无符号"↓"的各行次态将维持原态之值不变，即：$Q_1^{n+1}=Q_1^n$。**

(3) 画出状态转换图。依据状态转换表(表 7.45)就可以画出该异步计数器的完整状态转换图，如图 7.106 所示。

(4) 明确计数器的逻辑功能。从上面的状态图可以看出，该异步时序电路的主循环含有 5 个状态，即：000、001、010、011 和 100。按照状态转换的顺序来看，它应该是一个"阻塞反馈式异步五进制加法计数器"，输出信号 C 是进位信号。另外该计数器还有 3 个无效状态 101、110 和 111，它们的次态都是有效状态，所以此计数器能够自启动。

实际上，图 7.105 所示的阻塞反馈式异步五进制加法计数器的逻辑图不是别的什么电路，它恰恰就是以前介绍过的商品化集成电路芯片 74290(BCD 码计数器)中的五进制计数器。

(5) 画出时序图。按照状态转换图的主循环，画出现态信号 Q_2^n、Q_1^n、Q_0^n 和输出信号 C 以及时钟信号 CP 的时序图，如图 7.107 所示。

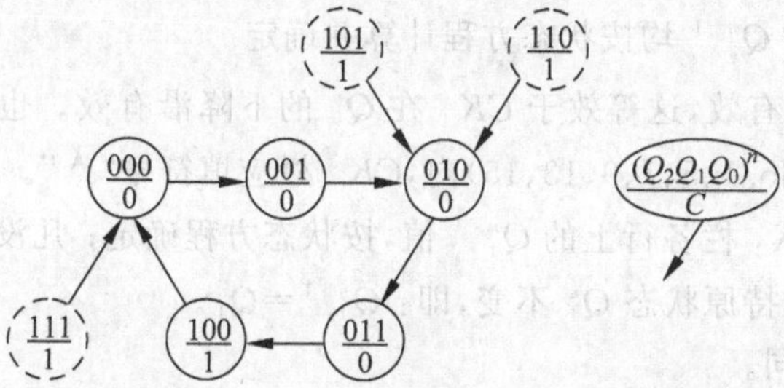

图 7.106 例 7.32 异步五进制计数器的完整状态图

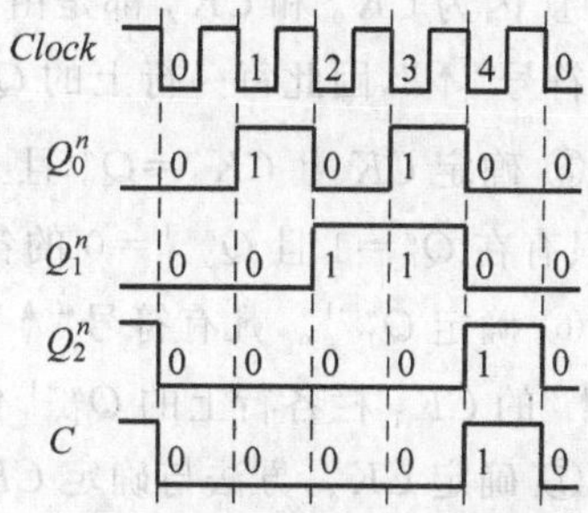

图 7.107 例 7.32 的时序图

【例 7.33】 试分析图 7.108 所示的异步时序电路，要求画出其相应的定时波形图。

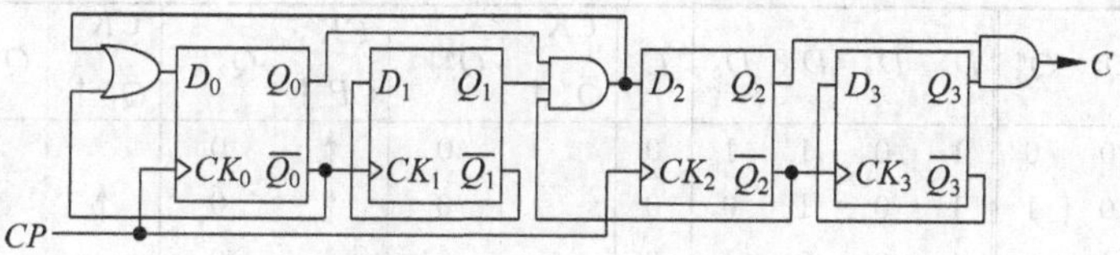

图 7.108 例 7.33 的逻辑图

解：(1) 写出电路的逻辑方程。根据图 7.108，可以很容易地写出该异步时序电路的时钟方程、输出方程和驱动方程如下：

时钟方程： $CK_0=CP$； $CK_1=\bar{Q}_0^n$； $CK_2=CP$； $CK_3=\bar{Q}_2^n$

输出方程： $C=Q_3^nQ_2^n$

驱动方程： $D_0=\bar{Q}_0^n+\bar{Q}_2^nQ_1^nQ_0^n=\bar{Q}_0^n+\bar{Q}_2^nQ_1^n$

$D_1=\bar{Q}_1^n$

$D_2=\bar{Q}_2^nQ_1^nQ_0^n$

$D_3=\bar{Q}_3^n$

将各触发器的驱动方程代入 D 触发器的特性方程 $Q^{n+1}=D$，于是得到异步时序电路的状态方程如下(注意：要同时注明使状态方程有效的时钟信号)：

$$\text{状态方程：}\quad Q_0^{n+1}=D_0=\bar{Q}_0^n+\bar{Q}_2^n Q_1^n,\quad CK_0=CP\uparrow$$

$$Q_1^{n+1}=D_1=\bar{Q}_1^n,\quad CK_1=\bar{Q}_0^n\uparrow$$

$$Q_2^{n+1}=D_2=\bar{Q}_2^n Q_1^n Q_0^n,\quad CK_2=CP\uparrow$$

$$Q_3^{n+1}=D_3=\bar{Q}_3^n,\quad CK_3=\bar{Q}_2^n\uparrow$$

(2) 列写状态转换真值表。列写状态转换真值表的方法与同步计数器的情形类似，先将现态 $Q_3^n Q_2^n Q_1^n Q_0^n$ 作为输入变量列在表格的左边；再将输出 C 和次态 $Q_3^{n+1}Q_2^{n+1}Q_1^{n+1}Q_0^{n+1}$ 作为未知量列在表格的右边；中间再增加一栏——驱动信号 $D_3D_2D_1D_0$ 栏。列写状态转换真值表的过程是：

① 填入现态的所有取值组合。

② 按驱动方程计算出各驱动信号 $D_i(i=0\sim3)$的值并写入表中。

③ 按输出方程计算输出函数 C 并填入表中。

④ 因为 CK_0 和 CK_2 都是由外时钟信号 CP 所驱动，所以 CK_0 和 CK_2 栏内各行上均填以符号"↑"，因此每一行上的 Q_0^{n+1} 和 Q_2^{n+1} 均按状态方程计算并确定。

⑤ 确定 CK_1。$CK_1=\bar{Q}_0^n$ 且上升沿有效，这等效于 CK_1 在 Q_0^n 的下降沿有效。也就是说，只有在 $Q_0^n=1$ 且 $Q_0^{n+1}=0$ 的各行(No.1、5、7、9、13、15)内，CK_1 栏应填符号"↑"。

⑥ 确定 Q_1^{n+1}。凡有符号"↑"的 CK_1 栏各行上的 Q_1^{n+1} 值，按状态方程确定；凡没有符号"↑"的 CK_1 栏各行上的 Q_1^{n+1} 值将维持原状态 Q_1^n 不变，即：$Q_1^{n+1}=Q_1^n$。

⑦ 确定 CK_3，方法与确定 CK_1 相同。

⑧ 确定 Q_3^{n+1}，其方法与确定 Q_1^{n+1} 相同。

于是，完整的状态转换真值表如表 7.46 所示。

表 7.46 例 7.33 状态转换真值表

No.	Q_3^n	Q_2^n	Q_1^n	Q_0^n	D_3	D_2	D_1	D_0	C	CK_3 $\bar{Q}_2^n\uparrow$	Q_3^{n+1}	CK_2 $CP\uparrow$	Q_2^{n+1}	CK_1 $\bar{Q}_0^n\uparrow$	Q_1^{n+1}	CK_0 $CP\uparrow$	Q_0^{n+1}
0	0	0	0	0	1	0	1	1	0		0	↑	0		0	↑	1
1	0	0	0	1	1	0	1	0	0		0	↑	0	↑	1	↑	0
2	0	0	1	0	1	0	0	1	0		0	↑	0		1	↑	1
3	0	0	1	1	1	1	0	1	0		0	↑	1		1	↑	1
4	0	1	0	0	1	0	1	1	0	↑	1	↑	0		0	↑	1
5	0	1	0	1	1	0	1	0	0	↑	1	↑	0	↑	1	↑	0
6	0	1	1	0	1	0	0	1	0	↑	1	↑	0		1	↑	1
7	0	1	1	1	1	0	0	0	0	↑	1	↑	0	↑	0	↑	0
8	1	0	0	0	0	0	1	1	0		1	↑	0		0	↑	1
9	1	0	0	1	0	0	1	0	0		1	↑	0	↑	1	↑	0
10	1	0	1	0	0	0	0	1	0		1	↑	0		1	↑	1
11	1	0	1	1	0	1	0	1	0		1	↑	1		1	↑	1
12	1	1	0	0	0	0	1	1	1	↑	0	↑	0		0	↑	1
13	1	1	0	1	0	0	1	0	1	↑	0	↑	0	↑	1	↑	0
14	1	1	1	0	0	0	0	1	1	↑	0	↑	0		1	↑	1
15	1	1	1	1	0	0	0	0	1	↑	0	↑	0	↑	0	↑	0

(3) 画出状态转换图。根据表 7.46 所示的状态转换真值表就可以画出完整的状态转换图,如图 7.109 所示。

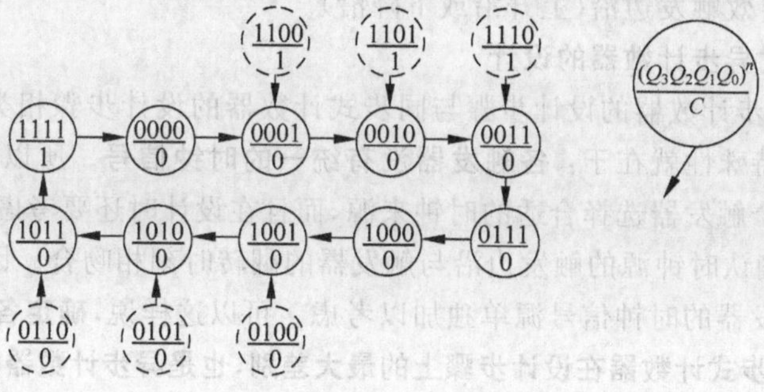

图 7.109 例 7.33 的完整状态图

(4) 明确计数器的逻辑功能。由图 7.109 所示的状态图可以看出,该异步时序电路有一个闭合的主循环,它含有 10 个状态,所以这是一个十进制数计数器。进一步考查发现,这个十进制计数器实际上是一个"5121BCD 码"计数器。输出信号 C 为"进位"信号。该计数器是可以自启动的。

(5) 画出时序图。根据状态转换真值表或状态转换图就可以画出状态信号 Q_3^n、Q_2^n、Q_1^n、Q_0^n 和输出信号 C 相对于时钟信号 CP 的定时波形图——时序图,如图 7.110 所示。

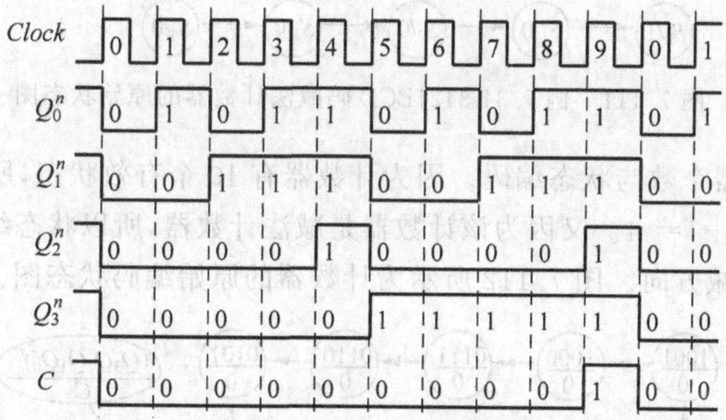

图 7.110 例 7.33 的时序图

通过上述两个实例介绍了阻塞反馈式异步计数器的分析方法。分别采用了"状态转换表"和"状态转换真值表"来分析这两个实例中的异步计数器。可以看出,这些分析方法与分析同步计数器的方法是很相似的。**分析阻塞反馈式异步计数器的关键是确定各触发器的时钟信号来源,即触发源**。在确定了触发源之后,**每个触发器只有在其触发源的有效边沿到来之时,其次态才依据状态方程的规定翻转;否则,触发器将维持其原状态不变**。在分析电路的过程中,到底是采用"状态转换表"还是"状态转换真值表"则完全取决于实际情况和个人习惯。

另外,与同步计数器的情形相似,这里也有两点需要注意:

- 画状态转换图时一定要画完整。**由 k 个触发器所构成的计数器(无论是同步还是异步)总共有 2^k 个状态,画状态图时一定要把这 2^k 个状态全部画出,不能有遗漏**。只有这样,才能从状态图上判断出计数器的功能以及它的自启动性。

• 画时序图时只需画出主循环状态(有效状态)的波形。所以**计数器(无论同步还是异步)的波形图一定是循环重复(周期性)的**。另外在画波形时同样要注意计数器中各触发器的有效触发边沿(上升沿或下降沿)。

2. 阻塞反馈式异步计数器的设计

阻塞反馈式异步计数器的设计步骤与同步式计数器的设计步骤相类似。但是,如前所述,异步计数器的特殊性就在于:**各触发器没有统一的时钟信号**。所以在设计异步计数器时,就必须为每一个触发器选择合适的时钟来源,而且在设计时还要考虑时钟信号对触发器的作用,即:需要确认时钟源的触发边沿与触发器的翻转时刻相吻合。因此,在设计异步计数器时,要将各触发器的时钟信号源单独加以考虑。可以这样说,**确定各触发器的时钟源是异步式计数器与同步式计数器在设计步骤上的最大差别,也是异步计数器的设计关键之所在。**

还是通过例题来说明阻塞反馈式异步计数器的设计方法和步骤。

【例 7.34】 设计一个"8421BCD 码"的十进制减法计数器。用阻塞反馈式异步时序电路实现之。要求采用 D 触发器。

解:(1) 建立原始状态图。按照"8421BCD 码"的减法顺序建立计数器的原始状态图如图 7.111 所示。其中的输出信号 C 是减法计数器的"借位"信号。

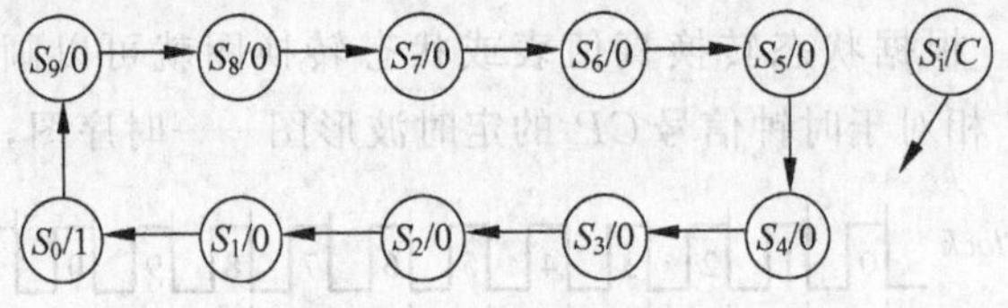

图 7.111 例 7.34 8421BCD 码减法计数器的原始状态图

(2) 确定触发器个数与状态编码。因为计数器有 10 个有效状态,所以需要触发器的个数为:$k=[\log_2 10]+1=4$。又因为该计数器是减法计数器,所以状态编码的转换顺序应该是按二进制数的递减方向。图 7.112 所示为计数器的原始编码状态图。

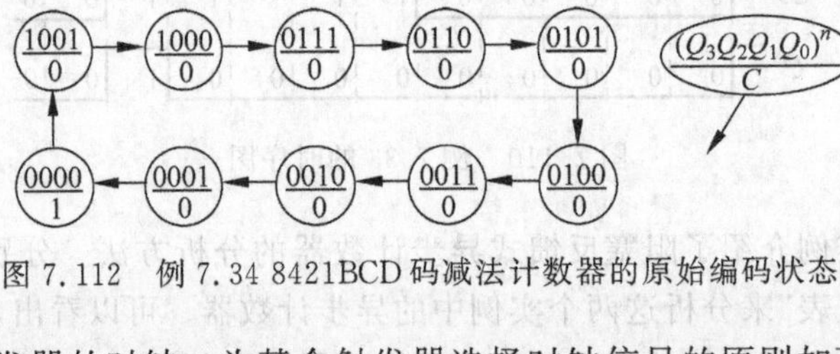

图 7.112 例 7.34 8421BCD 码减法计数器的原始编码状态图

(3) 选择各触发器的时钟。为某个触发器选择时钟信号的原则如下:

① 在该触发器的状态需要翻转时,所选的时钟信号能够提供触发器翻转所需要的有效触发边沿(上升沿或下降沿);

② 在满足原则①的前提下,所选的时钟信号的有效触发沿越少越好。

原则①的目的容易理解,而原则②的目的则是为了尽量地简化驱动方程。

按照上述两条原则,为异步计数器的各位触发器选择时钟信号的通常做法是:

• 以计数脉冲(外时钟信号)CP 作为输出信号中含有跳变沿(上升沿和下降沿)最多的那个触发器的时钟信号。

• 除了以 CP 作为时钟信号的那个触发器以外,异步计数器的其他各位触发器时钟信号的确定方法是：选择一个满足原则①的触发器输出信号作为本位触发器的时钟信号。

- 如果有多个满足原则①的触发器输出信号可供用作本位触发器的时钟信号，则要选择那个含有有效跳变沿最少的触发器输出信号作为本位触发器的时钟信号。显而易见，这样做的目的是为了满足原则②。
- 若找不到满足原则①的触发器输出信号来作本位触发器的时钟信号，则只能选择外时钟信号 CP 作为本位触发器的时钟信号。

为了确定 $CK_0 \sim CK_3$ 的信号来源，首先列出该异步计数器的态序表，如表 7.47 所示。在表中还同时列出了各触发器输出信号 Q_i^n $(i=0\sim3)$ 的上升沿和下降沿的位置以及外时钟信号 CP 的上升沿位置。例如：Q_3^n 在第 9 行是 0 而在第 0 行是 1，所以计数器的状态从 0000 变到 1001 时，在 Q_3^n 上出现了上升沿。因此在"Q_3^n 列"的第 0 行上标以符号"↑"。同理，在"Q_3^n 列"的第 2 行上则标以符号"↓"。另外，在时钟信号 CP 的每一个上升沿到来时，计数器的状态都要翻转一次，所以在表 7.47 的"CP 列"上的每一行都标上了符号"↑"。

表 7.47　例 7.34 计数器态序表

No.	Q_3^n Q_2^n Q_1^n Q_0^n	Q_3^n	Q_2^n	Q_1^n	Q_0^n	CP
0	1 0 0 1	↑			↑	↑
1	1 0 0 0				↓	↑
2	0 1 1 1	↓	↑	↑	↑	↑
3	0 1 1 0				↓	↑
4	0 1 0 1			↓	↑	↑
5	0 1 0 0				↓	↑
6	0 0 1 1		↓	↑	↑	↑
7	0 0 1 0				↓	↑
8	0 0 0 1			↓	↑	↑
9	0 0 0 0				↓	↑

从表 7.47 中可以看出，含有跳变沿（上升沿和下降沿）最多的触发器输出信号是 Q_0^n，于是确定 $CK_0=CP$。表中还显示：在 Q_0^n 的每一个翻转时刻，计数脉冲信号 CP 都可以提供触发器翻转所需要的触发上升沿。

再考查 Q_1^n。我们发现，在 Q_1^n 的每一个翻转时刻（上升沿和下降沿），输出信号 Q_0^n 都可以提供 Q_1^n 翻转所需的触发时钟上升沿，而 Q_2^n、Q_3^n 则不能，所以令 $CK_1=Q_0^n$。

同样，在 Q_2^n 的每一个翻转时刻，Q_3^n 不能提供触发器翻转所需要的时钟上升沿而 Q_1^n 和 Q_0^n 却都能够提供这样的上升沿。但是由于信号 Q_1^n 所含的上升沿比 Q_0^n 信号所含的上升沿要少，所以选择 Q_1^n 作为 2 号触发器的时钟信号，即：$CK_2=Q_1^n$。

最后考查 Q_3^n。我们发现，无论是 Q_2^n 还是 Q_1^n 都不能提供 Q_3^n 翻转所需的时钟上升沿。只有信号 Q_0^n 才能在 Q_3^n 翻转的时刻向触发器提供时钟上升沿，因此令 $CK_3=Q_0^n$。

这样，就确定了异步计数器的时钟方程：

$$CK_0=CP,\quad CK_1=Q_0^n,\quad CK_2=Q_1^n,\quad CK_3=Q_0^n$$

(4) 列写状态转换驱动表。根据原始编码状态图可列写状态转换驱动表。异步计数器驱动表的列写方法与同步计数器类似，但是要增加一个时钟栏，而且时钟栏要与对应的驱动信号相联系。时钟栏应根据时钟信号是否有效(出现有效的边沿)来填写,若出现有效的时钟跳变沿,则要在时钟栏内相应的行上填写符号"↑"或"↓"。**对于驱动栏的填写,则需要在相应的时钟有效行上,根据原态和次态来设置驱动信号。然而在那些时钟无效的行上,则因为时钟无效,故驱动信号可做"随意态"(约束项)来处理。**这样做的目的,是为了进一步化简驱动信号的逻辑表达式。这也就是为什么要选择一个既满足原则①,又尽可能少地含有效触发沿的触发器输出信号来作某个触发器时钟信号的原因。

该异步计数器的状态转换驱动表如表 7.48 所示。

表 7.48 例 7.34 状态转换驱动表

No.	$Q_3^n Q_2^n Q_1^n Q_0^n$	$Q_3^{n+1}\ Q_2^{n+1}\ Q_1^{n+1}\ Q_0^{n+1}$	C	CK_3 Q_0^n ↑	D_3	CK_2 Q_1^n ↑	D_2	CK_1 Q_0^n ↑	D_1	CK_0 CP ↑	D_0
0	0 0 0 0	1 0 0 1	1	↑	1		×	↑	0	↑	1
1	0 0 0 1	0 0 0 0	0		×		×		×	↑	0
2	0 0 1 0	0 0 0 1	0	↑	0		×	↑	0	↑	1
3	0 0 1 1	0 0 1 0	0		×		×		×	↑	0
4	0 1 0 0	0 0 1 1	0	↑	0	↑	0	↑	1	↑	1
5	0 1 0 1	0 1 0 0	0		×		×		×	↑	0
6	0 1 1 0	0 1 0 1	0	↑	0		×	↑	0	↑	1
7	0 1 1 1	0 1 1 0	0		×		×		×	↑	0
8	1 0 0 0	0 1 1 1	0	↑	0	↑	1	↑	1	↑	1
9	1 0 0 1	1 0 0 0	0		×		×		×	↑	0
10	1 0 1 0	× × × ×	×		×		×		×	↑	×
11	1 0 1 1	× × × ×	×		×		×		×	↑	×
12	1 1 0 0	× × × ×	×		×		×		×	↑	×
13	1 1 0 1	× × × ×	×		×		×		×	↑	×
14	1 1 1 0	× × × ×	×		×		×		×	↑	×
15	1 1 1 1	× × × ×	×		×		×		×	↑	×

具体的填表过程如下:

① 按自然二进制数顺序设置现态 $Q_3^n Q_2^n Q_1^n Q_0^n$。

② 按原始编码状态图填写次态 $Q_3^{n+1}\ Q_2^{n+1}\ Q_1^{n+1}\ Q_0^{n+1}$ 和输出 C,无效状态的次态和输出按"约束项"处理。

③ 因为 CP 在每一行上都有效,所以**按同步计数器设计的方法填写以计数脉冲 CP 为时钟的触发器驱动信号**,于是 0 号触发器的驱动信号 D_0,将按照 Q_0^n 转换到 Q_0^{n+1} 的要求来填写。

④ 因为 $CK_1=CK_3=Q_0^n$ 且上升沿有效,所以它们只有在 $Q_0^n=0$ 而 $Q_0^{n+1}=1$ 的行上有效,即:应该在 No.0、2、4、6、8 行的 CK_1 和 CK_3 栏内填写符号"↑"。

⑤ 填写 1、3 号触发器的驱动信号——D_1、D_3。在时钟有效行,即:CK_1 和 CK_3 栏内有符号"↑"的各行中,按 Q_1^n、Q_3^n 的原态到次态的转换需要来确定 D_1 和 D_3。当时钟无效时,即:在 CK_1 和 CK_3 栏内无符号"↑"的各行中,D_1、D_3 按"约束项"处理。

⑥ 填写 2 号触发器的驱动信号——D_2。只有在 CK_2 有效,即:$Q_1^n=0$、$Q_1^{n+1}=1$ 的行上(No.4、8)按 Q_2^n 的转换需要来确定 D_2,而其他各行的 D_2 均按"约束项"处理。

(5) 导出逻辑方程组。根据状态转换驱动表可画出驱动信号 D_3、D_2、D_1 和 D_0 以及输

出信号 C 的卡诺图，如图 7.113(a)、(b)、(c)、(d)和(e)所示。

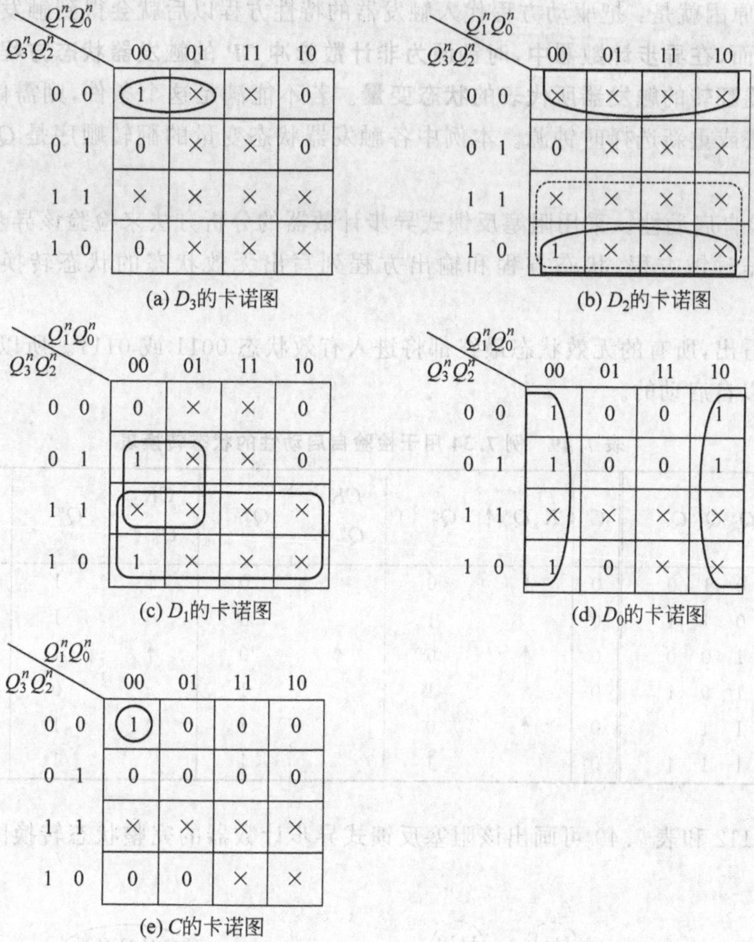

图 7.113　例 7.34 驱动信号 D_3、D_2、D_1 和 D_0 以及输出信号 C 的卡诺图

“圈组合并”这些卡诺图，得到该异步计数器的驱动方程和输出方程如下：

驱动方程：$D_3=\bar{Q}_3^n\bar{Q}_2^n\bar{Q}_1^n=\overline{Q_3^n+Q_2^n+Q_1^n}$

$D_2=\bar{Q}_2^n$

$D_1=Q_3^n+Q_2^n\bar{Q}_1^n$

$D_0=\bar{Q}_0^n$

输出方程：$C=\bar{Q}_3^n\bar{Q}_2^n\bar{Q}_1^n\bar{Q}_0^n$

根据 D 触发器的特性方程 $Q^{n+1}=D$，得到该异步计数器的状态方程如下：

$$Q_3^{n+1}=\bar{Q}_3^n\bar{Q}_2^n\bar{Q}_1^n=\overline{Q_3^n+Q_2^n+Q_1^n},\qquad CK_3=Q_0^n\uparrow$$

$$Q_2^{n+1}=\bar{Q}_2^n,\qquad CK_2=Q_1^n\uparrow$$

$$Q_1^{n+1}=Q_3^n+Q_2^n\bar{Q}_1^n,\qquad CK_1=Q_0^n\uparrow$$

$$Q_0^{n+1}=\bar{Q}_0^n,\qquad CK_0=CP\uparrow$$

需要注意的是，根据图 7.113 中 D_2 的卡诺图，驱动信号 D_2 的表达式既可以是“$D_2=$

$\bar{Q}_2^n$”(如图中的实线卡诺圈),也可以是 $D_2=Q_3^n$(如图中的虚线卡诺圈)。但是,应该选择 $D_2=\bar{Q}_2^n$。其原因就是:把驱动方程代入触发器的特性方程以后就会得到触发器的状态(次态)方程。然而,**在异步计数器中,时钟源为非计数脉冲 *CP* 的触发器状态方程中,不能含有先于本触发器翻转的触发器所代表的状态变量**。若不能满足这个条件,则需修改卡诺图的圈组合并方法或重新选择时钟源。本例中各触发器状态变量的翻转顺序是 Q_0^n、Q_1^n 和 Q_3^n,最后是 Q_2^n。

(6) 检验自启动性。采用阻塞反馈式异步计数器的分析方法来检验该异步计数器的自启动性。根据时钟方程、状态方程和输出方程列写出无效状态的状态转换表如表 7.49 所示。

由此表看出,所有的无效状态最终都将进入有效状态 0011 或 0111。所以说,该异步式计数器是可以自启动的。

表 7.49 例 7.34 用于检验自启动性的状态转换表

No.	$Q_3^n\ Q_2^n\ Q_1^n\ Q_0^n$	C	$CK_3\ Q_0^n\uparrow$	Q_3^{n+1}	CK_2 $Q_1^n\uparrow$	Q_2^{n+1}	CK_1 $Q_0^n\uparrow$	Q_1^{n+1}	CK_0 $CP\uparrow$	Q_0^{n+1}
10	1 0 1 0	0	↑	0		0	↑	1	↑	1
11	1 0 1 1	0		1		0		1	↑	0
12	1 1 0 0	0	↑	0	↑	0	↑	1	↑	1
13	1 1 0 1	0		1		1		0	↑	0
14	1 1 1 0	0	↑	0		1	↑	1	↑	1
15	1 1 1 1	0		1		1		1	↑	0

由图 7.112 和表 7.49 可画出该阻塞反馈式异步计数器的完整状态转换图,如图 7.114 所示。

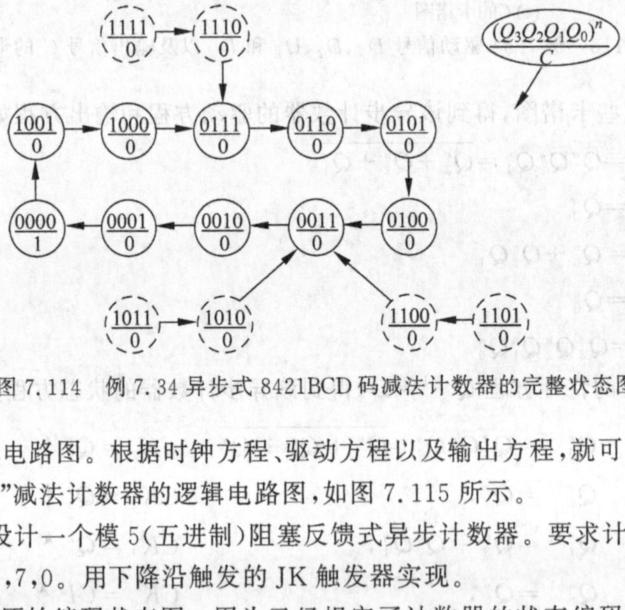

图 7.114 例 7.34 异步式 8421BCD 码减法计数器的完整状态图

(7) 画出逻辑电路图。根据时钟方程、驱动方程以及输出方程,就可以画出阻塞反馈式异步“8421BCD 码”减法计数器的逻辑电路图,如图 7.115 所示。

【例 7.35】 设计一个模 5(五进制)阻塞反馈式异步计数器。要求计数器状态编码的转换顺序为 0,1,4,5,7,0。用下降沿触发的 JK 触发器实现。

解:(1) 建立原始编码状态图。因为已经规定了计数器的状态编码以及编码的转换顺

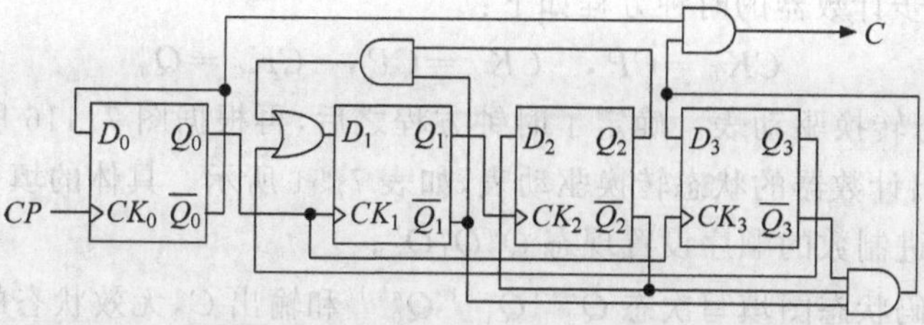

图 7.115 例 7.34 阻塞反馈式异步 8421BCD 码减法计数器的逻辑电路图

序，所以没有必要再进行状态分配。按题意直接建立原始编码状态图，如图 7.116 所示。注意：此时输出信号 C 仍然是五进制计数器的“进位”信号，而且假设状态“111”是最后一个计数状态，故 C 在此状态下有效而在其他状态下均无效。

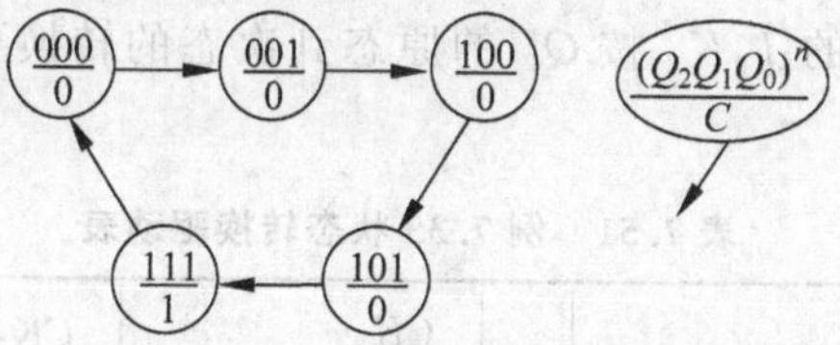

图 7.116 例 7.35 异步五进制计数器的原始编码状态图

(2) 确定触发器的个数。因为模 5 计数器有 5 个有效状态，所以需要 3 个触发器，即：$k=[\log_2 5]+1=3$。

(3) 选择各触发器的时钟信号源。按照前述的选择时钟信号源的两原则来确定 $CK_0\sim CK_2$ 的信号来源。为此，首先列出该异步计数器的态序表，如表 7.50 所示。表中同样还列出了各触发器输出信号的上升沿和下降沿的位置以及外时钟信号 CP 的下降沿位置。

表 7.50 例 7.35 计数器态序表

No.	Q_2^n	Q_1^n	Q_0^n	Q_2^n	Q_1^n	Q_0^n	CP
0	0	0	0	↓	↓	↓	↓
1	0	0	1			↑	↓
2	1	0	0	↑		↓	↓
3	1	0	1			↑	↓
4	1	1	1		↑		↓

表 7.50 显示，Q_0^n 所含有的跳变沿(上升沿和下降沿)最多，因此选择计数脉冲 CP 作为 0 号触发器的时钟信号，即：确定 $CK_0=CP$。

再看 Q_1^n，我们发现在 Q_1^n 的每一个翻转时刻(上升沿和下降沿)，触发器输出信号 Q_0^n 和 Q_2^n 都不能为 Q_1^n 的翻转提供所需要的触发时钟下降沿，所以只好再一次选择计数脉冲 CP 作为 1 号触发器的时钟信号，即令 $CK_1=CP$。

最后再看一下 Q_2^n。在 Q_2^n 的每一个翻转时刻，Q_1^n 不能提供触发器翻转所需要的时钟下降沿，但是 Q_0^n 却可以提供这样的下降沿。所以选择 Q_0^n 作为 2 号触发器的时钟信号，即：$CK_2=Q_0^n$。

于是，得到异步计数器的时钟方程如下：

$$CK_0 = CP,\quad CK_1 = CP,\quad CK_2 = Q_0^n$$

（4）列写状态转换驱动表。确定了时钟方程之后，再根据图 7.116 所示的原始编码状态图就可以列写出计数器的状态转换驱动表，如表 7.51 所示。具体的填表过程如下：

① 按自然二进制数的顺序设置现态 $Q_2^nQ_1^nQ_0^n$；

② 按原始编码状态图填写次态 $Q_2^{n+1}\ Q_1^{n+1}\ Q_0^{n+1}$ 和输出 C，无效状态的次态和输出均按“约束项”处理；

③ 因为 $CK_0 = CK_1 = CP$ 在每一行上都有效，所以按同步计数器设计的方法填写 0 号、1 号触发器的驱动信号 J_0K_0、J_1K_1；

④ 因为 $CK_2 = Q_0^n$ 且下降沿有效，所以 CK_2 栏只有在 $Q_0^n = 1$ 而 $Q_0^{n+1} = 0$ 的行上有效，即：应该在 No.1、7 两行的 CK_2 栏内填写符号“↓”；

⑤ 在 No.1、7 两行上的 J_2K_2 按 Q_2^n 的原态到次态的转换要求来填写，而其他各行上的 J_2K_2 按“约束项”处理。

表 7.51　例 7.35 状态转换驱动表

No.	Q_2^n	Q_1^n	Q_0^n	Q_2^{n+1}	Q_1^{n+1}	Q_0^{n+1}	C	CK_2 Q_0^n↓	$J_2\ K_2$	CK_1 CP↓	$J_1\ K_1$	CK_0 CP↓	$J_0\ K_0$
0	0	0	0	0	0	1	0		× ×	↓	0 ×	↓	1 ×
1	0	0	1	1	0	0	0	↓	1 ×	↓	0 ×	↓	× 1
2	0	1	0	×	×	×	×		× ×	↓	× ×	↓	× ×
3	0	1	1	×	×	×	×		× ×	↓	× ×	↓	× ×
4	1	0	0	1	0	1	0		× ×	↓	0 ×	↓	1 ×
5	1	0	1	1	1	0	0		× ×	↓	1 ×	↓	× 0
6	1	1	0	×	×	×	×		× ×	↓	× ×	↓	× ×
7	1	1	1	0	0	0	1	↓	× 1	↓	× 1	↓	× 1

（5）导出逻辑方程组。观察表 7.51 所示的状态转换驱动表，我们发现，如果将全部的“约束项”看作 1，则 J_2、K_2、K_1 和 J_0 的表达式应为 1，即：$J_2 = K_2 = K_1 = J_0 = 1$。所以只需画出驱动信号 J_1、K_0 和输出信号 C 的卡诺图，如图 7.117 所示。

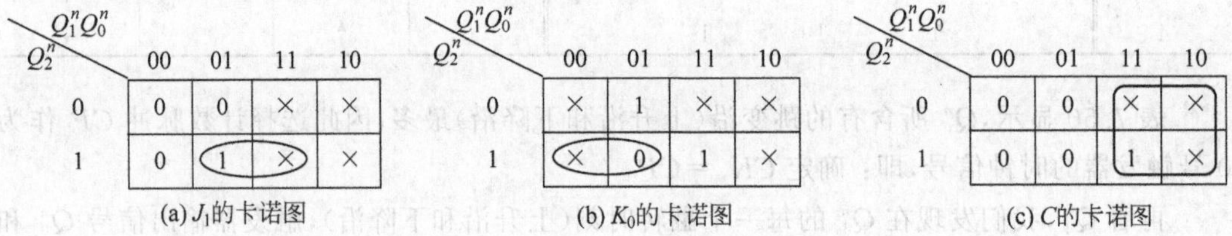

(a) J_1的卡诺图　(b) K_0的卡诺图　(c) C的卡诺图

图 7.117　例 7.35 驱动信号 J_1、K_0 和输出信号 C 的卡诺图

“圈组合并”这些卡诺图，再结合上面已经得到的部分驱动信号表达式，于是就导出该异步计数器的驱动方程和输出方程如下：

驱动方程：$J_2 = 1, K_2 = 1$

$$J_1 = Q_2^nQ_0^n, K_1 = 1$$

$J_0=1, K_0=\bar{Q}_2^n+Q_1^n$

输出方程：$C=Q_1^n$

再根据 JK 触发器的特性方程 $Q^{n+1}=J\bar{Q}^n+\bar{K}Q^n$，于是又得到该异步计数器的状态方程如下：

$$Q_2^{n+1}=\bar{Q}_2^n, \qquad CK_2=Q_0^n\downarrow$$

$$Q_1^{n+1}=Q_2^n\bar{Q}_1^nQ_0^n, \qquad CK_1=CP\downarrow$$

$$Q_0^{n+1}=\bar{Q}_0^n+Q_2^n\bar{Q}_1^nQ_0^n=\bar{Q}_0^n+Q_2^n\bar{Q}_1^n, \qquad CK_0=CP\downarrow$$

(6) 检验自启动性。根据时钟方程、状态方程和输出方程列写出无效状态的状态转换表如表 7.52 所示。

表 7.52　例 7.35 用于检验自启动性的状态转换表

No.	Q_2^n Q_1^n Q_0^n	C	CK_2 $Q_0^n\downarrow$	Q_2^{n+1}	CK_1 $CP\downarrow$	Q_1^{n+1}	CK_0 $CP\downarrow$	Q_0^{n+1}
2	0　1　0	1		0	↓	0	↓	1
3	0　1　1	1	↓	1	↓	0	↓	0
6	1　1　0	1		1	↓	0	↓	1

由表 7.52 看出，所有的无效状态最终都将进入有效的状态循环中。因此所设计的异步计数器可以自启动。

结合表 7.52 和图 7.116，可画出完整的状态转换图，如图 7.118 所示。

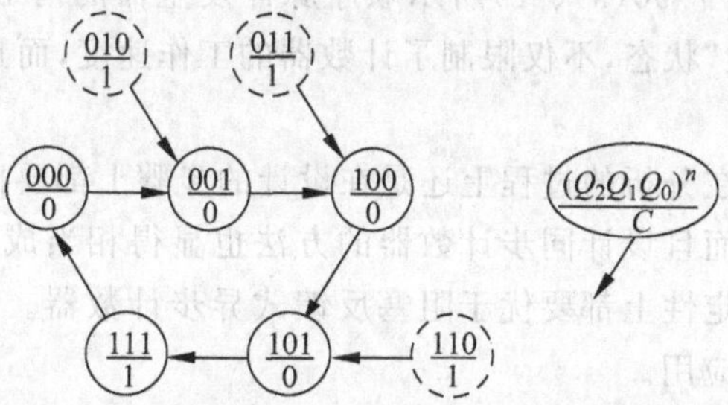

图 7.118　例 7.35 异步式五进制计数器的完整状态转换图

上述完整的状态转换图清楚地表明，我们所设计的这个阻塞反馈式异步五进制计数器是可以自启动的。

(7) 画出异步计数器的逻辑电路图。有了异步计数器的时钟方程、输出方程和驱动方程，就可以画出该异步计数器的逻辑电路图，如图 7.119 所示。

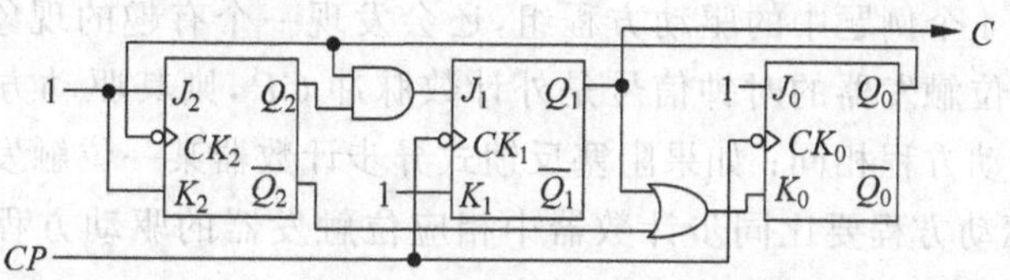

图 7.119　例 7.35 阻塞反馈式异步模 5 计数器的逻辑电路图

以上介绍了阻塞反馈式异步计数器的分析和设计方法，通过实例说明了分析、设计这类计数器的具体步骤。

可以看出，无论是分析电路的过程还是设计电路的步骤，阻塞反馈式异步计数器比起同步计数器都要显得更复杂一些。出现这种情况的原因就是：同步计数器中有一个统一的时钟——外部计数脉冲 CP 去控制所有的触发器同时翻转，所以在分析和设计同步计数器时，并不把时钟信号单独作为一个外输入信号来考虑，而是只将它作为一个时间基准。外时钟信号 CP 在分析和设计的过程中是不出现的。然而异步计数器里则没有这样一个统一的时钟信号，异步计数器中各触发器的时钟来源是不一样的。因此在分析和设计异步计数器时，需要单独地考虑每一个触发器的时钟源。各触发器的状态方程只有在其所对应的时钟信号有效时才有效。虽然外部计数脉冲 CP 也作为异步计数器的时间基准信号，但它同时也是异步计数器中某些触发器的时钟信号源。因此，异步计数器的分析、设计过程比同步计数器复杂也就不奇怪了。

另外，同步和异步计数器在状态翻转的"持续"时间上也是有重要差别的。同步计数器中各触发器的翻转是在同一个时钟的作用下同时完成的。尽管由于各个触发器翻转时间的差异，而使得计数器在状态转换的瞬间会出现所谓的"过渡性"状态①，但是这个"过渡性"状态的持续时间是很短暂的，在很多情况下可以忽略不计。但是异步计数器的情况就不同了，由于此时各个触发器的时钟源不同，所以在计数器的状态改变时，各触发器的翻转时刻彼此就有先后之差。这样一来，异步计数器在状态转换的瞬间就会出现"较长"时间的、不容忽略的"过渡性"状态。如果后续电路对"过渡性"状态敏感，则还需要采取一些措施来避开这些"过渡性"状态，例如像图 7.90(a)、(c)所示顺序脉冲发生器的情形那样。异步计数器中存在"较长"时间的"过渡性"状态，不仅限制了计数器的工作速度，而且还给电路工作的稳定性带来一些问题②。

同步计数器无论是在分析的过程上还是在设计的步骤上都要比阻塞反馈式异步计数器简单、规范、没有悬念。而且设计同步计数器的方法也显得相当成熟。此外，同步计数器在工作速度上和电路的稳定性上都要优于阻塞反馈式异步计数器。所以在实际工作中，同步计数器获得了更广泛的应用。

也许有的读者会问：既然如此，那我们为什么还要介绍阻塞反馈式异步计数器的分析与设计方法呢？为此，可以分别比较一下例 7.23 和例 7.34 以及例 7.24 和例 7.35 中的驱动方程组。我们发现，同样是设计"8421BCD 码十进制减法计数器"、同样是设计状态及转换顺序相同的"模 5(五进制)计数器"，**在完成相同逻辑功能的前提下，阻塞反馈式异步计数器的驱动方程组比同步计数器的驱动方程组要简单**。这意味着：**在实现同等功能的情况下，异步计数器比同步计数器的成本要低**。

仔细观察上述 4 个例题中的驱动方程组，还会发现一个有趣的现象：若阻塞反馈式异步计数器中的某一位触发器的时钟信号是外计数脉冲 CP，则其驱动方程与同步计数器中相应位触发器的驱动方程相同；如果阻塞反馈式异步计数器某一位触发器的时钟源为非计数脉冲 CP，则其驱动方程要比同步计数器中相应位触发器的驱动方程简单。为什么会出

---

① 这种"过渡性"状态会引起后续的组合电路输出端上出现译码噪声。

② 本书不讨论这方面的问题。

现这种现象？请读者自己思考。

所以，在实际应用中，如果对电路的工作速度要求不高，对计数器的“过渡性”状态不注重，例如将计数器用作分频器，则我们有时宁愿使用异步计数器。例如，商品化的集成电路芯片 74290，其中的五进制计数器就是一个阻塞反馈式异步计数器。

本章小结

本章的主题是时序逻辑电路的分析与设计问题，讨论的重点是同步时序逻辑电路的分析与设计方法。时序电路是数字电路中的另外一大类，而且是非常重要的一类逻辑电路。时序逻辑电路本身又分为两大类，即：同步时序电路和异步时序电路。如果时序电路中所有的触发器（记忆元件）都由一个时钟信号统一控制，则这类时序电路就叫做同步时序电路，否则就是异步时序电路。时序电路与组合逻辑电路的最大不同之处在于：它是具有状态记忆的逻辑电路，它的输出不仅与当时的输入信号有关，而且还与当时的电路状态（即过去的输入信号）有关。同步时序电路是以时钟周期为节拍，按顺序输出响应信号的逻辑电路。在现实应用当中，同步时序电路是应用较多的一类时序电路，因此它也是本章讨论的重点。

为了以一个统一的观点来看待各种各样的同步时序电路，本章特别引入了“同步有限状态机”的概念。任何一个同步时序逻辑电路都可以归结为一个同步有限状态机。按照状态机输出信号特点的不同，同步状态机可分为米里型状态机和摩尔型状态机两大类。如果状态机的输出信号同时是输入信号和状态信号的逻辑函数，则这类状态机就是米里型的；如果状态机的输出信号仅仅是状态信号的逻辑函数，则这类状态机就是摩尔型的。本章介绍了 5 种描述同步时序电路（状态机）的方法，分别是：逻辑方程组，包括输出方程组、驱动方程组和状态方程组；状态转换图；状态转换表；逻辑图和波形图。

分析同步时序电路（状态机）的基本步骤大致是：

① 确定电路类型，即：是米里型还是摩尔型，明确电路的输入、输出和状态信号；

② 由逻辑图写出电路的输出方程组、驱动方程组和状态方程组；

③ 根据 3 组逻辑方程列出完整的状态转换表；

④ 根据状态转换表画出完整的状态转换图；

⑤ 根据状态图的特点判断电路的逻辑功能；

⑥ 画出电路的时序图；

⑦ 若给定了电路的输入信号序列，则须求出电路的输出响应信号序列。在实际应用中，这些步骤不是一成不变的，可根据情况颠倒某些步骤的次序并有所取舍。

设计同步时序电路（状态机）的基本步骤大致是：

① 根据实际问题的文字描述进行逻辑抽象，建立原始的状态转换图和状态转换/输出表。

② 化简原始状态图（表），去掉多余的状态以得到最简的状态图（表）。

③ 对原始状态图（表）中的各个状态，进行“状态分配”或“状态编码”，同时也确定了所需触发器的个数，它与状态的个数有关。

④ 选择所用触发器的类型（例如：JK、D 等）。

⑤ 利用“驱动表法”或“次态卡诺图法”导出欲设计时序电路的逻辑方程组——输出方

程组、驱动方程组、状态方程组。

⑥ 检验时序电路的自启动性，若电路不能自启动则需返回第⑤步修改设计。根据最后确定的设计画出完整的状态转换图。

⑦ 按照最终得到的逻辑方程组，画出所设计时序电路的逻辑图。

这些步骤只是设计同步时序电路的一般步骤，它们不是一成不变的。在设计时序电路的实践中，有些步骤是可以省略的。

常用同步时序逻辑电路的分析与设计是以同步状态机的分析与设计为基础的。同步计数器/分频器实际上就是一个无外输入信号的摩尔型状态机，它的输出信号直接来自于状态信号。所以它是一种无外输入信号、无输出组合逻辑的摩尔型状态机。移存型计数器也是一个无外输入信号、无输出组合逻辑的摩尔型状态机。它的特殊之处在于：除了第0级触发器之外，所有的触发器的驱动方程均已确定——$D_i=Q_{i-1}^n(i=1\sim n-1)$。因此设计移存型计数器时，只需设计第0级触发器的驱动方程就够了。至于同步序列信号发生器，则不论是顺序脉冲发生器还是一般序列信号发生器，它们的构成方式无外乎3种类型，即：状态编码(直接逻辑)型计数器、状态解码(间接逻辑)型计数器和移存型计数器。它们都是典型的无外输入信号的摩尔型状态机。

阻塞反馈式异步计数器是一种应用较多的异步时序电路。尽管这种异步式计数器在速度方面不如同步式计数器，但是在完成相同的逻辑功能的前提下，阻塞反馈式异步计数器的结构较之同步计数器要简单。由于是异步时序电路，所以分析和设计阻塞反馈式异步计数器的过程较之同步计数器要复杂一些。最主要的不同之处在于：对于同步计数器，由于时钟信号是统一的，所以在分析和设计的过程中不把时钟信号单独作为输入信号来考虑；而对于异步计数器，则要将时钟信号作为输入信号而单独考虑，要顾及到各触发器的时钟信号来源和它们的触发边沿。

本章习题

7-1 数字逻辑电路分几类？时序逻辑电路分为几类？它们各有什么特点？

7-2 同步时序电路的结构和特点是什么？它是如何运行的？时钟在同步时序电路中的作用是什么？

7-3 什么叫作同步状态机？米里型状态机和摩尔型状态机的主要不同点是什么？

7-4 描述同步时序逻辑电路(状态机)的方法有哪些？与描述组合电路的各种方法相比较，它们之间有什么相同、相似或不同点？

7-5 试分别画出米里型状态机和摩尔型状态机的结构框图。

7-6 试写出描述同步时序逻辑电路(状态机)的各逻辑方程组的一般表达式。

7-7 分析图题7-7中各状态机(时序)电路。要求：

(1) 指出状态机的类型；

(2) 写出状态机的3组逻辑方程；

(3) 列出卡诺图形式的状态转换表；

(4) 画出状态转换图；

(5) 根据所给定的输入序列 X，画出 CP、X、Q 和 Z 的波形图。

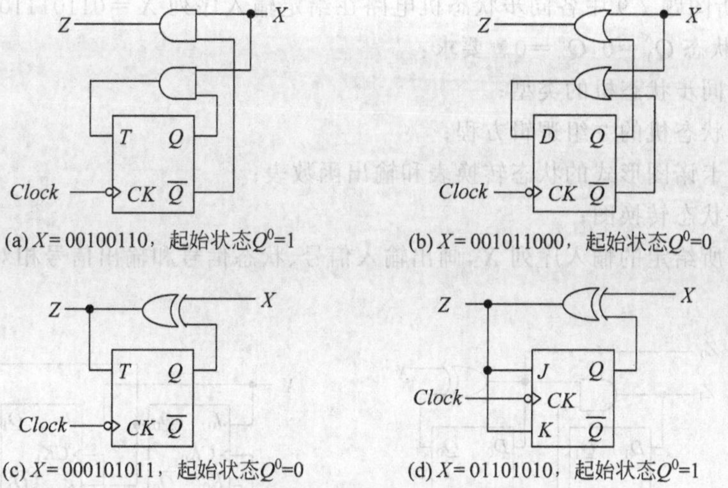

图题 7-7　状态机电路

7-8　试分析图题 7-8 中各同步状态机(时序)电路。要求：

(1) 指出同步状态机的类型；

(2) 写出状态机的 3 组逻辑方程；

(3) 列出卡诺图形式的状态转换表和输出函数表；

(4) 画出状态转换图。

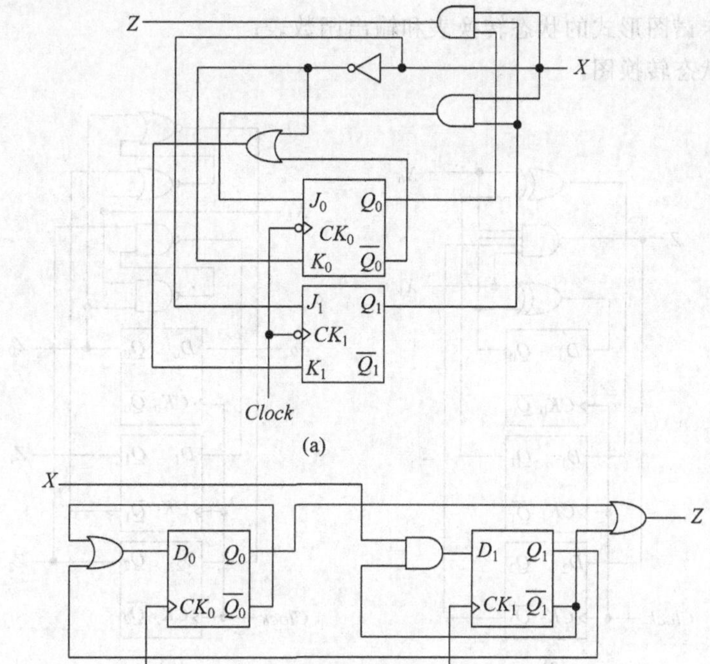

图题 7-8　同步状态机电路(一)

7-9　分析图题 7-9 中各同步状态机电路在给定输入序列 $X=0110111010$ 时的输出序列，假设起始状态 $Q_1^0=0, Q_0^0=0$。要求：

(1) 指出同步状态机的类型；

(2) 写出状态机的 3 组逻辑方程；

(3) 列出卡诺图形式的状态转换表和输出函数表；

(4) 画出状态转换图；

(5) 根据所给定的输入序列 X，画出输入信号、状态信号和输出信号相对于时钟的定时波形图。

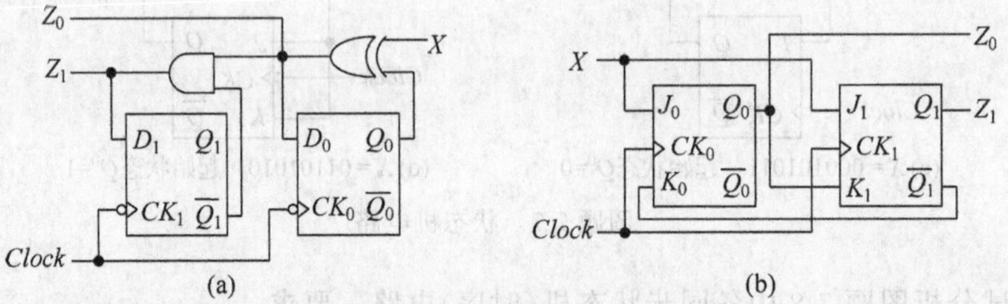

图题 7-9　同步状态机电路(二)

7-10　试分析图题 7-10 中各同步状态机电路。要求：

(1) 指出同步状态机的类型；

(2) 写出状态机的 3 组逻辑方程；

(3) 列出卡诺图形式的状态转换表和输出函数表；

(4) 画出状态转换图。

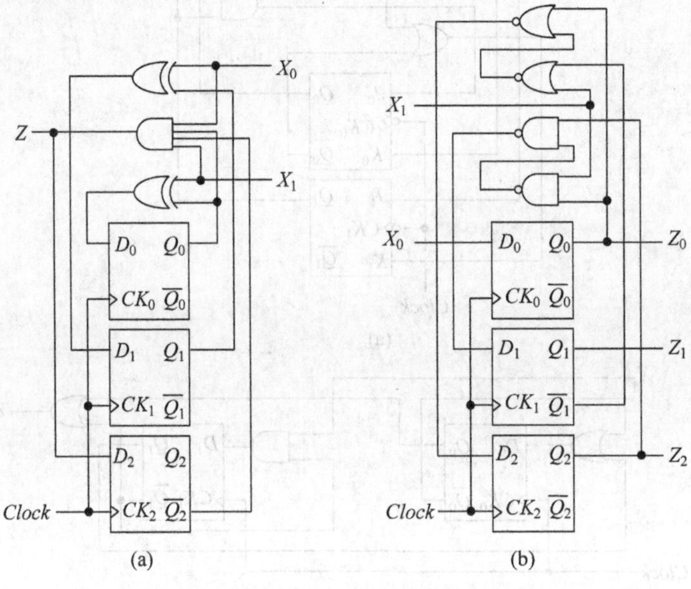

图题 7-10　同步状态机电路(三)

7-11 图题 7-11 是一个序列探测器，试分析其逻辑功能，指出状态机的类型。求在输入序列 $X=1011111001110$ 的情况下的输出序列 Z（设 Q_1Q_0 的初始状态为 00）。

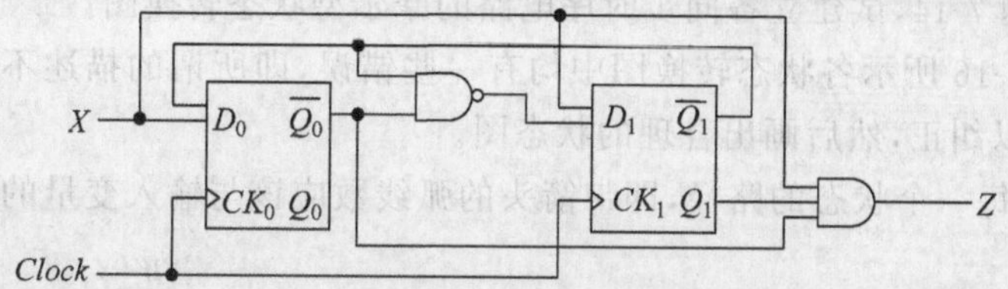

图题 7-11 序列探测器

7-12 某同步时序电路的逻辑方程如下：

驱动方程：$T_1=X\oplus Q_0^n, T_0=X\overline{Q_1^n}$

输出方程：$Z=X\overline{Q_1^n}$

要求：

(1) 画出同步时序电路的逻辑图，这是什么类型的状态机？

(2) 画出该电路的状态转换图。

7-13 给定同步时序电路的逻辑方程如下：

驱动方程：$D_1=X+Q_1^n+Q_0^n, D_0=\overline{X}\oplus Q_0^n$

输出方程：$Z=X\overline{Q_1^n}Q_0^n$

要求：

(1) 画出此电路的逻辑图，这是什么类型的状态机？

(2) 列出卡诺图形式的状态转换表，画出状态转换图。

7-14 以下是 4 个同步时序电路的文字描述，试建立这些同步时序电路的米里型状态转换图。每个时序电路均有一个输入端 X 和一个输出端 Z。

(1) 第一个电路是当其输入端 X 上连续出现两个逻辑 1 时，该电路的输出端 Z 必产生一个逻辑 1，即 $Z=1$。在此连续两个逻辑 1 之后的输入信号将复位输出端到逻辑 0。例如：

$$X=01100111110$$
$$Z=00100010100$$

(2) 第二个电路必须能够检测输入序列 101，当该序列的最后一个 1 出现时产生输出 $Z=1$。在 101 序列出现之后的下一个时钟脉冲将复位输出端到逻辑 0。两个 101 序列可以重叠。例如：

$$X=010101101$$
$$Z=000101001$$

(3) 重复题 7-14(2)，但是不允许两个序列重叠。例如：

$$X=010101101$$
$$Z=000100001$$

(4) 第四个电路可检测一个 01 序列。该序列可使输出端置位成 $Z=1$。在此之后，输出端只能被一个 00 输入序列所复位。在所有其他情况下，$Z=0$。例如：

$$X = 010100100$$
$$Z = 011110110$$

7-15　重复题 7-14，试建立各同步时序电路的摩尔型状态转换图。

7-16　图题 7-16 所示各状态转换图中均有一些错误，即所谓的描述不确切之处。试找出这些错误并加以纠正，然后画出合理的状态图。

（提示：离开每一个状态的路径，即带箭头的弧线数应该与输入变量的组合数相对应。）

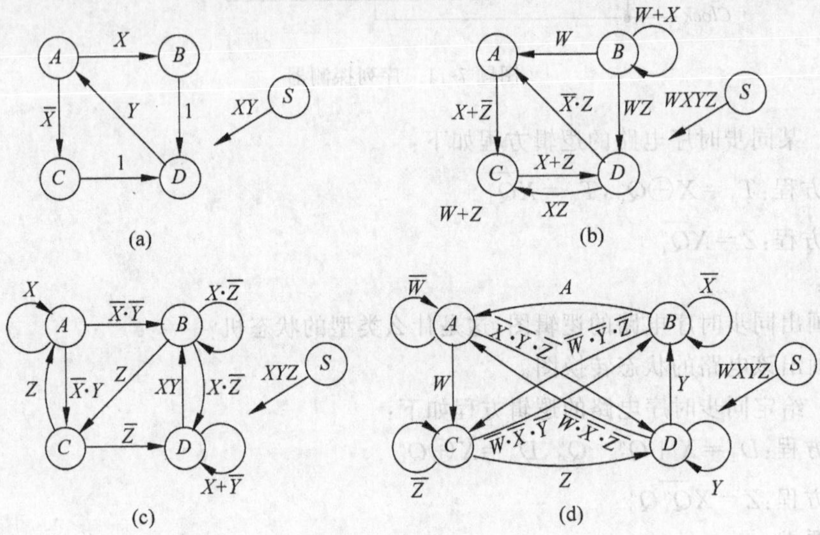

图题 7-16　状态转换图

7-17　如果可能，用观察法对题 7-14 中所建立起来的各同步时序电路的状态转换图进行化简。

7-18　如果可能，用观察法对题 7-15 中所建立起来的各同步时序电路的状态转换图进行化简。

7-19　找出表题 7-19 所描述的同步时序电路的最简状态转换表。

（1）用观察法；

（2）用隐含表法。

表题 7-19　状态转换表（一）

S^n \ X	0	1
S_0	$S_1/0$	$S_0/1$
S_1	$S_2/0$	$S_0/0$
S_2	$S_2/0$	$S_1/0$
S_3	$S_4/0$	$S_3/1$
S_4	$S_2/0$	$S_3/0$

S^{n+1}/Z

7-20 用观察法化简表题 7-20 所示各状态转换表。

表题 7-20 状态转换表(二)

(a)

S^n \ X	0	1
S_0	$S_1/1$	$S_2/0$
S_1	$S_0/1$	$S_2/0$
S_2	$S_3/1$	$S_0/0$
S_3	$S_2/1$	$S_0/1$

S^{n+1}/Z

(b)

S^n \ X	0	1
S_0	$S_0/0$	$S_4/1$
S_1	$S_4/1$	$S_2/0$
S_2	$S_0/1$	$S_3/1$
S_3	$S_5/0$	$S_6/1$
S_4	$S_1/1$	$S_2/0$
S_5	$S_5/0$	$S_4/1$
S_6	$S_0/1$	$S_3/1$

S^{n+1}/Z

(c)

S^n \ X	00	01	1×
S_0	$S_0/0$	$S_1/1$	$S_4/1$
S_1	$S_1/0$	$S_0/1$	$S_5/1$
S_2	$S_0/1$	$S_3/0$	$S_4/0$
S_3	$S_5/0$	$S_2/1$	$S_0/0$
S_4	$S_0/0$	$S_3/1$	$S_4/1$
S_5	$S_1/0$	$S_3/1$	$S_5/1$

S^{n+1}/Z

7-21 用隐含表法化简表题 7-20 所示各状态转换表。

7-22 找出表题 7-22 所描述的同步时序电路的简化状态转换表。

表题 7-22 状态转换表(三)

S^n \ X	0	1
S_0	$S_1/0$	$S_2/0$
S_1	$S_3/0$	$S_4/0$
S_2	$S_5/0$	$S_6/0$
S_3	$S_0/1$	$S_1/1$
S_4	$S_2/0$	$S_3/0$
S_5	$S_5/0$	$S_6/0$
S_6	$S_1/0$	$S_5/0$

S^{n+1}/Z

7-23 用隐含表法简化表题 7-23 所示状态转换表的状态数量。

表题 7-23 状态转换表(四)

S^n \ X	00	01	1×
S_0	$S_3/1$	$S_2/0$	$S_4/1$
S_1	$S_3/0$	$S_4/0$	$S_2/1$
S_2	$S_0/0$	$S_4/0$	$S_1/1$
S_3	$S_0/1$	$S_1/0$	$S_4/1$
S_4	$S_0/1$	$S_2/0$	$S_1/1$

S^{n+1}/Z

7-24　用"相邻分配"规则为表题 7-24 所描述的同步时序电路进行状态分配。

表题 7-24　状态转换表(五)

S^n \ X	0	1
S_0	$S_1/0$	$S_4/0$
S_1	$S_3/0$	$S_0/1$
S_2	$S_3/1$	$S_0/0$
S_3	$S_1/1$	$S_2/1$
S_4	$S_0/0$	$S_0/0$
	S^{n+1}/Z	

7-25　在规定 S_0 的状态编码为 $Q_2Q_1Q_0=000$ 的前提下，用"相邻分配"规则为表题 7-25 所描述的同步时序电路进行状态分配。

表题 7-25　状态转换表(六)

S^n \ X	0	1
S_0	$S_1/0$	$S_4/0$
S_1	$S_0/1$	$S_2/1$
S_2	$S_1/0$	$S_2/1$
S_3	$S_2/0$	$S_4/0$
S_4	$S_3/1$	$S_0/0$
	S^{n+1}/Z	

7-26　用两个状态变量 $Q_1^nQ_0^n$ 可以为具有 4 个状态的同步状态机进行状态编码分配。状态编码的方案共有 24 个。然而在这 24 个编码方案中，大部分的编码方案是等效的。真正唯一的、互不等效的编码方案只有 3 种，如表题 7-26(b)所示。试分别采用这 3 种互不等效的编码方案，利用次态卡诺图法导出由表题 7-26(a)所定义的状态机的驱动方程和输出方程。请分别使用下面各类触发器实现状态机并选出采用每一类触发器时的"最优编码"方案，这些"最优编码"方案对于各类触发器实现来讲是同一个编码方案吗？

(1) D 触发器；　　(2) JK 触发器；

(3) 钟控 RS 触发器；　　(4) T 触发器。

表题 7-26　状态转换表及状态分配表

(a) 状态转换表

S^n \ X	0	1
S_0	$S_1/0$	$S_3/0$
S_1	$S_2/0$	$S_0/0$
S_2	$S_3/0$	$S_0/0$
S_3	$S_1/1$	$S_2/1$
	S^{n+1}/Z	

(b) 唯一性状态分配方案

S^n \ Q^n	$Q_1^nQ_0^n$(1)	$Q_1^nQ_0^n$(2)	$Q_1^nQ_0^n$(3)
S_0	0　0	0　0	0　0
S_1	0　1	1　1	1　0
S_2	1　1	0　1	0　1
S_3	1　0	1　0	1　1

7-27 重复题 7-26。描述状态机的状态转换表如题表 7-27 所示。

表题 7-27 状态转换表(七)

S^n \ X	0	1
S_0	$S_2/0$	$S_3/0$
S_1	$S_2/0$	$S_0/0$
S_2	$S_1/0$	$S_3/0$
S_3	$S_0/1$	$S_1/1$
	S^{n+1}/Z	

7-28 用米里型状态机并采用 T 触发器,重新设计例 7.8 所述的串行 3 位码"质数"检测器。

表题 7-29 状态转换表(八)

S^n \ X	0	1
S_0	$S_1/0$	$S_2/0$
S_1	$S_3/0$	$S_0/1$
S_2	$S_0/1$	$S_3/0$
S_3	$S_3/1$	$S_1/1$
	S^{n+1}/Z	

7-29 表题 7-29 描述了一个同步时序电路。分别用驱动表法和次态卡诺图法导出电路的逻辑方程组,画出逻辑图。假设用两个状态变量 $Q_1^nQ_0^n$ 表示状态 S^n 且状态分配为:$S_0=00, S_1=01, S_2=11, S_3=10$。试分别用下述各类触发器实现。

(1) D 触发器; (2) JK 触发器;

(3) 钟控 RS 触发器; (4) T 触发器。

表题 7-30 状态转换表(九)

S^n \ X	0	1
S_0	$S_1/0$	$S_3/0$
S_1	$S_2/0$	$S_0/0$
S_2	$S_3/0$	$S_1/0$
S_3	$S_0/1$	$S_2/1$
	S^{n+1}/Z	

7-30 表题 7-30 定义了一个同步状态机。分别用驱动表法和次态卡诺图法导出该状态机的逻辑方程组,画出逻辑图。假设用两个状态变量 $Q_1^nQ_0^n$ 表示状态 S^n 且状态分配为:$S_0=00, S_1=01, S_2=10, S_3=11$。试分别用下述各类触发器实现。

(1) JK 触发器; (2) T 触发器;

(3) D 触发器。

表题 7-31 状态转换表/输出函数表

S^n \ X	0	1	Z
S_0	S_1	S_3	0
S_1	S_2	S_1	0
S_2	S_1	S_0	1
S_3	S_1	S_2	0
	S^{n+1}		

7-31 某同步时序电路的状态转换表和输出函数表如表题 7-31 所示。试用次态卡诺图法并分别采用 D 触发器、T 触发器和 JK 触发器实现。假设用两个状态变量 $Q_1^n Q_0^n$ 表示状态 S^n 且状态分配为：$S_0=00, S_1=01, S_2=11, S_3=10$。要求：

(1) 写出时序电路的逻辑方程组；

(2) 画出该电路的逻辑图。

7-32 同步时序电路的状态转换表如表题 7-32 所示。试用次态卡诺图法并分别采用 D 触发器和 JK 触发器实现，电路要能够自启动。要求：

(1) 写出时序电路的逻辑方程组；

(2) 画出该电路的逻辑图。

表题 7-32 状态转换表(十)

No.	X	Q_2^n	Q_1^n	Q_0^n	Q_2^{n+1}	Q_1^{n+1}	Q_0^{n+1}	Z
0	0	0	0	0	0	0	1	0
1	0	0	0	1	0	0	0	1
2	0	0	1	0	0	0	1	0
3	0	0	1	1	0	1	0	0
4	0	1	0	0	0	1	1	1
5	0	1	0	1		×		×
6	0	1	1	0		×		×
7	0	1	1	1		×		×
8	1	0	0	0	1	0	0	0
9	1	0	0	1	0	1	0	1
10	1	0	1	0	0	1	0	1
11	1	0	1	1	1	0	0	0
12	1	1	0	0	0	0	0	0
13	1	1	0	1		×		×
14	1	1	1	0		×		×
15	1	1	1	1		×		×

7-33 某同步时序电路的状态转换表如表题 7-33(a)所示，状态分配表如表题 7-33(b)所示。试用次态卡诺图法并分别采用 D 触发器和 T 触发器实现该时序电路，电路要能够自启动。要求：

(1) 写出时序电路的逻辑方程组；

(2) 画出该电路的逻辑图。

表题 7-33 状态转换表及状态分配表

(a) 状态转换表

S^n \ X	0	1
S_0	$S_3/0$	$S_2/0$
S_1	$S_4/0$	$S_0/1$
S_2	$S_5/1$	$S_1/0$
S_3	$S_0/1$	$S_5/1$
S_4	$S_2/0$	$S_4/0$
S_5	$S_1/1$	$S_3/1$
	S^{n+1}/Z	

(b) 状态分配表

S^n \ Q^n	Q_2^n	Q_1^n	Q_0^n
S_0	0	0	0
S_1	0	0	1
S_2	0	1	1
S_3	0	1	0
S_4	1	0	0
S_5	1	0	1

7-34 设计一个 011 序列检测器。每当输入 011 码时，对应最后一个输入的 1 电路的输出便为 1。要求：

(1) 采用 D 触发器，用米里型同步状态机实现；

(2) 采用 JK 触发器，用摩尔型同步状态机实现。

7-35 采用 JK 触发器，用摩尔型同步状态机实现一个可重叠的 1111 序列检测（探测）器。将本题的状态图与例 7.7、例 7.10 的状态图相比较，可得出何结论？

7-36 分别用米里型和摩尔型同步状态机设计 1101 序列检测器。求出它的最简状态表和最简状态图。然后再用 T 触发器实现。

(1) 1101 序列不重叠，如：

X：01101101011010

Z：00001000000010

(2) 1101 序列可以重叠，如：

X：01101101011010

Z：00001001000010

7-37 用 JK 触发器，按如图题 7-37 所示时序要求设计一个可逆计数器。图中，M 为“加/减”控制信号，C 和 B 分别为计数器的进位和借位输出信号。

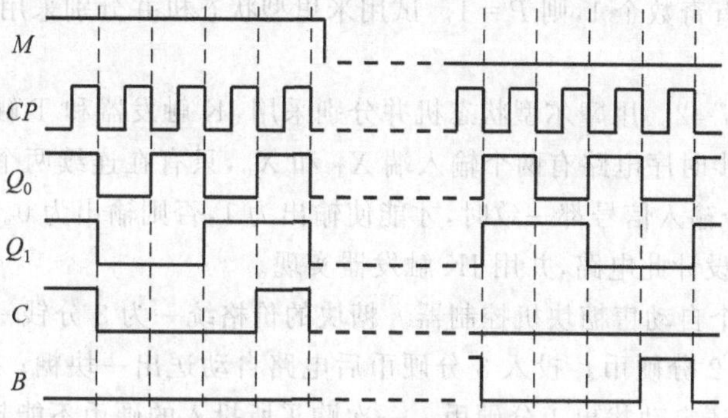

图题 7-37 可递计数器时序

7-38 设计一个 2 位多功能计数器。计数器的功能表如表题 7-38 所示，其中 C_1、C_0 为输入控制信号。用 JK 触发器实现。

表题 7-38 计数器功能表

No.	C_1 C_0	工作模式
0	0 0	模 4 加法计数器
1	0 1	模 4 减法计数器
2	1 0	模 4 格雷码计数器
3	1 1	模 3 计数器(状态顺序：00,01,11)

7-39 用 D 触发器设计一个 3 位计数器/伪随机数发生器。电路有一个控制输入信号 X。当 $X=0$ 时,电路工作于二进制加法计数器模式；否则,电路将工作于伪随机数发生器模式。电路的功能表(状态转换表)如表题 7-39 所示,此电路是哪一种类型的状态机?

表题 7-39 状态转换表(十一)

现态	二进制加法计数器 $X=0$	伪随机数发生器 $X=1$
0	1	0
1	2	4
2	3	5
3	4	1
4	5	2
5	6	6
6	7	7
7	0	3
	次态	

7-40 设计一个串行减法器,它能够执行 $A-B$ 的操作。其中：$A=a_{n-1}\cdots a_1a_0$,$B=b_{n-1}\cdots b_1b_0$。A、B 两个操作数分别按串行方式施加于串行减法器的两个输入端,且以 a_0 和 b_0 为起始位。用米里型状态机并采用 JK 触发器实现。

7-41 重复题 7-40。用摩尔型状态机并采用 D 触发器实现。

7-42 设计一个串行奇偶位产生电路。此电路可接收一个串行比特输入序列并确定序列中含有逻辑 1 的个数是奇数个还是偶数个。如果输入序列中含有偶数个 1,则电路的输出 P 为 0；如果含有奇数个 1,则 $P=1$。试用米里型状态机并分别采用 D 触发器和 T 触发器实现。

7-43 重复题 7-42。用摩尔型状态机并分别采用 JK 触发器和 T 触发器实现。

7-44 一个同步时序电路有两个输入端 X_1 和 X_0,只有在连续两个(或两个以上)时钟脉冲作用期间,两个输入信号都一致时,才能使输出为 1,否则输出为 0。请分别用米里型和摩尔型同步状态机设计此电路,并用 JK 触发器实现。

7-45 设计一个自动售糖块机控制器。糖块的价格统一为 3 分钱一块。投币口每次只能投入一枚 1 分或 2 分硬币。投入 3 分硬币后电路自动送出一块糖；投入 4 分硬币后,则在给出糖块的同时还自动找出 1 分硬币。一次购买所投入的硬币不能超过 4 分钱。分别用米里型和摩尔型同步状态机设计此控制器,再用 D 触发器实现。

7-46 设计一个糖果自动售货机。糖果的价格统一为 20 分钱。售货机只接受 5 分硬币或 10 分硬币。如果投入的硬币超过 20 分,则自动售货机除送出糖果外还要找回零钱。

一次购买所投入的硬币不能超过 25 分钱，所以找回的零钱只能是 5 分硬币。用摩尔型同步状态机设计，采用 D 触发器实现。

7-47 一个同步状态机有两个输入端：INIT 和 X，及一个摩尔型输出端 Z。只要输入 INIT 为 1，则输出 Z 就一直是 0。一旦 INIT 无效(INIT=0)，则输出 Z 就将一直保持 0 电平直到输入 X 在连续两个时钟的有效边沿上出现 0，且又在另外两个连续的时钟有效边沿上出现 1 时为止，在 X 上出现相继两个时钟周期 0 和相继两个时钟周期 1 的次序可以互换。在此之后，输出 Z 变为 1 电平。以后 Z 将一直保持 1 电平直到输入 INIT 再次有效(INIT=1)时为止。要求：

(1) 画出状态转换图，状态图应该是平面的(带箭头的弧线没有交叉)；

(提示：所需状态的个数不超过 10 个。)

(2) 用隐含表法化简状态转换图；

(3) 进行适当的状态分配；

(4) 分别采用 D 触发器、JK 触发器和 T 触发器实现。

7-48 按步骤分析图题 7-48 所示电路的逻辑功能。画出状态信号、输出信号与时钟信号 CP 的同步波形图。

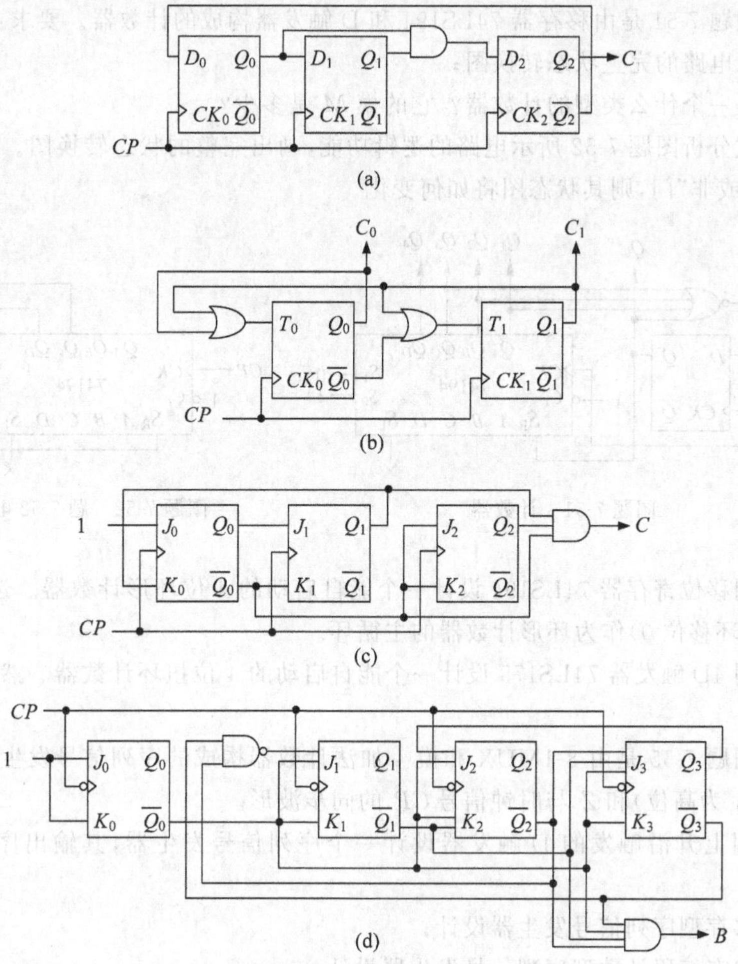

图题 7-48 题 7-48 电路

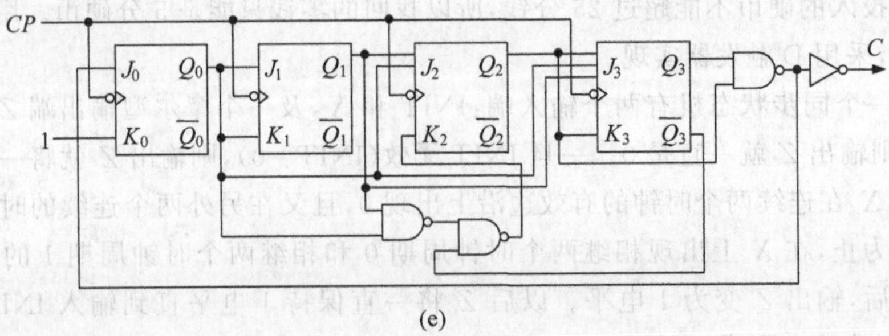

(e)

图题 7-48 (续)

7-49 试用上升沿触发的 D 触发器设计一个模 5 计数器，其计数顺序为 0,1,3,5,6,0。

7-50 设计一个模 7 同步计数器，计数顺序为 0,1,3,2,6,7,5,0。写出完整的设计过程。

(1) 采用下降沿触发的 JK 触发器；

(2) 采用上升沿触发的 D 触发器；

(3) 采用下降沿触发的 T 触发器。

7-51 图题 7-51 是由移存器 74LS194 和 D 触发器构成的计数器。要求：

(1) 画出电路的完整状态转换图；

(2) 这是一个什么类型的计数器？它的模 M 是多少？

7-52 试分析图题 7-52 所示电路的逻辑功能，画出完整的状态转换图。若用“与非”门代替图中的“或非”门，则其状态图将如何变化。

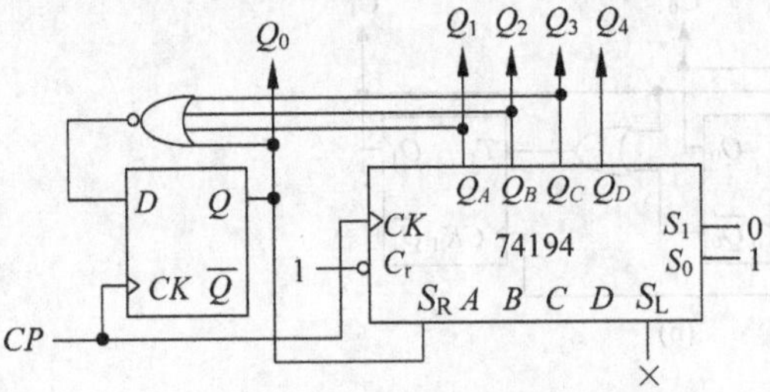

图题 7-51 计数器

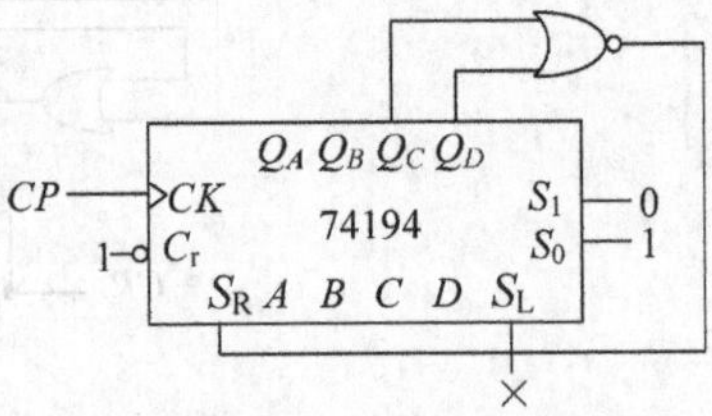

图题 7-52 题 7-52 电路

7-53 用移位寄存器 74LS194 设计一个能自启动的 4 位环形计数器。选择图 7.80 中的循环Ⅱ(循环移位 0)作为环形计数器的主循环。

7-54 用 4D 触发器 74LS175 设计一个能自启动的 4 位扭环计数器。然后把它缩减为模 7 计数器。

7-55 图题 7-55 是由 8-1MUX 和模 4 加法计数器构成的序列信号发生器。试画出信号 Q_1、Q_0(Q_1 为高位)和 Z 与时钟信号 CP 的同步波形。

7-56 用上升沿触发的 D 触发器设计一个序列信号发生器，其输出序列为 101001。要求：

(1) 按移存型序列信号发生器设计；

(2) 按状态编码计数型序列信号发生器设计。

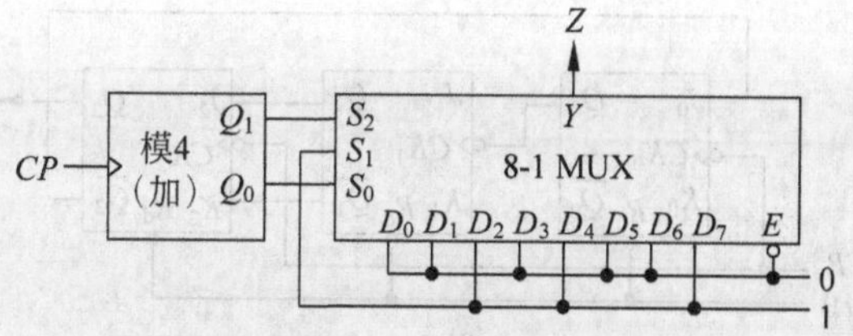

图题 7-55 信号发生器

7-57 图题 7-57 是由 JK 触发器构成的 m 序列信号发生器，试画出其完整的状态图，写出 Q_3 输出序列，并说明其特点。

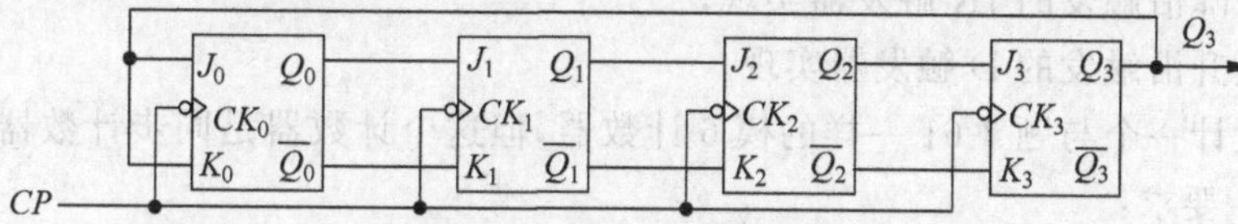

图题 7-57 m 序列信号发生器

7-58 设计一个能自启动的 4 位 m 序列信号发生器。要求：

(1) 用 4D 触发器 74LS175 实现；

(2) 用“串入-并出”移存器 CD4015 实现。

7-59 用下降沿触发的 JK 触发器设计一个序列信号发生器，该发生器能够同时输出如图题 7-59 所示的两个脉冲序列。要求：

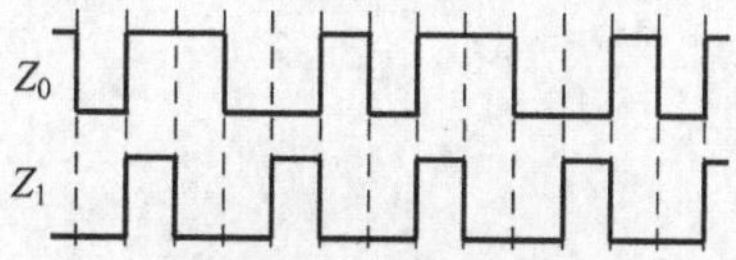

图题 7-59 脉冲序列

(1) 按状态编码计数型序列信号发生器设计；

(2) 按状态解码计数型序列信号发生器设计。

7-60 图题 7-60 所示各电路均为阻塞反馈式模 5 异步计数器。要求：

(1) 写出逻辑方程组；

(2) 列写完整的状态转换表；

(3) 画出完整的状态转换图；

(4) 画出各电路的 Q_2、Q_1、Q_0 与时钟信号 CP 的同步波形图。

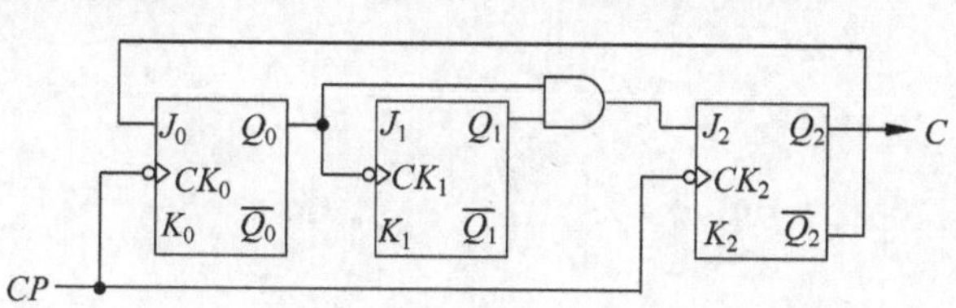

(a)

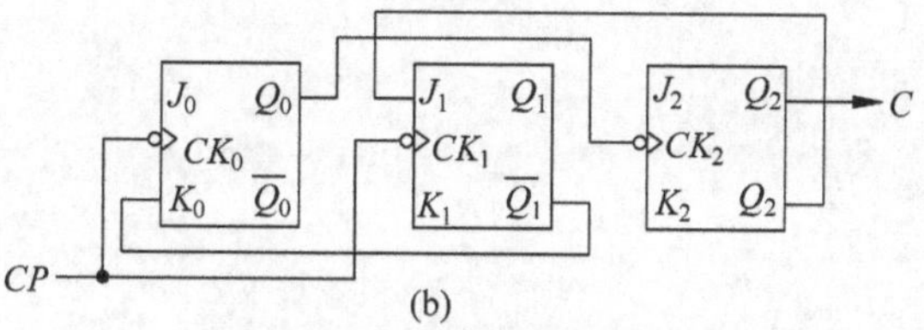

(b)

图题 7-60 题 7-60 电路

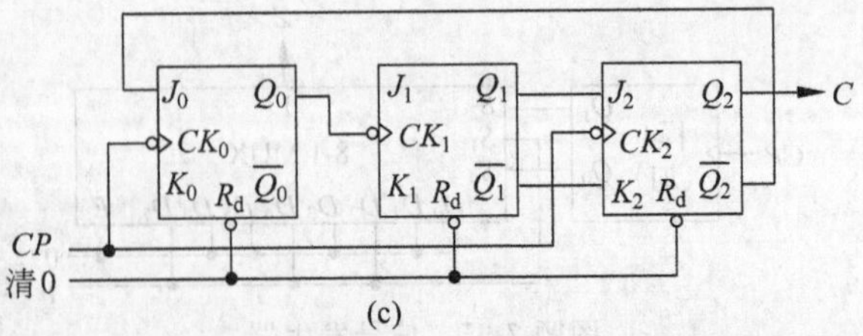

(c)

图题 7-60 （续）

7-61　设计一个阻塞反馈式模 6 减法异步计数器。写出完整的设计过程。要求：

(1) 用下降沿触发的 JK 触发器实现；

(2) 用上升沿触发的 D 触发器实现。

7-62　设计一个与题 7-61 一样的模 6 计数器，但这个计数器是同步计数器。写出完整的设计过程。要求：

(1) 用下降沿触发的 JK 触发器实现；

(2) 用上升沿触发的 D 触发器实现。

比较一下本题的驱动方程和题 7-61 的驱动方程，有何发现？

第8章 脉冲信号的产生和整形

本章主要介绍数字电路中脉冲信号的产生与整形电路。首先介绍连续脉冲信号产生电路，包括环形振荡器、多谐振荡器等；然后介绍两类脉冲信号整形电路：单稳态触发器和施密特触发器；最后介绍555定时器的原理及应用。

8.1 概述

矩形脉冲信号是数字电路中常用的信号，它可以作为时钟信号控制整个电路的工作。通常有两种方式获取矩形脉冲信号：一种是由振荡器直接产生矩形脉冲信号；另一种是将已有的信号进行整形，得到所需的矩形脉冲信号。由于数字电路中常用的是电压信号，因此本章所提到的脉冲信号均为电压脉冲信号。

理想的矩形脉冲信号如图8.1所示，信号由低电平跳变到高电平后再回到低电平称为一个脉冲。在周期性矩形脉冲信号中，两个相邻脉冲之间的时间间隔定义为**脉冲周期(T)**，脉冲周期反映了脉冲信号变化的快慢，其倒数定义为脉冲信号的**频率(f)**。脉冲信号从低电平到高电平之间的电压幅值称为**脉冲幅度(U_m)**。

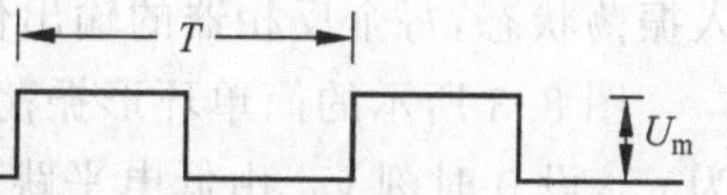

图8.1 理想脉冲信号波形

实际电路中的脉冲信号是非理想的脉冲信号。理想脉冲信号中，无论低电平跳变到高电平还是高电平跳变到低电平都没有延迟，而实际电路中，信号变化是需要时间的，如图8.2所示。高性能的脉冲信号需要信号的上升沿和下降沿尽可能"陡峭"，为描述脉冲信号的"陡峭"程度，定义脉冲信号的上升时间和下降时间如下：

上升时间 T_r——脉冲信号上升沿中从 $0.1U_m$ 上升到 $0.9U_m$ 所需要的时间；

下降时间 T_f——脉冲信号下降沿中从 $0.9U_m$ 下降到 $0.1U_m$ 所需要的时间。

上升时间和下降时间越短，表示矩形脉冲信号的性能越好。

脉冲的持续时间特性由脉冲宽度或占空比描述：

脉冲宽度 T_w——脉冲信号前、后沿分别等于 $0.5U_m$ 时的时间间隔；

占空比 q——脉冲宽度 T_w 与脉冲周期 T 之间的比值，即 $q=T_w/T$。

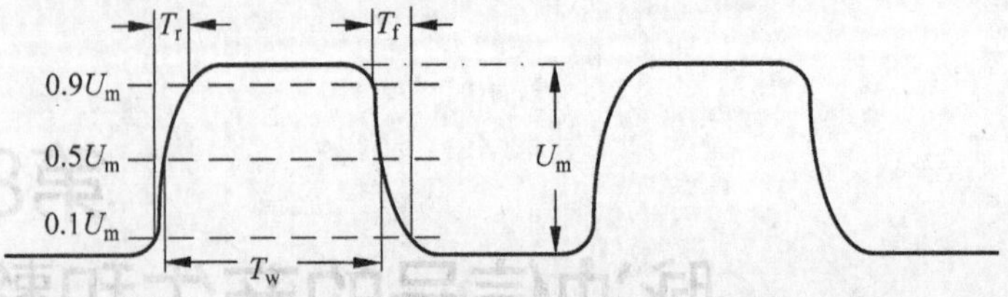

图 8.2　脉冲信号的实际波形

8.2　连续矩形脉冲产生电路

连续矩形脉冲信号主要由振荡器产生，由于矩形脉冲信号中含有丰富的高次谐波，因此产生连续矩形脉冲信号的电路也称为**多谐振荡器**。多谐振荡器没有稳定的状态，只有两个暂稳态，所以又称为**无稳态触发器**。

8.2.1　环形振荡器

利用闭合回路的正反馈可以产生自激振荡。同理，当负反馈信号足够强时，也可以利用闭合回路中的延时负反馈产生自激振荡，环形振荡器就是利用延时负反馈原理产生振荡信号的。

图 8.3 所示为一个基于负反馈原理的最简单的环形振荡器电路，该电路由三个完全相同的反相器首尾相连构成。根据反相器的功能分析可知，该电路不可能稳定地停留在某个状态，因为在静态情况下(假设电路没有振荡)每一个反相器的输出信号都不可能稳定在高电平或者低电平，只能处于高电平和低电平之间，也就是说每个反相器都处于过渡区。此时假设 V_{I1} 处有微小的电压升高，经过 G_1 门放大之后将在 V_{I2} 处产生较大的电压降低，同理，V_{I3} 处将产生更大的电压升高，继而在 V_{I1} 处产生更大的电压降低，以此类推，电路最终将进入振荡状态，每个反相器的输出信号都在高电平和低电平之间重复跳变。

图 8.3 所示的简单环形振荡器的波形图如图 8.4 所示。假定三个反相器的传播延迟均为 t_{pd}，设 0 时刻 V_{I1} 由低电平跳变为高电平，则经过 t_{pd} 延时之后 V_{I2} 将由高电平跳变至低电平，再经过 t_{pd} 延时之后 V_{I3} 将由低电平跳变为高电平，经过第三个 t_{pd} 延时之后，V_{I1} 又由高电平跳变为低电平。根据以上分析很容易得出，三个反相器的输出信号均为周期脉冲信号，脉冲周期等于 $6\times t_{pd}$。

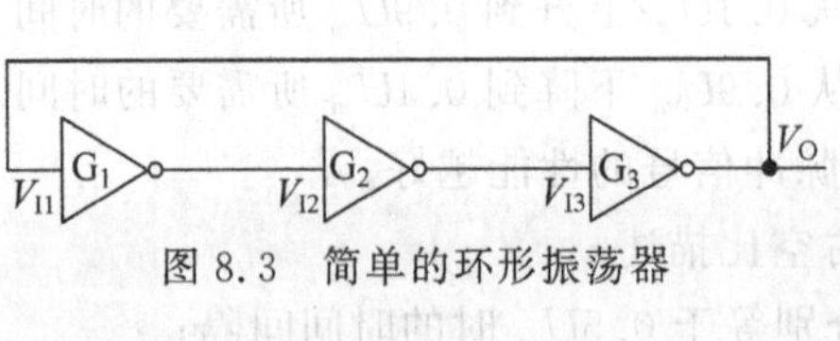

图 8.3　简单的环形振荡器

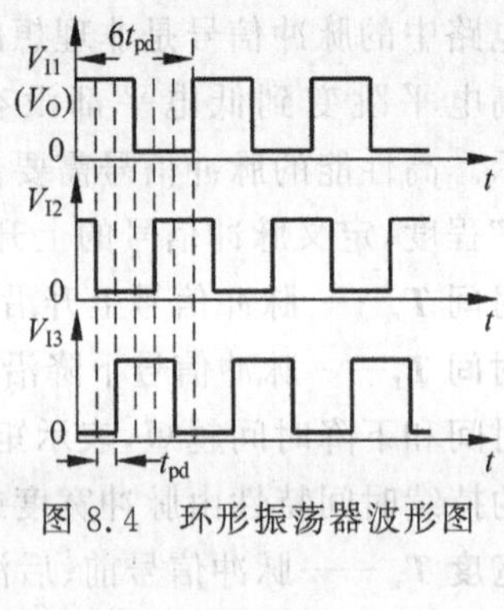

图 8.4　环形振荡器波形图

由以上分析可知，任意奇数 $n(n\geqslant 3)$ 个反相器首尾相连就可以构成一个环形振荡器，输出脉冲信号的周期为 $T=2\times n\times t_{pd}$。采用这种方法设计电路非常简单，但并不实用。因为反相器的传播延迟非常小，如果需要产生的脉冲信号的周期比较大，就需要非常多的反相器级联。另外，通过调节反相器的延迟来获得任意大小的脉冲周期也非常困难。为了解决这个问题，可以在环形振荡器中插入延时电路，如图 8.5 所示。与图 8.3 的简单环形振荡器不同，该电路中反相器 G_2 的输出不是直接接入反相器 G_3 的输入端，而是经过由电阻 R 和电容 C 构成的延时电路。该电路的工作波形如图 8.6 所示。

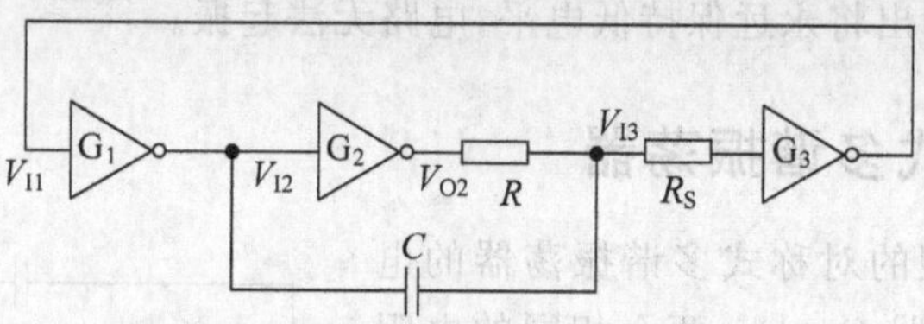

图 8.5 带延时电路的环形振荡器

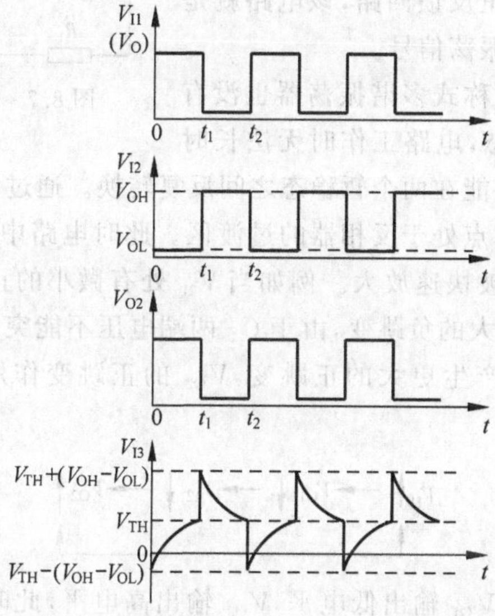

图 8.6 带延时电路的环形振荡器工作波形

由于反相器的传播延迟远小于电路中 RC 延时电路的延时时间，因此分析时忽略反相器的传播延迟。设 t_0 时刻，V_O 由低电平跳变为高电平，则 V_{I2} 迅速跳变为低电平，V_{O2} 迅速跳变为高电平。由于电容 C 两端电压不能突变，V_{I3} 将随着 V_{I2} 的下降同时向下跳变。此后，V_{O2} 通过电阻 R 给电容 C 充电，使 V_{I3} 的电平逐渐升高。在 t_1 时刻 V_{I3} 的电平达到反相器 G_3 的阈值电压 V_{TH}，使 V_O 快速跳变到低电平，从而使 V_{I2} 跳变到高电平，V_{O2} 跳变到低电平。同理，由于电容 C 两端电压不能突变，V_{I2} 跳变到高电平的过程将使 V_{I3} 也发生相同的向上跳变。V_{I2} 由低电平变为高电平时，电压变化幅度为 $V_{OH}-V_{OL}$，因此 V_{I3} 也相应地向上跳变 $V_{OH}-V_{OL}$，跳变后 V_{I3} 的电压值为 $V_{TH}+(V_{OH}-V_{OL})$。此后电容 C 开始放电，使 V_{I3} 的电压降低，在 t_2 时刻 V_{I3} 的电压降低至 V_{TH} 之下，使 V_O 变成高电平，V_{I2} 变成低电平，V_{O2} 变成高电平，V_{I3} 跟随 V_{I2} 向下跳变至 $V_{TH}-(V_{OH}-V_{OL})$，电容 C 又开始充电，使 V_{I3} 的电压升高。此过程无限重复，就在 V_O 输出端得到了周期性脉冲信号。

由以上分析可知，脉冲信号高电平的持续时间由通过电阻 R 对电容 C 进行充电的时间决定，而低电平的持续时间由通过电阻 R 对电容 C 进行放电的时间决定。因此通过调节电阻 R 和电容 C 的值就可以调节输出脉冲信号的周期。通过求解一阶 RC 网络，很容易计算脉冲信号的周期及占空比，此处忽略求解过程，读者可自行分析。

电路中的电阻 R_S 是限流电阻，其作用是防止 V_{I3} 电压向下跳变时流入 G_3 输入端钳位二极管的电流过大。为了使电路能正常工作，务必注意电阻 $R+R_S$ 需要小于 G_3 的关门电阻，否则反相器 G_3 的输出将永远保持低电平，电路无法起振。

8.2.2 对称式多谐振荡器

图 8.7 所示为典型的对称式多谐振荡器的电路图，电路由两个反相器 G_1、G_2，两个相同的电阻 R_1、R_2 以及两个相同的电容 C_1、C_2 组成。两个反相器和两个电容形成一个正反馈回路，该电路就是利用这个正反馈回路产生振荡信号。

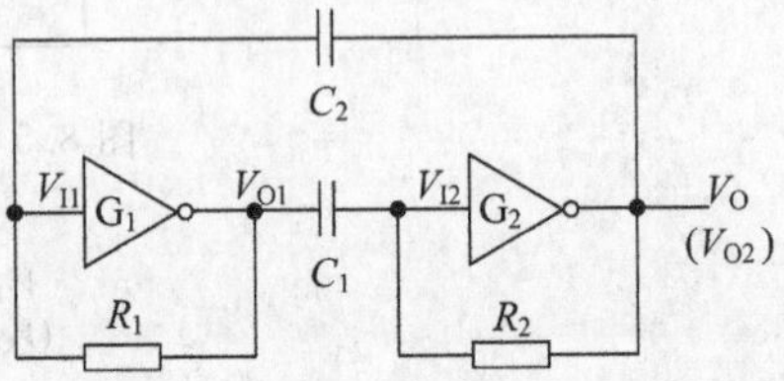

图 8.7 对称式多谐振荡器电路

与环形振荡器相似，对称式多谐振荡器也没有稳定状态，只有两个**暂稳态**，电路工作时无法长时间稳定在任何一个状态，只能在两个暂稳态之间反复转换。通过调节反馈电阻 R_1 和 R_2 的值，可以使电路的静态工作点处于反相器的过渡区。此时电路中的任何一个微小的电压变化都会由于正反馈的作用被快速放大。例如当 V_{I1} 处有微小的正跳变时，由于反相器的放大作用，V_{O1} 将产生一个更大的负跳变，由于 C_1 两端电压不能突变，因此 V_{I2} 也跟随 V_{O1} 产生一个负跳变，导致 V_{O2} 产生更大的正跳变，V_{O2} 的正跳变作用于 V_{I1}，形成如下正反馈过程：

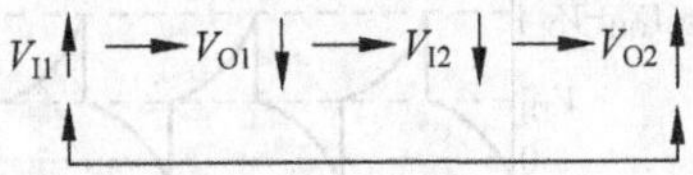

该正反馈过程最终使 V_{O1} 输出低电平，V_{O2} 输出高电平，此时电路达到第一个暂稳态。但电路无法长时间保持在这个状态，因为此时电容 C_1 开始通过电阻 R_2 充电而 C_2 通过 R_1 放电，导致 V_{I1} 的电压逐渐降低而 V_{I2} 的电压逐渐升高。V_{I1} 和 V_{I2} 中任意一个信号达到反相器的阈值电压 V_{TH}，都将使整个电路的状态发生变化。下面分析 V_{I1} 和 V_{I2} 中哪个信号会先达到 V_{TH}。若电路中的反相器为 CMOS 反相器，由于 CMOS 电路的输入端电流可以忽略，因此 C_1 的充电电流只取决于电阻 R_2，C_2 的放电电流也只取决于 R_1，所以 V_{I1} 和 V_{I2} 几乎可以同时达到 V_{TH}。如果电路中的反相器为 TTL 反相器，则 C_1 的充电电流包括两部分，一部分来自电阻 R_2，另一部分来自反相器 G_2 的输入端电流 I_{IL}（此时输入端为低电平）。C_2 的放电电流同样包含两部分，一部分来自电阻 R_1，另一部分来自反相器 G_1 的输入端电流 I_{IH}（此时输入端为高电平）。因为 TTL 电路的 $I_{IL}>I_{IH}$，因此电容 C_1 的充电速度大于 C_2 的放电速度，从而使 V_{I2} 先于 V_{I1} 达到 V_{TH}。

与以上过程相似，当 V_{I2} 大于 V_{TH} 时，将触发如下正反馈过程：

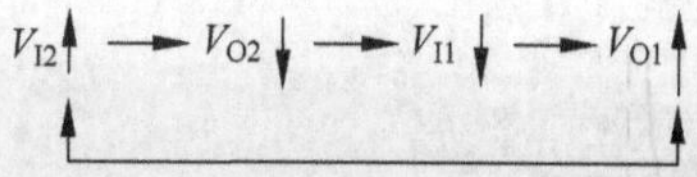

该正反馈过程最终使 V_{O1} 输出高电平而 V_{O2} 输出低电平，达到电路的第二个暂稳态。此时 C_1 开始放电而 C_2 开始充电，直到电路输出再次翻转。

图 8.8 所示为对称式多谐振荡器的波形，由以上分析可知，可以通过调节电阻和电容的值来调节电容的充放电时间，从而调节输出脉冲信号的周期。需要注意，如果电路中的反相器为 TTL 电路，则脉冲信号的周期由电容的充电时间决定，计算脉冲周期时除了需要考虑反馈电阻之外，还需要考虑反相器输入为低电平时的输入电流。另外，由于反相器输入端保护二极管的钳位作用，会使反相器输入信号向下跳变的幅度小于向上跳变的幅度，这也会减小电容的充电时间，降低脉冲信号的周期。

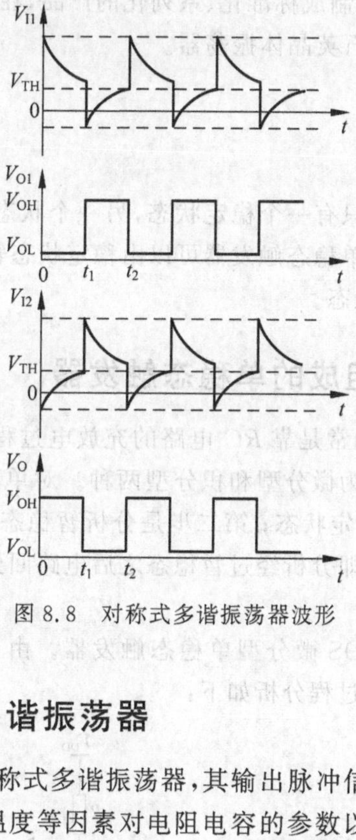

图 8.8　对称式多谐振荡器波形

8.2.3　石英晶体多谐振荡器

无论是环形振荡器还是对称式多谐振荡器，其输出脉冲信号的频率都取决于电容的充放电时间。电路工作的电压、温度等因素对电阻电容的参数以及门电路的阈值电压等都会产生影响，从而影响振荡器输出信号的稳定性。因此，在频率稳定性要求较高的电路中，广泛采用石英晶体多谐振荡器。

图 8.9 所示为石英晶体的符号和电抗频率特性，由图可见，当加在晶体两端的电压信号频率为 f_0 时，石英晶体的电抗最小。f_0 称为石英晶体的固有频率，只与石英晶体的切割方向、外形和尺寸相关，与电路中的其余参数无关。因此，如果把石英晶体接入如图 8.10 所示的多谐振荡器中，则只有频率为 f_0 的信号很容易通过晶体，而其他频率的信号被大幅度衰减。利用石英晶体良好的选频特性，可以将多谐振荡器的输出频率固定在 f_0，而不受电阻、电容及环境温度等参数变化的影响。

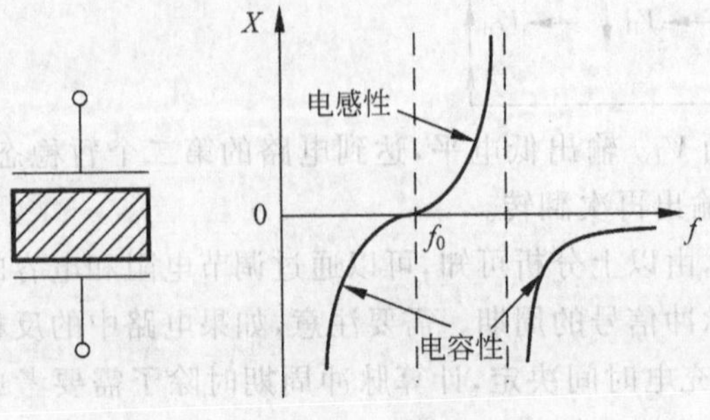

(a) 符号　　（b）电抗频率特性

图 8.9　石英晶体的符号和电抗频率特性

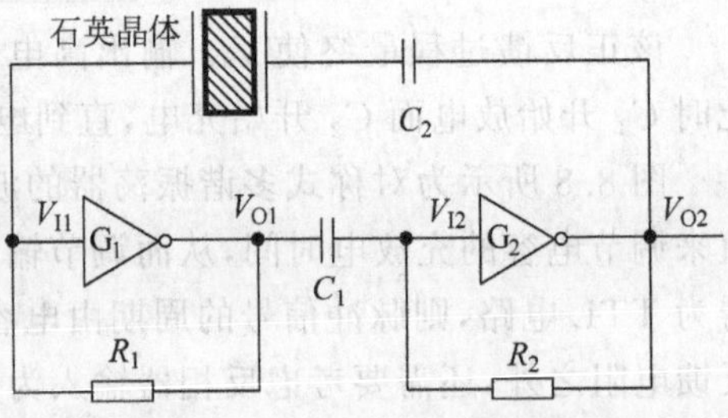

图 8.10　石英晶体多谐振荡器

现在石英晶体振荡器已被制成标准化、系列化的产品，在对脉冲信号频率稳定性要求高的系统中，可以选用标准化的石英晶体振荡器。

8.3　单稳态触发器

顾名思义，单稳态触发器只有一个稳定状态，另一个状态为非稳定状态，即暂稳态。在外界触发脉冲信号的作用下，单稳态触发器可以由稳定状态暂时跳转到暂稳态，经过一段固定的时间之后再次回到稳定状态。

8.3.1　由门电路组成的单稳态触发器

单稳态触发器的暂稳态通常是靠 RC 电路的充放电过程来维持的，依据电阻电容的不同接法，单稳态触发器可以分为微分型和积分型两种。对单稳态触发器的分析过程一般分为三个步骤：第一步是分析稳定状态；第二步是分析暂稳态时电路的充放电过程；第三步是分析电路的状态恢复过程，即分析经过暂稳态之后电路回到稳态的过程。

1. 微分型单稳态触发器

图 8.11 所示电路为 CMOS 微分型单稳态触发器。由 CMOS 或非门、反相器以及电阻、电容构成。该电路的工作过程分析如下：

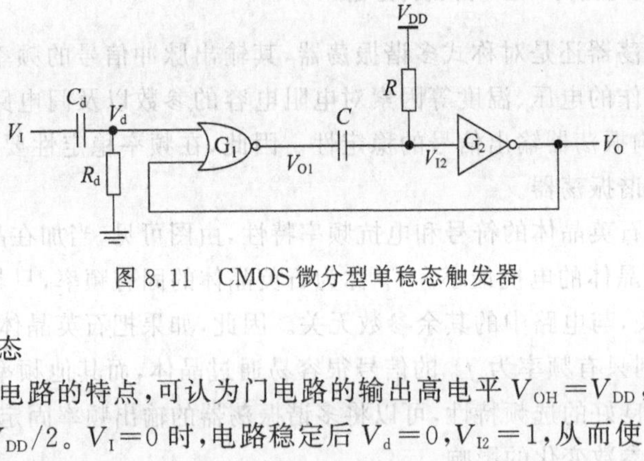

图 8.11　CMOS 微分型单稳态触发器

1）分析稳定状态

根据 CMOS 门电路的特点，可认为门电路的输出高电平 $V_{OH}=V_{DD}$，输出低电平 $V_{OL}=0$，阈值电压 $V_{TH}=V_{DD}/2$。$V_I=0$ 时，电路稳定后 $V_d=0$，$V_{I2}=1$，从而使 $V_O=0$，$V_{O1}=1$，电

路保持在这个稳定状态，这时电容 C 两端电压差为 0。

2）分析暂稳态

在输入端 V_I 加一个高电平脉冲时，经过 R_d 和 C_d 组成的微分电路后将产生很窄的脉冲 V_d，如图 8.12 所示。当 V_d 上升至门 G_1 的阈值电压后，门 G_1、电容 C 以及门 G_2 组成的正反馈回路将使 V_{O1} 和 V_{I2} 快速变为低电平，而 V_O 快速变为高电平，电路进入暂稳态。V_O 输出的高电平反馈至或非门的输入端，在 V_d 的正脉冲结束后保持或非门的输出 V_{O1} 为低电平。此时电容 C 开始充电，使 V_{I2} 逐渐升高，电容充电的等效电路如图 8.13 所示，其中 R_{ON} 为门 G_1 输出为低电平时的输出电阻。当 V_{I2} 达到反相器 G_2 的阈值电压 V_{TH} 后，V_O 由高电平翻转为低电平，暂稳态结束。

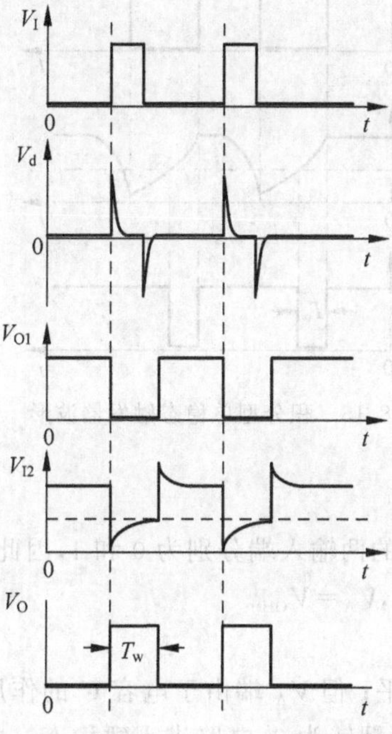

图 8.12　CMOS 微分型单稳态触发器波形

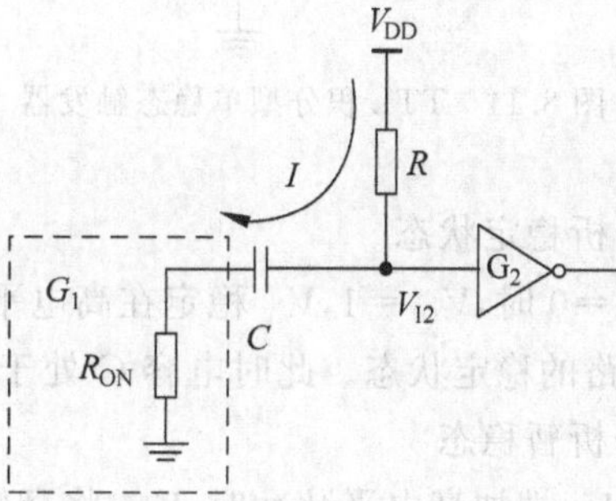

图 8.13　CMOS 微分型单稳态触发器电容 C 充电时的等效电路

暂稳态的持续时间由 T_w 表示，由以上分析可知，T_w 就是电容 C 两端的电压由 0 升高到 V_{TH} 的所需的时间。可以通过图 8.13 所示的等效电路计算 T_w，当 $R_{ON} \ll R$ 时，等效电路可以简化成简单的一阶 RC 电路，求解可得脉冲持续时间 T_w 为

$$T_w = RC\ln\frac{V_C(\infty) - V_C(0)}{V_C(\infty) - V_{TH}} \tag{8.1}$$

由于 $V_C(0)=0, V_C(\infty)=V_{DD}, V_{TH}=V_{DD}/2$，因此式(8.1)可化简为

$$T_w = RC\ln\frac{V_{DD} - 0}{V_{DD} - \frac{1}{2}V_{DD}} = RC\ln 2 \tag{8.2}$$

3）分析状态恢复过程

暂稳态结束时，V_O 输出变为低电平，由于此时 V_d 的正脉冲早已结束，因此或非门的输

出 V_{O1} 变为高电平，使 V_{I2} 突变至 $V_{DD}+V_{TH}$，此时电容 C 开始放电，使电路恢复到稳定状态。

2. 积分型单稳态触发器

图 8.14 所示是一个典型的由门电路组成的积分型单稳态触发器，电路由反相器 G_1、二输入与非门 G_2 和电阻、电容组成的积分器构成。该电路的工作过程如下，其工作波形如图 8.15 所示。

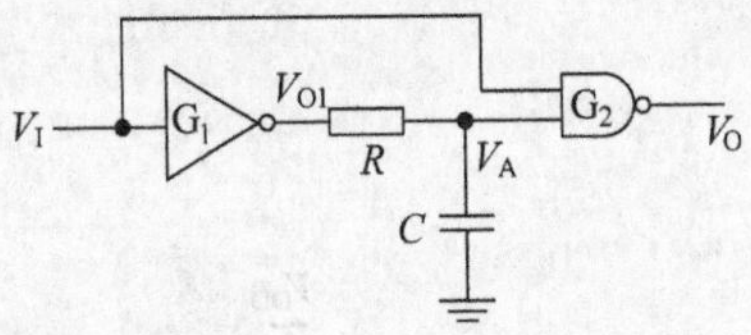

图 8.14 TTL 积分型单稳态触发器

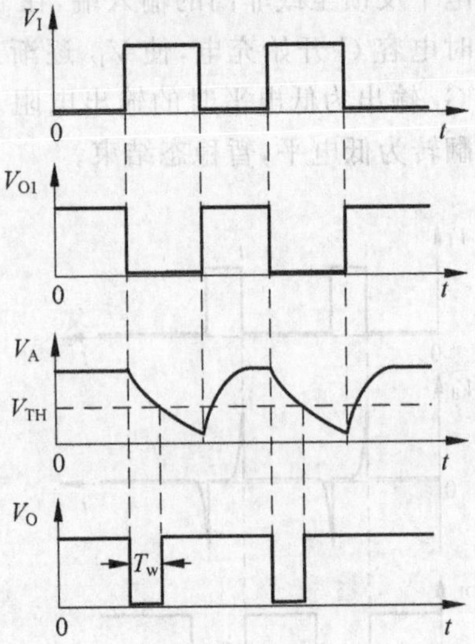

图 8.15 积分型单稳态触发器波形

1）分析稳定状态

当 $V_I=0$ 时，$V_{O1}=1$，V_A 稳定在高电平，与非门的两输入端分别为 0 和 1，因此 $V_O=1$，这就是电路的稳定状态。此时电容 C 处于充电状态，$V_A=V_{OH}$。

2）分析暂稳态

当在 V_I 端加高电平脉冲时，V_{O1} 将翻转为低电平；但 V_A 端由于电容 C 的作用仍然保持高电平。此时与非门两输入端均为 1，其输出端将翻转为 0，电路进入暂稳态。此后由于 V_{O1} 为低电平，电容 C 开始放电，使 V_A 端的电压逐渐降低。放电过程中要一直保持 V_I 为高电平，以确保 V_{O1} 为低电平。当 V_A 端的电压降低至与非门的阈值电压 V_{TH} 时，与非门的输出 V_O 将翻转至高电平，暂稳态结束。

由以上分析知，TTL 单稳态触发器在暂稳态时输出一个低电平脉冲，脉冲宽度 T_w 为电容 C 开始放电至 V_A 下降至 V_{TH} 所需的时间。电容 C 的放电等效电路如图 8.16 所示，图中 R_O 为反相器 G_1 输出低电平时的输出电阻。由于 V_A 为高电平时 G_2 的输入电流很小，因此可以忽略，只需要考虑电容 C 与电阻 R 和 R_O 组成的放电回路。求解 RC 电路可得

$$T_w=(R+R_O)C\ln\frac{V_{OL}-V_{OH}}{V_{OL}-V_{TH}} \tag{8.3}$$

3）分析状态恢复过程

暂稳态结束后，由于 V_I 持续保持高电平，因此电容将继续放电，当 V_I 端的高电平脉冲消失后，V_{O1} 翻转为高电平，电容 C 开始充电，当 V_A 端恢复至 V_{OH} 时，充电结束，电路恢复到稳定状态。

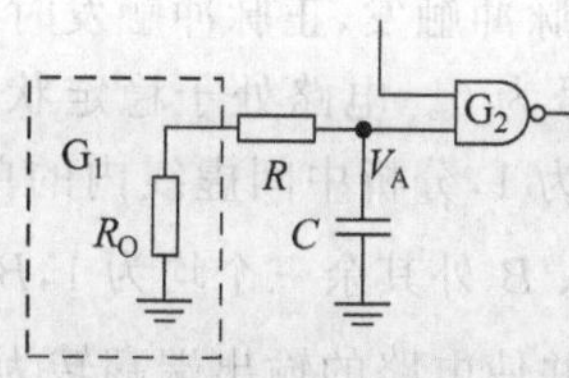

图 8.16　TTL 积分型单稳态触发器电容 C 放电时的等效电路

使用 TTL 积分型单稳态触发器时需要注意，输入脉冲的宽度要大于暂稳态的保持时间。因此，与微分型单稳态触发器相比，积分型单稳态触发器具有较强的抗噪声干扰能力，因为在尖峰噪声的干扰下，微分型单稳态触发器将被触发，而积分型单稳态触发器在尖峰噪声的作用下不会产生足够宽度的输出脉冲。积分型单稳态触发器的缺点是输出脉冲信号的边沿比较差，因为在电路的状态转换过程中没有正反馈回路。

对于图 8.14 所示的 TTL 积分型单稳态触发器，需要注意电阻 R 的阻值不能过大，只有在 R 小于 G_2 的关门电阻时，电路才能正常工作。

8.3.2　集成单稳态触发器

单稳态触发器的应用非常广泛，但利用门电路构成的单稳态触发器输出脉冲的稳定性差，脉冲宽度调节范围小。集成单稳态触发器可有效提升单稳态触发器的性能。集成单稳态触发器在使用时只需要外接很少的元器件，使用非常方便。

常用的集成单稳态触发器分为不可重复触发和可重复触发两种，不可重复触发的单稳态触发器一旦被触发进入暂稳态后，将不再响应后续的触发信号，直到电路重新恢复到稳定状态才可重新被触发。可重复触发的单稳态触发器进入暂稳态后，若有新的触发信号到来，电路将被重新触发。常见的单稳态触发器芯片有 74121、74122、CD4047 等。

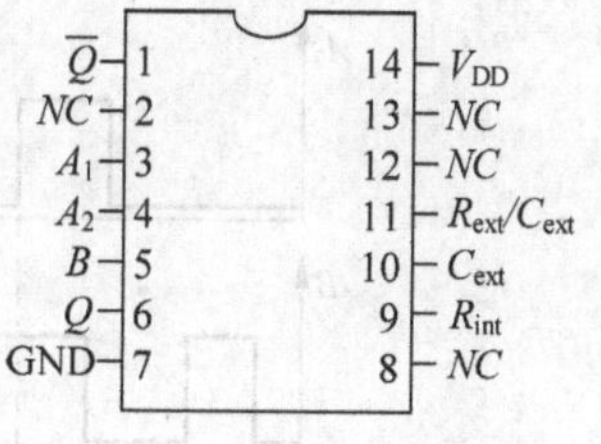

图 8.17　74121 引脚图

74121 是一款典型的不可重复触发的集成单稳态触发器，其引脚图如图 8.17 所示，逻辑电路图如图 8.18 所示。由图 8.18 可以看出，74121 的电路可分为 3 个部分：最左边虚线框内是触发信号产生电路；中间虚线框内的部分与外接电容 C_{ext} 和外接电阻 R_{ext} 一起构成了微分型单稳态触发器；最右边的虚线框为输出缓冲电路。

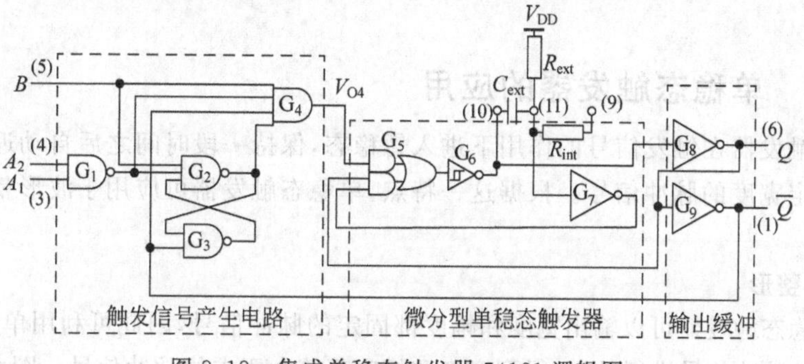

图 8.18　集成单稳态触发器 74121 逻辑图

该电路既可正脉冲触发也可负脉冲触发，正脉冲触发时，触发信号由 B 端输入，并且需要确保 A_2 与 A_1 中至少有一个信号为 0。电路处于稳定状态时，B 端输入低电平信号，使 G_2 与 G_3 组成的 RS 锁存器的输出为 1，分析中间虚线内的单稳态电路可知，稳态时 $Q=0$，$\bar{Q}=1$，门 G_4 的 4 个输入端中除输入 B 外其余三个均为 1，$B=0$ 使 $V_{O4}=0$。若在输入 B 加入正脉冲信号，则 V_{O4} 将翻转为 1，并使电路的输出端翻转为 $Q=1$，$\bar{Q}=0$，电路进入暂稳态。此时 $\bar{Q}=0$ 将快速反馈至 G_4 和 RS 锁存器的输入端，使 V_{O4} 重新变为 0，因此，无论加在输入 B 上的脉冲宽度是多少，V_{O4} 的输出只是一个很窄的正脉冲。

电路进入暂稳态后，外部电容 C_{ext} 将开始充电，使 G_7 的输入逐渐升高，当 G_7 的输入端达到反相器的阈值电压时，电路的输出将再次翻转，暂稳态结束。此后 C_{ext} 将开始放电，电路恢复到稳定状态。

若使用负脉冲触发，则需保持 $B=1$，触发信号由 A_2 或者 A_1 输入端输入，且 A_2 和 A_1 中未用到的那个输入端需保持高电平。触发后的工作过程和上升沿触发时相同，读者可自行分析。另外，74121 还集成了内置电阻 R_{int}，使用 R_{int} 时无须再接外部电阻 R_{ext}，这时应通过 9 号管脚将 R_{int} 接至 V_{DD}。需要注意的是，R_{int} 的阻值较小且不可调节，如果希望得到较宽的输出脉冲，需要外接电阻。

图 8.19 所示为 74121 的工作波形图，表 8.1 为 74121 的功能表。

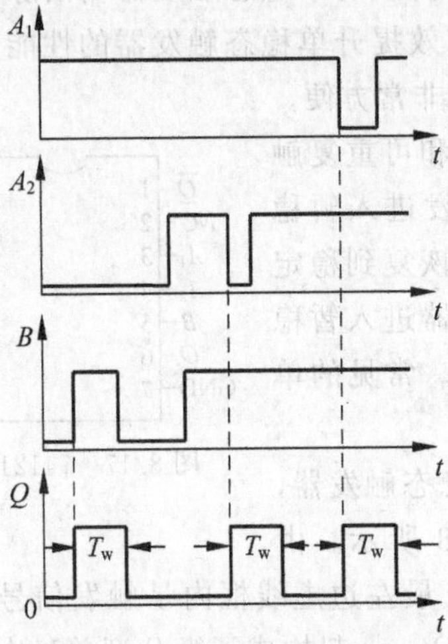

图 8.19　74121 的工作波形

表 8.1　集成 74121 的功能表

输入			输出	
A_2	A_1	B	Q	$\bar{Q}$
0	×	1	0	1
×	0	1	0	1
×	×	0	0	1
1	1	×	0	1
1	↓	1	⊓	⊔
↓	1	1	⊓	⊔
↓	↓	1	⊓	⊔
0	×	↑	⊓	⊔
×	0	↑	⊓	⊔

8.3.3　单稳态触发器的应用

单稳态触发器在触发信号的作用下进入暂稳态，保持一段时间之后自动返回稳定状态，输出一个固定宽度的脉冲信号。根据这一特点，单稳态触发器可应用于波形整形、定时和延时电路等。

1. 波形整形

由于单稳态触发器可以输出宽度和幅度都固定的脉冲信号，因此可利用单稳态触发器将不符合要求的脉冲信号进行整形，得到宽度和幅度都符合要求的脉冲信号。图 8.20 为利用单稳态触发器进行波形整形的示意图。

2. 定时电路

由于单稳态触发器的输出脉冲宽度是固定的，因此，如果用单稳态触发器的输出脉冲作为控制信号，则可以精确控制被控电路开启或关闭的时间。例如用单稳态触发器的输出作为 LED 灯的控制信号，每次触发信号到来时都将点亮 LED 灯，且可以精确控制亮灯的时间。

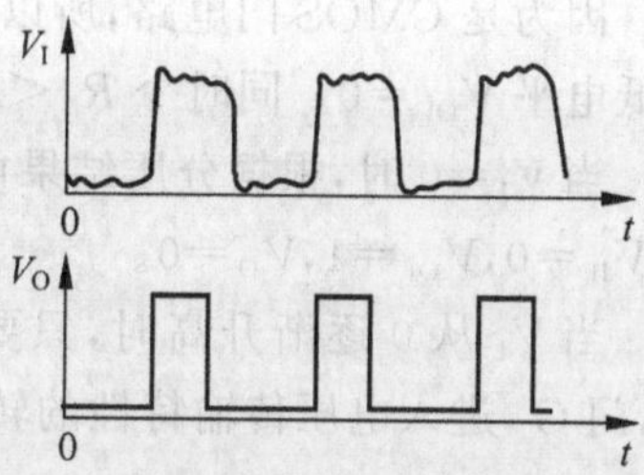

图 8.20 单稳态触发器波形整形示意

3. 延时电路

在某些情况下，当某一个脉冲信号到达后，需要延迟一段时间后再产生一个滞后的脉冲信号，用于控制两个相继进行的操作。图 8.21 所示为由两个 74121 构成的延时电路。V_I 为输入高电平脉冲，每次高电平脉冲到来时第一片(左边)74121 都将在 Q 端产生一个固定宽度的高电平脉冲，将该脉冲信号再接入第二片(右边)74121 的下降沿触发端，就可以在第二片 74121 的 Q 端得到一个延时后的高电平脉冲。该电路的工作波形如图 8.22 所示。输出脉冲相对于输入脉冲的延时 t_d 可由 C_{ext1} 和 R_{ext1} 调节，输出脉冲的宽度 T_w 可由 C_{ext2} 和 R_{ext2} 调节。

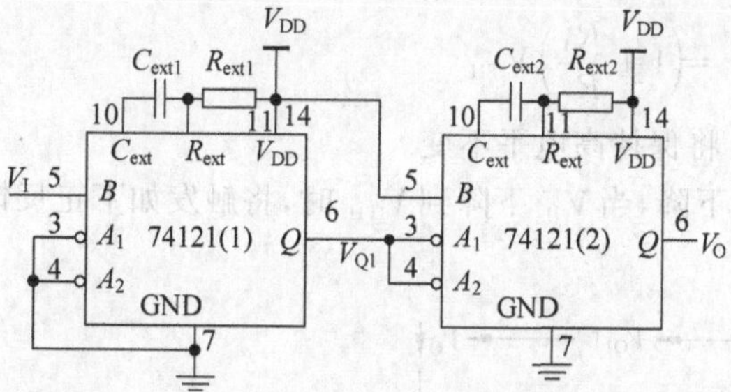

图 8.21 74121 构成延时电路

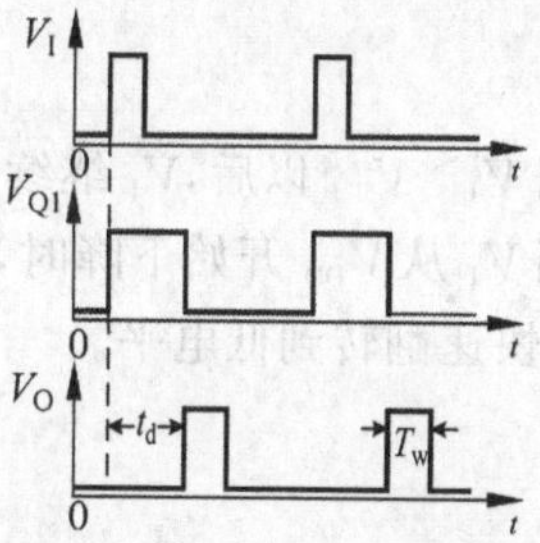

图 8.22 74121 延时电路波形

8.4 施密特触发器

施密特触发器(Schmitt trigger)是另外一种脉冲信号整形电路，它可以将缓慢变化的信号如三角波、正弦波等变成矩形脉冲信号。另外，施密特触发器对于输入信号从低电平上升和从高电平下降时的阈值电压是不同的，因此具有很强的抗干扰能力。

8.4.1 由门电路组成的施密特触发器

图 8.23 所示是由 CMOS 门电路组成的施密特触发器。电路由两级反相器级联而成，并通过分压电阻将输出信号反馈到输入端。

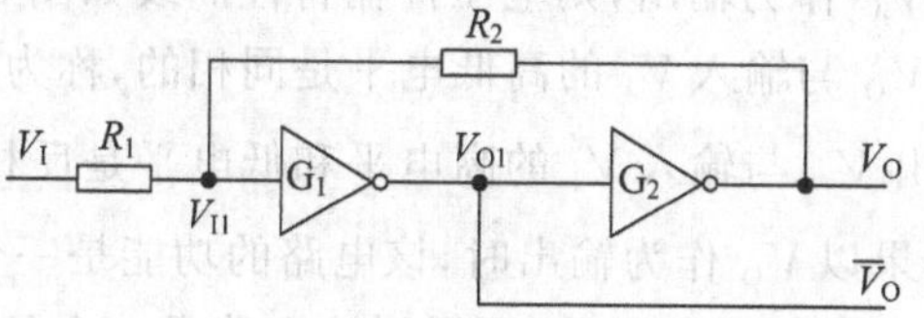

图 8.23 CMOS 反相器组成的施密特触发器

因为是 CMOS 门电路，所以可以认为阈值电压 $V_{TH}=V_{DD}/2$，输出高电平 $V_{OH}=V_{DD}$，输出低电平 $V_{OL}=0$。同时令 $R_1<R_2$，则电路的工作过程如下：

当 $V_I=0$ 时，根据分压结果可知，无论 V_O 处于什么状态，V_{I1} 一定小于 V_{TH}，因此一定有 $V_{I1}=0,V_{O1}=1,V_O=0$。

当 V_I 从 0 逐渐升高时，只要 $V_{I1}<V_{TH}$，电路就保持 $V_O=0$ 不变。当 V_{I1} 上升至 V_{TH} 时，门 G_1 进入电压传输特性的转折区，所以 V_{I1} 的增加将引起如下正反馈过程：

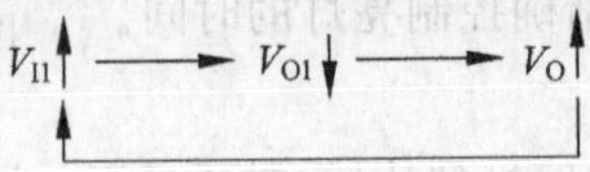

该正反馈使电路状态快速翻转成 $V_O=V_{OH}=V_{DD}$。输入信号 V_I 在上升的过程中使电路状态发生翻转时对应的输入电压称为正向阈值电压，也叫上限阈值电压，用 V_{T+} 表示。由以上分析可知，当 $V_I=V_{T+}$ 时，$V_{I1}=V_{TH}$，有：

$$V_{I1}=\frac{R_2}{R_1+R_2}V_{T+}=V_{TH} \tag{8.4}$$

即

$$V_{T+}=\left(1+\frac{R_1}{R_2}\right)V_{TH} \tag{8.5}$$

当 $V_I>V_{T+}$ 以后，V_I 继续上升，V_O 将保持高电平不变。

当 V_I 从 V_{DD} 开始下降时，V_{I1} 也会下降，当 V_{I1} 下降到 V_{TH} 时，将触发如下正反馈过程，使 V_O 快速翻转到低电平。

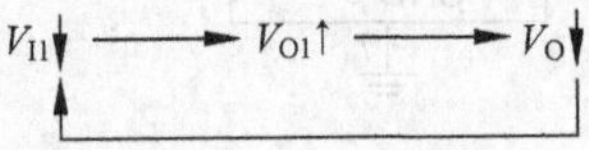

输入信号 V_I 在下降的过程中使电路状态发生翻转时对应的输入电压称为负向阈值电压，也叫下限阈值电压，用 V_{T-} 表示。当 $V_I=V_{T-}$ 时，$V_O=V_{OH}$，因此有 $V_{I1}=V_I+\frac{R_1}{R_1+R_2}(V_O-V_I)=V_{T-}+\frac{R_1}{R_1+R_2}(V_{DD}-V_{T-})=V_{TH}$。

由于 $V_{TH}=\frac{1}{2}V_{DD}$，因此

$$V_{T-}=\left(1-\frac{R_1}{R_2}\right)V_{TH} \tag{8.6}$$

定义 V_{T+} 与 V_{T-} 之间的差为**回差电压**，表示为 ΔV_T，即

$$\Delta V_T=V_{T+}-V_{T-} \tag{8.7}$$

由以上分析可得，图 8.23 所示施密特触发器中 V_O 相对于 V_I 的电压传输曲线如图 8.24(a)所示，如果将 $\bar{V}_O$ 作为输出，则电压传输特性曲线如图 8.24(b)所示。

图 8.24(a)中，输出 V_O 与输入 V_I 的高低电平是同相的，称为同相输出的施密特触发特性；而图 8.24(b)中，输出 $\bar{V}_O$ 与输入 V_I 的高电平和低电平是反相的，称为反相输出的施密特触发特性。实际上，如果以 V_O 作为输出时，该电路的功能是一个缓冲器，而以 $\bar{V}_O$ 作为输出时，该电路的功能是一个反相器。因此，可以说该电路是一个具有施密特触发特性的缓冲

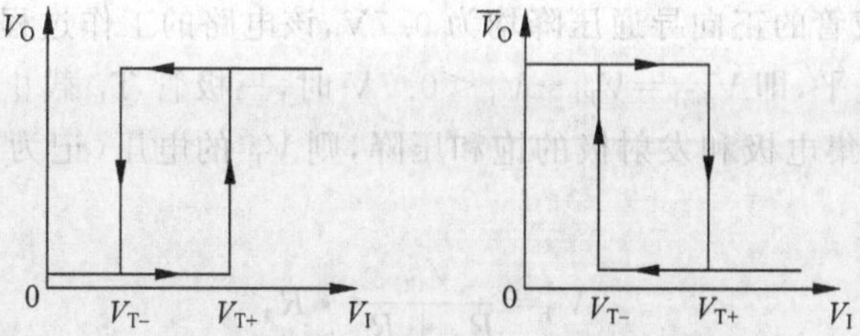

(a) (b)

图 8.24 施密特触发器的电压传输特性曲线

器或者反相器。CMOS 反相器组成施密特触发器(即图 8.23 所示)电路的符号如图 8.25 所示。其中图 8.25(a)所示为带施密特触发特性的缓冲器,图 8.25(b)所示为带施密特触发特性的反相器。

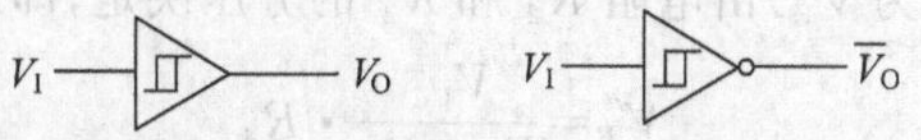

(a) (b)

图 8.25 施密特触发器的符号

通过以上分析发现,**施密特触发器并不是真正的触发器,而是带有施密特触发特性的逻辑门电路**。

8.4.2 集成施密特触发器

由于施密特触发器的应用非常广泛,因此有大量的单片集成施密特触发器产品可供选用。常见的施密特触发器产品有 74132、7414 以及 CC40106 等。

图 8.26(a)是集成 TTL 施密特触发器 74132 的电路图,其逻辑符号如图 8.26(b)所示。74132 是 4-2 输入与非施密特触发器,内部包含 4 个带有施密特触发特性的二输入与非门。

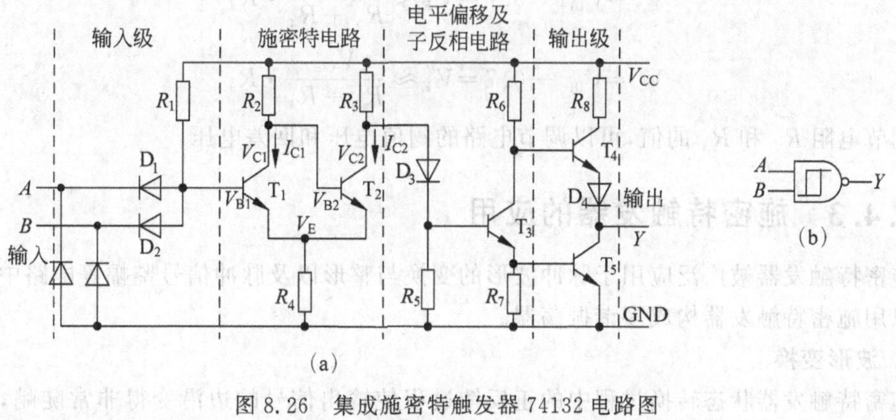

(a)

图 8.26 集成施密特触发器 74132 电路图

电路由输入级、施密特电路、电平偏移及反相电路和输出级 4 部分组成。其输入级为由二极管组成的与门,电平偏移及反相电路实现了取反功能。施密特电路为该与非门增加了施密特触发特性。

施密特电路由 T_1、T_2 两个三极管和电阻 R_2、R_3、R_4 组成。其中 $R_4 < R_3 < R_2$。假定三

极管的发射结和二极管的正向导通压降均为 0.7V，该电路的工作过程分析如下：

当 V_{B1} 处于低电平，即 $V_{BE1}=V_{B1}-V_E<0.7V$ 时，三极管 T_1 截止，T_2 饱和导通。此时若忽略三极管 T_2 的集电极和发射极的饱和压降，则 V_E 的电压（记为 V'_E）由电阻 R_3 和 R_4 的分压决定，即

$$V'_E=\frac{V_{CC}}{R_3+R_4}\cdot R_4 \tag{8.8}$$

当 V_{B1} 逐渐升高，使 $V_{B1}-V_E>0.7V$ 时，将激发如下正反馈过程：

$$V_{B1}\uparrow \rightarrow I_{C1}\uparrow \rightarrow V_{C1}\downarrow \rightarrow I_{C2}\downarrow \rightarrow V_E\downarrow \rightarrow V_{BE1}\uparrow$$

该过程使电路迅速转换为 T_1 饱和导通而 T_2 截止，同时，该过程也使 V_E 下降，当 T_1 饱和 T_2 截止时，V_E 的电压（记为 V''_E）由电阻 R_2 和 R_4 的分压决定，即

$$V''_E=\frac{V_{CC}}{R_2+R_4}\cdot R_4 \tag{8.9}$$

由于 $R_3<R_2$，因此 $V'_E>V''_E$。

当 V_{B1} 从高电平逐渐下降至 $V_{BE1}=V_{B1}-V_E<0.7V$ 时，将触发如下正反馈过程：

$$V_{B1}\downarrow \rightarrow I_{C1}\downarrow \rightarrow V_{C1}\uparrow \rightarrow I_{C2}\uparrow \rightarrow V_E\uparrow \rightarrow V_{BE1}\downarrow$$

该过程使电路快速翻转为 T_1 截止而 T_2 导通，同时使 V_E 上升至 V'_E。

可见，T_1 饱和导通时的 V_E 值比 T_2 导通时的 V_E 值低，因此，V_{B1} 上升和下降过程中对应的翻转点是不同的，V_{B1} 上升过程中的阈值电压 $V_{B1+}=V'_E+0.7V$，下降过程中的阈值电压 $V_{B1-}=V''_E+0.7V$。对于整个电路来说，V_{B1} 比输入端电压高一个二极管的导通压降，因此输入端的上限阈值电压和下限阈值电压分别为

$$V_+=V_{B1+}-0.7=V'_E\approx\frac{V_{CC}}{R_3+R_4}\cdot R_4 \tag{8.10}$$

$$V_-=V_{B1-}-0.7=V''_E\approx\frac{V_{CC}}{R_2+R_4}\cdot R_4 \tag{8.11}$$

通过调节电阻 R_2 和 R_3 的值，可以调节电路的阈值电压和回差电压。

8.4.3 施密特触发器的应用

施密特触发器被广泛应用于脉冲波形的变换与整形以及脉冲信号鉴幅等电路中，另外，也可以用施密特触发器构成多谐振荡器。

1. 波形变换

施密特触发器状态转换过程中的正反馈过程使输出信号的边沿变得非常陡峭，因此可以利用这一特点将边沿变化缓慢的波形变换成矩形脉冲信号。

图 8.27 所示是用带反相功能的施密特触发器将三角波变换为矩形脉冲信号的例子。

2. 波形整形

施密特触发器的两个阈值电压增大了电路的噪声容限，因此可以用来对发生畸变或者被噪声干扰的信号进行整形。图 8.28 列出了几种常见的畸变情况。图(a)是由于信号的负

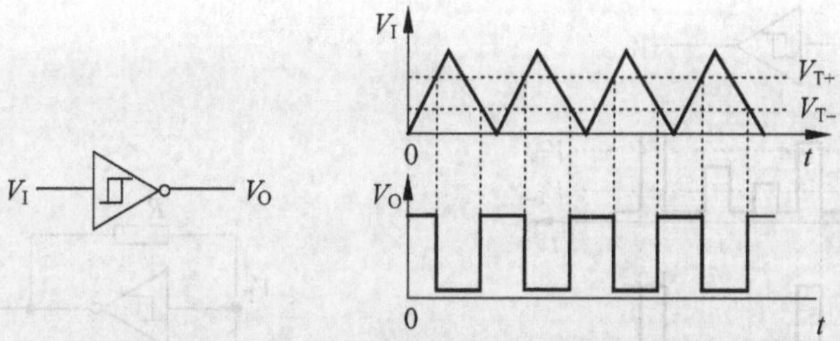

图 8.27 用施密特触发器实现波形变换

载过大造成的上升沿和下降沿变差；图(b)是由于传输线阻抗不匹配发生的信号谐振；图(c)是由于信号长距离传输或与邻近导线形成耦合效应而造成的噪声干扰。无论哪种情况，都可以用施密特触发器对波形进行整形。

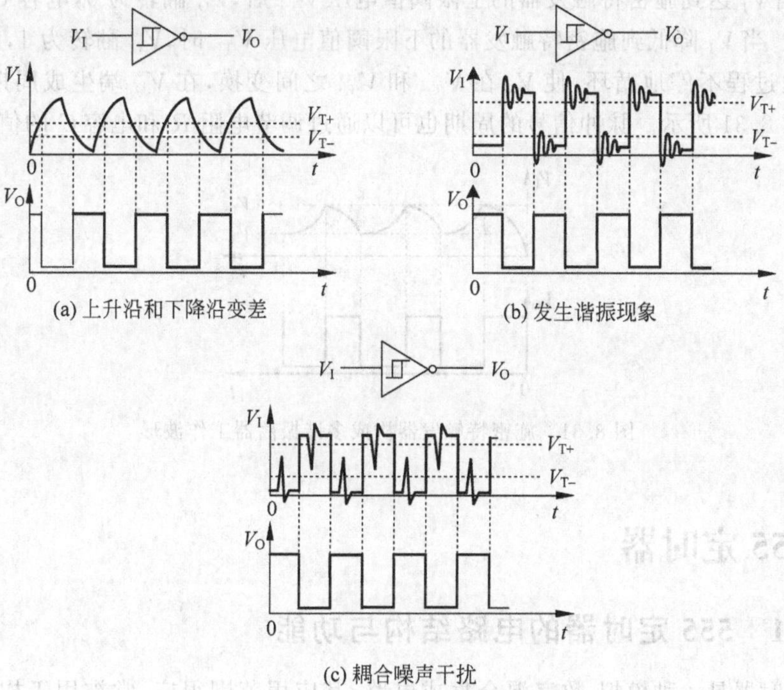

图 8.28 施密特触发器用于波形整形

3. 脉冲信号鉴幅

若输入信号是一系列不同幅度的脉冲，如图 8.29 所示，则可以用施密特触发器选择幅度满足要求的脉冲，即当输入脉冲信号幅度达到要求的值时，施密特触发器输出一个对应的脉冲信号。为了达到这个目的，只需要调整施密特触发器的 V_{T+}，使之等于要求的脉冲幅度值即可。

4. 构成多谐振荡器

将施密特触发器的反相输出通过一个 RC 积分电路后反馈到输入端，即可构成一个多谐振荡器，如图 8.30 所示。

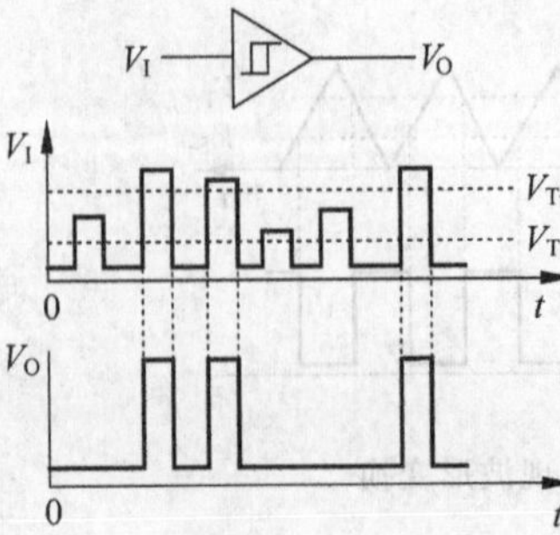

图 8.29 施密特触发器用于脉冲鉴幅

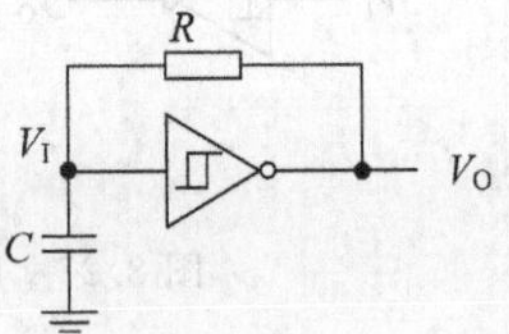

图 8.30 由施密特触发器构成多谐振荡器

假设电路上电时电容两端电压为零，即 $V_I=0$，此时输出 $V_O=1$。电容 C 开始充电，使 V_I 升高。当 V_I 达到施密特触发器的上限阈值电压 V_{T+} 后，V_O 翻转为 0，电容 C 开始放电，使 V_I 降低。当 V_I 降低到施密特触发器的下限阈值电压 V_{T-} 时，V_O 翻转为 1，电容 C 又开始充电。此过程不停地循环，使 V_I 在 V_{T-} 和 V_{T+} 之间变换，在 V_O 端生成周期脉冲信号。其波形如图 8.31 所示。脉冲信号的周期也可以通过调节电阻 R 和电容 C 的值进行调节。

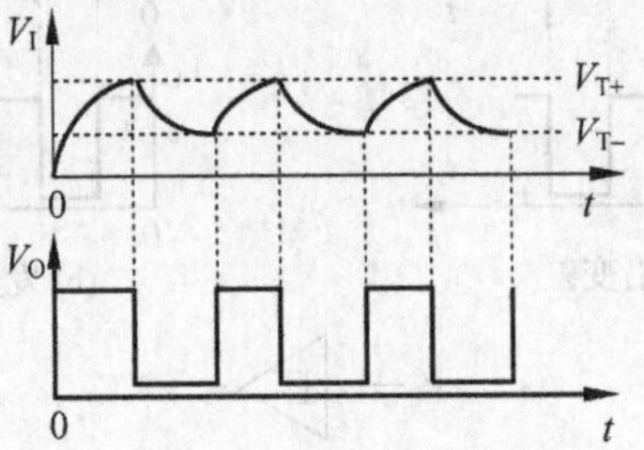

图 8.31 施密特触发器构成多谐振荡器工作波形

8.5 555 定时器

8.5.1 555 定时器的电路结构与功能

555 定时器是一种模拟-数字混合集成电路，其应用范围很广，常被用于构成施密特触发器、单稳态触发器以及多谐振荡器等电路中。其电路结构如图 8.32 所示。图中虚线框外括号内的数字为电路各端口的管脚号。

555 定时器由三个阻值为 5kΩ 的电阻组成的分压器、两个电压比较器 C_1 和 C_2、G_1 和 G_2 组成的基本 RS 锁存器、放电三极管 VT 以及缓冲电路 G_3 和 G_4 组成。输入信号 *THRES*（阈值）接入电压比较器 C_1 的反相输入端，而 *TRIG*（触发）接入电压比较器 C_2 的正相输入端，C_1 的正相输入端和 C_2 的反相输入端接分压器产生的参考电压 V_{R1} 和 V_{R2}。当 *CONT*（电压控制）信号悬空时，参考电压 V_{R1} 和 V_{R2} 由 3 个 5kΩ 的电阻对 V_{CC} 分压得到，即 $V_{R1}=\frac{2}{3}V_{CC}$，$V_{R2}=\frac{1}{3}V_{CC}$。若在电压控制端 *CONT* 接固定的电压 V_{CONT}，则 $V_{R1}=V_{CONT}$，$V_{R2}=\frac{1}{2}V_{CONT}$。*OUT* 和 *DISCH*（放电）端为 555 定时器的输出信号，其中 *OUT* 由反相器

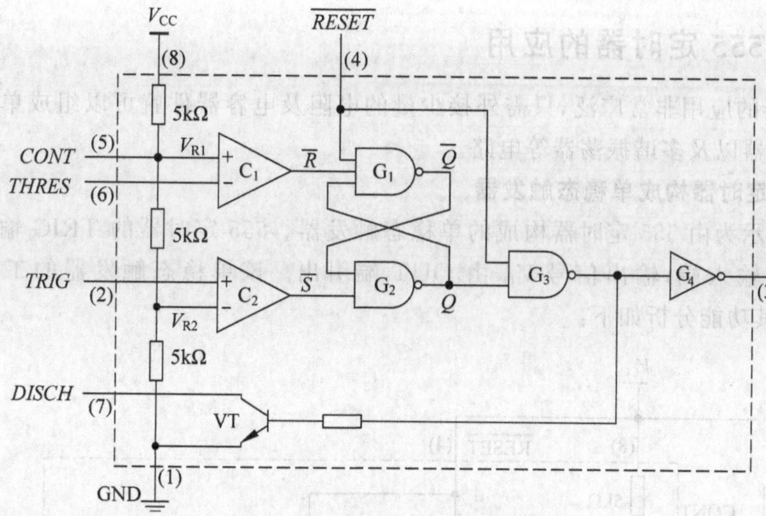

图 8.32　555 定时器电路结构

G_4 输出，DISCH 为 OC 门输出。$\overline{RESET}$ 信号为电路的复位信号，低电平有效。当 $\overline{RESET}$ 信号为低电平时，电路被复位，OUT 输出低电平，同时 VT 管导通，DISCH 端也输出低电平。当 $\overline{RESET}$ 信号为高电平时，电路的输出状态由 THRES 端的电压 V_{THRES} 和 TRIG 端电压 V_{TRIG} 决定。

当 $V_{THRES}>V_{R1}$ 且 $V_{TRIG}>V_{R2}$ 时，比较器 C_1 输出低电平，而比较器 C_2 输出高电平，RS 锁存器被复位，因此 *OUT* 输出低电平，VT 导通，DISCH 端也输出低电平。

当 $V_{THRES}<V_{R1}$ 且 $V_{TRIG}>V_{R2}$ 时，比较器 C_1 输出高电平，比较器 C_2 也输出高电平，RS 锁存器状态保持不变，因此电路的输出保持不变。

当 $V_{THRES}>V_{R1}$ 且 $V_{TRIG}<V_{R2}$ 时，比较器 C_1 输出低电平，比较器 C_2 也输出低电平，RS 锁存器处于 $Q=\overline{Q}=1$ 的状态，因此 OUT 输出高电平，VT 截止。

当 $V_{THRES}<V_{R1}$ 且 $V_{TRIG}<V_{R2}$ 时，比较器 C_1 输出高电平，而比较器 C_2 输出低电平，RS 锁存器被置位，因此 *OUT* 输出高电平，VT 截止。

综上所述，可得 555 定时器的功能表如表 8.2 所示（*CONT* 悬空时）。

表 8.2　555 定时器功能表

输入			输出	
$\overline{RESET}$	V_{THRES}	V_{TRIG}	*OUT*	VT 的状态
0	×	×	低	导通
1	$>\frac{2}{3}V_{CC}$	$>\frac{1}{3}V_{CC}$	低	导通
1	$<\frac{2}{3}V_{CC}$	$>\frac{1}{3}V_{CC}$	不变	不变
1	$<\frac{2}{3}V_{CC}$	$<\frac{1}{3}V_{CC}$	高	截止
1	$>\frac{2}{3}V_{CC}$	$<\frac{1}{3}V_{CC}$	高	截止

8.5.2 555定时器的应用

555定时器的应用非常广泛，只需外接少量的电阻及电容器件就可以组成单稳态触发器、施密特触发器以及多谐振荡器等电路。

1. 用555定时器构成单稳态触发器

图8.33所示为由555定时器构成的单稳态触发器。555定时器的TRIG输入端作为触发信号V_I的输入端，输出信号V_O由OUT端引出。该单稳态触发器的工作波形如图8.34所示，其功能分析如下：

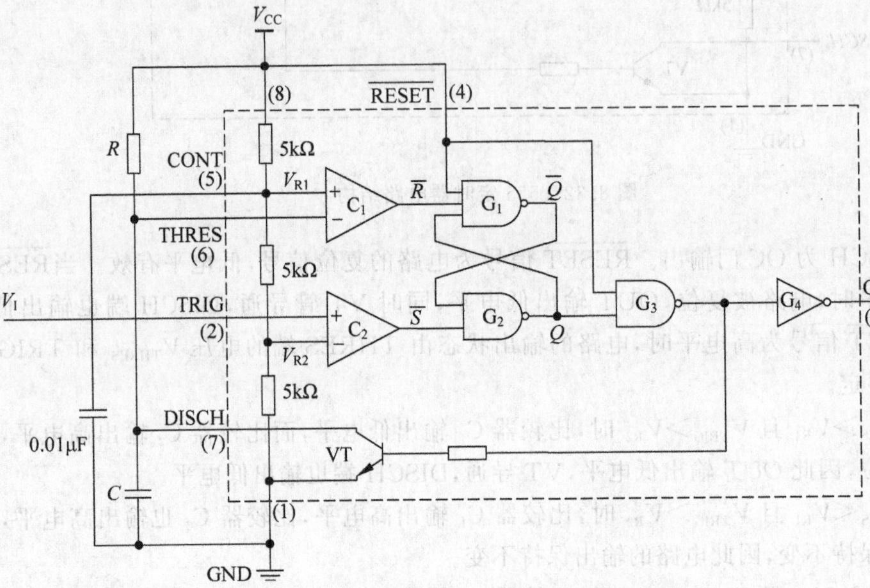

图8.33 用555定时器构成单稳态触发器

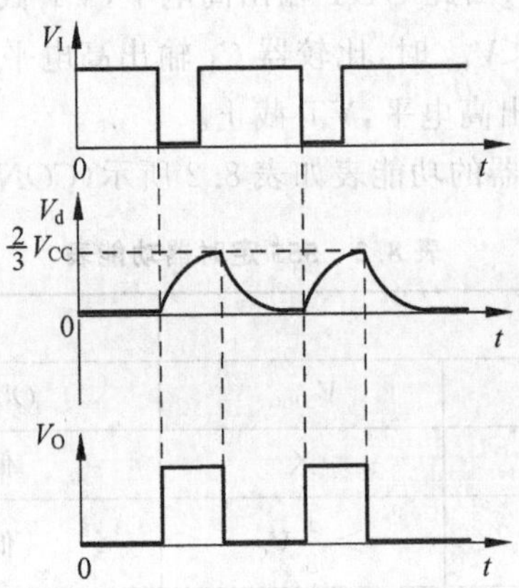

图8.34 555定时器构成的单稳态触发器工作波形

1）分析稳定状态

当V_I输入高电平时，由于$V_I>\frac{1}{3}V_{CC}$，C_2比较器输出为1。此时若$Q=0$，则$\overline{Q}=1$，三

极管 VT 导通，DISCH 端为低电平，使 THRES 端输入为低电平，C_1 输出为 1，RS 锁存器处于状态保持阶段，可以保持 $Q=0$。若 $Q=1$，则 $\overline{Q}=0$，三极管 VT 截止，此时电容 C 将被充电，使 DISCH 端及 THRES 端电压升高，当 $V_{THRES}>\frac{2}{3}V_{CC}$ 时，C_1 输出翻转为 0，使 Q 翻转为 0，此时 VT 导通，电容 C 开始放电，C_1 输出再次翻转为 1，使电路保持 $Q=0$ 的状态。因此，当 V_I 输入高电平时，Q 将稳定在状态 0，从而使 V_O 输出低电平，这时电路处于稳定状态。

2）分析暂稳态

在 V_I 端加入低电平脉冲时，C_2 的输出将翻转为 0，C_1 的输出仍然保持为 1，此时 RS 锁存器处于置位状态，输出端 V_O 翻转为高电平，电路进入暂稳态。此时由于 $\overline{Q}=0$，VT 截止，电容 C 开始充电，使 THRES 端电压升高。当 $V_{THRES}>\frac{2}{3}V_{CC}$ 时，C_1 输出翻转为 0，由于此时 V_I 端的低电平脉冲已消失，C_2 的输出翻转为 1，因此 RS 锁存器将被复位，输出端 V_O 翻转为低电平，暂稳态结束。

3）分析状态恢复过程

暂稳态结束后，输出端恢复为低电平，$\overline{Q}=1$，三极管 VT 导通，电容 C 开始放电，放电结束后，电路恢复至稳定状态。

2. 用 555 定时器构成施密特触发器

将 555 定时器的 *THRES* 和 *TRIG* 连接在一起作为输入端就构成了施密特触发器，如图 8.35 所示，输出信号 V_O 由 *OUT* 端引出。为了电路能正常工作，复位输入端直接接到 V_{CC}，同时为了减少噪声影响，*CONT* 端通过一个滤波电容接地。其工作状态分析如下：

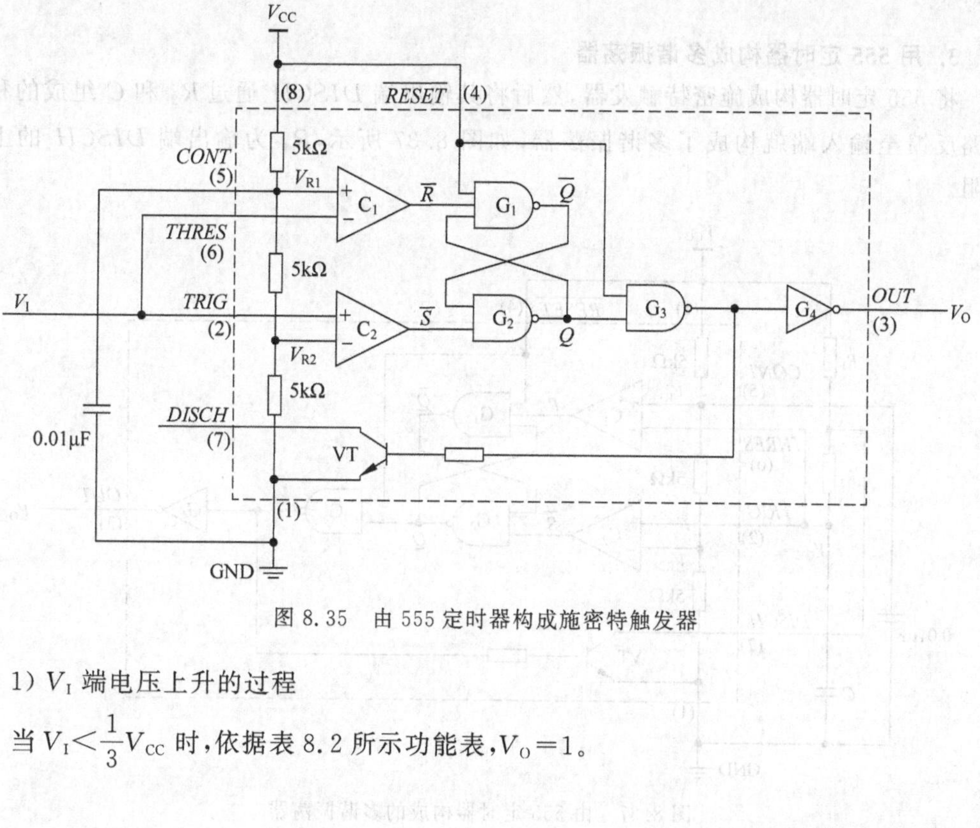

图 8.35　由 555 定时器构成施密特触发器

1）V_I 端电压上升的过程

当 $V_I<\frac{1}{3}V_{CC}$ 时，依据表 8.2 所示功能表，$V_O=1$。

当$\frac{1}{3}V_{CC}<V_I<\frac{2}{3}V_{CC}$时，555 定时器处于保持状态，输出端$V_O$保持高电平。

当$V_I>\frac{2}{3}V_{CC}$时，$V_O=0$。

2）V_I端电压下降的过程

当$V_I>\frac{2}{3}V_{CC}$时，$V_O=0$。

当$\frac{1}{3}V_{CC}<V_I<\frac{2}{3}V_{CC}$时，555 定时器处于保持状态，输出端 OUT 保持低电平。

当$V_I<\frac{1}{3}V_{CC}$时，$V_O=1$。

由此可得该施密特触发器的电压传输特性如图 8.36 所示。电路的上限阈值电压$V_{T+}=\frac{2}{3}V_{CC}$，下限阈值电压$V_{T-}=\frac{1}{3}V_{CC}$，回差电压$\Delta V_T=V_{T+}-V_{T-}=\frac{1}{3}V_{CC}$。

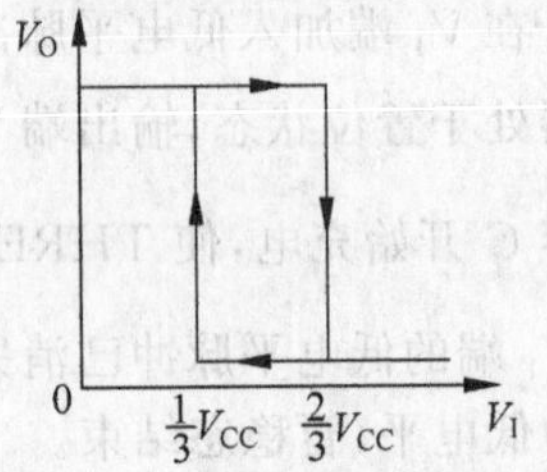

图 8.36　555 定时器构成施密特触发器的工作波形

通过调节电压控制端 *CONT* 的电压可以调节施密特触发器的阈值电压和回差电压。当在 CONT 端接入固定电压V_{CONT}时，$V_{T+}=V_{CONT}$，$V_{T-}=\frac{1}{2}V_{CONT}$，回差电压$\Delta V_T=\frac{1}{2}V_{CONT}$。

3. 用 555 定时器构成多谐振荡器

将 555 定时器构成施密特触发器，然后将其输出端 *DISCH* 通过R_2和 C 组成的积分电路反馈至输入端就构成了多谐振荡器，如图 8.37 所示，R_1为输出端 *DISCH* 的上拉电阻。

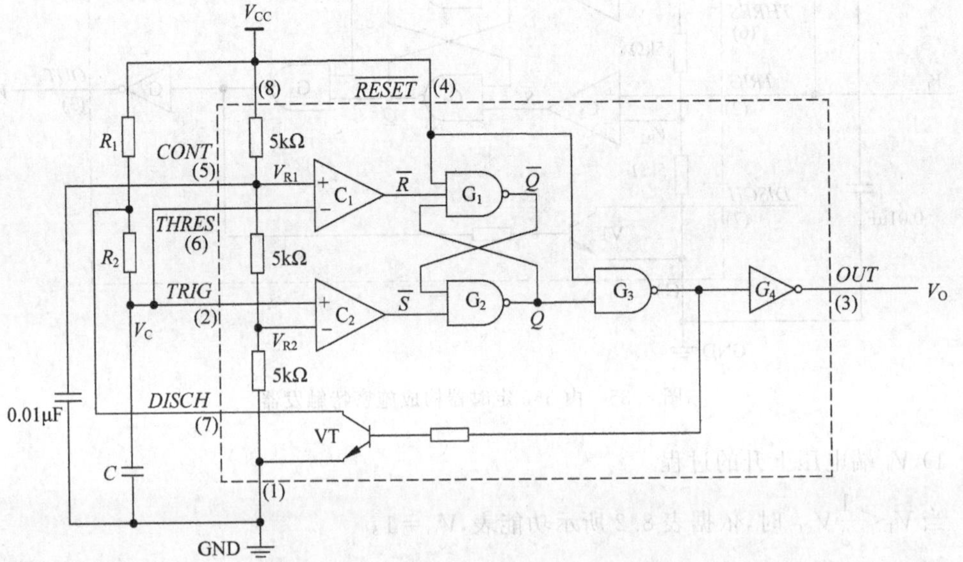

图 8.37　由 555 定时器构成的多谐振荡器

电源刚接通时，电容 C 的电压 V_C 为零，因此 555 定时器的输入端 THRES 和 TRIG 均为低电平，V_O 输出高电平，三极管 VT 截止。此时电源 V_{CC} 通过电阻 R_1 和 R_2 给电容 C 充电，使 V_C 升高。当 V_C 上升到 $\frac{2}{3}V_{CC}$ 时，V_O 输出翻转为低电平，VT 导通，电容 C 开始通过电阻 R_2 放电，使 V_C 降低。当 V_C 降至 $\frac{1}{3}V_{CC}$ 时，V_O 输出翻转为高电平，VT 截止，电容 C 又开始充电。如此周而复始，在 V_O 端就可以输出周期振荡的矩形波，电路的工作波形如图 8.38 所示。

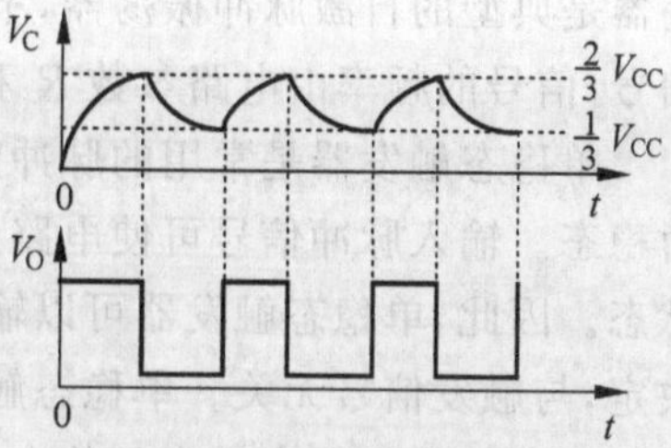

图 8.38　555 定时器构成多谐振荡器的工作波形

通过以上分析可知，V_O 输出的高电平和低电平的持续时间由电容的充电和放电时间决定，高电平的持续时间 T_{w1} 为电容电压 V_C 从 $\frac{1}{3}V_{CC}$ 上升至 $\frac{2}{3}V_{CC}$ 所需的时间，低电平的持续时间 T_{w2} 为电容电压 V_C 从 $\frac{2}{3}V_{CC}$ 降低到 $\frac{1}{3}V_{CC}$ 所需的时间。电容充电时，充电回路由 R_1、R_2 和 C 组成，由此 T_{w1} 可近似计算为

$$T_{w1}=(R_1+R_2)C\ln\frac{V_{CC}-\frac{1}{3}V_{CC}}{V_{CC}-\frac{2}{3}V_{CC}}=(R_1+R_2)C\ln 2\approx 0.69(R_1+R_2)C \quad (8.12)$$

电容放电回路由 R_2、C 和 VT 的导通电阻组成，由于 VT 的导通电阻很小，因此可以忽略，T_{w2} 可近似计算为

$$T_{w2}=R_2C\ln\frac{0-\frac{2}{3}V_{CC}}{0-\frac{1}{3}V_{CC}}=R_2C\ln 2\approx 0.69R_2C \quad (8.13)$$

由此可得周期脉冲信号的周期 T 为

$$T=T_{w1}+T_{w2}\approx 0.69(R_1+2R_2)C \quad (8.14)$$

占空比为

$$q=\frac{T_{w1}}{T}=\frac{R_1+R_2}{R_1+2R_2} \quad (8.15)$$

通过改变 R_1 和 R_2 的阻值，可以改变脉冲信号的周期和占空比，据式(8.15)可知，不论 R_1 和 R_2 为何值，占空比始终大于 50%。

本章小结

本章介绍了用于脉冲信号产生和整形的多谐振荡器、单稳态触发器、施密特触发器等电路，并介绍了常用器件 555 定时器的原理及应用。

关于周期脉冲信号产生电路，主要介绍了环形振荡器和对称式多谐振荡器。环形振荡器是利用带延时的负反馈产生振荡，振荡周期由负反馈回路中的延时确定。对称式多谐振荡器是典型的自激脉冲振荡器，不需要外加输入信号，只需要接通电源就可以产生矩形脉冲信号，信号的频率由电路参数 R 和 C 决定。

单稳态触发器是常用的脉冲整形电路，其主要特点是仅有一个稳定状态，另一个状态是暂稳态。输入脉冲信号可使电路从稳定状态进入暂稳态，延时一段时间之后自动返回稳定状态。因此，单稳态触发器可以输出宽度固定的脉冲信号，且脉冲宽度由电路参数 R 和 C 决定，与触发信号无关。单稳态触发器常被应用于延时、定时以及脉冲整形等电路。

施密特触发器有两个阈值电压，输入信号由低变高时的阈值电压为上限阈值电压，输入信号由高变低时的阈值电压为下限阈值电压。同时施密特触发器内部具有正反馈回路，可以使输出信号的边沿变得陡峭。因此施密特触发器被广泛应用于波形整形电路中。

555 定时器的应用范围很广，只需要外接少量电阻和电容器件，就可以构成单稳态触发器、施密特触发器以及多谐振荡器。

本章习题

8-1 画示意图说明连续脉冲信号的脉冲周期 T、上升时间 T_r、下降时间 T_f 的含义。

8-2 图题 8-2 所示为 5 个反相器级联构成的环形振荡器，经测试，该环形振荡器输出的脉冲信号周期为 50MHz。假设 5 个反相器的传输延迟相同，且 $t_{PLH}=t_{PHL}=t_P$，求每个反相器的平均传输延迟 t_P。

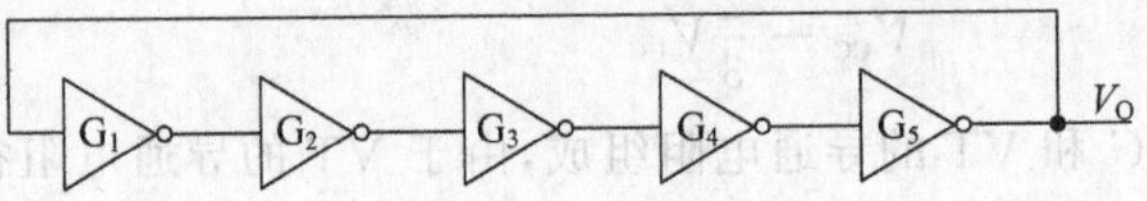

图题 8-2 环形振荡器

8-3 图题 8-3 所示为 TTL 门电路构成的振荡器，试分析其工作过程，并说明电阻 R 和 R_S 以及电容 C 的作用。如果需要调节输出脉冲信号的频率，应当调节哪些参数？参数调节范围有何限制？

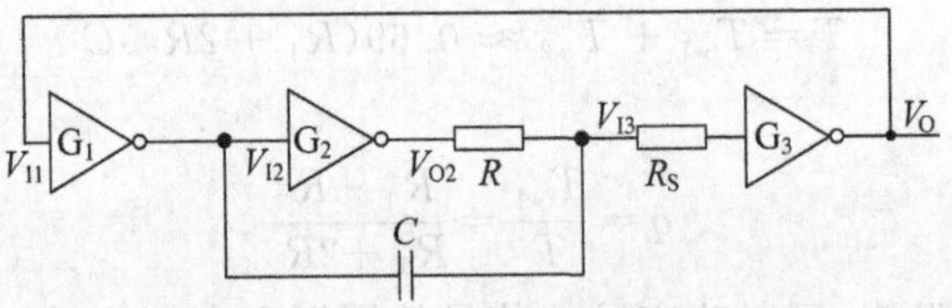

图题 8-3 TTL 门电路构成的振荡器

8-4 说明为什么石英晶体振荡器可以产生稳定的脉冲信号。

8-5 图题 8-5(a)所示为 TTL 门电路组成的微分型单稳态触发器。其中 R_d 大于门 G_1 的开门电阻，而 R 小于门 G_2 的关门电阻。试分析单稳态触发器的工作过程，若输入信号 V_I 的波形如图题 8-5(b)所示，定性画出 V_O、V_d、V_{O1} 和 V_{I2} 的波形图。

8-6 试用 74121 设计一个灯的延时开关，每次触碰按键之后灯亮起，延时一段时间之后自动熄灭。设计该延时开关的原理图，可用发光二极管代替灯。

8-7 图题 8-7 为 CMOS 反相器组成的施密特触发器，设 $V_{DD}=10\text{V}$，$R_1=10\text{k}\Omega$，$R_2=$

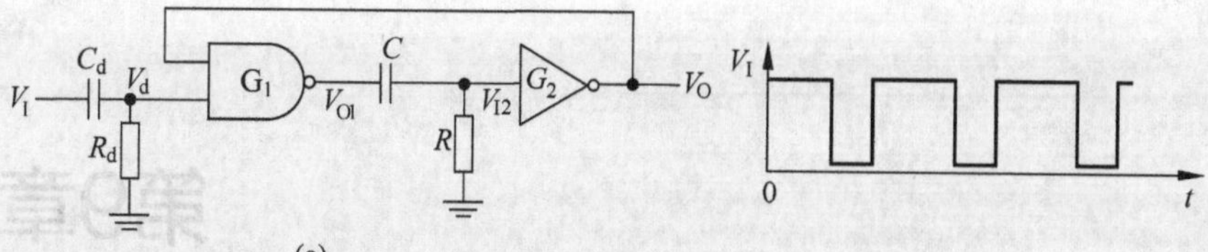

(a) (b)

图题 8-5 微分型单稳态触发器

20kΩ，求该施密特触发器的上限阈值电压 V_{T+}、下限阈值电压 V_{T-} 和回差电压 ΔV。

8-8 若图题 8-7 所示电路的输入信号 V_I 如图题 8-8 所示，画出输出信号 V_O 的波形图。

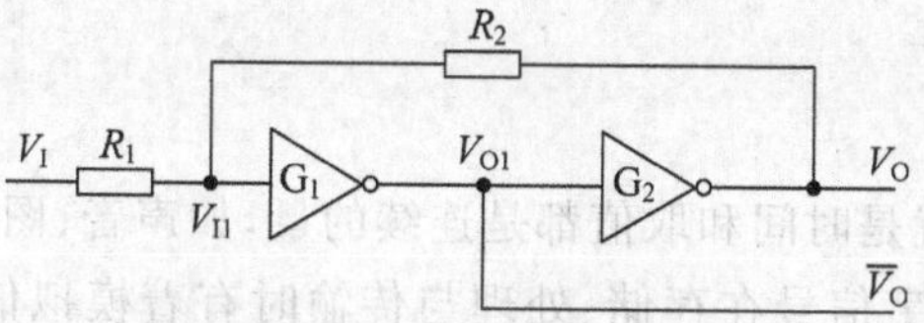

图题 8-7 施密特触发器(一)

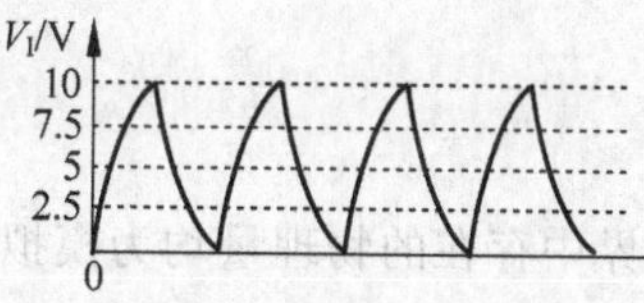

图题 8-8 输入信号波形

8-9 试分析图题 8-9 所示施密特触发器的工作原理，图中门电路均为 TTL 电路。

8-10 试分析图题 8-10 所示由 CMOS 反相器组成的压控施密特触发器的工作原理，分析它的阈值电压 V_{T+}、V_{T-} 及回差电压 ΔV 与控制电压 V_{CO} 的关系。

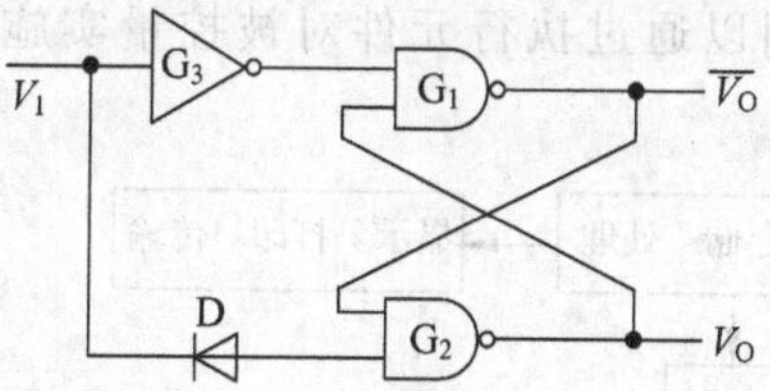

图题 8-9 施密特触发器(二)

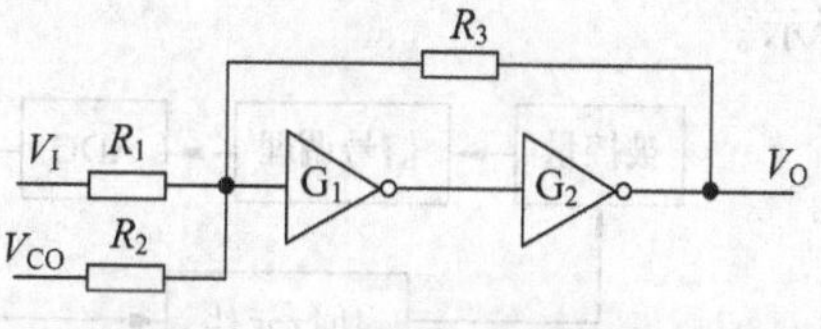

图题 8-10 压控施密特触发器

8-11 用 555 定时器设计一个多谐振荡器，并说明其工作原理。

8-12 用 555 定时器设计一个单稳态触发器，并说明其工作原理。

8-13 用 555 定时器设计一个施密特触发器，并说明其工作原理。若 555 定时器的电源电压 $V_{CC}=15$V，控制端电压 $V_{CO}=12$V，则该施密特触发器的回差电压 ΔV 是多少？

第9章 数模转换与模数转换

自然界中存在的物理量均为模拟量，也就是时间和取值都是连续的量，如声音、图像、温度、压力、湿度、气体浓度等。而我们知道，数字信号在存储、处理与传输时有着模拟信号不可比拟的优点，因此人们希望用数字技术去测量、处理模拟量，这首先就要将模拟信号转换为数字信号，即要进行模数转换。最常见的例子是数字温度计。

在自动控制系统中，采集到的模拟信号经调理[①]后变换成数字信号，即进行模数转换(Analog to Digital Convert，ADC)，将转换后得到的数字信号进行存储、处理。如果需要将处理后的数据用于对被控量实施控制，这时就要将处理后的数字信号变成模拟信号，即进行数模变换(Digital to Analog Convert，DAC)，用以通过执行元件对被控量实施控制。如图 9.1 所示。

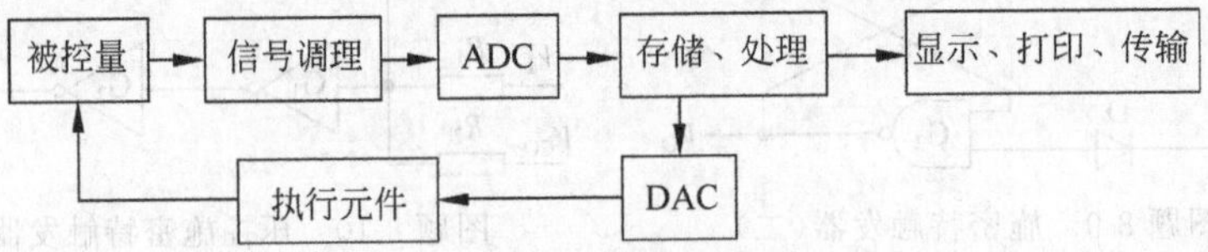

图 9.1 自动控制系统示意图

不同的系统中，使用图 9.1 中的不同部分。如 MP3 播放器只用存储、处理单元和 DAC 单元即可。

由于集成电路技术的迅速发展，市场上 ADC、DAC 的芯片种类繁多，不可能对它们一一介绍。本章主要介绍工作原理、参数的选择和使用方法。先介绍 DAC，再介绍 ADC。

9.1 数模转换器

所谓数模转换器(Digital to Analog Converter，DAC)就是这样一个器件，它的输入是数字量，而输出则是与输入数字量成比例关系的模拟量。图 9.2 所示是一个有 8 位输入数字

① 信号调理指将信号幅度调整到适合模数转换对信号幅度的要求，可以是放大，也可以是衰减。

量的 DAC 示意图。如果输入是某 8 位二进制加法计数器的输出，则其输出如图 9.3 所示，是一个阶梯波。

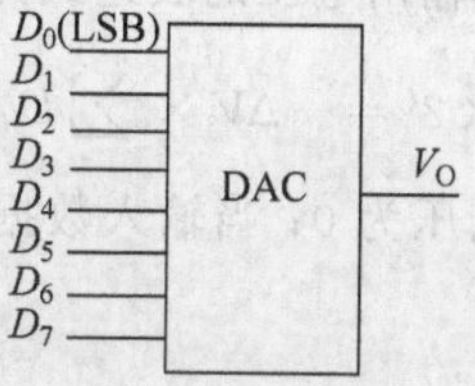

图 9.2　DAC 示意图

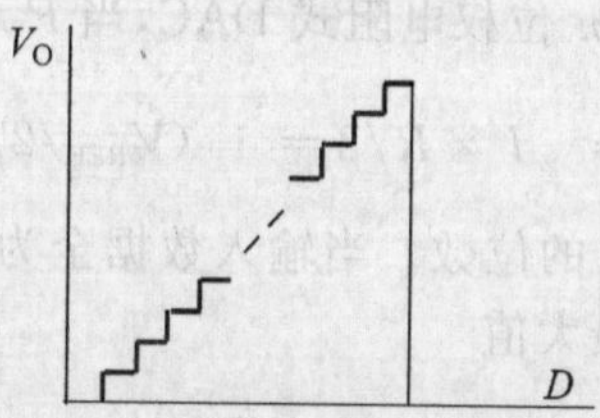

图 9.3　DAC 输入-输出特性示意图

9.1.1　权电阻型 DAC

4 位权电阻型 DAC 的构成如图 9.4 所示。由图可见，虚线左侧为一个电阻网络，电阻的取值分别为 2^3R、2^2R、2^1R、2^0R，每个电阻的一端接集成运算放大器的反相输入端，另一端通过电子开关 $S_i(i=0,1,2,3)$ 控制可接参考电压 V_{REF} 或地。电子开关 S_i 为数字量 D_i 控制的模拟开关：当 D_i 为 1 时接 V_{REF} 端，为 0 时接地。虚线右侧为由运算放大器组成的负反馈放大器，图中的 A 点为虚地，电位为 0。

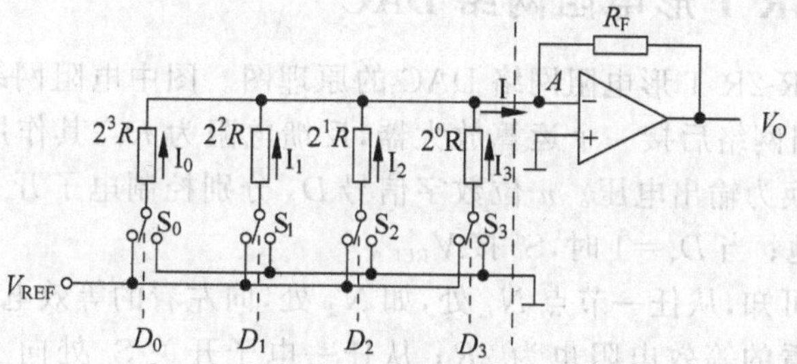

图 9.4　权电阻型 DAC

由于 A 点电位为 0，所以当 $D_i(i=0,1,2,3)$ 为 1 时，它所产生的电流流入 A 点，大小为 $I_i=V_{REF}/(2^{3-i}\times R)$。而当 $D_i=0$ 时产生的电流为 0。所以 D_i 所产生的电流 I_i 与 D_i 的关系为

$$I_i=D_i\times V_{REF}/(2^{3-i}\times R)=(V_{REF}/(2^3\times R))\times D_i\times 2^i \tag{9.1}$$

根据线性叠加原理，流入 A 点的总电流为

$$I=\sum_{i=0}^{3}I_i=(V_{REF}/(2^3\times R))\times\sum_{i=0}^{3}(D_i\times 2^i) \tag{9.2}$$

该电流在输出端产生的电压为

$$\begin{aligned}V_O&=-I\times R_F=-(V_{REF}\times R_F/(2^3\times R))\times\sum_{i=0}^{3}(D_i\times 2^i)\\&=-\Delta V\times\sum_{i=0}^{3}(D_i\times 2^i)\end{aligned} \tag{9.3}$$

式中

$$\Delta V=V_{REF}\times R_F/(2^3\times R) \tag{9.4}$$

是一个常数，当 $R_F=R/2$ 时，有

$$\Delta V=V_{REF}/2^4 \tag{9.5}$$

这个 ΔV 就是图 9.3 所示台阶波中一个台阶的高度，表示输入数字量最低位变化 1 时输出模拟量的变化量，它是 DAC 的一个重要指标，称为 DAC 的**分辨率**。

同理，对于 n 位权电阻式 DAC，当 $R_F=R/2$ 时，其输出电压的表达式为

$$V_O=-I\times R/2=-(V_{REF}/2^n)\times\sum_{i=0}^{n-1}D_i\times 2^i=-\Delta V\times\sum_{i=0}^{n-1}D_i\times 2^i \tag{9.6}$$

式中，n 为 DAC 的位数。当输入数据全为 0 时，输出电压为 0；当输入数据全为 1 时，输出电压幅度达到最大值

$$V_{O\max}=-\Delta V\times\sum_{i=0}^{n-1}2^i=-(2^n-1)\times\Delta V=-(2^n-1)V_{REF}/2^n \tag{9.7}$$

由此得输出电压最大幅度绝对值与参考电压绝对值的关系为

$$|V_{O\max}/V_{REF}|=(2^n-1)/2^n \tag{9.8}$$

如果要得到正的输出电压 V_O，只要使 V_{REF} 为负即可。也可以在后面加一个模拟反相器。权电阻型 DAC 电路中电阻的取值范围很大，例如，如果制造 8 位 DAC，则电路中最大电阻与最小电阻的阻值之比为 128∶1，这会在集成电路制造中带来困难。为此，在制造位数较多的权电阻型 DAC 时，人们采取了一些措施，使权电阻的变化范围不会太大。习题 9-3 是其中的一个例子，读者可自行分析。

9.1.2 R-2R T 形电阻网络 DAC

图 9.5 为 n 位 R-2R T 形电阻网络 DAC 的原理图。图中电阻网络中所有电阻的阻值均为 R 或 $2R$。电阻网络后接一个运算放大器，反馈电阻为 R_F，其作用是将电阻网络中所产生的输出电流转换为输出电压。n 位数字信号 D_i 分别控制电子开关 S_i 接地或接 V_{REF}：当 $D_i=0$ 时，S_i 接地；当 $D_i=1$ 时，S_i 接 V_{REF}。

分析电路结构可知，从任一节点 N_i 处，如 N_2 处，向左看的等效电阻为 $2R$，向右看的等效电阻为 $2R$，向下看的等效电阻也为 $2R$；从任一电子开关 S_i 处向上看的等效电阻均为 $3R$。A 点电位为 0。

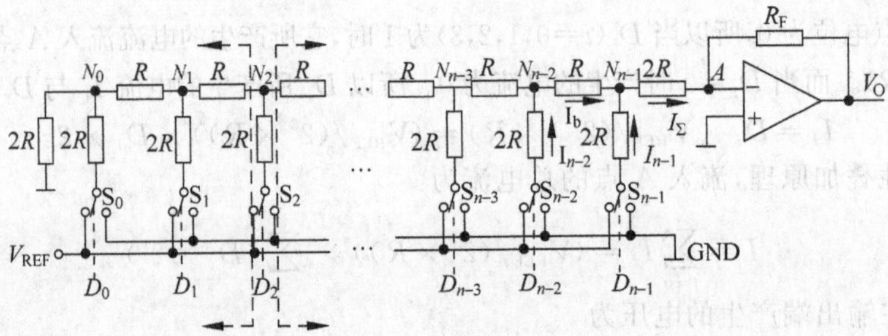

图 9.5 R-2R T 形电阻网络 DAC

当图 9.5 中 $D_{n-1}=1$，其他 $D_i=0$ 时，

$$I_{n-1}=V_{REF}/3R$$

由于从节点 N_{n-1} 处向左、向右的等效电阻均为 $2R$，所以此时流入 A 点的电流为

$$I_\Sigma=I_{n-1}/2=V_{REF}/(3R\times 2) \tag{9.9}$$

当图 9.5 中 $D_{n-2}=1$，其他 $D_i=0$ 时，

$$I_{n-2}=V_{REF}/3R \tag{9.10}$$

由于节点 N_{n-2} 处向左、向右的等效电阻均为 $2R$，所以此时流入 N_{n-1} 点的电流为

$$I_b = I_{n-2}/2 = V_{REF}/(3R \times 2) \tag{9.11}$$

而从 N_{n-1} 点处向下、向右的等效电阻均为 $2R$，所以流向 A 点的电流为

$$I_{\sum} = I_b/2 = I_{n-2}/2^2 = V_{REF}/(3R \times 2^2) \tag{9.12}$$

同理，当只有 $D_i = 1$ 时，流入 A 点的电流为

$$I_{\sum} = V_{REF}/(3R \times 2^{n-i}) \tag{9.13}$$

当输入数据为 $D_{n-1}D_{n-2}\cdots D_0$ 时，根据线性叠加原理得：流入 A 点的电流为所有 D_i 产生的流入 A 点的电流之和，即

$$\begin{aligned} I_{\sum} &= \sum_{i=0}^{n-1}(V_{REF} \times D_i/(3R \times 2^{n-i})) \\ &= V_{REF}/3R\sum_{i=0}^{n-1}(D_i/2^{n-i}) = V_{REF}/(3R \times 2^n)\sum_{i=0}^{n-1}(2^i \times D_i) \end{aligned} \tag{9.14}$$

输出电压为

$$V_O = -I \times R_F = -V_{REF} \times R_F/(3R \times 2^n) \times \sum_{i=0}^{n-1}(2^i \times D_i) \tag{9.15}$$

如果取 $R_F = 3R$，则

$$\begin{aligned} V_O &= -I \times R_F = -V_{REF} \times 3R/(3R \times 2^n) \times \sum_{i=0}^{n-1}(2^i \times D_i) = -V_{REF}/2^n \times \sum_{i=0}^{n-1}(2^i \times D_i) \\ &= -\Delta V \times \sum_{i=0}^{n-1}(2^i \times D_i) \end{aligned} \tag{9.16}$$

式中，$\Delta V = -V_{REF}/2^n$，是阶梯波中一个台阶的高度，为该 DAC 的分辨率。

当输入数据全为 0 时，$V_O = 0$；

当输入数据 $D_0 = 1$，其他全为 0 时

$$V_O = -V_{REF}/2^n = -\Delta V \tag{9.17}$$

当输入数据全为 1 时，输出最大电压

$$V_{Omax} = -V_{REF}/2^n \times \sum_{i=0}^{n-1}2^i = -V_{REF} \times (2^n - 1)/2^n \tag{9.18}$$

式(9.18)是最大输出电压幅度与参考电压的关系式。

由式(9.16)可见，R-2R T 形 DAC 的输出电压与输入数字量成正比。由于网络中只有 R、$2R$ 两种电阻值，所以在制造中比较容易控制精度。

9.1.3 倒 T 形电阻网络 DAC

图 9.6 所示为倒 T 形电阻网络 DAC 原理图。

倒 T 形电阻网络中的电阻值也为 R 和 $2R$，它的形状如同倒着的 T 字，由此得名。从任一 N_i ($i = 0,1,2,\cdots,n-1$)处向上看的等效电阻为 $2R$；向左看的等效电阻也为 $2R$；从 V_{REF} 处向左看的等效电阻为 R。电子开关受输入数字量 D_i 控制：$D_i = 1$ 时接 I_{OUT1} 端；$D_i = 0$ 时接 I_{OUT2} 端。由以上分析得图 9.6 中所示各支路电流的电流值，其中

$$I = V_{REF}/R \tag{9.19}$$

$D_i = 1$ 时流向 I_{OUT1} 的电流为

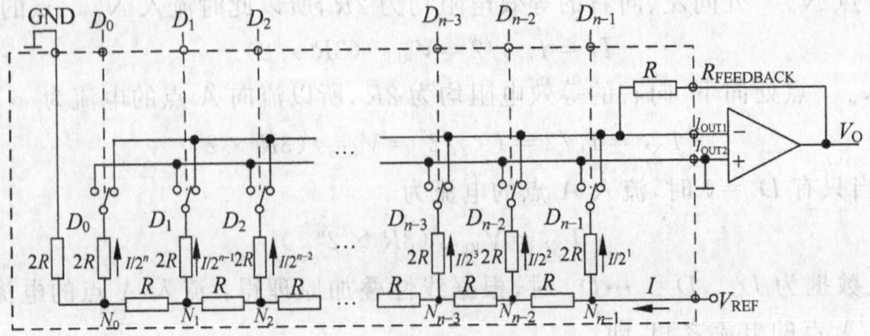

图 9.6 倒 T 形电阻网络 DAC

$$I_i = I/2^{n-i} \tag{9.20}$$

流向 I_{OUT2} 的电流为 0。

$D_i=0$ 时流向 I_{OUT1} 的电流为 0,而流向 I_{OUT2} 的电流为

$$I_i = I/2^{n-i} \tag{9.21}$$

对于任意输入数字量有

$$I_{OUT1} = I \times \sum_{i=0}^{n-1}(D_i/2^{n-i}) = V_{REF}/(R\times 2^n)\sum_{i=0}^{n-1}(D_i\times 2^i) \tag{9.22}$$

$$I_{OUT2} = I \times \sum_{i=0}^{n-1}(\overline{D}_i/2^{n-i}) = V_{REF}/(R\times 2^n)\sum_{i=0}^{n-1}(\overline{D}_i\times 2^i) \tag{9.23}$$

如果运算放大器如图 9.6 所示接入,则该 DAC 的输出电压为(I_{OUT2} 对输出电压不产生影响)

$$V_O = -R\times I_{OUT1} = -R\times I\sum_{i=0}^{n-1}(D_i/2^{n-i}) = -V_{REF}/2^n\sum_{i=0}^{n-1}(D_i\times 2^i)$$

$$= -\Delta V\times\sum_{i=0}^{n-1}(D_i\times 2^i) \tag{9.24}$$

式中,$\Delta V=V_{REF}/2^n$,为该 DAC 的分辨率。式(9.24)正是我们所希望的 DAC 的输出表达式。

9.1.4 DAC 中的电子开关

图 9.7 所示为某集成倒 T 形电阻网络 DAC 中的电子开关的示意图。图中反相器为 CMOS 电路;两个 NMOS 管 1、2 用作开关,其衬底接至电路中最低电位。

当 $D_i=0$ 时,$A=0$,$B=1$,NMOS 管 2 通,NMOS 管 1 断,电流流向 I_{OUT2};当 $D_i=1$ 时,$A=1$,$B=0$,NMOS 管 1 通,NMOS 管 2 断,电流流向 I_{OUT1}。

由于 MOS 管导通时存在导通电阻 R_{ON},设计集成电路时应该将此导通电阻的阻值考虑在整条支路电阻中,也就是应该使 $R_{ON}+R_X=2R$。当然也可以令 $R_X=0$,而使 $R_{ON}=2R$。

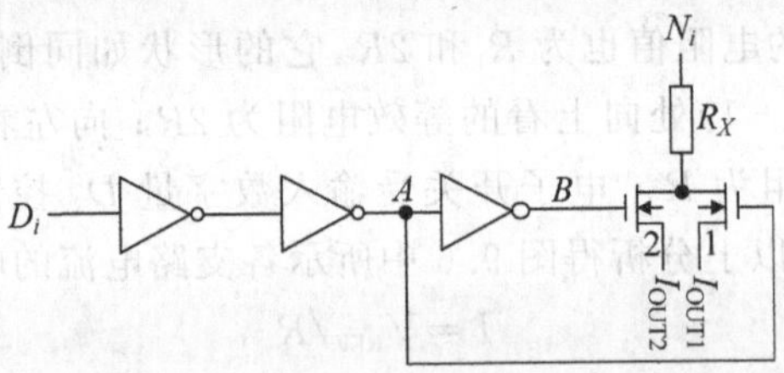

图 9.7 DAC 中的电子开关示意图

9.1.5 单片集成 DAC AD7520 及其用法

AD7520 是单片 10 位 DAC 集成电路，其内部结构完全与图 9.6 中虚框内结构相同，是倒 T 形电阻网络 DAC。它的引脚图如图 9.8 所示。图中 V_+ 为数字电源。

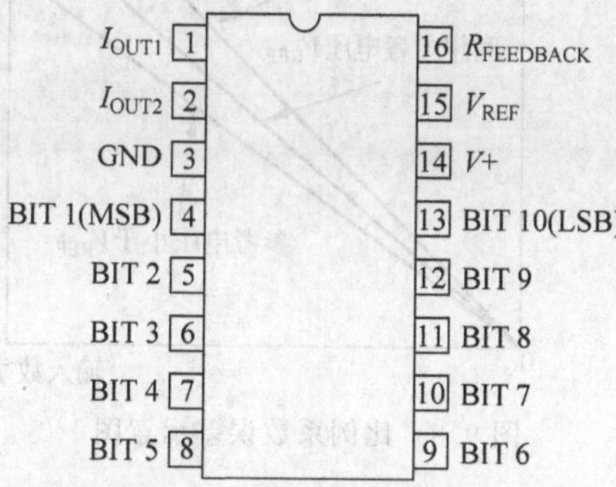

图 9.8 AD7520 引脚图

AD7520 的极限参数为：$V_{+MAX}=+17V$；$V_{REF}=+/-25V$。

实际应用中，一般将 I_{OUT2} 接地电位。如果要得到正的输出电压，只要使参考电源为负即可。

9.1.6 DAC 的主要参数

在实际应用中，需要考虑的参数主要有分辨率、转换误差和转换速度。

1. DAC 的分辨率

DAC 的分辨率就是图 9.3 所示 DAC 输出台阶波中一个台阶的高度 ΔV，它是 DAC 输出电压的最小幅度间隔，也就是当输入数字信号最低位变化 1 时，输出模拟电压的变化量。实际系统中所设计的 DAC 必须满足这个指标。显然，ΔV 越小，表明转换精度越高。由 9.1.1、9.1.2、9.1.3 小节的分析知，在适当选取运算放大器反馈电阻的条件下，DAC 的分辨率为(不考虑符号)

$$\Delta V = V_{REF}/2^n = V_{omax}/(2^n - 1) \tag{9.25}$$

由分辨率的表达式(9.25)可知：当参考电压 V_{REF} 一定时，分辨率 ΔV 只与 DAC 的位数 n 有关。n 越大，ΔV 就越小，分辨率越高。因此也常用位数 n 表示 DAC 的精度。

如果一个 n 位 DAC 的最大输出电压为 V_{Omax}，则其分辨率的绝对值为

$$\Delta V = V_{Omax}/(2^n - 1) \tag{9.26}$$

式(9.26)又称为 DAC 的绝对分辨率。而称

$$\Delta V/V_{Omax} = V_{Omax}/(V_{Omax}(2^n - 1)) = 1/(2^n - 1) \tag{9.27}$$

为相对分辨率，它只与位数 n 有关。

2. DAC 的转换误差

在分析 DAC 时，假定电阻的阻值、参考电压的电压值都是理想值，电子开关的导通电阻为 0，而运算放大器为理想运算放大器。而在实际中，阻值不可能是标称值，参考电压可能偏离标准值或有波动，运算放大器也非理想运算放大器，这些非理想因素会影响 DAC 的精度。也就是说，实际 DAC 的输出值会与理想值有偏差。

1）比例系数误差

参考电压 V_{REF} 偏离标准值所产生的误差称为比例系数误差，如图 9.9 所示。

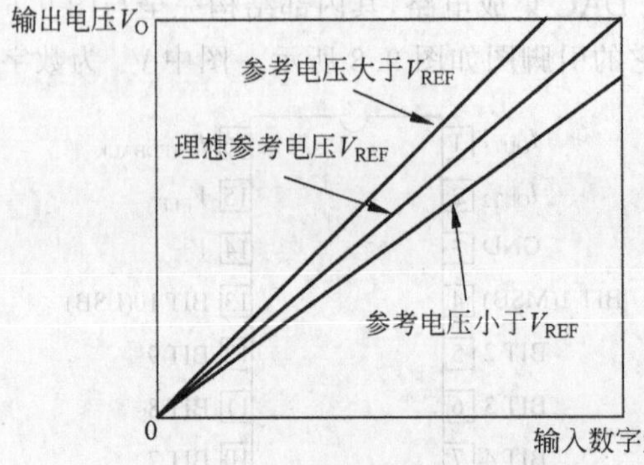

图 9.9　比例系数误差示意图

图 9.9 说明：当参考电压偏大时，输出电压偏高；反之偏低。最大偏差发生在输入数据为最大，也就是全为 1 时。

由式(9.18)知：

$$V_{Omax}=-V_{REF}/2^n\times\sum_{i=0}^{n-1}2^i=-V_{REF}\times(2^n-1)/2^n \tag{9.28}$$

当参考电压为 $V_{REF}+\Delta V_{REF}$ 时，输出电压的最大值为

$$V'_{Omax}=-(V_{REF}+\Delta V_{REF})\times(2^n-1)/2^n \tag{9.29}$$

最大偏移量为

$$\begin{aligned}\Delta V_{Omax}&=V'_{Omax}-V_{Omax}=-(V_{REF}+\Delta V_{REF})\times(2^n-1)/2^n-(-V_{REF}\times(2^n-1)/2^n)\\&=-\Delta V_{REF}\times(2^n-1)/2^n\end{aligned} \tag{9.30}$$

可见，此时最大输出电压的偏移量与参考电压的偏移量成比例关系，所以称为比例系数误差。由于$(2^n-1)/2^n$ 近似为 1，所以 V_{REF} 偏差引起的最大输出电压偏移量近似为 ΔV_{REF}。实际应用中应控制 ΔV_{REF} 在 $1/2\Delta V$ 内。

2）失调误差

运算放大器零漂引起的误差称为失调误差。失调误差的大小与输入数字量的大小无关，表现为输出电压整体上移或下移，如图 9.10 所示。

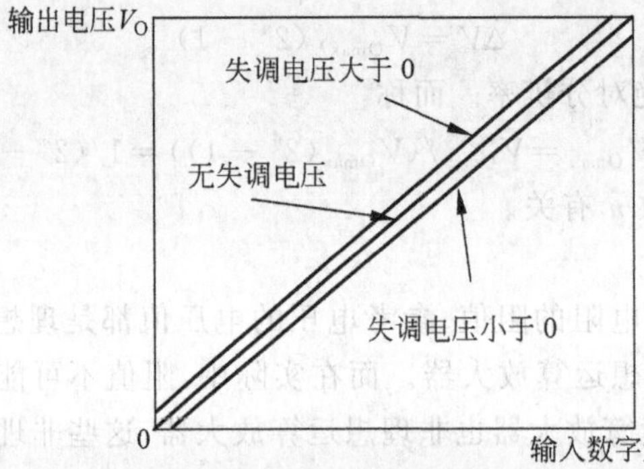

图 9.10　失调误差示意图

实际应用中应采取措施，使失调误差不超过系统所要求的精度范围。

3）非线性误差

还有一些误差是无法预测、不能定量分析的，如参考电源的波动、电阻网络中电阻的误差、电子开关的导通电阻的分散性、运算放大器的非理想特性等。它们的存在使 DAC 输出的台阶高度并不完全相等，且在使用环境发生变化时，输出电压也会发生变化。人们把这些因素引起的误差统称为非线性误差。除参考电源外，生产厂家会把其他因素引起的误差控制在允许的误差范围内。用户需要做的是使电源尽可能稳定，并在 PCB 制作时注意元器件的布局及导线的走向。

3. DAC 的转换速度

DAC 的转换速度一般用建立时间来衡量。所谓建立时间，是指从输入数字量发生变化开始到输出电压建立完成所需要的时间，一般用 t_{SET} 表示。

由于 DAC 中只有电阻和运算放大器，无储能、记忆元件，所以 DAC 的建立时间很短。现代集成 DAC 的转换速度可达每秒千兆次采样，转换时间达 0.1ns 量级。

9.1.7 DAC 的应用

DAC 除具有数模转换功能外，还有许多其他用途。

1. 数控增益放大器

由 9.1.1～9.1.3 小节的分析知，DAC 的输出电压与输入数字量成比例，还与参考电压成比例，即

$$V_O = -V_{REF} \times \sum (2^i \times D_i)/2^n \tag{9.31}$$

如果从 V_{REF} 处接输入电压 V_I，则可把 DAC 当作放大器来看，如图 9.11 所示。此时输出表达式就成了放大器输出电压与输入电压之间的关系式：

$$V_O = -V_I \times \sum (2^i \times D_i)/2^n \tag{9.32}$$

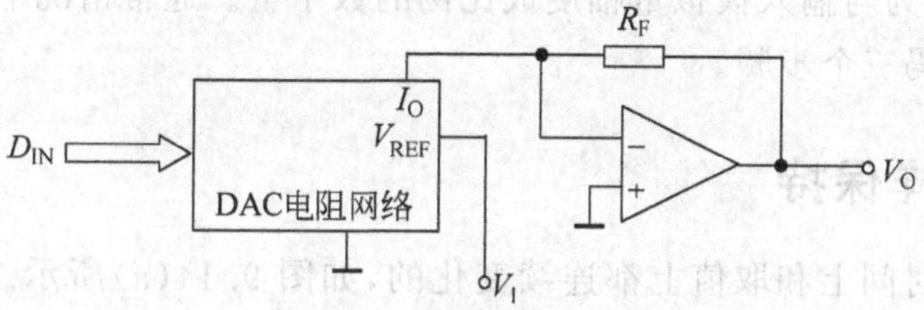

图 9.11 DAC 用作数控放大器示意图 I

该放大器的增益为

$$A_V = V_O/V_I = -\sum (2^i \times D_i)/2^n \tag{9.33}$$

可见该增益与输入数字量有关：改变输入数字量，就可以改变放大器的增益。理想情况下，该放大器的增益取值范围为 $0 \sim -(2^n - 1)/2^n$，小于 1。当然改变反馈电阻的阻值 R_F，就可以改变放大器的增益。

如果将反馈电阻与电阻网络的位置互换，即将电阻网络作为放大器的反馈电阻，而从反馈电阻处输入信号 V_I，如图 9.12 所示，则放大器的增益为

$$A_V = -2^n / \sum (2^i \times D_i) \tag{9.34}$$

放大器的增益范围为$-2^n/(2^n-1) \sim -\infty$。

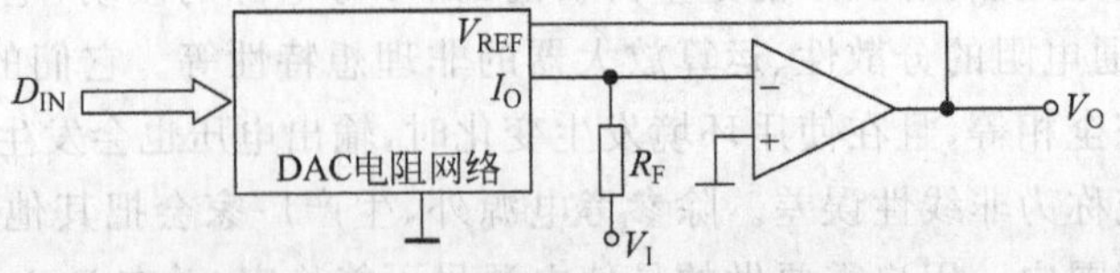

图 9.12　DAC 用作数控放大器示意图Ⅱ

2. 波形发生器

因为 DAC 的输出电压与输入数字量成比例,如果使输入数字量按某一规律变化,则可在输出端得到所要的波形。

图 9.13 是将 DAC 用作波形发生器的方框图。波形数据发生器决定输出什么波形。如果波形数据发生器是加法二进制计数器,则输出锯齿波;如果是可逆二进制计数器,加上适当的控制电路,则可以输出三角波。

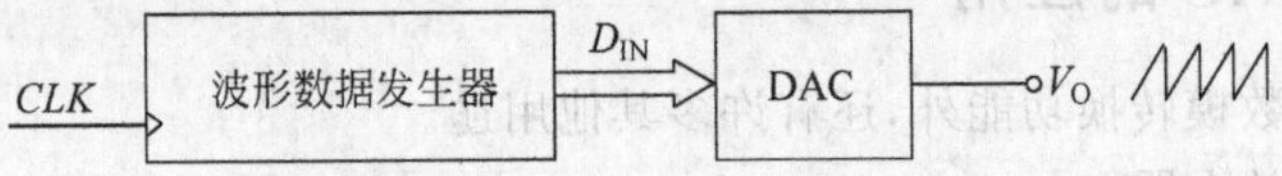

图 9.13　DAC 用作波形发生器

如果希望得到任意波形,则可以把相应波形数据存放到只读存储器 ROM 中,顺序把数据读出送至 DAC 即可。这种技术就是直接数字式频率合成器(Direct Digital Synthesizer,DDS)。

9.2　模数转换器

模数转换器(Analog to Digital Converter,ADC)就是把模拟量转换为数字量的器件,其输入为模拟量,输出为与输入模拟量幅度成比例的数字量。通常情况下,进行模数转换需要采样保持、量化、编码三个步骤。

9.2.1　采样保持

输入模拟量在时间上和取值上都连续变化的,如图 9.14(a)所示。由于模数转换需要时间,例如需要时间 Δt,从时刻 0 开始进行模数转换,模数转换完毕后时间已经到了 Δt,而在这期间输入模拟量已经发生了变化,模数转换所得到的输出数据不知道它所对应的是哪一时刻的输入信号。因此需要先将输入信号在时间上进行离散化,即将输入信号每隔 Δt 取样一次。取样后的值在进行模数转换期间应保持不变,这样 ADC 的结果对应的就是 $\Delta t * i(i=0,1,2,\cdots)$时刻的输入值。输入信号经取样保持后的结果如图 9.14(b)所示。

根据采样定理,如果取样脉冲为冲击函数,则取样频率应不小于最大输入信号频率的 2 倍,即

$$f_s = 1/\Delta t \geqslant 2 f_{\text{Imax}} \tag{9.35}$$

由于实际取样脉冲不可能为冲击函数,而是具有一定宽度的脉冲函数,所以取样频率应该更高,一般取 3～5 倍的信号频率:

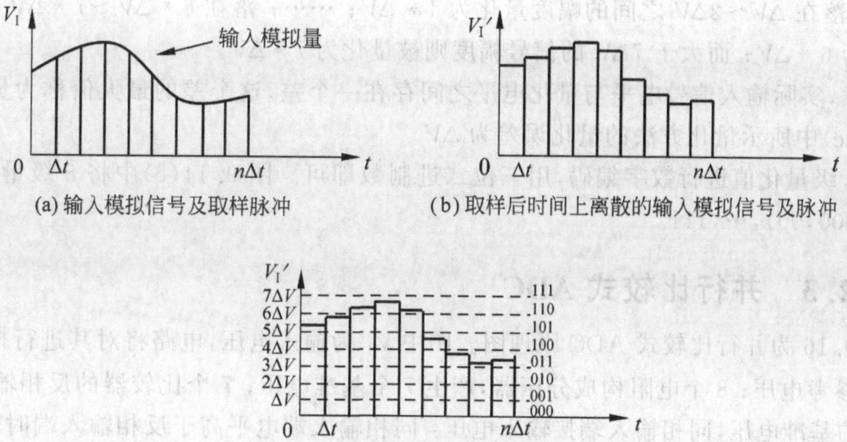

(a) 输入模拟信号及取样脉冲　　(b) 取样后时间上离散的输入模拟信号及脉冲

(c) 时间上离散信号的量化与编码

图 9.14　模拟信号的离散化

$$f_s = 1/\Delta t \geqslant (3 \sim 5) f_{\mathrm{Imax}} \tag{9.36}$$

采样保持的原理电路如图 9.15 所示。图 9.15(a)为原理电路。电子开关和电容 C 是采样保持的核心部件：电子开关在取样脉冲的作用下导通，输入信号对保持电容 C 充电，使 $V_I'=V_I$，完成取样过程；取样脉冲过后，电子开关断开，由于理想运算放大器的输入阻抗为无穷，所以 C 上的电荷无泄放回路，得以保持，在下一个取样脉冲到达前保持 $V_I'=V_I$。两个运算放大器分别用作输入、输出缓冲器：输入缓冲器使采样保持电路不对输入信号产生影响；输出缓冲器使负载不对保持电容 C 上的电荷产生影响。

图 9.15(b)为一个实用电路。图中 NMOS 管作为一个电子开关使用，当取样脉冲到达时，导通；否则断开。

当然，电子开关断开时，保持电容 C 两端的等效阻抗不可能是无穷，因此 C 上的电荷还是会慢慢泄放的。电容 C 越大，保持时间越长。但 C 越大，取样时使 $V_I'=V_I$ 需要的时间就越长，从而必须使取样脉冲变宽。根据信号分析理论，取样脉冲越宽，采样频率就必须越高，而这样就对电路系统提出了更高的要求。在实际工作中应该注意综合考虑，取合适的 C 值。

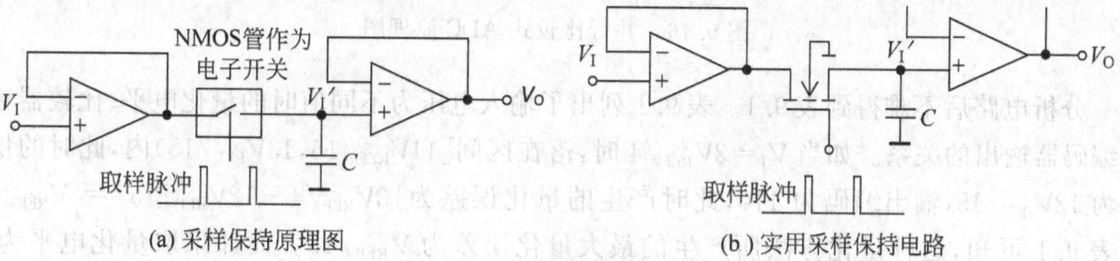

(a) 采样保持原理图　　(b) 实用采样保持电路

图 9.15　采样保持电路

9.2.2　量化与编码

经过采样保持环节将时间与取值上都连续的输入信号变成了时间上离散、取值上连续的信号，而输出数字量只能表示有限个输入信号的幅度，这就需要将信号的幅度进行量化。

图 9.14(c)中将离散后的信号幅度进行了 8 级量化：落在 0～ΔV 之间的幅度量化为

$0*\Delta V$；落在 $\Delta V\sim 2\Delta V$ 之间的幅度量化为 $1*\Delta V$；……；落在 $6*\Delta V\sim 7*\Delta V$ 之间的幅度量化为 $6*\Delta V$；而大于 $7\Delta V$ 的信号幅度则被量化为 $7*\Delta V$。

显然，实际输入信号电平与量化电平之间存在一个差，这个差的最大值称为量化误差。图 9.14(c)中所示量化方法的量化误差为 ΔV。

将 8 级量化值进行数字编码，用三位二进制数即可。图 9.14(c)中将 8 级量化值分别编码为 000,001,…,111。

9.2.3 并行比较式 ADC

图 9.16 为并行比较式 ADC 原理图。图中 V_I 为输入电压，电路将对其进行模数转换；V_{REF} 为参考电压；8 个电阻构成分压器，产生 7 个基准电压；7 个比较器的反相输入端接 7 个不同的基准电压，同相输入端接输入电压：同相输入端电平高于反相输入端时输出 1，反之输出 0；7(2^3-1)个 D 触发器在时钟作用下读取并保存 7 个比较器的输出；7 个比较器的输出共有 8 种输出状态，可用 3 位数字量表示，编码器的作用就是对其进行编码。

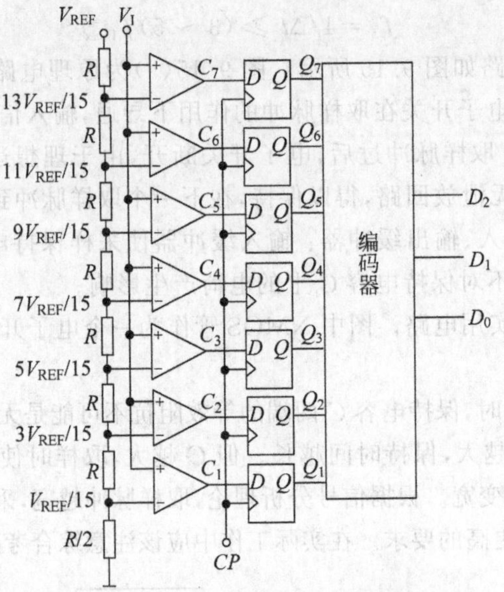

图 9.16 并行比较式 ADC 原理图

分析电路后不难得到表 9.1。表 9.1 列出了输入电压为不同值时的量化电平、比较器输出和编码器输出的关系。如当 $V_I=3V_{REF}/4$ 时，落在区间$[11V_{REF}/15, 13V_{REF}/15)$内，此时的量化值为 $12V_{REF}/15$，输出编码为 110，此时产生的量化误差为 $|3V_{REF}/4-12V_{REF}/15|=V_{REF}/20$。由表 9.1 可知，这种量化方法所产生的最大量化误差为 $V_{REF}/15$。而如果取量化电平为 0，$V_{REF}/15$，…，$13V_{REF}/15$，则最大量化误差为 $2V_{REF}/15$。

由表 9.1 可得编码器的逻辑关系为

$$
\begin{aligned}
D_2 &= C_4 \\
D_1 &= C_6+\overline{C_4}C_2 \\
D_0 &= C_7+\overline{C_6}C_5+\overline{C_4}C_3+\overline{C_2}C_1
\end{aligned} \tag{9.37}
$$

表 9.1　并行比较式 ADC 的输入-输出关系表

输入电压 V_I	量化电平	比较器输出							编码器输出		
		C_7	C_6	C_5	C_4	C_3	C_2	C_1	D_2	D_1	D_0
$[0, V_{REF}/15)$	0	0	0	0	0	0	0	0	0	0	0
$[V_{REF}/15, 3V_{REF}/15)$	$2V_{REF}/15$	0	0	0	0	0	0	1	0	0	1
$[3V_{REF}/15, 5V_{REF}/15)$	$4V_{REF}/15$	0	0	0	0	0	1	1	0	1	0
$[5V_{REF}/15, 7V_{REF}/15)$	$6V_{REF}/15$	0	0	0	0	1	1	1	0	1	1
$[7V_{REF}/15, 9V_{REF}/15)$	$8V_{REF}/15$	0	0	0	1	1	1	1	1	0	0
$[9V_{REF}/15, 11V_{REF}/15)$	$10V_{REF}/15$	0	0	1	1	1	1	1	1	0	1
$[11V_{REF}/15, 13V_{REF}/15)$	$12V_{REF}/15$	0	1	1	1	1	1	1	1	1	0
$[13V_{REF}/15, V_{REF})$	$14V_{REF}/15$	1	1	1	1	1	1	1	1	1	1

根据电路结构可知，并行比较式 ADC 中含电阻和比较器，而电阻对信号无延迟，比较器对信号的延迟也非常短，为 ns 级。这类 ADC 转换时间实际上就是触发器时钟沿到达，到编码器输出稳定所需的时间，这个时间为 10ns 级。所以并行比较式 ADC 的转换速度非常快，以至于在使用这类 ADC 时不需要采样保持电路，直接将待转换信号接到输入端即可。

由于并行比较式 ADC 的速度非常快（至今尚未研发出更快的 ADC 结构），所以常常称并行比较式 ADC 为 FLASH ADC。

图 9.16 所示的电路为 3 位并行比较式 ADC 电路，它需要 $8(2^3)$ 个电阻、$7(2^3-1)$ 个比较器、$7(2^3-1)$ 个 D 触发器；如果要做 n 位 ADC，则需要 2^n 个电阻、2^n-1 个比较器、2^n-1 个触发器，编码器也会变得很复杂，其规模也会变得很大。可见，随着位数的增加，电路规模按级数规律急剧扩大，使制造工艺、精度控制等变得困难。因此，并行比较式 ADC 常用于对速度要求高而对精度要求不太高的场合。

为提高精度，人们想出了许多方法，这些方法大都采用了间接方式进行模数转换，而并行比较式 ADC 属于直接式 ADC（直接将输入信号进行量化、编码而完成模数转换）。

9.2.4　计数式 ADC

图 9.17 为计数式 ADC 原理图。它由 n 位 DAC、n 位加法计数器、一个比较器和一个控制门组成。

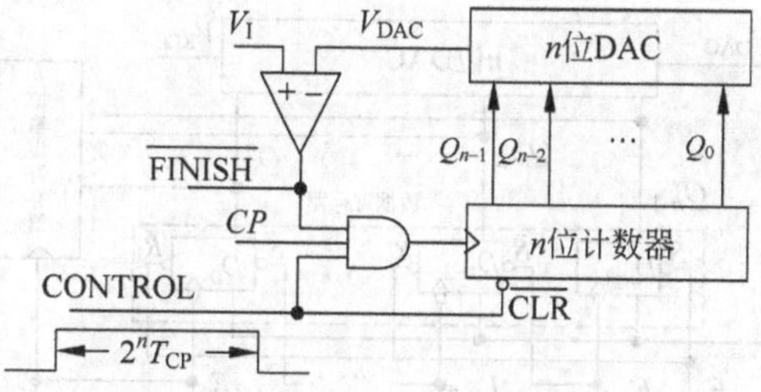

图 9.17　计数式 ADC 原理图

图中 n 位 DAC 的最大输出电压为 V_{DACMAX}；V_I 为经采样保持后的模拟输入电压，V_I 应满足 $0 \leqslant V_I \leqslant V_{DACMAX}$；$\overline{CLR}$ 为 n 位二进制计数器的异步清 0 端，低有效；ADC 的转换结果取自计数器的输出 $Q_{n-1}Q_{n-2}\cdots Q_0$；比较器输出为 FINISH 信号：$\overline{FINISH}=1$ 表明正在转

换，$\overline{FINISH}=0$ 表明转换结束，系统可从计数器读取转换结果；$\overline{FINISH}$ 同时通过与非门控制计数器的时钟；CONTROL 为控制信号，CONTROL＝0 时将计数器复位并禁止计数器计数，CONTROL＝1 时启动 ADC。

计数式 ADC 的工作原理实际上就是将输入电压 V_I 与 V_{DAC} 进行比较：转换时由于计数器一直计数，V_{DAC} 一直增加，直到 $V_I<V_{DAC}$，模数转换结束。如果将 V_{DAC} 看作是比较器的参考电压，那么这个参考电压是变化的，每次的变化量是 DAC 的分辨率 ΔV。

工作过程：开始时使 CONTROL＝0，将计数器复位为 0，此时 $V_{DAC}=0$，如果 $V_I>0$，则 $\overline{FINISH}=1$；然后使 CONTROL＝1，计数器开始计数，V_{DAC} 由 0 逐渐增加，每个时钟周期增加 ΔV；只要 $V_I>V_{DAC}$，$\overline{FINISH}$ 就等于 1，计数器就一直计数，V_{DAC} 就一直增加；直到 $V_I<V_{DAC}$，此时 $\overline{FINISH}=0$，表明转换结束，系统可读取转换结果；$\overline{FINISH}=0$ 将计数器的输入时钟关闭，计数状态不再变化；此时计数器的计数状态 $Q_{n-1}Q_{n-2}\cdots Q_0$ 就是转换结果；转换结果读取完毕后，CONTROL 可复位为 0，准备下一次转换。

计数式 ADC 的量化误差为其内置 DAC 的分辨率。转换时间与 V_I 的大小有关，最大转换时间为 $(2^n-1)T_{CP}$，对应为最大输入电压 $V_{Imax}=\Delta V*(2^n-1)$。为保证得到正确的转换结果，$CONTROL=1$ 的持续时间应定为 2^nT_{CP}。

如果 CONTROL 由 1 变为 0 时 $\overline{FINISH}$ 仍然为 1，则表明 V_I 太大，不能进行正确的转换，在这种情况下系统应给出相应的出错信息。

由上分析可见，计数式 ADC 的转换时间很长，最长为 2^nT_{CP}，每增加一位精度，转换时间增加 1 倍；但其转换精度却很容易做得较高：只要增加计数器和 DAC 的位数即可。计数式 ADC 适用于对速度要求不高，但对精度要求较高的场合。

9.2.5 逐次比较式 ADC

计数式 ADC 的转换时间很长，是因为计数器的值是逐个增加的。为缩短转换时间，人们发明了逐次比较式 ADC，其原理是首先比较并确定最高位，再比较并确定次高位……直至最低位，从而大大缩短转换时间。

图 9.18 为逐次比较式 ADC 的原理图。逐次比较式 ADC 由 n 位 DAC、一个比较器、n 位 D 触发器组成的数据寄存器、n 位输出寄存器和 $n+1$ 位右移移位寄存器组成。

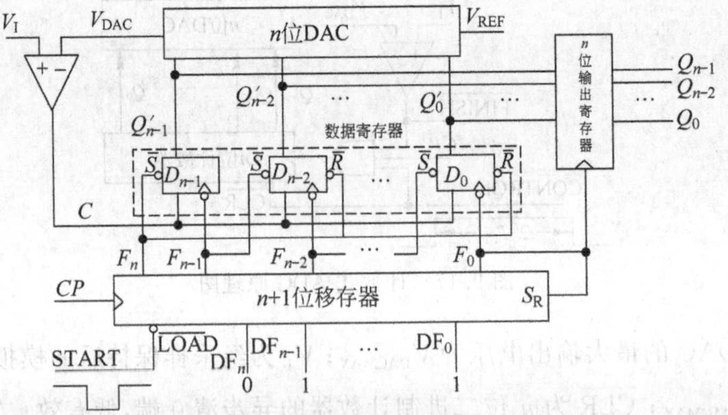

图 9.18 逐次比较式 ADC 原理图

工作过程：

(1) $START=0$,在**第一个** CP 的作用下将移存器预置为 $F_nF_{n-1}\cdots F_0=011\cdots1$；$F_n=0$,将数据寄存器置为 $Q'_{n-1}Q'_{n-2}\cdots Q'_0=100\cdots0$；此时 DAC 输出电压 $V_{DAC}=V_{REF}/2$,为开始模数转换做好准备。

(2) $START=1$,开始转换。如果此时 $V_I<V_{REF}/2$,则比较器输出 $C=0$；反之 $C=1$。**第二个** CP 的上沿到达后移存器状态变为 $101\cdots1$；此时 F_{n-1} 有一个下降沿,它将此时 C 的值写入数据寄存器的 Q'_{n-1}；此后 $F_{n-1}=0$,将数据寄存器的 Q'_{n-2}置为 1。此时如果 $Q'_{n-1}=1$,则 $V_{DAC}=3V_{REF}/4$；如果 $Q'_{n-1}=0$,则 $V_{DAC}=V_{REF}/4$。

(3) $START$ 保持为 1,继续转换过程。如果此时 $V_I<3V_{REF}/4(Q'_{n-1}=1)$或 $V_I<V_{REF}/4(Q'_{n-1}=0)$,则 $C=0$；反之 $C=1$。**第三个** CP 的上沿到达后移存器状态变为 $1101\cdots1$；此时 F_{n-2} 有一个下降沿,它将此时 C 的值写入数据寄存器的 Q'_{n-2}；此后 $F_{n-2}=0$,将数据寄存器的 Q'_{n-3}置为 1。此时如果 $Q'_{n-1}Q'_{n-2}=11$,则 $V_{DAC}=7V_{REF}/8$；如果 $Q'_{n-1}Q'_{n-2}=10$,则 $V_{DAC}=5V_{REF}/8$；如果 $Q'_{n-1}Q'_{n-2}=01$,则 $V_{DAC}=3V_{REF}/8$；如果 $Q'_{n-1}Q'_{n-2}=00$,则 $V_{DAC}=V_{REF}/8$。

⋮

(4) $START$ 保持为 1,继续转换过程。**第 $n+1$ 个** CP 到达,F_0 由 1 变为 0,产生一个下降沿,该下降沿使数据寄存器的 $Q'_0=C$,完成了 n 位 ADC 变换,此时 $Q'_{n-1}Q'_{n-2}\cdots Q'_0$的状态就是转换结果。$F_0$ 可作为低有效的转换完毕指示信号使用。

(5) 第 $n+2$ 个时钟沿到达,一方面由于此时右移移存器的串行输入 $S_R=F_0=0$,移存器的状态又变为 $F_nF_{n-1}\cdots F_0=011\cdots1$,开始下一个转换周期；另一方面 F_0 的上升沿使转换结果 $Q'_{n-1}Q'_{n-2}\cdots Q'_0$存入 n 位输出寄存器 $Q_{n-1}Q_{n-2}\cdots Q_0$,并通知系统此次转换完毕,可将数据读走。

由以上分析可知：逐次比较式 ADC 先比较高位；每比较一次可确定转换结果的一位；若连续进行模数转换,则每完成一次模数转换需要时间$(n+1)T_{CP}$；若单次进行模数转换,则完成一次模数转换需要时间$(n+2)T_{CP}$,其中第 $n+2$ 个时钟将转换结果送入输出寄存器。因此逐次比较式 ADC 要比计数式 ADC 快得多。$START$ 信号变为 1 之前应至少保持一个时钟周期为 0,以使移位寄存器可靠初始化；$START$ 信号在转换过程中应一直保持为 1,直到整个 ADC 过程结束。逐次比较式 ADC 的量化误差为内置 DAC 的分辨率 ΔV。

【例 9.1】 设某 4 位逐次比较式 ADC 的输入电压为 $V_I=3V$,其 DAC 的参考电压 $V_{REF}=5V$。试分析转换过程,并画出 CP、$START$、移存器输出、数据寄存器输出、比较器输出 C、DAC 输出 V_{DAC} 的对应波形,并确定此时 ADC 的量化误差。

解：第一个时钟沿到达时 $START=0$,将移存器初始化为 $F_4F_3F_2F_1F_0=01111$；$F_4=0$ 使 $Q'_3Q'_2Q'_1Q'_0=1000$,使 $V_{DAC}=8V_{REF}/16=V_{REF}/2=2.5V$；因为 $V_I=3V>2.5V$,所以此时比较器输出 $C=1$。具体分析过程如图 9.19 所示。

第二个时钟沿到达时 $START=1$,移存器状态变为 $F_4F_3F_2F_1F_0=10111$；F_3 的下沿使 $Q'_3=C=1$；$F_3=0$ 使 $Q'_2=1$,数据寄存器的状态变为 $Q'_3Q'_2Q'_1Q'_0=1100$,此时 $V_{DAC}=12V_{REF}/16=3V_{REF}/4=3.75V$；因为 $V_I=3V<3.75V$,所以此时比较器输出 $C=0$。

第三个时钟沿到达时 $START=1$,移存器状态变为 $F_4F_3F_2F_1F_0=11011$；F_2 的下沿使 $Q'_2=C=0$；$F_2=0$ 使 $Q'_1=1$,数据寄存器的状态变为 $Q'_3Q'_2Q'_1Q'_0=1010$,此时 $V_{DAC}=10V_{REF}/16=3.125V$；因为 $V_I=3V<3.125V$,所以此时比较器输出 $C=0$。

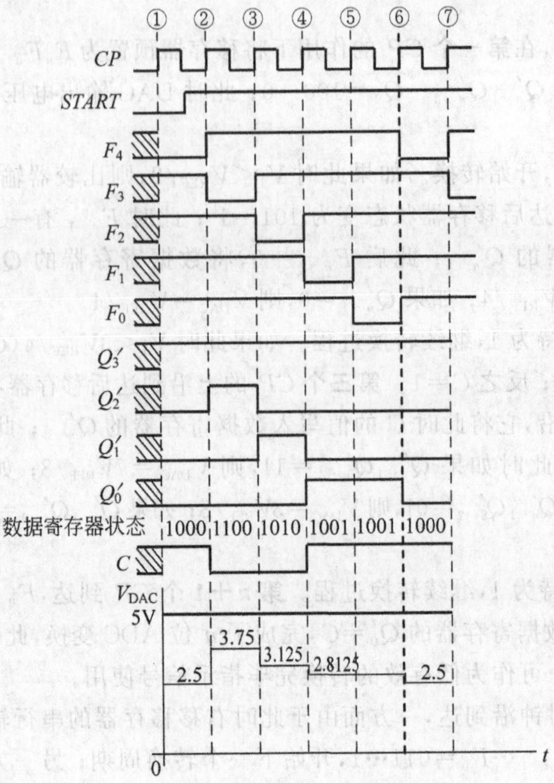

图 9.19 例 9.1 的分析过程

第四个时钟沿到达时 $START=1$，移存器状态变为 $F_4F_3F_2F_1F_0=11101$；F_1 的下沿使 $Q_1'=C=0$；$F_1=0$ 使 $Q_0'=1$，数据寄存器的状态变为 $Q_3'Q_2'Q_1'Q_0'=1001$，此时 $V_{DAC}=9V_{REF}/16=2.8125\text{V}$；因为 $V_I=3\text{V}>2.8125\text{V}$，所以此时比较器输出 $C=1$。

第五个时钟沿到达时 START=1，移存器状态变为 $F_4F_3F_2F_1F_0=11110$；F_0 的下沿使 $Q_0'=C=1$。至此，4 位转换结果均已最后确定。

第六个时钟沿到达时 START=1，移存器状态变为 $F_4F_3F_2F_1F_0=01111$；F_0 的上沿将转换结果 $Q_3'Q_2'Q_1'Q_0'=1001$ 送入输出寄存器；$F_4=0$，开始下一个转换过程。

本例转换结果为 1001，对应的量化值为 2.8125V，与输入电压的差即为量化误差 $|3-2.8125|=0.1875\text{V}$。

通过以上分析知：n 位逐次比较式 ADC 在第 1 个时钟沿做好准备，使 $F_4F_3F_2F_1F_0=01\cdots1$；第 $2,3,\cdots,n+1$ 个时钟沿分别确定 ADC 结果的第 $n-1,n-2,\cdots,0$ 位；第 $n+2$ 个时钟沿送出转换结果，并使右移移存器状态回到 $F_4F_3F_2F_1F_0=01\cdots1$，准备好进行下一次 ADC 转换。

由以上分析可见，逐次比较式 ADC 的转换时间为 $(n+2)T_{CP}$，每增加一位精度，转换时间增加一个时钟周期，比计数式 ADC 快很多；其转换精度也很容易做得较高：只要增加寄存器、移存器和 DAC 的位数即可。逐次比较式 ADC 较好地兼容了速度与精度，是应用最广泛的 ADC 之一。在大多数的嵌入式芯片中，使用的都是逐次比较式 ADC。

9.2.6 双积分式 ADC

图 9.20 为双积分式 ADC 的原理图，它由积分器、比较器、计数器、T′触发器、两个电子开关和一个控制门 M 组成。由于它在一次 ADC 时进行两次积分，所以称为双积分式 ADC。图 9.21 为双积分式 ADC 的工作波形图。

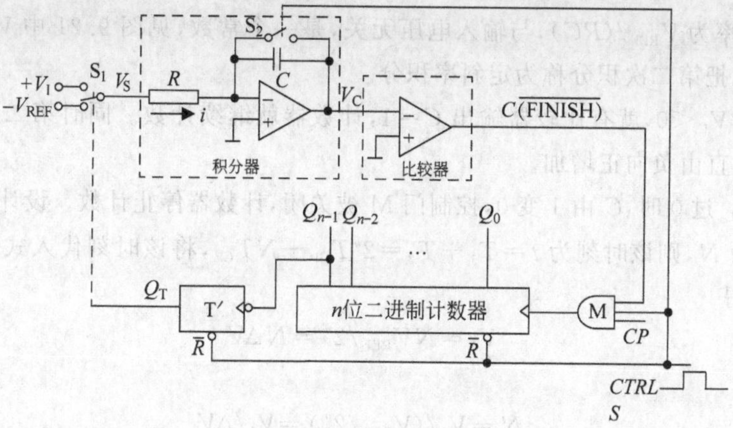

图 9.20 双积分式 ADC 的原理图

图 9.20 中电子开关 S_2 受控制信号 *CTRL* 的控制：CTRL＝0 时，S_2 闭合；*CTRL*＝1 时，S_2 断开。电子开关 S_1 受 T′触发器输出 Q_T 控制：$Q_T=0$ 时接 $+V_I$，$Q_T=1$ 时接 $-V_{REF}$。比较器输入 $V_C>0$ 时输出 $C=0$；输入 $V_C<0$ 时输出 $C=1$。$+V_I$ 为经采样保持后的输入电压，大于 0；$-V_{REF}$ 为参考电压，小于 0。

工作过程：

(1) *CTRL*＝0，将计数器、T′触发器清 0；$Q_T=0$ 使 S_1 接 $+V_I$；*CTRL*＝0 使 S_2 闭合，积分电容上的电荷被泄放掉。可把 CTRL＝0 看作初始化 ADC。

(2) *CTRL*＝1，S_2 断开，积分器开始第一次积分，由于此时 $Q_T=0$，$V_S=+V_I$，所以其输出

$$V_C=-\int_0^t i/C\,dt=-\int_0^t V_i/(RC)\,dt=-V_i/(RC)\int_0^t dt=-V_i/(RC)t \qquad (9.38)$$

由于 V_I 大于 0，所以 V_C 小于 0，比较器输出 $C=1$，门 M 打开，计数器从 *CTRL* 由 0 变为 1 时开始计数，此时的时刻为 $t=0$。

(3) 由式(9.38)知，V_C 是过零点、斜率为 $-V_I/(RC)$ 的直线。V_I 越大，斜率越大。图 9.21 中 V_C 的积分波形 1、2 和 3 分别对应输入电压 V_{I1}、V_{I2} 和 V_{I3}。随着时间的增加，第一次积分继续，V_C 向负方向持续增加，C 持续为 1，计数器继续计数。

(4) 当计数器的状态为全 1 时，再加 1，计数器归零，同时 Q_{n-1} 的负沿将 Q_T 置 1，S_1 接 $-V_{REF}$，使 $V_S=-V_{REF}$。由于 $-V_{REF}$ 是负数，所以积分器开始反向积分，即第二次积分。Q_T 由 0 变 1 的时刻为 $t=T_1=2^nT_{CP}$，此时积分器输出电压为 $V_C(T_1)=-2^nT_{CP}V_I/(RC)$。图 9.21 中 V_C 的积分波形 1、2 和 3 表明，V_I 越大，$V_C(T_1)$的绝对值就越大。由于第一次积分的时间为固定值($T_1=2^nT_{CP}$)，所以又称第一次积分为定时积分。

(5) 当 $t>T_1=2^nT_{CP}$ 时，积分器输出为

$$\begin{aligned}V_C&=-\int_0^t i/C\mathrm{d}t=-\int_0^{2^nT_{CP}}V_I/(RC)\mathrm{d}t-\int_{2^nT_{CP}}^t -V_{REF}/(RC)\mathrm{d}t\\&=-2^nT_{CP}V_I/(RC)+V_{REF}/(RC)\int_{2^nT_{CP}}^t \mathrm{d}t\\&=-2^nT_{CP}V_I/(RC)+V_{REF}(t-2^nT_{CP})/RC\end{aligned}\tag{9.39}$$

此时 V_C 的斜率为 $V_{REF}/(RC)$，与输入电压无关，是一个常数，见图 9.21 中 V_C 的积分波形 1、2、3，因此也把第二次积分称为定斜率积分。

(6) 只要 $V_C<0$，就有比较器输出 $C=1$，计数器就继续计数。同时第二次积分也一直继续，V_C 也一直由负向正增加。

(7) 当 V_C 过 0 时，C 由 1 变 0，控制门 M 被关闭，计数器停止计数。设计数器停止计数时的状态值为 N，则该时刻为 $t=T_1+T_2=2^nT_{CP}+NT_{CP}$，将该时刻代入式(9.39)并令该式等于 0，可得

$$V_I=NV_{REF}/2^n=N\Delta V\tag{9.40}$$

或

$$N=V_I/(V_{REF}/2^n)=V_I/\Delta V\tag{9.41}$$

式中，$\Delta V=V_{REF}/2^n$ 是常数。式(9.40)、式(9.41)说明 V_I 与 N 成比例，所以 N 就反映了 V_I 的大小，N 就是双积分式 ADC 的转换结果，$\Delta V=V_{REF}/2^n$ 就是最大量化误差。图 9.21 中 V_C 的积分波形 1、2 表明：V_I 越大，第二次积分的时间就越长；波形 3 则表明，如果 $V_I\geqslant V_{REF}$，则第二次积分的时间会大于 2^nT_{CP}，到 2^nT_{CP} 时又反向积分……这个过程会继续下去，显然无法得到正确结果。

(8) $C=0$ 时计数器停止计数，此时计数器的状态就是 ADC 结果。因此可把比较器输出 C 作为 ADC 结束标志，通知系统转换完毕，可读走数据。

(9) 如果 $C=0$ 后 $CTRL$ 仍然为 1，则积分器继续积分，直至系统给出指令 $CTRL=0$ 为止。由于系统事先不知道 V_I 的值，$CTRL=1$ 的持续时间应定为 $2T_1=2^{n+1}T_{CP}$，如图 9.21 所示。

(10) 系统给出指令 $CTRL=0$，完成 ADC 的初始化，准备下一次转换。

综上所述，①双积分式 ADC 完成一次 ADC 需要经过两次积分：第一次积分为定时积分，时长为 $T_1=2^nT_{CP}$，斜率为 $-V_I/RC$，与 V_I 有关；第一次积分结束时 V_C 的值为 $V_C(T_1)=-2^nT_{CP}V_I/RC$，与 V_I 有关；第二次积分为定斜率积分，斜率为 V_{REF}/RC；第二次积分 V_C 过 0 点的时刻与 $V_C(T_1)$ 有关，为 $T_1+T_2=2^nT_{CP}+NT_{CP}$，其中 N 为 V_C 过 0 点时计数器的状态值。②第二次积分 V_C 过 0 点时计数器的状态 N 就是本次 ADC 的结果。③双积分式 ADC 的量化误差为 $\Delta V=V_{REF}/2^n$。④双积分式 ADC 允许的 $V_{Imax}=(2^n-1)V_{REF}/2^n$，否则不能得到正确转换结果。如图 9.21 中 V_C 的积分波形 3，由于 $V_{I3}>V_{REF}$，第二次积分到 $t=2^{n+1}T_{CP}$ 时，V_C 仍然为 1，如果计数器继续计数，那么其状态就又从 0 开始，不能反映 V_{I3} 的大小了。⑤双积分式 ADC 完成一次 ADC 所需的最长时间为 $T_1+T_{2max}=2^nT_{CP}+(2^n-1)T_{CP}=(2^{n+1}-1)T_{CP}$，近似为 $2^{n+1}T_{CP}$。

双积分式 ADC 的精度很容易做得很高，只要增加计数器的位数即可。但它的转换时

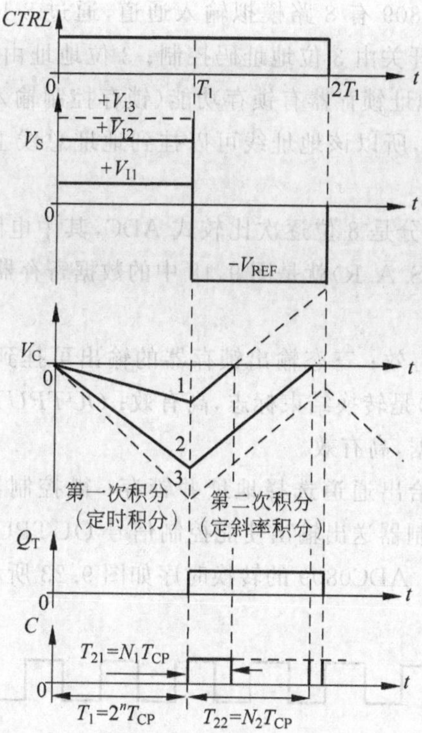

图 9.21 双积分式 ADC 的工作波形图

间很长，近似为 $2^{n+1}T_{\mathrm{CP}}$，是所介绍几种 ADC 中最长的。双积分式 ADC 常用于对精度要求高，而对速度要求不高的场合。

9.2.7 集成 ADC 举例

ADC0809 是单片逐次比较式 ADC，其原理图如图 9.22 所示。

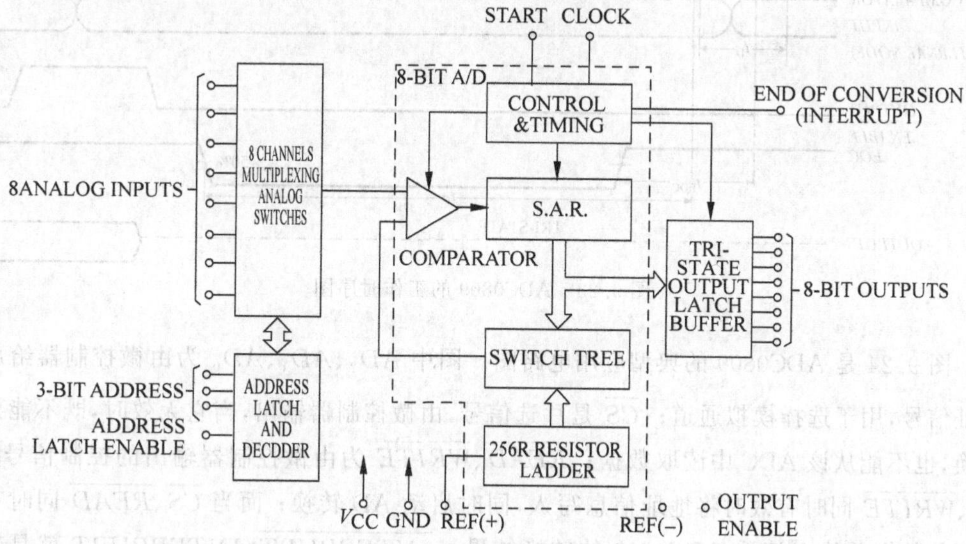

图 9.22 ADC0809 原理图

由图 9.22 可知，ADC0809 有 8 路模拟输入通道，通过 8-1 多路开关选择其中一路到 ADC 进行 AD 转换；多路开关由 3 位地址码控制；3 位地址由外部输入到地址锁存器，经译码后去控制多路开关；地址锁存器有锁存功能（锁存控制输入信号 *ADDRESS LATCH ENABLE*（*ALE*），高有效），所以该地址线可以挂到地址总线上使用，这在计算机/数字系统中是经常用到的技术。

图 9.22 中的虚线内部分是 8 位逐次比较式 ADC，其中电阻梯形网络和开关树构成 8 位 DAC，移存器和寄存器（S. A. R）就是图 9.18 中的数据寄存器和移存器，控制和定时逻辑是图 9.18 中的控制部分。

开始信号 START 高有效；三态输出锁存器的输出可挂到系统的数据总线上。*END OF CONVERSION*（*EOC*）是转换结束标志，高有效；*OUTPUT ENABLE* 是输入信号，控制输出锁存器是否输出数据，高有效。

工作时序：微控制器给出通道选择地址并锁存；微控制器给出 START 信号；等待 *EOC*；收到 *EOC* 后，微控制器送出输出使能控制信号 OUTPUT ENABLE，并从数据总线读走数据；结束本次转换。ADC0809 的转换时序如图 9.23 所示。

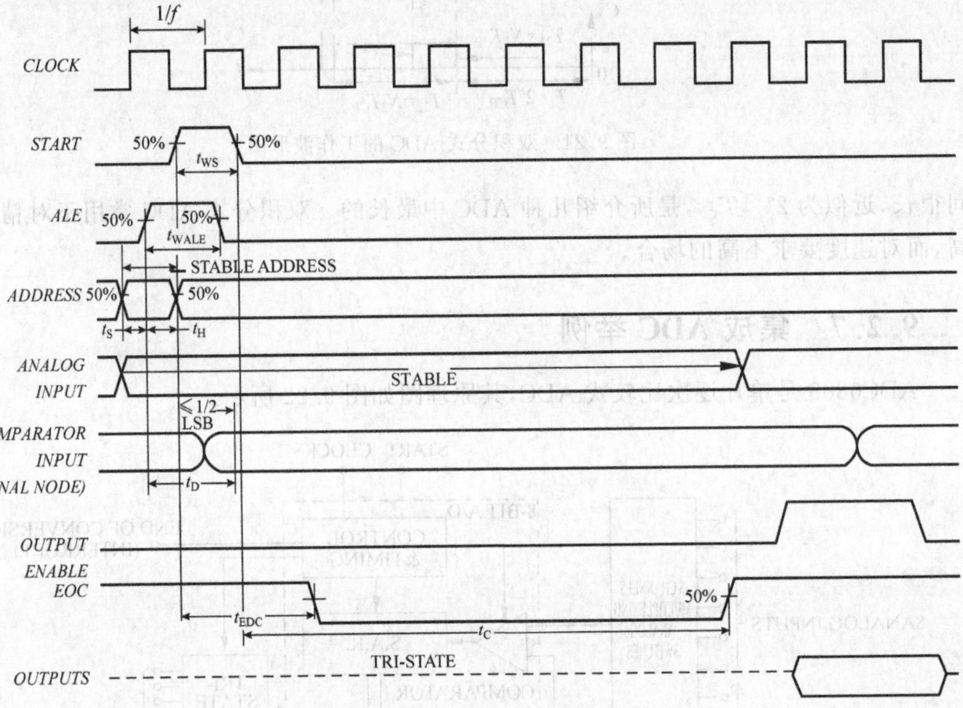

图 9.23 ADC0809 的工作时序图

图 9.24 是 ADC0809 的典型应用电路图。图中 AD_2、AD_1、AD_0 为由微控制器给出的地址信号，用于选择模拟通道；$\overline{CS}$ 是片选信号，由微控制器输出，当它无效时，既不能开始转换，也不能从该 ADC 中读取数据；$\overline{READ}$、$\overline{WRITE}$ 为由微控制器输出的控制信号；当 $\overline{CS}$、$\overline{WRITE}$ 同时有效时将地址信息写入，同时启动 AD 转换；而当 $\overline{CS}$、$\overline{READ}$ 同时有效时可从数据总线上读取 ADC0809 的转换结果；$\overline{INTERRUPT}$/*INTERRUPT* 就是转换

完毕信号 EOC，用于给微控制器输出中断信号，通知微控制器转换完毕，可读取转换结果。

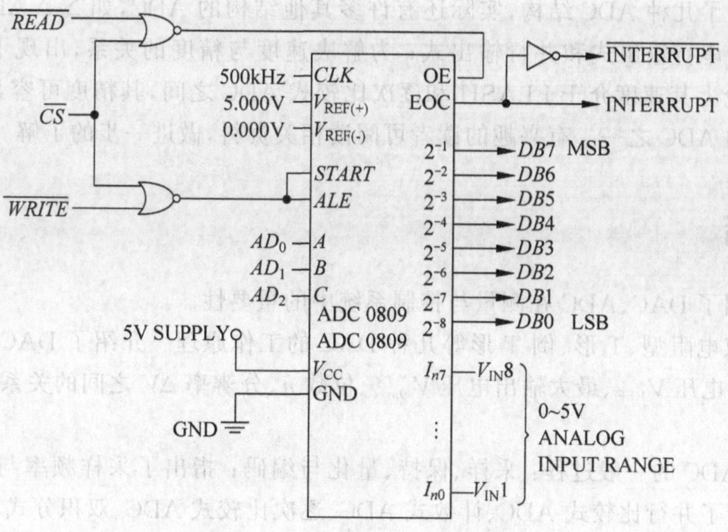

图 9.24 ADC0809 的典型应用

9.2.8 ADC 的参数

1. ADC 的分辨率

ADC 的分辨率是指使输出数字量最低位变化 1 所对应的输入模拟量的变化量，常用 ΔV 表示。也常用 ADC 的位数 n 表示。它们之间的关系是

$$V_{REF} = 2^n \Delta V \tag{9.42}$$

【例 9.2】 某 10 位 ADC 的参考电压为 10.24V，试求其分辨率 ΔV 和最大允许输入电压 V_{Imax}。

解：由式(9.42)得

$$\Delta V = V_{REF}/2^n = 10.24/2^{10}\,\text{V} = 0.01\text{V} = 10\text{mV}$$

$$V_{Imax} = (2^n - 1)V_{REF}/2^n = 1023 \times 10.24/1024 = 10.23\text{V}$$

2. ADC 的误差

ADC 的误差指转换结果的实际值与理论值的差。造成误差的原因：参考电源的误差、内置 DAC 的误差、积分器的非理想性、其他元件参数的误差等。实际应用中，手册上都给出 ADC 的误差。

3. ADC 的转换速度

ADC 的转换速度用转换时间来描述。

ADC 的转换时间由采样保持时间和 ADC 转换时间两部分组成。

采样保持时间与采样电容关系很大，可做到 ns 级。

ADC 的转换时间与 ADC 的结构有很大的关系，在所介绍的 4 种 ADC 结构中并行比较式最快，可达 10ns 量级；双积分式和计数式最慢，分别为 $2^{n+1}T_{CP}$ 和 2^nT_{CP}，为 10ms 量级；逐次比较式介于二者之间，为 $(n+1)T_{CP}$（连续转换）或 $(n+2)T_{CP}$（单次转换），可达 μs 量级。当然后三种 ADC 的转换速度都与系统时钟有关。

4. 其他结构的 ADC

本章介绍了几种 ADC 结构，实际还有许多其他结构的 ADC，如 Σ-Δ ADC 等；从输出结构上可分为串行输出式和并行输出式；为解决速度与精度的关系，出现了所谓“流水线式”ADC，理论上其速度介于 FLASH 和逐次比较式 ADC 之间，其精度可容易地提高，是目前研究最热的 ADC 之一。有兴趣的读者可阅读相关资料，做进一步的了解。

本章小结

首先介绍了 DAC、ADC 在测量与控制系统中的重要性。

介绍了权电阻型、T 形、倒 T 形等几种 DAC 的工作原理。介绍了 DAC 的参数确定方法：根据参考电压 V_{REF}、最大输出电压 V_{Omax}、位数 n、分辨率 ΔV 之间的关系。介绍了 DAC 的应用。

介绍了 ADC 的一般过程：采样、保持、量化与编码；指出了采样频率与信号频率之间的关系；介绍了并行比较式 ADC、计数式 ADC、逐次比较式 ADC、双积分式 ADC 等的工作原理及各自的特点；介绍了 ADC 的参数选择方法：根据参考电压 V_{REF}、最大输入电压 V_{Imax}、位数 n、分辨率 ΔV 之间的关系；指出了 ADC 的速度与精度的矛盾关系。

本章习题

9-1 在图 9.4 中，如果 $V_{REF}=5V$，$R=5k\Omega$，那么 V_{REF} 需要提供的最大电流是多少？V_{REF} 需要提供的最大功率又是多少？

9-2 某 4 位权电阻式 DAC 中，$R_F=R/2$，$V_{REF}=5V$。试求其分辨率 ΔV，输出电压最大值 V_{Omax}；如果输入数据为 $D_3D_2D_1D_0=1001$ 时，输出电压为多少？

9-3 试分析图题 9-3 所示 8 位 DAC 电路，并给出输出电压 V_O 与输入数据 $D_7 \sim D_0$ 的关系式。

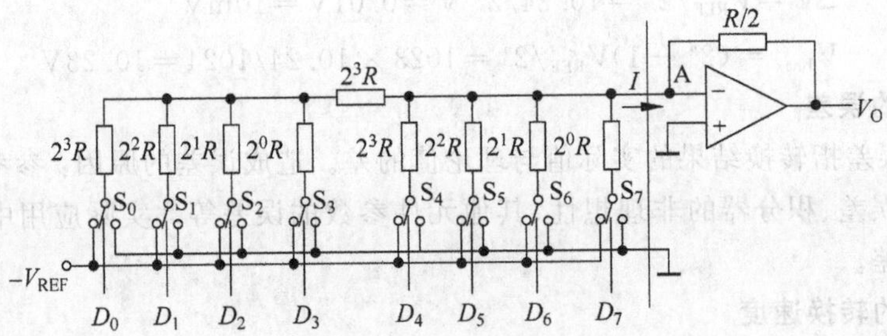

图题 9-3 权电阻型 DAC

9-4 试比较 T 形和倒 T 形电阻网络 DAC 的功耗大小(只考虑电阻网络的功耗)。

9-5 某系统中需要一个 DAC。要求 $V_{Omax}=5V$，$\Delta V=1mV$。试确定所需 DAC 的位数 n 和参考电压值 V_{REF}。根据所求得的 n 和 V_{REF}，分析是否满足设计要求。

9-6 图题 9-6 所示为由 DAC 芯片 AD7520 组成的数控放大器电路。①当 $D_9 \sim D_0=1000000000$ 时，求放大器的增益；②当要求增益为 5 时，求输入数据 $D_9 \sim D_0$。

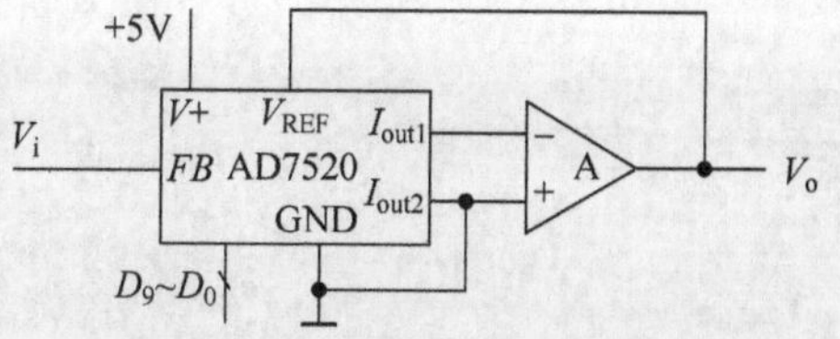

图题 9-6 程控放大器示意图

9-7 试画出图题 9-7 所示电路的输出波形。设移存器的初始状态为 0001。

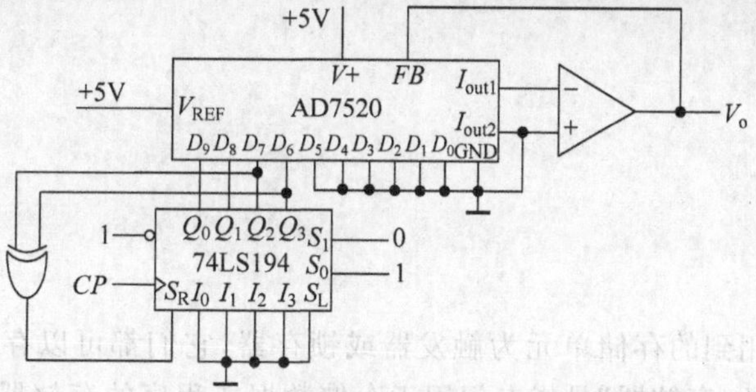

图题 9-7

9-8 某系统中对某信号进行模数转换，信号幅度范围为 0~5V，要求 $\Delta V=1\text{mV}$。试确定该 DAC 的位数 n 和参考电压值 V_{REF}，并根据所求得的 n 和 V_{REF}，计算出实际分辨率。

9-9 在图 9.16 中，如果分压器中最下面一个电阻的阻值也为 R，其他部分相同。试列出类似表 9.1 的输入-输出关系表，并指出量化误差的大小。

9-10 在图 9.16 中，如果 $V_I=2.36\text{V}$，$V_{REF}=5\text{V}$，试确定输出编码值，并计算此时的量化误差。

9-11 如果只做一次模数转换，10 位逐次逼近式 ADC 完成一次转换需要几个时钟周期？如果连续进行模数转换，每次转换又需要几个时钟周期？

9-12 某模拟信号的最高频率为 $f_i=10\text{kHz}$，用 10 位逐次逼近式 ADC 对其进行连续模数转换。试确定该 ADC 的最低时钟频率。

9-13 某模拟信号的最高频率为 $f_i=1\text{kHz}$，用 10 位双积分式 ADC 对其进行模数转换。试确定该 ADC 的最低时钟频率。

第10章 存储器及可编程器件概述

在时序电路中用到的存储单元为触发器或锁存器，它们都可以存储1位二进制信息。然而人们日常所说的“存储器”是指专门用于存储数据或程序的存储器，它们可存储多位二进制信息。为提高集成度，人们采用特殊形式的电路来存储数据，它们与触发器/锁存器的电路结构和工作原理都不相同。数据在存储器中多以字节(8位)、字(16/32/64位等，依具体器件而定)等为单位进行存储，读(取)写(存)操作同时对1个字节/字的所有位进行。随着半导体技术的发展，人们越来越多地使用32/64位的存储器。存储器可分为只读存储器和随机存取存储器。

由于存储器可用于实现逻辑函数，所以在此基础上人们又研制出了可编程逻辑器件(Programmable Logic Device，PLD)，专门用于实现数字系统。由于PLD的灵活性，它得到了日益广泛的应用。

本章先介绍只读存储器、随机存取存储器，然后简要介绍可编程逻辑器件。

10.1 只读存储器ROM

所谓只读存储器(Read Only Memory，ROM)，就是可将数据事先写好，再将其放到系统板上。系统只可以读其所存储的数据，而不能改写。随着集成技术的发展，现在ROM的概念已有所改变，其数据不仅可读，而且可以改写，只是写的速度较慢。

10.1.1 ROM的结构与原理

最早的ROM产品是半导体生产厂家根据客户要求而生产的，它所存储的信息(程序或数据)由用户提供，是固定的，用户无法对其进行改动。ROM中存储数据的阵列可以由二极管、晶体管组成，也可以由MOS管组成，但其结构、工作原理都是类似的。

图10.1所示是ROM的电路结构示意图。由图可见，ROM由虚线的左右两部分组成：左边为地址译码器，其输出高电平有效；右边为数据存储单元，如果在横线与纵线的交差处有NMOS管存在，则该单元存储的是逻辑1，否则存的是逻辑0。其工作原理如下：

(1) 地址译码器输入为 n 位地址码，输出为 2^n 条横线，对应 2^n 个最小项 m_i。从逻辑关系上看每条横线完成的是 n 个变量的与运算，所以称为**“与线”**。又由于每条横线上存储的是一个字节/字，所以横线又称为“字线”。

(2) 存储单元中的 MOS 管为增强型 NMOS 管。当其栅极为 0 时处于夹断状态，纵线 D_i' 电平为高，逻辑 1；当其栅极为 1 时处于导通状态，使纵线 D_i' 电平为低，逻辑 0。

(3) 若数据存储单元中无 NMOS 管，则该条纵线 D_i' 电平为逻辑 1，经过反相器输出逻辑 0。

(4) 每条纵线 D_i' 上有若干个 NMOS 管，则它们与上拉电阻共同构成 OD(漏极开路)门，实现的逻辑功能为“或非”。如图 10.1 中的纵线 D_3' 的表达式是：

$$D_3' = \overline{m_1 + m_3 + m_5 + m_6}$$

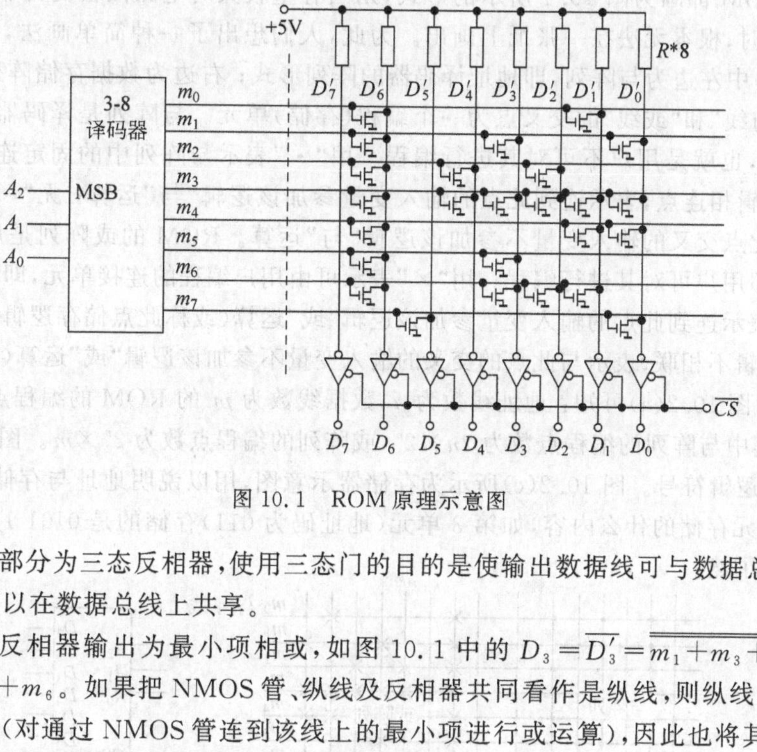

图 10.1　ROM 原理示意图

(5) 输出部分为三态反相器，使用三态门的目的是使输出数据线可与数据总线相连接，从而使数据可以在数据总线上共享。

(6) 三态反相器输出为最小项相或，如图 10.1 中的 $D_3 = \overline{D_3'} = \overline{\overline{m_1 + m_3 + m_5 + m_6}} = m_1 + m_3 + m_5 + m_6$。如果把 NMOS 管、纵线及反相器共同看作是纵线，则纵线所完成的逻辑功能为“或”(对通过 NMOS 管连到该线上的最小项进行或运算)，因此也将其统称为**“或线”**。由于或线对应的是 1 位数据，所以又称为**位线**。

(7) 由以上分析知，虚线左边的地址译码器完成逻辑“与”运算，称为**与阵列**；虚线右边阵列完成逻辑“或”运算，称为**或阵列**。在“与线”与“或线”的交叉处若有 NMOS 管，则当输入为相应的地址码时该“与线”所对应的 m_i 将会在输出端产生 1，否则输出为 0。例如，当地址码 $A_2A_1A_0 = 000$ 时，输出数据 $D_7 \sim D_0$ 为 01000010，即 42H。也就是说，给定一个地址，存储器就给出一个 8 位输出数据。当然存储器中的信息可以是数据，也可以是程序，也可以是字符等，例如图 10.1 中的存储器中存储的内容若是数据，则它们是 42H，49H，54H，5FH，43H，48H，4EH，21H。若是 ASCII 符，则它们是“BIT-CHN!”。图 10.1 所示存储器中存储的内容如表 10.1 所示。

表 10.1 图 10.1 所示 ROM 中所存信息

$A_2A_1A_0$	D_7	D_6	D_5	D_4	D_3	D_2	D_1	D_0
0 0 0	0	1	0	0	0	0	1	0
0 0 1	0	1	0	0	1	0	0	1
0 1 0	0	1	0	1	0	1	0	0
0 1 1	0	1	0	1	1	1	1	1
1 0 0	0	1	0	0	0	0	1	1
1 0 1	0	1	0	0	1	0	0	0
1 1 0	0	1	0	0	1	1	1	0
1 1 1	0	0	1	0	0	0	0	1

由以上分析知，虽然 ROM 可存储数据，但它是组合电路，而不是时序电路。

若将 ROM 都画为图 10.1 所示的形式，则当容量较大时电路图会变得非常复杂，且当地址线较多时，根本无法在一张纸上画出。为此，人们想出了一种简单画法，如图 10.2(a)所示。图(a)中左边为与阵列，即地址译码器的阵列形式；右边为数据存储阵列，即或阵列。图中每个“与线”和“或线”的交叉点为一个编程(存储)单元。与阵列是译码器，用户不可对其进行改动，也就是用户不可对其进行编程。用“·”表示与阵列中的固定连接单元，即有“·”处为逻辑相连点，表示连到此点的输入变量参加该逻辑“与”运算；无“·”处逻辑不相连，表示与此点交叉的输入变量不参加该逻辑“与”运算。ROM 的或阵列是用户可随意存储数据的，即用户可对其进行编程。用“×”表示可由用户编程的连接单元，即有“×”处为逻辑相连点，表示连到此点的输入变量参加该逻辑“或”运算(或称此点储存逻辑 1)；无“×”处逻辑表示逻辑不相联，表示与此点的交叉的输入变量不参加该逻辑“或”运算(或称此点储存逻辑 0)。由图 10.2(a)可知：地址线数为 n，数据线数为 m 的 ROM 的编程点数为 $2n\times2^n+2^n\times m$，其中与阵列的编程点数为 $2n\times2^n$，或阵列的编程点数为 $2^n\times m$。图 10.2(b)所示为 ROM 的逻辑符号。图 10.2(c)所示为存储器示意图，用以说明地址与存储内容的关系：哪个存储单元存储的什么内容，如第 3 单元(地址码为 011)存储的是 0101 1111，其第三位 $b_3=1$，一目了然。

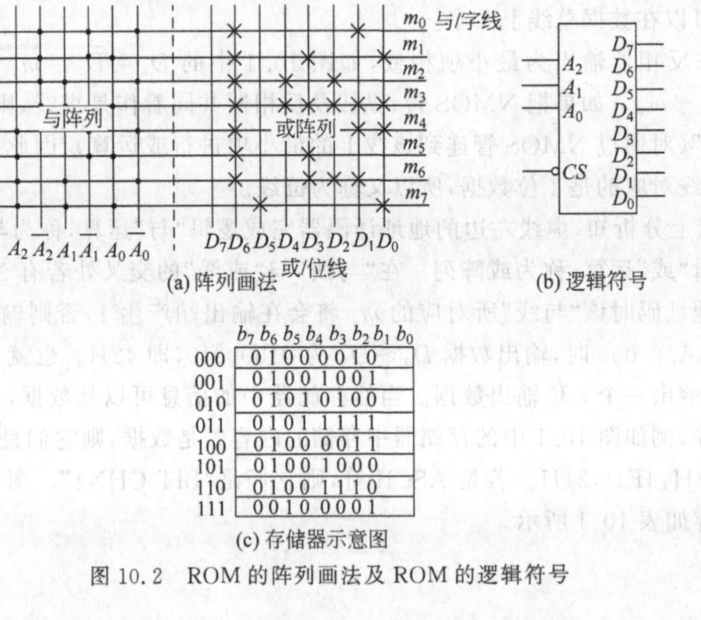

图 10.2 ROM 的阵列画法及 ROM 的逻辑符号

存储器的容量一般用字节或字数×位数表示，如图 10.1 所示 ROM 的容量为 8×8。

10.1.2 用 ROM 实现逻辑函数

ROM 由与阵列和或阵列组成，与阵列产生所有 2^n 个最小项，而或阵列的每条或线可完成最小项相或运算。由第 2 章知：每个逻辑函数均可写成最小项之和式。所以可用 ROM 实现任意逻辑函数：输入变量为地址码 $A_{n-1}\cdots A_0$，输出变量为数据输出端 D_i。图 10.2 所示 ROM 实现的逻辑函数为

$$D_7=0;$$
$$D_6=\sum m(0,1,2,3,4,5,6);$$
$$D_5=m_7;$$
$$D_4=\sum m(2,3);$$
$$D_3=\sum m(1,3,5,6);$$
$$D_2=\sum m(2,3,6);$$
$$D_1=\sum m(0,3,4,6);$$
$$D_0=\sum m(1,3,4,7)$$

容量为 $2^n\times m$ 位的 ROM 可实现 m 个 n 变量的逻辑函数，其中 n 为地址码位数，m 为输出数据位数。

可见，ROM 既可用于存储数据，也可用以实现逻辑函数。如 16K×8bit 的 ROM 可实现任意 8 个 14 变量函数。

10.1.3 现代 ROM 的行列译码结构

现代 ROM 的容量都非常巨大。如果一片 ROM 的容量为 64KB，若采用图 10.1 所示的结构，则字线要有 $2^{16}=65536$ 条。这么巨大的数字在集成电路制造过程中会带来一系列问题，如使产品尺寸比较大，会使布线困难，也会使产品不经济等。因此，现代 ROM 均采用所谓的行列译码结构，即译码器与多路选择器相结合的译码结构，以使布线更合理，其原理如图 10.3 所示。

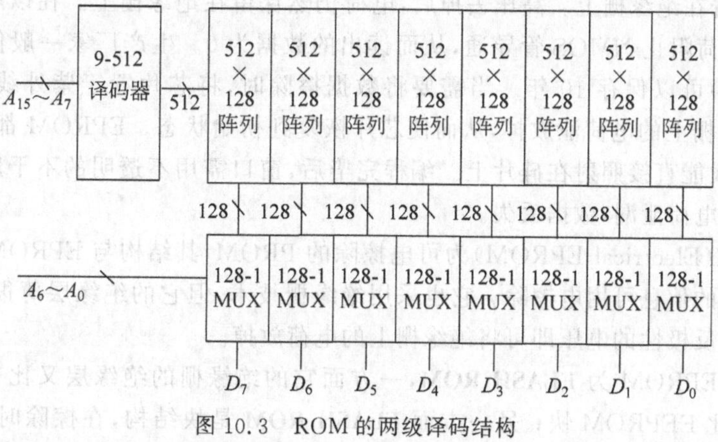

图 10.3 ROM 的两级译码结构

图 10.3 中将 16 位地址分为两部分：$A_{15} \sim A_7$ 和 $A_6 \sim A_0$。电路由 3 部分组成：9-512 译码器将高 9 位地址译码，产生 512 个输出，完成**行译码**；每个 512×128 阵列存储有 512×128 位数据，其结构为 512×128，每个高 9 位地址使其中的一个 128 位输出到 128-1 MUX 的数据输入端；地址码的低 7 位从 512×128 阵列输出的 128 个数据中选择一个送至数据输出端，完成**列译码**。

图 10.1 所示结构为掩膜 ROM，它只能由半导体生产厂家生产。用户要先将数据送给集成电路生产厂家，由厂方进行掩膜生产，再送回用户。如果数据有误，则用户需要修改数据，再重复上述过程。这样科研、生产周期就会很长，并且造价也会很高。目前这种技术只用于大批量生产。而在产品的开发阶段或小批量生产时均采用其他 ROM 技术。

10.1.4 PROM、EPROM、EEPROM

掩膜 ROM 在 1 的位置放上一个 NMOS 管，而在 0 的位置则不放。这样，用户就不能对 ROM 编程。对于科学研究、产品开发等领域带来很大的不便。

PROM(Programmable ROM)则在所有或阵列的交叉点处都放上了一个 NMOS 管，只不过每个 NMOS 管的源极都通过一个熔丝与地相连，如图 10.4(a)所示。此时所有的位均为 1。用户使用时要先对 PROM 编程，即利用编程器将不需要 NMOS 管的位置上的熔丝烧断。当然这些都由计算机控制完成，人们只需将要写的数据送给计算机即可。可见 PROM 只能编程一次，所以有时又称为 OTP(One Time Programmable) ROM。

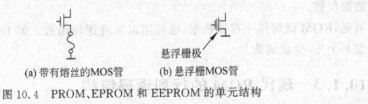

(a) 带有熔丝的MOS管　　(b) 悬浮栅MOS管

图 10.4　PROM、EPROM 和 EEPROM 的单元结构

EPROM(Erasable PROM)为可擦除 PROM，即当数据需要改写时，用户可将数据擦除，重复使用。EPROM 的每个存储单元也是一个 NMOS 管，只不过该 NMOS 管多了一个悬浮栅极，称为浮栅 MOS 管，如图 10.4(b)所示。悬浮栅极与外界没有电连接，其周围为高阻绝缘材料，称为绝缘层。编程时在要存 0 的存储单元的栅极加一高压，使绝缘层瞬时击穿，使电荷附着在绝缘栅上。高压去掉后，电荷仍然保留在绝缘栅上。在以后读取数据时，悬浮栅上的电荷阻止 NMOS 管导通，从而读出的数据为 0。生产厂家一般保证数据(即绝缘栅上的电荷)可以保存 10 年。当需要将数据擦除时，将芯片置于紫外线灯下照射 5～20min，使绝缘栅上的电荷泄放掉，从而使芯片恢复到初始状态。EPROM 都有一个透明窗口，以便紫外线能直接照射在硅片上。编程完毕后，窗口需用不透明的不干胶带遮住，以免光线透入而使电荷泄漏，数据丢失。

EEPROM(Electrical EPROM)为可电擦除的 PROM，其结构与 EPROM 类似，只是存储单元所存储的信息可用电擦除。它也采用绝缘栅技术，但它的绝缘层薄很多。擦除时只要在栅极加相反极性的电压即可将绝缘栅上的电荷放掉。

另一种 EEPROM 为 **FLASH ROM**，一方面它的绝缘栅的绝缘层又比普通 EEPROM 薄，其写速度比 EEPROM 快；另一方面 **FLASH ROM** 是块结构，在擦除时是成块地擦除

(而不是以字节为单位进行),其擦除速度比 EEPROM 快得多。由于它的擦除、编程速度较快,因而称为闪存。由于绝缘层薄,它的寿命比 EEPROM 短。

ROM、PROM、EPROM、EEPROM(FLASH)的读写速度如表 10.2 所示。由表可见,可编程 ROM 的读速度远快于写速度。

表 10.2 各种 ROM 的读写速度

类型	读周期	写周期	说明
ROM	10~100ns	若干星期	不可编程
PROM	<100ns	10~50μs	一次编程
EPROM	25~200ns	10~50μs	可重复使用
EEPROM	50~200ns	10~50μs	一般可用十万次

10.1.5 现代 ROM 的内部结构及 ROM 的扩展

现代 ROM 的容量非常巨大,其能耗控制变得不可或缺。实际 ROM 内部除含有图 10.3 所示结构外,还加入了电源控制,如图 10.5 所示。图中 $\overline{CS}$、$\overline{OE}$ 共同控制三态输出;$\overline{CS}$ 还控制行译码器、存储阵列和列译码器的电源,当 $\overline{CS}$ 无效时这 3 个模块的电源均关闭,从而达到节约电能的目的。

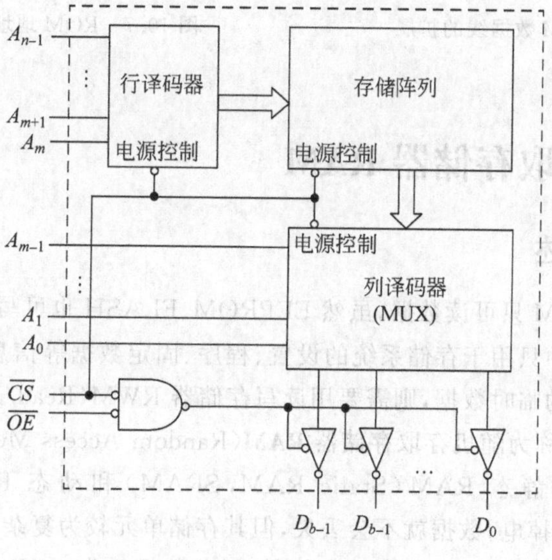

图 10.5 ROM 的内部结构

现代 ROM 的容量已很大,如 EPROM 芯片 M27C322 的容量为 32M×16 位(字数×位数,一般存储器的容量这样标识),M27C160 的容量为 2M×8 位或 1M×16 位;FLASH 芯片 K9K8G08U0A 的容量为 4G×8 位。不管芯片的容量多大,总是有限的。而在实践中往往会遇到容量不够的情况,这时就需要用多片 ROM 来实现更大的存储空间。

ROM 的扩展可分为两部分:数据位的扩展和地址线的扩展。数据位的扩展比较简单,只要把地址线和控制线分别接到一起即可。图 10.6 所示电路将 2^n×8ROM 扩展成为 2^n×

16ROM。而地址的扩展往往需要用译码器和 ROM 的$\overline{CS}$控制信号来实现。图 10.7 所示电路用 8 片容量为 $2^{n-3}\times 8$ 的 ROM 和一片 3×8 译码器组成了容量为 $2^n\times 8$ 的 ROM，扩展后的$\overline{CS}$信号为译码器的使能端，所有数据线分别接到一起构成数据总线。图 10.7 也是译码器的典型应用，读者可体会一下。如果既需要扩展数据线，又要扩展地址线，将图 10.6 和图 10.7 的方法结合起来即可。

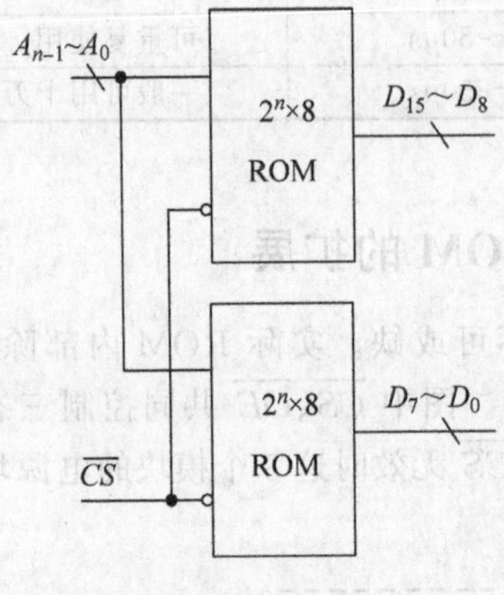

图 10.6 ROM 数据线的扩展

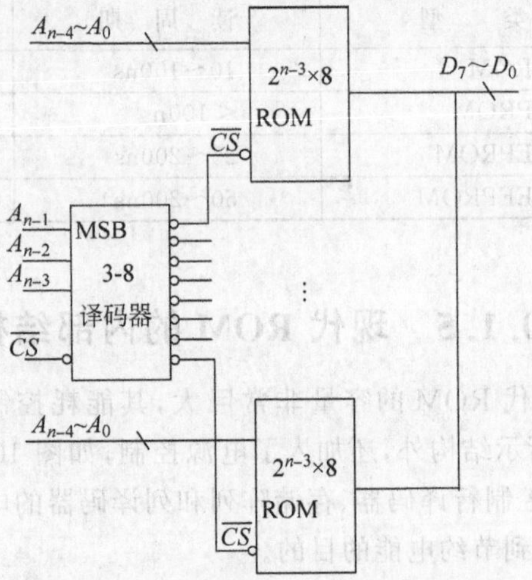

图 10.7 ROM 地址线的扩展

10.2 随机存取存储器 RAM

10.2.1 概述

10.1 节所述 ROM 只可读数据，虽然 EEPROM、FLASH 也可写数据，但由于其写速度慢，通常在数字系统中只用于存储系统的设置、程序、固定数据等信息。而在数字系统中大量的、需要迅速更改的临时数据，则需要用读写存储器 RWM(Read/Write Memory)作为存储媒介。RWM 通常称为随机存取存储器 **RAM**(Random Access Memory)。

RAM 通常分为静态 RAM(Static RAM，SRAM)和动态 RAM(Dynamic RAM，DRAM)，前者只要不掉电，数据就不会丢失，但其存储单元较为复杂；后者利用电容的储能特性存储数据，因而需要定时给电容补充能量，以免数据丢失。DRAM 的存储单元十分简单，所以单位面积晶片上可做的存储单元数较 SRAM 多。

10.2.2 静态随机存取存储器 SRAM

由于需要在系统中对 SRAM 进行读、写操作，所以它应有数据输入、输出口。当然像 ROM 一样，它也必须有地址输入和控制输入。SRAM 的存储单元如图 10.8 所示，它用 D 锁存器存储信息；读/写操作由控制线 SEL 和 $\overline{WR}$ 完成：SEL 有效时为读操作，SEL 与 $\overline{WR}$ 同时有效时为写操作，并允许数据输出；$\overline{WR}$ 单独有效时不进行任何操作。

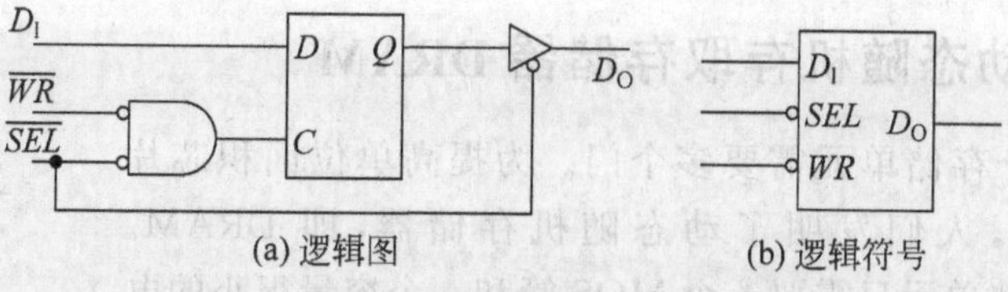

图 10.8 SPAM 存储单元逻辑图及逻辑符号

实际的 SRAM 就是由图 10.8 所示的存储单元加适当的控制逻辑组成的。当然，大规模的 SRAM 也采用行列译码。图 10.9 是一个的 8×4 SRAM 的例子。图 10.9 中地址译码器输出作为字线控制存储单元的 $\overline{SEL}$ 端，它有效时存储单元可输出数据。而数据只有当外部写控制 $\overline{WR}$ 无效，片选信号 $\overline{CS}$ 有效，输出使能 $\overline{OE}$ 有效时才能输出；写数据时，则要使 $\overline{CS}$、$\overline{WR}$ 有效。读者可对照图 10.8 自行分析。

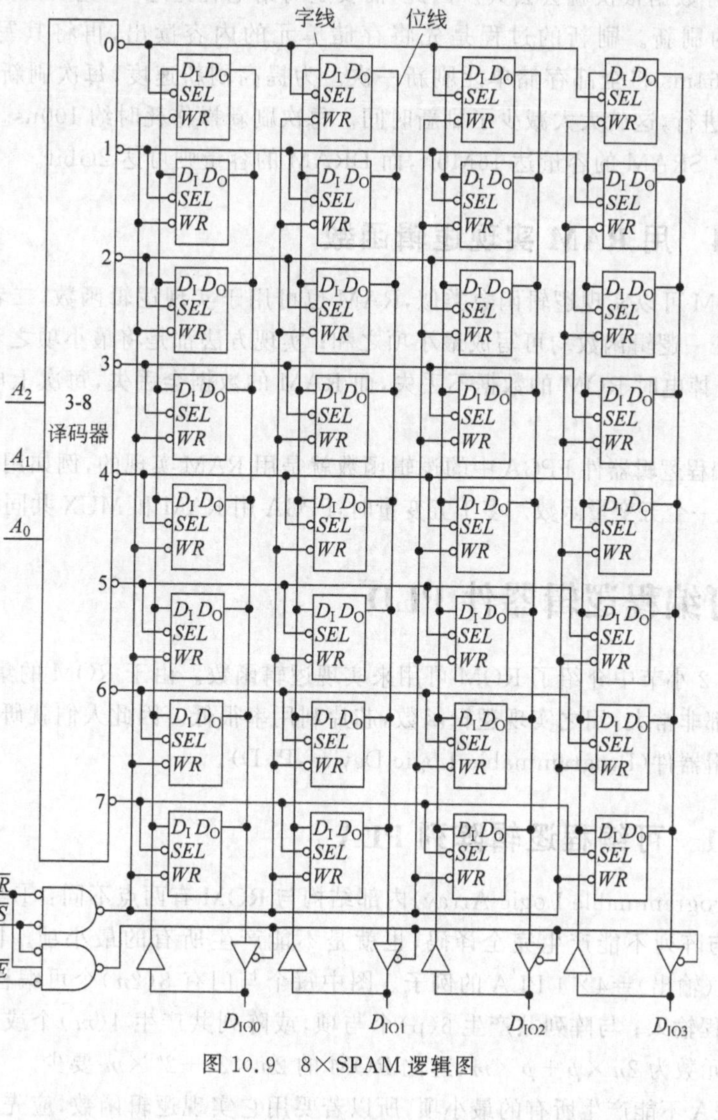

图 10.9 8×SPAM 逻辑图

10.2.3 动态随机存取存储器 DRAM

SRAM 的每个存储单元需要多个门。为提高单位面积芯片上的存储单元数，人们发明了动态随机存储器，即 DRAM。DRAM 的一个存储单元只需要一个 MOS 管和一个容量很小的电容，如图 10.10 所示。存储数据时先将数据置于位线，再将字线置 1 即可：若存 0，则不对电容充电，或使电容放电；若存 1，则位线上的高电平对电容充电。数据写入后，将字线置 0，MOS 管截止，电容上的电荷得以保存，从而数据不会丢失。读数据时，将字线置 1 即可读出数据。DARM 内部也是采用行列译码。

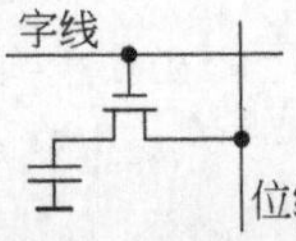

图 10.10 DRAM 的存储单元

实际上，即使 MOS 管截止时，也会发生缓慢的电荷泄放。由于电容的容量很小，若不采取措施，所存数据很快就会丢失。因此，需要定时给电容充电，以免数据丢失，这个充电过程就是所谓的刷新。刷新的过程是先将存储单元的内容读出，再将其写回去。现代的 DRAM 每隔 64ms 将全部存储单元刷新一次。为提高刷新速度，每次刷新操作对（行列译码中的）一行进行，这就大大减少了刷新时间。每次刷新操作耗时约 100ns。

目前单片 SRAM 的容量达 16Mbit，而 DRAM 的容量则可达 2Gbit。

10.2.4 用 RAM 实现逻辑函数

与用 ROM 可以实现逻辑函数类似，RAM 也可用于实现逻辑函数，二者实现逻辑函数的原理都是任一逻辑函数均可写成最小项之和；实现方法都是将最小项之和的数据写入存储器；区别是掉电时 ROM 的数据不丢失，而 RAM 的数据会丢失，每次上电时需要重新将数据写入。

现场可编程逻辑器件 FPGA 中的逻辑函数就是用 RAM 实现的，例如用容量为 $2^5\times1$ 位的 RAM 实现一个五变量函数。多于五变量时，FPGA 用 RAM 和 MUX 共同实现逻辑函数。

10.3 可编程逻辑器件 PLD

在 10.1.2 小节中介绍了 ROM 可用来实现逻辑函数。由于 ROM 的集成度都很高，也就是其规模都非常大，用之实现逻辑函数，芯片利用率很低。因此人们就研发出了各式各样的可编程逻辑器件（Programmable Logic Device，PLD）。

10.3.1 可编程逻辑阵列 PLA

PLA（Programmable Logic Array）内部结构与 ROM 有两点不同：①与、或阵列均可用户编程；②与阵列不能产生完全译码，也就是不能产生所有的最小项。图 10.11 是一个 n（输入）$\times m$（输出）$=4\times4$ PLA 的例子。图中每个与门有 8($2n$)个可编程输入，每个或门有 6 个可编程输入；与阵列共产生 6(p)个与项，或阵列共产生 4(m)个或项（输出）。PLA 的可编程单元数为 $2n\times p+p\times m$，远比 ROM 的 $2n\times2^n+2^n\times m$ 要少。

由于 PLA 不能产生所有的最小项，所以若要用它实现逻辑函数，应先将函数化简为最简与或式。由于每个输出都可以使用与阵列所产生的每个与项，所以在设计多输出函数时应充分利用公共项，即应该注意多输出函数的设计方法。设计时若能充分考虑以上两条，则可以充分利用 PLA 的硬件资源。

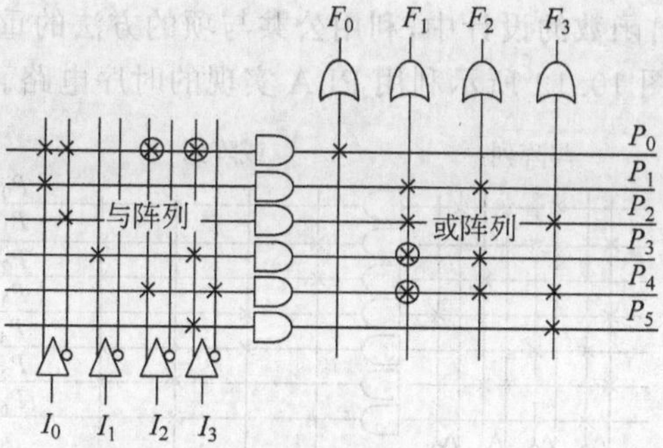

图 10.11 具有 6 个与项的 4×4PLA

【例 10.1】 利用图 10.11 所示 PLA 设计函数：$F_0=0$，$F_1=1$，$F_2=I_0+I_1I_3+I_2\bar{I}_3$，$F_3=\bar{I}_0+I_3+I_2$。

解：$F_0=0$，只要任一输入变量的原变量与反变量相“与”即可，需要一个与项：$I_0\cdot\bar{I}_0$。当然这个与项还可以再和其他输入变量相“与”，而不影响运算结果，见图 10.11 与阵列中的⊗；

$F_1=1$，只要任一输入变量的原变量与反变量相“或”即可，需要**两个与项**：I_0、$\bar{I}_0$。当然还可以再和其他与项相“或”，而不影响运算结果，见图 10.11 或阵列中的⊗；

F_2 中有 3 个“与”项，其中一个是 I_0，它可以与 F_1 中的 I_0 共用，另外**两个与项**是自有的；

F_3 中有 3 个与项，与 F_1 共用 $\overline{I_0}$，另外有 I_2 和 I_3 **两个与项**，是独立与项。

由以上分析知，4 个函数共需 7 个与项，而图 10.11 所示器件只有 6 条与线，不够用。解决的办法就是寻找公共项：如果将 F_3 换一种写法：$F_3=\bar{I}_0+I_3+I_2\cdot\bar{I}_3$，则它可以与 F_2 共用 $I_2\cdot\overline{I_3}$ 项。分析至此知 4 个函数共有 6 个独立与项，用图 10.11 所示器件可以实现。设计结果如下：

$F_0=0=I_0\cdot\bar{I}_0$ 1 个独立与项

$F_1=1=I_0+\bar{I}_0$ 2 个独立与项

$F_2=I_0+I_1\cdot I_3+I_2\cdot\bar{I}_3$ 2 个独立与项

$F_3=\bar{I}_0+I_3+I_3\cdot\bar{I}_3$ 1 个独立与项

编程结果见图 10.11 中的“×”。“⊗”为不影响输出的编程点，可有可无。图中：

$$P_0=I_0\cdot\bar{I}_0$$
$$P_1=I_0$$
$$P_2=\bar{I}_0$$
$$P_3=I_1\cdot I_3$$
$$P_4=I_2\cdot\bar{I}_3$$
$$P_5=I_3$$
$$F_0=P_0=I_0\cdot\bar{I}_0$$

$$F_1 = P_1 + P_2 = I_0 + \bar{I}_0$$

$$F_2 = P_1 + P_3 + P_4 = I_0 + I_1 \cdot I_3 + I_2 \cdot \bar{I}_3$$

$$F_3 = P_2 + P_4 + P_5 = \bar{I}_0 + I_2 \cdot \bar{I}_3 + I_3$$

此例说明了在多输出函数的设计中,利用公共与项的方法的重要性。

【例 10.2】 试分析图 10.12 所示利用 PLA 实现的时序电路。

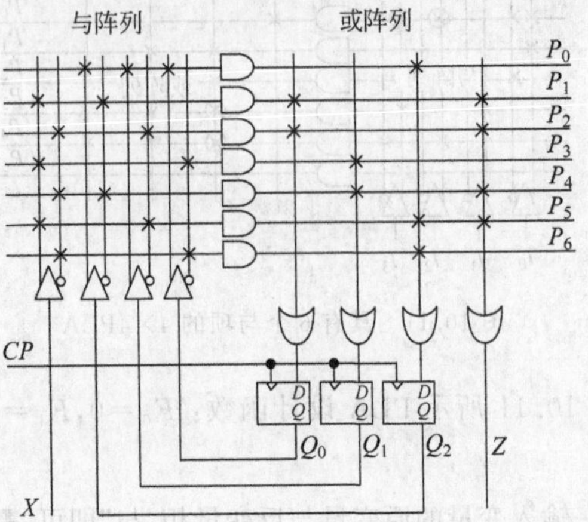

图 10.12 例 10.2 的逻辑图

解:(1) 写与项:

$$P_0 = Q_2 Q_1 Q_0$$

$$P_1 = X Q_2$$

$$P_2 = \bar{X} Q_1$$

$$P_3 = X \bar{Q}_0$$

$$P_4 = \bar{X} \bar{Q}_2$$

$$P_5 = X \bar{Q}_1$$

$$P_6 = \bar{X} \bar{Q}_0$$

(2) 驱动方程与输出方程:

$$D_0 = P_1 + P_2 = X\bar{Q}_2 + \bar{X}\bar{Q}_1$$

$$D_1 = P_3 + P_4 = X\bar{Q}_0 + \bar{X}\bar{Q}_2$$

$$D_2 = P_0 + P_5 + P_6 = X\bar{Q}_1 + \bar{X}\bar{Q}_0 + Q_2 Q_1 Q_0$$

$$Z = P_1 + P_2 + P_4 + P_5 = \overline{Q_2 Q_1}$$

(3) 状态转换表:

$(Q_2 Q_1 Q_0)^n$	$(Q_2 Q_1 Q_0)^{n+1}$		Z
	$X=0$	$X=1$	
0 0 0	1 1 1	1 1 1	1
0 0 1	0 1 1	1 0 1	1
0 1 0	1 1 0	0 1 1	1

续表

$(Q_2Q_1Q_0)^n$	$(Q_2Q_1Q_0)^{n+1}$		Z
	$X=0$	$X=1$	
011	010	001	1
100	101	110	1
101	001	100	1
110	100	010	0
111	100	100	0

（4）状态转换图：

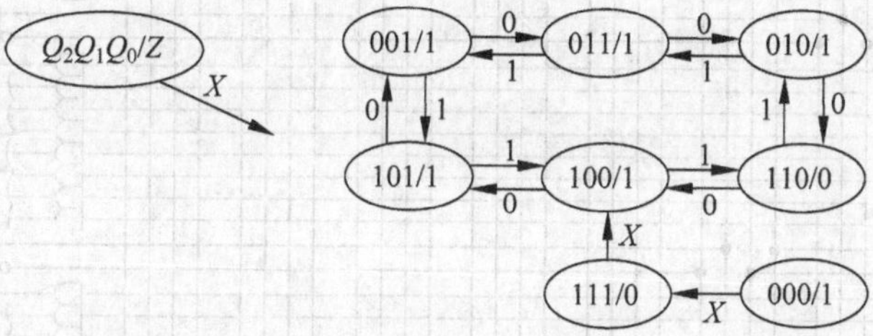

（5）功能：可自启动的可控摩尔型状态机，输入 X 控制状态方向；状态机特点，相邻状态逻辑相邻；每循环一圈，在状态 110 时输出一个 0。该状态机是某控制系统的数控信号部分。

10.3.2 可编程逻辑器件 PAL、GAL

由于开发工具等问题，PLA 没能得到广泛应用。真正得到广泛应用的可编程器件是可编程阵列逻辑（Programmable Array Logic，PAL）和通用阵列逻辑（General Array Logic，GAL）。PAL、GAL 的与或阵列类似，都是与阵列可编程，或阵列不可编程。它们的区别主要体现在输出结构上：PAL 的输出结构比较简单，有的是组合输出，有的是寄存器输出；而 GAL 的输出通过输出宏单元控制，既可组合输出，也可寄存器输出，视编程情况而定，其应用比 PAL 灵活得多。GAL 出现后，迅速得到了广泛的应用。本节简要介绍 PAL、GAL 的硬件结构。

图 10.13 为德州仪器生产的 PAL16L8 的逻辑图。PAL16L8 是 20 脚芯片，其中 16 为最多输入端数，8 为最多输出端数，L 指输出为反相输出。由图可知，它的与阵列共有 32×64＝2048 个可编程点；其或阵列不可编程，每个或门有 7 个输入端；输出为三态门反相输出，三态门各由一个与项控制；1～9，11 共 10 个管脚为输入专用；12 和 19 脚为输出专用；13～18 共 6 个管脚为输入/输出端，也就是说它们既可以作为输入端，也可以作为输出端。当它们全都用作输入端时，该器件最多可有 16 个输入端；而当它们都用作输出端时，该器件最多可有 8 个输出端。使用时可根据需要确定 I/O 的属性。显然，当一个 I/O 端作为输入端使用时，必须使该端的三态门设置为高阻态。由图 10.13 还可看出，当 I/O 用作输出时，该输出也被引入到与阵列参与逻辑运算，这样可以实现比较复杂的逻辑功能，如锁存器等。

图 10.14 为德州仪器生产的 PAL16R8 的逻辑图。PAL16R8 也是 20 脚芯片，R 指该芯片包含寄存器（即触发器），8 是寄存器的个数。2～9 脚为输入，12～19 脚为输出，1 脚为触发器的时钟，11 脚为输出三态控制输入端。由图可知，它的与阵列也有 32×64＝2048 个可

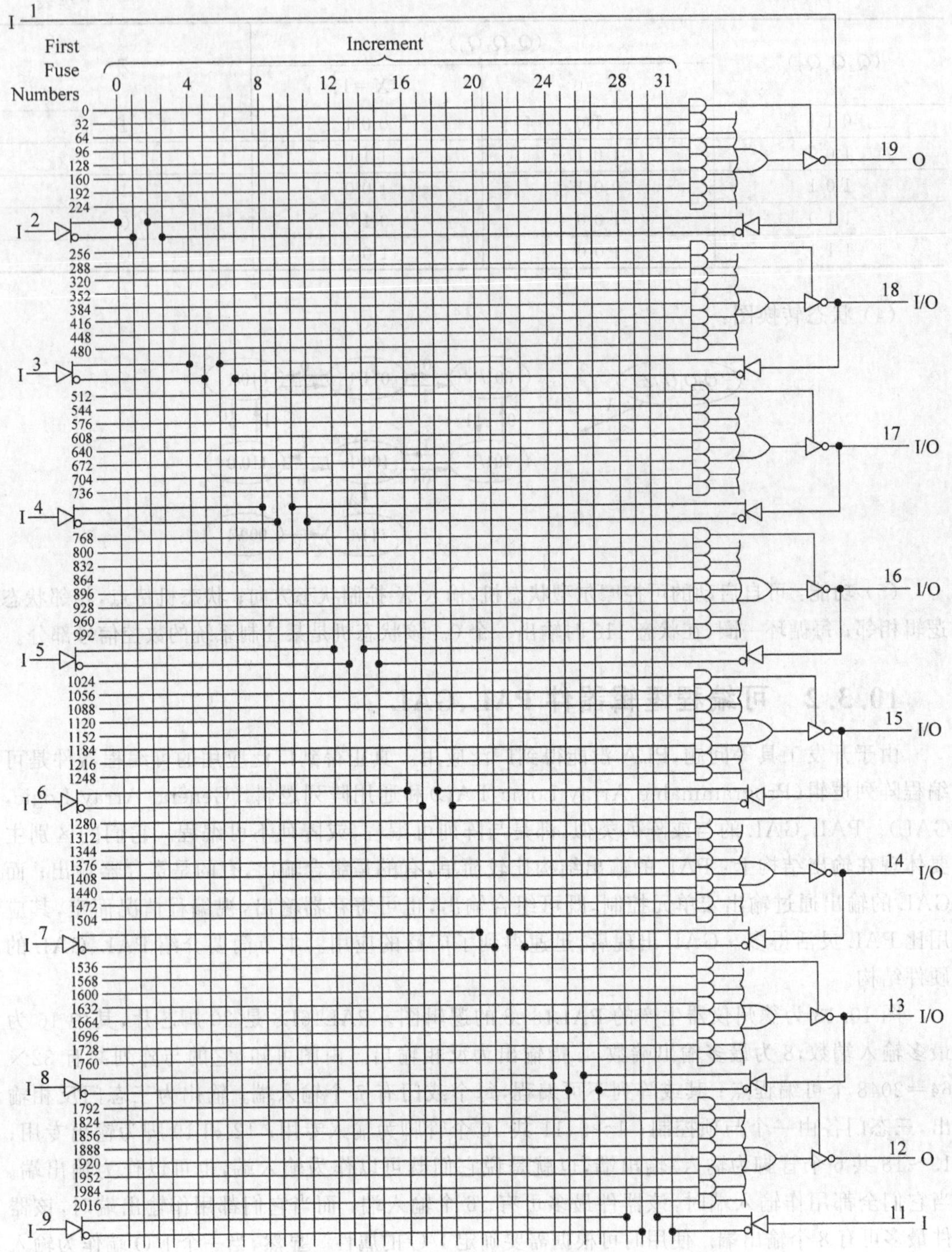

图 10.13 PAL16L8 的逻辑图(摘自 TEXAS INSTRUMENT 数据手册)

编程点；其或阵列不可编程，每个或门有 8 个输入端；输出为三态门反相输出，三态门共用 11 脚控制；寄存器的输出反馈到与阵列，可参与“与或”运算。由此可知该芯片可实现 8 输入、8 输出的任意时序逻辑。

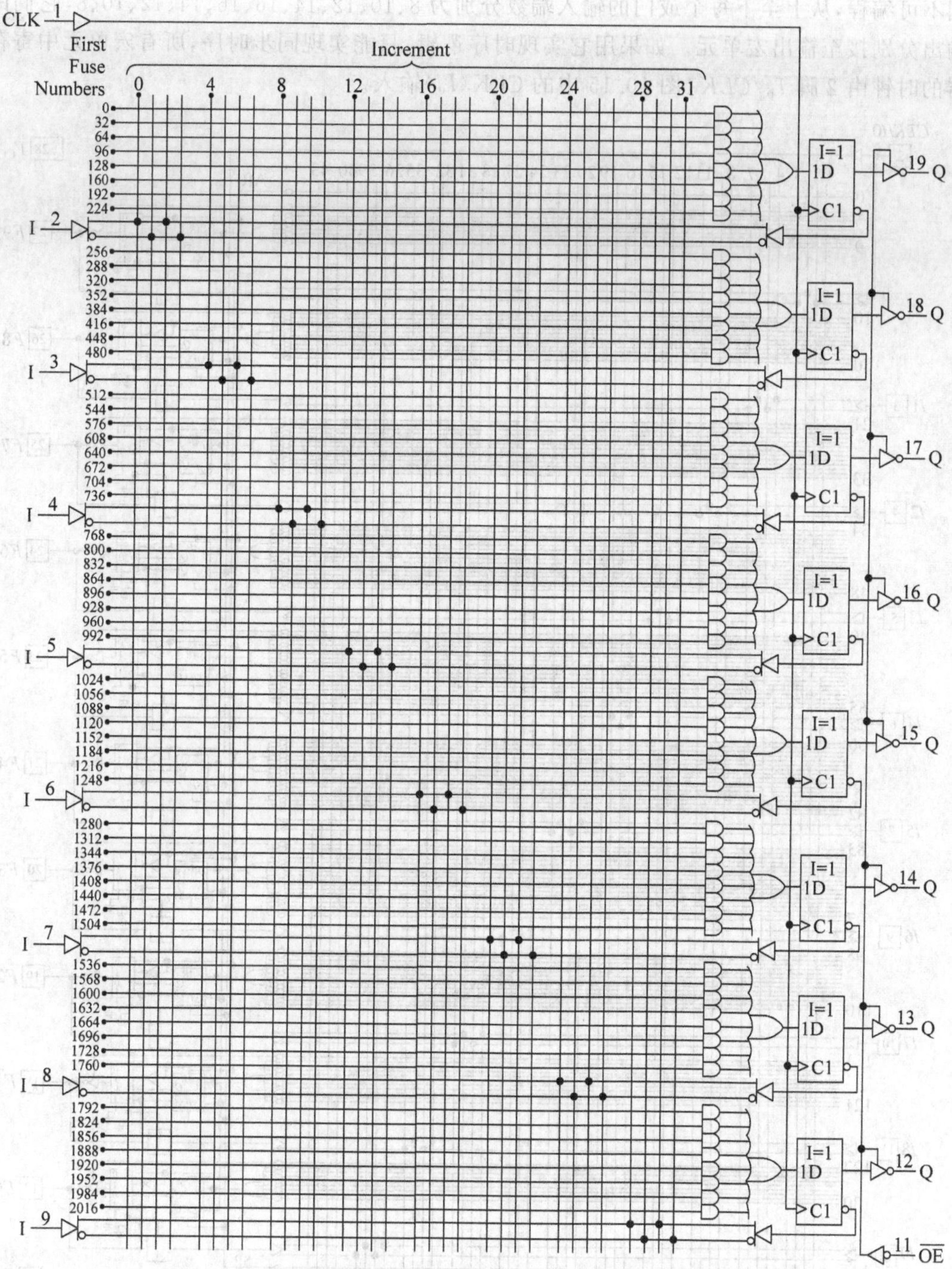

图 10.14 PAL16R8 的逻辑图(摘自 TEXAS INSTRUMENT 数据手册)

图 10.15 为 Philips 公司生产的 ABT22V10A5，它是具有 28 条引脚的 GAL，其中 V_{CC} 两条，GND 4 条，其余 22 条为输入、输出端。$I_0 \sim I_{11}$ 为专用输入，$F_0 \sim F_9$ 则既可以作为输出端使用，又可以作为输入端使用，具体情况视对宏单元的编程而定。其左边是可编程的与阵列，共有 132 条与线，每条与线有 44 个可编程点，共有 132×44＝5808 个可编程点；或阵

列不可编程，从上至下每个或门的输入端数分别为 8、10、12、14、16、16、14、12、10、8，它们的输出分别接至输出宏单元。如果用它实现时序逻辑，只能实现同步时序，所有宏单元中寄存器的时钟由 2 脚 I_0/CLK（图 10.15 中的 CLK/I_0）输入。

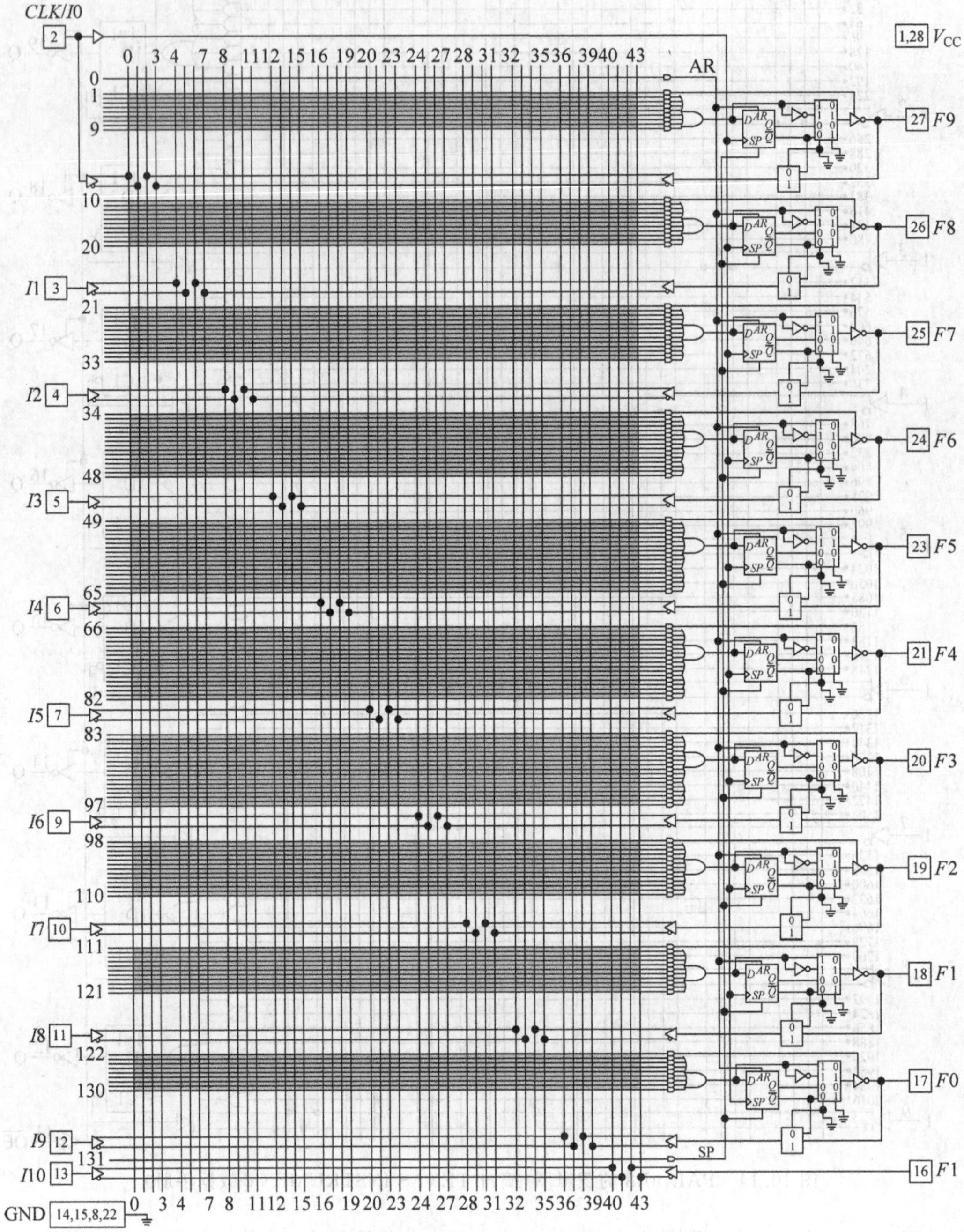

图 10.15 ABT22V10A5 的逻辑图（摘自 Philips 数据手册）

图 10.16 为 ABT22V10A5 的输出宏单元，它由 D 触发器、输出多路选择器、反馈输入多路选择器和输出三态门组成。其中 F 为输入/输出端，TC 为三态门控制端。

D 触发器的输入为与或阵列的输出，时钟为 CLK，输出分别与输出多路选择器和反馈输入选择器相连接，与项 AR 和 SP 可分别对所有触发器异步复位和置位。

输出多路选择器的控制端为可编程点 S_1S_0，它控制将 O_{or}、$\overline{O}_{or}$、Q、$\overline{Q}$ 中的哪一个送到三态门，见图 10.16 中的选择器功能表。

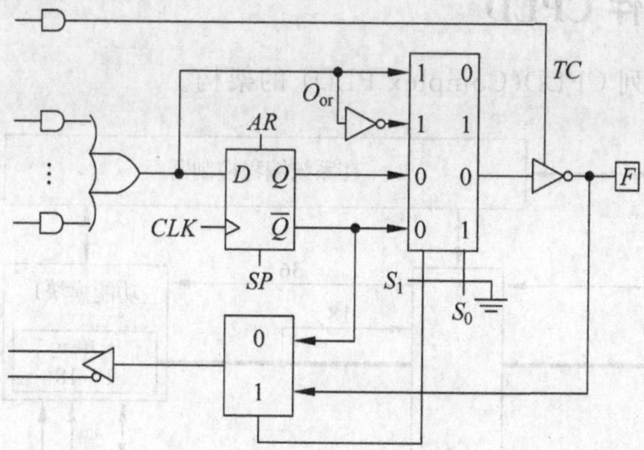

S_1	S_0	OUTPUT CONFIGURATION
0	0	Registered/Active-LOW
0	1	Registered/Active-HIGH
1	0	Combinatorial/Active-LOW
1	1	Combinatorial/Active-HIGH

0=Unprogrammed fuse
1=Programmed fuse

图 10.16　ABT22V10A5 的输出宏单元

反馈输入多路选择器由 S_1 控制是将 $\overline{Q}$ 还是将 F 送至与阵列：$S_1=0$ 时将 Q、$S_1=1$ 时将 F 送至与阵列。

当 S_1S_0 取值不同时，输出宏单元等效为 4 种不同的输出组态，如图 10.17 所示。由图 10.17 可以看出，当 $S_1=0$ 时 F 只能作为输出使用；而当 $S_1=1$ 时 F 的作用取决于三态门控制端 TC 的取值：$TC=0$ 时 F 端可作为输入端使用，$TC=1$ 时 F 端只能作为输出使用。

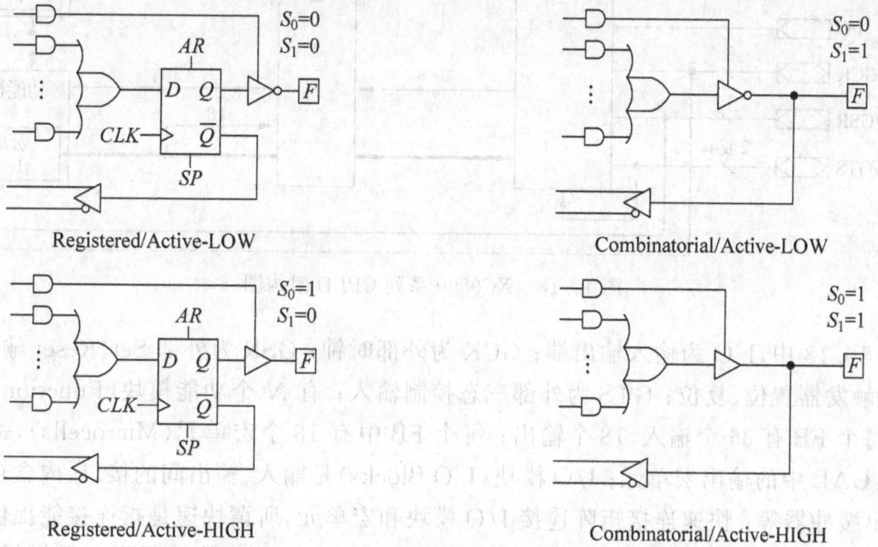

图 10.17　ABT22V10A5 的输出宏单元的 4 种等效电路

由于 PAL、GAL 的规模比较大，对其配置只能利用计算机进行。芯片生产厂家或第三方在市场上提供编程器和相关软件，用户可以利用它们对器件编程。针对可编程器件的编程语言发展相当迅速，从没有化简功能的 FM(Fast Map)、PALASM，到有化简功能的 ABEL，再到今天广泛使用的通用硬件描述语言 VHDL。许多芯片生产厂家提供的开发软件功能十分强大,如 ATERA 公司提供的 QUARTUSII 和 Xilinx 公司提供的 VIVADO 都支持图形输入法、波形输入法、逻辑符号输入法和文本输入法;可对输入进行编译、查错,可以仿真;当然也可以配以适当的硬件设备对器件进行编程。相关内容读者可阅读有关书籍。

10.3.3 复杂可编程逻辑器件 CPLD

图 10.18 为 Xilinx 生产的 XC9500 系列 CPLD(Complex PLD) 的架构。

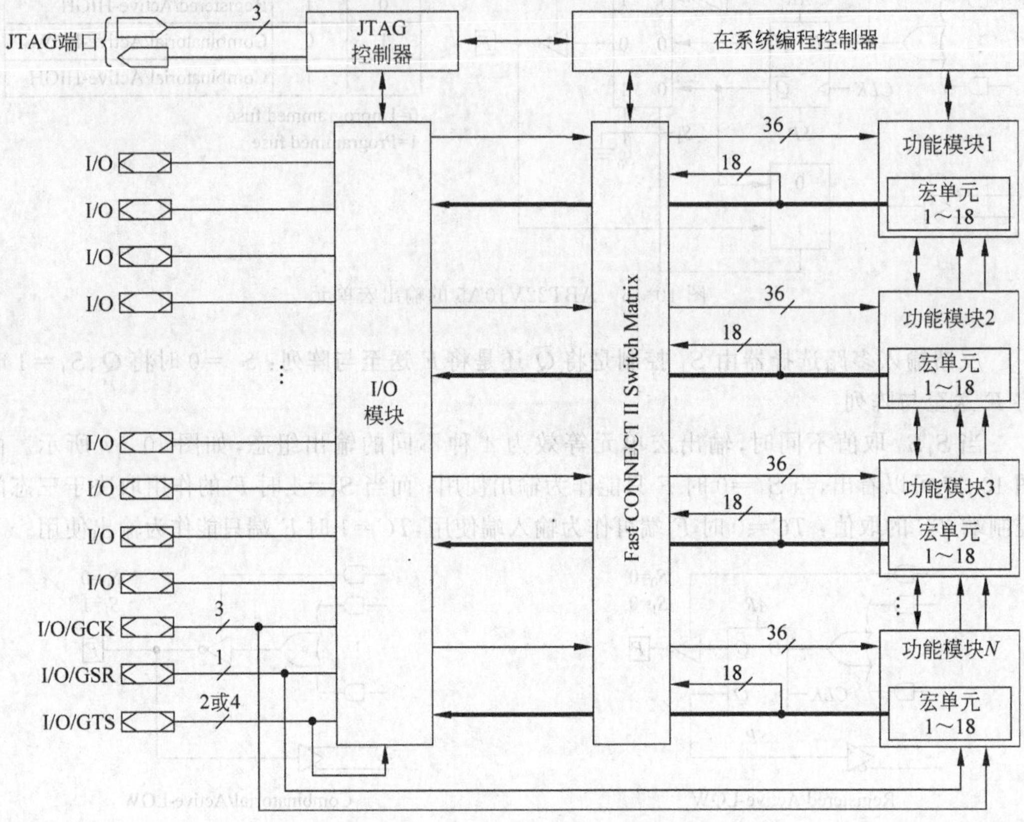

图 10.18 XC9500 系列 CPLD 架构图

图 10.18 中,I/O 为输入输出端;GCK 为外部时钟;GSR 为外部 Set、Reset 输入,用于直接对触发器置位、复位;GTS 为外部三态控制输入;有 N 个功能模块(Function Blocks, FB);每个 FB 有 36 个输入、18 个输出;每个 FB 中有 18 个宏单元(Microcells),每个宏单元类似 GAL 中的输出宏单元;I/O 模块(I/O Blocks)是输入、输出间的接口,内含输入缓冲器、输出缓冲器等;快速连接矩阵连接 I/O 模块和宏单元,所谓快速是指连接能提供较短的时延;在系统编程控制器(In-System Programming Controller)使编程可在目标板上进行,方便系统调试;JTAG(Joint Test Action Group,联合测试行动组),一般是指 JTAG 提出的一种国际标准测试协议(与 IEEE 1149.1 兼容),主要用于芯片内部测试,如进行在系统的仿真、调试等。

CPLD 也是用"与或"式实现逻辑函数,基本结构类似于 GAL,可简单看成是很多 GAL 组合而成。如 Xilinx 生产的 XC95288 中包含 288 个宏单元。

10.3.4 现场可编程门阵列 FPGA 简介

FPGA(Field Programmable Gate Array)采用与 CPLD 完全不同的工作原理和硬件结构,图 10.19 是 FPGA 的结构框图。

由图 10.19 可知,FPGA 由可配置逻辑模块(Configurable Logic Blocks, CLB)、输入输出模块(Input/Output Blocks,IOB)、RAM 模块(Block RAM)、乘法器模块(Multiplier Module)和数字时钟管理器(Digital CP Management, DCM)等构成。

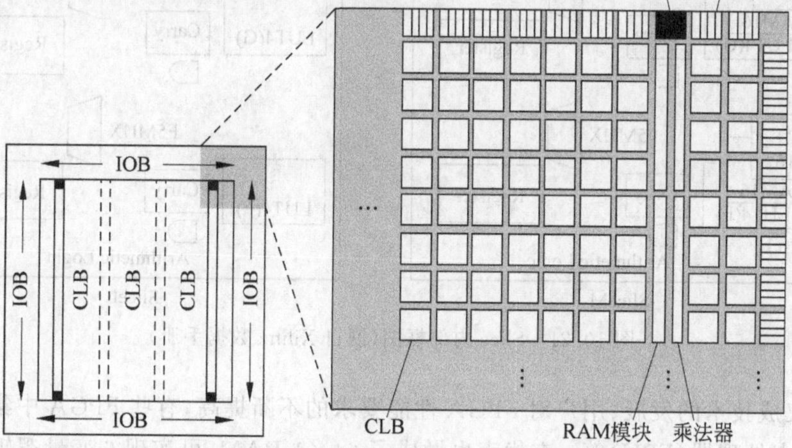

图 10.19 FPGA 构成框图(摘自 Xilinx 数据手册)

其中,CLB 的结构如图 10.20 所示,每个 CLB 中包含左右 2 个 Slice,左边的 Slice 称为 SliceM,可实现逻辑函数功能/分布式 RAM/移存器功能;而右边的 Slice 称为 SliceL,只能用来实现逻辑功能。每个 Slice 可与相邻的 Slice 相联,构成更大规模的数字系统;也可通过 Switch Matrix 联到其他的 Slice 或联到输入/输出模块。

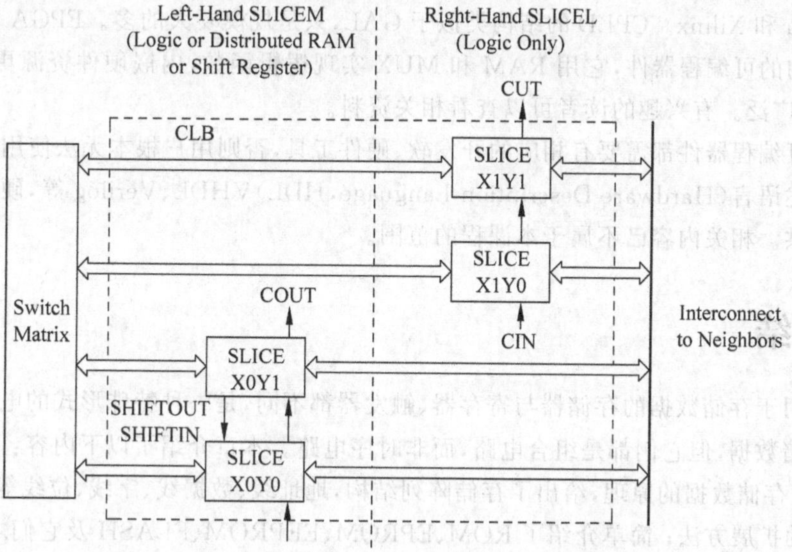

图 10.20 FPGA 中的 CLB 结构(摘自 Xilinx 数据手册)

图 10.21 是 Slice 内部示意图，SliceM 与 SliceL 相比，前者可实现分布式 16×1 位 RAM/16 位移存器，而后者不可以。除此之外，二者完全类似。图 10.21 中的 LUT4(Look Up Table，查找表)是 16×1 RAM，用于实现一个最多 4 变量逻辑函数，实现原理与用 ROM 实现函数同；Carry 用于实现加法器时的进位；多路选择器 F5MUX 与 FiMUX 用于与各 LUT(RAM)一起共同实现 5 变量或更多变量逻辑函数；Register 就是 D 触发器，用于实现时序逻辑。

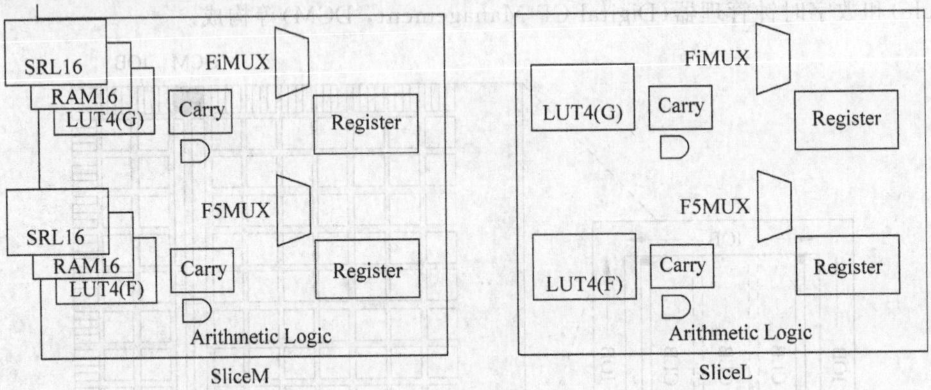

图 10.21　Slice 内部框图(摘自 Xilinx 数据手册)

随着集成技术的发展、用户对 FPGA 性能要求的不断提高，有些 FPGA 中集成了 ARM 处理器、浮点处理器(FPU)等；查找表也做成了 64×1 RAM，可实现 6 变量逻辑函数。

现在的 FPGA 规模已经做得相当大，如 Xilinx 公司生产的 ZU9CG 内包含的逻辑部分有：429K 个 CLB 触发器、215K 个 LUT 等。

由于 FPGA 是用 RAM 实现逻辑，所以每次上电时必须将相关数据写入。做电路板时必须考虑到这一点。

现代可编程逻辑器件的规模已相当大，主要器件分为两大类：CPLD 和 FPGA，代表厂家有 Altera 和 Xilinx。CPLD 的结构类似于 GAL，只是规模要大的多。FPGA 则完全是另外一种结构的可编程器件，它用 RAM 和 MUX 实现逻辑函数，内嵌硬件资源更多，应用更灵活，也更广泛。有兴趣的读者可以查看相关资料。

所有可编程器件都需要有相应的开发软、硬件工具，否则用户根本无法使用。软件工具有硬件描述语言(Hardware Description Language，HDL)VHDL、Verilog 等，硬件工具由相关厂家提供。相关内容已不属于本课程的范围。

本章小结

专门用于存储数据的存储器与寄存器、触发器都不同，是一种特殊形式的电路。虽然它们可以存储数据，但它们都是组合电路，而非时序电路。本章介绍了以下内容：

ROM 存储数据的原理，给出了存储阵列结构，地址线、数据线、字线、位线等概念；讲述了 ROM 的扩展方法；简单介绍了 ROM、EPROM、EEPROM、FLASH 及它们之间的区别。SRAM 与 DRAM 的工作原理及它们之间的区别、RAM 与 ROM 的区别。存储器容量的扩展方法。用 ROM 实现逻辑函数的原理及方法。专门用于实现组合逻辑、时序逻辑的可编程器件 PLA、PAL、GAL、CPLD、FPGA 等的硬件结构及其原理。

本章习题

10-1 ROM、EPROM、EEPROM 有何异同?

10-2 EPROM 27080 的容量为 1M×8bit,它的地址线、数据线、字线、位线各为多少条?

10-3 试用 4K×8 ROM 芯片 2732 和 3-8 译码器组成容量为 32K×16 的 ROM。

10-4 RAM 与 ROM 有何异同?

10-5 SRAM 与 DRAM 有何异同?

10-6 为什么 DRAM 需要刷新?什么是刷新?如何刷新?

10-7 试写出图 10.3 中的 8 个逻辑函数 $D_0 \sim D_7$,并将它们化简为最简与或式。

10-8 PLA 与 PAL 有何异同?PAL 与 GAL 又有何异同?

10-9 用 ROM 实现下列逻辑函数时,ROM 的容量至少各为多少?用所确定容量的 ROM 实现。

(1) 4 位二进制数比较器;

(2) 3 位二进制数乘法器。

10-10 化简逻辑函数 $F_1(A,B,C,D)=\sum m(0,2,8,10,15)$,并试用图题 10-10 所示 PLA 实现之。试用同一 PLA 同时实现 $F_2=AB+\overline{C}$,$F_3=A+\overline{B}C$,$F_4=AB+\overline{D}$。

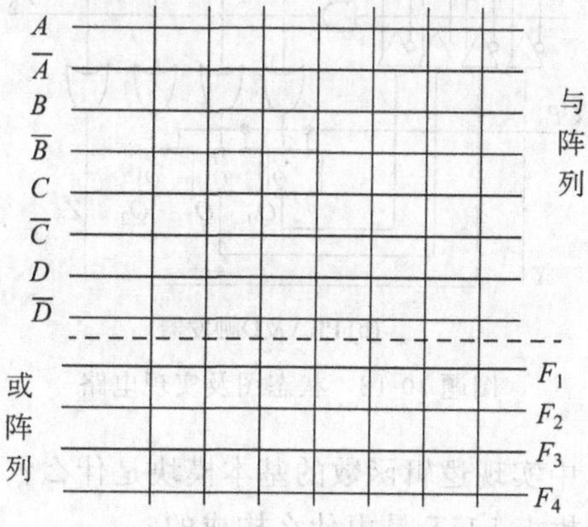

图题 10-10 PLA 电路

10-11 图题 10-11 为由 PLA 和 D 触发器组成的时序电路,其中 CLK 为输入时钟,EN 为输入控制信号,Z 为输出。试分析该电路的功能。

10-12 给定状态图如图题 10-12(a)所示。试用图题 10-12(b)所示的 PLA 和 D 触发器实现之,要求必须能自启动。

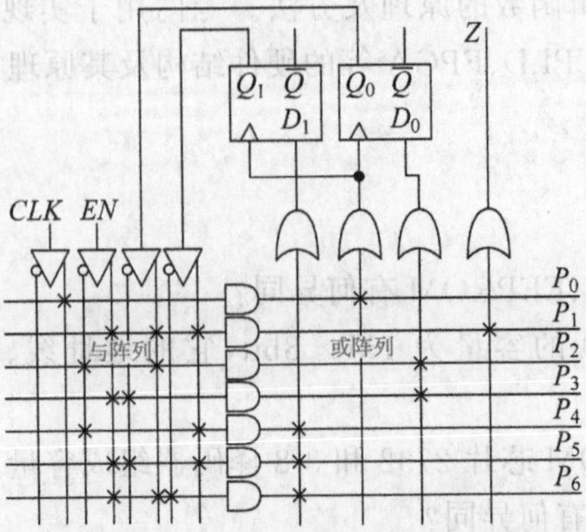

图题 10-11　PLA 和 D 触发器电路

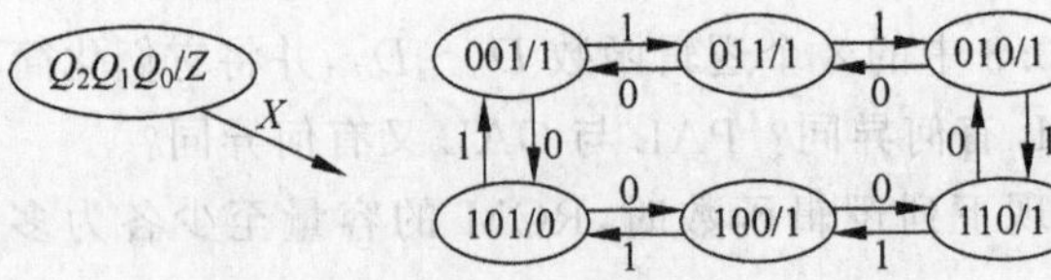

(a) 状态图

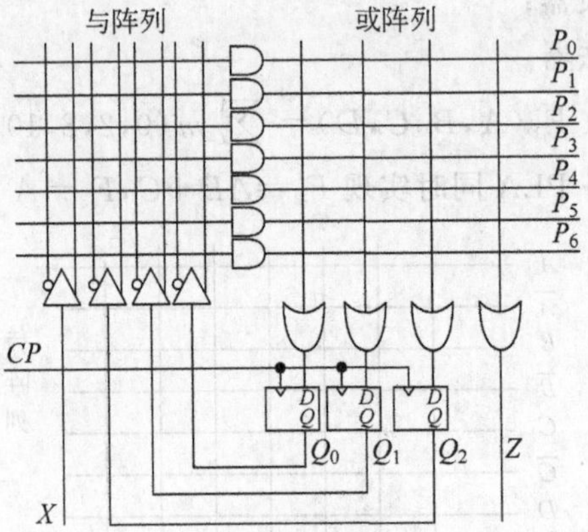

(b) PLA及D触发器

图题 10-12　状态图及实现电路

10-13　CPLD、FPGA 中实现逻辑函数的基本模块是什么？

10-14　FPGA 中的查找表 LUT 是由什么构成的？

第11章 ASM图与系统设计

第 4 章介绍了组合电路模块及组合电路的分析与设计方法；第 6 章介绍了时序模块及其应用；第 7 章介绍了有限状态机的分析与设计方法，并指出任一同步时序电路均可看为一个有限状态机。

一般情况下，一个数字系统所包含的触发器的个数可以是几个，也可以是几十个、几百个、甚至是几千个。显然，当触发器的个数较多时，用第 7 章所介绍的设计方法就显得无能为力了。

现在的数字系统设计，大都采用自上而下(top-down)或自下而上(bottom-up)的设计方法：前者先将系统按功能分解为若干个模块，每个模块完成一个特定功能，然后分别设计这些模块，最后将这些模块连接起来形成整个系统；后者是先设计每个模块，或采用现有的模块，再构成整个系统。本章介绍自上而下的设计方法。

一个数字模块可以是组合模块，也可以是时序模块：组合模块可以是译码器、多路选择器、加法器等常用组合模块，也可以是由一般组合电路构成的模块；时序模块可以是寄存器、计数器、移位寄存器等常用时序模块，也可以是由一般状态机构成的时序模块。

在一个同步数字系统中，所有模块都在统一时钟的协调下同步动作，其中一个时序模块是主控模块，由它统一控制、协调其他所有模块的操作。一般将这个起控制、协调作用的时序模块(状态机)称为控制器。

为介绍数字系统设计方法，本章首先介绍 RTL；然后介绍 ASM 图；最后举例介绍数字系统描述方法及实现方法。

11.1 寄存器传输级

现代数字系统和计算机系统中，常用“寄存器(Register)”来描述时序模块，当然这里的“寄存器”与第 6 章介绍的寄存器不是一个概念。

一个寄存器是一组触发器，触发器中存储有二进制信息，并且具有对所存信息进行操作的能力，如移位、计数、清零及装载新信息等。例如可以把计数器的计数操作看作是对寄存器进行“＋1”操作。可见，一个寄存器就是一个状态机。

如果寄存器是数字系统的基本单元,则称寄存器里的信息流和对寄存器内所存储数据的处理为寄存器传输操作(register transfer operation)。

如果一个数字系统具有以下3个特性:

(1) 硬件上有一组寄存器;

(2) 软件上能对存储在寄存器中的数据进行操作;

(3) 并且能对系统中的操作序列进行控制。

则这类数字系统可用寄存器传输级(Register Transfer Level,RTL)来描述。

RTL描述的是在寄存器层面上数字系统的构成及系统中数据流的情况,描述的是数字系统硬件的寄存器级实现。

寄存器里的信息处理在统一时钟的作用下并行进行。处理后的结果可以取代寄存器中以前的信息,也可以存放在其他寄存器中,而该寄存器中的信息保持不变。

操作序列的控制由一系列定时信号组成,该定时信号预先将操作排序。前一次操作的结果可以影响后续操作的顺序或序列,这就是所谓的条件分支。控制逻辑的输出是二进制变量,它可以控制寄存器的各种不同的操作。

数字系统中常用的寄存器传输操作有:

- 从一个寄存器到另一个寄存器的数据传输;
- 对寄存器中的数据进行算术操作;
- 对寄存器中的非数据信息进行逻辑运算;
- 将寄存器中的数据进行移位操作等。

用符号表示寄存器间的信息传输举例:

```
R2←R1                          ; R1 的值赋予 R2,R1 的内容保持不变
IF( T1 = 1 ) THEN (R2←R1)      ; 如果 T1 = 1 则执行 R2←R1 操作
IF( T1 = 1 ) THEN (R2↔R1 )     ; 如果 T1 = 1 则执行 R2、R1 间的数据交换操作
R1←R1 + R2                     ; R1 = R1 + R2,R2 不变
R3←R3 + 1                      ; R3 = R3 + 1
R4←SHR R4                      ; R4 右移一位
R5←0                           ; R5 清 0
```

11.2 算法状态机

算法状态机(Algorithm State Machine,ASM)是一种适用于描述数字系统的图形描述方法,它由3种基本符号组成:状态框、判决框和条件框。

11.2.1 ASM图

1. 状态框

状态框(state box)如图11.1所示。一个状态框表示一个状态,它由一个表示状态的矩形框和表示输入、输出两个箭头组成。矩形框的左上角为状态名,右上角为状态编码;矩形框内为该状态时执行的寄存器操作及输出;输入箭头来自另一个状态框、判决框或条件框,表示哪个状态在什么条件下的次态是该状态;输出箭头指向另一个状态框或判决框,表示该状态在什么条件下的次态是箭头所指状态。

2. 判决框

判决框(decision box,见图 11.2)用于分支控制,为一个菱形,内写分支条件。分支条件可以是输入、输出或某寄存器的状态。

3. 条件框

条件框(conditional box,见图 11.3)出现在判决框后,用于描述在所属状态时此条件下的输出及所要进行的寄存器操作。

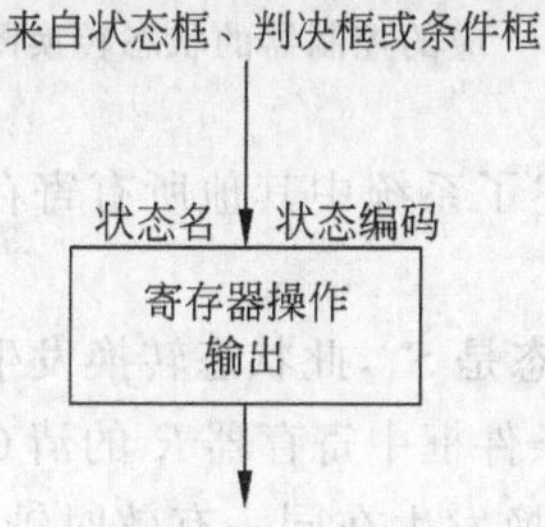

图 11.1 状态框

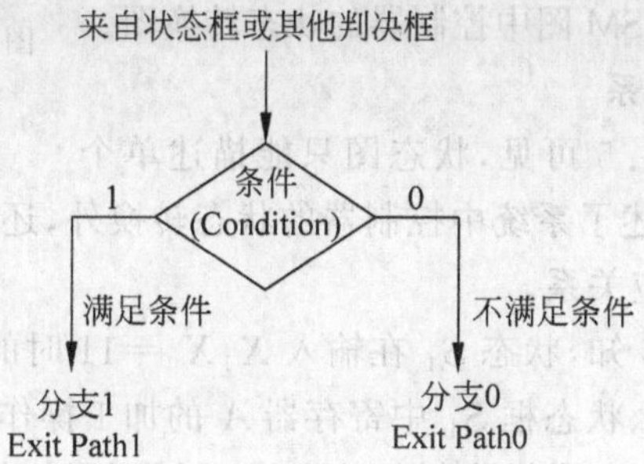

图 11.2 判决框

图 11.3 条件框

11.2.2 ASM 图举例

1. ASM 图

图 11.4 是某数字系统 ASM 图的部分截图,该系统由控制器(通常称 ASM 图中状态框所构成的时序模块为控制器,它在系统中统一协调、控制其他所有模块的操作)、寄存器 A、寄存器 R、输入信号 X_1、X_0 组成。由图 11.4 可知,这部分 ASM 图所描述的控制器有 4 个状态 S_1、S_2、S_3 和 S_4,它们的状态编码分别为 001、010、011 和 100;在状态 S_1 时,寄存器 A 执行加 1 操作;当输入 $X_1X_0=00$ 时,S_1 的次态为 S_2;当输入 $X_1X_0=10$ 时,S_1 的次态为 S_3;当输入 $X_1X_0=\times1$ 时,S_1 的次态为 S_4,并且寄存器 R 执行复位(清零)操作。可见,寄存器 A、寄存器 R 的操作由控制器状态及输入信号 X_1、X_0 控制。

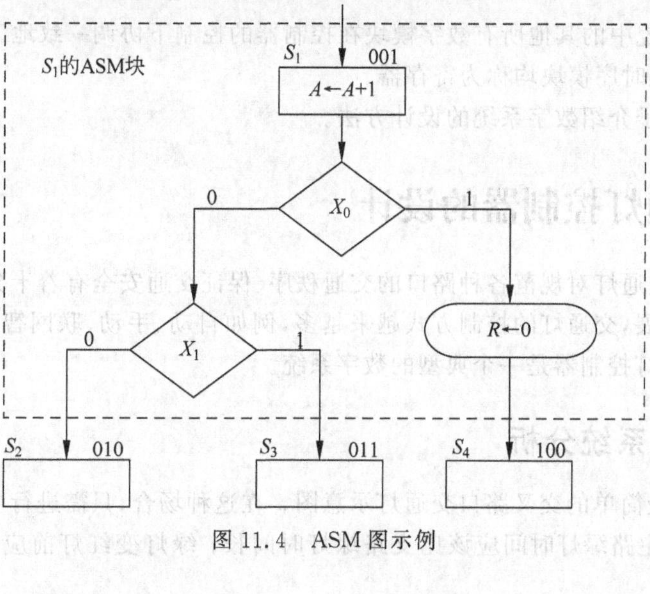

图 11.4 ASM 图示例

2. ASM 图与控制器的状态转换图

由图 11.4 可知，ASM 图给出了所描述数字系统的控制器的状态转换与输入的关系，这方面的功能与状态转换图完全类似；同时 ASM 图也给出了系统中所有其他寄存器(寄存器 A、寄存器 R 等)的操作与控制器及输入的时序关系，而状态转换图则不具备这个功能。图 11.5 为图 11.4 所示 ASM 图中控制器的状态转换图。

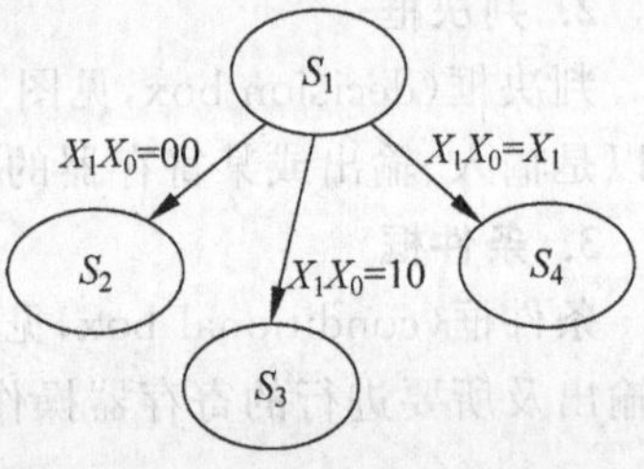

图 11.5　图 11.4 所示 ASM 图所对应的控制器的状态转换图

3. ASM 图的时序关系

对比图 11.4 和图 11.5 可见，状态图只能描述单个状态机，而 ASM 图除描述了系统中控制器的状态转换外，还描述了系统中其他所有寄存器操作与控制器的时序对应关系。

由图 11.4 或图 11.5 知，状态 S_1 在输入 $X_1X_0=11$ 时的次态是 S_4，此状态转换发生在下一个有效时钟沿。那么状态框 S_1 中寄存器 A 的加 1 操作和条件框中寄存器 R 的清 0 操作发生在什么时刻呢？这两个操作都与状态 S_1 到状态 S_4 的转换发生在同一有效时钟沿，见图 11.6(在此只关心第一个时钟沿到达时所发生的状态机的状态变化和寄存器操作，图中阴影部分的值不必关心)。图 11.4 中的虚线框所包含的部分是与状态 S_1 相关的部分，称为状态 S_1 的 ASM 块。一个 ASM 块中所有的寄存器操作都与控制器的状态转换发生在同一有效时钟沿。

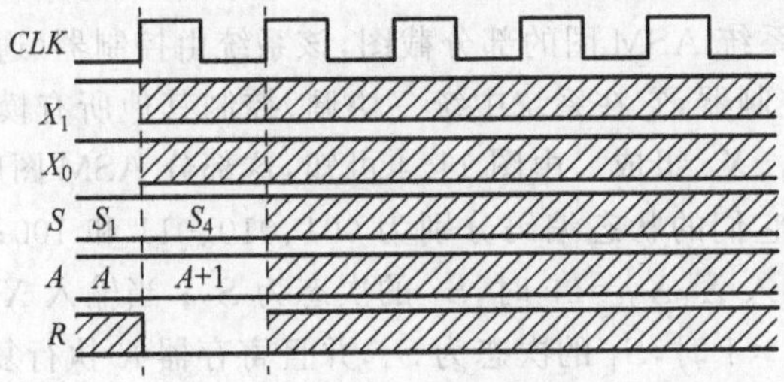

图 11.6　AMS 图的时序关系

一个数字系统中的其他所有数字模块在控制器的控制下协调一致地工作。系统中除控制器外，所有其他时序模块均称为寄存器。

下面通过例子介绍数字系统的设计方法。

11.3 交通灯控制器的设计

众所周知，交通灯对规范各种路口的交通秩序、保证交通安全有着十分重要的作用。随着电子技术的发展，交通灯的控制方式越来越多，例如自动、手动、联网智能控制、传感器控制等。交通信号灯控制器是一个典型的数字系统。

11.3.1 系统分析

图 11.7 为最简单的交叉路口交通灯示意图。在这种场合，只需进行主路和支路两个直行方向的控制；主路绿灯时间应该比支路绿灯时间长；绿灯变红灯前应该经过黄灯过渡，

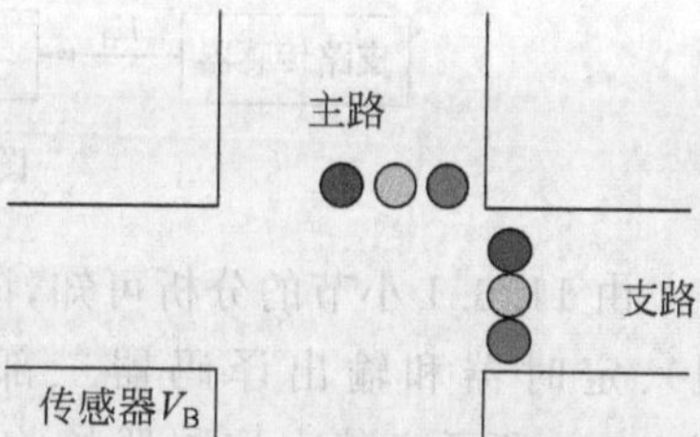

图 11.7 交通灯示意图

以使已经通过停车线的车辆有时间通过路口。支路方向设置一个传感器，用于感应支路是否有车：支路有车时自动按设定时间轮流放行；支路无车时主路持续放行，一旦支路有车，立即转至支路放行。

设主路绿灯亮最短持续时间为 T_L，支路绿灯亮最长持续时间为 T_S，黄灯亮持续时间为 T_Y，支路传感器(用于感应支路是否有车)信号为 V_B，主路和支路红、绿、黄灯信号分别为 MR、MG、MY、BR、BG、BY，主路、支路根据定时信号和传感器信号自动分时放行，则该交通灯控制系统应该有如下 4 个状态：

- 状态 S_0：主路放行(主路绿灯亮)，支路禁行(支路红灯亮)，最短持续时间 T_L。若 T_L 时间到且支路无车($V_B=0$)，则定时器停止计时(保持 $T_L=1$)，控制器保持状态 S_0 不变，直到支路有车；若 T_L 时间到时支路有车($V_B=1$)，则定时器清 0，控制器转到状态 S_1。
- 状态 S_1：主路过渡(主路黄灯亮)，支路禁行(支路红灯亮)，持续时间 T_Y。若 T_Y 时间到，则控制器进入 S_2 状态；否则，控制器保持状态 S_1 不变。
- 状态 S_2：支路放行(支路绿灯亮)，主路禁行(主路红灯亮)，最长持续时间 T_S。如果此时支路无车($V_B=0$)，则控制器立即转向下一状态 S_3；如果支路有车($V_B=1$)，且 T_S 时间未到，则控制器状态保持为 S_3；如果支路有车($V_B=1$)，且 T_S 时间到，控制器状态转换至状态 S_3。
- 状态 S_3：支路过渡(支路黄灯亮)，主路禁行(主路红灯亮)，持续时间 T_Y。若 T_Y 时间到，则控制器进入 S_0 状态；否则，控制器保持状态 S_3 不变。
- 如此往复循环……

由以上分析可得控制器 4 个状态与信号灯亮灭的关系，如图 11.8 所示。

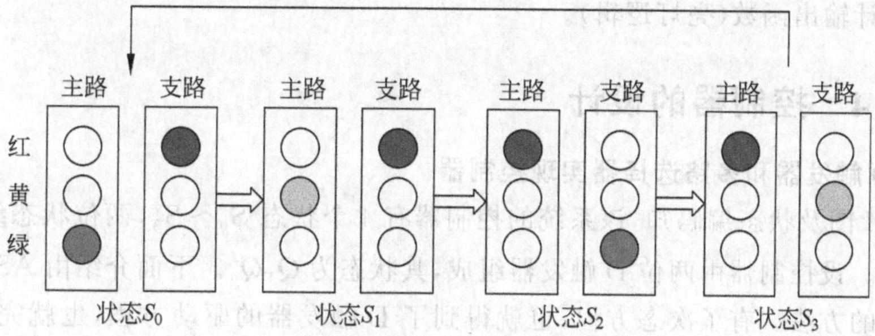

图 11.8 控制器各状态下信号灯亮灭的情况

11.3.2 系统构成

由 11.3.1 小节的分析可得图 11.9 所示的交通灯控制系统结构。其中控制系统是所要设计的系统控制单元，它接收支路传感器信号 V_B，以改变控制流程；输出信号灯控制信号，经驱动器控制信号灯的亮灭。其中驱动电路与数字系统设计无关，在此不予考虑。

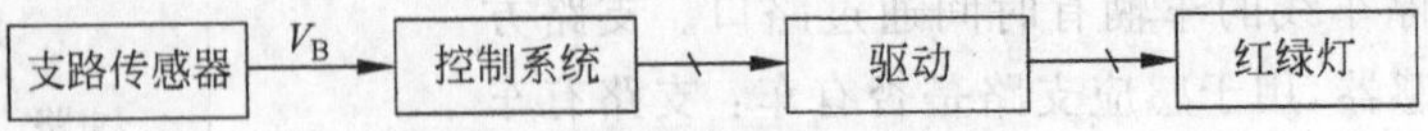

图 11.9　交通灯控制系统框图

由 11.3.1 小节的分析可知，该控制系统中应该有控制器（即产生 4 个控制状态的状态机）、定时器和输出译码器三部分组成，如图 11.10 所示。其中控制器接收定时器的定时信号 T_L、T_S、T_Y；向定时器输出控制信号，控制定时器的计数、停止计数、清 0（控制器的状态变化后，定时器重新计时）；接收支路传感器信号 V_B，以控制状态走向；控制器的状态经译码器译码后输出信号灯控制信号 MR、MG、MY、BR、BG、BY。定时器应该能输出定时信号 T_L、T_S、T_Y；应该有计数、停止计数、清 0 的功能。这三部分可分别设计，再连接起来，构成整个交通灯控制器。

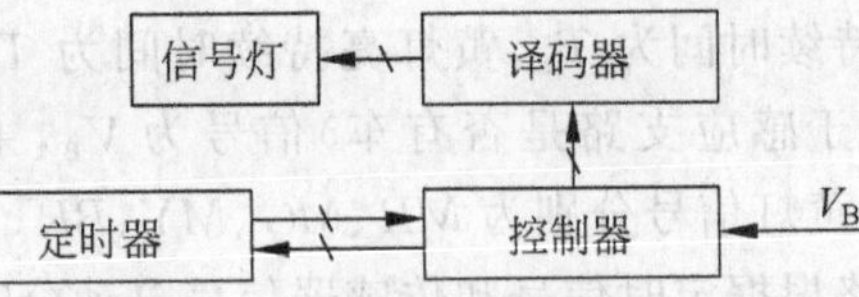

图 11.10　交通灯控制器框图

11.3.3　交通灯控制系统的 ASM 图

根据 11.3.1 小节和 11.3.2 小节的分析，可得如图 11.11 所示的控制系统的 ASM 图，图中寄存器 R 为图 11.10 中的定时器。

图 11.11 所示 ASM 图描述了控制器的状态转换情况。由于 ASM 图对控制器的描述与用状态图的描述是一致的，所以可以用第 7 章所述传统方法设计控制器。在此介绍如何由 ASM 图直接设计控制器。

ASM 图也描述了寄存器 R 的工作状况：何时（什么状态、什么条件下）执行计时操作、何时停止计时、何时清 0。也可以由 ASM 图直接设计寄存器 R。

ASM 图还给出了输出函数（信号灯控制信号）与控制器状态的关系，所以由 ASM 图也可以直接设计输出函数（亮灯逻辑）。

11.3.4　控制器的设计

1. 用 D 触发器和多路选择器实现控制器

由 ASM 图及状态编码知，该系统的控制器有 4 个状态 $S_0 \sim S_3$，两位状态编码，编码方式为格雷码。设控制器由两位 D 触发器组成，其状态为 Q_1Q_0。下面介绍由 ASM 图直接写出次态方程的方法。有了次态方程，也就得到了 D 触发器的驱动方程，也就完成了控制器的设计。

由 ASM 图得知，状态 $S_0(Q_1Q_0=00)$ 的次态可能是 $S_0(Q_1Q_0=00)$，也可能是 $S_1(Q_1Q_0=01)$。所以，现态 S_0 时 Q_1 的次态无论什么条件下均为 0，所以可以得到此时的 $Q_1^{n+1}=S_0\cdot 0$；而 Q_0 的次态可以是 0（主路绿灯亮时间没到 $T_L=0$ 或支路无车 $V_B=0$ 时），也可以是 1（主路绿灯亮时间到 $T_L=1$ 并且支路有车 $V_B=1$ 时），所以状态 S_0 时 Q_0 的次态为 $Q_0^{n+1}=S_0\cdot(T_L\cdot V_B)$。用类似的方法可以直接由 ASM 图写出 Q_1、Q_0 的次态方程（状态 S_i 用触发器状态 Q_1Q_0 代替）：

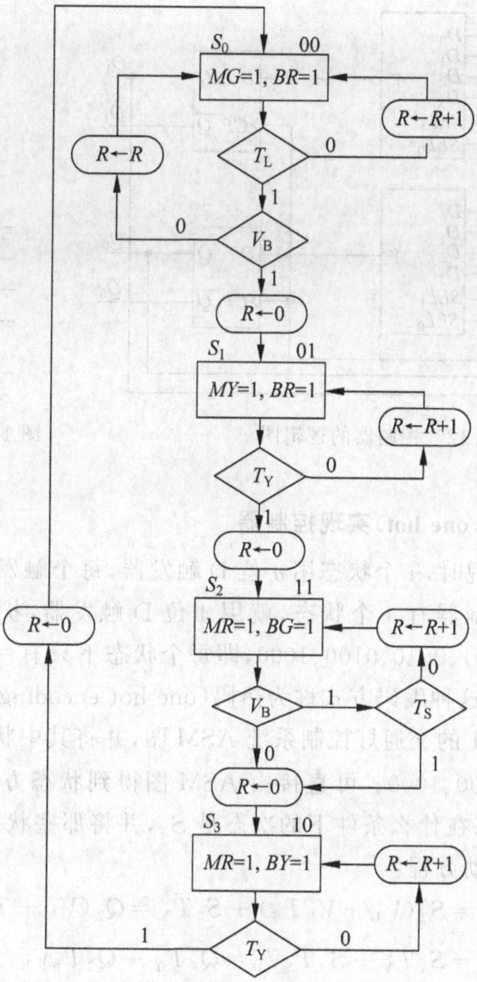

图 11.11 交通灯控制器的 ASM 图

$$Q_1^{n+1} = \bar{Q}_1\bar{Q}_0 \cdot 0 + \bar{Q}_1 Q_0 \cdot T_Y + Q_1 Q_0 \cdot 1 + Q_1 \bar{Q}_0 \cdot \bar{T}_Y$$

$$Q_0^{n+1} = \bar{Q}_1\bar{Q}_0 \cdot (T_L \cdot V_B) + \bar{Q}_1 Q_0 \cdot 1 + Q_1 Q_0 \cdot (\bar{T}_S \cdot V_B) + Q_1 \bar{Q}_0 \cdot 0 \quad (11.1)$$

对于 D 触发器，有 $D = Q^{n+1}$，所以：

$$D_1 = Q_1^{n+1} = \bar{Q}_1\bar{Q}_0 \cdot 0 + \bar{Q}_1 Q_0 \cdot T_Y + Q_1 Q_0 \cdot 1 + Q_1 \bar{Q}_0 \cdot \bar{T}_Y$$

$$D_0 = Q_0^{n+1} = \bar{Q}_1\bar{Q}_0 \cdot (T_L \cdot V_B) + \bar{Q}_1 Q_0 \cdot 1 + Q_1 Q_0 \cdot (\bar{T}_S \cdot V_B) + Q_1 \bar{Q}_0 \cdot 0 \quad (11.2)$$

由式(11.2)可知，触发器的驱动 D_1、D_0 可以直接用 4-1 多路选择器加少量的门实现：用 Q_1Q_0 作为选择端输入(注意选择端的高、低位与 Q_1、Q_0 的对应关系)，见图 11.12。

设计好控制器后，可将其作为一个模块使用，并为其作一个逻辑符号，用于方便地与其他模块连接。控制器的逻辑符号如图 11.13 所示。

显然，用这种方法设计控制器的最大优点是物理概念清楚、过程简洁。在此例中无无效状态，所以不存在自启动问题。如果需要考虑自启动问题，只需要在次态方程中加上无效状态项，并指定其次态即可。

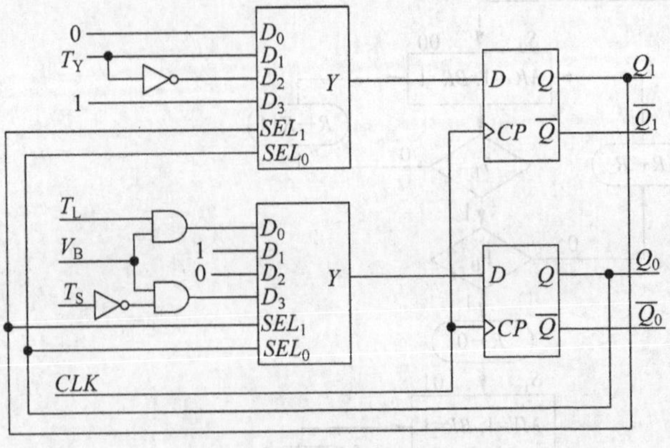

图 11.12　控制器的逻辑图

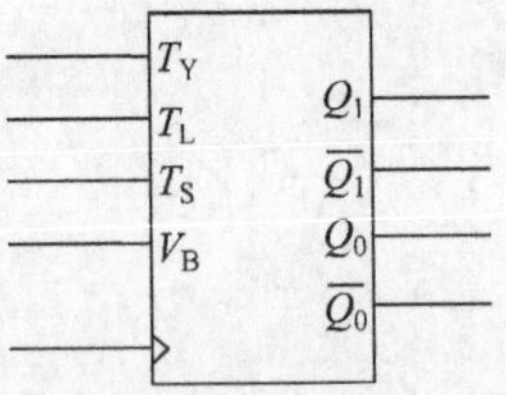

图 11.13　控制器的逻辑符号

2. 用一态一触发器(one hot)实现控制器

用一态一触发器实现时，n 个状态用 n 位 D 触发器，每个触发器对应一个状态。例如，交通灯控制系统中的控制器有 4 个状态，就用 4 位 D 触发器，状态 S_0、S_1、S_2、S_3 的编码($Q_3Q_2Q_1Q_0$)分别为 0001、0010、0100、1000，即每个状态下只有一个触发器的状态为 1，其余触发器的状态均为 0，这种编码方式称为热码(one hot encoding)。

读者可重画图 11.11 的交通灯控制系统 ASM 图，并将其中状态 S_0、S_1、S_2、S_3 的编码分别改为 0001、0010、0100、1000。可直接由 ASM 图得到状态方程(如写 Q_3^{n+1} 时，只要从 ASM 图中观察哪些状态在什么条件下的次态是 S_3，并将那些状态及转换条件分别写出并相或即可)，从而得到驱动方程：

$$D_3 = Q_3^{n+1} = S_2(\overline{V}_B + V_BT_S) + S_3\overline{T}_Y = Q_2(\overline{V}_B + T_S) + Q_3\overline{T}_Y$$

$$D_2 = Q_2^{n+1} = S_1T_Y + S_2\overline{T}_SV_B = Q_1T_Y + Q_2\overline{T}_SV_B$$

$$D_1 = Q_1^{n+1} = S_0T_LV_B + S_1\overline{T}_Y = Q_0T_LV_B + Q_1\overline{T}_Y$$

$$D_0 = Q_0^{n+1} = S_0(\overline{T}_L + T_L\overline{V}_B) + S_3T_Y = Q_0(\overline{T_LV_B}) + Q_3T_Y$$

一态一触发器设计法多用于状态数较多(如多于 20 个)的场合。显然，这种方法的优点是可以很方便地得到驱动方程；缺点是无效状态($2^n - n$ 个)很多，且没有考虑自启动问题。至于硬件使用效率则不是问题，现代可编程器件中集成了大量的 D 触发器，一般情况下都够用。

11.3.5　定时器及组合模块的设计

1. 定时器模块的设计

由交通灯系统描述及 ASM 图可知，该定时器应该可以执行计数(+1)、停止(保持)和清 0 操作。而中规模集成计数器 74LS163 可执行这些操作，下面就以 74LS163 为例设计该定时器。

设系统使用 1Hz 的时钟，则计数器的状态就是时间(s)。为便于说明设计过程，设主路放行时间 $T_L = 16$s，支路放行时间 $T_S = 13$s，黄灯过渡时间 $T_Y = 3$s。

重新定义 74LS163 的控制信号：

- 定义 CNT，用于控制定时器的计数、保持。令 74LS163 的计数使能端 $T=1$、$P=CNT$ 即可。$CNT=1$ 时计时，$CNT=0$ 时停止计时；
- 令 74LS163 的预置端$\overline{LD}=1$，无效：不进行预置操作；
- 定义清 0 控制信号 $CLEAR$，高有效。使 74LS163 的清 0 端 $\overline{CLR}=\overline{CLEAR}$ 即可。

由于 74LS163 是同步清 0，所以应该用模数 $M-1$ 去清 0。74LS163 的计数状态为 $Q_DQ_CQ_BQ_A$，其中 Q_D 为 MSB；RCO 为进位输出，逻辑表达式为 $RCO=TQ_DQ_CQ_BQ_A$。由所学 74LS163 的知识知：$T_L=RCO(16s)$，$T_S=Q_DQ_C(13s)$，$T_Y=Q_B(3s)$。

ASM 图除描述控制器外，还描述了其他所有寄存器的操作和输出。如状态 S_0 时，如果时间 T_L 未到，则定时器继续计时(+1)操作；如果时间 T_L 到，且 $V_B=0$ 时，则定时器停止计时；如果时间 T_L 到，且 $V_B=1$ 时，定时器执行清 0 操作。其他状态时类似。由此可写出 CNT(什么时候计数)、$CLEAR$(什么时候清 0)的表达式：

$$CNT=\bar{Q}_1\bar{Q}_0\cdot\bar{T}_L+\bar{Q}_1Q_0\cdot\bar{T}_Y+Q_1Q_0\cdot(V_B\bar{T}_S)+Q_1\bar{Q}_0\cdot\bar{T}_Y$$

$$CLEAR=\bar{Q}_1\bar{Q}_0\cdot(T_L\cdot V_B)+\bar{Q}_1Q_0\cdot T_Y+Q_1Q_0\cdot(T_S+\bar{V}_B)+Q_1\bar{Q}_0\cdot T_Y \quad (11.3)$$

式(11.3)可用两个 4-1 多路选择器实现，见图 11.14，其中 $\overline{CLR}=\overline{CLEAR}$。为简洁起见，图中 74LS163 的预置数据输入端 a、b、c、d 未画，实际使用时应将它们接固定逻辑值 0 或 1。

为使用方便，也给定时器画一个逻辑符号，见图 11.15。

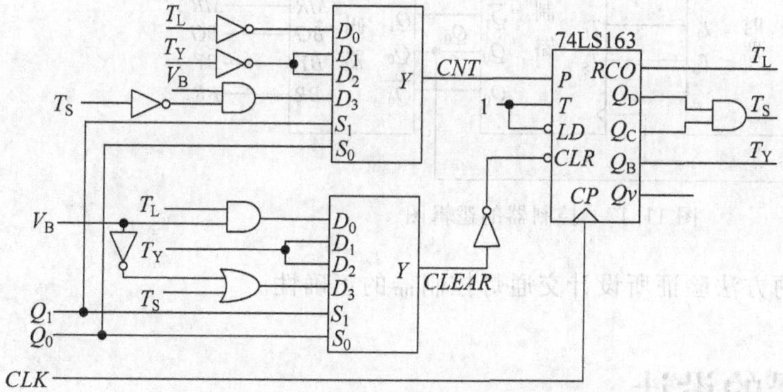

图 11.14 定时器的逻辑图

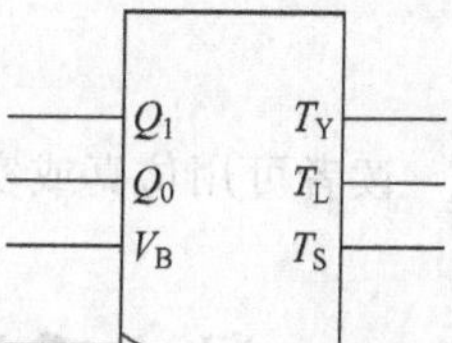

图 11.15 定时器的逻辑符号

2. 显示模块的设计

由图 11.10 所示 ASM 图可知，交通灯控制系统中的灯控信号只与状态有关。由 ASM 图可直接写出 6 个灯控信号的逻辑表达式(设为高有效)：

$$\begin{cases} MG=S_0=\bar{Q}_1\bar{Q}_0 \\ MY=S_1=\bar{Q}_1Q_0 \\ MR=S_2+S_3=Q_1Q_0+Q_1\bar{Q}_0=Q_1 \\ BG=S_2=Q_1Q_0 \\ BY=S_3=Q_1\bar{Q}_0 \\ BR=S_0+S_1=\bar{Q}_1\bar{Q}_0+\bar{Q}_1Q_0=\bar{Q}_1 \end{cases} \quad (11.4)$$

由式(11.4)可见，6 个灯控信号可由一个输出高有效的 2-4 译码器实现，也可以用与门实现。图 11.16(a)为用与门实现的灯控信号逻辑图,图 11.16(b)为其逻辑符号。该模块是一个组合模块。

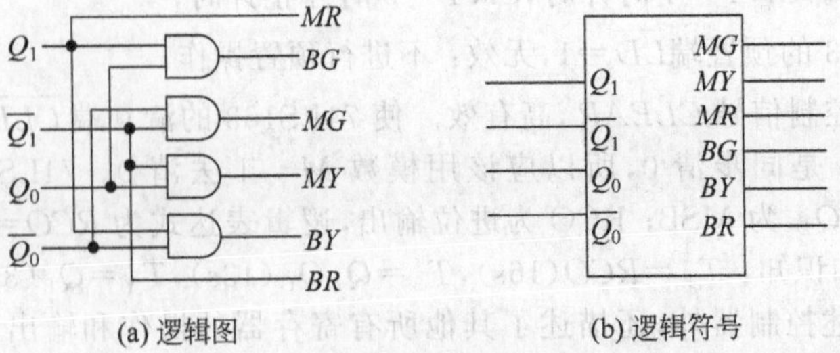

图 11.16　灯控信号

11.3.6　交通灯控制器系统的实现

将前面所设计的 3 个模块连接起来,就得到最终的交通灯控制器,如图 11.17 所示。

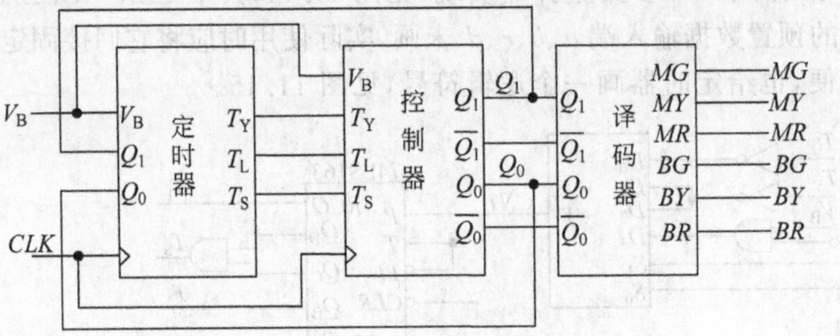

图 11.17　控制器的逻辑图

读者可用仿真或实验的方法验证所设计交通灯控制器的正确性。

11.4　数字乘法器的设计

本节设计一个 n 位无符号数乘法器。两个 n 位数相乘,乘积的最大值是 $(2^n-1)^2=2^{2n}-2^{n+1}+1$,大于 2^n,小于 2^{2n},所以需要 $2n$ 位来存放。

11.4.1　系统分析

方案Ⅰ:

此方案按人工算法进行设计。为说明设计过程,以 4 位乘法器为例。设乘数 $A=1101$,被乘数 $B=1010$,则乘积 P 为 8 位,初始化 $P=0$。人工乘法的做法见图 11.18 左半部分竖式,最后结果为 $P=10000010$。

将人工竖式算法分解,见图 11.18 右半部分:①开始 $P\leftarrow 0, A\leftarrow 1101, B\leftarrow 1010$;②$A_0=1$, $P\leftarrow P+B$(如果 $A_0=0$,则 $P\leftarrow P$);③B 左移 1 位;$A_1=0, P\leftarrow P$;④B 左移 1 位;$A_2=1$, $P\leftarrow P+B$;⑤B 左移 1 位;$A_3=1, P\leftarrow P+B$;⑥运算结束,返回,等待下一次运算。

1 0 1 0	B，8位移存器
× 1 1 0 1	A，4位寄存器
1 0 1 0	A_0=1，$P\leftarrow P+B$=00001010(如果A_0=0，则$P\leftarrow P$)
0 0 0 0	B左移1位；A_1=0，$P\leftarrow P$=00001010
1 0 1 0	B左移1位；A_2=1，$P\leftarrow P+B$=00110010
1 0 1 0	B左移1位；A_3=1，$P\leftarrow P+B$=10000010，完成运算
1 0 0 0 0 0 1 0	P，8位寄存器

图 11.18　乘法器方案Ⅰ设计原理与思路

所以，两个 4 位无符号数相乘，需要做 4 次加法运算($P\leftarrow P+B$ 或 $P\leftarrow P$)，寄存器 B 需要左移 3 次。控制器应该有 3 个状态：初始状态、初始化状态(给 A、B、P 等赋初值)、控制运算状态。

由以上分析知，采用此方案设计 4 位乘法器需要：一个 7 位移位寄存器 B、一个 8 位寄存器 P、一个 4 位寄存器 A、一个 8 位加法器、一个用于记录加法次数的计数器 CNT。如何判断 A_i 为 0 还是 1：可以将 A 右移 1 位，这样一直判断 A_0 即可，所以 A 应该也是移位寄存器。

方案Ⅱ：

该方案使用较少的硬件实现该乘法器：一个 4 位寄存器 B(被乘数)；两个 4 位移存器 P(乘数)和 A(累加器)；一个 4 位加法器，用于实现(A)+(B)，进位寄存器 C；CAP 构成 9 位移存器。算法见图 11.19。

C			P_0	
	1 0 1 0			B，4位移存器，被乘数；加法器进位
	0 0 0 0	1 1 0 1		A、P均为4位移存器，初始值A=0，P为乘数
0	1 0 1 0	1 1 0 1		P_0=1，$A\leftarrow A+B$=1010，CAP=0 1010 1101
0	0 1 0 1	0 1 1 0		CAP右移1位：0 0101 0110
0	0 1 0 1	0 1 1 0		P_0=0，$A\leftarrow A$ =1010，CAP=0 1010 1101
0	0 0 1 0	1 0 1 1		CAP右移1位：0 0010 1011
0	1 1 0 0	1 0 1 1		P_0=1，$A\leftarrow A+B$=1100，CAP=0 1100 1011
0	0 1 1 0	0 1 0 1		CAP右移1位：0 0110 0101
1	0 0 0 0	0 1 0 1		P_0=1，$A\leftarrow A+B$=0000，CAP=1 0000 1101
0	1 0 0 0	0 0 1 0		CAP右移1位：0 1000 0010，结束。AP为结果

图 11.19　乘法器方案Ⅱ设计原理与思路

由图 11.19 运算过程知：两个 4 位无符号数相乘，需要做 4 次加法运算，4 次移位操作。需要一个 4 位寄存器、两个 4 位移存器、一个 4 位加法器、一个 1 位进位寄存器、一个用于记录移位次数的计数器 CNT(移位次数等于位数 n)，所用硬件比方案Ⅰ少得多。

11.4.2　总体方案

由于方案Ⅱ需要较少的硬件，在此采用方案Ⅱ进行设计。

由 11.4.1 小节分析可得图 11.20 所示系统框图。

图 11.20 中，控制器分别控制将两个乘数写入寄存器 B、P，将移位次数 n 写入 CNT；根据寄存器 P 的最低位 P_0 决定是否将 $Carry$、SUM 分别写入寄存器 C、A；控制寄存器 C

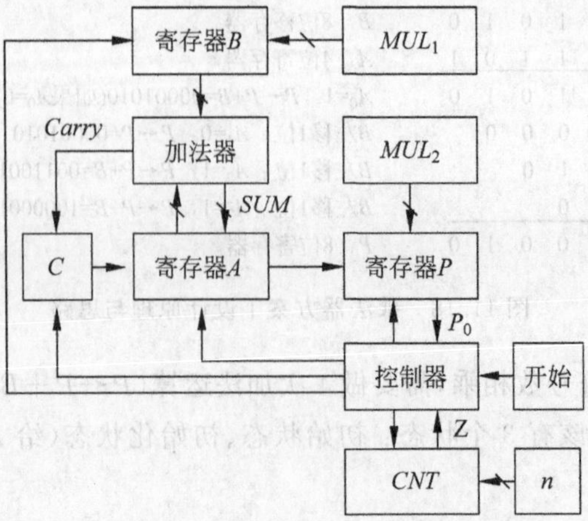

图 11.20 4 位乘法器框图

的清 0 操作；控制 3 个寄存器 C、A、P 是否进行移位（CAP 作为一个整体）；Z 是 $CNT=0$ 的标志：$CNT=0$ 时，$Z=1$，否则 $Z=0$；根据 Z 是否为 1，决定运算是否结束。

数字乘法器的工作过程（以 $n=4$ 位为例，$MUL_1=1010$，$MUL_2=1101$）：

(1) 将两个乘数 MUL_1、MUL_2 准备好，等待开始信号。

(2) 开始信号 $Start$ 来到，将 C、A 清零；将 MUL_1、MUL_2 分别置入 B、P；将位数 n 置入 CNT。结果为 $CNT=4$，$B=1010$，$Carry=0$，$CAP=0\ 0000\ 1101$，$P_0=1$，$SUM=A+B=1010$。

(3) 此时 $P_0=1$，执行 $C \leftarrow Carry=0$，$A \leftarrow SUM=1010$ 操作，结果为 $CAP=0\ 1010\ 1101$。

(4) CAP 右移 1 位（第一次移位），$CAP=0\ 0101\ 0110$；$CNT \leftarrow CNT-1=3$；$C \leftarrow 0$。右移后 $SUM=A+B=1111$，$Carry=0$。

(5) 此时 $P_0=0$，不执行 $C \leftarrow Carry=0$，也不执行 $A \leftarrow SUM$ 操作；CAP 仍为 $0\ 0101\ 0110$。

(6) CAP 右移 1 位（第二次移位），$CAP=0\ 0010\ 1011$，$CNT \leftarrow CNT-1=2$；$C \leftarrow 0$。右移后 $SUM=A+B=1100$，$Carry=0$。

(7) 此时 $P_0=1$，执行 $C \leftarrow Carry=0$、$A \leftarrow SUM=1100$ 操作，结果为 $CAP=0\ 1100\ 1011$。

(8) CAP 右移 1 位（第三次移位），$CAP=0\ 0110\ 0101$，$CNT \leftarrow CNT-1=1$；$C \leftarrow 0$。右移后 $SUM=A+B=0000$，$Carry=1$。

(9) 由于 $P_0=1$，执行 $C \leftarrow Carry=1$、$A \leftarrow SUM=0000$ 操作，结果为 $CAP=1\ 0000\ 0101$。

(10) CAP 右移 1 位（第四次移位），$CAP=0\ 1000\ 0010$，$CNT \leftarrow CNT-1=0$。

(11) $CNT=0$，运算结束，返回等待状态。运算结果为 $AP=1000\ 0010$。

可见，两个 n 位数相乘，需要 CAP 右移 n 次；$C \leftarrow Carry$、$A \leftarrow SUM$ 操作的次数由 P 中 1 的个数决定。

11.4.3 ASM 图

由 11.4.2 小节分析可得图 11.21 所示的数字乘法器的 ASM 图，图中 P_0 为寄存器 P 的最低位。

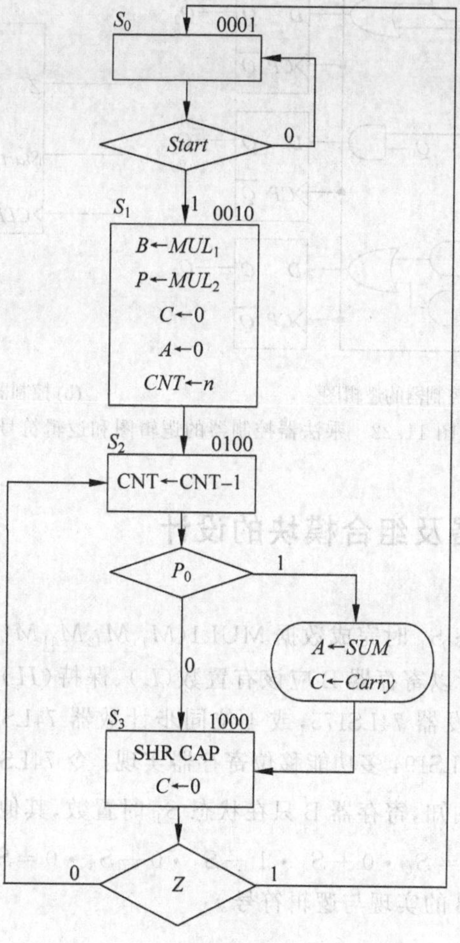

图 11.21 数字乘法器的 ASM 图

11.4.4 控制器的设计

由 ASM 图知，控制器有 4 个状态，状态编码采用热码编码法。用 4 位 D 触发器实现，其状态为 $Q_3Q_2Q_1Q_0$。用 11.3.4 小节中方法 2 的设计方法可以得控制器的状态方程，从而得到驱动方程：

$$D_3=Q_3^{n+1}=S_2=Q_2$$

$$D_2=Q_2^{n+1}=S_1+S_3\cdot\overline{Z}=Q_1+Q_3\cdot\overline{Z}$$

$$D_1=Q_1^{n+1}=S_0\cdot Start=Q_0\cdot Start$$

$$D_0=Q_1^{n+1}=S_0\cdot\overline{Start}+S_3\cdot Z=Q_0\cdot\overline{Start}+Q_3\cdot Z$$

由此可得到用D触发器和门实现的逻辑图和逻辑符号如图11.22所示。

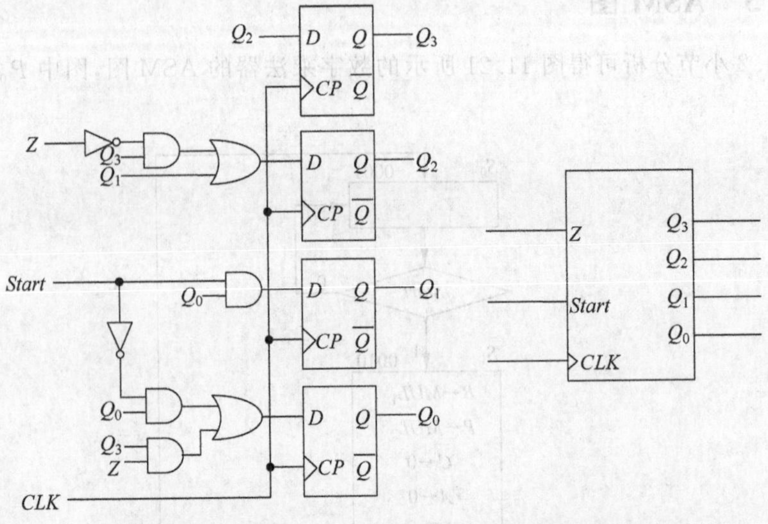

(a) 控制器的逻辑图　　(b) 控制器的逻辑符号

图 11.22　乘法器控制器的逻辑图和逻辑符号

11.4.5　寄存器及组合模块的设计

1. 寄存器B的设计

寄存器B只需在状态 S_1 时完成数据 MUL1($M_{13}M_{12}M_{11}M_{10}$)的同步置入,在其他状态时具有保持功能即可。所以寄存器B应该有置数(L)、保持(H)控制端。可用具有同步置数和保持功能的四D触发器74LS175,或4位同步计数器74LS163,或多功能移位寄存器74LS194实现。在此用74LS194多功能移位寄存器实现:令74LS194的功能控制端 $SEL_1=SEL_0=L/\overline{H}$。由ASM图知,寄存器B只在状态 S_1 时置数,其他状态时均保持,所以:

$$L/\overline{H}=S_0\cdot 0+S_1\cdot 1+S_2\cdot 0+S_3\cdot 0=S_1=Q_1$$

图11.23为寄存器B的实现与逻辑符号。

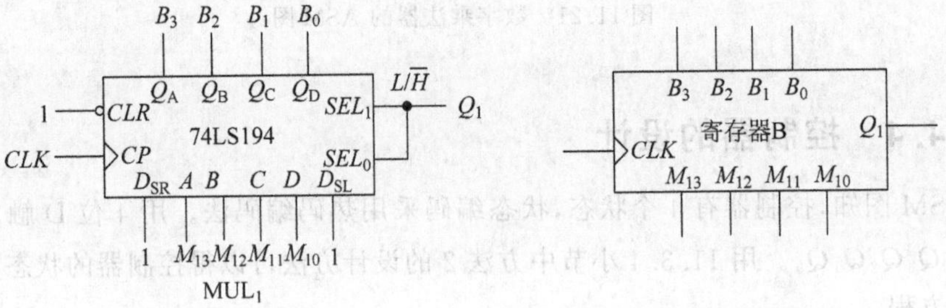

(a) 寄存器B的实现　　(b) 寄存器B的逻辑符合

图 11.23　寄存器B

2. 寄存器C的设计

寄存器C应该具有同步置位、复位及将 $Carry$ 置入功能,而同步操作必须通过控制触发器的驱动端来实现。在此用1位D触发器,通过控制其驱动 D 端实现。由ASM图得

$$D=S_0\cdot 0+S_1\cdot 0+S_2\cdot P_0\cdot Carry+S_3\cdot 0=S_2\cdot P_0\cdot Carry=Q_2\cdot P_0\cdot Carry$$

图 11.24 为寄存器 C 的实现与逻辑符号。

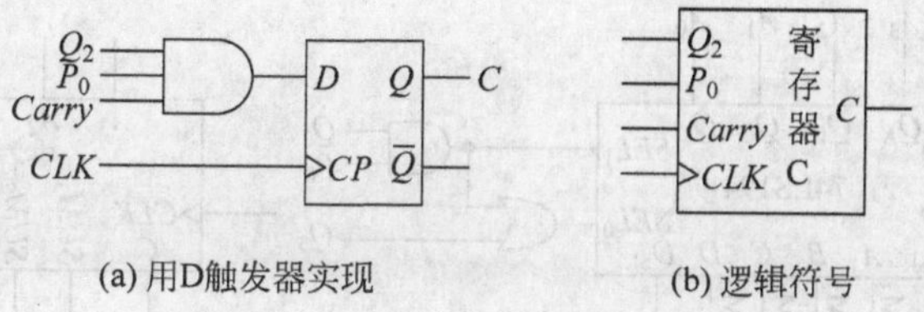

图 11.24　寄存器 C 的实现与逻辑符号

3. 寄存器 P 的设计

由 ASM 图知，寄存器 P 应该能置数、右移和保持：S_0 时不做任何操作，可按保持考虑；S_1 时置数($MUL_2=M_{23}M_{22}M_{21}M_{20}$)；$S_2$ 时保持；S_3 时右移。用 74LS194 实现：令其功能控制端 SEL_1、SEL_0 共同完成所需功能控制。由状态编码、74LS194 的功能及 ASM 图得

$$SEL_1=S_0\cdot 0+S_1\cdot 1+S_2\cdot 0+S_3\cdot 0=S_1=Q_1$$

$$SEL_0=S_0\cdot 0+S_1\cdot 1+S_2\cdot 0+S_3\cdot 1=S_1+S_3=Q_1+Q_3$$

图 11.25 为用 74LS194 实现的寄存器 P 及其逻辑符号。图中 74LS194 的右移输入 D_{SR} 作为寄存器 P 的串行输入使用，输入信号为寄存器 A 的第 0 位 A_0。

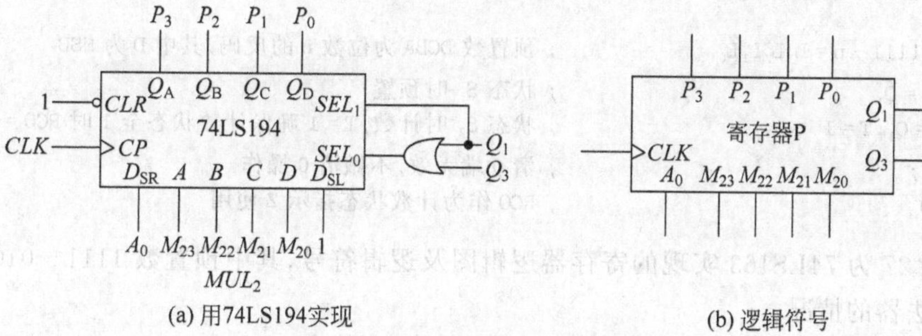

图 11.25　寄存器 P 的实现及逻辑符号

4. 寄存器 A 的设计

由 ASM 图知，寄存器 A 与寄存器 P 类似，不同的地方：在状态 S_1 时清 0；在状态 S_2 时根据 P_0 的值可能会置数($P_0=1$ 时执行 A←SUM 操作)，也可能什么都不做($P_0=0$ 时保持)。因此寄存器 A 也可用 74LS194 实现。同步清 0 可看作是同步置数，所置数据为 0。为设计简单计，直接用 74LS194 的异步清 0 端进行清 0，这样对系统工作没有影响。

由以上分析知，寄存器 A 应该具有 CLEAR、LOAD、SHIFT、HOLD 功能，其中清 0 功能由 74LS194 的异步清 0 端 $\overline{CLR}$ 完成，低有效；其他 3 个功能由功能控制端 SEL_1、SEL_0 组合完成。由 ASM 图及 74LS194 的功能表，得 74LS194 的控制信号：

$$SEL_1=S_0\cdot 0+S_1\cdot 0+S_2\cdot P_0+S_3\cdot 0=S_2\cdot P_0=Q_2\cdot P_0$$

$$SEL_0=S_0\cdot 0+S_1\cdot 0+S_2\cdot P_0+S_3\cdot 1=S_2\cdot P_0+S_3=Q_2\cdot P_0+Q_3$$

$$\overline{CLR}=\overline{S}_1=\overline{Q}_1$$

图 11.26 为用 74LS194 实现的寄存器 A 及其逻辑符号。图中 D_{SR} 为右移串行数据输入端，接寄存器 C 的状态输出 C；并行数据输入接加法器输出。

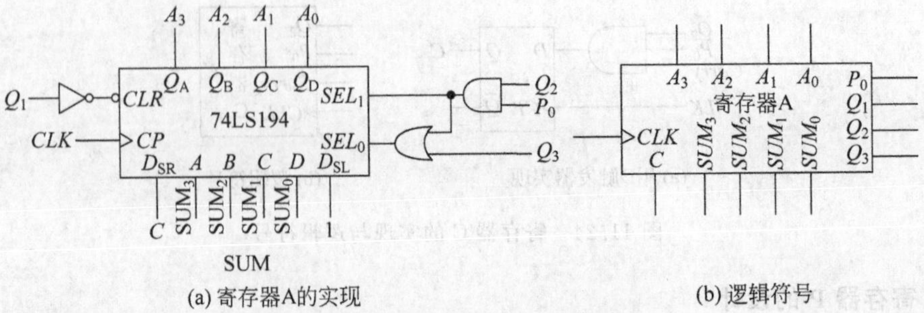

图 11.26　寄存器 A 的实现及逻辑符号

5. 寄存器 CNT 的设计

寄存器 CNT 的作用实际上是为累计移位次数而设，因此是加法计数还是减法计数无关紧要，只要能判断移位次数即可。CNT 是计数器，该计数器应该具有置数、计数功能，并可输出计数状态是否为 0 的标志 Z(高有效)。

由以上分析知，可用 74LS163 实现寄存器 CNT：用预置法，RCO 作为计数状态输出 Z，加法计数，效果与 ASM 图中的减法计数同。根据 ASM 图及 74LS163 的功能得：

```
DCBA = 1111 - n = L3 L2 L1 L0     ; 预置数 DCBA 为位数 n 的反码，其中 D 为 MSB
LD = S1 = Q1                      ; 状态 S1 时预置
P = S2 = Q2，T = 1                ; 状态 S2 时计数，T = 1 确保计数状态全 1 时 RCO = 1
CLR = 1;                          ; 清 0 端无效，不做清 0 操作
Z = RCO                           ; RCO 作为计数状态指示 Z 使用
```

图 11.27 为 74LS163 实现的寄存器逻辑图及逻辑符号，其中预置数 1111－0100＝1011 为 4 位乘法器的情况。

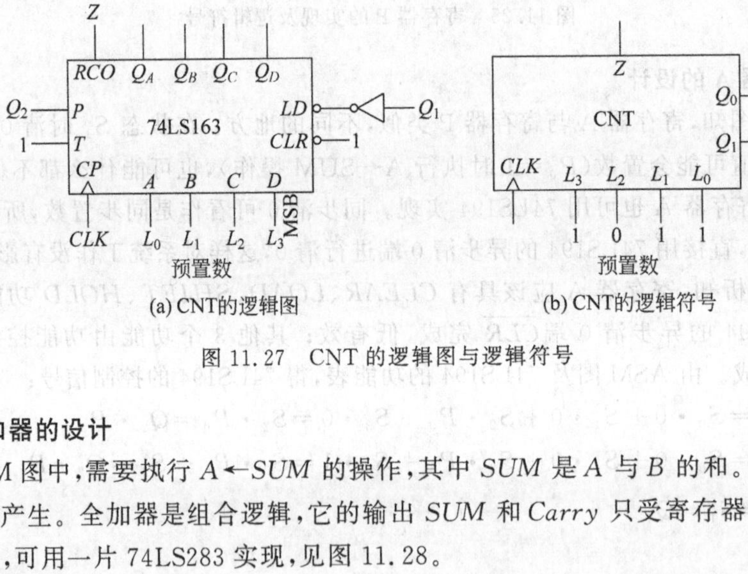

图 11.27　CNT 的逻辑图与逻辑符号

6. 全加器的设计

在 ASM 图中，需要执行 $A \leftarrow SUM$ 的操作，其中 SUM 是 A 与 B 的和。显然 SUM 必须由全加器产生。全加器是组合逻辑，它的输出 SUM 和 $Carry$ 只受寄存器 B 和寄存器 A 的状态控制，可用一片 74LS283 实现，见图 11.28。

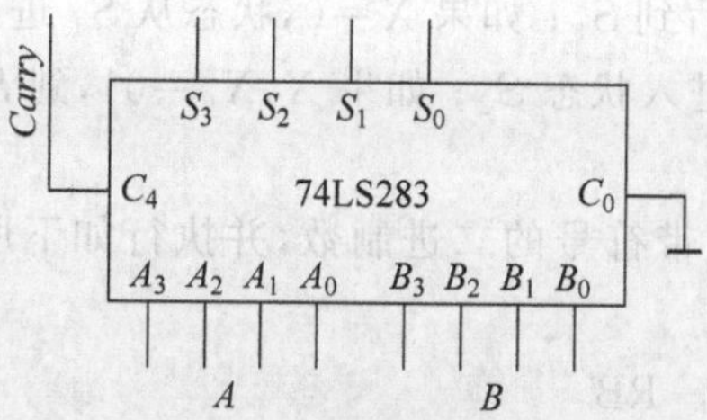

(a) 全加器的逻辑图

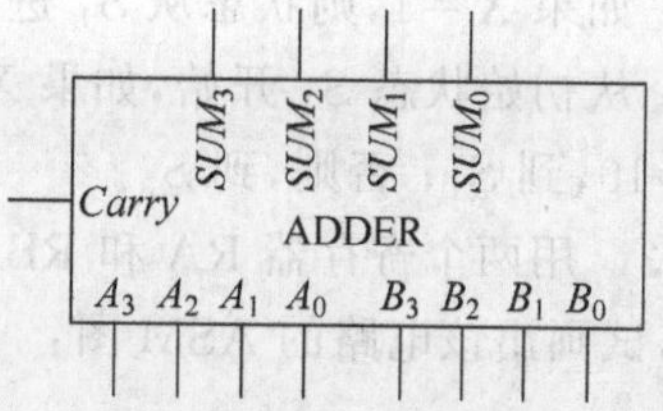

(b) 全加器的逻辑符号

图 11.28 全加器的逻辑图与逻辑符号

11.4.6 数字乘法器的实现

用类似 11.3.8 节的方法，将以上所设计的各个模块的逻辑符号连接起来，就可得到所设计的 4 位乘法器。读者可进行仿真练习，不要忘了给控制器复位为 $Q_3Q_2Q_1Q_0=0001$，这是用热码的必要工作。当然，也可以用格雷码等其他编码方式设计控制器。

如果要实现 n 位乘法器，只需要将寄存器 A、B、P 改为 n 位，CNT 的预置数改为 $2^{n-1}-n$ 即可。

本章小结

为“自上而下”地进行数字系统的设计，本章首先介绍了 RTL 及 ASM 图的概念。指出在数字系统中起控制、协调作用的状态机称为“控制器”，而其他所有受控制器控制并向控制器输出状态信号的状态机统称为寄存器，当然系统中还有组合模块，如全加器等。

在此基础上介绍了“交通灯控制器”和“数字乘法器”两个设计例子。两个例子的控制器分别用触发器＋多路选择器法和一态一触发器法设计。从这两个例子可以看出：触发器＋多路选择器法的控制器使用的触发器较少，控制逻辑也比较简单，而寄存器的设计相对复杂一些；用一态一触发器法设计时的各个模块(包括控制器)的设计都比较简单，但使用硬件资源较多。

两种方法的共同问题是都没有考虑“自启动”。使用触发器＋多路选择器法时，只要将无效状态的次态指定为有效状态即可；而对于一态一触发器法就相对复杂一些，可用“上电复位”法实现自启动，也可以采用其他方法实现自启动。

本章习题

11-1 试说出经过下列寄存器传输操作后，各寄存器的值。

$$R_1 \leftarrow 1,\quad R_2 \leftarrow R_1+1,\quad R_3 \leftarrow R_1+R_2;$$
$$R_2 \leftarrow R_2+1,\quad R_1 \leftarrow R_2,\quad R_4 \leftarrow \text{SHR}\ R_3。$$

11-2 试画出下列状态转移的 ASM 图。

(1) 在状态 S_1 时，如果 $X=0$，则状态 S_1 进入到状态 S_2；若 $X=1$，产生条件操作，状态从 S_1 进入到 S_2。

(2) 如果 $X=1$,则状态从 S_1 进入到 S_2,然后到 S_3;如果 $X=0$,状态从 S_1 进入到 S_3。

(3) 从初始状态 S_1 开始,如果 $X_1X_0=00$,进入状态 S_2;如果 $X_1X_0=01$,到 S_3;如果 $X_1X_0=10$,到 S_1;否则,到 S_3。

11-3 用两个寄存器 RA 和 RB 接收两个不带符号的二进制数,并执行如下所示的减法操作,试画出该电路的 ASM 图:

$$RA \leftarrow RA - RB$$

如果结果为负值,将借位触发器置 1。

11-4 试用 3 个 16 位寄存器 RA,RB 和 RC 设计一个数字电路,执行下列操作:

(1) 传送两个 16 位带符号的数(2 的补码表示法)给 RA 和 RB。

(2) 如果 RA 中的数值是负数,将其除以 2,结果送给寄存器 RC。

(3) 如果 RA 中的数值是正数并且非零,将 RB 中的数乘以 2,结果送寄存器 CR。

(4) 如果 AR 中的数值是零,将寄存器 RC 清 0。

11-5 试设计一个小型数字系统,它能够计数 n 位二进制数 N 中 1 的个数。提示:开始信号到时,执行 $R1 \leftarrow N$ 操作;用移位的方式判断某一位是否是 1,用 $R2$ 计数 1 的个数;全部 n 位判断完后,返回起始状态,等待下一次计数。

11-6 图题 11-6 为某数字系统 ASM 的控制器部分(寄存器操作部分被省略)。试用 D 触发器和 8-1 MUX 实现该控制器。

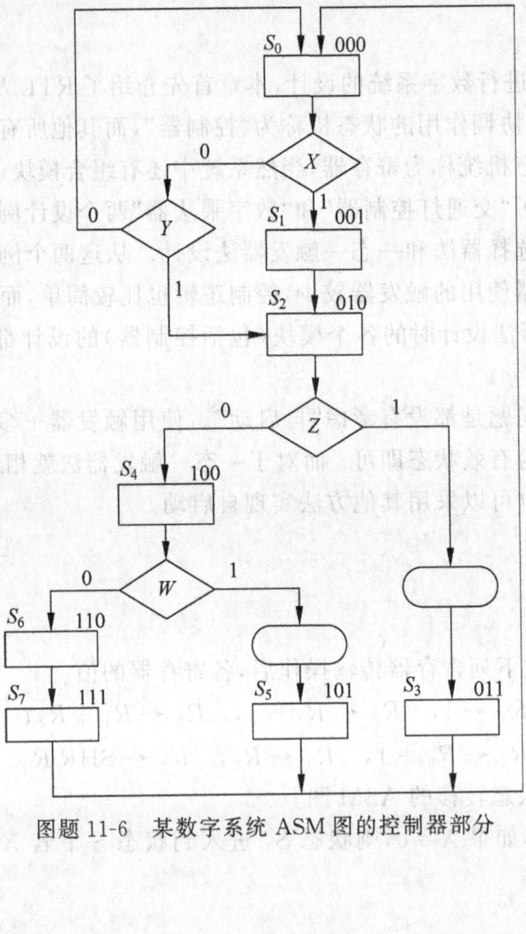

图题 11-6 某数字系统 ASM 图的控制器部分

11-7 试将 11.4 节中所设计乘法器的控制器及寄存器连接起来，构成除法器电路。

11-8 试参考 11.3 节的内容设计一个交通灯控制器。所设计交通灯控制器在主路和支路上各有一个传感器 V_M 和 V_B，分别用于感应主、支路上有无车辆，其他与 11.3 节设计同。要求：主、支路都有车时，自动循环；都无车时，主路放行；主路无车时，支路放行，时间不清 0，即一旦主路有车，若时间到，立即转到主路放行；支路无车时，主路放行，时间清 0，即一旦支路有车，还要等 T_L 时间才能放行。

11-9 试设计 11.4.1 小节中的 4 位乘法器，按方案 I 进行。要求：画出系统框图、画出 ASM 图、设计每个模块并将模块组合成乘法器。

11-10 连接 11.4.4 节和 11.4.5 节中的所有模块构成乘法器，并将结果输入计算机进行仿真。注意设置初态。

11-11 将图 11.21 中的状态编码改为两位格雷码，重新设计 4 位乘法器。

参考文献

[1] 张著，程震先，刘继华. 数字设计——电路与系统[M]. 北京：北京理工大学出版社，1992.

[2] 阎石. 数字电子技术基础[M]. 5 版. 北京：高等教育出版社，2006.

[3] 康华光. 电子技术基础——数字部分[M]. 5 版. 北京：高等教育出版社，2006.

[4] Victor P Nelson, et al. Digital Logic Circuit Analysis & Design[M]. Prentice Hall, Inc., 1995.

[5] Moris Mano M. Digital Design[M]. 3rd Edition. Prentice Hall, Inc., 2002.

[6] John F Wakerly. Digital Design, Principles & Practices[M]. 3rd Edition. Prentice Hall, Inc., 2000.

[7] Morris Mano M, Charles R Kime. Logic and Computer Design Fundamentals[M]. 2nd Edition. Prentice Hall, Inc., 2002.

[8] Thomas L Floyd. Digital Fundamentals[M]. 10th Edition. Prentice Hall, Inc., 2010.

附录 基本逻辑单元符号对照表

IEEE(Institute of Electrical & Electronics Engineer) /ANSI(American National Standard Institute)在 ANSI/IEEE Std 91a—1991 中定义了两套逻辑符号系统,这里分别表示为 IEEE Ⅰ和 IEEE Ⅱ,见附表一。我国采用了 IEEE Ⅰ作为国家标准(国标)。由于几乎所有数据手册等技术资料都采用了 IEEE Ⅱ,本着理论联系实际的原则,本书采用了 IEEE Ⅱ作为逻辑符号系统,以便于读者在阅读本书后能直接阅读相关技术资料。另外,还有一些其他常见的符号,也一并列于表中。

附表一 基本逻辑单元逻辑符号对照表

名　称	IEEE Ⅰ (国家标准符号)	IEEE Ⅱ (本书采用符号)	其他常用符号
与门	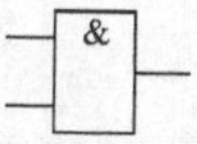	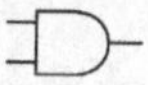	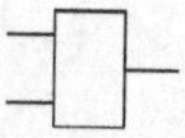
或门	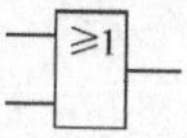		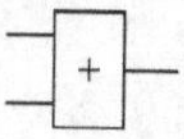
非门	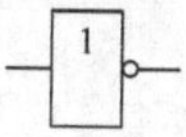	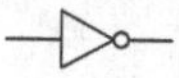	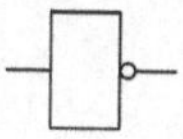
与非门	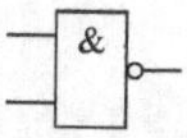		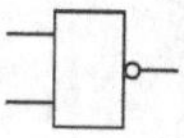
或非门	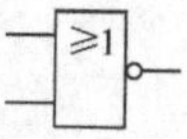		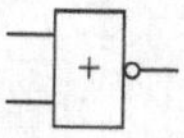

续表

名　　称	IEEE Ⅰ （国家标准符号）	IEEE Ⅱ （本书采用符号）	其他常用符号
非或非门	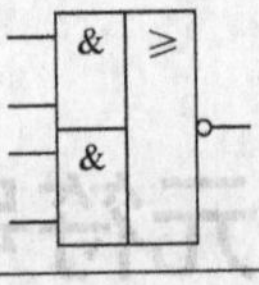	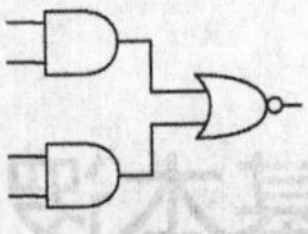	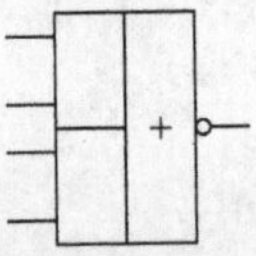
异或门	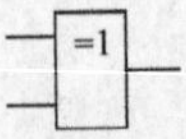		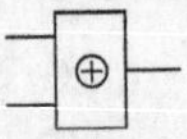
同或门	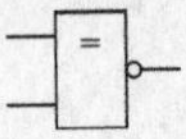		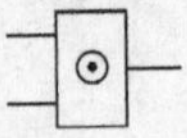
OC/OD 与非门	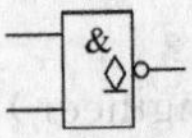	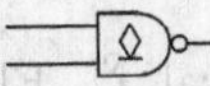	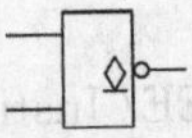
三态输出 与非门	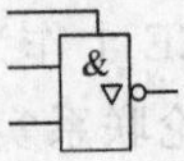	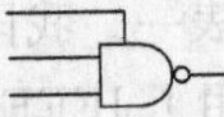	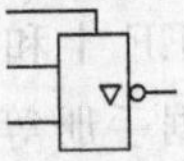
施密特 与非门	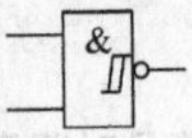	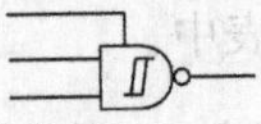	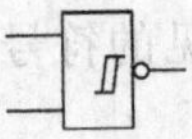

图书资源支持

感谢您一直以来对清华大学出版社图书的支持和爱护。为了配合本书的使用，本书提供配套的资源，有需求的读者请扫描下方的“书圈”微信公众号二维码，在图书专区下载，也可以拨打电话或发送电子邮件咨询。

如果您在使用本书的过程中遇到了什么问题，或者有相关图书出版计划，也请您发邮件告诉我们，以便我们更好地为您服务。

我们的联系方式：

地　　址：北京市海淀区双清路学研大厦 A 座 701

邮　　编：100084

电　　话：010-83470236　010-83470237

资源下载：http://www.tup.com.cn

客服邮箱：tupjsj@vip.163.com

QQ：2301891038（请写明您的单位和姓名）

教学资源 · 教学样书 · 新书信息

人工智能科学与技术
人工智能|电子通信|自动控制

资料下载 · 样书申请

书圈

用微信扫一扫右边的二维码，即可关注清华大学出版社公众号。